现代物理基础丛书·典藏版

凝聚态物理的
格林函数理论

王怀玉 著

科学出版社

北京

内容简介

本书详细介绍了凝聚态物理中常用的单体格林函数和多体格林函数的基本理论.对于多体格林函数，介绍了费恩曼图形技术和运动方程法. 对格林函数在一些方面的应用做了介绍，主要是在弱耦合超导体、海森伯磁性系统和介观输运方面的应用.

本书对于概念的说明与公式的推导力求详尽、全面，内容由浅入深. 便于读者学习.读者需要具备量子力学和统计力学的基本知识.

本书可供凝聚态物理及相关领域的研究人员参考和作为大专院校的高年级学生或研究生的教学用书或参考书.

图书在版编目(CIP)数据

凝聚态物理的格林函数理论/王怀玉著 —北京：科学出版社，2008
(现代物理基础丛书·典藏版)
ISBN 978-7-03-020091-4

I.凝… II.王… III.格林函数-应用-凝聚态-物理学 IV.O469

中国版本图书馆 CIP 数据核字(2008) 第 031076 号

责任编辑：鲁永芳 胡 凯／责任校对：陈丽珠
责任印制：赵 博／封面设计：陈 敬

科学出版社 出版
北京东黄城根北街 16 号
邮政编码：100717
http://www sciencep com
固安县铭成印刷有限公司印刷
科学出版社发行 各地新华书店经销
*
2008 年 5 月第一版 开本：B5(720×1000)
2025 年 1 月印 刷 印张：31 3/4
字数：618 000

定价：168.00 元

(如有印装质量问题，我社负责调换)

前　言

格林函数方法是凝聚态物理中常用的方法, 而且是一个强有力的工具. 可是国内出版的这方面的书籍很少, 可以说是屈指可数. 作者认为现在再出一本这方面的书籍是有必要的.

本书先讲单体格林函数, 再讲多体格林函数, 因为前者也是实际的研究工作中经常用到的方法. 对于多体格林函数, 我们介绍了费恩曼图展开技术和运动方程法. 在叙述了多体格林函数的基本理论之后, 我们主要介绍了在磁学、超导和介观电荷输运研究方面的应用. 本书中关于磁性的内容写得比较多一些. 这有以下三个原因. 一是具有磁性的材料是信息存储的重要载体. 对材料基本磁性的研究有着重要的实际意义. 二是除了下面列出的参考文献 [1], 其他有关格林函数方法的书籍涉及磁性内容很少, 而近年来用格林函数方法研究磁性有较大的进展, 有必要在这方面做些稍微详细的介绍. 三是作者最近的研究工作主要是用格林函数方法研究磁性, 对这方面比较熟悉. 对于超导体, 因有些参考文献上介绍得比较详细, 本书只涉及弱耦合超导体. 最后, 介观输运是目前研究的热点, 而且用非平衡态格林函数研究介观输运的工作越来越多. 本书最后一章给出了比较典型的例子.

本书的写作宗旨是力求把基本理论和基本概念讲细讲透, 使读者容易接受. 作者尽可能地给出一些习题, 以供读者进一步深化和扩展所学的内容.

在介绍格林函数的基础理论时, 作者较多地参考以下参考文献:

[1] 蔡建华, 龚昌德, 姚希贤, 等. 量子统计的格林函数理论 [M]. 北京: 科学出版社, 1982.

[2] 卫崇德, 章立源, 刘福绥. 固体物理中的格林函数方法 [M]. 北京: 高等教育出版社, 1992.

[3] ECONOMOU E N. Green's Functions in Quantum Physics[M]. New York: Springer-Verlag, 1983.

[4] MAHAN G D. Many-Partical Physics[M]. New York: Plenum Press, 1981.

[5] 费特 A L, 瓦立克 J D. 多粒子系统的量子理论 [M]. 陈俊文, 孙景李, 梁昆淼, 译. 北京: 科学出版社, 1984.

[6] LIFSHITZ E M, PITAEVSKII L P. Statistical Physics[M]. Course of Theoretical Physics: Vol. 9. Oxford: Pergamon Press, 1980.

本书中的前两部分主要参考上述文献 [3]. 由于上述文献可能在不止一个章节中被参考, 因此书中不再专门指明在何处引用这些文献. 各章末尾列出的是在该章内专门引用的参考文献.

本书注意与其他参考书、教科书的衔接. 所用符号尽量与有关参考书籍一致, 便于读者阅读参考文献.

书中对于外国人名, 如果已有常用的中文译名, 就用此中文译名, 并在正文中第一次出现时用括号标出原文. 另外一些外国人名则只写原文.

书中如有错误与疏漏, 敬请前辈、行家与读者批评指正.

苗青女士帮助绘制部分插图, 在此表示感谢.

王怀玉

2007 年 2 月谨识于清华园

目　录

第三部分 多体格林函数

第一部分

数学物理中的格林函数

(Green's Functions in Mathematical Physics)

第一章 不含时格林函数

§1.1 基本公式

如果有一厄米算符 $\hat{L}(\boldsymbol{r})$, 它是空间坐标的函数, 则满足方程

$$[z-\hat{L}(\boldsymbol{r})]G(\boldsymbol{r},\boldsymbol{r}';z)=\delta(\boldsymbol{r}-\boldsymbol{r}') \tag{1.1.1}$$

及一定的边界条件的解 $G(\boldsymbol{r},\boldsymbol{r}';z)$ 称为格林函数 (Green's function). $\delta(\boldsymbol{r}-\boldsymbol{r}')$ 是狄拉克 δ 函数. 当宗量 $\boldsymbol{r}-\boldsymbol{r}'\neq 0$ 时, 函数值是 0, 当宗量 $\boldsymbol{r}-\boldsymbol{r}'=0$ 时, 函数值是 ∞. 此处 $\boldsymbol{r},\boldsymbol{r}'$ 是在某个区域 V 内, 在 V 的表面 G 的值就是 G 所应当满足的边界条件. 这儿 z 是复数. $\hat{L}(\boldsymbol{r})$ 是一个不含时间的线性厄米算符. 它有一套本征值与本征函数:

$$\hat{L}(\boldsymbol{r})\varphi_n(\boldsymbol{r})=\lambda_n\varphi_n(\boldsymbol{r}) \tag{1.1.2}$$

这儿方程 (1.1.2) 与 (1.1.1) 式是在同一区域 V 内求解, 所以 $\varphi_n(\boldsymbol{r})$ 满足与 $G(\boldsymbol{r},\boldsymbol{r}';z)$ 在相同的边界上给出边界条件. 作为厄米算符的本征值, $\{\lambda_n\}$ 是一组实数, $\{\varphi_n(\boldsymbol{r})\}$ 是完备系. 为简单计, 还认为 $\{\varphi_n(\boldsymbol{r})\}$ 是正交归一的, 即

$$\int_V \varphi_n^*(\boldsymbol{r})\varphi_n(\boldsymbol{r})\mathrm{d}\boldsymbol{r}=\delta_{nm} \tag{1.1.3}$$

本书中 $\mathrm{d}\boldsymbol{r}=\mathrm{d}^d r$, 其中上标的 d 表示空间维数. 对于三维、二维和一维空间, $\mathrm{d}\boldsymbol{r}$ 分别代表 d^3r、d^2r 和 $\mathrm{d}r$. $\{\varphi_n(\boldsymbol{r})\}$ 的完备性则意味着

$$\sum_n \varphi_n(\boldsymbol{r})\varphi_n^*(\boldsymbol{r}')=\delta(\boldsymbol{r}-\boldsymbol{r}') \tag{1.1.4}$$

注意这儿的下标 n 可以表示本征值 $\{\lambda_n\}$ 可能是一组分立值, 也可能是连续谱. 最一般的情况是, 有部分分立谱与部分连续谱 · 在这种情况下, (1.1.4) 式中的求和 $\sum\limits_n$ 写成 $\sum\limits_n{}'+\int\mathrm{d}n$ 其中 $\sum\limits_n{}'$ 表示对分立谱部分求和, 而 $\int\mathrm{d}n$ 表示对连续谱部分积分.

现在我们利用量子力学中的狄拉克 (Dirac) 符号. 将本征函数、厄米算符、格林函数写成脱离任何表象的形式 φ_n、$\hat{L}$、$G(z)$. 那么它们投到坐标表象中的形式为

$$\varphi_n(\boldsymbol{r})=\langle\boldsymbol{r}|\varphi_n\rangle \tag{1.1.5}$$

$$\delta(\boldsymbol{r}-\boldsymbol{r}')L(\boldsymbol{r}) = \langle \boldsymbol{r}|\hat{L}|\boldsymbol{r}'\rangle \tag{1.1.6}$$

$$G(\boldsymbol{r},\boldsymbol{r}';z) = \langle \boldsymbol{r}|G(z)|\boldsymbol{r}'\rangle \tag{1.1.7}$$

常用的正交和完备性的条件是

$$\langle \boldsymbol{r}|\boldsymbol{r}'\rangle = \delta(\boldsymbol{r}-\boldsymbol{r}') \tag{1.1.8}$$

$$\int \mathrm{d}\boldsymbol{r}|\boldsymbol{r}\rangle\langle\boldsymbol{r}| = 1 \tag{1.1.9}$$

$G(z)$ 可看作是一个算符. 在纯算符的形式下, (1.1.1)~(1.1.4) 式可写成如下形式：

$$(z-\hat{L})G(z) = 1 \tag{1.1.10}$$

$$\hat{L}|\varphi_n\rangle = \lambda_n|\varphi_n\rangle \tag{1.1.11}$$

$$\langle\varphi_n|\varphi_m\rangle = \delta_{nm} \tag{1.1.12}$$

$$\sum |\varphi_n\rangle\langle\varphi_n| = 1 \tag{1.1.13}$$

将此四式写成 $\boldsymbol{r}$ 表象中的形式即为 (1.1.1)~(1.1.4) 式. 例如, 对于 (1.1.10) 式两边做 $\langle\boldsymbol{r}|$ 与 $|\boldsymbol{r}'\rangle$ 的矩阵元. 利用 (1.1.4) 式, 右边为 $\langle\boldsymbol{r}|1|\boldsymbol{r}'\rangle = \langle\boldsymbol{r}|\boldsymbol{r}'\rangle = \delta(\boldsymbol{r}-\boldsymbol{r}')$, 见 (1.1.8) 式. 左边则插入 (1.1.9) 式.

$$\begin{aligned}\langle\boldsymbol{r}|(z-\hat{L})G(z)|\boldsymbol{r}'\rangle &= \langle\boldsymbol{r}|(z-\hat{L})\int \mathrm{d}\boldsymbol{r}''|\boldsymbol{r}''\rangle\langle\boldsymbol{r}''|G(z)|\boldsymbol{r}'\rangle \\ = \int \mathrm{d}\boldsymbol{r}''[z-\hat{L}(\boldsymbol{r}'')]\delta(\boldsymbol{r}-\boldsymbol{r}'')G(\boldsymbol{r}'',\boldsymbol{r}';z) &= [z-\hat{L}(\boldsymbol{r})]G(\boldsymbol{r},\boldsymbol{r}';z)\end{aligned}$$

同样道理, 我们也可将 (1.1.10)~(1.1.13) 式写成 $\boldsymbol{k}$ 表象中的形式. 这时格林函数的变量是 $\boldsymbol{k}: G(\boldsymbol{k},\boldsymbol{k}';z)$.

如果 z 取 L 的本征值之外的任何值, 即 $z \neq \{\lambda_n\}$, 则 (1.1.10) 式的解可以形式上写成

$$G(z) = \frac{1}{z-\hat{L}} \tag{1.1.14}$$

此式也表明格林函数 $G(z)$ 确实可以看作是一个算符. 利用 (1.1.13) 式,

$$G(z) = \frac{1}{z-\hat{L}}\sum|\varphi_n\rangle\langle\varphi_n| = \sum_n \frac{|\varphi_n\rangle\langle\varphi_n|}{z-\lambda_n} \tag{1.1.15}$$

我们已经利用了这样一个性质：如果一个厄米算符 $\hat{L}$ 的本征谱与本征函数分别为 $\{\lambda_n\}$ 和 $\{\varphi_n(\boldsymbol{r})\}$, 则函数 $F(\hat{L})$ 的本征值与本征函数为$\{F(\lambda_n)\}$与 $\{\varphi_n(\boldsymbol{r})\}$: $F(\hat{L})\varphi_n(\boldsymbol{r}) = F(\lambda_n)\varphi_n(\boldsymbol{r})$. 这里只要将函数 $F(\lambda_n)$ 作泰勒 (Taylor) 展开就很容易证得.

当 $z \to \infty$ 时,

$$G(z) = \lim_{z\to\infty} \frac{1}{z} \sum_n |\varphi_n\rangle\langle\varphi_n| = \frac{1}{z} \tag{1.1.16}$$

考虑到可能有连续谱的情况, (1.1.15) 式应更一般地写成

$$G(z) = \sum_n{}' \frac{|\varphi_n\rangle\langle\varphi_n|}{z-\lambda_n} + \int \mathrm{d}n \frac{|\varphi_n\rangle\langle\varphi_n|}{z-\lambda_n}$$

求和号上的一撇表示只对分立本征值求和. 在坐标表象中,

$$G(\boldsymbol{r}, \boldsymbol{r}'; z) = \sum_n{}' \frac{\varphi_n(\boldsymbol{r})\varphi_n^*(\boldsymbol{r}')}{z-\lambda_n} + \int \mathrm{d}n \frac{\varphi_n(\boldsymbol{r})\varphi_n^*(\boldsymbol{r}')}{z-\lambda_n} \tag{1.1.17}$$

写成这一形式时, G 就不是个算符而是个函数了.

由于 $\hat{L}$ 是厄米算符, 本征值 $\{\lambda_n\}$ 都是实数. 因此, 如果 $\mathrm{Im}z \neq 0$, $z \neq \{\lambda_n\}$, 则函数 $G(z)$ 在除实轴上 $\hat{L}$ 的本征值以外的全复 z 平面上都是解析的. 在 $\hat{L}$ 的分立本征值处, 是 $G(z)$ 的一级极点. 反之: $G(z)$ 的一级极点给出 $\hat{L}$ 的分立本征值. 在 $\hat{L}$ 的连续谱 λ 处, 格林函数没有定义. 这时在 λ 所处实轴的上下两侧, 格林函数的侧极限 $G(\boldsymbol{r}, \boldsymbol{r}'; \lambda \pm \mathrm{i}0^+)$ 可能存在, 但这两个侧极限很可能不相等. 在这种情况下, 实 z 轴上连续谱的范围内格林函数不解析, 称为是格林函数的一条支割线. 我们定义格林函数的两个侧极限为

$$G^+(\boldsymbol{r}, \boldsymbol{r}'; \lambda) = \lim_{\eta\to 0^+} G(\boldsymbol{r}, \boldsymbol{r}'; \lambda + \mathrm{i}\eta) = G(\boldsymbol{r}, \boldsymbol{r}'; \lambda + \mathrm{i}0^+) \tag{1.1.18}$$

$$G^-(\boldsymbol{r}, \boldsymbol{r}'; \lambda) = \lim_{\eta\to 0^+} G(\boldsymbol{r}, \boldsymbol{r}'; \lambda - \mathrm{i}\eta) = G(\boldsymbol{r}, \boldsymbol{r}'; \lambda - \mathrm{i}0^+) \tag{1.1.19}$$

其中 0^+ 表示趋于零的正无穷小量. 这是一种简略写法. 对于第二种情况, 也可写成 $\lambda - \mathrm{i}0^+ = \lambda + \mathrm{i}0^-$, 0^- 表示趋于零的负无穷小量.

如果 z 是个复数, 则从 (1.1.17) 式可知

$$G^*(\boldsymbol{r}, \boldsymbol{r}'; z) = G(\boldsymbol{r}', \boldsymbol{r}; z^*) \tag{1.1.20}$$

如果 z 是实数 λ, 但不是 $\hat{L}$ 的本征值, 那么矩阵 $G(\boldsymbol{r}, \boldsymbol{r}'; \lambda)$ 对于指标 $\boldsymbol{r}$ 是厄米共轭的. 特别是其对角元 $G(\boldsymbol{r}, \boldsymbol{r}'; \lambda)$ 是实数. 如果 λ 是 $\hat{L}$ 的连续谱, 那么两个侧极限之间有如下关系:

$$G^-(\boldsymbol{r}, \boldsymbol{r}'; \lambda) = [G^+(\boldsymbol{r}', \boldsymbol{r}; \lambda)]^* \tag{1.1.21}$$

把 $\boldsymbol{r} = \boldsymbol{r}'$ 时的实部和虚部分别写出来, 为

$$\mathrm{Re}[G^-(\boldsymbol{r}, \boldsymbol{r}'; \lambda)] = \mathrm{Re}[G^+(\boldsymbol{r}', \boldsymbol{r}; \lambda)] \tag{1.1.22a}$$

$$\mathrm{Im}[G^-(\boldsymbol{r},\boldsymbol{r}';\lambda)] = -\mathrm{Im}[G^+(\boldsymbol{r}',\boldsymbol{r};\lambda)] \tag{1.1.22b}$$

利用恒等式

$$\lim_{\eta\to 0^+}\frac{1}{x\pm \mathrm{i}\eta} = \frac{1}{x\pm \mathrm{i}0^+} = P\frac{1}{x} \mp \mathrm{i}\pi\delta(x) \tag{1.1.23}$$

其中 P 表示主值部分, 将两个侧极限的差值记为 $\widetilde{G}(\lambda)$:

$$\widetilde{G}(\lambda) = G^+(\lambda) - G^-(\lambda)$$

这一差值是

$$\begin{aligned}\widetilde{G}(\boldsymbol{r},\boldsymbol{r}';\lambda) &= -2\pi\mathrm{i}\sum_n \delta(\lambda-\lambda_n)\varphi_n(\boldsymbol{r})\varphi_n^*(\boldsymbol{r}')\\ &= -2\pi\mathrm{i}\sum_n{}'\delta(\lambda-\lambda_n)\varphi_n(\boldsymbol{r})\varphi_n^*(\boldsymbol{r}') - 2\pi\mathrm{i}\int \delta(\lambda-\lambda_n)\varphi_n(\boldsymbol{r})\varphi_n^*(\boldsymbol{r}')\mathrm{d}n\end{aligned} \tag{1.1.24}$$

侧极限的对角元可从 (1.1.17) 与 (1.1.23) 式得

$$G^{\pm}(\boldsymbol{r},\boldsymbol{r};\lambda) = P\sum_n \frac{\varphi_n(\boldsymbol{r})\varphi_n^*(\boldsymbol{r})}{\lambda-\lambda_n} \mp \mathrm{i}\pi\sum_n \delta(\lambda-\lambda_n)\varphi_n(\boldsymbol{r})\varphi_n^*(\boldsymbol{r}) \tag{1.1.25}$$

对 $\boldsymbol{r}$ 积分, 得

$$\mathrm{tr}G^{\pm}(\lambda) = P\sum_n \frac{1}{\lambda-\lambda_n} \mp \mathrm{i}\pi\sum_n \delta(\lambda-\lambda_n) \tag{1.1.26}$$

定义态密度 (density of states)$\rho(\lambda)$:

$$\rho(\lambda) = \sum_n \delta(\lambda-\lambda_n) \tag{1.1.27}$$

它表示在 $\lambda\to\lambda+\mathrm{d}\lambda$ 的间隔内本征值的数目. 因为 $\int_{-\infty}^{\infty}\rho(\lambda)\mathrm{d}\lambda = \sum_n 1$ 就是所有本征值的数目. 而量

$$\rho(\boldsymbol{r};\lambda) = \sum_n \delta(\lambda-\lambda_n)\varphi_n(\boldsymbol{r})\varphi_n^*(\boldsymbol{r}) \tag{1.1.28}$$

则是 $\boldsymbol{r}$ 处 $\mathrm{d}\boldsymbol{r}$ 体积内的态密度, 因为

$$\rho(\lambda) = \int \rho(\boldsymbol{r};\lambda)\mathrm{d}\boldsymbol{r} \tag{1.1.29}$$

由 (1.1.25)~(1.1.29) 式得

$$\rho(\boldsymbol{r};\lambda) = \mp\frac{1}{\pi}\mathrm{Im}G^{\pm}(\boldsymbol{r},\boldsymbol{r};\lambda) \tag{1.1.30}$$

$$\rho(\lambda) = \mp\frac{1}{\pi}\mathrm{Im}[\mathrm{tr}G^{\pm}(\lambda)] \tag{1.1.31}$$

对于 (1.1.30) 与 (1.1.31) 式, 一般我们简单地说成：态密度是格林函数的虚部. 格林函数的对角元与态密度之间还有以下的关系. 由 (1.1.15) 式和 (1.1.28) 式,

$$G(\boldsymbol{r},\boldsymbol{r};z)=\int_{-\infty}^{\infty}\mathrm{d}\lambda\sum_n\delta(\lambda-\lambda_n)\frac{\varphi_n(\boldsymbol{r})\varphi_n^*(\boldsymbol{r})}{z-\lambda}=\int_{\infty}^{\infty}\mathrm{d}\lambda\frac{\rho(\boldsymbol{r};\lambda)}{z-\lambda} \tag{1.1.32}$$

此式对于除 $\hat{L}$ 的本征值之外的所有 z 都有效.

如果 λ 是不属于本征值的实数, 那么

$$\frac{\mathrm{d}G(\boldsymbol{r},\boldsymbol{r};\lambda)}{\mathrm{d}\lambda}=-\left\langle\boldsymbol{r}\left|\frac{1}{(\lambda-\hat{L})^2}\right|\boldsymbol{r}\right\rangle<0 \tag{1.1.33}$$

因为 $\hat{L}$ 的本征值是实数, $(\lambda-\hat{L})^{-2}$ 的本征值肯定是正实数.

现在总结一下上面的讨论, 除了实轴上 $\hat{L}$ 的本征值处之外, 格林函数是在全复 z 平面上解析的. 在 $G(\boldsymbol{r},\boldsymbol{r}';z)$ 的一级极点处就 $\hat{L}$ 的分立本征值. 在极点 λ_n 处的留数是 $\varphi_n(\boldsymbol{r})\varphi_n^*(\boldsymbol{r}')$, 其中 $\varphi_n(\boldsymbol{r})$ 是对应于 λ_n 的 (非简并) 本征函数. $G(\boldsymbol{r},\boldsymbol{r}';\lambda)$ 在实轴上的支割线给出 $\hat{L}$ 的连续谱. 连续谱中每一点的侧极限的虚部决定了该点处的态密度. 注意, 由于支割线两边的侧极限不相等, 不能随便将格林函数越过支割线作解析延拓.

求出齐次方程 (1.1.1) 式的解格林函数之后, 我们可以容易解出以下的非齐次方程：

$$[z-\hat{L}(\boldsymbol{r})]u(\boldsymbol{r})=f(\boldsymbol{r}) \tag{1.1.34}$$

其中 $f(\boldsymbol{r})$ 是一给定的函数, 求解的区域与 (1.1.1) 式相同, 而且 $u(\boldsymbol{r})$ 在与 $G(\boldsymbol{r},\boldsymbol{r}';z)$ 同样的边界上取边界条件. 易知 (1.1.34) 式的解为

$$u(\boldsymbol{r})=\int G(\boldsymbol{r},\boldsymbol{r}';z)f(\boldsymbol{r}')\mathrm{d}\boldsymbol{r}',\quad z\neq\{\lambda_n\} \tag{1.1.35a}$$

$$u(\boldsymbol{r})=\int G^{\pm}(\boldsymbol{r},\boldsymbol{r}';\lambda)f(\boldsymbol{r}')\mathrm{d}\boldsymbol{r}'+\varphi(\boldsymbol{r}),\quad z=\lambda \tag{1.1.35b}$$

其中 λ 是在 $G(z)$ 的支割线范围内, 也即是 $\hat{L}$ 的连续谱内, 而 $\varphi(\boldsymbol{r})$ 是齐次方程 $[\lambda-\hat{L}(\boldsymbol{r})]\varphi(\boldsymbol{r})=0$ 的解, 即 $\hat{L}$ 的属于连续谱的本征函数. 将算符 $z-\hat{L}$ 作用于 (1.1.35) 式的两边, 再利用 (1.1.1) 式即得到 (1.1.34) 式.

§1.2 举 例

本节我们考虑一个简单的情况, 厄米算符 $\hat{L}(\boldsymbol{r})=-\nabla^2$, 区域 V 是全空间, 边界条件是：本征函数在无限远处应是有限值. 那么本征函数是：

$$\langle\boldsymbol{r}|\boldsymbol{k}\rangle=\frac{1}{\sqrt{V}}\mathrm{e}^{\mathrm{i}\boldsymbol{k}\cdot\boldsymbol{r}} \tag{1.2.1}$$

此处先设 V 有限, 再令 $V\to\infty$. 本征值为

$$\lambda_n = k^2 \tag{1.2.2}$$

现在矢量 $\boldsymbol{k}$ 就可用来代替本征值的下标 n. 这是一个连续谱, 范围是 $0\sim+\infty$, 没有分立本征值. 求解格林函数可从下列两个方法中选择一个, 依具体情况看哪个更容易而定. 一种方法是直接求解 (1.1.1) 式, 现在的形式是

$$(z+\nabla_{\boldsymbol{r}}^2)G(\boldsymbol{r},\boldsymbol{r}';z)=\delta(\boldsymbol{r}-\boldsymbol{r}') \tag{1.2.3}$$

另一办法是利用 (1.1.17) 式来计算

$$G(\boldsymbol{r},\boldsymbol{r}';z)=\sum_{\boldsymbol{k}}\frac{\langle\boldsymbol{r}|\boldsymbol{k}\rangle\langle\boldsymbol{k}|\boldsymbol{r}'\rangle}{z-k^2}=\int\frac{\mathrm{d}\boldsymbol{k}}{(2\pi)^d}\frac{\mathrm{e}^{\mathrm{i}\boldsymbol{k}\cdot(\boldsymbol{r}-\boldsymbol{r}')}}{z-k^2} \tag{1.2.4}$$

此处 d 是空间的维数, 并记 $\mathrm{d}\boldsymbol{k}=\mathrm{d}^dk$. 对于三维情况, 用 (1.2.4) 式较为方便, 而对于二维与一维情况, 也可求解 (1.2.3) 式.

(1.2.4) 式中利用了当体积 $V\to\infty$ 时, 有下列关系

$$\lim_{V\to\infty}\frac{1}{V}\sum_{\boldsymbol{k}}=\frac{1}{(2\pi)^d}\int\mathrm{d}\boldsymbol{k} \tag{1.2.5a}$$

此式的证明如下. 先设体积 V 是有限的, 它是边长为 L 的立方体. 对 (1.2.1) 式的解采用周期性边界条件, 则对 $\boldsymbol{k}$ 的第 i 个直角坐标分量, 有 $\mathrm{e}^{\mathrm{i}k_i(r_i+L)}=\mathrm{e}^{\mathrm{i}k_ir_i}$, $k_iL=2\pi n_i$, n_i 是整数, 在 $\boldsymbol{k}$ 空间中, $\boldsymbol{k}$ 点是均匀分布的, 在第 i 个方向上 $2\pi/L$ 的间隔内有一个点, 这个点所占据的 $\boldsymbol{k}$ 空间的体积即为 $(2\pi/L)^d$, 令这一体积为 $\Delta\boldsymbol{k}$, 则对 $\boldsymbol{k}$ 点的求和, 可以写成对这体积的求和

$$\sum_{\boldsymbol{k}}(2\pi/L)^d=(2\pi/L)^d\sum_{\boldsymbol{k}}1=\sum\Delta\boldsymbol{k}$$

等式右边是求 $\boldsymbol{k}$ 空间的整个体积. 当 $L\to\infty$ 时, 体积元 $\Delta\boldsymbol{k}\to\mathrm{d}\boldsymbol{k}$, 即得 (1.2.5a) 式. 注意, 虽然本征值 $\lambda=\boldsymbol{k}^2$ 是正数, $\boldsymbol{k}$ 可正可负, 因而能级是二重简并的.

对于任意函数 $f(\boldsymbol{k})$, 有

$$\lim_{V\to\infty}\frac{1}{V}\sum_{\boldsymbol{k}}f(\boldsymbol{k})=\frac{1}{(2\pi)^d}\int f(\boldsymbol{k})\mathrm{d}\boldsymbol{k} \tag{1.2.5b}$$

(1.2.5) 式常用于求和与积分之间的相互转换.

1.2.1 三维情况

三维情况 d=3. 令 $\boldsymbol{\rho}=\boldsymbol{r}-\boldsymbol{r}'$, 且 $\boldsymbol{\rho}$ 与 $\boldsymbol{k}$ 之间的夹角为 θ, 由 (1.2.4) 式

$$\begin{aligned}G(\boldsymbol{r},\boldsymbol{r}';z)&=\frac{1}{8\pi^3}\int_0^\infty\frac{2\pi k^2\mathrm{d}k}{z-k^2}\int_0^\pi\sin\theta\mathrm{d}\theta\mathrm{e}^{\mathrm{i}k\rho\cos\theta}\\&=\frac{1}{4\pi^2}\int_0^\infty\frac{k^2\mathrm{d}k}{z-k^2}\frac{\mathrm{e}^{\mathrm{i}k\rho}-\mathrm{e}^{-\mathrm{i}k\rho}}{\mathrm{i}k\rho}=\frac{1}{4\mathrm{i}\pi^2\rho}\int_{-\infty}^\infty\frac{k\mathrm{e}^{\mathrm{i}k\rho}}{z-k^2}\mathrm{d}k\end{aligned} \tag{1.2.6}$$

其中将第二个等式中的后项作 $k \to -k$ 的变换成为 $(-\infty, 0)$ 区间内的积分. 现在我们设有一复 k 平面, (1.2.6) 式是沿着其实轴积分, 在上半平面补上无限大半圆的积分路径不影响积分值. 被积函数有两个极点 $z - k^2 = -(k+\sqrt{z})(k-\sqrt{z})$. 设 $\mathrm{Im}\sqrt{z} > 0$, 则 $\sqrt{z}$ 在上半平面内. $-\sqrt{z}$ 在下半平面内. 利用留数定理, 积分结果为

$$G(\boldsymbol{r}, \boldsymbol{r}'; z) = -\frac{\mathrm{e}^{\mathrm{i}\sqrt{z}|\boldsymbol{r}-\boldsymbol{r}'|}}{4\pi|\boldsymbol{r}-\boldsymbol{r}'|}, \ \mathrm{Im}\sqrt{z} > 0 \tag{1.2.7}$$

如果 $z = \lambda > 0$ 是个正实数 (也即在 $-\nabla^2$ 的本征谱范围内), 由于两个极点都在实轴上, 无法积分, 所以格林函数没有定义, 但我们可使 λ 带上一个小的虚部, 从而定义格林函数的两个侧极限, 积分结果为

$$G^{\pm}(\boldsymbol{r}, \boldsymbol{r}; \lambda) = -\frac{\mathrm{e}^{\pm\mathrm{i}\sqrt{\lambda}|\boldsymbol{r}-\boldsymbol{r}'|}}{4\pi|\boldsymbol{r}-\boldsymbol{r}'|}, \lambda \geqslant 0 \tag{1.2.8}$$

如果 $z = \lambda < 0$ 是个负实数, 那么只要在 (1.2.7) 式中令 $\sqrt{z} = -\mathrm{i}\sqrt{|\lambda|}$ 即可

$$G(\boldsymbol{r}, \boldsymbol{r}'; \lambda) = -\frac{\mathrm{e}^{-\sqrt{|\lambda|}|\boldsymbol{r}-\boldsymbol{r}'|}}{4\pi|\boldsymbol{r}-\boldsymbol{r}'|}, \lambda < 0 \tag{1.2.9}$$

特别是当 $z=0$ 时,

$$G(\boldsymbol{r}, \boldsymbol{r}'; 0) = -\frac{1}{4\pi|\boldsymbol{r}-\boldsymbol{r}'|} \tag{1.2.10}$$

而它正是三维拉普拉斯 (Laplace) 方程

$$\nabla_{\boldsymbol{r}}^2 G(\boldsymbol{r}, \boldsymbol{r}'; 0) = \delta(\boldsymbol{r}-\boldsymbol{r}') \tag{1.2.11}$$

的解.

1.2.2 二维情况

二维情况 $d=2$. 我们先设格林函数只是标量 $\rho = |\boldsymbol{r}-\boldsymbol{r}'|$ 的函数 $G(\rho, z)$. 先在 $\rho \neq 0$ 的范围解方程

$$(z + \nabla^2)G(\rho, z) = 0, \rho \neq 0 \tag{1.2.12}$$

在得到解的时候应注意当 $\rho \to 0$ 时, (1.2.3) 式右边是无穷大, 这相当于给方程 (1.2.12) 加上一个边界条件. 在 (1.2.3) 式两边做积分 $\displaystyle\int_0^\rho \int_0^{2\pi} \rho' \mathrm{d}\rho' \mathrm{d}\varphi$ 得

$$2\pi\rho\frac{\partial G}{\partial \rho} + 2\pi z \int_0^\rho G(\rho', z)\rho' \mathrm{d}\rho' = 1$$

当 $\rho\to 0$ 时, 设格林函数的发散程度低于 ρ 的二次方, 上式左边第二项趋于零, 所以 $G(\rho)$ 的解趋于如下的对数函数

$$G(\rho)\xrightarrow[\rho\to 0]{}\frac{1}{2\pi}\ln\rho+C \tag{1.2.13}$$

C 是一常数. 此式满足 $\rho\to 0$ 时的边界条件. 另一方面, 还有一在无穷远处的边界条件

$$G(\rho)\xrightarrow[\rho\to\infty]{}0 \tag{1.2.14}$$

方程 (1.2.12) 的同时满足条件 (1.2.13) 和 (1.2.14) 的唯一解是

$$G(\boldsymbol{r}-\boldsymbol{r}';z)=\frac{-\mathrm{i}}{4}\mathrm{H}_0^{(1)}(\sqrt{z}|\boldsymbol{r}-\boldsymbol{r}'|),\mathrm{Im}\sqrt{z}>0 \tag{1.2.15}$$

其中 $\mathrm{H}_0^{(1)}$ 是零阶的第一类汉克尔 (Hankel) 函数. 可以这样来进行讨论：(1.2.12) 式的通解是由 $[A_n\mathrm{H}_n^{(1)}(\sqrt{z}\rho)+B_n\mathrm{H}_n^{(2)}(\sqrt{z}\rho)]\mathrm{e}^{\mathrm{i}n\varphi}$ 这样的项叠加起来的. 由于空间各向同性, 解应与方向即角度 φ 无关, 所以只能取 n=0 的项. 再有 $\mathrm{H}_0^{(2)}(\sqrt{z}\rho)$ 当 $\mathrm{Im}\sqrt{z}>0$ 时在 $\rho\to\infty$ 是无限增大的, 所以应舍去, 最后由 (1.2.13) 式决定了 A_0 的值.

当 z=λ >0 是正实数, 即在连续谱的范围内, $\mathrm{Im}\sqrt{z}=0$, 只能定义侧极限

$$G^{\pm}(\boldsymbol{r},\boldsymbol{r}';\lambda)=\frac{-\mathrm{i}}{4}\mathrm{H}_0^{(1)}(\pm\sqrt{\lambda}\rho),\lambda>0 \tag{1.2.16}$$

其中

$$\mathrm{H}_0^{(1)}(-\sqrt{\lambda}\rho)=-\mathrm{H}_0^{(2)}(\sqrt{\lambda}\rho) \tag{1.2.17}$$

对于负实数 $z=-|\lambda|$, 由 (1.2.15) 得到

$$G(\boldsymbol{r},\boldsymbol{r}';-|\lambda|)=-\frac{1}{2\pi}\mathrm{K}_0(\sqrt{|\lambda|}|\boldsymbol{r}-\boldsymbol{r}'|) \tag{1.2.18}$$

其中 K_0 是零阶变形第二类贝塞尔 (Bessel) 函数.

$z\to 0$ 时, 则由 (1.2.15) 式得到二维拉普拉斯方程的解：

$$G(\boldsymbol{r},\boldsymbol{r}';0)=-\frac{1}{2\pi}\ln|\boldsymbol{r}-\boldsymbol{r}'|+C(C\text{ 为常数}) \tag{1.2.19}$$

1.2.3 一维情况

一维情况 d=1. 仍设格林函数只是坐标差的函数 $G(x-x';z)$. 直接求解方程 (1.2.3) 式.

$$\left(z+\frac{\mathrm{d}^2}{\mathrm{d}x^2}\right)G(x-x';z)=\delta(x-x') \tag{1.2.20}$$

先在 $x \neq x'$ 的区域求解. 当 $x < x'$ 时, 有 $G(x,x';z) = A\mathrm{e}^{-\mathrm{i}\sqrt{z}(x-x')}$. 同理, $x > x'$ 时, $G(x,x';z) = B\mathrm{e}^{\mathrm{i}\sqrt{z}(x-x')}$. 这里, $\mathrm{Im}\sqrt{z} > 0$. 在 (1.2.20) 两边对 x 积分 $\int_{x'^-}^{x'^+} \mathrm{d}x$ 得 $\left.\frac{\partial G}{\partial x}\right|_{x=x'^+} - \left.\frac{\partial G}{\partial x}\right|_{x=x'^-} = 1$, 即 $A\mathrm{i}\sqrt{z} + B\mathrm{i}\sqrt{z} = 1$. 又由 $\delta(x-x') = \delta(x'-x)$, $G(x-x') = G(x'-x)$. 得到 $G(x,x';z) = A\mathrm{e}^{-\mathrm{i}\sqrt{z}(x-x')} = G(x',x;z) = B\mathrm{e}^{\mathrm{i}\sqrt{z}(x'-x)}$, 即 $A = B = 1/(2\mathrm{i}\sqrt{z})$. 结果,

$$G(x,x';z) = \frac{\mathrm{e}^{\mathrm{i}\sqrt{z}|x-x'|}}{2\mathrm{i}\sqrt{z}}, \ \mathrm{Im}\sqrt{z} > 0 \tag{1.2.21}$$

当 $z=\lambda > 0$ 在连续谱内, 定义侧极限

$$G^{\pm}(x,x';\lambda) = \mp\frac{\mathrm{i}}{2\sqrt{\lambda}}\mathrm{e}^{\pm\mathrm{i}\sqrt{\lambda}|x-x'|}, \ \lambda > 0 \tag{1.2.22}$$

$z = -|\lambda|$ 时, 由 (1.2.21) 式得

$$G(x,x';-|\lambda|) = -\frac{1}{2\sqrt{|\lambda|}}\mathrm{e}^{-\sqrt{|\lambda|}|x-x'|}, \sqrt{\lambda} > 0 \tag{1.2.23}$$

对于一维拉普拉斯方程的解 z=0 的情况, 取 (1.2.21) 式 $z \to 0$ 时的两个侧极限的平均值: $G = (G^+ + G^-)/2$, 得

$$G(x,x';0) = \frac{1}{2}|x-x'| + C(C\text{为常数}) \tag{1.2.24}$$

最后我们应指出, 在均匀与各向同性空间中格林函数 $G(\boldsymbol{r},\boldsymbol{r}';z)$ 只是其坐标差的绝对值 $|\boldsymbol{\rho}| = |\boldsymbol{r}-\boldsymbol{r}'|$ 的函数. 首先, 由于空间均匀性, 对 $\boldsymbol{r}$ 和 $\boldsymbol{r}'$ 同时加上任意一个矢量 $\boldsymbol{A}$, 解的形式应当不变 $G(\boldsymbol{r}+\boldsymbol{A},\boldsymbol{r}'+\boldsymbol{A};z) = G(\boldsymbol{r},\boldsymbol{r}';z)$, 所以 G 只能是 $\boldsymbol{\rho}=\boldsymbol{r}-\boldsymbol{r}'$ 的函数. 其次, 由于各向同性, ρ 取任何方向, G 的形式应不变, 所以 $G(\boldsymbol{r},\boldsymbol{r}';z) = G(\rho;z)$. 本节讨论的区域是无限大真空, 我们看到解确实都是 $|\boldsymbol{r}-\boldsymbol{r}'|$ 的函数. 在二维与一维情况, 求解之前对格林函数所作的假设也是合理的.

习　题

1. 对于一维情况, 我们是用直接求解方程 (1.2.3) 式得到解式 (1.2.21). 请从 (1.2.4) 式出发求得解式 (1.2.21)~(1.2.24) 式.

2. 对于二维情况, 请从 (1.2.4) 式出发求得解式 (1.2.15), (1.2.16), (1.2.18) 式.

第二章　含时格林函数

§2.1　对时间一阶导数

我们要求的格林函数是满足下述对时间一阶导数的偏微分方程：

$$\left[\frac{\mathrm{i}}{c}\frac{\partial}{\partial t}-\hat{L}(\boldsymbol{r})\right]g(\boldsymbol{r},\boldsymbol{r}';t,t')=\delta(\boldsymbol{r}-\boldsymbol{r}')\delta(t-t') \tag{2.1.1}$$

并满足一定的边界条件与初始条件的解. 这里假定 c 是一正的常数, $\hat{L}(\boldsymbol{r})$ 是第一章所说的厄米算符. 如果哈密顿量不含时间, 格林函数是时间差 $t-t'$ 的函数, 因为时间总是均匀流逝的, 这一点与均匀空间的情况类似.

令 $\tau=t-t'$, 则格林函数可表达成 $g(\boldsymbol{r}-\boldsymbol{r}';\ \tau)$ 甚至简写成 $g(\tau)$. 作傅里叶 (Fourier) 变换

$$g(\tau)=\int_{-\infty}^{\infty}\frac{\mathrm{d}\omega'}{2\pi}\mathrm{e}^{-\mathrm{i}\omega'\tau}g(\omega') \tag{2.1.2}$$

将此式代入 (2.1.1) 式得

$$\left[\frac{\omega}{c}-\hat{L}(\boldsymbol{r})\right]g(\boldsymbol{r},\boldsymbol{r}';\omega)=\delta(\boldsymbol{r}-\boldsymbol{r}') \tag{2.1.3}$$

将此式与 (1.1.1) 式比较, 可知

$$g(\omega)=G\left(\frac{\omega}{c}\right) \tag{2.1.4}$$

而函数 $G(z)$ 已在第一章中作了较详细的讨论.

式 (2.1.2) 中的积分是沿着实轴进行的. 一般说来, $g(\omega)$ 是复 ω 平面上的解析函数. 但在实 ω 轴上要小心, 因为存在分立的极点和支割线, 在这样的点上格林函数是没有定义的, 因此 (2.1.2) 式的积分实际上是无法操作的. 为了避开这一困难, 我们选取一极限过程：令 (2.1.3) 式的沿实轴的路径为 C_0, 则任选一路径 C 使它无限逼近 C_0.

$$g^{\mathrm{C}}(\tau)=\lim_{\mathrm{C}\to\mathrm{C}_0}\int_{\mathrm{C}}\frac{\mathrm{d}\omega}{2\pi}G^{\pm}\left(\frac{\omega}{c}\right)\mathrm{e}^{-\mathrm{i}\omega\tau} \tag{2.1.5}$$

最简单的选择是取实轴两侧的直线路径. 由于格林函数的侧极限存在, 故有

$$g^{\pm}(\tau)=\int_{-\infty}^{\infty}\frac{\mathrm{d}\omega}{2\pi}G^{\pm}\left(\frac{\omega}{c}\right)\mathrm{e}^{-\mathrm{i}\omega\tau} \tag{2.1.6}$$

现在定义一个新的格林函数.

$$\tilde{g}(\tau)=g^{+}(\tau)-g^{-}(\tau) \tag{2.1.7}$$

由于 g^+ 和 g^- 都是方程 (2.1.1) 式的解, 所以它们的差 $\tilde{g}$ 实质上是齐次方程

$$\left[\frac{\mathrm{i}}{c}\frac{\partial}{\partial t} - \hat{L}(\boldsymbol{r})\right]\varphi(\boldsymbol{r},t) = 0 \tag{2.1.8}$$

的解, 而不是 (2.1.1) 式的解. 因此严格地说, $\tilde{g}$ 不是格林函数. 不过本书中我们仍称之为格林函数, 因为谁也没有明确给定应称为什么.

由图 2.1, 当 $\tau > 0$ 时, 我们在 (2.1.7) 式右边的两个积分路径上都在下半平面补上无限大半圆, 这时 e 指数为 $\mathrm{e}^{-\mathrm{i}(\omega - \mathrm{i}\eta)\tau}$. 当 $\eta \to \infty$ 时, 它趋于零. 由于极点都在实轴上, 故 $g^-(\tau)$ 没有贡献, $\tilde{g}(\tau > 0) = g^+(\tau > 0)$. 同理, 当 $\tau < 0$ 时, 在 (2.1.7) 式右边的积分在复 ω 平面的上半平面补上无限大半圆的积分路径, 得到 $\tilde{g}(\tau < 0) = g^-(\tau < 0)$. 这两式统一写成

$$g^{\pm}(\tau) = \pm\theta(\pm\tau)\tilde{g}(\tau) \tag{2.1.9}$$

图 2.1 g^+、g^- 和 $\tilde{g}$ 三个函数在复 ω 平面上的积分路径

其中 $\theta(x)$ 是亥维赛 (Heaviside) 函数, 也称为阶跃函数. 其定义如下:

$$\theta(x) = \begin{cases} 1, & x > 0 \\ 0, & x < 0 \end{cases} \tag{2.1.10}$$

结合 (1.1.20) 式与 (2.1.6) 式, 有

$$g^-(\boldsymbol{r},\boldsymbol{r}';\tau) = [g^+(\boldsymbol{r},\boldsymbol{r}';-\tau)]^* \tag{2.1.11}$$

下面利用 (1.1.25) 式, 用 $\hat{L}(\boldsymbol{r})$ 的本征值与本征函数来表达 $\tilde{g}(\tau)$.

$$\begin{aligned}\tilde{g}(\boldsymbol{r},\boldsymbol{r}';\tau) &= \int_{-\infty}^{\infty}\frac{\mathrm{d}\omega}{2\pi}\mathrm{e}^{-\mathrm{i}\omega\tau}\left[G^+\left(\frac{\omega}{c}\right) - G^-\left(\frac{\omega}{c}\right)\right] \\ &= -2\pi\mathrm{i}\int_{-\infty}^{\infty}\frac{\mathrm{d}\omega}{2\pi}\mathrm{e}^{-\mathrm{i}\omega\tau}\sum_n \delta\left(\frac{\omega}{c} - \lambda_n\right)\varphi_n(r)\varphi_n^*(r') \\ &= -\mathrm{i}c\sum_n \mathrm{e}^{-\mathrm{i}c\lambda_n\tau}\varphi_n(\boldsymbol{r})\varphi_n^*(\boldsymbol{r}')\end{aligned} \tag{2.1.12}$$

考虑到 $\tilde{g}(\boldsymbol{r},\boldsymbol{r}';\tau)=\langle\boldsymbol{r}|\tilde{g}(\tau)|\boldsymbol{r}'\rangle$ 而把 $\tilde{g}(\tau)$ 看作是一个算符, 那么它的表达式为

$$\tilde{g}(\tau)=-\mathrm{i}c\sum_n \mathrm{e}^{-\mathrm{i}c\lambda_n\tau}|\varphi_n\rangle\langle\varphi_n|=-\mathrm{i}c\mathrm{e}^{-\mathrm{i}c\hat{L}\tau} \tag{2.1.13}$$

定义算符

$$\hat{U}(t,t')=\mathrm{e}^{-\mathrm{i}c\hat{L}(t-t')} \tag{2.1.14}$$

为时间演化算符, 因为如果 $|\varphi(t)\rangle$ 满足齐次方程 (2.1.8) 式, 那么有

$$|\varphi(t)\rangle=\hat{U}(t,t')|\varphi(t')\rangle \tag{2.1.15}$$

这只要将 (2.1.15) 式对时间 t 求导, 对 $\hat{U}$ 的求导用 (2.1.14) 式, 再由 (2.1.8) 式即得. (2.1.15) 式的物理意义是：$\hat{U}(t,t')$ 作用到时间 t' 的态 $|\varphi(t')\rangle$ 上的效果是使它演化成 t 时刻的态 $|\varphi(t)\rangle$. 时间演化算符具有以下性质：

$$\hat{U}(t_1,t_2)=\hat{U}(t_1,t_3)\hat{U}(t_3,t_2) \tag{2.1.16a}$$

$$\hat{U}(t_1,t_2)=\hat{U}^{\dagger}(t_2,t_1) \tag{2.1.16b}$$

$$\hat{U}(t_1,t_1)=1 \tag{2.1.16c}$$

将 (2.1.13) 式用 $\hat{U}$ 算符表示,

$$\hat{U}(t,t')=\frac{\mathrm{i}}{c}\tilde{g}(t-t') \tag{2.1.17}$$

当 $t=t'$ 时做矩阵元 $\langle\boldsymbol{r}|\tilde{g}(0)|\boldsymbol{r}'\rangle$, 因为 $\langle\,\boldsymbol{r}|\boldsymbol{r}'\rangle=\delta\,(\boldsymbol{r}-\boldsymbol{r}')$, 所以

$$\tilde{g}(\boldsymbol{r},\boldsymbol{r}';0)=-\mathrm{i}c\delta(\boldsymbol{r}-\boldsymbol{r}') \tag{2.1.18}$$

将 (2.1.17) 式代入 (2.1.15) 式并写成坐标表象中的形式, 为

$$\varphi(\boldsymbol{r},t)=\frac{\mathrm{i}}{c}\int\tilde{g}(\boldsymbol{r},\boldsymbol{r}';t-t')\varphi(\boldsymbol{r}',t')\mathrm{d}\boldsymbol{r}' \tag{2.1.19}$$

它可通过 (2.1.7) 式用 $g^{\pm}(\tau)$ 来表达.

与第一章的情况类似, (2.1.1) 式的解格林函数使我们易求得非齐次方程

$$\left[\frac{\mathrm{i}}{c}\frac{\partial}{\partial t}-\hat{L}(\boldsymbol{r})\right]\psi(\boldsymbol{r},t)=f(\boldsymbol{r},t) \tag{2.1.20}$$

的解：

$$\psi(\boldsymbol{r},\,t)=\varphi(\boldsymbol{r},t)+\int\mathrm{d}\boldsymbol{r}'\mathrm{d}t'g^{+}(\boldsymbol{r},\boldsymbol{r}',t-t')f(\boldsymbol{r}',t') \tag{2.1.21}$$

其中 $\varphi(\boldsymbol{r},t)$ 为齐次方程 (2.1.8) 式的解. (2.1.21) 式的证明可与 (1.1.35) 式相比较. 虽然用 $g^-(\tau)$ 代换 (2.1.21) 式的 $g^+(\tau)$ 仍是 (2.1.20) 式的解, 但从物理考虑我们必须扔掉这一解. 由证明 (2.1.9) 式的过程可知:

$$g^+(t-t'<0)=0, g^-(t-t'>0)=0 \tag{2.1.22}$$

这说明 $g^+(t-t')$ 总是描述了源在 t' 时刻产生影响之后的任意 t 时刻的响应, 而 $g^-(t-t')$ 则只能描述在 t' 时刻之前的行为. 后者因不符合因果关系而舍去. 由 (2.1.9) 式, 可把 (2.1.21) 重写成

$$\psi(\boldsymbol{r},t)=\varphi(\boldsymbol{r},t)+\int \mathrm{d}\boldsymbol{r}'\int_{-\infty}^{t}\tilde{g}(\boldsymbol{r},\boldsymbol{r}';t-t')f(\boldsymbol{r}',t')\mathrm{d}t' \tag{2.1.23}$$

设 $\hat{L}=-\nabla^2$, 我们来求出格林函数. 事实上只要有了 $\tilde{g}(\tau)$, 就可由 (2.1.9) 式得到 $g^{\pm}(\tau)$. 本例中最方便的是用 (2.1.12) 式求 $\tilde{g}(\tau)$. $\hat{L}(\boldsymbol{r})$ 的本征函数是 (1.2.1) 式, 本征值是 (1.2.2) 式, 因此

$$\tilde{g}(\boldsymbol{r},\boldsymbol{r}';\tau)=-\mathrm{i}c\sum_k \mathrm{e}^{-\mathrm{i}ck^2\tau}\frac{1}{V}\mathrm{e}^{\mathrm{i}k\cdot(\boldsymbol{r}-\boldsymbol{r}')}=-\mathrm{i}c\int\frac{\mathrm{d}^d k}{(2\pi)^d}\mathrm{e}^{\mathrm{i}k\cdot\rho-\mathrm{i}ck^2\tau} \tag{2.1.24}$$

其中利用了 (1.2.5) 式, $\boldsymbol{\rho}=\boldsymbol{r}-\boldsymbol{r}'$, d 是空间维数. (2.2.1) 式容易按直角坐标分量分别积分, 对第 i 个分量, 容易算得

$$\int\frac{\mathrm{d}k_i}{2\pi}\exp(\mathrm{i}k_i\rho_i-\mathrm{i}ck_i^2\tau)=\frac{1}{2\pi}\sqrt{\frac{\pi}{\mathrm{i}c\tau}}\exp(\mathrm{i}\rho_i^2/4c\tau)$$

所以

$$\begin{aligned}\tilde{g}(\boldsymbol{r},\boldsymbol{r}';\tau)&=-\mathrm{i}c\prod_{i=1}^{d}\int\frac{\mathrm{d}k_i}{2\pi}\exp(\mathrm{i}k_i\rho_i-\mathrm{i}ck_i^2\tau)=-\mathrm{i}c\left(\frac{1}{4\pi\mathrm{i}c\tau}\right)^{d/2}\exp\left(\mathrm{i}\sum_{i=1}^{d}\frac{\rho_i^2}{4c\tau}\right)\\&=-\mathrm{i}c\left(\frac{1}{4\pi\mathrm{i}c\tau}\right)^{d/2}\mathrm{e}^{\mathrm{i}\rho^2/4c\tau}\end{aligned} \tag{2.1.25}$$

由于 $\tilde{g}(\tau)$ 是时间演化算符的含义, (2.1.25) 式表明空间中一个自由的波是怎样随时间演化的. 当 $\tau=0$ 时在原点处有一个 δ 型波包, 那么在 $\tau>0$ 的时间波包不断向外扩展, 峰值不断降低, 最终演化为无限大空间内的一个平面波. 此例也说明只有朝向未来时间的演化才有物理意义.

§2.2 对时间二阶导数

现在要求的含时格林函数须满足下述对时间求二次导数的偏微分方程:

$$\left[-\frac{1}{c^2}\frac{\partial^2}{\partial t^2}-\hat{L}(\boldsymbol{r})\right]g(\boldsymbol{r},\boldsymbol{r}';t-t')=\delta(\boldsymbol{r}-\boldsymbol{r}')\delta(t-t') \tag{2.2.1}$$

其中 c 是一个正的常数. 相应的齐次方程与非齐次方程为

$$\left[-\frac{1}{c^2}\frac{\partial^2}{\partial t^2}-\hat{L}(\boldsymbol{r})\right]\varphi(\boldsymbol{r},t)=0 \tag{2.2.2}$$

$$\left[-\frac{1}{c^2}\frac{\partial^2}{\partial t^2}-\hat{L}(\boldsymbol{r})\right]\psi(\boldsymbol{r},t)=f(\boldsymbol{r},t) \tag{2.2.3}$$

以上三式在相同的区域中求解并具有相同的边界. 利用傅里叶变换

$$g(\tau)=\int_{-\infty}^{\infty}\frac{\mathrm{d}\omega}{2\pi}\mathrm{e}^{-\mathrm{i}\omega\tau}g(\omega) \tag{2.2.4}$$

代入 (2.2.1) 式并与 (1.1.1) 式比较, 有

$$g(\omega)=G(\omega^2/c^2) \tag{2.2.5}$$

由于 $G(z)$ 是复 z 平面上除实 z 轴之外的解析函数, $g(\omega)$ 是复 ω 平面上除实轴和虚轴之外的解析函数. 实 ω 轴上的 $g(\omega)$ 极点来自于正半 z 实轴上的 $G(z)$ 的极点, 虚 ω 轴上的极点则来自于负半实 z 轴上的极点. 本节为简单起见, 我们假定 $G(z)$ 只在正半 z 实轴上有极点 (例如 $\hat{L}=-\nabla^2$ 的情况), 这时 $g(\omega)$ 在复 ω 平面上只有实轴上有极点.

由于现在实 ω 轴上有极点, (2.2.4) 式的积分仍须用上一节 (2.1.5) 式选择路径求极限的方法.

$$g^{\mathrm{C}}(\tau)=\lim_{\mathrm{C}\to\mathrm{C}_0}\int_{\mathrm{C}}\frac{\mathrm{d}\omega}{2\pi}g(\omega)\mathrm{e}^{-\mathrm{i}\omega\tau}=\lim_{\mathrm{C}\to\mathrm{C}_0}\int_{\mathrm{C}}\frac{\mathrm{d}\omega}{2\pi}G\left(\frac{\omega^2}{c^2}\right)\mathrm{e}^{-\mathrm{i}\omega\tau} \tag{2.2.6}$$

在所有可选择的路径中, 有四条路径有明显的物理意义, 见图 2.2 中前四个图. 其中上一节的 $g^{\pm}(\tau)$ 现在分别记为 $g^{\mathrm{R}}(\tau)$ 与 $g^{\mathrm{A}}(\tau)$. 对于 $\tau>0$ 或 $\tau<0$ 的时间, 分别在下半平面或上半平面补上回路可知

$$g^{\mathrm{R}}(\tau<0)=0, g^{\mathrm{A}}(\tau>0)=0 \tag{2.2.7}$$

图 2.2 中的第四个路径定义了函数 g^{F}, 它其实不是独立的, 因为有

$$g^{\mathrm{R}}+g^{\mathrm{A}}=g+g^{\mathrm{F}} \tag{2.2.8}$$

通常, 取 g、g^{R}、g^{A} 为三个基本的格林函数, 它们在物理学中分别称为因果 (causal) 格林函数、推迟 (retarded) 格林函数与超前 (advanced) 格林函数. 由图 2.2 的积分路径可看出, 各格林函数的傅里叶变换为

$$g(\omega)=\lim_{\eta\to0^+}g[\omega+\mathrm{i}\eta\ \mathrm{sgn}(\omega)]=\lim_{\eta\to0^+}G\left(\frac{\omega^2}{c^2}+\mathrm{i}\eta\right)=G^+\left(\frac{\omega^2}{c^2}\right) \tag{2.2.9}$$

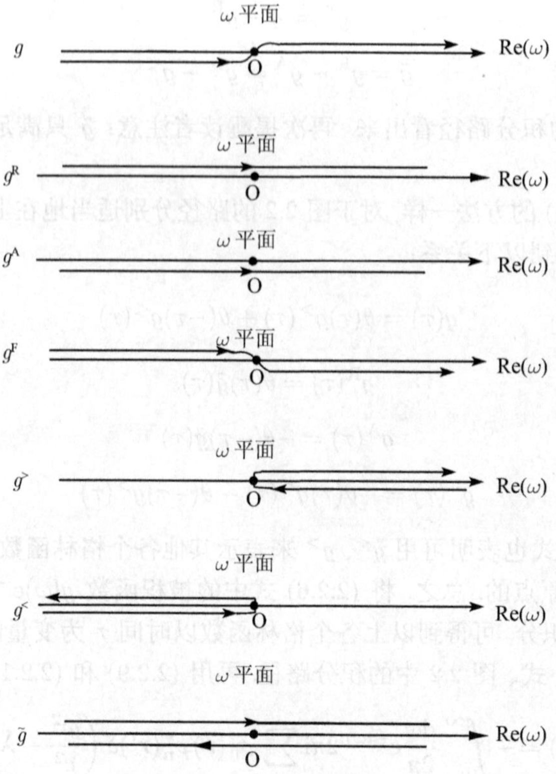

图 2.2 一些积分路径

$$g^{\mathrm{R}}(\omega)=\lim_{\eta\to 0^+}g(\omega+\mathrm{i}\eta)=\lim_{\eta\to 0^+}G\left[\frac{\omega^2}{c^2}+\mathrm{i}\eta\ \mathrm{sgn}(\omega)\right] \tag{2.2.10}$$

$$g^{\mathrm{A}}(\omega)=\lim_{\eta\to 0^+}g(\omega-\mathrm{i}\eta)=\lim_{\eta\to 0^+}G\left[\frac{\omega^2}{c^2}-\mathrm{i}\eta\ \mathrm{sgn}(\omega)\right] \tag{2.2.11}$$

$$g^{\mathrm{F}}(\omega)=\lim_{\eta\to 0^+}g[\omega-\mathrm{i}\eta\ \mathrm{sgn}(\omega)]=\lim_{\eta\to 0^+}G\left(\frac{\omega^2}{c^2}-\mathrm{i}\eta\right)=G^-\left(\frac{\omega^2}{c^2}\right) \tag{2.2.12}$$

其中

$$\mathrm{sgn}(x)=\theta(x)-\theta(-x)=\begin{cases}1, & x>0\\ -1, & x<0\end{cases} \tag{2.2.13}$$

这是符号函数, 宗量为正时, 函数值为 +1; 宗量为负时, 函数值为 −1. (2.2.12) 式中 ω 是实数. 图 2.2 中的积分路径代表的是 (2.2.9)~(2.2.12) 式中第一个等号右边的宗量, 把这一宗量平方即得第二个等号右边的宗量. 图 2.2 中余下的三个格林函数为

$$g^{>}=g-g^{\mathrm{A}} \tag{2.2.14}$$

$$g^{<} = g - g^{\mathrm{R}} \tag{2.2.15}$$

$$\tilde{g} = g^{\mathrm{R}} - g^{\mathrm{A}} = g^{>} - g^{<} \tag{2.2.16}$$

这可从图 2.2 中的积分路径看出来. 再次提醒读者注意：$\tilde{g}$ 只满足齐次方程 (2.2.2) 而非 (2.2.1).

与推导 (2.1.9) 的方法一样, 对于图 2.2 的路径分别适当地在上半平面或下半平面补上回路, 可得到以下关系：

$$g(\tau) = \theta(\tau)g^{>}(\tau) + \theta(-\tau)g^{<}(\tau) \tag{2.2.17}$$

$$g^{\mathrm{R}}(\tau) = \theta(\tau)\tilde{g}(\tau) \tag{2.2.18}$$

$$g^{\mathrm{A}}(\tau) = -\theta(-\tau)\tilde{g}(\tau) \tag{2.2.19}$$

$$g^{\mathrm{F}}(\tau) = -\theta(\tau)g^{<}(\tau) - \theta(-\tau)g^{>}(\tau) \tag{2.2.20}$$

(2.2.14)~(2.2.20) 式也表明可用 $g^{<}$、$g^{>}$ 来表示其他各个格林函数. 注意, $g^{<}$、$g^{>}$ 的积分路径是包含原点的. 总之, 将 (2.2.6) 式中的被积函数 $g(\omega)\mathrm{e}^{-\mathrm{i}\omega\tau}/(2\pi)$ 沿图 2.2 所示的各条路径积分, 可得到以上各个格林函数以时间 τ 为变量的形式.

根据 (2.2.14) 式、图 2.2 中的积分路径, 再用 (2.2.9) 和 (2.2.11) 式可得

$$\begin{aligned} g^{>}(\boldsymbol{r},\boldsymbol{r}';\tau) &= -\int_0^{\infty}\frac{\mathrm{d}\omega}{2\pi}\mathrm{e}^{-i\omega\tau}2\pi\mathrm{i}\sum_n\varphi_n(\boldsymbol{r})\varphi_n^*(\boldsymbol{r}')\delta\left(\frac{\omega^2}{c^2}-\lambda_n\right) \\ &= -\frac{\mathrm{i}c}{2}\sum_n\frac{1}{\sqrt{\lambda_n}}\varphi_n(\boldsymbol{r})\varphi_n^*(\boldsymbol{r}')\mathrm{e}^{-\mathrm{i}c\sqrt{\lambda_n}\tau} \end{aligned} \tag{2.2.21}$$

其中本节已假定了 $\sqrt{\lambda_n} > 0$. 类似地, 对于 $g^{<}$, 有

$$g^{<}(\boldsymbol{r},\boldsymbol{r}';\tau) = -\frac{\mathrm{i}c}{2}\sum_n\frac{1}{\sqrt{\lambda_n}}\varphi_n(\boldsymbol{r})\varphi_n^*(\boldsymbol{r}')\mathrm{e}^{\mathrm{i}c\sqrt{\lambda_n}\tau} \tag{2.2.22}$$

从 (2.2.21) 与 (2.2.22) 式得

$$g^{<}(\boldsymbol{r},\boldsymbol{r}';\tau) = -[g^{>}(\boldsymbol{r}',\boldsymbol{r};\tau)]^* \tag{2.2.23}$$

$$\tilde{g}(\boldsymbol{r},\boldsymbol{r}';\tau) = -c\sum_n\frac{1}{\sqrt{\lambda_n}}\varphi_n(\boldsymbol{r})\varphi_n^*(\boldsymbol{r}')\sin(c\sqrt{\lambda_n}\tau) \tag{2.2.24}$$

(2.2.24) 式写成算符的形式为

$$\tilde{g}(\tau) = -c\frac{\sin(c\sqrt{\hat{L}}\tau)}{\sqrt{\hat{L}}}(\tau = t - t') \tag{2.2.25}$$

注意, 其形式与一阶含时导数的形式 (2.1.13) 式不同.

最后来看方程 (2.2.2) 与 (2.2.3) 的解. 假如在 t' 时刻的初始条件 $\varphi(t')$ 与 $\dot{\varphi}(t')$ 已知 (其中一点表示对时间求导), 则

$$|\varphi(t)\rangle=-\frac{1}{c^2}[\tilde{g}(t-t')|\dot{\varphi}(t')\rangle+\dot{\tilde{g}}(t-t')|\varphi(t')\rangle] \tag{2.2.26}$$

是齐次方程 (2.2.2) 式的解. $\tilde{g}(t-t')$ 是满足 (2.2.2) 式的, 而且由 (2.2.25) 式可知, $\dot{\tilde{g}}(\tau)=-c^2\cos(c\sqrt{\hat{L}}\tau)$. 由此, (2.2.26) 式的 $|\varphi(t)\rangle$ 当 $t\to t'$ 时, $\varphi(t)\to\varphi(t')$, $\dot{\varphi}(t)\to\dot{\varphi}(t')$.

将 (2.2.26) 式写成坐标表象的形式:

$$\varphi(\boldsymbol{r},t)=-\frac{1}{c^2}\int \mathrm{d}\boldsymbol{r}'\tilde{g}(\boldsymbol{r},\boldsymbol{r}',t-t')\dot{\varphi}(\boldsymbol{r}',t')-\frac{1}{c^2}\int \mathrm{d}\boldsymbol{r}'\dot{\tilde{g}}(\boldsymbol{r},\boldsymbol{r}';t-t')\varphi(\boldsymbol{r}',t') \tag{2.2.27}$$

容易验证, 满足非齐次方程 (2.2.3) 式的具有物理意义的解是

$$\begin{aligned}\psi(\boldsymbol{r},t)&=\varphi(\boldsymbol{r},t)+\int \mathrm{d}\boldsymbol{r}'\mathrm{d}t'g^{\mathrm{R}}(\boldsymbol{r},\boldsymbol{r}';t-t')f(\boldsymbol{r}',t')\\&=\varphi(\boldsymbol{r},t)+\int \mathrm{d}\boldsymbol{r}'\int_{-\infty}^{t}\mathrm{d}t'\tilde{g}(\boldsymbol{r},\boldsymbol{r}';t-t')f(\boldsymbol{r}',t')\end{aligned} \tag{2.2.28}$$

其中 $\varphi(\boldsymbol{r},t)$ 是齐次方程 (2.2.2) 式的解, 后一等式用到 (2.2.18) 式.

我们仍以 $\hat{L}=-\nabla^2$ 为例来计算格林函数.

先看三维的情况. 令 $\rho=|\boldsymbol{\rho}|=|\boldsymbol{r}-\boldsymbol{r}'|$, 正实本征值 λ 的格林函数已由 (1.2.8) 的式给出, 现在 $\lambda=\omega^2/c^2$. 由 (2.2.6) 式取图 2.2 中 $g^>$ 的积分路径.

$$\begin{aligned}g^>(\rho,\tau)&=\int_0^\infty\frac{\mathrm{d}\omega}{2\pi}[g(\omega+\mathrm{i}0^+)\mathrm{e}^{-\mathrm{i}(\omega+\mathrm{i}0^+)\tau}-g(\omega-\mathrm{i}0^+)\mathrm{e}^{-\mathrm{i}(\omega-\mathrm{i}0^+)\tau}]\\&=\int_0^\infty\frac{\mathrm{d}\omega}{2\pi}\mathrm{e}^{-\mathrm{i}\omega\tau}\left[G\left(\frac{(\omega+\mathrm{i}0^+)^2}{c^2}\right)-G\left(\frac{(\omega-\mathrm{i}0^+)^2}{c^2}\right)\right]\\&=\int_0^\infty\frac{\mathrm{d}\omega}{2\pi}\mathrm{e}^{-\mathrm{i}\omega\tau}\left[G\left(\frac{\omega^2}{c^2}+\mathrm{i}0^+\right)-G\left(\frac{\omega^2}{c^2}-\mathrm{i}0^+\right)\right]\\&=-\frac{1}{4\pi\rho}\int_0^\infty\frac{\mathrm{d}\omega}{2\pi}\mathrm{e}^{-\mathrm{i}\omega\tau}(\mathrm{e}^{\mathrm{i}\omega\rho/c}-\mathrm{e}^{-\mathrm{i}\omega\rho/c})\end{aligned} \tag{2.2.29}$$

再由 (2.2.23) 式得

$$g^<(\rho,\tau)=-\frac{1}{4\pi\rho}\int_0^\infty\frac{\mathrm{d}\omega}{2\pi}\mathrm{e}^{\mathrm{i}\omega\tau}(\mathrm{e}^{\mathrm{i}\omega\rho/c}-\mathrm{e}^{-\mathrm{i}\omega\rho/c}) \tag{2.2.30}$$

将上两式相减, 由 (2.2.16)

$$\begin{aligned}\tilde{g}(\rho,\tau)&=\frac{1}{4\pi\rho}\int_0^\infty\frac{\mathrm{d}\omega}{2\pi}(\mathrm{e}^{\mathrm{i}\omega\rho/c}-\mathrm{e}^{-\mathrm{i}\omega\rho/c})(\mathrm{e}^{\mathrm{i}\omega\tau}-\mathrm{e}^{-\mathrm{i}\omega\tau})\\&=\frac{1}{4\pi\rho}\int_{-\infty}^\infty\frac{\mathrm{d}\omega}{2\pi}(\mathrm{e}^{\mathrm{i}\omega(\rho/c+\tau)}-\mathrm{e}^{-\mathrm{i}\omega(\rho/c-\tau)})=\frac{1}{4\pi\rho}\left[\delta\left(\frac{\rho}{c}+\tau\right)-\delta\left(\frac{\rho}{c}-\tau\right)\right]\\&=\frac{c}{4\pi\rho}[\delta(\rho+c\tau)-\delta(\rho-c\tau)]\end{aligned}\tag{2.2.31}$$

再由 (2.2.18) 和 (2.2.19) 式有

$$g^{\mathrm{R}}(\boldsymbol{r},\boldsymbol{r}';t-t')=-\frac{c}{4\pi|\boldsymbol{r}-\boldsymbol{r}'|}\delta(|\boldsymbol{r}-\boldsymbol{r}'|-c(t-t'))\tag{2.2.32}$$

$$g^{\mathrm{A}}(\boldsymbol{r},\boldsymbol{r}';t-t')=-\frac{c}{4\pi|\boldsymbol{r}-\boldsymbol{r}'|}\delta(|\boldsymbol{r}-\boldsymbol{r}'|+c(t-t'))\tag{2.2.33}$$

此时非齐次方程 (2.2.3) 式的解由 (2.2.28) 式为

$$\begin{aligned}\psi(\boldsymbol{r},t)&=\varphi(\boldsymbol{r},t)-\frac{1}{4\pi}\int\mathrm{d}\boldsymbol{r}'\mathrm{d}t\delta\left(\frac{\rho}{c}-(t-t')\right)\frac{f(\boldsymbol{r}',t')}{\rho}\\&=\varphi(\boldsymbol{r},t)-\frac{1}{4\pi}\int\mathrm{d}\boldsymbol{r}'\frac{f(\boldsymbol{r}',t-|\boldsymbol{r}-\boldsymbol{r}'|/c)}{|\boldsymbol{r}-\boldsymbol{r}'|}\end{aligned}\tag{2.2.34}$$

这是电动力学中的一个基本结果, 它表明 $\boldsymbol{r}'$ 处的点源在 $|\boldsymbol{r}-\boldsymbol{r}'|/c$ 的时间后在 $\boldsymbol{r}$ 处建立的势.

再来看二维情况. 如果用 x_1, x_2, x_3 来表示直角坐标的三个分量, 二维的情况可以这样来考虑：二维空间中 (x_1,x_2) 处的点源可以看成是三维空间中一条垂直于二维平面的长直线源 (x_1, x_2, x_3). 任意 x_3 处的强度都与 x_3=0 处的强度相等, 因此将三维格林函数的第三维坐标积分, 就得到二维格林函数, 令 $\boldsymbol{R}=(x_1,x_2)$, $p=|\boldsymbol{R}-\boldsymbol{R}'|$, 则 $\rho^2=p^2+(x_3-x_3')^2$.

$$\tilde{g}(\boldsymbol{R},\boldsymbol{R}';\tau)=\int_{-\infty}^\infty\mathrm{d}x_3'\tilde{g}(\rho,\tau)=\int_{-\infty}^\infty\mathrm{d}z\tilde{g}(\sqrt{p^2+z^2},\tau)\tag{2.2.35}$$

将 (2.2.31) 式代入, 得到二维格林函数为

$$\tilde{g}(\boldsymbol{R},\boldsymbol{R}';\tau)=-\mathrm{sgn}(\tau)\frac{\theta(c|\tau|-p)c}{2\pi\sqrt{c^2\tau^2-p^2}}\tag{2.2.36}$$

二维 g^{R} 是

$$g^{\mathrm{R}}(\boldsymbol{R},\boldsymbol{R}';\tau)=-\frac{\theta(c\tau-p)c}{2\pi\sqrt{c^2\tau^2-p^2}}\tag{2.2.37}$$

将二维格林函数对 x_2' 坐标积分就得到一维格林函数

$$g^{\mathrm{R}}(x,x';\tau)=-\frac{c}{2}\theta(c\tau-|x-x'|)\tag{2.2.38}$$

第二部分

单体格林函数

(One-Body Green's Functions)

第三章　单体格林函数的物理意义

§3.1　单体格林函数

一个系统的哈密顿量 $H(\boldsymbol{r})$ 的本征值方程是

$$[E - H(\boldsymbol{r})]\psi(\boldsymbol{r}) = 0 \tag{3.1.1}$$

相应地, 该系统的格林函数为

$$[E - H(\boldsymbol{r})]G(\boldsymbol{r}, \boldsymbol{r}'; E) = \delta(\boldsymbol{r} - \boldsymbol{r}') \tag{3.1.2}$$

格林函数的含义在以后会作较详细的讨论. 这儿我们只是简单地指出: $G(\boldsymbol{r}, \boldsymbol{r}'; E)$ 的物理意义是在没有粒子的空间 (可以认为是真空中) 在 $\boldsymbol{r}'$ 处产生一个能量为 E 的粒子, 运动到 $\boldsymbol{r}$ 处消失的传播概率幅. 由于只考虑一个独立粒子的运动, 故应称为单体单粒子格林函数, 或简称单体格林函数. 由于只有一个粒子, 所以哈密顿算符 $H(\boldsymbol{r})$ 是单体算符 (3.1.1) 式与 (3.1.2) 具有同样的边界条件. 这两式已在第一章中作了较详细的讨论. 我们只要将各量作下列对应就可将第一章讨论的内容照搬过来.

$$\hat{L}(\boldsymbol{r}) \to H(\boldsymbol{r}) \tag{3.1.3a}$$

$$\lambda \to E \tag{3.1.3b}$$

$$\lambda_n \to E_n \tag{3.1.3c}$$

从本章开始, 对于所有的算符, 我们都略去表示算符含义的尖头. 现在 E_n 是 H 的分立本征值, E 表示 H 的连续谱内的本征值.E 也用来一般地表示 H 的本征值. 仍用 $\varphi_n(\boldsymbol{r})$ 表示 H 的本征函数. 单体格林函数的表示式为

$$G(\boldsymbol{r}, \boldsymbol{r}'; z) = \sum_n \frac{\varphi_n(\boldsymbol{r})\varphi_n^*(\boldsymbol{r}')}{z - E_n} \tag{3.1.4}$$

或者写成算符形式:

$$G(z) = \sum_n \frac{|\varphi_n\rangle\langle\varphi_n|}{z - E_n} = \frac{1}{z - H} \tag{3.1.5}$$

(3.1.1) 与 (3.1.2) 两个方程实质上是等价的, 由 (3.1.4) 式与 (3.1.5) 式可看到, 格林函数包括了 H 的所有本征值与本征函数, 即含有系统哈密顿量的全部信息. 能够由 H 决定的物理内容, 用格林函数也应该能够给出. 格林函数的作用概括如下:

(1) 格林函数 $G(z)$ 的极点对应于 H 的分立本征值, 反之亦然.

(2) 如果本征值 E_n 的状态是 f 重简并的, 则 G 在 E_n 处的留数为

$$\mathrm{Res}G(\boldsymbol{r},\boldsymbol{r}';E_n)=\sum_{i=1}^{f}\varphi_{ni}(\boldsymbol{r})\varphi_{ni}^*(\boldsymbol{r}') \tag{3.1.6}$$

其中 $\varphi_{ni}(\boldsymbol{r})$, $i=1,2,\cdots,f$ 都是本征值为 E_n 的本征函数.

(3) 简并度可对留数的对角矩阵元积分求出.

$$f=\int \mathrm{d}\boldsymbol{r}\mathrm{Res}G(\boldsymbol{r},\boldsymbol{r};E_n)=\mathrm{tr}[\mathrm{Res}G(E_n)] \tag{3.1.7}$$

将 (3.1.6) 式代入 (3.1.7) 式得证. 对于非简并情形

$$\varphi_n(\boldsymbol{r})\varphi_n^*(\boldsymbol{r}')=\mathrm{Res}G(\boldsymbol{r},\boldsymbol{r}';E_n) \tag{3.1.8}$$

由此可求出波函数 $\varphi_n(\boldsymbol{r})=|\varphi_n(\boldsymbol{r})|\exp[-\mathrm{i}\rho_n(\boldsymbol{r})]$, 设在 $\boldsymbol{r}=0$ 处的相位为零, 则由 $\varphi_n(\boldsymbol{r})$ $\varphi_n^*(0)=\mathrm{ResG}(\boldsymbol{r}, 0; E_n)$ 可得波函数的大小和相位分别为

$$|\varphi_n(\boldsymbol{r})|=\sqrt{\mathrm{Res}G(\boldsymbol{r},\boldsymbol{r};E_n)} \tag{3.1.9}$$

$$\rho_n(\boldsymbol{r})=-\mathrm{i}\ln\frac{\mathrm{Res}G(\boldsymbol{r},0;E_n)}{\sqrt{\mathrm{Res}G(\boldsymbol{r},\boldsymbol{r};E_n)\mathrm{Res}G(0,0;E_n)}} \tag{3.1.10}$$

对于简并情形, 一定还有一个量子数来标记简并态.

(4) $G(z)$ 在实 z 轴上的支割线对应于 H 的连续谱, 反之亦然.

一般说来, H 的分立谱对应于系统的孤立态或局域态, 连续谱则对应于扩展态或传播态.

(5) 单位体积中的态密度是格林函数对角矩阵元的虚部. 总态密度是格林函数的迹的虚部.

$$\rho(\boldsymbol{r};E)=\mp\frac{1}{\pi}\mathrm{Im}G^{\pm}(\boldsymbol{r},\boldsymbol{r};E) \tag{3.1.11}$$

$$\rho(E)=\int \mathrm{d}\boldsymbol{r}\rho(\boldsymbol{r};E)=\mp\frac{1}{\pi}\mathrm{tr}[\mathrm{Im}G^{\pm}(E)] \tag{3.1.12}$$

式 (3.1.1) 实际上是不含时薛定谔方程, 其内容与 §1.1 相对应.

利用 §2.1 的结果, 可以写出含时薛定谔 (Schrödinger) 方程

$$\left(\mathrm{i}\hbar\frac{\partial}{\partial t}-H\right)|\psi(t)\rangle=0 \tag{3.1.13}$$

的形式解为

$$|\psi(t)\rangle=U(t,t_0)|\psi(t_0)\rangle \tag{3.1.14}$$

设已知初始条件 t_0, 其中时间演化算符

$$U(t,t_0)=\mathrm{e}^{-\mathrm{i}(t-t_0)H/\hbar} \tag{3.1.15}$$

可用格林函数来表达

$$U(t,t_0)=\mathrm{i}\hbar\tilde{g}(t-t_0)=\mathrm{i}\hbar\int_{-\infty}^{\infty}\frac{\mathrm{d}\omega}{2\pi}\mathrm{e}^{-\mathrm{i}\omega(t-t_0)}[G^+(\hbar\omega)-G^-(\hbar\omega)] \tag{3.1.16}$$

(3.1.14) 式写成坐标表象中的形式为

$$\psi(\boldsymbol{r},t)=\mathrm{i}\hbar\int\tilde{g}(\boldsymbol{r},\boldsymbol{r}';t-t_0)\psi(\boldsymbol{r}',t_0)\mathrm{d}\boldsymbol{r}' \tag{3.1.17}$$

§3.2 满足薛定谔方程的自由粒子

自由粒子的哈密顿量为

$$H_0=\frac{p^2}{2m}=-\frac{\hbar^2}{2m}\nabla^2 \tag{3.2.1}$$

由于薛定谔方程是

$$\left(\mathrm{i}\hbar\frac{\partial}{\partial t}+\frac{\hbar^2}{2m}\nabla^2\right)\varphi(\boldsymbol{r},t)=0 \tag{3.2.2}$$

所以相应的格林函数所满足的方程应是

$$\left(\mathrm{i}\hbar\frac{\partial}{\partial t}+\frac{\hbar^2}{2m}\nabla^2\right)g_0(\boldsymbol{r},\boldsymbol{r}';t-t')=\delta(\boldsymbol{r}-\boldsymbol{r}')\delta(t-t') \tag{3.2.3}$$

此处没有势能, 所以是自由粒子的格林函数所满足的方程. 用 §2.1 中傅里叶变换的方法可将 $g_0(\tau)$ 变成 $G_0(\omega)$, 从而只需求解不含时的格林函数. 在变换时 ω 是取的实数, 这时的不含时格林函数 G_0 只能取侧极限 $G_0^{\pm}$. 我们可以直接求一般情况下的不含时格林函数 G_0.

$$\left(z+\frac{\hbar^2}{2m}\nabla_{\boldsymbol{r}}^2\right)G_0(\boldsymbol{r},\boldsymbol{r}';z)=\delta(\boldsymbol{r}-\boldsymbol{r}') \tag{3.2.4}$$

其中 z 是任意复数, z 为实数的情况只是它的特例. 将 (3.2.4) 式写成如下形式：

$$\left(\frac{2m}{\hbar^2}z+\nabla_{\boldsymbol{r}}^2\right)\frac{\hbar^2}{2m}G_0(\boldsymbol{r},\boldsymbol{r}';z)=\delta(\boldsymbol{r}-\boldsymbol{r}') \tag{3.2.5}$$

与 (1.2.3) 式比较可知

$$G_0(\boldsymbol{r},\boldsymbol{r}';z)=\frac{2m}{\hbar^2}G\left(\boldsymbol{r},\boldsymbol{r}';\frac{2m}{\hbar^2}z\right) \tag{3.2.6}$$

其中 $G(\boldsymbol{r},\boldsymbol{r}';z)$ 是算符 $L=-\nabla_{\boldsymbol{r}}^2$ 的格林函数，它已在 §1.2 中求出，我们只要照搬 $z=E$ 为实数时的结果如下：

1. 三维情况

$$G_0(\boldsymbol{r},\boldsymbol{r}';E)=-\frac{m}{2\pi\hbar^2}\frac{1}{|\boldsymbol{r}-\boldsymbol{r}'|}\mathrm{e}^{-k_0|\boldsymbol{r}-\boldsymbol{r}'|},E\leqslant 0 \tag{3.2.7}$$

$$G_0^{\pm}(\boldsymbol{r},\boldsymbol{r}';E)=-\frac{m}{2\pi\hbar^2}\frac{1}{|\boldsymbol{r}-\boldsymbol{r}'|}\mathrm{e}^{\pm\mathrm{i}k_0|\boldsymbol{r}-\boldsymbol{r}'|},E>0 \tag{3.2.8}$$

$$k_0=\sqrt{2m|E|/\hbar^2}\geqslant 0 \tag{3.2.9}$$

$G_0(z)$ 在正实 z 轴上有一条支割线，它对应于 H_0 的连续谱. 实轴两侧的不连续性定义为

$$\widetilde{G}_0(\boldsymbol{r},\boldsymbol{r}';E)=G_0^{+}(\boldsymbol{r},\boldsymbol{r}';E)-G_0^{-}(\boldsymbol{r},\boldsymbol{r}';E) \tag{3.2.10}$$

它的表达式为

$$\widetilde{G}_0(\boldsymbol{r},\boldsymbol{r}';E)=-2\pi\mathrm{i}\frac{m}{2\pi^2\hbar^2}\frac{\sin(k_0|\boldsymbol{r}-\boldsymbol{r}'|)}{|\boldsymbol{r}-\boldsymbol{r}'|}\theta(E) \tag{3.2.11}$$

按 (1.1.30) 式的定义单位体积内的态密度

$$\begin{aligned}\rho_0(\boldsymbol{r},E)&=\mp\frac{1}{\pi}\mathrm{Im}G_0^{\pm}(\boldsymbol{r},\boldsymbol{r};E)\\&=\frac{mk_0}{2\pi^2\hbar^2}\theta(E)=\theta(E)\frac{m^{3/2}}{\sqrt{2}\pi^2\hbar^3}\sqrt{E}\end{aligned} \tag{3.2.12}$$

注意 $\rho_0(\boldsymbol{r},E)$ 与 $\boldsymbol{r}$ 无关，这是 H_0 具有平移不变性的结果.

2. 二维情况

仍沿用 §1.2 的结果，可得到

$$G_0(\boldsymbol{r},\boldsymbol{r}';E)=-\frac{m}{\pi\hbar^2}K_0(k_0|\boldsymbol{r}-\boldsymbol{r}'|),\quad E<0 \tag{3.2.13}$$

$$G_0^{\pm}(\boldsymbol{r},\boldsymbol{r}';E)=-\frac{\mathrm{i}m}{2\hbar^2}H_0^{(1)}(\pm k_0|\boldsymbol{r}-\boldsymbol{r}'|),\quad E>0 \tag{3.2.14}$$

k_0 的表达式仍如 (3.2.9) 式. 单位体积内的态密度是

$$\rho_0(\boldsymbol{r},E)=\mp\mathrm{Im}\,G_0^{\pm}(\boldsymbol{r},\boldsymbol{r};E)=\frac{m}{2\pi\hbar^2}\theta(E) \tag{3.2.15}$$

3. 一维情况

$$G_0(\boldsymbol{r},\boldsymbol{r}';E)=-\frac{m}{\hbar^2k_0}\mathrm{e}^{-k_0|x-x'|},\quad E<0 \tag{3.2.16}$$

$$G_0^{\pm}(\boldsymbol{r},\boldsymbol{r}';E)=\mp\frac{m}{\hbar^2k_0}\mathrm{e}^{\pm\mathrm{i}k_0|x-x'|},\quad E>0 \tag{3.2.17}$$

k_0 仍为 (3.2.9) 式. 单位体积内的态密度

$$\rho_0(x,E)=\theta(E)\frac{m}{\pi\hbar^2 k_0}=\theta(E)\frac{\sqrt{m}}{\sqrt{2}\pi\hbar\sqrt{E}} \tag{3.2.18}$$

我们将 (3.2.12), (3.2.15), (3.2.18) 三式定性地表示在图 3.1 中, 图中 1D、2D 的 3D 分别表示一维 (one-dimension)、二维 (two-dimension) 和三维 (three-dimension). 三种情况的态密度都有一个下限 E=0. 这个值以下的任意能量值态密度均为 0. 在固体物理中 E=0 处就称为带边, 一般用 E_{B} 表示. 态密度曲线与趋于带边时的形式因维数的变化而有不同. 当 $E\to E_{\mathrm{B}}$ 时, 三维 $\rho_0\to\sqrt{E-E_{\mathrm{B}}^{+}}$ 在带边是连续的; 二维 $\rho_0=C$(C 为常数), 在带边不连续; 一维则是 $\rho_0\to 1\Big/\sqrt{E-E_{\mathrm{B}}^{+}}$, 在带边有一无穷大的奇点. 只要是自由的粒子 (或者处于一个常数势阱中), 态密度在带边就有如上的特点. 我们将在第五章看到这方面的一个例子.

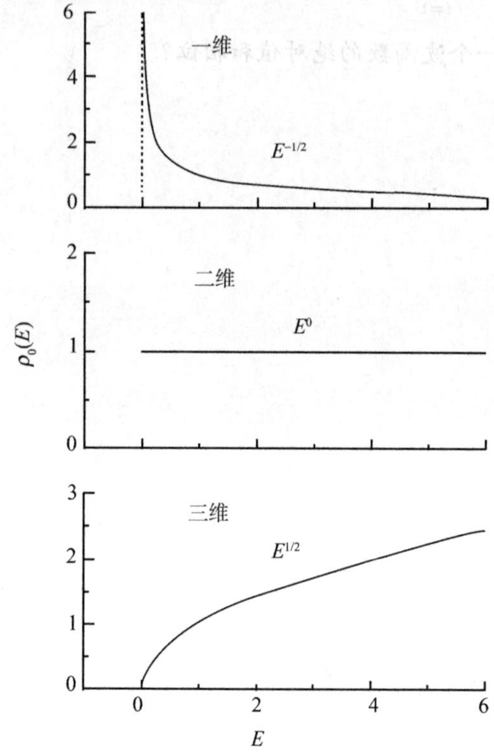

图 3.1 一维、二维和三维的自由粒子的态密度随能量的变化

纵坐标的单位是任意的

态密度是个相当重要的物理量. 一方面, 许多物理量的计算需要用到态密度, 如

计算系统热力学量. 这方面的例子可参看固体物理中的有关公式, 计算跃迁概率、跃迁振幅也需要依赖初态与末态的态密度. 另一方面, 态密度是个较容易测量的物理量. 在由哈密顿量所能得到的信息中, 本征值, 特别是多粒子系统的本征值是不容易测量的, 波函数是不可测量的物理量, 而态密度可用散射等各种手段来测量, 所以测量和计算态密度提供了一条验证理论是否和实验符合的途径. 格林函数对于计算态密度正好是比较方便的, 计算公式就是 (1.1.30), (1.1.31) 两式. 在许多情况下可作数值计算. 这是格林函数的优点之一.

习　题

1. 对于非简并情形, 波函数的大小和位相可由式 (3.1.8) 求得. 若一个能级的简并度为 f, 则应有

$$\sum_{i=1}^{f}\varphi_{ni}(\boldsymbol{r})\varphi_{ni}^{*}(\boldsymbol{r}')=\mathrm{Res}G(\boldsymbol{r},\boldsymbol{r}';E_n)$$

此时, 应如何来求每一个波函数的绝对值和相位?

第四章　格林函数与微扰论

在量子力学中, 相当大量的问题是无法通过直接求解本征值方程得到本征值与本征函数的. 不过经常遇到这样的情况：哈密顿量分成严格可解与微扰两部分, 从而可利用微扰公式求解. 这在单体问题中可用. 而在多体问题中, 则一般只能采用自洽场这样的大计算量的数值方法.

在格林函数方法中, 利用微扰论可以比较方便地根据它的极点求出本征值, 根据它的虚部求出态密度. 格林函数微扰论的特点是公式统一. 事实上, 本书第三部分的多体格林函数的图形技术完全是一种多体系统的微扰技术, 有这样一种处理多体问题的统一的方法, 使格林函数方法可被广泛应用. 对于单体格林函数的微扰论, 它还有公式简洁、使用方便的特点.

§4.1　不含时情形

哈密顿量 H 分为未微扰部分 H_0 与微扰部分 H_1,

$$H = H_0 + H_1 \tag{4.1.1}$$

其中 H_0 的本征值与本征函数可以容易地求得, 从而可直接得到格林函数 G_0. 问题是要求出 H 的格林函数 G. 通常是采用以下的步骤：① 先求出相应于未微扰部分 H_0 的格林函数 G_0；② 用 G_0 与 H_1 来求出总哈密顿量 H 的格林函数 G; ③ 从 G 得到 H 的本征值、态密度等有关信息. 其中第三步已如第一章与 §3.1 所述. 第一步的做法我们已在 §3.2 中给出一个最简单又很重要的例子 $H_0 = p^2/(2m)$. 第五章中我们将考虑另一个重要的情况 —— 点阵的 H_0—— 并计算其 G_0. 本节专门讨论上述第二个步骤.

根据 (1.1.14) 式

$$G_0(z) = \frac{1}{z - H_0} \tag{4.1.2}$$

$$G(z) = \frac{1}{z - H} \tag{4.1.3}$$

用 (4.1.1) 式代入 (4.1.3) 式的分母

$$\begin{aligned} G(z) &= (z - H_0 - H_1)^{-1} = \{(z - H_0)[1 - (z - H_0)^{-1}H_1]\}^{-1} \\ &= \frac{1}{1 - (z - H_0)^{-1}H_1}(z - H_0)^{-1} = [1 - G_0(z)H_1]^{-1}G_0(z) \end{aligned} \tag{4.1.4}$$

这里应注意算符求逆的规则, $(AB)^{-1}=B^{-1}A^{-1}$. 在 (4.1.4) 式两边用 $1-G_0(z)H_1$ 左乘, 得

$$G=G_0+G_0H_1G \tag{4.1.5}$$

如果将 (4.1.4) 式的第二个等式写成 $\{[1-H_1(z-H_0)^{-1}](z-H_0)\}^{-1}$ 的形式, 则可得到另一个形式

$$G=G_0+GH_1G_0 \tag{4.1.6}$$

将 (4.1.5) 或 (4.1.6) 式反复迭代可得

$$G=G_0\sum_{n=0}^{\infty}(H_1G_0)^n=\sum_{n=0}^{\infty}(G_0H_1)^nG_0 \tag{4.1.7}$$

也可以在 (4.1.4) 式中将 $[1-G_0\ (z)H_1]^{-1}$ 按照. $(1-x)^{-1}$ 在 $x<1$ 时的展开式展开, 同样可得到 (4.1.4)~(4.1.6) 三式.

将 (4.1.5) 式写成坐标表象的形式

$$G(\boldsymbol{r},\boldsymbol{r}';z)=G_0(\boldsymbol{r},\boldsymbol{r}';z)+\int \mathrm{d}\boldsymbol{r}_1\mathrm{d}\boldsymbol{r}_2G_0(\boldsymbol{r},\boldsymbol{r}_1;z)H_1(\boldsymbol{r}_1,\boldsymbol{r}_2)G(\boldsymbol{r}_2,\boldsymbol{r}';z) \tag{4.1.8}$$

有些情况下

$$H_1(\boldsymbol{r}_1,\boldsymbol{r}_2)=V(\boldsymbol{r}_1)\delta(\boldsymbol{r}_1-\boldsymbol{r}_2) \tag{4.1.9}$$

那么 (4.1.8) 式简化为

$$G(\boldsymbol{r},\boldsymbol{r}';z)=G_0(\boldsymbol{r},\boldsymbol{r}';z)+\int \mathrm{d}\boldsymbol{r}_1G_0(\boldsymbol{r},\boldsymbol{r}_1;z)V(\boldsymbol{r}_1)G(\boldsymbol{r}_1,\boldsymbol{r}';z) \tag{4.1.10}$$

(4.1.5) 式在 $\boldsymbol{k}$ 空间中的表示式为

$$G(\boldsymbol{k},\boldsymbol{k}';z)=G_0(\boldsymbol{k},\boldsymbol{k}';z)+\sum_{\boldsymbol{k}_1\boldsymbol{k}_2}G_0(\boldsymbol{k},\boldsymbol{k}_1;z)H(\boldsymbol{k}_1,\boldsymbol{k}_2)G(\boldsymbol{k}_2,\boldsymbol{k}';z) \tag{4.1.11}$$

其中采用了加入 $\sum\limits_{\boldsymbol{k}}|\boldsymbol{k}\rangle\langle\boldsymbol{k}|=1$, $\langle\boldsymbol{k}|G_0(z)|\boldsymbol{k}'\rangle=G_0(\boldsymbol{k},\ \boldsymbol{k}';\ z)$ 等手续. 如果考虑到自由粒子波函数在坐标空间的投影就是平面波, 即 (1.2.1) 式, 且用 (1.2.5) 式化成积分, 那么 (4.1.10) 式与 (4.1.11) 互为傅里叶变换.

现在引入一个 T 矩阵 $T(z)$, 这是个在散射理论中极为重要的物理量.

$$T(z)=H_1G(z)(z-H_0) \tag{4.1.12}$$

此定义式成立的条件是 $z\neq\{E_n\}$, 其中$\{E_n\}$是 H 的本征值, 因为在本征值处 G 有极点. 如果 $z=E$ 为 H 的连续谱, 则定义侧极限

$$T^{\pm}(E)=H_1G^{\pm}(E)(E-H_0) \tag{4.1.13}$$

在 $z=\{E_n\}$为 H 的分立本征值时, 只有一种情况有定义, 即 E_n 正好也是 H_0 的本征值. 这时 (4.1.12) 式的分母 $z-H\to E_n-H_0$, 正好与分子 E_n-H_0 相消, 这时 $T(z)$ 在 E_n 处也解析.

$T(z)$ 与 $G(z)$ 具有相同的解析结构：在除实轴以外的整个复 z 平面上解析; 在实 z 轴上有极点, 分立极点给出 H 的异于 H_0 的新的分立本征值, 反之亦然.H 的连续谱给出 $T(z)$ 的支割线. 在这个意义上, 可认为 G 与 T 等价. $T(z)$ 不能越过支割线作解析延拓, 因为这样会在复 z 平面上产生新的奇点.

将 (4.1.7) 式代入 (4.1.12) 式可知

$$T(z)=\sum_{n=0}^{\infty}(H_1G_0)^nH_1=H_1\sum_{n=0}^{\infty}(G_0H_1)^n \tag{4.1.14}$$

由此式立即可得

$$T(z)=H_1+TG_0H_1=H_1+H_1G_0T=H_1+H_1GH_1 \tag{4.1.15}$$

由此式得到

$$H_1G=TG_0,\quad GH_1=G_0T \tag{4.1.16}$$

再将 (4.1.7) 式中利用 (4.1.14) 式, 得

$$G(z)=G_0(z)+G_0(z)T(z)G_0(z) \tag{4.1.17}$$

此式表明, 有了 $T(z)$ 与 G_0, G 就被完全决定了.

可以将上述各式写成 $\boldsymbol{r}$ 表象或 $\boldsymbol{k}$ 表象中的形式. 例如在 $\boldsymbol{k}$ 表象中,

$$T(\boldsymbol{k},\boldsymbol{k}';z)=H_1(\boldsymbol{k},\boldsymbol{k}')+\sum_{\boldsymbol{k}_1,\boldsymbol{k}_2}H_1(\boldsymbol{k},\boldsymbol{k}_1)G_0(\boldsymbol{k}_1,\boldsymbol{k}_2;z)T(\boldsymbol{k}_2,\boldsymbol{k}';z) \tag{4.1.18}$$

其中

$$H_1(\boldsymbol{k},\boldsymbol{k}')=\langle\boldsymbol{k}|H_1|\boldsymbol{k}'\rangle=\frac{1}{V}\int\mathrm{d}\boldsymbol{r}\mathrm{d}\boldsymbol{r}'\mathrm{e}^{-\mathrm{i}\boldsymbol{k}\cdot\boldsymbol{r}+\mathrm{i}\boldsymbol{k}'\cdot\boldsymbol{r}'}H_1(\boldsymbol{r},\boldsymbol{r}') \tag{4.1.19}$$

$$G_0(\boldsymbol{k}_1,\boldsymbol{k}_2;z)=\langle\boldsymbol{k}_1|G_0(z)|\boldsymbol{k}_2\rangle=\frac{1}{V}\int\mathrm{d}\boldsymbol{r}_1\mathrm{d}\boldsymbol{r}_2\mathrm{e}^{-\mathrm{i}\boldsymbol{k}_1\cdot\boldsymbol{r}_1+\mathrm{i}\boldsymbol{k}_2\cdot\boldsymbol{r}_2}G_0(\boldsymbol{r}_1,\boldsymbol{r}_2;z) \tag{4.1.20}$$

$$T(\boldsymbol{k},\boldsymbol{k}';z)=\langle\boldsymbol{k}_1|T(z)|\boldsymbol{k}_2\rangle=\frac{1}{V}\int\mathrm{d}\boldsymbol{r}\mathrm{d}\boldsymbol{r}'\mathrm{e}^{-\mathrm{i}\boldsymbol{k}\cdot\boldsymbol{r}+\mathrm{i}\boldsymbol{k}'\cdot\boldsymbol{r}'}T(\boldsymbol{r},\boldsymbol{r}';z) \tag{4.1.21}$$

对于 (4.1.9) 式的特别简单的情况, $H_1(\boldsymbol{k},\boldsymbol{k}')$ 简化为

$$H_1(\boldsymbol{k},\boldsymbol{k}')=V(\boldsymbol{k}-\boldsymbol{k}')/V \tag{4.1.22}$$

其中 $V(\boldsymbol{q})$ 是 $V(\boldsymbol{r})$ 的傅里叶变换

$$V(\boldsymbol{q})=\int\mathrm{d}\boldsymbol{r}V(\boldsymbol{r})\mathrm{e}^{-\mathrm{i}\boldsymbol{q}\cdot\boldsymbol{r}} \tag{4.1.23}$$

在第一章末尾曾提到, 均匀空间中 $G_0(\boldsymbol{r},\boldsymbol{r}';z)$ 是 $\boldsymbol{r}-\boldsymbol{r}'$ 的函数. 这时 (4.1.20) 式简化为

$$G_0(\boldsymbol{k}_1,\boldsymbol{k}_2;z)=\delta_{\boldsymbol{k}_1\boldsymbol{k}_2}G_0(\boldsymbol{k}_1;z) \tag{4.1.24}$$

其中 $G_0(\boldsymbol{k};z)$ 是 $G_0(\boldsymbol{r}_1,\boldsymbol{r}_2;z)$ 的关于 $\boldsymbol{\rho}=\boldsymbol{r}_1-\boldsymbol{r}_2$ 的傅里叶变换.(4.1.18) 也简化为

$$T'(\boldsymbol{k},\boldsymbol{k}';z)=V(\boldsymbol{k}-\boldsymbol{k}')+\int\frac{\mathrm{d}\boldsymbol{k}_1}{(2\pi)^d}V(\boldsymbol{k}-\boldsymbol{k}_1)G_0(\boldsymbol{k}_1;z)T'(\boldsymbol{k}_1,\boldsymbol{k}';z) \tag{4.1.25}$$

格林函数 G 算出以后, 可从它的极点得到 H 的分立本征值, 也可求出态密度. 下面要从形式上解出属于 H 的连续谱的本征态. 先将定态薛定谔方程写成如下形式：

$$(E-H_0)|\psi\rangle=H_1|\psi\rangle \tag{4.1.26}$$

此处 E 是 H 的连续谱. 对照非齐次方程 (1.1.34) 式的解 (1.1.35) 式, 可写出 (4.1.26) 式的解为

$$|\psi^{\pm}\rangle=|\varphi\rangle+G_0^{\pm}(E)H_1|\psi^{\pm}\rangle \tag{4.1.27}$$

其中 $|\varphi\rangle$ 是 H_0 的本征函数：$(E-H_0)|\varphi\rangle=0$. 此处我们认为 H 的连续谱也可能就是 H_0 的连续谱, 但各自的本征函数不同, 这在单体格林函数中是经常出现的情况. (4.1.27) 式中 ψ 的上标 $\pm$ 是为了将对应于 G_0^+ 和 G_0^- 的解区分开来. 此式是关于未知函数 $|\psi^{\pm}\rangle$ 的积分方程, 写成坐标表象中的形式为

$$\psi^{\pm}(\boldsymbol{r})=\varphi(\boldsymbol{r})+\int\mathrm{d}\boldsymbol{r}_1\mathrm{d}\boldsymbol{r}_2G_0^{\pm}(\boldsymbol{r},\boldsymbol{r}_1;E)H_1(\boldsymbol{r}_1,\boldsymbol{r}_2)\psi^{\pm}(\boldsymbol{r}_2) \tag{4.1.28}$$

或者在 (4.1.9) 式的简单情况下

$$\psi^{\pm}(\boldsymbol{r})=\varphi(\boldsymbol{r})+\int\mathrm{d}\boldsymbol{r}_1G_0^{\pm}(\boldsymbol{r},\boldsymbol{r}_1;E)V(\boldsymbol{r}_1)\psi^{\pm}(\boldsymbol{r}_1) \tag{4.1.29}$$

如果 E 不属于 H_0 的本征值, 应该取 $\varphi(\boldsymbol{r})=0$, 此时

$$\psi(\boldsymbol{r})=\int\mathrm{d}\boldsymbol{r}_1G_0(\boldsymbol{r},\boldsymbol{r}_1;E)V(\boldsymbol{r}_1)\psi(\boldsymbol{r}_1) \tag{4.1.30}$$

通常, 把 H 分成 H_0 和 H_1 两部分时是这样选择的：使 H 和 H_0 的连续谱相一致, 那么 (4.1. 28), (4.1.29) 两式用于求 H 的连续谱的本征函数, (4.1.30) 式则用来求 H 的分立本征值及其本征函数, 其中本征值实际上由 G 或 T 矩阵的极点就得到了.

将 (4.1.27) 式反复迭代, 并用 (4.1.14) 式得

$$|\psi^{\pm}\rangle=|\varphi\rangle+G_0^{\pm}\sum_{n=0}^{\infty}H_1(G_0^{\pm}H_1)^n|\varphi\rangle=|\varphi\rangle+G_0^{\pm}T^{\pm}|\varphi\rangle \tag{4.1.31}$$

把 (4.1.16) 代入 (4.1.31) 式, 得到

$$|\psi^{\pm}\rangle = |\varphi\rangle + G^{\pm}H_1|\varphi\rangle \tag{4.1.32}$$

可以这么说, 归根到底要求 T 矩阵. 有了 T 矩阵之后, 格林函数 G, H 的本征值与本征函数就都可以求出来了.

比较 (4.1.31) 式与 (4.1.27) 式还可得到

$$T^{\pm}|\varphi\rangle = H_1|\psi^{\pm}\rangle \tag{4.1.33}$$

§4.2 含时情形

含时薛定谔方程写成如下形式:

$$\left(\mathrm{i}\hbar\frac{\partial}{\partial t} - H_0\right)|\psi(t)\rangle = H_1(t)|\psi(t)\rangle \tag{4.2.1}$$

微扰哈密顿量 H_1 可能是含时的. 对照方程 (2.1.20) 及其解式 (2.1.21), 可得解为

$$|\psi^{\pm}(t)\rangle = |\varphi(t)\rangle + \int_{-\infty}^{\infty}\mathrm{d}t' g_0^{\pm}(t-t')H_1(t')|\psi^{\pm}(t')\rangle \tag{4.2.2}$$

根据对因果关系的讨论 (2.1.21) 式可知, 只有 $|\psi^{+}\rangle$ 的解才是有物理意义的, 即我们讨论的是 H_1 开始作用以后系统的行为. 将 (4.2.2) 式逐次迭代

$$\begin{aligned}|\psi^{+}(t)\rangle = &|\varphi(t)\rangle + \int_{-\infty}^{t}\mathrm{d}t_1 g_0^{+}(t-t_1)H_1(t_1)|\varphi(t_1)\rangle\\ &+\int_{-\infty}^{t}\mathrm{d}t_1\mathrm{d}t_2 g_0^{+}(t-t_1)H_1(t_1)g_0^{+}(t_1-t_2)H_1(t_2)|\varphi(t_2)\rangle + \cdots\end{aligned} \tag{4.2.3}$$

设在 $t < t_0$ 时 $H_1(t) = 0$, 此时 $|\varphi\ (t_0)\rangle$ 是 H_0 的一个本征态, 例如为 φ_n. 则按时间演化算符的定义 (2.1.13)~(2.1.15), 以后 t 时刻 H_0 系统状态为

$$|\varphi(t)\rangle = \mathrm{i}\hbar\tilde{g}_0(t-t_0)|\varphi_n\rangle = \mathrm{e}^{-\mathrm{i}H_0(t-t_0)/\hbar}|\varphi_n\rangle = \mathrm{e}^{-\mathrm{i}E_n(t-t_0)/\hbar}|\varphi_n\rangle \tag{4.2.4}$$

将此式代入 (4.2.3) 式中的每一项, 将结果写成

$$|\psi^{+}(t)\rangle = A(t,t_0)|\varphi_n\rangle \tag{4.2.5}$$

其中

$$\begin{aligned}A(t,t_0) = &\mathrm{i}\hbar\tilde{g}_0(t-t_0) + \mathrm{i}\hbar\int_{t_0}^{t}\mathrm{d}t_1\tilde{g}_0(t-t_1)H_1(t_1)\tilde{g}_0(t_1-t_0)\\ &+\mathrm{i}\hbar\int_{t_0}^{t}\mathrm{d}t_1\mathrm{d}t_2\tilde{g}_0(t-t_1)H_1(t_1)\tilde{g}_0(t_1-t_2)H_1(t_2)\tilde{g}_0(t_2-t_0) + \cdots\end{aligned} \tag{4.2.6}$$

其中用到了关系式 $g^+(\tau)=\theta(\tau)\tilde{g}(\tau)$.

在 t 时刻系统处于 φ_m 态的概率幅为

$$
\begin{aligned}
&\langle\varphi_m|\psi^+(t)\rangle = \langle\varphi_m|A(t,t_0)|\varphi_n\rangle \\
&= \mathrm{e}^{(-\mathrm{i}E_mt+\mathrm{i}E_nt_0)/\hbar}[\langle\varphi_m|\varphi_n\rangle + \frac{-\mathrm{i}}{\hbar}\int_{t_0}^{t}\mathrm{d}t_1\langle\varphi_m|\mathrm{e}^{\mathrm{i}H_0t_1/\hbar}H_1(t_1)\mathrm{e}^{-\mathrm{i}H_0t_1/\hbar}|\varphi_n\rangle \\
&+ \frac{-\mathrm{i}}{\hbar}\int_{t_0}^{t}\mathrm{d}t_1\mathrm{d}t_2\langle\varphi_m|\mathrm{e}^{\mathrm{i}H_0t_1/\hbar}H_1(t_1)g_0^+(t_1-t_2)H_1(t_2)\mathrm{e}^{-\mathrm{i}H_0t_2/\hbar}|\varphi_n\rangle + \cdots]
\end{aligned}
\tag{4.2.7}
$$

为了去掉前面的不重要的相因子, 定义另外一个算符

$$
S(t,t_0) = \mathrm{e}^{\mathrm{i}H_0t/\hbar}A(t,t_0)\mathrm{e}^{-\mathrm{i}H_0t_0/\hbar} \tag{4.2.8}
$$

(4.2.7) 式方括号中的量就是矩阵元 $\langle\varphi_m|S(t,\ t_0)|\varphi_n\rangle$. 把它重写成

$$
\begin{aligned}
&\langle\varphi_m|S(t,t_0)|\varphi_n\rangle = \delta_{mn} + \frac{-\mathrm{i}}{\hbar}\int_{t_0}^{t}\mathrm{d}t_1\mathrm{e}^{\mathrm{i}\omega_{mn}t_1}\langle\varphi_m|H_1(t_1)|\varphi_n\rangle \\
&+ \frac{-\mathrm{i}}{\hbar}\int_{t_0}^{t}\mathrm{d}t_1\mathrm{d}t_2\int\frac{\mathrm{d}\omega}{2\pi}\mathrm{e}^{\mathrm{i}(\omega_m-\omega)t_1}\mathrm{e}^{\mathrm{i}(\omega-\omega_n)t_2}\langle\varphi_m|H_1(t_1)g_0^+(\hbar\omega)H_1(t_2)|\varphi_n\rangle + \cdots
\end{aligned}
\tag{4.2.9}
$$

其中令 $\omega_n = E_n/\hbar$, $\omega_m = E_m/\hbar$, $\omega_{mn}=\omega_m-\omega_n$, 并将格林函数做傅里叶变换. 如果将此式的积分区间扩大为 $-\infty$ 至 $+\infty$, 则定义 S 矩阵

$$
S = \lim_{\substack{t\to+\infty \\ t_0\to-\infty}} S(t,t_0) \tag{4.2.10}
$$

对于 H_1 不含时间的特例,

$$
\begin{aligned}
&\langle\varphi_m|S|\varphi_n\rangle = \delta_{mn} + \langle\varphi_m|H_1|\varphi_n\rangle\frac{-\mathrm{i}}{\hbar}\int_{-\infty}^{\infty}\mathrm{d}t_1\mathrm{e}^{\mathrm{i}\omega_{mn}t_1} \\
&+ \frac{-\mathrm{i}}{\hbar}\int\frac{\mathrm{d}\omega}{2\pi}\langle\varphi_m|H_1G_0^+(\hbar\omega)H_1|\varphi_n\rangle\int_{-\infty}^{\infty}\mathrm{d}t_1\int_{-\infty}^{\infty}\mathrm{d}t_2\mathrm{e}^{\mathrm{i}(\omega_m-\omega)t_1}\mathrm{e}^{\mathrm{i}(\omega-\omega_n)t_2} + \cdots \\
&= \delta_{mn} - 2\pi\mathrm{i}\delta(E_n-E_m)\langle\varphi_m|T^+(E_n)|\varphi_n\rangle
\end{aligned}
\tag{4.2.11}
$$

其中用到 δ 函数的展开式

$$
\delta(E) = \frac{1}{2\pi\hbar}\int_{-\infty}^{\infty}\mathrm{e}^{\mathrm{i}Et/\hbar}\mathrm{d}t \tag{4.2.12}
$$

跃迁概率 $|\langle\varphi_m|S|\varphi_n\rangle|^2=(2\pi)^2\delta(E_n-E_m)\ \delta(E_n-E_m)|\langle\varphi_m|T^+(E_n)|\varphi_n\rangle|^2$, 其中舍掉了第一项 δ_{nm}, 因为在 $m=n$ 时它远小于 δ 函数项. 现在将其中一个 δ 函数按

(4.2.12) 式展开, 由于还有一个 $\delta(E_n-E_m)$ 函数保证了只当 $E_n{=}E_m$ 时结果才不为零. 因此可令积分号内 $\exp(\mathrm{i}\omega_{mn}t)$ 中的 $\omega_{mn}{=}\,0$, 得到跃迁概率为

$$|\langle\varphi_m|S|\varphi_n\rangle|^2=\frac{2\pi}{\hbar}\delta(E_n-E_m)\left|\langle\varphi_m\left|T^+(E_n)\right|\varphi_n\rangle\right|^2\int_{-\infty}^{\infty}\mathrm{d}t \tag{4.2.13}$$

因此单位时间内的跃迁概率为

$$W_{mn}=\frac{2\pi}{\hbar}|\langle\varphi_m|T^+(E_n)|\varphi_n\rangle|^2\delta(E_n-E_m) \tag{4.2.14}$$

(4.2.14) 式被称为费米 "黄金规则". 它的物理意义是: 系统在初始时刻处于 H_0 的 φ_n 本征态, 加上微扰 H_1 之后, 系统可能跃迁到其他的本征态, 例如 φ_m, 那么单位时间内从 φ_n 到 φ_m 的跃迁概率就是 (4.2.14) 式. 但要注意, 系统所处的状态是 $|\psi^+\rangle$, 它是 H_0 的 φ_n 本征态的线性叠加.

设 $|\varphi_n\rangle$ 和 $|\,\psi^{\,+}\rangle$ 都是归一化的, 那么

$$1=\langle\psi^+(t)|\psi^+(t)\rangle=\langle\varphi_n|A^\dagger(t,t_0)A(t,t_0)|\varphi_n\rangle \tag{4.2.15}$$

此式说明 $A(t,\,t_0)$ 是幺正的. 由 (4.2.8) 式, $S(t,\,t_0)$ 也是幺正的. 同样, S 矩阵也是幺正的,

$$S^\dagger S=SS^\dagger=1 \tag{4.2.16}$$

下面我们要把 S 矩阵写成一个更为紧凑的形式. 将 (4.2.9) 式扩大积分限并去掉 $\langle\varphi_m|$ 和 $|\varphi_n\rangle$, 可写成

$$S=1+\frac{-\mathrm{i}}{\hbar}\int_{-\infty}^{\infty}\mathrm{d}t_1H_1^{\mathrm{i}}(t_1)+\left(\frac{-\mathrm{i}}{\hbar}\right)^2\int_{-\infty}^{\infty}\mathrm{d}t_1H_1^{\mathrm{i}}(t_1)\int_{-\infty}^{t_1}\mathrm{d}t_2H_1^{\mathrm{i}}(t_2)+\cdots \tag{4.2.17}$$

其中定义了

$$H_1^{\mathrm{i}}(t)=\mathrm{e}^{\mathrm{i}H_0t/\hbar}H_1(t)\mathrm{e}^{-\mathrm{i}H_0t/\hbar} \tag{4.2.18}$$

并利用了 (2.1.9), (2.1.13) 二式

$$g_0^+(t_1-t_2)=\theta(t_1-t_2)\tilde{g}_0(t_1-t_2)=\theta(t_1-t_2)\frac{-\mathrm{i}}{\hbar}\mathrm{e}^{-\mathrm{i}H_0(t_1-t_2)/\hbar} \tag{4.2.19}$$

如果 $H_1^{\mathrm{i}}(t_i)$ 只是个数, 我们可以把 (4.2.17) 式的第 n 项的积分上限都扩大至 $+\infty$, 再除以因子 $(n{-}1)!$ 使结果保持不变. 例如

$$\begin{gathered}\int_{-\infty}^{\infty}\mathrm{d}t_1\int_{-\infty}^{t_1}\mathrm{d}t_2=\frac{1}{2!}\int_{-\infty}^{\infty}\mathrm{d}t_1\int_{-\infty}^{\infty}\mathrm{d}t_2\\\int_{-\infty}^{\infty}\mathrm{d}t_1\int_{-\infty}^{t_1}\mathrm{d}t_2\int_{-\infty}^{t_2}\mathrm{d}t_3=\frac{1}{3!}\int_{-\infty}^{\infty}\mathrm{d}t_1\int_{-\infty}^{\infty}\mathrm{d}t_2\int_{-\infty}^{\infty}\mathrm{d}t_3\\\cdots\end{gathered} \tag{4.2.20}$$

可是虽然 $H_1(t_i)$ 之间是可交换的, 但 (4.2.18) 式定义的 $H_1^{\rm i}(t_i)$ 之间是不可交换的, 原因是 H_0 与 H_1 不对易. 这样, (4.2.17) 式中各项的时间顺序不可颠倒. 如第三项中应保持 $t_1 > t_3$ 的顺序. 但是我们还想运用 (4.2.20) 以便把 (4.2.17) 式写成紧凑的形式. 为此引入时序算符或者称为编时算符 T_t, 它的作用是将各个相乘的算符按时间从小到大的顺序从右往左排列. 例如

$$T_t[H_1^{\rm i}(t_1)H_1^{\rm i}(t_2)] = \begin{cases} H_1^{\rm i}(t_1)H_1^{\rm i}(t_2), & t_1 > t_2 \\ H_1^{\rm i}(t_2)H_1^{\rm i}(t_1), & t_2 > t_1 \end{cases} \tag{4.2.21}$$

积分区域见图 4.1. 对于 $T_t[H_1^{\rm i}(t_1)H_1^{\rm i}(t_2)H_1^{\rm i}(t_3)]$, 按不同的时间顺序关系则可写成六项, 每一项总是保持最早的时间在最右边, 越往左的算符时间上越靠后. 对于 n 个 $H_1^{\rm i}(t_i)$ 的乘积用 T_t 作用后应写成 $n!$ 项, 而且每一项积分的贡献都相等. 由于加上了编时算符, 现在可以扩大积分限而使用 (4.2.20) 式. 由此将 (4.2.17) 式写成

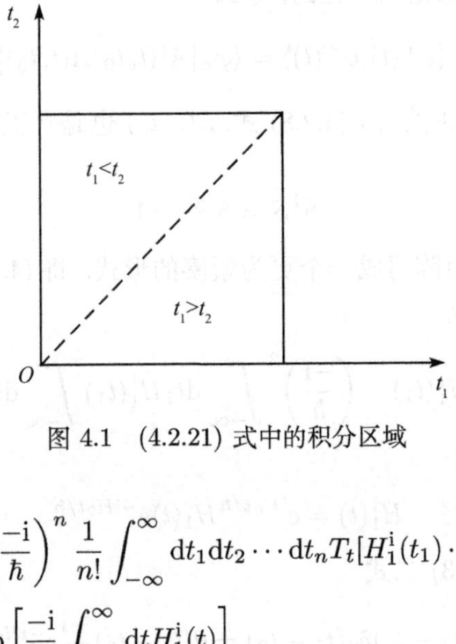

图 4.1　(4.2.21) 式中的积分区域

$$\begin{aligned} S &= \sum_{n=0}^{\infty}\left(\frac{-{\rm i}}{\hbar}\right)^n \frac{1}{n!}\int_{-\infty}^{\infty} {\rm d}t_1{\rm d}t_2\cdots{\rm d}t_n T_t[H_1^{\rm i}(t_1)\cdots H_1^{\rm i}(t_n)] \\ &= T_t \exp\left[\frac{-{\rm i}}{\hbar}\int_{-\infty}^{\infty} {\rm d}t H_1^{\rm i}(t)\right] \end{aligned} \tag{4.2.22}$$

这样确实把 S 矩阵写成了最简单的形式. 但是要注意, (4.2.22) 式只是一个形式, 不能因此而把 S 矩阵理解为就是一个指数函数. 如果真的要对 S 矩阵作具体计算, 应将 (4.2.22) 式的指数函数展开, 并将 T_t 逐项作用上去, 最后实质上还是按 (4.2.17) 式来做计算. 可是这绝不说明引入编时算符是没有意义的, 在本书第三部分我们将看到 T_t 的引入对于讨论问题带来很大的方便.

(4.2.16) 式也可依照 (4.2.11) 式用 T 矩阵表示：

$$\langle\varphi_n|T^+(E_n)|\varphi_l\rangle - \langle\varphi_n|T^-(E_n)|\varphi_l\rangle$$

$$=-2\pi\mathrm{i}\sum_m\langle\varphi_n|T^-(E_n)|\varphi_m\rangle\langle\varphi_m|T^+(E_n)|\varphi_l\rangle\delta(E_m-E_n) \tag{4.2.23}$$

此式也可用下列方式推导, $T=H_1+H_1GH_1$ 意味着 $T^+-T^-=H_1(G^+-G^-)H_1=-2\pi\mathrm{i}\delta(E-H)H_1$. 两边做矩阵元, 插入对 $|\psi^+\rangle\langle\psi^+|$ 的求和, 再利用 (4.1.33) 式, 就得 (4.2.23) 式. 在下一节将看到, (4.2.23) 式等价于散射理论中的光学定理. 换言之, 光学定理的基础是 S 矩阵的幺正性.

§4.3 应用：散射理论 ($E>0$)

本节与 §4.4 我们取 $H_0=P^2/(2m)=-\hbar^2\nabla^2/(2m)$; 微扰哈密顿 $H_1(\boldsymbol{r}-\boldsymbol{r}')$ 具有 $\delta(\boldsymbol{r}-\boldsymbol{r}')V(\boldsymbol{r})$ 的形式,其中 $V(\boldsymbol{r})$ 只是在有限区域不为零 (或是在 $\boldsymbol{r}\to\infty$ 时 $V(\boldsymbol{r})$ 足够快地趋于零).H_0 具有 $(0,+\infty)$ 范围内的连续谱.H 具有与 H_0 完全一致的连续谱, 不过假如 $V(\boldsymbol{r})$ 在某些区域是负值的话, H 可能会出现一些负能量的分立本征值.

本节主要是针对 $E>0$ 时的散射问题：一个具有能量 $E=\hbar^2k^2/(2m)$、未微扰波函数是平面波 (1.2.1) 的粒子进入微扰为 $V(\boldsymbol{r})$ 的区域, 然后出射, 在这一过程中波函数发生了改变, 或者说受到了调制. 我们的目的是要弄清波函数是怎样受到调制的.

在 $V(\boldsymbol{r})$ 明显不为零的区域要弄清这个问题是相当困难的. 这时要解定态薛定谔方程：$\dfrac{\hbar^2}{2m}\nabla^2\psi(\boldsymbol{x})+V(\boldsymbol{x})\psi(\boldsymbol{x})=E\psi(\boldsymbol{x})$. 如果 $V(\boldsymbol{r})$ 是球对称的, 则解一般是贝塞尔函数, 为了确定各个系数, 需要将入射的平面波按球贝塞尔函数展开, 在 $V(\boldsymbol{r})$ 的边界上使波函数及其导数相等. 这样的做法是相当复杂的, 常常是无法求解的. 在凝聚态物理的范围内, 我们确实也不大需要这方面的信息.

在粒子出射后远离 $V(\boldsymbol{r})$ 作用的区域来求解波函数受到调制的情况则相对简单得多, 而且这也是在做散射实验时需要知道的信息. 所以我们只求 $\boldsymbol{r}\to\infty$ 时波函数的行为. 首先, 出射粒子的波函数可分成两部分：入射部分与散射部分, 入射部分仍是原平面波, 而散射部分可以看作是以 $\boldsymbol{r}\to\infty$ 时的区域为源向空间所有的方向出射, 所以应有球面波 $\dfrac{1}{r}\mathrm{e}^{\mathrm{i}\boldsymbol{k}\cdot\boldsymbol{r}}$ 的形式, 只是其振幅要在解的过程中定出来; 其次在 $\boldsymbol{r}\to\infty$ 的区域, $V(\boldsymbol{r})$ 为零, 由能量守恒, 散射波的波矢 $\boldsymbol{k}'$ 的大小应与 $\boldsymbol{k}$ 的相同, 只是方向不同.

我们只考虑三维的解. 由 (4.1.31) 式, 写成坐标表象的形式,

$$\psi^{\pm}(\boldsymbol{r})=\frac{1}{\sqrt{V}}\mathrm{e}^{\mathrm{i}\boldsymbol{k}\cdot\boldsymbol{r}}+\frac{1}{\sqrt{V}}\int\mathrm{d}\boldsymbol{r}_1\mathrm{d}\boldsymbol{r}_2G_0^{\pm}(\boldsymbol{r},\boldsymbol{r}_1)T^{\pm}(\boldsymbol{r}_1,\boldsymbol{r}_2)\mathrm{e}^{\mathrm{i}\boldsymbol{k}\cdot\boldsymbol{r}_2} \tag{4.3.1}$$

$G_0^{\pm}$ 的表达式见 (3.2.8) 式, 得

$$\sqrt{V}\psi^{\pm}(\boldsymbol{r})=\mathrm{e}^{\mathrm{i}\boldsymbol{k}\cdot\boldsymbol{r}}-\frac{m}{2\pi\hbar^2}\int\mathrm{d}\boldsymbol{r}_1\mathrm{d}\boldsymbol{r}_2\frac{\mathrm{e}^{\pm\mathrm{i}k|\boldsymbol{r}-\boldsymbol{r}_1|}}{|\boldsymbol{r}-\boldsymbol{r}_1|}T^{\pm}(\boldsymbol{r}_1,\boldsymbol{r}_2)\mathrm{e}^{\mathrm{i}\boldsymbol{k}\cdot\boldsymbol{r}_2} \tag{4.3.2}$$

其中 $k=\sqrt{2mE/\hbar^2}$. 由于我们只考虑 $\boldsymbol{r}\to\infty$ 时的渐近行为, $T^{\pm}(\boldsymbol{r}_1,\boldsymbol{r}_2)\propto H_1(\boldsymbol{r}_1,\boldsymbol{r}_2)=V(\boldsymbol{r})\delta(\boldsymbol{r}_1-\boldsymbol{r}_2)$, 所以对 $\mathrm{d}\boldsymbol{r}_1$ 和 $\mathrm{d}\boldsymbol{r}_2$ 的积分实际上只在 $V(\boldsymbol{r})$ 起作用的范围内进行. 因此在 $r\gg r_1$ 时, 在 (4.3.2) 式的分母中略去 $\boldsymbol{r}_1$. 在指数上则作简化: $|\boldsymbol{r}-\boldsymbol{r}_1|\approx r-r_1\cos\theta$, 因此 $k|\boldsymbol{r}-\boldsymbol{r}_1|\approx kr-kr_1\cos\theta=kr-\boldsymbol{k}_\mathrm{f}\cdot\boldsymbol{r}_1$. θ 是 $\boldsymbol{r}_1$ 和 $\boldsymbol{r}$ 之间的夹角, $\boldsymbol{k}_\mathrm{f}$ 就是 $\boldsymbol{r}$ 方向上、数值为 k 的散射波矢. 这样, 对于大 r, 可将 (4.3.2) 式改写为

$$\begin{aligned}\sqrt{V}\psi^{\pm}(\boldsymbol{r})\xrightarrow[\boldsymbol{r}\to\infty]{}&\mathrm{e}^{\mathrm{i}\boldsymbol{k}\cdot\boldsymbol{r}}-\frac{m}{2\pi\hbar^2}\frac{\mathrm{e}^{\pm\mathrm{i}kr}}{r}\int\mathrm{d}\boldsymbol{r}_1\mathrm{d}\boldsymbol{r}_2\mathrm{e}^{\mp\mathrm{i}\boldsymbol{k}_\mathrm{f}\cdot\boldsymbol{r}_1}\langle\boldsymbol{r}_1|T^{\pm}(E)|\boldsymbol{r}_2\rangle\mathrm{e}^{\mathrm{i}\boldsymbol{k}\cdot\boldsymbol{r}_2}\\ =&\mathrm{e}^{\mathrm{i}\boldsymbol{k}\cdot\boldsymbol{r}}-\frac{m}{2\pi\hbar^2}\frac{\mathrm{e}^{\pm\mathrm{i}kr}}{r}\langle\pm\boldsymbol{k}_\mathrm{f}|T'^{\pm}(E)|\boldsymbol{k}\rangle\end{aligned}\tag{4.3.3}$$

为了获得第二个等式, 我们使用了关系式 $\langle\boldsymbol{r}|\boldsymbol{k}\rangle=\mathrm{e}^{\mathrm{i}\boldsymbol{k}\cdot\boldsymbol{r}}\big/\sqrt{V}$, $T'=VT$, 与完备性 (1.1.9) 式.

(4.3.3) 式表明, ψ^- 解中散射的球面波是从外向球心传播的, 不合物理实际, 故舍去. 又从上面的讨论可知, $\boldsymbol{r}\to\infty$ 时波函数应有下述形式:

$$\psi(\boldsymbol{r})\xrightarrow[\boldsymbol{r}\to\infty]{}C\times\left[\mathrm{e}^{\mathrm{i}\boldsymbol{k}\cdot\boldsymbol{r}}+f(\boldsymbol{k}_\mathrm{f},\boldsymbol{k})\frac{\mathrm{e}^{\mathrm{i}kr}}{r}\right]\ (C\text{为常数})\tag{4.3.4}$$

这儿散射球面波的振幅是入射态 (初态) 波矢 $\boldsymbol{k}$ 与散射态 (终态) 波矢 $\boldsymbol{k}_\mathrm{f}$ 的函数. 比较 (4.3.4) 与 (4.3.3) 两式, 得

$$f(\boldsymbol{k}_\mathrm{f},\boldsymbol{k})=-\frac{m}{2\pi\hbar^2}\langle\boldsymbol{k}_\mathrm{f}|T'^{+}(E)|\boldsymbol{k}\rangle\tag{4.3.5}$$

其中 $E=\hbar^2\boldsymbol{k}_\mathrm{f}^2/(2m)=\hbar^2k^2/(2m)$. (4.3.5) 式表明, T 矩阵在 $\boldsymbol{k}$ 表象中初、终态之间的矩阵元与散射振幅成正比, 它与微分散射截面 $\mathrm{d}\sigma/\mathrm{d}V$ 的关系为

$$\frac{\mathrm{d}\sigma}{\mathrm{d}V}=|f|^2=\frac{m^2}{4\pi^2\hbar^4}|\langle\boldsymbol{k}_\mathrm{f}|T'^{+}(E)|\boldsymbol{k}\rangle|^2\tag{4.3.6}$$

将 (4.3.5) 式代入 (4.1.25) 式

$$f(\boldsymbol{k}_\mathrm{f},\boldsymbol{k})=-\frac{m}{2\pi\hbar^2}V(\boldsymbol{k}_\mathrm{f}-\boldsymbol{k})+\int\frac{\mathrm{d}\boldsymbol{k}_1}{(2\pi)^3}\frac{V(\boldsymbol{k}_\mathrm{f}-\boldsymbol{k})}{E-\hbar^2k_1^2/(2m)+\mathrm{i}0^+}f(\boldsymbol{k}_\mathrm{f},\boldsymbol{k})\tag{4.3.7}$$

这是关于散射振幅的积分方程. 只取第一项就是一级近似,

$$f(\boldsymbol{k}_\mathrm{f},\boldsymbol{k})\approx-\frac{m}{2\pi\hbar^2}V(\boldsymbol{k}_\mathrm{f}-\boldsymbol{k})\tag{4.3.8}$$

其中 $V(\boldsymbol{q})$ 是 $V(\boldsymbol{r})$ 的傅里叶变换 (4.1.22) 式.(4.3.8) 式是散射振幅的玻恩近似.

也可以用另一种方法来推导 (4.3.6) 式. 微分散射截面的定义为: 单位时间内 $\boldsymbol{k}\to\boldsymbol{k}_\mathrm{f}$ 的跃迁概率 $W_{\boldsymbol{k}_\mathrm{f},\boldsymbol{k}}$ 乘以终态的数目, 除以 4π, 再除以入射粒子的流量 $j=v/V$.

$$\frac{\mathrm{d}\sigma}{\mathrm{d}V}=\frac{V}{4\pi v}\int\mathrm{d}E_\mathrm{f}N(E_\mathrm{f})W_{\boldsymbol{k}_\mathrm{f},\boldsymbol{k}}\tag{4.3.9}$$

将 (4.2.14) 式与 (3.2.12) 式代入, 就得 (4.3.6) 式.

总的散射截面为

$$\sigma=\int \mathrm{d}V\frac{\mathrm{d}\sigma}{\mathrm{d}V} \tag{4.3.10}$$

它的计算用到 (4.3.9), (4.2.14), (4.2.23) 式.

$$\begin{aligned}\sigma&=\frac{V}{v}\sum_{\boldsymbol{k}_\mathrm{f}}W_{\boldsymbol{k}_\mathrm{f}\boldsymbol{k}}=\frac{V}{v}\frac{2\pi}{\hbar}\sum_{\boldsymbol{k}_\mathrm{f}}|\langle\boldsymbol{k}_\mathrm{f}|T^{+}(E)|\boldsymbol{k}\rangle|^2\delta(E_\mathrm{f}-E)\\&=\frac{2\pi}{\hbar v}V\sum_{\boldsymbol{k}_\mathrm{f}}\langle\boldsymbol{k}|T^{-}(E)|\boldsymbol{k}_\mathrm{f}\rangle\langle\boldsymbol{k}_\mathrm{f}|T^{+}(E)|\boldsymbol{k}\rangle\delta(E_\mathrm{f}-E)\\&=\frac{2\pi}{\hbar v}V\frac{\mathrm{i}}{2\pi}[\langle\boldsymbol{k}|T^{+}(E)|\boldsymbol{k}_\mathrm{f}\rangle-\langle\boldsymbol{k}_\mathrm{f}|T^{-}(E)|\boldsymbol{k}\rangle]\\&=\frac{2V}{\hbar v}\mathrm{Im}\langle\boldsymbol{k}|T^{+}(E)|\boldsymbol{k}\rangle\end{aligned} \tag{4.3.11}$$

上式可按 (4.3.5) 式重写为

$$\sigma=\frac{2\pi}{k}\mathrm{Im}[f(\boldsymbol{k},\boldsymbol{k})] \tag{4.3.12}$$

此式被称为光学定理, 它给出了总散射截面与向前散射振幅之间的关系.

按 (4.3.6) 式, 正能量值的散射振幅 f 与微分散射截面直接相联系. 后者是个很重要的可观察量. 负能量时 f 的极点也是有物理意义的, 因 $f(E)$ 的极点 (也就是 $T(E)$ 的极点, 见 (4.3.5) 式) 给出了系统的分立本征值. 换句话说：如果散射问题已经解出并得到了 f 随 E 的函数关系, 我们只要找出 f 的极点的位置就可得到系统的分立本征值. 当然, 这些极点是在 E 的负半轴上. 同时也应指出, f 随 E(或 T^+ 随 E) 的变化或会在某些正能量处显出尖锐的峰, 这种情况称为共振, 尖峰位置对应的态称为共振态. 第六章中我们将讨论共振态.

我们现在来看一个典型的例子, 即 $V(\boldsymbol{r})$ 是库仑吸引势

$$V(r)=-\frac{e^2}{4\pi\varepsilon_0 r} \tag{4.3.13}$$

这时可算出散射振幅为

$$f=\frac{-t\Gamma(1-\mathrm{i}t)}{\Gamma(1+\mathrm{i}t)}\frac{1}{2k\sin^2(\theta/2)}\mathrm{e}^{2\mathrm{i}t\ln\sin(\theta/2)} \tag{4.3.14}$$

其中

$$k=\sqrt{2mE/\hbar^2},\ \mathrm{Im}k\geqslant 0 \tag{4.3.15}$$

$$t=\frac{me^2}{4\pi\varepsilon_0\hbar^2 k} \tag{4.3.16}$$

θ 是 $\boldsymbol{k}$ 与 $\boldsymbol{k}_\mathrm{f}$ 之间的夹角. 由 Γ 函数的性质可知, $\Gamma\,(1-\mathrm{i}t)$ 的宗量为非正整数, 即 $-(1-\mathrm{i}t)=\rho=0,1,2,\cdots$ 时, f 出现极点, 这时

$$\mathrm{i}t=1+\rho=n, \quad n=1,2,3,\cdots \tag{4.3.17}$$

代入 (4.3.16) 和 (4.3.15) 式, 得到吸引库仑势的分立本征值

$$E_n=-\frac{me^4}{2(4\pi\varepsilon_0)^2\hbar^2}\frac{1}{n^2}, \quad n=1,2,3,\cdots \tag{4.3.18}$$

这正是氢原子的能级. 对于这个问题, 我们解的是 r 在任意距离处的行为而不止是无限远处的渐近行为. 如果势是排斥库仑势, 即 (4.3.13) 式中取正号, 那么解出来的散射振幅只要在 (4.3.14) 式中用 $-\mathrm{i}$ 代替 i 即可. 这时 (4.3.14) 式分子上 Γ 函数的宗量就不可能为负值, f 也就没有极点, 系统就没有分立本征值, 这也是排斥势所应当具有的结果.

§4.4 应用：浅杂质势阱中的束缚态 ($E<0$)

本节我们设势能为

$$V(\boldsymbol{r})=-V_0, \quad \boldsymbol{r}\in\Omega_0 \tag{4.4.1a}$$

$$V(\boldsymbol{r})=0, \quad \boldsymbol{r}\notin\Omega_0 \tag{4.4.1b}$$

此处 Ω_0 是实空间内的一个有限的区域, V_0 是个正的但很小的量：$V_0\to0^+$. 我们感兴趣的是, 当一个自由粒子经过该区域时, 是否会有一个分立本征值 E_0 出现; 如果出现, 它与 V_0 的大小有什么关系. 这只要找格林函数 $G(E)$ 的极点就行了. 现在未微扰哈密顿量即自由粒子 H_0 的格林函数 G_0 已由第三章算出. 微扰哈密顿量是 (4.4.1) 式, 要计算总的格林函数, 用 (4.1.7) 式并写成 $\boldsymbol{r}$ 表象中的形式.

$$\begin{aligned}G(\boldsymbol{r},\boldsymbol{r}';z)=&G_0(\boldsymbol{r},\boldsymbol{r}';z)-V_0\int_{\Omega_0}\mathrm{d}\boldsymbol{r}_1G_0(\boldsymbol{r},\boldsymbol{r}_1;z)G_0(\boldsymbol{r}_1,\boldsymbol{r}';z)+\\&+V_0^2\int_{\Omega_0}\mathrm{d}\boldsymbol{r}_1\int_{\Omega_0}\mathrm{d}\boldsymbol{r}_2G_0(\boldsymbol{r},\boldsymbol{r}_1;z)G_0(\boldsymbol{r}_1,\boldsymbol{r}_2;z)G_0(\boldsymbol{r}_2,\boldsymbol{r}';z)+\cdots\end{aligned} \tag{4.4.2}$$

我们用不同维数下 $E<0$ 的格林函数 $G_0\,(E)$ 代入, 看是否有极点.

1. 三维空间

$$G_0(\boldsymbol{r},\boldsymbol{r}_1;E)=-\frac{m}{2\pi\hbar^2}\frac{1}{|\boldsymbol{r}-\boldsymbol{r}_1|}\mathrm{e}^{-k_0|\boldsymbol{r}-\boldsymbol{r}_1|},k_0=\sqrt{\frac{2m|E|}{\hbar^2}}$$

见 (3.2.7) 式. 这时的 $G_0\,(E)$ 始终是个有限值, 因此 (4.4.2) 式中的各项积分是个有限值.$G-G_0$ 的级数的求和也是一个有限值, 且正比于 V_0. 当 $V_0\to0^+$ 时 $G\to G_0$,

所以 G 不出现极点. 结论是：三维中足够浅的有限势阱内不产生分立能级. 只有乘积 $\Omega_0 V_0$ 超过一个临界值时才有可能出现第一个分立能级.

2. 二维空间

$$G_0(\boldsymbol{r},\boldsymbol{r}_1;E) = -\frac{m}{\pi\hbar^2}K_0(k_0|\boldsymbol{r}-\boldsymbol{r}_1|), k_0 = \sqrt{\frac{2m|E|}{\hbar^2}}$$

见 (3.2.13) 式. k_0 值有限时 G_0 是个有限值. 但当 $|E| \to 0^+$ 时, $k_0 \to 0^+$, 这时小宗量的 K_0 函数的展开式为：

$$G_0(\boldsymbol{r},\boldsymbol{r}_1;E) = \frac{m}{\pi\hbar^2}\ln(k_0|\boldsymbol{r}-\boldsymbol{r}_1|) + C_1 \tag{4.4.3}$$

C_1 是个已知常数. 将 (4.4.3) 式代入 (4.4.2) 式, 每一项中只取发散最快的项. 在积分时作一近似的简化：设二维势阱区域 Ω_0 与面积 S 同一量级, S 是个常数, 用 $\sqrt{S}$ 来代替积分变量 $|\boldsymbol{r}-\boldsymbol{r}_1|$, 使我们可以求出积分

$$G_0(\boldsymbol{r},\boldsymbol{r}_1;E) \approx G_0(\boldsymbol{r},\boldsymbol{r}_1;E)\sum_{n=0}^{\infty}\left[-\frac{\Omega_0 V_0}{\pi\hbar^2}m\ln(k_0\sqrt{S})\right]^n = \frac{G_0(\boldsymbol{r},\boldsymbol{r}_1;E)}{1+\dfrac{\Omega_0 V_0}{\pi\hbar^2}m\ln(k_0\sqrt{S})} \tag{4.4.4}$$

$G(E)$ 出现极点 E_0 的条件是

$$E_0 \xrightarrow[V_0\to 0+]{} -\frac{\hbar^2}{2mS}\exp\left(-\frac{2\pi\hbar^2}{mV_0\Omega_0}\right) = -\frac{\hbar^2}{2mS}\exp\left(-\frac{1}{\rho_0 V_0\Omega_0}\right) \tag{4.4.5}$$

其中 $\rho_0{=}m/(2\pi\hbar^2)$ 是单位面积中的未微扰态密度, 见 (3.2.15) 式. 结论是：二维空间中无论势阱多么浅, 总是存在分立的束缚态. 这一性质来源于在带边 $E{=}0$ 处 $G_0\ (E)$ 是对数发散的, 它导致在带边态密度是不连续的. 一般情况下, 只要未微扰态密度在带边不连续就会因微扰而出现孤立极点.

对于圆形势阱的特殊情况, 本问题可从薛定谔方程直接严格求解, 结果分立能级是：

$$E_0 \xrightarrow[V_0\to 0^+]{} -\frac{\pi\hbar^2}{2m\Omega_0}\exp\left(-\frac{2\pi\hbar^2}{mV_0\Omega_0}\right) \tag{4.4.6}$$

其中 Ω_0 是圆形势阱的面积. 对所有其他形状的势阱, 则无法以薛定谔方程严格求解. 这时只能估计格林函数的数量级, 采用与获得 (4.4.5) 式时同样的方法. 注意：势阱的形状不影响到指数因子, 只影响到指数前面的系数因子.

3. 一维空间

$$G_0(x,x';E) = -\frac{m}{\hbar^2 k_0}\mathrm{e}^{-k_0|x-x'|}, \quad k_0 = \sqrt{\frac{2m|E|}{\hbar^2}}$$

见 (3.2.16) 式. 当 $E_0 \to 0^-$, $k_0 \to 0^+$, 这时 G_0 近似为

$$G_0(x,x';E) \xrightarrow[E_0\to 0^-]{} -\sqrt{\frac{m}{-2\hbar^2 E}} \tag{4.4.7}$$

这是一个随 E 发散的函数. 代入 (4.4.2) 式积分

$$G \approx G_0 \sum_{n=0}^{\infty} (-G_0 V_0 \Omega_0)^n = \frac{G_0}{1+G_0 V_0 \Omega_0} = \frac{G_0}{1-\Omega_0 V_0 \sqrt{-m/2\hbar^2 E}} \tag{4.4.8}$$

G 的极点为

$$E_0 = -\frac{m\Omega_0^2}{2\hbar^2} V_0^2 \tag{4.4.9}$$

Ω_0 是一维势阱的长度. 结论是一维势阱中总是存在束缚态. 本例与二维空间中的情况相似. 都是在带边 E=0 处, 未微扰态密度不连续, 未微扰格林函数 $G_0(E)$ 发散.

习　题

1. 一维哈密顿量为 $H(x) = -\dfrac{\hbar^2}{2m}\dfrac{\partial^2}{\partial x^2} + V_0\delta(x)$. 用微扰理论求出其格林函数.

2. 一维哈密顿量为 $H(x) = -\dfrac{\hbar^2}{2m}\dfrac{\partial^2}{\partial x^2} + V(x)$ 其中在 $-a \leqslant x \leqslant a$ 的范围内势能是 V_0, 此外时能为零. 用微扰理论求出其格林函数.

3. 一维哈密顿量为 $H(x) = -\dfrac{\hbar^2}{2m}\dfrac{\partial^2}{\partial x^2} + V_1\delta(x+a) + V_2\delta(x-a)$, 这是双 δ 势垒. 用微扰理论求出其格林函数.

4. 一维哈密顿量为 $H(x) = -\dfrac{\hbar^2}{2m}\dfrac{\partial^2}{\partial x^2} + V_0 \displaystyle\sum_{n=-\infty}^{\infty} \delta(x-na)$, 这样的周期性 δ 势垒称为狄拉克梳. 用微扰理论求出其格林函数.

第五章　紧束缚哈密顿量的格林函数

§5.1　紧束缚哈密顿量

紧束缚模型 (TBM, Tight Binding Model) 是从实际的晶体抽象出来的模型. 由于在许多晶体中的电子主要在原子附近运动, 将晶体格点抽象为一个完全的几何点称为格点, 忽略格点内部的所有细节, 每个格点只起到一个势阱 (或势垒) 的作用. 格点的周期性排列构成点阵. 任意两个格点之间有一定的跃迁概率.

紧束缚模型的特点是：①它是一个可解模型. 能谱是连续的, 这与自由空间中的自由粒子一样. 但要说明的是：在得到无限大空间中自由粒子的波函数 $\dfrac{1}{\sqrt{V}}\mathrm{e}^{\mathrm{i}\boldsymbol{k}\cdot\boldsymbol{r}}$ 时, 我们用了箱归一化的条件, 即认为空间是一个体积为 $V=L^3$ 的立方体. 边界条件有两种：一种是波函数在 V 的表面上为零, 这样得到的波函数是驻波; 另一种是采用周期性边界条件, 这样得到的是行波. 通常采用后一种, 比较符合物理现实. 这时波矢在每个方向上的分量为 $k_i{=}2\pi n_i/L$, n_i 是自然数, 这在数学上是分立值. 但是由于 L 相当大, 因此 $\boldsymbol{k}$ 点的分布是相当密的; 物理上认为是连续谱. 这时, 对 $\boldsymbol{k}$ 点的求和可利用 (1.2.5) 式化为积分计算. 在点阵中与自由空间中稍有不同的是, 因为在 i 方向上有 N_i 个周期, 每个周期的长度为 a_i, 所以波矢可写成 $k_i{=}2\pi n_i/N_ia_i$. 由于加了周期性边界条件, 如果 $k_i'=k_i{+}2\pi m/a_i$, m 为正整数, 则具有 $\boldsymbol{k}_i$ 与 $\boldsymbol{k}_i'$ 的波函数是相同的. 这样, 可在 $m{=}0$ 的有限 $\boldsymbol{k}$ 区域 (称为第一布里渊区, 1BZ) 中讨论波函数与能带. 因此能量是连续谱, 但又有上、下限. 由于 $\boldsymbol{k}$ 可取正、反两个方向, 利用周期性边界条件, 习惯上将第一布里渊区定为 $k_i\in[-\pi/a_i,\pi/a_i]$ 的范围, 即以原点为对称中心. 周期性条件和能带是有限的这两个原因, 使我们得到了比在自由空间中更为丰富的物理信息. 这些信息当然是周期性点阵所特有的, 所以它们对于理解固态晶体中的某些性质是非常有用的. ②在这一模型中加入杂质格点, 用第 4 章介绍的微扰方法来处理也是非常方便的. 这样就有助于了解真实晶体中有掺杂时的物理信息.

现在点阵中的格点是在空间中分立排列的, 可将电子的运动简单地理解为在格点之间的跃迁运动, 因为格点之间的其他细节都忽略了而只认为是真空. 这样我们把格点可看作是波函数的坐标, 这样的表象称为格点表象, 它与 $\boldsymbol{r}$ 表象应该是完全等价的. 下面我们看怎样将晶体中 $\boldsymbol{r}$ 表象的波函数转换成格点表象.

晶体中哈密顿量的本征函数为布洛赫 (Bloch) 波：

$$\psi_{nk}(\boldsymbol{r}) = \frac{1}{\sqrt{V}} \mathrm{e}^{\mathrm{i}\boldsymbol{k}\cdot\boldsymbol{r}} u_{n\boldsymbol{k}}(\boldsymbol{r}) \tag{5.1.1}$$

它类似于自由空间中的平面波，只是振幅受到调制. 调制函数 $u_{nk}(\boldsymbol{r})$ 是周期函数，以晶格常量为周期. n 是能带指标，$\boldsymbol{k}$ 只取第一布里渊区内的值. 这个函数有一个特点：

$$\psi_{n\boldsymbol{k}}(\boldsymbol{r}+\boldsymbol{l}) = \mathrm{e}^{\mathrm{i}\boldsymbol{k}\cdot\boldsymbol{l}} \psi_{n\boldsymbol{k}}(\boldsymbol{r}) \tag{5.1.2}$$

此处 $\boldsymbol{l}$ 是晶格矢量，是起点与终点为任意两个格点的矢量. 如果在第 i 方向的最小晶格常量为 $\boldsymbol{a}_i$，则

$$\boldsymbol{l} = \sum_{i=1}^{d} l_i \boldsymbol{a}_i \ (l_i \text{ 是整数}, d \text{ 是维数}) \tag{5.1.3}$$

现在构造万尼尔 (Wannier) 函数 $W_n(\boldsymbol{r}-\boldsymbol{l})$：

$$W_n(\boldsymbol{r}-\boldsymbol{l}) = \frac{1}{\sqrt{V}} \sum_{\boldsymbol{k}} \mathrm{e}^{-\mathrm{i}\boldsymbol{k}\cdot\boldsymbol{l}} \psi_{n\boldsymbol{k}}(\boldsymbol{r}) \tag{5.1.4}$$

其中 N 是晶体中总的晶胞数目，$\boldsymbol{l}$ 与 $\psi_{nk}(\boldsymbol{r})$ 的表达式分别见 (5.1.3), (5.1.1) 式. 由于对第一布里渊区内的所有 $\boldsymbol{k}$ 点求和，所以 $W_n(\boldsymbol{r}-\boldsymbol{l})$ 只剩下能带指标. 这一函数的特点是，在格点 $\boldsymbol{l}$ 处波函数有最大值，而在离开 $\boldsymbol{l}$ 时波函数迅速下降. 可以这样来粗略作估计：假定 $u_{nk}(\boldsymbol{r})$ 近似为一常数 u_n，则将 (5.1.1) 式代入，得

$$\begin{aligned} W_n(\boldsymbol{r}-\boldsymbol{l}) &= \frac{1}{\sqrt{N}} \frac{1}{\sqrt{V}} \sum_{\boldsymbol{k}} \mathrm{e}^{-\mathrm{i}\boldsymbol{k}\cdot\boldsymbol{l}+\mathrm{i}\boldsymbol{k}\cdot\boldsymbol{r}} u_{n\boldsymbol{k}}(\boldsymbol{r}) \\ &= \frac{1}{\sqrt{V}} u_n \frac{1}{\sqrt{N}} \sum_{k} \mathrm{e}^{\mathrm{i}\boldsymbol{k}\cdot(\boldsymbol{r}-\boldsymbol{l})} = \frac{1}{\sqrt{V}} u_n \delta(\boldsymbol{r}-\boldsymbol{l}) \end{aligned} \tag{5.1.5}$$

此时电子可被认为是束缚或局域在 $\boldsymbol{l}$ 这个格点上的，称为此格点上的束缚态或局域态. 万尼尔波函数就是紧束缚波函数. 晶体中有 N 个格点，所以万尼尔波函数有 N 个，它们构成一个完备集. 它与布洛赫波函数是完全等价的，它们之间是一个线性变换的关系 (5.1.4) 式. 如果以万尼尔波函数为基组，则任何算符，包括晶体哈密顿量都可以用这个表象来表示. 设不同能带之间的跃迁可忽略不计，我们只考虑一个能带内的情况，称为单带模型，故可忽略下标 n.

现在万尼尔函数是属于格点的波函数，只是写成了坐标表象中的形式，可写成

$$W(\boldsymbol{r}-\boldsymbol{l}) = \langle \boldsymbol{r}|\boldsymbol{l}\rangle \tag{5.1.6}$$

$|\boldsymbol{l}\rangle$ 就是格点表象中的波函数. 在此表象中哈密顿矩阵元为

$$\langle \boldsymbol{l}|H|\boldsymbol{m}\rangle = \varepsilon_{\boldsymbol{l}} \delta_{\boldsymbol{lm}} + V_{\boldsymbol{lm}} \tag{5.1.7}$$

其物理意义是：在格点 $\boldsymbol{l}$ 上有束缚能 ε_l(起到一个势阱的作用), 在两个格点之间有一定的跃迁概率. 由万尼尔函数的大致形状及 (5.1.5) 式可以大致估计到不同格点之间的万尼尔函数交叠很小, 是接近正交的. 我们就直接作近似, 认为不同格点的波函数之间是正交的,

$$\langle \boldsymbol{l}|\boldsymbol{m}\rangle = \delta_{\boldsymbol{lm}} \tag{5.1.8}$$

前面已提到, 格点波函数是完备的,

$$\sum_{\boldsymbol{l}} |\boldsymbol{l}\rangle\langle \boldsymbol{l}| = 1 \tag{5.1.9}$$

这样我们就将晶格中波函数经过近似后转变成了点阵中的格点波函数. 格点表象与 $\boldsymbol{r}$ 表象类比的话, 分立的坐标 $\boldsymbol{l}$ 就类似于连续的空间坐标 $\boldsymbol{r}$. 上述近似称为紧束缚近似 (TBA, Tight Binding Approximation). 此模型称为紧束缚模型. 相应的紧束缚哈密顿量 (TBH, Tight Binding Hamiltonian) 的形式为

$$H = \sum_{\boldsymbol{l}} |\boldsymbol{l}\rangle \varepsilon_{\boldsymbol{l}} \langle \boldsymbol{l}| + \sum_{\boldsymbol{l}\neq \boldsymbol{m}} |\boldsymbol{l}\rangle V_{\boldsymbol{lm}} \langle \boldsymbol{m}| \tag{5.1.10}$$

它的矩阵元是 (5.1.7) 式, 对角元是 $\varepsilon_{\boldsymbol{l}}$, 非对角元是 $V_{\boldsymbol{lm}}$.

对于 (5.1.10) 式, 还可作近一步的近似. 考虑点阵中每个格点都是等价的 (即布拉维格子或称简单点阵), 每个格点上的束缚能或称在位能应该相等.

$$\varepsilon_{\boldsymbol{l}} = \varepsilon_0 \tag{5.1.11}$$

(对于复式格子, 可分成子晶格作类似的讨论.) 对于格点之间的跃迁项, 我们这儿只考虑最近邻格点之间的跃迁, 并认为跃迁概率都相等. 所以最简单的哈密顿量为

$$H = \varepsilon_0 \sum_{\boldsymbol{l}} |\boldsymbol{l}\rangle\langle \boldsymbol{l}| + V_{\mathrm{t}} \sum_{\boldsymbol{l}} \sum_{\boldsymbol{m}(nn)}{}' |\boldsymbol{l}\rangle\langle \boldsymbol{m}| \tag{5.1.12}$$

其中 $\sum\limits_{\boldsymbol{m}(nn)}{}'$ 表示对 $\boldsymbol{m}$ 的求和只涉及 $\boldsymbol{l}$ 格点的最近邻格点 (同此, 也可再加上第二、第三近邻的跃迁等等).

如果一个波函数确实是完全局域在 $\boldsymbol{l}$ 格点上的, 则它在 $\boldsymbol{l}$ 格点上的投影为 1, 在其他格点上无投影. 这个波函数的能量即为 $\varepsilon_{\boldsymbol{l}}$. 一般情况下, 点阵中的任一波函数在所有格点上有一投影分布, 格点波函数是正交完备集, 见 (5.1.8), (5.1.9) 式.

对于 (5.1.12) 式的简单格子且只考虑最近邻跃迁的哈密顿量, 易求出其本征函数与本征能量. 本征函数为

$$|\boldsymbol{k}\rangle = \frac{1}{\sqrt{N}} \sum_{\boldsymbol{l}} \mathrm{e}^{\mathrm{i}\boldsymbol{k}\cdot\boldsymbol{l}} |\boldsymbol{l}\rangle \tag{5.1.13}$$

这是点阵中波矢为 $\boldsymbol{k}$ 的行波，在每个格点上的投影振幅相等. 位相为 $\varphi_{\boldsymbol{l}}=\boldsymbol{k}\cdot\boldsymbol{l}$. 将 (5.1.12) 式的 H 作用于 $|\boldsymbol{k}\rangle$ 的可得到能量本征值为

$$E(\boldsymbol{k})=\varepsilon_0+V_{\mathrm{t}}\sum_{\boldsymbol{l}(nn)}\mathrm{e}^{\mathrm{i}\boldsymbol{k}\cdot\boldsymbol{l}} \tag{5.1.14}$$

由于所有格点都是等价的，我们只取位于原点的格点，(5.1.14) 式对 $\boldsymbol{l}$ 的求和只取原点的最近邻格点. 这样对于不同维数的简单格子，依次得到

一维简单格子

$$E(\boldsymbol{k})=\varepsilon_0+2V_{\mathrm{t}}\cos ka \tag{5.1.15}$$

二维正方格子

$$E(\boldsymbol{k})=\varepsilon_0+2V_t(\cos k_1a+\cos k_2a) \tag{5.1.16}$$

三维立方格子

$$E(\boldsymbol{k})=\varepsilon_0+2V_{\mathrm{t}}(\cos k_1a+\cos k_2a+\cos k_3a) \tag{5.1.17}$$

这儿 k_1, k_2, k_3 分别表示 $\boldsymbol{k}$ 在 x, y, z 方向上的分量. $\boldsymbol{a}$ 是晶格常量，也称点阵常数.

在图 5.1 中画出了一维情况 (5.1.15) 式的色散曲线.k 限于第一布里渊区 $[-\pi/a, \pi/a]$ 内. 在 k=0 处即布里渊区中心，能量 $E(\boldsymbol{k})$ 的有极大值，即上能带边 $E_{\max}=\varepsilon_0+2V_{\mathrm{t}}$. 在 $k=\pm\pi/a$ 处即布里渊区边界，能带有极小值，即下能带边 $E_{\min}=\varepsilon_0-2V_{\mathrm{t}}$. 因此能带在 $[\varepsilon_0-2V_{\mathrm{t}}, \varepsilon_0+2V_{\mathrm{t}}]$ 的范围内是连续的. 能带宽度为 $4V_{\mathrm{t}}$. 从 (5.1.15)~(5.1.17) 式容易看出，从一维到三维的简单方格子的能带范围是 $[\varepsilon_0-ZV_{\mathrm{t}}, \varepsilon_0+ZV_{\mathrm{t}}]$，这儿 Z 是最近邻格点数目. 能带半宽是 $B=ZV_{\mathrm{t}}$. 下面我们就用 (5.1.15)~(5.1.17) 式计算相应的格林函数.

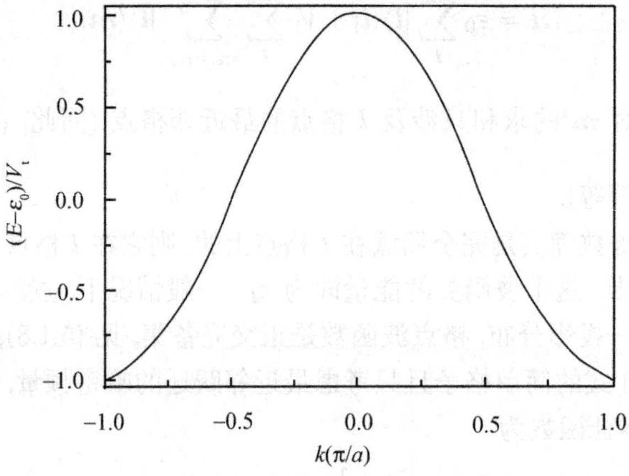

图 5.1　一维点阵的能带

§5.2 点阵格林函数

求格林函数用 (1.1.15) 式.

$$G(z)=\sum_{\boldsymbol{k}}\frac{|\boldsymbol{k}\rangle\langle\boldsymbol{k}|}{z-E(\boldsymbol{k})} \tag{5.2.1}$$

本节只讨论方形的简单格子, 本征函数 $|\boldsymbol{k}\rangle$ 与本征值 $E(\boldsymbol{k})$ 都已在上一节中求出. 格林函数在格点表象中的矩阵元为

$$\begin{aligned}G(\boldsymbol{l},\boldsymbol{m};z)&=\langle\boldsymbol{l}|G(z)|\boldsymbol{m}\rangle=\sum_{\boldsymbol{k}}\frac{\langle\boldsymbol{l}|\boldsymbol{k}\rangle\langle\boldsymbol{k}|\boldsymbol{m}\rangle}{z-E(\boldsymbol{k})}\\&=\frac{V}{N(2\pi)^d}\int_{1\mathrm{BZ}}\frac{\mathrm{e}^{\mathrm{i}\boldsymbol{k}\cdot(\boldsymbol{l}-\boldsymbol{m})}}{z-E(\boldsymbol{k})}\mathrm{d}\boldsymbol{k}\end{aligned} \tag{5.2.2}$$

其中积分号的下标 1BZ 表示积分区域仅限于第一布里渊区 (Brillouin zone). 对角矩阵元为

$$G(\boldsymbol{l},\boldsymbol{l};z)=\frac{V}{N(2\pi)^d}\int_{1\mathrm{BZ}}\frac{\mathrm{d}\boldsymbol{k}}{z-E(\boldsymbol{k})} \tag{5.2.3}$$

$G_0(\boldsymbol{l},\boldsymbol{l};z)$ 也称为 $\boldsymbol{l}$ 格点的格林函数. 所有格点的格林函数都是相同的. 对于足够大的 z, 可在分母上忽略 $E(\boldsymbol{k})$ 而成为

$$G(\boldsymbol{l},\boldsymbol{l};z)\xrightarrow[z\to\infty]{}\frac{1}{z}\frac{V}{N(2\pi)^d}\int_{1\mathrm{BZ}}\mathrm{d}\boldsymbol{k}$$

而第一布里渊区的体积为 $(2\pi)^d/V_c$, 其中 $V_c=V/N$ 是单位原胞的体积. 因此,

$$G(\boldsymbol{l},\boldsymbol{l};z)\xrightarrow[z\to\infty]{}\frac{1}{z} \tag{5.2.4}$$

(5.2.4) 式也可以这样来理解：将 (5.2.3) 式对波矢的积分写成加上态密度的权重之后对能量的积分：

$$G(\boldsymbol{l},\boldsymbol{l};z)=\int\frac{\rho(E)}{z-E}\mathrm{d}E\xrightarrow[z\to\infty]{}\frac{1}{z}\int\rho(E)\mathrm{d}E$$

此外有 $\int\rho(E)\mathrm{d}E=1$, 因为每个格点只有一个态. 格林函数都有 (5.2.4) 式的渐近行为. 也可见 (1.1.16) 式.

由格点格林函数可算出格点态密度：

$$\rho_0(E)=\mp\frac{1}{\pi}\mathrm{Im}G^{\pm}(\boldsymbol{l},\boldsymbol{l};E) \tag{5.2.5}$$

下面按照 d=1, 2, 3 分别作具体的计算.

5.2.1 一维点阵

把 (5.1.15) 式代入 (5.2.2) 式, 得到

$$
\begin{aligned}
G(l,m;z) &= \frac{L}{N2\pi}\int_{-\pi/a}^{\pi/a}\frac{\mathrm{e}^{\mathrm{i}ka(l-m)}}{z-\varepsilon_0-2V_{\mathrm{t}}\cos ka}\mathrm{d}k \\
&= \frac{1}{2\pi}\int_{-\pi}^{\pi}\frac{\mathrm{e}^{\mathrm{i}\varphi(l-m)}}{z-\varepsilon_0-2V_{\mathrm{t}}\cos\varphi}\mathrm{d}\varphi
\end{aligned}
\tag{5.2.6}
$$

首先注意到, 积分只依赖于指数上的绝对值 $|l-m|$, 因为 $\mathrm{e}^{\mathrm{i}x}=\cos x+\mathrm{i}\sin x$, 奇函数部分积分为零. 其次用变换 $\omega=\mathrm{e}^{\mathrm{i}\varphi}$, $\mathrm{d}\omega=\mathrm{i}\omega\mathrm{d}\varphi$ 将对 φ 的积分变成在复 ω 平面上沿单位圆作积分:

$$
G(l,m;z)=\frac{-1}{2\pi\mathrm{i}V_{\mathrm{t}}}\oint\mathrm{d}\omega\frac{\omega^{|l-m|}}{\omega^2-2x\omega+1} \tag{5.2.7}
$$

其中 $x=(z-\varepsilon_0)/B$, $B=2V_{\mathrm{t}}$. 计算积分就是要看单位圆内有无极点. $\omega^2-2x\omega+1=(\omega-\rho_1)(\omega-\rho_2)=0$. 必有两个根:

$$
\rho_1=x-\sqrt{x^2-1} \tag{5.2.8a}
$$

$$
\rho_2=x+\sqrt{x^2-1} \tag{5.2.8b}
$$

显然, 有 $\rho_1\rho_2=1$. 先看 $|x|>1$ 的情况. 当 $x>1, |\rho_1|<1$; 当 $x<-1, |\rho_2|<1$. 即两个根中必有一个在单位圆内, 另一个在单位圆外. $|\rho_1|<1$ 时积分结果为

$$
G(l,m;z)=\frac{-1}{V_{\mathrm{t}}}\frac{\rho_1^{|l-m|}}{\rho_1-\rho_2}=-\frac{\rho_1^{|l-m|}}{\sqrt{(z-\varepsilon_0)^2-B^2}} \tag{5.2.9a}
$$

$|\rho_2|<1$ 时的结果也可类似地得到

$$
G(l,m;z)=\frac{-1}{V_{\mathrm{t}}}\frac{\rho_2^{|l-m|}}{\rho_2-\rho_1}=-\frac{\rho_2^{|l-m|}}{\sqrt{(z-\varepsilon_0)^2-B^2}} \tag{5.2.9b}
$$

除了 x 是实数且在 $|x|\leqslant 1$ 以外的区域, 必有 $|\rho_{小}|<1, |\rho_{大}|>1$.

当 x 是实数且 $|x|\leqslant 1$ 时, 两个根都在单位圆上. 这时格林函数没有定义. 只能利用侧极限:

$$
G^{\pm}(l,m;E)=\frac{\mp\mathrm{i}}{\sqrt{B^2-(E-\varepsilon_0)^2}}(x\mp\mathrm{i}\sqrt{1-x^2})^{|l-m|} \tag{5.2.10}
$$

相当于总是只取 (5.2.8) 中的 ρ_1. 这时因为 $|x|\leqslant 1$, 所以能量 E 处于能带内:

$$
\varepsilon_0-B\leqslant E\leqslant\varepsilon_0+B \tag{5.2.11}
$$

计算格点态密度：

$$\rho_0(E) = \mp\frac{1}{\pi}\mathrm{Im}G^{\pm}(l,l;E) = \frac{\theta(B-|E-\varepsilon_0|)}{\pi\sqrt{B^2-(E-\varepsilon_0)^2}} \tag{5.2.12}$$

图 5.2 画出了 x 为实数时的格点格林函数的实部和虚部. 在能带内, 只有虚部而没有实部. 在能带外, 则只有实部而无虚部. 在能带边上, 态密度以平方根倒数的形式趋于无限大：例如在上能带边, 当 $E-\varepsilon_0 \to B-\delta$ 时, $\dfrac{1}{\sqrt{B^2-(E-\varepsilon_0)^2}} = \dfrac{1}{\sqrt{2\delta}}$, $\delta\to 0$. 格林函数的实部则当 $E-\varepsilon_0 \to B-\delta$, $\delta\to 0$ 时以 $1/\sqrt{\delta}$ 的方式趋于无限大. 这与自由空间中的现象相同, 见图 3.1 和 (1.2.23) 式. 这些是一维连续谱的特点.

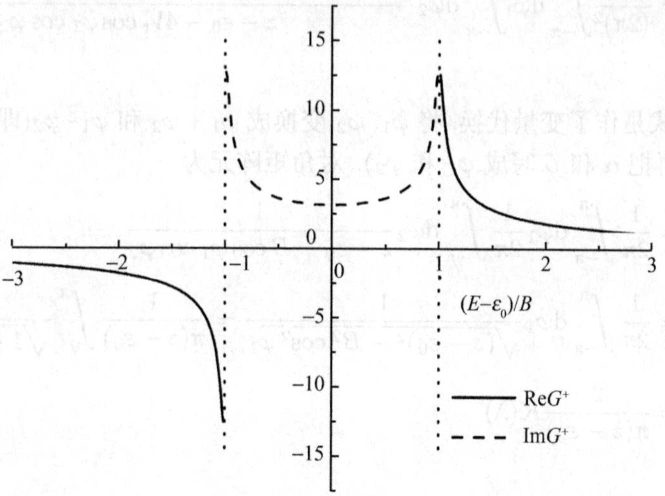

图 5.2 在 (5.2.10) 式中取 $l=m$ 算得的一维点阵格林函数

与第三章中开头部分的说明类似, 我们在这儿简单指出格林函数矩阵元 $G_0(\boldsymbol{l}, \boldsymbol{m}; z)$ 的物理意义：在 $\boldsymbol{l}$ 格点产生一个能量为 z 的粒子, 运动到 $\boldsymbol{m}$ 格点处消失的传播概率幅, 或者简称为一个粒子从 $\boldsymbol{l}$ 格点到 $\boldsymbol{m}$ 格点的传播概率幅. 从 (5.2.9) 式可看到, 在能带外, $|\rho_1|<1$, 这一传播概率是随格点之间的距离而指数下降的. 在能带内. $|\rho_1|=1$. 这一传播概率是不变的. 它可以毫无阻碍地传播到任意远处. 但是产生一个粒子后的传播与行波解 (5.1.13) 式是不同的概念. 两者不能混为一谈.

5.2.2 二维正方点阵

把 (5.1.16) 式代入 (5.2.2) 式, 得

$$G(\boldsymbol{l},\boldsymbol{m};z) = \frac{a^2}{(2\pi)^2}\int_{1\mathrm{BZ}} \frac{\mathrm{e}^{\mathrm{i}\boldsymbol{k}\cdot(\boldsymbol{l}-\boldsymbol{m})}}{z-\varepsilon_0-2V_{\mathrm{t}}(\cos k_1 a+\cos k_2 a)}\mathrm{d}^2\boldsymbol{k} \tag{5.2.13}$$

其中

$$\boldsymbol{k}\cdot(\boldsymbol{l}-\boldsymbol{m})=a[k_1(l_1-m_1)+k_2(l_2-m_2)] \tag{5.2.14}$$

l_1, l_2, m_1, m_2 都是整数, $\boldsymbol{a}$ 是晶格常量. 第一布里渊区的范围是: $-\pi/a\leqslant k_1\leqslant \pi/a, -\pi/a\leqslant k_2\leqslant\pi/a$. 现在把 (5.2.13) 式重写为

$$G(\boldsymbol{l},\boldsymbol{m};z)=\frac{1}{(2\pi)^2}\int_{-\pi}^{\pi}\mathrm{d}\varphi_1\int_{-\pi}^{\pi}\mathrm{d}\varphi_2\frac{\mathrm{e}^{\mathrm{i}\varphi_1(l_1-m_1)+\mathrm{i}\varphi_2(l_2-m_2)}}{z-\varepsilon_0-2V_{\mathrm{t}}(\cos\varphi_1+\cos\varphi_2)} \tag{5.2.15a}$$

$$\begin{aligned}&=\frac{1}{(2\pi)^2}\int_{-\pi}^{\pi}\mathrm{d}\varphi_1\int_{-\pi}^{\pi}\mathrm{d}\varphi_2\frac{\cos[\varphi_1(l_1-m_1)+\varphi_2(l_2-m_2)]}{z-\varepsilon_0-2V_{\mathrm{t}}(\cos\varphi_1+\cos\varphi_2)}\\&=\frac{1}{(2\pi)^2}\int_{-\pi}^{\pi}\mathrm{d}\varphi_1\int_{-\pi}^{\pi}\mathrm{d}\varphi_2\frac{[\cos(l_1-m_1+l_2-m_2)\varphi_1][\cos(l_1-m_1-l_2+m_2)\varphi_2]}{z-\varepsilon_0-4V_{\mathrm{t}}\cos\varphi_1\cos\varphi_2}\end{aligned} \tag{5.2.15b}$$

最后一个等式是作了变量代换, 将 φ_1, φ_2 变换成 $\varphi_1+\varphi_2$ 和 $\varphi_1-\varphi_2$(即令 $\varphi_1=\alpha+\beta$, $\varphi_2=\alpha-\beta$, 再把 α 和 β 写成 φ_1 和 φ_2). 对角矩阵元为

$$\begin{aligned}G(\boldsymbol{l},\boldsymbol{l};z)&=\frac{1}{2\pi}\int_{-\pi}^{\pi}\mathrm{d}\varphi_1\frac{1}{2\pi}\int_{-\pi}^{\pi}\mathrm{d}\varphi_2\frac{1}{z-\varepsilon_0-B\cos\varphi_1\cos\varphi_2}\\&=\frac{1}{2\pi}\int_{-\pi}^{\pi}\mathrm{d}\varphi_1\frac{1}{\sqrt{(z-\varepsilon_0)^2-B^2\cos^2\varphi_1}}=\frac{1}{\pi(z-\varepsilon_0)}\int_0^{\pi}\frac{\mathrm{d}\varphi}{\sqrt{1-\lambda^2\cos^2\varphi}}\\&=\frac{2}{\pi(z-\varepsilon_0)}K(\lambda)\end{aligned} \tag{5.2.16}$$

其中

$$\lambda=\frac{B}{z-\varepsilon_0},\quad B=4V_{\mathrm{t}} \tag{5.2.17}$$

$K(\lambda)$ 是第一类椭圆积分. 当 $z=E$ 为实数时, 具体的表达式如下:

$$\begin{aligned}G(\boldsymbol{l},\boldsymbol{l};E)&=\frac{2}{\pi(E-\varepsilon_0)}K\left(\frac{B}{E-\varepsilon_0}\right),|E-\varepsilon_0|>B=4V_{\mathrm{t}}\\\mathrm{Re}G^{\pm}(\boldsymbol{l},\boldsymbol{l};E)&=-\frac{2}{\pi B}K\left(\frac{E-\varepsilon_0}{B}\right),-B<E-\varepsilon_0<0\\\mathrm{Re}G^{\pm}(\boldsymbol{l},\boldsymbol{l};E)&=\frac{2}{\pi B}K\left(\frac{E-\varepsilon_0}{B}\right),0<E-\varepsilon_0<B\\\mathrm{Im}G^{\pm}(\boldsymbol{l},\boldsymbol{l};E)&=\mp\frac{2}{\pi B}K(\sqrt{1-(E-\varepsilon_0)^2/B^2}),|E-\varepsilon_0|<B\end{aligned} \tag{5.2.18}$$

格点态密度为

$$\rho(E)=\mp\mathrm{Im}G^{\pm}(\boldsymbol{l},\boldsymbol{l};E)=\frac{2}{\pi^2B}\theta(B-|E-\varepsilon_0|)K(\sqrt{1-(E-\varepsilon_0)^2/B^2}) \tag{5.2.19}$$

图 5.3 画出了格点格林函数随实能量值的关系曲线. 虚部, 即态密度, 只在能带内才不为零. 在能带边上, 态密度以斜率趋于零的方式趋于能带边. 实部在能带边则有对数奇点. 这些是二维连续谱的特点. 自由粒子的能带也有此特点, 见图 3.1 与 (1.2.18), (1.2.19) 式. 不过图 5.3 在能带中央的态密度有一极点, 此点上格林函数的实部也不连续. 这是点阵与自由空间的不同之处. 对于其他形式的二维点阵 (如三角格子等) 的计算也表明, 能带内态密度会出现奇点, 并且在奇点位置处格林函数的实部是不连续的.

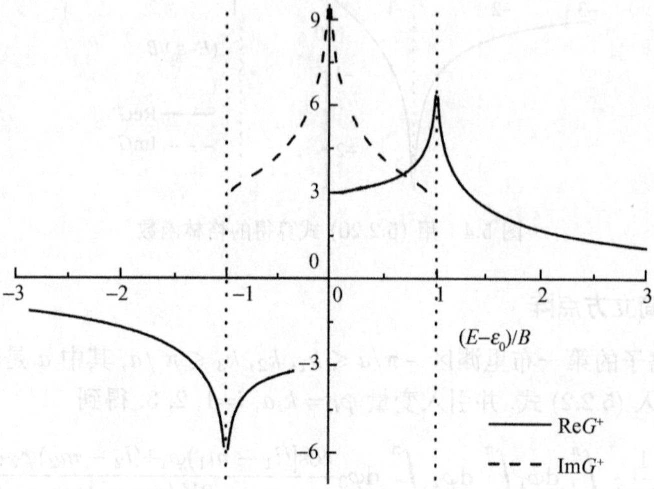

图 5.3 用 (5.2.16) 式算得的二维方点阵的格点格林函数

计算表明：当 z 在能带之外时, 传播概率幅 $G(\boldsymbol{l}, \boldsymbol{m}; z)$ 是随两个格点之间的距离 $|\boldsymbol{l}-\boldsymbol{m}|$ 指数下降的. 当 E 在能带内时, 传播概率幅 $G(\boldsymbol{l}, \boldsymbol{m}; E)$ 按 $|\boldsymbol{l}-\boldsymbol{m}|^{-1/2}$ 并以振荡的方式衰减. 这与一维的情况不同, 一维点阵中在能带内的传播概率幅是不衰减的. 这一现象也说明, 由格林函数的矩阵元 $G(\boldsymbol{l}, \boldsymbol{m}; E)$ 所反映的传播概率幅与 (5.1.13) 式的行波解不是一回事.

上面已经看到, 格点格林函数必须作数值计算. 在对问题做定性讨论时, 如果对于细节不太关心而只注重接近带边时的行为的话, 可用下面这个函数代替方格子的格点格林函数：

$$G(\boldsymbol{l},\boldsymbol{l};z) = \frac{1}{2B}\ln\left(\frac{z-\varepsilon_0+B}{z-\varepsilon_0-B}\right) \tag{5.2.20}$$

相应的格点态密度

$$\rho_0(E) = \frac{1}{2B}\theta(B-|E-\varepsilon_0|) \tag{5.2.21}$$

是个常量. (5.2.20) 式的随实能量值的曲线画于图 5.4 中. 接近带边处给出了正确的行为. 但在能带内部不能出现奇点. (5.2.20) 式并不是哪个点阵的格林函数. 只是因

为这是个特别简单的函数, 用它来代替方格子的格林函数也是能给出能带边处的正确的行为, 所以有时利用它来对某些问题作定性的讨论.

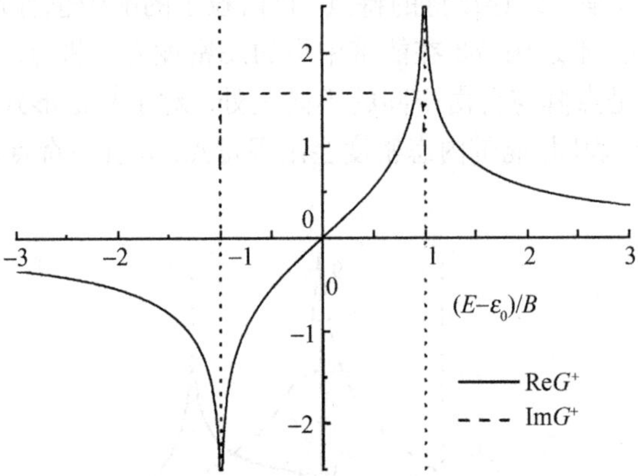

图 5.4　用 (5.2.20) 式算得的格林函数

5.2.3　三维简立方点阵

简立方格子的第一布里渊区 $-\pi/a \leqslant k_1, k_2, k_3 \leqslant \pi/a$, 其中 a 是晶格常量. 将 (5.1.17) 式代入 (5.2.2) 式, 并引入变量 $\varphi_i = k_i a$, i=1, 2, 3, 得到

$$G(\boldsymbol{l},\boldsymbol{m};z)=\frac{1}{(2\pi)^3}\int_{-\pi}^{\pi}\mathrm{d}\varphi_1\int_{-\pi}^{\pi}\mathrm{d}\varphi_2\int_{-\pi}^{\pi}\mathrm{d}\varphi_3\frac{\cos[(l_1-m_1)\varphi_1+(l_2-m_2)\varphi_2+(l_3-m_3)\varphi_3]}{z-\varepsilon_0-2V_{\mathrm{t}}(\cos\varphi_1+\cos\varphi_2+\cos\varphi_3)} \tag{5.2.22}$$

对角矩阵元为

$$G(\boldsymbol{l},\boldsymbol{l};z)=\frac{1}{(2\pi)^3}\int_{-\pi}^{\pi}\mathrm{d}\varphi_1\int_{-\pi}^{\pi}\mathrm{d}\varphi_2\int_{-\pi}^{\pi}\mathrm{d}\varphi_3\frac{1}{z-\varepsilon_0-2V_{\mathrm{t}}(\cos\varphi_1+\cos\varphi_2+\cos\varphi_3)} \tag{5.2.23}$$

对于 φ_1 和 φ_2 可以进行积分, 结果为

$$G(\boldsymbol{l},\boldsymbol{l};z)=\frac{1}{2\pi^2V_{\mathrm{t}}}\int_0^{\pi}\mathrm{d}\varphi t\mathrm{K}(t) \tag{5.2.24}$$

其中

$$t=\frac{4V_{\mathrm{t}}}{z-\varepsilon_0-2V_{\mathrm{t}}\cos\varphi} \tag{5.2.25}$$

$\mathrm{K}(t)$ 仍为第一类椭圆积分, 所以 (5.2.24) 式中有二重积分. 我们用对 (5.2.23) 式直接做三重数值积分计算得到对角元 $G^+(\boldsymbol{l},\boldsymbol{l};E)$ 随实能量 E 值的曲线见图 5.5. 仍然先看带边的行为, 态密度在带边是连续的, 并以 $\sqrt{\delta}$ 的方式趋于带边, 当 $\delta\to0$ 时, 格林函数的实部在带边处也是连续的; 格林函数的实部总是有限的; 在能带之外, 格林函

数实部的斜率为负的, 且在趋于带边时斜率趋于 $-\infty$. 自由空间中的粒子也有这些性质, 见图 3.1 和 (1.2.8), (1.2.9) 两式. 一般说来, 这些特点是三维的连续谱所普遍具有的, 但有例外. 对面心立方和体心立方格子的计算表明, 它们的格林函数在下能带边与带内会趋向无穷. 不过一个小的微扰, 例如考虑次近邻跃迁, 可以消除这种病态行为. 在能带内存在范 · 霍夫 (van Hove) 奇点, 在这些点上曲线是连续的但是斜率趋于无穷.

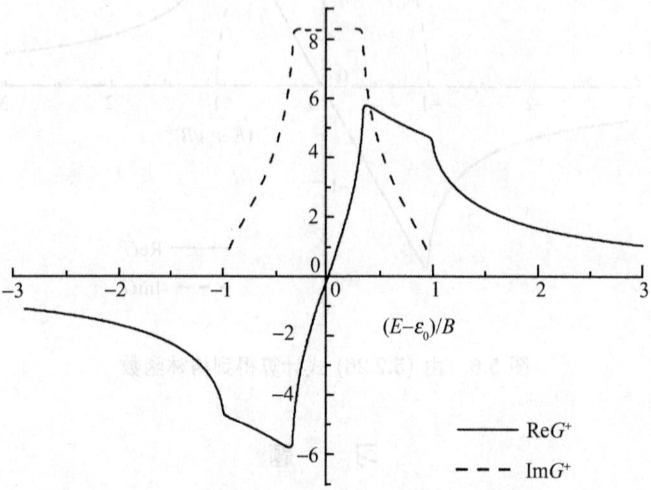

图 5.5 由 (5.2.23) 式计算得到格林函数

格林函数的虚部的最大值和实部的最大值 (或最小值) 的位置是相同的, 即它们的横坐标相同

计算表明: 当 z 在能带之外时, 传播概率幅 $G(\boldsymbol{l}, \boldsymbol{m}; z)$ 是随两个格点之间的距离 $|\boldsymbol{l}-\boldsymbol{m}|$ 指数下降的. 当 E 在能带内时, 传播概率幅 $G(\boldsymbol{l}, \boldsymbol{m}; E)$ 按 $|\boldsymbol{l}-\boldsymbol{m}|^{-1}$ 并以振荡的方式衰减.

如果只强调格林函数接近带边时的行为, 对于带内的细节不注重, 则可以用一个简单的函数表达式

$$G(\boldsymbol{l},\boldsymbol{l};z)=\frac{2}{z-\varepsilon_0+\mathrm{sgn}(\mathrm{Re}(z-\varepsilon_0))\sqrt{(z-\varepsilon_0)^2-B^2}} \tag{5.2.26}$$

来代替简立方格子的格点格林函数. (5.2.26) 式中取虚部 $\mathrm{Im}\sqrt{(z-\varepsilon_0)^2-B^2}$ 和 $\mathrm{Im}z$ 具有相同的符号. (5.2.26) 式是由哈伯德 (Hubbard) 提出来的, 故称为哈伯德格林函数. 当然它并不是某一真是点阵的格林函数, 只是用它来代替真实的格林函数在定性讨论某些问题时会方便些. 下一章就可以用到这一形式. 由这一函数算出的态密度为

$$\rho_0(E)=\frac{2\theta(B-|E-\varepsilon_0|)}{\pi B^2}\sqrt{B^2-(E-\varepsilon_0)^2} \tag{5.2.27}$$

(5.2.26) 式算出的曲线见图 5.6, 其中实部在能带之外及趋于能带边时的行为是正确的, 虚部趋于能带边时的行为也是正确的.

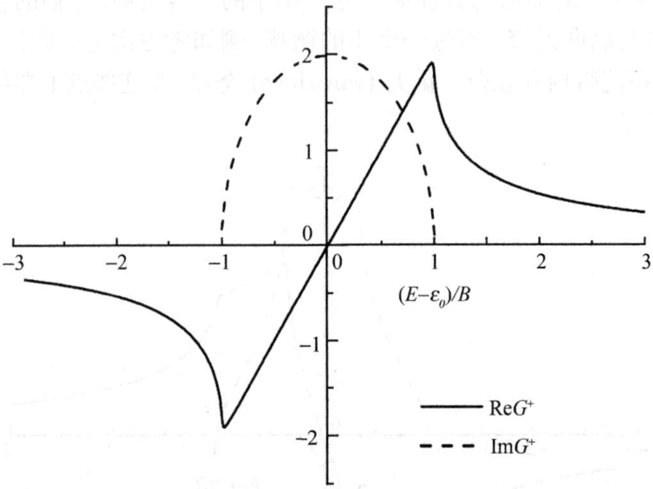

图 5.6　由 (5.2.26) 式计算得到格林函数

习　题

1. 为什么对于二维和三维的情况, 产生的粒子的能量在能带内, 其传播概率幅会随着传播距离而衰减, 而能带内的本征态是平面波, 在空间各点的概率幅是相同的?

2. 通过数值计算画出图 5.2 至图 5.6 各图.

第六章 单杂质散射

§6.1 理 论

本章考虑的问题是：在紧束缚的点阵中有一个杂质. 一方面, 这是个可以用第四章介绍的微扰论严格求解的例子; 另一方面, 它有助于了解真实晶体中加入杂质之后的一些物理信息.

最简单的杂质模型是：在 $\boldsymbol{l}_0$ 格点上的自能有一个偏离 $\varepsilon_0+\varepsilon$. 这相当于在理想晶体中有一个外来的杂质原子替代了晶体中的一个原子. 这时的 TBH 是

$$H = H_0 + H_1 \tag{6.1.1}$$

其中未微扰部分仍取第五章所用过的最简单的形式 (5.1.12) 式：

$$H_0 = \varepsilon_0 \sum_{\boldsymbol{l}} |\boldsymbol{l}\rangle\langle\boldsymbol{l}| + V_{\mathrm{t}} \sum_{\boldsymbol{l}} \sum_{\boldsymbol{m}(nn)} |\boldsymbol{l}\rangle\langle\boldsymbol{m}| \tag{6.1.2}$$

由替位杂质引起的微扰部分则是

$$H_1 = \varepsilon|\boldsymbol{l}_0\rangle\langle\boldsymbol{l}_0| \tag{6.1.3}$$

H_0 所对应的格林函数 G_0 已在上一章中求出. 现在的任务是利用 G_0 和 H_1 求出 H 所对应的格林函数 G. 这可用 §4.1 的理论. 我们运用 (4.1.14), (4.1.17) 两式.

$$T = H_1 \sum_{n=0}^{\infty} (G_0 H_1)^n \tag{6.1.4}$$

$$G = G_0 + G_0 T G_0 \tag{6.1.5}$$

先求出散射矩阵 T, 再用它来求出格林函数.

将 (6.1.3) 式代入 (6.1.4) 式.

$$\begin{aligned} T &= |\boldsymbol{l}_0\rangle\varepsilon\langle\boldsymbol{l}_0| + |\boldsymbol{l}_0\rangle\varepsilon\langle\boldsymbol{l}_0|G_0|\boldsymbol{l}_0\rangle\varepsilon\langle\boldsymbol{l}_0| + |\boldsymbol{l}_0\rangle\varepsilon\langle\boldsymbol{l}_0|G_0|\boldsymbol{l}_0\rangle\varepsilon\langle\boldsymbol{l}_0|G_0|\boldsymbol{l}_0\rangle\varepsilon\langle\boldsymbol{l}_0| + \cdots \\ &= |\boldsymbol{l}_0\rangle \frac{\varepsilon}{1-\varepsilon G_0(\boldsymbol{l}_0,\boldsymbol{l}_0)} \langle\boldsymbol{l}_0| \end{aligned} \tag{6.1.6}$$

其中

$$G_0(\boldsymbol{l}_0,\boldsymbol{l}_0) = \langle\boldsymbol{l}_0|G_0|\boldsymbol{l}_0\rangle \tag{6.1.7}$$

将 (6.1.6) 式代入 (6.1.5) 式,

$$G = G_0 + G_0|\boldsymbol{l}_0\rangle \frac{\varepsilon}{1 - \varepsilon G_0(\boldsymbol{l}_0, \boldsymbol{l}_0)} \langle \boldsymbol{l}_0|G_0 \tag{6.1.8}$$

从此式可以看出, G_0 所具有的极点 G 都有, 所以 G 的连续谱与 G_0 的连续谱完全一致. 现在 G(或 T) 多出来一个极点. 令此处的能量为 $E_{\rm P}$:

$$G_0(\boldsymbol{l}_0, \boldsymbol{l}_0; E_{\rm P}) = \frac{1}{\varepsilon} \tag{6.1.9}$$

这一极点的位置肯定不在原连续谱内, 因为连续谱内的能级处的 $G_0(\boldsymbol{l}_0, \boldsymbol{l}_0; E)$ 是没有定义的, 而只能用其侧极限. 所以 $E_{\rm P}$ 必须是位于连续谱之外的一个孤立极点. 现在求 G 在 $E_{\rm P}$ 处的留数.

$$\text{Res}G(\boldsymbol{m}, \boldsymbol{n}; E_{\rm P}) = -\frac{G_0(\boldsymbol{m}, \boldsymbol{l}_0; E_{\rm P}) G_0(\boldsymbol{l}_0, \boldsymbol{n}; E_{\rm P})}{G_0'(\boldsymbol{l}_0, \boldsymbol{l}_0; E_{\rm P})} \tag{6.1.10}$$

分母的 G_0 上的一撇表示对能量变数求导. 可用 (3.1.7) 式求这个能级的简并度

$$\begin{aligned} f_{\rm P} &= \text{tr}[\text{Res}G(E_{\rm P})] = \sum_{\boldsymbol{m}} \text{Res}G(\boldsymbol{m}, \boldsymbol{m}; E_{\rm P}) \\ &= -\frac{1}{G'(\boldsymbol{l}_0, \boldsymbol{l}_0; E_{\rm P})} \sum_{\boldsymbol{m}} G_0(\boldsymbol{m}, \boldsymbol{l}_0) G_0(\boldsymbol{l}_0, \boldsymbol{m}) = -\frac{\langle \boldsymbol{l}_0|(E_{\rm P} - H_0)^{-2}\rangle|\boldsymbol{l}_0\rangle}{G_0'(\boldsymbol{l}_0, \boldsymbol{l}_0)} = 1 \end{aligned} \tag{6.1.11}$$

其中用到了 (1.1.33) 式. 由此可知, 这个能级只有一个态, 记为 $|b\rangle$, 那么它在 $\boldsymbol{m}$ 格点上的投影为 $\langle \boldsymbol{m}|b\rangle$. 根据 (3.1.8) 式,

$$\langle \boldsymbol{m}|b\rangle\langle b|\boldsymbol{n}\rangle = \text{Res}G(\boldsymbol{m}, \boldsymbol{n}; E_{\rm P}) \tag{6.1.12}$$

将 (6.1.10) 式代入后容易得到

$$|b\rangle = \frac{G_0(E_{\rm P})|\boldsymbol{l}_0\rangle}{\sqrt{-G_0'(\boldsymbol{l}_0, \boldsymbol{l}_0; E_{\rm P})}} \tag{6.1.13}$$

注意此式并不表明 $|b\rangle$ 只在 $\boldsymbol{l}_0$ 格点上有投影, 因为 $G_0\ (E_{\rm P})$ 现在是个算符形式, 未写成矩阵元. $|b\rangle$ 态在各格点上的投影分布为

$$|b\rangle = \sum_{\boldsymbol{n}} |\boldsymbol{n}\rangle\langle \boldsymbol{n}| \frac{G_0(E_{\rm P})|\boldsymbol{l}_0\rangle}{\sqrt{-G_0'(\boldsymbol{l}_0, \boldsymbol{l}_0; E_{\rm P})}} = \sum_{\boldsymbol{n}} b_{\boldsymbol{n}}|\boldsymbol{n}\rangle \tag{6.1.14}$$

$$b_{\boldsymbol{n}} = \frac{G_0(\boldsymbol{n}, \boldsymbol{l}_0; E_{\rm P})}{\sqrt{-G_0'(\boldsymbol{l}_0, \boldsymbol{l}_0; E_{\rm P})}} \tag{6.1.15}$$

由于 $E_{\rm P}$ 不处于 G_0 的连续谱内, 所以由 (1.1.33) 式, $-G_0'(\boldsymbol{l}_0, \boldsymbol{l}_0; E_{\rm P})$ 一定是个正数.

由第五章的讨论我们知道, 当 E 不在 G_0 的能带内时, $G_0\,(\boldsymbol{n},\,\boldsymbol{l}_0;\,E)$ 是随格点之间的距离 $R_{\boldsymbol{n}0}=|\boldsymbol{n}-\boldsymbol{l}_0|$ 而指数下降的, 可以写成如下的形式:

$$G_0(\boldsymbol{n},\boldsymbol{l}_0;E_{\rm P})\propto {\rm e}^{-\alpha(E_{\rm P})R_{\boldsymbol{n}0}} \tag{6.1.16}$$

其中 $\alpha(E_{\rm P})>0$. 所以 $|b\rangle$ 态在 $\boldsymbol{l}_0$ 格点上的投影最大, 离开杂质格点时在各格点上的投影值按指数衰减. 这个态是局域在 $\boldsymbol{l}_0$ 格点及其附近的, 因此是个局域态. 正如我们在第三章中所指出的, 孤立能级对应局域态. 量 $1/\alpha(E_{\rm P})$ 可以看作是此态在空间延展范围的半径. 一维情况下的 $\alpha(E)$ 可由 (5.2.9), (5.2.10) 式得到为

$$\alpha(E)=-\frac{1}{a}\ln\left[\frac{|E-\varepsilon_0|}{B}-\sqrt{\frac{E-\varepsilon_0}{B^2}-1}\right],|E-\varepsilon_0|>B \tag{6.1.17}$$

现在来看微扰对于连续谱的影响, 主要是对连续谱态密度的影响. 这一点是明显的, 因为点阵中有 N 个格点, 每个格点上有一个态, 共有 N 个态, 未微扰情况下这 N 个态在连续谱内有一分布. 加入微扰 H' 后, 格点数并没有变化, 但孤立能级占有了一个态, 只有 $N-1$ 个态分布在连续谱内, 因此连续谱内的态密度必然有所变化. 格点态密度是格点格林函数的虚部. 由 (6.1.8) 式,

$$\rho(\boldsymbol{n};E)=\rho_0(\boldsymbol{n};E)-\frac{1}{\pi}{\rm Im}\frac{\varepsilon}{1-\varepsilon G_0^+(\boldsymbol{l}_0,\boldsymbol{l}_0;E)}\langle\boldsymbol{n}|G_0^+(E)|\boldsymbol{l}_0\rangle\langle\boldsymbol{l}_0|G_0^+(E)|\boldsymbol{n}\rangle \tag{6.1.18}$$

说明相对于未微扰时的态密度确实有一变化. 对于 $\boldsymbol{l}_0$ 格点的态密度, 可作简化. 令 $G_0^+(\boldsymbol{l}_0,\boldsymbol{l}_0;E_{\rm P})=a+{\rm i}b$, 即将实部与虚部分开, 则有 $\rho_0(\boldsymbol{l}_0;\,E)=-b/\pi$. 经过简单的运算可得

$$\rho(\boldsymbol{l}_0;E)=\frac{\rho_0(\boldsymbol{l}_0;E)}{\left|1-\varepsilon G_0^+(\boldsymbol{l}_0,\boldsymbol{l}_0;E)\right|^2} \tag{6.1.19}$$

由 (6.1.18) 式可知, 在原连续谱的能带范围内, $\rho(\boldsymbol{n};\,E)$ 是个非零有限的量, 因此 $\rho(\boldsymbol{n};\,E)$ 与 $\rho_0(\boldsymbol{n};\,E)$ 的连续谱的范围是相同的. 但 $\rho(\boldsymbol{n};\,E)$ 在连续谱范围之外还有一个 δ 峰, 这就是孤立能级 $E_{\rm P}$.

$$\begin{aligned}\rho(\boldsymbol{n},E)&=\frac{G_0(\boldsymbol{n},\boldsymbol{l}_0;E_{\rm P})G_0(\boldsymbol{l}_0,\boldsymbol{n};E_{\rm P})}{-G_0'(\boldsymbol{l}_0,\boldsymbol{l}_0;E_{\rm P})}\delta(E-E_{\rm P})\\&=|b\boldsymbol{n}|^2\delta(E-E_{\rm P});E\approx E_{\rm P}\end{aligned} \tag{6.1.20}$$

此式的求法是, 在计算 ${\rm Im}G(E+{\rm i}0^+)$ 时令 $E\to E_{\rm P}$, 分子分母同时乘以 $E-E_{\rm P}+{\rm i}0^+$, 并用 (1.1.23) 式, 取虚部即可.

每个格点上只有一个态.

$$\int_{-\infty}^{\infty}\rho(\boldsymbol{n},E){\rm d}E=1 \tag{6.1.21}$$

现在把连续谱和孤立谱明确区分开来. 将 (6.1.21) 式重写成

$$\int_{E_\mathrm{l}}^{E_\mathrm{u}} \rho(\boldsymbol{n}, E)\mathrm{d}E + |b_{\boldsymbol{n}}|^2 = 1 \tag{6.1.22}$$

此处 E_l 和 E_u 分别表示连续谱的下带边和上带边. 将 (6.1.22) 式对所有格点求和, 就是总的状态数 N. 利用束缚态已经是归一化了的, 即 $\sum_{\boldsymbol{n}} |b_{\boldsymbol{n}}|^2 = 1$(见 (6.1.10) 和 (6.1.11) 式), 得到

$$\int_{E_\mathrm{l}}^{E_\mathrm{u}} D(E)\mathrm{d}E + 1 = N \tag{6.1.23}$$

这就是前面所作的分析的数学表达. (6.1.22) 式表明每个格点上都贡献出 $|b_{\boldsymbol{n}}|^2$ 的部分给孤立态. 而 b_n 正是孤立态 $|b\rangle$ 在格点 $\boldsymbol{n}$ 上的投影. 在杂质格点 $\boldsymbol{l}_0$ 上有最大的贡献, 远离杂质格点, 对局域态的贡献按指数下降 (见 (6.1.16) 式).

现在求连续谱内的本征态. H_0 的本征态已知为 (5.1.13) 式的 $|\boldsymbol{k}\rangle$. H 的本征态根据 (4.1.31) 式为

$$|\psi_E\rangle = |\boldsymbol{k}\rangle + G_0^+(E)T^+(E)|\boldsymbol{k}\rangle \tag{6.1.24}$$

将 (6.1.6) 式代入, 得到 $|\psi_E\rangle$ 在 $\boldsymbol{n}$ 格点上的投影值:

$$\langle \boldsymbol{n}|\psi_E\rangle = \langle \boldsymbol{n}|\boldsymbol{k}\rangle + \frac{\langle \boldsymbol{n}|G_0^+(E)|\boldsymbol{l}_0\rangle\varepsilon\langle \boldsymbol{l}_0|\boldsymbol{k}\rangle}{1-\varepsilon G_0^+(\boldsymbol{l}_0, \boldsymbol{l}_0; E)} \tag{6.1.25}$$

第一项是未微扰的行波. 后一项是受到散射的效应, 是散射波. 特别是在杂质格点上的投影为

$$\langle \boldsymbol{l}_0|\psi_E\rangle = \frac{\langle \boldsymbol{l}_0|\boldsymbol{k}\rangle}{1-\varepsilon G_0^+(\boldsymbol{l}_0, \boldsymbol{l}_0; E)} \tag{6.1.26}$$

第四章 (4.2.14) 式给出了有散射的情况下初终态之间单位时间内的跃迁概率. 现在初始行波态 $|\boldsymbol{k}_\mathrm{i}\rangle$ 跃迁到最终行波态 $|\boldsymbol{k}_\mathrm{f}\rangle$ 的散射截面是正比于这个概率的.

$$|f|^2 \propto W_\mathrm{fi} \propto |\langle \boldsymbol{k}_\mathrm{f}|T^+(E)|\boldsymbol{k}_\mathrm{i}\rangle|^2 = \frac{\varepsilon^2}{|1-\varepsilon G_0^+(\boldsymbol{l}_0, \boldsymbol{l}_0; E)|^2} \tag{6.1.27}$$

其中代入了 (6.1.6) 式和 (5.1.13) 式.

现在我们来讨论连续谱内的共振态. 按照对 (6.1.8) 式的讨论, 由于现在 E 在 H_0 的能带之内, $1-\varepsilon G_0^+(\boldsymbol{l}_0, \boldsymbol{l}_0; E)$ 不为零. 然而在某些条件下, $|1-\varepsilon G_0^\pm(\boldsymbol{l}_0, \boldsymbol{l}_0; E)|^2$ 可能在某一值 E_r 处很小. 那么当 $E = E_\mathrm{r}$ 时, (6.1.26) 式的 $|\langle \boldsymbol{l}_0|\ \psi_E\rangle|^2$ 表现出极大值. 由第五章的讨论可知, 对二维和三维情况, 格点 $\boldsymbol{n}$ 远离 $\boldsymbol{l}_0$, 即 $R_{n0} \to \infty$ 时, $G_0(\boldsymbol{n}, \boldsymbol{l}_0; E) \to 0$, 因此 (6.1.26) 式 $\langle \boldsymbol{n}\ |\psi_E\rangle \to \langle\ \boldsymbol{n}\ |\ \boldsymbol{k}\rangle$. 因此 $|\psi_{E_\mathrm{r}}\rangle$ 在远离杂质处趋于未微扰的行波 $|\ \boldsymbol{k}\rangle$. 对一维情况, 能带内的 $G_0(\boldsymbol{n},\ \boldsymbol{l}_0; E) \to$ 常数. 总之, 这类情

况可以用图 6.1(b) 表示出来. 这样的态称为共振态. 作为比较, 图 6.1(a), 图 6.1(c) 画出了 (属于孤立能级的) 束缚态与一个扩展态 (即 $|1-\varepsilon G_0^+(\boldsymbol{l}_0,\boldsymbol{l}_0;E)|^2$ 不很小的情况). 一方面, 共振态类似于局域态, 在 $\boldsymbol{l}_0$ 杂质格点上有最大投影值, 且离开杂质格点时投影迅速下降. 另一方面, 它又类似于扩展态, 可传播到很远处.

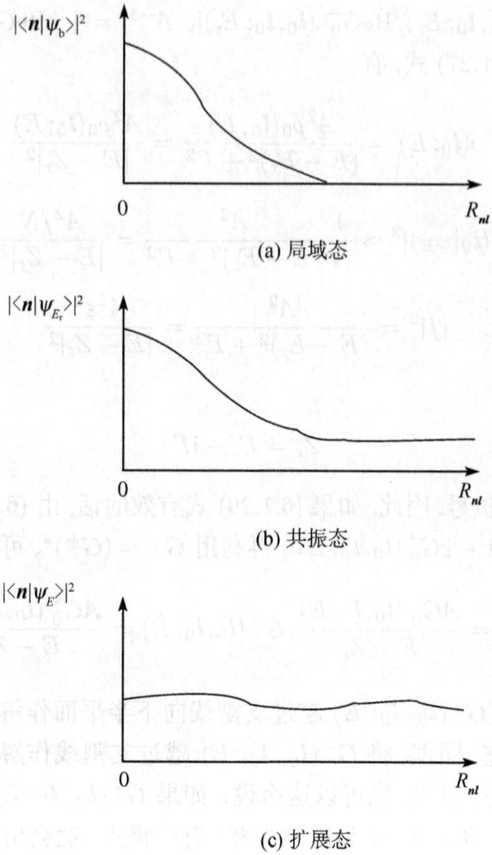

图 6.1　三种典型状态的粒子数密度随距离的变化 (杂质位于原点)

注意在共振能量 E_{r} 处, 散射截面会出现一个峰值, 见 (6.1.27) 式. 杂质格点的态密度 $\rho(\boldsymbol{l}_0;E)$ 也会在 E_{r} 附近出现峰值, 见 (6.1.19) 式. 由于 $\rho(\boldsymbol{l}_0;E)$ 因子的存在, 峰值不一定正好在 E_{r} 处, 而是在其附近.

现在将 $|1-\varepsilon G_0^+(\boldsymbol{l}_0,\boldsymbol{l}_0;E)|^2$ 写成 $(1-\varepsilon\mathrm{Re}G_0^+)^2+\varepsilon^2(\mathrm{Im}G_0^+)^2$, 那么出现共振峰的条件是

$$1-\varepsilon\mathrm{Re}G_0^+(\boldsymbol{l}_0,\boldsymbol{l}_0;E_{\mathrm{r}})\approx 0 \tag{6.1.28}$$

和

$$\varepsilon^2[\mathrm{Im}G_0^+(\boldsymbol{l}_0,\boldsymbol{l}_0;E_{\mathrm{r}})]^2\ll 1$$

假设在 $E_{\rm r}$ 附近, ${\rm Re}G_0(\boldsymbol{l}_0,\ \boldsymbol{l}_0;\ E)$ 的导数是 E 的缓变函数, 则作展开 ${\rm Re}G_0^+(E)\approx{\rm Re}G_0^+(E_{\rm r})+{\rm Re}G_0^{+'}(E_{\rm r})(E-E_{\rm r})$, 结合 (6.1.28) 式,

$$\left|1-\varepsilon G_0^+(\boldsymbol{l}_0,\boldsymbol{l}_0;E)\right|^2\approx A^{-2}[(E-E_{\rm r})^2+\varGamma^2],E\approx E_{\rm r} \tag{6.1.29}$$

其中 $\varGamma=|{\rm Im}G_0^+(\boldsymbol{l}_0,\boldsymbol{l}_0;E_{\rm r})/{\rm Re}G_0^{+'}(\boldsymbol{l}_0,\boldsymbol{l}_0;E_{\rm r})|$, $A^{-1}=|\ \varepsilon{\rm Re}G_0^{+'}(\boldsymbol{l}_0,\boldsymbol{l}_0;E_{\rm r})|$. 代入 (6.1.19), (6.1.26), (6.1.27) 式, 有

$$\rho(\boldsymbol{l}_0;E)=\frac{A^2\rho_0(\boldsymbol{l}_0;E)}{(E-E_{\rm r})^2+\varGamma^2}=\frac{A^2\rho_0(\boldsymbol{l}_0;E)}{|E-Z_{\rm r}|^2} \tag{6.1.30}$$

$$|\langle\boldsymbol{l}_0|\psi_E\rangle|^2\approx\frac{1}{N}\frac{A^2}{(E-E_{\rm r})^2+\varGamma^2}=\frac{A^2/N}{|E-Z_{\rm r}|^2} \tag{6.1.31}$$

$$|f|^2=\frac{A^2}{(E-E_{\rm r})^2+\varGamma^2}=\frac{A^2\varepsilon^2}{|E-Z_{\rm r}|^2} \tag{6.1.32}$$

其中

$$Z_{\rm r}=E_{\rm r}-{\rm i}\varGamma \tag{6.1.33}$$

注意 $Z_{\rm r}$ 的虚部应取负号. 因此, 如果 (6.1.29) 式有效的话, 由 (6.1.8) 式, 有 $G^{\pm}(\boldsymbol{l}_0,\boldsymbol{l}_0;E)=G_0^{\pm}(\boldsymbol{l}_0,\boldsymbol{l}_0;E)/[1-\varepsilon G_0^{\pm}(\boldsymbol{l}_0,\boldsymbol{l}_0;E)]$, 再利用 $G^-=(G^+)^*$, 可写出

$$G^+(\boldsymbol{l}_0,\boldsymbol{l}_0;E)=\frac{AG_0^+(\boldsymbol{l}_0,\boldsymbol{l}_0;E)}{E-Z_{\rm r}},G^-(\boldsymbol{l}_0,\boldsymbol{l}_0;E)=\frac{AG_0^-(\boldsymbol{l}_0,\boldsymbol{l}_0;E)}{E-Z_{\rm r}^*} \tag{6.1.34}$$

由此可见, 如果硬将 $G^+(\boldsymbol{l}_0,\ \boldsymbol{l}_0;\ E)$ 越过支割线向下半平面作解析延拓, 在下半平面内的极点就是共振态; 同理, 将 $G^-(\boldsymbol{l}_0,\ \boldsymbol{l}_0;\ E)$ 越过支割线作解析延拓, 在上半平面内的极点就是共振态. 反之, 也可以这么说: 如果 $G^+(\boldsymbol{l}_0,\ \boldsymbol{l}_0;\ E)$ 解析延拓越过支割线后在实轴附近 ($\varGamma/B\ll 1$, B 是能带半宽) 有一极点, 就会出现一个共振态 (注意 $G^{\pm}(\ \boldsymbol{l}_0,\ \boldsymbol{l}_0;\ E)$ 越过支割线的解析延拓会导致复杂的结构. $\rho(\boldsymbol{l}_0;\ E)$, $|\langle\ \boldsymbol{l}_0|\ \psi_E\rangle|^2$ 和 $|f|^2$ 这些量也不是 (6.1.30)~(6.1.32) 式这样简单的形式了. 这种情况的一个例子是在接近带边处出现共振). 下一节将看到当孤立极点 $E_{\rm P}$ 很靠近带边时会发生强烈共振的情况.

现在考虑一个具有能量 E 的粒子的运动. 根据第二章含时格林函数的理论,

$$\varphi(\boldsymbol{r},t)={\rm i}\hbar\int g^+(\boldsymbol{r},\boldsymbol{r}';t-t')\varphi(\boldsymbol{r}',t'){\rm d}\boldsymbol{r}'={\rm i}\hbar\int_{-\infty}^{\infty}\frac{{\rm d}\omega}{2\pi}G^+(\boldsymbol{r},\boldsymbol{r}';\hbar\omega){\rm e}^{-{\rm i}\omega t}\varphi(\boldsymbol{r}',0){\rm d}\boldsymbol{r}'$$

其中令 $\varphi(\boldsymbol{r}',t')=\varphi(\boldsymbol{r}',0)\delta(t')$, 即在 t'=0 时产生一个粒子, 以这一时刻为起点, 考虑波函数的变化. 将此式变成格点表象中的形式. 设初始时刻, 波函数为 $C_n(0)=\delta_{n0}$,

即产生的粒子处于杂质格点上. 那么 $t>0$ 时 $\boldsymbol{l}_0$ 格点上振幅的演化为

$$C_0(t)=\frac{\mathrm{i}}{2\pi}\int_{-\infty}^{\infty}\mathrm{e}^{-\mathrm{i}Et/\hbar}G^+(\boldsymbol{l}_0,\boldsymbol{l}_0;E)\mathrm{d}E \tag{6.1.35}$$

积分路径是在上半平面紧靠实轴处. 可在下半平面补上无穷大半圆构成回路. 回路中包括实轴上连续谱的所有极点, 孤立极点 E_P 与下半平面的极点 Z_r. 下面我们分别看这三种极点的贡献并只注意随时间变化的行为:

1. 只取孤立极点的贡献

$$C_{0,b}(t)=-2\pi\mathrm{i}\frac{\mathrm{i}}{2\pi}\mathrm{Res}G^+(\boldsymbol{l}_0,\boldsymbol{l}_0;E_\mathrm{P})\mathrm{e}^{-E_\mathrm{P}t/\hbar}=|b_0|^2\mathrm{e}^{-\mathrm{i}E_\mathrm{P}t/\hbar} \tag{6.1.36}$$

此式意味着处于局域态的粒子不会完全扩散. 即使 $t\to\infty$, 粒子驻留在杂质格点上的概率仍然是有限的 $|b_0|^4$.

2. 连续谱内某个态的贡献

$$C_{0,B}(t)\sim\mathrm{e}^{-|a|Bt\hbar},\quad t\gg\hbar/B \tag{6.1.37}$$

其中 $|a|$ 的数量级为 1. 这样能带内的态在大约 $\hbar/B$ 的特征时间从杂质格点扩散掉.

3. 共振态的贡献

$$C_{0,r}(t)\sim\mathrm{e}^{-\Gamma t/\hbar}\mathrm{e}^{-\mathrm{i}E_\mathrm{r}t/\hbar} \tag{6.1.38}$$

在时间 $t\ll\hbar/\Gamma$, 粒子基本上是驻留在杂质格点上的, 其行为类似于束缚态. 条件是 $\Gamma\gg B$, 即共振峰宽度远小于带宽, 否则其行为就与扩展态基本相同了. 在长时间后, 粒子还是可以扩散至无穷远处. 由 (6.1.38) 式知, (6.1.33) 式极点的虚部必须取负值, 否则物理上无意义.

最后应指出, 共振态是一个在杂质格点上投影振幅显著增大的扩展态. 共振态的能量仍在连续谱的范围内, 只是多出一个虚部 Γ. 由 (6.1.38) 式, 当 $t>\hbar/\Gamma$ 时, 共振态就消失了. 所以共振态是有寿命的, 其寿命约为 $\hbar/\Gamma$. 因此共振态极点的实部表示其能量值, 虚部倒数表示其寿命.

§6.2 应　用

6.2.1 三维情况

我们仍以简立方格子为例讨论. 由第五章的结果可知: 对于理想点阵, 在能带之外, 格点格林函数无虚部、数值处处有限、斜率总是为负. 记能带的上下限分别为 E_u, E_l, 则有 (见图 6.2):

$$I_\mathrm{l}=\mathrm{Re}G_0(\boldsymbol{l},\boldsymbol{l};E_\mathrm{l})<G_0(\boldsymbol{l},\boldsymbol{l};E)<0,\ 当\ E<E_\mathrm{l}\ 时 \tag{6.2.1a}$$

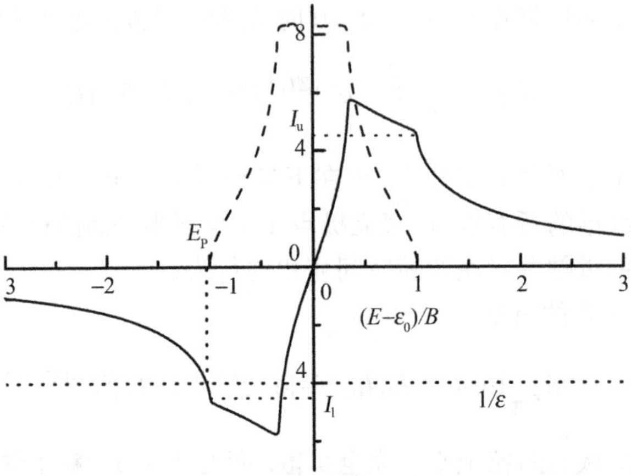

图 6.2　三维简立方点阵格点格林函数的实部和虚部

$$0 < G_0(\boldsymbol{l}_0, \boldsymbol{l}_0; E) < I_u = \mathrm{Re}G_0(\boldsymbol{l}, \boldsymbol{l}; E_u), \text{ 当 } E > E_u \text{ 时} \tag{6.2.1b}$$

加入微扰后孤立能级的解应区分几种情况：

(1) $\varepsilon < 1/I_l$, 则有且仅有一个孤立极点 $E_P < E_l$.

(2) $1/I_l < \varepsilon < 0$, 这时直线 $1/\varepsilon$ 在能带之外与格林函数不相交, 所以没有孤立能级出现. 这一结果的物理解释是：一个吸引杂质势 ($\varepsilon <0$) 只有其强度超过一个临界值 ($|\varepsilon| > 1/|I_l|$), 才能产生一个束缚态.

(3) 对于 $\varepsilon > 0$, 行为是类似的. 只有当排斥势的强度超过一个临界值 ($|\varepsilon| > 1/|I_u|$) 时, 才能产生一个束缚态, 其能级 $E_P > E_u$. 足够强的排斥势能够产生高能量的束缚态, 这是量子力学中有能带上限后出现的特点. 对这一特点的解释是：在固体物理中能带顶附近的电子的有效质量为负, 其行为相当于带正电荷的电子, 所以对负电荷的排斥就是对正电荷的吸引. 这是晶格周期性的结果. 对于自由空间, 自由粒子的连续谱 $E = \hbar^2k^2/(2m)$ 只有下限 E=0 而无上限, 任何排斥势都不能捕获粒子.

总之, 当 $\varepsilon \leqslant -1/|I_l|$ 和 $\varepsilon| \geqslant 1/I_u$ 时, 各有一个孤立能级分别在能带的下限以下和上限以上. 在 $-1/|I_l| < \varepsilon < 1/I_u$ 范围内则无束缚态.

现在来看一下当 $|\varepsilon|$ 从零逐渐增加时, H 的态密度是如何变化的. 为了便于讨论, 采用哈伯德格林函数 (5.2.26) 式. $G^+(\boldsymbol{l}_0, \boldsymbol{l}_0; E) = \dfrac{2}{z-\varepsilon_0+\mathrm{sgn}(E-\varepsilon_0)\sqrt{(E-\varepsilon_0)^2-B^2}}$. 在这一简单情况下 $1/|I_l|=1/I_u=B/2$. 由(6.1.9)式算出孤立极点为$E_P=(B^2+4\varepsilon^2)/(4\varepsilon)$, 条件是 $|\varepsilon| > B/2$. 由 (6.1.19) 式算出有微扰后杂质格点的态密度为

$$\rho(\boldsymbol{l}_0; E) = \frac{2}{\pi}\frac{\sqrt{B^2-E^2}}{B^2+4\varepsilon^2-4E\varepsilon}, |E| < B \tag{6.2.2}$$

设 $\rho(\boldsymbol{l}_0;E)$ 在 E_r 处有极大值, 那么 $\partial\rho(\boldsymbol{l}_0;E)/\partial E|_{E=E_\mathrm{r}}=0$,

$$E_\mathrm{r}=\frac{4\varepsilon B^2}{B^2+4\varepsilon^2} \tag{6.2.3}$$

如果 E_r 处的峰显得比较尖锐的话, 就可认为是个共振能量了. 图 6.3 画出了 ε 为各负值时 $\rho(\boldsymbol{l}_0;E)$ 的曲线. 当 $|\varepsilon|$ 从零开始增加时, 态密度的最大值朝下能带边的方向移动, 且越靠近能带边峰宽逐渐变窄. 在很接近能带边处出现尖锐共振峰. 最强烈的共振出现在带边 $|\varepsilon|=B/2$ 处. 当 $|\varepsilon|$ 超过 $B/2$, 共振峰的一部分分裂出来成为一个 δ 函数, 这就是对应于束缚态的孤立能级 E_P, 这一 δ 峰的权重是 $|b_0|^2$, 见 (6.1.22) 式. 由 (6.1.15) 式的计算,

$$|b_0|^2=\frac{\sqrt{E_\mathrm{P}^2-B^2}}{|\varepsilon|}=1-\frac{B^2}{4\varepsilon^2}$$

$|\varepsilon|$ 的进一步增加使共振峰内态密度的损失更多, 从而 δ 峰的权重 $|b_0|^2$ 在不断增加, E_P 的位置也向能量更低的方向移动. 同时共振峰的位置也向能带中央方向退回去, 峰高也减弱直至缓慢消失. 由于现在画的是 $\boldsymbol{l}_0$ 格点上的一个粒子的态密度, 可以看出, 当 $|\varepsilon|\to\infty$ 时, $E_\mathrm{P}\to\infty$, δ 峰的权重 $|b_0|^2\to 1$, 能带内的态密度则完全消失. 对于 $\varepsilon>0$ 的情况可完全照此讨论. 注意在复杂系统中, 孤立能级和共振态都可能出现不止一个.

图 6.3 画的是 $\varepsilon<0$ 的情况. 对于 $\varepsilon<0$ 的情况可同样作曲线讨论.

实际上, 既然格点的格林函数 $G_0^+(\boldsymbol{l}_0,\boldsymbol{l}_0;E)$ 可以数值计算如图 5.5, 那么杂质格点的格林函数 $G^+(\boldsymbol{l}_0,\boldsymbol{l}_0;E)$ 也完全可以用 (6.1.8) 式数值计算得到. 取其虚部就得到杂质格点上的态密度 $\rho(\boldsymbol{l}_0;E)$. 结果如图 6.4 所示. 物理讨论与图 6.3 完全相同.

6.2.2 一维情况

一维的未微扰态密度在趋于带边时的行为是

$$\rho(\boldsymbol{l};E)\xrightarrow[E\to E_\mathrm{l}^+]{}\frac{C}{\sqrt{E-E_\mathrm{l}}} \tag{6.2.4}$$

格点格林函数都是

$$G_0(\boldsymbol{l}_0,\boldsymbol{l}_0;E)\xrightarrow[E\to E_\mathrm{l}^-]{}\frac{\pi C}{\sqrt{E_\mathrm{l}-E}}\to-\infty \tag{6.2.5}$$

I_l 和 I_u 都是无限的, 见图 5.2. 因此杂质势的强度 $|\varepsilon|$ 无论多么小, 总是会在能带之外出现一个孤立能级, 即产生一个束缚态. 如果 $\varepsilon<0$ 且数值很小, 那么孤立态的束缚能 E_b 为

$$E_\mathrm{b}=|E_\mathrm{P}-E_\mathrm{l}|\xrightarrow[\varepsilon\to 0^-]{}\varepsilon^2\pi^2C^2 \tag{6.2.6}$$

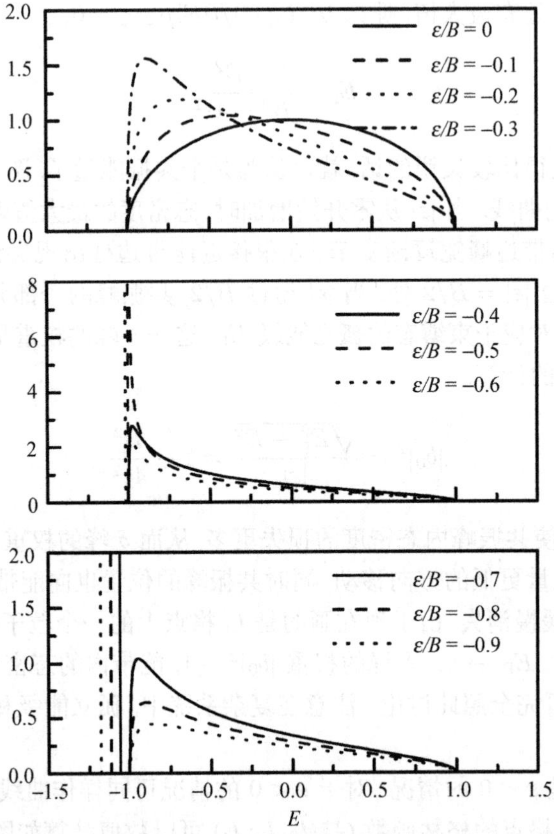

图 6.3　随着杂质格点上的微扰能量增加, 态密度的变化

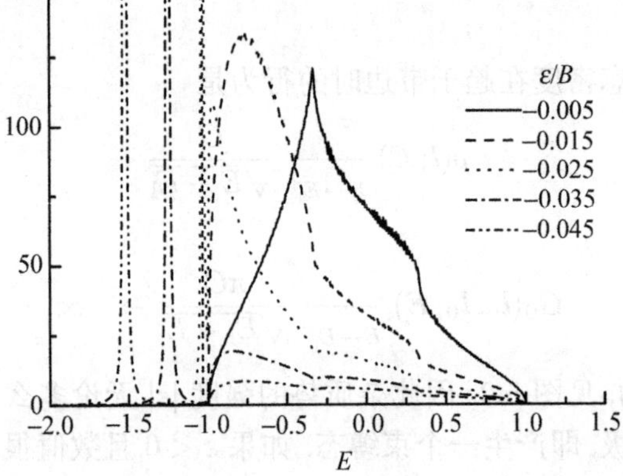

图 6.4　点线、点划线和双点划线的峰高分别约为 1000, 6000 和 20000.
态密度的转折点正好在无杂质的格林函数的实部和虚部的最大值处

如果在自由的一维空间有一个势阱，深度为 V_0，线度为 Ω_0，则 $|\varepsilon|=V_0$，由 (4.4.7) 式，$C=\Omega_0\sqrt{m/(2\hbar)}\pi$. 那么束缚能是：$E_{\rm b}=\xrightarrow[V_0\Omega_0\to 0]{}-\dfrac{m\Omega_0^2}{2\hbar^2}V_0^2$，正与 (4.4.9) 式相同.

由于一维问题的简单性，可以引入透射与反射的概念而无需高维空间中散射截面这样的概念. 现在透射率 $|t|^2$ 与反射率 $|r|^2$ 的定义为

$$|t|^2=\frac{1}{|1-\varepsilon G_0(\boldsymbol{l}_0,\boldsymbol{l}_0;E)|^2} \tag{6.2.7}$$

$$|r|^2=\frac{|\varepsilon G_0(\boldsymbol{l}_0,\boldsymbol{l}_0;E)|^2}{|1-\varepsilon G_0(\boldsymbol{l}_0,\boldsymbol{l}_0;E)|^2} \tag{6.2.8}$$

在能带内，由于格点格林函数只有虚部，所以 $|t|^2+|r|^2=1$. 用 (6.2.7) 将 (6.1.19) 式写成

$$\rho(\boldsymbol{l}_0;E)=\rho_0(\boldsymbol{l}_0;E)|t|^2 \tag{6.2.9}$$

类似地，(6.1.31) 式写成

$$|\langle \boldsymbol{l}_0|\psi\rangle|^2=\frac{|t|^2}{N} \tag{6.2.10}$$

因为 $|t|^2\leqslant 1$，所以 $|t|^2$ 随 E 出现尖锐共振幅意味着 $|t|^2$ 从远小于 1 急剧上升至接近 1.

对一维点阵 (取 $\varepsilon_0=0$)：

$$G_0(\boldsymbol{l}_0,\boldsymbol{l}_0;E)=\frac{1}{\sqrt{E^2-B^2}} \tag{6.2.11}$$

束缚能级为

$$E_{\rm P}={\rm sgn}(\varepsilon)\sqrt{B^2+\varepsilon^2} \tag{6.2.12}$$

其中 sgn 函数见 (2.2.13) 式. 透射率为

$$|t|^2=\frac{B^2-E^2}{B^2-E^2+\varepsilon^2} \tag{6.2.13}$$

此式不显示共振结构，原因是一维简单格子的系统太简单 (没有产生干涉效应的可能性)，故不足以出现共振.

6.2.3 二维情况

对于二维方点阵也可以作同样的讨论. 结论是无论 $|\varepsilon|$ 多小总是会出现孤立能级，这从图 5.3 中的格点格林函数的曲线上就能看出来.

本节的结果与 §4.4 的结果是一致的. 即在一维和二维的连续谱外，无论杂质微扰势多么小，总能够产生一个束缚态. 而三维的连续能谱之外，杂质微扰势只有超过一定的强度，才会产生一个束缚态.

对于三维情况与一维、二维之间的这种差别，有一个简单的物理解释. 考虑 d 维空间的一个势阱，它的深度是 $-|\varepsilon|$，线度为 a. 为了捕获一个质量为 m 的粒子，使

这个粒子驻留于势阱周围 λ 的线度之内, 那么粒子在势阱周围活动而在势能上的降低 ΔV, 必须大于它在动能上的增加 ΔT. ΔV 的计算式是

$$\Delta V=\begin{cases}\displaystyle\int V(r)|\psi|^2\mathrm{d}^d r\sim a^d|\varepsilon|/\lambda^d, & \lambda>a\\ \displaystyle\int V(r)|\psi|^2\mathrm{d}^d r\sim|\varepsilon|, & \lambda<a\end{cases}$$

另一方面, $\Delta T\approx P^2/(2m)\approx\hbar^2/(2m\lambda^2)$, 其中用到了不确定原理. 很小的 $|\varepsilon|$, 对应于很大的 λ, 因为越浅的势阱对粒子的束缚越弱. 这时当 $d>2$ 时 $\Delta T\ll\Delta V$, 当 $d<2$ 时 $\Delta T\gg\Delta V$. 因此如果 $d<2$, 很小的 $|\varepsilon|$ 就可形成束缚态. 如果 $d>2$, 小 $|\varepsilon|$ 就不能形成束缚态. d=2 是个边缘情况, 只能依赖于具体问题的计算. 本节与 §4.4 的例子表明二维时小 $|\varepsilon|$ 也能形成束缚态, 只不过束缚能很小.

本章介绍的是杂质模型中最简单的情况. 另外还可以设哈密顿量 (5.1.12) 式中只有一个 V_{t} 为异常的情况, 可称为杂质交叠 (而非杂质格点) 模型. 如考虑理想点阵中有两个杂质的情况, 即双杂质模型, 也可以用本章先求散射矩阵 T 再求格林函数的步骤求解. 这些都是可解模型. 对于很多的不规则排布的杂质, 则是无序模型, 有不同的解决办法.

以上介绍的都是整数维的情况, 即点阵的维数 d=1, 2, 3. 对于非整数维的情况, 例如耦合的一维平行链, 可用同样的方法处理 [1].

习　题

1. 由 (6.1.18) 式证明 (6.1.19) 和 (6.1.20) 式.

2. 利用二维点阵格林函数的简化形式 (5.2.20) 式, 对于有一替位杂质时的态密度的变化, 类似三维那样作各种计算并讨论结果.

3. 设一维点阵哈密顿量 (5.1.12) 式中只有一个 V_{t} 为异常, 即杂质交叠的情况, 计算由此引起的态密度的变化.

4. 两个全同的一维平行链, 之间有一链桥相连, 如下图. 计算由这一链桥而出现的新的能级, 并讨论相应的波函数的情况 [1].

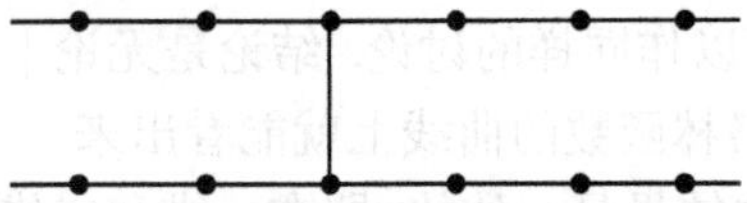

参 考 文 献

[1] 王怀玉. 耦合平行链的模型研究 [J]. 物理学报, 1993, 42(10): 1627.

第七章　点阵格林函数的扩展理论

§7.1　引　言

第五章我们建立了紧束缚模型, 引入了格点表象并计算了最简单的点阵的格林函数. 在这里先把基本的公式复述一遍, 所用的符号与前面有些不同, 以便大家熟悉一下文献资料上的符号习惯.

如果在格点表象中已写出哈密顿量 H, 那么它应是一个矩阵, 其矩阵元为 (5.1.7) 式. 这时格林函数 $G(z)$ 也是个矩阵, 应把 (1.1.14) 式写成

$$G(z)=\frac{1}{z\boldsymbol{I}-H}=(z\boldsymbol{I}-H)^{-1} \tag{7.1.1}$$

其中 $\boldsymbol{I}$ 是与 H 同阶的单位矩阵. 在格点表象中的本征值方程也应为矩阵形式.

$$\sum_{j}H_{ij}u_{j\nu}=\alpha_{\nu}u_{i\nu} \tag{7.1.2}$$

这里 α_ν 是本征值, $u_{j\nu}$ 显然是第 ν 个本征波函数在第 j 格点上的投影 $\langle j \mid u_\nu\rangle$. 我们现在略去了指标 j 上的矢量符号, 只要对于不同的格点 j 的数值是不同的, 这样的省略记法不会对后面讨论问题带来影响. 本征函数具有正交性和完备性:

$$\sum_{\nu}u_{i\nu}u_{j\nu}^{*}=\delta_{ij},\sum_{j}u_{j\nu}u_{j\mu}^{*}=\delta_{\nu\mu} \tag{7.1.3}$$

现在将 (7.1.1) 式改造成 $\sum\limits_{jk}\langle i|G(z)|j\rangle\langle j|zI-H|k\rangle\langle k|u_\nu\rangle=\langle i|u_\nu\rangle=u_{i\nu}$, 利用 (7.1.2), (7.1.3) 两式, 可得到格林函数的矩阵元

$$G_{ij}(z)=G(i,j;z)=\sum_{\nu}\frac{u_{i\nu}u_{j\nu}^{*}}{z-\alpha_{\nu}} \tag{7.1.4}$$

格点态密度 $D_i(E)$ 是格点格林函数的虚部,

$$D_i(E)=-\frac{1}{\pi}\mathrm{Im}G_{ii}(E+\mathrm{i}\eta) \tag{7.1.5}$$

理论上, η 应该是一正的无穷小量. 在作数值计算时, η 一般取一个适当的小量 (譬如为整个能带范围的 10^{-3}), 使计算出来的态密度的峰值不是太尖锐.η 的值选取得越大计算得到的峰高越低, 峰的宽度则越大.

利用 (1.1.23) 式得到格点态密度为

$$D_i(E) = \sum_{\nu} |u_{i\nu}|^2 \delta(E - \alpha_v) \tag{7.1.6}$$

$\int D_i(E)\mathrm{d}E=1$ 说明每个格点上有一个态. 整个点阵的总态密度为

$$D(E) = \sum_i D_i(E) = \sum_{\nu} \delta(E - \alpha_\nu) \tag{7.1.7}$$

可将 (7.1.6), (7.1.7) 式与 (1.1.28), (1.1.27) 式作一比较.

这一方法的具体运用并不像上述原理的表述那么简单. 从第五章我们已经看到, 即使二维和三维的最简单的方点阵模型, 就已用到椭圆积分. 对其他模型的处理将更为复杂.

本章要介绍一种方法 [1], 使得对某些稍微复杂的哈密顿量, 有一个较为简便的处理方法. 思路如下: 如果一个较为简单的点阵哈密顿量 H 的格林函数 $G(z)$ 与态密度 $D_i(E)$ 是可以直接计算出来的. 有一个较为复杂的哈密顿量 H^{e} 是 H 以某种方式构造而成的, H^{e} 就称为 H 的扩展哈密顿量.H^{e} 所对应的点阵自然要比 H 的复杂. 我们的目的是要利用 H 的 $G(z)$ 和 $D_i(E)$ 计算出扩展格林函数 $G^{\mathrm{e}}(z)$ 和扩展态密度 $D_i^{\mathrm{e}}(E)$.

§7.2 讨论的是 H^{e} 由 H 的幂级数构造而成. 由此可由最近邻跃迁的结果求解次近邻及更远近邻跃迁的点阵模型. §7.3 中, H^{e} 是由 H 的直积构成的, 这可使用低维点阵的结果求解高维的点阵模型. 第四节处理的问题是: 哈密顿量 H^{e} 难于直接表达出来, 但点阵本身的扩展规则是非常清楚的, 即点阵是由极简单的部分 —— 一个或极少数几个 “种子” 按一定规则构建而成的. 这时可建立迭代关系来计算格点的态密度等.

§7.2 哈密顿量的幂级数扩展

如果一个哈密顿量 H^{e} 由下述方式构成:

$$H^{\mathrm{e}} = a_0 I + a_1 H + a_2 H^2 + \cdots = \sum_n a_n H^n = f(H) \tag{7.2.1}$$

其中 H 可按 (7.1.1)~(7.1.7) 的办法求解, 我们要求出 H^{e} 所对应的 $G^{\mathrm{e}}(z)$ 与 $D^{\mathrm{e}}(z)$. 首先, 容易求出 H^{e} 的本征函数与本征值. 本征函数与 H 的相同. 本征值为

$$\alpha_\nu^{\mathrm{e}} = a_0 + a_1\alpha_\nu + a_2\alpha_\nu^2 + \cdots = \sum_n a_n \alpha_\nu^n = f(\alpha_\nu) \tag{7.2.2}$$

这里 $f(\alpha)$ 是个实函数. 它可能就是一个幂级数的形式; 也可能是求和后的一个解析表达式, 这时它本身不含系数$\{a_n\}$, 它的幂级数展开确定了$\{a_n\}$. 称 $f(x)$ 为扩展函数.

扩展态密度仿照 (7.1.7) 式, 应该是

$$D^{\mathrm{e}}(E)=\sum_{\nu}\delta[E-f(\alpha_{\nu})] \tag{7.2.3}$$

假如方程 $E-f(x)$=0 的根是$\{x_k(E)\}$(或称$\{x_k(E)\}$是 $E-f(x)$ 的零点, 这里零点位置随 E 而变化, 下标 k 表明零点可能不止一个), 由简单的数学推导 (将 $f(\alpha_\nu)$ 在 $x_k(E)$ 附近做泰勒展开), 我们得到

$$D^{\mathrm{e}}(E)=\sum_{\nu}\sum_{k}\frac{\delta(x_k(E)-\alpha_\nu)}{|f'(x_k(E))|}=\sum_{k}\frac{D(x_k(E))}{|f'(x_k(E))|} \tag{7.2.4}$$

(7.2.4) 式可能会出现原先 $D(E)$ 所没有的新的极点, 这是因为 (7.2.1) 式的变换是非线性的. 这些奇点是有物理意义的, 但它们与 $D(E)$ 无关, 所以它们的峰宽不因 (7.1.5) 式中 η 的取值而展宽. 为了使它们与原 $D(E)$ 中的峰有一致的宽度, 在分母上同样引入一个小的虚部 $f'(x_k(E))+\mathrm{i}\eta$. 这样定义

$$\varGamma(x)=\sqrt{(f'(x))^2+\eta^2} \tag{7.2.5}$$

那么

$$D^{\mathrm{e}}(E)=\sum_{k}\frac{D(x_k(E))}{\varGamma(x_k(E))} \tag{7.2.6}$$

扩展局域态密度 $D_i^{\mathrm{e}}(E)$ 的计算方法显然与 (7.2.4), (7.2.6) 式是一样的. 下面计算扩展格林函数的矩阵元 $G_{ij}^{\mathrm{e}}(z)$:

$$G_{ij}^{\mathrm{e}}(z)=\sum_{\nu}\frac{u_{i\nu}u_{j\nu}^*}{z-f(a_\nu)} \tag{7.2.7}$$

现在由于有波函数 $u_{i\nu}u_{j\nu}*$, 它们一般为复数, 而且现在的自变量 z 是复数, 与 (7.2.3) 式中自变量 E 为实数的情况不同, 结果应比 (7.2.4) 式复杂些. 如果 z 和 s 都为复数, 复变函数 $F(s)=1/[z-f(s)]$ 的极点为$\{s_k(z)\}$, 那么 (还是将 $f(\alpha_\nu)$ 在 $s_k(z)$ 附近做泰勒展开)

$$G_{ij}^{\mathrm{e}}(z)=R(z)\delta_{ij}+\sum_{k}\frac{G_{ij}(s_k(z))}{f'(s_k(z))} \tag{7.2.8}$$

$R(z)$ 是由这样来确定的:

(1) 如果 $f(s)$ 是个多项式或是在无限远处无界的有理函数, 那么 $R(z)$=0.

(2) 如果 $f(s)$ 是个有理函数且在无限远 $s\to\infty$ 处的值有限, 那么 $R(z)=F_F(s\to\infty)$.

(3) 除上述两种情况之外,

$$R(z)=\frac{1}{z-f(0)}+\sum_k\frac{1}{s_k(z)f'(s_k(z))} \tag{7.2.9}$$

下面来应用上述理论, 将一维简单点阵从最邻近跃迁扩展到次近邻跃迁. 先将一维最近邻跃迁的模型再计算一遍, 读者由此看到解决一个问题可以有不同的途径. 本节的方法避免了求解本征函数.

(5.1.12) 式哈密顿量的矩阵元可写为

$$H_{mn}=\delta_{m+1,n}+\delta_{m-1,n},\quad m,n=-\infty\sim+\infty \tag{7.2.10}$$

其中为简单计, 格点的自能 ε_0 取为零, 最近邻跃迁取为 V_t=1. 由于平移对称性, 可以只计算格林函数矩阵的第零列元素. 取 $[zI-H]G(z)=I$ 的第 m 行第 0 列元素, 有

$$zG_{m0}(z)-G_{m+1,0}(z)-G_{m-1,0}(z)=\delta_{m0} \tag{7.2.11}$$

求解差分方程 (7.2.11) 式的方法是建立一个母函数 $g(x)$, 它的幂级数展开系数是 $G_{m0}(z)$.

$$g(x)=\sum_{m=-\infty}^{\infty}x^mG_{m0}(z) \tag{7.2.12}$$

将 (7.2.11) 式两边乘以 x^m 并对 m 求和可得

$$g(x)=\left(z-x-\frac{1}{x}\right)^{-1} \tag{7.2.13}$$

现在对 $g(x)$ 作 x 的幂级数展开. 展开时 x 应处于使级数能够收敛的范围内. 分析可以得到, $0<|x|<1$ 的范围展开级数是收敛的. 现在利用 $g(x)=x/(zx-x^2-1)=-x/(x-\rho_1)(x-\rho_2)$ 可写成如下的形式:

$$g(x)=\frac{1}{\sqrt{z^2-4}}\left(\frac{1}{1-1/q(z)x}-\frac{1}{1-x/q(z)}\right) \tag{7.2.14}$$

其中

$$q(z)=\frac{1}{2}(z-\sqrt{z^2-4}) \tag{7.2.15}$$

将 (7.2.14) 式右边的两项分别展开后, 得到 (7.2.12) 式的形式, 其展开系数为

$$G_{m0}(z)=\frac{[q(z)]^{|m|}}{\sqrt{z^2-4}} \tag{7.2.16}$$

格林函数矩阵元的这一形式与前面的 (5.2.10) 式完全相同. 格点态密度自然是

$$D_0(E) = \frac{\theta(4-E^2)}{\pi\sqrt{4-E^2}} \tag{7.2.17}$$

也与 (5.2.12) 式相同.

我们先推广到次近邻跃迁的模型. 此时的哈密顿矩阵元为

$$(H^{\mathrm{e}})_{mn} = (\delta_{m+1,n} + \delta_{m-1,n}) + b(\delta_{m+2,n} + \delta_{m-2,n}) \tag{7.2.18}$$

将 (7.2.10) 式的矩阵取平方可以发现

$$H^{\mathrm{e}} = bH^2 + H - 2bI \tag{7.2.19}$$

由此, 对照 (7.2.1), (7.2.2) 式, 扩展函数是

$$f(s) = bs^2 + s - 2b \tag{7.2.20}$$

先找出 $z - f(s)$=0 的根为

$$s_{\pm}(z) = \frac{1}{2b}[-1 \pm \sqrt{1+4b(z+2b)}] \tag{7.2.21}$$

再求出 $f'(s_{\pm}(z))$. 因为 $f(s)$ 是个多项式, (7.2.8) 式中的 $R(z)$=0. 故由 (7.2.8) 式得到扩展格林函数的矩阵元为

$$G^{\mathrm{e}}_{m0}(z) = \frac{[q(s_+(z))]^{|m|}}{[2bs_+(z)+1]\sqrt{s_+^2(z)-4}} + \frac{[q(s_-(z))]^{|m|}}{[2bs_-(z)+1]\sqrt{s_-^2(z)-4}} \tag{7.2.22}$$

格点态密度为

$$D^{\mathrm{e}}_0(E) = \frac{\theta(1/4b - 2b - E)}{\pi\sqrt{1+4b(E+2b)}}\left[\frac{\theta(4-s_+^2(E))}{\sqrt{4-s_+^2(E)}} - \frac{\theta(4-s_-^2(E))}{\sqrt{4-s_-^2(E)}}\right] \tag{7.2.23}$$

其中第一个 θ 因子是为了保证 $1+4b(E+2b)<2$.

此例是一个比较简单的例子, 由扩展哈密顿矩阵 (7.2.18) 式, 容易发现它是怎样通过原哈密顿量来构造得 (7.2.19) 式, 从而得到扩展函数 (7.2.20). 但在一般情况下, 写出 H^{e} 矩阵后, 不见得立即能找出扩展函数 $f(x)$. 对于一维周期点阵, 我们有下列比较统一而方便的办法.

由于平移对称性, 我们对扩展哈密顿量也只考虑其第零列矩阵元 H^{e}_{m0}. 构造下列两个母函数:

$$h(x) = \sum_{m=-\infty}^{\infty} x^m H_{m0}, h_{\mathrm{e}}(y) = \sum_{m=-\infty}^{\infty} y^m H^{\mathrm{e}}_{m0} \tag{7.2.24}$$

现在将 (7.2.1) 式第一个等号的两边取第 m 行第 0 列矩阵元, 乘以 y^m 再对 m 求和, 利用平移对称性, 可得到

$$h_{\mathrm{e}}(y)=a_0+a_1h(y)+a_2h^2(y)+a_3h^3(y)+\cdots=f(h(y)) \tag{7.2.25}$$

令 $x=h(y)$ 并假设其反函数存在, 如果反函数不止一个, 则任取其中一个即可, 记为 $y=h^{-1}(x)$. 那么,

$$f(x)=h_{\mathrm{e}}(h^{-1}(x)) \tag{7.2.26}$$

现在如果选择的基本哈密顿量是 (7.2.10) 式, 那么由 (7.2.24) 式, $h(y)=y+1/y$. 反演函数选择为

$$x=h(y)=y+1/y \tag{7.2.27}$$

$$y=h^{-1}(x)=\frac{1}{2}(x+\sqrt{x^2-4}),\quad |x|>2 \tag{7.2.28}$$

事实上, 由于平移对称性, 总是有 $h_{\mathrm{e}}(1/y)=h_{\mathrm{e}}(y)$. 这可由定义式 (7.2.24) 看出来. $h_{\mathrm{e}}(y)$ 的展开式中, y^p 与 y^{-p} 总是成对出现, 而 y^p+y^{-p} 又可表达为 $x=y+1/y$ 的幂级数. 因此如果 $h_{\mathrm{e}}(y)$ 的展开是有限项, $f(x)$ 就一定是个多项式. 一旦 $f(x)$ 找到以后即可按照本节开头的理论, 从 (7.2.3) 式往下按部就班地操作.

我们来看一个扩展到无限远近邻跃迁的例子.

$$H_{m0}^{\mathrm{e}}=\sum_{p=1}^{\infty}(\delta_{m+p,0}+\delta_{m-p,0})b^{p-1} \tag{7.2.29}$$

其中 $|b|<1$. 由于 H_{mn}^{e} 含有无限多项, $f(x)$ 一定不是个多项式. 用 (7.2.24) 式得到母函数为

$$h_{\mathrm{e}}(y)=\frac{y}{1-by}+\frac{1}{y(1-b/y)} \tag{7.2.30}$$

因此扩展函数为

$$f(x)=\frac{x-2b}{1-bx+b^2} \tag{7.2.31}$$

函数 $z-f(s)$ 只有一个零点

$$\begin{aligned}s(z)&=\frac{(1+b^2)z+2b}{bz+1}\\ f'(s(z))&=\frac{(bz+1)^2}{1-b^2}\end{aligned} \tag{7.2.32}$$

因为 $s=\infty$ 处 $f(s)$ 是有限的, 根据前面的理论 $R(z)=\dfrac{1}{z-f(\infty)}=\dfrac{b}{bz+1}$. 最后得到扩展格林函数的矩阵元为

$$G_{m0}^{\mathrm{e}}(z)=\frac{b}{bz+1}\delta_{m0}+\frac{(1-b^2)[q(s(z))]^{|m|}}{(bz+1)^2\sqrt{s^2(z)-4}} \tag{7.2.33}$$

这里应注意的是, 表面上看 (7.2.33) 式在 $z=-1/b$ 处有一奇点, 这是原来的 G_{m0} 所没有的. 但是仔细计算可发现并不出现这样的奇点:

$$G_{00}^{\mathrm{e}}(-1/b)=\frac{-b(1+b^2)}{1-b^2}$$

$$G_{10}^{\mathrm{e}}(-1/b)=\frac{b^2}{1-b^2}$$

$$G_{m0}^{\mathrm{e}}(-1/b)=0,|m|>1$$

因此

$$G_{m0}^{\mathrm{e}}(-1/b)=\frac{-b(1+b^2)}{1-b^2}\delta_{m0}+\frac{b^2}{1-b^2}H_{m0} \tag{7.2.34}$$

$z=f(\infty)=-1/b$ 是 $s(z)\to\infty$ 时 $z-f(s)$ 的零点.(7.2.33) 式的第一项是与 H 无关的, 它的极点与后项 (与 H 有关) 在 $s(z)\to\infty$ 时的极点相抵消. 这意味着当 $z\to\infty$ 时 $G_{m0}(z)$ 的行为应当与 H 无关. 实际上也正是如此, $z\to\infty$ 时, (7.1.1) 式格林函数 $G(z)\to I/z$.

§7.3 哈密顿量的直积扩展

设有两个哈密顿量 H 和 K. 第一个哈密顿量 H 的本征值与本征函数集分别是 $\{\alpha_\mu\}$ 和 $\{u_\mu\}$. 第二个哈密顿量 K 的则是 $\{\beta_\nu\}$ 和 $\{v_\nu\}$. 它们的格林函数与态密度均可求得. H 所代表的点阵用 $V(H)$ 来表示, K 的点阵用 $V(K)$ 表示.$V(H)$ 与 $V(K)$ 可能相同, 也可能不同. 如果 A 是点阵 $V(H)$ 的任一矩阵, B 是点阵 $V(K)$ 的任一矩阵, 那么它们的直积表示为

$$(A\otimes B)_{(i,j)(k,l)}=(A_{ik})(B_{jl}) \tag{7.3.1}$$

如果一个哈密顿量 H^{e} 是由下述方式构成:

$$\begin{aligned}H^{\mathrm{e}}&=a_{00}I\otimes I+a_{10}H\otimes I+a_{01}H\otimes K+a_{11}H\otimes K\\&\quad+a_{20}H^2\otimes I+a_{02}H\otimes K^2+\cdots\\&=\sum_{m,n}a_{mn}H^m\otimes K^n\end{aligned} \tag{7.3.2}$$

我们希望根据 H 的格林函数 $G(H)$ 和态密度 $D(H)$ 与 K 的 $G(K)$ 和 $D(K)$ 计算出 H^{e} 所对应的 G^{e} 与 D^{e}.

容易看出, H^{e} 的本征函数 $w_{\mu\nu}$ 是 H 的本征函数 $\{u_\mu\}$ 和 K 的本征函 $\{v_\nu\}$ 的直积:

$$w_{(k,l)\mu\nu}=(u_{k\mu})(v_{l\nu}) \tag{7.3.3}$$

相应的本征值为

$$\gamma_{\mu\nu}^{\mathrm{e}} = \sum_{m,n} a_{mn}\alpha_\mu^m \beta_\nu^n = f(\alpha_\mu, \beta_\nu) \tag{7.3.4}$$

函数 $f(x,y)$ 是幂级数展开系数 $\{a_{mn}\}$的扩展函数.

总态密度的计算方法如下：

$$\begin{aligned} D^{\mathrm{e}}(E) &= \sum_{\mu,\nu}\delta(E - f(\alpha_\mu, \beta_\nu)) \\ &= \int_{-\infty}^{\infty}\sum_\nu \delta(y-\beta_\nu)\sum_\mu \delta(E - f(\alpha_\mu, y))\mathrm{d}y \\ &= \int_{-\infty}^{\infty} D^{(K)}(y) D^{(f(H,y))}(E)\mathrm{d}y \end{aligned} \tag{7.3.5}$$

此处态密度 $D^{(f(H,y))}(E)$ 是属于本征值为 $f(\alpha_\mu, y)$ 的, 它与 §7.2 中所讲的产生函数 $f(\alpha_\mu)$ 的唯一不同之处是多了一个参变量 y. 因此 $D^{(f(H,y))}(E)$ 完全可以用上一节的方法来计算. 例如, 仿照 (7.2.4) 式,

$$D^{(f(H,y))}(E) = \sum_p \frac{D^{(H)}(x_p(y,E))}{|f_x(x_p(y,E),y)|} \tag{7.3.6}$$

(7.3.6) 式中的$\{x_p(y,E)\}$是实函数 $E - f(x,y)$ 的实零点, 它有 y 和 E 两个参量. $f_x(x,y)$ 表示对 x 的偏导数 $\partial f(x,y)/\partial x$. 为了在数值计算中避免因 (7.3.6) 式中分母为零而出现的奇点, 仍然按照 (7.2.5) 式的方法引入了一个峰宽 η:

$$\Gamma_p(y,E) = \sqrt{f_x^2(x_p(y,E),y) + \eta^2} \tag{7.3.7}$$

用 $\Gamma_p(y,E)$ 来代替 (7.3.6) 式的分母. 对于格点态密度, 按照 (7.1.6) 式, 有 $D_i^{\mathrm{e}}(E) = \sum_{\mu,\nu}|w_{(i,i)\mu\nu}|^2\delta(E - f(\alpha_\mu,\beta_\nu))$, 用 (7.3.3) 式代入后可得到其计算表达式与 (7.3.5) 式是完全一样的.

现在来计算扩展格林函数的矩阵元. 首先由 (7.1.4) 式得

$$-\frac{1}{\pi}\mathrm{Im}[G_{ij}^{(H)}(x+\mathrm{i}\eta)] = \sum_\nu u_{i\nu}u_{j\nu}\delta(x-\alpha_\nu) \tag{7.3.8}$$

此处 x 是实数并用到 (1.1.23) 式. 现在从 (7.1.4) 式出发, 用与 (7.3.5) 一样的方法, 将 (7.3.3), (7.3.8) 式代入后得到

$$\begin{aligned} G_{(i,j)(k,l)}^{\mathrm{e}}(z) &= \sum_{\mu,\nu}\frac{\omega_{(i,j)\mu\nu}\omega_{(k,l)\mu\nu}}{z - f(\alpha_\mu,\beta_\nu)} = \int_{-\infty}^{\infty}\sum_\nu u_{j\nu}v_{l\nu}\delta(y-\beta_\nu)\sum_\mu\frac{u_{i\mu}v_{k\mu}^*}{z - f(\alpha_\mu, y)}\mathrm{d}y \\ &= -\frac{1}{\pi}\int_{-\infty}^{\infty}\mathrm{Im}[G_{jl}^{(k)}(y+\mathrm{i}\eta)]G_{ik}^{(f(H,y))}(z)\mathrm{d}y \end{aligned} \tag{7.3.9}$$

其中被积函数中后一个因子用 (7.2.8) 式的方法计算：

$$G_{ik}^{(f(H,y))}(z)=R(y,z)\delta_{ik}+\sum_p \frac{G_{ik}^{(H)}(s_p(y,z))}{f_s(s_p(y,z),y)} \tag{7.3.10}$$

要注意其中 z 是复数, y 是实数, 对 p 的求和遍及复函数 $z-f(s)$ 的所有复零点$\{s_p(y,z)\}$. $R(y,z)$ 的决定与 (7.2.9) 式及之上的讨论一样.

作为例子, 考虑一个二维方格子的点阵, 具有第一、第二、第三近邻跃迁. 扩展哈密顿量 H^{e} 为

$$\begin{aligned}(H^{\mathrm{e}})_{(m,n)(0,0)}=&(\delta_{m+1,0}+\delta_{m-1,0})\delta_{n,0}+\delta_{m,0}(\delta_{n+1,0}+\delta_{n-1,0})\\&+a(\delta_{m+1,0}+\delta_{m-1,0})(\delta_{n+1,0}+\delta_{n-1,0})\\&+b[(\delta_{m+2,0}+\delta_{m-2,0})\delta_{n,0}+\delta_{m,0}(\delta_{n+2,0}+\delta_{n-2,0})]\end{aligned} \tag{7.3.11}$$

仍用 (7.2.10) 式为基本哈密顿量 H, 此例 $V(H)$ 与 $V(K)$ 相同, 可算得

$$\begin{aligned}H^{\mathrm{e}}&=I\otimes H+H\otimes I+aH\otimes H+bI\otimes(H^2-2I)+b(H^2-2I)\otimes I\\&=-4bI\otimes I+I\otimes H+H\otimes I+aH\otimes H+bH^2\otimes I+bI\otimes H^2\end{aligned} \tag{7.3.12}$$

扩展函数：

$$f(x,y)=-4b+x+y+axy+bx^2+by^2 \tag{7.3.13}$$

函数 $z-f(s,y)$ 的根为

$$s_{\pm}(y,z)=\frac{-(ay+1)\pm\sqrt{A(y,z)}}{2b} \tag{7.3.14}$$

其中

$$A(y,z)=(\alpha^2-4b^2)y^2-2(2b-a)y+(16b^2+4bz+1) \tag{7.3.15}$$

再求出 $f_x(x,y)=1+ay+2bx, f_x(s_{\pm}(y,z),y)=\pm[A(y,z)]^{1/2}$. 代入 (7.3.9) 式得到扩展格林函数矩阵元的积分表达式：

$$G^{\mathrm{e}}_{(m,n)(0,0)}(z)=-\frac{1}{\pi}\int_{-\infty}^{\infty}\frac{\mathrm{Im}(G_{n0}^{(H)}(y+\mathrm{i}\eta))}{\sqrt{A(y,z)}}[G_{m0}^{(H)}(s_+(y,z))-G_{m0}^{(H)}(s_-(y,z))]\mathrm{d}y \tag{7.3.16}$$

其中 H 的格林函数见 (7.2.16) 式.

现在格林函数的支割线有两个来源：一是 $G(H)$ 的表达式 (7.2.16) 中本身所具有的,

$$\sqrt{s_{\pm}^2(y,z)-4}=\sqrt{[s_{\pm}(y,z)-2][s_{\pm}(y,z)+2]} \tag{7.3.17}$$

另一个是 (7.3.16) 式中分母上的因子,

$$\sqrt{A(y,z)}=\sqrt{a^2-4b^2}\sqrt{(y-y_+(z))(y-y_-(z))} \tag{7.3.18}$$

其中

$$y_\pm(z)=(a^2-4b^2)[2b+a\pm\sqrt{B(z)}] \tag{7.3.19}$$

$$B(z)=4b(2b-a)[1+4b(2b+a)+(2b+a)z] \tag{7.3.20}$$

在 $f(x,y)$ 更复杂的情况下, 支割线的位置可能很不容易找到. 不过一般情况下, 极点的位置 $y(z)$ 是 z 的函数, 而 y 一定是实数, 那么在做具体计算时可以按照 (7.3.7) 式的办法来避免奇点.

对于某些特殊情况, 公式显得更加简化. 例如 $H^{\rm e}=H\otimes I+I\otimes K$, 则 $f(x,y)=x+y$, 那么积分 (7.3.5), (7.3.9) 化为简单的卷积. 对于哈密顿量 H 加上一个数量 y 的情况, 容易从格林函数的定义式 (7.1.1) 看出：$G^{(H+y)}(z)=G^{(H)}(z-y)$. 同理, 对于态密度, 有 $D^{(H+y)}(E)=D^{(H)}(E-y)$. 因此 (7.3.5),(7.3.9) 式简化为

$$D^{\rm e}_{(0,0)}(E)=\int_{-\infty}^{\infty}D^{(H)}(E-y)D^{(k)}(y){\rm d}y \tag{7.3.21}$$

$$G^{\rm e}_{(i,j)(k,l)}(z)=-\frac{1}{\pi}\int_{-\infty}^{\infty}{\rm Im}[G^{(k)}_{jl}(y+{\rm i}\eta)]G^{(H)}_{ik}(z-y){\rm d}y \tag{7.3.22}$$

一个最简单的例子是, 在 (7.3.11) 式中只保留最近邻跃迁而去掉其他项. 这时

$$H^{\rm e}_{(m,n)(0,0)}=(\delta_{m+1,0}+\delta_{m-1,0})\delta_{n,0}+\delta_{m,0}(\delta_{n+1,0}+\delta_{n-1,0}) \tag{7.3.23}$$

$$H^{\rm e}=I\otimes H+H\otimes I \tag{7.3.24}$$

将 (7.2.17) 式代入 (7.3.21) 式, 得

$$D^{\rm e}_{(0,0)}(E)=\frac{1}{\pi^2}\int_{-\infty}^{\infty}\frac{\theta(4-(E-x)^2)}{\sqrt{4-(E-x)^2}}\frac{\theta(4-x^2)}{\sqrt{4-x^2}}{\rm d}x \tag{7.3.25}$$

确定 x 和 E 的范围, 由两个θ因子知：$-2\leqslant x\leqslant 2, E-2\leqslant x\leqslant E+2$. 当 $E\to -E$ 时, 可作 $x\to -x$ 的积分变换, 积分相同. 所以只需考虑 $E>0$ 的部分, 又由不等式知 E 不能超过 4, 故 $0\leqslant E\leqslant 4$,

$$D^{\rm e}_{(0,0)}(E)=\frac{1}{\pi^2}\int_{E-2}^{2}\frac{{\rm d}x}{\sqrt{(4-x^2)[4-(E-x)^2]}}=\frac{4}{\pi^2(4+E)}{\rm K}\left(\frac{4-E}{4+E}\right) \tag{7.3.26}$$

${\rm K}(y)$ 是第一类完全椭圆积分. 态密度关于原点对称, 且在 $|E|>4$ 的范围为零. 把 (7.2.16) 式代入 (7.3.22) 式得到格点格林函数为

$$G^{\rm e}_{(0,0)(0,0)}(z)=\frac{1}{\pi^2}\int_{-2}^{2}\frac{{\rm d}x}{\sqrt{(4-x^2)[(z-x)^2-4]}}=\frac{2}{\pi z}{\rm K}\left(\frac{4}{z}\right) \tag{7.3.27}$$

它与 (5.2.16) 式完全相同.(7.3.26) 式则可作一个变换到 (5.2.19) 式. 一般的格林函数矩阵元 $G^{\mathrm{e}}_{(m,n)(0,0)}(z)$ 也可表为椭圆积分, 因为由 (7.3.22) 和 (7.2.16) 可知, 被积函数只是变量 x、$(x^2-4)^{1/2}$ 和 $[(z-x)^2-4]^{1/2}$ 的有理函数.

现在我们来求出一维半无限长链的格林函数, 这样可以利用该结果来计算二维半无限大点阵边上格点与四分之一无限大二维点阵角上格点的格林函数与态密度. 为建立一维半无限长链的模型, 在一维无限长链的第 0 个格点上加一个无限大势垒 V. 则粒子只能在正半链运动而成为实际上的半无限长链 $V(K)$, $K=H+V$ 是相应的哈密顿量. 我们把 K 的格林函数 $G^{(K)}$ 和格点态密度 $D_l^{(K)}$ 用无限长链 H 的格林函数 $G^{(H)}$ 和格点态密度 $D_0^{(H)}$ 表示出来 (注意各点的 $D_i^{(H)}$ 相同但各点的 $D_i^{(K)}$ 不同). 可以推得

$$G^{(K)}_{l,n}(z)=G^{(H)}_{l,n}(z)-G^{(H)}_{l0}(z)\frac{1}{G^{(H)}_{00}(z)}G^{(H)}_{0n}(z),\quad l,n>0 \tag{7.3.28}$$

此式的推导过程为: 先设 V 的数值有限, 可以运用 §4.1 的微扰理论, $G^{(K)}=G^{(H)}+G^{(H)}VG^{(H)}\sum\limits_{m=0}^{\infty}(VG^{(H)})^m = G^{(H)}+G^{(H)}VG^{(H)}(I-VG^{(H)})^{-1}$. 注意将此式看成是矩阵形式, 微扰矩阵 V 只在 (0, 0) 位置上有一个矩阵元, 可写成 $(V)_{mn}=V_0\delta_{m0}\delta_{n0}$, 写出 $(I-VG^{(H)})^{-1}$ 的矩阵可以发现, 其 (0, 0) 位置上矩阵元的数值为 $(I-V_0G^{(H)}_{00})^{-1}$, 其他的矩阵元则全为零. 现在取 $V_0\to\infty$ 的极限, 再将两边取 (l,n) 的矩阵元即得 (7.3.28) 式. 也可以在 (6.1.8) 式中令 $\varepsilon\to\infty$ 得 (7.3.28) 式. 将 (7.2.16) 式代入:

$$G^{(K)}_{ln}(z)=\frac{1}{\sqrt{z^2-4}}\left\{[q(z)]^{|l-n|}-[q(z)]^{l+n}\right\} \tag{7.3.29}$$

其中 $q(z)$ 为 (7.2.15) 式. 格点态密度

$$D_l^{(K)}(E)=-\frac{1}{\pi}\mathrm{Im}G^{(K)}_{ll}(E+\mathrm{i}\eta)=-\frac{1}{\pi}\mathrm{Im}\frac{1-[q(E+\mathrm{i}\eta)]^{2l}}{\sqrt{(E+\mathrm{i}\eta)^2-4}}$$

将 $q(x)$ 化成 $\exp(-\mathrm{i}\theta)$ 的形式计算后得:

$$D_l^{(K)}(E)=D_0^{(H)}(E)\left[1-\cos\left(2l\arccos\frac{E}{2}\right)\right]=D_0^{(H)}(E)\left[1-\mathrm{T}_{2l}\left(\frac{E}{2}\right)\right] \tag{7.3.30}$$

其中用到了切比雪夫多项式的定义：$\mathrm{T}_l(x)=\cos\,(l\arccos x)$.

现在已知 $V(H)$ 是一维无限长链, $V(K)$ 是一维半无限长链. 如果要求二维方格子的内部格点, 则构造 $H_0=H\otimes I+I\otimes H$ 如 (7.3.23) 式. 要研究半无限二维格子边上点的格林函数, 则构造 $H_1=H\otimes I+I\otimes K$. 研究二维角上的点, 则用 $H_2=K\otimes I+I\otimes K$. 由于 H 的态密度 (7.2.17) 和 K 的态密度 (7.3.30) 式都已

知, 代入 (7.3.21) 式即可作计算. 格林函数矩阵元则是将 (7.2.16) 与 (7.3.29) 式代入 (7.3.22) 式计算.

要研究三维方格子, 可按如下方法来构成扩展哈密顿量. 体内的格点: $H_3 = H\otimes I\otimes I+I\otimes H\otimes I+I\otimes I\otimes H = H_0\otimes I+I\otimes I\otimes H$. 表面上的格点: $H_4 = H\otimes I\otimes I+I\otimes H\otimes I+I\otimes I\otimes K = H_0\otimes I+I\otimes I\otimes K$. 边上的点: $H_5 = H\otimes I\otimes I+I\otimes K\otimes I+I\otimes I\otimes K = H_1\otimes I+I\otimes I\otimes K$. 角上的点: $H_6 = K\otimes I\otimes I+I\otimes K\otimes I+I\otimes I\otimes K = H_2\otimes I+I\otimes I\otimes K$. 它们可以根据 (7.3.21)、(7.3.22), 利用已算出的 H、K、H_0、H_1 和 H_2 的格林函数与态密度来作计算.

对于一维情况来说, 用 (7.2.24) 式的方法来寻找扩展函数是有效而迅速的方法. 对于高维情况来说, 这一方法并不总是有效的. 现在母函数的定义为

$$h_{\mathrm{e}}(u,v) = \sum_{m,n} H^{\mathrm{e}}_{(m,n)(0,0)} u^m v^n \tag{7.3.31}$$

仿照一维时的步骤, 可得

$$h_{\mathrm{e}}(u,v) = f(h(u),k(v)) \tag{7.3.32}$$

这里 $h(u)$ 和 $k(v)$ 分别为 H 和 K 的函数. 利用它们的反函数得到扩展函数

$$f(x,y) = h_{\mathrm{e}}(h^{-1}(x),k^{-1}(y)) \tag{7.3.33}$$

如果作 $m \to -m$ 或 $n \to -n$ 的变换时 H^{e} 不变, 这时系统具有矩形对称性, (7.3.33) 式可作进一步的计算. 除了这种情况之外, $f(x, y)$ 的条件不足以推出 (7.3.10) 式.

一个失败的例子是二维三角点阵. 其扩展哈密顿矩阵元为

$$\begin{aligned} H^{\mathrm{e}}_{(m,n)(0,0)} = &(\delta_{m+1,0}+\delta_{m-1,0})\delta_{n,0}+\delta_{m,0}(\delta_{n+1,0} \\ &+\delta_{n-1,0})+(\delta_{m+1,0}\delta_{n-1,0}+\delta_{m-1,0}\delta_{n+1,0}) \end{aligned} \tag{7.3.34}$$

用 (7.3.31) 式写出

$$h_{\mathrm{e}}(u,v)m = (u+1/u)+(v+1/v)+(u/v+v/u) \tag{7.3.35}$$

再用 (7.2.27), (7.2.28) 得到扩展函数

$$f(x,y) = x+y+\frac{1}{2}xy-\frac{1}{2}\sqrt{(x^2-4)(y^2-4)} \tag{7.3.36}$$

此式尽管在 x=0, y=0 点邻近可作洛朗 (Laurent) 展开, 它还是不能导致 (7.3.10) 式. 故本方法不能计算这一点阵.

§7.4 点阵构造的扩展

本节的方法没有一个统一的理论公式可以叙述, 只能通过一个具体的事例来说明如何掌握这种方法. 要点是熟练运用微扰公式 (4.1.5), (4.1.6) 的矩阵形式

$$G = G_0 + G_0 V G \tag{7.4.1}$$

其中 V 是微扰哈密顿量.

笼统地说, 点阵是由一个或极少几个点作为 "种子" 逐级构成而来的. 当构成至第 n 级时, 第 n 级点阵 H_n 与其他部分 (一般为 H_n 或 H_{n-1}) 用微扰 V 连接起来构成第 $n+1$ 级点阵. 运用 (7.4.1) 式, 可将第 $n+1$ 级点阵的格林函数 $G^{(n+1)}$ 用 $G^{(n)}$, $G^{(n-1)}$ 等表达出来, 由此可得到一组迭代关系, 最终可用 "种子" 的格林函数来表示.

注意: 为了简单起见, 我们仍称 (7.4.1) 式中的 V 是微扰. 其实就本节的情况而言, V 可以是任意强度的. 因为在得到 (4.1.5), (4.1.6) 式时还没有用到 H_1 是微扰的条件.

本节考虑一维斐波那契 (Fibonacci) 点阵, 它是准周期 (quasiperiodical) 点阵中最简单的模型. 现在将相邻两个格点之间的跃迁简称为键, 在周期点阵中, 键的强度都一样. 在一维斐波那契长链中, 所有格点能都相同, 键的强度则有两种, 它们按斐波那契系列的规则排布. 以 a 和 b 表示这两种键的强度. 为简单起见, 省略键两端的格点, 如 aab 实际上表示 $\cdot a \cdot a \cdot b \cdot$. 如果第 n 级链用 F_n 表示, 则规定 $F_1 = a, F_0 = b$, 第 F_{n+1} 级链的构造成方式为

$$F_{n+1} = F_n + F_{n-1}, \quad n \geqslant 1 \tag{7.4.2}$$

即把 F_{n-1} 级链直接拼接在第 F_n 级链后面构成第 F_{n+1} 级链, 结果如下.

F_1	F_2	F_3	F_4	F_5	F_6	$\cdots$	(7.4.3a)
a	ab	aba	$abaab$	$abaababa$	$abaababaabaab$	$\cdots$	(7.4.3b)

由于 (7.4.2) 式正是斐波那契数列的构造方式, 故以此来命名这个一维点阵. 显然它是无周期的, 但又不是无序的, 格点的排布是有一定规则的. 如果用 F_{n+1} 表示第 n 级链中字母的个数, 那么其中有 F_n 个 a 和 F_{n-1} 个 b. 当 $n \to \infty$ 时, 字母 a 与 b 的个数之比是有一极限的, 令此极限为 τ, 则有

$$\tau = \lim_{n\to\infty} \frac{F_{n+1}}{F_n} = \lim_{n\to\infty} \left(1 + \frac{F_{n-1}}{F_n}\right) = 1 + \frac{1}{\tau} \tag{7.4.4}$$

解得 $\tau = \dfrac{1+\sqrt{5}}{2} = 1.618033\cdots$. 它的倒数正是黄金分割 $1/\tau = 0.618033\cdots$.

另外一种称为膨胀 – 收缩 (inflation-deflation) 的方法可产生出同样的链. 即从 a 出发, 每次都作 $a \to ab$, $b \to a$ 的变换, 则逐级成长的步骤为 $a \to ab \to aba \to abaab \to aba$ $\to ababa \to \cdots$, 与 (7.4.3) 式是完全一样的. 反之, 如果作 $a \to b, ab \to a$ 这样的变换可将长链收缩为一点. 具有这种性质的点阵一般称为具有自相似性 (self-similarity). 因为如果令 F_n 整个为基元 a, F_{n-1} 为基元 b(例如 aba 为 a, 此时 ab 为 b), 那么排布的结果与基元 a、b 的排布结果完全一样, 而且在每个层次上都是如此.

本节用前一种方式来构成链, 见图 7.1. 取最初的两个种子为 $H_1 = \cdot$, $H_2 = \cdot b \cdot$. 如果第 n 级链和第 $n-1$ 级链 (哈密顿量分别为 H_n 与 H_{n-1}) 都已构造出来, 则将 H_{n-1} 放在 H_n 右边, 之间用 a 相连.$H_{n+1} = H_n a H_{n-1}$(左端还缺一个 a, 只要在最后往左端补上一个 a 即可). 现在第 n 级链两端格点是 1, 2, 涉及三个格林函数矩阵元 $g_{11}(z)$, $g_{22}(z)$, $g_{12}(z)$.

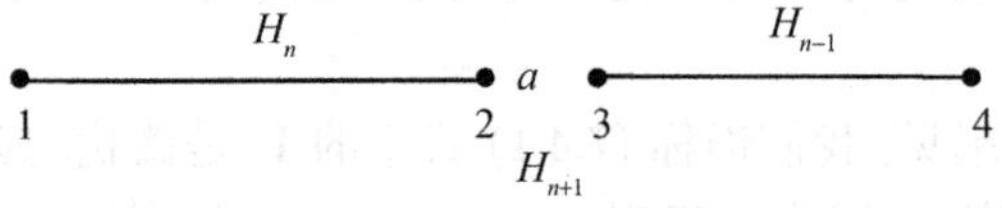

图 7.1　链的构造

对第 $n-1$ 级链, 则需要知道 $g_{33}(z)$, $g_{44}(z)$, $g_{34}(z)$. 要在此基础上求出第 $n+1$ 级链的 $G_{11}(z)$, $G_{44}(z)$, $G_{34}(z)$. 现在以 a 为 (7.4.1) 式中的相互作用. $H_{n+1} = H_n + H_{n-1} + a$, 应用 (7.4.1) 式可得到一组关系式:

$$G_{11}(z) = g_{11}(z) + g_{12}(z) a G_{31}(z) \tag{7.4.5a}$$

$$G_{31}(z) = g_{33}(z) a G_{21}(z) \tag{7.4.5b}$$

等等. 读者可以自己把其余的关系式都写出来. 为方便, 记 $x_n = a g_{11}(z)$, $y_n = a g_{22}(z)$, $z_n = a g_{12}(z)$; $x_{n-1} = a g_{33}(z)$, $y_{n-1} = a g_{44}(z)$, $z_{n-1} = a g_{34}(z)$; $x_{n+1} = a G_{11}(z)$, $y_{n+1} = a G_{44}(z)$, $z_{n+1} = a G_{14}(z)$; 由 (7.4.5) 式可推得:

$$\begin{aligned} &\Delta_n = 1 - x_{n-1} y_n, x_{n+1} = x_n + x_{n-1} z_n^2 / \Delta_n \\ &y_{n+1} = y_{n-1} + y_n z_{n-1}^2 / \Delta_n, \quad z_{n+1} = z_{n-1} z_n / \Delta_n \end{aligned} \tag{7.4.6}$$

这样, 第 $n+1$ 级链的格林函数矩阵元可通过第 n 与第 $n-1$ 级链的矩阵元而计算出来.

由最初选择的两个种子可知:

$$x_0 = y_0 = z_0 = \frac{a}{z}, \quad x_1 = y_1 = \frac{az}{z^2 - b^2}, \quad z_1 = \frac{ab}{z^2 - b^2} \tag{7.4.7}$$

其中设格点能 $\varepsilon_0=0$. 现在可以根据迭代关系 (7.4.6) 算出任意长链的格林函数. 端点的态密度

$$D_1(E) = -\frac{1}{\pi a}\mathrm{Im}x_{n+1}(E+\mathrm{i}0^+) \tag{7.4.8}$$

$$D_4(E) = -\frac{1}{\pi a}\mathrm{Im}y_{n+1}(E+\mathrm{i}0^+) \tag{7.4.9}$$

内点的态密度

$$D_2(E) = -\frac{1}{\pi a}\mathrm{Im}\frac{y_n(E+\mathrm{i}0^+)}{\Delta_n(E+\mathrm{i}0^+)} \tag{7.4.10}$$

$$D_3(E) = -\frac{1}{\pi a}\mathrm{Im}\frac{x_{n-1}(E+\mathrm{i}0^+)}{\Delta_n(E+\mathrm{i}0^+)} \tag{7.4.11}$$

当 $a=b$ 时, 自动得到周期点阵. 此方法可以计算任意有限长链中任意格点的态密度. 本章的习题 5~8 也完全可以用此方法做.

习题 7 中的谢尔平斯基地毯模型是所谓分形 (fractal) 点阵的一个著名的例子. 分形是指点阵的维数不是整数. 对于一、二、三维的方形点阵, 其中的格点数随边长 L 分别以 L^1、L^2、L^3 的速度增长, 因此它们的维数 $d=\dfrac{\ln L^n}{\ln L}=n$, n=1,2,3. 而对于希尔平斯基图形来说, 每一级图形中的格点数随边长的关系如下 (设最小三角形的边长为 1):

级数	0	1	2	3	$\cdots$	n
点数	3^0	3^1	3^2	3^3	$\cdots$	3^n
边长	2^0-1	2^1-1	2^2-1	2^3-1	$\cdots$	2^n-1

因此按照维数的定义:

$$d = \lim_{n\to\infty}\frac{\ln 3^n}{\ln(2^n-1)} = \frac{\ln 3}{\ln 2}$$

它的维数小于 2 又大于 1. 也有的分形点阵的维数恰好是整数的, 习题 8 中的四方地毯模型就是一例. 它的维数 d=2.

本节介绍的点阵构造的扩展方法特别适于准周期点阵或者分形点阵, 这样的图形可能很复杂, 而且往往无法求出其本征波函数, 所以用通常的方法难于处理. 但它们以 "种子" 出发的构造规则简单, 容易用本节的方法处理. 本节方法的短处是一般只能处理仅含最近邻跃迁的模型.

习 题

1. 利用 (7.2.24) 式, 仿照从 (7.2.29) 式得到 (7.2.31) 式的步骤, 从 (7.2.18) 式得到 (7.2.20) 式.

2. 用与得到 (7.3.29) 式类似的方法, 求一维有限长链的格林函数.

3. 计算一维有限长链的端点、端点最近邻、端点次近邻的格点态密度.

4. 计算一维半无限长链的端点、端点最近邻、端点次近邻的格点态密度.

用点阵构造的扩展的方法求下列模型的格点态密度.

5. 对角模型的斐波那契长链：即链的强度全都一样, 格点自能为 a、b 两种并且按 (7.4.3) 的方式排列.

6. 梯子模型 [2], 见图 7.2. 对于第 n 级梯子, 需写出六个格林函数的矩阵元：$g_{11}(z)$, $g_{33}(z)$, $g_{12}(z)$, $g_{13}(z)$, $g_{14}(z)$, $g_{34}(z)$.

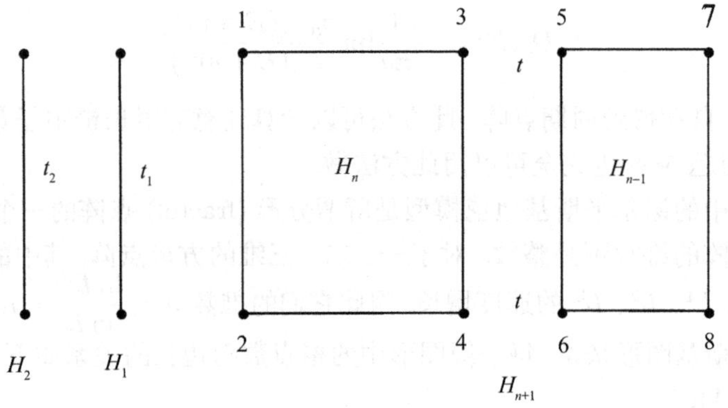

图 7.2　梯子模型的构造

7. 谢尔平斯基 (Sierpinski) 地毯模型, 见图 7.3. 所有格点的自能都相同. 所有键的强度都相等. 在第 n 级图形中, 除了顶角上的三个点是二配位的, 所有其他的点都是三配位的. 对于第 n 级图形需要写出的格林函数矩阵元为：$g_{11}(z) = g_{22}(z) = g_{33}(z)$, $g_{12}(z) = g_{23}(z) = g_{13}(z)$.

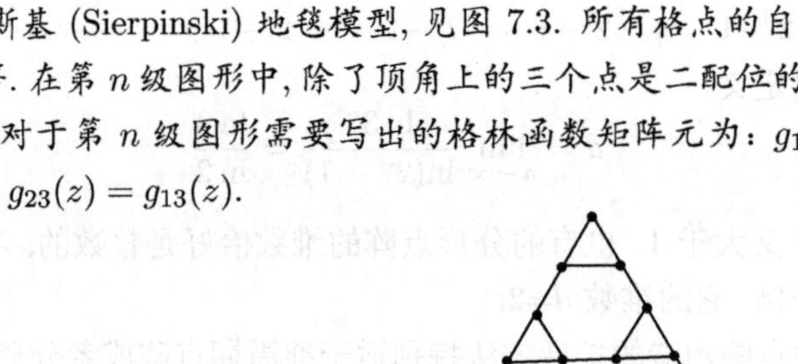

图 7.3　谢尔平斯基地毯模型的构造

8. 四方地毯模型, 见图 7.4. 所有格点的自能都相同. 所有键的强度都相等. 第 n 级图形中要写出的格林函数矩阵元为：$g_{11}(z) = g_{22}(z) = g_{33}(z) = g_{44}(z)$,$g_{12}(z) = g_{13}(z) = g_{34}(z) = g_{24}(z)$,$g_{14}(z) = g_{23}(z)$.

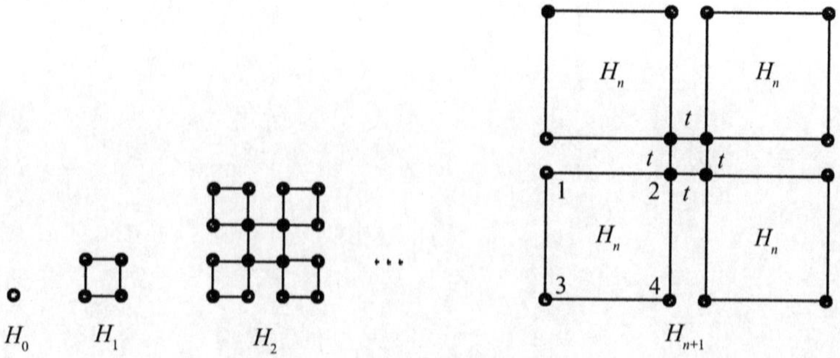

图 7.4 四方地毯模型的构造

参考文献

[1] Schwalm W A, Schwalm M K. Extension theory for lattice Green functions[J]. Phys. Rev. B, 1988, 37(16): 9524.

[2] Wang Huaiyu. Electronic Structure of Quasi-one Dimensional Model[J]. Commun. Theor. Phys.,1999, 31(1): 65.

第三部分

多体格林函数

(Many-Body Green's Functions)

第八章　场算符与三种绘景

§8.1　场　算　符

在二次量子化表象中, 系统的单体算符 $\sum_i A(\boldsymbol{x}_i)$ 写成如下形式:

$$A=\sum_{\alpha\beta}\int\psi_\alpha^\dagger(\boldsymbol{x})A_{\alpha\beta}(\boldsymbol{x})\psi_\beta(\boldsymbol{x})\mathrm{d}\boldsymbol{x} \tag{8.1.1}$$

其中最常见的是动能、粒子数算符和外场:

$$T=-\frac{\hbar^2}{2m}\sum_\alpha\int\psi_\alpha^\dagger(\boldsymbol{x})\nabla^2\psi_\alpha(\boldsymbol{x})\mathrm{d}\boldsymbol{x} \tag{8.1.2}$$

$$N=\sum_\alpha\int\psi_\alpha^\dagger(\boldsymbol{x})\psi_\alpha(\boldsymbol{x})\mathrm{d}\boldsymbol{x} \tag{8.1.3}$$

$$V^{\mathrm{e}}=\sum_{\alpha\beta}\int\psi_\alpha^\dagger(\boldsymbol{x})V_{\alpha\beta}^{\mathrm{e}}(\boldsymbol{x})\psi_\beta(\boldsymbol{x})\mathrm{d}\boldsymbol{x} \tag{8.1.4}$$

下标α、β代表自旋, 如果不考虑自旋, 则自旋下标可忽略, 也不用对自旋下标求和. 系统的二体算符 $\frac{1}{2}\sum_{i\neq j}V(\boldsymbol{x}_i,\boldsymbol{x}_j)$ 则表示为

$$H^{\mathrm{i}}=\frac{1}{2}\sum_{\alpha\beta}\int\psi_\alpha^\dagger(\boldsymbol{x})\psi_\beta^\dagger(\boldsymbol{x}')V(\boldsymbol{x},\boldsymbol{x}')\psi_\beta(\boldsymbol{x}')\psi_\alpha(\boldsymbol{x})\mathrm{d}\boldsymbol{x}\mathrm{d}\boldsymbol{x}' \tag{8.1.5}$$

例如库仑相互作用的哈密顿量就是如此表达. 此处我们假定二体相互作用与自旋无关.

费米子 (玻色子) 场算符与其厄米共轭之间有如下对易关系:

$$[\psi_\alpha(\boldsymbol{x}),\psi_\beta^\dagger(\boldsymbol{x}')]_\eta=\psi_\alpha(\boldsymbol{x})\psi_\beta^\dagger(\boldsymbol{x}')-\eta\psi_\beta^\dagger(\boldsymbol{x}')\psi_\alpha(\boldsymbol{x})=\delta(\boldsymbol{x}-\boldsymbol{x}')\delta_{\alpha\beta} \tag{8.1.6a}$$

$$[\psi_\alpha(\boldsymbol{x}),\psi_\beta(\boldsymbol{x}')]_\eta=[\psi_\alpha^\dagger(\boldsymbol{x}),\psi_\beta^\dagger(\boldsymbol{x}')]_\eta=0 \tag{8.1.6b}$$

其中 $\eta=\mp1$. 取负号就是费米子反对易关系. 取正号就是玻色子对易关系.

费米子 (玻色子) 的场算符可写成

$$\psi_\alpha(\boldsymbol{x})=\sum_n a_{n\alpha}\varphi_{n\alpha}(\boldsymbol{x}),\quad \psi_\alpha^\dagger(\boldsymbol{x})=\sum_n a_{n\alpha}^\dagger\varphi_{n\alpha}^*(\boldsymbol{x}) \tag{8.1.7}$$

其中 a 和 $a^\dagger$ 是费米子 (玻色子) 的湮没和产生算符, $\{\varphi_n(x)\}$是一套单粒子完备集, 最常用的是自由粒子的本征函数 $\mathrm{e}^{\mathrm{i}\boldsymbol{k}\cdot\boldsymbol{r}}/\sqrt{V}$.

声子的场算符为:

$$\varphi(\boldsymbol{x}) = \sum_{\boldsymbol{k}} \sqrt{\frac{\hbar\omega_{\boldsymbol{k}}}{2V}} (b_{\boldsymbol{k}}\mathrm{e}^{\mathrm{i}\boldsymbol{k}\cdot\boldsymbol{x}} + b_{\boldsymbol{k}}^\dagger \mathrm{e}^{-\mathrm{i}\boldsymbol{k}\cdot\boldsymbol{x}}) \tag{8.1.8}$$

这一表达式实际上是针对纵声学声子 (LA) 的 (横声学声子对电声相互作用无贡献, 所以不考虑). 它的来源是: $\varphi_n(\boldsymbol{x})$=$-\mathrm{i}v\rho^{1/2}\nabla\cdot\boldsymbol{u}(\boldsymbol{x})$, 其中 v=$\omega_{\boldsymbol{k}}/k$ 是声子的速度, ρ=NM/V 是晶体的质量密度, $\boldsymbol{k}$ 是波矢, $\boldsymbol{u}(\boldsymbol{x})$ 则是晶格振动位移场的表达式.

$$\boldsymbol{u}(\boldsymbol{x}) = \sum_{\boldsymbol{k}} \left(\frac{\hbar}{2NM\omega_{\boldsymbol{k}}}\right)^{1/2} \boldsymbol{\varepsilon}_{\boldsymbol{k}} (b_{\boldsymbol{k}}\mathrm{e}^{\mathrm{i}\boldsymbol{k}\cdot\boldsymbol{x}} + b_{\boldsymbol{k}}^\dagger \mathrm{e}^{-\mathrm{i}\boldsymbol{k}\cdot\boldsymbol{x}}) \tag{8.1.9}$$

其中 $\boldsymbol{\varepsilon}_k$ 是偏振方向的单位矢量, 在这里 $\boldsymbol{\varepsilon}_k$ =$\boldsymbol{k}/k$ 即为纵振动方向. 声子场算符是个实量, $\varphi^\dagger(\boldsymbol{x})$= $\varphi(\boldsymbol{x})$, 这是因位移 $\boldsymbol{u}(\boldsymbol{x})$ 是个实量.

光子的场算符是电磁场的矢量势 $\boldsymbol{A}$ 经过二次量子化后得到的场的密度, 它是个矢量:

$$\boldsymbol{\psi}(\boldsymbol{x}) = \boldsymbol{A}(\boldsymbol{x}) = \sum_{\boldsymbol{k}\sigma} \left(\frac{\hbar c^2\mu_0}{2\omega_{\boldsymbol{k}}\kappa}\right)^{1/2} \boldsymbol{\varepsilon}_{\boldsymbol{k}} (b_{\boldsymbol{k}\sigma}\mathrm{e}^{\mathrm{i}\boldsymbol{k}\cdot\boldsymbol{x}} + b_{\boldsymbol{k}\sigma}^\dagger \mathrm{e}^{-\mathrm{i}\boldsymbol{k}\cdot\boldsymbol{x}}) \tag{8.1.10}$$

其中 $\boldsymbol{\varepsilon}_k$ 、c、μ_0、κ、ω_k 分别为光的偏振方向、光速、真空磁导率、介质的介电常量与介质中的电磁波的色散关系. 与声学声子有所不同的是, 光波总是横波. 光子的场算符也是实量.

上面的场算符都未含时间, 任意一算符 Q 对时间的依赖关系的定义为

$$Q(t) = \mathrm{e}^{\mathrm{i}Ht/\hbar}Q\mathrm{e}^{-\mathrm{i}Ht/\hbar} \tag{8.1.11}$$

场算符随时间的变化 $\psi(\boldsymbol{x},t)$ 的定义也同此. 由定义式 (8.1.11) 知算符随时间的关系与哈密顿量有关, 我们将在下一节较详细地讨论这个问题.

这里我们先看最简单的情况, 即粒子是自由的. 由 (8.1.7)~(8.1.10) 式可知, 只要直接求产生、湮没算符随时间的变化即可, 如

$$a_{n\sigma}(t) = \mathrm{e}^{\mathrm{i}H_0t/\hbar}a_{n\sigma}\mathrm{e}^{-\mathrm{i}H_0t/\hbar} \tag{8.1.12}$$

可得

$$\frac{\hbar}{\mathrm{i}}\frac{\partial}{\partial t}a_{n\sigma}(t) = [H_0, a_{n\sigma}(t)] \tag{8.1.13}$$

$a^\dagger_{n\sigma}(t)$ 也遵循同样的方程. 对于自由费米子 (或玻色子), 哈密顿量为

$$H_0 = \sum_{n\sigma} E_{n\sigma} a^\dagger_{n\sigma} a_{n\sigma} \tag{8.1.14}$$

解得结果为

$$a_{n\sigma}(t) = a_{n\sigma}\exp(-\mathrm{i}E_{n\sigma}t/\hbar), \quad a^\dagger_{n\sigma}(t) = a^\dagger_{n\sigma}\exp(\mathrm{i}E_{n\sigma}t/\hbar) \tag{8.1.15}$$

因此, 费米子 (或玻色子) 的含时场算符为

$$\psi_a(\boldsymbol{x},t) = \sum_n a_{na}\varphi_{na}(\boldsymbol{x})\mathrm{e}^{-\mathrm{i}E_{n\sigma}t/\hbar} \tag{8.1.16}$$

这是一个互为傅里叶变换的形式. 如果取 φ_n 为平面波, 就更容易看出这一点, 这一般用于均匀空间. 对于自由粒子系统. 场算符满足薛定谔方程, 也即满足第二章的一阶含时方程 (2.1.8) 式.

对于声子或光子, 哈密顿量为

$$H_0 = \sum_{\boldsymbol{k}} \hbar\omega_{\boldsymbol{k}}\left(b^\dagger_{\boldsymbol{k}} b_{\boldsymbol{k}} + \frac{1}{2}\right) \tag{8.1.17}$$

由 $\dfrac{\hbar}{\mathrm{i}}\dfrac{\partial}{\partial t}\varphi(\boldsymbol{x},t) = [H_0, \varphi(\boldsymbol{x},t)]$ 得到声子的含时场算符为

$$\varphi(\boldsymbol{x},t) = \sum_{\boldsymbol{k}}\left(\frac{\hbar\omega_{\boldsymbol{k}}}{2V}\right)^{1/2}[b_{\boldsymbol{k}}\mathrm{e}^{\mathrm{i}(\boldsymbol{k}\cdot\boldsymbol{x}-\omega_{\boldsymbol{k}}t)} + b^\dagger_{\boldsymbol{k}}\mathrm{e}^{-\mathrm{i}(\boldsymbol{k}\cdot\boldsymbol{x}-\omega_{\boldsymbol{k}}t)}] \tag{8.1.18}$$

光子的场算符显然与此类似. 它们都满足波动方程, 也即满足第二章中对时间二阶导数的方程 (2.2.2) 式.

对于巨正则系综, 一般应将哈密顿量改为

$$K = H - \mu N \tag{8.1.19}$$

并称 K 为有效哈密顿量. 这时, 含时间的算符的定义 (8.1.10) 式应改为

$$Q(t) = \mathrm{e}^{\mathrm{i}Kt/\hbar}Q\mathrm{e}^{-\mathrm{i}Kt/\hbar} \tag{8.1.20}$$

§8.2 三种绘景

设我们有已写成二次量子化表象的哈密顿量:

$$H = H_0 + H^{\mathrm{i}} \tag{8.2.1}$$

其中 H_0 是自由部分 (8.1.2) 式, H^{i} 是相互作用部分 (8.1.5) 式, 外场 (8.1.4) 式或者其他形式.

上一节的 (8.1.11) 式定义了算符随时间的变化关系. 如果算符 Q 是不随时间变化的, 则称为薛定谔绘景 (picture), 如果 (8.1.11) 中 H 取为总哈密顿量如 (8.2.1) 式, 则称为海森伯 (Heisenberg) 绘景, 如果 H 改为无相互作用部分的 H_0, 如 (8.1.14) 式, 则称为相互作用绘景. 下面我们具体讨论这三种绘景及它们之间的关系：

(1) 薛定谔绘景

设系统的态矢量为 $|\psi_{\mathrm{S}}(t)\rangle$, 由薛定谔方程

$$\mathrm{i}\hbar\frac{\partial}{\partial t}|\psi_{\mathrm{S}}(t)\rangle = H|\psi_{\mathrm{S}}(t)\rangle \tag{8.2.2}$$

如果已知态在 t_0 时间的值, 可得形式解

$$|\psi_{\mathrm{S}}(t)\rangle = \mathrm{e}^{-\mathrm{i}H(t-t_0)/\hbar}|\psi_{\mathrm{S}}(t_0)\rangle = U(t,t_0)|\psi_{\mathrm{S}}(t_0)\rangle \tag{8.2.3}$$

其中时间演化算符 $U(t,t_0)$ 的定义与 (2.1.14) 式是一致的 (本节只考虑薛定谔方程, 不考虑波动方程, 所以不讨论对时间二次导数的时间演化算符 (2.2.25) 式). 在此绘景中状态随时间演化, 所有的算符 Q_{S} 都不含时间.

(2) 海森伯绘景

定义态的变换为

$$|\psi_{\mathrm{H}}\rangle = \mathrm{e}^{\mathrm{i}Ht/\hbar}|\psi_{\mathrm{S}}(t)\rangle \tag{8.2.4}$$

力学量的变换为

$$Q_{\mathrm{H}}(t) = \mathrm{e}^{\mathrm{i}Ht/\hbar}Q_{\mathrm{S}}\mathrm{e}^{-\mathrm{i}Ht/\hbar} \tag{8.2.5}$$

由薛定谔方程知

$$\frac{\partial}{\partial t}|\psi_{\mathrm{H}}(t)\rangle = 0 \tag{8.2.6}$$

所以这个绘景中, 状态不随时间变化, 只有力学量是随时间变化的.

$$\mathrm{i}\hbar\frac{\partial}{\partial t}Q_{\mathrm{H}}(t) = [Q_{\mathrm{H}}(t), H] \tag{8.2.7}$$

(3) 相互作用绘景

这种绘景中状态与力学量的定义为

$$|\psi_{\mathrm{I}}(t)\rangle = \mathrm{e}^{\mathrm{i}H_0t/\hbar}|\psi_{\mathrm{S}}(t)\rangle \tag{8.2.8}$$

$$Q_{\mathrm{I}}(t) = \mathrm{e}^{\mathrm{i}H_0t/\hbar}Q_{\mathrm{S}}\mathrm{e}^{-\mathrm{i}H_0t/\hbar} \tag{8.2.9}$$

容易证明

$$i\hbar\frac{\partial}{\partial t}|\psi_{\rm I}(t)\rangle = H_{\rm I}^{\rm i}(t)|\psi_{\rm I}(t)\rangle \tag{8.2.10}$$

$$i\hbar\frac{\partial}{\partial t}Q_{\rm I}(t) = [Q_{\rm I}(t), H_0] \tag{8.2.11}$$

其中 $H_{\rm I}^{\rm i}(t)$ 是 $H^{\rm i}$ 按 (8.2.9) 式定义得到的相互作用绘景中的算符. 在此绘景中, 力学量随时间演变的行为仅由无相互作用部分 H_0 决定, 因此相互作用所带来的复杂性不出现在算符的变化中. 上一节我们已经求出了相互作用绘景中费米子 (玻色子) 的场算符 (8.1.16) 式和声子的场算符 (8.1.18) 式. 由于这一绘景中算符形式的简单性, 在定义多体格林函数时, 就利用相互作用绘景中的场算符来发展计算技巧.

(4) 相互作用绘景与海森伯绘景的联系.

设在 t=0 的时刻, 三种绘景的态与力学量是相同的:

$$|\psi_{\rm I}(0)\rangle = |\psi_{\rm H}(0)\rangle = |\psi_{\rm H}\rangle, \quad Q_{\rm I}(0) = Q_{\rm H}(0) = Q_{\rm S} \tag{8.2.12}$$

利用 (8.2.4), (8.2.5), (8.2.8), (8.2.9) 式, 得:

$$|\psi_{\rm I}(t)\rangle = U_{\rm I}(t,0)|\psi_{\rm I}(0)\rangle = U_{\rm I}(t,0)|\psi_{\rm H}\rangle \tag{8.2.13}$$

$$Q_{\rm I}(t) = U_{\rm I}(t,0)Q_{\rm H}(t)U_{\rm I}^{\dagger}(t,0) \tag{8.2.14}$$

其中相互作用绘景中的时间演化算符为

$$U_{\rm I}(t,t_0) = {\rm e}^{{\rm i}H_0t/\hbar}{\rm e}^{-{\rm i}H(t-t_0)/\hbar}{\rm e}^{-{\rm i}H_0t_0/\hbar} \tag{8.2.15}$$

这与定义式 (8.2.9) 有所不同, 原因是 $U(t,\ t_0)$ 本身含有时间, 不能认为是薛定谔绘景中的算符. $U_{\rm I}(t,\ t_0)$ 的特点是:

幺正性: $U_{\rm I}^{\dagger}(t,t_0) = U_{\rm I}(t_0,t)$ (8.2.16a)

传递性: $U_{\rm I}(t,t_1)U_{\rm I}(t_1,t_0) = U_{\rm I}(t,t_0)$ (8.2.16b)

归一性: $U_{\rm I}(t_0,t_0) = 1$ (8.2.16c)

这与 (2.1.16) 式是一致的.

由 (8.2.13), (8.2.14) 两式, 讨论因相互作用而导致的状态和算符随时间变化的问题归结为寻求算符 $U_{\rm I}(t,t_0)$. 它满足的运动方程为

$$i\hbar\frac{\partial}{\partial t}U_{\rm I}(t,t_0) = {\rm e}^{{\rm i}H_0t/\hbar}H^{\rm i}{\rm e}^{-{\rm i}H(t-t_0)/\hbar}{\rm e}^{-{\rm i}H_0t_0/\hbar} = H_{\rm I}^{\rm i}(t)U_{\rm I}(t,t_0) \tag{8.2.17}$$

初始条件为 (8.2.16c), 得到:

$$U_{\rm I}(t,t_0) = 1 + \frac{1}{i\hbar}\int_{t_0}^{t}{\rm d}t_1 H_{\rm I}^{\rm i}(t_1)U_{\rm I}(t_1,t_0) \tag{8.2.18}$$

逐次迭代可得级数形式的解

$$U_{\mathrm{I}}(t,t_0)=1+\frac{1}{\mathrm{i}\hbar}\int_{t_0}^{t}\mathrm{d}t_1H_{\mathrm{I}}^{\mathrm{i}}(t_1)+\left(\frac{1}{\mathrm{i}\hbar}\right)^2\int_{t_0}^{t}\mathrm{d}t_1\int_{t_0}^{t_1}\mathrm{d}t_2H_{\mathrm{I}}^{\mathrm{i}}(t_1)H_{\mathrm{I}}^{\mathrm{i}}(t_2)+\cdots \tag{8.2.19}$$

现在 $H_{\mathrm{I}}^{\mathrm{i}}(t)$ 中含有 H_0 与 (8.1.5) 式的 H^{i}, 场算符 $\psi\ (x)$ 与 H_0 一般是不对易的, 所以 (8.2.19) 式中不同时刻的 $H_{\mathrm{I}}^{\mathrm{i}}$ 不能对易. 为此我们引入与 §4.2 中一样的编时算符 T_t. 它对不同时刻的算符的乘积的作用效果是把它们按时间从小到大的顺序从右往左排列：

$$\begin{gathered}T_t[\psi(t_i)\psi(t_j)\cdots\psi(t_l)]=\delta^{\mathrm{P}}[\psi(t_1)\psi(t_2)\cdots\psi(t_n)]\\ i,j,\cdots,l=1,2,\cdots,n,\quad t_1>t_2>\cdots>t_n\end{gathered} \tag{8.2.20}$$

注意：每相邻两个费米算符置换一次要出一负号. 这样, 如果从 $\psi(t_i)\ \psi(t_j)\cdots\ \psi(t_l)$ 变到 $\psi(t_1)\ \psi(t_2)\cdots\ \psi(t_n)$ 需要偶数次相邻费米算符的置换, 则 (8.2.20) 式中的 δ^{P} 取 $+1$；如果这样的置换是奇数次, 则 δ^{P} 取 -1；如果上面的 ψ 都是玻色算符, 则 δ^{P} 总是取 $+1$. 在式 (8.2.20) 中如果一个或数个算符 ψ 换成 $\psi^{\dagger}$, 这个定义不变. 如果这个排序是对于 (8.2.19) 式中的 H^{i} 来操作的, 因每一个 H^{i} 中 ψ 和 $\psi^{\dagger}$ 总是成对出现, 见 (8.1.5), 所以算符的置换总是偶数次, 无须变号. 因此与 §4.2 中作同样的操作得到

$$\begin{aligned}U_{\mathrm{I}}(t,t_0)&=\sum_{n=0}^{\infty}\frac{1}{n!}\left(\frac{1}{\mathrm{i}\hbar}\right)^n\int_{t_0}^{t}\mathrm{d}t_1\int_{t_0}^{t}\mathrm{d}t_2\cdots\int_{t_0}^{t}\mathrm{d}t_nT_t[H_{\mathrm{I}}^{\mathrm{i}}(t_1)H_{\mathrm{I}}^{\mathrm{i}}(t_2)+\cdots H_{\mathrm{I}}^{\mathrm{i}}(t_n)]\\&=T_t\exp\left[\frac{1}{\mathrm{i}\hbar}\int_{t_0}^{t}\mathrm{d}t'H_{\mathrm{I}}^{\mathrm{i}}(t')\right]\end{aligned} \tag{8.2.21}$$

此式与 (4.2.22) 式相同. 所以第四章中的 S 矩阵就是时间演化算符在上、下时限扩展到无穷时的情况. 由 (4.2.5), (4.2.8) 式, 确实如此. 为简便起见, 下面将 $U_{\mathrm{I}}(t,t_0)$ 省略成 $U(t,t_0)$.

以后要计算一些算符的 T_t 乘积对海森伯基态 $|\psi_{\mathrm{H}}^0\rangle$ (即有相互作用系统的基态) 的平均值. 我们希望把它写成对无相互作用 (即自由粒子) 系统的基态 $|\varPhi_0\rangle$ 的平均值. 为此引入绝热假设：设 $t\to-\infty$ 时, $H=H_0$, 粒子间是无相互作用的, 这时 $|\psi_{\mathrm{I}}(t\to-\infty)\rangle=|\varPhi_0\rangle$. 随着时间的前进, 相互作用无限缓慢地增长, 在 t=0 时增加到实际的大小, 系统达到真正的相互作用基态 $|\psi_{\mathrm{H}}^0\rangle$.

$$|\psi_{\mathrm{H}}^0\rangle=U(0,-\infty)|\psi_{\mathrm{I}}(-\infty)\rangle=U(0,-\infty)|\varPhi_0\rangle \tag{8.2.22}$$

此后 $t>0$ 时再让相互作用缓慢地撤除, $t\to\infty$ 时, 相互作用完全消失, 系统状态变化到

$$U(\infty,0)|\psi_{\mathrm{H}}^0\rangle=U(\infty,-\infty)|\varPhi_0\rangle=S|\varPhi_0\rangle \tag{8.2.23}$$

这里用到了第四章提到的 S 矩阵. 由于整个过程是绝热的, 系统的总能量与总动量应该守恒, 最后结果仍应该是基态, 最多只差一个相因子: $S|\Phi_0\rangle=\exp(-\mathrm{i}L)|\Phi_0\rangle$, 因此有

$$|\psi_{\mathrm{H}}^0\rangle = U(0,\infty)|\Phi_0\rangle \mathrm{e}^{-\mathrm{i}L} \tag{8.2.24}$$

现在计算一个海森伯算符 $A_{\mathrm{H}}(t)$ 在 $|\psi_{\mathrm{H}}^0\rangle$ 中的平均值:

$$\begin{aligned}\langle\psi_{\mathrm{H}}^0|A_{\mathrm{H}}(t)|\psi_{\mathrm{H}}^0\rangle &= \mathrm{e}^{\mathrm{i}L}\langle\Phi_0|U^+(0,\infty)U(0,t)A_{\mathrm{I}}(t)U(t,0)U(0,-\infty)|\Phi_0\rangle \\ &= \frac{\langle\Phi_0|U(\infty,t)A_{\mathrm{I}}(t)U(t,-\infty)|\Phi_0\rangle}{\langle\Phi_0|S|\Phi_0\rangle} = \frac{\langle\Phi_0|T_t[A_{\mathrm{I}}(t)S]|\Phi_0\rangle}{\langle\Phi_0|S|\Phi_0\rangle}\end{aligned} \tag{8.2.25}$$

注意此式中编时算符 T_t 的意义是使被作用的一些算符严格按时序排列.

以上是计算一个算符的平均值. 下面来计算两个时间排序算符的平均值.

$$\begin{aligned}\langle\psi_{\mathrm{H}}^0|T_t[A_{\mathrm{H}}(t_1)B_{\mathrm{H}}(t_2)]|\psi_{\mathrm{H}}^0\rangle &= \theta(t_1-t_2)\langle\psi_{\mathrm{H}}^0|A_{\mathrm{H}}(t_1)B_{\mathrm{H}}(t_2)|\psi_{\mathrm{H}}^0\rangle \\ &\mp \theta(t_2-t_1)\langle\psi_{\mathrm{H}}^0|B_{\mathrm{H}}(t_2)A_{\mathrm{H}}(t_1)|\psi_{\mathrm{H}}^0\rangle\end{aligned} \tag{8.2.26}$$

其中上面的负号对应于费米子算符, 下面的正号对应于玻色子算符. 因为相邻费米子算符置换时要出一负号. 对 (8.2.26) 中的每一项进行与 (8.2.25) 式相同的操作, 可得

$$\langle\psi_{\mathrm{H}}^0|T_t[A_{\mathrm{H}}(t_1)B_{\mathrm{H}}(t_2)]|\psi_{\mathrm{H}}^0\rangle = \frac{\langle\Phi_0|T_t[A_{\mathrm{I}}(t_1)B_{\mathrm{I}}(t_2)S]|\Phi_0\rangle}{\langle\Phi_0|S|\Phi_0\rangle} \tag{8.2.27}$$

其中 $T_t[A_{\mathrm{I}}(t_1)B_{\mathrm{I}}(t_2)S]=\theta(t_1-t_2)U(\infty,t_1)A_{\mathrm{I}}(t_1)U(t_1,t_2)B_{\mathrm{I}}(t_2)U(t_2,-\infty)\mp\theta(t_2-t_1)$ $U(\infty,t_2)B_{\mathrm{I}}(t_2)U(t_2,t_1)A_{\mathrm{I}}(t_1)U(t_1,-\infty)$.

要说明的是, 绝热假设对于基态有凝聚的玻色子系统不成立.

最后, 应注意到在巨正则系综中总的有效哈密顿量为

$$K = H - \mu N = H_0 - \mu N + H^{\mathrm{i}} \tag{8.2.28}$$

这里, 有效的无相互作用哈密顿量为

$$K_0 = H_0 - \mu N = \sum_{n\sigma}(E_{n\sigma}-\mu)a_{n\sigma}^{\dagger}a_{n\sigma} \tag{8.2.29}$$

这时, 只要在上述所有公式中将 H_0 代之以 $K_0 = H_0-\mu N$, 在 $E_{n\sigma}$ 处代之以 $E_{n\sigma}-\mu$ 即可.

习 题

1. 由 (8.1.13) 和 (8.1.14) 式证明 (8.1.15) 式.

2. 含时算符 $Q(t)$ 的运动方程 (8.2.7) 式的解式就是 (8.2.5) 式. 一般可去掉这两式中的下标. 证明：以下运动方程

$$\mathrm{i}\hbar\frac{\mathrm{d}}{\mathrm{d}t}Q(t) = [Q(t), H] + A(t)$$

的解为

$$Q(t) = \mathrm{e}^{\mathrm{i}Ht/h}\left[Q_s + \int_{t_0}^{t}\mathrm{d}t'\mathrm{e}^{-\mathrm{i}Ht'/\hbar}A(t')\mathrm{e}^{\mathrm{i}Ht'/\hbar}\right]\mathrm{e}^{-\mathrm{i}Ht/h}$$

其中 $A(t)$ 是一个含时间的算符. 时间 t_0 是一个确定的起始时间, 可以选择为 $-\infty$. 注意, 这里的哈密顿量 H 是不含时间的.

3. 证明 (8.2.10) 和 (8.2.11) 式.

4. 证明 (8.2.16) 式.

5. 利用 (8.2.15) 和 (8.2.21) 式可以证明以下算符恒等式. 条件：算符 A 和 B 的对易式 $[A, B]$ 既与 A 对易也与 B 对易, 那么,

$$\mathrm{e}^{A+B} = \mathrm{e}^{A}\mathrm{e}^{B}\mathrm{e}^{-[A,B]/2}$$

提示：先得出以下关系式.

$$\mathrm{e}^{-s(A+B)} = \mathrm{e}^{-sA}T_s\exp\left[-\int_0^s\mathrm{d}s_1\mathrm{e}^{s_1A}B\mathrm{e}^{-s_1A}\right]$$

经过一些步骤之后, 最后的结果令 $s=-1$.

6. 考虑波动方程, 即对时间二次导数的方程, 其时间演化算符是 (2.2.25) 式. 完全类似于 §8.2, 对于满足波动方程的三种绘景做讨论.

7. 证明, 当 $t<t_0$ 时, (8.2.17) 的解可以写成

$$U_{\mathrm{I}}(t,t_0) = 1 + \frac{\mathrm{i}}{\hbar}\int_t^{t_0}\mathrm{d}t_1H_{\mathrm{I}}^{\mathrm{i}}(t_1)U_{\mathrm{I}}(t_1,t_0)$$

由此证明

$$\begin{aligned}U_{\mathrm{I}}(t,t_0) &= \sum_{n=0}^{\infty}\frac{1}{n!}\left(\frac{\mathrm{i}}{\hbar}\right)^n\int_t^{t_0}\mathrm{d}t_1\int_t^{t_0}\mathrm{d}t_2\cdots\int_t^{t_0}\mathrm{d}t_n\widetilde{T}_t[H_{\mathrm{I}}^{\mathrm{i}}(t_1)H_{\mathrm{I}}^{\mathrm{i}}(t_2)+\cdots H_{\mathrm{I}}^{\mathrm{i}}(t_n)]\\&= \widetilde{T}_t\exp\left[\frac{\mathrm{i}}{\hbar}\int_t^{t_0}\mathrm{d}t'H_{\mathrm{I}}^{\mathrm{i}}(t')\right]\end{aligned}$$

其中 $\widetilde{T}_t$ 表示反编时算符, 它总是将较迟的时间排在右边.

8. 在写出 (8.2.3), (8.2.5), (8.2.15) 式时, 我们已经假定了哈密顿量 H 是不含时间的. 如果哈密顿量 $H(t)$ 是含时间的, 并且可以写成如下形式：

$$H(t) = H_0 + H^{\mathrm{i}}(t)$$

其中, 第一部分 H_0 不含时间, 那么, 我们应把上述三式重写成如下的形式:

$$|\psi_{\mathrm{s}}(t)\rangle=\exp\Big[-\frac{\mathrm{i}}{\hbar}\int_{t_0}^{t}H(t')\mathrm{d}t'\Big]|\psi_{\mathrm{s}}(t_0)\rangle=U(t,t_0)|\psi_{\mathrm{s}}(t_0)\rangle \tag{8.2.3a}$$

$$Q_{\mathrm{H}}(t)=\exp\Big[\frac{\mathrm{i}}{\hbar}\int_{t_0}^{t}H(t')\mathrm{d}t'\Big]\mathrm{e}^{\mathrm{i}Ht/\hbar}Q_{\mathrm{s}}\exp\Big[-\frac{\mathrm{i}}{\hbar}\int_{t_0}^{t}H(t')\mathrm{d}t'\Big] \tag{8.2.5a}$$

$$U_{\mathrm{I}}(t,t_0)=\mathrm{e}^{\mathrm{i}H_0t/\hbar}\exp\Big[-\frac{\mathrm{i}}{\hbar}\int_{t_0}^{t}H(t')\mathrm{d}t'\Big]\mathrm{e}^{-\mathrm{i}H_0t_0/\hbar} \tag{8.2.15a}$$

证明: (8.2.2)~(8.2.19) 中的其他各式都仍然成立. 当哈密顿量不含时间时, 此三式仍然回到原来的形式.

9. 一个 S =1/2 的自旋 $\boldsymbol{S}$ 放置于一个交变磁场 $\boldsymbol{B}=(B_1\cos(\omega t),B_1\sin(\omega t),B_0)$ 中, 其中 $B_1\ll B_0$. 哈密顿量是 $H=-\boldsymbol{B}\cdot\boldsymbol{S}$.

(a) 将哈密顿量中的含时部分作为相互作用, 写出相互作用绘景中的薛定谔方程.

(b) 写出 $U_{\mathrm{I}}(t,t_0)=T_t\exp\left[\frac{1}{\mathrm{i}\hbar}\int_{t_0}^{t}\mathrm{d}t'H_{\mathrm{I}}^{\mathrm{i}}(t')\right]$ 的表达式.

(c) 如果在 t =0 时, 自旋处于状态 $S_z=-1/2$, 那么在以后任一时间 t 它仍处于这个状态的概率是多少?

10. 一个算符 A 总是与自身对易的, 即, $[A,A]=0$. 然而, 如果一个算符是依赖于时间的, 那么, 一般说来, 不同时间的算符是不对易的. 我们用一个简单的例子来说明. 设 $A(t)=\alpha(t)B+C$, 其中 $\alpha(t)$ 是一个含时的普通函数, 而 B 和 C 是两个不含时的算符, 但是它们互相不对易. 证明: 当 $t_1\neq t_2$ 时, $[A(t_1),A(t_2)]\neq 0$.

第九章　多体格林函数的定义与用途

§9.1　格林函数的一般定义

我们先给出各个格林函数的定义式. 对于任意两个算符 A 和 B, 定义下列系综平均值:

$$\begin{aligned} g_{\alpha\beta}(x,x') &= -\mathrm{i}\langle T_t[A_{\mathrm{H}}\alpha(x)B_{\mathrm{H}\beta}(x')]\rangle \\ &= -\mathrm{i}\langle\theta(t-t')A_{\mathrm{H}\alpha}(x)B_{\mathrm{H}\beta}(x')+\eta\theta(t'-t)B_{\mathrm{H}\beta}(x')A_{\mathrm{H}\alpha}(x)\rangle \end{aligned} \tag{9.1.1}$$

$$\begin{aligned} g^{\mathrm{R}}_{\alpha\beta}(x,x') &= -\mathrm{i}\theta(t-t')\langle[A_{\mathrm{H}\alpha}(x),B_{\mathrm{H}\beta}(x')]_\eta\rangle \\ &= -\mathrm{i}\theta(t-t')\langle A_{\mathrm{H}\alpha}(x)B_{\mathrm{H}\beta}(x')-\eta B_{\mathrm{H}\beta}(x')A_{\mathrm{H}\alpha}(x)\rangle \end{aligned} \tag{9.1.2}$$

$$\begin{aligned} g^{\mathrm{A}}_{\alpha\beta}(x,x') &= \mathrm{i}\theta(t'-t)\langle[A_{\mathrm{H}\alpha}(x),B_{\mathrm{H}\beta}(x')]_\eta\rangle \\ &= \mathrm{i}\theta(t'-t)\langle A_{\mathrm{H}\alpha}(x)B_{\mathrm{H}\beta}(x')-\eta B_{\mathrm{H}\beta}(x')A_{\mathrm{H}\alpha}(x)\rangle \end{aligned} \tag{9.1.3}$$

$$g^{>}_{\alpha\beta}(x,x') = -\mathrm{i}\langle A_{\mathrm{H}\alpha}(x)B_{\mathrm{H}\beta}(x')\rangle \tag{9.1.4}$$

$$g^{<}_{\alpha\beta}(x,x') = -\eta\mathrm{i}\langle B_{\mathrm{H}\beta}(x')A_{\mathrm{H}\alpha}(x)\rangle \tag{9.1.5}$$

$$\begin{aligned} \tilde{g}_{\alpha\beta}(x,x') &= -\mathrm{i}\langle[A_{\mathrm{H}\alpha}(x),B_{\mathrm{H}\beta}(x')]_\eta\rangle \\ &= -\mathrm{i}\langle A_{\mathrm{H}\alpha}(x)B_{\mathrm{H}\beta}(x')-\eta B_{\mathrm{H}\beta}(x')A_{\mathrm{H}\alpha}(x)\rangle \end{aligned} \tag{9.1.6}$$

现在说明上述定义式中的符号.

(1) 其中 $\eta=\mp1$. 取负号一般更适或者用于费米子算符, 表示要采用费米子的对易关系. 取正号一般更适用于玻色子算符, 表示要采用玻色子的对易关系. 本书中都采用这个习惯.

(2) 如果取 $\eta=-1$, 我们就称之为费米子格林函数. 如果取 $\eta=+1$, 我们就称之为玻色子格林函数. 一般说来, A 和 B 可以是任意算符. 如果选择 $A=\psi$ 和 $B=\psi^\dagger$ 是费米子 (玻色子) 的场算符, 则选用 $\eta=-1(+1)$ 为宜.

即使不使用产生和湮没粒子的场算符, 例如自旋算符或密度算符等, 也有在上面的公式中选择正号或者负号的问题. 这时看怎样计算方便来选择 η 的值. 这时的费米子 (玻色子) 格林函数只是一个称呼, 这一称呼不代表系统是由费米子 (玻色子) 所组成. 例如第十六章中要计算磁化强度时, 就选用自旋算符, 系统是由自旋组成的. 不过, 如果用声子 (光子) 的场算符组成格林函数, 就称为声子 (光子) 格林函数.

声子和光子的格林函数一般用 D 来表示. 其他的格林函数一般用 g 或者 G 来表示.

由于产生和湮没粒子的场算符最常用到, 以后如果不特别说明, 就是指用场算符 ψ 和 $\psi^\dagger$ 来构造格林函数.

(3) $A_{\rm H}(x)$ 是按 (8.1.11) 式定义的海森伯绘景中的算符, 宗量 $x=(\boldsymbol{x},t)$ 是三维空间坐标加上一维时间坐标的省略的写法. α、β 为表示自旋的下标, 如果所研究的系统与自旋无关, 则可忽略自旋下标.

(4) 对于状态的平均 $\langle\cdots\rangle$ 的定义分零温与有限温度, 可以有下述四种情况:

① 最一般的情况下, 是表示对巨正则系综求平均, 一个量 A 的平均值为

$$\langle A\rangle=\frac{\sum\limits_i\langle i|A|i\rangle{\rm e}^{-\beta(E_i-\mu N_i)}}{\sum\limits_i{\rm e}^{-\beta(E_i-\mu N_i)}}=\frac{{\rm tr}[A{\rm e}^{-\beta(H-\mu N)}]}{{\rm tr}[{\rm e}^{-\beta(H-\mu N)}]}\tag{9.1.7}$$

其中

$$Z=\sum_i{\rm e}^{-\beta(E_i-\mu N_i)}={\rm tr}[{\rm e}^{-\beta(E-\mu N)}]={\rm e}^{-\beta\Omega}\tag{9.1.8}$$

是巨配分函数, Ω 是巨势函数, 或称热力学势, 并定义了

$$\beta=1/(k_{\rm B}T)\tag{9.1.9}$$

$k_{\rm B}$ 是玻尔兹曼 (Boltzman) 常量, T 是温度. 格林函数的这种定义含有温度的因素, 是热力学平均值, 所以称为热力学格林函数. 对于一般的非平衡态问题, 热力学格林函数有一套图形处理方法 (第十九章). 在处理平衡态的问题时, 则可以用稍简单一些的技术, 就是运用后面 (第十二章) 要介绍的松原函数 (也称虚时格林函数) 来代替热力学格林函数. 同时从松原函数经过解析延拓也可以得到热力学格林函数. 另外有一种不需要利用图形技术的运动方程法, 对热力学格林函数和松原函数都适用.

② 零温情况下, 是对相互作用基态求平均值:

$$\langle A\rangle=\langle\psi_{\rm H}^0|A|\psi_{\rm H}^0\rangle\tag{9.1.10}$$

这可以看成是 (9.1.7) 式中取 $T\to0$ 的极限情况, 称为零温格林函数. 利用 §8.2 中的绝热假设, 可以建立一套处理零温格林函数的图形技术, 见第十章.

③ 可以是对无相互作用基态求平均: $\langle A\rangle=\langle\Phi_0|A|\Phi_0\rangle$. 我们一般只涉及如 (8.2.25),(8.2.27) 式的相互作用绘景中的算符对无相互作用基态的平均值.

④ 对于真空态的平均值, $\langle A\rangle=\langle 0|A|0\rangle$. 下面我们将举例说明, 它就是第二部分讲的单体格林函数. 相应地, 以上对多粒子状态的求平均, 称为多体格林函数. 本书我们总是假设所有的态已归一化.

(5) 对于玻色子要区分两种情况. 一种是声子、光子这样的粒子数不守恒的系统, 一般说来, 温度越低, 则粒子数越少, 零动量的粒子数为零. 不存在负能量的粒子. 另一种是 ^{4}He、超导体中的库柏对 (Cooper pair) 这样的粒子数守恒的系统. 这样的系统会发生玻色凝聚, 也就是说在非常接近零温时, 系统内有宏观数量的粒子处于动量为零的状态. 这时 §8.2 所介绍的绝热假设不适用, 也就是说, 不能利用绝热假设来处理有凝聚的玻色粒子系. 在第十七和十八章中将专门讨论会发生玻色凝聚的系统的格林函数.

(6) 名称. (9.1.1) 式的 g 称为因果格林函数, 简称为格林函数, 它是最常用的格林函数, 它可以用图形技术这样统一的方法来处理. g^{R} 和 g^{A} 分别称为推迟和超前格林函数, 一般用运动方程法来求解 (第十五章) 是比较方便的. 其他的格林函数没有固定的名称, 一般都泛称为格林函数. 格林函数还有一些其他名称, 如 g^{R} 称为传播子 (propagator) 或传播函数, 热力学格林函数也称为实时格林函数, 以区别于第十一章中要介绍的虚时格林函数即松原函数. 由于格林函数中含有两个时间, 也一般地称为双时格林函数, 等等. 由格林函数可以得到系统的各种物理信息. $g^<$ 和 $g^>$ 常分别称为大于和小于格林函数, 也都被称为关联函数.

(7) 当外场不随时间变化时, 格林函数是时间差 $t-t'$ 的函数. 在无外场的均匀空间中, 它是坐标差 $\boldsymbol{x}-\boldsymbol{x}'$ 的函数. 因此可以通过傅里叶变换得到 $g(\boldsymbol{x}-\boldsymbol{x}',\omega)$,$g(\boldsymbol{k},t)$,$g(\boldsymbol{k},\omega)$ 等形式. 任意一个函数 $f(x,x')$ 的傅里叶变换为

$$f(\boldsymbol{k},\tau)=\int \mathrm{d}\boldsymbol{r}\mathrm{e}^{-\mathrm{i}\boldsymbol{k}\cdot\boldsymbol{r}}f(\boldsymbol{r},\tau) \tag{9.1.11}$$

$$f(\boldsymbol{k},\omega)=\int \mathrm{d}\boldsymbol{r}\mathrm{d}\tau\mathrm{e}^{-\mathrm{i}\boldsymbol{k}\cdot\boldsymbol{r}+\mathrm{i}\omega\tau}f(\boldsymbol{r},\tau) \tag{9.1.12}$$

其中已令 $\boldsymbol{r}=\boldsymbol{x}-\boldsymbol{x}'$,$\tau=t-t'$. 相应的逆变换为

$$f(\boldsymbol{r},\tau)=\frac{1}{(2\pi)^4}\int \mathrm{d}\boldsymbol{k}\mathrm{d}\omega\mathrm{e}^{\mathrm{i}\boldsymbol{k}\cdot\boldsymbol{r}-\mathrm{i}\omega\tau}f(\boldsymbol{k},\omega) \tag{9.1.13}$$

一般说来, $g(\boldsymbol{k},\omega)$ 即以四维波矢为变量的格林函数具有最简单的形式, 所以在具体应用中较多地使用这种形式.

由定义式 (9.1.1)~(9.1.6) 可看出各格林函数之间有一些相互关系:

$$g=\theta(t-t')g^>+\theta(t'-t)g^< \tag{9.1.14}$$

$$g^{\mathrm{R}}=\theta(t-t')\tilde{g} \tag{9.1.15}$$

$$g^{\mathrm{A}} = -\theta(t'-t)\tilde{g} \tag{9.1.16}$$

$$g^{>} = g - g^{\mathrm{A}} \tag{9.1.17}$$

$$g^{<} = g - g^{\mathrm{R}} \tag{9.1.18}$$

$$\tilde{g} = g^{>} - g^{<} \tag{9.1.19}$$

这些公式与 (2.2.14)~(2.2.19) 形式上完全一样.

从现在开始, 本章的所有公式的推导都选择 $A=\psi$ 和 $B=\psi^{\dagger}$.

由定义式看格林函数的物理意义：对于热力学因果格林函数来说, 是在 N 个粒子的统计系综中, 在 t' 时刻 $\boldsymbol{x}'$ 处产生一个粒子, 它运动到 t 时刻, $\boldsymbol{x}$ 处湮没的传播概率. 这第 N+1 个粒子与 N 个粒子是有相互作用的. 如果有外场作用或相互作用与自旋有关, 粒子在运动过程中由于受到散射或外场作用自旋可能会改变. 由于相互作用的存在该运动粒子的能谱与裸粒子 (即无相互作用时) 的不同, 将这样的粒子称为准粒子, 其能谱由格林函数的极点所决定. 当 $t'>t$ 时, 表明先湮没一个粒子然后再产生它, 完全遵守因果关系. 对于零温的因果格林函数来说, 是在 N 个粒子的基态中产生而后再湮没一个粒子的传播概率幅, 与热力学格林函数相比, 只是将统计系综改成零温的基态, 其他性质都一样. 单体格林函数则是在真空中产生一个粒子再湮没的传播概率幅, 这在前面第三章一开头已提到. 注意, 在真空中产生一个粒子与在无相互作用的基态中产生一个粒子有所不同, 后者产生的费米子在 $\boldsymbol{k}$ 空间中只能在 N 个粒子的费米球外运动. 定义式 (9.1.1) ~(9.1.6) 都产生或湮没一个粒子, 都称为单粒子格林函数.

在真空态中的平均值就是第二部分讲的单体格林函数. 其实, 由于是在真空中产生一个粒子, 所以不存在相互作用的问题. 这种情况下, 按 §8.1 中已说明的, 费米子 (或玻色子) 的场算符, 满足第二章中的对时间一阶导数的方程 (2.1.8) 式, 容易证明, 相应的因果格林函数满足方程 (2.1.1) 式；声子和光子的场算符满足第二章中对时间二阶导数的方程 (2.2.2) 式, 相应的格林函数满足方程 (2.2.1) 式. 下面我们再作一个具体推导来说明这一点. 以费米子 (或玻色子) 的场算符为例, 真空态中的平均值为

$$g(x,x') = -\mathrm{i}\langle\theta(t-t')\psi_{\mathrm{H}}(x)\psi_{\mathrm{H}}^{\dagger}(x') + \eta\theta(t'-t)\psi_{\mathrm{H}}^{\dagger}(x')\psi_{\mathrm{H}}(x)\rangle \tag{9.1.20}$$

由于是真空, 不可能在其中湮没一个粒子, 所以第二项为零. 现在将场算符的表达式 (8.1.11),(8.1.7) 式代入, 可以推得

$$g(x,x') = -\mathrm{i}\theta(t-t')\sum_{n}\mathrm{e}^{-\mathrm{i}E_n(t-t')}\varphi_n(\boldsymbol{x})\varphi_n^{*}(\boldsymbol{x}') \tag{9.1.21}$$

下面利用公式

$$\theta(t-t')=\frac{-1}{2\pi\mathrm{i}}\int_{-\infty}^{\infty}\frac{\mathrm{e}^{-\mathrm{i}\varepsilon(t-t')}}{\varepsilon+\mathrm{i}0^+}\mathrm{d}\varepsilon \tag{9.1.22a}$$

$$\theta(t'-t)=\frac{1}{2\pi\mathrm{i}}\int_{-\infty}^{\infty}\frac{\mathrm{e}^{-\mathrm{i}\varepsilon(t-t')}}{\varepsilon-\mathrm{i}0^+}\mathrm{d}\varepsilon \tag{9.1.22b}$$

此式的证明是：$t-t'>0$ 时在下半平面补上回路. $t-t'<0$ 时在上半平面补上回路.

$$\begin{aligned}g(x,x')&=\frac{1}{2\pi}\int_{-\infty}^{\infty}\sum_n\varphi(\boldsymbol{x})\varphi_n^*(\boldsymbol{x}')\frac{\mathrm{e}^{-\mathrm{i}(\varepsilon+E_n)(t-t')}}{\varepsilon+\mathrm{i}0^+}\mathrm{d}\varepsilon\\&=\frac{1}{2\pi}\int_{-\infty}^{\infty}\sum_n\varphi(\boldsymbol{x})\varphi_n^*(\boldsymbol{x}')\frac{\mathrm{e}^{-\mathrm{i}\omega(t-t')}}{\omega-E_n+\mathrm{i}0^+}\mathrm{d}\omega\end{aligned} \tag{9.1.23}$$

其傅里叶分量为

$$G(\boldsymbol{x},\boldsymbol{x}';\omega)=\sum_n\frac{\varphi_n(\boldsymbol{x})\varphi_n^*(\boldsymbol{x}')}{\omega-E_n+\mathrm{i}0^+} \tag{9.1.24}$$

这正是单体格林函数在宗量 z 取实数时的侧极限形式. 从这里也可看出, 单体格林函数的分母有一小的虚部, 或者说极点在下半平面, 其物理原因是只可能先产生一个粒子然后再湮没.

对于多体格林函数来说, 由于已存在 N 个粒子, 因此既可以先产生一个粒子再湮没, 也可以先湮没一个粒子再产生. 后者实质上描述了空穴的传播. 由定义式 (9.1.1)~ (9.1.6) 与 (9.1.22) 式可看到：因果格林函数 $g(x,x')$ 在上、下半平面都有极点, 其中第一项的奇点在下半平面, 第二项的奇点在上半平面. 推迟格林函数只在下半平面有极点. 超前格林函数只在上半平面有极点. 由此我们看到了第二部分中的单体格林函数在实轴上没有定义, 其物理原因是产生和湮没一个粒子只可能在一前一后或一后一前发生, 不可能同时发生.

格林函数的极点是粒子的能量, 是哈密顿量的本征值. 一般说来, 本征值是实数. 但由于现在产生的是准粒子, 准粒子在运动过程中由于与其他粒子的相互作用可能会出现衰变. 所有准粒子是有寿命的. 表现在格林函数上, 格林函数的极点是个复数；实部表示准粒子的能量, 虚部的倒数为准粒子的寿命. 当粒子不衰变, 例如无相互作用的情况或 (9.1.20) 式的例子, 虚部为无穷小量, 因此寿命为无限长.

单体格林函数所满足的运动方程就是 (2.1.1) 或 (2.2.1) 式. 对于多体格林函数, 由于存在相互作用, 情况更为复杂.

设哈密顿量中含有外场作用和两体相互作用：

$$H=T+V^{\mathrm{e}}+H^{\mathrm{i}},K=H-\mu N \tag{9.1.25}$$

$$T=-\frac{\hbar^2}{2m}\sum_\alpha\int\psi_{\mathrm{H}\alpha}^\dagger(\boldsymbol{x},t)\nabla^2\psi_{\mathrm{H}\alpha}(\boldsymbol{x},t)\mathrm{d}\boldsymbol{x} \tag{9.1.26}$$

$$V^{\mathrm{e}}=\sum_{\alpha\beta}\int\psi^{\dagger}_{\mathrm{H}\alpha}(\boldsymbol{x},t)V^{\mathrm{e}}_{\alpha\beta}(\boldsymbol{x})\psi_{\mathrm{H}\beta}(\boldsymbol{x},t)\mathrm{d}\boldsymbol{x} \tag{9.1.27}$$

$$H^{\mathrm{i}}=\frac{1}{2}\sum_{\alpha\beta}\int\psi^{\dagger}_{\mathrm{H}\alpha}(\boldsymbol{x},t)\psi^{\dagger}_{\mathrm{H}\beta}(\boldsymbol{x}',t)V(\boldsymbol{x},\boldsymbol{x}')\psi_{\mathrm{H}\beta}(\boldsymbol{x}',t)\psi_{\mathrm{H}\alpha}(\boldsymbol{x},t)\mathrm{d}\boldsymbol{x}\mathrm{d}\boldsymbol{x}' \tag{9.1.28}$$

其中已用 (8.1.11) 式将 (8.1.2)~(8.1.5) 式中的场算符量变为海森伯绘景中的量. 由海森伯算符随时间的变化关系 (8.2.7) 式, 可算得

$$\begin{aligned}\mathrm{i}\hbar\frac{\partial}{\partial t}\psi_{\mathrm{H}\alpha}(\boldsymbol{x},t)&=[\psi_{\mathrm{H}\alpha}(\boldsymbol{x},t),K]\\&=-\frac{\hbar^2}{2m}\nabla^2\psi_{\mathrm{H}\alpha}(\boldsymbol{x},t)-\mu\psi_{\mathrm{H}\alpha}(\boldsymbol{x},t)+\sum_{\beta}V^{\mathrm{e}}_{\alpha\beta}\psi_{\mathrm{H}\beta}(\boldsymbol{x},t)\\&\quad+\sum_{\beta}\int\mathrm{d}\boldsymbol{x}_1\psi^{\dagger}_{\mathrm{H}\beta}(\boldsymbol{x}_1,t^{++})V(\boldsymbol{x},\boldsymbol{x}_1)\psi_{\mathrm{H}\beta}(\boldsymbol{x}_1,t^{+})\psi_{\mathrm{H}\alpha}(\boldsymbol{x},t)\end{aligned} \tag{9.1.29}$$

最后一项可以和 $\psi^{\dagger}_{\mathrm{H}\beta}(x')$ 来构成如下格林函数:

$$\begin{aligned}&-\mathrm{i}\langle\theta(t-t')\psi^{\dagger}_{\mathrm{H}\gamma}(\boldsymbol{x}_1,t^{++})\psi_{\mathrm{H}\gamma}(\boldsymbol{x}_1,t^{+})\psi_{\mathrm{H}\alpha}(\boldsymbol{x},t)\psi^{\dagger}_{\mathrm{H}\beta}(x')\\&\quad+\eta\theta(t'-t)\psi^{\dagger}_{\mathrm{H}\beta}(x')\psi^{\dagger}_{\mathrm{H}\gamma}(\boldsymbol{x}_1,t^{++})\psi_{\mathrm{H}\gamma}(\boldsymbol{x}_1,t^{+})\psi_{\mathrm{H}\alpha}(\boldsymbol{x},t)\rangle\\&=-\mathrm{i}\langle T_t\psi_{\mathrm{H}\gamma}(\boldsymbol{x}_1,t^{+})\psi_{\mathrm{H}\alpha}(\boldsymbol{x},t)\psi^{\dagger}_{\mathrm{H}\gamma}(\boldsymbol{x}_1,t^{++})\psi^{\dagger}_{\mathrm{H}\beta}(x')\rangle=\mathrm{i}g_{\gamma\alpha\beta\gamma}(\boldsymbol{x}t^{+},\boldsymbol{x}_1t;\boldsymbol{x}_1t^{++},\boldsymbol{x}'t')\end{aligned}$$

将格林函数对时间求导:

$$\begin{aligned}\mathrm{i}\hbar\frac{\partial}{\partial t}g_{\alpha\beta}(x,x')&=\hbar\frac{\partial}{\partial t}\langle\theta(t-t')\psi_{\mathrm{H}\alpha}(x)\psi^{\dagger}_{\mathrm{H}\beta}(x')+\eta\theta(t'-t)\psi^{\dagger}_{\mathrm{H}\beta}(x')\psi_{\mathrm{H}\alpha}(x)\rangle\\&=\hbar\delta(t-t')\langle\psi_{\mathrm{H}\alpha}(x)\psi^{\dagger}_{\mathrm{H}\beta}(x')-\eta\psi^{\dagger}_{\mathrm{H}\beta}(x')\psi_{\mathrm{H}\alpha}(x)\rangle\\&\quad-\mathrm{i}\langle\theta(t-t')\mathrm{i}\hbar\frac{\partial}{\partial t}\psi_{\mathrm{H}\alpha}(x)\psi^{\dagger}_{\mathrm{H}\beta}(x')+\eta\theta(t'-t)\psi^{\dagger}_{\mathrm{H}\beta}(x')\mathrm{i}\hbar\frac{\partial}{\partial t}\psi_{\mathrm{H}\alpha}(x)\rangle\\&=\hbar\delta(x-x')\delta_{\alpha\beta}-\frac{\hbar^2}{2m}\nabla^2_{\boldsymbol{x}}g_{\alpha\beta}(x,x')-\mu g_{\alpha\beta}(x,x')+\sum_{\gamma}V^{\mathrm{e}}_{\alpha\gamma}(x)g_{\gamma\beta}(x,x')\\&\quad+\mathrm{i}\sum_{\gamma}\int V(\boldsymbol{x},\boldsymbol{x}_1)\mathrm{d}\boldsymbol{x}_1g_{\gamma\alpha\beta\gamma}(\boldsymbol{x}t^{+},\boldsymbol{x}_1t;\boldsymbol{x}_1t^{++},\boldsymbol{x}'t')\end{aligned} \tag{9.1.30}$$

其中 t_1^{+} 比 t_1 时间大一个无穷小量. 可见格林函数的运动方程是复杂的. 这里定义了二粒子格林函数:

$$g_{\alpha\beta\delta\gamma}(x,x';x_1,x_1')=(-\mathrm{i})^2\langle T_t[\psi_{\mathrm{H}\alpha}(x)\psi_{\mathrm{H}\beta}(x')\psi^{\dagger}_{\mathrm{H}\gamma}(x_1)\psi^{\dagger}_{\mathrm{H}\delta}(x_1')]\rangle \tag{9.1.31}$$

如果与自旋无关, 则一般写成

$$g_2(1,1';2,2')=(-\mathrm{i})^2\langle T_t[\psi_{\mathrm{H}}(1)\psi_{\mathrm{H}}(1')\psi^{\dagger}_{\mathrm{H}}(2)\psi^{\dagger}_{\mathrm{H}}(2')]\rangle \tag{9.1.32}$$

其中物理意义是：在 x_1 和 $x_1{}'$ 处分别产生一个粒子，再运动到 x 和 x' 处湮没的传播概率幅. 由编时算符的性质可知

$$g_2(1,1';2,2') = \mp g_2(1,1';2',2) = \mp g_2(1',1;2,2') = g_2(1',1;2',2)$$

一般地，n 粒子格林函数的定义是

$$g_n(x,x') = (-\mathrm{i})^n \langle T_t[\psi_{\mathrm{H}}(x_1)\cdots\psi_{\mathrm{H}}(x_n)\psi_{\mathrm{H}}^\dagger(x_1')\cdots\psi_{\mathrm{H}}^\dagger(x_n')]\rangle \tag{9.1.33}$$

§9.2　格林函数的性质与用途

9.2.1　莱曼表示与谱函数

已知海森伯场算符的定义为

$$\psi_{\mathrm{H}\alpha}(x) = \mathrm{e}^{\mathrm{i}Ht/\hbar}\psi_\alpha(\boldsymbol{x})\mathrm{e}^{-\mathrm{i}Ht/\hbar}, \psi_{\mathrm{H}\alpha}^\dagger(x) = \mathrm{e}^{\mathrm{i}Ht/\hbar}\psi_\alpha^\dagger(\boldsymbol{x})\mathrm{e}^{-\mathrm{i}Ht/\hbar} \tag{9.2.1}$$

它们是运动方程

$$\frac{\hbar}{\mathrm{i}}\frac{\partial}{\partial t}\psi_{\mathrm{H}\alpha}(x) = [H, \psi_{\mathrm{H}\alpha}(x)] \tag{9.2.2}$$

的解. 此处实际上已假设哈密顿量 H 是与时间无关的. 为了下面讨论问题简单起见，再考虑无外场的情况，这时空间具有平移不变性. 利用场算符的平面波展开，则系统总动量算符如下：

$$\boldsymbol{P} = \sum_\alpha \int \mathrm{d}\boldsymbol{x}\psi_\alpha^\dagger(\boldsymbol{x})\frac{\hbar}{\mathrm{i}}\nabla\psi_\alpha(\boldsymbol{x}) = \sum_{\boldsymbol{k}\alpha}\hbar\boldsymbol{k}C_{\boldsymbol{k}\alpha}^\dagger C_{\boldsymbol{k}\alpha} \tag{9.2.3}$$

仿照海森伯含时算符的定义，算符随坐标的变化可以定义为

$$\psi_\alpha(\boldsymbol{x}) = \mathrm{e}^{-\mathrm{i}\boldsymbol{P}\cdot\boldsymbol{x}/\hbar}\psi_\alpha(0)\mathrm{e}^{\mathrm{i}\boldsymbol{P}\cdot\boldsymbol{x}/\hbar} \tag{9.2.4}$$

相应的方程是

$$\frac{\hbar}{\mathrm{i}}\nabla\psi_\alpha(\boldsymbol{x}) = [\psi_\alpha(\boldsymbol{x}), \boldsymbol{P}] \tag{9.2.5}$$

所以 $\psi_{H\alpha}(x)$ 可进一步写成

$$\psi_{\mathrm{H}\alpha}(x) = \mathrm{e}^{\mathrm{i}Ht/\hbar}\mathrm{e}^{-\mathrm{i}\boldsymbol{P}\cdot\boldsymbol{x}/\hbar}\psi_\alpha(0)\mathrm{e}^{\mathrm{i}\boldsymbol{P}\cdot\boldsymbol{x}/\hbar}\mathrm{e}^{-\mathrm{i}Ht/\hbar} \tag{9.2.6}$$

1. 零温格林函数

我们先来研究零温格林函数. 此时，

$$g_{\alpha\beta}^{>}(x_1,x_2) = -\mathrm{i}\langle\psi_{\mathrm{H}}^0|\psi_{\mathrm{H}\alpha}(x_1)\psi_{\mathrm{H}\beta}^\dagger(x_2)|\psi_{\mathrm{H}}^0\rangle \tag{9.2.7}$$

在两个场算符之间插入完备集

$$\sum_m |m\rangle\langle m| = 1 \tag{9.2.8}$$

此处完备集中的任意一个态都是统计系综中的一个可能的平衡态. m=0 的态就是基态 $|\psi_{\rm H}^0\rangle$, 基态中有 N 个粒子. 第 m 个态的能量与动量的本征值为

$$H|m\rangle = E_m(N)|m\rangle, \boldsymbol{P}|m\rangle = \boldsymbol{P}_m(N)|m\rangle \tag{9.2.9}$$

N 表示系统中有 N 个粒子. 基态的总动量为零, 基态的能量记为 E_g, ψ_α (0) 与 $\psi_\beta^\dagger(0)$ 的作用分别使系统减少或增加一个粒子. 所以像 $\langle m|\psi_\alpha^\dagger(0)|\psi_{\rm H}^0\rangle$ 这样的矩阵元, 只有当 $|m\rangle$ 是比 $|\psi_{\rm H}^0\rangle$ 多一个粒子的系统, 即 N+1 个粒子的系统时, 才不为零; 同样地, 在 $\langle m|\psi_\alpha(0)|\psi_{\rm H}^0\rangle$ 中, $|m\rangle$ 必须是 N−1 个粒子的系统. 将 (9.2.6), (9.2.8) 代入 (9.2.7), 可得

$$\begin{aligned} & g_{\alpha\beta}^{>}(x_1, x_2) \\ &= -\mathrm{i}\sum_n \mathrm{e}^{-\mathrm{i}\boldsymbol{P}_m(N+1)\cdot(\boldsymbol{x}_1-\boldsymbol{x}_2)/\hbar+\mathrm{i}[E_n(N+1)-E_g(N)](t_1-t_2)/\hbar} \\ & \langle\psi_{\rm H}^0|\psi_\alpha(0)|m\rangle\langle m|\psi_\beta^\dagger(0)|\psi_{\rm H}^0\rangle \end{aligned} \tag{9.2.10a }$$

同理, 可算出

$$\begin{aligned} & g_{\alpha\beta}^{<}(x_1, x_2) \\ &= -\eta\mathrm{i}\sum_n \mathrm{e}^{-\mathrm{i}\boldsymbol{P}_m(N-1)\cdot(\boldsymbol{x}_1-\boldsymbol{x}_2)/\hbar+\mathrm{i}[E_n(N-1)-E_g(N)](t_1-t_2)/\hbar} \\ & \langle\psi_{\rm H}^0|\psi_\beta^\dagger(0)|m\rangle\langle m|\psi_\alpha(0)|\psi_{\rm H}^0\rangle \end{aligned} \tag{9.2.10b}$$

因果格林函数则为 (9.1.14),

$$g_{\alpha\beta}(x_1, x_2) = \theta(t_1 - t_2)g_{\alpha\beta}^{>} + \theta(t_2 - t_1)g_{\alpha\beta}^{<} \tag{9.2.11}$$

现在未考虑外场, 格林函数是坐标差的函数. 可令 $\boldsymbol{x} = \boldsymbol{x}_1 - \boldsymbol{x}_2, t = t_1 - t_2$. 化学势的定义为: 在基态中增加一个粒子所需要的能量, $\mu = E_{\rm g}(N+1) - E_{\rm g}(N)$. 对于宏观系统, N 是个大数, 在准确到 $1/N$ 的近似下, $\mu = E_{\rm g}(N) - E_{\rm g}(N-1)$. 从基态到第 m 个态的激发能记为 $\hbar\omega_m$, 则有

$$\hbar\omega_m(N) = E_m(N) - E_{\rm g}(N) \tag{9.2.12}$$

这是个正的量. 并且有

$$E_m(N+1) - E_{\rm g}(N) = \hbar\omega_m(N+1) + \mu \tag{9.2.13a}$$

$$E_m(N-1)-E_g(N)=\hbar\omega_m(N-1)-\mu \tag{9.2.13b}$$

将 $g_{\alpha\beta}(x_1, x_2)=g_{\alpha\beta}(x_1-x_2)$ 先对时间作傅里叶变换, 利用 (9.1.22) 式

$$\begin{aligned}G_{\alpha\beta}(\boldsymbol{x},\omega)=&\sum_m\frac{\hbar\langle\psi_H^0|\psi_\alpha(0)|m\rangle\langle m|\psi_\beta^\dagger(0)|\psi_H^0\rangle}{\hbar\omega+\hbar\omega_m(N+1)-\mu+\mathrm{i}0^+}\mathrm{e}^{\mathrm{i}\boldsymbol{P}_m(N+1)\cdot\boldsymbol{x}/\hbar}\\&\pm\sum_m\frac{\hbar\langle\psi_H^0|\psi_\beta^\dagger(0)|m\rangle\langle m|\psi_\alpha(0)|\psi_H^0\rangle}{\hbar\omega+\hbar\omega_m(N-1)-\mu-\mathrm{i}0^+}\mathrm{e}^{-\mathrm{i}\boldsymbol{P}_m(N-1)\cdot\boldsymbol{x}/\hbar}\end{aligned} \tag{9.2.14}$$

为简单起见, 下面再设粒子间的相互作用与自旋无关, 那么 $G_{\alpha\beta}=\delta_{\alpha\beta}G$, 可以忽略自旋下标. 并且令

$$A_m=|\langle\psi_H^0|\psi(0)|m\rangle|^2, B_m=|\langle\psi_H^0|\psi^+(0)|m\rangle|^2 \tag{9.2.15}$$

则 (9.2.14) 式简化为

$$G(\boldsymbol{x},\omega)=\hbar\sum_m\left[\frac{A_m\mathrm{e}^{\mathrm{i}\boldsymbol{P}_m(N+1)\cdot\boldsymbol{x}/\hbar}}{\hbar\omega-\hbar\omega_m(N+1)-\mu+\mathrm{i}0^+}\pm\frac{B_m\mathrm{e}^{-\mathrm{i}\boldsymbol{P}_m(N-1)\cdot\boldsymbol{x}/\hbar}}{\hbar\omega+\hbar\omega_m(N-1)-\mu-\mathrm{i}0^+}\right] \tag{9.2.16}$$

现在来看 $\omega\to\infty$ 时的极限行为, 因为 ω_m, μ 等都是有限量, 所以

$$\begin{aligned}&G(\boldsymbol{x}_1-\boldsymbol{x}_2,\omega\to\infty)\\&\to\frac{1}{\omega}\sum_m\left[\langle\psi_H^0|\psi(\boldsymbol{x}_1)|m\rangle\langle m|\psi^+(\boldsymbol{x}_2)|\psi_H^0\rangle-\eta\langle\psi_H^0|\psi^\dagger(\boldsymbol{x}_2)|m\rangle\langle m|\psi(\boldsymbol{x}_1)|\psi_H^0\rangle\right]\\&=\frac{1}{\omega}\delta(\boldsymbol{x}_1-\boldsymbol{x}_2)\end{aligned} \tag{9.2.17}$$

其中分子上已用 (9.2.4) 式代回, 最后一步则利用了 (9.2.8) 与费米子 (玻色子) 场算符的对易关系. 将 (9.2.17) 变换到 $\boldsymbol{k}$ 空间, 易得

$$G(\boldsymbol{k},\omega\to\infty)\to\frac{1}{\omega} \tag{9.2.18}$$

因为 δ 函数的傅里叶变换就是 1.(9.2.18) 可与前面 (1.1.16) 式相比较. 这是格林函数的基本性质. 如果从 (9.2.14) 式出发, 则得到

$$G_{\alpha\beta}(\boldsymbol{k},\omega\to\infty)\to\frac{1}{\omega}\delta_{\alpha\beta}$$

再对 (9.2.16) 式作空间傅里叶变换

$$\begin{aligned}G(\boldsymbol{k},\omega)=&\int\mathrm{d}\boldsymbol{x}\mathrm{e}^{-\mathrm{i}\boldsymbol{k}\cdot\boldsymbol{x}}G(\boldsymbol{x},\omega)\\=&(2\pi)^3\hbar\sum_m\left\{\frac{A_m\delta[\boldsymbol{k}-\boldsymbol{P}_m(N+1)/\hbar]}{\hbar\omega-\hbar\omega_m(N+1)-\mu+\mathrm{i}0^+}\pm\frac{B_m\delta[\boldsymbol{k}+\boldsymbol{P}_m(N-1)/\hbar]}{\hbar\omega+\hbar\omega_m(N-1)-\mu-\mathrm{i}0^+}\right\}\end{aligned} \tag{9.2.19}$$

此式称为格林函数的莱曼 (H.Lehmann) 表示.

对于推迟和超前格林函数, 利用 (9.1.15), (9.1.16),(9.1.19) 容易得到

$$G^{\mathrm{R}}(\boldsymbol{k},\omega)=(2\pi)^3\hbar\sum_m\left\{\frac{A_m\delta[\boldsymbol{k}-\boldsymbol{P}_m(N+1)/\hbar]}{\hbar\omega-\hbar\omega_m(N+1)-\mu+\mathrm{i}0^+}\pm\frac{B_m\delta[\boldsymbol{k}+\boldsymbol{P}_m(N+1)/\hbar]}{\hbar\omega+\hbar\omega_m(N-1)-\mu+\mathrm{i}0^+}\right\} \tag{9.2.20}$$

即只要在 (9.2.19) 式中第二项的分母上将 $-\mathrm{i}0^+$ 换成 $\mathrm{i}0^+$ 即可. 同样, $G^{\mathrm{A}}(\boldsymbol{k},\omega)$ 的表达式只要将 (9.2.20) 式分母上的 $\mathrm{i}0^+$ 都换成 $-\mathrm{i}0^+$ 即可. 并有关系式

$$G^{\mathrm{R}}(\boldsymbol{k},\omega)=[G^{\mathrm{A}}(\boldsymbol{k},\omega)]^* \tag{9.2.21}$$

此式表明, 无外场时, 频率波矢表象中的推迟与超前格林函数互为复共轭. 记入自旋时, 则有

$$G^{\mathrm{R}}_{\alpha\beta}(\boldsymbol{k},\omega)=[G^{\mathrm{A}}_{\beta\alpha}(\boldsymbol{k},\omega)]^*$$

类似于 (9.2.18) 可证:

$$G^{\mathrm{R}}(\boldsymbol{k},\omega\to\infty)=G^{\mathrm{A}}(\boldsymbol{k},\omega\to\infty)\to\frac{1}{\omega} \tag{9.2.22}$$

现在利用公式

$$\frac{1}{\omega-\omega_0+\mathrm{i}0^+}=P\frac{1}{\omega-\omega_0}-\mathrm{i}\pi\delta(\omega-\omega_0) \tag{9.2.23}$$

则实部与虚部之间有如下关系:

$$P\frac{1}{\omega-\omega_0}=\frac{1}{\pi}\int_{-\infty}^{\infty}\frac{-\pi\delta(\omega'-\omega_0)}{\omega'-\omega}\mathrm{d}\omega' \tag{9.2.24}$$

将此式应用于推迟格林函数 (9.2.20), 易得

$$\mathrm{Re}G^{\mathrm{R}}(\boldsymbol{k},\omega)=\frac{1}{\pi}P\int_{-\infty}^{\infty}\frac{\mathrm{Im}G^{\mathrm{R}}(\boldsymbol{k},\omega')}{\omega'-\omega}\mathrm{d}\omega' \tag{9.2.25}$$

同理, 对于超前格林函数有

$$\mathrm{Re}G^{\mathrm{A}}(\boldsymbol{k},\omega)=-\frac{1}{\pi}P\int_{-\infty}^{\infty}\frac{\mathrm{Im}G^{\mathrm{A}}(\boldsymbol{k},\omega')}{\omega'-\omega}\mathrm{d}\omega' \tag{9.2.26}$$

此两式也称为色散关系. 利用 (9.2.23) 还可将三个格林函数的虚部的表达式写出来, 例如对于因果格林函数为

$$\mathrm{Im}G(\boldsymbol{k},\omega)=\begin{cases}-(2\pi)^3\sum\limits_m A_m\delta[\boldsymbol{k}-\boldsymbol{P}_m(N+1)/\hbar]\delta[\omega-\omega_m(N+1)-\mu/\hbar], \hbar\omega>\mu\\ -\eta(2\pi)^3\sum\limits_m A_m\delta[\boldsymbol{k}+\boldsymbol{P}_m(N-1)/\hbar]\delta[\omega+\omega_m(N-1)-\mu/\hbar], \hbar\omega<\mu\end{cases} \tag{9.2.27}$$

这是因为由定义 (9.2.12) 式, ω_m 是个正的量, 所以当 $\hbar\omega>\mu$ 时, $\delta[\omega+\omega_m(N-1)-\mu/\hbar]$ 的变量恒为正, 故此项为零, 同理 $\hbar\omega<\mu$ 时, 含 $\delta[\omega-\omega_m(N+1)-\mu/\hbar]$ 的项为零. (9.2.27) 式反映出费米子系统因果格林函数的虚部的符号符合下述关系：

$$\mathrm{sgnIm}G(\boldsymbol{k},\omega)=-\mathrm{sgn}(\hbar\omega-\mu) \tag{9.2.28}$$

sgn 是符号函数, 见 (2.2.13) 式. 类似于 (9.2.27) 式写出 G^{R} 与 G^{A} 的虚部的表达式后可得三个格林函数的实部或虚部之间的关系

$$\begin{aligned}&\mathrm{Re}\,G(\boldsymbol{k},\omega)=\mathrm{Re}\,G^{\mathrm{R}}(\boldsymbol{k},\omega)=\mathrm{Re}\,G^{\mathrm{A}}(\boldsymbol{k},\omega)\\&\mathrm{Im}G^{\mathrm{R}}(\boldsymbol{k},\omega)=\mathrm{sgn}(\hbar\omega-\mu)\mathrm{Im}G(\boldsymbol{k},\omega)=-\mathrm{Im}G^{\mathrm{A}}(\boldsymbol{k},\omega)\end{aligned} \tag{9.2.29}$$

并由此得

$$G^{\mathrm{R}}(\boldsymbol{k},\omega)=\begin{cases}G(\boldsymbol{k},\omega),\hbar\omega>\mu\\G^*(\boldsymbol{k},\omega),\hbar\omega<\mu\end{cases} \tag{9.2.30}$$

$$G^{\mathrm{A}}(\boldsymbol{k},\omega)=\begin{cases}G^*(\boldsymbol{k},\omega),\hbar\omega>\mu\\G(\boldsymbol{k},\omega),\hbar\omega<\mu\end{cases} \tag{9.2.31}$$

(9.2.21) 式也可从此处得到.

再仿照 (9.2.25), (9.2.26) 式可写出费米子因果格林函数的实部与虚部之间的关系：

$$\mathrm{Re}\,G(\boldsymbol{k},\omega)=\frac{1}{\pi}P\int_{-\infty}^{\infty}\frac{\mathrm{Im}G(\boldsymbol{k},\omega')\mathrm{sgn}(\hbar\omega'-\mu)}{\omega'-\omega}\mathrm{d}\omega' \tag{9.2.32}$$

(9.2.28)~(9.2.32) 式适用于费米子系统. 对于零温时非凝聚的玻色子系统, 化学势 $\mu=0$, 所以格林函数中没有 $\hbar\omega<\mu$ 的部分. 此时 (9.2.28)~(9.2.32) 式中凡是 $\hbar\omega>\mu$ 部分的公式也适用于玻色粒子系.

现在看三个格林函数的解析性质. 由 (9.2.20), (9.2.21) 式可知 G^{R} 在复 ω 的下半平面有极点, 在上半平面是解析的；G^{A} 则是在下半平面解析, 在上半平面有极点. 因果格林函数 G 在上、下两半平面都有极点. 由 (9.2.27) 式知, 当 $\hbar\omega>\mu$ 时 (9.2.19) 式后一项的虚部为零, 这时极点在下半平面；当 $\hbar\omega<\mu$ 时 G 的极点在上半平面. 同理, G^{R} 只在 $\hbar\omega>\mu$ 的部分有极点；G^{A} 只在 $\hbar\omega<\mu$ 的部分有极点.

2. 有限温度格林函数

根据热力学格林函数的定义,

$$g^{>}(x_1,x_2)=-\mathrm{i}\mathrm{e}^{\beta\Omega}\sum_n\langle n|\mathrm{e}^{-\beta(H-\mu N)}\psi_{\mathrm{H}}(x_1)\psi_{\mathrm{H}}^{\dagger}(x_2)|n\rangle \tag{9.2.33}$$

其中

$$\mathrm{e}^{-\beta\Omega}=\sum_m\langle m|\mathrm{e}^{-\beta(H-\mu N)}|m\rangle=\sum_m\mathrm{e}^{-\beta(E_m-\mu N_m)}=\sum_m\rho_m \tag{9.2.34}$$

在场算符之间插入 (9.2.8) 式. 由于考虑的系统是空间均匀的, H、N 和 $\boldsymbol{P}$ 可以有共同的本征态

$$(H-\mu N)|m\rangle=(E_m-\mu N_m)|m\rangle,\quad \boldsymbol{P}|m\rangle=\boldsymbol{P}_m|m\rangle \tag{9.2.35}$$

现在系综中包含了各种粒子数的各种可能的平衡态. 所有的态都按 $|m\rangle$ 的顺序统一编号, 所以不再明确标出粒子数. 可算得

$$\begin{aligned}g^{>}(x_1,x_2)&=-\mathrm{i}\mathrm{e}^{\beta\Omega}\sum_{mn}\langle n|\mathrm{e}^{-\beta(H-\mu N)}\psi_{\mathrm{H}}(x_1)|m\rangle\langle m|\psi_{\mathrm{H}}^{\dagger}(x_2)|n\rangle\\&=-\mathrm{i}\mathrm{e}^{\beta\Omega}\sum_{mn}\rho_n|\langle n|\psi(0)|m\rangle|^2\mathrm{e}^{\mathrm{i}(\boldsymbol{P}_m-\boldsymbol{P}_n)\cdot\boldsymbol{x}_1/\hbar-\mathrm{i}(\boldsymbol{P}_m-\boldsymbol{P}_n)\cdot\boldsymbol{x}_2/\hbar}\\&\quad\cdot\mathrm{e}^{\mathrm{i}(E_n-E_m)t_1/\hbar-\mathrm{i}(E_n-E_m)t_2/\hbar}\end{aligned} \tag{9.2.36}$$

其中显然应该有 $N_m=N_n+1$, 即 $|m\rangle$ 态比 $|n\rangle$ 态的粒子数多 1. 令

$$\boldsymbol{P}_{mn}=\boldsymbol{P}_m-\boldsymbol{P}_n,\hbar\omega_{mn}=E_m-E_n \tag{9.2.37}$$

再令 $\boldsymbol{x}=\boldsymbol{x}_1-\boldsymbol{x}_2$, $t=t_1-t_2$, 则得到

$$g^{>}(x_1,x_2)=-\mathrm{i}\mathrm{e}^{\beta\Omega}\sum_{mn}\rho_n|\langle n|\psi(0)|m\rangle|^2\mathrm{e}^{\mathrm{i}\boldsymbol{P}_{mn}\cdot\boldsymbol{x}/\hbar}\mathrm{e}^{-\mathrm{i}\omega_{mn}t} \tag{9.2.38a}$$

同理可得

$$g^{<}(x_1,x_2)=-\eta\mathrm{i}\mathrm{e}^{\beta\Omega}\sum_{mn}\rho_n|\langle n|\psi^{\dagger}(0)|m\rangle|^2\mathrm{e}^{-\mathrm{i}\boldsymbol{P}_{mn}\cdot\boldsymbol{x}/\hbar}\mathrm{e}^{\mathrm{i}\omega_{mn}t} \tag{9.2.38b}$$

令

$$A_{mn}=|\langle n|\psi(0)|m\rangle|^2 \tag{9.2.39}$$

将 (9.2.39) 式中的指标 m 与 n 交换, 由 (9.2.11) 式得

$$g(\boldsymbol{x},t)=-\mathrm{i}\mathrm{e}^{\beta\Omega}\sum_{mn}A_{mn}\mathrm{e}^{\mathrm{i}\boldsymbol{P}_{mn}\cdot\boldsymbol{x}/\hbar}\mathrm{e}^{-\mathrm{i}\omega_{mn}t}[\rho_n\theta(t)+\eta\rho_m\theta(-t)] \tag{9.2.40}$$

先对时间作傅里叶变换, 类似 (9.2.17) 式的推导, 利用 (9.2.34) 式, 可得

$$G(\boldsymbol{k},\omega\to\infty)\to\frac{1}{\omega} \tag{9.2.41}$$

再对空间坐标作傅里叶变换, 有

$$\begin{aligned}G(\boldsymbol{k},\omega)&=(2\pi)^3\mathrm{e}^{\beta\Omega}\sum_{mn}A_{mn}\delta(\boldsymbol{k}-\boldsymbol{P}_{mn}/\hbar)\left[\frac{\mathrm{e}^{-\beta(E_n-\mu N_n)}}{\omega-\omega_{mn}+\mathrm{i}0^+}-\eta\frac{\mathrm{e}^{-\beta(E_m-\mu N_m)}}{\omega-\omega_{mn}-\mathrm{i}0^+}\right]\\&=(2\pi)^3\mathrm{e}^{\beta\Omega}\sum_{mn}A_{mn}\delta(\boldsymbol{k}-\boldsymbol{P}_{mn}/\hbar)\rho_n\left[\frac{1}{\omega-\omega_{mn}+\mathrm{i}0^+}-\eta\frac{\mathrm{e}^{-\beta(\hbar\omega_{mn}-\mu)}}{\omega-\omega_{mn}-\mathrm{i}0^+}\right]\end{aligned} \tag{9.2.42}$$

再利用 (9.2.23) 将实部和虚部分开,

$$G(\boldsymbol{k},\omega)=(2\pi)^3\mathrm{e}^{\beta\Omega}\sum_{mn}A_{mn}\delta(\boldsymbol{k}-\boldsymbol{P}_{mn}/\hbar)\Big\{P\frac{1-\eta\mathrm{e}^{-\beta(\hbar\omega_{mn}-\mu)}}{\omega-\omega_{mn}}-\mathrm{i}\pi\delta(\omega-\omega_{mn})[1+\eta\mathrm{e}^{-\beta(\hbar\omega_{mn}-\mu)}]\Big\} \tag{9.2.43}$$

比较实部和虚部, 仍利用 (9.2.24) 式, 可有如下关系:

$$\mathrm{Re}G(\boldsymbol{k},\omega)=\frac{P}{\pi}\int_{-\infty}^{\infty}\coth\frac{1}{2}\beta(\hbar\omega'-\mu)\frac{\mathrm{Im}G(\boldsymbol{k},\omega')}{\omega'-\omega}\mathrm{d}\omega'(\text{费米子系统}) \tag{9.2.44a}$$

$$\mathrm{Re}G(\boldsymbol{k},\omega)=\frac{P}{\pi}\int_{-\infty}^{\infty}\tanh\frac{1}{2}\beta(\hbar\omega'-\mu)\frac{\mathrm{Im}G(\boldsymbol{k},\omega')}{\omega'-\omega}\mathrm{d}\omega'(\text{玻色子系统}) \tag{9.2.44b}$$

同理, 对于推迟和超前格林函数可得

$$G^{\mathrm{R}}(\boldsymbol{k},\omega)=(2\pi)^3\mathrm{e}^{\beta\Omega}\sum_{mn}A_{mn}\delta(\boldsymbol{k}-\boldsymbol{P}_{mn}/\hbar)(1-\eta\mathrm{e}^{-\beta(\hbar\omega_{mn}-\mu)})\Big[\frac{1}{\omega-\omega_{mn}}-\mathrm{i}\pi\delta(\omega-\omega_{mn})\Big] \tag{9.2.45}$$

$$G^{\mathrm{A}}(\boldsymbol{k},\omega)=(2\pi)^3\mathrm{e}^{\beta\Omega}\sum_{mn}A_{mn}\delta(\boldsymbol{k}-\boldsymbol{P}_{mn}/\hbar)(1-\eta\mathrm{e}^{-\beta(\hbar\omega_{mn}-\mu)})\Big[\frac{1}{\omega-\omega_{mn}}+\mathrm{i}\pi\delta(\omega-\omega_{mn})\Big] \tag{9.2.46}$$

它们各自的实部与虚部之间的关系与 (9.2.25), (9.2.26) 式完全相同.

三种格林函数之间的关系如下:

对于费米子系统,

$$\begin{aligned}&\mathrm{Re}\ G(\boldsymbol{k},\omega)=\mathrm{Re}\ G^{\mathrm{R}}(\boldsymbol{k},\omega)=\mathrm{Re}\ G^{\mathrm{A}}(\boldsymbol{k},\omega)\\&\mathrm{Im}G(\boldsymbol{k},\omega)=\tanh\frac{\beta}{2}(\hbar\omega-\mu)\mathrm{Im}G^{\mathrm{R}}(\boldsymbol{k},\omega)=-\tanh\frac{\beta}{2}(\hbar\omega-\mu)\mathrm{Im}G^{\mathrm{A}}(\boldsymbol{k},\omega)\end{aligned} \tag{9.2.47}$$

对于玻色子系统,

$$\begin{aligned}&\mathrm{Re}\ G(\boldsymbol{k},\omega)=\mathrm{Re}\ G^{\mathrm{R}}(\boldsymbol{k},\omega)=\mathrm{Re}G^{\mathrm{A}}(\boldsymbol{k},\omega)\\&\mathrm{Im}G(\boldsymbol{k},\omega)=\coth\frac{\beta}{2}(\hbar\omega-\mu)\mathrm{Im}G^{\mathrm{R}}(\boldsymbol{k},\omega)=-\coth\frac{\beta}{2}(\hbar\omega-\mu)\mathrm{Im}G^{\mathrm{A}}(\boldsymbol{k},\omega)\end{aligned} \tag{9.2.48}$$

有限温度的公式可以看作是零温有关公式的推广. 例如相应于 (9.2.19) 式, (9.2.42) 式可称为推广的莱曼表示. 零温下的有些公式在有限温度时仍然成立, 除已提到过的 (9.2.18), (9.2.25), (9.2.26) 式之外.(9.2.21), (9.2.22) 也仍然成立. 三种格林函数的解析性质不变. 即 G^{R} 在复 ω 的上半平面解析, 在下半平面有极点; G^{A} 在下半平面解析, 在上半平面有极点; G 则在上、下两半平面都有极点. 但现在极点

的位置不能以 μ 为分界, 因为现在 (9.2.42), (9.2.45), (9.2.46) 式中的 ω_{mn} 可正可负. 费米系统的有限温度的公式当 $T\to 0$ 时自动回到零温时的公式. 例如注意到 $T\to 0$ 时, $\beta=1/(k_{\mathrm{B}}T)\to\infty$, 有

$$\tanh\frac{\beta}{2}(\hbar\omega-\mu),\quad \coth\frac{\beta}{2}(\hbar\omega-\mu)\to\mathrm{sgn}(\hbar\omega-\mu) \tag{9.2.49}$$

那么 (9.2.44a) 就回到 (9.2.32) 式, (9.2.47) 则回到 (9.2.29) 式.

3. 谱函数

下面给出谱函数的有关公式. 谱函数 $A(\boldsymbol{k},\omega)$ 的定义为

$$A(\boldsymbol{k},\omega)=\mathrm{i}[g^{>}(\boldsymbol{k},\omega)-g^{<}(\boldsymbol{k},\omega)] \tag{9.2.50}$$

由 (9.1.19) 式, 谱函数实际上就是格林函数 $\tilde{g}$. 谱函数是归一化的:

$$\int_{-\infty}^{\infty}\frac{\mathrm{d}\omega}{2\pi}A(\boldsymbol{k},\omega)=1 \tag{9.2.51}$$

证明如下, 利用 (9.2.38), (9.2.39) 式,

$$\begin{aligned}\int_{-\infty}^{\infty}\frac{\mathrm{d}\omega}{2\pi}A(\boldsymbol{k},\omega)&=\int_{-\infty}^{\infty}\frac{\mathrm{d}\omega}{2\pi}\mathrm{e}^{-\mathrm{i}\omega(t=0)}A(\boldsymbol{k},\omega)=A(\boldsymbol{k},t=0)\\&=\int_{-\infty}^{\infty}\mathrm{d}\boldsymbol{x}\mathrm{e}^{-\mathrm{i}\boldsymbol{k}\cdot\boldsymbol{x}}\mathrm{i}[g^{>}(\boldsymbol{x},t=0)-g^{<}(\boldsymbol{x},t=0)]\\&=\int_{-\infty}^{\infty}\mathrm{d}\boldsymbol{x}\mathrm{e}^{-\mathrm{i}\boldsymbol{k}\cdot\boldsymbol{x}}\mathrm{e}^{\beta\Omega}\sum_{mn}\rho_n[\langle n|\psi(\boldsymbol{x}_1)|m\rangle\langle m|\psi^{\dagger}(\boldsymbol{x}_2)|n\rangle\\&\quad-\eta\langle n|\psi^{\dagger}(\boldsymbol{x}_2)|m\rangle\langle m|\psi(\boldsymbol{x}_1)|n\rangle]\\&=\int_{-\infty}^{\infty}\mathrm{d}\boldsymbol{x}\mathrm{e}^{-\mathrm{i}\boldsymbol{k}\cdot\boldsymbol{x}}\delta(\boldsymbol{x}_1-\boldsymbol{x}_2)=1\end{aligned}$$

其中已用 (9.2.4) 式, 并利用了 (9.2.34) 式与费米子 (玻色子) 的对易关系. (9.2.51) 式还被称为求和规则.

将 $g^{>}(\boldsymbol{k},\omega)$ 与 $g^{<}(\boldsymbol{k},\omega)$ 分别算出来, 只要对 (9.2.38) 作傅里叶变换即可.

$$g^{>}(\boldsymbol{k},\omega)=-\mathrm{i}(2\pi)^4\mathrm{e}^{\beta\Omega}\sum_{mn}\rho_nA_{mn}\delta(\boldsymbol{k}-\boldsymbol{P}_{mn}/\hbar)\delta(\omega-\omega_{mn}) \tag{9.2.52a}$$

$$\begin{aligned}g^{<}(\boldsymbol{k},\omega)&=-\eta\mathrm{i}(2\pi)^4\mathrm{e}^{\beta\Omega}\sum_{mn}\rho_mA_{mn}\delta(\boldsymbol{k}-\boldsymbol{P}_{mn}/\hbar)\delta(\omega-\omega_{mn})\\&=-\eta\mathrm{i}(2\pi)^4\mathrm{e}^{\beta\Omega}\sum_{mn}\rho_mA_{mn}\delta(\boldsymbol{k}-\boldsymbol{P}_{mn}/\hbar)\delta(\omega-\omega_{mn})\mathrm{e}^{-\beta(\hbar\omega_{mn}-\mu)}\\&=\eta\mathrm{e}^{-\beta(\hbar\omega-\mu)}g^{>}(\boldsymbol{k},\omega)\end{aligned} \tag{9.2.52b}$$

后一式中因有 δ 函数的限制, 所以可将 ω_{mn} 代之以 ω. 有此关系, 则 $g^>$ 与 $g^<$ 都可用 $A(\boldsymbol{k},\omega)$ 来表示:

$$A(\boldsymbol{k},\omega)=\mathrm{i}g^>(\boldsymbol{k},\omega)(1-\eta\mathrm{e}^{-\beta(\hbar\omega-\mu)}) \tag{9.2.53}$$

$$g^>(\boldsymbol{k},\omega)=-\mathrm{i}A(\boldsymbol{k},\omega)\frac{1}{1-\eta\mathrm{e}^{-\beta(\hbar\omega-\mu)}}=-\mathrm{i}A(\boldsymbol{k},\omega)[1+\eta f_{-\eta}(\hbar\omega)] \tag{9.2.54}$$

$$g^<(\boldsymbol{k},\omega)=\eta\mathrm{e}^{-\beta(\hbar\omega-\mu)}g^>(\boldsymbol{k},\omega)=-\eta\mathrm{i}A(\boldsymbol{k},\omega)f_{-\eta}(\hbar\omega) \tag{9.2.55}$$

其中

$$f_{-\eta}(\hbar\omega)=\frac{1}{\mathrm{e}^{\beta(\hbar\omega-\mu)}-\eta} \tag{9.2.56}$$

是费米子 (玻色子) 的分布函数.

因果、推迟与超前三个格林函数也都可以用谱函数表示出来. 将 (9.2.52) 代入 (9.2.50), 有

$$A(\boldsymbol{k},\omega)=(2\pi)^4\mathrm{e}^{\beta\Omega}\sum_{mn}\rho_m A_{mn}\delta(\boldsymbol{k}-\boldsymbol{P}_{mn}/\hbar)\delta(\omega-\omega_{mn})[1-\eta\mathrm{e}^{-\beta(\hbar\omega_{mn}-\mu)}] \tag{9.2.57}$$

(9.2.57) 与 (9.2.43) 的虚部比较, 则有

$$\mathrm{Im}\,G(\boldsymbol{k},\omega)=-\frac{1}{2}[\tanh\frac{1}{2}\beta\hbar\omega]^\eta A(\boldsymbol{k},\omega) \tag{9.2.58}$$

三个格林函数的实部相同. 事实上, 比较各自的实部与虚部, 可写出

$$G^{\mathrm{R}}(\boldsymbol{k},\omega)=\int_{-\infty}^{\infty}\frac{\mathrm{d}\omega'}{2\pi}\frac{A(\boldsymbol{k},\omega')}{\omega-\omega'+\mathrm{i}0^+} \tag{9.2.59a}$$

$$G^{\mathrm{A}}(\boldsymbol{k},\omega)=\int_{-\infty}^{\infty}\frac{\mathrm{d}\omega'}{2\pi}\frac{A(\boldsymbol{k},\omega')}{\omega-\omega'-\mathrm{i}0^+} \tag{9.2.59b}$$

由此得谱函数的表达式,

$$A(\boldsymbol{k},\omega)=\mathrm{i}[G^{\mathrm{R}}(\boldsymbol{k},\omega)-G^{\mathrm{A}}(\boldsymbol{k},\omega)] \tag{9.2.60}$$

计算出推迟格林函数之后, 其复共轭就是超前格林函数. 立即就可求得谱函数. 再用 (9.2.54), (9.2.55) 求得大于和小于格林函数. 如果定义一个复变函数,

$$G(\boldsymbol{k},z)=\int_{-\infty}^{\infty}\frac{\mathrm{d}\omega'}{2\pi}\frac{A(\boldsymbol{k},\omega')}{z-\omega'} \tag{9.2.61}$$

那么可将 G^{R} 与 G^{A} 表达为

$$\begin{aligned}G^{\mathrm{R}}(\boldsymbol{k},\omega)&=G(\boldsymbol{k},\omega+\mathrm{i}0^+)=G^+(\boldsymbol{k},\omega)\\G^{\mathrm{A}}(\boldsymbol{k},\omega)&=G(\boldsymbol{k},\omega-\mathrm{i}0^+)=G^-(\boldsymbol{k},\omega)\end{aligned} \tag{9.2.62}$$

可与单体格林函数的有关公式相比较.

在 (9.2.57) 中如果 ω 是正的, 那么 $A(\boldsymbol{k},\omega)$ 的每一项也都是正的, 即 A 有如下性质：

$$A(\boldsymbol{k},\omega)\geqslant 0,\qquad \text{费米子系统} \tag{9.2.63}$$

$$\mathrm{sgn}(\omega)A(\boldsymbol{k},\omega)\geqslant 0,\qquad \text{玻色子系统} \tag{9.2.64}$$

综上所述, 各格林函数可用谱函数表示出来, 这样的表达式称为谱表示式. $A(\boldsymbol{k},\omega)/(2\pi)$ 是归一化的, 且当 $\omega>0$ 时 $A(\boldsymbol{k},\omega)$ 是正的量, 它具有态密度的性质, 但与态密度的概念不同, $A(\boldsymbol{k},\omega)/(2\pi)$ 可称为概率函数, 它是一个粒子具有动量 $\boldsymbol{k}$ 和能量 ω 的概率. 但它与分布函数 $f_{\pm}(\varepsilon)$ 也不相同, $A(\boldsymbol{k},\omega)$ 是根据系统而变化的, 其具体的形式需对具体的物理系统做计算才能知道. $A(\boldsymbol{k},\omega)/(2\pi)$ 也称为广义谱密度.

本节的讨论假定了无外场和相互作用与自旋无关. 如果将这两条限制去掉, 也可作相应的讨论, 只是表达式更为繁复. 有时虽然存在外场, 但空间仍然是均匀的, 则本节的公式仍然全部适用.

9.2.2 物理量的计算

利用单粒子格林函数可以计算任何单粒子算符对热力学系综的平均值. 单粒子算符的二次量子化表示形式已由 (8.1.1) 式给出. 可写成如下形式：

$$A=\int \mathrm{d}\boldsymbol{x}A(\boldsymbol{x}) \tag{9.2.65}$$

其中

$$A(\boldsymbol{x})=\sum_{\alpha\beta}\psi_{\alpha}^{\dagger}A_{\alpha\beta}(\boldsymbol{x})\psi_{\beta}(\boldsymbol{x}) \tag{9.2.66}$$

是算符密度. 将 (9.2.66) 式左乘以 $\exp[\mathrm{i}(H-\mu N)t/\hbar]$, 右乘以 $\exp[-\mathrm{i}(H-\mu N)t/\hbar]$, 再对热力学系统求平均, 则左边为

$$\langle \mathrm{e}^{\mathrm{i}(H-\mu N)t/\hbar}A(\boldsymbol{x})\mathrm{e}^{-\mathrm{i}(H-\mu N)t/\hbar}\rangle=\langle A(\boldsymbol{x})\rangle \tag{9.2.67}$$

此式如果所选用的本征集恰好是 H 和 N 的共同本征集, 则由 (9.2.35) 式, 结果是显然的；如果不是, 则将其中每一个态按照 H 和 N 的共同本征集展开, 成为

$$\begin{aligned}&\sum_{lmn}\langle l|m\rangle\langle m|\rho_m\mathrm{e}^{\mathrm{i}(E_m-\mu N_m)t/\hbar}A(\boldsymbol{x})\mathrm{e}^{-\mathrm{i}(E_n-\mu N_n)t/\hbar}|n\rangle\langle n|l\rangle\\&=\sum_{mn}\langle m|\rho_m\mathrm{e}^{\mathrm{i}(E_m-\mu N_m)t/\hbar}A(\boldsymbol{x})\mathrm{e}^{-\mathrm{i}(E_n-\mu N_n)t/\hbar}|n\rangle\langle n|m\rangle=\sum_{n}\langle n|\rho_nA(\boldsymbol{x})|n\rangle\\&=\langle A(\boldsymbol{x})\rangle\end{aligned} \tag{9.2.68}$$

得到相同的结果. (9.2.66) 的右边则成为

$$\sum_{\alpha\beta} A_{\alpha\beta}(\boldsymbol{x})\langle\psi^{\dagger}_{\mathrm{H}\alpha}(\boldsymbol{x},t)\psi_{\mathrm{H}\beta}(\boldsymbol{x},t)\rangle = \eta\sum_{\alpha\beta} A_{\alpha\beta}(\boldsymbol{x}) \lim_{\substack{\boldsymbol{x}'\to\boldsymbol{x}\\ t'\to t^+}} \langle T_t[\psi_{\mathrm{H}\beta}(\boldsymbol{x},t)\psi^{\dagger}_{\mathrm{H}\alpha}(\boldsymbol{x}',t')]\rangle$$

$$= \eta\mathrm{i}\lim_{\substack{\boldsymbol{x}'\to\boldsymbol{x}\\ t'\to t^+}} \sum_{\alpha\beta} A_{\alpha\beta}(\boldsymbol{x})g_{\beta\alpha}(\boldsymbol{x}t,\boldsymbol{x}'t') = \eta\mathrm{itr}[A(\boldsymbol{x})g(\boldsymbol{x}t,\boldsymbol{x}t^+)] \tag{9.2.69}$$

由于原来的顺序是 $\psi^{\dagger}_{\mathrm{H}\alpha}$ 在左, $\psi_{\mathrm{H}\beta}$ 在右, 写成格林函数时应保持这个顺序, 故必须令 $\psi^{\dagger}_{\mathrm{H}\alpha}(\boldsymbol{x}t^+)$ 的时间比 $\psi_{\mathrm{H}\beta}(\boldsymbol{x}t)$ 的时间大一正的小量, 求迹是对于自旋指标而言的. 所以单粒子算符密度的系综平均值为:

$$\langle A(\boldsymbol{x})\rangle = \eta\mathrm{itr}[A(\boldsymbol{x})g(\boldsymbol{x}t,\boldsymbol{x}t^+)] \tag{9.2.70}$$

由此, 动能密度 (8.1.2) 与粒子数密度 (8.1.3) 可算出为

$$\langle T(\boldsymbol{x})\rangle = \eta\mathrm{i}\lim_{\boldsymbol{x}'\to\boldsymbol{x}}\left[-\frac{\hbar^2}{2m}\nabla^2_{\boldsymbol{x}}\mathrm{tr}g(\boldsymbol{x}t,\boldsymbol{x}'t^+)\right] \tag{9.2.71}$$

$$\langle n(\boldsymbol{x})\rangle = \eta\mathrm{itr}g(\boldsymbol{x}t,\boldsymbol{x}t^+) \tag{9.2.72}$$

对空间积分就得到系统的总动量与总粒子数.

对于相互作用能 (8.1.5), 由于涉及四个场算符, 原则上应用二粒子格林函数, 但借助于薛定谔方程, 或 (9.1.29) 式, 仍可用单粒子格林函数来表达. 现在我们只考虑无外场的情况, 又令 t' 始终比 t 大一正的小量, 因此 (9.1.30) 式简化为

$$-\eta\Big[\mathrm{i}\hbar\frac{\partial}{\partial t}g_{\alpha\beta}(x,x') + \frac{\hbar^2}{2m}\nabla^2_{\boldsymbol{x}}g_{\alpha\beta}(x,x') + \mu g_{\alpha\beta}(x,x')\Big]$$

$$= \mathrm{i}\sum_{\gamma}\int V(\boldsymbol{x},\boldsymbol{x}_1)\mathrm{d}\boldsymbol{x}_1 g_{\alpha\gamma\beta\gamma}(\boldsymbol{x}t,\boldsymbol{x}_1t_1;\boldsymbol{x}_1t_1^+,\boldsymbol{x}'t')_{t_1=t} \tag{9.2.73}$$

将两边乘以 1/2, 令 $\alpha=\beta$ 并对 α 求和, 再作 $\mathrm{d}^3\boldsymbol{x}$ 积分, 则右边就是 (9.1.28) 式的 H^{i} 的热力学平均值, 因此得到

$$\langle H^{\mathrm{i}}\rangle = \eta\frac{\mathrm{i}}{2}\int\mathrm{d}\boldsymbol{x}\lim_{\boldsymbol{x}'\to\boldsymbol{x}}\left(\mathrm{i}\hbar\frac{\partial}{\partial t} + \frac{\hbar^2}{2m}\nabla^2_{\boldsymbol{x}} + \mu\right)\mathrm{tr}g(\boldsymbol{x}t,\boldsymbol{x}'t^+) \tag{9.2.74}$$

动能与相互作用能总和为系统的内能 E:

$$E = \langle T + H^{\mathrm{i}}\rangle = \eta\frac{\mathrm{i}}{2}\int\mathrm{d}\boldsymbol{x}\lim_{\boldsymbol{x}'\to\boldsymbol{x}}\left(\mathrm{i}\hbar\frac{\partial}{\partial t} - \frac{\hbar^2}{2m}\nabla^2_{\boldsymbol{x}} + \mu\right)\mathrm{tr}g(\boldsymbol{x}t,\boldsymbol{x}'t^+) \tag{9.2.75}$$

在均匀空间中, 前面已给出了各格林函数的谱表示式. 因此力学量也可用谱函数来表达. 由 (9.1.5) 式可知,

$$g(\boldsymbol{x}t,\boldsymbol{x}'t^+) = g^<(\boldsymbol{x}t,\boldsymbol{x}'t^+) \tag{9.2.76}$$

对 $g^<(\boldsymbol{x}-\boldsymbol{x}', t-t^+)$ 作傅里叶变换, 再令 $\boldsymbol{x}'\to \boldsymbol{x}$, 但 $t-t^+=-\mathrm{i}0^+$ 必须保留. 那么总动能为

$$\begin{aligned}\langle T\rangle &= \eta\mathrm{i}\int \mathrm{d}\boldsymbol{x}\lim_{\boldsymbol{x}'\to\boldsymbol{x}}\left(-\frac{\hbar^2}{2m}\nabla_{\boldsymbol{x}}^2\right)\left\{\int\frac{\mathrm{d}\boldsymbol{k}}{(2\pi)^3}\frac{\mathrm{d}\omega}{2\pi}\mathrm{e}^{\mathrm{i}\boldsymbol{k}\cdot(\boldsymbol{x}-\boldsymbol{x}')}\mathrm{e}^{-\mathrm{i}\omega(t-t^+)}g^<(\boldsymbol{k},\omega)\right\}\\ &= \eta\mathrm{i}\sum_{\boldsymbol{k}}\int\frac{\mathrm{d}\omega}{2\pi}\mathrm{e}^{\mathrm{i}\omega 0^+}\frac{\hbar^2k^2}{2m}\mathrm{tr}g^<(\boldsymbol{k},\omega)\\ &= \sum_{\boldsymbol{k}}\int\frac{\mathrm{d}\omega}{2\pi}\mathrm{e}^{\mathrm{i}\omega 0^+}\frac{\hbar^2k^2}{2m}\mathrm{tr}[A(\boldsymbol{k},\omega)]f_{-\eta}(\hbar\omega)\end{aligned} \tag{9.2.77}$$

其中 $\int \mathrm{d}^3\boldsymbol{x}=V$ 是体积, 再用 (1.2.5) 式. 在均匀空间, 所有物理量都不随坐标位置而变. 最后一步用到 (9.2.55) 式. 同理, 粒子数密度

$$\langle n(\boldsymbol{x})\rangle = \eta\mathrm{i}\int\frac{\mathrm{d}\boldsymbol{k}}{(2\pi)^3}\frac{\mathrm{d}\omega}{2\pi}\mathrm{e}^{\mathrm{i}\omega 0^+}\mathrm{tr}[g^<(\boldsymbol{k},\omega)] = \int\frac{\mathrm{d}\boldsymbol{k}}{(2\pi)^3}\frac{\mathrm{d}\omega}{2\pi}\mathrm{e}^{\mathrm{i}\omega 0^+}\mathrm{tr}[A(\boldsymbol{k},\omega)]f_{-\eta}(\hbar\omega) \tag{9.2.78}$$

也是在空间处处相同. $\exp(\mathrm{i}\omega 0^+)$ 的因子保留了前面 t' 必须在 t 之后的物理意义, 所以不能舍去, 在对 ω 积分遇到极点时, 这个因子就会起作用. 由此二式也可看出, $A(\boldsymbol{k},\omega)$ 确实有占据概率的含义, 特别是在 $\boldsymbol{k}$ 空间中. 系统的总相互作用能为

$$\begin{aligned}\langle H^{\mathrm{i}}\rangle &= \eta\frac{\mathrm{i}}{2}\sum_{\boldsymbol{k}}\int\frac{\mathrm{d}\omega}{2\pi}\mathrm{e}^{\mathrm{i}\omega 0^+}\left(\hbar\omega-\frac{\hbar^2k^2}{2m}+\mu\right)\mathrm{tr}g^<(\boldsymbol{k},\omega)\\ &= \frac{1}{2}\sum_{\boldsymbol{k}}\int\frac{\mathrm{d}\omega}{2\pi}\left(\hbar\omega-\frac{\hbar^2k^2}{2m}+\mu\right)\mathrm{e}^{\mathrm{i}\omega 0^+}\mathrm{tr}[A(\boldsymbol{k},\omega)]f_{-\eta}(\hbar\omega)\end{aligned} \tag{9.2.79}$$

系统的内能为

$$\begin{aligned}E=\langle T+H^{\mathrm{i}}\rangle &= \eta\frac{\mathrm{i}}{2}\sum_{\boldsymbol{k}}\int\frac{\mathrm{d}\omega}{2\pi}\mathrm{e}^{\mathrm{i}\omega 0^+}\left(\hbar\omega+\frac{\hbar^2k^2}{2m}+\mu\right)\mathrm{tr}g^<(\boldsymbol{k},\omega)\\ &= \frac{1}{2}\sum_{\boldsymbol{k}}\int\frac{\mathrm{d}\omega}{2\pi}\left(\hbar\omega+\frac{\hbar^2}{2m}k^2+\mu\right)\mathrm{e}^{\mathrm{i}\omega 0^+}\mathrm{tr}[A(\boldsymbol{k},\omega)]f_{-\eta}(\hbar\omega)\end{aligned} \tag{9.2.80}$$

如果求出巨势函数 Ω, 则可利用熟知的热力学公式求熵、自由能等所有的热力学量. 因此我们可以说格林函数决定系统的全部热力学性质. 求巨势用如下的技巧. 设想一个可变耦合常数的哈密顿 $H(\lambda)$:

$$H(\lambda)=H_0+\lambda H^{\mathrm{i}} \tag{9.2.81}$$

其中 $0\leqslant \lambda\leqslant 1$. 当 $\lambda=0$ 时就是无相互作用的自由粒子系统, 当 $\lambda=1$ 时是实际的多粒子系统. 由 $H(\lambda)$ 算出的巨配分函数为

$$\mathrm{e}^{-\beta\Omega_\lambda}=\mathrm{tr}[\mathrm{e}^{-\beta(H(\lambda)-\mu N)}]=\mathrm{tr}[\mathrm{e}^{-\beta(H_0-\mu N+\lambda H^{\mathrm{i}})}] \tag{9.2.82}$$

两边对 λ 求偏导数, 可得

$$\frac{\partial \Omega_\lambda}{\partial \lambda} = \frac{1}{\lambda}\mathrm{tr}\{\mathrm{e}^{\beta[\Omega_\lambda - H(\lambda)+\mu N]}\lambda H^{\mathrm{i}}\} = \frac{1}{\lambda}\langle \lambda H^{\mathrm{i}}\rangle_\lambda \tag{9.2.83}$$

将上式对 λ 从 0 到 1 进行积分, 得到

$$\Omega - \Omega_0 = \int_0^1 \mathrm{d}\lambda \frac{1}{\lambda}\langle \lambda H^{\mathrm{i}}\rangle_\lambda \tag{9.2.84}$$

其中 Ω_0 是自由粒子系统的巨势, $\langle \lambda H^{\mathrm{i}}\rangle_\lambda$ 中的下标 λ 是指具有哈密顿量 $H(\lambda)$ 的系综统计平均. 利用 (9.2.74),(9.2.79) 得到巨势依赖于单粒子格林函数或谱函数的关系式

$$\begin{aligned}\Omega(T,V,\mu) =& \Omega_0(T,V,\mu) + \int_0^1 \frac{\mathrm{d}\lambda}{\lambda}\left(\eta\frac{\mathrm{i}}{2}\right)\int \mathrm{d}^3\boldsymbol{x} \lim_{\boldsymbol{x}'\to\boldsymbol{x}}\left(\mathrm{i}\hbar\frac{\partial}{\partial t} + \frac{\hbar^2}{2m}\nabla_{\boldsymbol{x}}^2 + \mu\right)\mathrm{tr}g^\lambda(\boldsymbol{x}t, \boldsymbol{x}'t^+)\\ =& \Omega_0(T,V,\mu) + \int_0^1 \frac{\mathrm{d}\lambda}{\lambda}\frac{1}{2}\sum_{\boldsymbol{k}}\int\frac{\mathrm{d}\omega}{2\pi}\left(\hbar\omega - \frac{\hbar^2}{2m}k^2 + \mu\right)\mathrm{e}^{\mathrm{i}\omega 0^+}\\ & \mathrm{tr}[A^\lambda(\boldsymbol{k},\omega)]f_{-\eta}(\hbar\omega)\end{aligned} \tag{9.2.85}$$

其中格林函数与谱函数的上标 λ 表明系统具有哈密顿量 (9.2.81).

现在来看态密度的表达式. 首先, 在态 $|n\rangle$ 上增加一个粒子而使其能量增加 $\hbar\omega$ 时, 可利用的空态数为

$$N^{>}(\omega) = \frac{1}{V}\sum_{\boldsymbol{k}\lambda, m}|\langle m|a_{\boldsymbol{k}\lambda}^\dagger|n\rangle|^2\delta[\omega - (E_m - E_n)/\hbar] \tag{9.2.86}$$

增加的这个粒子可能有各种动量态, 须对所有动量指标求和；增加一个粒子可跃迁到不同的状态 m, 应对所有终态求和；平方表示了跃迁概率, δ 因子保证跃迁过程中能量守恒；除以 V 说明只取单位体积内的量. 上式可将 δ 函数写成对时间的积分, 再将算符写成海森伯算符的形式, 最后对 m 求和.

$$\begin{aligned}N^{>}(\omega) &= \frac{1}{V}\sum_{\boldsymbol{k}\lambda,m}\langle n|a_{\boldsymbol{k}\lambda}|m\rangle\langle m|a_{\boldsymbol{k}\lambda}^\dagger|n\rangle\int \mathrm{d}t\mathrm{e}^{\mathrm{i}[\omega-(E_m-E_n)/\hbar]t}\\ &= \frac{1}{2\pi V}\sum_{\boldsymbol{k}\lambda}\int_{-\infty}^{\infty}\mathrm{d}t\mathrm{e}^{\mathrm{i}\omega t}\langle n|a_{\boldsymbol{k}\lambda}(t)a_{\boldsymbol{k}\lambda}^\dagger(0)|n\rangle\end{aligned} \tag{9.2.87}$$

把这一量在统计系综中取统计平均, 即乘以统计权重因子 $\exp[\beta(\Omega - E_n - \mu N_n)]$, 再对 n 求和：

$$N^{>}(\omega,T) = \langle N^{>}(\omega)\rangle = \frac{1}{2\pi V}\sum_{\boldsymbol{k}\lambda}\int \mathrm{d}t\mathrm{e}^{\mathrm{i}\omega t}\langle a_{\boldsymbol{k}\lambda}(t)a_{\boldsymbol{k}\lambda}^\dagger(0)\rangle \tag{9.2.88}$$

$N^>(\omega, T)$ 的物理意义是：对一个处于热力学平衡的系统, 当增加一个粒子而使其能量增加 ω 时, 可利用的空态数. 再定义 $N^<(\omega)$ 为在 $|n\rangle$ 态上除去一个粒子使其能量减少 $\hbar\omega$ 时可利用的满态数：

$$N^<(\omega) = \frac{1}{V}\sum_{\boldsymbol{k}\lambda,m} |\langle m|a_{k\lambda}|n\rangle|^2\delta[\omega - (E_n - E_m)/\hbar] \tag{9.2.89}$$

经过与 $N^>(\omega)$ 同样的操作, 得到

$$N^<(\omega, T) = \frac{1}{2\pi V}\sum_{\boldsymbol{k}\lambda}\int_{-\infty}^{\infty} \mathrm{d}t\mathrm{e}^{\mathrm{i}\omega t}\langle a^\dagger_{\boldsymbol{k}\lambda}(0)a_{\boldsymbol{k}\lambda}(t)\rangle \tag{9.2.90}$$

$N^<(\omega, T)$ 的物理意义是：对一个处于热力学平衡的系统, 除去一个粒子而使其能量减少 $\hbar\omega$ 时可使用的满态数.

另一方面, 在空间均匀的情况下, 在 $g^>$ 和 $g^<$ 的定义式中的场算符按平面波展开, 得到

$$\begin{aligned} g^>(\boldsymbol{x}_1t_1, \boldsymbol{x}_2t_2) &= -\frac{\mathrm{i}}{V}\sum_{\boldsymbol{k}\boldsymbol{k}'} \mathrm{e}^{\mathrm{i}(\boldsymbol{k}\cdot\boldsymbol{x}_1 - \boldsymbol{k}'\cdot\boldsymbol{x}_2)}\langle a_{\boldsymbol{k}\alpha}(t_1)a^\dagger_{\boldsymbol{k}'\beta}(t_2)\rangle \\ &= -\frac{\mathrm{i}}{V}\sum_{\boldsymbol{k}} \mathrm{e}^{\mathrm{i}\boldsymbol{k}\cdot(\boldsymbol{x}_1 - \boldsymbol{x}_2)}\langle a_{\boldsymbol{k}\alpha}(t)a^\dagger_{\boldsymbol{k}\beta}(0)\rangle \end{aligned} \tag{9.2.91}$$

$$g^<(\boldsymbol{x}_1t_1, \boldsymbol{x}_2t_2) = \frac{\mathrm{i}}{V}\sum_{\boldsymbol{k}} \mathrm{e}^{\mathrm{i}\boldsymbol{k}\cdot(\boldsymbol{x}_1 - \boldsymbol{x}_2)}\langle a^\dagger_{\boldsymbol{k}\beta}(0)a_{\boldsymbol{k}\alpha}(t)\rangle \tag{9.2.92}$$

它们的傅里叶变换分别为

$$g^>_{\alpha\beta}(\boldsymbol{k}, \omega) = -\mathrm{i}\int_{-\infty}^{\infty} \mathrm{d}t\mathrm{e}^{\mathrm{i}\omega t}\langle a_{\boldsymbol{k}\alpha}(t)a^\dagger_{\boldsymbol{k}\beta}(0)\rangle \tag{9.2.93}$$

$$g^<_{\alpha\beta}(\boldsymbol{k}, \omega) = \mathrm{i}\int_{-\infty}^{\infty} \mathrm{d}t\mathrm{e}^{\mathrm{i}\omega t}\langle a^\dagger_{\boldsymbol{k}\beta}(0)a_{\boldsymbol{k}\alpha}(t)\rangle \tag{9.2.94}$$

现在将此二式与 (9.2.88), (9.2.90) 比较得

$$N^>(\omega, T) = \frac{\mathrm{i}}{2\pi V}\sum_{\boldsymbol{k}} \mathrm{tr}g^>(\boldsymbol{k}, \omega) = \frac{\mathrm{i}}{2\pi}\int \frac{\mathrm{d}\boldsymbol{k}}{(2\pi)^3}\mathrm{tr}g^>(\boldsymbol{k}, \omega) \tag{9.2.95}$$

$$N^<(\omega, T) = -\frac{\mathrm{i}}{2\pi}\int \frac{\mathrm{d}\boldsymbol{k}}{(2\pi)^3}\mathrm{tr}g^<(\boldsymbol{k}, \omega) \tag{9.2.96}$$

能量为 $\hbar\omega$ 的单粒子态密度应该是上述可利用的空态数和满态数之和：

$$\begin{aligned} \rho(\omega) &= N^>(\omega, T) + N^<(\omega, T) = \frac{\mathrm{i}}{2\pi}\int \frac{\mathrm{d}\boldsymbol{k}}{(2\pi)^3}\mathrm{tr}[g^>(\boldsymbol{k}, \omega) - g^<(\boldsymbol{k}, \omega)] \\ &= \frac{1}{2\pi}\int \frac{\mathrm{d}\boldsymbol{k}}{(2\pi)^3}\mathrm{tr}A(\boldsymbol{k}, \omega) \end{aligned} \tag{9.2.97}$$

最后一步是由 (9.2.50) 式而来. 由此将态密度与谱函数联系起来. 态密度是温度的函数. 利用 (9.1.17), (9.1.18) 式,

$$\rho(\omega)=\frac{\mathrm{i}}{2\pi}\int\frac{\mathrm{d}\boldsymbol{k}}{(2\pi)^3}\mathrm{tr}[G^{\mathrm{R}}(\boldsymbol{k},\omega)-G^{\mathrm{A}}(\boldsymbol{k},\omega)] \tag{9.2.98}$$

再由 (9.2.21) 式:

$$\rho(\omega)=-\frac{1}{\pi}\int\frac{\mathrm{d}\boldsymbol{k}}{(2\pi)^3}\mathrm{Imtr}G^{\mathrm{R}}(\boldsymbol{k},\omega)=\frac{1}{\pi}\int\frac{\mathrm{d}\boldsymbol{k}}{(2\pi)^3}\mathrm{Imtr}G^{\mathrm{A}}(\boldsymbol{k},\omega) \tag{9.2.99}$$

此时用 (9.2.58) 式也得到 (9.2.97) 式.

在空间非均匀的情况下, 场算符不能用平波展开, 而应写成对单粒子本征函数 $\psi_k(\boldsymbol{x})$ 的展开. 这时 $g^>$ 和 $g^<$ 不能按 $\boldsymbol{x}_1-\boldsymbol{x}_2$ 作傅里叶展开. 但仍可对时间差作傅里叶展开. 可写成

$$g^>_{\alpha\beta}(\boldsymbol{x}_1,\boldsymbol{x}_2;\omega)=-\mathrm{i}\sum_{\boldsymbol{k}_1\boldsymbol{k}_2}\psi_{\boldsymbol{k}_1\alpha}(\boldsymbol{x}_1)\psi^*_{\boldsymbol{k}_1\beta}(\boldsymbol{x}_2)\int_{-\infty}^{\infty}\mathrm{d}t\mathrm{e}^{\mathrm{i}\omega t}\langle a_{\boldsymbol{k}_1\alpha}(t)a^\dagger_{\boldsymbol{k}_2\beta}(0)\rangle \tag{9.2.100a}$$

$$g^<_{\alpha\beta}(\boldsymbol{x}_1,\boldsymbol{x}_2;\omega)=\mathrm{i}\sum_{\boldsymbol{k}_1\boldsymbol{k}_2}\psi^*_{\boldsymbol{k}_1a}(\boldsymbol{x}_1)\psi_{\boldsymbol{k}_2\beta}(\boldsymbol{x}_2)\int_{-\infty}^{\infty}\mathrm{d}t\mathrm{e}^{\mathrm{i}\omega t}\langle a^\dagger_{\boldsymbol{k}_1\beta}(0)a_{\boldsymbol{k}_2\alpha}(t)\rangle \tag{9.2.100b}$$

它们与 $N^>$、$N^<$ 的联系为

$$N^>(\omega,T)=\frac{\mathrm{i}}{2\pi V}\int\mathrm{tr}g^>(\boldsymbol{x}_1,\boldsymbol{x}_2;\omega)\delta(\boldsymbol{x}_1-\boldsymbol{x}_2)\mathrm{d}\boldsymbol{x}_1\mathrm{d}\boldsymbol{x}_2 \tag{9.2.101a}$$

$$N^<(\omega,T)=-\frac{\mathrm{i}}{2\pi V}\int\mathrm{tr}g^<(\boldsymbol{x}_1,\boldsymbol{x}_2;\omega)\delta(\boldsymbol{x}_1-\boldsymbol{x}_2)\mathrm{d}\boldsymbol{x}_1\mathrm{d}\boldsymbol{x}_2 \tag{9.2.101b}$$

态密度则写成

$$\begin{aligned}\rho(\omega)&=\frac{\mathrm{i}}{2\pi V}\int\mathrm{tr}[g^>(\boldsymbol{x}_1,\boldsymbol{x}_2;\omega)-g^<(\boldsymbol{x}_1,\boldsymbol{x}_2;\omega)]\delta(\boldsymbol{x}_1-\boldsymbol{x}_2)\mathrm{d}\boldsymbol{x}_1\mathrm{d}\boldsymbol{x}_2\\&=\frac{\mathrm{i}}{2\pi V}\int\mathrm{tr}[G^{\mathrm{R}}(\boldsymbol{x},\boldsymbol{x};\omega)-G^{\mathrm{A}}(\boldsymbol{x},\boldsymbol{x};\omega)]\mathrm{d}\boldsymbol{x}\end{aligned} \tag{9.2.102}$$

对于零温时计算力学量的公式, 可仿照上式方法作推导, 只要记住只须对基态 $|\psi^0_{\mathrm{H}}\rangle$ 求平均, 使用哈密顿量 H 而不使用 $K=H-\mu N$. 这样在 (9.2.74),(9.2.75),(9.2.79),(9.2.80) 各式中将 μ 去掉, 则所有公式 (9.2.65)~(9.2.80) 式都适用于零温系统 (但在运用谱表示时应小心, 因为零温时的玻色系统可能有凝聚). 例如基态能量为

$$\begin{aligned}E_g=\langle T+H^{\mathrm{i}}\rangle&=-\eta\frac{\mathrm{i}}{2}\int\mathrm{d}\boldsymbol{x}\lim_{\boldsymbol{x}'\to\boldsymbol{x}}\left(\mathrm{i}\hbar\frac{\partial}{\partial t}-\frac{\hbar^2}{2m}\nabla^2_{\boldsymbol{x}}\right)\mathrm{tr}g(\boldsymbol{x}t,\boldsymbol{x}'t^+)\\&=\eta\frac{1}{2}\sum_{\boldsymbol{k}}\int\frac{\mathrm{d}\omega}{2\pi}\left(\hbar\omega+\frac{\hbar^2}{2m}k^2\right)\mathrm{tr}g^<(\boldsymbol{k},\omega)\end{aligned} \tag{9.2.103}$$

对于费米子系统

$$E_g = \frac{1}{2}\sum_{\boldsymbol{k}}\int \frac{\mathrm{d}\omega}{2\pi}\Big(\hbar\omega + \frac{\hbar^2}{2m}k^2\Big)\mathrm{Tr}[A(\boldsymbol{k},\omega)]\theta(\varepsilon_{\mathrm{F}} - \hbar\omega) \tag{9.2.104}$$

对于基态能量还有另一种求法. 利用 (9.2.81) 式的哈密顿量, 基态时有薛定谔方程

$$H(\lambda)|\psi_{\mathrm{H}}^0(\lambda)\rangle = E_g(\lambda)|\psi_{\mathrm{H}}^0(\lambda)\rangle \tag{9.2.105}$$

设 $|\psi_{\mathrm{H}}^0(\lambda)\rangle$ 已经是归一化的. 将 $E_g(\lambda)=\langle\psi_{\mathrm{H}}^0(\lambda)|H(\lambda)\ |\psi_{H}^0(\lambda)\rangle$ 两边对 λ 求导可得

$$\frac{\partial E_g}{\partial \lambda} = \frac{1}{\lambda}\langle\psi_{\mathrm{H}}^0(\lambda)|\lambda H^{\mathrm{i}}|\psi_{\mathrm{H}}^0(\lambda)\rangle \tag{9.2.106}$$

对 λ 求积分得到 (λ=1 时的) 相互作用基态能量

$$E_g = E_0 + \int_0^1 \frac{\mathrm{d}\lambda}{\lambda}\langle\psi_{\mathrm{H}}^0(\lambda)|\lambda H^{\mathrm{i}}|\psi_{\mathrm{H}}^0(\lambda)\rangle \tag{9.2.107}$$

其中 E_0 是自由粒子系 (λ=0) 的基态能量. 在 (9.2.107) 式中代入零温时相互作用能的表达式即可, 即在 (9.2.74) 式中去掉含 μ 的项. 注意 (9.2.107) 与 (9.2.84) 有相同的形式.

§9.3 格林函数的物理意义

9.3.1 准粒子

格林函数的极点就是准粒子的能谱. 为了讨论格林函数的物理意义, 我们必须首先回顾一下准粒子的概念.

在无相互作用系统中, 粒子之间没有任何相互作用 (甚至连碰撞也没有). 无相互作用系统也常称之为自由粒子系或理想气体, 甚至还有称为 “零” 粒子系的, 这里的 “零” 指相互作用为零. 每个粒子都处于严格的单粒子态, 也就是单粒子薛定谔方程的本征态, 其能量就是相应的本征值. 基态时, 费米子系统在动量空间处于费米球之内; 玻色子系统则全处于零动量的态上. 如果有一个或若干个粒子转移到更高能量的单粒子态上, 就形成系统的激发态. 理想气体的激发态都属于单粒子形式. 这种激发态都是系统的严格的定态 (因为都是哈密顿算符的严格的本征态). 所以在没有外加扰动的条件下, 理想气体的单粒子激发态能够永久地存在. 在二次量子化表象中, 哈密顿量具有形式

$$H = \sum_q \varepsilon_0(q)a_q^\dagger a_q \tag{9.3.1}$$

其中 q 是一组量子数. 哈密顿量只有对角项, 相应的系统总能量是

$$E = \sum_q \varepsilon_0(q) n_q \tag{9.3.2}$$

总能量是所有单个粒子的能量之和. 对于费米系统, n_q 只能取 0 或 1, 对于玻色系统, n_q 可取任意正整数.

对于粒子间有相互作用的非理想系统, 不存在严格的单粒子态, 因为相互作用能使粒子与粒子牵扯在一起, 任何一个粒子运动都不可能与其他粒子分离开来. 它们互相影响, 互相联系成一个整体. 这时只能说是系统的定态而不能说是单粒子的定态. 这时系统的激发也不能说是单个粒子的激发, 而是大量粒子的共同贡献. 哈密顿量中除了 (9.3.1) 式的对角项, 还有非对角项或高次项. 在二次量子化方法中, 有些哈密顿量可以对角化成如下形式:

$$H = \sum_r \varepsilon(r) b_r^\dagger b_r \tag{9.3.3}$$

有些哈密顿量可以作一些近似处理后化为上述的对角形式. 这时系统的总能量为

$$E = \sum_r \varepsilon(r) n_r \tag{9.3.4}$$

由于 (9.3.3), (9.3.4) 与 (9.3.1), (9.3.2) 的形式相同, 因此系统好像仍是由无相互作用的粒子所组成, 系统总能量是所有这些 "单个粒子" 的能量之和. 这样, 仍可借用单粒子的图像, 但它们并不是真正意义上的自由粒子, 故称之为准粒子 (quasi-particle) 或元激发 (elementary excitation).(9.3.3) 和 (9.3.4) 式中的 $\varepsilon(r)$ 就称为准粒子能谱或者元激发能谱. 注意准粒子与理想气体的自由粒子有着根本性的区别. 首先, 系统中的总能量不是各个实际粒子的能量之和, 因为相互作用总是在粒子间发生, 不可能把相互作用能归于某一个粒子. 其次, 一对粒子的 "状态" 不同, 它们之间的相互作用也不同, 进而使得准粒子能谱 $\varepsilon(r)$ 也不同. 准粒子能谱是与温度有关的. 再次, 设想该系统中再加上一个激发态的粒子, 由于相互作用的存在, 这样的激发态不是真正的定态, 因而不可能永久恒定的存在. 通过粒子间的相互作用, 使得外加粒子的最初激发能量最后扩散到系统的全体粒子. 因此, 准粒子具有有限的寿命. 准粒子的寿命与其能量是符合不确定关系的. 如果准粒子的寿命很短, 则相应的准粒子态的能量是很不确定的, 因而物理意义也不大. 有意义的是那些寿命足够长的准粒子态, 因为它们能为复杂的相互作用多粒子系提供比较简单的物理图像. 准粒子服从什么统计, 可在 (9.3.4) 的 n_r 上反映出来. 如果 n_r 只能取 0 或 1, 就服从费米统计；若 n_r 可取任意正整, 就服从玻色统计. 实际系统的粒子是有相互作用的. 如果哈密顿量能够严格对角化成 (9.3.3) 的形式, 则准粒子之间是无相互作用的. 实

际上绝大多数哈密顿量做不到这一点, 也就是说, 除了 (9.3.3) 的对角项之外还有非对角项或高次项, 这时应考虑准粒子之间的相互作用. 准粒子之间的相互作用对有些物理现象是重要的, 例如, 在计算热导率时, 应考虑声子之间的碰撞. 准粒子之间的相互作用对于准粒子的寿命也有重要的影响.

再分析一下 (9.3.3) 与 (9.3.1) 之间的区别. 准粒子可能与原来的单粒子是同一性质的粒子. 如果 a_q 是费米算符, b_r 仍是费米子算符. 有的费米子系统的元激发是玻色型的, 这时 (9.3.1) 中的 a_q 是费米子算符, 而 (9.3.3) 中的 b_r 则是玻色子算符. 例如超导体中的库柏对就是如此. 按照 Tomonaga 模型或者 Tomonaga-Luttinger 模型, 一维电子气的元激发也是玻色型的.(9.3.3), (9.3.4) 中的量子数 r 与原自由粒子的量子数 q 可能相同. 如相互作用电子气与自由电子气的量子数都是波矢 $\boldsymbol{k}$, 零温下在 $\boldsymbol{k}$ 空间中都排成费米球. 量子数 r 与 q 也可能不同, 例如固体内格点上原子振动的元激发是声子, 它的量子数是波矢 $\boldsymbol{k}$, 而对于每个格点上的原子来说, 只是在其平衡位置附近作振动, 是没有波矢的概念的.

元激发还可分为个别激发与集体激发两类. 个别激发的情况下, 准粒子还有原来意义上的粒子的概念, 准粒子与实际粒子还可以一一对应, 而且准粒子的总数可能还与实际粒子的总数相等 (如相互作用电子气). 集体激发完全是由于系统中所有粒子的共同运动所产生的. 声子就属于这一类, 它的数目可随温度而变化, 零温时声子数目为零. 这种类型的激发还有超流液 He 中的声子和旋子, 在铁磁性材料中的自旋波量子, 等. 有的系统例如等离子体中既有个别激发又有集体激发, 前者是电子空穴对, 后者称为等离激元.

在同一个相互作用多粒子系统中可以存在不止一种的准粒子激发, 反映到 (9.3.3) 式, 可能还有其他算符的对角项. 每一种准粒子能谱叫作系统能谱的一支. 每一支能谱的准粒子的能量与动量之间的关系, 叫作这种准粒子的色散关系. 在各种具体问题中, 起主要作用的往往只有少数几支能谱, 所以如果掌握了相互作用多粒子系的一些准粒子色散关系, 就能相对准确地研究一些相应的物理性质和过程.

在处理真实系统时, 我们实际上还把 "相互作用" 这个概念扩大了. 有时作用可能不是粒子间的直接作用, 而是通过媒介来传递的, 如电–声相互作用就是通过格点上原子的振动来实现电子之间的有效相互作用. 有些则是系统中的粒子受到其他类型的粒子的作用, 例如单电子在周期晶格势场中的运动构成能带, 在能带底部附近的准粒子仍为电子, 但其有效质量 m^* 与自由电子的质量 m 不同; 在能带顶部附近的准粒子则是带正电荷的空穴. 这种情况下, 晶格势起的作用与外场一样. 最后, 在格林函数中的 "相互作用" 也可指仅是外场的作用, 即 H^{i} 可指 (8.1.4) 式的 V^{e}(例如见 10.2.2 节).

有时准粒子还被形象地比作是裹上了一层外皮的粒子, 例如能带中的电子. 这是指由于相互作用, 准粒子表现与自由粒子的本来面目有所不同. 能带中电子的有

效质量是 m^*, 电子被裹上一层外皮后, 质量可能变轻了, 也可能变重了. 这时的电子被称为裹粒子 (dressed particle), 而相应的自由电子称为裸粒子 (naked particle).

用哈密顿量对角化方法的局限性是, 能够对角化或近似对角化成 (9.3.3) 形式的哈密顿量是非常有限的, 而且此方法无法计算准粒子的寿命. 借用由量子场论的技术而发展起来的多体格林函数理论, 是研究相互作用多粒子系的准粒子谱的一种普遍而有效的方法. 从格林函数的极点可得到系统的准粒子谱. 在无法作严格计算时, 还有各种标准的近似方法, 处理实际系统比较方便.

9.3.2 格林函数及其极点的物理解释

为简明起见, 以零温时的费米系统为例进行讨论. 基态时有 N 个粒子. 在 $\boldsymbol{k}$ 空间内处于费米球内. 实空间是均匀的. 先看无相互作用系统的情况, 基态记为 $|\Phi_0\rangle$. 从 t_1 到 t_2 时刻状态的演化是 $|\Phi_0(t_2)\rangle = \mathrm{e}^{-\mathrm{i}H_0(t_2-t_1)/\hbar}|\Phi_0(t_1)\rangle$. 设想在 t_1 时刻对系统注入一个动量为 $\boldsymbol{k}$ $(k > k_{\mathrm{F}})$ 的粒子, 从而得到动量为 $\boldsymbol{k}$ 的 N+1 个粒子的系统的态 $a_k^\dagger|\Phi_0\rangle$. 在薛定谔绘景中, 系统的状态按 $\exp[-\mathrm{i}H_0(t-t_1)/\hbar]$ 而随时间演化

$$|\psi(t)\rangle = \mathrm{e}^{-\mathrm{i}H_0(t-t_1)/\hbar}a_{\boldsymbol{k}}^\dagger|\Phi_0\rangle, t > t_1 \tag{9.3.5}$$

由于 $a_k^\dagger|\Phi_0\rangle$ 也是系统的本征态:

$$H_0(a_{\boldsymbol{k}}^\dagger|\Phi_0\rangle) = (E_g + \varepsilon_{\boldsymbol{k}})(a_{\boldsymbol{k}}^\dagger|\Phi_0\rangle) \tag{9.3.6}$$

$$|\psi(t)\rangle = \mathrm{e}^{-\mathrm{i}(E_g+\varepsilon_{\boldsymbol{k}})(t-t_1)/\hbar}a_{\boldsymbol{k}}^\dagger|\Phi_0\rangle \tag{9.3.7}$$

在 t_2 时刻仍然能观察到这个态的概率幅等于

$$\langle\Phi_0|\mathrm{e}^{\mathrm{i}H_0(t_2-t_1)/\hbar}a_k|\psi(t_2)\rangle = \mathrm{e}^{-\mathrm{i}\varepsilon_{\boldsymbol{k}}(t_2-t_1)/\hbar}\theta(t_2-t_1)\theta(k-k_{\mathrm{F}}) \tag{9.3.8}$$

此式左边利用 (9.3.7) 式可写成海森伯算符的形式:

$$\langle\Phi_0|a_{\mathrm{H}\boldsymbol{k}}(t_2)a_{\mathrm{H}\boldsymbol{k}}^\dagger(t_1)|\Phi_0\rangle\theta(t_2-t_1) = \mathrm{e}^{-\mathrm{i}\varepsilon_{\boldsymbol{k}}(t_2-t_1)/\hbar}\theta(t_2-t_1)\theta(k-k_{\mathrm{F}}) \tag{9.3.9}$$

左边正是格林函数的定义 $(t_2 > t_1)$, 或者是推迟格林函数的定义. 因此格林函数是指一个粒子于某个时刻注入系统, 又于另一时刻离开的概率幅, 在这过程中, 这个粒子是在进行传播的. 对于自由粒子系, 粒子的传播不受干扰. 粒子的能量是不变的, 所以概率幅随时间的变化是简谐式的振荡, 没有衰减. 换言之, 如果我们能够找到格林函数随时间作简谐振荡式的解, 则其对应的频率就给出系统的定态能谱.

再看相互作用系统的情况, 基态记为 $|\psi_H^0\rangle$. 在薛定谔绘景中 t=0 时刻的波函数记为 $|\psi_{\mathrm{S}}(0)\rangle$, 基态波函数随时间的变化规律为

$$|\psi_{\mathrm{S}}(t)\rangle = \mathrm{e}^{-\mathrm{i}Ht/\hbar}|\psi_{\mathrm{S}}(0)\rangle \tag{9.3.10}$$

设在 t_1 时刻, 对系统加上一个粒子而得到态 $a_k^\dagger|\psi_{\mathrm{S}}(t_1)\rangle$, 则以后系统的状态按 $\exp[-\mathrm{i}H(t-t_1)/\hbar]a_k^\dagger|\psi_{\mathrm{S}}(t_1)\rangle$ 的规律演进. 现在问 t_2 时刻仍出现 $a_k^\dagger|\psi_{\mathrm{S}}\rangle$ 状态的概率幅是多少, 它应是

$$\langle\psi_{\mathrm{S}}(t_2)|a_{\boldsymbol{k}}\mathrm{e}^{-\mathrm{i}H(t_2-t_1)/\hbar}a_{\boldsymbol{k}}^\dagger|\psi_{\mathrm{S}}(t_1)\rangle \tag{9.3.11}$$

现在将 (9.3.10) 代入 (9.3.11), 并且海森伯基态 $|\psi_{\mathrm{H}}^0\rangle=|\psi_{\mathrm{s}}(0)\rangle$, (9.3.11) 式成为

$$\langle\psi_{\mathrm{H}}^0|a_{\mathrm{H}\boldsymbol{k}}(t_2)a_{\mathrm{H}\boldsymbol{k}}^\dagger(t_1)|\psi_{\mathrm{H}}^0\rangle=\mathrm{i}G(\boldsymbol{k},t_2-t_1), t_2>t_1 \tag{9.3.12}$$

这也正是格林函数. 形式上与无相互作用的情况相同. 因此格林函数的物理意义是非常明确的. 但与无相互作用的情况不同的是, 由于相互作用, 现在 $a_k^\dagger|\psi_{\mathrm{S}}\rangle$ 不是哈密顿量 H 的本征态, 所以要对 (9.3.12) 的值作具体的计算与分析. 令 $t_2-t_1=t>0$, 对格林函数作傅里叶变换:

$$G(\boldsymbol{k},t)=\int_{-\infty}^{\infty}\frac{\mathrm{d}\omega}{2\pi}G(\boldsymbol{k},\omega)\mathrm{e}^{-\mathrm{i}\omega t} \tag{9.3.13}$$

把积分分为两部分,

$$G(\boldsymbol{k},t)=\int_{-\infty}^{\mu}\frac{\mathrm{d}\omega}{2\pi}\mathrm{e}^{-\mathrm{i}\omega t}G(\boldsymbol{k},\omega)+\int_{\mu}^{\infty}\frac{\mathrm{d}\omega}{2\pi}\mathrm{e}^{-\mathrm{i}\omega t}G(\boldsymbol{k},\omega) \tag{9.3.14}$$

因为 $t>0$, 对 ω 的积分路径可以向下半平面变形. 在第一个积分中, $\omega<\mu$, 故 $G=G^{\mathrm{A}}$, 见 (9.2.31) 式, 而 G^{A} 在下半平面解析, 所以原积分路径可以变形成图 9.1(a) 中的 $\mathrm{C_0}'+\mathrm{C_1}'$, 令 $\omega=\omega_1-\mathrm{i}\omega_2, \omega_2>0$, 则当 $\omega_2\to\infty$ 时, $\exp(-\mathrm{i}\omega t)=\exp(-\mathrm{i}\omega_1 t-\omega_2 t)\to 0$, 沿大圆弧 $\mathrm{C_0}'$ 的积分为零. 因此第一个积分成为

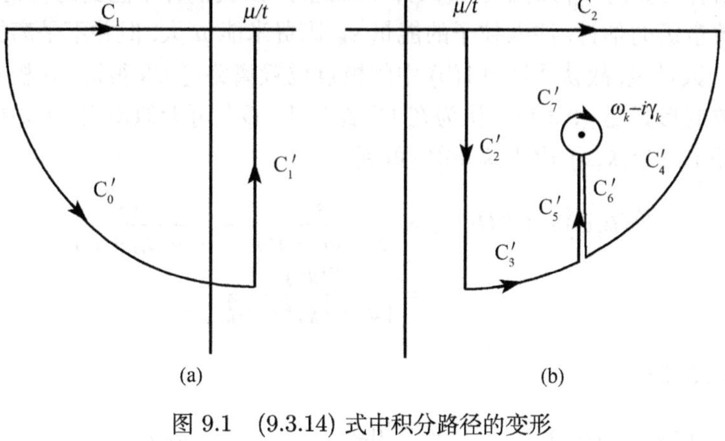

图 9.1 (9.3.14) 式中积分路径的变形

$$\int_{-\infty}^{\mu}\frac{\mathrm{d}\omega}{2\pi}\mathrm{e}^{-\mathrm{i}\omega t}G(\boldsymbol{k},\omega)=\int_{\mu/\hbar-\mathrm{i}\infty}^{\mu/\hbar}\frac{\mathrm{d}\omega}{2\pi}\mathrm{e}^{-\mathrm{i}\omega t}G^{\mathrm{A}}(\boldsymbol{k},\omega)$$
$$=\int_{-\infty}^{0}\mathrm{i}\mathrm{e}^{-\mathrm{i}\mu t/\hbar}\frac{\mathrm{d}\omega'}{2\pi}\mathrm{e}^{-\omega' t}G^{\mathrm{A}}(\boldsymbol{k},\mu/\hbar-\mathrm{i}\omega') \qquad (9.3.15)$$

当 $\omega>\mu$, $G=G^{\mathrm{R}}$, 但 G^{R} 在下半平面不解析, 会出现奇点, 设在 $\omega=\omega_{\boldsymbol{k}}-\mathrm{i}\gamma_{\boldsymbol{k}}$ 处有一个单极点, 则第二个积分的路径可以变形成图 9.1(b) 中的 $\mathrm{C}_2'-\mathrm{C}_7'$. 在大圆弧 $\mathrm{C}_3'+\mathrm{C}_4'$ 上的积分为零, 令 C_5' 与 C_6' 两条路径无限靠近, 则这两个积分由于路径方向正好相反而相互抵消. 同时 C_7' 形成一个闭合回路, 在极点附近, G^{R} 的行为是

$$G^{\mathrm{R}}\approx\frac{a}{\omega-\varepsilon_{\boldsymbol{k}}/\hbar+\mathrm{i}\gamma_{\boldsymbol{k}}} \qquad (9.3.16)$$

其中 a 是极点处的留数. 那么对 C_7' 路径的积分为 $-\mathrm{i}a\exp(-\mathrm{i}\omega_{\boldsymbol{k}}t-\gamma_{\boldsymbol{k}}t)$, 其中 $\omega_{\boldsymbol{k}}=\varepsilon_{\boldsymbol{k}}/\hbar$. 则 (9.3.14) 式第二项的积分为

$$\int_{\mu}^{\infty}\frac{\mathrm{d}\omega}{2\pi}\mathrm{e}^{-\mathrm{i}\omega t}G(\boldsymbol{k},\omega)=\int_{\mathrm{C}_2'+\mathrm{C}_7'}\frac{\mathrm{d}\omega}{2\pi}\mathrm{e}^{-\mathrm{i}\omega t}G^{\mathrm{R}}(\boldsymbol{k},\omega)$$
$$=\int_{\infty}^{0}\frac{\mathrm{d}\omega'}{2\pi}G^{\mathrm{R}}(\boldsymbol{k},\mu/\hbar-\mathrm{i}\omega')\mathrm{i}\mathrm{e}^{\mathrm{i}\mu t/\hbar}\mathrm{e}^{-\omega' t}-\mathrm{i}a\mathrm{e}^{-\mathrm{i}\omega_{\boldsymbol{k}}t-\gamma_{\boldsymbol{k}}t} \qquad (9.3.17)$$

和 (9.3.15) 式合并就成为

$$G(\boldsymbol{k},t)=\int_{-\infty}^{0}\mathrm{i}\mathrm{e}^{-\mathrm{i}\mu t/\hbar}\frac{\mathrm{d}\omega'}{2\pi}[G^{\mathrm{A}}(\boldsymbol{k},\mu/\hbar-\mathrm{i}\omega')-G^{\mathrm{R}}(\boldsymbol{k},\mu/\hbar-\mathrm{i}\omega')]\mathrm{e}^{-\omega' t}-a\mathrm{e}^{-\mathrm{i}\omega_{\boldsymbol{k}}t-\gamma_{\boldsymbol{k}}t} \qquad (9.3.18)$$

由于格林函数的严格的解析形式并不知道, 所以我们并不能真的作精确的计算, 下面只作数量级的估计. 注入粒子的能量 $\varepsilon_{\boldsymbol{k}}$ 比费米能 μ 大, 但并不是离的很远, $\varepsilon_{\boldsymbol{k}}$ 与 μ 是同一数量级, 故认为图 9.1(b) 中的极点位置离路径 C_2' 很近. 在极点附近, 推迟格林函数的形式是 (9.3.16), 认为在 C_2' 路径上, G^{R} 可近似使用 (9.3.16) 的形式, 在同一路径上, $G^{\mathrm{A}}(\boldsymbol{k},\omega)=[G^{\mathrm{R}}(\boldsymbol{k},\omega)]^*$, 得到

$$G^{\mathrm{A}}(\boldsymbol{k},\omega)-G^{\mathrm{R}}(\boldsymbol{k},\omega)\approx\frac{a}{\omega-\omega_{\boldsymbol{k}}-\mathrm{i}\gamma_{\boldsymbol{k}}}-\frac{a}{\omega-\omega_{\boldsymbol{k}}+\mathrm{i}\gamma_{\boldsymbol{k}}}$$
$$=\frac{2\mathrm{i}a\gamma_{\boldsymbol{k}}}{(\omega-\omega_{\boldsymbol{k}})^2+\gamma_{\boldsymbol{k}}^2} \qquad (9.3.19)$$

将 (9.3.18) 式写成

$$G(\boldsymbol{k},t)=-\frac{a\gamma_{\boldsymbol{k}}}{\pi}\mathrm{e}^{-\mathrm{i}\mu t/\hbar}\int_{0}^{\infty}\frac{\mathrm{e}^{-\omega' t}\mathrm{d}\omega'}{(\mu/\hbar-\mathrm{i}\omega'-\omega_{\boldsymbol{k}})^2+\gamma_{\boldsymbol{k}}^2}-\mathrm{i}a\mathrm{e}^{-\mathrm{i}\omega_{\boldsymbol{k}}t-\gamma_{\boldsymbol{k}}t}=I_1+I_2 \qquad (9.3.20)$$

我们不考虑大 $\gamma_{\boldsymbol{k}}$ 的情况, 只考虑 $\gamma_{\boldsymbol{k}}$ 足够小, 满足 $\gamma_{\boldsymbol{k}} \ll (\varepsilon_{\boldsymbol{k}}-\mu)/\hbar$ 的情况. 下面分三个时间范围来估计上述积分值.

① 当 t 很小时, $t \ll \hbar/(\varepsilon_{\boldsymbol{k}}-\mu) \ll 1/\gamma_{\boldsymbol{k}}$, I_2 基本上随时间简谐振荡, I_1 的积分无法估计, 与 I_2 相比未必小, 所以此时格林函数 $G(\boldsymbol{k}, t)$ 的行为无法确定.

② 当 t 在下述范围

$$\frac{\hbar}{\varepsilon_{\boldsymbol{k}} - \mu} \ll t \ll \frac{1}{\gamma_{\boldsymbol{k}}} \tag{9.3.21}$$

时, 可证明 $I_1 \ll I_2$. 由于 I_1 中的指数因子 $\exp(-\omega' t)$, 只有 $\omega' \ll 1/t$ 的 ω' 值对积分起主要贡献, 这时可令分母上 $\omega' \approx 0$. 又由条件 (9.3.21), $\varepsilon_k - \mu \gg \hbar\gamma_k$,

$$I_1 \approx -\frac{a}{\pi}\gamma_{\boldsymbol{k}} \mathrm{e}^{-\mathrm{i}\mu t/\hbar} \int_0^\infty \frac{\mathrm{e}^{-\omega' t}\mathrm{d}\omega'}{(\varepsilon_{\boldsymbol{k}} - \mu)^2/\hbar^2} = \frac{\hbar^2 a\gamma_{\boldsymbol{k}} \mathrm{e}^{-\mathrm{i}\mu t}}{\pi t(\varepsilon_{\boldsymbol{k}} - \mu)^2} \ll a\mathrm{e}^{-\mathrm{i}\mu/\hbar} \ll I_2 \tag{9.3.22}$$

其中用到条件 $\hbar/(\varepsilon_{\boldsymbol{k}}-\mu)t \ll 1$, $\hbar\gamma_{\boldsymbol{k}}/(\varepsilon_{\boldsymbol{k}}-\mu) \ll 1$, 都是来自于条件 (9.3.21). 最后由于 I_2 上有因子 $\exp(-\gamma_{\boldsymbol{k}} t)$, 而 $\gamma_{\boldsymbol{k}} t \ll 1$. 因此格林函数的行为是

$$\mathrm{i}G(\boldsymbol{k}, t) \approx \mathrm{i}I_2 = a\mathrm{e}^{-\mathrm{i}\omega_{\boldsymbol{k}} t - \gamma_{\boldsymbol{k}} t} \tag{9.3.23}$$

是频率为 $\omega_{\boldsymbol{k}}$ 的简谐振荡, 描述了准粒子的状态.

③ $t > 1/\gamma_{\boldsymbol{k}}$, 此时 I_2 随指数衰减.

对于上述结果的物理解释: 在系统中添加一个裸粒子后, 为它加上相互作用变成准粒子, 即给它裹上外皮的时间为 $\hbar/(\varepsilon_{\boldsymbol{k}}-\mu)$ 的量级 (因为在这个时间之后, 才表现为单个极点的贡献 I_2, 否则还有 I_1 的贡献). 这个准粒子在 $1/\gamma_k$ 的时间内表现为独立传播的行为, 这段时间就是它的寿命, 超过这段时间就很快衰减了. 上面我们只考虑足够小的 $\gamma_{\boldsymbol{k}}$, 而不考虑大的 $\gamma_{\boldsymbol{k}}$, 因为太短的寿命没有什么意义. 只有寿命足够长的准粒子态才是可以测量到的.

总之, 格林函数 $G(\boldsymbol{k}, t)$ 在 $t>0$ 时可以描述准粒子的传播. 准粒子的能量与寿命取决于格林函数在下半平面的极点. 极点的实部是准粒子的能量, 极点虚部的倒数是准粒子的寿命.

同样地, 如果在 t=0 时, 从基态的系统中拿出一个粒子, 得到态 $a_k|\psi_\mathrm{S}\rangle$, 这相当于产生一个空穴, 经 $t>0$ 的时间后, 继续存在这个状态的概率幅是 $\langle\psi_\mathrm{H}^0|a_{\boldsymbol{k}\mathrm{H}}^\dagger(t) a_{\boldsymbol{k}\mathrm{H}}(0)|\psi_\mathrm{H}^0\rangle = -\mathrm{i}G(\boldsymbol{k}, -t)$. 因时间宗量是负的, 故傅里叶变换式的路径积分可向上半平面变形, 于是 $G(\boldsymbol{k},\omega)$ 在上半平面靠近 $\omega<\mu$ 一段实轴的极点决定空穴型准粒子的能量与寿命.

在上面的具体讨论中, 我们假定了只有一个靠近实轴的单极点. 假如存在几个极点, 则对于每个极点都可作相似分析, 从而格林函数给出几支准粒子能谱.

又由于 (9.2.30), (9.2.31) 式, 我们还得到结论: 推迟 (超前) 格林函数 $G^\mathrm{R}(\boldsymbol{k}, \omega)(G^\mathrm{A}(\boldsymbol{k}, \omega))$ 在下半平面 (上半平面) 的极点决定粒子型 (空穴型) 准粒子的

能量与寿命. 这样, 在处理实际系统时, 既可计算因果格林函数, 也可计算推迟 (超前) 格林函数, 前者已有成熟的图形技术 (第十章), 后者可用运动方程法求解 (第十五章).

对于声子系统可以作完全平行的讨论. 注意到声子的化学势为零, 并且基态是不存在声子的态, 我们得到结论: 声子格林函数的解析性质与 μ=0 的费米子系格林函数的相同, 它描述了声子作为一种准粒子的传播, 而其极点决定声子的能谱和衰减.

一对粒子的激发由描述二粒子传播的二粒子格林函数 g_2 的极点所决定. 等离激元或液氦中的零声这样的元激发是一种密度波. 这种集体激发由密度格林函数

$$D(\boldsymbol{x},\boldsymbol{x}')=-\mathrm{i}\langle[n(\boldsymbol{x})n(\boldsymbol{x}')]\rangle, n(\boldsymbol{x})=\varphi_{\mathrm{H}}^{\dagger}(\boldsymbol{x})\varphi_{\mathrm{H}}(\boldsymbol{x}) \tag{9.3.24}$$

的极点所决定.

§9.4　无相互作用系统的格林函数

本节给出无相互作用费米子 (玻色子) 和声子的格林函数的具体形式. 由于在各格林函数的定义式中, $g^<$ 与 $g^>$ 的定义 (9.1.4,5) 最简单, 先求出它们, 再由 (9.1.14)~(9.1.19) 式求出其他的格林函数. 现在无外场, 空间是均匀的.

9.4.1 费米子 (玻色子)

对于无相互作用系统, 由 (8.2.28) 式可得

$$K_0=\sum_{\boldsymbol{k}\alpha}(\varepsilon_{\boldsymbol{k}}^0-\mu)a_{\boldsymbol{k}\alpha}^{\dagger}a_{\boldsymbol{k}\alpha}, \varepsilon_{\boldsymbol{k}}^0=\frac{\hbar^2}{2m}k^2 \tag{9.4.1}$$

可将场算符写成如下形式:

$$\psi_{H\alpha}(\boldsymbol{x},t)=\mathrm{e}^{\mathrm{i}K_0t/\hbar}\sum_{\boldsymbol{k}}\varphi_{\boldsymbol{k}\alpha}(\boldsymbol{x})a_{\boldsymbol{k}\alpha}\mathrm{e}^{-\mathrm{i}K_0t/\hbar}=\sum_{\boldsymbol{k}}\varphi_{\boldsymbol{k}\alpha}(\boldsymbol{x})a_{\boldsymbol{k}\alpha}(t) \tag{9.4.2}$$

由于

$$\mathrm{i}\hbar\frac{\partial}{\partial t}a_{\boldsymbol{k}\alpha}(t)=[a_{\boldsymbol{k}\alpha}(t),K_0] \tag{9.4.3}$$

算得:

$$a_{\boldsymbol{k}\alpha}(t)=\mathrm{e}^{-\mathrm{i}(\varepsilon_{\boldsymbol{k}}^0-\mu)t/\hbar}a_{\boldsymbol{k}\alpha} \tag{9.4.4}$$

现在取 $\varphi_{\boldsymbol{k}}(\boldsymbol{x})$ 为平面波. 将 $\psi_{\mathrm{H}\alpha}(x)$ 及其共轭量的表达式代入 $g^>$ 的定义 (9.1.4), 作空间傅里叶变换, 可得

$$g_{\alpha\beta}^{>}(\boldsymbol{k},\tau)=-\mathrm{i}\langle a_{\boldsymbol{k}\alpha}(\tau+t')a_{\boldsymbol{k}\beta}^{\dagger}(t')\rangle \tag{9.4.5}$$

由 (9.4.2) 式可知 $a_{\boldsymbol{k}}(t)$ 与 $\psi_{\mathrm{H}\alpha}(x)$ 之间是傅里叶变换的关系, 所以 $a_{\boldsymbol{k}}(t)$ 为动量表象中的场算符.(9.4.5) 式表明, 在均匀空间中, 格林函数也可直接用动量表象中的场算符来定义. 不失一般性, 取 $t'=0$,

$$g_{\alpha\beta}^{>}(\boldsymbol{k},t)=-\mathrm{i}\langle\mathrm{e}^{-\mathrm{i}(\varepsilon_{\boldsymbol{k}}^{0}-\mu)t/\hbar}a_{\boldsymbol{k}\alpha}a_{\boldsymbol{k}\beta}^{\dagger}\rangle=-\mathrm{i}\mathrm{e}^{-\mathrm{i}(\varepsilon_{\boldsymbol{k}}^{0}-\mu)t/\hbar}\delta_{\alpha\beta}(1+\eta\langle a_{\boldsymbol{k}}^{\dagger}a_{\boldsymbol{k}}\rangle) \tag{9.4.6}$$

同理

$$g_{\alpha\beta}^{<}(\boldsymbol{k},t)=-\eta\mathrm{i}\mathrm{e}^{-\mathrm{i}(\varepsilon_{\boldsymbol{k}}^{0}-\mu)t/\hbar}\langle a_{\boldsymbol{k}}^{\dagger}a_{\boldsymbol{k}}\rangle\delta_{\alpha\beta} \tag{9.4.7}$$

由于

$$\langle a_{\boldsymbol{k}}^{\dagger}a_{\boldsymbol{k}}\rangle=f_{-\eta}(\varepsilon_{\boldsymbol{k}}^{0}-\mu)=\frac{1}{e^{\beta(\varepsilon_{\boldsymbol{k}}^{0}-\mu)}-\eta} \tag{9.4.8}$$

具有动量 $\boldsymbol{k}$ 的粒子数在系统中的平均值遵从费米分布 (玻色分布). 所以

$$\begin{aligned}g_{\alpha\beta}(\boldsymbol{k},t)&=\theta(t)g_{\alpha\beta}^{>}(\boldsymbol{k},t)+\theta(-t)g_{\alpha\beta}^{<}(\boldsymbol{k},t)\\&=-\mathrm{i}\mathrm{e}^{-\mathrm{i}(\varepsilon_{\boldsymbol{k}}^{0}-\mu)t/\hbar}\delta_{\alpha\beta}\{\theta(t)[1+\eta f_{-\eta}(\varepsilon_{\boldsymbol{k}}^{0}-\mu)]+\eta\theta(-t)f_{-\eta}(\varepsilon_{\boldsymbol{k}}^{0}-\mu)\}\end{aligned} \tag{9.4.9}$$

$$\tilde{g}_{\alpha\beta}(\boldsymbol{k},t)=g_{\alpha\beta}^{>}(\boldsymbol{k},t)-g_{\alpha\beta}^{<}(\boldsymbol{k},t)=-\mathrm{i}\mathrm{e}^{-\mathrm{i}(\varepsilon_{\boldsymbol{k}}^{0}-\mu)t/\hbar}\delta_{\alpha\beta} \tag{9.4.10}$$

$$g_{\alpha\beta}^{\mathrm{R}}(\boldsymbol{k},t)=\theta(t)\tilde{g}_{\alpha\beta}(\boldsymbol{k},t)=-\mathrm{i}\theta(t)\mathrm{e}^{-\mathrm{i}(\varepsilon_{\boldsymbol{k}}^{0}-\mu)t/\hbar}\delta_{\alpha\beta} \tag{9.4.11}$$

$$g_{\alpha\beta}^{\mathrm{A}}(\boldsymbol{k},t)=-\theta(-t)\tilde{g}_{\alpha\beta}(\boldsymbol{k},t)=\mathrm{i}\theta(-t)\mathrm{e}^{-\mathrm{i}(\varepsilon_{\boldsymbol{k}}^{0}-\mu)t/\hbar}\delta_{\alpha\beta} \tag{9.4.12}$$

其中 $\tilde{g}$, g^{R}, g^{A} 与温度无关, 与化学势 (除了一个相因子外) 也无关系, 其行为就像在真空中运动的粒子一样.g, $g^{>}$, $g^{<}$ 则与系统有关.

对于费米子系统, 可取 $T\to0$ 的极限, 这时

$$\mu=\varepsilon_{\mathrm{F}}^{0}=\frac{\hbar^{2}}{2m}k_{\mathrm{F}}^{2} \tag{9.4.13}$$

$$f_{+}(\varepsilon_{\boldsymbol{k}}-\mu)=\theta(k_{\mathrm{F}}-k)=\theta(\varepsilon_{\mathrm{F}}^{0}-\varepsilon_{\boldsymbol{k}}) \tag{9.4.14}$$

可写出其零温格林函数：

$$g(\boldsymbol{k},t)=-\mathrm{i}\mathrm{e}^{-\mathrm{i}(\varepsilon_{\boldsymbol{k}}^{0}-\mu)t/\hbar}\left[\theta(t)\theta(k-k_{\mathrm{F}})-\theta(-t)\theta(k_{\mathrm{F}}-k)\right] \tag{9.4.15}$$

零温下的三维玻色子系统会发生凝聚现象, 其格林函数将在第十七章中处理.

下面对时间 t 作傅里叶变换.

$$\tilde{g}(\boldsymbol{k},\omega)=\int_{-\infty}^{\infty}\mathrm{e}^{\mathrm{i}\omega t}\tilde{g}(\boldsymbol{k},t)\mathrm{d}t=-2\pi\mathrm{i}\delta[\omega-(\varepsilon_{\boldsymbol{k}}^{0}-\mu)/\hbar] \tag{9.4.16}$$

利用 (9.1.22) 式, 可算得：

$$g^{\mathrm{R}}(\boldsymbol{k},\omega)=\frac{\hbar}{\hbar\omega-\varepsilon_{\boldsymbol{k}}^{0}+\mu+\mathrm{i}0^{+}},g^{\mathrm{A}}(\boldsymbol{k},\omega)=\frac{\hbar}{\hbar\omega-\varepsilon_{\boldsymbol{k}}^{0}+\mu-\mathrm{i}0^{+}} \tag{9.4.17}$$

$$g(\boldsymbol{k},\omega)=\frac{\hbar[1+\eta f_{-\eta}(\varepsilon_{\boldsymbol{k}}^0-\mu)]}{\hbar\omega-\varepsilon_{\boldsymbol{k}}^0+\mu+\mathrm{i}0^+}-\eta\frac{\hbar f_{-\eta}(\varepsilon_{\boldsymbol{k}}^0-\mu)}{\hbar\omega-\varepsilon_{\boldsymbol{k}}^0+\mu-\mathrm{i}0^+} \tag{9.4.18}$$

费米子系的零温格林函数：

$$\begin{aligned}g(\boldsymbol{k},\omega)&=\frac{\hbar\theta(k-k_{\mathrm{F}})}{\hbar\omega-\varepsilon_{\boldsymbol{k}}^0+\mu+\mathrm{i}0^+}+\frac{\hbar\theta(k_{\mathrm{F}}-k)}{\hbar\omega-\varepsilon_{\boldsymbol{k}}^0+\mu-\mathrm{i}0^+}\\&=\frac{\hbar}{\hbar\omega-\varepsilon_{\boldsymbol{k}}^0+\mu+\mathrm{i}0^+\mathrm{sgn}(k-k_{\mathrm{F}})}\end{aligned} \tag{9.4.19}$$

对于费米子系的零温格林函数 (9.4.17), (9.4.19), 可写成统一形式. 如果定义一个函数

$$G(\boldsymbol{k},z)=\frac{\hbar}{\hbar z-\varepsilon_{\boldsymbol{k}}^0+\mu} \tag{9.4.20}$$

那么有

$$g^{\mathrm{R}}(\boldsymbol{k},\omega)=G(\boldsymbol{k},\omega+\mathrm{i}0^+)=G^+(\boldsymbol{k},\omega) \tag{9.4.21}$$

$$g^{\mathrm{A}}(\boldsymbol{k},\omega)=G(\boldsymbol{k},\omega+\mathrm{i}0^+)=G^-(\boldsymbol{k},\omega) \tag{9.4.22}$$

$$g(\boldsymbol{k},\omega)=G(\boldsymbol{k},\omega+\mathrm{i}0^+\mathrm{sgn}(\omega-\varepsilon_{\mathrm{F}}/\hbar)) \tag{9.4.23}$$

这种情况下, g^{R} 与 g^{A} 相当于格林函数的左、右侧极限.

作傅里叶反变换可得到坐标表象中的格林函数, 例如：

$$\begin{aligned}&g(\boldsymbol{x}-\boldsymbol{x}',t-t')\\&=\frac{-\mathrm{i}}{(2\pi)^3}\int\mathrm{d}\boldsymbol{k}\mathrm{e}^{\mathrm{i}\boldsymbol{k}\cdot(\boldsymbol{x}-\boldsymbol{x}')-\mathrm{i}(\varepsilon_{\boldsymbol{k}}^0-\mu)(t-t')/\hbar}\{\theta(t-t')[1+\eta f_{-\eta}(\varepsilon_{\boldsymbol{k}}^0-\mu)]\\&\quad+\eta\theta(t'-t)f_\eta(\varepsilon_{\boldsymbol{k}}^0-\mu)\}\end{aligned} \tag{9.4.24}$$

费米子系的零温格林函数为

$$\begin{aligned}g(\boldsymbol{x}-\boldsymbol{x}',t-t')=&\frac{-\mathrm{i}}{(2\pi)^3}\int\mathrm{d}\boldsymbol{k}\mathrm{e}^{\mathrm{i}\boldsymbol{k}\cdot(\boldsymbol{x}-\boldsymbol{x}')-\mathrm{i}(\varepsilon_{\boldsymbol{k}}^0-\mu)(t-t')/\hbar}[\theta(t-t')\theta(k-k_{\mathrm{F}})\\&-\theta(t'-t)\theta(k_{\mathrm{F}}-k)]\end{aligned} \tag{9.4.25}$$

比较而言, 在四维动量 $(\boldsymbol{k},\omega)$ 空间格林函数具有最简单的形式.

9.4.2 声子

声子的格林函数一般用 D 来表示. 已知声子的海森伯算符为 (8.1.18) 式, 声子系统的化学势为零.

$$\langle b_{\boldsymbol{k}}^\dagger b_{\boldsymbol{k}'}\rangle=n_{\boldsymbol{k}}\delta_{\boldsymbol{k}\boldsymbol{k}'},\langle b_{\boldsymbol{k}}b_{\boldsymbol{k}'}^\dagger\rangle=\delta_{\boldsymbol{k}\boldsymbol{k}'}-\delta_{\boldsymbol{k}\boldsymbol{k}'}n_{\boldsymbol{k}} \tag{9.4.26}$$

$$n_{\boldsymbol{k}}=f_-(\omega_{\boldsymbol{k}}) \tag{9.4.27}$$

将声子的场算符代入格林函数的定义式, 并用 (9.4.26) 式, 得到

$$D^>(x,x')=-\mathrm{i}\sum_{|\boldsymbol{k}|<k_\mathrm{D}}\frac{\hbar\omega_{\boldsymbol{k}}}{2V}\left\{n_{\boldsymbol{k}}\mathrm{e}^{\mathrm{i}[\omega_{\boldsymbol{k}}(t-t')-\boldsymbol{k}\cdot(\boldsymbol{x}-\boldsymbol{x}')]}+(1+n_{\boldsymbol{k}})\mathrm{e}^{-\mathrm{i}[\omega_{\boldsymbol{k}}(t-t')-\boldsymbol{k}\cdot(\boldsymbol{x}-\boldsymbol{x}')]}\right\} \tag{9.4.28}$$

其中用到 $\langle b_kb_{k'}\rangle=\langle b_k^\dagger b_{k'}^\dagger\rangle$=0, 对 $\boldsymbol{k}$ 的求和用 (1.2.5) 式化为积分, 声子的频率有一个上限, 即德拜 (Debye) 频率 ω_D, 相应的波矢上限为 $\boldsymbol{k}_\mathrm{D}$. 由于声子的场算符是个实量

$$D^<(x,x')=[D^>(x,x')]^*=D^>(x',x) \tag{9.4.29}$$

可算得

$$\begin{aligned}\widetilde{D}(x,x')&=D^>(x,x')-D^<(x,x')\\&=-\mathrm{i}\sum_{|\boldsymbol{k}|<k_\mathrm{D}}\frac{\hbar\omega_{\boldsymbol{k}}}{2V}\left\{\mathrm{e}^{-\mathrm{i}[\omega_{\boldsymbol{k}}(t-t')-\boldsymbol{k}\cdot(\boldsymbol{x}-\boldsymbol{x}')]}-\mathrm{e}^{\mathrm{i}[\omega_{\boldsymbol{k}}(t-t')-\boldsymbol{k}\cdot(\boldsymbol{x}-\boldsymbol{x}')]}\right\}\\&=-\sum_{|\boldsymbol{k}|<k_\mathrm{D}}\frac{\hbar\omega_{\boldsymbol{k}}}{V}\sin[\omega_{\boldsymbol{k}}(t-t')-\boldsymbol{k}\cdot(\boldsymbol{x}-\boldsymbol{x}')]\end{aligned} \tag{9.4.30}$$

此式对于有限温度和零温都适用, 即 $\widetilde{D}(x,x')$ 与温度无关. 这一现象可与 (9.4.10) 相对照. 不过因果格林函数是与温度有关的.

下面计算零温下的声子格林函数. 由于零温下的声子数为零. 只要在 (9.4.28) 式中令 n_k=0. 根据 (9.1.14) 式,

$$\begin{aligned}D(x,x')&=\theta(t-t')D^<(x,x')+\theta(t'-t)D^>(x,x')\\&=-\mathrm{i}\sum_{|\boldsymbol{k}|<k_\mathrm{D}}\frac{\hbar\omega_{\boldsymbol{k}}}{2V}\left\{\theta(t-t')\mathrm{e}^{-\mathrm{i}[\omega_{\boldsymbol{k}}(t-t')-\boldsymbol{k}\cdot(\boldsymbol{x}-\boldsymbol{x}')]}\right.\\&\qquad\left.+\theta(t'-t)\mathrm{e}^{\mathrm{i}[\omega_{\boldsymbol{k}}(t-t')-\boldsymbol{k}\cdot(\boldsymbol{x}-\boldsymbol{x}')]}\right\}\end{aligned} \tag{9.4.31}$$

作傅里叶变换, 应用 (9.1.22) 式,

$$\begin{aligned}D(\boldsymbol{k},\omega)&=\int\mathrm{d}(\boldsymbol{x}-\boldsymbol{x}')\mathrm{d}(t-t')D(x,x')\\&=\frac{\hbar}{2}\omega_{\boldsymbol{k}}\left[\frac{1}{\omega-\omega_{\boldsymbol{k}}+\mathrm{i}0^+}-\frac{1}{\omega+\omega_{\boldsymbol{k}}-\mathrm{i}0^+}\right]\theta(k_\mathrm{D}-k)\\&=\frac{\hbar\omega_{\boldsymbol{k}}^2}{\omega^2-\omega_{\boldsymbol{k}}^2+\mathrm{i}0^+}\theta(\omega_\mathrm{D}-\omega_{\boldsymbol{k}})\end{aligned} \tag{9.4.32}$$

其中利用了 $\omega_{-k}=\omega_k$. 再利用 (9.1.15),(9.1.16) 和 (9.4.30) 算出 D^{R} 和 D^{A} 如下：

$$\begin{aligned}D^{\mathrm{R}}(\boldsymbol{k},t)&=\theta(t)\tilde{D}(k,t)=\frac{-\mathrm{i}}{2}\frac{\mathrm{i}}{2\pi}\int\frac{\mathrm{e}^{-\mathrm{i}\varepsilon t}}{\varepsilon+\mathrm{i}0^+}\mathrm{d}\varepsilon(\mathrm{e}^{-\mathrm{i}\omega_{\boldsymbol{k}}t}-\mathrm{e}^{\mathrm{i}\omega_{\boldsymbol{k}}t})\hbar\omega_{\boldsymbol{k}}\theta(k_{\mathrm{D}}-k)\\&=\frac{1}{2}\frac{1}{2\pi}\int\hbar\omega_{\boldsymbol{k}}\theta(k_{\mathrm{D}}-k)\left(\frac{1}{\omega-\omega_{\boldsymbol{k}}+\mathrm{i}0^+}-\frac{1}{\omega+\omega_{\boldsymbol{k}}-\mathrm{i}0^+}\right)\mathrm{e}^{-\mathrm{i}\omega t}\mathrm{d}\omega\end{aligned}\tag{9.4.33}$$

$$D^{\mathrm{R}}(\boldsymbol{k},\omega)=\frac{1}{2}\hbar\omega_{\boldsymbol{k}}\theta(k_{\mathrm{D}}-k)\frac{2\omega_{\boldsymbol{k}}}{(\omega+\mathrm{i}0^+)^2-\omega_{\boldsymbol{k}}^2}=\frac{\hbar\omega_{\boldsymbol{k}}^2}{\omega^2-\omega_{\boldsymbol{k}}^2+\mathrm{i}0^+}\theta(\omega_{\mathrm{D}}-\omega)\tag{9.4.34}$$

同理可得

$$D^{\mathrm{A}}(\boldsymbol{k},\omega)=\frac{\hbar\omega_{\boldsymbol{k}}^2}{(\omega-\mathrm{i}0^+)^2-\omega_{\boldsymbol{k}}^2}\theta(\omega_{\mathrm{D}}-\omega)=\frac{\hbar\omega_{\boldsymbol{k}}^2}{\omega^2-\omega_{\boldsymbol{k}}^2-\mathrm{i}0^+}\theta(\omega_{\mathrm{D}}-\omega)\tag{9.4.35}$$

显然有：$D(\boldsymbol{k},\omega)=D^{\mathrm{R}}(\boldsymbol{k},\omega)$. 因为推迟格林函数 D^{R} 表示一个粒子的传播. 而超前格林函数表示一个空穴的传播, 对于声子系统无空穴可言. 同时也看到 (9.4.32)~(9.4.35) 式在 $\hbar\omega>\mu=0$ 的部分满足关系 (9.2.30), (9.2.31).

以上我们给出了无相互作用系统的格林函数. 以后的任务是如何把相互作用加进去后写出格林函数. 对于因果格林函数, 这将主要依靠微扰论, 利用展开式 (8.2.21) 来解决. 对于零温下非凝聚系统格林函数的处理, 已有成熟的图形技术, 将在第十章中介绍. 对于非零温的热力学格林函数, 由于其图形技术比较复杂, 通常用松原函数来代替. 因为它的处理方法能简化到与零温格林函数基本上是一样的, 所以将在第十一章介绍松原函数.

习　　题

1. 证明 (9.1.14)~(9.1.19) 式.

2. 如果场算符按如下定义：

$$\psi_{\mathrm{H}}(x)=\mathrm{e}^{\mathrm{i}(H-\mu N)t/\hbar}\mathrm{e}^{-\mathrm{i}\boldsymbol{P}\cdot\boldsymbol{x}/\hbar}\psi(0)\mathrm{e}^{\mathrm{i}\boldsymbol{P}\cdot\boldsymbol{x}/\hbar}\mathrm{e}^{-\mathrm{i}(H-\mu N)t/\hbar}$$

重新推导 (9.2.36)~(9.2.48) 式. 这时的结果不能取零温极限. 原因是场算符的定义不同.

3. 对于巨正则系综, 定义如下形式的费米子 (玻色子) 场算符, $\psi_{\mathrm{I}\alpha}(\boldsymbol{x},t)=\mathrm{e}^{\mathrm{i}H_0t/\hbar}\psi_\alpha(\boldsymbol{x})\mathrm{e}^{-\mathrm{i}H_0t/\hbar}$. 证明 $\psi_{\mathrm{I}\alpha}(\boldsymbol{x},t)=\mathrm{e}^{\mathrm{i}\mu t/\hbar}\psi_{\mathrm{H}\alpha}(\boldsymbol{x},t)$, 其中 $\psi_{\mathrm{H}\alpha}(\boldsymbol{x},t)$ 是按 (9.4.2) 式定义的场算符. 用 $\psi_{\mathrm{I}\alpha}(\boldsymbol{x},t)$ 构造格林函数, 如推迟、超前、因果格林函数. 它们与 (9.4.17)~(9.4.19) 式有什么区别?

4. 推导零温时费米子系统的谱表示式, 即与 (9.2.53)~(9.2.61) 式相应的公式.

5. 证明：零温下粒子密度随动量的分布可以表示成

$$n(\boldsymbol{k})=\int_{-\infty}^{0}\frac{\mathrm{d}\omega}{2\pi}A(\boldsymbol{k},\omega)$$

6. 定义密度涨落算符

$$\tilde{n}(\boldsymbol{x})=\psi^{\dagger}(\boldsymbol{x})\psi(\boldsymbol{x})-\frac{\langle\psi_{\mathrm{H}}^{0}|\psi^{\dagger}(\boldsymbol{x})\psi(\boldsymbol{x})|\psi_{\mathrm{H}}^{0}\rangle}{\langle\psi_{\mathrm{H}}^{0}|\psi_{\mathrm{H}}^{0}\rangle}$$

由此算符构造密度格林函数

$$\mathrm{i}D(x_1,x_2)=\frac{\langle\psi_{\mathrm{H}}^{0}|\tilde{n}_{\mathrm{H}}(x_1)\tilde{n}_{\mathrm{H}}(x_2)|\psi_{\mathrm{H}}^{0}\rangle}{\langle\psi_{\mathrm{H}}^{0}|\psi_{\mathrm{H}}^{0}\rangle}$$

推导 $D(\boldsymbol{k},\omega)$ 的莱曼表示. 证明 $D(\boldsymbol{k},\omega)$ 在复 ω 平面上的极点在第二和第四象限中. 定义相应的推迟和超前格林函数 D^{R} 和 D^{A}, 并推导它们的傅里叶变换的莱曼表示. 讨论其解析性质并推导类似于 (9.2.59), (9.2.60) 式的色散关系.

7. (1) 根据 (9.2.59) 式证明：

$$G^{\mathrm{R}}(\boldsymbol{k},t)=-\mathrm{i}\theta(t)\int_{-\infty}^{\infty}\frac{\mathrm{d}\omega}{2\pi}A(\boldsymbol{k},\omega)\mathrm{e}^{-\mathrm{i}\omega t}$$

超前格林函数 $G^{\mathrm{A}}(\boldsymbol{k},t)$ 的相应的表达式是什么？由于色散关系 ω_k, 上式也可简写成 $G^{\mathrm{R}}(t)=-\mathrm{i}\theta(t)\int_{-\infty}^{\infty}\frac{\mathrm{d}\omega}{2\pi}A(\omega)\mathrm{e}^{-\mathrm{i}\omega t}$.

(2) ω 的 n 级矩定义为

$$\langle\omega^n\rangle=\int_{-\infty}^{\infty}\frac{\mathrm{d}\omega}{2\pi}\omega^n A(\omega)$$

这是用谱函数来表示的. 如何用推迟格林函数来表示 ω 的 n 级矩？

8. 声子场算符的表达式见 (8.1.18) 式, 它的运动方程就是波动方程的. 写出声子场算符满足的波动方程. 在电–声相互作用系统中, 哈密顿量由三部分构成.

$$H=-\frac{\hbar^2}{2m}\sum_{\alpha}\int\psi_{\alpha}^{\dagger}(\boldsymbol{x},t)\nabla^2\psi_{\alpha}(\boldsymbol{x},t)\mathrm{d}\boldsymbol{x}+\int\mathrm{d}\boldsymbol{x}\varphi^{\dagger}(\boldsymbol{x})\varphi(\boldsymbol{x})+H_{\text{e-ph}}$$

前两相分别是电子的动能和声子的能量. 第三项是电–声相互作用.

$$H_{\mathrm{e-ph}}=\sum_{\alpha}\gamma\int\mathrm{d}\boldsymbol{x}\psi_{\alpha}^{\dagger}(\boldsymbol{x})\psi_{\alpha}(\boldsymbol{x})\varphi(\boldsymbol{x})$$

写出海森伯绘景中声子场算符 φ_{H} 的如下的对易式：

$$[\varphi_{\mathrm{H}}(x),\varphi_{\mathrm{H}}(x')],\left[\varphi_{\mathrm{H}}(x),\frac{\partial}{\partial t'}\varphi_{\mathrm{H}}(x')\right]$$

当 $t'=t$ 时, 结果如何？写出 φ_{H} 满足的运动方程. 进而写出声子格林函数满足的运动方程.

第十章 零温格林函数的图形技术

§10.1 威克定理

本章介绍零温格林函数的图形技术.

按照 (9.1.1) 式, 零温格林函数的定义为 (先略去自旋下标):

$$g(x,x')=-\mathrm{i}\langle\psi_{\mathrm{H}}^{0}|T_t[\psi_{\mathrm{H}}(x)\psi_{\mathrm{H}}^{\dagger}(x')]|\psi_{\mathrm{H}}^{0}\rangle \tag{10.1.1}$$

又由 (8.2.27) 式, 它可写成相互作用绘景中的算符在无相互作用基态中求平均.

$$g(x,x')=-\mathrm{i}\frac{\langle\varPhi_0|T_t[\psi_{\mathrm{I}}(x)\psi_{\mathrm{I}}^{\dagger}(x')S]|\varPhi_0\rangle}{\langle\varPhi_0|S|\varPhi_0\rangle} \tag{10.1.2}$$

S 矩阵即 (8.2.21) 中取积分限为 $(-\infty,+\infty)$.

$$S=\sum_{n=0}^{\infty}\frac{1}{n!}\left(\frac{1}{\mathrm{i}\hbar}\right)^n\int_{-\infty}^{\infty}\mathrm{d}t_1\cdots\int_{-\infty}^{\infty}\mathrm{d}t_nT_t[H_{\mathrm{I}}^{\mathrm{i}}(t_1)\cdots H_{\mathrm{I}}^{\mathrm{i}}(t_n)] \tag{10.1.3}$$

其中

$$H_{\mathrm{I}}^{\mathrm{i}}(t_1)=\frac{1}{2}\int\mathrm{d}\boldsymbol{x}_1\mathrm{d}\boldsymbol{x}'_1\psi_{\mathrm{I}}^{\dagger}(\boldsymbol{x}_1,t_1)\psi_{\mathrm{I}}^{\dagger}(\boldsymbol{x}'_1,t_1)V(\boldsymbol{x}_1-\boldsymbol{x}'_1)\psi_{\mathrm{I}}(\boldsymbol{x}'_1,t_1)\psi_{\mathrm{I}}(\boldsymbol{x}_1,t_1) \tag{10.1.4}$$

此处暂时先考虑两体相互作用. 为了以后的方便, 把空间与时间变数写成对称的形式. 令

$$V(x_1-x_1')=V(\boldsymbol{x}_1-\boldsymbol{x}'_1)\delta(t_1-t_1') \tag{10.1.5}$$

x_1 代表 $(\boldsymbol{x}_1,t_1)$. 于是

$$\begin{aligned}\int H_{\mathrm{I}}^{\mathrm{i}}(t_1)\mathrm{d}t_1&=\frac{1}{2}\iint\mathrm{d}^4x_1\mathrm{d}^4x'_1\psi_{\mathrm{I}}^{\dagger}(x_1)\psi_{\mathrm{I}}^{\dagger}(x_1')V(x_1-x_1')\psi_{\mathrm{I}}(x'_1)\psi_{\mathrm{I}}(x_1)\\&=\iint\mathrm{d}^4x_1\mathrm{d}^4x'_1H_{\mathrm{I}}^{\mathrm{i}}(x_1,x'_1)\end{aligned} \tag{10.1.6}$$

把 (10.1.3) 代入 (10.1.2) 式, 有

$$\begin{aligned}g(x,x')=&\frac{-\mathrm{i}}{\langle\varPhi_0|S|\varPhi_0\rangle}\sum_n\frac{1}{n!}\left(\frac{1}{\mathrm{i}\hbar}\right)^n\int_{-\infty}^{\infty}\mathrm{d}t_1\int_{-\infty}^{\infty}\mathrm{d}t_2\cdots\int_{-\infty}^{\infty}\mathrm{d}t_n\\&\langle\varPhi_0|T_t[\psi_{\mathrm{I}}(x,t)\psi_{\mathrm{I}}^{\dagger}(x',t')H_{\mathrm{I}}^{\mathrm{i}}(t_1)H_{\mathrm{I}}^{\mathrm{i}}(t_2)\cdots H_{\mathrm{I}}^{\mathrm{i}}(t_n)]|\varPhi_0\rangle\end{aligned} \tag{10.1.7}$$

这里要注意的是, 因为在每一个 $H_{\rm I}^{\rm i}(t_m)$ 的内部 $V(x_m-x_m')$ 实际上是在相同时刻, 因而 (10.1.7) 中时序算符 T_t 对包含在每一个 $H_{\rm I}^{\rm i}(t_m)$ 内的算符不起作用, 这相当于认为每一个 $H_{\rm I}^{\rm i}(t_m)$ 内的算符 $\psi_{\rm I}^\dagger$ 的时间要比 $\psi_{\rm I}$ 的大一个正无限小量 0^+.

计算 (10.1.7) 中 g 的各阶微扰项, 需要计算 $\psi_{\rm I}(x)\psi_{\rm I}^\dagger(x')$ 和若干个 $H_{\rm I}^{\rm i}(t_m)$ 的时序乘积在自由粒子系基态中的平均值. 为此首先需要再仔细地考察一下场算符.

声子的场算符按照 (8.1.18) 式, 可写为

$$\begin{aligned}\varphi(x)&=\sum_{|\boldsymbol{k}|<k_{\rm D}}\left(\frac{\hbar\omega_{\boldsymbol{k}}}{2V}\right)^{1/2}[b_{\boldsymbol{k}}{\rm e}^{{\rm i}(\boldsymbol{k}\cdot\boldsymbol{x}-\omega_{\boldsymbol{k}}t)}+b_{\boldsymbol{k}}^\dagger{\rm e}^{-{\rm i}(\boldsymbol{k}\cdot\boldsymbol{x}-\omega_{\boldsymbol{k}}t)}]\\&=\varphi_{\rm a}(x)+\varphi_{\rm a}^\dagger(x)\end{aligned}\tag{10.1.8}$$

其中 $\varphi_{\rm a}$ 是湮没声子的部分, $\varphi_{\rm a}^\dagger$ 是产生声子的部分. 基态无声子：

$$\varphi_{\rm a}(x)|\varPhi_0\rangle=0\tag{10.1.9}$$

费米子的场算符按 (8.1.16) 式, 可写为

$$\begin{aligned}\psi(x)&=\sum_n\frac{1}{\sqrt{V}}{\rm e}^{{\rm i}(\boldsymbol{k}\cdot\boldsymbol{x}-\omega_{\boldsymbol{k}}t)}a_{\boldsymbol{k}}=\frac{1}{\sqrt{V}}\left(\sum_{|\boldsymbol{k}|>k_{\rm F}}+\sum_{|\boldsymbol{k}|\leqslant k_{\rm F}}\right){\rm e}^{{\rm i}(\boldsymbol{k}\cdot\boldsymbol{x}-\omega_{\boldsymbol{k}}t)}a_{\boldsymbol{k}}\\&=\frac{1}{\sqrt{V}}\sum_{|\boldsymbol{k}|>k_{\rm F}}{\rm e}^{{\rm i}(\boldsymbol{k}\cdot\boldsymbol{x}-\omega_{\boldsymbol{k}}t)}a_{\boldsymbol{k}}+\frac{1}{\sqrt{V}}\sum_{|\boldsymbol{k}|\leqslant k_{\rm F}}{\rm e}^{{\rm i}(\boldsymbol{k}\cdot\boldsymbol{x}-\omega_{\boldsymbol{k}}t)}b_{-\boldsymbol{k}}^\dagger\\&=\psi_{\rm a}(x)+\psi_{\rm b}^\dagger(x)\end{aligned}\tag{10.1.10}$$

其中场算符用平面波展开. 采用总的有效哈密顿量 $K_0=H_0-\mu N$ 后, 令 $\omega_k=(\varepsilon_k^0-\mu)/\hbar$. 在无相互作用基态中, 费米子在 $\boldsymbol{k}$ 空间全部排列在费米球以内, 在费米球以内湮没一个粒子相当于产生一个反方向动量的空穴, 故这部分的湮没电子的算符写成产生空穴算符的形式. 所以费米子的场算符 $\psi(x)$ 与声子场算符 $\varphi(x)$(10.1.8) 一样, 可分为产生与湮没两部分. 它的共轭为

$$\psi^\dagger(x)=\psi_{\rm a}^\dagger(x)+\psi_{\rm b}(x)\tag{10.1.11}$$

无相互作用基态中, 在费米球以外消灭一个电子和在费米球以内消灭一个空穴 (产生一个电子) 都是不可能的. 因此有

$$\psi_{\rm a}(x)|\varPhi_0\rangle=0,\psi_{\rm b}(x)|\varPhi_0\rangle=0\tag{10.1.12}$$

由 (10.1.9), (10.1.12) 可知, 由湮没算符作用在无相互作用基态上总是为零. 这儿无论是声子的还是费米子的, 或者是 (电–声相互作用系统的) 既有电子又有声子的无相互作用基态, 都写成了 $|\varPhi_0\rangle$.

现在定义一个算符 $N_{\rm M}$, 称为算符的正规乘积. $N_{\rm M}$ 作用到若干个算符的乘积 $AB\ldots YZ$ 上, 就是: $N_{\rm M}\,(AB\ldots YZ)$, 其效果是, 所有的湮没算符都位于右边, 所有的产生算符都位于左边.

再定义两个算符的收缩如下：

$$U^{\cdot{\rm a}}V^{\cdot{\rm a}} = \langle\Phi_0|T_t(UV) - N_{\rm M}(UV)|\Phi_0\rangle \tag{10.1.13}$$

用上标 ·a 来表示这两个算符的收缩. 它是这两个算符的编时乘积与正规乘积之差在无相互作用基态中的平均值.U、V 是上述的 $\varphi_{\rm a}(x)$, $\psi_{\rm a}(x)$, $\psi_{\rm b}(x)$ 及其共轭. 显然, 如果 U、V 都是产生算符或者都是湮没算符, 则 (10.1.13) 为零. 只有 U、V 中有一个是产生算符另一个是湮没算符 (称之为一对算符) 的情况下, U、V 的收缩才不为零. 又, UV 乘积被 $N_{\rm M}$ 作用后总是湮没算符放在右边, 根据 (10.1.9), (10.1.12) 式, 总是有 $N_{\rm M}\,(UV)\,|\Phi_0\rangle=0$. 剩下只需计算编时乘积的平均值. 先看声子系统, 由 (10.1.8) 式可算得:

$$\langle\Phi_0|T_t[\varphi_{\rm a}(x)\varphi_{\rm a}^\dagger(x')]|\Phi_0\rangle = \sum_{\boldsymbol{k}}\frac{\hbar\omega_{\boldsymbol{k}}}{2V}{\rm e}^{-{\rm i}[\omega_{\boldsymbol{k}}(t-t')-\boldsymbol{k}\cdot(\boldsymbol{x}-\boldsymbol{x}')]}\theta(t-t')\theta(k_{\rm D}-k) \tag{10.1.14a}$$

$$\langle\Phi_0|T_t[\varphi_{\rm a}^\dagger(x)\varphi_{\rm a}(x')]|\Phi_0\rangle = \sum_{\boldsymbol{k}}\frac{\hbar\omega_{\boldsymbol{k}}}{2V}{\rm e}^{-{\rm i}[\omega_{\boldsymbol{k}}(t-t')-\boldsymbol{k}\cdot(\boldsymbol{x}-\boldsymbol{x}')]}\theta(t'-t)\theta(k_{\rm D}-k) \tag{10.1.14b}$$

这两部分合起来正好是声子的零温格林函数 ${\rm i}D^0(x,x')$, 见 (9.4.31). 现在用上标 0 来表示格林函数是属于无相互作用系统的. 再来看声子场算符作为整体的收缩：

$$\begin{aligned}\varphi(x)^{\cdot{\rm a}}\varphi^\dagger(x')^{\cdot{\rm a}} &= \langle\Phi_0|\{T_t[\varphi(x)\varphi^\dagger(x')] - N_{\rm M}[\varphi(x)\varphi^\dagger(x')]\}|\Phi_0\rangle\\ &= \langle\Phi_0|T_t\{[\varphi_{\rm a}(x)+\varphi_{\rm a}^\dagger(x)][\varphi_{\rm a}^\dagger(x')+\varphi_{\rm a}(x')]\}|\Phi_0\rangle\\ &\quad-\langle\Phi_0|N_{\rm M}\{[\varphi_{\rm a}(x)+\varphi_{\rm a}^\dagger(x)][\varphi_{\rm a}^\dagger(x')+\varphi_{\rm a}(x')]\}|\Phi_0\rangle\\ &= \langle\Phi_0|T_t[\varphi_{\rm a}(x)\varphi_{\rm a}^\dagger(x')+\varphi_{\rm a}^\dagger(x)\varphi_{\rm a}(x')]|\Phi_0\rangle = {\rm i}D^0(x,x')\end{aligned} \tag{10.1.15}$$

即一对声子场算符的收缩正好是声子格林函数,

$$\varphi(x)^{\cdot{\rm a}}\varphi^\dagger(x')^{\cdot{\rm a}} = {\rm i}D^0(x,x') \tag{10.1.16}$$

再来看一对费米子场算符的收缩,

$$\begin{aligned}\psi(x)^{\cdot{\rm a}}\psi^\dagger(x')^{\cdot{\rm a}} &= \langle\Phi_0|\{T_t[\psi(x)\psi^\dagger(x')] - N_{\rm M}[\psi(x)\psi^\dagger(x')]\}|\Phi_0\rangle\\ &= \langle\Phi_0|T_t\{[\psi_{\rm a}(x)+\psi_{\rm b}{}^\dagger(x')][\psi_{\rm a}^\dagger(x')+\psi_{\rm b}(x')]\}|\Phi_0\rangle\\ &\quad-\langle\Phi_0|N_{\rm M}\{[\psi_{\rm a}(x)+\psi_{\rm b}^\dagger(x)][\psi_{\rm a}^\dagger(x')+\psi_{\rm b}(x')]\}|\Phi_0\rangle\\ &= \langle\Phi_0|T_t[\psi_{\rm a}(x)\psi_{\rm a}^\dagger(x)+\psi_{\rm b}^\dagger(x)\psi_{\rm b}(x')]|\Phi_0\rangle\end{aligned} \tag{10.1.17}$$

根据 (10.1.10) 式作具体计算可知,

$$\langle \Phi_0|T_t[\psi_{\rm a}(x)\psi_{\rm a}^\dagger(x')]|\Phi_0\rangle = \sum_{\boldsymbol{k}}\frac{1}{V}{\rm e}^{{\rm i}\boldsymbol{k}\cdot(\boldsymbol{x}-\boldsymbol{x}')-{\rm i}\omega_{\boldsymbol{k}}(t-t')}\theta(t-t')\theta(k-k_{\rm F}) \tag{10.1.18a}$$

$$\langle \Phi_0|T_t[\psi_{\rm b}^\dagger(x)\psi_{\rm b}(x')]|\Phi_0\rangle = \sum_{\boldsymbol{k}}\frac{1}{V}{\rm e}^{{\rm i}\boldsymbol{k}\cdot(\boldsymbol{x}-\boldsymbol{x}')-{\rm i}\omega_{\boldsymbol{k}}(t-t')}\theta(t'-t)\theta(k_{\rm F}-k) \tag{10.1.18b}$$

这两部分之和为 (9.4.25) 式. 所以一对费米子场算符的收缩为格林函数.

$$\psi(x)^{\cdot{\rm a}}\psi^\dagger(x')^{\cdot{\rm a}} = {\rm i}g^0(x,x') = \langle \Phi_0|T_t[\psi(x)\psi^\dagger(x')]|\Phi_0\rangle \tag{10.1.19}$$

另外容易看到, 费米子的两个湮没算符或产生算符的收缩都为零.

$$\psi(x)^{\cdot{\rm a}}\psi(x')^{\cdot{\rm a}} = 0, \psi^\dagger(x)^{\cdot{\rm a}}\psi^\dagger(x')^{\cdot{\rm a}} = 0 \tag{10.1.20}$$

由 (10.1.8), (10.1.10) 式, 本节讲的场算符是无相互作用系统的海森伯算符或相互作用绘景中的算符. 只是把下标 H 或 I 省略了.

综上所述, 一对场算符的收缩是无相互作用系统的格林函数. 有了以上结果, 下面的讨论把场算符作为单个算符而无须再把它们像 (10.1.8), (10.1.10), (10.1.11) 式那样分成两部分来讨论了. 例如 (10.1.13) 式中的 U、V 都是场算符 $\varphi(x)$, $\psi(x)$ 或 $\psi^\dagger(x)$. 而且下面把场算符就称为算符.

我们不加证明地叙述威克定理 (Wick's theorem):

$$\begin{aligned}\langle \Phi_0|T_t(XYZ\cdots UVW)|\Phi_0\rangle = &\langle \Phi_0|N_{\rm M}(XYZ\cdots UVW)|\Phi_0\rangle\\ &+\langle \Phi_0|N_{\rm M}(X^{\cdot{\rm a}}Y^{\cdot{\rm a}}Z\cdots UVW)|\Phi_0\rangle+\cdots\\ &+\langle \Phi_0|N_{\rm M}(X^{\cdot{\rm a}}YZ\cdots UVW^{\cdot{\rm a}})|\Phi_0\rangle\\ &+\langle \Phi_0|N_{\rm M}(XYZ\cdots UV^{\cdot{\rm a}}W^{\cdot{\rm a}})|\Phi_0\rangle+\cdots\\ &+\langle \Phi_0|N_{\rm M}(X^{\cdot{\rm a}}Y^{\cdot{\rm a}}Z\cdots U^{\cdot{\rm b}}V^{\cdot{\rm b}}W)|\Phi_0\rangle\\ &+\langle \Phi_0|N_{\rm M}(X^{\cdot{\rm a}}YZ^{\cdot{\rm b}}\cdots U^{\cdot{\rm a}}V^{\cdot{\rm b}}W)|\Phi_0\rangle+\cdots\\ &+\langle \Phi_0|N_{\rm M}(X^{\cdot{\rm a}}Y^{\cdot{\rm a}}Z^{\cdot{\rm b}}\cdots U^{\cdot{\rm b}}V^{\cdot{\rm c}}W^{\cdot{\rm c}})|\Phi_0\rangle+\cdots\end{aligned} \tag{10.1.21}$$

其中最后一行中是所有各种可能的收缩, 没有未收缩的算符. 这些项中的 $N_{\rm M}$ 符号可以去掉, 因为一对算符收缩之后就是一个数, 所以最后一项中没有算符了. 此式表明, 对于 $|\Phi_0\rangle$ 的平均值来说, 算符的 T_t 乘积可以化为算符的 $N_{\rm M}$ 乘积以及包含有 "各种收缩" 的 $N_{\rm M}$ 乘积之和."各种收缩" 的意思是指含有所有可能的一对算符的收缩, 两对算符的收缩等等. 我们不打算在此证明威克定理, 这一证明是冗长的. 有兴趣的读者可以参阅有关的文献资料. 我们只在附录 A 中给出一个 "宏观极限 (macroscope limit)" 下的证明, 这儿的 "宏观极限" 指体积 $V\to\infty$ 同时密度保持有限. 在宏观极限下, 威克定理对任意态的平均值都成立.

对于两个算符的情况, (10.1.21) 式是显然成立的, 因为它就是 (10.1.13) 式. 在 (10.1.21) 式中, 凡是没有收缩完的算符因 N_{M} 的作用而将湮没排在右边, 所以这些项都为零. 只有全部算符都收缩掉的项才不为零. 两个算符的收缩或者是零, 或者是格林函数, 总之都是数, 所以也就不需要再写上 N_{M} 符号与对 $|\Phi_0\rangle$ 的平均. 因此 (10.1.21) 式可简化为

$$\begin{aligned}&\langle\Phi_0|T_t(XYZ\cdots UVW)|\Phi_0\rangle\\&=X^{\cdot\mathrm{a}}Y^{\cdot\mathrm{a}}Z^{\cdot\mathrm{b}}\cdots U^{\cdot\mathrm{b}}V^{\cdot\mathrm{c}}W^{\cdot\mathrm{c}}\\&\quad+X^{\cdot\mathrm{a}}Y^{\cdot\mathrm{b}}Z^{\cdot\mathrm{a}}\cdots U^{\cdot\mathrm{b}}V^{\cdot c}W^{\cdot c}+X^{\cdot a}Y^{\cdot b}Z^{\cdot b}\cdots U^{\cdot\mathrm{a}}V^{\cdot\mathrm{c}}W^{\cdot\mathrm{c}}+\cdots\end{aligned}\tag{10.1.22}$$

上式中我们没有将两个收缩的符号立即写到一起, 是因为相邻费米子算符交换时要出一负号. 如果等式左边的算符数目是奇数, 则结果必然为零. 因为只有一对算符的收缩才不为零. 如果 (10.1.22) 式左边有 n 对算符, 即 n 个产生算符和 n 个湮没算符. 由于 ψ (1) 与 n 个 $\psi^\dagger$ 有 n 种配对方式, $\psi(2)$ 与剩下的 $n-1$ 个 $\psi^\dagger$ 有 $n-1$ 种配对方式, 等等. 总的配对方式有 $n!$ 种. 故 (10.1.22) 式右边有 $n!$ 项.

这儿应指出一点. 有的书上将 (10.1.21) 式对 $|\Phi_0\rangle$ 求平均去掉, 只写算符, 并认为这是个 "算符恒等式". 由于作者对此没有作深入研究, 无法作出评论. 我们只能强调这样一个明显的事实, 即如果在 (10.1.13) 式 (这是威克定理最简单的情况) 右边去掉对 $|\Phi_0\rangle$ 的平均的话, 那么 $T_t[\psi(x)\psi^\dagger(x')]-N_{\mathrm{M}}[\psi(x)\psi^\dagger(x')]$ 算出来的还是算符而不是一个数, 更不是格林函数. 读者可自己计算一下是个什么结果.

本章后面几节的内容都是基于这儿证明的威克定理. 而威克定理是针对费米子和玻色子算符 (包括声子、光子) 证明的. 因此本章的内容只适用于满足威克定理的场算符. 对于既不是费米子算符又不是玻色子算符的情况不适用, 例如自旋算符.

§10.2　坐标空间中的图形规则

格林函数的微扰展开式 (10.1.7) 中的各阶微扰项中涉及算符的部分就是若干个场算符的编时乘积, 然后在基态中求平均. 这种形式正好可以应用威克定理. 下面如果不加特别说明的话, (10 .1.7) 式左边的 $g(x,x')$ 是指费米子的格林函数. 先把各阶项写成

$$g=\frac{g_{\mathrm{G}}^0+g_{\mathrm{G}}^{(1)}+g_{\mathrm{G}}^{(2)}+\cdots}{\langle\Phi_0|S|\Phi_0\rangle}\tag{10.2.1}$$

(10.1.7) 式中的 $H_{\mathrm{I}}^{\mathrm{i}}\ (t)$ 的形式还未写明, 所以下面针对 $H_{\mathrm{I}}^{\mathrm{i}}$ 的不同形式分别讨论.

10.2.1 两体相互作用

这时 $H_{\mathrm{I}}^{\mathrm{i}}(t)$ 的形式为

$$\int H_{\mathrm{I}}^{\mathrm{i}}(t)\mathrm{d}t=\frac{1}{2}\sum_{\lambda\lambda'\mu\mu'}\int\int \mathrm{d}^4x_1\mathrm{d}^4x_1'\psi_{\mathrm{I}\lambda}^{\dagger}(x_1)\psi_{\mathrm{I}\mu}^{\dagger}(x_1')V(x_1-x_1')_{\lambda\lambda'\mu\mu'}\psi_{\mathrm{I}\mu'}(x_1')\psi_{\mathrm{I}\lambda'}(x_1) \tag{10.2.2}$$

其中用到 (10.1.5) 式. 现在每个 $H_{\mathrm{I}}^{\mathrm{i}}$ 中有 4 个算符, 故在 (10.1.7) 式的第 n 级微扰项的分母中有 $2n+1$ 对算符, 应用威克定理收缩展开则有 $(2n+1)!$ 项. 例如零级项为

$$g_{G\alpha\beta}^0(x,x')=g_{\alpha\beta}^0(x,x')=g_{\alpha\beta}^0(x-x') \tag{10.2.3}$$

它正好是无相互作用系统的格林函数. 其中无相互作用系统的格林函数是无外场情况下的函数. 它总是时间差和空间坐标差的函数, 见 (9.4.24), (9.4.25) 式. 因此上式中已经直接把 $g_{\alpha\beta}^0$ 写成是两个宗量之差的函数. 一级项的展开有 3!=6 项, 它们是

$$\begin{aligned}g_{\mathrm{G}\alpha\beta}^{(1)}(x,x')=&-\frac{\mathrm{i}}{\mathrm{i}\hbar}\frac{1}{2}\sum_{\lambda\lambda'\mu\mu'}\int \mathrm{d}^4x_1\mathrm{d}^4x_1'V(x_1-x_1')_{\lambda\lambda'\mu\mu'}\\&\{\mathrm{i}g_{\alpha\beta}^0(x-x')[\mathrm{i}g_{\mu'\mu}^0(x_1'-x_1')\mathrm{i}g_{\lambda'\lambda}^0(x_1-x_1)_{(\mathrm{a})}\\&-\mathrm{i}g_{\mu'\lambda}^0(x_1'-x_1)\mathrm{i}g_{\lambda'\mu}^0(x_1-x_1')_{(\mathrm{b})}]\\&+\mathrm{i}g_{\alpha\lambda}^0(x-x_1)[\mathrm{i}g_{\lambda'\mu}^0(x_1-x_1')\mathrm{i}g_{\mu'\beta}^0(x_1'-x')_{(\mathrm{c})}\\&-\mathrm{i}g_{\lambda'\beta}^0(x_1-x')\mathrm{i}g_{\mu'\mu}^0(x_1'-x_1')_{(\mathrm{d})}]\\&+\mathrm{i}g_{\alpha\mu}^0(x-x_1')[\mathrm{i}g_{\mu'\lambda}^0(x_1'-x_1)\mathrm{i}g_{\lambda'\beta}^0(x_1-x')_{(\mathrm{e})}\\&-\mathrm{i}g_{\mu'\beta}^0(x_1'-x')\mathrm{i}g_{\lambda'\lambda}^0(x_1-x_1)_{(\mathrm{f})}]\}\end{aligned} \tag{10.2.4}$$

二级微扰项的展开则有 5!=120 项! 随着级数的增高, 项数很快增长. 因此需要有一些能用来写出任意项的规则. 下面就给出这样的规则.

从 (10.2.3), (10.2.4) 式可看出来, 在各个 $g_{G\alpha\beta}^{(n)}$ 中, 所出现的除了系数因子 $\dfrac{-\mathrm{i}}{2^n n!}\left(\dfrac{1}{\mathrm{i}\hbar}\right)^n$ 以外, 只有相互作用势 $V(x_i-x_j)$ 以及自由粒子的格林函数 $\mathrm{i}g^0(x_k-x_l)$. 如果我们把每一个 $V(x_i-x_j)/(\mathrm{i}\hbar)$ 用一联接点 x_i 和 x_j 的虚线来表示, 叫作相互作用线. 每一个 $\mathrm{i}g^0(x_k-x_l)$ 用一根从 x_l 到 x_k 的有指向的实线表示, 叫作粒子线, 则 (10.2.4) 中的每一项都对应一个图形, 叫作费恩曼图 (Feynmann diagram). 我们在 (10.2.4) 式中已给每一项标上了字母. 图 10.1 是与各项对应的图形. 注意由于自旋下标的存在, 每根代表 $\mathrm{i}g_{\sigma\sigma'}^0(x_k-x_m)$ 的有方向粒子线的起点是 x_m,σ', 终点是 x_k,σ.

在这些图形中, x 和 x' 不参与积分, 叫作外端点. 与之相联的 $\mathrm{i}g^0$ 称为外线. x_1 和 $x_1{}'$ 在 (10.2.4) 式中要作四维空间积分, 自旋也要求和, 称为内点或顶点. 由于积分变量可以任意取名, 所以图 10.1 中 (c) 和 (e) 的差别仅在与 x_1 和 $x_1{}'$ 的对调与

自旋的交换 $\lambda\lambda'\leftrightarrow\mu\mu'$, 而相互作用势仅仅是 $|\boldsymbol{x}_1-\boldsymbol{x}_1'|$ 的函数, 关于 x_1 和 x_1' 是对称的, 自旋的上述变换也不影响 (10.2.2) 式的结果. 因此 (c) 和 (e) 两个图所代表的结果完全一样. 同理, (d) 和 (f) 两个图所代表的结果也完全一样. 因而只要考虑 (c)、(d) 两个图, 在各自的表达式中乘以 2. 剩下的两个图 (a) 和 (b) 的特征是：每一个图是由两个独立的、不相连的部分组成, 即电子从 x' 到 x 的直接传播部分和“真空涨落”部分 (它代表处于费米球内的粒子通过相互作用而导致对基态的修正). 真空涨落部分不含有外线, 其中的粒子线组成闭合回线.

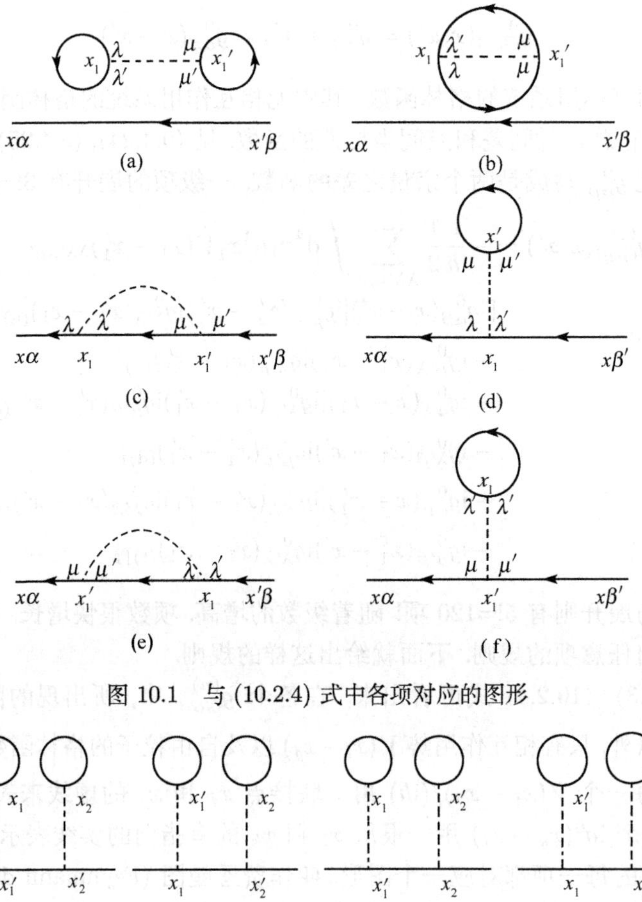

图 10.1　与 (10.2.4) 式中各项对应的图形

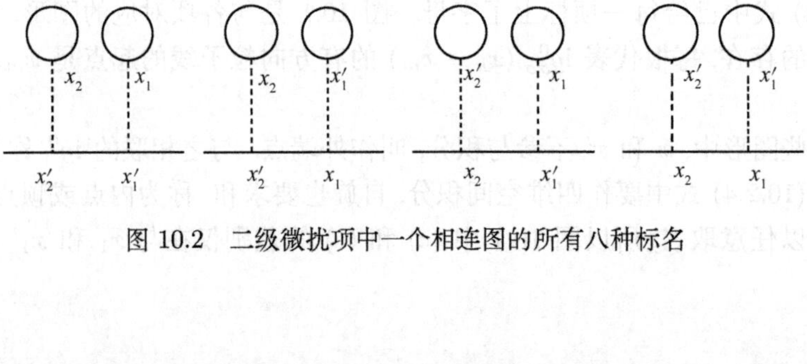

图 10.2　二级微扰项中一个相连图的所有八种标名

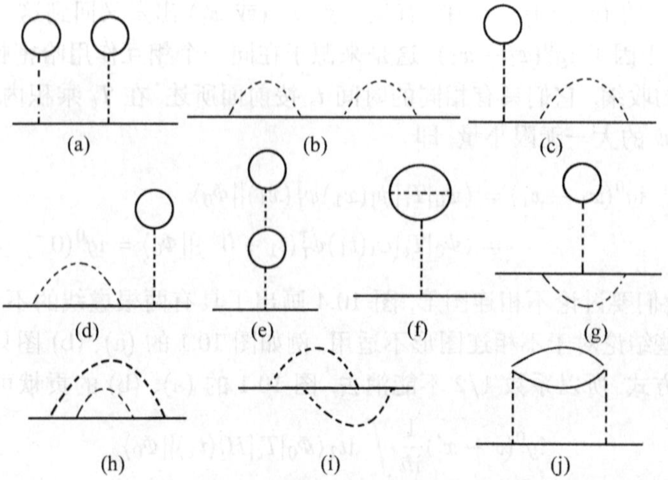

图 10.3　所有带两根相互作用线的相连图形

再考虑 (10.2.1) 二级项中 $g_{\mathrm{G}}^{(2)}$ 的贡献, 应有 5! 个图形, 也可分为相连与不相连的两大类. 先考虑相连图形, 由于二级项中有两个 $H_{\mathrm{I}}^{\mathrm{i}}$, 要对四个 x_i 积分, 所以相连图形有四个内点, 两条相互作用线. 凡是相同的图形而内点的标名有所不同的图的贡献是相同 (例如图 10.1 中的情况). 首先, 两根作用线交换出现两个图形. 这就把 (10.1.7) 中二级项前的因子 1/2! 抵消了. 其次, 每一根作用线两端的标名可交换, 这样可有四个图形, 这就把二级项中两个 $H_{\mathrm{I}}^{\mathrm{i}}$ 含有的分母因子 $1/2^2$ 抵消了. 在图 10.2 中, 我们示意地画出一个相连图的所有八种标名, 由于对所有内点积分, 这八个图的贡献完全一样, 只要考虑其中一个图并将因子 $1/(2!2^2)$ 去掉. 图 10.3 画出了二级项 (有两根相互作用线) 的所有相连图形.

上述结论是普遍的. n 级项 $g_{\mathrm{G}}^{(n)}$ 中有 n 个 $H_{\mathrm{I}}^{\mathrm{i}}$, 即有 n 根相互作用线. 有一因子 $1/n!2^n$. 现在在相连图形中有 n 个相互作用线的位置 (每根虚线的两端带有固定的标名). 第一位置可取 n 根虚线中的任一根, 有 n 种取法. 第二个位置在余下的 $n-1$ 根虚线中任取一根, 有 $n-1$ 种取法, 等等. 总共有 $n!$ 种取法. 在每一种取法中, 每根虚线的两端标名可以交换. 这样有 2^n 种安排. 由于 $2n$ 个内点都是要积分的, 所有这些 $n!\ 2^n$ 个图形的贡献都相同. 只须考虑其中一个图形, 而把因子 $1/(n!2^n)$ 去掉即可.

在图 10.1 中有闭合粒子回线的项前面都有因子 (-1), 这是在收缩过程中相邻费米子的交换次数为奇数次而出现的. 在图 10.3 的 (a),(b),(c),(d),(e),(f),(g),(h),(i),(j) 各个图形中, 凡是有一个费米子闭合回线的, 都要出现一个因子 (-1). 这一点对于任意阶图形都成立: 如果一个图形中含有 F 条费米子闭合回线, 则相应的表达式要有因子 $(-1)^F$.

在图 10.1 的 (a)、(d)、(f) 中, 有从一点 x_1 (或 x_1') 出发又回到这一点的单根粒子线, 它对应于因子 $\mathrm{i}g^0(x_1-x_1)$, 这是来源于在同一个相互作用哈密顿量 $H_{\mathrm{I}}^{\mathrm{i}}$ 中的两个场算符的收缩. 它们具有相同的时间 t, 按前面所述, 在 T_t 乘积内应理解为 $\psi^\dagger$ 的时间要比 ψ 的大一无限小量, 即

$$\begin{aligned}\mathrm{i}g^0(x_1-x_1)&=\langle\varPhi_0|T_t[\psi_{\mathrm{I}}(x_1)\psi_{\mathrm{I}}^\dagger(x_1)]|\varPhi_0\rangle\\&=\langle\varPhi_0|T_t[\psi_{\mathrm{I}}(t_1)\psi_{\mathrm{I}}^\dagger(t_1+0^+)]|\varPhi_0\rangle=\mathrm{i}g^0(0^-)\end{aligned}\tag{10.2.5}$$

最后, 我们要讨论不相连图形. 图 10.4 画出了具有两根虚线的不相连图形. 以上得到的一些结论对于不相连图形不适用, 例如图 10.1 的 (a)、(b) 图只来自于唯一的一种收缩方式, 所以系数 1/2 不能消去. 图 10.1 的 (a)、(b) 的贡献可以合并成

$$\mathrm{i}g^0(x-x')\frac{1}{\mathrm{i}\hbar}\int\mathrm{d}t_1\langle\varPhi_0|T_t[H_{\mathrm{I}}^{\mathrm{i}}(t_1)]|\varPhi_0\rangle\tag{10.2.6}$$

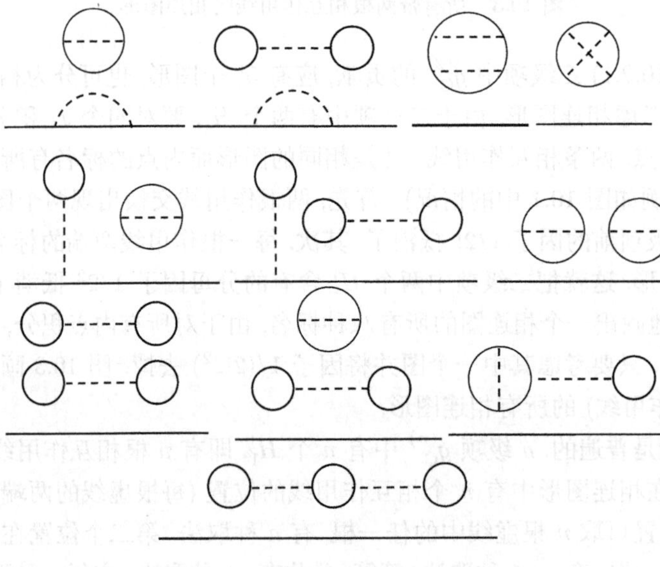

图 10.4　二级微扰项中的不相连图形

此式是这样写出来的：把 (10.2.4) 式右边的前两项具体写出来, 可看出是四个场算符的收缩的结果, 再写成时序算符作用的形式. 把上式和零阶项的 $\mathrm{i}g^0(x-x')$ 合并就得到：

$$\mathrm{i}g^0(x-x')\left[1+\frac{1}{\mathrm{i}\hbar}\int\mathrm{d}t_1\langle\varPhi_0|T_t[H_{\mathrm{I}}^{\mathrm{i}}(t_1)]|\varPhi_0\rangle\right]\tag{10.2.7}$$

我们注意到, (10.2.1) 式分母上还有一个因子 $\langle\varPhi_0|S|\varPhi_0\rangle$, 准确到一级, 这个因子等于

$$1+\frac{1}{\mathrm{i}\hbar}\int\mathrm{d}t_1\langle\varPhi_0|T_t[H_{\mathrm{I}}^{\mathrm{i}}(t_1)]|\varPhi_0\rangle$$

它正好和 (10.2.7) 的方括号因子消去, 剩下因子 $\mathrm{i}g^0(x-x')$. 其次, 图 10.1 的 (c)、(d) 已是一级量, 分母 $\langle\varPhi_0|S|\varPhi_0\rangle$ 只应取至零级项. 所以准确到一级项, 最后只要取 g 的一阶图形中贡献不同的相连图形 [图 10.1 的 (c) 和 (d)], 同时分母 $\langle\varPhi_0|S|\varPhi_0\rangle$ 可以取消.

以上不相连图形正好与分母抵消的结果可以推广到任意阶. 我们在此作严格的证明.

设对第 n 级微扰项用威克定理展开而得的各种收缩方式中, 某一种对应于由 m 阶与外线相连的部分 (即与外线相连的部分有 m 条相互作用线) 和 $n-m$ 阶的真空涨落部分 (这部分是没有外线的任意图形, 它本身又可以由不止一个没有外线的不相连的部分, 但总的虚线数目为 $n-m$ 条) 组成的图形. 例如图 10.4 中有与外线相连部分是零阶的, 真空涨落部分是二阶的; 还有与外线相连部分是一阶的, 真空涨落部分是一阶的.

将所有 m 阶与外线相连图形的总和记为:

$$\int \mathrm{d}t_1\cdots\int \mathrm{d}t_m\langle\varPhi_0|T_t[\psi_{\mathrm{I}\alpha}(x)\psi^\dagger_{\mathrm{I}\beta}(x')H^{\mathrm{i}}_{\mathrm{I}}(t_1)\cdots H^{\mathrm{i}}_{\mathrm{I}}(t_m)]|\varPhi_0\rangle_{\mathrm{C}}$$

它代表外端点算符 $\psi_{\mathrm{I}\alpha}(x)$, $\psi^\dagger_{\mathrm{I}\beta}(x')$ 与 m 个 $H^{\mathrm{i}}_{\mathrm{I}}$ 以一切相连方式收缩的图形之和, 下标 C 是相连图形的意思. 用

$$\int \mathrm{d}t_{m+1}\cdots\int \mathrm{d}t_n\langle\varPhi_0|T_t[H^{\mathrm{i}}_{\mathrm{I}}(t_{m+1})\cdots H^{\mathrm{i}}_{\mathrm{I}}(t_n)]|\varPhi_0\rangle$$

代表 $n-m$ 阶的所有真空涨落部分的总和. 于是这类图形对 $\mathrm{i}g^{(n)}_{G\alpha\beta}$ 的贡献为

$$\begin{aligned}&\frac{1}{n!}\left(\frac{1}{\mathrm{i}\hbar}\right)^n\int \mathrm{d}t_1\cdots\int \mathrm{d}t_m\langle\varPhi_0|T_t[\psi_{\mathrm{I}\alpha}(x)\psi^\dagger_{\mathrm{I}\beta}(x')H^{\mathrm{i}}_{\mathrm{I}}(t_1)\cdots H^{\mathrm{i}}_{\mathrm{I}}(t_m)]|\varPhi_0\rangle_{\mathrm{C}}\\&\times\int \mathrm{d}t_{m+1}\cdots\int \mathrm{d}t_n\langle\varPhi_0|T_t[H^{\mathrm{i}}_{\mathrm{I}}(t_{m+1})\cdots H^{\mathrm{i}}_{\mathrm{I}}(t_n)]|\varPhi_0\rangle\end{aligned}\tag{10.2.8}$$

但是要构成 $\mathrm{i}g^{(n)}_{G\alpha\beta}$ 的全部图形还要注意两点. 第一, 在收缩过程中 (10.2.8) 式的两个因子中的 $H^{\mathrm{i}}_{\mathrm{I}}$ 可能相互交换. 也就是说, 可在 n 根相互作用线中任选 m 根组成相连图形, 把余下的 $l=n-m$ 根归入到真空涨落部分去, 这样的取法有 $C^m_n=\dfrac{n!}{m!(n-m)!}=\dfrac{n!}{m!l!}$ 种. 第二, $\mathrm{i}g^{(n)}_{G\alpha\beta}$ 的贡献中可以有 m=0,1,2 等等直至 n 阶的相连图形, 相应地, 不相连部分有 $l=n,n-1,\cdots,1,0$ 阶的. 因此要对 m 和 l 都进行求和, 但求和过程中要始终保持 $m+l=n$. 因此得到 $\mathrm{i}g^{(n)}_{G\alpha\beta}$ 的总贡献为:

$$\begin{aligned}\mathrm{i}g^{(n)}_{\mathrm{G}\alpha\beta}=&\sum_{m=0}^{\infty}\sum_{l=0}^{\infty}\left(\frac{1}{\mathrm{i}\hbar}\right)^n\frac{1}{n!}\delta_{n,m+l}\frac{n!}{m!l!}\int \mathrm{d}t_1\cdots\int \mathrm{d}t_m\langle\varPhi_0|T_t[\psi_{\mathrm{I}\alpha}(x)\psi^\dagger_{\mathrm{I}\beta}(x')H^{\mathrm{i}}_{\mathrm{I}}(t_1)\\&\cdots H^{\mathrm{i}}_{\mathrm{I}}(t_m)]|\varPhi_0\rangle_{\mathrm{C}}\int \mathrm{d}t_{m+1}\cdots\int \mathrm{d}t_n\langle\varPhi_0|T_t[H^{\mathrm{i}}_{\mathrm{I}}(t_{m+1})\cdots H^{\mathrm{i}}_{\mathrm{I}}(t_n)]|\varPhi_0\rangle\end{aligned}$$

其中虽然对 m 和 l 的求和写成从 0 至 ∞ (这是为下面对 n 求和做准备), 但 δ 符号保证了 $m+l=n$. 现在对各级 $g_{\mathrm{G}}^{(n)}$ 加起来, 就是对 n 从 0 至无穷大求和. 这样的求和把 δ 符号去掉了, 结果如下：

$$\begin{aligned}
\mathrm{i}g_{\alpha\beta}(x-x')\langle\varPhi_0|S|\varPhi_0\rangle &= \sum_{n=0}^{\infty}\mathrm{i}g_{\mathrm{G}\alpha\beta}^{(n)} \\
&= \sum_{m=0}^{\infty}\frac{1}{m!}\left(\frac{1}{\mathrm{i}\hbar}\right)^m\int\mathrm{d}t_1\cdots\int\mathrm{d}t_m\langle\varPhi_0|T_t[\psi_{\mathrm{I}\alpha}(x)\psi_{\mathrm{I}\beta}^{\dagger}(x')H_{\mathrm{I}}^{\mathrm{i}}(t_1) \\
&\quad \cdots H_{\mathrm{I}}^{\mathrm{i}}(t_m)]|\varPhi_0\rangle_{\mathrm{C}}\sum_{m=0}^{\infty}\frac{1}{l!}\left(\frac{1}{\mathrm{i}\hbar}\right)^l\int\mathrm{d}t_1 \\
&\quad \cdots\int\mathrm{d}t_l\langle\varPhi_0|T_t[H_{\mathrm{I}}^{\mathrm{i}}(t_1)\cdots H_{\mathrm{I}}^{\mathrm{i}}(t_l)]|\varPhi_0\rangle
\end{aligned} \tag{10.2.9}$$

右边第二个因子恰是 $\langle\varPhi_0|S|\varPhi_0\rangle$. 结果是

$$\begin{aligned}
\mathrm{i}g_{\alpha\beta}(x-x') &= \sum_{m=0}^{\infty}\frac{1}{m!}\left(\frac{1}{\mathrm{i}\hbar}\right)^m\int\mathrm{d}t_1\cdots\int\mathrm{d}t_m\langle\varPhi_0|T_t[\psi_{\mathrm{I}\alpha}(x)\psi_{\mathrm{I}\beta}^{\dagger}(x') \\
&\quad H_{\mathrm{I}}^{\mathrm{i}}(t_1)\cdots H_{\mathrm{I}}^{\mathrm{i}}(t_m)]|\varPhi_0\rangle_{\mathrm{C}} \\
&= \langle\varPhi_0|T_t[\psi_{\mathrm{I}\alpha}(x)\psi_{\mathrm{I}\beta}^{\dagger}(x')S]|\varPhi_0\rangle_{\mathrm{C}}
\end{aligned} \tag{10.2.10}$$

结论：在 $\mathrm{i}g$ 的展开式中, 只要考虑各阶相连图形的贡献, 分母 $\langle\varPhi_0|S|\varPhi_0\rangle$ 可以取消.

对于 $\mathrm{i}g$ 的第 n 级微扰 $\mathrm{i}g^{(n)}$, 我们给出由图形写出的相应的贡献的规则如下：

(1) 画出一切包含 n 条虚线的具有两条外线的相连拓扑不等价图形. 每一个这种图形应有 $2n+1$ 条有方向的粒子线 (包括两条联系于两个外点的外线) 和 $2n$ 个顶点. 在每个顶点处标上四维时空坐标 $x_i=(\boldsymbol{x}_i,t_i)$.

(2) 每条虚线是相互作用线, 对应于因 $V(x_i,x_j)/(\mathrm{i}\hbar)=V(\boldsymbol{x}_i-\boldsymbol{x}_j)\delta(t_i-t_j)/(\mathrm{i}\hbar)$. 同一条虚线两端的时间是相等的. 每条有方向的粒子线对应于因子 $\mathrm{i}g^0(x_i,x_j)$, 是无相互作用系统的格林函数, 粒子的传播方向从 x_j 指向 x_i.

(3) 每个顶点 x_i 是两条粒子线和一条虚线的交汇处. 两条粒子线的方向分别是指向和离开顶点. 其物理意义是：一粒子到达 x_i 点, 在此点上与其他粒子发生瞬时相互作用, 然后离开此点.

(4) 对每个顶点上的四维空时坐标积分：$\int\mathrm{d}^4x_i=\int\mathrm{d}\boldsymbol{x}_i\int\mathrm{d}t_i$.

(5) 有自旋时, 在每条粒子线的首尾端还应标上自旋下标, 在顶点处则标在虚线的两侧. 如果出现重复的自旋下标, 需要对它求和.

(6) 对每个 n 阶图形所得的表示式乘以因子 $(-1)^F$, 其中 F 是闭合费米子回线的数目之和.

(7) 对相等时间的格林函数应理解为 $g^0(t_i,t_i) = g^0(t_i,t_i^\dagger)$. 这有两种情况, 一种是粒子线自身闭合, 即首尾端是同一点; 另一种是粒子线的两端连接于同一根虚线.

10.2.2 外场作用

这时 $H_{\rm I}^{\rm i}(t)$ 的形式为

$$\int H_{\rm I}^{\rm i}(t_1){\rm d}t_1 = \sum_{\alpha\beta}\int {\rm d}^4x_1\psi_{{\rm I}\alpha}^\dagger(x_1)V_{\alpha\beta}^{\rm e}(x_1)\psi_{{\rm I}\beta}(x_1) \tag{10.2.11}$$

其中令

$$V_{\alpha\beta}^{\rm e}(x_1) = V_{\alpha\beta}^{\rm e}(\boldsymbol{x}_1) \tag{10.2.12}$$

这是仿照 (10.1.5) 式将四维坐标写成对称的形式, 其实 $V^{\rm e}$ 中不含时间. 这意味着外场的作用是瞬时的. 现在 (10.1.7) 式的第 n 级微扰中, 有 n 个因子 $V^{\rm e}(x_1)/({\rm i}\hbar)$, $n+1$ 对费米子产生湮没算符. 我们仍用图形规则来表示对应的项. 费米子线的规定如前一样. 因子 $V^{\rm e}(x_1)/({\rm i}\hbar)$ 用一根一端带 × 的虚线, 现在虚线只有一端连结粒子线, 另一端用 × 表示作用的源是外场. 每一级的微扰图形也可分成相连图形与不相连图形两大类. 用与前面完全相同的方法可以证明. 不相连部分的图形与因子 $\langle\Phi_0|S|\Phi_0\rangle$ 准确的相互抵消. 因此也只需考虑相连图. 在第 n 级图形中, n 根外场作用线交换位置共有 $n!$ 个图形的贡献相同. 所以只要考虑其中一个, 将前面的因子 $1/n!$ 去掉. 这样每一阶的图形只有一个. 图 10.5 是零到三阶的图形.

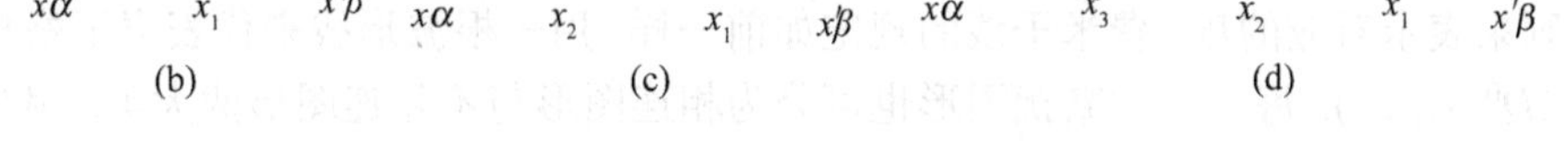

图 10.5 有外场时的各阶图形.

第 n 级微扰的图形规则如下.

(1) 画出一切包含 n 条虚线的具有两条外线的相连拓扑不等价图形. 这样的图只有一个, 有 $n+1$ 条有方向的粒子线 (包括两条联系于两个外点的外线) 和 n 个顶点. 在每个顶点处标上四维时空坐标 $x_i =(\boldsymbol{x}_i, t_i)$.

(2) 每条虚线是外场作用线, 它的一端连接顶点, 另一端悬空 (或用 × 表示), 对应于因子 $V_{\alpha\beta}^{\rm e}(\boldsymbol{x})/({\rm i}\hbar)$. 每条有方向的粒子线对应于因子 ${\rm i}g^0(x_i, x_j)$, 是无相互作用系统的格林函数, 粒子的传播方向从 x_j 指向 x_i.

(3) 每个顶点 x_i 是两条粒子线和一条虚线的交汇处. 两条粒子线的方向分别是指向和离开顶点. 其物理意义是：一粒子到达 x_i 点, 在此点上受到外场的瞬时作用, 然后离开此点.

(4) 对每个顶点上的四维空时坐标积分：$\int \mathrm{d}^4 x_i = \int \mathrm{d}\boldsymbol{x}_i \int \mathrm{d}t_i$.

(5) 有自旋时, 在每条粒子线的首尾端还应标上自旋下标, 在顶点处则标在虚线的两侧. 如果出现重复的自旋下标, 需要对它求和.

10.2.3 电–声相互作用

电–声相互作用的哈密顿量为

$$H_{\text{e-ph}} = \sum_{\alpha} \gamma \int \mathrm{d}\boldsymbol{x} \psi_{\alpha}^{\dagger}(\boldsymbol{x}) \psi_{\alpha}(\boldsymbol{x}) \varphi(\boldsymbol{x}) \tag{10.2.13}$$

其中 ψ 与 φ 分别是电子和声子的场算符, 假定电–声相互作用的耦合强度 γ 是个常数. 因此, (10.1.7) 式中的 $H_{\mathrm{I}}^{\mathrm{i}}(t)$ 为

$$\int H_{\mathrm{I}}^{\mathrm{i}}(t_1)\mathrm{d}t_1 = \sum_{\alpha} \gamma \int \mathrm{d}^4 x_1 \psi_{\mathrm{I}\alpha}^{\dagger}(x_1) \psi_{\mathrm{I}\alpha}(x_1) \varphi_{\mathrm{I}}(x_1) \tag{10.2.14}$$

现在 (10.1.7) 式中的各阶微扰项中既有电子算符又有声子算符, $|\varPhi_0\rangle$ 是电子和声子混和系统的无相互作用基态. 可以在其中产生 (或湮没) 电子, 也可以在其中产生 (然后湮没) 声子. 这样既可以计算电子格林函数也可计算声子格林函数.

先看电子格林函数. 这时 (10.1.7) 式中的 $\psi_{\mathrm{I}}(x)$ 和 $\psi_{\mathrm{I}}^{\dagger}(x')$ 为电子的场算符. 第 n 级微扰中有 n 个声子的场算符, 立即可得：奇数阶的微扰项全都为零. 只要看偶数阶的微扰项. 第 $2n$ 阶微扰有 $2n+1$ 对电子场算符和 n 对声子场算符. 仍用图形规则来表示对应的项. 费米子线的规定如前一样. 用一根波形线来代表声子格林函数 $\mathrm{i}D^0(x_i, x_j)$. 每一阶的微扰图形也可分为相连图形与不相连图形两大类. 用与前面完全相同的方法可以证明, 不相连部分的图形与因子 $\langle\varPhi_0|S|\varPhi_0\rangle$ 准确的相互抵消. 因此也只考虑相连图. 图 10.6 与图 10.7 分别画出了二阶与四阶微扰的所有不等价相连图形. 它们的模样分别与图 10.1 与图 10.3 完全相同, 只是把代表两体相互作用的虚线换成了代表声子格林函数的波形线. 但与两体相互作用不同的是, 电子间交换声子并不是个瞬时相互作用过程. 波形线两端顶点的时间是不同的, 因此一个图形内的所有顶点标名可随意交换 (而不像代表两体相互作用的同一条虚线两端之间才能交换, 因为这两端的时间是相同的). 这样 $2n$ 阶图形中有 $2n$ 个顶点, 有 $(2n)!$ 种标名方式. 因此每一种图只需考虑其中一个而把前面的因子 $1/(2n)!$ 去掉.

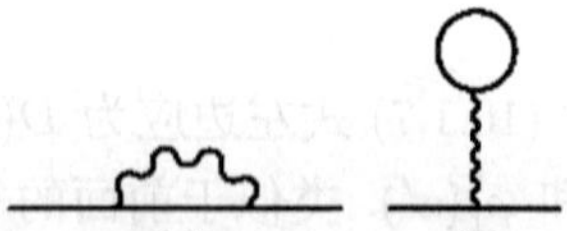

图 10.6 电–声相互作用的二级项的相连图形（只要将电子的两体相互作用的一级项图 10.1 中的相连图形的虚线换成波线, 即成此图)

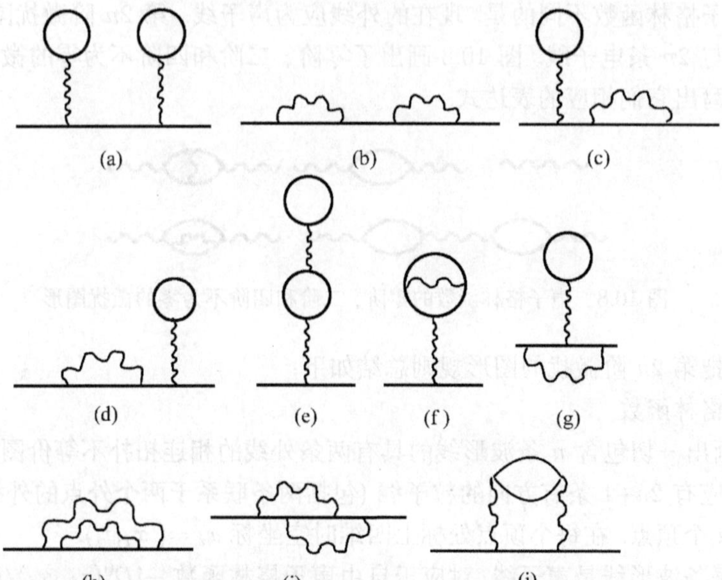

图 10.7 电声相互作用的四级项的相连图形中外线是电子线的部分 (只要将电子的两体相互作用的二级项相连图形的图 10.3 中的虚线换成波线, 即成此图)

我们来考察一下图 10.6(b) 这个图. 其中 x_1 这个顶点只联系于一根闭合的电子线与一根声子线, 我们只写出这两个因子并对该顶点的空间坐标积分.

$$\begin{aligned}
&\int \mathrm{d}\boldsymbol{x}_1 \mathrm{i}D^0(\boldsymbol{x}_1 t_1, \boldsymbol{x}_2 t_2)\mathrm{i}g^0(\boldsymbol{x}_1 t_1, \boldsymbol{x}_1 t_1^+) \\
&= \int \mathrm{d}\boldsymbol{x}_1 \mathrm{i}D^0(\boldsymbol{x}_1 - \boldsymbol{x}_2, t_1 - t_2)\mathrm{i}g^0(\boldsymbol{x}_1 - \boldsymbol{x}_1, t_1 - t_1^+) \\
&= \mathrm{i}^2 g_0(0, t_1^-) \int \mathrm{d}\boldsymbol{x}_1 D^0(\boldsymbol{x}_1 - \boldsymbol{x}_2, t_1 - t_2) \qquad (10.2.15)
\end{aligned}$$

把 D^0 的表达式 (9.4.31) 代入后发现只能取 $\boldsymbol{k}=0$ 的项. 由于闭合的电子线有一确定的能量和动量, 所以与之相连的声子线的能量动量都为零, 这样的声子是不存在的, 也就是不存在交换声子的事件, (10.2.15) 式结果为零. 因此, 凡是一个电子线自身闭合的贡献为零. 同此, 图 10.7 中的 (a)、(c)、(d)、(e)、(g) 这些图形全都不用考虑了.

再看声子格林函数. 这时 (10.1.7) 式左边应为 $D(x,x')$, 右边的 $\psi_{\mathrm{I}}(x)$ 和 $\psi_{\mathrm{I}}^{\dagger}(x')$ 现在应为声子场算符 $\varphi_{\mathrm{I}}(x)$ 和 $\varphi_{\mathrm{I}}^{\dagger}(x')$. 类似于前面的一些结论可直接叙述如下：奇数阶的微扰全都为零；只需考虑相连图形而将分子 $\langle\Phi_0|S|\Phi_0\rangle$ 去掉；每种不等价图形只考虑其中一个而将因子 $1/(2n)!$ 去掉；凡是有一根电子线自身闭合的图形贡献为零.

与电子格林函数不同的是, 现在的外线应为声子线. 第 $2n$ 阶微扰图形有 $n+1$ 条声子线与 $2n$ 条电子线. 图 10.8 画出了零阶、二阶和四阶不为零的微扰图形. 读者可自己写出它们相应的表达式.

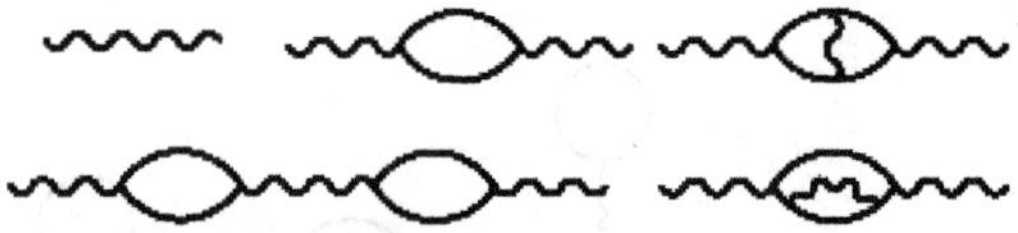

图 10.8　声子格林函数的零阶、二阶和四阶不为零的微扰图形

我们把第 $2n$ 阶微扰的图形规则总结如下：

电子格林函数

(1) 画出一切包含 n 条波形线的具有两条外线的相连拓扑不等价图形. 每一个这种图形应有 $2n+1$ 条有方向的粒子线 (包括两条联系于两个外点的外线), n 条波形线和 $2n$ 个顶点. 在每个顶点处标上四维时空坐标 $x_i=(\boldsymbol{x}_i,t_i)$.

(2) 每条波形线是声子线, 对应于自由声子格林函数 $-\mathrm{i}D^0(x_i,\ x_j)/\hbar^2$. 每条有方向的粒子线对应于因子 $\mathrm{i}g^0(x_i,\ x_j)$, 是自由电子的格林函数, 电子的传播方向从 x_j 指向 x_i.

(3) 每个顶点 x_i 是两条电子线和一条波形线的交汇处. 两条电子线的方向分别是指向和离开顶点. 其物理意义是：一电子到达 x_i 点, 在此点上与其他电子发生相互作用, 交换声子, 然后离开此点. 每个顶点上标以电–声耦合强度 γ 作为顶点因子.

(4) 对于每个顶点, 乘以顶点因子之后作四维空时坐标积分：$\int \mathrm{d}^4x_i=\int \mathrm{d}\boldsymbol{x}_i\int \mathrm{d}t_i$.

(5) 有自旋时, 在每条粒子线的首尾端还应标上自旋下标, 在顶点处则标在波形线的两侧. 如果出现重复的自旋下标, 需要对它求和.

(6) 对每个 n 阶图形所得的表示式乘以因子 $(-1)^F$, 其中 F 是闭合电子回线的数目之和.

(7) 如果图形中有一条电子线自身闭合, 则此图贡献为零, 可不予考虑.

声子格林函数

只要将上述第一条改为：(1) 画出一切具有两条波形外线的共有 $n+1$ 条波形线的相连拓扑不等价图形. 每一个这种图形应有 $2n$ 条有方向的电子线和 $2n$ 个顶点.

在每个顶点处标上四维时空坐标 $x_i = (\boldsymbol{x}_i, t_i)$.

§10.3 动量空间中的图形规则

在 §9.4 计算无相互作用系统的格林函数时我们看到, 在四维动量空间中格林函数具有最简单的表达式. 四维动量 $k=(\boldsymbol{k}, \omega)$ 是指三维动量与一维角频率. 在这儿我们把总的格林函数也变换到动量空间, 则会使计算过程带来简化. 例如在坐标空间中, 两体相互作用时第 n 阶微扰图形要对 $2n$ 个顶点的四维坐标进行积分. 而在动量空间中, 由于动量守恒的要求, 只需对 n 个四维动量积分.

无相互作用系统的格林函数由于是坐标差的函数, 其傅里叶变换为:

$$g^0_{\alpha\beta}(x-x') = \frac{1}{(2\pi)^4}\int \mathrm{d}^4k\mathrm{e}^{\mathrm{i}k(x-x')}G^0_{\alpha\beta}(k) \tag{10.3.1}$$

上面简写 $k=(\boldsymbol{k}, \omega)$, $k(x-x') = \boldsymbol{k}\cdot(\boldsymbol{x}-\boldsymbol{x}')-\omega\,(t-t')$. 在无外场的均匀空间中, 总的格林函数的变换同此.

$$g_{\alpha\beta}(x, x') = \frac{1}{(2\pi)^4}\int \mathrm{d}^4k\mathrm{e}^{\mathrm{i}k(x-x')}G_{\alpha\beta}(k) \tag{10.3.2}$$

下面仍然根据 $H^{\mathrm{i}}_{\mathrm{I}}$ 的不同形式分别讨论.

10.3.1 两体相互作用

两体相互作用势是空间坐标差的函数, $V(x_i, x_j) = V(\boldsymbol{x}_i-\boldsymbol{x}_j)\delta(t_i-t_j)$. 因此其傅里叶变换为

$$\begin{aligned}V(x,x')_{\alpha\alpha'\beta\beta'} &= \frac{1}{(2\pi)^4}\int \mathrm{d}^4k\mathrm{e}^{\mathrm{i}k(x-x')}V(k)_{\alpha\alpha'\beta\beta'} \\ &= \frac{1}{(2\pi)^4}\int \mathrm{d}\boldsymbol{k}\mathrm{e}^{\mathrm{i}\boldsymbol{k}\cdot(\boldsymbol{x}-\boldsymbol{x}')}V(\boldsymbol{k})_{\alpha\alpha'\beta\beta'}\delta(t-t')\end{aligned} \tag{10.3.3}$$

其中,

$$V(k)_{\alpha\alpha'\beta\beta'} = V(\boldsymbol{k})_{\alpha\alpha'\beta\beta'} = \int \mathrm{d}\boldsymbol{x}\mathrm{e}^{-\mathrm{i}\boldsymbol{k}\cdot\boldsymbol{x}}V(\boldsymbol{x})_{\alpha\alpha'\beta\beta'} \tag{10.3.4}$$

现在我们将图 10.1(c) 作傅里叶变换

$$\begin{aligned}\mathrm{i}g^{(1\mathrm{C})}_{\alpha\beta}(x,x') &= \frac{1}{\mathrm{i}\hbar}\int \mathrm{d}^4x_1\mathrm{d}^4x_1' \sum_{\lambda\lambda'\mu\mu'}\frac{1}{(2\pi)^{16}}\int \mathrm{d}^4k\mathrm{d}^4p\mathrm{d}^4p_1\mathrm{d}^4q\mathrm{i}G^0_{\alpha\lambda}(k) \\ &\quad V_{\lambda\lambda'\mu\mu'}(q)\mathrm{i}G^0_{\lambda'\mu}(p)iG^0_{\mu\beta}(p_1)\mathrm{e}^{\mathrm{i}k(x-x_1)}\mathrm{e}^{\mathrm{i}q(x_1-x_1')}\mathrm{e}^{\mathrm{i}p(x_1-x_1')}\mathrm{e}^{\mathrm{i}p_1(x_1'-x')} \\ &= \frac{1}{\mathrm{i}\hbar}\frac{1}{(2\pi)^8}\sum_{\lambda\lambda'\mu\mu'}\int \mathrm{d}^4k\mathrm{d}^4p\mathrm{d}^4p_1\mathrm{d}^4q\mathrm{i}G^0_{\alpha\lambda}(k)V_{\lambda\lambda'\mu\mu'}(q)\mathrm{i}G^0_{\lambda'\mu}(p)\mathrm{e}^{\mathrm{i}p_0 0^+}\end{aligned}$$

$$\begin{aligned}&\mathrm{i}G^0_{\mu'\beta}(p_1)\mathrm{e}^{\mathrm{i}kx}\mathrm{e}^{-\mathrm{i}p_1x'}\delta^4(p+q-k)\delta^4(p_1-q-p)\\&=\frac{1}{(2\pi)^4}\int\mathrm{d}^4k\mathrm{e}^{\mathrm{i}k(x-x')}\frac{1}{\mathrm{i}\hbar}\frac{1}{(2\pi)^4}\sum_{\lambda\lambda'\mu\mu'}\mathrm{i}G^0_{\alpha\lambda}(k)\\&\quad\int\mathrm{d}^4pV_{\lambda\lambda'\mu\mu'}(k-p)\mathrm{i}G^0_{\lambda'\mu}(p)\mathrm{e}^{\mathrm{i}p_00^+}\mathrm{i}G^0_{\mu'\beta}(k)\end{aligned}\tag{10.3.5}$$

上面第二个等号是对两个四维时空坐标积分, 得到两个四维 δ 函数, 记为$\delta^4(p)$:

$$\delta^4(p)=\frac{1}{(2\pi)^4}\int\mathrm{d}^4x\mathrm{e}^{\mathrm{i}px}\tag{10.3.6}$$

将 (10.3.5) 式左边也做傅里叶变换, 容易看到

$$\mathrm{i}G^{(1\mathrm{C})}_{\alpha\beta}(k)=\frac{1}{\mathrm{i}\hbar}\frac{1}{(2\pi)^4}\sum_{\lambda\lambda'\mu\mu'}\mathrm{i}G^0_{\alpha\lambda}(k)\int\mathrm{d}^4pV_{\lambda\lambda'\mu\mu'}(k-p)\mathrm{e}^{\mathrm{i}p_00^+}\mathrm{i}G^0_{\lambda'\mu}(p)\mathrm{i}G^0_{\mu'\beta}(k)\tag{10.3.7}$$

其中 p_0 表示四维动量的第零个分量, 即频率.

现在画出图形：用虚线表示因子 $V(k)/\mathrm{i}\hbar$, 并在线上标明四维动量 k; 用一根有向线表示因子 $\mathrm{i}G^0_{\lambda\mu}(p)$, 两端各标上 λ 和 μ, 方向从 μ 指向 λ, 并在线上标明 p; 在每个顶点处四维动量守恒. 画出图形为图 10.9(a). 形式与图 10.1(c) 完全一样.

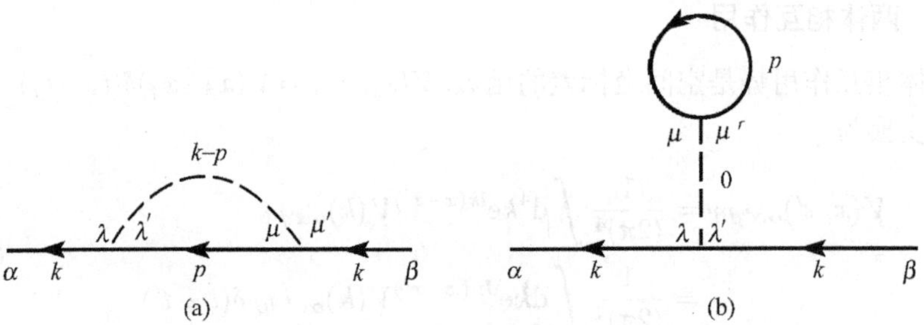

图 10.9　两体相互作用时动量空间的一阶相连图形

注意一根粒子线的两端联系于同一根虚线的情况. 在坐标空间中, 虚线两端的时间相等, 所以这根粒子线两端的时间相等, 按照以前的规定, 应理解为：$\mathrm{i}g^0(x_i, x_j)=\mathrm{i}g^0(x_it_i,\ x_jt_i^+)=\mathrm{i}g^0(\boldsymbol{x}_i-\boldsymbol{x}_j,0^-)$. 由于时间小量 0^- 的存在, 作傅里叶变换时, 应加一因子 $\exp(\mathrm{i}\omega0^+)$, 写成 $G^0(\boldsymbol{k},\omega)\exp(\mathrm{i}\omega0^+)$. 现在可以写出动量空间中的第 n 阶微扰的图形规则如下：

(1) 画出一切包含 n 条虚线的具有两条外线的相连拓扑不等价图形. 每一个这种图形应有 $2n+1$ 条有方向的粒子线 (包括两条联系于两个外点的外线) 和 $2n$ 个顶点. 在每条线标上四维动量 $k_i=(\ \boldsymbol{k}_i,\ \omega_i)$.

(2) 每条虚线是相互作用线, 对应于因子 $V(q_i)/\mathrm{i}\hbar = V(\boldsymbol{q}_i)/\mathrm{i}\hbar$. 每条有方向的粒子线对应于因子 $\mathrm{i}G^0(\boldsymbol{k}_i, \omega_i)$, 是无相互作用系统的格林函数.

(3) 每个顶点是两条粒子线和一条虚线的交汇处. 两条粒子线的动量方向分别是指向和离开顶点. 其物理意义是: 一动量为 p 的粒子与其他粒子发生瞬时相互作用, 交换了动量, 然后以动量 q 继续前进. 每个顶点上必须动量守恒.

(4) 对 n 个独立的内线四维动量积分.

(5) 有自旋时, 在每条粒子线的首尾端还应标上自旋下标, 在顶点处则标在虚线的两侧. 如果出现重复的自旋下标, 需要对它求和.

(6) 对每个 n 阶图形所得的表示式乘以因子 $(-1)^F/(2\pi)^{4n}$, 其中 F 是闭合费米子回线的数目之和.

(7) 对以下两种情况, 一种是粒子线自身闭合, 即首尾端是同一点; 另一种是粒子线的两端连接于同一根虚线. 格林函数应加一因子, 写成 $\mathrm{i}G^0(\boldsymbol{k},\omega)\exp(\mathrm{i}\omega 0^+)$.

例如一阶微扰的另一个图形图 10.9(b) 的贡献为

$$\mathrm{i}G^{(1\mathrm{B})}_{\alpha\beta}(k) = \frac{1}{\mathrm{i}\hbar}\frac{-1}{(2\pi)^4}\sum_{\lambda\lambda'\mu\mu'}\mathrm{i}G^0_{\alpha\lambda}(k)\mathrm{i}G^0_{\lambda'\beta}(k)V_{\lambda\lambda'\mu\mu'}(0)\int \mathrm{d}^4p\mathrm{i}G^0_{\mu\mu'}(p)\mathrm{e}^{\mathrm{i}p_0 0^+} \tag{10.3.8}$$

把 (10.3.7),(10, 3, 8) 两式合到一起即为对一阶微扰的总贡献:

$$\begin{aligned}\mathrm{i}G^{(1)}_{\alpha\beta}(k) =& \frac{1}{\mathrm{i}\hbar}\frac{1}{(2\pi)^4}\sum_{\lambda\lambda'\mu\mu'}\int \mathrm{d}^4p[\mathrm{i}G^0_{\alpha\lambda}(k)V_{\lambda\lambda'\mu\mu'}(k-p)\mathrm{i}G^0_{\lambda'\mu}(p)\mathrm{e}^{\mathrm{i}p_0 0^+}\mathrm{i}G^0_{\mu'\beta}(k)\\ &-\mathrm{i}G^0_{\alpha\lambda}(k)\mathrm{i}G^0_{\lambda'\beta}(k)V_{\lambda\lambda'\mu\mu'}(p)\mathrm{e}^{\mathrm{i}p_0 0^+}]\\ =& \frac{1}{\mathrm{i}\hbar}\frac{1}{(2\pi)^4}\sum_{\lambda\lambda'\mu\mu'}\int \mathrm{d}^4p\Big[\mathrm{i}G^0(k)\sum_\mu V_{\alpha\mu,\mu\beta}(0)\mathrm{i}G^0(p)\mathrm{e}^{\mathrm{i}p_0 0^+}\mathrm{i}G^0(k)\\ &-\mathrm{i}G^0(k)\mathrm{i}G^0(k)\sum_\mu V_{\alpha\beta,\mu\mu}(0)\mathrm{i}G^0(p)\mathrm{e}^{\mathrm{i}p_0 0^+}\Big]\\ =& \frac{[\mathrm{i}G^0(k)]^2}{(2\pi)^4\mathrm{i}\hbar}\int \mathrm{d}^4p\mathrm{e}^{\mathrm{i}p_0 0^+}\mathrm{i}G^0(p)\sum_\mu[V_{\alpha\mu,\mu\beta}(k-p) - V_{\alpha\beta,\mu\mu}(0)]\end{aligned} \tag{10.3.9}$$

其中利用了 $G^0_{\alpha\beta}(k) = G^0(k)\delta_{\alpha\beta}$, 见 §9.4.

如果设

$$V_{\lambda\lambda'\mu\mu'}(\boldsymbol{x}-\boldsymbol{x}') = V(\boldsymbol{x}-\boldsymbol{x}')\delta_{\lambda\lambda'}\delta_{\mu\mu'} \tag{10.3.10}$$

则 (10.3.9) 式进一步简化为

$$\begin{aligned}\mathrm{i}G^{(1)}_{\alpha\beta}(k) &= \mathrm{i}G^{(1)}(k)\delta_{\alpha\beta}\\ &= \frac{[\mathrm{i}G^0(k)]^2}{(2\pi)^4\mathrm{i}\hbar}\int \mathrm{d}^4p\mathrm{e}^{\mathrm{i}p_0 0+}\mathrm{i}G^0(p)[V(k-p)-(2S+1)V(0)]\delta_{\alpha\beta}\end{aligned} \tag{10.3.11}$$

10.3.2 外场作用

这时应注意, 由于外场的存在, 空间是非均匀的. 因此虽然 (10.3.1) 仍然成立, (10.3.2) 却不成立, 而应改为

$$g_{\alpha\beta}(x,x')=\frac{1}{(2\pi)^8}\int \mathrm{d}^4k\mathrm{d}^4k'\mathrm{e}^{\mathrm{i}kx-\mathrm{i}k'x'}G_{\alpha\beta}(k,k') \tag{10.3.12}$$

由于外场作用不含时间, 见 (10.2.12) 式, 它的傅里叶变换式为

$$V^{\mathrm{e}}_{\alpha\beta}(x_1)=\frac{1}{(2\pi)^4}\int \mathrm{d}^4k_1\mathrm{e}^{\mathrm{i}k_1x_1}V^{\mathrm{e}}_{\alpha\beta}(k_1) \tag{10.3.13}$$

意味着 $V^{\mathrm{e}}_{\alpha\beta}$ (k_1) 中 k_1 的第四维分量总是为零 $V^{\mathrm{e}}_{\alpha\beta}$ $(\boldsymbol{k}_1,0)$. 这一情况说明外场与粒子只交换动量而不交换能量, 原因是假设了外场的作用是瞬时的.

现在我们针对图 10.5(c) 的二阶图形, 用坐标空间中的图形规则写出其表达式并作傅里叶变换:

$$\begin{aligned}
\mathrm{i}g^{(2)}_{\alpha\beta}(x,x')=&\frac{\mathrm{i}^3}{(\mathrm{i}\hbar)^2}\sum_{\lambda\lambda'\gamma\gamma'}\int \mathrm{d}^4x_1\mathrm{d}^4x_2 g^0_{\alpha\lambda'}(x-x_2)g^0_{\lambda\gamma'}(x_2-x_1)g^0_{\gamma\beta}(x_1-x')\\
&\cdot V^{\mathrm{e}}_{\lambda'\lambda}(x_2)V^{\mathrm{e}}_{\gamma'\gamma}(x_1)\\
=&\frac{\mathrm{i}^3}{(\mathrm{i}\hbar)^2}\sum_{\lambda\lambda'\gamma\gamma'}\int \mathrm{d}^4x_1\mathrm{d}^4x_2\frac{1}{(2\pi)^{12}}\int \mathrm{d}^4k\mathrm{d}^4k_1\mathrm{d}^4k' G^0_{\alpha\lambda'}(k)G^0_{\lambda\gamma'}(k_1)G^0_{\gamma\beta}(k')\\
&\cdot \mathrm{e}^{\mathrm{i}k(x-x_2)+\mathrm{i}k_1(x_2-x_1)+\mathrm{i}k'(x_1-x')}\frac{1}{(2\pi)^8}\int \mathrm{d}^4p_1\mathrm{d}^4p_2 V^{\mathrm{e}}_{\lambda'\lambda}(p_2)V^{\mathrm{e}}_{\gamma'\gamma}(p_1)\\
&\cdot \mathrm{e}^{\mathrm{i}\boldsymbol{p}_1\cdot\boldsymbol{x}_1+\mathrm{i}\boldsymbol{p}_2\cdot\boldsymbol{x}_2}\\
=&\frac{\mathrm{i}^3}{(\mathrm{i}\hbar)^2}\sum_{\lambda\lambda'\gamma\gamma'}\frac{1}{(2\pi)^{12}}\int \mathrm{d}^4k\mathrm{d}^4k_1\mathrm{d}^4k'\mathrm{d}^4p_1\mathrm{d}^4p_2 G^0_{\alpha\lambda'}(k)G^0_{\lambda\gamma'}(k_1)G^0_{\gamma\beta}(k')\\
&\cdot V^{\mathrm{e}}_{\lambda'\lambda}(p_2)V^{\mathrm{e}}_{\gamma'\gamma}(p_1)\delta^{(4)}(-k+k_1+p_2)\delta^{(4)}(-k_1+k'+p_1)\mathrm{e}^{\mathrm{i}\boldsymbol{k}\cdot\boldsymbol{x}-\mathrm{i}\boldsymbol{k}'\cdot\boldsymbol{x}'}\\
=&\frac{\mathrm{i}^3}{(\mathrm{i}\hbar)^2}\sum_{\lambda\lambda'\gamma\gamma'}\frac{1}{(2\pi)^{12}}\int \mathrm{d}^4k\mathrm{d}^4k_1\mathrm{d}^4k' G^0_{\alpha\lambda}(k)G^0_{\lambda\gamma'}(k_1)G^0_{\gamma\beta}(k')\\
&\cdot V^{\mathrm{e}}_{\gamma'\gamma}(k_1-k')V^{\mathrm{e}}_{\lambda'\lambda}(k-k_1)\mathrm{e}^{\mathrm{i}\boldsymbol{k}\cdot\boldsymbol{x}-\mathrm{i}\boldsymbol{k}'\cdot\boldsymbol{x}'}
\end{aligned} \tag{10.3.14}$$

将此式与 (10.3.12) 比较, 得

$$\begin{aligned}
\mathrm{i}G^{(2)}_{\alpha\beta}(k,k')=&\frac{\mathrm{i}^3}{(\mathrm{i}\hbar)^2}\sum_{\lambda\lambda'\gamma\gamma'}\frac{1}{(2\pi)^4}G^0_{\alpha\lambda'}(k)G^0_{\gamma\beta}(k')\\
&\int \mathrm{d}^4k_1 G^0_{\lambda\gamma'}(k_1)V^{\mathrm{e}}_{\lambda'\lambda}(k-k_1)V^{\mathrm{e}}_{\gamma'\gamma}(k_1-k')
\end{aligned}$$

$$= \frac{\mathrm{i}^3}{(\mathrm{i}\hbar)^2} \frac{1}{(2\pi)^4} G^0(k) G^0(k') \sum_{\lambda} \int \mathrm{d}^4 k_1 G^0(k_1) V^{\mathrm{e}}_{\alpha\lambda}(k - k_1) V^{\mathrm{e}}_{\lambda\beta}(k_1 - k') \quad (10.3.15)$$

上式最后一步对自旋求和. 如果 $V_{\alpha\beta}(x) = V(x)\delta_{\alpha\beta}$, 则

$$\mathrm{i}G^{(2)}_{\alpha\beta}(k, k') = \frac{\mathrm{i}^3}{(\mathrm{i}\hbar)^2} \frac{\delta_{\alpha\beta}}{(2\pi)^4} G^0(k) G^0(k') \int \mathrm{d}^4 k_1 G^0(k_1) V^{\mathrm{e}}(k - k_1) V^{\mathrm{e}}(k_1 - k') \quad (10.3.16)$$

因子 $V^{\mathrm{e}}(p)/(\mathrm{i}\hbar)$ 仍用外场虚线代表. 用有方向的粒子线代表 $\mathrm{i}G^0(k)$. 则画出 (10.3.14) 所对应的二阶图形如图 10.10. 每个顶点上四维动量守恒, 对独立的内线动量进行积分. 注意现在两条外线的动量不相等.

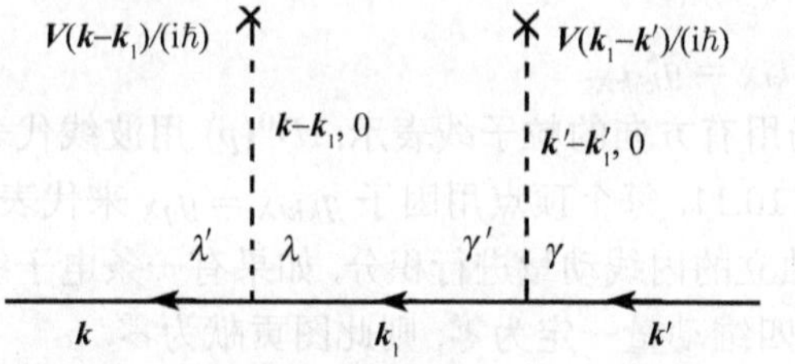

图 10.10 外场作用时动量空间的二阶图形

写出第 n 阶微扰的图形规则如下:

(1) 画出一切包含 n 条虚线的具有两条外线的相连拓扑不等价图形. 这样的图只有一个, 有 $n+1$ 条有方向的粒子线 (包括两条联系于两个外点的外线) 和 n 个顶点. 在每条线标上四维动量 k_i=($\boldsymbol{k}_i$,ω_i).

(2) 每条虚线是外场作用线, 它的一端连接顶点, 另一端悬空 (或用 × 表示), 对应于因子 $V^{\mathrm{e}}_{\alpha\beta}$ ($\boldsymbol{k}$) /(i$\hbar$). 每条有方向的粒子线对应于因子 $\mathrm{i}G^0_{\alpha\beta}(\boldsymbol{k}_i,\omega_i)$, 是无相互作用系统的格林函数.

(3) 每个顶点是两条粒子线和一条虚线的交汇处. 两条粒子线的动量方向分别是指向和离开顶点. 其物理意义是: 一动量为 p 的粒子, 受到外场的瞬时作用, 改变了动量, 然后以动量 q 继续前进. 每个顶点上必须动量守恒.

(4) 对一切独立的三维内线动量积分. 因为现在第 n 阶的图形有 $n+1$ 根电子线, 故独立的内线动量数为 $n-1$ 个.

(5) 有自旋时, 在每条粒子线的首尾端还应标上自旋下标, 在顶点处则标在虚线的两侧. 如果出现重复的自旋下标, 需要对它求和.

(6) 对每个 n 阶图形所得的表示式乘以因子 $[1/(2\pi)^4]^{n-1}$.

10.3.3 电–声相互作用

动量空间中的电–声相互作用哈密顿量已有明确的表达式：

$$H^{\mathrm{i}} = \sum_{\boldsymbol{k}\boldsymbol{k}'\lambda} g_{\boldsymbol{k}\boldsymbol{k}'\lambda} a^{\dagger}_{\boldsymbol{k}'} a_{\boldsymbol{k}} \varphi_{q\lambda} \tag{10.3.17}$$

其中 λ 表示声子的偏振方向, $\boldsymbol{q} = \boldsymbol{k}' - \boldsymbol{k}$ 表明电子在发射或吸收声子过程中总动量守恒.(10.3.17) 式其实就是 (10.2.13) 式的傅里叶变换式, 其中忽略了自旋下标. 注意 a_k (或 $a_k^{\dagger}$) 与场算符 $\psi(x)$ (或 $\psi^{\dagger}(x)$) 是互为傅里叶变换的, 见 (8.1.16). 我们不在这儿具体计算傅里叶变换, 读者可仿照前面自己推导. 我们只给出电子格林函数的二阶微扰图 10.6(a) 的傅里叶变换的结果,

$$\mathrm{i}g^{(2\mathrm{A})}(x,x') = \frac{[\mathrm{i}G^0(k)]^2}{(2\pi)^4} \int \mathrm{d}^4k' |g_{\boldsymbol{k}\boldsymbol{k}'\lambda}|^2 \mathrm{i}G^0(k') \frac{-\mathrm{i}}{\hbar^2} D^0(k-k') \tag{10.3.18}$$

其中利用了关系 $g_{kk'\lambda} = g^*_{k'k\lambda}$.

如果 $\mathrm{i}G^0(k)$ 仍用有方向的粒子线表示, $\mathrm{i}D^0(p)$ 用波线代表, 则画出动量空间的二阶微扰图形如图 10.11. 每个顶点用因子 $g_{kk'\lambda} = g_{q\lambda}$ 来代表. 顶点上动量守恒, 乘以顶点因子后, 对独立的内线动量进行积分. 如果有一条电子线自身闭合, 那么与它相联系的声子线的四维动量一定为零, 则此图贡献为零.

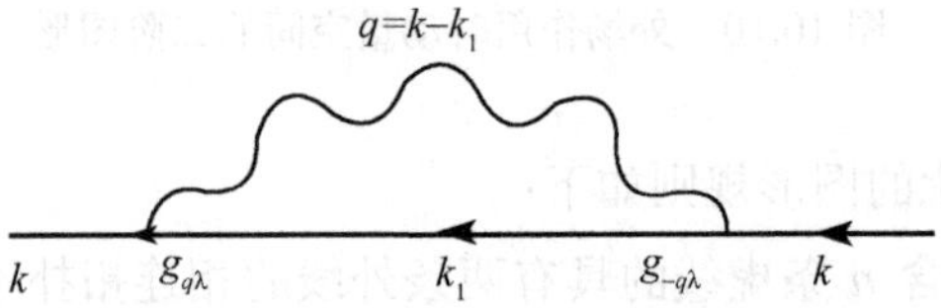

图 10.11 电–声相互作用的二阶微扰

声子格林函数可以类似地讨论.

写出第 $2n$ 阶微扰的图形规则如下：

电子格林函数

(1) 画出一切包含 n 条波形线的具有两条外线的相连拓扑不等价图形. 每一个这种图形应有 $2n+1$ 条有方向的粒子线 (包括两条联系于两个外点的外线) 和 $2n$ 个顶点. 在每条线标上四维动量 k_i=($\boldsymbol{k}_i$,ω_i).

(2) 每条波形线是自由声子格林函数, 对应于因子 $-\mathrm{i}D^0_\lambda(\boldsymbol{k},\omega)/\ \hbar^2 = -2\omega_{k\lambda}/\hbar(\omega^2-\omega^2_{k\lambda}+\mathrm{i}0^+)$. 每条有方向的粒子线是自由电子的格林函数, 对应于因子 $\mathrm{i}G^0(\boldsymbol{k}_j,\omega_j)$. 每个顶点对应于因子 $g_{kk'\lambda}$.

(3) 每个顶点是两条粒子线和一条波形线的交汇处. 两条粒子线的动量方向分别是指向和离开顶点. 其物理意义是：一动量为 p 的电子, 与其他电子发生相互作用, 交换了带有动量的声子, 然后以动量 q 继续前进. 每个顶点上必须四维动量守恒.

(4) 乘以顶点因子之后, 对一切独立的内线四维动量积分.

(5) 有自旋时, 在每条粒子线的首尾端还应标上自旋下标, 在顶点处则标在波形线的两侧. 如果出现重复的自旋下标, 需要对它求和.

(6) 对每个 $2n$ 阶图形所得的表示式乘以因子 $(-1)^F/(2\pi)^{4n}$, 其中 F 是闭合电子回线的数目之和.

(7) 如果图形中有一条声子线的四维动量为零, 则此图贡献为零, 可不予考虑.

声子格林函数

只要将上述第一条改为: (1) 画出一切具有两条波形外线的共有 $n+1$ 条波形线的相连拓扑不等价图形. 每一个这种图形应有 $2n$ 条有方向的电子线和 $2n$ 个顶点. 在每个顶点处标上四维动量 $k_i=(\boldsymbol{k}_i,\omega_i)$.

从上面的讨论可以看到, 对于每一种作用 H^{i}, 动量空间的图形与坐标空间的完全一样, 只是标名不同. 动量空间中图形的优点是: 物理意义更为明确, 直接表现了动量和能量守恒; 相应的表达式更简单; 需要作的积分计算更少.

§10.4 正规自能与戴森方程

在 10.3.1 中我们已求出了在动量空间中两体相互作用情况下的一级微扰 (图 10.9) 的全部贡献 (10.3.11) 式, 该式可以重写成下述形式:

$$\mathrm{i}G^{(1)}(k)=\mathrm{i}G^0(k)\frac{1}{\mathrm{i}\hbar}\Sigma^{(1)}(k)\mathrm{i}G^0(k) \tag{10.4.1}$$

其中

$$\frac{1}{\mathrm{i}\hbar}\Sigma^{(1)}(k)=\frac{1}{(2\pi)^4}\frac{1}{\mathrm{i}\hbar}\int \mathrm{d}^4p\mathrm{e}^{\mathrm{i}p_0 0^+}\mathrm{i}G^0(p)[V(k-p)-(2S+1)V(0)] \tag{10.4.2}$$

$\Sigma^{(1)}(k)$ 称为一阶自能, 其中的两项分别对应于图 10.12 中的 (a)、(b). 由于两根外线的动量为 k 不属积分变量, 它与自能部分是相乘的关系.

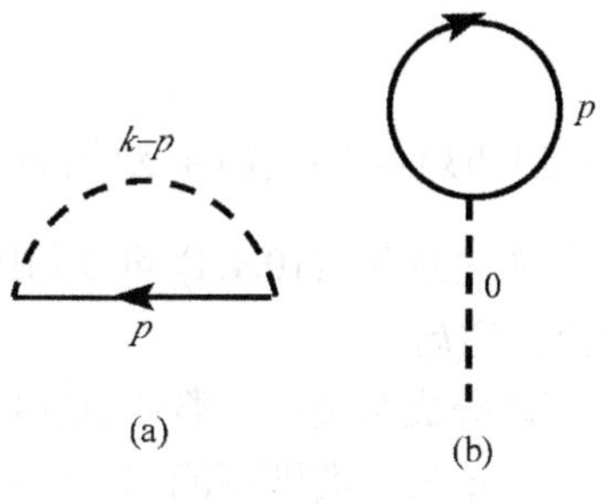

图 10.12 两体相互作用的自能的一阶图形

同理, 考察二阶微扰的贡献, 坐标空间中的图形见图 10.3. 动量空间中的图形完全相同, 只是以动量空间中的规则标名. 两根外线的动量为 k, 与其余部分是相乘关系, 所以二阶微扰的贡献可以写成

$$\mathrm{i}G^{(2)}(k)=\mathrm{i}G^{0}(k)\frac{1}{\mathrm{i}\hbar}\Sigma^{(2)}(k)\mathrm{i}G^{0}(k) \tag{10.4.3}$$

其中 $\Sigma^{(2)}(k)$ 是二阶自能, 它是图 10.13 中十个图形之和. 对于任意阶微扰, 都可写成这样的形式. 所以总的格林函数可以写成

$$\mathrm{i}G(k)=\mathrm{i}G^{0}(k)+\mathrm{i}G^{(0)}(k)\frac{1}{\mathrm{i}\hbar}\Sigma(k)\mathrm{i}G^{0}(k) \tag{10.4.4}$$

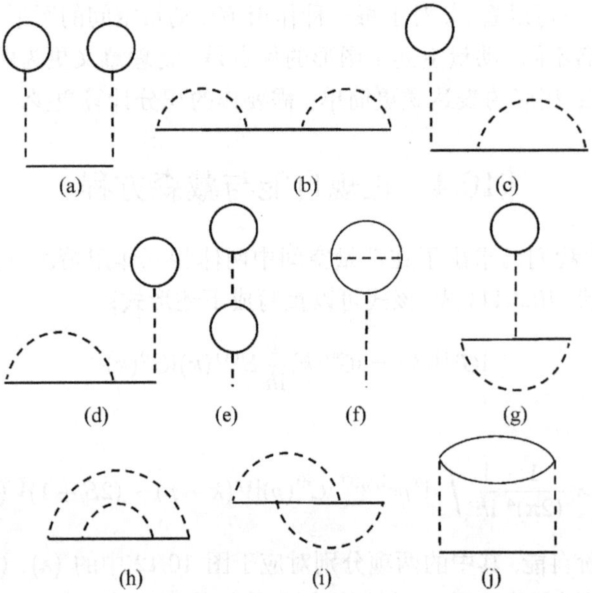

图 10.13　二体相互作用的自能的二阶图形

其中

$$\Sigma(k)=\Sigma^{(1)}(k)+\Sigma^{(2)}(k)+\Sigma^{(3)}(k)+\cdots \tag{10.4.5}$$

叫作 “自能部分”, 它是各阶自能之总和. (10.4.4) 可以用图 10.14 来表示. 其中用带方向的双线表示总的格林函数 $\mathrm{i}G(k)$.

图 10.13 中的十个图形可以分成两类：一类是通过切断一条内粒子线, 能使图形分为不相连部分的, 如 (a)~(d); 另一类则不能, 如 (e)~(j). 我们把不能通过切断一条粒子线而分成两个不相连部分的自能图称作 “正规自能部分”, 用 $\Sigma^{(2)*}$ 表示. 否则为非正规部分. 非正规部分中可被切断的那根粒子线由于动量守恒的关系, 其

动量与外线动量相同, 不属积分变量, 因而与其他部分是相乘关系. 容易看出：二阶的非正规自能图形可以看作是两个一阶正规自能通过一条粒子线相连的结果,

$$\frac{1}{\mathrm{i}\hbar}\Sigma^{(2)}_{\text{非正}} = \frac{1}{\mathrm{i}\hbar}\Sigma^{(1)*}\mathrm{i}G^0\frac{1}{\mathrm{i}\hbar}\Sigma^{(1)*} \tag{10.4.6}$$

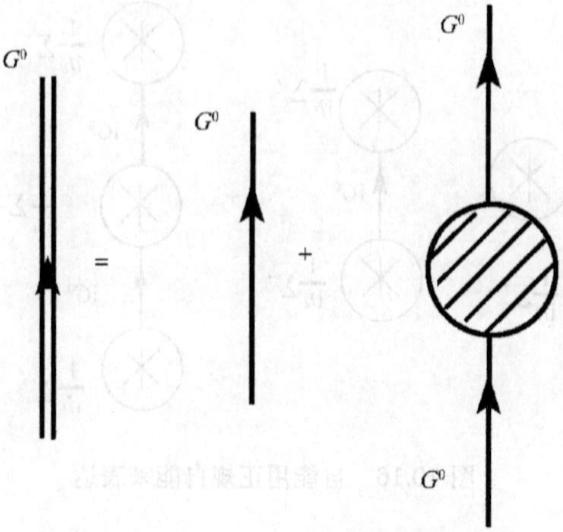

图 10.14 (10.4.4) 式的图形表示

见图 10.15. 同样, 更高阶的非正规自能部分也是较低级的正规自能部分用粒子线 G^0 连接的结果. 如果用 Σ^* 代表全体正规自能图形的和, 则

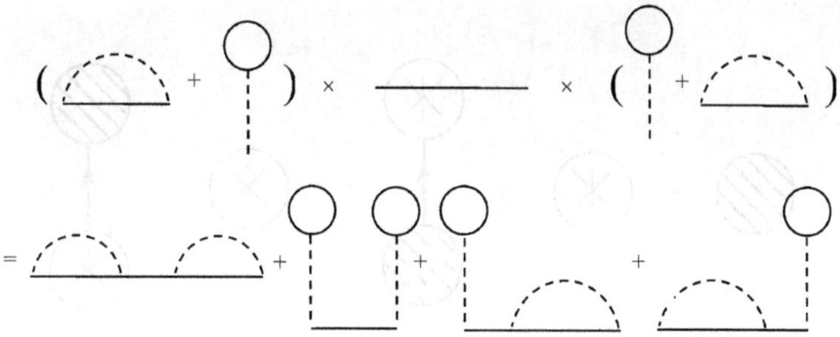

图 10.15 二阶非正规自能可以用一阶正规自能来表达

$$\frac{1}{\mathrm{i}\hbar}\Sigma = \frac{1}{\mathrm{i}\hbar}\Sigma^* + \frac{1}{\mathrm{i}\hbar}\Sigma^*\mathrm{i}G^0\frac{1}{\mathrm{i}\hbar}\Sigma^* + \frac{1}{\mathrm{i}\hbar}\Sigma^*\mathrm{i}G^0\frac{1}{\mathrm{i}\hbar}\Sigma^*\mathrm{i}G^0\frac{1}{\mathrm{i}\hbar}\Sigma^*\cdots \tag{10.4.7}$$

此式用图 10.16 表示. 对 (10.4.7) 式求和可得到

$$\frac{1}{\mathrm{i}\hbar}\Sigma = \sum_{n=0}^{\infty}\left(\frac{1}{\mathrm{i}\hbar}\Sigma^*\mathrm{i}G^0\right)^n\frac{1}{\mathrm{i}\hbar}\Sigma^*$$

$$= \frac{1}{\mathrm{i}\hbar}\Sigma^* + \frac{1}{\mathrm{i}\hbar}\Sigma^*\mathrm{i}G^0\sum_{n=0}^{\infty}\left(\frac{1}{\mathrm{i}\hbar}\Sigma^*\mathrm{i}G^0\right)^n\frac{1}{\mathrm{i}\hbar}\Sigma^*$$

$$= \frac{1}{\mathrm{i}\hbar}\Sigma^* + \frac{1}{\mathrm{i}\hbar}\Sigma^*\mathrm{i}G^0\frac{1}{\mathrm{i}\hbar}\Sigma = \frac{1}{\mathrm{i}\hbar}\Sigma^* + \frac{1}{\mathrm{i}\hbar}\Sigma\mathrm{i}G^0\frac{1}{\mathrm{i}\hbar}\Sigma^* \tag{10.4.8}$$

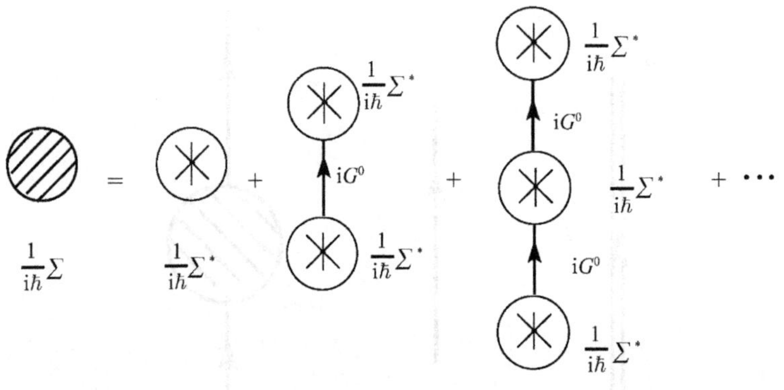

图 10.16　自能用正规自能来表达

此式用图 10.17 表示. 同理 (10.4.4) 式可写成

$$\mathrm{i}G(k) = \mathrm{i}G^0 + \mathrm{i}G^0\frac{1}{\mathrm{i}\hbar}\left(\Sigma^* + \frac{1}{\hbar}\Sigma G^0\Sigma^*\right)\mathrm{i}G^0 = \mathrm{i}G^0 + \frac{1}{\hbar}\left(\mathrm{i}G^0 + \frac{1}{\hbar}\mathrm{i}G^0\Sigma G^0\right)\Sigma^*G^0$$

$$= \mathrm{i}G^0(k) + \frac{1}{\mathrm{i}\hbar}\mathrm{i}G(k)\Sigma^*(k)\mathrm{i}G^0(k) = \mathrm{i}G^0(k) + \frac{1}{\mathrm{i}\hbar}\mathrm{i}G^0(k)\Sigma^*(k)\mathrm{i}G(k) \tag{10.4.9}$$

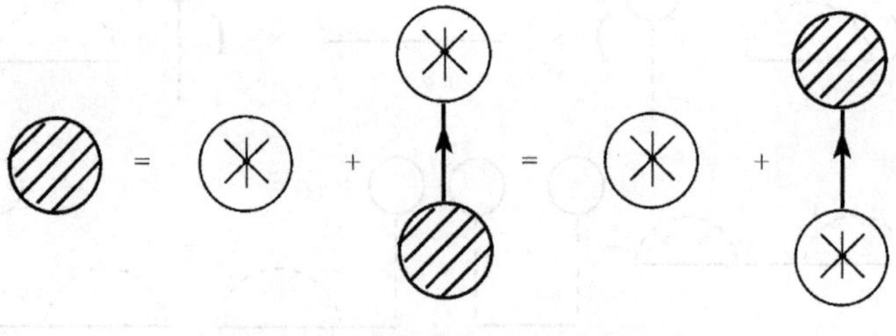

图 10.17　自能的戴森方程的图形表示

此式用图 10.18 表示. 读者可将 (10.4.9) 式与单体格林函数的微扰公式 (4.1.5)~(4.1.7) 式相比较.

(10.4.9) 式表明, 如果知道了正规自能部分, 就可以求出 G.

$$\hbar G^{-1} = \hbar(G^0)^{-1} - \Sigma^* \tag{10.4.10}$$

式 (10.4.9) 或 (10.4.10) 叫作 “戴森 (Dyson) 方程”.

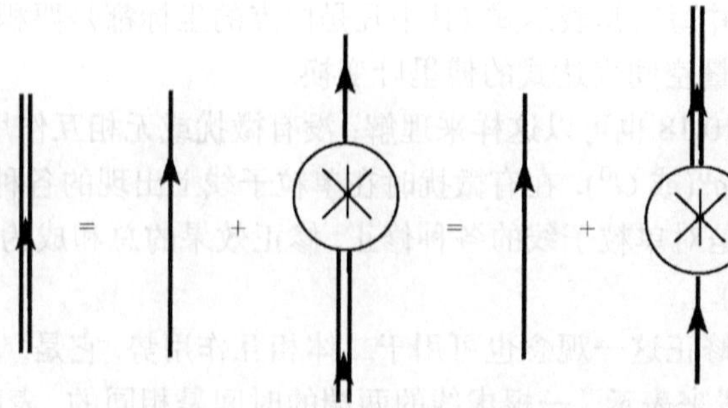

图 10.18 格林函数的戴森方程的图形表示

如果我们对 Σ^* 只取最低阶近似, 即只计入图 10.12 的两个图形, 则对于图中的每一条粒子线的因子 G^0, 用式 (9.4.19) 代入, 计算出

$$\int_{-\infty}^{\infty}\frac{\mathrm{d}p_0}{2\pi}\mathrm{e}^{\mathrm{i}p_0 0^+}G^0(\boldsymbol{p},p_0)=\mathrm{i}\theta(p_{\mathrm{F}}-|\boldsymbol{p}|) \tag{10.4.11}$$

就得到

$$\Sigma^{(1)*}(k)=(2S+1)nV(0)-\frac{1}{(2\pi)^3}\int\mathrm{d}^3pV(\boldsymbol{k}-\boldsymbol{p})\theta(p_{\mathrm{F}}-|\boldsymbol{p}|) \tag{10.4.12}$$

其中 $n=\dfrac{1}{(2\pi)^3}\displaystyle\int\mathrm{d}^3k\theta(k_{\mathrm{F}}-k)=\frac{1}{V}\sum_{\boldsymbol{k}}\theta(k_{\mathrm{F}}-k)$ 是单位体积内的粒子数. 以式 (10.4.12) 代入 (10.4.10) 得到的 G, 已经不只是一阶近似, 因为已经包含了任意多次重复图 10.12 的图形而组成的非正规自能部分. 即 $G=G_0+\dfrac{1}{\hbar}G_0\Sigma G_0=G_0+G_0\displaystyle\sum_{n=0}^{\infty}\left(\frac{1}{\hbar}\Sigma^{(1)*}G_0\right)^n\frac{1}{\hbar}\Sigma^{(1)*}G_0$, 见 (10.4.4), (10.4.7) 式. 如果只是一阶近似, 那么表达式应为: $G=G_0+\dfrac{1}{\hbar}G_0\Sigma^{(1)*}G_0$. 注意 (10.4.12) 式与频率无关, 其中第一项代表被介质中粒子朝前散射的玻恩近似 (Born approximation), 见图 10.12(b); 第二项代表与介质中粒子的交换散射, 也是玻恩近似, 见图 10.12(a).

在动量空间中写出费米子的戴森方程特别简单. 其实在坐标空间中也存在戴森方程. 例如图 10.18, 按坐标空间的图形规则进行标名, 再写出相应的表达式为

$$\mathrm{i}g(1,2)=\mathrm{i}g^0(1,2)+\int\mathrm{d}3\mathrm{d}4\mathrm{i}g^0(1,3)\frac{1}{\mathrm{i}\hbar}\Sigma^*(3,4)\mathrm{i}g(4,2) \tag{10.4.13}$$

其中为了简便起见, 仅用数字来代表相应点的空时坐标与自旋. 上式中的积分符号不但包含对坐标 $\boldsymbol{x}$ 和时间 t 的积分, 同时也包括对自旋的求和. 读者可自行验证, (10.4.13) 式正是 (10.4.9) 式的傅里叶变换. 同理, 图 10.12～ 图 10.17 都可按坐标空

间的图形规则标名并写出其表达式 (其中凡是内点的坐标都是要积分的), 并且它们都是同一图形的动量空间表达式的傅里叶变换.

图 10.14 或图 10.18 也可以这样来理解: 没有微扰或无相互作用时, 只有一根单粒子线即格林函数 g^0(或 G^0). 在有微扰时在单粒子线上出现的各种图形如图 10.12、图 10.13 可以看成是对单粒子线的各种修正, 修正效果的总和成为双线即总的格林函数 $g(x)$ (或 $G(k)$).

对于单粒子线修正这一观念也可用于二体相互作用势, 它是二粒子间的直接相互作用, 用一根虚线来表示、一根虚线的两端的时间是相同的, 表明作用是瞬时的. 在虚线上也可作各种修正. 例如图 10.13(e) 即可看作是图 10.12(b) 在虚线上作了修正; 图 10.13(j) 则可看成是图 10.12(a) 在虚线上作了修正. 我们把各种可能的修正的总效果用双虚线表示, 则如图 10.19. 双虚线所代表的是 $U(q)/(\mathrm{i}\hbar)$, 其中 $U(q)$ 是有效相互作用势. 在图 10.19 的等式右边中的各种修正都是在虚线中插入某些粒子线和虚线. 两根外线是虚线. 因此定义 "极化部分" $\Pi(q)$ 如下:

$$U(q) = V(q) + V(q)\Pi(q)V(q) \tag{10.4.14}$$

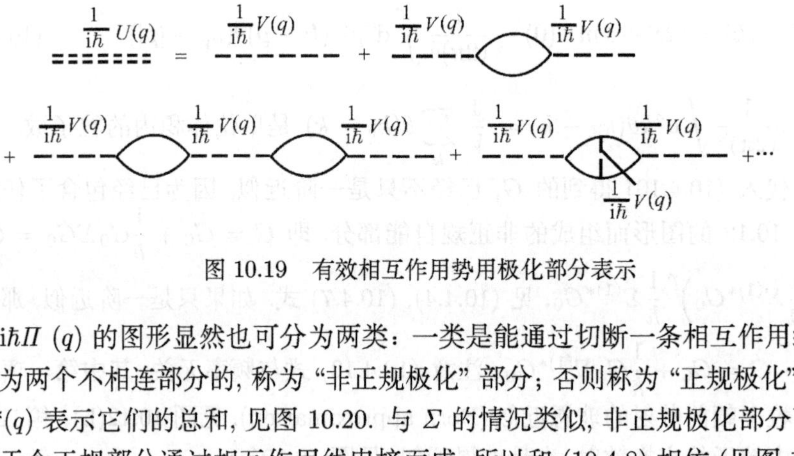

图 10.19 有效相互作用势用极化部分表示

$\mathrm{i}\hbar\Pi\ (q)$ 的图形显然也可分为两类: 一类是能通过切断一条相互作用线而把图形分为两个不相连部分的, 称为 "非正规极化" 部分; 否则称为 "正规极化" 部分, 用 $\mathrm{i}\hbar\Pi^*(q)$ 表示它们的总和, 见图 10.20. 与 Σ 的情况类似, 非正规极化部分可以看作是若干个正规部分通过相互作用线串接而成, 所以和 (10.4.8) 相仿 (见图 10.21),

$$\Pi = \Pi^* + \Pi^*V\Pi^* + \Pi^*V\Pi^*V\Pi^* + \cdots = \Pi^* + \Pi^*V\Pi = \Pi^* + \Pi V\Pi^* \tag{10.4.15}$$

图 10.20 正规极化部分的各阶图形

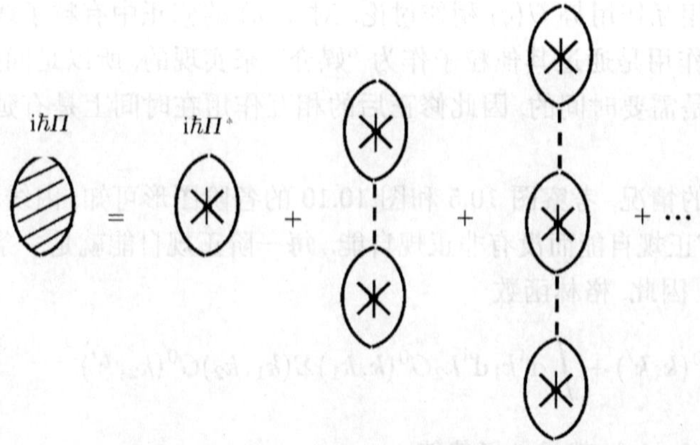

图 10.21 非正规极化部分用正规极化部分来表示

代入 (10.4.14) 式就得到相互作用势的戴森方程 (见图 10.22):

$$U(q) = V(q) + V(q)\Pi^*(q)U(q) \tag{10.4.16}$$

或

$$U(q) = \frac{V(q)}{1 - \Pi^*(q)V(q)} = \frac{V(q)}{\kappa(q)} \tag{10.4.17}$$

假如 $V(q)$ 是电子间的库仑作用势的傅里叶变换, 则

$$\kappa(q) = 1 - V(q)\Pi^*(q) \tag{10.4.18}$$

称作介电函数.

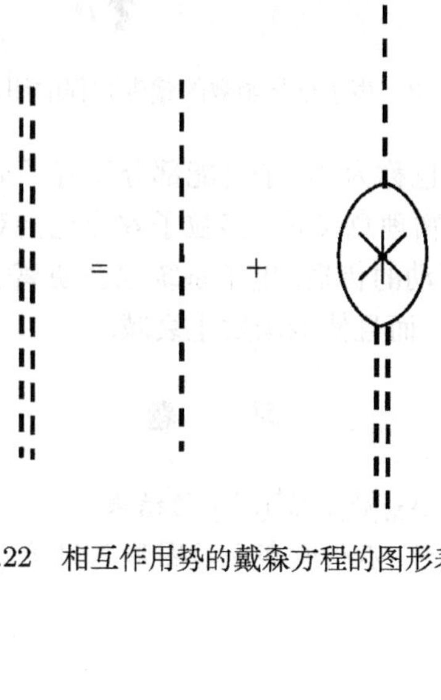

图 10.22 相互作用势的戴森方程的图形表示

这里再对有效相互作用势 $U(q)$ 稍作讨论. 对 $V(q)$ 的修正中有粒子线, 表明两个粒子之间的相互作用是通过其他粒子作为 "媒介" 来实现的, 所以是间接相互作用; 又粒子的传播是需要时间的, 因此修正后的相互作用在时间上是有延迟的, 是一种推迟势.

对于外场作用的情况, 考察图 10.5 和图 10.10 的各阶图形可知, 内线动量都是要积分的, 所以只有正规自能而没有非正规自能. 每一阶正规自能就是一条虚线, 已经是最简化的形式. 因此, 格林函数

$$G(k,k') = G^0(k,k') + \int \mathrm{d}^4k_1\mathrm{d}^4k_2 G^0(k,k_1)\Sigma(k_1,k_2)G^0(k_2,k') \tag{10.4.19}$$

其中 $\Sigma(k_1,k_2) = V(k_1,k_2)$, 就是外场势能.

对于有电声相互作用的电子格林函数的讨论, 与两体相互作用的情况在形式上是一样的. 只要将声子线代替表示两体相互作用的虚线即可. 现在对于声子线的修正, 也就是对声子格林函数的修正.

对于声子格林函数的修正, 形式上与电子格林函数相同. 用双波线表示总的声子格林函数. 则声子格林函数的戴森方程 (见图 10.23) 为

$$D(k) = D^0(k) + D^0(k)\Pi^* D(k) \tag{10.4.20}$$

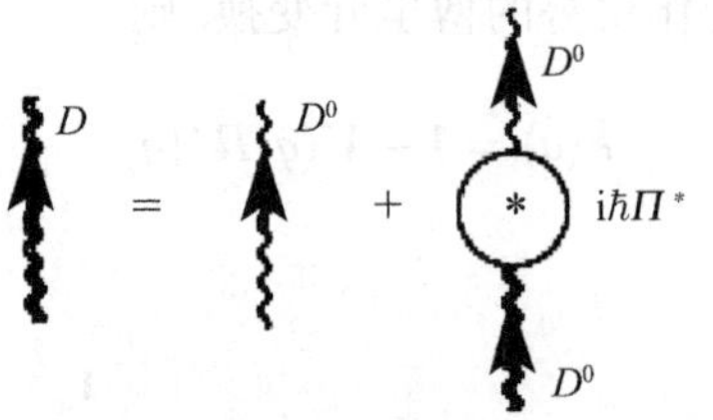

图 10.23　声子格林函数的戴森方程的图形表示

此时的正规极化部分 Π^* 也称为 "声子自能部分". 有了 Π^* 就可以求得声子格林函数 D. 对于声子线修正的物理意义是: 多粒子效应也会对声子的传播发生影响. 实质上声子的传播是晶格振动的传播, 电子系统也会使离子势受到屏蔽或畸变, 这不仅会改变离子的振动频率, 而且使振动发生衰减.

习　题

1. 求 $T_t[\psi(x)\psi^\dagger(x')] - N_\mathrm{M}[\psi(x)\psi^\dagger(x')]$ 的结果.

2. 证明: 在外场作用时, 不相连部分的图形与因子 $\langle\Phi_0|S|\Phi_0\rangle$ 准确的相互抵消. 因此也只需考虑相连图.

3. 证明：在电–声相互作用的情况，计算电子格林函数时，不相连部分的图形与因子 $\langle \Phi_0|S|\Phi_0\rangle$ 准确的相互抵消. 因此也只需考虑相连图.

4. 证明：在电–声相互作用的情况，计算声子格林函数时，不相连部分的图形与因子 $\langle \Phi_0|S|\Phi_0\rangle$ 准确的相互抵消. 因此也只需考虑相连图.

5. 写出图 10.7 中不为零的五个图形的相应的表达式.

6. 写出图 10.8 中各个图形的相应的表达式.

7. 对图 10.6 和图 10.7 中所有不为零的项作傅里叶变换. 其中图 10.6 (a) 的变换结果就是 (10.3.18) 式.

8. 写出图 10.8 中各个图形的傅里叶变换式.

9. 证明：(10.4.13) 式是 (10.4.9) 式的傅里叶变换.

10. 证明：在既有粒子间的相互作用又有外场作用时，不相连部分的图形与分母准确地相互抵消. 因此也只需考虑相连图. 写出这种情况下的图形规则.

11. 在 §10.3 中假设了两体相互作用与自旋无关，即相互作用是 (10.3.10) 式的形式. 如果我们设两体相互作用与自旋有关，是以下的形式

$$V_{\lambda\lambda'\mu\mu'}(\boldsymbol{x}-\boldsymbol{x}') = V_0(|\boldsymbol{x}-\boldsymbol{x}'|)\delta_{\lambda\lambda'}\delta_{\mu\mu'} + V_1(|\boldsymbol{x}-\boldsymbol{x}'|)\boldsymbol{\sigma}_1\cdot\boldsymbol{\sigma}_2$$

其中σ 是电子自旋的泡利矩阵. 再设 (10.4.16) 式中的正规极化部分 $\Pi^*_{\lambda\lambda'\mu\mu'}(q) = \Pi^0(q)\delta_{\lambda\lambda'}\delta_{\mu\mu'}$ 是关于自旋对角的. 从 (10.4.16) 式求出

$$U_{\lambda\lambda'\mu\mu'}(q) = \frac{V_0(q)\delta_{\lambda\lambda'}\delta_{\mu\mu'}}{1-V_0(q)\Pi^0(q)} + \frac{V_1(q)\boldsymbol{\sigma}_{1\lambda\lambda'}\cdot\boldsymbol{\sigma}_{2\mu\mu'}}{1-V_1(q)\Pi^0(q)}$$

再由此 $U_{\lambda\lambda'\mu\mu'}(q)$ 和 (10.4.15) 式求出

$$\Pi_{\lambda\lambda'\mu\mu'}(q) = \Pi^0(q)\delta_{\lambda'\mu}\delta_{\lambda\mu'} + \Pi^0(q)U_{\lambda\lambda'\mu\mu'}(q)\Pi^0(q)$$

第十一章　松原函数的定义与用途

§11.1　虚时绘景

对于处理费米子系的零温格林函数, 已有一套方便实用的图形技术, 已在第十章中介绍. 对于有凝聚的玻色子系的零温格林函数, 将在第十七章讨论. 对于有限温度情况, 虽然热力学格林函数已经在第九章中作了定义, 但处理的技术较为复杂. 本章介绍的松原 (Matsubara) 函数, 可用于处理有限温度情形, 只须采用与处理零温格林函数几乎是相同的方式.

松原所使用方法的要点是令时间为一复数, 将原来的时间变量 t 变成 $-\mathrm{i}\tau$, 暂称为虚时绘景. 下面有许多公式可将第八章的公式作 $t\to-\mathrm{i}\tau$ 的替换即可得到.

在虚时绘景中, 也像第八章一样分成三种绘景, 而且定义的方式也都一样. 因此, 虚时海森伯绘景中的算符为

$$Q_{\mathrm{H}}(\tau)=\mathrm{e}^{(H-\mu N)\tau/\hbar}Q_{\mathrm{S}}\mathrm{e}^{-(H-\mu N)\tau/\hbar} \tag{11.1.1}$$

虚时相互作用绘景中的算符为

$$Q_{\mathrm{I}}(\tau)=\mathrm{e}^{(H_0-\mu N)\tau/\hbar}Q_{\mathrm{S}}\mathrm{e}^{-(H_0-\mu N)\tau/\hbar} \tag{11.1.2}$$

场算符的表达式应为

$$\begin{aligned}\psi_{\mathrm{H}\alpha}(x\tau)&=\mathrm{e}^{(H-\mu N)\tau/\hbar}\psi_\alpha(x)\mathrm{e}^{-(H-\mu N)\tau/\hbar}\\ \psi^\dagger_{\mathrm{H}\alpha}(x\tau)&=\mathrm{e}^{(H-\mu N)\tau/\hbar}\psi^\dagger_\alpha(x)\mathrm{e}^{-(H-\mu N)\tau/\hbar}\end{aligned} \tag{11.1.3}$$

所有算符都应按 (11.1.1) 式或 (11.1.2) 式变换, 所以 $[\psi_{\mathrm{H}\alpha}(x\tau)]^\dagger\neq\psi^\dagger_{\mathrm{H}\alpha}(x\tau)$. 这是与实时绘景的不同之处.

$Q_{\mathrm{H}}(\tau)$ 和 $Q_{\mathrm{I}}(\tau)$ 之间的关系为

$$\begin{aligned}Q_{\mathrm{H}}(\tau)&=\mathrm{e}^{(H-\mu N)\tau/\hbar}\mathrm{e}^{-(H_0-\mu N)\tau/\hbar}Q_{\mathrm{I}}(\tau)\mathrm{e}^{(H_0-\mu N)\tau/\hbar}\mathrm{e}^{-(H-\mu N)\tau/\hbar}\\ &=U(0,\tau)Q_{\mathrm{I}}(\tau)U(\tau,0)\end{aligned} \tag{11.1.4}$$

其中定义了虚时间演化算符 $U(\tau_1,\tau_2)$,

$$U(\tau_1,\tau_2)=\mathrm{e}^{(H_0-\mu N)\tau_1/\hbar}\mathrm{e}^{-(H-\mu N)(\tau_1-\tau_2)/\hbar}\mathrm{e}^{-(H_0-\mu N)\tau_2/\hbar} \tag{11.1.5}$$

这可与 (8.2.14),(8.2.15) 式作比较. 这儿的 $U(\tau_1,\tau_2)$ 不是幺正算符, 但具有下面的性质:

$$U(\tau_1,\tau_2)U(\tau_2,\tau_3)=U(\tau_1,\tau_3)$$
$$U(\tau_1,\tau_1)=1 \tag{11.1.6}$$

可与 (8.2.16) 式比较. 由 (11.1.5) 式得到 $U(\tau,0)$ 所满足的运动方程:

$$\begin{aligned}\hbar\frac{\partial}{\partial\tau}U(\tau,0)&=\mathrm{e}^{(H_0-\mu N)\tau/\hbar}[H_0-\mu N-(H-\mu N)]\mathrm{e}^{-(H_0-\mu N)\tau/\hbar}U(\tau,0)\\&=-H_{\mathrm{I}}^{\mathrm{i}}(\tau)U(\tau,0)\end{aligned} \tag{11.1.7}$$

其中 $H^{\mathrm{i}}=H-H_0$ 是哈密顿量的相互作用部分,$H_{\mathrm{I}}^{\mathrm{i}}(\tau)$ 则是按 (11.1.2) 式定义的相互作用绘景中的算符.(11.1.7) 式的初始条件为 $U(0,0)$=1, 积分一次, 可得

$$U(\tau,0)=1-\frac{1}{\hbar}\int_0^\tau \mathrm{d}\tau_1 H_{\mathrm{I}}^{\mathrm{i}}(\tau_1)U(\tau_1,0) \tag{11.1.8}$$

反复迭代并引入编 (虚) 时算符 T_τ

$$\begin{aligned}U(\tau,0)&=\sum_{n=0}^{\infty}\frac{1}{n!}\Big(\frac{-1}{\hbar}\Big)^n\int_0^\tau \mathrm{d}t_1\cdots\int_0^\tau \mathrm{d}\tau_n T_\tau[H_{\mathrm{I}}^{\mathrm{i}}(\tau_1)\cdots H_{\mathrm{I}}^{\mathrm{i}}(\tau_n)]\\&=T_\tau\exp\Big[-\frac{1}{\hbar}\int_0^\tau \mathrm{d}\tau_1 H_{\mathrm{I}}^{\mathrm{i}}(\tau_1)\Big]\end{aligned} \tag{11.1.9}$$

可与 (8.2.19) 式作比较.

下面来求巨配分函数, 这用到关系式

$$\mathrm{e}^{-(H-\mu N)\tau/\hbar}=\mathrm{e}^{-(H_0-\mu N)\tau/\hbar}U(\tau,0) \tag{11.1.10}$$

上式中, 如果将 $\tau/\hbar$ 改成 β, 那么 τ 应改为 $\beta\hbar$.

$$\begin{aligned}Z_{\mathrm{G}}&=\mathrm{e}^{-\beta\Omega}=\mathrm{Tr}[\mathrm{e}^{-\beta(H-\mu N)}]=\mathrm{tr}[\mathrm{e}^{-\beta(H_0-\mu N)}U(\beta\hbar,0)]\\&=\sum_{n=0}^{\infty}\frac{1}{n!}\Big(\frac{-1}{\hbar}\Big)^n\int_0^{\beta\hbar}\mathrm{d}\tau_1\cdots\int_0^{\beta\hbar}\mathrm{d}\tau_n\mathrm{tr}\left\{\mathrm{e}^{-\beta(H_0-\mu N)}T_\tau[H_{\mathrm{I}}^{\mathrm{i}}(\tau_1)\cdots H_{\mathrm{I}}^{\mathrm{i}}(\tau_n)]\right\}\end{aligned} \tag{11.1.11}$$

其中用到了 (11.1.9) 式.

有了以上公式, 我们可以求一个海森伯算符 $A_{\mathrm{H}}(\tau)$ 在巨正则系综中的平均值: 设 $0\leqslant\tau\leqslant\beta\hbar$, 用 (11.1.4), (11.1.11) 式:

$$\begin{aligned}\langle A_{\mathrm{H}}(\tau)\rangle&=\mathrm{e}^{\beta\Omega}\mathrm{tr}[\mathrm{e}^{-\beta(H-\mu N)}A_{\mathrm{H}}(\tau)]\\&=\mathrm{e}^{\beta\Omega}\mathrm{tr}[\mathrm{e}^{-\beta(H_0-\mu N)}U(\beta\hbar,0)U(0,\tau)A_{\mathrm{I}}(\tau)U(\tau,0)]\\&=\frac{\mathrm{tr}\{\mathrm{e}^{-\beta(H_0-\mu N)}T_\tau[A_{\mathrm{I}}(\tau)U(\beta\hbar,0)]\}}{\mathrm{tr}[\mathrm{e}^{-\beta(H_0-\mu N)}U(\beta\hbar,0)]}\end{aligned} \tag{11.1.12}$$

由于现在分母和分子的权重因子都成为 $\rho=\exp[-\beta(H_0-\mu N)]/Z_0$, $Z_0=\exp(\beta\Omega_0)=\mathrm{tr}[\exp[-\beta(H_0-\mu N)]]$, 所以变成了对无相互作用系综求平均值. 一个量 A 在无相互作用系综中的平均值简记为 $\langle A\rangle_0$.

$$\langle A\rangle_0=\mathrm{tr}[\mathrm{e}^{\beta(\Omega_0-H_0-\mu N)}A] \tag{11.1.13}$$

那么 (11.1.12) 式重写为

$$\langle A_{\mathrm{H}}(\tau)\rangle=\frac{\langle T_\tau[A_{\mathrm{I}}(\tau)U(\beta\hbar,0)]\rangle_0}{\langle U(\beta\hbar,0)\rangle_0} \tag{11.1.14}$$

如果要求下列平均值:

$$\begin{aligned}&\langle T_\tau[A_{\mathrm{H}}(\tau_1)B_{\mathrm{H}}(\tau_2)]\rangle\\&=\theta(\tau_1-\tau_2)\langle A_{\mathrm{H}}(\tau_1)B_{\mathrm{H}}(\tau_2)\rangle+\eta\theta(\tau_2-\tau_1)\langle B_{\mathrm{H}}(\tau_2)A_{\mathrm{H}}(\tau_1)\rangle\end{aligned} \tag{11.1.15}$$

其中 $0\leqslant\tau_1,\ \tau_2\leqslant\beta\hbar$, 则同样仿照上面的步骤, 例如其中第一项为

$$\begin{aligned}&\langle A_{\mathrm{H}}(\tau_1)B_{\mathrm{H}}(\tau_2)\rangle\\&=\mathrm{e}^{\beta\Omega}\mathrm{tr}[\mathrm{e}^{-\beta(H_0-\mu N)}U(\beta\hbar,0)U(0,\tau_1)A_{\mathrm{I}}(\tau_1)U(\tau_1,0)U(0,\tau_2)B_{\mathrm{I}}(\tau_2)U(\tau_2,0)]\\&=\mathrm{e}^{\beta\Omega}\mathrm{tr}[\mathrm{e}^{-\beta(H_0-\mu N)}U(\beta\hbar,\tau_1)A_{\mathrm{I}}(\tau_1)U(\tau_1,\tau_2)B_{\mathrm{I}}(\tau_2)U(\tau_2,0)]\\&=\frac{\langle T_\tau[A_{\mathrm{I}}(\tau_1)B_{\mathrm{I}}(\tau_2)U(\beta\hbar,0)\rangle_0}{\langle U(\beta\hbar,0)\rangle_0}\end{aligned} \tag{11.1.16}$$

因此得到

$$\langle T_\tau[A_{\mathrm{H}}(\tau_1)B_{\mathrm{H}}(\tau_2)]\rangle=\frac{\langle T_\tau[A_{\mathrm{I}}(\tau_1)B_{\mathrm{I}}(\tau_2)U(\beta\hbar,0)]\rangle_0}{\langle U(\beta\hbar,0)\rangle_0} \tag{11.1.17}$$

其中

$$\begin{aligned}\mathrm{tr}[A_{\mathrm{H}}(\tau_1)B_{\mathrm{H}}(\tau_2)U(\beta\hbar,0)]=&\ \theta(\tau_1-\tau_2)U(\beta\hbar,\tau_1)A_{\mathrm{I}}(\tau_1)U(\tau_1,\tau_2)B_{\mathrm{I}}(\tau_2)U(\tau_2,0)\\&+\eta\theta(\tau_2-\tau_1)U(\beta\hbar,\tau_2)B_{\mathrm{I}}(\tau_2)U(\tau_2,\tau_1)A_{\mathrm{I}}(\tau_1)U(\tau_1,0)\end{aligned}$$

可将 (11.1.14), (11.1.17) 两式与 (8.2.25),(8.2.27) 式作比较, 结果是相似的. 那儿是把对相互作用基态的平均值化为对无相互作用基态的平均值, 作了绝热假设. 这儿则是把对相互作用系统的平均值化为对无相互作用系综的平均值. 直接推得结果, 无需作任何假设. 要注意的是, 这儿的虚时间的取值范围在 $[0,\ \beta\hbar]$ 区间内.

§11.2　松原函数的定义与性质

11.2.1　松原函数的定义

松原函数的定义式为

$$G(\boldsymbol{x}\tau,\boldsymbol{x}'\tau')=-\langle T_\tau[\psi_{\mathrm{H}\alpha}(\boldsymbol{x}\tau)\psi^\dagger_{\mathrm{H}\beta}(\boldsymbol{x}'\tau')]\rangle \tag{11.2.1}$$

此定义式与热力学格林函数的定义式 (9.1.1) 类似. 不同之处是: 去掉前面的因子 i; τ 是虚时间而非实时间; $\psi_{\mathrm{H}\alpha}(x\tau)$ 是虚时海森伯绘景中的场算符; 算符 T_τ 对虚时间 τ 作用; 尖括号表示对巨正则系综求平均, 即 (9.1.7) 式. 与第九章定义格林函数时一样, 其中的算符可以是任意算符 A 和 B, 即 (11.2.1) 可一般地写成 $G(\boldsymbol{x}\tau,\boldsymbol{x}'\tau')=-\langle T_\tau[A_{\mathrm{H}\alpha}(\boldsymbol{x}\tau)B_{\mathrm{H}\beta}(\boldsymbol{x}'\tau')]\rangle$. 本章只处理非零温度的系统. 有凝聚的玻色粒子系的情况将在第十七章中讨论.

(11.2.1) 式只定义了 "松原函数". 松原函数本身没有推迟、超前、大于和小于这些函数. 不过下面将看到, 松原函数可通过解析延拓得到推迟和超前热力学格林函数.

除了前面的因子 i 之外, 将 (9.1.1) 式中的时间 t 代之以 $-\mathrm{i}\tau$, 就得到 (11.2.1) 式的松原函数. 所以松原函数就是虚时间的热力学格林函数. 为了保证松原函数的收敛性, 虚时间 τ、τ' 有一变化范围, 现将松原函数仔细写出:

$$\begin{aligned}&G_{\alpha\beta}(\boldsymbol{x}_1\tau_1,\boldsymbol{x}_2\tau_2)\\&=-\theta(\tau_1-\tau_2)\mathrm{e}^{\beta\Omega}\mathrm{tr}[\mathrm{e}^{-(H-\mu N)(\beta-\tau_1/\hbar)}\mathrm{e}^{-(H-\mu N)\tau_2/\hbar}\psi_\alpha(\boldsymbol{x}_1)\\&\quad\mathrm{e}^{-(H-\mu N)(\tau_1-\tau_2)/\hbar}\psi^\dagger_\beta(\boldsymbol{x}_2)]\\&\quad-\eta\theta(\tau_2-\tau_1)\mathrm{e}^{\beta\Omega}\mathrm{tr}[\mathrm{e}^{-(H-\mu N)(\beta-\tau_2)/\hbar}\mathrm{e}^{-(H-\mu N)\tau_1/\hbar}\psi^\dagger_\beta(\boldsymbol{x}_2)\\&\quad\mathrm{e}^{-(H-\mu N)(\tau_2-\tau_1)/\hbar}\psi_\alpha(\boldsymbol{x}_1)]\end{aligned}\tag{11.2.2}$$

其中已用到求迹号下算符轮换的不变性. 要求所有 e 指数上 $(H-\mu N)$ 前都是负数, 才能保证求统计平均一定收敛. 容易看出收敛的条件是

$$0\leqslant\tau_1,\tau_2\leqslant\beta\hbar\tag{11.2.3}$$

进一步, 当

$$\tau_1>\tau_2\text{时},\quad 0\leqslant\tau_1-\tau_2\leqslant\beta\hbar\tag{11.2.4a}$$

$$\tau_1<\tau_2\text{时},\quad -\beta\hbar\leqslant\tau_1-\tau_2\leqslant 0\tag{11.2.4b}$$

因此松原函数 $G(\tau_1-\tau_2)$ 的总的定义区间是：$-\beta\hbar\leqslant\tau_1-\tau_2\leqslant\beta\hbar$.

多粒子松原函数的定义与热力学格林函数也完全类似. 例如两粒子松原函数为

$$G_{\alpha\beta\delta\gamma}(\boldsymbol{x}\tau,\boldsymbol{x}_1\tau_1;\boldsymbol{x}'_1\tau'_1,\boldsymbol{x}'\tau')=(-1)^2\langle T_\tau[\psi_{\mathrm{H}\alpha}(\boldsymbol{x}\tau)\psi_{\mathrm{H}\beta}(\boldsymbol{x}_1\tau_1)\psi^\dagger_{\mathrm{H}\gamma}(\boldsymbol{x}'\tau')\psi^\dagger_{\mathrm{H}\delta}(\boldsymbol{x}'_1\tau'_1)]\rangle\tag{11.2.5}$$

现在看松原函数所满足的运动方程. 首先看场算符所满足的运动方程, 可以计算得到：

$$
\begin{aligned}
\hbar\frac{\partial}{\partial\tau}\psi_{\mathrm{H}\alpha}(\boldsymbol{x}\tau) &= [H-\mu N,\psi_{\mathrm{H}\alpha}(\boldsymbol{x}\tau)] \\
&= \frac{\hbar^2}{2m}\nabla^2\psi_{\mathrm{H}\alpha}(\boldsymbol{x}\tau)+\mu\psi_{\mathrm{H}\alpha}(\boldsymbol{x}\tau)-\sum_{\beta}V^{\mathrm{e}}_{\alpha\beta}(\boldsymbol{x})\psi_{\mathrm{H}\beta}(\boldsymbol{x}\tau) \\
&\quad -\sum_{\beta}\int \mathrm{d}\boldsymbol{x}_1\psi^{\dagger}_{\mathrm{H}\beta}(\boldsymbol{x}_1\tau)V(\boldsymbol{x},\boldsymbol{x}_1)\psi_{\mathrm{H}\beta}(\boldsymbol{x}_1\tau)\psi_{\mathrm{H}\alpha}(\boldsymbol{x}\tau)
\end{aligned}\tag{11.2.6}
$$

其中各哈密顿量的形式与 (9.1.25)~(9.1.28) 完全一样, 只不过现在的场算符是虚时海森伯算符. 将松原函数对虚时间求导:

$$
\begin{aligned}
\hbar\frac{\partial}{\partial\tau_1}G_{\alpha\beta}(\boldsymbol{x}_1\tau_1,\boldsymbol{x}_2\tau_2) &= \hbar\frac{\partial}{\partial\tau_1}\langle\theta(\tau_1-\tau_2)\psi_{\mathrm{H}\alpha}(\boldsymbol{x}_1\tau_1)\psi^{\dagger}_{\mathrm{H}\beta}(\boldsymbol{x}_2\tau_2) \\
&\quad +\eta\theta(\tau_2-\tau_1)\psi^{\dagger}_{\mathrm{H}\beta}(\boldsymbol{x}_2\tau_2)\psi^{\dagger}_{\mathrm{H}\alpha}(\boldsymbol{x}_1\tau_1)\rangle \\
&= \hbar\delta(\tau_1-\tau_2)\langle\psi_{\mathrm{H}\alpha}(\boldsymbol{x}_1\tau_1)\psi^{\dagger}_{\mathrm{H}\beta}(\boldsymbol{x}_2\tau_2)-\eta\psi^{\dagger}_{\mathrm{H}\beta}(\mathrm{x}_2\tau_2)\psi_{\mathrm{H}\alpha}(\boldsymbol{x}_1\tau_1)\rangle \\
&\quad +\hbar\langle\theta(\tau_1-\tau_2)\frac{\partial}{\partial\tau_1}\psi_{\mathrm{H}\alpha}(\boldsymbol{x}_1\tau_1)\psi^{\dagger}_{\mathrm{H}\beta}(\boldsymbol{x}_2\tau_2)+\eta\theta(\tau_2-\tau_1) \\
&\quad \cdot\langle\psi^{\dagger}_{\mathrm{H}\beta}(\boldsymbol{x}_2\tau_2)\frac{\partial}{\partial\tau_1}\psi_{\mathrm{H}\alpha}(\boldsymbol{x}_1\tau_1)\rangle \\
&= \hbar\delta(\boldsymbol{x}_1-\boldsymbol{x}_2)\delta(\tau_1-\tau_2)\delta_{\alpha\beta}-\frac{\hbar^2}{2m}\nabla^2_{\boldsymbol{x}_1}G_{\alpha\beta}(\boldsymbol{x}_1\tau_1,\boldsymbol{x}_2\tau_2) \\
&\quad -\mu G_{\alpha\beta}(\boldsymbol{x}_1\tau_1,\boldsymbol{x}_2\tau_2)+\sum_{\gamma}V^{\mathrm{e}}_{\alpha\gamma}(\boldsymbol{x}_1)G_{\gamma\beta}(\boldsymbol{x}_1\tau_1,\boldsymbol{x}_2\tau_2) \\
&\quad +\sum_{\gamma}\int V(\boldsymbol{x}_1,\boldsymbol{x}')\mathrm{d}\boldsymbol{x}'G_{\alpha\gamma\beta\gamma}(\boldsymbol{x}_1\tau_1,\boldsymbol{x}'\tau_1;\boldsymbol{x}_2\tau_1,\boldsymbol{x}_1\tau_1^{+})
\end{aligned}\tag{11.2.7}
$$

11.2.2 松原函数的一个重要性质

前面已经看到, 松原函数是 "时间" 之差 τ=τ_1−τ_2 的函数, 并且 τ 的取值范围是 $[-\beta\hbar,\ \beta\hbar]$. 下面我们重新写出松原函数 $G(\tau)$ 的表示式

$$
G(\tau)=\begin{cases}
-\mathrm{tr}[\mathrm{e}^{\beta(\varOmega-H+\mu N)}\mathrm{e}^{(H-\mu N)\tau/\hbar}\psi_{\alpha}(\boldsymbol{x}_1)\mathrm{e}^{(H-\mu N)\tau/\hbar}\psi^{\dagger}_{\beta}(\boldsymbol{x}_2)], 0<\tau<\beta\hbar \\
-\eta\mathrm{tr}[\mathrm{e}^{\beta(\varOmega-H+\mu N)}\mathrm{e}^{-(H-\mu N)\tau/\hbar}\psi^{\dagger}_{\beta}(\boldsymbol{x}_2)\mathrm{e}^{(H-\mu N)\tau/\hbar}\psi_{\alpha}(\boldsymbol{x}_1)], -\beta\hbar<\tau<0
\end{cases}\tag{11.2.8}
$$

为了书写简单起见, 在上式等号左边略去空间坐标与自旋下标. 由于在求迹符号下可作算符的轮换, tr(ABC)=tr(BCA)=tr(CAB). 我们得到

$$
\begin{aligned}
G(\tau<0) &= -\eta\mathrm{tr}[\mathrm{e}^{\beta(\varOmega-H+\mu N)}\mathrm{e}^{-(H-\mu N)\tau/\hbar}\psi^{\dagger}_{\beta}(\boldsymbol{x}_2)\mathrm{e}^{(H-\mu N)\tau/\hbar}\psi_{\alpha}(\boldsymbol{x}_1)] \\
&= -\eta\mathrm{tr}[\mathrm{e}^{\beta(\varOmega-H+\mu N)}\mathrm{e}^{(H-\mu N)(\tau/\hbar+\beta)}\psi_{\alpha}(\boldsymbol{x}_1)\mathrm{e}^{-(H-\mu N)(\tau/\hbar+\beta)}\psi^{\dagger}_{\beta}(\boldsymbol{x}_2)]
\end{aligned}\tag{11.2.9}
$$

由于 $-\beta\hbar<\tau<0$, 故 $0<\tau+\beta\hbar<\beta\hbar$, 将上式与 (11.2.8) 式第一式比较, 有

$$G(\tau<0)=\eta G(\tau+\beta\hbar>0) \tag{11.2.10}$$

这是松原函数的一个重要性质, 表明它在负 "时间"($\tau<0$) 和正 "时间"($\tau>0$) 区域内的值之间的关系.

由于现在松原函数 $G(\tau)$ 的定义区间是有限的, 因此在作傅里叶展开时只能取间断的频率值 ω_n:

$$G(\tau)=\frac{1}{\beta\hbar}\sum_n \mathrm{e}^{-\mathrm{i}\omega_n\tau}G(\mathrm{i}\omega_n) \tag{11.2.11}$$

其中

$$\omega_n=n\pi/\beta\hbar \tag{11.2.12}$$

反变换为

$$G(\mathrm{i}\omega_n)=\frac{1}{2}\int_{-\beta\hbar}^{\beta\hbar}\mathrm{d}\tau\mathrm{e}^{\mathrm{i}\omega_n\tau}G(\tau) \tag{11.2.13}$$

现在将 (11.2.10) 式代入

$$\begin{aligned}
G(\mathrm{i}\omega_n)&=\frac{1}{2}\int_{-\beta\hbar}^{0}\mathrm{d}\tau\mathrm{e}^{\mathrm{i}\omega_n\tau}G(\tau)+\frac{1}{2}\int_{0}^{\beta\hbar}\mathrm{d}\tau\mathrm{e}^{\mathrm{i}\omega_n\tau}G(\tau)\\
&=\eta\frac{1}{2}\int_{-\beta\hbar}^{0}\mathrm{e}^{\mathrm{i}\omega_n\tau}G(\tau+\beta\hbar)\mathrm{d}\tau+\frac{1}{2}\int_{0}^{\beta\hbar}\mathrm{e}^{\mathrm{i}\omega_n\tau}G(\tau)\mathrm{d}\tau\\
&=\frac{1}{2}(1+\eta\mathrm{e}^{-\mathrm{i}\omega_n\beta\hbar})\int_{0}^{\beta\hbar}\mathrm{e}^{\mathrm{i}\omega_n\tau}G(\tau)\mathrm{d}\tau
\end{aligned} \tag{11.2.14}$$

由于 (11.2.12) 式,$\exp(-\mathrm{i}\omega_n\beta\hbar)=(-1)^n$, 因子 $[1+\eta\exp(-\mathrm{i}\omega_n\beta\hbar)]/2$ 可简化:

$$\eta=-1\ \text{时},\ \frac{1}{2}(1+\eta\mathrm{e}^{-\mathrm{i}\omega_n\beta\hbar})=\begin{cases}1, & n\text{为奇数}\\ 0, & n\text{为偶数}\end{cases}$$

$$\eta=+1\ \text{时},\ \frac{1}{2}(1+\eta\mathrm{e}^{-\mathrm{i}\omega_n\beta\hbar})=\begin{cases}0, & n\text{为奇数}\\ 1, & n\text{为偶数}\end{cases}$$

于是可重写傅里叶系数 $G(\mathrm{i}\omega_n)$ 如下:

$$G(\mathrm{i}\omega_n)=\int_{0}^{\beta\hbar}\mathrm{d}\tau\mathrm{e}^{\mathrm{i}\omega_n\tau}G(\tau) \tag{11.2.15}$$

其中

$$\omega_n=(2n+1)\pi/\beta\hbar,\quad \eta=-1 \tag{11.2.16a}$$

$$\omega_n=2n\pi/\beta\hbar,\quad \eta=1 \tag{11.2.16b}$$

由上述结果, 显然在傅里叶展开式 (11.2.11) 中, 对 $\eta=-1$ 而言只存在奇数项, 对 $\eta=1$ 而言只存在偶数项. 对于费米子系统, 取 $\eta=-1$ 是方便的. 而对于玻色子系统, 取 $\eta=1$ 更方便. 把 $\eta=-1$ 和 1 分别称为费米子松原函数和玻色子松原函数. 不过, 组成松原函数的算符可以既不是费米子算符也不是玻色子算符.

对于声子松原函数 $D(\tau)$ 来说, 存在与 (11.2.10) 式同样的关系.

$$D(\tau<0)=D(\tau+\beta\hbar>0) \tag{11.2.17}$$

此外, 由于声子场算符 $\varphi(x)$ 是实的, D 函数显然也是实函数, 所以有

$$D(\tau)=D^*(\tau) \tag{11.2.18}$$

写出声子松原函数,

$$D(\tau)=\begin{cases} -\mathrm{e}^{\beta\Omega}\mathrm{tr}[\mathrm{e}^{-\beta H}\mathrm{e}^{H\tau/\hbar}\varphi(\boldsymbol{x}_1)\mathrm{e}^{-H\tau/\hbar}\varphi(\boldsymbol{x}_2)], & 0<\tau<\beta\hbar \\ -\mathrm{e}^{\beta\Omega}\mathrm{tr}[\mathrm{e}^{-\beta H}\varphi(\boldsymbol{x}_2)\mathrm{e}^{\mathrm{H}\tau/\hbar}\varphi(\boldsymbol{x}_1)\mathrm{e}^{-H\tau/\hbar}], & -\beta\hbar<\tau<0 \end{cases} \tag{11.2.19}$$

容易看到

$$D(\tau<0)=D^*(\tau<0)=-\mathrm{e}^{\beta\Omega}\mathrm{tr}[\mathrm{e}^{-H\tau/\hbar}\varphi(\boldsymbol{x}_1)\mathrm{e}^{\mathrm{H}\tau/\hbar}\varphi(\boldsymbol{x}_2)\mathrm{e}^{-\beta H}] \tag{11.2.20}$$

与 $D(\tau>0)$ 的表示式相比较, 有

$$D(\tau)=D(-\tau) \tag{11.2.21}$$

说明是一个偶函数. 这一结果对任何实场算符的松原函数都是成立的.

§11.3 解析延拓与物理量的计算

11.3.1 解析延拓

从复变函数的角度, 可以使热力学格林函数经过解析延拓成为松原函数. 考虑 (t_1-t_2) 的复数平面, 见图 11.1. 格林函数的时间变量可以是整个实轴. 当开始向下半平面解析延拓时, 时间 t_1-t_2 出现虚部, 为保证 (11.2.8) 式的 e 指数上 $(H-\mu N)$ 前的系数必须是负实数, 所以向上半平面的延拓不得超过横坐标 $\mathrm{Im}(t_1-t_2)=\beta\hbar$. 换言之, 解析延拓的区域为图 11.1 中的 I 和 II. 完全类似, 从实轴向下半平面延拓时, 不能超过横坐标 $\mathrm{Im}(t_1-t_2)=-\beta\hbar$. 即解析延拓的区域为图 11.1 中的III和IV. 如果在此范围内, 只取虚轴上的函数值, 我们就得到松原函数.

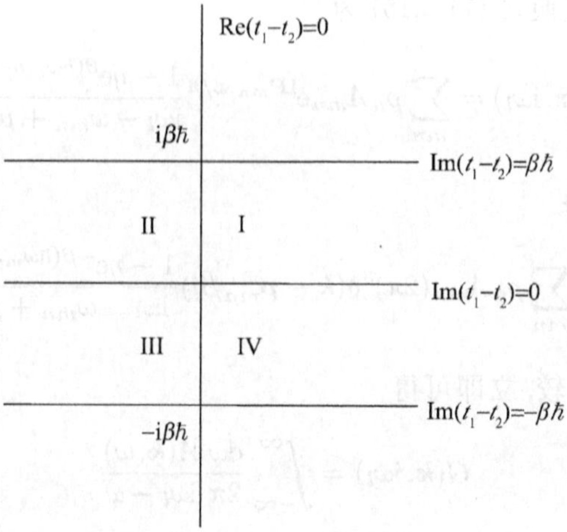

图 11.1 虚时的取值范围

因此, 对于热力学格林函数的含时间的公式, 作 $t \to -\mathrm{i}\tau$ 的代换, 可得到松原函数的相应公式. 例如, 用这种方法, 可从 (9.1.29), (9.1.30) 式直接得到 (11.2.6), (11.2.7) 式. 但是对于含频率的公式则应当小心, 因为松原函数与格林函数两者的傅里叶变换是不同的.

下面只考虑均匀空间且相互作用与自旋无关. 类似于 (9.2.38) 式的推导可得

$$G(\boldsymbol{x}_1-\boldsymbol{x}_2,\tau_1-\tau_2>0)=-\mathrm{e}^{\beta\Omega}\sum_{mn}\rho_n A_{mn}\mathrm{e}^{\mathrm{i}\boldsymbol{P}\cdot\boldsymbol{x}l\hbar}\mathrm{e}^{-(\omega_{mn}-\mu/\hbar)\tau} \tag{11.3.1a}$$

$$G(\boldsymbol{x}_1-\boldsymbol{x}_2,\tau_1-\tau_2<0)=\eta\mathrm{e}^{\beta\Omega}\sum_{mn}\rho_n A_{mn}\mathrm{e}^{-\mathrm{i}\boldsymbol{P}\cdot\boldsymbol{x}l\hbar}\mathrm{e}^{(\omega_{mn}+\mu/\hbar)\tau} \tag{11.3.1b}$$

其中 A_{mn} 由 (9.2.39) 式定义, ρ_n 由 (9.2.34) 式定义, 并已在等式左边令

$$\boldsymbol{x}_1-\boldsymbol{x}_2=\boldsymbol{x},\tau_1-\tau_2=\tau \tag{11.3.2}$$

在 (11.3.1b) 式中令 m 与 n 交换, 得到松原函数为

$$G(\boldsymbol{x},\tau)=-\sum_{mn}A_{mn}\mathrm{e}^{\mathrm{i}\boldsymbol{P}_{mn}\cdot\boldsymbol{x}/\hbar}\mathrm{e}^{-(\omega_{mn}-\mu/\hbar)\tau}[\rho_n\theta(\tau)+\eta\rho_m\theta(-\tau)] \tag{11.3.3}$$

作时间傅里叶变换, 利用等式

$$\int_0^{\beta\hbar}\mathrm{e}^{(\mathrm{i}\omega_n-\omega)\tau}\theta(\tau)\mathrm{d}\tau=\frac{\mathrm{e}^{\beta\hbar(\mathrm{i}\omega_n-\omega)}-1}{\mathrm{i}\omega_n-\omega}=-\frac{1-\eta\mathrm{e}^{-\beta\hbar\omega}}{\mathrm{i}\omega_n-\omega} \tag{11.3.4}$$

其中

$$\mathrm{e}^{\mathrm{i}\beta\hbar\omega_n}=\eta \tag{11.3.5}$$

得到时间的傅里叶变换式 (11.2.15) 为

$$G(\boldsymbol{x},\mathrm{i}\omega_l)=\sum_{mn}\rho_n A_{mn}\mathrm{e}^{\mathrm{i}\boldsymbol{P}_{mn}\cdot\boldsymbol{x}/\hbar}\frac{1-\eta\mathrm{e}^{\beta(\hbar\omega_{mn}-\mu)}}{\mathrm{i}\omega_l-\omega_{mn}+\mu/\hbar} \tag{11.3.6}$$

再作空间傅里叶变换

$$G(\boldsymbol{k},\mathrm{i}\omega_l)=\sum_{mn}\rho_n A_{mn}(2\pi)^3\delta(\boldsymbol{k}-\boldsymbol{p}_{mn}/\hbar)\frac{1-\eta\mathrm{e}^{-\beta(\hbar\omega_{mn}-\mu)}}{\mathrm{i}\omega_l-\omega_{mn}+\mu/\hbar} \tag{11.3.7}$$

此式与 (9.2.57) 式比较, 立即可得

$$G(\boldsymbol{k},\mathrm{i}\omega_l)=\int_{-\infty}^{\infty}\frac{\mathrm{d}\omega}{2\pi}\frac{A(\boldsymbol{k},\omega)}{\mathrm{i}\omega_l-\omega} \tag{11.3.8}$$

这就是松原函数的谱表示式.

有了谱表示式, 我们在复 ω 平面上也可通过解析延拓将格林函数与松原函数联系起来. 如果把推迟格林函数 G^{R} 的谱表示式 (9.2.59a)

$$G^{\mathrm{R}}(\boldsymbol{k},\omega)=\int_{-\infty}^{\infty}\frac{\mathrm{d}\omega'}{2\pi}\frac{A(\boldsymbol{k},\omega')}{\omega-\omega'+\mathrm{i}0^+}$$

解析延拓到 ω 的上半平面 (注意在下半平面有极点, 因此不能朝下半平面延拓), 并使 $\omega=\mathrm{i}\omega_l(\omega_l>0)$, 那么 $G^{\mathrm{R}}(\boldsymbol{k},\mathrm{i}\omega_l)$ 的谱表示式就完全等同于松原函数 $G(\boldsymbol{k},\mathrm{i}\omega_l)$ 的谱表示式:

$$G(\boldsymbol{k},\mathrm{i}\omega_l)=G^{\mathrm{R}}(\boldsymbol{k},\mathrm{i}\omega_l),\omega_l>0 \tag{11.3.9}$$

对于超前格林函数的谱表示式 (9.2.59b), 由于在上半平面有极点, 我们把它朝下半平面解析延拓, 类似地得到

$$G(\boldsymbol{k},\mathrm{i}\omega_l)=G^{\mathrm{A}}(\boldsymbol{k},\mathrm{i}\omega_l),\omega_l<0 \tag{11.3.10}$$

(11.3.9) 和 (11.3.10) 表明, 如果我们能够求出 G^{R} 和 G^{A}, 利用解析延拓, 便可得到松原函数.

可是实际情况恰好与此相反. 因为定义松原函数的目的, 是为了采用第十二章将要叙述的图形技术, 它比直接计算热力学格林函数 (见第十九章) 简单得多. 所以, 我们要根据已知的松原函数 G 来确定 G^{R} 和 G^{A}. 以 $G^{\mathrm{R}}(\omega)$ 为例, 假定我们已经求得所有频率 ω_l 的 $G(\mathrm{i}\omega_l)$, 如果我们希望确定某个函数 $F(\omega)$, 它在 $\omega=\mathrm{i}\omega_l$ 时等于 $G(\mathrm{i}\omega_l)$ 的话, 那么 $F(\omega)$ 不是唯一的, 例如, $G(\omega),G(-\omega\mathrm{e}^{-\beta\hbar\omega})$ 这两个函数, 对费米子系统而言, 当 $\omega=\mathrm{i}\omega_l=(2l+1)\pi\mathrm{i}/\beta\hbar$ 时, 这两个函数的值是一样的, 但在别的 ω 值却完全不同. 不过, 这种多样性是可以消除的. 从 G^{R} 的谱表示式可以看到,$G^{\mathrm{R}}(\omega)$

是 ω 在整个上半平面的解析函数, 并且当 ω 沿着任何直线趋向无限远点时,$G^{\mathrm{R}}(\omega)$ 趋向于零并且解析. 所以, 对不连续的点集 ω_l ($\omega_l>0$), 已知 $G(\mathrm{i}\omega_l)$, 在把它解析延拓到整个 ω 的上半平面时仍要满足这个条件, 那么把 $G(\mathrm{i}\omega_l)$ 解析延拓到上半平面是唯一确定的. 用这种方法得到的函数就是 $G^{\mathrm{R}}(\omega)$. 在实轴上并考虑到下半平面紧靠实轴附近的行为, 则有

$$G^{\mathrm{R}}(\boldsymbol{k},\omega)=G(\boldsymbol{k},\omega+\mathrm{i}0^{+}) \tag{11.3.11}$$

以 $G(\mathrm{i}\omega_l)$ 确定 $G^{\mathrm{A}}(\omega)$ 的讨论完全一样, 由于 $G^{\mathrm{A}}(\omega)$ 在下半平面解析, 所以讨论要换到 ω 的下半平面来进行. 在实轴附近, 有

$$G^{\mathrm{A}}(\boldsymbol{k},\omega)=G(\boldsymbol{k},\omega-\mathrm{i}0^{+}) \tag{11.3.12}$$

总之, 如果我们求出了松原函数, 用 $\mathrm{i}\omega_l\to\omega\pm\mathrm{i}0^{+}$, 就可得到 $G^{\mathrm{R}}(\boldsymbol{k},\ \omega)$、$G^{\mathrm{A}}(\boldsymbol{k},\ \omega)$, 并由 (9.2.47), (9.2.48) 得到 $G(\boldsymbol{k},\ \omega)$, 再可由 (9.2.58) 得到谱函数.

11.3.2 物理量的计算

物理量的计算, 可以完全仿照 9.2.2 节的方法推导. 对于其中含时间的公式, 只要作 $t\to-\mathrm{i}\tau$ 的代换, 还应注意 (11.2.1) 的 $\langle T_\tau(\psi\psi^\dagger)\rangle=-G$, 而 (9.1.1) 的 $\langle T_t(\psi\psi^\dagger)\rangle=\mathrm{i}G$, 所以应再将前置因子 i 换成 -1 即可. 由 (9.2.72) 得粒子数密度

$$\langle n(\boldsymbol{x})\rangle=-\eta\mathrm{tr}G(\boldsymbol{x}\tau,\boldsymbol{x}\tau^{+}) \tag{11.3.13}$$

由 (9.2.71) 得到总动能为

$$\langle T\rangle=-\eta\int\mathrm{d}\boldsymbol{x}\lim_{\boldsymbol{x}'\to\boldsymbol{x}}\Big[-\frac{\hbar^2}{2m}\nabla_{\boldsymbol{x}}^2\mathrm{tr}G(\boldsymbol{x}\tau,\boldsymbol{x}'\tau^{+})\Big] \tag{11.3.14}$$

由 (9.2.74) 得总的相互作用能为

$$\langle H^{\mathrm{i}}\rangle=-\eta\frac{1}{2}\int\mathrm{d}\boldsymbol{x}\lim_{\boldsymbol{x}'\to\boldsymbol{x}}\Big(-\hbar\frac{\partial}{\partial\tau}+\frac{\hbar^2}{2m}\nabla_{\boldsymbol{x}}^2+\mu\Big)\mathrm{tr}G(\boldsymbol{x}\tau,\boldsymbol{x}'\tau^{+}) \tag{11.3.15}$$

以上两式相加得系统的内能为

$$E=\langle T+H^{\mathrm{i}}\rangle=-\eta\frac{1}{2}\int\mathrm{d}\boldsymbol{x}\lim_{\boldsymbol{x}'\to\boldsymbol{x}}\Big(-\hbar\frac{\partial}{\partial\tau}-\frac{\hbar^2}{2m}\nabla_{\boldsymbol{x}}^2+\mu\Big)\mathrm{Tr}G(\boldsymbol{x}\tau,\boldsymbol{x}'\tau^{+}) \tag{11.3.16}$$

巨势函数的计算也可由 (9.2.85) 式得到

$$\Omega(T,V,\mu)=\Omega_0(T,V,\mu)-\eta\int_0^1\frac{\mathrm{d}\lambda}{\lambda}\frac{1}{2}\int\mathrm{d}\boldsymbol{x}\lim_{\boldsymbol{x}'\to\boldsymbol{x}}\Big(-\hbar\frac{\partial}{\partial\tau}+\frac{\hbar^2}{2m}\nabla_{\boldsymbol{x}}^2+\mu\Big)\mathrm{tr}G^{\lambda}(\boldsymbol{x}\tau,\boldsymbol{x}'\tau^{+}) \tag{11.3.17}$$

现在作傅里叶变换到四维动量空间, 其中对时间的变换是 (11.2.15) 式. 总粒子数

$$N = \int \mathrm{d}\boldsymbol{x} \langle n(\boldsymbol{x}) \rangle = -\eta \sum_{\boldsymbol{k}} \frac{1}{\beta\hbar} \sum_{n} \mathrm{e}^{\mathrm{i}\omega_n 0^+} \mathrm{tr} G(\boldsymbol{k}, \mathrm{i}\omega_n) \tag{11.3.18}$$

总动能

$$\langle T \rangle = -\eta \sum_{\boldsymbol{k}} \frac{\hbar^2 k^2}{2m} \frac{1}{\beta\hbar} \sum_{N} \mathrm{e}^{\mathrm{i}\omega_n 0^+} \mathrm{tr} G(\boldsymbol{k}, \mathrm{i}\omega_n) \tag{11.3.19}$$

总相互作用能

$$\langle H^{\mathrm{i}} \rangle = -\eta \frac{1}{2} \sum_{\boldsymbol{k}} \frac{1}{\beta\hbar} \sum_{n} \mathrm{e}^{\mathrm{i}\omega_n 0^+} \left(\mathrm{i}\hbar\omega_n - \frac{\hbar^2}{2m} k^2 + \mu \right) \mathrm{tr} G(\boldsymbol{k}, \mathrm{i}\omega_n) \tag{11.3.20}$$

内能

$$E = \langle T + H^{\mathrm{i}} \rangle = -\eta \frac{1}{2} \sum_{\boldsymbol{k}} \frac{1}{\beta\hbar} \sum_{n} \mathrm{e}^{\mathrm{i}\omega_n 0^+} (\mathrm{i}\hbar\omega_n + \frac{\hbar^2}{2m} k^2 + \mu) \mathrm{tr} G(\boldsymbol{k}, \mathrm{i}\omega_n) \tag{11.3.21}$$

巨势

$$\Omega(T, V, \mu) = \Omega_0(T, V, \mu) - \eta \int_0^1 \frac{\mathrm{d}\lambda}{\lambda} \frac{1}{2} \sum_{\boldsymbol{k}} \frac{1}{\beta\hbar} \sum_{n} \mathrm{e}^{\mathrm{i}\omega_n 0^+} \left(\mathrm{i}\hbar\omega_n - \frac{\hbar^2}{2m} k^2 + \mu \right) \mathrm{tr} G^{\lambda}(\boldsymbol{k}, \mathrm{i}\omega_n) \tag{11.3.22}$$

最后, 态密度也可由松原函数表出. 利用 (9.2.98) 和解析延拓式 (11.3.11), (11.3.12)

$$\begin{aligned} \rho(\omega) &= \frac{\mathrm{i}}{2\pi} \int \frac{\mathrm{d}\boldsymbol{k}}{(2\pi)^3} \mathrm{tr}[G(\boldsymbol{k}, \omega + \mathrm{i}0^+) - G(\boldsymbol{k}, \omega - \mathrm{i}0^+)] \\ &= -\frac{1}{\pi} \int \frac{\mathrm{d}\boldsymbol{k}}{(2\pi)^3} \mathrm{Im}[\mathrm{tr} G(\boldsymbol{k}, \omega + \mathrm{i}0^+)] \end{aligned} \tag{11.3.23}$$

11.3.3 无相互作用系统的松原函数

1. 费米子 (玻色子)

可以用与 §9.4 完全相同的方法来推导. 哈密顿量是 (9.4.1) 式, 场算符为

$$\begin{aligned} \psi_{\mathrm{H}\alpha}(\boldsymbol{x}\tau) &= \mathrm{e}^{(H-\mu N)\tau/\hbar} \frac{1}{\sqrt{V}} \sum_{\boldsymbol{k}} \mathrm{e}^{-\mathrm{i}\boldsymbol{k}\cdot\boldsymbol{x}} a_{\boldsymbol{k}\alpha} \mathrm{e}^{-(H-\mu N)\tau/\hbar} = \frac{1}{\sqrt{V}} \sum_{\boldsymbol{k}} \mathrm{e}^{-\mathrm{i}\boldsymbol{k}\cdot\boldsymbol{x}} a_{\boldsymbol{k}\alpha}(\tau) \\ \psi^{\dagger}_{\mathrm{H}\alpha}(\boldsymbol{x}\tau) &= \mathrm{e}^{(H-\mu N)\tau/\hbar} \frac{1}{\sqrt{V}} \sum_{\boldsymbol{k}} \mathrm{e}^{\mathrm{i}\boldsymbol{k}\cdot\boldsymbol{x}} a^{\dagger}_{\boldsymbol{k}\alpha} \mathrm{e}^{-(H-\mu N)\tau/\hbar} = \frac{1}{\sqrt{V}} \sum_{\boldsymbol{k}} \mathrm{e}^{\mathrm{i}\boldsymbol{k}\cdot\boldsymbol{x}} a^{\dagger}_{\boldsymbol{k}\alpha}(\tau) \end{aligned} \tag{11.3.24}$$

对于含时间的公式, 在相应的格林函数中, 作 $t \to -\mathrm{i}\tau$ 的代换即可. 仿照 (9.4.6)~(9.4.8) 得

$$\begin{aligned} G_{\alpha\beta}(\boldsymbol{k}, \tau > 0) &= -\mathrm{e}^{-(\varepsilon^0_{\boldsymbol{k}} - \mu)\tau/\hbar} \delta_{\alpha\beta} (1 + \eta \langle a^{\dagger}_{\boldsymbol{k}} a_{\boldsymbol{k}} \rangle) \\ G_{\alpha\beta}(\boldsymbol{k}, \tau < 0) &= -\eta \mathrm{e}^{-(\varepsilon^0_{\boldsymbol{k}} - \mu)\tau/\hbar} \delta_{\alpha\beta} \langle a^{\dagger}_{\boldsymbol{k}} a_{\boldsymbol{k}} \rangle \end{aligned} \tag{11.3.25}$$

其中 $\langle a_k^\dagger a_k\rangle = n_k$ 是费米子 (玻色子) 分布函数 (9.4.8). 松原函数为

$$\begin{aligned}G_{\alpha\beta}(\boldsymbol{k},\tau) &= \theta(\tau)G_{\alpha\beta}(\boldsymbol{k},\tau>0)+\theta(-\tau)G_{\alpha\beta}(\boldsymbol{k},\tau<0)\\ &= -\mathrm{e}^{-(\varepsilon_{\boldsymbol{k}}^0-\mu)\tau/\hbar}\delta_{\alpha\beta}\{\theta(\tau)[1+\eta f_{-\eta}(\varepsilon_{\boldsymbol{k}}^0-\mu)]+\eta\theta(-x)f_{-\eta}(\varepsilon_{\boldsymbol{k}}^0-\mu)\}\end{aligned} \tag{11.3.26}$$

作傅里叶变换 (11.2.15) 式并利用 (11.3.4) 式可得

$$\begin{aligned}G_{\alpha\beta}(\boldsymbol{k},\mathrm{i}\omega_n) &= -\delta_{\alpha\beta}\int_0^{\beta\hbar}\mathrm{d}\tau\mathrm{e}^{\mathrm{i}\omega_n\tau}\mathrm{e}^{-(\varepsilon_{\boldsymbol{k}}^0-\mu)\tau/\hbar}[1+\eta f_{-\eta}(\varepsilon_{\boldsymbol{k}}^0-\mu)]\\ &= \frac{\hbar\delta_{\alpha\beta}}{\mathrm{i}\hbar\omega_n-\varepsilon_{\boldsymbol{k}}^0+\mu}\end{aligned} \tag{11.3.27}$$

最后的表达式对费米子 (玻色子) 系统是相同的, 只是 ω_n 的取值应按 (11.2.16) 式. 坐标空间中的松原函数可由 (9.4.24) 式作 $t\to-\mathrm{i}\tau$ 得到

$$\begin{aligned}G_{\alpha\beta}(\boldsymbol{x}_1-\boldsymbol{x}_2,\tau_1-\tau_2) = &-\frac{\delta_{\alpha\beta}}{(2\pi)^3}\int\mathrm{d}\boldsymbol{k}\mathrm{e}^{\mathrm{i}\boldsymbol{k}\cdot(\boldsymbol{x}_1-\boldsymbol{x}_2)-(\varepsilon_{\boldsymbol{k}}^0-\mu)(\tau_1-\tau_2)/\hbar}\\ &\{\theta(\tau_1-\tau_2)[1+\eta f_{-\eta}(\varepsilon_{\boldsymbol{k}}^0-\mu)]+\eta\theta(\tau_2-\tau_1)f_{-\eta}(\varepsilon_{\boldsymbol{k}}^0-\mu)\}\end{aligned} \tag{11.3.28}$$

2. 声子

由 (9.4.28) 式作 $t\to-\mathrm{i}\tau$ 的代换得

$$\begin{aligned}D(\boldsymbol{x}_1-\boldsymbol{x}_2,\tau_1-\tau_2>0) = \sum_{|k|<k_\mathrm{D}}\frac{\hbar\omega_{\boldsymbol{k}}}{2V}&[n_{\boldsymbol{k}}\mathrm{e}^{\mathrm{i}\omega_{\boldsymbol{k}}(\tau_1-\tau_2)-\mathrm{i}\boldsymbol{k}\cdot(x_1-x_2)}\\ &+(1+n_k)\mathrm{e}^{-\omega_{\boldsymbol{k}}(\tau_1-\tau_2)+\mathrm{i}\boldsymbol{k}\cdot(\boldsymbol{x}_1-\boldsymbol{x}_2)}]\end{aligned} \tag{11.3.29}$$

对空间坐标作傅里叶变换,

$$D(\boldsymbol{k},\tau_1-\tau_2>0) = -\frac{\hbar\omega_{\boldsymbol{k}}}{2}[n_{\boldsymbol{k}}\mathrm{e}^{\mathrm{i}\omega_{\boldsymbol{k}}(\tau_1-\tau_2)}+(n_{\boldsymbol{k}}+1)\mathrm{e}^{-\mathrm{i}\omega_{\boldsymbol{k}}(\tau_1-\tau_2)}] \tag{11.3.30}$$

上两式的 $\tau_1-\tau_2<0$ 部分都可由 (11.2.10) 或 (11.2.20) 式得到. 再作时间傅里叶变换

$$\begin{aligned}D(\boldsymbol{k},\mathrm{i}\omega_n) &= -\frac{\hbar\omega_{\boldsymbol{k}}}{2}\int_0^{\beta\hbar}\mathrm{d}\tau\mathrm{e}^{\mathrm{i}\omega_n\tau}D(\boldsymbol{k},\tau)\\ &= \frac{1}{2}\hbar\omega_{\boldsymbol{k}}\left(\frac{1}{\mathrm{i}\omega_n+\omega_{\boldsymbol{k}}}-\frac{1}{\mathrm{i}\omega_n-\omega_{\boldsymbol{k}}}\right) = -\frac{\hbar\omega_{\boldsymbol{k}}^2}{\omega_n^2+\omega_{\boldsymbol{k}}^2}\end{aligned} \tag{11.3.31}$$

其中, 取 $\omega_n=2n\pi/(\beta\hbar)$.

由解析延拓的公式 (11.3.11), (11.3.12), 无相互作用系统的松原函数可以解析延拓成无相互作用系统推迟或超前格林函数. 现在设想温度低到无限靠近零度, 即

取 $T\to 0$ 的极限 (我们在 §12.5 还将讨论零温极限) 时, 松原函数应能解析延拓成零温时的推迟或超前格林函数. 事实正是如此, 当 $\omega_n>0$ 与 $\omega_n<0$ 时,(11.3.27) 式分别延拓成 (9.4.17) 的两式. (11.3.31) 式则延拓成 (9.4.32) 式.

11.3.4 频率求和公式

在 9.2.2 节求物理量的公式中有一因子 $\exp(\mathrm{i}\omega 0^+)$, 它保留了格林函数中的时间 $t_1>t_2$ 的物理意义. 在计算时, 这个因子决定了对 ω 的积分应在 ω 的上半平面加上无限大半圆构成闭合回路.

在 11.3.2 节求物理量的表达式中也有一个因子 $\exp(\mathrm{i}\omega_n 0^+)$, 它来源于松原函数中取 $\tau_1>\tau_2$. 这个因子在对频率求和时起作用. 下面介绍频率求和公式.

在实际计算时, 我们会遇到求

$$\frac{1}{\beta\hbar}\sum_n \mathrm{e}^{\mathrm{i}\omega_n 0^+}G^0(\boldsymbol{k},\mathrm{i}\omega_n) \tag{11.3.32}$$

的问题, 此处 $G^0(\boldsymbol{k},\mathrm{i}\omega_n)$ 是自由粒子系统的松原函数 (11.3.27). 为简便计, 先讨论费米子系统 $\omega_n=(2n+1)\pi/(\beta\hbar)$ 的下述求和

$$\frac{1}{\beta\hbar}\sum_n \frac{\mathrm{e}^{\mathrm{i}\omega_n 0^+}}{\mathrm{i}\omega_n - x/\hbar} \tag{11.3.33}$$

其中 $\exp(\mathrm{i}\omega_n 0^+)$ 对保证级数收敛是很重要的, 没有它级数将对数发散. 考察复变函数

$$f_+(\hbar z)=\frac{1}{\mathrm{e}^{\beta\hbar z}+1} \tag{11.3.34}$$

在复 z 平面上,$f_+(\hbar z)$ 具有下列极点:

$$z=\mathrm{i}\omega_n=\mathrm{i}(2n+1)\pi/(\beta\hbar),\quad n\text{是整数} \tag{11.3.35}$$

在这些极点上相应的留数为

$$\lim_{z\to\mathrm{i}\omega_n} f(\hbar z)(z-\mathrm{i}\omega_n)=-\frac{1}{\beta\hbar} \tag{11.3.36}$$

因此容易验证

$$\frac{1}{2\pi\mathrm{i}}\int_{\mathrm{C}}\mathrm{d}z\frac{\mathrm{e}^{z0^+}}{z-x/\hbar}f_+(\hbar z)=\frac{1}{\beta\hbar}\sum_n\frac{\mathrm{e}^{\mathrm{i}\omega_n 0^+}}{\mathrm{i}\omega_n - x/\hbar} \tag{11.3.37}$$

其中 C 为图 11.2 中所画的围绕虚轴的回路. 这是顺时针方向的回路. 由于除上述极点外, 在上半平面和下半平面 (实轴除外) 没有其他极点, 所以可变化积分回路, 从 C 变到 C′ , 见图 11.2. 此时 C′ 只包围除原点以外的整个实轴. 在实轴上, 被积函数

$$\frac{\mathrm{e}^{z0^+}}{z-x/\hbar}\frac{1}{\mathrm{e}^{\beta\hbar z}+1} \tag{11.3.38}$$

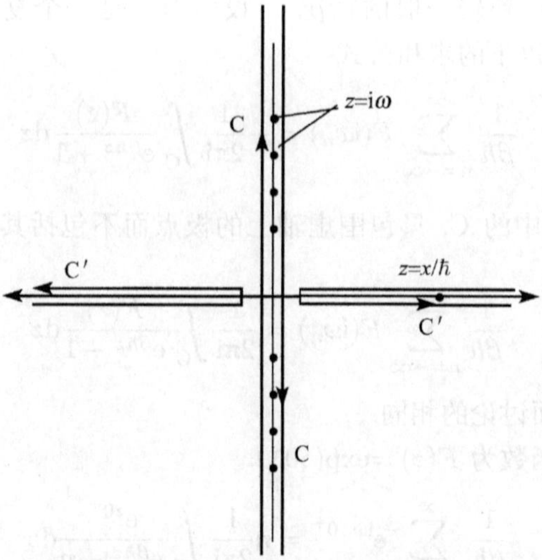

图 11.2 积分回路既可沿 C, 也可沿 C′

只有一个实极点 $x/\hbar$. 因此积分结果为

$$\frac{1}{2\pi\mathrm{i}}\int_{\mathrm{C}'}\frac{\mathrm{e}^{z0^+}}{z-x/\hbar}f_+(\hbar z)\mathrm{d}z=f_+(x) \tag{11.3.39}$$

在计算 (11.3.37), (11.3.39) 两式中 $\exp(z0^+)$ 的作用在 $z\to\infty$ 时表现出来. 当 $|z|\to\infty$ 时, 如果 $\mathrm{Re}z>0$, 则被积函数 (11.3.38) 的数量级为 $\exp[-(\beta-0^+)\mathrm{Re}z]/|z|$, 当 $\mathrm{Re}z<0$ 时,(11.3.38) 的数量级为 $\exp(0^+\mathrm{Re}z)/|z|$.$\beta$ 是个有限量, 所以指数上 0^+ 因子的存在保证了被积函数在无限远处是指数趋于零的.

结合 (11.3.37), (11.3.39) 得

$$\frac{1}{\beta\hbar}\sum_n\frac{\mathrm{e}^{\mathrm{i}\omega_n0^+}}{\mathrm{i}\omega_n-x/\hbar}=f_+(x) \tag{11.3.40}$$

$f_+(x)$ 正好是费米子的分布函数. 同理, 对于玻色子系统有

$$\frac{1}{\beta\hbar}\sum_n\frac{\mathrm{e}^{\mathrm{i}\omega_n0^+}}{\mathrm{i}\omega_n-x/\hbar}=-f_-(x) \tag{11.3.41}$$

因此, (11.3.32) 的计算结果为

$$\frac{1}{\beta\hbar}\sum_n\mathrm{e}^{\mathrm{i}\omega_n0^+}G^0(\boldsymbol{k},\mathrm{i}\omega_n)=\frac{1}{\beta\hbar}\sum_n\frac{\mathrm{e}^{\mathrm{i}\omega_n0^+}}{\mathrm{i}\omega_n-(\varepsilon_{\boldsymbol{k}}^0-\mu)/\hbar}=-\eta f_{-\eta}(\varepsilon_{\boldsymbol{k}}^0-\mu) \tag{11.3.42}$$

以上结果可推广到较一般的情况. 设 $F(z)$ 是一个复数函数. 若 $\omega_n = (2n+1)\pi/(\beta\hbar)$, 则有以下的求和公式

$$\frac{1}{\beta\hbar}\sum_{n=-\infty}^{\infty}F(\mathrm{i}\omega_n) = -\frac{1}{2\pi\mathrm{i}}\int_{\mathrm{C}}\frac{F(z)}{\mathrm{e}^{\beta\hbar z}+1}\mathrm{d}z \tag{11.3.43}$$

积分回路如图 11.2 中的 C, 只包围虚轴上的极点而不包括其他极点. 对于 $\omega_n = 2n\pi/(\beta\hbar)$, 则有

$$\frac{1}{\beta\hbar}\sum_{n=-\infty}^{\infty}F(\mathrm{i}\omega_n) = \frac{1}{2\pi\mathrm{i}}\int_{\mathrm{C}}\frac{F(z)}{\mathrm{e}^{\beta\hbar z}-1}\mathrm{d}z \tag{11.3.44}$$

具体计算技巧与前面讨论的相同.

最简单的一个函数为 $F(z) = \exp(z0^+)$.

$$\frac{1}{\beta\hbar}\sum_{n=-\infty}^{\infty}\mathrm{e}^{\mathrm{i}\omega_n 0^+} = \eta\frac{1}{2\pi\mathrm{i}}\int_{\mathrm{C}}\frac{\mathrm{e}^{z0^+}}{\mathrm{e}^{\beta\hbar z}-\eta}\mathrm{d}z$$

在将图 11.2 中的回路 C 变形为 C′ 后, 由于实轴上没有极点, 故得到

$$\sum_n \mathrm{e}^{\mathrm{i}\omega_n 0^+} = 0 \tag{11.3.45}$$

此式对费米子与玻色子都适用. 实际上一般的表达式是

$$\sum_n \mathrm{e}^{\mathrm{i}\omega_n \tau} = \delta(\tau) \tag{11.3.46}$$

此式成立的条件是: ω_n 在实轴上是均匀分布的, 变量 τ 在 $[-\beta\hbar, \beta\hbar]$ 区间内, 见式 (11.2.4). 当 $\beta\hbar\to\infty$, 式 (11.3.46) 就成为连续频率的傅里叶变换 $\dfrac{1}{2\pi}\displaystyle\int_{-\infty}^{\infty}\mathrm{e}^{\mathrm{i}\omega\tau}\mathrm{d}\omega = \delta(\tau)$.

习　题

1. 问题讨论: 在第八章中定义的时间演化算符 (8.2.3) 式的物理意义很明确, 它表示了状态随时间的演化方式. 本章的虚时演化算符 $U(\tau_1, \tau_2)$ 有什么样的物理意义?

2. 把 (11.2.15) 式代入 (11.2.11) 式, 证明左右两边是相等的.

3. 证明 (11.3.46) 式.

4. 自由粒子的能量为 $\varepsilon = \dfrac{\hbar^2}{2m}k^2$. 请指出费米分布 $\dfrac{1}{\mathrm{e}^{\beta\hbar^2k^2/2m}+1}$ 在复 k 平面上的极点的位置. 请指出玻色分布 $\dfrac{1}{\mathrm{e}^{\beta\hbar^2k^2/2m}-1}$ 在复 k 平面上的极点的位置. 画出示意图.

5. 考虑函数 $F(x,\alpha)=\dfrac{2}{\pi\alpha}\sum\limits_{n=0}^{\infty}\dfrac{1}{n^2+z/\alpha^2}$ 并讨论它在复 z 平面上的解析结构. 证明求和的结果是 $F(x,\alpha)=\dfrac{1}{\sqrt{z}}\coth\dfrac{\pi\sqrt{z}}{\alpha}+\dfrac{\alpha}{\pi z}$. 考察 $\alpha\to 0$ 时的极限情况.

6. 证明

$$\frac{1}{\beta\hbar}\sum_n\frac{\mathrm{e}^{\mathrm{i}\omega_n 0^+}}{\mathrm{i}\omega_n+\mathrm{i}\omega-x}=\frac{1}{2\pi\mathrm{i}}\int_{\mathrm{C}}\frac{\mathrm{e}^{z0^+}\mathrm{d}z}{z-(x-\mathrm{i}\omega)}f_{-\eta}(z)$$

并画出积分回路 C.

7. 计算下列求和式:

$$\frac{1}{\beta\hbar}\sum_n G^0(\boldsymbol{k},\mathrm{i}\omega_n)G^0(\boldsymbol{p},\mathrm{i}\omega_n+\mathrm{i}\nu_m)$$

$$\frac{1}{\beta\hbar}\sum_n G^0(\boldsymbol{k},\mathrm{i}\omega_n)G^0(\boldsymbol{p},\mathrm{i}\nu_m-\mathrm{i}\omega_n)$$

$$\frac{1}{\beta\hbar}\sum_n D^0(\boldsymbol{k},\mathrm{i}\omega_n)G^0(\boldsymbol{p},\mathrm{i}\omega_n+\mathrm{i}\nu_m)$$

$$\frac{1}{\beta\hbar}\sum_n D^0(\boldsymbol{k},\mathrm{i}\omega_n)D^0(\boldsymbol{p},\mathrm{i}\omega_n+\mathrm{i}\nu_m)$$

其中 G^0 和 D^0 分别是无相互作用系统的费米子格林函数和声子格林函数.

8. 证明

$$\frac{1}{2\pi\mathrm{i}}\int_{\mathrm{C}}f(z)\tanh z\mathrm{d}z=\sum_{n=-\infty}^{\infty}f\Big(\frac{2n+1}{2}\mathrm{i}\pi\Big),\ \frac{1}{2\pi\mathrm{i}}\int_{\mathrm{C}}f(z)\coth z\mathrm{d}z=\sum_{n=-\infty}^{\infty}f(n\mathrm{i}\pi)$$

其中回路 C 是逆时针方向刚好包围虚轴的回路.

9. 计算求和 $\dfrac{1}{\beta\hbar}\sum\limits_{n\neq k}\dfrac{\mathrm{e}^{\mathrm{i}\omega_n 0^+}}{\mathrm{i}\omega_n-\mathrm{i}\omega_k}$.

第十二章　松原函数的图形技术

第十章中介绍了处理零温格林函数的图形技术，对于有限温度的系统，则不适用，因为零温格林函数用到了绝热假设，这一假设在有限温度情况下不成立．而松原函数无需作绝热假设，因此采用松原函数来处理有限温度的系统极为方便．对于玻色子系统，只要不发生凝聚的温度以上松原函数都适用．对于其他的粒子系统，松原函数也都适用．松原函数的图形技术与零温格林函数是类似的，特别是各阶微扰图形彼此一样．读者在学习本章内容时，可对照第十章相应的内容．

§12.1　有限温度的威克定理

按照 (11.2.1) 式，松原函数的定义为

$$G_{\alpha\beta}(\boldsymbol{x}\tau,\boldsymbol{x}'\tau')=-\langle T_\tau[\psi_{\mathrm{H}\alpha}(\boldsymbol{x}\tau)\psi^\dagger_{\mathrm{H}\beta}(\boldsymbol{x}'\tau')]\rangle \tag{12.1.1}$$

又由 (11.1.17) 式，它可写成在无相互作用系统中求平均

$$G_{\alpha\beta}(\boldsymbol{x}\tau,\boldsymbol{x}'\tau')=-\frac{\langle T_\tau[\psi_{\mathrm{I}\alpha}(\boldsymbol{x}\tau)\psi^\dagger_{\mathrm{I}\beta}(\boldsymbol{x}'\tau')U(\beta\hbar,0)]\rangle_0}{\langle U(\beta\hbar,0)\rangle_0} \tag{12.1.2}$$

$U(\beta\hbar,0)$ 是在 (11.1.9) 式中取积分上限为 $\beta\hbar$.

$$U(\beta\hbar,0)=\sum_{n=0}^{\infty}\frac{1}{n!}\left(\frac{-1}{\hbar}\right)^n\int_0^{\beta\hbar}\mathrm{d}\tau_1\cdots\int_0^{\beta\hbar}\mathrm{d}\tau_n T_\tau[H^{\mathrm{i}}_{\mathrm{I}}(\tau_1)\cdots H^{\mathrm{i}}_{\mathrm{I}}(\tau_n)] \tag{12.1.3}$$

此处暂先考虑两体相互作用．相互作用哈密顿量 H^{i} 是 (8.1.5) 式．由此容易根据 (11.1.3),(11.1.4) 式写出 H^{i} 在虚时相互作用绘景中的形式为

$$H^{\mathrm{i}}_{\mathrm{I}}(\tau_1)=\frac{1}{2}\sum_{\alpha\beta}\int\mathrm{d}\boldsymbol{x}_1\mathrm{d}\boldsymbol{x}'_1\psi^\dagger_{\mathrm{I}\alpha}(\boldsymbol{x}_1\tau_1)\psi^\dagger_{\mathrm{I}\beta}(\boldsymbol{x}'_1\tau'_1)V(\boldsymbol{x}_1-\boldsymbol{x}'_1)\psi_{\mathrm{I}\beta}(\boldsymbol{x}'_1\tau'_1)\psi_{\mathrm{I}\alpha}(\boldsymbol{x}_1\tau_1) \tag{12.1.4}$$

为了以后的方便，把空间与虚时变数写成对称的形式，令

$$V(\boldsymbol{x}_1\tau_1,\boldsymbol{x}'_1\tau'_1)=V(\boldsymbol{x}_1-\boldsymbol{x}'_1)\delta(\tau_1-\tau'_1) \tag{12.1.5}$$

上式中的 δ 函数保证在同一“时刻”下才有直接相互作用，即为“瞬时”相互作用. 于是

$$\int_0^{\beta\hbar} \mathrm{d}\tau_1 H_{\mathrm{I}}^{\mathrm{i}}(\tau_1) = \frac{1}{2}\sum_{\alpha\beta}\iint \mathrm{d}^4x_1 \mathrm{d}^4x_1' \psi_{\mathrm{I}\alpha}^{\dagger}(\boldsymbol{x}_1\tau_1)\psi_{\mathrm{I}\beta}^{\dagger}(\boldsymbol{x}'_1\tau_1')$$
$$V(\boldsymbol{x}_1\tau_1, \boldsymbol{x}'_1\tau_1')\psi_{\mathrm{I}\beta}(\boldsymbol{x}'_1\tau_1')\psi_{\mathrm{I}\alpha}(\boldsymbol{x}_1\tau_1)$$
$$= \frac{1}{2}\iint \mathrm{d}^4x_1 \mathrm{d}^4x_1' H_{\mathrm{I}}^{\mathrm{i}}(\boldsymbol{x}_1\tau_1, \boldsymbol{x}'_1\tau_1') \tag{12.1.6}$$

其中 $\int \mathrm{d}^4x = \int \mathrm{d}\boldsymbol{x}\int_0^{\beta\hbar}\mathrm{d}\tau$. 把 (12.1.3) 代入 (12.1.2)，有

$$G_{\alpha\beta}(x\tau, x'\tau') = \frac{-1}{\langle U(\beta\hbar, 0)\rangle_0}\sum_{n=0}^{\infty}\frac{1}{n!}\left(\frac{-1}{\hbar}\right)^n\int_0^{\beta\hbar}\mathrm{d}\tau_1\cdots\int_0^{\beta\hbar}\mathrm{d}\tau_n$$
$$\mathrm{tr}\{\mathrm{e}^{-\beta(H_0-\mu N)}T_\tau[\psi_{\mathrm{I}\alpha}(\boldsymbol{x}\tau)\psi_{\mathrm{I}\beta}^{\dagger}(\boldsymbol{x}'\tau')H_{\mathrm{I}}^{\mathrm{i}}(\tau_1)\cdots H_{\mathrm{I}}^{\mathrm{i}}(\tau_n)]\} \tag{12.1.7}$$

这里要注意的是，因为在每一个 $H_{\mathrm{I}}^{\mathrm{i}}(\tau_m)$ 的内部 $V(\boldsymbol{x}_m\tau_m, \boldsymbol{x}'_m\tau'_m)$ 实际上是在相同的虚时刻，因而 (12.1.7) 中时序算符 T_τ 对包含在每一个 $H_{\mathrm{I}}^{\mathrm{i}}(\tau_m)$ 内的算符不起作用，这相当于认为每一个 $H_{\mathrm{I}}^{\mathrm{i}}(\tau_m)$ 内的算符 $\psi_{\mathrm{I}}^{\dagger}$ 的虚时间要比 ψ_{I} 大一个正无限小量 0^+.

计算 (12.1.7) 中 G 的各阶微扰项，需要计算 $\psi_{\mathrm{I}}(\boldsymbol{x}\tau)\psi_{\mathrm{I}}^{\dagger}(\boldsymbol{x}'\tau')$ 和若干个 $H_{\mathrm{I}}^{\mathrm{i}}(\tau_m)$ 的时序乘积在无相互作用系统中的平均值. 在零温格林函数情形，我们已经运用了威克定理.

绝对零度下的威克定理表明，在相互作用绘景中，任何数目算符的时序乘积在 $|\varPhi_0\rangle$ 态中的平均值，可以展开成所有各种可能的成对收缩之和. 利用 (10.1.22) 式可将威克定理写下如下形式：

$$\langle T_t(ABCD\cdots XY)\rangle_0 = \sum(\mp1)^\delta\langle T_t(AB)\rangle_0\langle T_t(CD)\rangle_0\cdots\langle T_t(XY)\rangle_0 \tag{12.1.8}$$

其中用下标 0 表示无相互作用系统. 在有限温度，松原首先证明了仍然存在类似于 (12.1.8) 的关系式，并且也把它称为威克定理.

下面来叙述有限温度时的威克定理. 我们的证明仅限于存在二体相互作用的系统. 推广到别的系统是相当容易的. 把 (12.1.6) 式代入到 (12.1.7) 式，可知 $G_{\alpha\beta}(\boldsymbol{x}\tau, \boldsymbol{x}'\tau')$ 的 (分子或分母) 展开式中包含的要进行统计平均的典型项为

$$\langle T_\tau(ABCD\cdots XY)\rangle_0 = \mathrm{tr}\{\mathrm{e}^{\beta(\varOmega_0-H_0+\mu N)}T_\tau(ABCD\cdots XY)\} \tag{12.1.9}$$

其中 A、B、... 全都是相互作用绘景中的算符 $\psi_{\mathrm{I}}(\boldsymbol{x}\tau)$ 和 $\psi_{\mathrm{I}}^{\dagger}(\boldsymbol{x}\tau)$(为写书简单起见，在这里以及证明威克定理的过程中，我们省略了代表自旋的下标). 我们要证明的是：有限温度下的威克定理具有以下形式

$$\langle T_\tau(ABCD\cdots XY)\rangle_0 = \sum(\mp1)^\delta\langle T_\tau(AB)\rangle_0\langle T_\tau(CD)\rangle_0\cdots\langle T_\tau(XY)\rangle_0 \tag{12.1.10}$$

此式与 (12.1.8) 在形式上是相同的.

为了证明 (12.1.10) 式, 我们可以只证明这样的情形: 算符的 "时间"τ 的顺序已经安排成

$$\tau_A > \tau_B > \tau_C > \cdots > \tau_Y \tag{12.1.11}$$

从而把 (12.1.10) 两边的所有时序算符 T_τ 去掉. 如果不是这样, 那么把它们重新按 "时间"τ 的顺序排列时, 由于是对等式两边的算符同时进行重新排列, 所以公式中不会出现任何附加的正负号. 于是我们只须证明

$$\langle(ABCD\cdots XY)\rangle_0 = \sum(\mp 1)^\delta \langle AB\rangle_0\langle CD\rangle_0\cdots\langle XY\rangle_0 \tag{12.1.12}$$

此时 (12.1.11) 成立.

我们知道, 相互作用绘景的算符 $\psi_{\rm I}(\boldsymbol{x}\tau)$ 和 $\psi_{\rm I}^\dagger(\boldsymbol{x}\tau)$ 随 "时间" 的变化关系等同于自由粒子系统的算符. 根据式 (11.1.2),(8.1.7),(8.1.14) 我们可算出

$$\begin{aligned}\psi_{\rm I}(\boldsymbol{x}\tau) &= \frac{1}{\sqrt{V}}\sum_{\boldsymbol{k}} {\rm e}^{{\rm i}\boldsymbol{k}\cdot\boldsymbol{x}-(\varepsilon_{\boldsymbol{k}}^0-\mu)\tau/\hbar}a_{\boldsymbol{k}}\\ \psi_{\rm I}^\dagger(\boldsymbol{x}\tau) &= \frac{1}{\sqrt{V}}\sum_{\boldsymbol{k}} {\rm e}^{-{\rm i}\boldsymbol{k}\cdot\boldsymbol{x}+(\varepsilon_{\boldsymbol{k}}^0-\mu)\tau/\hbar}a_{\boldsymbol{k}}^\dagger\end{aligned} \tag{12.1.13}$$

如果我们引入一个一般的表示式

$$\psi_{\rm I}(\boldsymbol{x}\tau)\text{或者}\psi_{\rm I}^\dagger(\boldsymbol{x}\tau) = \sum_j \chi_j(\boldsymbol{x}\tau)\alpha_j \tag{12.1.14}$$

就可以使得以后的写法更为简便. 上式中的 α_j 代表 $a_{\boldsymbol{k}}$ 或者 $a_{\boldsymbol{k}}^\dagger$,$\chi_j(\boldsymbol{x}\tau)$ 代表 $\frac{1}{\sqrt{V}}$ ${\rm e}^{{\rm i}\boldsymbol{k}\cdot\boldsymbol{x}-(\varepsilon_{\boldsymbol{k}}^0-\mu)\tau/\hbar}$ 或者 $\frac{1}{\sqrt{V}}{\rm e}^{-{\rm i}\boldsymbol{k}\cdot\boldsymbol{x}+(\varepsilon_{\boldsymbol{k}}^0-\mu)\tau/\hbar}$. 注意到 $A, B, \cdots$ 是算符 $\psi_{\rm I}$ 或者 $\psi_{\rm I}^\dagger$, 引入 $A=\sum\limits_a \chi_a\alpha_a, B=\sum\limits_b \chi_b\alpha_b, \cdots$, 我们可得

$$\begin{aligned}\langle ABCD\cdots XY\rangle &= \sum_a\sum_b\cdots\sum_y \chi_a\chi_b\cdots\chi_y\langle\alpha_a\alpha_b\alpha_c\alpha_d\cdots\alpha_x\alpha_y\rangle_0\\ &= \sum_a\sum_b\cdots\sum_y \chi_a\chi_b\cdots\chi_y{\rm tr}\{{\rm e}^{\beta(\Omega_0-H_0+\mu N)}\alpha_a\alpha_b\alpha_c\alpha_d\cdots\alpha_x\alpha_y\}\end{aligned} \tag{12.1.15}$$

考虑上式求和号下的任何一个 $\langle\alpha_a\alpha_b\alpha_c\alpha_d\cdots\alpha_x\alpha_y\rangle_0$. 利用反对易式 (费米子) 或对易关系 (玻色子), 把 α_a 逐次地移到 α_b,α_c 等等后面去. 我们可得

$$\begin{aligned}&{\rm tr}\{{\rm e}^{\beta(\Omega_0-H_0+\mu N)}\alpha_a\alpha_b\alpha_c\alpha_d\cdots\alpha_x\alpha_y\} = {\rm tr}\{{\rm e}^{\beta(\Omega_0-H_0+\mu N)}[\alpha_a,\alpha_b]_\pm\alpha_c\alpha_d\cdots\alpha_x\alpha_y\}\\ &\mp{\rm tr}\{{\rm e}^{\beta(\Omega_0-\mu_0+\mu N)}\alpha_b[\alpha_a,\alpha_c]_\pm\alpha_d\cdots\alpha_x\alpha_y\}+\cdots\\ &+{\rm tr}\{{\rm e}^{\beta(\Omega_0-H_0+\mu N)}\alpha_b\alpha_c\alpha_d\cdots\alpha_x[\alpha_a,\alpha_y]_\pm\}\end{aligned}$$

$$\mp\mathrm{tr}\{\mathrm{e}^{\beta(\Omega_0-H_0+\mu N)}\alpha_b\alpha_c\alpha_d\cdots\alpha_x\alpha_y\alpha_a\} \tag{12.1.16}$$

如同前面一样, 式 (12.1.16) 中上面 (下面) 的符号对应于费米子 (玻色子). 我们知道, 费米子 (玻色子) 的反对易 (或对易) 式已经不再是算符而是 C 数, 可以拿出求迹号之外. 此外将式 (12.1.16) 的右边最后一项移到左边, 并利用求迹号下算符的可循环性, 有

$$\begin{aligned}&\mathrm{tr}\{[\mathrm{e}^{\beta(\Omega_0-H_0+\mu N)}\alpha_a\pm\alpha_a\mathrm{e}^{\beta(\Omega_0-H_0+\mu N)}]\alpha_b\alpha_c\alpha_d\cdots\alpha_x\alpha_y\}\\&=[\alpha_a,\alpha_b]_\pm\mathrm{tr}\{\mathrm{e}^{\beta(\Omega_0-H_0+\mu N)}\alpha_c\alpha_d\cdots\alpha_x\alpha_y\}\\&\quad\mp[\alpha_a,\alpha_c]_\pm\mathrm{tr}\{\mathrm{e}^{\beta(\Omega_0-H_0+\mu N)}\alpha_b\alpha_d\cdots\alpha_x\alpha_y\}\\&\quad+\cdots+[\alpha_a,\alpha_y]_\pm\mathrm{tr}\{\mathrm{e}^{\beta(\Omega_0-H_0+\mu N)}\alpha_b\alpha_c\alpha_d\cdots\alpha_x\}\end{aligned} \tag{12.1.17}$$

容易具体计算出

$$\alpha_a\mathrm{e}^{-\beta(H_0-\mu N)}=\mathrm{e}^{-\beta(H_0-\mu N)}\mathrm{e}^{\lambda_a\beta(\varepsilon^0_{\boldsymbol{k}}-\mu)}\alpha_a \tag{12.1.18}$$

其中如果 α_a 是产生算符, 那么相应的 $\lambda_a=1$, 如果 α_a 是湮没算符, 则 $\lambda_a=-1$. 将 (12.1.18) 代入 (12.1.17),

$$\begin{aligned}&[1\pm\mathrm{e}^{\lambda_a\beta(\varepsilon^0_{\boldsymbol{k}}-\mu)}]\langle\alpha_a\alpha_b\alpha_c\alpha_d\cdots\alpha_x\alpha_y\rangle_0\\&=[a_a,a_b]_\pm\langle a_ca_d\cdots a_xa_y\rangle_0\mp[a_a,a_c]_\pm\langle a_ba_d\cdots a_xa_y\rangle_0\\&\quad+\cdots+[a_a,a_y]_\pm\langle a_ba_ca_d\cdots a_x\rangle_0\end{aligned} \tag{12.1.19}$$

为了进一步简化此式, 我们要利用以下的关系式,

$$\frac{[\alpha_a,\alpha_b]_\pm}{1\pm\mathrm{e}^{\lambda_a\beta(\varepsilon^0_{\boldsymbol{k}}-\mu)}}=\langle\alpha_a\alpha_b\rangle_0 \tag{12.1.20}$$

上式是很容易证明的. 例如 α_a,α_b 都是产生 (或湮没) 算符, 或者 α_a,α_b 中一个是湮没算符而另一个是产生算符, 但它们的下标不同, 那么无论 $\langle\alpha_a\alpha_b\rangle_0$ 或 $[\alpha_a,\alpha_b]_\pm$ 都等于零. 只有下标相同, 而且一个是产生算符而另一个是湮没算符时, 双方才不为零. 此时如果 α_a 是湮没算符 $\alpha_{\boldsymbol{k}}$,α_b 是产生算符 $\alpha^\dagger_{\boldsymbol{k}}$, 则有

$$\langle\alpha_{\boldsymbol{k}}\alpha^\dagger_{\boldsymbol{k}}\rangle_0=1\mp n^0_{\boldsymbol{k}}=\frac{1}{1\pm\mathrm{e}^{-\beta(\varepsilon^0_{\boldsymbol{k}}-\mu)}}=\frac{[\alpha_{\boldsymbol{k}},\alpha^\dagger_{\boldsymbol{k}}]_\pm}{1\pm\mathrm{e}^{-\beta(\varepsilon^0_{\boldsymbol{k}}-\mu)}}\quad(\lambda_a=-1) \tag{12.1.21a}$$

或者如果 α_a 是产生算符 $\alpha^\dagger_{\boldsymbol{k}}$, α_b 是湮没算符 $\alpha_{\boldsymbol{k}}$, 则有

$$\langle\alpha^\dagger_{\boldsymbol{k}}\alpha_{\boldsymbol{k}}\rangle_0=n^0_{\boldsymbol{k}}=\frac{1}{\mathrm{e}^{\beta(\varepsilon^0_{\boldsymbol{k}}-\mu)}\pm1}=\frac{[\alpha^\dagger_k,\alpha_k]_\pm}{1\pm\mathrm{e}^{\beta(\varepsilon^0_{\boldsymbol{k}}-\mu)}}\quad(\lambda_a=1) \tag{12.1.21b}$$

这样就证明了 (12.1.20) 式. 利用 (12.1.20) 式可以把 (12.1.19) 写成

$$\begin{aligned}\langle\alpha_a\alpha_b\alpha_c\alpha_d\cdots\alpha_x\alpha_y\rangle_0 =&\langle\alpha_a\alpha_b\rangle_0\langle\alpha_c\alpha_d\cdots\alpha_x\alpha_y\rangle_0\\ &\mp\langle\alpha_a\alpha_c\rangle_0\langle\alpha_b\alpha_d\cdots\alpha_x\alpha_y\rangle_0+\cdots\\ &+\langle\alpha_a\alpha_y\rangle_0\langle\alpha_b\alpha_c\alpha_d\cdots\alpha_x\rangle_0\end{aligned}\tag{12.1.22}$$

对出现在式 (12.1.22) 右边多于两个的算符乘积的统计平均值重复以上的过程直至得到

$$\langle\alpha_a\alpha_b\alpha_c\alpha_d\cdots\alpha_x\alpha_y\rangle_0=\sum(\pm1)^\delta\langle\alpha_a\alpha_b\rangle_0\langle\alpha_c\alpha_d\rangle_0\cdots\langle\alpha_x\alpha_y\rangle_0\tag{12.1.23}$$

在此我们假定出现在 $\langle\cdots\rangle_0$ 里面的算符是偶数个. 如果是奇数个那么统计平均值应为零. 把上式代入 (12.1.15),

$$\begin{aligned}&\langle ABCD\cdots XY\rangle_0\cdots\sum_a\sum_b\cdots\sum_c\chi_a\chi_b\cdots\chi_y\sum(\mp1)^\delta\\ &\langle\alpha_a\alpha_b\rangle_0\langle\alpha_c\alpha_d\rangle_0\cdots\langle\alpha_x\alpha_y\rangle_0=\sum(\mp1)^\delta\langle AB\rangle_0\langle CD\rangle_0\cdots\langle XY\rangle_0\end{aligned}\tag{12.1.24}$$

这样我们就证明了 (12.1.12) 式, 也即证明了有限温度下的威克定理. 有限温度的威克定理对于无相互作用系统的统计平均值成立. 零温威克定理则对于无相互作用基态的平均值成立.

由于相互作用绘景中的算符与自由粒子系统的 “海森伯算符” 完全相同, 因此出现在式 (12.1.10) 右边的统计平均值 $\langle T_\tau(AB)\rangle_0$ 等都是可以写出来的. 例如我们把 A、B 等换成它的明显表达式 $\psi_{\mathrm{I}\alpha}(\boldsymbol{x}\tau)$ 或 $\psi^\dagger_{\mathrm{I}\alpha}(\boldsymbol{x}\tau)$ 那么它们正是无相互作用系统的松原函数

$$\langle T_\tau[\psi_{\mathrm{I}\alpha}(\boldsymbol{x}\tau)\psi^\dagger_{\mathrm{I}\beta}(\boldsymbol{x}'\tau')]\rangle_0=-G^0_{\alpha\beta}(\boldsymbol{x}\tau,\boldsymbol{x}'\tau')\tag{12.1.25}$$

$$\langle T_\tau[\psi_{\mathrm{I}\alpha}(\boldsymbol{x}\tau)\psi_{\mathrm{I}\beta}(\boldsymbol{x}'\tau')]\rangle_0=\langle T_\tau[\psi^\dagger_{\mathrm{I}\alpha}(\boldsymbol{x}\tau)\psi^\dagger_{\mathrm{I}\beta}(\boldsymbol{x}'\tau')]\rangle_0=0\tag{12.1.26}$$

其中 G^0 的具体表达式见 (11.3.28) 式.

当 (12.1.7) 式中的 $H^{\mathrm{i}}_{\mathrm{I}}$ 换成为外场作用或电声相互作用的哈密顿量时,(12.1.10) 的证明的步骤完全一样. 在电声相互作用的情况中, 出现声子场算符的成对收缩, 它就是无相互作用系统的声子松原函数

$$\langle T_\tau[\varphi_{\mathrm{I}}(\boldsymbol{x}\tau)\varphi^\dagger_{\mathrm{I}}(\boldsymbol{x}'\tau')]\rangle_0=-D^0(\boldsymbol{x}\tau,\boldsymbol{x}'\tau')\tag{12.1.27}$$

其具体表达式见 (11.3.29) 式.

与零温威克定理的情况类似地, 如果 (12.1.10) 式的左边有 n 个产生算符和 n 个湮没算符, 则不为零的配对收缩方式有 $n!$ 种, 所以 (12.1.10) 右边有 $n!$ 项. 其他的情况收缩结果均为零.

本节证明威克定理的过程中使用了费米子 (玻色子) 的对易关系 (12.1.21) 式. 本章后面几节的内容都是基于这里证明的威克定理. 因此本章的内容不适用于既不是费米子算符又不是玻色子算符的情况, 例如自旋算符.

§12.2 坐标空间中的图形规则

现在把有限温度的威克定理应用于松原函数的微扰展开式 (12.1.7) 中的各阶微扰项. 每一阶要求统计平均的项, 可用威克定理化简成全部是两个 (成对) 算符的统计平均项的积. 用这一过程所得松原函数 G 的表示式, 除了对 "时间"τ 的积分是从 0 到 $\beta\hbar$ 之外, 形式上几乎和绝对零度时的格林函数 g 的表示式完全一样. 例如读者可将 (12.1.1)~ (12.1.7) 式与 (10.1.1)~(10.1.7) 式作对照. 所以我们可以把第十章中叙述过的图解法直接搬来用以计算松原函数.

首先, 我们用图形 (仍然称为费恩曼图) 来表示收缩之后各阶微扰项的贡献. 图形元素是: 用有方向的线代表无相互作用系统粒子的松原函数 $-G^0$; 用波形线代表自由声子的松原函数 $-D^0$; 用虚线表示二体相互作用势因子 $-V(\boldsymbol{x}_i\tau_i,\boldsymbol{x}_j\tau_j)/\hbar$; 用一端带 × 号的虚线表示外场作用势因子 $-V^{\rm e}(\boldsymbol{x}\tau)/\hbar$. 其他诸如总的松原函数 G、总的声子松原函数 D、修正后的二体相互作用势、自能、非正规自能等的图形元素与第十章中完全相同. 其次, 我们不加证明的叙述以下结论 (因为证明方法与第十章中的一模一样) ：①松原函数的费恩曼图也分为相连图形与不相连图形两类, 所有不相连的图形都不必考虑, 同时分母 $\langle U(\beta\hbar,0)\rangle_0$ 可以去掉, 所以 (12.1.7) 中的每一阶微扰项只需考虑分子中相连图形的贡献; ②凡是图形相同而只有顶点标名不同的图都是等价图形 (例如图 10.2 那样), 等价的图形只要考虑其中一个, 同时去掉微扰项中的系数因子. 二体相互作用势时去掉因 $1/(n!2^n)$; 外场作用势时去掉因 $1/n!$; 电声相互作用时只有偶数阶的贡献不为零, 去掉因子 $1/(2n)!$.

下面针对 $H_{\rm I}^{\rm i}$ 的不同形式分别讨论.

12.2.1 两体相互作用

两体相互作用势的表达式见 (12.1.4)~(12.1.6) 式. 仿照零温格林函数的费恩曼图解法, 我们可以很容易写下 $G_{\alpha\beta}(\boldsymbol{x}\tau,\boldsymbol{x}\tau')$ 的第 n 阶微扰图形所对应的表式的费恩曼规则：

(1) 画出一切包含 n 条虚线的具有两条外线的相连拓扑不等价图形. 每一个这种图形应有 $2n+1$ 条有方向的粒子线 (包括两条联系于两个外点的外线) 和 $2n$ 个顶点. 在每个顶点处标上四维时空坐标 $x_i=(\boldsymbol{x}_i,\ \tau_i)$.

(2) 每条虚线是相互作用线, 对应于因子 $-V(\boldsymbol{x}_i,\boldsymbol{x}_j)=-V(x_i,x_j)\delta(\tau_i-\tau_j)/\hbar$. 同一条虚线两端的虚时间是相等的. 每条有方向的粒子线. 对应于因子 $-G^0(x_i,x_j)$, 是无相互作用的松原函数, 粒子的传播方向从 x_j 指向 x_i.

(3) 每个顶点 x_i 是两条粒子线和一条虚线的交汇处. 两条粒子线的方向分别是指向和离开顶点. 其物理意义是：一粒子到达 x_i 点, 在此点上与其他粒子发生瞬时相互作用, 然后离开此点.

(4) 对每个顶点上的四维空时坐标积分: $\int \mathrm{d}^4x = \int \mathrm{d}\boldsymbol{x}\int_0^{\beta\hbar}\mathrm{d}\tau$.

(5) 有自旋时, 在每条粒子线的首尾端还应标上自旋下标, 在顶点处则标在虚线的两侧. 如果出现重复的自旋下标, 需要对它求和.

(6) 对每个 n 阶图形所得的表示式乘以因子 $(-1)^F$, 其中 F 是闭合费米子回线的数目之和.

(7) 对相等时间的松原函数应理解为 $G^0(\tau_i,\tau_i^+) = G^0(\tau_i,\tau_i)$. 这有两种情况, 一种是粒子线自身闭合, 即首尾端是同一点; 另一种是粒子线的两端连接于同一根虚线.

各阶图形与零温格林函数的相应图形完全一样.

以图 12.1 为例, 这是松原函数 $G_{\alpha\beta}(1,1')$ 的一阶图形 (可与图 10.1c、d 比较). 根据上面所述的费恩曼规则 (考虑费米子系统的情况), 可以写出如下表示:

$$\begin{aligned}G^{(1)}_{\alpha\beta}(1,1') = &-\sum_{\lambda\lambda'\mu\mu'}\int \mathrm{d}^4x_2\mathrm{d}^4x_2'\Big[G^0_{\alpha\lambda}(1,2)G^0_{\lambda'\mu}(2,2')G^0_{\mu'\beta}(2',1')\frac{1}{\hbar}V_{\lambda\lambda'\mu\mu'}(2,2')\\ &-G^0_{\alpha\lambda}(1,2)G^0_{\lambda'\beta}(2,1')G^0_{\mu\mu'}(2',2')\frac{1}{\hbar}V_{\lambda\lambda'\mu\mu'}(2,2')\Big]\end{aligned} \tag{12.2.1}$$

上式方括号内的第二项中的负号来源于一条闭合的费米子回线. 已知 $G^0_{\alpha\beta}(1,2) = G^0(1,2)\delta_{\alpha\beta}$, 如果相互作用 $V_{\lambda\lambda'\mu\mu'}(\boldsymbol{x}-\boldsymbol{x}') = V(\boldsymbol{x}-\boldsymbol{x}')\delta_{\lambda\lambda'}\delta_{\mu\mu'}$, 则有

$$\begin{aligned}G^{(1)}_{\alpha\beta}(1,1') = &-\frac{1}{\hbar}\sum_{\lambda\mu}\int \mathrm{d}^4x_2\mathrm{d}^4x_2'[G^0(1,2)G^0(2,2')G^0(2',1')V_{\alpha\mu,\mu\beta}(2,2')\\ &-G^0(1,2)G^0(2,1')G^0(2',2')V_{\alpha\beta,\mu\mu}(2,2')]\\ = &-\frac{1}{\hbar}\delta_{\alpha\beta}\int \mathrm{d}^4x\mathrm{d}^4x_2'[G^0(1,2)G^0(2,2')G^0(2',1')V(2,2')\\ &-(2S+1)G^0(1,2)G^0(2,1')G^0(2',2')V(2,2')]\end{aligned} \tag{12.2.2}$$

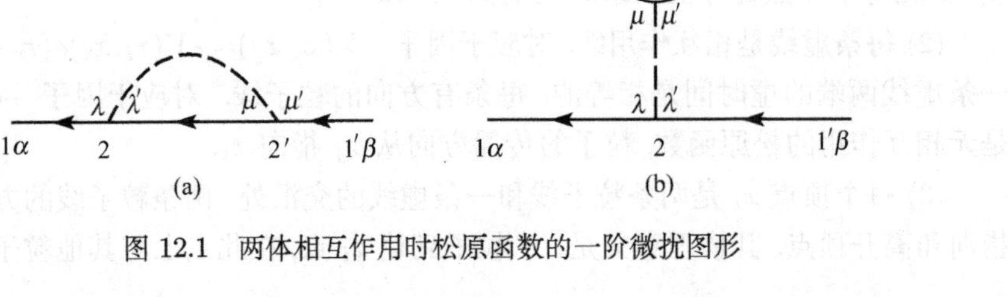

图 12.1　两体相互作用时松原函数的一阶微扰图形

12.2.2 外场作用

这时 $H_{\mathrm{I}}^{\mathrm{i}}(\tau)$ 的形式为

$$\mathrm{H}_{\mathrm{I}}^{\mathrm{i}}(\tau)=\sum_{\alpha\beta}\int \mathrm{d}\boldsymbol{x}\psi_{\mathrm{I}\alpha}^{\dagger}(\boldsymbol{x}\tau)V_{\alpha\beta}^{\mathrm{e}}(\boldsymbol{x})\psi_{\mathrm{I}\beta}(\boldsymbol{x}\tau) \tag{12.2.3}$$

如果外场与粒子的相互作用与自旋无关, 那么

$$V_{\alpha\beta}^{\mathrm{e}}(\boldsymbol{x})=V^{\mathrm{e}}(\boldsymbol{x})\delta_{\alpha\beta} \tag{12.2.4}$$

与 (10.2.11) 式相比较, 容易写出此时第 n 阶微扰贡献的费恩曼图解法规则如下：

(1) 画出一切包含 n 条虚线的具有两条外线的相连拓扑不等价图形. 这样的图只有一个, 有 $n+1$ 条有方向的粒子线 (包括两条联系于两个外点的外线) 和 n 个顶点. 在每个顶点处标上四维时空坐标 $x_i=(\boldsymbol{x}_i,\tau_i)$.

(2) 每条虚线是外场作用线, 它的一端连接顶点, 另一端悬空 (或用 × 表示), 对应于因子 $-V_{\alpha\beta}^{\mathrm{e}}(\boldsymbol{x})/\hbar$. 每条有方向的粒子对应于因子 $-G^0(x_i,x_j)$, 是无相互作用系统的松原函数, 粒子的传播方向从 x_j 指向 x_i.

(3) 每个顶点 x_i 是两条粒子线和一条虚线的交汇处. 两条电子线的方向分别是指向和离开顶点. 其物理意义是：一粒子到达 x_i 点, 在此点上受到外场的瞬时作用, 然后离开此点.

(4) 对每个顶点上的四维空时坐标积分：$\displaystyle\int \mathrm{d}^4x=\int \mathrm{d}\boldsymbol{x}\int_0^{\beta\hbar}\mathrm{d}\tau$.

(5) 有自旋时, 在每条粒子线的首尾端还应标上自旋下标, 在顶点处则标在虚线的两侧. 如果出现重复的自旋下标, 需要对它求和.

各阶图形与零温格林函数的相应图形完全一样.

图 12.2 画出了一、二、三阶微扰图形, 可与图 10.5 比较. 作为一个例子, 写出图 12.2(b) 所对应的表达式

$$G_{\alpha\beta}^{(2)}=\sum_{\lambda\lambda'\gamma\gamma'}\int \mathrm{d}^4x_3\mathrm{d}^4x_4G_{\alpha\lambda'}^0(1,3)G_{\lambda\gamma'}^0(3,4)G_{\gamma\beta}^0(4,2)V_{\lambda'\lambda}^{\mathrm{e}}(\boldsymbol{x}_3)V_{\gamma'\gamma}^{\mathrm{e}}(\boldsymbol{x}_4) \tag{12.2.5}$$

最后需要指出, 由于外场破坏了空间均匀性, 松原函数 $G(\boldsymbol{x}_1\tau_1,\boldsymbol{x}_2\tau_2)$ 将不再是坐标差 $\boldsymbol{x}_1-\boldsymbol{x}_2$ 的函数, 而分别是 $\boldsymbol{x}_1$ 和 $\boldsymbol{x}_2$ 的函数.

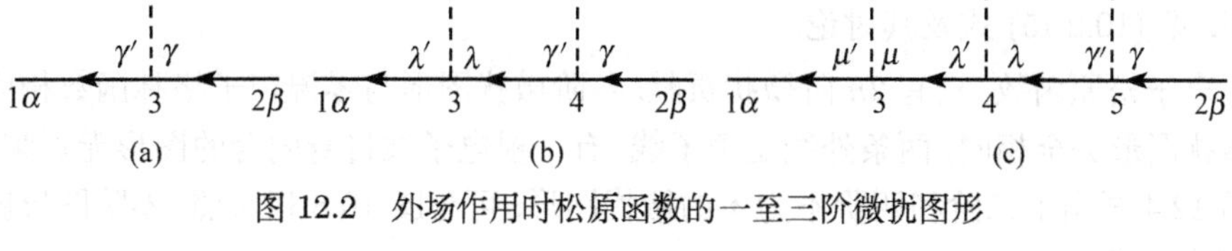

图 12.2 外场作用时松原函数的一至三阶微扰图形

12.2.3 电–声相互作用

电–声相互作用的哈密顿量为 (10.2.13) 式. 在虚时相互作用绘景中

$$\mathrm{H}_{\mathrm{I}}^{\mathrm{i}}(\tau) = \gamma \sum_{\alpha} \int \mathrm{d}\boldsymbol{x} \psi_{\alpha}^{\dagger}(\boldsymbol{x}\tau) \psi_{\alpha}(\boldsymbol{x}\tau) \varphi(\boldsymbol{x}\tau) \tag{12.2.6}$$

由于 $H_{\mathrm{I}}^{\mathrm{i}}(\tau)$ 中只有一个声子场算符, 因此凡是奇数阶的微扰全都为零. 下面就电子松原函数和声子松原函数的情形分别讨论.

电子松原函数. 只存在 $2n$ 阶微扰, 各阶微扰图形与零温格林函数的相应图形完全一样, 两条外线是电子线. 例如图 12.3 给出了二阶微扰图, 可与图 10.6(a)、(b) 对照. 现在我们来考察图 12.3(b). 其中 x_1 这个顶点只联系于一根闭合的电子线与一根声子线, 我们只写出这两个因子并对该顶点的空间坐标进行积分.

$$\begin{aligned} &\int \mathrm{d}\boldsymbol{x}_1 D^0(\boldsymbol{x}_1\tau_1, \boldsymbol{x}_2\tau_2) G^0(\boldsymbol{x}_1\tau_1, \boldsymbol{x}_1\tau_1^+) \\ =& \int \mathrm{d}\boldsymbol{x}_1 D^0(\boldsymbol{x}_1 - \boldsymbol{x}_2, \tau_1 - \tau_2) G^0(\boldsymbol{x}_1 - \boldsymbol{x}_1, \tau_1 - \tau_1^+) \\ =& G^0(0, \tau_1^-) \int \mathrm{d}\boldsymbol{x}_1 D^0(\boldsymbol{x}_1 - \boldsymbol{x}_2, \tau_1 - \tau_2) \end{aligned} \tag{12.2.7}$$

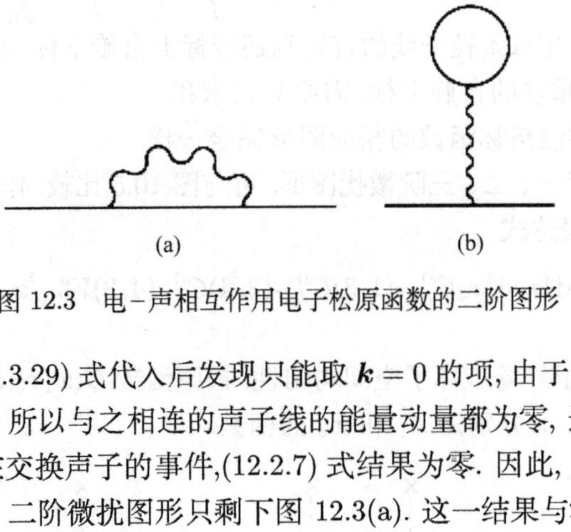

图 12.3　电–声相互作用电子松原函数的二阶图形

把 D^0 的表达式 (11.3.29) 式代入后发现只能取 $\boldsymbol{k} = 0$ 的项, 由于闭合的电子线有一确定的能量和动量, 所以与之相连的声子线的能量动量都为零, 这样的声子是不存在的, 也就是不存在交换声子的事件,(12.2.7) 式结果为零. 因此, 凡是一个电子线自身闭合的贡献为零. 二阶微扰图形只剩下图 12.3(a). 这一结果与零温格林函数的也相同. 见 (10.2.15) 式及其讨论.

声子松原函数, 只有 $2n$ 阶微扰贡献. 各阶微扰图形与零温声子格林函数相应阶的微扰图形完全相同, 两条外线是声子线, 有一根电子线自身闭合的图形无贡献. 例如图 12.4 画出了二阶和四阶不为零的微扰图形, 可与图 10.8 相对照. 零阶图形就是一根波形线.

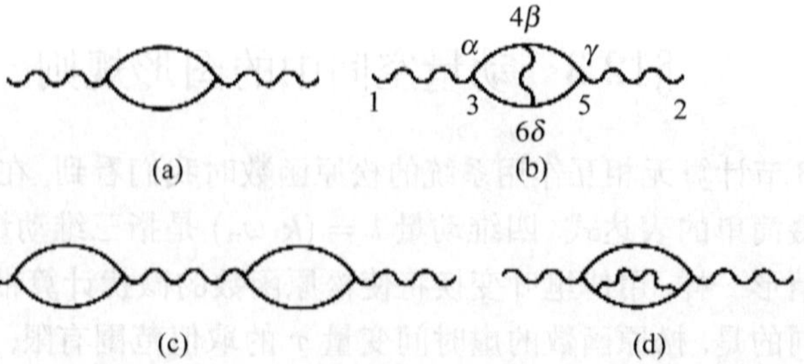

图 12.4 电–声相互作用声子松原函数的二阶和四阶不为零的微扰图形

把第 $2n$ 阶微扰贡献的图形规则总结如下：

(1) 画出一切包含 n 条波形线的具有两条外线的相连拓扑不等价图形. 每一个这种图形应有 $2n+1$ 条有方向的粒子线 (包括两条联系于两个外点的外线) 和 $2n$ 个顶点. 在每个顶点处标上四维时空坐标 $x_i = (\boldsymbol{x}_i \tau_i)$.

(2) 每条波形线是声子线, 对应于自由声子松原函数,$-D^0(x_i,x_j)/\hbar^2$. 每条有方向的粒子对应于因子 $-G^0(x_i,\, x_j)$, 是自由电子的松原函数, 电子的传播方向从 x_j 指向 x_i.

(3) 每个顶点 x_i 是两条电子线和一条波形线的交汇处. 两条电子线的方向分别是指向和离开顶点. 其物理意义是：一电子到达 x_i 点, 在此点上与其他电子发生瞬时相互作用, 交换声子, 然后离开此点. 每个顶点上标以电声耦合强度 γ 作为顶点因子.

(4) 对于每个顶点, 乘以顶点因子之后作四维空时坐标积分：$\int \mathrm{d}^4x = \int \mathrm{d}\boldsymbol{x} \int_0^{\beta\hbar} \mathrm{d}\tau$.

(5) 有自旋时, 在每条粒子线的首尾端还应标上自旋下标, 在顶点处则标在波形线的两侧. 如果出现重复的自旋下标, 需要对它求和.

(6) 每个图形所得的表示式乘以因子 $(-1)^F$, 其中 F 是闭合费米子回线的数目之和.

(7) 如果图形中有一条电子线自身闭合, 则此图贡献为零, 可不予考虑.

声子松原函数

只要将上述第一条改为：(1) 画出一切包含两条波形外线的共有 $n+1$ 条波形线的相连拓扑不等价图形. 每一个这种图形应有 $2n$ 条有方向的电子线和 $2n$ 个顶点. 在每条线标上四维坐标 $x_i = (\boldsymbol{x}_i \tau_i)$.

作为一个例子, 我们写出声子松原函数四阶微扰项中的一项图 12.4(b) 的表达式,

$$
\begin{aligned}
-\frac{1}{\hbar^2} D^{(4\mathrm{b})}(1,2) = \gamma^4 \int & \mathrm{d}^4x_3 \mathrm{d}^4x_4 \mathrm{d}^4x_5 \mathrm{d}^4x_6 \\
& D^0(1,3) D^0(4,6) D^0(5,2) G^0_{\alpha\beta}(3,4) G^0_{\beta\gamma}(4,5) G^0_{\gamma\delta}(5,6) G^0_{\delta\alpha}(6,3) \frac{1}{\hbar^6}
\end{aligned}
\tag{12.2.8}
$$

§12.3　动量空间中的图形规则

在 11.3.3 节计算无相互作用系统的松原函数时我们看到, 在四维动量空间中松原函数具有最简单的表达式. 四维动量 $k=(\boldsymbol{k},\omega_n)$ 是指三维动量一维频率. 与零温格林函数的情形一样, 用傅里叶变换将使松原函数的微扰计算带来简化. 但与零温格林函数不同的是, 松原函数的虚时间变量 τ 的取值范围有限, 所以必须采用有限区间的傅里叶变换, 已如 §11.2 所述. 为了便于讨论, 我们把傅里叶展开式重新写在下面.

无相互作用系统的松原函数由于是坐标差的函数. 其傅里叶变换为

$$G^0_{\alpha\beta}(\boldsymbol{x}_1-\boldsymbol{x}'_1,\tau_1-\tau'_1)=\frac{1}{\beta\hbar}\sum_n\frac{1}{(2\pi)^3}\int \mathrm{d}\boldsymbol{p}\mathrm{e}^{\mathrm{i}\boldsymbol{p}\cdot(\boldsymbol{x}_1-\boldsymbol{x}')-\mathrm{i}\omega_n(\tau_1-\tau'_1)}G^0_{\alpha\beta}(\boldsymbol{p},\omega_n)\quad(12.3.1)$$

$$G^0_{\alpha\beta}(\boldsymbol{p},\omega_n)=\int_0^{\beta\hbar}\mathrm{d}\tau\int\mathrm{d}\boldsymbol{x}\mathrm{e}^{-\mathrm{i}\boldsymbol{p}\cdot\boldsymbol{x}+\mathrm{i}\omega_n\tau}G^0_{\alpha\beta}(\boldsymbol{x},\tau)\quad(12.3.2)$$

其中

$$\omega_n=\begin{cases}(2n+1)\pi/(\beta\hbar), & \text{费米子系统}\\ 2n\pi/(\beta\hbar), & \text{玻色子系统}\end{cases}\quad(12.3.3)$$

无相互作用系统粒子的松原函数为 (11.3.27) 式.

$$G^0_{\alpha\beta}(\boldsymbol{p},\omega_n)=\frac{\hbar\delta_{\alpha\beta}}{\mathrm{i}\hbar\omega_n-\varepsilon^0_{\boldsymbol{p}}+\mu}\quad(12.3.4)$$

无相互作用系统的声子松原函数为 (11.3.31) 式.

$$D^0(\boldsymbol{p},\omega_n)=-\frac{\hbar\omega^2_{\boldsymbol{p}}}{\omega^2_n+\omega^2_{\boldsymbol{p}}}\quad(12.3.5)$$

在无外场的均匀空间, 总的松原函数 $G_{\alpha\beta}$ 的变换与 (12.3.1),(12.3.2) 同. 对 $\delta(\tau)$ 函数的变换:

$$\delta(\tau)=\frac{1}{\beta\hbar}\sum_n\mathrm{e}^{2\pi\mathrm{i}n\tau/(\beta\hbar)}\quad(12.3.6)$$

下面仍然根据 $H^{\mathrm{i}}_{\mathrm{I}}$ 的不同形式分别讨论. 不过我们不再具体画出图形. 所有的图形显然既与零温格林函数的相应图形相同, 也与前一节坐标空间中的松原函数的图形相同, 与后者只是标名不同. 读者可根据下面要写出的图形规则画出具体的图形, 并写出相应的表达式.

12.3.1 两体相互作用

两体相互作用势是空间坐标差的函数. 注意其傅里叶变换后应取偶数频率值.

$$V(\boldsymbol{x}_1\tau_1,\boldsymbol{x}'_1\tau'_1)=V(\boldsymbol{x}_1-\boldsymbol{x}'_1)\delta(\tau_1-\tau'_1)=V(\boldsymbol{x}\tau)$$
$$=\frac{1}{\beta\hbar(2\pi)^3}\sum_n\int\mathrm{d}\boldsymbol{x}\mathrm{e}^{\mathrm{i}\boldsymbol{q}\cdot\boldsymbol{x}-\mathrm{i}\omega_n\tau}V(\boldsymbol{q},\omega_n),\omega_n=2n\pi/(\beta\hbar)\quad(12.3.7)$$

其中

$$V(\boldsymbol{q},\omega_n)=V(\boldsymbol{q})\quad(12.3.8)$$

并且 $V(\boldsymbol{q})$ 是 $V(\boldsymbol{x})$ 的傅里叶系数.

$$V(\boldsymbol{x})=\frac{1}{(2\pi)^3}\int\mathrm{d}\boldsymbol{q}\mathrm{e}^{\mathrm{i}\boldsymbol{q}\cdot\boldsymbol{x}}V(\boldsymbol{q})\quad(12.3.9)$$

$$V(\boldsymbol{q})=\int\mathrm{d}\boldsymbol{x}\mathrm{e}^{-\mathrm{i}\boldsymbol{q}\cdot\boldsymbol{x}}V(\boldsymbol{x})\quad(12.3.10)$$

现在我们具体地把松原函数 G 的一阶微扰项变换到动量空间. 先对图 12.1(a) 作变换. 从 (12.2.1) 式出发,

$$G^{(1\mathrm{a})}_{\alpha\beta}(1,1')=\sum_{\lambda\lambda'\mu\mu'}\int\mathrm{d}^4x_2\mathrm{d}^4x'_2G^0_{\alpha\lambda}(1,2)G^0_{\lambda'\mu}(2,2')G^0_{\mu'\beta}(2',1')\frac{1}{\hbar}V_{\lambda\lambda'\mu\mu'}(2,2')$$
$$=-\frac{1}{\hbar}\sum_{\lambda\lambda'\mu\mu'}\int\mathrm{d}^3x_2\mathrm{d}^3x'_2\int_0^{\beta\hbar}\mathrm{d}\tau_2\mathrm{d}\tau'_2\frac{1}{[\beta\hbar(2\pi)^3]^4}\int\mathrm{d}\boldsymbol{k}\mathrm{d}\boldsymbol{p}\mathrm{d}\boldsymbol{p}_1\mathrm{d}\boldsymbol{q}$$
$$\times\sum_{ijmn}G^0_{\alpha\lambda}(\boldsymbol{k},\omega_i)G^0_{\lambda'\mu}(\boldsymbol{p},\omega_j)G^0_{\mu'\beta}(\boldsymbol{p}_1,\omega_m)V_{\lambda\lambda'\mu\mu'}(\boldsymbol{q},\omega_n)$$
$$\times\mathrm{e}^{\mathrm{i}\boldsymbol{k}\cdot(\boldsymbol{x}_1-\boldsymbol{x}_2)-\mathrm{i}\omega_i(\tau_1-\tau_2)}\mathrm{e}^{\mathrm{i}\boldsymbol{p}\cdot(\boldsymbol{x}_2-\boldsymbol{x}'_2)-\mathrm{i}\omega_j(\tau_2-\tau'_2)}\mathrm{e}^{\mathrm{i}\boldsymbol{p}_1\cdot(\boldsymbol{x}'_2-\boldsymbol{x}'_1)-\mathrm{i}\omega_m(\tau'_2-\tau'_1)}$$
$$\times\mathrm{e}^{\mathrm{i}\boldsymbol{q}\cdot(\boldsymbol{x}_2-\boldsymbol{x}'_1)-\mathrm{i}\omega_n(\tau_2-\tau'_2)}$$
$$(12.3.11)$$

对 d^3x_2 与 $\mathrm{d}^3x'_2$ 的积分给出三维动量守恒式 $(2\pi)^3\delta^{(3)}(\boldsymbol{p}+\boldsymbol{q}-\boldsymbol{k})$ 和 $(2\pi)^3\delta^{(3)}(\boldsymbol{p}_1-\boldsymbol{q}-\boldsymbol{p})$, 对虚时间 $\mathrm{d}\tau_2,\mathrm{d}\tau'_2$ 的积分给出频率守恒规则 $\beta\hbar\delta(\omega_j+\omega_n,\omega_i)$ 和 $\beta\hbar\delta(\omega_j+\omega_n,\omega_m)$. 所以上式简化为

$$G^{(1\mathrm{a})}_{\alpha\beta}(1,1')=-\frac{1}{\hbar}\sum_{\lambda\lambda'\mu\mu'}\sum_{ijmn}\frac{1}{[\beta\hbar(2\pi)^3]^2}\int\mathrm{d}\boldsymbol{k}\mathrm{d}\boldsymbol{p}\mathrm{d}\boldsymbol{p}_1\mathrm{d}\boldsymbol{q}$$
$$G^0_{\alpha\lambda}(\boldsymbol{k},\omega_i)G^0_{\lambda'\mu}(\boldsymbol{p},\omega_j)G^0_{\mu'\beta}(\boldsymbol{p}_1,\omega_m)V_{\lambda\lambda'\mu\mu'}(\boldsymbol{q},\omega_n)$$
$$\mathrm{e}^{\mathrm{i}\boldsymbol{k}\cdot\boldsymbol{x}_1-\mathrm{i}\omega_i\tau_1}\mathrm{e}^{-\mathrm{i}\boldsymbol{p}_1\cdot\boldsymbol{x}'_1+\mathrm{i}\omega_m\tau'_1}$$
$$\delta^{(3)}(\boldsymbol{p}+\boldsymbol{q}-\boldsymbol{k})\delta^{(3)}(\boldsymbol{p}_1-\boldsymbol{q}-\boldsymbol{p})\delta(\omega_j+\omega_n-\omega_i)\delta(\omega_m-\omega_j-\omega_n)$$

$$= -\frac{1}{\hbar}\frac{1}{\beta\hbar(2\pi)^3}\int \mathrm{d}\boldsymbol{k}\sum_{i,j}\frac{1}{\beta\hbar(2\pi)^3}\sum_{\lambda\lambda'\mu\mu'}\int \mathrm{d}\boldsymbol{p}G^0_{\alpha\lambda}(\boldsymbol{k},\omega_i)G^0_{\lambda'\mu}(\boldsymbol{p},\omega_j)$$
$$G^0_{\mu'\beta}(\boldsymbol{k},\omega_i)V_{\lambda\lambda'\mu\mu'}(\boldsymbol{k}-\boldsymbol{p},\omega_i-\omega_j)\mathrm{e}^{\mathrm{i}\boldsymbol{k}\cdot(\boldsymbol{x}_1-\boldsymbol{x}'_1)-\mathrm{i}\omega_i(\tau_1-\tau_1')} \tag{12.3.12}$$

得到傅里叶变换系数为

$$G^{(1\mathrm{a})}_{\alpha\beta}(\boldsymbol{k},\omega_i) =$$
$$-\frac{1}{\hbar}\frac{1}{\beta\hbar(2\pi)^3}\sum_{\lambda\lambda'\mu\mu'}\int \mathrm{d}\boldsymbol{p}\sum_j G^0_{\alpha\lambda}(\boldsymbol{k},\omega_i)G^0_{\lambda'\mu}(\boldsymbol{p},\omega_j)G^0_{\mu'\beta}(\boldsymbol{k},\omega_i)V_{\lambda\lambda'\mu\mu'}(\boldsymbol{k}-\boldsymbol{p},\omega_i-\omega_j)$$

用 $V_{\lambda\lambda'\mu\mu'} = V\delta_{\lambda\lambda'}\delta_{\mu\mu'}$ 和 $G^0_{\alpha\beta} = G^0\delta_{\alpha\beta}$ 代入,

$$G^{(1\mathrm{a})}_{\alpha\beta}(\boldsymbol{k},\omega_i) = -\frac{1}{\hbar}\delta_{\alpha\beta}\sum_j\int \mathrm{d}\boldsymbol{p}[G^0(\boldsymbol{k},\omega_i)]^2G^0(\boldsymbol{p},\omega_j)V(\boldsymbol{k}-\boldsymbol{p},\omega_i-\omega_j) \tag{12.3.13}$$

再把 G^0 的表达式 (11.3.27) 式代入,

$$G^{(1\mathrm{a})}_{\alpha\beta}(\boldsymbol{k},\omega_n) = -\frac{\hbar^2\delta_{\alpha\beta}}{(\mathrm{i}\hbar\omega_n-\varepsilon^0_{\boldsymbol{k}}+\mu)^2}\frac{1}{\beta\hbar(2\pi)^3}\sum_{\omega_m}\int \mathrm{d}\boldsymbol{p}\frac{V(\boldsymbol{k}-\boldsymbol{p},\omega_n-\omega_m)}{\mathrm{i}\hbar\omega_m-\varepsilon^0_{\boldsymbol{p}}+\mu} \tag{12.3.14}$$

对图 12.1(b) 的变换完全类似, 最后得到

$$G^{(1\mathrm{b})}_{\alpha\beta}(\boldsymbol{k},\omega_n) = \frac{\hbar^2\delta_{\alpha\beta}}{(\mathrm{i}\hbar\omega_n-\varepsilon^0_{\boldsymbol{k}}+\mu)^2}\frac{V(0,0)(2S+1)}{\beta\hbar(2\pi)^3}\sum_{\omega_m}\int\frac{\mathrm{d}\boldsymbol{p}}{\mathrm{i}\hbar\omega_m-\varepsilon^0_{\boldsymbol{p}}+\mu} \tag{12.3.15}$$

注意一根粒子线的两端联系于同一根虚线的情况. 在坐标空间中, 虚线两端的虚时间相等, 所以这根粒子线两端的虚时间相等按照以前的规定, 应理解为 $G^0(\boldsymbol{x}_i\tau_i, \boldsymbol{x}_j\tau_i^\dagger) = G^0(\boldsymbol{x}_i-\boldsymbol{x}_j, 0^+)$. 由于时间小量 0^+ 的存在, 作傅里叶变换时, 应加一因子 $\exp(\mathrm{i}\omega_n 0^+)$, 写成 $G(\boldsymbol{k},\omega_n)\exp(\mathrm{i}\omega_n 0^+)$. 所以最后得到一阶微扰的总贡献为

$$G^{(1)}_{\alpha\beta}(\boldsymbol{k},\omega_n) = -\frac{\hbar^2\delta_{\alpha\beta}}{(\mathrm{i}\hbar\omega_n-\varepsilon^0_{\boldsymbol{k}}+\mu)^2}\frac{1}{\beta\hbar(2\pi)^3}\sum_{\omega_m}\int \mathrm{d}\boldsymbol{p}\frac{\hbar\mathrm{e}^{\mathrm{i}\omega_m 0^+}}{\mathrm{i}\hbar\omega_m-\varepsilon^0_{\boldsymbol{p}}+\mu}$$
$$\times[V(\boldsymbol{k}-\boldsymbol{p},\omega_n-\omega_m)-(2S+1)V(0,0)] \tag{12.3.16}$$

读者可以与零温格林函数的一级微扰相对照.

写出第 n 阶微扰的图形规则如下:

(1) 画出一切包含 n 条虚线的具有两条外线的相连拓扑不等价图形. 每一个这种图形应有 $2n+1$ 条有方向的粒子线 (包括两条联系于两个外点的外线) 和 $2n$ 个顶点. 在每条线标上四维动量 $(\boldsymbol{k},\omega_m)$.

(2) 每条虚线是相互作用线, 对应于因子 $-V(q_i)/\hbar = -V(\boldsymbol{q}_i)/\hbar$. 每条虚线的四维动量的第四分量总是为零. 每条有方向的粒子线对应于因子 $-G^0_{\alpha\beta}(\boldsymbol{k},\mathrm{i}\omega_m) =$

$-\hbar\delta_{\alpha\beta}/(\mathrm{i}\hbar\omega_m - \varepsilon_k^0 + \mu)$, 是无相互作用的松原函数, 其中 ω_m 取 $(2m+1)\pi/(\beta\hbar)$(或 $2m\pi/(\beta\hbar)$), 对应于费米子 (或玻色子) 系统.

(3) 每个顶点是两条粒子线和一条虚线的并汇处. 两条粒子线的动量方向分别是指向和离开顶点. 其物理意义是: 一动量为 p 的粒子, 与其他粒子发生瞬时相互作用. 交换了动量, 然后以动量 q 继续前进. 每个顶点上必须动量守恒.

(4) 对一切独立的内线动量积分, 对一切独立的内线频率求和.

(5) 有自旋时, 在每条粒子线的首尾端还应标上自旋下标, 在顶点处则标在虚线的两侧. 如果出现重复的自旋下标, 需要对它求和.

(6) 对每个 n 阶图形所得的表示式乘以因子 $1/[\beta h(2\pi)^3]^n(-1)^F$, 其中 F 是闭合费米子回线的数目.

(7) 对以下两种情况, 一种是粒子线自身闭合, 即首尾端是同一点; 另一种是粒子线的两端连接于同一根虚线. 松原函数应加一因子, 写成 $G^0_{\alpha\beta}(\boldsymbol{k},\omega_n)\exp(\mathrm{i}\omega_n 0^+)$.

12.3.2 外场作用

由于外场的存在, 破坏了空间的均匀性. 总的松原函数已不是坐标差的函数, 不能按照 (12.3.1) 作变换. 傅里叶展开具有如下形式:

$$G(\boldsymbol{x}\tau,\boldsymbol{x}'\tau') = \frac{1}{\beta\hbar}\sum_n \frac{1}{(2\pi)^6}\int \mathrm{d}\boldsymbol{k}\mathrm{d}\boldsymbol{k}'\mathrm{e}^{\mathrm{i}\boldsymbol{k}\cdot\boldsymbol{x}-\mathrm{i}\boldsymbol{k}'\cdot\boldsymbol{x}'-\mathrm{i}\omega_n(\tau-\tau')}G(\boldsymbol{k},\boldsymbol{k}';\omega_n) \tag{12.3.17}$$

外场的傅里叶变换为

$$V^{\mathrm{e}}(\boldsymbol{x}) = \frac{1}{(2\pi)^3}\int \mathrm{d}\boldsymbol{q}\mathrm{e}^{\mathrm{i}\boldsymbol{q}\cdot\boldsymbol{x}}V^{\mathrm{e}}(\boldsymbol{q}) \tag{12.3.18}$$

对频率不作变换. 其讨论与零温格林函数的情况相同.

我们不再具体作讨论, 写出第 n 阶微扰的图形规则如下:

(1) 画出一切包含 n 条虚线的具有两条外线的相连拓扑不等价图形. 这样的图只有一个, 有 $n+1$ 条有方向的粒子线 (包括两条联系于两个外点的外线) 和 n 个顶点. 对每条线标上四维动量 $(\boldsymbol{k},\omega_m)$.

(2) 每条虚线是外场作用线, 它的一端连接顶点, 另一端悬空 (或用 × 表示), 对应于因子 $-V^{\mathrm{e}}_{\alpha\beta}(\boldsymbol{k},\mathrm{i}\omega_m)\delta(\omega_m)$. 每条有方向的粒子线对应于因子 $-G^0_{\alpha\beta}(\boldsymbol{k},\mathrm{i}\omega_m) = -\hbar\delta_{\alpha\beta}/(\mathrm{i}\hbar\omega_m-\varepsilon_k^0+\mu)$, 是无相互作用系统的松原函数. 其中 ω_m 取 $(2m+1)\pi/(\beta\hbar)$(或 $2m\pi/(\beta\hbar)$), 对应于费米子 (或玻色子) 系统.

(3) 每个顶点是两条粒子线和一条虚线的交汇处. 两条粒子线的动量方向分别是指向和离开顶点. 其物理意义是: 一动量为 p 的粒子, 受到外场的瞬时作用, 改变了动量, 然后以动量 q 继续前进. 每个顶点上必须动量守恒.

(4) 对一切独立的内线动量积分.

(5) 有自旋时, 在每条粒子线的首尾端还应标上自旋下标, 在顶点处则标在虚线的两侧. 如果出现重复的自旋下标, 需要对它求和.

(6) 对每个 n 阶图形所得的表示式乘以因子 $1/[\beta\hbar(2\pi)^3]^{n-1}$.

12.3.3 电–声相互作用

只有偶数阶的微扰不为零. 对于电子松原函数, 只要在 12.3.1 节中两体相互作用的松原函数的微扰图形中用表示声子格林函数的波形线代替虚线即可, 两条外线都是电子线. 对于声子松原函数的图形, 两条外线都是声子线.

任何 $2n$ 阶图形具有 $2n$ 个顶点, 除了两条外线之外, 还有 $3n-1$ 条 (电子和声子) 内线. 在动量空间中,"进入" 的外线具有确定的动量和频率.$2n$ 个顶点提供 $2n$ 个动量和频率的守恒律. 除去其中一个守恒律保证 "出来" 的外线的动量和频率等于 "进入" 的外线之外, 还有 $2n-1$ 个守恒律, 使得独立的内线动量的频率数目为 $(3n-1)-(2n-1)=n$.

如果有一条电子线自身闭合, 那么与它相联系的声子线的动量和频率一定都为零, 则此图贡献一定为零.

写出电声相互作用的 $2n$ 阶图形规则如下:

(1) 画出一切包含 n 条虚线的具有两条外线的相连拓扑不等价图形. 每一个这种图形应有 $2n+1$ 条有方向的粒子线 (包括两条联系于两个外点的外线) 和 $2n$ 个顶点. 在每条线标上四维动量 $(\boldsymbol{k},\ \omega_m)$.

(2) 每条波形线是自由声子松原函数, 对应于因子 $\dfrac{D^0(\boldsymbol{k},\mathrm{i}\omega_m)}{\hbar^2}=-\dfrac{\omega_0^2(\boldsymbol{k})}{\hbar[\omega_m^2+\omega_0^2(\boldsymbol{k})]}$, 其中 $\omega_m=2m\pi/(\beta\hbar)$. 每条有方向的粒子线是自由电子的松原函数, 对应于因子 $-G^0_{\alpha\beta}(\boldsymbol{k},\mathrm{i}\omega_m)=-\hbar\delta_{\alpha\beta}/(\mathrm{i}\hbar\omega_m-\varepsilon^0_{\boldsymbol{k}}+\mu)$, 其中 ω_m 取 $(2m+1)\pi/(\beta\hbar)$.

(3) 每个顶点是两条粒子线和一条波形线的交汇处. 两条粒子线的动量方向分别是指向和离开顶点. 其物理意义是: 一动量为 p 的粒子, 与其他粒子发生瞬时相互作用, 交换了带有动量的声子, 然后以动量 q 继续前进. 每个顶点上必须动量守恒.

(4) 对一切独立的内线动量积分, 对一切独立的内线频率求和.

(5) 有自旋时, 在每条粒子线的首尾端还应标上自旋下标, 在顶点处则标在虚线的两侧. 如果出现重复的自旋下标, 需要对它求和.

(6) 对每个 $2n$ 阶图形所得的表示式乘以因子 $[1/(2\pi)^3]^n(-1)^F$, 其中 F 是闭合电子回线的数目之和.

(7) 如果图形中有一条声子线的四维动量为零, 则此图贡献为零, 可不予考虑.

声子松原函数:

只要将上述第一条改为: (1) 画出一切包具有两条波形外线的共有 $n+1$ 条波形

线的相连拓扑不等价图形. 每一个这种图形应有 $2n$ 条有方向的电子线和 $2n$ 个顶点. 给每条线标上四维动量 $(\boldsymbol{k}, \omega_m)$.

§12.4 正规自能与戴森方程

我们在前两节已看到, 松原函数的各阶微扰图形与零温格林函数的完全相同, 图形规则也是极为类似的. 因此也可像 §10.4 一样, 区分出自能图形, 正规自能部分等等, 并写出相应的戴森方程. 例如, 坐标空间中的戴森方程为

$$-G(1,2) = -G^0(1,2) + \int \mathrm{d}3\mathrm{d}4[-G^0(1,3)]\left[-\frac{1}{\hbar}\varSigma(3,4)\right][-G^0(4,2)]$$

或

$$G(1,2) = G^0(1,2) + \int \mathrm{d}3\mathrm{d}4 G^0(1,3)\frac{1}{\hbar}\varSigma(3,4)G^0(4,2) \tag{12.4.1}$$

其中 $-\varSigma/\hbar$ 是自能部分, 每一个积分都包括了对空间坐标的三维积分和对虚时间 τ 从 0 到 $\beta\hbar$ 的积分. 此式可与 (10.4.13) 比较. 自能与正规自能之间的关系为

$$-\frac{1}{\hbar}\varSigma(1,2) = -\frac{1}{\hbar}\varSigma^*(1,2) + \int \mathrm{d}3\mathrm{d}4\left[-\frac{1}{\hbar}\varSigma^*(1,3)\right][-G^0(3,4)]\left[-\frac{1}{\hbar}\varSigma^*(4,2)\right] + \cdots$$

或

$$\varSigma(1,2) = \varSigma^*(1,2) + \frac{1}{\hbar}\int \mathrm{d}3\mathrm{d}4\varSigma^*(1,3)G^0(3,4)\varSigma^*(4,2) + \cdots \tag{12.4.2}$$

用正规自能表出的戴森方程为

$$G(1,2) = G^0(1,2) + \int \mathrm{d}3\mathrm{d}4 G^0(1,3)\frac{1}{\hbar}\varSigma^*(3,4)G(4,2) \tag{12.4.3}$$

如果空间是均匀的, 则上述各式可通过傅里叶变换转化成为简单的形式. 如 (12.4.3) 式变换为

$$G(\boldsymbol{k}, \mathrm{i}\omega_n) = G^0(\boldsymbol{k}, \mathrm{i}\omega_n) + \frac{1}{\hbar}G^0(\boldsymbol{k}, \mathrm{i}\omega_n)\varSigma^*(\boldsymbol{k}, \mathrm{i}\omega_n)G(\boldsymbol{k}, \mathrm{i}\omega_n) \tag{12.4.4}$$

它的解是

$$G(\boldsymbol{k}, \mathrm{i}\omega_n) = \left\{[G^0(\boldsymbol{k}, \mathrm{i}\omega_n)]^{-1} - \frac{1}{\hbar}\varSigma^*(\boldsymbol{k}, \mathrm{i}\omega_n)\right\}^{-1} \tag{12.4.5}$$

或者

$$G_{\alpha\beta}(\boldsymbol{k}, \mathrm{i}\omega_n) = \frac{\delta_{\alpha\beta}}{[G^0(\boldsymbol{k}, \mathrm{i}\omega_n)]^{-1} - \varSigma^*(\boldsymbol{k}, \mathrm{i}\omega_n)/\hbar} \tag{12.4.6}$$

(12.4.6) 是已知 $G^0_{\alpha\beta} = G^0\delta_{\alpha\beta}$, 再设 $\varSigma^*_{\alpha\beta} = \delta_{\alpha\beta}\varSigma^*$ 得到的. 此式与 (10.4.10) 的形式相同, 但有一个区别, ω_n 现在只能取间断的值.

13.3.2 节中所求的各物理量可通过 (12.4.6) 用正规自能来表达, 将 (12.4.6) 代入 (11.3.18)(11.3.21),(11.3.22), 注意对自旋求和 $\sum_\alpha \delta_{\alpha\alpha} = 2S+1$, 并且 $\varepsilon^0_{\boldsymbol{k}} = \hbar^2\boldsymbol{k}^2/(2m)$, 得到粒子数 N, 内能 E 和巨势 Ω 的公式为

$$N(T,V,\mu) = -\eta(2S+1)V\int\frac{\mathrm{d}\boldsymbol{k}}{(2\pi)^3}\frac{1}{\beta\hbar}\sum_n\frac{\hbar\mathrm{e}^{\mathrm{i}\omega_n0^+}}{\mathrm{i}\hbar\omega_n-(\varepsilon^0_{\boldsymbol{k}}-\mu)-\Sigma^*(\boldsymbol{k},\mathrm{i}\omega_n)} \tag{12.4.7}$$

$$\begin{aligned}E(T,V,\mu) =& -\eta(2S+1)V\int\frac{\mathrm{d}\boldsymbol{k}}{(2\pi)^3}\frac{1}{\beta\hbar}\sum_n\hbar\mathrm{e}^{\mathrm{i}\omega_n0^+}\\ &\times\left[\frac{1}{2}+\frac{\varepsilon^0_{\boldsymbol{k}}+\Sigma^*(\boldsymbol{k},\mathrm{i}\omega_n)/2}{\mathrm{i}\hbar\omega_n-(\varepsilon^0_{\boldsymbol{k}}-\mu)-\Sigma^*(\boldsymbol{k},\mathrm{i}\omega_n)}\right]\end{aligned} \tag{12.4.8}$$

$$\begin{aligned}\Omega(T,V,\mu) =&\,\Omega_0(T,V,\mu)-\eta(2S+1)V\int_0^1\frac{\mathrm{d}\lambda}{\lambda}\int\frac{\mathrm{d}\boldsymbol{k}}{(2\pi)^3}\frac{1}{\beta\hbar}\sum_n\hbar\mathrm{e}^{\mathrm{i}\omega_n0^+}\\ &\times\left[\frac{1}{2}+\frac{\varepsilon^0_{\boldsymbol{k}}+\Sigma^{*\lambda}(\boldsymbol{k},\mathrm{i}\omega_n)/2}{\mathrm{i}\hbar\omega_n-(\varepsilon^0_{\boldsymbol{k}}-\mu)-\Sigma^{*\lambda}(\boldsymbol{k},\mathrm{i}\omega_n)}\right]\end{aligned} \tag{12.4.9}$$

又由于 (11.3.45) 式,(12.4.8),(12.4.9) 两式中方括号内的第一项都为零, 所以 E 和 Ω 可简化为

$$E = -\eta(2S+1)V\int\frac{\mathrm{d}\boldsymbol{k}}{(2\pi)^3}\frac{1}{\beta\hbar}\sum_n\hbar\mathrm{e}^{\mathrm{i}\omega_n0^+}\left[\varepsilon^0_{\boldsymbol{k}}+\frac{1}{2}\Sigma^*(\boldsymbol{k},\mathrm{i}\omega_n)\right]G(\boldsymbol{k},\mathrm{i}\omega_n) \tag{12.4.10}$$

$$\Omega = \Omega_0-\eta(2S+1)V\int_0^1\frac{\mathrm{d}\lambda}{\lambda}\int\frac{\mathrm{d}\boldsymbol{k}}{(2\pi)^3}\frac{1}{\beta\hbar}\sum_n\hbar\mathrm{e}^{\mathrm{i}\omega_n0^+}\frac{1}{2}\Sigma^{*\lambda}(\boldsymbol{k},\mathrm{i}\omega_n)G^\lambda(\boldsymbol{k},\mathrm{i}\omega_n) \tag{12.4.11}$$

其中已将 (12.4.5) 代回.

我们来具体计算一下二体直接相互作用系统的正规自能 $\Sigma(\boldsymbol{k},\ \omega_n)$ 的一级项. 松原函数的一级微扰图形有两个, 即图 12.1, 它在四维 $\boldsymbol{k}$ 空间中的表达式为 (12.3.13) 式, 去掉两条外线即在 (12.3.16) 中去掉两个 G^0 因子, 得到

$$\Sigma^{*(1)}(\boldsymbol{k},\mathrm{i}\omega_n) = \int\frac{\mathrm{d}\boldsymbol{p}}{(2\pi)^3}\frac{1}{\beta\hbar}\sum_m\frac{\hbar\mathrm{e}^{\mathrm{i}\omega_n0^+}}{\mathrm{i}\hbar\omega_m-\varepsilon^0_{\boldsymbol{p}}+\mu}[(2S+1)V(0,0)-V(\boldsymbol{k}-\boldsymbol{p},\omega_n-\omega_m)]$$

由于两体相互作用势 $V(\boldsymbol{x}_1-\boldsymbol{x}_2)$ 与时间无关, 其傅里叶变换与频率无关,$V(\boldsymbol{k}-\boldsymbol{p})$ 中不含 ω_n, 再由频率求和公式 (11.3.42) 得

$$\Sigma^{*(1)}(\boldsymbol{k},\omega_n) = \int\frac{\mathrm{d}\boldsymbol{p}}{(2\pi)^3}\frac{1}{\beta\hbar}[(2S+1)V(0)-V(\boldsymbol{k}-\boldsymbol{p})]f_{-\eta}(\varepsilon^0_{\boldsymbol{p}}-\mu) \tag{12.4.12}$$

对于相互作用势的处理, 仍然类似于 §10.4, 可以引入有效势 U 和极化部分 $\varPi$ 的概念. 对均匀系统有

$$U(\boldsymbol{k},\omega_n)=V(\boldsymbol{k},\omega_n)+V(\boldsymbol{k},\omega_n)\varPi(\boldsymbol{k},\omega_n)V(\boldsymbol{k},\omega_n) \tag{12.4.13}$$

其中 $\varPi$ 是非正规极化部分. 用正规极化部分表示为

$$U(\boldsymbol{k},\omega_n)=V(\boldsymbol{k},\omega_n)+U(\boldsymbol{k},\omega_n)\varPi^*(\boldsymbol{k},\omega_n)V(\boldsymbol{k},\omega_n) \tag{12.4.14}$$

由此可以解出

$$U(\boldsymbol{k},\omega_n)=\frac{V(\boldsymbol{k},\omega_n)}{1-V(\boldsymbol{k},\omega_n)\varPi^*(\boldsymbol{k},\omega_n)} \tag{12.4.15}$$

这些等式与零温格林函数的相应公式 (10.4.14),(10.4.16),(10.4.17) 形式相同. 但在这儿频率是分立的, 故不能把 $U(\boldsymbol{k},\ \omega_n)$ 解释为有效的物理势.

§12.5 零温极限

松原函数适用于非零温度. 由于是任意温度都适用, 因此在低温方向, 温度可取到任意靠近零度的值. 在取 $T\to 0$ 的极限时, 我们实际上就得到了零温时的结果. 因为我们不包含发生凝聚的玻色流体, 所以当温度无限接近零度时, 系统应无相变地趋于基态.

对于费米子 (或玻色子) 来说, 频率的取值是 $\omega_n=(2n+1)\pi k_{\rm B}T/\hbar$(或 $2n\pi k_{\rm B}T/\hbar$). 当 $T\to 0$ 时, 相邻 ω_n 的间隔趋于零, 这时可像 (1.2.5) 式一样, 用积分来代替求和:

$$\frac{1}{\beta\hbar}\sum_{\omega_m}\to\int\frac{\mathrm{d}\omega}{2\pi} \tag{12.5.1}$$

由此, 如果公式是不含虚时间 τ 的, 在取 $T\to 0$ 的极限时, 令 ω_n 成为连续的 ω, 对 ω_n 的求和则由 (12.5.1) 化为积分, 那么可得到零温的结果. 一个例子是一阶正规自能 (12.4.12) 式取零温极限就得 (10.4.12) 式. 另一个例子是 §13.2 将要讲的自洽哈特里–福克近似方法. 不含虚时间的公式, 则或者是含频率的, 或者有对频率的求和, 例如 (12.4.7)~(12.4.11) 式. 如果可以求得系统松原函数, 那么取零温极限可求得零温下系统的物理量.

这里应该注意两点, 首先, 所有有限温度的公式在取零温极限时并没有变化, 取零温极限并不意味着有限温度的公式变成了零温时的公式. 最简单的例子是: 无相互作用的系统的松原函数 (见 11.3.3 节) 并不能通过取零温极限而成为相应的零温格林函数 (见 §9.4), 因为它们的定义本来就不一样. 取零温极限的含义是: 利用有限温度的公式, 在计算时取 (12.5.1) 式的极限而得到零温的结果. 其次, 对于有奇异

性的函数, 在求和化成积分的时候应当特别小心, 以免出现不正确的结果. 举一个例子, 假定对自旋为 1/2 的费米子系统, 我们已经求出了其松原函数 $G(\boldsymbol{k},\mathrm{i}\omega_n,T)$, 这儿把温度变量也标明出来, 正规自能则为 $\Sigma(\boldsymbol{k},T)$. 零温时,

$$G(\boldsymbol{k},\mathrm{i}\omega_n,0)=\frac{\hbar}{\mathrm{i}\hbar\omega_n-\varepsilon(\boldsymbol{k})+\mu} \tag{12.5.2}$$

其中假定零温极限下的准粒子谱 $\varepsilon(\boldsymbol{k})=\varepsilon^0(\boldsymbol{k})+\Sigma(\boldsymbol{k},0)$ 也已求得. 现在我们要计算下列求和:

$$Q=\frac{1}{\beta\hbar}\sum_{\omega_n}\mathrm{e}^{\mathrm{i}\omega_n0^+}[G(\boldsymbol{k},\mathrm{i}\omega_n,0)]^2=\frac{1}{\beta\hbar}\sum_{\omega_n}\frac{\mathrm{e}^{\mathrm{i}\omega_n0^+}}{(\mathrm{i}\omega_n-[\varepsilon(\boldsymbol{k})-\mu]/\hbar)^2} \tag{12.5.3}$$

此式恰好是可以进行求和的:

$$Q=\hbar\frac{\partial}{\partial\varepsilon(\boldsymbol{k})}\frac{1}{\beta\hbar}\sum_{\omega_n}\frac{\mathrm{e}^{\mathrm{i}\omega_n0^+}}{\mathrm{i}\omega_n-[\varepsilon(\boldsymbol{k})-\mu]/\hbar}=\hbar\frac{\partial}{\partial\varepsilon(\boldsymbol{k})}f_+(\varepsilon(\boldsymbol{k})-\mu) \tag{12.5.4}$$

这儿用到了频率求和公式 (11.3.42). 费米子分布函数在零温极限成为阶跃函数 $\theta[\mu-\varepsilon(\boldsymbol{k})]$, 因此

$$Q=-\hbar\delta[\mu-\varepsilon(\boldsymbol{k})] \tag{12.5.5}$$

另一方面, 如果取极限 (12.5.1), 则有积分

$$Q=\int_{-\infty}^{\infty}\frac{\mathrm{d}\omega}{2\pi}\frac{\mathrm{e}^{\mathrm{i}\omega0^+}}{(\mathrm{i}\omega-[\varepsilon(\boldsymbol{k})-\mu]/\hbar)^2} \tag{12.5.6}$$

其中被积函数没有一级极点, 其留数为零. 结果 Q=0, 这与 (12.5.5) 式不同. 分析这一差别的原因是, 当 (12.5.6) 式的被积函数中 $\varepsilon(\boldsymbol{k})\neq\mu$ 时, 积分确实为零, 但 $\varepsilon(\boldsymbol{k})=\mu$ 时, 积分值是发散的, 结合起来就是 $\delta[\varepsilon(\boldsymbol{k})-\mu]$ 函数, 因此与 (12.5.5) 式还是符合的. 可是 δ 函数前的因子是多少, 则要仔细考察取 $\varepsilon(\boldsymbol{k})\to\mu$ 极限的情况. 此例已在 (12.5.5) 中给出了. 由此例可以看出, 化为积分后被积函数无一级极点的情况应特别注意. 如果不用化成积分求和也能得到结果的话, 那么直接用求和计算更为保险.

对于自旋为 1/2 的费米子系统, 存在一条普遍定理. 被称为 Kohn-Luttinger-Ward 定理. 这条定理说: 只要未微扰的费米面是球对称的, 并且相互作用在空间旋转下不变, 则有限温度理论的 $T\to0$ 极限给出的基态能量, 与用 T=0 的理论算出的基态能量相同.

最后将有限温度理论与零温理论两种思路作一下简略的比较. 有限温度的理论计算热力学势作为参数 μ 的函数, 它的 $T\to0$ 极限涉及费米分布函数的积分, 这个分布函数在 μ 处是奇异的. 在计算的结尾, 可以消去 μ 而用粒子密度 N/V 代替它,

而 μ 则定义了相互作用基态的费米能 ε_{F}. 另一方面, T=0 的理论, 从一开始就考虑固定的粒子数 N, 并且算出基态能量作为两体势的耦合常数的一个级数. 这级数中每一项都涉及未微扰的费米分布函数的积分, 这个分布函数在未受扰的费米能处 $\varepsilon_{\mathrm{F}}^0=[\hbar^2/(2m)](3\pi^2N/V)^{2/3}$ 不连续.

如果微扰论提供相互作用系统的正确描述, 则有限温度理论的 T=0 极限, 应对耦合常数的任意值给出真正的基态. 反之, 零温理论只给出从无相互作用基态绝热发展而得来的哈密顿函数的本征态. 对于任意的系统, 这两条途径可能会给出不同的本征态, 这种差异特别容易在有外场时出现. 因此在有外场的情况, 采用有限温度的零温极限应是正确的, 而零温理论给出的结果可能会不正确.

习　题

1. 在既有粒子之间的相互作用又有外场的情况下, 证明不相连的图形与分母的因子正好相互抵消. 写出这种情况下的图形规则.

2. 已知自旋为 1/2 的费米子处于均匀磁场 $\boldsymbol{B}$ 中, 因此所受到的外场作用为 $V_{\alpha\beta}(\boldsymbol{x})=-\boldsymbol{B}\cdot\boldsymbol{\sigma}_{\alpha\beta}$, σ 是泡利 (Pauli) 矩阵.

(1) 分别写出用零温格林函数 g 和松原函数 G 表示磁化强度 $\boldsymbol{M}=\langle\boldsymbol{\sigma}\rangle$ 的公式.

(2) 用松原函数的戴森方程求出磁化强度 $\boldsymbol{M}$, 除以外场, 就得到磁化率 χ_{P}. 在 $T\to0$ 的极限, 得到 $\chi_{\mathrm{P}}=3n/(2\varepsilon_{\mathrm{F}})$(泡利顺磁性); 在 $T\to\infty$ 的极限, 得到 $\chi_{\mathrm{P}}=n/(k_{\mathrm{B}}T)$, 这是顺磁性磁化率的居里 (Curie) 定律, n 是粒子密度.

(3) 用零温格林函数的戴森方程求出磁化强度 $\boldsymbol{M}$, 得到的磁化率 χ_{P} 与上面的零温极限是否相同? 为什么?

第十三章　三种近似方法

§13.1　图形的形式求和与部分求和

13.1.1　形式求和与骨架图形

第十章与第十二章已经分别介绍了零温格林函数与松原函数的图形技术. 在用图形技术解决实际问题时, 凡是零温系统, 都用零温格林温度, 有限温度的系统, 则用松原函数. 由于这两种图形技术是一样的, 我们下面只简单地提及格林函数. 图形规则使我们可以写出任意阶微扰图形. 在 §10.4 中我们已经看到, 对于单粒子线 (代表无相互作用格林函数) 进行各种可能的修正之总和就成为代表粒子的双线 (代表有相互作用的格林函数, 见图 10.14); 在单虚线 (代表两粒子间的直接相互作用) 中加上各种可能的修正就成为双虚线 (代表已考虑到粒子效应之后的有效相互作用, 见图 10.19). 又由戴森方程知道, 如果能求出正规自能 Σ^*, 就可很容易地求得格林函数. 我们要对正规部分作普遍的图形分析, 并从形式上来一般地讨论其图形的求和规律.

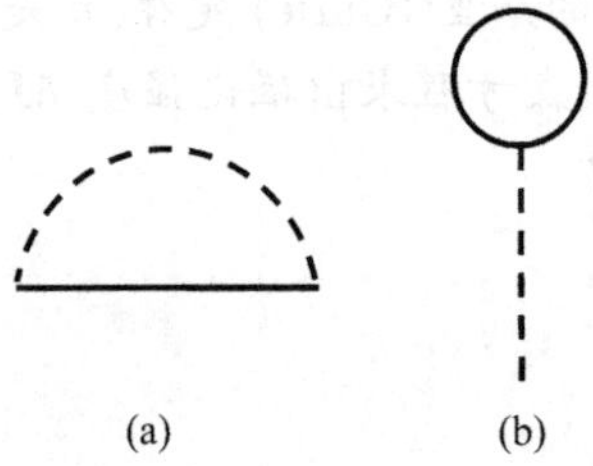

图 13.1　两体相互作用的两个一阶自能图形

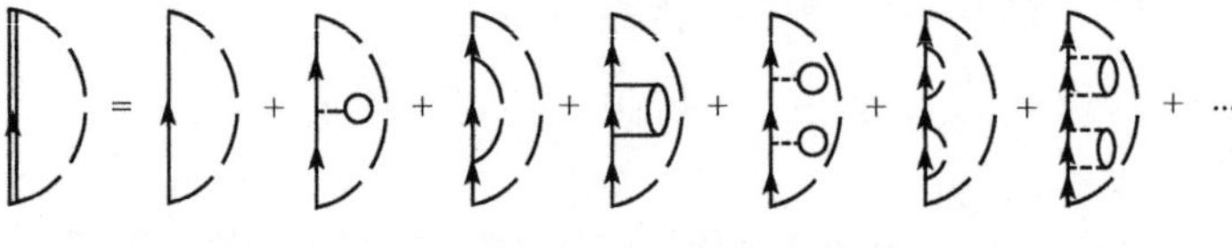

图 13.2　对于图 13.1(a) 的粒子线做各种修正

我们取最低阶的两个正规自能图形见图 13.1(即图 10.12). 首先, 对其中的粒子线加上各种可能的修正, 例如图 13.1(a) 的修正见图 13.2, 各种修正的总和使代表粒子的单线换成双线, 见图 13.3. 其次, 对图 13.1 中的相互作用线作各种修正, 例如

图 13.1(a) 的修正见图 13.4, 相当于在相互作用线中插入各种可能的极化图形. 所有修正的总和, 就是考虑了多体系统全部极化效应的有效相互作用 U, 用双虚线表示. 因此经过这样的修正, 图 13.1 成为图 13.5.

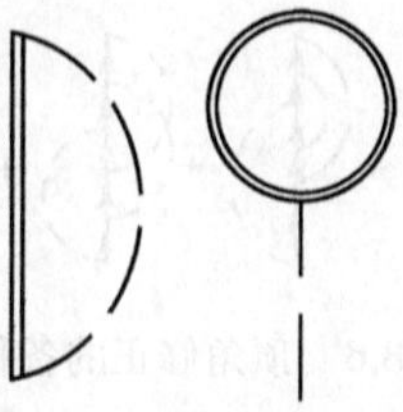

(a)　　(b)

图 13.3　对于图 13.1 中的粒子线做各种修正之后的效果

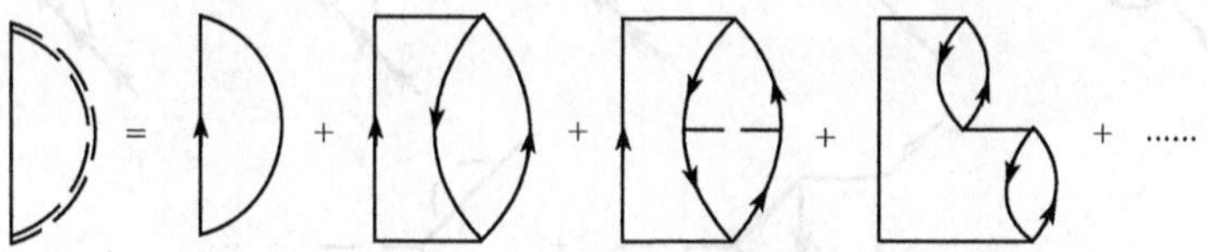

图 13.4　对于图 13.1(a) 的相互作用线做各种修正

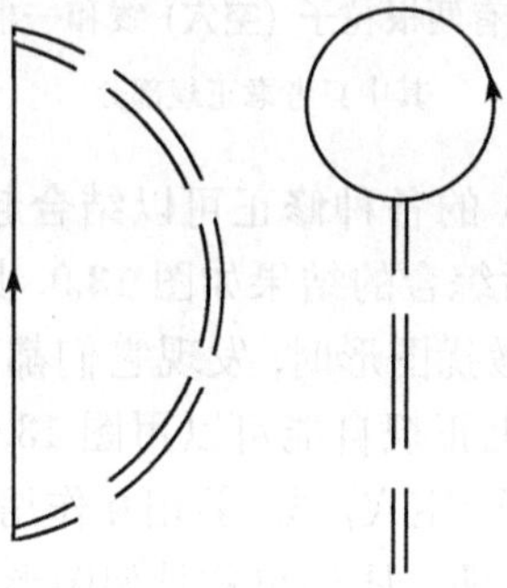

(a)　　(b)

图 13.5　对于图 13.1 中的相互作用线做各种修正之后的效果

还有一类修正图形, 它既不能看作是对一条粒子线的修正, 也不能看作是对一条相互作线的修正, 见图 13.6. 可把这样的修正的总和形式上写成对图 13.1(a) 的一个角上的修正, 称为顶角部分. 为了更清楚地表达 “顶角” 的含义, 可将图 13.6 的顶角部分加上一根方向向外的外线, 画成如图 13.7 的形式. 可见顶角部分是指任何有两根粒子 (空穴) 线和一根相互作用线为外线的图形. 顶角部分分成正规部分与非正规部分两类. 凡是切断一根粒子 (空穴) 线或一根相互作用线就能分成独立的两部分的, 称为非正规部分, 它们或者可以归于对一根粒子线的修正, 或者可以归于对一根相互作用线的修正, 这已经在图 13.3, 图 13.5 中被包括了. 所以图 13.6, 图 13.7 中只含正规顶角部分.

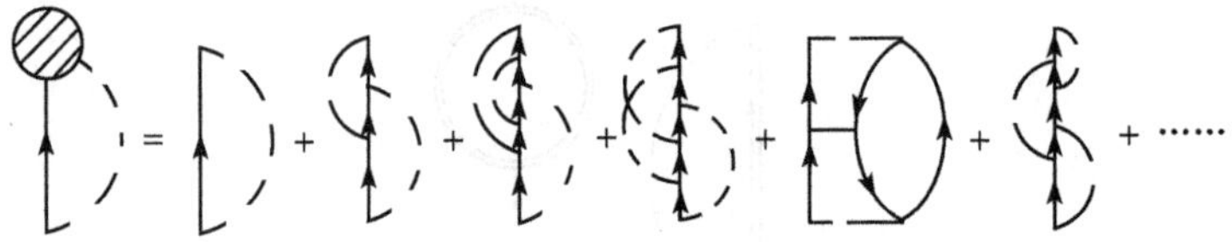

图 13.6　顶角修正的各种图形

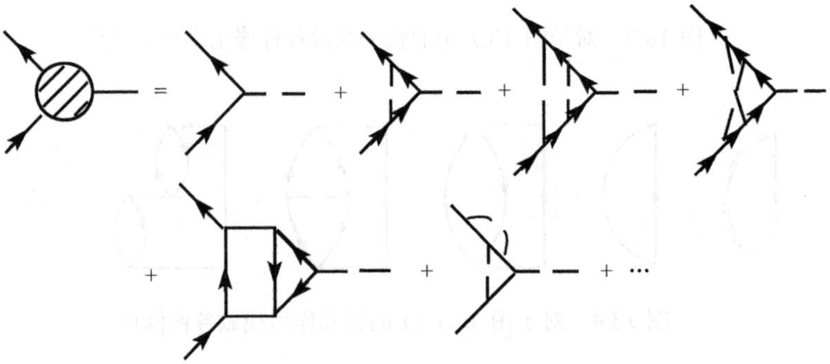

图 13.7　顶角部分是指任何有两根粒子 (空穴) 线和一根相互作用线为外线的图形. 其中只考虑正规部分

图 13.3, 图 13.5, 图 13.6 的各种修正可以结合起来. 例如将图 13.3(b) 与图 13.5(b) 的结合见图 13.8. 最后综合的结果如图 13.9. 其中图 13.9(b) 没有顶角部分. 当我们画出正规自能的各阶微扰图形时, 发现它们都可以可归于图 13.9 的两个图形中, 因此得到结论, 在形式上正规自能可以用图 13.9 的两个图形来表示, 这里组成图形的三个元素是：①粒子 (空穴) 线; ②相互作用线; ③顶角. 每个元素又分别是图形求和的结果. 图 13.9 的两个图形也称骨架图形.

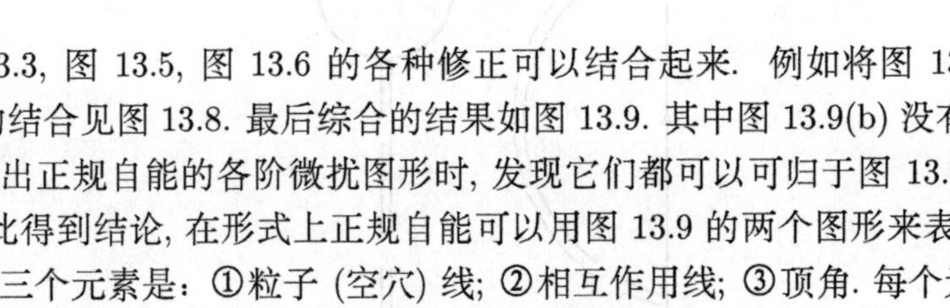

图 13.8　对于图 13.3(b) 中的相互作用线做各种修正

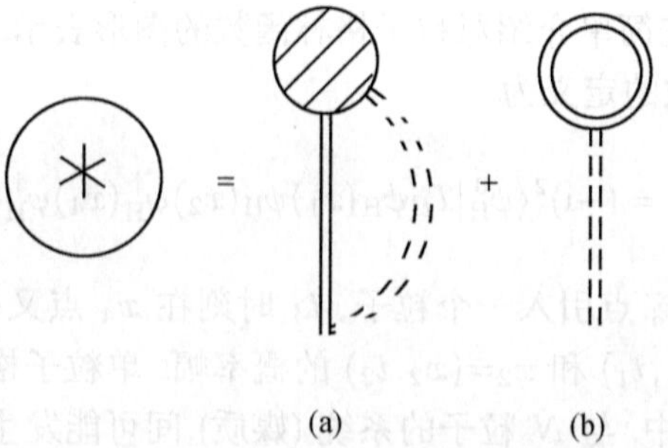

图 13.9 对于图 13.1 中的粒子线和相互作用线都做各种修正, 再加上顶角修正之后的总的效果. 这是正规自能的两个骨架图形

既然正规自能可以只取最低级图形加上各种修正后构成骨架图形, 那么相互作用的正规极化部分也可用类似的办法来建立骨架图形. 我们取图 10.20 的最低级图形见图 13.10(a), 并设想其中一端有一根外线 (相互作用线), 见图 13.10(b). 对顶角加上图 13.7 的各种可能的修正成为图 13.10(c), 再对两条粒子 (空穴) 线作修正就得到图 13.10(d). 如果我们写出图 10.20 的 Π^* 的各阶微扰图形, 可发现它们都已被包含在图 13.10(d) 中, 结论, 图 13.10(d) 就是正规极化部分的骨架图形. 极化部分只有一个骨架图形.

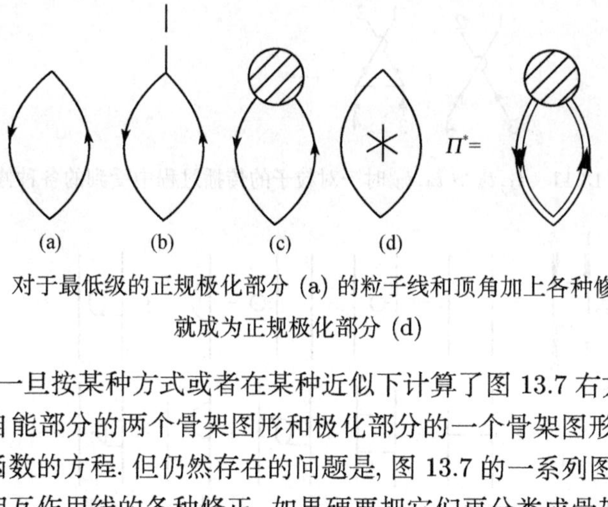

图 13.10 对于最低级的正规极化部分 (a) 的粒子线和顶角加上各种修正之后, 就成为正规极化部分 (d)

综上所述, 一旦按某种方式或者在某种近似下计算了图 13.7 右方的级数, 我们就有了一套由自能部分的两个骨架图形和极化部分的一个骨架图形组成的自行封闭的计算格林函数的方程. 但仍然存在的问题是, 图 13.7 的一系列图形本身又包含了对粒子线与相互作用线的各种修正, 如果硬要把它们再分类成骨架图形的话, 则这样的骨架图形有无穷多个. 这是造成我们不能完全精确地求出格林函数的基本原因.

13.1.2 极化格林函数

正规极化部分除了可用图 13.10(d) 的骨架图形表示之外, 它还是一种特殊的二

粒子格林函数. 下面先简单介绍双粒子格林函数的图形表示. 以零温时的费米子系为例, 双粒子格林函数的定义为

$$g_2(x_1,x_2;x_4,x_3)=(-\mathrm{i})^2\langle\psi_{\mathrm{H}}^0|T_t[\psi_{\mathrm{H}}(x_1)\psi_{\mathrm{H}}(x_2)\psi_{\mathrm{H}}^\dagger(x_4)\psi_{\mathrm{H}}^\dagger(x_3)]|\psi_{\mathrm{H}}^0\rangle \tag{13.1.1}$$

它代表在 t_3 时刻于 $\boldsymbol{x}_3$ 点引入一个粒子、t_4 时刻在 $\boldsymbol{x}_4$ 点又引入一个粒子之后, 它们分别消失在 $x_1=(\boldsymbol{x}_1,t_1)$ 和 $x_2=(\boldsymbol{x}_2,t_2)$ 的概率幅. 单粒子格林函数 $g(x_1,x_2)$ 代表一个粒子在传播过程中, 与 N 粒子的系统 (媒质) 间可能发生的一切散射图形之总和. 与此相类似, 双粒子格林函数代表当系统中加入两个粒子后, 这两个粒子在传播过程中的一切散射图形之和. 这包括它们各自与媒质的作用, 它们之间的直接作用与它们通过媒质的间接相互作用.

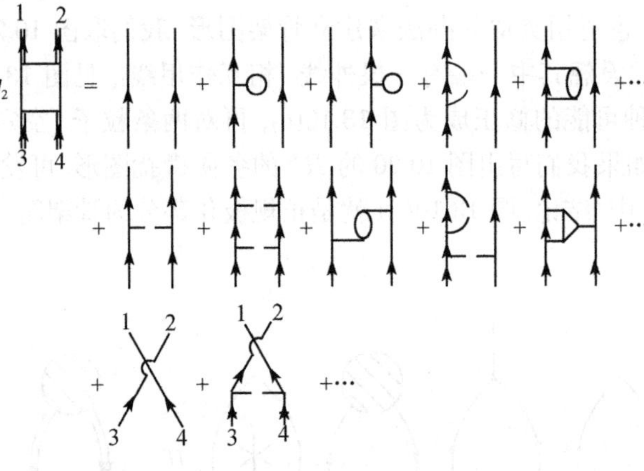

图 13.11　$t_1,t_2>t_4,t_3$ 时一对粒子的传播过程中受到的各种修正

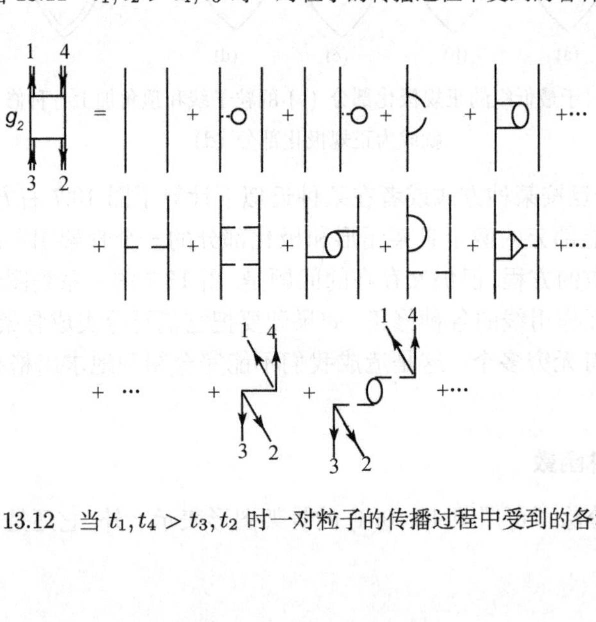

图 13.12　当 $t_1,t_4>t_3,t_2$ 时一对粒子的传播过程中受到的各种修正

当 $t_1,t_2>t_4,t_3$ 时, 代表一对粒子的传播, 见图 13.11. 当 $t_1,t_4>t_3,t_2$ 时, 代表粒子–空穴对的传播, 见图 13.12. 注意其中有传播的粒子–空穴对湮没然后再产生的效应, 而图 13.11 则没有这样的图形. 一般来说, 在费米系统中, 可将与粒子线方向相反的线称为空穴线.

现在看粒子–空穴双粒子格林函数的一种特殊情况, 即在 $t_2<t_4,t_1>t_3$ 条件下, 令 $x_1=x_4,x_2=x_3$, 但使 $t_4\to t_1^+,t_3\to t_2^+$, 就得到

$$D(x_1,x_2)=(-\mathrm{i})^2\langle\psi_{\mathrm{H}}^0|\{\psi^\dagger(x_1^+)\psi(x_1)\psi^\dagger(x_2^+)\psi(x_2)\}|\psi_{\mathrm{H}}^0\rangle$$
$$=\langle\psi_{\mathrm{H}}^0|T_t\{\rho(x_1)\rho(x_2)\}|\psi_{\mathrm{H}}^0\rangle \tag{13.1.2}$$

这就是密度格林函数的定义, 其中 $\rho(x)$ 是粒子密度算符, 它满足关系式

$$\rho(x)=\psi^\dagger(x)\psi(x)=[\psi^\dagger(x)\psi(x)]^\dagger=\rho^\dagger(x) \tag{13.1.3}$$

$D(x_1,x_2)$ 函数 (注意, 这儿的符号与声子格林函数恰好相重了) 描述在点 x_2 产生密度扰动并传播到 x_1 的过程, 因此也称为密度涨落格林函数或密度关联函数. D 的图形表示, 可令图 13.12 中的 x_1 与 x_4 重合, x_3 与 x_2 重合而得到. 它们代表在 x_2 点产生电子–空穴时, 传播到 x_1 时又湮没掉的一切过程, 见图 13.13. 从图形上可以看出, 它正好就是极化部分 Π. 在空间的均匀情况下, 它的傅里叶分量

$$D(q)=\Pi(q)=\frac{\Pi^*(q)}{1-V(q)\Pi^*(q)} \tag{13.1.4}$$

可与 (10.4.15) 式对照.

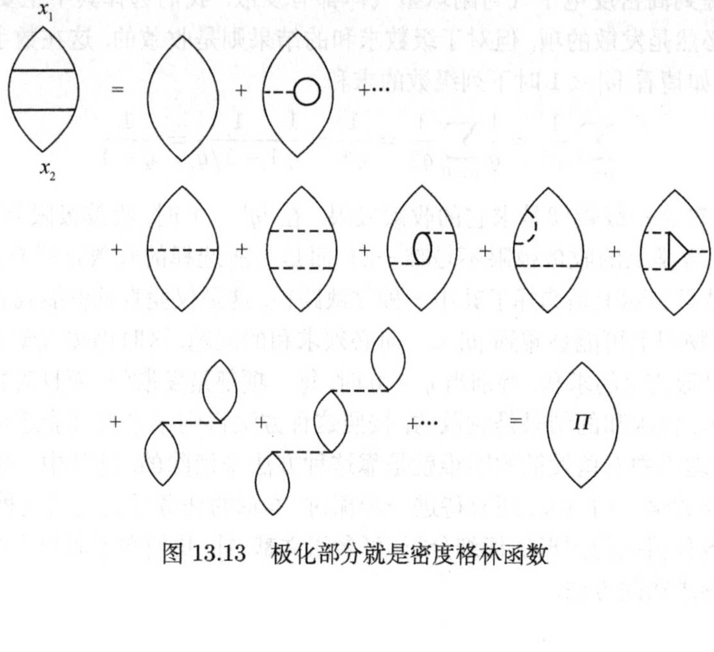

图 13.13　极化部分就是密度格林函数

在 9.3.2 节中曾提到, 密度格林函数的极点代表了系统的集体激发. 我们这儿再把密度格林函数的作用叙述如下: ①密度涨落格林函数反映系统的集体行为, 如等离子体振荡、声波等; ② 费米子系统的极化部分 $\Pi(q)$ 所导致的相互作用的修正, 应当是计及系统集体效应的结果; ③密度格林函数 (13.1.4) 的奇点, 决定密度涨落所引起的集体激发型准粒子的能谱和寿命.

13.1.3 图形的部分求和

图形技术的基础是微扰展开. 由于展开级数是无穷的, 所以有时 "微扰" 较强时, 这种方法也能奏效. 尽管如此, 在多粒子系统的问题中, 微扰方法还是经常失效. 这不仅是因为当粒子间的相互作用较强时, 微扰级数收敛很慢, 而且在某些特定的重要情况下, 例如在有长程库仑力作用的高密度电子气体情况下, 各阶微扰经常出现发散. 又如在有短程相互作用的情况 (刚球型气体) 下, 由于相互作用势有奇异性, 每一个微扰项都是无穷大. 遇到这类情况, 我们只取微扰级数中起主要贡献的项, 也就是对部分图形进行求和.

格林函数的图形微扰技术, 能帮助我们较方便地进行各种方式的部分求和. 这可把各阶费恩曼图形列出来, 根据实际问题的物理条件, 对图形作数量级的估计, 从而认定其中一类图形有最主要的贡献, 其他图形的贡献相比之下都是小量, 可以略去. 一般说来, 所选取的是全体费恩曼图中的一个无穷子序列. 这有两种情况. 一种是其中每一项都是有限的, 这可能是按照小参量展开的, 并且是很快收敛的. 这时可进行级数求和, 或者只需少数项就已足够. 另一类情况是级数中的每一项是发散的. 上面刚刚提到高密度电子气与刚球型气体都有发散. 我们选择其中主要贡献的话, 选出来的必然是发散的项, 但对于级数求和的结果则是收敛的. 这在数字上是不合常规的. 例如请看 $|q| < 1$ 时下列级数的求和

$$\sum_{n=1}\frac{1}{q^n} = \frac{1}{q}\sum_{n=0}\frac{1}{q^n} = \frac{1}{q^n} = \frac{1}{q}\frac{1}{1-1/q} = \frac{1}{q-1} \tag{13.1.5}$$

数学上, 计算这一级数就是求它的收敛极限. 在 $|q| > 1$ 时, 收敛极限是唯一的. 在 $|q| < 1$ 时, 数学上的收敛极限不是唯一的, 而是与所选择的收敛路径有关. (13.1.5) 式的求和结果实际上是选择了其中一种收敛路径, 这是仅凭直觉就能找到的一条收敛路径. 在物理上可能会碰到 $|q| < 1$ 而必须求和的问题, 这时仍按直觉上的一条收敛路径给以形式上的求和. 特别当 $q \to 0$ 时, 每一项都是发散的, 而且阶数越高的项发散越厉害, 但求和的结果是收敛的, 按照这种方法得到结果有可能还是符合物理实际的. 物理学中有些发散的困难就是靠这种方法来消除的. 这其中一定有着深刻的物理上与数学上的意义, 还有待进一步探讨. 本章的任务是会利用这种方法即可.

对于各种情况的图形的仔细分析, 可参阅文献 [1]. 我们在下面只介绍三种常用的部分图形求和的方法.

§13.2 自洽哈特里–福克近似方法

13.2.1 自洽哈特里–福克近似方法

这一近似方法是针对粒子之间的两体相互作用来说的.

$$H^{\mathrm{i}} = \frac{1}{2}\sum_{\alpha\beta}\int \mathrm{d}\boldsymbol{x}\mathrm{d}\boldsymbol{x}'\psi_{\alpha}^{\dagger}(\boldsymbol{x})\psi_{\beta}^{\dagger}(\boldsymbol{x}')V(\boldsymbol{x}-\boldsymbol{x}')\psi_{\beta}(\boldsymbol{x}')\psi_{\alpha}(\boldsymbol{x}) \tag{13.2.1}$$

此处为简单起见, 设两体相互作用与自旋无关. 存在外场时不影响对问题的讨论.

在选择格林函数的正规自能时, 只选择一阶图形 (图 10.12), 然后在其中的单粒子线上加以各种可能的修正, 使之成为完全的粒子线. 格林函数的方程就是图 13.14. 这样, 只有用正规自能才可求得格林函数, 但正规自能本身又含有格林函数, 这就需要自洽求解.

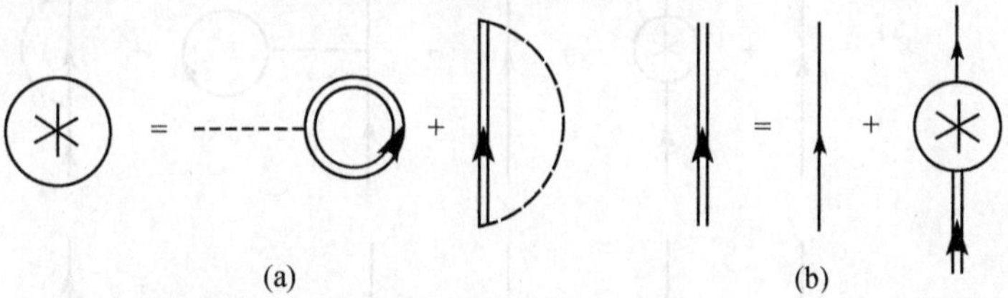

图 13.14 自洽哈特里–福克近似就是在正规自能的一阶图形中对于粒子线做完全的修正

现在较详细地叙述一下引入图 13.14(a) 的过程. 首先, 在独立粒子模型的基础上, 考虑外加粒子在 N 个背景粒子的平均场中运动, 这就是先从最低阶近似算出 $\Sigma^{*(1)}$ 作为 Σ^* 的一级近似, 见图 13.15, 代入图 13.14(b) 算出近似的 g. 第二步是用这个近似的 g 代替图 13.15 右端两个一阶自能图形中的粒子线, 如图 13.14(a) 中那样, 定出精确一些的 Σ^*, 再算 g. 依次反复循环, 就包括了图 13.16 的图形序列的求和.

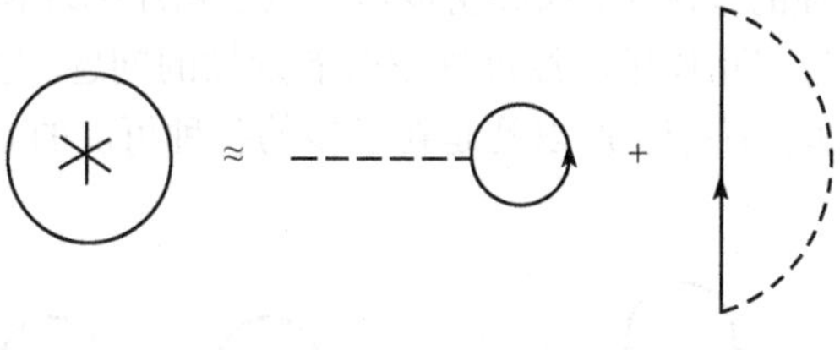

图 13.15 一阶近似的图形

在作第一步图 13.15 的近似时忽略了背景粒子之间的相互作用, 事实上每一个背景粒子又是在其他粒子的平均场中运动, 因此需要反复迭代, 直至前后两次计算的 Σ^*(或 g) 一致为止. 这种建立在最低阶正规自能图形上的自洽计算方法, 称为自洽哈特里－福克 (Self-consistent Hartree-Fock, SCHF) 方法. 而停留于第一步, 仅按图 13.15 的两个图形作计算, 就是简单的哈特里－福克 (HF) 近似 (没有作自洽计算). 这两者的区别见图 13.17.HF 近似只是低阶近似, 而 SCHF 近似则包括了部分求和至无穷阶的自能图形.

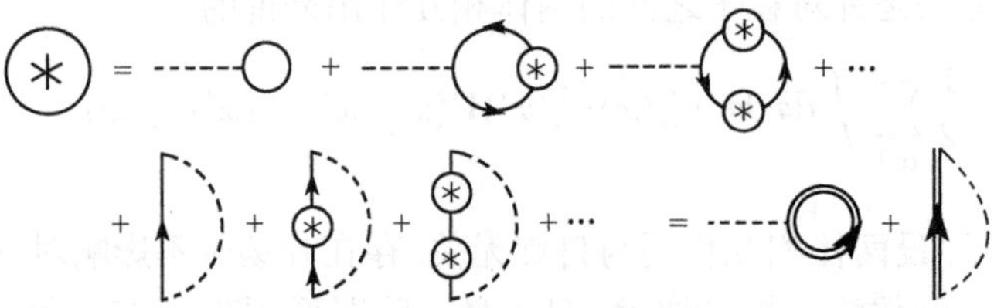

图 13.16　从图 13.15 出发, 反复迭代, 得到图 13.14(a)

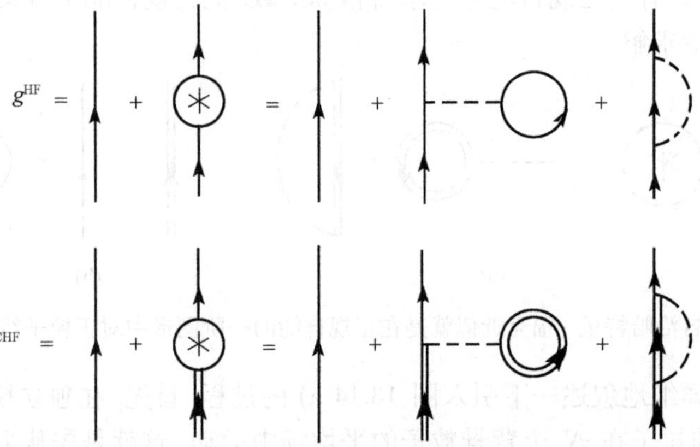

图 13.17　哈特里－福克近似 g^{HF} 和自洽哈特里－福克近似 g^{SCHF} 的区别

两体相互作用是瞬时相互作用. 自洽哈特里－福克方法未包含对相互作用线的修正, 如图 13.18(a) 这样的图形, 因此不能考虑相互作用的多次散射效应与滞后效应. 在相互作用特别强的情况下, 如高密度电子气、相斥刚球模型等, 自洽哈特里－福克近似不适用, 因为相互作用不经过修正会有发散的问题. 但如图 13.18(b) 这样的图形可看作为粒子线的修正, 所以凡是粒子线的各种可能的修正都已被包含在内了.

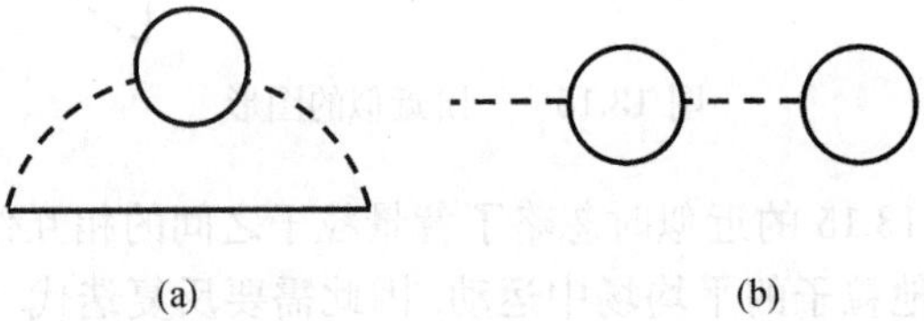

图 13.18　对于一阶图形的相互作用线的修正

上述分析在有外场存在时也适用.

由于松原函数的图形与零温格林函数的图形完全一样, 所以上述分析对松原函数完全适用. 区别在于二者的表达式不同, 零温格林函数适用于费米系统; 而松原函数对于除发生了凝聚的玻色子系外, 对一切有限温度的系统都适用. 下面分别讨论.

13.2.2 零温情形

设有一费米子系受到外场作用. 外场 $V^{\mathrm{e}}(x)$ 是恒定的, 且与自旋无关. 哈密顿量为

$$H = H_0 + H^{\mathrm{i}} \tag{13.2.2}$$

$$H_0 = \int \mathrm{d}\boldsymbol{x}\psi_\alpha^\dagger(\boldsymbol{x})\left[-\frac{\hbar^2}{2m}\nabla^2 + V^{\mathrm{e}}(\boldsymbol{x})\right]\psi_\alpha(\boldsymbol{x}) \tag{13.2.3}$$

其中 H^{i} 见 (13.2.1) 式.

此时的戴森方程具有如下形式 (见 (10.4.13)):

$$g(x,x') = g^0(x,x') + \frac{1}{\hbar}\int \mathrm{d}^4x_1\mathrm{d}^4x_1' g^0(x,x_1')\Sigma^*(x_1,x_1')g(x_1',x') \tag{13.2.4}$$

对于图 13.14(a) 的一级正规自能图形按前述的费恩曼规则写出其解析表达式, 可以得到, 对于自旋为 S 的费米子系, 在 SCHF 近似下, 有

$$\begin{aligned}\Sigma^*(x_1,x_1') = &-\mathrm{i}\delta(t_1-t_1')[\delta(\boldsymbol{x}_1-\boldsymbol{x}'_1)(2S+1)\int \mathrm{d}\boldsymbol{x}_2 g(\boldsymbol{x}_2t_2,\boldsymbol{x}_2t_2^+)V(\boldsymbol{x}_1-\boldsymbol{x}_2)\\ &-V(\boldsymbol{x}_1-\boldsymbol{x}'_1)g(\boldsymbol{x}_1t_1,\boldsymbol{x}'_1t_1^+)]\end{aligned} \tag{13.2.5}$$

其中 $(2S+1)$ 因子来源于对闭合回线的自旋求和, 此外我们忽略了所有自旋下标. 我们没有按照 (10.3.10) 那样直接写出动量空间的一级正规自能的表达式, 是因为现在存在外场, 空间非均匀,g 与 Σ^* 已不是坐标差的函数. 但由于 H 不含时间, 它们仍是时间差的函数, 我们可对时间作傅里叶变换得到频率函数.

$$g(\boldsymbol{x}t,\boldsymbol{x}'t') = \frac{1}{2\pi}\int \mathrm{d}\omega \mathrm{e}^{-\mathrm{i}\omega(t-t')}G(\boldsymbol{x},\boldsymbol{x}';\omega) \tag{13.2.6}$$

$$g^0(\boldsymbol{x}t,\boldsymbol{x}'t') = \frac{1}{2\pi}\int \mathrm{d}\omega \mathrm{e}^{-\mathrm{i}\omega(t-t')}G^0(\boldsymbol{x},\boldsymbol{x}';\omega) \tag{13.2.7}$$

$$\Sigma^*(\boldsymbol{x}t,\boldsymbol{x}'t') = \Sigma^*(\boldsymbol{x}-\boldsymbol{x}')\delta(t-t') = \frac{1}{2\pi}\int \mathrm{d}\omega \mathrm{e}^{-\mathrm{i}\omega(t-t')}\Sigma^*(\boldsymbol{x},\boldsymbol{x}';\omega) \tag{13.2.8}$$

将 (13.2.4,6) 式按此作傅里叶变换后得到

$$G(\boldsymbol{x},\boldsymbol{x}';\omega) = G^0(\boldsymbol{x},\boldsymbol{x}';\omega) + \frac{1}{\hbar}\int \mathrm{d}\boldsymbol{x}_1\mathrm{d}\boldsymbol{x}_1' G^0(\boldsymbol{x},\boldsymbol{x}_1;\omega)\Sigma^*(\boldsymbol{x}_1,\boldsymbol{x}_1')G(\boldsymbol{x}_1',\boldsymbol{x}';\omega) \tag{13.2.9}$$

$$
\begin{aligned}
\Sigma^*(\boldsymbol{x}_1,\boldsymbol{x}_1')=&-\mathrm{i}(2S+1)\delta(\boldsymbol{x}_1-\boldsymbol{x}_1')\int \mathrm{d}\boldsymbol{x}_2 V(\boldsymbol{x}_1-\boldsymbol{x}_2)\int\frac{\mathrm{d}\omega}{2\pi}\mathrm{e}^{\mathrm{i}\omega 0^+}G(\boldsymbol{x}_2,\boldsymbol{x}_2;\omega)\\
&+\mathrm{i}V(\boldsymbol{x}_1-\boldsymbol{x}_1')\int\frac{\mathrm{d}\omega}{2\pi}\mathrm{e}^{\mathrm{i}\omega 0^+}G(\boldsymbol{x}_1,\boldsymbol{x}_1';\omega)
\end{aligned}\tag{13.2.10}
$$

此处 Σ^* 与 ω 无关, 这是因为 Σ^* 只选择了瞬时相互作用部分, 而对相互作用线的修正没有考虑进去, 即 SCHF 近似忽略了所有来自极化部分的推迟相互作用. 这一特点, 对确定有外场时 $G(\boldsymbol{x},\boldsymbol{x}';\omega)$ 的形式解带来方便.

先讨论外场中的自由粒子格林函数 $G^0(\boldsymbol{x},\boldsymbol{x}';\omega)$. 设粒子间无相互作用时, 单个粒子的本征方程为

$$
h_0\varphi_j^0(\boldsymbol{x})=\left[-\frac{\hbar^2}{2m}\nabla^2+V^{\mathrm{e}}(\boldsymbol{x})\right]\varphi_j^0(\boldsymbol{x})=\varepsilon_j^0\varphi_j^0(\boldsymbol{x})\tag{13.2.11}
$$

其中定义了单粒子算符 h_0. 单粒子本征态 $\varphi_j^0(\boldsymbol{x})$ 构成一组正交完备集. 若 $\varphi_j^0(\boldsymbol{x})$ 和 ε_j^0 都已解出, 则可用来求得 $G^0(\boldsymbol{x},\boldsymbol{x}';\omega)$. 先建立场算符,

$$
\psi_{\mathrm{I}}(x)=\sum_j a_j\varphi_j^0(\boldsymbol{x})\mathrm{e}^{-\mathrm{i}\varepsilon_j^0t/\hbar},\psi_{\mathrm{I}}^\dagger(x)=\sum_j a_j^\dagger\varphi_j^{0*}(\boldsymbol{x})\mathrm{e}^{\mathrm{i}\varepsilon_j^0t/\hbar}
$$

则无相互作用系统的格林函数为

$$
\begin{aligned}
\mathrm{i}g^0(x,x')&=\langle\Phi_0|T_t[\psi_{\mathrm{I}}(x)\psi_{\mathrm{I}}^\dagger(x')]|\Phi_0\rangle\\
&=\theta(t-t')\langle\Phi_0|\psi_{\mathrm{I}}(x)\psi_{\mathrm{I}}^\dagger(x')|\Phi_0\rangle-\theta(t'-t)\langle\Phi_0|\psi_{\mathrm{I}}^\dagger(x')\psi_{\mathrm{I}}(x)|\Phi_0\rangle\\
&=\sum_j\varphi_j^0(\boldsymbol{x})\varphi_j^{0*}(\boldsymbol{x})\mathrm{e}^{-\mathrm{i}\varepsilon_j^0(t-t')/\hbar}[\theta(t-t')\langle\Phi_0|a_ja_j^\dagger|\Phi_0\rangle-\theta(t'-t)\langle\Phi_0|a_j^\dagger a_j|\Phi_0\rangle]\\
&=\sum_j\varphi_j^0(\boldsymbol{x})\varphi_j^{0*}(\boldsymbol{x})\mathrm{e}^{-\mathrm{i}\varepsilon_j^0(t-t')/\hbar}[\theta(t-t')\theta(\varepsilon_j^0-\varepsilon_{\mathrm{F}}^0)-\theta(t'-t)\langle\theta(\varepsilon_{\mathrm{F}}^0-\varepsilon_j^0)]
\end{aligned}
$$

对时间作傅里叶变换, 可得到

$$
G^0(\boldsymbol{x},\boldsymbol{x}';\omega)=\sum_j\varphi_j^0(\boldsymbol{x})\varphi_j^{0*}(\boldsymbol{x}')\left[\frac{\hbar\theta(\varepsilon_j^0-\varepsilon_{\mathrm{F}}^0)}{\hbar\omega-\varepsilon_j^0+\mathrm{i}0^+}+\frac{\hbar\theta(\varepsilon_{\mathrm{F}}^0-\varepsilon_j^0)}{\hbar\omega-\varepsilon_j^0-\mathrm{i}0^+}\right]\tag{13.2.12}
$$

(13.2.9)~(13.2.12) 构成了循环解 G 与 Σ^* 的方程. 这是一组自洽解格林函数 G 的耦合方程.

然而解出具体的 G 还是比较困难的, 我们可以进一步猜测一下 G 的形式, 以使运算操作更为方便. 根据 Σ^* 与 ω 无关的特点, 认为 G 与 G^0 应有相似的谱结构. 因此

$$
G(\boldsymbol{x},\boldsymbol{x}';\omega)=\sum_j\varphi_j(\boldsymbol{x})\varphi_j^*(\boldsymbol{x}')\left[\frac{\hbar\theta(\varepsilon_j-\varepsilon_{\mathrm{F}})}{\hbar\omega-\varepsilon_j+\mathrm{i}0^+}+\frac{\hbar\theta(\varepsilon_{\mathrm{F}}-\varepsilon_j)}{\hbar\omega-\varepsilon_j-\mathrm{i}0^+}\right]\tag{13.2.13}
$$

即用有相互作用的本征谱(待求)来代替(13.2.12)中无相互作用的本征谱即可. 注意,有了相互作用后,费米能级有移动. 现在计及相互作用后的"单粒子波函数"$\varphi_j(\boldsymbol{x})$构成一套新的正交完备集, ε_j 为本征能量.(13.2.13)说明计入相互作用后准粒子是独立的,相互作用的效果仅仅改变了"单粒子"能谱和波函数. 这是由于忽略了极化部分的结果,因此 $G(\boldsymbol{x}, \boldsymbol{x}';\omega)$ 与 $G^0(\boldsymbol{x}, \boldsymbol{x}';\omega)$ 的形式相同,这是SCHF近似的特点.

只要找出 $\varphi_j(\boldsymbol{x})$ 所满足的方程,从而确定 φ_j 与 ε_j,就得到了格林函数 G,将(13.2.13)代入(13.2.10),并沿 ω 的上半复平面作回路积分,可得

$$\begin{aligned}\Sigma^*(\boldsymbol{x}_1,\boldsymbol{x}_1') =&(2S+1)\delta(\boldsymbol{x}_1-\boldsymbol{x}_1')\int \mathrm{d}\boldsymbol{x}V(\boldsymbol{x}_1-\boldsymbol{x})\sum_j|\varphi_j(\boldsymbol{x})|^2\theta(\varepsilon_{\mathrm{F}}-\varepsilon_j)\\&-V(\boldsymbol{x}_1-\boldsymbol{x}_1')\sum_j\varphi_j(\boldsymbol{x}_1)\varphi_j^*(\boldsymbol{x}_1')\theta(\varepsilon_{\mathrm{F}}-\varepsilon_j)\end{aligned}\tag{13.2.14}$$

(13.2.9)和(13.2.14)构成了由 φ_j^0 来求出 φ_j 的非线性积分方程式. 这个方程其实就是量子力学课程中讲过的HF自洽场方程组. 下面具体来证明这一点.

定义算符

$$L_x=\hbar\omega+\frac{\hbar^2}{2m}\nabla^2-V^{\mathrm{e}}(\boldsymbol{x})=\hbar\omega-h_0\tag{13.2.15}$$

现在将 L_x 作用于 $G^0(\boldsymbol{x}, \boldsymbol{x}';\omega)$ (13.2.12)有

$$\begin{aligned}L_xG^0(\boldsymbol{x},\boldsymbol{x}';\omega)&=\left[\hbar\omega+\frac{\hbar^2}{2m}\nabla^2-V^{\mathrm{e}}(\boldsymbol{x})\right]G^0(\boldsymbol{x},\boldsymbol{x}';\omega)\\&=\sum_j(\hbar\omega-\varepsilon_j^0)\varphi_j^0(\boldsymbol{x})\varphi_j^{0\varphi}(\boldsymbol{x}')\left[\frac{\hbar\theta(\varepsilon_j^0-\varepsilon_{\mathrm{F}}^0)}{\hbar\omega-\varepsilon_j^0+\mathrm{i}0^+}+\frac{\hbar\theta(\varepsilon_{\mathrm{F}}^0-\varepsilon_j^0)}{\hbar\omega-\varepsilon_j^0-\mathrm{i}0^+}\right]\\&=\hbar\sum_j\varphi_j^0(\boldsymbol{x})\varphi_j^{0*}(\boldsymbol{x}')=\hbar\delta(\boldsymbol{x}-\boldsymbol{x}')\end{aligned}\tag{13.2.16}$$

再将 L_x 作用于(13.2.9),立即可得

$$L_xG(\boldsymbol{x},\boldsymbol{x}';\omega)=\hbar\delta(\boldsymbol{x}-\boldsymbol{x}')+\int \mathrm{d}\boldsymbol{x}_1\Sigma^*(\boldsymbol{x},\boldsymbol{x}_1)G(\boldsymbol{x}_1,\boldsymbol{x}';\omega)\tag{13.2.17}$$

在上式中代入 L_x 和 G 的具体表示式(13.2.15),(13.2.13):

$$\begin{aligned}&\left[\hbar\omega+\frac{\hbar^2}{2m}\nabla^2-V^{\mathrm{e}}(\boldsymbol{x})\right]\sum_j\varphi_j(\boldsymbol{x})\varphi_j^*(\boldsymbol{x}')\left[\frac{\hbar\theta(\varepsilon_j-\varepsilon_{\mathrm{F}})}{\hbar\omega-\varepsilon_j+\mathrm{i}0^+}+\frac{\hbar\theta(\varepsilon_{\mathrm{F}}-\varepsilon_j)}{\hbar\omega-\varepsilon_j-\mathrm{i}0^+}\right]\\&-\int \mathrm{d}\boldsymbol{x}_1\Sigma^*(\boldsymbol{x},\boldsymbol{x}_1)\sum_j\varphi_j(\boldsymbol{x}_1)\varphi_j^*(\boldsymbol{x}')\left[\frac{\hbar\theta(\varepsilon_j-\varepsilon_{\mathrm{F}})}{\hbar\omega-\varepsilon_j+\mathrm{i}0^+}+\frac{\hbar\theta(\varepsilon_{\mathrm{F}}-\varepsilon_j)}{\hbar\omega-\varepsilon_j-\mathrm{i}0^+}\right]=\hbar\delta(\boldsymbol{x}-\boldsymbol{x}')\end{aligned}$$

将此式两边乘以 $\varphi_l(\boldsymbol{x}')$ 并对 $\boldsymbol{x}'$ 积分,按正交归一的条件便得到 $\varphi_l(\boldsymbol{x})$ 满足的方程:

$$\left[-\frac{\hbar^2}{2m}\nabla_{\boldsymbol{x}}^2+V^{\mathrm{e}}(\boldsymbol{x})\right]\varphi_l(\boldsymbol{x})+\int \mathrm{d}\boldsymbol{x}_1\Sigma^*(\boldsymbol{x},\boldsymbol{x}_1)\varphi_l(\boldsymbol{x}_1)=\varepsilon_l\varphi_l(\boldsymbol{x})\tag{13.2.18}$$

其中正规自能 Σ^* 由 (13.2.14) 决定. 它由两项组成. 一项是正比于粒子密度的直接项. 另一项是交换项, 它起着一个静态非局域场的作用. 把 (13.2.14) 代入, 就得到 HF 自洽方程:

$$\left[-\frac{\hbar^2}{2m}\nabla_{\boldsymbol{x}}^2+V^{\mathrm{e}}(\boldsymbol{x})\right]\varphi_l(\boldsymbol{x})+\int \mathrm{d}\boldsymbol{x}_1 V(\boldsymbol{x}-\boldsymbol{x}_1)\sum_j|\varphi_j(\boldsymbol{x})|^2(2S+1)\theta(\varepsilon_{\mathrm{F}}-\varepsilon_j)\varphi_l(\boldsymbol{x})$$
$$-\int \mathrm{d}\boldsymbol{x}_1 V(\boldsymbol{x}-\boldsymbol{x}_1)\sum_j\varphi_l(\boldsymbol{x}_1)\varphi_j^*(\boldsymbol{x}_1)\theta(\varepsilon_{\mathrm{F}}-\varepsilon_j)\varphi_j(\boldsymbol{x})=\varepsilon_l\varphi_l(\boldsymbol{x}) \tag{13.2.19}$$

现在根据前面的公式来计算系统的总能量.

$$E=\eta\frac{\mathrm{i}}{2}(2S+1)\int \mathrm{d}\boldsymbol{x}\int\frac{\mathrm{d}\omega}{2\pi}\mathrm{e}^{\mathrm{i}\omega 0^+}\lim_{\boldsymbol{x}'\to\boldsymbol{x}}\left[\hbar\omega-\frac{\hbar^2}{2m}\nabla_{\boldsymbol{x}}^2+V^{\mathrm{e}}(\boldsymbol{x})\right]G(\boldsymbol{x},\boldsymbol{x}';\omega)$$
$$=\eta\frac{\mathrm{i}}{2}(2S+1)\int \mathrm{d}\boldsymbol{x}\int\frac{\mathrm{d}\omega}{2\pi}\mathrm{e}^{\mathrm{i}\omega 0^+}\lim_{\boldsymbol{x}'\to\boldsymbol{x}}\left[2\hbar\omega G(\boldsymbol{x},\boldsymbol{x}';\omega)-\int \mathrm{d}\boldsymbol{x}_1\Sigma^*(\boldsymbol{x},\boldsymbol{x}_1)G(\boldsymbol{x}_1,\boldsymbol{x}';\omega)\right]$$

其中用到 (13.2.17) 式. 先令 $\boldsymbol{x}\neq\boldsymbol{x}'$ 所以算符 L_x 作用后的 δ 函数项为零. 现在对 ω 积分. 可得到

$$E=(2S+1)\int \mathrm{d}\boldsymbol{x}\lim_{\boldsymbol{x}'\to\boldsymbol{x}}\left[\sum_j\varphi_j(\boldsymbol{x})\varphi_j^*(\boldsymbol{x}')\varepsilon_j\right.$$
$$\left.-\frac{1}{2}\int \mathrm{d}\boldsymbol{x}_1\sum_j\Sigma^*(\boldsymbol{x},\boldsymbol{x}_1)\varphi_j(\boldsymbol{x}_1)\varphi_j^*(\boldsymbol{x}')\right]\theta(\varepsilon_{\mathrm{F}}-\varepsilon_j)$$
$$=(2S+1)\sum_j\varepsilon_j\theta(\varepsilon_{\mathrm{F}}-\varepsilon_j)-\frac{1}{2}(2S+1)\int \mathrm{d}\boldsymbol{x}\mathrm{d}\boldsymbol{x}_1\sum_j\Sigma^*(\boldsymbol{x},\boldsymbol{x}_1)\varphi_j(\boldsymbol{x}_1)\varphi_j^*(\boldsymbol{x})\theta(\varepsilon_{\mathrm{F}}-\varepsilon_j) \tag{13.2.20}$$

此结果也可以不用 (13.2.17) 式而用 (13.2.18) 式得到. 这个表示式的第一项是所有被占据态粒子的能量之和. 由于每个粒子的 ε_j 包括了该粒子与所有其他粒子的相互作用能, 因此粒子间的相互作用能被计算了两次, 第二项就是减去一个总的相互作用能. 再用正规自能的表达式 (13.2.14) 代入, 即得

$$E=(2S+1)\sum_j\varepsilon_j\theta(\varepsilon_{\mathrm{F}}-\varepsilon_j)-\frac{1}{2}(2S+1)\sum_{l,j}\theta(\varepsilon_{\mathrm{F}}-\varepsilon_j)\theta(\varepsilon_{\mathrm{F}}-\varepsilon_l)$$
$$\times\int \mathrm{d}\boldsymbol{x}\mathrm{d}\boldsymbol{x}_1 V(\boldsymbol{x}-\boldsymbol{x}_1)[(2S+1)|\varphi_j(\boldsymbol{x})|^2|\varphi_l(\boldsymbol{x}_1)|^2-\varphi_j^*(\boldsymbol{x})\varphi_l^*(\boldsymbol{x}_1)\varphi_l(\boldsymbol{x})\varphi_j(\boldsymbol{x}_1)] \tag{13.2.21}$$

粒子数密度

$$n(\boldsymbol{x})=(2S+1)\langle\psi_{\mathrm{H}}^0|\psi_{\mathrm{H}}^\dagger(\boldsymbol{x})\psi_{\mathrm{H}}(\boldsymbol{x})|\psi_{\mathrm{H}}^0\rangle=-\mathrm{i}(2S+1)g(\boldsymbol{x}t,\boldsymbol{x}t^+)$$
$$=-\mathrm{i}(2S+1)\int\frac{\mathrm{d}\omega}{2\pi}\mathrm{e}^{\mathrm{i}\omega 0^+}G(\boldsymbol{x},\boldsymbol{x};\omega)=(2S+1)\sum_j|\varphi_j(\boldsymbol{x})|^2\theta(\varepsilon_{\mathrm{F}}-\varepsilon_j) \tag{13.2.22}$$

如果无外场的话, 情况都特别简单了. 一方面 (13.2.11) 的解就是平面波, 另一方面, 由于空间均匀性,G 与 Σ^* 都是坐标差 $\boldsymbol{x}-\boldsymbol{x}'$ 的函数. 容易验证一级正规自能 $\Sigma^{*(1)}$ 已经满自洽的要求, 无须作第二次迭代. 单粒子能量为

$$\varepsilon_{\boldsymbol{k}}=\varepsilon_{\boldsymbol{k}}^0+\Sigma^{*(1)}(\boldsymbol{k}) \tag{13.2.23}$$

13.2.3 有限温度情形

这时应用松原函数, 它对没有发生凝聚的一切平衡态系统都适用. 现在哈密顿量 H_0 应由 (13.2.3) 改为

$$H_0=\int \mathrm{d}\boldsymbol{x}\psi_\alpha^\dagger(\boldsymbol{x})\left[-\frac{\hbar^2}{2m}\nabla^2-\mu+V^{\mathrm{e}}(\boldsymbol{x})\right]\psi_\alpha(\boldsymbol{x}) \tag{13.2.24}$$

现在对图形的分析与零温情况完全相同, 也是图 13.14∼ 图 13.17. 有区别的地方是, 现在对虚时间应用分立频率值的傅里叶变换.

$$G(\boldsymbol{x},\tau;\boldsymbol{x}',\tau')=\frac{1}{\beta\hbar}\sum_n \mathrm{e}^{-\mathrm{i}\omega_n(\tau-\tau')}G(\boldsymbol{x},\boldsymbol{x}';\omega_n) \tag{13.2.25}$$

$$\Sigma^*(\boldsymbol{x},\tau;\boldsymbol{x}',\tau')=\frac{1}{\beta\hbar}\sum_n \mathrm{e}^{-\mathrm{i}\omega_n(\tau-\tau')}\Sigma^*(\boldsymbol{x},\boldsymbol{x}';\omega_n) \tag{13.2.26}$$

针对图 13.14 可写出一组方程 [参看 (13.2.9),(13.2.10)].

$$G(\boldsymbol{x},\boldsymbol{x}';\omega_n)=G^0(\boldsymbol{x},\boldsymbol{x}';\omega_n)+\frac{1}{\hbar}\int \mathrm{d}\boldsymbol{x}_1\mathrm{d}\boldsymbol{x}_1'G(\boldsymbol{x},\boldsymbol{x}_1;\omega_n)\Sigma^*(\boldsymbol{x}_1,\boldsymbol{x}_1')G(\boldsymbol{x}_1',\boldsymbol{x}';\omega_n) \tag{13.2.27}$$

$$\begin{aligned}\Sigma^*(\boldsymbol{x}_1,\boldsymbol{x}_1';\omega_n)=&\pm(2S+1)\delta(\boldsymbol{x}_1-\boldsymbol{x}_1')\int \mathrm{d}\boldsymbol{x}_2V(\boldsymbol{x}_1-\boldsymbol{x}_2)\frac{1}{\beta\hbar}\sum_m \mathrm{e}^{\mathrm{i}\omega_m0^+}G(\boldsymbol{x}_2,\boldsymbol{x}_2;\omega_m)\\&-V(\boldsymbol{x}_1-\boldsymbol{x}_1')\frac{1}{\beta\hbar}\sum_m \mathrm{e}^{\mathrm{i}\omega_m0^+}G(\boldsymbol{x}_1,\boldsymbol{x}_1';\omega_m)=\Sigma^*(\boldsymbol{x}_1,\boldsymbol{x}_1')\end{aligned} \tag{13.2.28}$$

正规自能 $\Sigma^*(\boldsymbol{x}_1,\boldsymbol{x}_1{}')$ 与频率无关.

未微扰的松原函数 G^0 可用 (13.2.11) 式 h_0 的正交归一本征函数 $\varphi_j^0(\boldsymbol{x})$ 展开. 这时的场算符为

$$\psi_{\mathrm{I}}(x)=\sum_j a_j\varphi_j^0(\boldsymbol{x})\mathrm{e}^{(\varepsilon_j^0-\mu)\tau/\hbar},\ \psi_{\mathrm{I}}^\dagger(x)=\sum_j a_j^\dagger\varphi_j^{0^*}(\boldsymbol{x})\mathrm{e}^{-(\varepsilon_j^0-\mu)\tau/\hbar}$$

仿照 (13.2.12) 的推导

$$
\begin{aligned}
G^0(x,x') &= -\sum_j \varphi_j^0(\boldsymbol{x})\varphi_j^{0*}(\boldsymbol{x}')\mathrm{e}^{-(\varepsilon_j^0-\mu)(\tau-\tau')/\hbar}[\theta(\tau-\tau')\langle a_j a_j^\dagger\rangle + \eta\theta(\tau'-\tau)\langle a_j^\dagger a_j\rangle] \\
&= -\sum_j \varphi_j^0(\boldsymbol{x})\varphi_j^{0*}(\boldsymbol{x}')\mathrm{e}^{-(\varepsilon_j^0-\mu)(\tau-\tau')/\hbar}\{\theta(\tau-\tau')[1+\eta f_{-\eta}(\varepsilon_j^0-\mu)] \\
&\quad + \eta\theta(\tau'-\tau)f_{-\eta}(\varepsilon_j^0-\mu)\}
\end{aligned} \tag{13.2.29}
$$

此式可与 (11.3.28) 比较, 那儿因为不考虑外场, $\varphi_j(\boldsymbol{x})$ 就是平面波. 对虚时间作傅里叶变换, 易得

$$
G^0(\boldsymbol{x},\boldsymbol{x}';\omega_n) = \sum_j \frac{\varphi_j^0(\boldsymbol{x})\varphi_j^{0*}(\boldsymbol{x}')}{\mathrm{i}\hbar\omega_n - \varepsilon_j^0 + \mu} \tag{13.2.30}
$$

完全类似于零温情形, 由于 Σ^* 与 ω_n 无关, 我们假定 G 与 G^0 有完全相同的形式.

$$
G(\boldsymbol{x},\boldsymbol{x}';\omega_n) = \sum_j \frac{\varphi_j(\boldsymbol{x})\varphi_j^{*}(\boldsymbol{x}')}{\mathrm{i}\hbar\omega_n - \varepsilon_j + \mu} \tag{13.2.31}
$$

ε_j 与 $\varphi_j(\boldsymbol{x})$ 是有相互作用的 “单粒子” 本征能级与本征能谱, 待求. 将 (13.2.31) 代入 (13.2.28), 对频率求和得

$$
\begin{aligned}
\Sigma^*(\boldsymbol{x}_1,\boldsymbol{x}_1') =& (2S+1)\delta(\boldsymbol{x}_1-\boldsymbol{x}_1')\int \mathrm{d}\boldsymbol{x} V(\boldsymbol{x}_1-\boldsymbol{x})\sum_j |\varphi_j(\boldsymbol{x})|^2 f_{-\eta}(\varepsilon_j-\mu) \\
&+ \eta\sum_j V(\boldsymbol{x}_1-\boldsymbol{x}_1')\varphi_j(\boldsymbol{x}_1)\varphi_j^*(\boldsymbol{x}_1')f_{-\eta}(\varepsilon_j-\mu)
\end{aligned} \tag{13.2.32}
$$

此式可与 (13.2.14) 相比较.(13.2.27),(13.2.32) 构成了用 φ_j^0 来求出 φ_j 的非线性积分方程组. 同样可证明它就是 HF 自洽场方程.

定义算符

$$
L_x = \mathrm{i}\hbar\omega_n + \frac{\hbar^2}{2m}\nabla^2 + \mu - V^{\mathrm{e}}(\boldsymbol{x}) \tag{13.2.33}
$$

下面仿照 (13.2.15-18) 的步骤运作, 易得 φ_j 满足的方程为

$$
\left[-\frac{\hbar^2}{2m}\nabla^2 + V^{\mathrm{e}}(\boldsymbol{x})\right]\varphi_l(\boldsymbol{x}) + \int \mathrm{d}\boldsymbol{x}_1 \Sigma^*(\boldsymbol{x},\boldsymbol{x}_1)\varphi_l(\boldsymbol{x}_1) = \varepsilon_l\varphi_l(\boldsymbol{x}) \tag{13.2.34}
$$

此式形式上与 (13.2.18) 同, 差别在于这儿的 Σ^* 显含温度 T 与化学势 μ, 见 (13.2.32). 接着将 (13.2.32) 的 Σ^* 代入, 容易得到自洽方程:

$$
\begin{aligned}
&\left[-\frac{\hbar^2}{2m}\nabla^2 + V^{\mathrm{e}}(\boldsymbol{x})\right]\varphi_l(\boldsymbol{x}) + \int \mathrm{d}\boldsymbol{x}_1 V(\boldsymbol{x}-\boldsymbol{x}_1)\sum_j |\varphi_j(\boldsymbol{x}_1)|^2(2S+1)f_{-\eta}(\varepsilon_j-\mu)\varphi_l(\boldsymbol{x}) \\
&- \eta\int \mathrm{d}\boldsymbol{x}_1 V(\boldsymbol{x}-\boldsymbol{x}_1)\sum_j \varphi_l(\boldsymbol{x}_1)\varphi_j^*(\boldsymbol{x}_1)f_{-\eta}(\varepsilon_j-\mu)\varphi_j(\boldsymbol{x}) = \varepsilon_l\varphi_l(\boldsymbol{x})
\end{aligned} \tag{13.2.35}
$$

此式可与 (13.2.19) 相比较, 也可与 (11.2.6) 式相对照.

现在计算系统的总能量, 仍仿照 (13.2.20) 的做法, 可得

$$\begin{aligned}
&E(T,V,\mu)\\
&=\eta(2S+1)\int \mathrm{d}\boldsymbol{x}\lim_{\boldsymbol{x}'\to\boldsymbol{x}}\frac{1}{\beta\hbar}\sum_n \mathrm{e}^{\mathrm{i}\omega_n 0^+}\frac{1}{2}\left[\mathrm{i}\hbar\omega_n-\frac{\hbar^2}{2m}\nabla^2+V^{\mathrm{e}}(\boldsymbol{x})+\mu\right]G(\boldsymbol{x},\boldsymbol{x}';\omega_n)\\
&=(2S+1)\sum_j \varepsilon_j f_{-\eta}(\varepsilon_j-\mu)\\
&\quad-\frac{1}{2}(2S+1)\int \mathrm{d}\boldsymbol{x}\mathrm{d}\boldsymbol{x}'\sum_n \varphi_j(\boldsymbol{x})\Sigma^*(\boldsymbol{x},\boldsymbol{x}')\varphi_j(\boldsymbol{x}')f_{-\eta}(\varepsilon_j-\mu)
\end{aligned}\tag{13.2.36}$$

这两项的物理意义见 (13.2.20) 下面的讨论. 将 (13.2.32) 代入

$$\begin{aligned}
E(T,V,\mu)=&(2S+1)\sum_j \varepsilon_j f_{-\eta}(\varepsilon_j-\mu)-\frac{1}{2}(2S+1)\sum_{l,j}f_{-\eta}(\varepsilon_l-\mu)f_{-\eta}(\varepsilon_j-\mu)\\
&\int \mathrm{d}\boldsymbol{x}\mathrm{d}\boldsymbol{x}_1 V(\boldsymbol{x}-\boldsymbol{x}_1)[(2S+1)|\varphi_j(\boldsymbol{x})|^2|\varphi_l(\boldsymbol{x}_1)|^2-\varphi_j^*(\boldsymbol{x})\varphi_l^*(\boldsymbol{x}_1)\varphi_l(\boldsymbol{x})\varphi_j(\boldsymbol{x}_1)]
\end{aligned}\tag{13.2.37}$$

粒子数密度也可仿照 (13.2.22) 式算出为

$$n(\boldsymbol{x})=(2S+1)\sum_j |\varphi_j(\boldsymbol{x})|^2 f_{-\eta}(\varepsilon_j-\mu)\tag{13.2.38}$$

如果无外场, 单粒子的能量为

$$\varepsilon_{\boldsymbol{k}}=\varepsilon_{\boldsymbol{k}}^0+\Sigma^{*(1)}(\boldsymbol{k})\tag{13.2.39}$$

上述所有公式的物理意义都与零温情况的相同, 只是这儿的量 (主要是通过正规自能 Σ^*) 都是温度 T 与化学势 μ 的函数, 这个依赖关系实际上就是体现在分布函数 $f_{-\eta}(\varepsilon_j-\mu)=\dfrac{1}{\mathrm{e}^{\beta(\varepsilon_j-\mu)}-\eta}$ 中的. 由于上述公式都不含时间 (虚时间). 因此对费米子系统来说, 当 $T\to 0$ 时, 有限温度的公式应自然成为零温公式. 事实上正是如此, 当 $T\to 0$ 时,$f_+(\varepsilon_j-\mu)\to\theta(\mu-\varepsilon_j)$, 这时将上述公式中的 $f_+(\varepsilon_j-\mu)$ 都代之以 $\theta(\mu-\varepsilon_j)$ 的确回到了零温公式.

§13.3 环形图近似

13.3.1 高密度电子气

前一节讲述的 SCHF 近似方法适用于电子系统的密度不太高的情况. 对于高密度电子系统, 这一方法失效. 这时必须采用环形图近似. 高密度电子气是从金属中

电子气抽象出来的一个理想模型. 排列在点阵格点上的正离子, 近似地看作是均匀抹平了的、不动的正电荷背景, 数量相同的电子则在此正电荷背景中运动, 整个系统呈电中性. 这一图像被认为好像凝胶 (jellium) 一样, 因而这一模型被称为凝胶模型.

系统的总哈密顿量为

$$H = H_{\text{el}} + H_{\text{b}} + H_{\text{el-b}} \tag{13.3.1}$$

其中

$$H_{\text{el}} = \sum_{\boldsymbol{k}} \varepsilon^0(\boldsymbol{k}) C_{\boldsymbol{k}}^\dagger C_{\boldsymbol{k}} + \frac{1}{2} \sum_{\boldsymbol{k}_1 \boldsymbol{k}_2 \boldsymbol{q}} V(\boldsymbol{q}) C_{\boldsymbol{k}_1+\boldsymbol{q}}^\dagger C_{\boldsymbol{k}_2-\boldsymbol{q}}^\dagger C_{\boldsymbol{k}_2} C_{\boldsymbol{k}_1} \tag{13.3.2}$$

是电子的动能 $\varepsilon^0(\boldsymbol{k})=h^2k^2/(2m)$ 与相互作用势能.H_{b} 是均匀正电荷背景的相互作用势能.$H_{\text{el-b}}$ 则是电子气与正电荷背景之间的相互作用能. 计算表明 (见附录 B),(13.3.2) 中 $\boldsymbol{q}=0$ 的项与 H_b 的数值相同, 而且都是正号,$H_{\text{el-b}}$ 则是 H_{b} 的两倍, 但为负号. 因此有

$$\frac{1}{2} V(0) \sum_{\boldsymbol{k}_1 \boldsymbol{k}_2} C_{\boldsymbol{k}_1}^\dagger C_{\boldsymbol{k}_2}^\dagger C_{\boldsymbol{k}_2} C_{\boldsymbol{k}_1} + H_{\text{b}} + H_{\text{el-b}} = 0 \tag{13.3.3}$$

从而总哈密顿量只剩下

$$H = \sum_{\boldsymbol{k}} \varepsilon^0(\boldsymbol{k}) C_{\boldsymbol{k}}^\dagger C_{\boldsymbol{k}} + \frac{1}{2} \sum_{\boldsymbol{k}_1 \boldsymbol{k}_2 \boldsymbol{q} \neq 0} V(\boldsymbol{q}) C_{\boldsymbol{k}_1+\boldsymbol{q}}^\dagger C_{\boldsymbol{k}_2-\boldsymbol{q}}^\dagger C_{\boldsymbol{k}_2} C_{\boldsymbol{k}_1} \tag{13.3.4}$$

现在考虑的是电子之间的库仑作用力, 于是相互作用势的傅里叶分量为

$$V(\boldsymbol{q}) = \frac{e^2}{\varepsilon_0 q^2} \tag{13.3.5}$$

现在讨论 "高密度" 的物理含义. 高密度是指电子间距离 r_0 比玻尔半径 $a_0 = 4\pi\varepsilon_0\hbar^2/(2me^2)$ 小很多的情况：$r_0 \ll a_0$. 如果引入无量纲参数 r_{s}：

$$r_0 = r_{\text{s}} a_0 \tag{13.3.6}$$

则高密度的条件指

$$r_{\text{s}} \ll 1 \tag{13.3.7}$$

平均每个电子所占的体积为 $\dfrac{V}{N} = \dfrac{4}{3}\pi r_0^3$, 因此 $r_{\text{s}} = a_0^{-1}\left(\dfrac{4}{3}\pi\right)^{-1/3}\left(\dfrac{N}{V}\right)^{-1/3}$. 又由费米波矢 $\boldsymbol{k}_{\text{F}}$ 的定义, 有 $N/V = k_{\text{F}}^3/(3\pi^2)$. 得到 $r_{\text{s}} = \left(\dfrac{9}{4}\pi\right)^{1/3}\dfrac{1}{k_{\text{F}}a_0}$. 因此高密度也可表示为费米波矢应满足下列条件：

$$k_{\text{F}} a_0 \gg 1 \tag{13.3.8}$$

容易估计高密度电子气中势能与动能之比. 平均每个电子的动能为 $E_{\mathrm{K}} \sim \hbar^2 k^2/2m$, 势能为 $E_{\mathrm{V}} \sim e^2/(4\pi\varepsilon_0 r_{\mathrm{s}} a_0)$. 两者之比 $E_{\mathrm{V}}/E_{\mathrm{K}} \sim 1/[(k_{\mathrm{F}}a_0)^2 r_{\mathrm{s}}]=(4/9\pi)^{2/3} r_{\mathrm{s}} \ll 1$. 这相当于弱相互作用条件. 原则上说, 微扰展开是完全适用的, 可以把 e^2/ε_0, 作为小参量来做微扰展开. 我们希望挑选出合适的部分图形进行求和, 计算得到与实际情况相符合的结果.

13.3.2 零温理论

根据 13.1.3 节所讲的思路, 我们要对低阶微扰图形作分析, 挑选出主要贡献的图形, 忽略掉相对小量项. 应注意到 (13.3.4) 式中不含 $\boldsymbol{q}=0$ 的项, 因此各阶微扰图形中含有 $V(0)$ 相互作用线的图都不用考虑, 或者说, 含有一根粒子线自身闭合的图形都不用考虑. 这样, 从图 10.12, 图 10.13 可看到, 正规自能的一阶图形只剩一个, 二阶图形只剩三个, 见图 13.19.

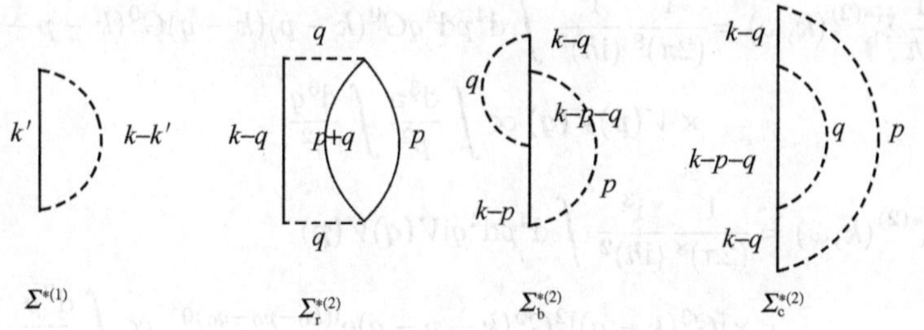

图 13.19 库仑相互作用电子气不为零的一阶和二阶图形

一阶图形的 $\Sigma^{*(1)}(\boldsymbol{k})$ 容易直接计算出来.

$$\Sigma^{*(1)}(\boldsymbol{k}) = -\int \frac{\mathrm{d}\boldsymbol{k}'}{(2\pi)^3} V(\boldsymbol{k}-\boldsymbol{k}')\theta(k_{\mathrm{F}}-k') \tag{13.3.9}$$

见 (10.4.12) 式, 这已是对频率作积分后的结果. 将 (13.3.5) 式代入

$$\begin{aligned}
\Sigma^{*(1)}(\boldsymbol{k}) &= -\frac{e^2}{\varepsilon_0(2\pi)^3}\int \mathrm{d}\boldsymbol{k}' \frac{\theta(k_{\mathrm{F}}-k')}{|\boldsymbol{k}-\boldsymbol{k}'|^2} \\
&= -\frac{e^2}{\varepsilon_0(2\pi)^3\varepsilon_0 k}\int_0^{k_{\mathrm{F}}} k'^2 \mathrm{d}k' \int_0^{2\pi}\mathrm{d}\varphi \int_0^{\pi} \frac{\mathrm{d}\theta}{k^2+k'^2-2kk'\cos\theta} \\
&= -\frac{e^2}{(2\pi)^3\varepsilon_0 k}\int_0^{k_{\mathrm{F}}} k'\mathrm{d}k' \ln\left|\frac{k+k'}{k-k'}\right| = -\frac{e^2}{4\pi^2\varepsilon_0} k_{\mathrm{F}}\left(1+\frac{k_F^2-k^2}{2kk_{\mathrm{F}}}\ln\left|\frac{k_{\mathrm{F}}+k}{k_{\mathrm{F}}-k}\right|\right)
\end{aligned} \tag{13.3.10}$$

这是一个有限量. 对于目前的物理系统, 我们可以如下来估计正规自能的积分是否收敛或者发散. 对于 $\Sigma^{*(1)}(\boldsymbol{k})$, 按照图形规则写出其表达式如下：

$$\frac{1}{\mathrm{i}\hbar}\Sigma^{*(1)}(\boldsymbol{k}) = \frac{1}{(2\pi)^4}\int \mathrm{d}^4 k' \frac{1}{\mathrm{i}\hbar} V(\boldsymbol{k}-\boldsymbol{k}')\mathrm{i}G^0(k')\mathrm{e}^{\mathrm{i}k_0' 0^+} \tag{13.3.11}$$

$V(\boldsymbol{q}) \propto 1/q^2$. 由于 $G^0(\boldsymbol{q},q_0)$ 中有 $\theta(k_{\rm F}-q)$ 的限制, 对 $\boldsymbol{q}$ 的积分在一个有限范围内, 对于 d^3q 的积分是收敛的. 然而下面的有些积分当 $\boldsymbol{q}\to 0$ 时, 积分可能出现奇异性. 其物理意义是高密度电子气中的激发主要是在费米面附近 (即动量能递 $\boldsymbol{q}$ 很小) 的电子和空穴.

将此分析应用于二阶微扰的三个图形, 见图 13.19. 这三个图形正好分别是对相互作用线的修正、对顶角的修正和对粒子线的修正. 估计它们的积分在 $\boldsymbol{q}\to 0$ 时的行为:

$$\frac{1}{\mathrm{i}\hbar}\Sigma_{\rm r}^{*(2)}(\boldsymbol{k},\omega)=-\frac{1}{(2\pi)^8}\int \mathrm{d}^4p\mathrm{d}^4q\mathrm{i}G^0(k-q)\mathrm{i}G^0(p+q)\mathrm{i}G^0(p)$$
$$\times\left(\frac{1}{\mathrm{i}\hbar}\right)^2 V^2(\boldsymbol{q})\propto\int\frac{\mathrm{d}^3q}{q^4}\sim\frac{1}{q}\to\infty \tag{13.3.12}$$

$$\frac{1}{\mathrm{i}\hbar}\Sigma_{\rm b}^{*(2)}(\boldsymbol{k},\omega)=\frac{1}{(2\pi)^8}\frac{\mathrm{i}^3}{(\mathrm{i}\hbar)^2}\int \mathrm{d}^4p\mathrm{d}^4qG^0(k-p)(k-q)G^0(k-p-q)$$
$$\times V(\boldsymbol{p})V(\boldsymbol{q})\propto\int\frac{\mathrm{d}^3p}{p^2}\int\frac{\mathrm{d}^3q}{q^2} \tag{13.3.13}$$

$$\frac{1}{\mathrm{i}\hbar}\Sigma_{\rm c}^{*(2)}(\boldsymbol{k},\omega)=\frac{1}{(2\pi)^8}\frac{\mathrm{i}^3}{(\mathrm{i}\hbar)^2}\int \mathrm{d}^4p\mathrm{d}^4q\mathrm{i}V(\boldsymbol{q})V(\boldsymbol{p})$$
$$\times[G^0(k-q)]^2G^0(k-p-q)\mathrm{e}^{\mathrm{i}(k_0-p_0-q_0)0^+}\propto\int\frac{\mathrm{d}^3p}{p^2}\int\frac{\mathrm{d}^3q}{q^2} \tag{13.3.14}$$

后面这两个结果是收敛的.

结论是, 在二阶图形中, 只有对相互作用线的修正是发散的. 由于这类发散出现在长波极限 ($\boldsymbol{q}\to 0$), 因而被称为红外发散, 它是由库仑力的长程性所导致的. 对于高阶图形同样的分析使我们可以断定, 相对来说, 对粒子线的修正与顶角修正都不重要, 可以略去, 只需考虑对相互作用线的修正.

再分析二阶正规自能图形的结构, 可以看到 $\Sigma_{\rm r}^{*(2)}$ 的发散特征与其中两根相互作用线 $V(\boldsymbol{q})$ 上的动量传递 $\boldsymbol{q}$ 相等这一事实分不开. 在 $\Sigma_{\rm b}^{*(2)}$ 与 $\Sigma_{\rm c}^{*(2)}$ 中, 两根相互作用线的动量传递不等, 因此不导致发散, 可比较 (13.3.12)~(13.3.14) 式. 类似的情

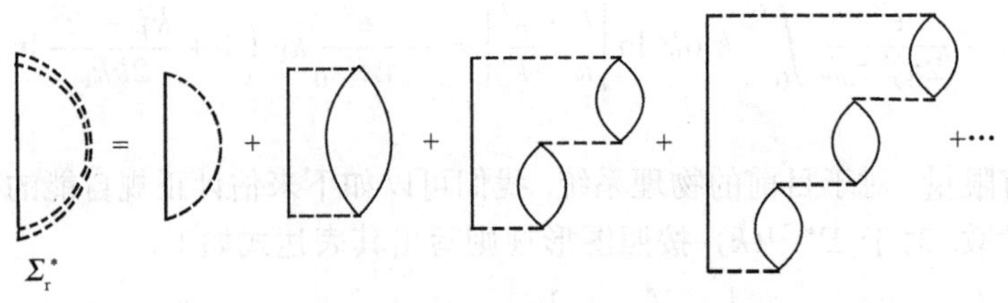

图 13.20　只考虑对相互作用线的修正, 就是环形图求和

况在高阶图形中也存在. 在图 13.20 中画出了每根 $V\ (\boldsymbol{q})$ 的 $\boldsymbol{q}$ 都相等的所有图形. 其中三阶图形的发散性是

$$\Sigma_{\mathrm{c}}^{*(3)} \propto \int \frac{\mathrm{d}^3 q}{q^6} \sim \frac{1}{q^3} \tag{13.3.15}$$

n 阶图形的发散性是

$$\Sigma_{\mathrm{c}}^{*(n)} \propto \int \frac{\mathrm{d}^3 q}{q^{2n}} \sim \frac{1}{q^{2n-3}} \tag{13.3.16}$$

如果其中有一根相互作用线的动量与其他的不同, 那么就不如图 13.20 中同阶图形的发散程度高. 例如读者可估计图 13.21 的发散性为

$$\Sigma_{\mathrm{c}}^{*(3)} \propto \int \frac{\mathrm{d}^3 q}{q^4} \int \frac{\mathrm{d}^3 p}{p^2} \sim \frac{1}{q} \tag{13.3.17}$$

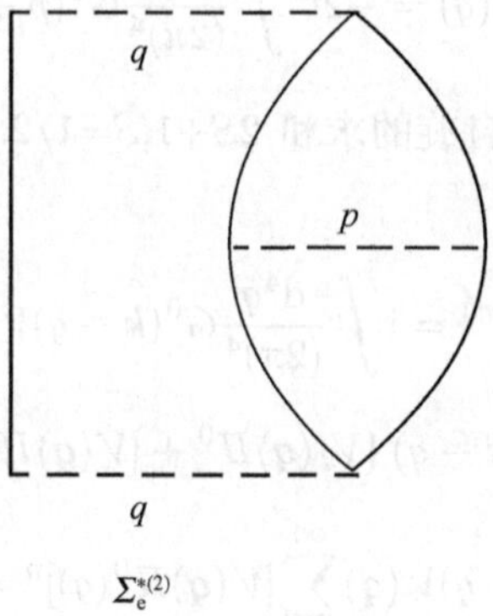

图 13.21 三阶图形中的一个, 其中一根虚线的动量 p 与其他虚线的不同

不如 (13.3.15) 式. 因此, 即使是对相互作用线的修正, 我们也没有必要考虑全部的图形. 只有相互作用线的动量传递全都相同的正规自能图是发散程度最高的图形. 所以在图 13.20 的求和中我们只保留这样的图形而抛弃发散程度较次的图形. 图 13.20 的所有图形的共同点是: 在对相互作用线的修正中, 只取仅仅由电子和空穴组成的闭合环, 见图 13.22, 常称为环形图. 用 Σ_{r}^* 来近似代替 Σ^* 就称为环形图近似.

三阶项 (13.3.17) 与二阶项 $\Sigma_{\mathrm{r}}^{*(2)}$(13.3.12) 的发散程度看起来是相同的, 是否能将它们归并到一起呢? 这儿还有上面提到过的一个小参量在起作用, 每个 $V(\boldsymbol{q})$ 中有一因子 e^2/ε_0. 这是一个小参量. $\Sigma_{\mathrm{e}}^{*(3)}$ 中含因子 $(e^2/\varepsilon_0)^3$, 它比 $\Sigma_{\mathrm{r}}^{*(2)}$ 中的因子 $(e^2/\varepsilon_0)^2$ 是高阶小量. 因此只有相同阶数的微扰图形才能相互比较. 下面讨论环形图近似成立的条件则从另一个角度给出了证明.

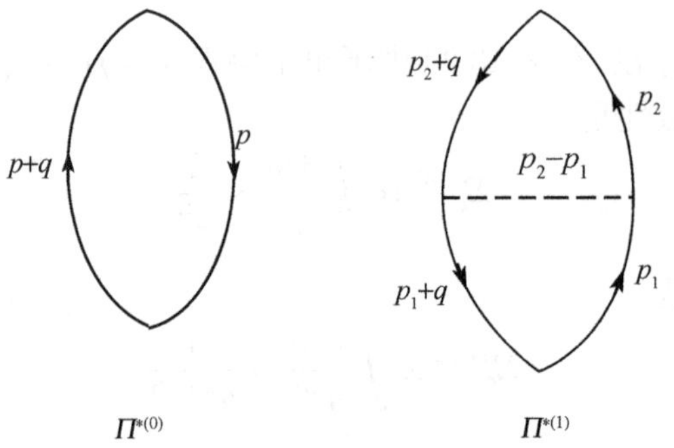

图 13.22　$\Pi^{*(0)}$ 和 $\Pi^{*(1)}$ 的图形

为了对环形图求和, 必须计算图 13.22 的电子 – 空穴闭合环. 它是最低阶的正规极化部分 $\Pi^{*(0)}$, 同时也是最低阶的极化部分, 所以可简记为 $\Pi^{*(0)}=\Pi^0$. 写出图 13.22 的表示式:

$$\mathrm{i}\hbar\Pi^0(q)=\mathrm{i}\hbar\Pi^{*(0)}(q)=-2\mathrm{i}^2\int\frac{\mathrm{d}^4p}{(2\pi)^4}G^0(p+q)G^0(p) \tag{13.3.18}$$

其中因子 2 是来自于对电子自旋的求和 $2S+1,S=1/2$. 这样图 13.20 的求和可以很方便地表示为下列解析形式

$$\begin{aligned}\Sigma_{\mathrm{r}}^*(\boldsymbol{k},\omega)=&\ \Sigma^{*(1)}+\sum_{n=2}^{\infty}\Sigma_{\mathrm{r}}^{*(n)}=\mathrm{i}\int\frac{\mathrm{d}^4q}{(2\pi)^4}G^0(k-q)V(\boldsymbol{q})\\&+\mathrm{i}\int\frac{\mathrm{d}^4q}{(2\pi)^4}G^0(k-q)\left\{V(\boldsymbol{q})\Pi^0+[V(\boldsymbol{q})\Pi^0(q)]^2+\cdots\right\}\\&=\mathrm{i}\int\frac{\mathrm{d}^4q}{(2\pi)^4}G^0(k-q)V(\boldsymbol{q})\sum_{n=0}^{\infty}[V(\boldsymbol{q})\Pi^0(q)]^n=\mathrm{i}\int\frac{\mathrm{d}^4q}{(2\pi)^4}G^0(k-q)U_r(q)\end{aligned} \tag{13.3.19}$$

其中

$$U_{\mathrm{r}}(q)=\frac{V(\boldsymbol{q})}{1-V(\boldsymbol{q})\Pi^0(q)}=\frac{e^2/\varepsilon_0}{|\boldsymbol{q}|^2-e^2\Pi^0(q)/\varepsilon_0} \tag{13.3.20}$$

即把原来 $\boldsymbol{q}\to 0$ 时都发散的每一项, 在未对 $\boldsymbol{q}$ 积分之前, 作了求和. 这正是用了 (13.1.5) 式所讨论过的技巧. 与导致红外发散的因子 $V(\boldsymbol{q})=e^2/\varepsilon_0\boldsymbol{q}^2$ 不同, 求和的结果 $U_{\mathrm{r}}(q)$ 在 $|\boldsymbol{q}|\to 0$ 时趋于有限量, 已不具有奇异性, 因此发散得以消除. 从物理的角度看, 图形部分求和的结果相当于用有效相互作用 $U_{\mathrm{r}}(q)$ 取代原来的长程库仑势 $V(\boldsymbol{q})$, 其特点为: ①$U_{\mathrm{r}}(q)$ 是四维动量 $\boldsymbol{q}$ 的函数, 它的第四分量就是频率. 有效相互作用的傅里叶分量与频率有关, 说明这个作用是含时的, 是推迟的相互作用; ②$U_{\mathrm{r}}(q)$ 在长波极限 $|\boldsymbol{q}|\to 0$ 时已不再具有奇异性. 用它代替具有奇异性的 $V(\boldsymbol{q})$, 相当于把原来 $V(\boldsymbol{q})$ 中的长波部分切掉, 故有效相互作用势是短程的, 其物理机制是由

于在环形图近似中考虑了库仑力的动力学相关效应：库仑作用使得每个电子要推开邻近电子. 对于总体为电中性的系统来说, 相当于在每个电子周围都形成了"相关空穴", 它跟着激发它的电子一起运动, 使电子间的长程库仑作用被屏蔽掉.

现在讨论环形图近似成立的条件. 环形图近似是把严格的有效相互作用线 $U(q) = V(\boldsymbol{q})/[1-V(\boldsymbol{q})\Pi^*(\boldsymbol{q})]$ 用 (13.3.20) 式的 $U_{\rm r}(q)$ 近似表示, 也就是说, 在正规极化图形 Π^* 中, 只保留了最低阶图形 $\Pi^{*(0)}$ 而忽略了高阶图形 $\Pi^{*(n)}$, 这样做的前提必须是：

$$\Pi^{*(0)} \gg \Pi^{*(n)}, n = 1, 2, \cdots, \infty \tag{13.3.21}$$

首先要证明 $\Pi^{*(0)} \gg \Pi^{*(1)}$, 按照图 13.22 写出 $\Pi^{*(1)}$ 的表达式

$$\mathrm{i}\hbar\Pi^{*(1)}(q) = -2\frac{\mathrm{i}^4}{\mathrm{i}\hbar}\frac{1}{(2\pi)^8}\int \mathrm{d}^4p_1\mathrm{d}^4p_2 G^0(p_1)G^0(p_1+q)G^0(p_2)G^0(p_2+q)V(\boldsymbol{p}_2-\boldsymbol{p}_1) \tag{13.3.22}$$

由于 $\Sigma^{*(1)}$ 是红外发散, 只有 $\boldsymbol{q}\rightarrow 0$ 的积分是主要的. 这时 $V(|\boldsymbol{p}_2-\boldsymbol{p}_1|)$ 可近似地估计为 $e^2/\varepsilon_0 k_{\rm F}^2$, 因为即使在 $\boldsymbol{q}$ 很小时, 动量传递 $|\boldsymbol{p}_2-\boldsymbol{p}_1|$ 还是在 $0\rightarrow 2k_{\rm F}$ 之间变化, 宗量取中间值 $k_{\rm F}$. 于是积分 (13.3.22) 估计为：

$$\begin{aligned}\mathrm{i}\hbar\Pi^{*(1)}(q) &\sim -2\frac{\mathrm{i}^4}{\mathrm{i}\hbar}\frac{1}{(2\pi)^8}\frac{e^2}{\varepsilon_0 k_{\rm F}^2}\int \mathrm{d}^4p_1\mathrm{d}^4p_2 G^0(p_1)G^0(p_1+q)G^0(p_2)G^0(p_2+q)\\ &= -\frac{2}{\mathrm{i}\hbar}\frac{e^2}{\varepsilon_0 k_{\rm F}^2}[\mathrm{i}\hbar\Pi^{*(0)}]^2 = -2\mathrm{i}\hbar\frac{e^2}{\varepsilon_0 k_{\rm F}^2}(\Pi^{*(0)})^2\end{aligned} \tag{13.3.23}$$

在长波极限 $\boldsymbol{q}\rightarrow 0$ 时, 对 $\Pi^{*(0)}$ 的具体计算见下, 结果为 $\mathrm{i}\hbar\Pi^0 \sim m\, k_{\rm F}\,/(\pi\hbar^2)$, 因此得：

$$\frac{\Pi^{*(1)}(q)}{\Pi^0(q)} \sim \frac{e^2}{\varepsilon_0 k_{\rm F}^2}\Pi^{*(0)} \sim \frac{me^2}{4\pi\varepsilon_0\hbar^2 k_{\rm F}} = \frac{1}{k_{\rm F}a_0} \ll 1 \tag{13.3.24}$$

这正是高密度条件 (13.3.8). 依此类推 $\Pi^{*(2)}(q)$, $\Pi^{*(3)}(q)$ 等与 $\Pi^{*(0)}(q)$ 相比, 均是高阶小量. 所以, 环形图近似成立的判据就是高密度条件. 这里也进一步告诉我们, 略去发散程度较次的正规自能图形等效于略去极化部分的高阶小量. 因此, 在高密度条件下保留发散程度最高的图形是一个合理的近似.

$\Pi^0(q)$ 的计算

现在对 (13.3.18) 式作具体的计算. 将 $G^0(k)$ 的表达式代入, 有

$$\begin{aligned}\Pi^0(q) = \Pi^0(\boldsymbol{q},\omega) = \frac{2}{\mathrm{i}\hbar}\frac{1}{(2\pi)^4}\int \mathrm{d}\boldsymbol{k}\mathrm{d}\omega_1 &\left[\frac{\hbar\theta(|\boldsymbol{k}+\boldsymbol{q}|-k_{\rm F})}{\hbar(\omega+\omega_1)-\varepsilon^0(\boldsymbol{k}+\boldsymbol{q})+\mathrm{i}0^+}\right.\\ &\left.+\frac{\hbar\theta(k_{\rm F}-|\boldsymbol{k}+\boldsymbol{q}|)}{\hbar(\omega+\omega_1)-\varepsilon^0(\boldsymbol{k}+\boldsymbol{q})-\mathrm{i}0^+}\right]\left[\frac{\hbar\theta(|\boldsymbol{k}|-k_{\rm F})}{\hbar\omega_1-\varepsilon^0(\boldsymbol{k})+\mathrm{i}0^+}+\frac{\hbar\theta(k_{\rm F}-|\boldsymbol{k}|)}{\hbar\omega_1-\varepsilon^0(\boldsymbol{k})-\mathrm{i}0^+}\right]\end{aligned} \tag{13.3.25}$$

先考虑对 ω_1 的积分. 被积函数有四项. 对于两个极点都在上半平面的项, 在下半平面补上回路则积分为零. 同理, 两个极点都在下半平面的项贡献也为零. 对剩下的两项, 分别在上、下半平面补上回路对 ω_1 积分得到

$$\Pi^0(\boldsymbol{q},\omega)=2\int\frac{\mathrm{d}\boldsymbol{k}}{(2\pi)^3}\left[\frac{\theta(|\boldsymbol{k}+\boldsymbol{q}|-k_{\mathrm{F}})\theta(k_{\mathrm{F}}-k)}{\hbar\omega+\varepsilon^0(\boldsymbol{k})-\varepsilon^0(\boldsymbol{k}+\boldsymbol{q})+\mathrm{i}0^+}-\frac{\theta(k_{\mathrm{F}}-|\boldsymbol{k}+\boldsymbol{q}|)\theta(k-k_{\mathrm{F}})}{\hbar\omega+\varepsilon^0(\boldsymbol{k})-\varepsilon^0(\boldsymbol{k}+\boldsymbol{q})-\mathrm{i}0^+}\right]$$

在第二项中作变换 $\boldsymbol{k}\to-\boldsymbol{k}-\boldsymbol{q}$, 则成为

$$\Pi^0(\boldsymbol{q},\omega)=2\int\frac{\mathrm{d}\boldsymbol{k}}{(2\pi)^3}\theta(|\boldsymbol{k}+\boldsymbol{q}|-k_{\mathrm{F}})\theta(k_{\mathrm{F}}-k)\left[\frac{1}{\hbar\omega-\varepsilon_{\boldsymbol{qk}}+\mathrm{i}0^+}-\frac{1}{\hbar\omega+\varepsilon_{\boldsymbol{qk}}-\mathrm{i}0^+}\right] \tag{13.3.26}$$

其中已令

$$\varepsilon_{\boldsymbol{qk}}=\varepsilon^0(\boldsymbol{k}+\boldsymbol{q})-\varepsilon^0(\boldsymbol{k})=\frac{\hbar^2}{2m}[(\boldsymbol{k}+\boldsymbol{q})^2-k^2]=\frac{\hbar^2}{m}\left(\boldsymbol{q}\cdot\boldsymbol{k}+\frac{1}{2}q^2\right) \tag{13.3.27}$$

由 (13.2.26) 可看出, 被积函数是 ω 的偶函数. 并且当 $\omega\to\infty$ 时, 有 $\Pi^{*(0)}(\boldsymbol{q},\omega)\to O(1/\omega^2)$. 由于这种对称性, 我们只需研究 $\omega>0$ 的情况.

现在将实部与虚部分开来作计算. 利用 $\theta(x)=1-\theta(-x)$, 则 (13.3.26) 的实部为

$$\mathrm{Re}\Pi^0(\boldsymbol{q},\omega)=2P\int\frac{\mathrm{d}\boldsymbol{k}}{(2\pi)^3}\left[1-\theta(k_{\mathrm{F}}-|\boldsymbol{k}+\boldsymbol{q}|)\right]\theta(k_{\mathrm{F}}-k)\frac{2\varepsilon_{\boldsymbol{qk}}}{(\hbar\omega)^2-\varepsilon_{\boldsymbol{qk}}^2}$$

其中第二项中阶跃函数的乘积对变换 $\boldsymbol{k}\leftrightarrow\boldsymbol{k}+\boldsymbol{q}$ 是偶的, 而 ε_{qk} 对此变换是奇的, 见 (13.3.27), 因此上式第二项积分为零.

$$\mathrm{Re}\Pi^0(\boldsymbol{q},\omega)=2P\int\frac{\mathrm{d}\boldsymbol{k}}{(2\pi)^3}\frac{2\varepsilon_{\boldsymbol{qk}}}{(\hbar\omega)^2-\varepsilon_{\boldsymbol{qk}}^2}\theta(k_{\mathrm{F}}-k) \tag{13.3.28}$$

用 (13.3.27) 的最后等式代入

$$\mathrm{Re}\Pi^0(\boldsymbol{q},\omega)=2P\int\frac{\mathrm{d}\boldsymbol{k}}{(2\pi)^3}\left[\frac{\theta(k_{\mathrm{F}}-k)}{\hbar\omega-\hbar^2(\boldsymbol{q}\cdot\boldsymbol{k}+q^2/2)/m}-\frac{\theta(k_{\mathrm{F}}-k)}{\hbar\omega+\hbar^2(\boldsymbol{q}\cdot\boldsymbol{k}+q^2/2)/m}\right]$$

引入无量纲变量

$$\nu=m\omega/(\hbar k_{\mathrm{F}}^2) \tag{13.3.29}$$

再作积分, 得

$$\mathrm{Re}\Pi^0(\boldsymbol{q},\omega)=\frac{2m}{\hbar^2k_{\mathrm{F}}^2}P\int\frac{\mathrm{d}\boldsymbol{k}}{(2\pi)^3}\left[\frac{\theta(k_{\mathrm{F}}-k)}{\nu-qk\cos\theta/k_{\mathrm{F}}^2+q^2/2k_{\mathrm{F}}^2}-\frac{\theta(k_{\mathrm{F}}-k)}{\nu+qk\cos\theta/k_{\mathrm{F}}^2+q^2/2k_{\mathrm{F}}^2}\right]$$

$$
=\frac{2mk_{\mathrm{F}}^2}{4\pi^2\hbar^2}\left\{-1+\frac{k_{\mathrm{F}}}{2q}\left[1-\left(\frac{k_{\mathrm{F}}}{q}\nu-\frac{q}{2k_{\mathrm{F}}}\right)^2\right]\ln\left|\frac{1+(k_{\mathrm{F}}^2\nu/q-q/2k_{\mathrm{F}})}{1-(k_{\mathrm{F}}^2\nu/q-q/2k_{\mathrm{F}})}\right|\right.
$$

$$
\left.-\frac{k_{\mathrm{F}}}{2q}\left[1-\left(\frac{k_{\mathrm{F}}}{q}\nu+\frac{q}{2k_{\mathrm{F}}}\right)^2\right]\ln\left|\frac{1+(k_{\mathrm{F}}^2\nu/q-q/2k_{\mathrm{F}})}{1-(k_{\mathrm{F}}^2\nu/q-q/2k_{\mathrm{F}})}\right|\right\} \tag{13.3.30}
$$

再来计算 (13.3.26) 的虚部,

$$
\begin{aligned}
&\mathrm{Im}\Pi^0(\boldsymbol{q},\omega)\\
&=-\frac{1}{\hbar}\int\frac{\mathrm{d}\boldsymbol{k}}{(2\pi)^2}\theta(|\boldsymbol{k}+\boldsymbol{q}|-k_{\mathrm{F}})\theta(k_{\mathrm{F}}-k)[\delta(\omega-\varepsilon_{\boldsymbol{qk}}/\hbar)-\delta(\omega+\varepsilon_{\boldsymbol{qk}}/\hbar)]
\end{aligned} \tag{13.3.31}
$$

由于只需考虑 $\omega>0$ 的情况. (13.3.27) 又保证了 $\varepsilon_{\boldsymbol{qk}}>0$, 所以第二项为零. 利用无量纲变量 (13.3.29) 与等式

$$
\delta(ax)=\frac{1}{|a|}\delta(x)
$$

可将 (13.3.31) 中的 δ 函数写为

$$
\delta(\omega-\varepsilon_{\boldsymbol{qk}}/\hbar)=\frac{m}{\hbar^2k_{\mathrm{F}}^2}\delta(\nu-\boldsymbol{q}\cdot\boldsymbol{k}/k_{\mathrm{F}}^2-q^2/2k_{\mathrm{F}}^2) \tag{13.3.32}
$$

而 (13.3.31) 式成为

$$
\mathrm{Im}\Pi^0(\boldsymbol{q},\omega)=-\frac{m}{\hbar^2k_{\mathrm{F}}^2}\int\frac{\mathrm{d}\boldsymbol{k}}{(2\pi)^2}\theta(|\boldsymbol{k}+\boldsymbol{q}|-k_{\mathrm{F}})\theta(k_{\mathrm{F}}-k)\delta\left(\nu-\frac{\boldsymbol{q}\cdot\boldsymbol{k}}{k_{\mathrm{F}}^2}-\frac{q^2}{2k_{\mathrm{F}}^2}\right) \tag{13.3.33}
$$

由两个阶跃函数看到, $\boldsymbol{k}$ 必须取在费米球内部, 而矢量 $\boldsymbol{k}+\boldsymbol{q}$ 则必须取在费米球外部. 又能量守恒要求

$$
\frac{\boldsymbol{q}\cdot\boldsymbol{k}}{k_{\mathrm{F}}^2}+\frac{q^2}{2k_{\mathrm{F}}^2}=\nu \tag{13.3.34}
$$

它在 $\boldsymbol{k}$ 空间中定义了一个平面.

积分的范围由这个平面与费米球的相交而定, 可分为三种不同的情况：

1. $$
q>2k_{\mathrm{F}},\ \frac{q^2}{2k_{\mathrm{F}}^2}+\frac{q}{k_{\mathrm{F}}}\geqslant\nu\geqslant\frac{q^2}{2k_{\mathrm{F}}^2}-\frac{q}{k_{\mathrm{F}}} \tag{13.3.35}
$$

让 $\boldsymbol{q}$ 从一个费米球的球心指向另一个费米球的球心. 由于 $\boldsymbol{q}>2k_{\mathrm{F}}$, 两球不相交. 由图 13.23 可知, 上球内的任意 $\boldsymbol{k}$ 都是满足 (13.3.33) 的两个阶跃函数的.(13.3.34) 式要求 $k_{\mathrm{F}}^2\nu/q=q/2+k\cos\theta$, 它以 $\boldsymbol{q}$ 的中点为起点, 决定了平面, 见图 13.23. 令 $t=\cos\theta$, 它的范围在 $[-1,1]$ 内, 而 $|\boldsymbol{k}|$ 的最大值为 k_{F}, 所以 ν 的取值范围是 (13.3.35). 对于某一定的 ν, 这个平面是固定的, 积分区域就是阴影部分圆的面积 πr^2, 从图上易看

出 $r^2=k_F^2-(k_F^2\nu/q-q/2)^2$, 不过还应注意, δ 函数内宗量应是波矢的量纲. 在这个圆上 $|\boldsymbol{k}|$ 的大小从 $k_F^2\nu/q-q/2$ 到 k_F. 作积分:

$$\begin{aligned}\mathrm{Im}\Pi^0(\boldsymbol{q},\nu)&=-\frac{m}{4\pi^2\hbar^2k_F^2}2\pi\int_{k_F^2\nu/q-q/2}^{k_F}k^2\mathrm{d}k\int_{-1}^{1}\mathrm{d}t\frac{k_F^2}{qk}\delta\left(\frac{k_F^2}{qk}-\frac{q}{2k}-t\right)\\&=-\frac{m}{4\pi\hbar^2q}\left[k_F^2-\left(\frac{k_F^2}{q}\nu-\frac{q}{2}\right)^2\right]=-\frac{mk_F^2}{4\pi\hbar^2q}\left[1-\left(\frac{k_F}{q}\nu-\frac{q}{2k_F}\right)^2\right]\end{aligned} \tag{13.3.36}$$

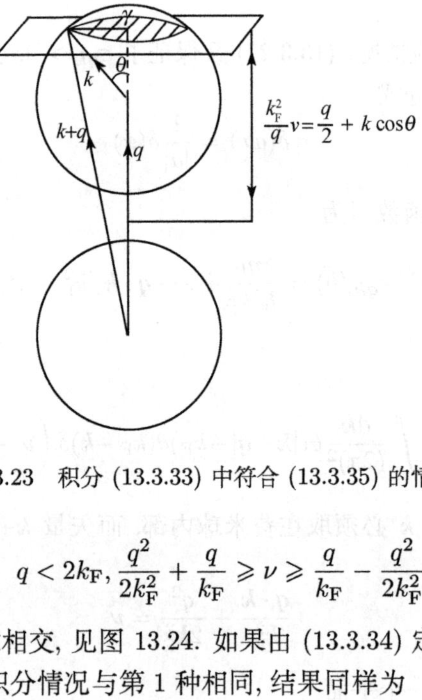

图 13.23　积分 (13.3.33) 中符合 (13.3.35) 的情况

2. $$q<2k_F,\ \frac{q^2}{2k_F^2}+\frac{q}{k_F}\geqslant\nu\geqslant\frac{q}{k_F}-\frac{q^2}{2k_F^2} \tag{13.3.37}$$

由于 $q<2k_F$, 此时两球相交, 见图 13.24. 如果由 (13.3.34) 定义的平面只与上球相交而不与下球相交, 则积分情况与第 1 种相同, 结果同样为

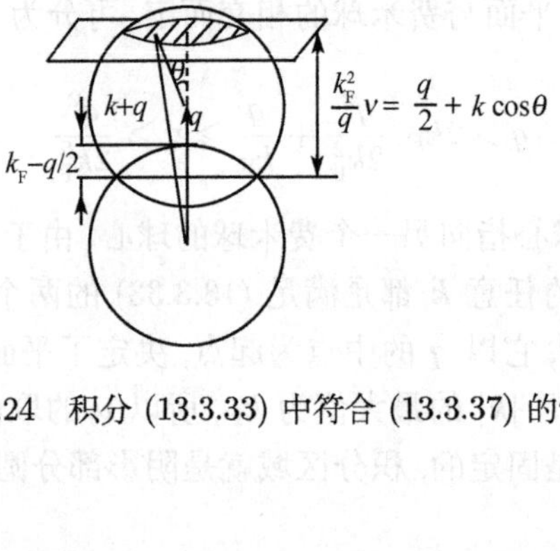

图 13.24　积分 (13.3.33) 中符合 (13.3.37) 的情况

$$\mathrm{Im}\Pi^0(\boldsymbol{q},\nu) = -\frac{mk_{\mathrm{F}}^2}{4\pi\hbar^2 q}\left[1 - \left(\frac{k_{\mathrm{F}}}{q}\nu - \frac{q}{2k_{\mathrm{F}}}\right)^2\right] \tag{13.3.38}$$

见图 13.24, 该平面不与下球相交的条件是: $k_{\mathrm{F}}^2\nu/q$ 不能短于 $k_{\mathrm{F}}-q/2$, 因此得 ν 的取值范围如 (13.3.37) 式.

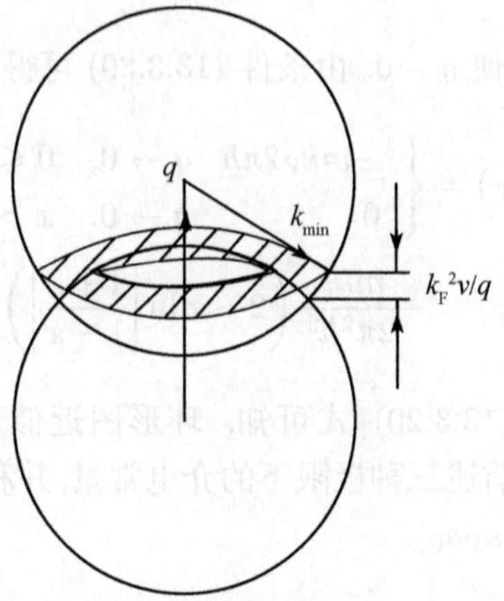

图 13.25 积分 (13.3.33) 中符合 (13.3.39) 的情况

3. $$q < 2k_{\mathrm{F}}, 0 \leqslant \nu \leqslant \frac{q}{k_{\mathrm{F}}} - \frac{q^2}{2k_{\mathrm{F}}^2} \tag{13.3.39}$$

这时平面与下球相交, 由于 $\boldsymbol{k}$ 不能进入下球, 所以在平面上的积分区域是个圆环. 这时 k 的最小值不在 $\boldsymbol{q}$ 的方向上, 如图 13.25 可算出

$$k_{\min}^2 = \left(\frac{q}{2} - \frac{k_{\mathrm{F}}^2}{q}\nu\right)^2 - r^2 = \left(\frac{q}{2} - \frac{k_{\mathrm{F}}^2}{q}\nu\right)^2 + \left[k_{\mathrm{F}}^2 - \left(\frac{k_{\mathrm{F}}^2}{q}\nu - \frac{q}{2}\right)^2\right] = k_{\mathrm{F}}^2 - 2k_{\mathrm{F}}^2\nu$$

现在可完全类似于 (13.3.36) 作积分, 只要将 k 的积分下限改成 $k_{\min}$.

$$\mathrm{Im}\Pi^0(\boldsymbol{q},\nu) = -\frac{m}{4\pi\hbar^2 q}[k_{\mathrm{F}}^2 - k_{\mathrm{F}}^2(1-2\nu)] = -\frac{mk_{\mathrm{F}}^2}{2\pi\hbar^2 q}\nu \tag{13.3.40}$$

下面列出 Π^0 的一些极限形式.

(1) 固定动量 q, 使能量传递 $\nu \to 0$, 这时应用 (13.3.40) 式得到

$$\mathrm{Im}\Pi^0(\boldsymbol{q},0) = 0$$

$$\mathrm{Re}\Pi^0(\boldsymbol{q},0) = \frac{mk_{\mathrm{F}}}{2\pi^2\hbar^2}\left[-1 + \frac{k_{\mathrm{F}}}{q}\left(1 - \frac{1}{4k_{\mathrm{F}}^2}q^2\right)\ln\left|\frac{1-q/2k_{\mathrm{F}}}{1+q/2k_{\mathrm{F}}}\right|\right] \tag{13.3.41}$$

(2) 固定能量传递 ν, 使 $q \to 0$. 这时 (13.3.37), (13.3.39) 都不满足 (因 ν 已固定), 所以图 13.24, 图 13.25 中的平面不与费米球相交.

$$\begin{aligned}&\mathrm{Im}\Pi^0(0,\nu)=0\\&\mathrm{Re}\Pi^0(\boldsymbol{q},\nu)\approx\frac{mk_{\mathrm{F}}q^2}{3\pi^2\hbar^2\nu^2},(\boldsymbol{q}\to 0)\end{aligned} \tag{13.3.42}$$

(3) 固定 $k_{\mathrm{F}}/q=x$, 使 $q\to 0$. 由条件 (13.3.39) 可得

$$\begin{aligned}&\mathrm{Im}\Pi^0(\boldsymbol{q},qx/k_{\mathrm{F}})=\begin{cases}-mk_{\mathrm{F}}2\pi\hbar & q\to 0,\quad 0\leqslant x\leqslant 1\\ 0 & q\to 0,\quad x>1\end{cases}\\&\mathrm{Re}\Pi^0(\boldsymbol{q},qx/k_{\mathrm{F}})=-\frac{mk_{\mathrm{F}}}{2\pi^2\hbar^2}\left(2-x\ln\left|\frac{1+x}{1-x}\right|\right)\end{aligned} \tag{13.3.43}$$

对照 (10.4.17) 与 (13.3.20) 式可知, 环形图近似下的介电常量为 $\kappa_{\mathrm{r}}(\boldsymbol{q},\nu)=V(\boldsymbol{q})\Pi^0(\boldsymbol{q},\nu)$. 现在写出前述三种极限下的介电常量, 并利用 $a_0=4\pi\varepsilon_0 h^2/(me^2)$ 和 $r_{\mathrm{s}}=(9\pi/4)^{1/3}/(k_{\mathrm{F}}a_0)=1/(\alpha k_{\mathrm{F}}a_0)$.

(1) 固定 q, 使 $\nu\to 0$

$$\kappa_{\mathrm{r}}(\boldsymbol{q},0)=1+\frac{2\alpha k_{\mathrm{F}}^2 r_{\mathrm{s}}}{\pi q^2}\left[1-\frac{k_{\mathrm{F}}}{q}\left(1-\frac{1}{4k_{\mathrm{F}}^2}q^2\right)\ln\left|\frac{1-q/2k_{\mathrm{F}}}{1+q/2k_{\mathrm{F}}}\right|\right] \tag{13.3.44}$$

(2) 固定 ν, 使 $q\to 0$

$$\kappa_{\mathrm{r}}(0,\nu)=1-\frac{4\alpha r_{\mathrm{s}}}{3\pi\nu^2} \tag{13.3.45}$$

(3) 固定 $k_{\mathrm{F}}/q=x>0$, 使 $q\to 0$.

$$\kappa_{\mathrm{r}}(\boldsymbol{q},qx/k_{\mathrm{F}})=1+\frac{4\alpha r_{\mathrm{s}}k_{\mathrm{F}}^2}{\pi q^2}\left\{1-\frac{x}{2}\ln\left|\frac{1+x}{1-x}\right|\right\}+\mathrm{i}\frac{2\alpha r_{\mathrm{s}}xk_{\mathrm{F}}^2}{q^2}\theta(1-x) \tag{13.3.46}$$

其中 α 是常数

$$\alpha=[4/(9\pi)]^{1/3} \tag{13.3.47}$$

下面给出高密度电子气的准粒子能谱.

算出 Π^0 之后, 就可算出正规自能 Σ_{r}^*(13.3.19) 式. 但总的正规自能涉及对 Σ_{r}^* 以外的所有直到二阶的图形都作详细计算. 这一计算用有限温度情形取零温极限更容易些. 本书不做介绍了. 有兴趣的读者可以参阅有关文献. 此处只是先简单讨论仅由环形图近似得到的准粒子的能谱.

i) 有效相互作用势

对 (13.3.41) 取长波极限 $q\to 0$, 得 $\Pi^0(\boldsymbol{q},0)=-m^2k_{\mathrm{F}}/\pi\hbar^2$, 代入 (13.3.20), 则有效相互作用势是:

$$U_{\mathrm{r}}(q)=\frac{e^2/\varepsilon_0}{q^2+q_{\mathrm{TF}}^2} \tag{13.3.48}$$

其中

$$q_{\mathrm{TF}}^2=\frac{mk_{\mathrm{F}}e^2}{\pi^2\hbar^2\varepsilon_0}=\frac{3ne^2}{2\varepsilon_0\varepsilon_{\mathrm{F}}^0} \tag{13.3.49}$$

作傅里叶变换, 求得有效相互作用势为

$$U_{\mathrm{r}}(r)=\int\frac{\mathrm{d}\boldsymbol{q}}{(2\pi)^3}\frac{e^2/\varepsilon_0}{q^2+q_{\mathrm{TF}}^2}\mathrm{e}^{\mathrm{i}\boldsymbol{q}\cdot\boldsymbol{r}}=\frac{e^2}{4\pi\varepsilon_0 r}\mathrm{e}^{-q_{\mathrm{TF}}r} \tag{13.3.50}$$

当距离 $r>1/q_{\mathrm{TF}}$ 时,$U_{\mathrm{r}}(r)$ 按指数下降, 长程相互作用被屏蔽掉了. 式 (13.3.50) 是屏蔽库仑势, 其中 $1/q_{\mathrm{TF}}$ 称为托马斯–费米 (L.H.Thomas-E.Fermi) 屏蔽长度. 在环形图近似中, 由于媒质的极化修正了库仑势, 消除了长波极限原有的 $1/q^2$ 奇异性, 使有效相互作用势具有与原始的库仑势完全不同的特性. 由于电子之间有相互排斥远离的作用, 而正电荷背景是固定的不动的, 每个电子周围好像有正电荷云包裹着, 从而相互作用势呈现出短程行为. 注意 (13.3.50) 只适用于长波极限.

ii) 准电子谱

单电子格林函数

$$G(k)=\frac{\hbar}{\hbar\omega-\varepsilon^0(\boldsymbol{k})-\Sigma_{\mathrm{r}}^*(\boldsymbol{k},\omega)}$$

在复平面上的奇点, 决定准粒子的激发能量, 在费米面附近 $k\sim k_{\mathrm{F}}$ 计算出的准粒子能谱为

$$\varepsilon_{\mathrm{r}}(k)=\varepsilon^0(\boldsymbol{k})+\mathrm{Re}\Sigma_{\mathrm{r}}^*(\boldsymbol{k},\omega) \tag{13.3.51}$$

准粒子的寿命由 $\Sigma_{\mathrm{r}}^*(\boldsymbol{k},\omega)$ 的虚部决定.

$$\hbar/\tau_k=\mathrm{Im}\Sigma_{\mathrm{r}}^*(\boldsymbol{k},\omega)=0.252\sqrt{r_{\mathrm{s}}}\hbar^2(k-k_{\mathrm{F}})^2/2m \tag{13.3.52}$$

当 $k\to k_{\mathrm{F}}$ 时, 准粒子是长寿命的. 并且

$$\lim_{k\to k_{\mathrm{F}}}\frac{\hbar/\tau_k}{\varepsilon_{\mathrm{r}}(k)-\varepsilon_{\mathrm{F}}}\sim(k-k_{\mathrm{F}})\to 0$$

表明满足准粒子概念适用的判据 $\tau_k^{-1}\ll(\varepsilon_r(k)-\varepsilon_{\mathrm{F}})/\hbar$.

iii) 集体模式型准粒子谱

根据 13.1.2 节的讨论, 系统激发的集体模式由密度涨落格林函数的傅里叶分量 (13.1.4) 式在复平面上的奇点所决定. 在环形图近似中, 式 (13.1.4) 可简化为

$$\Pi_{\mathrm{r}}(\boldsymbol{q},\omega)=\frac{\Pi^0(\boldsymbol{q},\omega)}{1-V(\boldsymbol{q})\Pi^0(\boldsymbol{q},\omega)} \tag{13.3.53}$$

所以在高密度电子气体中, 反映密度涨落的准粒子能谱由下式决定:

$$V(\boldsymbol{q})\mathrm{Re}\Pi^0(\boldsymbol{q},\omega)=1 \tag{13.3.54a}$$

此式可用作图法求解. 将 (13.3.28) 对 $\boldsymbol{k}$ 的积分化为求和, 并只取单位体积, 那么 (13.3.54a) 式成为

$$V(\boldsymbol{q})\mathrm{Re}\Pi^0(\boldsymbol{q},\omega)=2V(\boldsymbol{q})\sum_{k<k_\mathrm{F}}\frac{2\varepsilon_{\boldsymbol{qk}}}{(\hbar\omega)^2-\varepsilon_{\boldsymbol{qk}}^2}=1 \tag{13.3.54b}$$

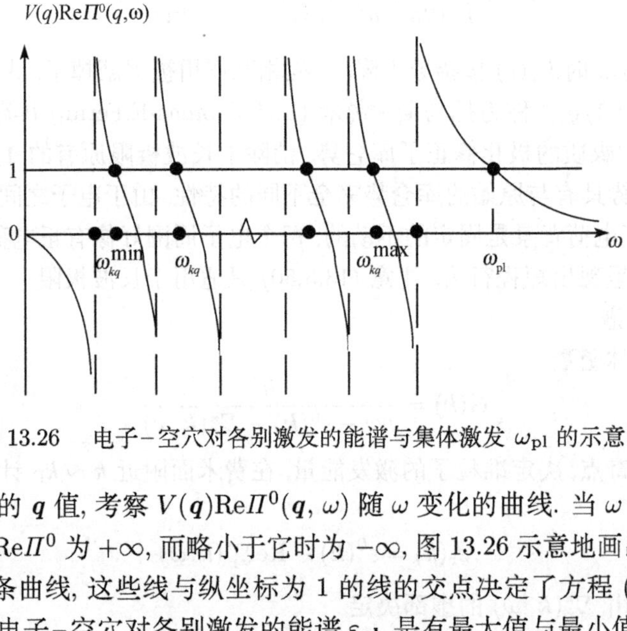

图 13.26　电子–空穴对各别激发的能谱与集体激发 ω_{pl} 的示意图

对于一定的 $\boldsymbol{q}$ 值, 考察 $V(\boldsymbol{q})\mathrm{Re}\Pi^0(\boldsymbol{q},\omega)$ 随 ω 变化的曲线. 当 ω 略大于某一个 $\varepsilon_{\boldsymbol{qk}}$ 值时,$V(q)\mathrm{Re}\Pi^0$ 为 $+\infty$, 而略小于它时为 $-\infty$, 图 13.26 示意地画出了靠近 $\omega_{\min}$ 与 $\omega_{\max}$ 的几条曲线, 这些线与纵坐标为 1 的线的交点决定了方程 (13.3.54) 的根, 它们给出系统电子–空穴对各别激发的能谱.$\varepsilon_{\boldsymbol{qk}}$ 是有最大值与最小值的. 因为

$$\varepsilon_{\boldsymbol{qk}}=\hbar\omega_{\boldsymbol{qk}}=\varepsilon(\boldsymbol{k}+\boldsymbol{q})-\varepsilon(\boldsymbol{k})=\frac{\hbar^2}{2m}(2\boldsymbol{k}\cdot\boldsymbol{q}+q^2) \tag{13.3.55}$$

因此有

$$\omega_{\max}=\frac{\hbar}{2m}\left(k_\mathrm{F}q+\frac{1}{2}q^2\right) \tag{13.3.56a}$$

$$\omega_{\min}=\begin{cases}0, & q<2k_\mathrm{F}\\ \dfrac{\hbar}{m}\left(\dfrac{1}{2}q^2-k_\mathrm{F}q\right), & q\geqslant 2k_\mathrm{F}\end{cases} \tag{13.3.56b}$$

在 $\omega_{\min}$ 与 $\omega_{\max}$ 之间, 各相邻 $\omega_{\boldsymbol{qk}}$ 的差别很小, 因此相互作用只使它们发生很小的能级移动, 这是一个准连续的能谱, 通常称为散射态.

当 ω 略大于 $\omega_{\max}$ 时,$V(\boldsymbol{q})\mathrm{Re}\Pi^0$ 为无穷大, 在 $\omega \to \infty$ 时,$V(\boldsymbol{q})\mathrm{Re}\Pi^0$ 以 $1/\omega^2$ 趋于零, 因此在 $\omega > \omega_{\max}$ 时 $V(\boldsymbol{q})\mathrm{Re}\Pi^0$ 与纵坐标为 1 的水平线必然有一个交点, 这是准连续谱之上的一个高频根 ω_{pl}, 它代表系统的集体激发, 在长波极限, 利用 (13.3.42), 注意其中的 ν 是 (13.3.29) 式 $\nu = m\omega/(\hbar k_{\mathrm{F}}^2)$, 确定出 ω_{pl} 为

$$1 = V(\boldsymbol{q})\mathrm{Re}\Pi^0(\boldsymbol{q}, \omega_{\mathrm{pl}}) = \frac{ne^2}{m\varepsilon_0\omega_{\mathrm{pl}}^2}$$

$$\omega_{\mathrm{pl}} = \left(\frac{ne^2}{m\varepsilon_0}\right)^{1/2} \tag{13.3.57}$$

ω_{pl} 称为等离子体区电子集体振荡的量子频率, 这种量子通常称为等离子体量子 (plasmon) 或等离激元. 等离子体 (plasma) 的概念是：正、负电荷分别独立地运动, 虽然是有相互作用的, 但不构成束缚态. 系统还是电中性的. 凝胶模型是等离子态的一个特例, 即正电荷均匀分布并且不动. 电子可以在系统中运动等离子体量子表现了系统整体运动的行为, 是系统的集体模式型准粒子, 它和组成系统的粒子毫无相似之处, 就像点阵中声子与振动着的离子完全不同一样.ω_{pl} 的计算值与实验值符合得很好, 说明金属中的电子确实有集体振荡的行为.

式 (13.3.57) 的 ω_{pl} 是对于 q=0 的情况而言的, 因为 (13.3.42) 是 (13.3.30) 近似到 q^2 的项. 如果近似到 q^4 项, 那么由 $1=V(q)\mathrm{Re}\Pi^0(\boldsymbol{q}, \omega)$ 得到的是

$$1 = \frac{ne^2}{m\omega_q^2\varepsilon_0}\left[1 + \frac{3}{5}\left(\frac{k_{\mathrm{F}}q}{m\omega_q}\right)^2 + \cdots\right] \tag{13.3.58}$$

这儿 ω 加上下标 q 表示现在等离子体频率是波矢 q 的函数. 迭代一次可解出

$$\omega_q = \pm\omega_{\mathrm{pl}}\left[1 + \frac{3}{10}\left(\frac{q}{q_{\mathrm{TF}}}\right)^2 + \cdots\right] \tag{13.3.59}$$

这是小 q 时对 (13.3.57) 的修正.

图 13.27 表示出电子气的元激发随波矢 q 的变化范围, 其中阴影部分为独立的电子 - 空穴激发即个别激发, 它们在由 (13.3.56) 确定的 $\omega_{\min}$ 与 $\omega_{\max}$ 之间. ω_q 曲线是由 (13.3.59) 式等离子体振荡的色散关系, 它在 q_{c} 处与个别激发相交.$q < q_{\mathrm{c}}$ 时等离激元的能量大于电子空穴对个别激发的能量, 这时 $\mathrm{Im}\Pi^0$=0. 等离激元无阻尼, 即其寿命很长. 等离激元不衰减为电子空穴时. 电子 − 空穴对也没有足够的能量激发等离激元, 二者彼此独立. 当 $q > q_{\mathrm{c}}$ 时,$\mathrm{Im}\Pi^0 \neq 0$, 等离激元具有有限的寿命, 等离子体振荡很快地衰减为个别激发. 因此只存在个别激发. 所以只在 $0 < q < q_{\mathrm{c}}$ 范围内才存在集体激发.q_{c} 是划分个别激发与集体激发的一个重要参数.

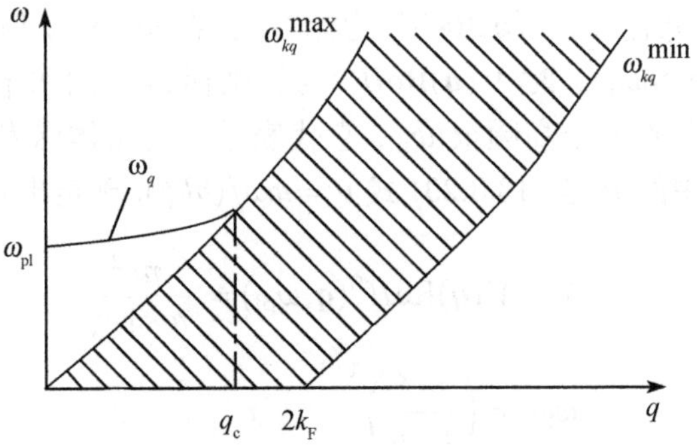

图 13.27　电子气的元激发随波矢 q 的变化范围

在环形图近似下, 密度格林函数 (13.1.4) 式成为

$$D_{\rm r}(q)=\frac{\Pi^0(\boldsymbol{q},\omega)}{1-V(\boldsymbol{q}){\rm Re}\Pi^0-{\rm i}V(\boldsymbol{q}){\rm Im}\Pi^0} \tag{13.3.60}$$

我们来讨论它在 $\omega_{\rm pl}$ 附近的行为. 由 (13.3.54) 可知, 在 $\omega_{\rm pl}$ 附近 ${\rm Re}\Pi^0(\boldsymbol{q},\omega)$ 是 ω^2 的函数. 于是有

$${\rm Re}\Pi^0(\boldsymbol{q},\omega)={\rm Re}\Pi^0(\boldsymbol{q},\omega_{\rm pl})+\left(\frac{\partial{\rm Re}\Pi^0}{\partial\omega^2}\right)\omega_{\rm pl}(\omega^2-\omega_{\rm pl}^2)+\cdots \tag{13.3.61}$$

代入 (13.3.60) 中可得到格林函数的近似表达式：

$$\begin{aligned}D_{\rm r}(\boldsymbol{q},\omega)&\approx\frac{\Pi^0(\boldsymbol{q},\omega_{\rm pl})}{1-V(\boldsymbol{q})\left[{\rm Re}\Pi^0(q,\omega_{\rm pl})+\left(\frac{\partial{\rm Re}\Pi^0}{\partial\omega^2}\right)_{\omega_{\rm pl}}(\omega^2-\omega_{\rm pl}^2)+{\rm i}{\rm Im}\Pi^0(\boldsymbol{q},\omega_{\rm pl})\right]}\\&=\frac{A(\boldsymbol{q},\omega_{\rm pl})}{\omega^2-\omega_{\rm pl}^2+{\rm i}2\omega_{\rm pl}/\tau_{\rm pl}}\end{aligned} \tag{13.3.62}$$

其中定义了

$$A(\boldsymbol{q},\omega_{\rm pl})=-\frac{2\omega_{\rm pl}\Pi^0(\boldsymbol{q},\omega_{\rm pl})}{\left(\frac{\partial{\rm Re}\Pi^0}{\partial\omega}\right)_{\omega_{\rm pl}}V(\boldsymbol{q})} \tag{13.3.63}$$

它与 ω 无关; 并且还利用了

$$1-V(\boldsymbol{q}){\rm Re}\Pi^0(\boldsymbol{q},\omega_{\rm pl})=0 \tag{13.3.64}$$

此处的 $\omega_{\rm pl}$ 应为 (13.3.59) 的 ω_q, 即随小波矢变化的等离子体振荡频率; $\tau_{\rm pl}$ 代表了等离激元的寿命.

$$\frac{1}{\tau_{\rm pl}}=\left[\frac{{\rm Im}\Pi^0(\boldsymbol{q},\omega)}{\partial{\rm Re}\Pi^0(\boldsymbol{q},\omega)/\partial\omega}\right]\Bigg|_{\omega=\omega_{\rm pl}} \tag{13.3.65}$$

当 $q\to 0$ 时, 由 (13.3.42) 知 $\mathrm{Im}\Pi^0(0,\omega_{\mathrm{pl}})=0$, 故此时 $\tau_{\mathrm{pl}}\to\infty$, 格林函数变为下述简单的形式：

$$D_{\mathrm{r}}(\boldsymbol{q},\omega)=\frac{A}{\omega^2-\omega_{\mathrm{pl}}^2+2\mathrm{i}\omega_{\mathrm{pl}}0^+}=\frac{A}{2\omega_{\mathrm{pl}}}\left[\frac{1}{\omega-\omega_{\mathrm{pl}}+\mathrm{i}0^+}-\frac{1}{\omega+\omega_{\mathrm{pl}}-\mathrm{i}0^+}\right]\tag{13.3.66}$$

称为自由等离子体量子的格林函数, 它与自由声子格林函数的形式相同, 说明等离激元是电子气体的玻色型激发. 目前的环形图近似中, 只采用最低级的极化图形 Π^0. 正规极化 Π^* 的高阶图形代表等离子体量子之间的相互作用, 若计入这些图形的影响, 则等离子体量子就具有有限的寿命了.

一般来说, 如果知道了准粒子能谱的数值, 或者知道了格林函数极点的位置, 就可用上述方法来讨论格林函数在极点附近的行为, 并将格林函数在极点附近时的形式加以简化. 我们在第 9.3.2 节也已遇到这一个例子.

对于环形图近似, 本章只介绍了零温格林函数的计算结果. 有限温度时, 可以用松原函数做计算. 我们不再做介绍. 有兴趣的读者可以参考有关文献.

13.3.3 环形图近似就是无规相近似

在经典力学和量子力学中采用了无规相近似 (random phase approximation, RPA), 得到的等离子体振荡频率也是 (13.3.57). 下面回顾无规相近似的方法, 可以看出环形图近似就是无规相近似.

设电子气的密度为

$$\rho(\boldsymbol{x})=\sum_j\delta(\boldsymbol{x}-\boldsymbol{x}_j)\tag{13.3.67}$$

其傅里叶分量

$$\rho_{\boldsymbol{q}}=\sum_j\mathrm{e}^{-\mathrm{i}\boldsymbol{q}\cdot\boldsymbol{x}_j}\tag{13.3.68}$$

其中 $\boldsymbol{q}$=0 的项

$$\rho_0=\sum_j 1=n=\frac{N}{V}\tag{13.3.69}$$

是电子的平均密度, 它正好与正电荷背景相互抵消. 所以下面都不用考虑 $\boldsymbol{q}$=0 的情况.$\boldsymbol{q}\neq 0$ 则描述了相对于 ρ_0 的密度涨落. 密度涨落的运动方程为

$$\ddot{\rho}_{\boldsymbol{q}}=-\sum_j[\mathrm{i}\boldsymbol{q}\cdot\dot{\boldsymbol{v}}_j+(\boldsymbol{q}\cdot\boldsymbol{v}_j)^2]\mathrm{e}^{-\mathrm{i}\boldsymbol{q}\cdot\boldsymbol{x}_j}\tag{13.3.70}$$

其中 $\boldsymbol{v}_j=\dot{\boldsymbol{x}}_j$ 是第 j 个电子的运动速度, $\dot{\boldsymbol{v}}_j$ 则是它的加速度, 第 j 个电子所受的力是所有其他电子的库仑排斥力：

$$F_j=-\nabla_j\sum_{i\neq j}\frac{e^2}{4\pi\varepsilon_0|\boldsymbol{x}_i-\boldsymbol{x}_j|}=-\nabla_j\sum_{i\neq j}\sum_q\frac{e^2}{\varepsilon_0 q^2}\mathrm{e}^{-\mathrm{i}\boldsymbol{q}\cdot(\boldsymbol{x}_j-\boldsymbol{x}_i)}$$

其中对势能作了傅里叶变换. 加速度是

$$\dot{\boldsymbol{v}}_j = \frac{F_j}{m} = -\frac{\mathrm{i}e^2}{m\varepsilon_0}\sum_{q\neq 0}\frac{1}{q^2}\mathrm{e}^{-\mathrm{i}\boldsymbol{q}\cdot\boldsymbol{x}_j}\rho_{\boldsymbol{q}}$$

将它代入 (13.3.70) 式得

$$\ddot{\rho}_{\boldsymbol{q}} = -\frac{e^2}{m\varepsilon_0}\sum_{\boldsymbol{q}'\neq 0}\frac{\boldsymbol{q}\cdot\boldsymbol{q}'}{\boldsymbol{q}'^2}\rho'_{\boldsymbol{q}}\rho_{\boldsymbol{q}-\boldsymbol{q}'} - \sum_j(\boldsymbol{q}\cdot\boldsymbol{v}_j)^2\mathrm{e}^{-\mathrm{i}\boldsymbol{q}\cdot\boldsymbol{x}_j} \tag{13.3.71}$$

上式右边的第一项中只取 $\boldsymbol{q}'=\boldsymbol{q}$ 的一项, 扔掉所有 $\boldsymbol{q}'\neq\boldsymbol{q}$ 的项, 那么方程被线性化为

$$\ddot{\rho}_{\boldsymbol{q}} = -\sum_j\left[\frac{ne^2}{m\varepsilon_0}+(\boldsymbol{q}\cdot\boldsymbol{v}_j)^2\right]\mathrm{e}^{-\mathrm{i}\boldsymbol{q}\cdot\boldsymbol{x}_j} \tag{13.3.72}$$

在长波极限 $\boldsymbol{q}\to 0$, 可略去 $(\boldsymbol{q}\cdot\boldsymbol{v}_j)^2$ 的小量项, 得到 ρ_q 的简谐振动方程

$$\ddot{\rho}_{\boldsymbol{q}} + \omega_{\mathrm{pl}}^2\rho_{\boldsymbol{q}} = 0 \tag{13.3.73}$$

其中 $\omega_{\mathrm{pl}}=[ne^2/(m\varepsilon_0)]^{1/2}$ 就是等离子体振荡频率. 显然, 主要近似是在式 (13.3.71) 中忽略了两个密度涨落 $\rho_{\boldsymbol{q}'}$ 与 $\rho_{\boldsymbol{q}-\boldsymbol{q}'}$ 的耦合项. 近似的理由如下：因为密度涨落 (13.3.68) 是各指数项之和, 而这些指数项的位相又由 $\boldsymbol{x}_j$ 决定. 在高密度条件下, 电子的位置 $\boldsymbol{x}_j$ 在空间的分布是混乱的, 因此 $\rho_{\boldsymbol{q}}$ ($\boldsymbol{q}\neq 0$) 就对应于这些位相无规变化的指数项之和. 在平移不变性系统中, 其平均值为零, 所以两个密度涨落的乘积项对 $\rho_{\boldsymbol{q}}$ 的运动方程仅仅是微小的修正, 这可在一级近似中略去. 这样的近似称为无规相近似 (RPA). 这里无规相的含意就是指 $\rho_{\boldsymbol{q}}$ 无规位相的指数相加, 而 $\rho_0=n$ 是各项的相干叠加, 两者在高密度条件下相差很大. 因此 $\rho_{\boldsymbol{q}'}\rho_{\boldsymbol{q}-\boldsymbol{q}'}$ 相对于 $\rho_{\boldsymbol{q}}\rho_0$ 项而言是小量, 可以略去不计.

以上是经典力学的情形. 现在来看量子力学的情况. 这时密度涨落就用二次量子化算符表示.

$$\langle\boldsymbol{k}_1\lambda_1|\rho_{\boldsymbol{q}}|\boldsymbol{k}_2\lambda_2\rangle = \frac{1}{V}\int\mathrm{e}^{-\mathrm{i}(\boldsymbol{k}_1-\boldsymbol{k}_2)\cdot\boldsymbol{x}}\mathrm{e}^{-\mathrm{i}\boldsymbol{q}\cdot\boldsymbol{x}}\mathrm{d}\boldsymbol{x}\eta_{\lambda_1}^{+}\eta_{\lambda_2} = \delta_{\boldsymbol{k}_1-\boldsymbol{k}_2,-\boldsymbol{q}}\delta_{\lambda_1\lambda_2} \tag{13.3.74}$$

因此密度涨落算符为：

$$\rho_{\boldsymbol{q}} = \sum_{\boldsymbol{k}_1\boldsymbol{k}_2\lambda_1\lambda_2}\langle\boldsymbol{k}_1\lambda_1|\rho_{\boldsymbol{q}}|\boldsymbol{k}_2\lambda_2\rangle C_{\boldsymbol{k}_1\lambda_1}^{\dagger}C_{\boldsymbol{k}_2\lambda_2} = \sum_{\boldsymbol{k}\lambda}C_{\boldsymbol{k}-\boldsymbol{q}\lambda}^{+}C_{\boldsymbol{k}\lambda} \tag{13.3.75}$$

一般写成

$$\rho_{-\boldsymbol{q}} = \sum_{\boldsymbol{k}\lambda}C_{\boldsymbol{k}+\boldsymbol{q}\lambda}^{\dagger}C_{\boldsymbol{k}\lambda} \tag{13.3.76}$$

的形式. 其中每一项 $C^{\dagger}_{\boldsymbol{k}+\boldsymbol{q},\lambda}C_{\boldsymbol{k}\lambda}$ 具有产生一对电子–空穴的物理意义. 密度涨落为所有这类可能的激发之和. 现将 ρ_q 写成海森伯算符,

$$\rho_{\boldsymbol{q}}(t)=\mathrm{e}^{\mathrm{i}Ht/\hbar}\rho_{\boldsymbol{q}}\mathrm{e}^{-\mathrm{i}Ht/\hbar} \tag{13.3.77}$$

其中哈密顿量已见 (13.3.4) 或见附录 B 中带自旋下标的形式 (B.14). 因此密度涨落中每一项的运动方程为:

$$\begin{aligned}\mathrm{i}\hbar\frac{\partial}{\partial t}C^{\dagger}_{\boldsymbol{k}+\boldsymbol{q}\lambda}C_{\boldsymbol{k}\lambda}(t)=[H,C^{\dagger}_{\boldsymbol{k}+\boldsymbol{q}\lambda}C_{k}(t)]=\mathrm{e}^{\mathrm{i}Ht/\hbar}\Big\{&[\varepsilon^0(\boldsymbol{k}+\boldsymbol{q})-\varepsilon^0(\boldsymbol{k})]C^{\dagger}_{\boldsymbol{k}+\boldsymbol{q}\lambda}C_{\boldsymbol{k}\lambda}\\&-\frac{1}{2}\sum_{\boldsymbol{q}'\neq0}V(\boldsymbol{q}')[(C^{\dagger}_{\boldsymbol{k}+\boldsymbol{q}\lambda}C_{\boldsymbol{k}+\boldsymbol{q}'\lambda}-C^{\dagger}_{\boldsymbol{k}+\boldsymbol{q}-\boldsymbol{q}'\lambda}C_{\boldsymbol{k}\lambda})\rho_{-\boldsymbol{q}}+\\&\rho_{-\boldsymbol{q}}(C^{\dagger}_{\boldsymbol{k}+\boldsymbol{q}\lambda}C_{\boldsymbol{k}+\boldsymbol{q}'\lambda}-C^{\dagger}_{\boldsymbol{k}+\boldsymbol{q}-\boldsymbol{q}'\lambda}C_{\boldsymbol{k}\lambda})]\Big\}\mathrm{e}^{-\mathrm{i}Ht/\hbar}\end{aligned} \tag{13.3.78}$$

作无规相近似, 就是在求和项中取 $\boldsymbol{q}'=\boldsymbol{q}$ 的项而扔掉所有其他的项. 然后将算符 $C^{\dagger}_{\boldsymbol{k}\lambda}C_{\boldsymbol{k}\lambda}$ 用其平均值 $\langle\psi^0_H|C^{\dagger}_{\boldsymbol{k}\lambda}C_{\boldsymbol{k}\lambda}|\psi^0_{\mathrm{H}}\rangle=n_{\boldsymbol{k}\lambda}$ 来近似. 在零温系统中显然有 $n_{k\lambda}=\theta(k_{\mathrm{F}}-k)$. 因此结果为

$$\begin{aligned}&\mathrm{i}\hbar\frac{\partial}{\partial t}C^{\dagger}_{\boldsymbol{k}+\boldsymbol{q}\lambda}C_{\boldsymbol{k}\lambda}(t)\\&=\varepsilon_{\boldsymbol{q}k}C^{\dagger}_{\boldsymbol{k}+\boldsymbol{q}\lambda}C_{\boldsymbol{k}\lambda}(t)+V(\boldsymbol{q})[\theta(k_{\mathrm{F}}-k)-\theta(k_{\mathrm{F}}-|\boldsymbol{k}+\boldsymbol{q}|)]\sum_{\boldsymbol{p}\lambda_1}C^{\dagger}_{\boldsymbol{p}+\boldsymbol{q}\lambda_1}C_{\boldsymbol{p}\lambda_1}(t)\end{aligned} \tag{13.3.79}$$

方程已经是线性化了的, 有振动解. 令

$$C^{\dagger}_{\boldsymbol{k}+\boldsymbol{q}\lambda}C_{\boldsymbol{k}\lambda}(t)=C^{\dagger}_{\boldsymbol{k}+\boldsymbol{q}\lambda}C_{\boldsymbol{k}\lambda}\mathrm{e}^{-\mathrm{i}\omega t} \tag{13.3.80}$$

可得到

$$C^{\dagger}_{\boldsymbol{k}+\boldsymbol{q}\lambda}C_{\boldsymbol{k}\lambda}=\frac{\rho_{\boldsymbol{q}}V(\boldsymbol{q})}{\hbar\omega-\varepsilon_{\boldsymbol{q}k}}\sum_{\boldsymbol{k}\lambda}[\theta(k_{\mathrm{F}}-k)-\theta(k_{\mathrm{F}}-|\boldsymbol{k}+\boldsymbol{q}|)]$$

两对 $\boldsymbol{k}\lambda$ 求和, 并在右边第二项中作 $\boldsymbol{k}+\boldsymbol{q}\to\boldsymbol{k}$ 的变换, 得

$$1=V(\boldsymbol{q})\sum_{\boldsymbol{k}\lambda}\left[\frac{\theta(k_{\mathrm{F}}-k)}{\hbar\omega-\varepsilon_{\boldsymbol{q}k}}-\frac{\theta(k_{\mathrm{F}}-k)}{\hbar\omega+\varepsilon_{\boldsymbol{q}k}}\right]=2V(\boldsymbol{q})\sum_{\boldsymbol{k}}\frac{2\varepsilon_{\boldsymbol{q}k}}{(\hbar\omega)^2-\varepsilon^2_{\boldsymbol{q}}} \tag{13.3.81}$$

这正是格林函数方法中决定准粒子谱的方程 (13.3.54). 这里 RPA 方法是在相互作用中只取 $\boldsymbol{q}'=\boldsymbol{q}$ 的项, 其直接含义是: 在决定具有动量 $\boldsymbol{k}+\boldsymbol{q}$ 和 $\boldsymbol{k}$ 的一对电子空穴的运动方程时, 仅仅保留电子–空穴对的动量传递等于 $\boldsymbol{q}$ 的那些相互作用项. 显然, 这完全等同于在图形技术中只保留环形图的近似. 两者是一回事.

在此我们看到了格林函数的图形技术的优点. 一是只取相互作用传递的动量都是 q 的物理含义非常清晰, 从数量级的估计证明了扔掉的 $\boldsymbol{q}'\neq\boldsymbol{q}$ 的项确实是小量项. 二是格林函数方法还给出了准粒子谱的虚部, 即可计算元激发的寿命.

§13.4 梯形图近似

13.4.1 刚球粒子模型

刚球粒子模型, 顾名思义, 就是指把粒子看做是有一定大小的刚性球. 这可以用如下的势能模型来表达：

$$V(\boldsymbol{x}) = V(r) = \begin{cases} V_0, & r < a \\ 0, & r > a \end{cases} \tag{13.4.1}$$

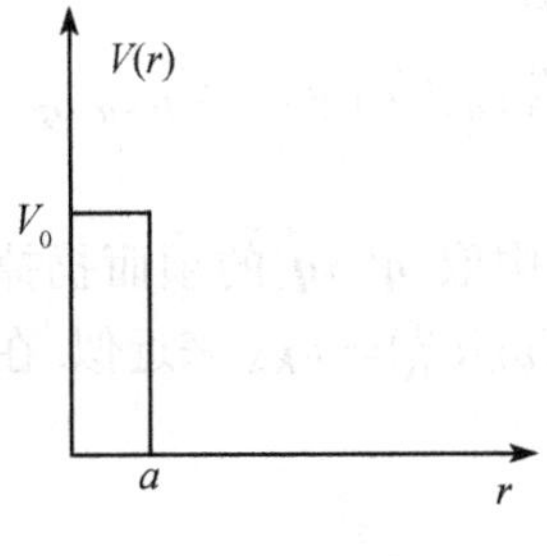

图 13.28　刚球势模型

如图 13.28. 其中 a 为力程. 当 $V_0 \to \infty$ 时就是刚球型相互作用势. 如果一个粒子处于原点, 它就占据了半径为 a 的体积. 其他粒子处于 $r > a$ 时与此粒子无相互作用, 但不能进入 $r < a$ 的区域, 这就是刚球的含义. 显然这种相互作用是短程力, 并且是排斥型的任意强相互作用.

在前面讨论的两种近似方法中, 微扰的顶角修正的图形都不起主要作用. 但是在低密度刚球粒子系统中, 顶角修正上升为主要的贡献. 当系统中粒子密度很低或相互作用力程很短时, 多体媒质的效应显得不重要, 因而媒质的平均场作用和粒子通过媒质极化的间接相互作用 (对相互作用线的修正) 退居次要地位. 这时粒子之间的频繁的碰撞散射成为主要作用. 这一作用出现在顶角修正的图中.

格林函数的微扰理论是以相互作用作为微扰来展开的. 对于 (13.4.1) 的任意强相互作用 ($V_0 \to \infty$), 微扰级数原则上是发散的. 我们在分析微扰图形时还是采用这样的原则：选取各阶图形中发散程度最高的图形, 对这样的图形系列作求和. 然后再想办法对求和结果作技术处理. 低密度刚球型粒子系统的发散程度最高的图形是梯形图.

低密度短程力的条件是, 粒子间的平均距离 r_0 远大于刚球的半径：$r_0 \gg a$. 由于 $4\pi r_0^3/3 = V/N$, 并且 $V/N \sim k_{\mathrm{F}}^{-3}$, 所以 $r_0 \sim 1/k_{\mathrm{F}}$. 低密度的条件可写成：

$$k_{\mathrm{F}} a \ll 1 \tag{13.4.2}$$

此式与 (13.3.8) 式正好相反. 由于密度低 (r_0 大), 费米球的半径 k_F 很小. 这样 k_Fa 就成了低密度短程力系统中的特征小参量. 在分析图形时可以此小参量来选择有主要贡献的图形.

另一方面, 由于强相互作用, 系统中粒子的平均相互作用势能 E_V 大于平均动能 E_K, 所以还有一个大参量在起作用. 粒子的线度为 a, 所以其动量 $\sim \hbar/a$. 令 E_V 与 E_K 之比为 α,

$$\alpha = \frac{E_V}{E_K} = \frac{V_0}{\hbar^2/ma^2} = \frac{m}{\hbar^2}V_0a^2 \tag{13.4.3}$$

现在 $V_0 \to \infty$, 所以 α 是个大参量. 它应和小参量联合起来筛选图形. 在 α 的幂次相同时, 应选取 k_Fa 的幂次最低的图形; 在 k_Fa 的幂次相同的情况下, 则应选取 α 幂次最高的图形.

在动量空间中分析图形是比较简便的, 因此需要对 (13.4.1) 作傅里叶变换,

$$V(\boldsymbol{q}) = \int e^{i\boldsymbol{q}\cdot\boldsymbol{x}}V(\boldsymbol{x})d\boldsymbol{x} = 4\pi V_0\int_0^a r\frac{\sin qr}{q}dr$$

当 $q \to 0$ 时,$V(\boldsymbol{q})=4\pi a^3/3$. 当 $q \to \infty$ 时, 因为 $\lim\limits_{q\to\infty}\dfrac{\sin qr}{\pi r} = \delta(r)$, 故 $V(\boldsymbol{q})=0$. 散射长度为 a 的散射中心, 主要对波矢 $q\sim 1/a$ 的粒子起作用. 在 $q < 1/a$ 时,$V(\boldsymbol{q})$ 基本上是 V_0a^3 的量级. 当 q 增大时,$V(\boldsymbol{q})$ 趋于零. 为了下面估算图形的方便, 对 $V(\boldsymbol{q})$ 作如下的切断简化:

$$V(\boldsymbol{q}) = \begin{cases} V_0a^3, & q < 1/a \\ 0, & q > 1/a \end{cases} \tag{13.4.4}$$

下面来分析图形. 本节只讨论零温情形.

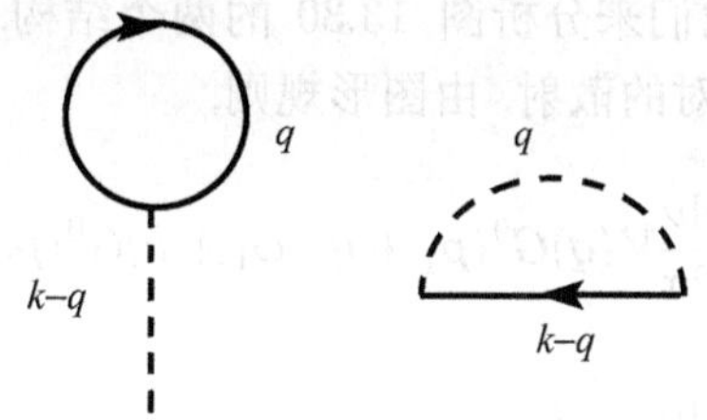

(a) $\Sigma_a^{*(1)}$ (b) $\Sigma_b^{*(1)}$

图 13.29 零温情形下的一阶正规自能

13.4.2 梯形图近似

先估计图 13.29 的一阶正规自能的两个图形, 其表达式已由 (10.4.12) 给出.

$$\Sigma_a^{*(1)} = 2nV(0) \tag{13.4.5}$$

$$\Sigma_{\mathrm{b}}^{*(1)} = -\int \frac{\mathrm{d}\boldsymbol{q}}{(2\pi)^3} V(\boldsymbol{k}-\boldsymbol{q})\theta(k_{\mathrm{F}}-|\boldsymbol{q}|) \tag{13.4.6}$$

利用 (13.4.4) 式. 注意动量传递 $|\boldsymbol{k}-\boldsymbol{q}|$ 主要限于 $|\boldsymbol{k}-\boldsymbol{q}|<1/a$, 在此范围内 $V(0)=V_0a^3$, (13.4.6) 的积分范围是在半径为 k_{F} 的球内,$k_{\mathrm{F}} < 1/a$, 所以可把 $V(\boldsymbol{k}-\boldsymbol{q})$ 写成常数 $V(0)$ 拿到积分号之外.n 是粒子数密度, 可见 (13.4.5),(13.4.6) 两式的结果有相同的量级.

$$nV(0) = \frac{N}{V}V_0a^3 = \frac{k_{\mathrm{F}}^3}{3\pi^2}V_0a^3 = k_{\mathrm{F}}a\frac{m}{\hbar^2}V_0a^2\frac{\hbar^2k_{\mathrm{F}}^2}{3\pi^2m}$$

所以

$$\Sigma_{\mathrm{a}}^{*(1)} \sim (k_{\mathrm{F}}a)\alpha\varepsilon_{\mathrm{F}}^0, \Sigma_{\mathrm{b}}^{*(1)} \sim (k_{\mathrm{F}}a)\alpha\varepsilon_{\mathrm{F}}^0 \tag{13.4.7}$$

对于高阶图形, 应注意到, 第 n 阶图形有 n 条相互作用线, 有 n 个 V_0 的因子, 因此必有 α^n 的因子. 但在同阶图中, 小参量 $k_{\mathrm{F}}a$ 的幂次可能不同.

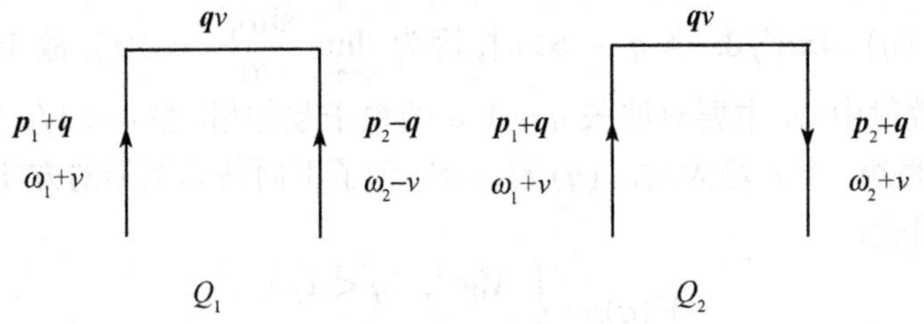

图 13.30 Q_1 代表了一对粒子的散射. Q_2 代表了粒子–空穴对的散射

为了避免复杂性, 我们来分析图 13.30 的两个结构.Q_1 代表了一对粒子的散射.Q_2 代表了粒子–空穴对的散射. 由图形规则,

$$Q_1 = \frac{\mathrm{i}^2}{\mathrm{i}\hbar}\int\frac{\mathrm{d}\boldsymbol{q}}{(2\pi)^3}\int\frac{\mathrm{d}\nu}{2\pi}V(\boldsymbol{q})G^0(\boldsymbol{p}_1+\boldsymbol{q}_1,\omega_1+\nu)G^0(\boldsymbol{p}_2-\boldsymbol{q}_1,\omega_1-\nu) \tag{13.4.8}$$

$$Q_2 = \frac{\mathrm{i}^2}{\mathrm{i}\hbar}\int\frac{\mathrm{d}\boldsymbol{q}}{(2\pi)^3}\int\frac{\mathrm{d}\nu}{2\pi}V(\boldsymbol{q})G^0(\boldsymbol{p}_1+\boldsymbol{q}_1,\omega_1+\nu)G^0(\boldsymbol{p}_2+\boldsymbol{q}_1,\omega_2+\nu) \tag{13.4.9}$$

这两个图形的唯一差别是, 其中一条粒子的方向相反, 但代表了不同的物理意义. 由此导致的计算结果有数量级的差别. 把 G^0 的表达式代入, 先对频率求积分：

$$\begin{aligned}Q_1 = \int\frac{\mathrm{d}\boldsymbol{q}}{(2\pi)^3}\Bigg[&\frac{(1-n^0_{\boldsymbol{p}_1+\boldsymbol{q}})(1-n^0_{\boldsymbol{p}_2-\boldsymbol{q}})V(\boldsymbol{q})}{\hbar(\omega_1+\omega_2)-\varepsilon^0_{\boldsymbol{p}_1+\boldsymbol{q}}-\varepsilon^0_{\boldsymbol{p}_2-\boldsymbol{q}}+\mathrm{i}0^+}\\ &-\frac{n^0_{\boldsymbol{p}_1+\boldsymbol{q}}n^0_{\boldsymbol{p}_2-\boldsymbol{q}}V(\boldsymbol{q})}{\hbar(\omega_1+\omega_2)-\varepsilon^0_{\boldsymbol{p}_1+\boldsymbol{q}}-\varepsilon^0_{\boldsymbol{p}_2-\boldsymbol{q}}-\mathrm{i}0^+}\Bigg]\end{aligned} \tag{13.4.10}$$

$$Q_2 = \int \frac{\mathrm{d}\boldsymbol{q}}{(2\pi)^3}\left[\frac{-(1-n^0_{\boldsymbol{p}_1+\boldsymbol{q}})n_{\boldsymbol{p}_2-\boldsymbol{q}}V(\boldsymbol{q})}{\hbar(\omega_1-\omega_2)-\varepsilon^0_{\boldsymbol{p}_1+\boldsymbol{q}}+\varepsilon^0_{\boldsymbol{p}_2+\boldsymbol{q}}+\mathrm{i}0^+} + \frac{n^0_{\boldsymbol{p}_1+\boldsymbol{q}}(1-n^0_{\boldsymbol{p}_2-\boldsymbol{q}})V(\boldsymbol{q})}{\hbar(\omega_1-\omega_2)-\varepsilon^0_{\boldsymbol{p}_1+\boldsymbol{q}}+\varepsilon^0_{\boldsymbol{p}_2+\boldsymbol{q}}-\mathrm{i}0^+}\right] \tag{13.4.11}$$

其中分布函数是阶跃函数：$n^0_p=\theta\ (k_\mathrm{F}-|\boldsymbol{p}|)$. 现在对 $\boldsymbol{q}$ 的积分作估计. 我们只要讨论积分中的最主要贡献项.Q_1 中的两项分别代表费米球外一对粒子的散射和费米球内一对空穴的散射. 最主要的贡献应是分子为 1 的项, 即 $[\hbar(\omega_1+\omega_2)-\varepsilon^0_{\boldsymbol{p}_1+\boldsymbol{q}}-\varepsilon^0_{\boldsymbol{p}_2-\boldsymbol{q}}+\mathrm{i}0^+]^{-1}$, 因为它对 $\boldsymbol{q}$ 的积分范围没有任何限制. 在低能散射时, 分母上可粗略地写成 $\sim\hbar^2q^2/m$. 因此

$$Q_1 = \int \mathrm{d}\boldsymbol{q}\frac{V(\boldsymbol{q})}{\hbar^2q^2/m} \sim \frac{m}{\hbar^2}V_0a^3\int_0^{1/a}\mathrm{d}q=\alpha \tag{13.4.12}$$

Q_2 的两项都表示费米面附近一对粒子－空穴的散射. 选取其中对 $\boldsymbol{q}$ 限制最少的一项, 例如 $\dfrac{n_{\boldsymbol{p}_2+\boldsymbol{q}}}{\hbar(\omega_1-\omega_2)-\varepsilon^0_{\boldsymbol{p}_1+\boldsymbol{q}}+\varepsilon^0_{\boldsymbol{p}_2+\boldsymbol{q}}+\mathrm{i}0^+}$ 这一项作估计. 低能散射时分母上 $h^2(\boldsymbol{p}_2+\boldsymbol{q})^2\ /m=h^2\boldsymbol{q}_1^2\ /m$, 那么,

$$Q_2 \sim V_0a^3\int\frac{\theta(k_\mathrm{F}-|\boldsymbol{q}_1|)}{\hbar^2q_1^2/m}\mathrm{d}^3q_1 \sim \frac{m}{\hbar^2}V_0a^3k_\mathrm{F}=(k_\mathrm{F}a)\alpha \tag{13.4.13}$$

它比 Q_1 多了小参量 $k_\mathrm{F}a$. 我们得到结论, 一对粒子－空穴的散射图形, 比一对粒子的散射图形要小一量级. 这是因为一对粒子散射的动量没有限制, 可以从 0 至 ∞, 不过 $V(\boldsymbol{q})$ 的有效范围是 $1/a$, 所以积分从 $0\sim1/a$. 而粒子－空穴对的散射的动量限制在费米球内 (因为空穴只能在费米球内出现), 所以对动量积分的上限是 k_F. 根据低密度条件 $k_\mathrm{F}\ll1/a$. 这在积分 (13.4.12),(13.4.13) 中已经体现出来了.

现在我们选择图形时, 只要尽量选取每根相互作用线的两端粒子线是同方向的 (即代表一对粒子的散射). 只要有一根作用线两端的粒子线方向相反, 就多出一个小参量 $k_\mathrm{F}a$. 找出高阶主要图形的最简单的方法是：在图 13.29 的一阶正规自能 $\varSigma^{*(1)}_\mathrm{a}$、$\varSigma^{*(1)}_\mathrm{b}$ 的图形上分别逐次加上 Q_1 图形, 就得到了图 13.31(a)(b) 两个图形系列. 它们的求和由等号右边的图形表示. 这些图形的共同特点是, 每个图形只有一根方向朝下的粒子线, 这相当于只有一次粒子－空穴对散射, 所以提供一个 $k_\mathrm{F}a$ 因子. 这是一阶正规自能的图形中本身就有的. 在高阶图形中, 都是插入的 Q_1 图形, 只提供更多 α 因子. 它们代表了一对粒子的多次重复相互作用. 这些图形都呈梯子形状. 除了图 13.31 之外的其他高阶图形, 都必然有两根及其以上的相互作用线两端的粒子线方向相反, 这相当于加入了 Q_2 图形, 提供了额外的 $k_\mathrm{F}a$ 因子. 因此与图 13.31 中的同阶图形相比都是小量, 可以忽略. 用图 13.31 的梯形图来近似作为正规自能, 这就是梯形图近似.

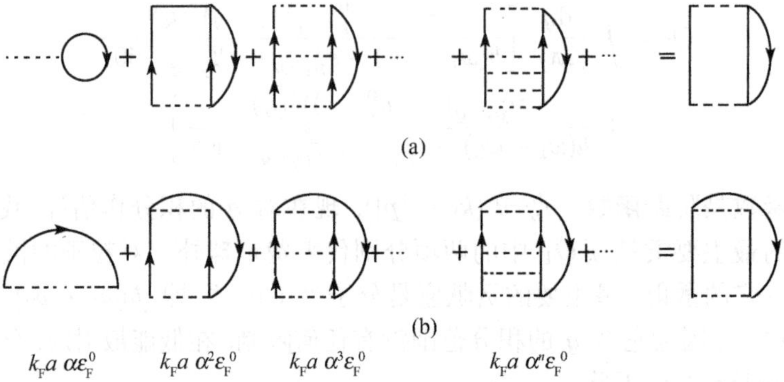

图 13.31　在一阶正规自能 $\Sigma_a^{*(1)}$、$\Sigma_b^{*(1)}$ 的图形上分别逐次加上 Q_1 图形，得到的两个图形系列

总结以上的讨论可知. 在物理上梯形图近似意味着粒子间相互作用的主要机制是粒子和粒子间的多重散射效应. 这是因为低密度、短程力的条件限制了在力程范围内出现更多粒子的可能性. 因此, 若在费米面上, 有一对粒子间发生了相互作用, 则它们再次散射 (重复以至无穷次) 的机会, 显然比激发媒质中其他粒子 (粒子–空穴对) 的机会更多一些, 因为后者要求同时激发更多的粒子.

以下建立梯形图近似下的方程并求其近似解.

1. 梯形图近似下的贝特梯形图近似下的贝特–萨佩特 (Bethe-Salpeter) 方程.

梯形图可以与两粒子格林函数联系起来. 对于二粒子格林函数的图 13.11, 可以将其分成三类. 一类是两个粒子独立传播, 各自在传播过程中受到各种修正; 第二类是两个粒子交换传播, 并分别受到各种修正; 第三类是二粒子在传播过程中的直接相互作用与通过媒质的间接相互作用. 表示于图 13.32. 其中的双实线表示严格的单粒子格林函数. 如果忽略第三部分而只取前两部分, 就是哈特里–福克近似. 在目前的强相互作用系统中, 这一近似就不合适了. 粒子间的直接相互作用成为主要的因素. 应该考虑表示二粒子间的相互作用.

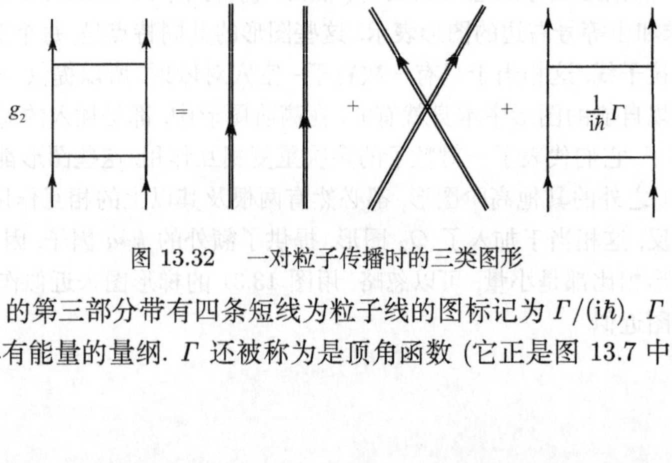

图 13.32　一对粒子传播时的三类图形

图 13.32 的第三部分带有四条短线为粒子线的图标记为 $\Gamma/(i\hbar)$. Γ 称为相互作用函数, 它具有能量的量纲. Γ 还被称为是顶角函数 (它正是图 13.7 中除去三条外

线即一条虚线与两条实线的部分). 顶角函数可分为正规顶角 $\varGamma^*$(也称为不可约顶角, 与 13.1.1 节中正规顶角的概念不同) 与非正规顶角 (也称可约顶角). 这类似于正规自能 $\varSigma^*$ 与非正规自能 $\varSigma$ 的关系. 见图 13.33 写出的方程, 与戴森方程类似, 但称为贝特–萨贝特方程, 简称 B-S 方程, 他们首先获得了相对论性的类似的方程.

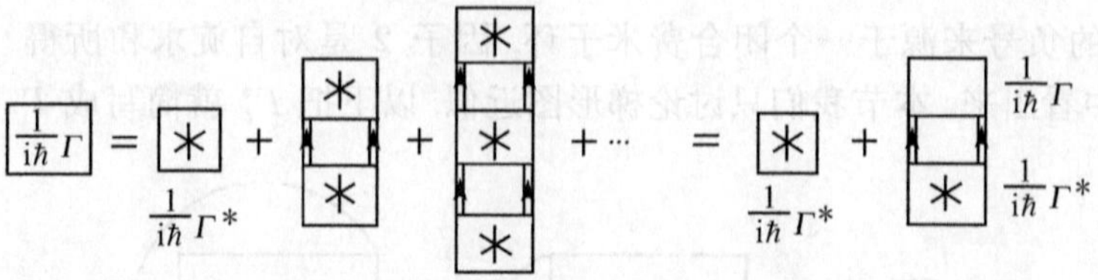

图 13.33 顶角函数 $\varGamma$ 用正规顶角 $\varGamma^*$ 表达, 及其相应的自洽方程

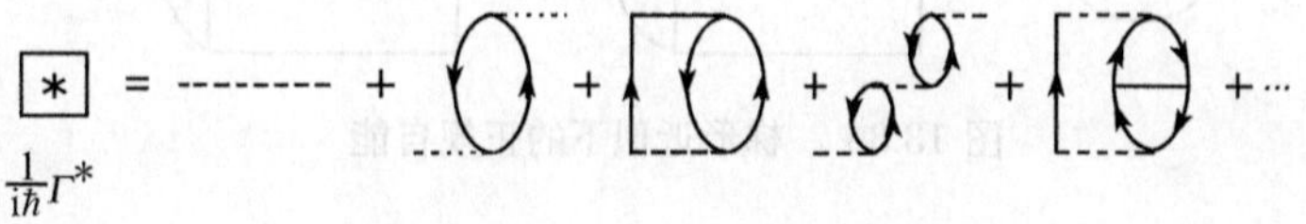

图 13.34 $\varGamma^*$ 的几个最低阶的图形

图 13.34 画出了 $\varGamma^*$ 的最低阶的几个图形. 它是两粒子间的直接相互作用与通过媒质极化出现的间接相互作用. 如果只取其中最简单的图形, 就是一根表示直接相互作用的虚线. 在 $\varGamma^*$ 中忽略所有其他的图形, 并暂时先不对外线粒子线作修正, 则图 13.33 简化为图 13.35. 按照图形规则, 写出其相应的 B-S 方程.

$$\begin{aligned}\frac{1}{\mathrm{i}\hbar}\varGamma_t^*(p_1p_2,p_3p_4)=&\frac{1}{\mathrm{i}\hbar}V(\boldsymbol{p}_1-\boldsymbol{p}_3)+\frac{\mathrm{i}^2}{(\mathrm{i}\hbar)^2}\frac{1}{(2\pi)^4}\int\mathrm{d}^4qV(\boldsymbol{q})\\&G^0(p_1-q)G^0(p_2+q)\varGamma_t^*(p_1-q,p_2+q;p_3,p_4)\end{aligned}\tag{13.4.14}$$

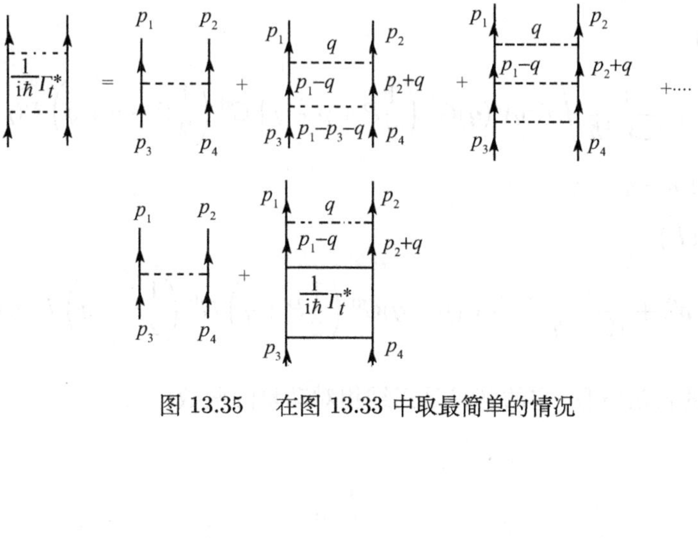

图 13.35 在图 13.33 中取最简单的情况

图 13.35 正是图 13.31 中的梯形图, 它表示了一对粒子的多次重复直接散射. 容易看到梯形近似下的正规自能如图 13.36 所示. 相应的方程为

$$\frac{1}{\mathrm{i}\hbar}\Sigma_t^* = -\frac{2\mathrm{i}}{\mathrm{i}\hbar(2\pi)^4}\int \mathrm{d}^4k_1 G^0(k_1)\Gamma_t^*(kk_1,\ kk_1) + \frac{\mathrm{i}}{\mathrm{i}\hbar(2\pi)^4}\int \mathrm{d}^4k_1\Gamma_t^*(kk_1,\ kk_1) \tag{13.4.15}$$

第一项中的负号来源于一个闭合费米子环, 因子 2 是对自旋求和所得. 这可从图 13.29(a) 中看出来. 本节我们只讨论梯形图近似. 以下把 Γ_t^* 就简写成 Γ.

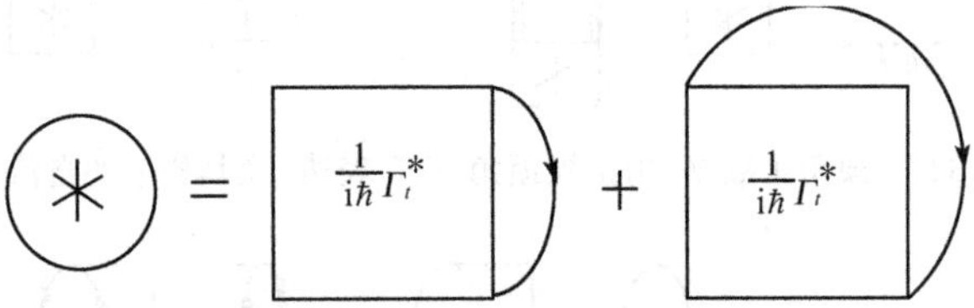

图 13.36　梯形近似下的正规自能

梯形图近似下的 B-S 方程 (13.4.14) 可改造为较容易求解的形式. 由于相互作用函数 Γ (p_1p_2,p_3p_4) 描述了两粒子间的散射, 所以变换到质心坐标系是比较合适的. 散射前后的四维总动量 $P=p_1+p_2=p_3+p_4$ 是守恒的, 所以只有三个独立的四维动量. 令这三个独立的动量为 P,p=$(p_1-p_2)/2$,p'=$(p_3-p_4)/2$, 后两个表示散射前后的相对动量. 则反变换为

$$p_1=\frac{1}{2}P+p,\ p_2=\frac{1}{2}P-p,\ p_3=\frac{1}{2}P+p',\ p_4=\frac{1}{2}P-p' \tag{13.4.16}$$

用质心动量和相对动量表示的 Γ 记作

$$\Gamma(p_1p_2,p_3p_4)=\Gamma\left(\frac{1}{2}P+p,\frac{1}{2}P-p,\frac{1}{2}P+p',\frac{1}{2}P-p'\right)=\Gamma(p,p';P) \tag{13.4.17}$$

对 (13.4.14) 作相应的变换得到,

$$\begin{aligned}&\Gamma(p,p';P)\\&=V(\boldsymbol{p}-\boldsymbol{p}')+\frac{\mathrm{i}}{(2\pi)^4\hbar}\int \mathrm{d}^4qV(\boldsymbol{q})G^0\left(\frac{1}{2}P+p-q\right)G^0\left(\frac{1}{2}P-p+q\right)\Gamma(p-q,p';P)\end{aligned}$$

再作变数变换 $p-q\to q$:

$$\begin{aligned}&\Gamma(p,p';P)\\&=V(\boldsymbol{p}-\boldsymbol{p}')+\frac{\mathrm{i}}{(2\pi)^4\hbar}\int \mathrm{d}^4qV(\boldsymbol{p}-\boldsymbol{q})G^0\left(\frac{1}{2}P+q\right)G^0\left(\frac{1}{2}P-q\right)\Gamma(q,p';P)\end{aligned} \tag{13.4.18}$$

这是个求 Γ 的自洽方程, 它的解只是三维相对动量的函数.

$$\Gamma(p,p';P)=\Gamma(\boldsymbol{p},\boldsymbol{p}';P) \tag{13.4.19}$$

这只要将 (13.4.18) 式的 Γ 逐次迭代就可看出.Γ $(p,p';P)$ 中的相对动量只在瞬时相互作用 $V(\boldsymbol{p}-\boldsymbol{p}')$、$V(\boldsymbol{p}-\boldsymbol{q})$ 等三维动量的函数中出现. 因此 Γ $(p,p';P)$ 只是 $\boldsymbol{p}$、$\boldsymbol{p}'$ 的函数, 与相对动量的第四分量无关. 其物理原因是, 只考虑了两粒子直接相互作用, 忽略了通过媒质极化的间接相互作用. 这意味着只考虑同时相互作用, 不计推迟相互作用. 因此这是梯形图近似下的一个特征. 于是在 (13.4.18) 式中对第四分量 q_0 积分时, 可不包括 Γ. 积分结果为

$$\begin{aligned}
&\frac{\mathrm{i}}{2\pi\hbar}\int \mathrm{d}q_0 G^0\left(\frac{1}{2}P+q\right)G^0\left(\frac{1}{2}P-q\right)\\
&=\frac{(1-n^0_{\boldsymbol{P}/2+\boldsymbol{q}})(1-n^0_{\boldsymbol{P}/2-\boldsymbol{q}})}{\hbar P_0-\varepsilon^0_{\boldsymbol{P}/2+\boldsymbol{q}}-\varepsilon^0_{\boldsymbol{P}/2-\boldsymbol{q}}+\mathrm{i}0^+}-\frac{n^0_{\boldsymbol{P}/2+\boldsymbol{q}}n^0_{\boldsymbol{P}/2-\boldsymbol{q}}}{\hbar P_0-\varepsilon^0_{\boldsymbol{P}/2+\boldsymbol{q}}-\varepsilon^0_{\boldsymbol{P}/2-\boldsymbol{q}}-\mathrm{i}0^+} \qquad (13.4.20)\\
&=\frac{N(\boldsymbol{P},\boldsymbol{q})}{E-\hbar^2q^2/m+\mathrm{i}N(\boldsymbol{P},\boldsymbol{q})0^+}
\end{aligned}$$

其中令

$$E=\hbar P_0-\frac{\hbar^2\boldsymbol{P}^2}{4m} \tag{13.4.21}$$

$$N(\boldsymbol{P},\boldsymbol{q})=1-n^0_{\boldsymbol{P}/2+\boldsymbol{q}}-n^0_{\boldsymbol{P}/2-\boldsymbol{q}}=\begin{cases}1, & \left|\dfrac{1}{2}\boldsymbol{P}\pm\boldsymbol{q}\right|>k_{\mathrm{F}}\\ -1, & \left|\dfrac{1}{2}\boldsymbol{P}\pm\boldsymbol{q}\right|<k_{\mathrm{F}}\\ 0, & \text{其他}\end{cases} \tag{13.4.22}$$

对于自由空间中的两个单独粒子, 不存在费米球. 这种情形相当于令 N=1.

这样, 在质心坐标系中,B-S 方程最后化成

$$\begin{aligned}
&\Gamma(\boldsymbol{p},\boldsymbol{p}';P)\\
&=V(\boldsymbol{p}-\boldsymbol{p}')+\frac{\mathrm{i}}{2\pi\hbar}\int\frac{\mathrm{d}\boldsymbol{q}}{(2\pi)^3}\frac{V(\boldsymbol{p}-\boldsymbol{q})N(\boldsymbol{P},\boldsymbol{q})}{E-\hbar^2q^2/m+\mathrm{i}N(\boldsymbol{P},\boldsymbol{q})0^+}\Gamma(\boldsymbol{q},\boldsymbol{p}';P) \qquad (13.4.23)
\end{aligned}$$

这是通过相互作用势 V 表示的 Γ 的积分方程. 对于任意强的相互作用不能用逐步近似如迭代法来解 (13.4.23) 式. 对于刚球势 ($V_0\to\infty$), 在这里又碰到了发散的困难, 因此它在形式上还不适用于处理刚球势问题. 必须再作变换, 使 $V(\boldsymbol{q})$ 不明显地出现在 Γ 的方程中.

2. 嘎里茨基 (Galitskii) 积分方程.

考虑 (13.4.23) 式中最简单的情况：假设两个粒子只在费米球外直接散射, 而不涉及费米球内的粒子, 也就是不用考虑媒质的影响. 这是因为考虑低密度短程相互

作用下媒质的影响不大, 因此两粒子的动量都始终在费米球外, 相当于 (13.4.22) 中 $|\boldsymbol{P}/2\pm\boldsymbol{q}|>k_{\mathrm{F}}$ 的情况. 所以 $N=1$. 记此时的 Γ 为 Γ_0.

$$\Gamma_0(\boldsymbol{p},\boldsymbol{p}';P)=V(\boldsymbol{p}-\boldsymbol{p}')+\int\frac{\mathrm{d}\boldsymbol{q}}{(2\pi)^3}\frac{V(\boldsymbol{p}-\boldsymbol{q})}{E-\hbar^2q^2/m+\mathrm{i}0^+}\Gamma_0(\boldsymbol{q},\boldsymbol{p};P) \tag{13.4.24}$$

Γ_0 描述了自由空间中一对粒子的相互散射. 它相当于两体散射振幅. Γ_0 的积分方程的形式与 (13.4.23) 是相似的, 而且仍含有相互作用势. 下面要用迭代的方法在 Γ 的方程中用 Γ_0 来表示, 使得相互作用 $V(\boldsymbol{q})$ 不出现在 Γ 的方程中. 这样, 如果能用某种方法求出任意强相互作用的 Γ_0, 就可由 Γ_0 求出 Γ. 为此我们引入一个记号算符 R_p, 它对任意一个含变量 $\boldsymbol{p}$ 的函数 $F(\boldsymbol{p})$ 的作用效果为:

$$R_{\boldsymbol{p}}F(\boldsymbol{p})=F(\boldsymbol{p})-\int\frac{\mathrm{d}\boldsymbol{q}}{(2\pi)^3}\frac{V(\boldsymbol{p}-\boldsymbol{q})}{E-\hbar^2q^2/m+\mathrm{i}0^+}F(\boldsymbol{q}) \tag{13.4.25}$$

由此,(13.4.24) 式可写成

$$R_{\boldsymbol{p}}\Gamma_0(\boldsymbol{p},\boldsymbol{p}';P)=V(\boldsymbol{p}-\boldsymbol{p}') \tag{13.4.26}$$

利用 (13.4.24) 式,$R_{\boldsymbol{p}}$ 对 Γ $(\boldsymbol{p},\boldsymbol{p}';P)$ 的作用效果为

$$\begin{aligned}&R_p\Gamma(\boldsymbol{p},\boldsymbol{p}';P)=V(\boldsymbol{p}-\boldsymbol{p}')\\&+\int\frac{\mathrm{d}\boldsymbol{q}}{(2\pi)^3}V(\boldsymbol{p}-\boldsymbol{q})\left[\frac{N(\boldsymbol{P},\boldsymbol{q})}{E-\hbar^2q^2/m+\mathrm{i}N(\boldsymbol{P},\boldsymbol{q})0^+}-\frac{1}{E-\hbar^2q^2/m+\mathrm{i}0^+}\right]\Gamma(\boldsymbol{q},\boldsymbol{p}';P)\end{aligned} \tag{13.4.27}$$

求 (13.4.26) 的逆式, 成为

$$\Gamma_0(\boldsymbol{p},\boldsymbol{p}';P)=\ R_{\boldsymbol{p}}^{-1}V(\boldsymbol{p}-\boldsymbol{p}') \tag{13.4.28}$$

现在把逆算符 $R_{\boldsymbol{p}}^{-1}$ 作用于 (13.4.27) 式两边. 在等式右边作用于 $V(\boldsymbol{p}-\boldsymbol{p}')$ 与 $V(\boldsymbol{p}-\boldsymbol{q})$ 函数时利用 (13.4.28) 式, 得到

$$\begin{aligned}&\Gamma(\boldsymbol{p},\boldsymbol{p}';P)=\Gamma_0(\boldsymbol{p},\boldsymbol{p}';P)\\&+\int\frac{\mathrm{d}\boldsymbol{q}}{(2\pi)^3}\Gamma_0(\boldsymbol{p},\boldsymbol{q};P)\left[\frac{N(\boldsymbol{p},\boldsymbol{q})}{E-\hbar^2q^2/m+\mathrm{i}N(\boldsymbol{p},\boldsymbol{q})0^+}-\frac{1}{E-\hbar^2q^2/m+\mathrm{i}0^+}\right]\Gamma(\boldsymbol{q},\boldsymbol{p}';P)\end{aligned} \tag{13.4.29}$$

此式称为嘎里茨基积分方程. 它在求 Γ 时只需用到 Γ_0 而不出现相互作用势 $V(\boldsymbol{q})$. (13.4.29) 式中的因子 $\left[\dfrac{N(\boldsymbol{P},\boldsymbol{q})}{E-\hbar^2q^2/m+\mathrm{i}N(\boldsymbol{P},\boldsymbol{q})0^+}-\dfrac{1}{E-\hbar^2q^2/m+\mathrm{i}0^+}\right]$ 有如下的特性: 在 $|\boldsymbol{P}/2\pm\boldsymbol{q}|>k_{\mathrm{F}}$ 时, 由于 $N(\boldsymbol{P},\boldsymbol{q})=1$, 这个因子等于零. 只要 $|\boldsymbol{P}/2\pm\boldsymbol{q}|$ 中有一个小于 k_{F}, 它就不为零. 因此, 这个因子代表费米球的影响, 使积分限于费米球以

内. 在低密度时,k_F 很小, 所以式 (13.4.29) 的积分项贡献不大. 作为粗略的估计, 设 Γ_0 与 Γ 不变, 在低能散射时分母大致成为 h^2q^2/m, 则积分结果为

$$\Gamma-\Gamma_0\sim\frac{m}{\hbar^2}\Gamma_0\Gamma k_\mathrm{F}$$

下面我们将要计算出, Γ_0 近似为 $4\pi ah^2/m$. 因此嘎里茨基积分方程的积分项与 Γ 之比为

$$\frac{\Gamma-\Gamma_0}{\Gamma}\sim k_\mathrm{F}a\ll 1 \tag{13.4.30}$$

于是积分项中含有小参量 $k_\mathrm{F}a$. 在作逐次迭代近似时, 收敛很快. 现在只要在任意的相互作用势求得 Γ_0, 即可解出 Γ.

3. 嘎里茨基积分方程的解.

实际上 Γ_0 所满足的方程 (13.4.24) 与 Γ 与满足的 (13.2.23) 是完全类似的, 在 $V(\boldsymbol{q})\to\infty$ 时同样发散. 所以不能直接从 (13.4.24) 求解, 而必须另找途径.

嘎里茨基等人首先注意到二体散射振幅在动量表象中所满足的方程与 Γ_0 的方程有某种相似性, 并且找出了 Γ_0 与二体散射振幅之间的普遍关系. 现在来推导这个关系. 第一步是回顾量子力学中普通的散射问题, 并利用第四章的公式.

如果粒子受到散射的相互作用势为 $V(\boldsymbol{x})$, 那么在以散射中心为原点的坐标系中, 薛定谔方程为

$$\left[-\frac{\hbar^2}{2m}\nabla^2+V(\boldsymbol{x})\right]\psi=E\psi \tag{13.4.31}$$

对于两个完全相同粒子的相互碰撞散射, 可改为质心系. 这时势能的形式不变, 粒子质量应改为约合质量 $m/2$. 相当于一个约合质量的粒子受到同样的势的散射, 只是散射中心位于质心处. 方程的形式变为

$$\left[-\frac{\hbar^2}{m}\nabla^2+V(\boldsymbol{x})\right]\psi=E\psi \tag{13.4.32}$$

令

$$p^2=\frac{m}{\hbar^2}E,\quad v(\boldsymbol{x})=\frac{m}{\hbar^2}V(\boldsymbol{x}) \tag{13.4.33}$$

那么,

$$(\nabla^2+p^2)\psi_{\boldsymbol{p}}(x)=v(\boldsymbol{x})\psi_{\boldsymbol{p}}(\boldsymbol{x}) \tag{13.4.34}$$

$\hbar\boldsymbol{p}$ 是质量为 $m/2$ 的粒子相对于散射中心的动量, 也就是两粒子间的相对动量. 参照方程 (1.1.34) 的解式 (1.1.35b), 可写出 (13.4.34) 的形式解为

$$\psi_{\boldsymbol{p}}(\boldsymbol{x})=\frac{1}{\sqrt{V}}\mathrm{e}^{\mathrm{i}\boldsymbol{p}\cdot\boldsymbol{x}}+\int G^{(0)+}(\boldsymbol{x}-\boldsymbol{x}_1)v(\boldsymbol{x}_1)\psi_p(\boldsymbol{x}_1)\mathrm{d}\boldsymbol{x}_1 \tag{13.4.35}$$

其中 $G^{(0)+}$ 是满足 (1.2.3) 的解 (1.2.8) 式：

$$G^{(0)+}(\boldsymbol{x}-\boldsymbol{x}_1)=-\frac{1}{4\pi}\frac{\mathrm{e}^{\mathrm{i}p|\boldsymbol{x}-\boldsymbol{x}_1|}}{|\boldsymbol{x}-\boldsymbol{x}_1|}=-\int\frac{\mathrm{d}\boldsymbol{q}}{(2\pi)^3}\frac{\mathrm{e}^{\mathrm{i}\boldsymbol{q}\cdot(\boldsymbol{x}-\boldsymbol{x}_1)}}{q^2-p^2-\mathrm{i}0^+} \tag{13.4.36}$$

当 $x\to\infty$ 时, 波函数应有如下的渐近行为：

$$\psi_{\boldsymbol{p}}(\boldsymbol{x})=C\left[\mathrm{e}^{\mathrm{i}\boldsymbol{p}\cdot\boldsymbol{x}}+f(\boldsymbol{p}',\boldsymbol{p})\frac{\mathrm{e}^{\mathrm{i}px}}{x}\right](C\text{为常数}) \tag{13.4.37}$$

其中 $\hbar\boldsymbol{p}$ 与 $\hbar\boldsymbol{p}'$ 分别是粒子散射前后的相对动量, 并有 $|\boldsymbol{p}|=|\boldsymbol{p}'|$,$f(\boldsymbol{p}',\boldsymbol{p})$ 是二体散射振幅, 见 (4.3.4) 式及其讨论. 由 (4.3.7) 式,$f(\boldsymbol{p}',\boldsymbol{p})$ 满足自洽方程：

$$f(\boldsymbol{p}',\boldsymbol{p})=-\frac{m}{4\pi\hbar^2}V(\boldsymbol{p}'-\boldsymbol{p})+\frac{m}{\hbar^2}\int\frac{\mathrm{d}\boldsymbol{q}}{(2\pi)^3}\frac{V(\boldsymbol{p}'-\boldsymbol{q})}{p^2-q^2+\mathrm{i}0^+}f(\boldsymbol{q},\boldsymbol{p}) \tag{13.4.38}$$

令 $\tilde{f}(\boldsymbol{p}',\boldsymbol{p})=-4\pi f(\boldsymbol{p}',\boldsymbol{p})$, 再将 $\boldsymbol{p}$ 与 $\boldsymbol{p}'$ 对换, 那么上式成为

$$\tilde{f}(\boldsymbol{p}',\boldsymbol{p})-\int\frac{\mathrm{d}\boldsymbol{q}}{(2\pi)^3}\frac{v(\boldsymbol{p}'-\boldsymbol{q})}{p'^2-q^2+\mathrm{i}0^+}\tilde{f}(\boldsymbol{q},\boldsymbol{p}')=v(\boldsymbol{p}-\boldsymbol{p}') \tag{13.4.39}$$

第二步是将此式与 Γ_0 满足的方程 (13.4.24) 联系起来. 现在两式已经是非常相似的了. 仍然采用得到 (13.4.29) 式的方法. 再设一个记号算符 L_p, 它对 $F(\boldsymbol{p})$ 的作用效果为

$$L_{\boldsymbol{p}}F(\boldsymbol{p})=F(\boldsymbol{p})-\int\frac{\mathrm{d}\boldsymbol{q}}{(2\pi)^3}\frac{v(\boldsymbol{p}-\boldsymbol{q})}{p^2-q^2+\mathrm{i}0^+}F(\boldsymbol{q}) \tag{13.4.40}$$

因此 (13.4.39) 式可写成

$$L_{\boldsymbol{p}}\tilde{f}(\boldsymbol{p},\boldsymbol{p}')=v(\boldsymbol{p}-\boldsymbol{p}') \tag{13.4.41}$$

将 (13.4.39) 两边乘以 $m/\hbar^2$, 并令 $\varepsilon=mE/\hbar^2$,再作用以 L_p, 其效果为

$$\begin{aligned}L_{\boldsymbol{p}}\frac{m}{\hbar^2}\Gamma_0(\boldsymbol{p},\boldsymbol{p}';P)=&v(\boldsymbol{p}-\boldsymbol{p}')\\&+\int\frac{\mathrm{d}\boldsymbol{q}}{(2\pi)^3}v(\boldsymbol{p}-\boldsymbol{q})\left(\frac{1}{\varepsilon-q^2+\mathrm{i}0^+}-\frac{1}{p'^2-q^2+\mathrm{i}0^+}\right)\frac{m}{\hbar^2}\Gamma_0(\boldsymbol{q};\boldsymbol{p}';P)\end{aligned} \tag{13.4.42}$$

(13.4.39) 的逆式为

$$\tilde{f}(\boldsymbol{p},\boldsymbol{p}')=L_{\boldsymbol{p}}^{-1}v(\boldsymbol{p}-\boldsymbol{p}') \tag{13.4.43}$$

把 L_p^{-1} 作用于 (13.4.42) 式：

$$\begin{aligned}\frac{m}{\hbar^2}\Gamma_0(\boldsymbol{p},\boldsymbol{p}';P)=&\tilde{f}(\boldsymbol{p},\boldsymbol{p}')\\&+\int\frac{\mathrm{d}\boldsymbol{q}}{(2\pi)^3}\tilde{f}(\boldsymbol{p},\boldsymbol{q})\left(\frac{1}{\varepsilon-q^2+\mathrm{i}0^+}-\frac{1}{p'^2-q^2+\mathrm{i}0^+}\right)\frac{m}{\hbar^2}\Gamma_0(\boldsymbol{q},\boldsymbol{p};P)\end{aligned} \tag{13.4.44}$$

这是 Γ_0 与 $\tilde{f}$ 的直接联系. 现在求解 Γ_0 时已不需要出现 $V(\boldsymbol{q})$, 只要通过散射振幅 $\tilde{f}$(这是个有限量) 就能求出 Γ_0. 这样就最终消除了刚球势发散的困难.

在 Γ_0 与 $\tilde{f}$ 的关系中参数 ε 起着控制作用, 假如令 $\varepsilon=p'^2$, 则上式右端的积分项等于零, 此时

$$\frac{m}{\hbar^2}\Gamma_0=\tilde{f}(\boldsymbol{p},\boldsymbol{p}'),\ \ \varepsilon=p^2=p'^2 \tag{13.4.45}$$

$m\Gamma_0/\hbar^2$ 就是自由散射振幅 $\tilde{f}$. 一般情况下, $m\Gamma_0/\hbar^2$ 不完全等于 $\tilde{f}$, 还应包括 $\varepsilon\neq p'^2$ 时积分项的贡献. $m\Gamma_0/\hbar^2$ 与 $\tilde{f}$ 的这一差别来源于自由散射幅仅仅代表实弹性散射过程. 而自由空间中一对粒子的有效散射相互作用 Γ_0, 是由 Γ 退化 (令 $N(P,q)=1$) 得来的. 它包括了梯形图图 13.35 中的一系列中间散射过程或虚过程. 对于中间过程, 自由粒子线的第四分量 p_0 是独立参数, 不能与给定动量 $\boldsymbol{p}$ 的自由粒子能量 $(p^2/2m)$ 混为一谈. 同理, 式 (13.4.44) 式中, $\varepsilon=mE/\hbar^2$ 也是中间过程的参量. 若不考虑中间过程, 只讨论实过程, 则 E 就等于质心系中一对粒子的总能量 $\hbar^2\boldsymbol{p}^2/2m+\hbar^2(-\boldsymbol{p})^2/2m=\hbar^2\boldsymbol{p}^2/m$. 若散射又是弹性的, 则 $|\boldsymbol{p}|=|\boldsymbol{p}'|$, 这时才有 $\varepsilon=\boldsymbol{p}'^2=\boldsymbol{p}^2$. 所以, 量子力学计算的 $\tilde{f}$ 只代表一次实弹性散射过程的散射幅, 而格林函数方法所计算的 $m\Gamma_0/\hbar^2$ 包括了虚过程或多次散射过程的影响.

在量子力学中, 已经对两体弹性散射幅求出了严格解. 无论散射势有多强, 由分波法, 散射幅为

$$f(\boldsymbol{p},\boldsymbol{p}')=\sum_{l=0}^{\infty}\frac{2l+1}{p}\mathrm{e}^{\mathrm{i}\delta_l}\sin\delta_l P_l(\cos\theta) \tag{13.4.46}$$

其中 θ 是 $\boldsymbol{p}$ 与 $\boldsymbol{p}'$ 的夹角, 刚球势散射的相移 δ_l 由 $r=a$ 处波函数为零的边界条件决定. 在低密度和短程相互作用情形下, 重要的是低能散射. 取长波极限 $pa\ll1$, 得到

$$\begin{aligned}\delta_l(p)&=\frac{(pa)^{2l+1}}{(2l+1)!!(2l-1)!!},\ l>0\\ \delta_0(p)&=-pa\end{aligned} \tag{13.4.47}$$

其中 $(2l+1)!!=1\cdot3\cdot5\cdot\ \cdots\ \cdot(2l-1)(2l+1)$. 当 l 增大时,δ_l 迅速减小, 故 $l=0$ 部分的波 (s 波) 为 f 的主导项. 此时

$$f(\boldsymbol{p},\boldsymbol{p}')=-a+\mathrm{i}pa^2+O(p^2a^3),\ |\boldsymbol{p}|=|\boldsymbol{p}'|\to0 \tag{13.4.48}$$

这是个有限的量.

现在可以最终写出 Γ_0 和 Γ 的表达式了. 将 (13.4.44) 的 Γ_0 迭代一次, 把

(13.4.48) 的 f 代入, 注意 $\tilde{f}=-4\pi f$, 取到 a^2 项为止的结果为

$$\begin{aligned}\frac{m}{\hbar^2}\Gamma_0(\boldsymbol{p},\boldsymbol{p}';P)=&4\pi a-4\pi\mathrm{i}p'a\\&+\int\frac{\mathrm{d}\boldsymbol{q}}{(2\pi)^3}4\pi a\left(\frac{1}{\varepsilon-q^2+\mathrm{i}0^+}-\frac{1}{p'^2-q^2+\mathrm{i}0^+}\right)4\pi a+\cdots\end{aligned}\tag{13.4.49}$$

整理得

$$\Gamma_0(\boldsymbol{p},\boldsymbol{p}';P)=\frac{4\pi a}{m}\hbar^2+\frac{(4\pi a)^2}{m}\hbar^2\int\frac{\mathrm{d}\boldsymbol{q}}{(2\pi)^3}\left\{\frac{1}{\varepsilon-q^2+\mathrm{i}0^+}-P\frac{1}{p'^2-q^2}\right\}+\cdots\tag{13.4.50}$$

最后一项的 P 表示取积分的主值, 因为虚部的积分结果正好与 (13.4.49) 中 $-4\pi\mathrm{i}p'a$ 相抵消. 若只取至 a 的一次项, 则 $\Gamma_0=4\pi a\hbar^2/m$, 这就是低能散射振幅的数值. 因此, 中间过程只导致 a 的二次以上的修正项, 说明在低密度、短程力的条件下, 中间过程的影响并不大. 将 (13.4.50) 代入嘎里茨基积分方程 (13.4.29), 令 Γ 迭代一次, 得 Γ 直至 $O(a^2)$ 项的表示为

$$\Gamma(\boldsymbol{p},\boldsymbol{p}';P)=\frac{4\pi a}{m}\hbar^2+\frac{(4\pi a)^2}{m}\hbar^2\int\frac{\mathrm{d}\boldsymbol{p}}{(2\pi)^3}\left\{\frac{N(\boldsymbol{P},\boldsymbol{q})}{\varepsilon-q^2+\mathrm{i}N(\boldsymbol{P},\boldsymbol{q})0^+}-P\frac{1}{p'^2-q^2}\right\}+\cdots\tag{13.4.51}$$

其中 $1/(\varepsilon-q^2+\mathrm{i}0^+)$ 的项相互抵消. 这里 Γ 已经全由已知量来表示了.

13.4.3 物理量的计算结果

计算梯形图近似下的正规自能. 先将 (13.4.15) 中的 Γ 用质心坐标系表示,

$$\Gamma(kk_1,kk_1)=\Gamma(\boldsymbol{p},\boldsymbol{p};P),\Gamma(k_1k,kk_1)=\Gamma(-\boldsymbol{p},\boldsymbol{p};P)\tag{13.4.52}$$

这里相对动量 $\boldsymbol{p}$ 与四维总动量如下:

$$\boldsymbol{p}=\frac{1}{2}(\boldsymbol{k}-\boldsymbol{k}_1),\ P=k+k_1,\ \boldsymbol{P}=\boldsymbol{k}+\boldsymbol{k}_1,\ P_0=\omega+\omega_1\tag{13.4.53}$$

(13.4.15) 式成为

$$\Sigma^*(k)=\Sigma^*(\boldsymbol{k},\omega)=\mathrm{i}\int\frac{\mathrm{d}^4k_1}{(2\pi)^4}G^0(k_1)[-2\Gamma(\boldsymbol{p},\boldsymbol{p};\ P)+\Gamma(-\boldsymbol{p},\boldsymbol{p};P)]\tag{13.4.54}$$

由 (13.4.50) 看到, 到 a^2 的量级为止有

$$\Gamma(\boldsymbol{p},\boldsymbol{p};P)=\Gamma(-\boldsymbol{p},\boldsymbol{p};P)\tag{13.4.55}$$

(13.4.54) 就简化成一项.

$$\Sigma^*(\boldsymbol{k},\omega)=-\frac{\mathrm{i}}{(2\pi)^4}\int\mathrm{d}^4k_1G^0(\boldsymbol{k}_1,\omega)\Gamma(\boldsymbol{p},\boldsymbol{p};P)\tag{13.4.56}$$

$\varGamma$ 的表式 (13.4.51) 已展至 a^2 的量级. 相应地, $\varSigma^*(\boldsymbol{k},\omega)$ 也写成按 a 的幂次展开的形式.

$$\varSigma^*(\boldsymbol{k},\omega)=\varSigma^*_{(1)}(\boldsymbol{k},\omega)+\varSigma^*_{(2)}(\boldsymbol{k},\omega)+\cdots \tag{13.4.57}$$

应注意这儿的下标表示 a 的幂次而不是微扰级次.(13.4.57) 中的每一项都已反映了全部梯形图求和的成果. 把 (13.4.51) 代入 (13.4.56), 得到

$$\varSigma^*_{(1)}(\boldsymbol{k},\omega)=-\mathrm{i}\int\frac{\mathrm{d}^4k_1}{(2\pi)^4}G^0(k_1)\frac{4\pi a}{m}\hbar^2\mathrm{e}^{\mathrm{i}\omega_1 0^+} \tag{13.4.58}$$

$$\varSigma^*_{(2)}(\boldsymbol{k},\omega)=-\mathrm{i}\int\frac{\mathrm{d}^4k_1}{(2\pi)^4}G^0(k_1)\mathrm{e}^{\mathrm{i}\omega 0^+}\frac{4\pi a}{m}\hbar^2\int\frac{\mathrm{d}\boldsymbol{q}}{(2\pi)^3}\left[\frac{N(\boldsymbol{P},\boldsymbol{q})}{\varepsilon-q^2+\mathrm{i}N(\boldsymbol{P},\boldsymbol{q})0^+}-P\frac{1}{p^2-q^2}\right] \tag{13.4.59}$$

其中的收敛因子 $\exp(\mathrm{i}\omega_l 0^+)$ 并不是无缘无故加入的. 这是在图 13.29 的两个图形中本身就带有的 (回忆图形规则或参看 (10.4.2) 式). 本节前面的公式中都未写明这个因子, 现在补上.(13.4.58) 容易算出

$$\begin{aligned}\varSigma^*_{(1)}(\boldsymbol{k},\omega)&=-\mathrm{i}\frac{4\pi a}{m}\hbar^2\int\frac{\mathrm{d}\boldsymbol{k}_1}{(2\pi)^3}\frac{\mathrm{d}\omega_1}{2\pi}\mathrm{e}^{\mathrm{i}\omega_1 0^+}\left[\frac{\hbar\theta(|\boldsymbol{k}_1|-k_\mathrm{F})}{\hbar\omega_1-\varepsilon^0_{\boldsymbol{k}}+\mathrm{i}0^+}+\frac{\hbar\theta(k_\mathrm{F}-|\boldsymbol{k}_1|)}{\hbar\omega_1-\varepsilon^0_{\boldsymbol{k}}-\mathrm{i}0^+}\right]\\&=\frac{4\pi a}{m}\hbar^2\int\frac{\mathrm{d}\boldsymbol{k}_1}{(2\pi)^3}\theta(k_\mathrm{F}-|\boldsymbol{k}_1|)=\frac{\hbar^2k_\mathrm{F}^2}{m}\frac{2}{3\pi}k_\mathrm{F}a\end{aligned} \tag{13.4.60}$$

这是小参量的一次量级. 注意这是个常数, 与 $\boldsymbol{k},\omega$ 无关.(13.4.59) 的计算是复杂的, 因为由 (13.4.53) 和频率 ω_1 通过组合

$$\varepsilon=\frac{m}{\hbar^2}E=\frac{m}{\hbar}P_0-\frac{1}{4}\boldsymbol{P}^2=\frac{m}{\hbar}(\omega+\omega_1)-\frac{1}{4}\boldsymbol{P}^2 \tag{13.4.61}$$

出现在分母中. 对 ω_1 的积分与计算 (13.4.20) 式时相似. 结果是

$$\begin{aligned}\varSigma^*_{(2)}(\boldsymbol{k},\omega)=\frac{16\pi^2a^2}{m}\hbar^2\int\frac{\mathrm{d}\boldsymbol{k}_1\mathrm{d}\boldsymbol{q}}{(2\pi)^6}&\left[\frac{\theta(k_\mathrm{F}-|\boldsymbol{k}_1|)\theta(|\boldsymbol{P}/2+\boldsymbol{q}|-k_\mathrm{F})\theta(|\boldsymbol{P}/2-\boldsymbol{q}|-k_\mathrm{F})}{m\omega/\hbar-k^2/2+p_0^2-q^2+\mathrm{i}0^+}\right.\\&\left.+\frac{\theta(k-k_\mathrm{F})\theta(k_\mathrm{F}-|\boldsymbol{P}/2+\boldsymbol{q}|)\theta(k_\mathrm{F}-|\boldsymbol{P}/2-\boldsymbol{q}|)}{m\omega/\hbar-k^2/2+k_1^2-q^2-\mathrm{i}0^+}-P\,\frac{\theta(k_\mathrm{F}-k)}{p^2-q^2}\right]\end{aligned} \tag{13.4.62}$$

其中利用了关系

$$\frac{k_1^2}{2}-\frac{\boldsymbol{P}^2}{4}=p^2-k^2 \tag{13.4.63}$$

这是从 (13.4.53) 得到的.

低密度刚球系统的格林函数现在可取如下的形式：

$$G(\boldsymbol{k},\omega)\approx\frac{\hbar}{\hbar\omega-\varepsilon_{\boldsymbol{k}}^{0}-\Sigma_{(1)}^{*}(\boldsymbol{k},\omega)-\Sigma_{(2)}^{*}(\boldsymbol{k},\omega)}\tag{13.4.64}$$

其中元激发由分母的零点决定.

$$\hbar\omega=\frac{\hbar^2}{2m}k^2-\Sigma_{(1)}^{*}(\boldsymbol{k},\omega)-\Sigma_{(2)}^{*}(\boldsymbol{k},\omega)=\varepsilon_{\boldsymbol{k}}+\mathrm{i}\hbar\gamma_{\boldsymbol{k}}\tag{13.4.65}$$

实部是准粒子的能谱. 虚部的 $\gamma_{\boldsymbol{k}}$ 是阻尼系数, 其倒数是准粒子的寿命. 能谱的主要项是动能. 其他两项是碰撞散射的梯形图引起的修正. 它们分别为 $k_{\mathrm{F}}a$ 与 $(k_{\mathrm{F}}a)^2$ 的量级, 所以是一级、二级小量. 因此有

$$\hbar\omega\approx\frac{\hbar^2}{2m}k^2[1+O(k_{\mathrm{F}}a)]\tag{13.4.66}$$

可在 $\Sigma_{(2)}^{*}$ 中把 ω 用 $\hbar k^2/2m$ 来近似代入而不影响 $\Sigma_{(2)}^{*}$ 的精度. 于是

$$\begin{aligned}\varepsilon_{\boldsymbol{k}}+\mathrm{i}\hbar\gamma_{\boldsymbol{k}}=&\frac{\hbar^2}{2m}k^2+\frac{\hbar^2k_{\mathrm{F}}^2}{m}\left\{\frac{2}{3\pi}k_{\mathrm{F}}a+16\pi^2(k_{\mathrm{F}}a)^2\int\frac{\mathrm{d}\boldsymbol{k}_1\mathrm{d}\boldsymbol{q}}{(2\pi)^6}\right.\\&\frac{\theta(1-k_1)\theta(|\boldsymbol{P}/2+\boldsymbol{q}|-1)\theta(|\boldsymbol{P}/2-\boldsymbol{q}|-1)}{p^2-q^2+\mathrm{i}0^+}\\&\left.+\frac{\theta(k_1-1)\theta(1-|\boldsymbol{P}/2+\boldsymbol{q}|)\theta(1-|\boldsymbol{P}/2-\boldsymbol{q}|)}{p^2-q^2-\mathrm{i}0^+}-P\frac{\theta(1-k_1)}{p^2-q^2}+O(k_{\mathrm{F}}^3a^3)\right\}\end{aligned}\tag{13.4.67}$$

所有波矢都写成以 k_{F} 为单位, 使积分成为无量纲的.

(13.4.65) 的计算是麻烦的. 嘎里莰基已算出了实部与虚部. 我们只是引述他的结果：

(1) 单粒子激发的寿命：在费米面附近, 即 $|k-k_{\mathrm{F}}|\ll k_{\mathrm{F}}$ 时,

$$\hbar\gamma_{\boldsymbol{k}}=\frac{\hbar^2}{\pi m}(k_{\mathrm{F}}a)^2(k_{\mathrm{F}}-k)^2\mathrm{sgn}(k_{\mathrm{F}}-k)\tag{13.4.68}$$

显然, γ_k 在 k_{F} 处变号, 当 $k>k_{\mathrm{F}}$ 时 $\gamma_{\boldsymbol{k}}<0$, 极点在下半平面; 当 $k<k_{\mathrm{F}}$ 时, $\gamma_{\boldsymbol{k}}>0$, 极点在上半平面. 当 $k\to k_{\mathrm{F}}$ 时 $\gamma_{\boldsymbol{k}}$ 按 $(k-k_{\mathrm{F}})^2$ 趋于零, 因而寿命 $\tau_{\boldsymbol{k}}=1/\gamma_{\boldsymbol{k}}$ 趋于无穷长.

(2) 化学势：按照 9.2.1 节介绍的莱曼表示, 在准粒子能量 $\varepsilon_{\boldsymbol{k}}>\mu$ 时, 格林函数的极点在下半平面. $\varepsilon_{\boldsymbol{k}}<\mu$ 时, 极点在上半平面. 现在的分界线在 $k=k_{\mathrm{F}}$ 处, 所以准粒在 k_{F} 处的能量就是化学势.

$$\mu=\varepsilon(k_{\mathrm{F}})=\frac{\hbar^2}{2m}k_{\mathrm{F}}^2\left[1+\frac{4}{3\pi}k_{\mathrm{F}}a+\frac{4}{15\pi^2}(11-2\ln2)(k_{\mathrm{F}}a)^2\right]\tag{13.4.69}$$

(3) 有效质量：靠近费米面，能谱可展开为泰勒级数.

$$\varepsilon_{\boldsymbol{k}}=\varepsilon(k_{\rm F})+\frac{\partial \varepsilon_k}{\partial k}|_{k_{\rm F}}(k-k_{\rm F})+\cdots=\varepsilon_{k_{\rm F}}+\frac{\hbar^2 k_{\rm F}}{m^*}(k-k_{\rm F}) \tag{13.4.70}$$

这里用费米面上的 $\varepsilon_{\boldsymbol{k}}$ 的斜率定义有效质量

$$m^*=\hbar^2 k_{\rm F}\left(\frac{\partial \varepsilon_k}{\partial k}|_{k_{\rm F}}\right)^{-1} \tag{13.4.71}$$

有效质量的计算结果是

$$\frac{m^*}{m}=1+\frac{8}{15\pi^2}(7\ln 2-1)(k_{\rm F}a)^2 \tag{13.4.72}$$

其中没有 $k_{\rm F}a$ 的线性项. 这是因为 $\Sigma^*_{(1)}$ 是常数值.

(4) 基态能量：基态能量可以用 9.2.2 节的公式算出. 但用下面的办法更简单. 量子力学系统的基态只有一种可能的状态，所以熵 S=0. 这时化学势可由基态能量来计算.

$$\mu=\left(\frac{\partial E}{\partial N}\right)_V \quad (S=0) \tag{13.4.73}$$

在不变体积 V(并保持 S=0) 的情况下，对上式积分.

$$E=\int_0^N \mu {\rm d}N' \tag{13.4.74}$$

μ 正比于 $k_{\rm F}$ 的幂次. 在 $k_{\rm F}=(3\pi^2 N/V)^{1/3}$ 中出现 N. 利用积分 $\displaystyle\int_0^{\rm N}[k_{\rm F}(N')]^n {\rm d}N'=\frac{3}{3+n}k_{\rm F}^n N$, 有

$$\frac{E_{\rm g}}{N}=\frac{\hbar^2}{2m}k_{\rm F}^2\left[\frac{3}{5}+\frac{2}{3\pi}k_{\rm F}a+\frac{4}{35\pi^2}(11-2\ln 2)\right] \tag{13.4.75}$$

本节讨论的相互作用，本来是不论费米子还是玻色子的. 不过用了费米球的概念，所以实际上讨论的是费米子. 对于玻色子，我们将在 §17.5 中讨论碰撞相互作用.

习　题

1. 证明 HFSC 方法在无外场时得到的单粒子能量为 (13.2.23) 式. 即一级正规自能 $\Sigma^{*(1)}$ 已经满自洽的要求，无须作第二次迭代.

2. 如果电子之间的相互作用的形式为

$$V_{\lambda\lambda'\mu\mu'}(\boldsymbol{x}-\boldsymbol{x}')=V_0(|\boldsymbol{x}-\boldsymbol{x}'|)\delta_{\lambda\lambda'}\delta_{\mu\mu'}+V_1(|\boldsymbol{x}-\boldsymbol{x}'|)\boldsymbol{\sigma}_1\cdot\boldsymbol{\sigma}_2$$

写出正规自能的表达式和哈特里–福克方程以代替 (13.2.14) 和 (13.2.18) 式.

3. 一个均匀的自旋为 S 的费米系统, 其相互作用势是与自旋无关的 $V(\boldsymbol{r}) = V_0 \mathrm{e}^{-\alpha r}/r$.

(1) 计算哈特里–福克近似下的正规自能. 从而求出单粒子能量 $\varepsilon_{\boldsymbol{k}}$ 以及费米能 $\varepsilon_{\mathrm{F}}=\mu$.

(2) 证明, 对于长程相互作用 $k_{\mathrm{F}}a \gg 1$,ε_{F} 中的交换贡献相比于直接项是可忽略的; 但是对于短程相互作用 $k_{\mathrm{F}}a \ll 1$, 交换贡献于直接项是接近的.

(3) 证明, 此时有效质量 $m^* = \hbar^2 k \left(\left.\dfrac{\partial \varepsilon_{\boldsymbol{k}}}{\partial k}\right|_{k=k_{\mathrm{F}}} \right)^{-1}$ 只由交换贡献决定. 算出 m^*, 并讨论 $k_{\mathrm{F}}a \gg 1$ 和 $k_{\mathrm{F}}a \ll 1$ 的两种极限情况.

(4) 讨论这个模型在 $a \to \infty$ 的极限情况.

4. 有限温度下, 写出相应于图 13.19 的表达式, 并估计其结果. 对于图 13.21 和图 13.22 也做同样的处理.

5. 对于有限温度时 $\boldsymbol{\Pi}^{*(0)}$ 的表达式, 对于以下两种极限情况求其中的积分: 一是高温极限 (设温度非常高), 一是零温极限 ($T \to 0$).

6. 写出相应于图 13.34 的表达式, 并估计其结果.

参考文献

[1] Mattuck R D. A Guide to Feynman Diagrams in the Many-body Problem[M]. New York: McGraw-Hill Inc., 1967.

第十四章　线性响应理论

§14.1　线性响应函数

对系统加上外场, 或更一般地说, 对系统施以某种扰动的话, 则系统的一些性质, 如热力学量, 会产生相应的变化, 这就叫响应 (response).

如果外场 (扰动) 比较小, 则热力学量的变化与外场 (扰动) 成正比, 为线性关系. 这就是线性响应. 其比例系数 (一般是个函数) 称为线性响应函数 (linear response function). 较早的文献中有称之为广义极化率 (generalized susceptibility). 它可以用格林函数来表达.

推导线性响应公式有两个前提：一是扰动较小, 这儿较小的含义是：由扰动引起的哈密顿可以作为微扰来处理, 二是响应能够及时追随扰动. 为了做到这一点, 需要假定绝热条件, 令扰动是缓慢加上去的. 在 $t=-\infty$ 时, 系统处于平衡态, 或叫做纯态. 哈密顿量为 H.

扰动一般是由外场引起的. 现在考虑对系统加一外场 $\boldsymbol{F}$, 作为一般情况, 设外场为矢量. 设初始条件为

$$\boldsymbol{F}(\boldsymbol{x}, t=-\infty)=0 \tag{14.1.1a}$$

如果外场本身并不含时间, 为了做到这一点, 可令

$$\boldsymbol{F}(\boldsymbol{x}, t)=\mathrm{e}^{0^+t}\boldsymbol{F}(\boldsymbol{x}) \tag{14.1.1b}$$

即加上一个因子 e^{0^+t} 使之符合条件 (14.1.1a).

设扰动引起的哈密顿量为

$$H_1=-\int \mathrm{d}\boldsymbol{x}\boldsymbol{C}(\boldsymbol{x})\cdot\boldsymbol{F}(\boldsymbol{x}, t)=-\sum_{\alpha=1}^{3}\int \mathrm{d}\boldsymbol{x}C_\alpha(\boldsymbol{x})F_\alpha(\boldsymbol{x}, t) \tag{14.1.2}$$

其中 $\boldsymbol{C}$ 应是系统本身的某一个物理量. 由于扰动, 系统内就有一个力学量 $\boldsymbol{D}$ 受到变化, 变化的量为 $\Delta\boldsymbol{D}$. 现在来推导这个变化量的表达式. 注意, 由于这儿的 $\boldsymbol{C}$ 和 $\boldsymbol{D}$ 是系统本身的物理量, 因此都是算符. 外场 $\boldsymbol{F}(t)$ 不是算符. 但表现了 H_1 随时间的变化. 举例来说, 外加电磁场后引起的哈密顿量为

$$H_1=-\int \mathrm{d}\boldsymbol{x}\boldsymbol{j}\cdot\boldsymbol{A}(\boldsymbol{x}, t)-\int \mathrm{d}\boldsymbol{x}en\varphi(\boldsymbol{x}, t) \tag{14.1.3}$$

其中 $\boldsymbol{A}$ 与 φ 为外场的矢势与标势, $\boldsymbol{j}$ 与 n 分别为系统内的电流密度与粒子数密度算符.$\boldsymbol{F}$、$\boldsymbol{C}$ 和 $\boldsymbol{D}$ 这三个量也可以都不是矢量, 以下的推导过程不变.

假设扰动之后, 总的哈密顿量为

$$H_{\mathrm{T}}=H+H_1=H-\int \mathrm{d}\boldsymbol{x}\boldsymbol{C}(\boldsymbol{x})\cdot\boldsymbol{F}(\boldsymbol{x},t) \tag{14.1.4}$$

未有扰动时, 系统处于平衡态, 统计算符是 ρ_0,

$$\rho_0=\frac{\mathrm{e}^{-\beta H}}{Z_0} \tag{14.1.5}$$

它与 H 是对易的. 此时物理量 $\boldsymbol{D}$ 在系综内的统计平均是

$$\mathrm{tr}[\rho_0\boldsymbol{D}]=\sum_n\langle\psi_n|\rho_0\boldsymbol{D}|\psi_n\rangle=Z_0^{-1}\sum_n\mathrm{e}^{-\beta E_n}\langle\psi_n|\boldsymbol{D}|\psi_n\rangle \tag{14.1.6}$$

加上扰动后, 系统的统计算符应是

$$\rho(t)=\frac{\mathrm{e}^{-\beta H_{\mathrm{T}}}}{Z} \tag{14.1.7}$$

由于 (14.1.1) 式, 有

$$\rho(t=-\infty)=\rho_0 \tag{14.1.8}$$

物理量 $\boldsymbol{D}$ 的统计平均是

$$\mathrm{tr}[\rho(t)\boldsymbol{D}]=\sum_n\langle\psi_n(t)|\rho(t)\boldsymbol{D}|\psi_n(t)\rangle=Z^{-1}\sum_n\mathrm{e}^{-\beta E_n(t)}\langle\psi_n(t)|\boldsymbol{D}|\psi_n(t)\rangle \tag{14.1.9}$$

我们要计算的是扰动引起的 $\boldsymbol{D}$ 的变化量

$$\overline{\Delta\boldsymbol{D}}=\mathrm{tr}[\rho(t)\boldsymbol{D}]-\mathrm{tr}[\rho_0\boldsymbol{D}] \tag{14.1.10}$$

要注意的是, 此式右边两项的求平均所用的状态是不一样的, 见 (14.1.6) 和 (14.1.9) 两式. 因为扰动肯定是要引起状态的变化的.

现在我们假定, 扰动虽然引起了状态的变化, 但是不改变状态的数目与顺序. 因而 $|\psi_n(t)\rangle$ 与 $|\psi_n\rangle$ 是一一对应的. 即, 扰动时状态 $|\psi_n\rangle$ 变化成 $|\psi_n(t)\rangle$. 这就是状态随时间的演化.§8.2 中已经介绍过, 可以用时间演化算符来表示这种变化. 由于现在的哈密顿量是时间的函数, 应该定义

$$A(t,t_0)=\int_{t_0}^{t}\mathrm{d}t_1H_{\mathrm{T}}(t_1) \tag{14.1.11}$$

态随时间的演化如下.

$$|\psi_n(t)\rangle = T_{\rm t}[{\rm e}^{-{\rm i}A(t,t_0)/\hbar}]|\psi_n\rangle \tag{14.1.12}$$

注意, 应有一个时间演化算符, 只有这样式 (14.1.12) 式才能满足薛定谔方程. 在 §8.2 中定义的相互作用表象中的时间演化算符应改写成如下形式.

$$U_{\rm I}(t,t_0) = {\rm e}^{{\rm i}Ht/\hbar}T_{\rm t}[{\rm e}^{-{\rm i}A(t,t_0)/\hbar}]{\rm e}^{-{\rm i}Ht_0/\hbar} \tag{14.1.13}$$

近似到一级的表达式为

$$U_{\rm I}(t,t_0) = 1 + \frac{1}{{\rm i}\hbar}\int_{t_0}^{t}{\rm d}t_1 H_1^{\rm i}(t_1) \tag{14.1.14}$$

见 (8.2.18) 式.

$$H_1^{\rm i}(t) = {\rm e}^{{\rm i}Ht/\hbar}H_1{\rm e}^{-{\rm i}Ht/\hbar} \tag{14.1.15}$$

本节的 $H_{\rm T}$ 和 H 分别对应于 §8.2 的 H 和 H_0.$\boldsymbol{D}$ 与 $\boldsymbol{C}$ 随时间变化的关系定义如下:

$$\boldsymbol{D}(t) = {\rm e}^{{\rm i}Ht/\hbar}\boldsymbol{D}{\rm e}^{-{\rm i}Ht/\hbar}, \boldsymbol{C}(t) = {\rm e}^{{\rm i}Ht/\hbar}\boldsymbol{C}{\rm e}^{-{\rm i}Ht/\hbar} \tag{14.1.16}$$

状态随时间的演化如下:

$$\begin{aligned} |\psi_n(t)\rangle &= \lim_{t_0\to-\infty}{\rm e}^{-{\rm i}Ht/\hbar}U_{\rm I}(t,t_0){\rm e}^{{\rm i}Ht_0/\hbar}|\psi_n\rangle \\ &= \lim_{t_0\to-\infty}{\rm e}^{-{\rm i}Ht/\hbar}\left[1+\frac{1}{{\rm i}\hbar}\int_{-\infty}^{t}{\rm d}t_1 H_1^{\rm i}(t_1)\right]{\rm e}^{{\rm i}Ht_0/\hbar}|\psi_n\rangle \end{aligned} \tag{14.1.17}$$

代入 (14.1.6) 式,

$$\begin{aligned} {\rm tr}[\rho(t)\boldsymbol{D}] &= \lim_{t_0\to-\infty}Z^{-1}\sum_n {\rm e}^{-\beta E_n(t)}\left\langle\psi_n|{\rm e}^{-{\rm i}Ht_0/\hbar}\left[1-\frac{1}{{\rm i}\hbar}\int_{t_0}^{t}{\rm d}t_1 H_1^{\rm i}(t_1)\right]{\rm e}^{{\rm i}Ht/\hbar}\right. \\ &\quad \left.\times\boldsymbol{D}{\rm e}^{-{\rm i}Ht/\hbar}\left[1+\frac{1}{{\rm i}\hbar}\int_{t_0}^{t}{\rm d}t_1 H_1^{\rm i}(t_1)\right]{\rm e}^{{\rm i}Ht_0/\hbar}|\psi_n\right\rangle \\ &= Z^{-1}\sum_n {\rm e}^{-\beta E_n(t)}\left\langle\psi_n\left|\left[1-\frac{1}{{\rm i}\hbar}\int_{-\infty}^{t}{\rm d}t_1 H_1^{\rm i}(t_1)\right]\right.\right. \\ &\quad \left.\left.\boldsymbol{D}(t)\left[1+\frac{1}{{\rm i}\hbar}\int_{-\infty}^{t}{\rm d}t_1 H_1^{\rm i}(t_1)\right]\right|\psi_n\right\rangle \\ &= Z^{-1}\sum_n {\rm e}^{-\beta E_n(t)}\langle\psi_n|\boldsymbol{D}(t)-\frac{1}{{\rm i}\hbar}\int_{-\infty}^{t}{\rm d}t_1[H_1^{\rm i}(t_1),\boldsymbol{D}(t)]|\psi_n\rangle \end{aligned} \tag{14.1.18}$$

其中已经忽略了相互作用的二次方项. 下面再做近似, 把统计权重中的能级 $E_n(t)$ 近似为无扰动时的 E_n. 相当于 (14.1.9) 式中取 $\rho(t)=\rho_0$. 这要求扰动导致的能级的移动是很小的.

$$\mathrm{tr}[\rho(t)\boldsymbol{D}] = \sum_n \langle\psi_n|\rho_0\left\{\boldsymbol{D}(t) - \frac{1}{\mathrm{i}\hbar}\int_{-\infty}^{t}\mathrm{d}t_1[H_1^{\mathrm{i}}(t_1), \boldsymbol{D}(t)]\right\}|\psi_n\rangle \tag{14.1.19}$$

上面的所有近似都要求：扰动确实是微扰. 如此, 线性响应的公式才有效.

现在可以求得 (14.1.10) 的结果.

$$\begin{aligned}
\overline{\Delta\boldsymbol{D}}(t) &= -\frac{1}{\mathrm{i}\hbar}\int_{-\infty}^{t}\mathrm{d}t_1\sum_n\langle\psi_n|\rho_0[H_1^{\mathrm{i}}(t_1), \boldsymbol{D}(t)]|\psi_n\rangle \\
&= \frac{\mathrm{i}}{\hbar}\int_{-\infty}^{t}\mathrm{d}t_1\mathrm{tr}\{\rho_0[H_1^{\mathrm{i}}(t_1), \boldsymbol{D}(t)]\} \\
&= \frac{\mathrm{i}}{\hbar}\int_{-\infty}^{t}\mathrm{d}t_1\int\mathrm{d}\boldsymbol{x}_1\langle[\boldsymbol{D}(t), \boldsymbol{C}(\boldsymbol{x}_1, t_1)]\rangle\cdot\boldsymbol{F}(\boldsymbol{x}_1, t_1) \\
&= \frac{\mathrm{i}}{\hbar}\sum_{\alpha=1}^{3}\int\mathrm{d}\boldsymbol{x}_1\int_{-\infty}^{\infty}\mathrm{d}t_1\theta(t-t_1)\langle[\boldsymbol{D}(t), C_\alpha(\boldsymbol{x}_1, t_1)]\rangle F_\alpha(\boldsymbol{x}_1, t_1) \\
&= -\frac{1}{\hbar}\sum_{\alpha=1}^{3}\int\mathrm{d}\boldsymbol{x}_1\int_{-\infty}^{\infty}\mathrm{d}t_1 g_{\boldsymbol{D}C_\alpha}^{\mathrm{R}}(t, t_1)F_\alpha(\boldsymbol{x}_1, t_1)
\end{aligned} \tag{14.1.20}$$

此式说明, 当加上外场 $\boldsymbol{F}$ 后, 相应的物理量 $\boldsymbol{D}$ 的变化与外场成正比, 比例系数正是 (9.1.2) 式定义的由 $\boldsymbol{D}$ 与另一物理量组成的推迟格林函数. 此式称为久保 (Kubo) 公式, 是线性响应理论中最基本的公式. 它表示 t_1 时刻的扰动, 在 $t > t_1$ 时刻对 $\boldsymbol{D}$ 产生的影响. 经常遇到的情况是 $\boldsymbol{D} = \boldsymbol{C}$. 下面要讲的磁化率就是一例. 我们要记住, 如果是恒定的不随时间变化的外场, 那么, 绝热假设要求应该有一个因子 e^{0^+t}, 见 (14.1.1b) 式.

把 (14.1.20) 的分量明确写出来, 并且如果 $\boldsymbol{D}$ 还是坐标的函数, 有

$$\overline{\Delta D}_\beta(\boldsymbol{x}, t) = -\frac{1}{\hbar}\sum_{\alpha=1}^{3}\int\mathrm{d}\boldsymbol{x}_1\int_{-\infty}^{\infty}\mathrm{d}t_1 Z_{\beta\alpha}F_\alpha(\boldsymbol{x}_1, t_1) \tag{14.1.21}$$

那么系数就是

$$Z_{\beta\alpha} = -\frac{1}{\hbar}g_{D_\beta D_\alpha}^{\mathrm{R}}(\boldsymbol{x}t, \boldsymbol{x}_1t_1) \tag{14.1.22}$$

假定推迟格林函数只是时间差 $t - t_1$ 的函数, 那么可做傅里叶变换. 为简便起见, 我们忽略表示直角坐标分量的下标.

$$\overline{\Delta D}(\omega) = \frac{1}{2\pi}\int_{-\infty}^{\infty}\mathrm{e}^{\mathrm{i}\omega t}\mathrm{d}t\overline{\Delta D}(t) = -\frac{1}{\hbar}\frac{1}{2\pi}\int_{-\infty}^{\infty}\mathrm{e}^{\mathrm{i}\omega t}\mathrm{d}t\int_{-\infty}^{\infty}\mathrm{d}t_1\int\mathrm{d}\boldsymbol{x}_1 g_{\boldsymbol{D}\boldsymbol{C}}^{\mathrm{R}}(t, t_1)F(\boldsymbol{x}_1, t_1) \tag{14.1.23}$$

结果是如下的线性关系：

$$\overline{\Delta D}(\omega)=\alpha(\omega)F(\omega) \tag{14.1.24}$$

(14.1.23) 式右边计算的具体步骤是：将 $F(t_1)$ 作傅里叶展开, 写成 $\int_{-\infty}^{\infty}\mathrm{e}^{-\mathrm{i}\omega_1 t_1}F(\omega_1)\frac{\mathrm{d}\omega_1}{2\pi}$, 再将 e 指数上的量写成 $\omega t-\omega_1 t_1=\omega(t-t_1)-(\omega_1-\omega)t_1$, 令 $t-t_1=\tau$, 则对 τ 的积分与 t_1 无关, 对 $\mathrm{d}t_1$ 积分可得到 $\delta(\omega-\omega_1)$, 最后得到响应系数为

$$\alpha(\omega)=\frac{\mathrm{i}}{\hbar}\int_{-\infty}^{\infty}\mathrm{e}^{\mathrm{i}\omega t}\mathrm{d}t\theta(t)\langle[D(t),C(0)]\rangle=-\int_{-\infty}^{\infty}\mathrm{e}^{\mathrm{i}\omega t}\mathrm{d}tg_{DC}^{\mathrm{R}}(t) \tag{14.1.25}$$

此式表明响应系数 $\alpha(\omega)$ 是 $g_{DC}^{\mathrm{R}}(t)$ 的傅里叶分量. 从 §9.2 已知由格林函数可求出系统的热力学量. 本节则表明格林函数可求出线性响应函数. 例如由电流对电场的响应可写出电导率. 由磁化强度对磁场的响应可求磁导率, 以及热导率, 扩散系数等等. 因此, 利用格林函数这一手段, 几乎可了解系统的所有物理性质.

现在我们把响应系数写成另一表达式, 以便后面与松原线性响应系数作比较.

$$\begin{aligned}\alpha(\omega)&=\frac{\mathrm{i}}{\hbar}\int_{0}^{\infty}\mathrm{e}^{\mathrm{i}\omega t}\mathrm{d}t\sum_m\rho_m\langle m|[D(t)C(0)-C(0)D(t)]|m\rangle\\&=\frac{\mathrm{i}}{\hbar}\sum_{mn}\rho_m\int_{-\infty}^{\infty}\mathrm{e}^{\mathrm{i}\omega t}\mathrm{d}t\theta(t)[\langle m|D(t)|n\rangle\langle n|C(0)|m\rangle-\langle m|C(0)|n\rangle\langle n|D(t)|m\rangle]\end{aligned} \tag{14.1.26}$$

下面再用 (14.1.16) 代入, $H|m\rangle=\varepsilon_m|m\rangle$, $\theta(t)$ 用 (9.1.22) 式, 再令 $\langle m|D|n\rangle=D_{mn}$, $\langle m|C|n\rangle=C_{mn}$, $\omega_{mn}=(\varepsilon_m-\varepsilon_n)/\hbar$,

$$\begin{aligned}\alpha(\omega)&=\frac{-\mathrm{i}}{2\pi\mathrm{i}}\sum_{mn}\int_{-\infty}^{\infty}\mathrm{d}t\frac{\mathrm{e}^{-\mathrm{i}\varepsilon t}}{\varepsilon+\mathrm{i}0^+}\mathrm{d}\varepsilon\mathrm{e}^{\mathrm{i}(\omega-\omega_{mn})t}C_{mn}D_{nm}(\rho_n-\rho_m)\\&=-\sum_{mn}\frac{C_{mn}D_{nm}(\rho_n-\rho_m)}{\omega-\omega_{mn}+\mathrm{i}0^+}\end{aligned} \tag{14.1.27}$$

再由 $\rho_n-\rho_m=\mathrm{e}^{-\beta\varepsilon_n}-\mathrm{e}^{-\beta\varepsilon_m}=\rho_n(1-\mathrm{e}^{-\beta\hbar\omega_{mn}})$, 得：

$$\alpha(\omega)=-\sum_{mn}\frac{D_{nm}C_{mn}\rho_n}{\omega-\omega_{mn}+\mathrm{i}0^+}(1-\mathrm{e}^{-\beta\hbar\omega_{mn}}) \tag{14.1.28}$$

注意：前面的推导过程使用的哈密顿量 H 和相应的本征态 $|m\rangle$ 是属于未微扰系统的.

当外场不随时间变化, 久保公式还有另外一个形式. 我们来给出这个形式. 首先证明一个恒等式. 对于算符 $C(t)=\mathrm{e}^{\mathrm{i}Ht}C\mathrm{e}^{-\mathrm{i}Ht}$, 有

$$[C(t),\mathrm{e}^{-\beta H}]=-\mathrm{i}\mathrm{e}^{-\beta H}\int_0^{\beta}\mathrm{d}\lambda\frac{\partial}{\partial t}C(t-\mathrm{i}\lambda) \tag{14.1.29}$$

此式证明如下. 从等式的右边出发,

$$-\mathrm{i}\mathrm{e}^{-\beta H}\int_0^\beta \mathrm{d}\lambda\frac{\partial}{\partial t}C(t-\mathrm{i}\lambda)=\mathrm{e}^{-\beta H}\int_0^\beta \mathrm{d}\lambda\frac{\partial}{\partial \lambda}C(t-\mathrm{i}\lambda)$$
$$=\mathrm{e}^{-\beta H}[\mathrm{e}^{\beta H}C(t)\mathrm{e}^{-\beta H}-C(t)]=[C(t),\mathrm{e}^{-\beta H}] \tag{14.1.30}$$

此即 (14.1.29) 式. 先利用 (14.1.1) 式, 将 (14.1.2) 式写成如下形式:

$$H_1(t)=\mathrm{e}^{0^+t}H' \tag{14.1.31}$$

现在 H' 中不含时间了. 把 (14.1.31) 代入 (14.1.20) 式.

$$\overline{\Delta \boldsymbol{D}}(\boldsymbol{x},t)=-\frac{\mathrm{i}}{\hbar}\int_{-\infty}^t \mathrm{e}^{0^+t_1}\mathrm{d}t_1\mathrm{tr}\{\rho_0[H'(t_1),\boldsymbol{D}(\boldsymbol{x},t)]\}$$
$$=\frac{\mathrm{i}}{\hbar}\int_{-\infty}^t \mathrm{e}^{0^+t_1}\mathrm{d}t_1\mathrm{tr}\{[H'(t_1),\rho_0]\boldsymbol{D}(\boldsymbol{x},t)\}$$
$$=\frac{\mathrm{i}}{\hbar}\int_{-\infty}^t \mathrm{e}^{0^+t_1}\mathrm{d}t_1\mathrm{tr}\left\{-\mathrm{i}\mathrm{e}^{-\beta H}\int_0^\beta \mathrm{d}\lambda\frac{\partial}{\partial t_1}H'(t_1-\mathrm{i}\lambda)\boldsymbol{D}(\boldsymbol{x},t)\right\}$$
$$=\frac{1}{\hbar}\int_{-\infty}^t \mathrm{e}^{0^+t_1}\mathrm{d}t_1\left\langle\int_0^\beta \mathrm{d}\lambda\frac{\partial}{\partial t_1}H'(t_1-\mathrm{i}\lambda)\boldsymbol{D}(\boldsymbol{x},t)\right\rangle \tag{14.1.32}$$

其中在求迹号内做了算符轮换, 然后把 (14.1.29) 式代入. 此式可称为零频率公式, 因为它的实部只含频率. 为了说明这一点, 我们设 $\dfrac{\partial}{\partial t_1}H'(t_1-\mathrm{i}\lambda)=K$, 有

$$\mathrm{Re}\left\{\int_{-\infty}^t \mathrm{e}^{0^+t_1}\mathrm{d}t_1\int_0^\beta \mathrm{d}\lambda\langle K(t_1-\mathrm{i}\lambda)\boldsymbol{D}(\boldsymbol{x},t)\rangle\right\}$$
$$=\mathrm{Re}\left\{\int_{-\infty}^t \mathrm{e}^{0^+t_1}\mathrm{d}t_1\int_0^\beta \mathrm{d}\lambda\sum_{nm}\langle n|\mathrm{e}^{-\beta H}\mathrm{e}^{\lambda H}\mathrm{e}^{\mathrm{i}Ht_1}K\mathrm{e}^{-\lambda H}\mathrm{e}^{-\mathrm{i}Ht_1}|m\rangle\langle m|\mathrm{e}^{\mathrm{i}Ht}\boldsymbol{D}(\boldsymbol{x})\mathrm{e}^{-\mathrm{i}Ht}\rangle\right\}$$
$$=\mathrm{Re}\left\{\sum_{nm}\mathrm{e}^{-\beta E_n}\int_{-\infty}^t \mathrm{d}t_1\int_0^\beta \mathrm{d}\lambda\mathrm{e}^{\lambda(E_n-E_m)}\mathrm{e}^{0^+t_1}\mathrm{e}^{\mathrm{i}(E_n-E_m)t_1}\right.$$
$$\left.\cdot\mathrm{e}^{-\mathrm{i}(E_n-E_m)t}\langle n|K|m\rangle\langle m|\boldsymbol{D}(\boldsymbol{x})|n\rangle\right\}$$
$$=\mathrm{Re}\left\{-\mathrm{i}\sum_{nm}\mathrm{e}^{-\beta E_n}\int_0^\beta \mathrm{d}\lambda\mathrm{e}^{\lambda(E_n-E_m)}\frac{\mathrm{e}^{\mathrm{i}(E_n-E_m)t}}{(E_n-E_m)-\mathrm{i}0^+}\mathrm{e}^{-\mathrm{i}(E_n-E_m)t}\langle n|K|m\rangle\langle m|\boldsymbol{D}(\boldsymbol{x})|n\rangle\right\}$$
$$=\mathrm{Re}\left\{-\mathrm{i}\sum_{nm}\mathrm{e}^{-\beta E_n}\int_0^\beta \mathrm{d}\lambda\mathrm{e}^{\lambda(E_n-E_m)}\left[P\frac{1}{E_n-E_m}+\mathrm{i}\pi\delta(E_n-E_m)\right]\langle n|K|m\rangle\langle m|\boldsymbol{D}(\boldsymbol{x})|n\rangle\right\}$$

$$=\pi\beta\sum_{nm}\mathrm{e}^{-\beta E_n}\delta(E_n-E_m)\langle n|K|m\rangle\langle m|\boldsymbol{D}(\boldsymbol{x})|n\rangle \tag{14.1.33}$$

此处假定了 K 和 $\boldsymbol{D}$ 都是实量. 由此式可知, 实部必然有 $E_n=E_m$, 因此频率为零.

要特别注意一个区别: (14.1.20) 式右边是用推迟格林函数来表达的. 而 (14.1.32) 式右边是用关联函数来表达的式 (14.1.32) 中外场不随时间变化, 因此是零频率的结果, 而式 (14.1.20) 对于含时外场也有效.

本节的线性响应的公式中, 算符是在正则系综中的相互作用绘景的量. §20.3 中会看到一个将正则系综中的相互作用绘景的算符转换成巨正则系综中的相互作用绘景的算符.

§14.2 虚时线性响应函数

上一节中利用热力学格林函数可求出线性响应函数, 以了解外场对系统扰动时系统内力学量的变化. 松原函数也应该能够达到这个目的. 松原函数是虚时间的函数, 因此只能得到虚时间的线性响应函数 [1](也称松原响应函数), 再由此来求实际的响应函数. 为了做到这一点, 要分两步走: 第一步, 类似于 (14.1.25) 式的实时响应系数 $\alpha(\omega)$, 要求出一个虚时的响应系数 $\alpha_\tau(\zeta)$ 的公式; 第二步是找出 $\alpha_\tau(\zeta)$ 与 $\alpha(\omega)$ 之间的关系.

作 $t\to-\mathrm{i}\tau$ 的替代将实时改为虚时. 这儿 τ 的取值范围是 $[-\beta\hbar,\ \beta\hbar]$. 设系统受到一个微扰

$$H_1=-CF(\tau) \tag{14.2.1}$$

其中各符号的意义与上一节相同, 只是以虚时间作为变量. 我们用 §11.1 中的公式. 那儿的 $H-\mu N$ 和 $H_0-\mu N$ 分别对应于本节的 H_T 和 H.

回顾前面介绍过的三种绘景. 在薛定谔绘景中, 力学量算符不随时间变化, 而状态随时间变化. 力学量在系综中的平均值随时间的依赖由状态来体现. 在海森伯绘景中, 力学量算符随时间变化, 而状态不随时间变化. 力学量在系综中的平均值随时间的依赖由算符来体现. 这两种平均值是完全相等的. 所以我们用海森伯绘景来计算平均值. 按照 (11.1.12) 或者 (11.1.14), 一个力学量在有扰动系综中的平均值可以借助于虚时演化算符写成在无扰动系综中的平均值.

$$\langle D_\mathrm{H}(\tau)\rangle=\frac{\mathrm{tr}\{\mathrm{e}^{-\beta(H_0-\mu N)}T_\tau[D_\mathrm{I}(\tau)U(\beta\hbar,0)]\}}{\mathrm{tr}[\mathrm{e}^{-\beta(H_0-\mu N)}U(\beta\hbar,0)]} \tag{14.2.2}$$

此式的左边是在有扰动系综中的求平均, 而右边是在无扰动系综中的平均值. 虚时演化算符的表达式是 (11.1.8)

$$U(\tau,0)=1-\frac{1}{\hbar}\int_0^\tau\mathrm{d}\tau_1H_\mathrm{I}^\mathrm{i}(\tau_1)U(\tau_1,0) \tag{14.2.3}$$

我们在 (14.2.2) 式的分母中的 U 只取到 (14.2.3) 式右边的第一项. 那么

$$\langle D_{\rm H}(\tau)\rangle = {\rm tr}\{\rho_0 T_\tau[D_{\rm I}(\tau)U(\beta\hbar,0)]\} = {\rm tr}[\rho_0 U(\beta\hbar,\tau)D_{\rm I}(\tau)U(\tau,0)] \tag{14.2.4}$$

再将其中的 U 取到 (14.2.3) 式中的一级近似.

$$\langle D_{\rm H}(\tau)\rangle = {\rm tr}\left\{\rho_0\left[1-\int_\tau^{\beta\hbar}H_{\rm I}^{\rm i}(\tau_1){\rm d}\tau_1\right]D_{\rm I}(\tau)\left[1-\int_0^\tau H_{\rm I}^{\rm i}(\tau_2){\rm d}\tau_2\right]\right\} \tag{14.2.5}$$

其中第一项 ${\rm tr}[\rho_0 D_{\rm I}(\tau)]$=${\rm tr}[\rho_0 D]$=$\langle D\rangle_0$ 移到左边成为 $\overline{\Delta D}(\tau)$. 略去二阶项后成为

$$\begin{aligned}\overline{\Delta D}(\tau) &= -{\rm tr}\left\{\rho_0\left[\int_\tau^{\beta\hbar}H_{\rm I}^{\rm i}(\tau_1){\rm d}\tau_1 D_{\rm I}(\tau) + D_{\rm I}(\tau)\int_0^\tau H_{\rm I}^{\rm i}(\tau_1)d\tau_1\right]\right\}\\ &= {\rm tr}\left\{\rho_0\left[\int_0^{\beta\hbar}\theta(\tau_1-\tau)C_{\rm I}(\tau_1)F(\tau_1)D_{\rm I}(\tau){\rm d}\tau_1\right.\right.\\ &\quad\left.\left.+D_{\rm I}(\tau)\int_0^{\beta\hbar}\theta(\tau-\tau_1)C_{\rm I}(\tau_1)F(\tau_1){\rm d}\tau_1\right]\right\}\\ &= {\rm tr}\left\{\rho_0\int_0^{\beta\hbar}{\rm d}\tau_1 T_\tau[C_{\rm I}(\tau_1)D_{\rm I}(\tau)]F(\tau_1)\right\}\\ &= \int_0^{\beta\hbar}{\rm d}\tau_1\langle T_\tau[C(\tau_1)D(\tau)]\rangle F(\tau_1)\end{aligned} \tag{14.2.6}$$

由此式看到, 线性响应可以用松原函数来表达.

E 和 C 都是可测量的力学量, 有经典极限, 所以应按玻色子算符来处理. 现在对 (14.2.6) 式作傅里叶变换, 因 τ 的取值范围有限, 频率只能取分立值. 又由于等式右边为一由玻色算符组成的松原函数, 按 §11.2 所介绍的性质, 傅里叶展开的频率只能取偶数 $\zeta_n=2n\pi/(\beta\hbar)$. 作变换

$$\overline{\Delta D}({\rm i}\xi_n) = \int_0^{\beta\hbar}{\rm e}^{{\rm i}\xi_n\tau}\overline{\Delta D}(\tau){\rm d}\tau, F(\tau) = \frac{1}{\beta\hbar}\sum_{n=-\infty}^{\infty}F({\rm i}\xi_n){\rm e}^{-{\rm i}\xi_n\tau} \tag{14.2.7}$$

$$\begin{aligned}\overline{\Delta D}({\rm i}\xi_n) &= \int_0^{\beta\hbar}{\rm e}^{{\rm i}\xi_n\tau}{\rm d}\tau\int_0^{\beta\hbar}{\rm d}\tau_1\frac{1}{\beta\hbar}\sum_{m=-\infty}^{\infty}F({\rm i}\xi_m){\rm e}^{-{\rm i}\xi_m\tau_1}\langle T_\tau[C(\tau_1)D(\tau)]\rangle\\ &= \int_0^{\beta\hbar}{\rm d}\tau_1\int_0^{\beta\hbar}{\rm e}^{{\rm i}\xi_n(\tau-\tau_1)}{\rm d}\tau\frac{1}{\beta\hbar}\sum_{m=-\infty}^{\infty}F({\rm i}\xi_m){\rm e}^{{\rm i}(\xi_n-\xi_m)\tau_1}\langle T_\tau[C(\tau_1)D(\tau)]\rangle\end{aligned} \tag{14.2.8}$$

现在令 $\tau-\tau_1=\tau'$, 则松原函数只是 "时间差"τ' 的函数而与 τ_1 无关, 对 τ_1 积分得 δ_{nm}, 再对 m 求和得到 $F({\rm i}\zeta_n)$. τ 和 τ_1 的积分范围是 0~$\beta\hbar$. 由于 T_τ 的限制, $\tau'=\tau$

$-\tau_1$ 的积分范围仍是 $0\sim\beta\hbar$.

$$\overline{\Delta D}(\mathrm{i}\xi_n)=\int_0^{\beta\hbar}\mathrm{e}^{\mathrm{i}\xi_n\tau}\mathrm{d}\tau\langle T_\tau[D(\tau)C(0)]\rangle F(\mathrm{i}\xi_n) \tag{14.2.9}$$

响应系数为

$$a_\tau(\xi_n)=\int_0^{\beta\hbar}\mathrm{e}^{\mathrm{i}\xi_n\tau}\mathrm{d}\tau\langle D(\tau)C(0)\rangle \tag{14.2.10}$$

由于必然有 $\tau>0$, 所以编时算符 T_τ 可去掉. 现在得到了与 (14.1.25) 式的 $\alpha(\omega)$ 相似的表达式, 实现了第一步. 为了实现第二步, 作下述操作

$$\begin{aligned}\alpha_\tau(\mathrm{i}\xi_l)&=\sum_{mn}\rho_m\int_0^{\beta\hbar}\mathrm{e}^{\mathrm{i}\xi_l\tau}\langle m|D(\tau)|n\rangle\langle n|C|m\rangle\mathrm{d}\tau\\&=\sum_{mn}\rho_m D_{mn}C_{nm}\int_0^{\beta\hbar}\mathrm{e}^{\mathrm{i}\xi_l\tau}\mathrm{e}^{\omega_{mn}\tau}\mathrm{d}\tau=\sum_{mn}\rho_m D_{mn}C_{nm}\frac{\mathrm{e}^{\mathrm{i}\xi_l\beta\hbar-\omega_{nm}\beta\hbar}-1}{\mathrm{i}\xi_l-\omega_{nm}}\\&=-\sum_{mn}\rho_n D_{nm}C_{mn}\frac{1-\mathrm{e}^{-\beta\hbar\omega_{mn}}}{\mathrm{i}\xi_l-\omega_{mn}}\end{aligned} \tag{14.2.11}$$

其中令 $\langle n|C|m\rangle=C_{nm}$, $\langle n|D|m\rangle=D_{nm}/\hbar, E_m-E_n=\hbar\omega_{nm}$, 对 $\mathrm{d}\tau$ 积分后, 利用了 $\zeta_l=2l\pi/(\beta\hbar)$, 最后一个等号将 m 和 n 交换. 将 (14.2.11) 式与 (14.1.28) 式比较, 有

$$\alpha_\tau(\xi_l+i0^+)=\alpha(\mathrm{i}\xi_l),\quad \xi_l>0 \tag{14.2.12}$$

由 (14.1.25) 式可以看到, 当 ω 取在虚轴的正半部分时, $\alpha(\omega)$ 是个实量, 所以函数 $\alpha_\tau(\zeta_l)$ 在 $\zeta_l>0$ 时是实函数, 又从 (14.2.11) 式看到, $\alpha_\tau(-\zeta_l)=\alpha_\tau^*(\zeta_l)=\alpha_\tau(\zeta_l)$, 故 $\alpha_\tau(\zeta_l)$ 是 ζ_l 的实的偶函数.

将 (12.4.11) 作 $\mathrm{i}\zeta_l\to\omega+\mathrm{i}0^+$ 的解析延拓, 就得到 (14.1.28).

$$\alpha(\omega)=\alpha_\tau(\mathrm{i}\xi_l=\omega+\mathrm{i}0^+) \tag{14.2.13}$$

这与松原函数解析延拓成推迟格林函数的方式一样.

最后我们要做一点说明. 本节我们用 §11.1 的公式得到了响应函数. 为什么在上一节我们没有类似地仿照 §8.1 的公式得到了响应函数呢? 原因是 §8.1 中, 在相互作用状态中的平均值借助于时间演化算符写成在无相互作用状态中的平均值的公式, 只是针对基态是严格的. 而在 §14.1 中, 我们要处理的是在有限温度的热力学系综中的平均值. 因此不能简单地套用 §8.1 的公式. 在本节中, 我们同样处理的是在热力学系综中的平均值. 而 §11.1 的公式就是对于热力学系综适用的. 因此可以直接运用于本节的计算.

§14.3 磁 化 率

14.3.1 磁化率表示为推迟格林函数

磁化率标志系统的磁化强度对于外磁场的响应. 这是一个在实验上和理论上都比较重要的物理量. 外磁场 $\boldsymbol{H}$ 引起的哈密顿量如下.

$$H_1 = -\int \mathrm{d}\boldsymbol{x}\boldsymbol{M}(\boldsymbol{x}) \cdot \boldsymbol{H}(\boldsymbol{x}, t) \tag{14.3.1}$$

与 §14.1 对应, $\boldsymbol{F} = \boldsymbol{H}$, $\boldsymbol{C} = \boldsymbol{M}$. 引起的是磁化强度的变化, $\boldsymbol{D} = \boldsymbol{M}$. 那么, 磁化强度的改变量可从 (14.1.21) 得到. 以下我们把上面的一横去掉.

$$\begin{aligned}\Delta M_\beta(\boldsymbol{x}, t) &= \frac{\mathrm{i}}{\hbar}\int_{-\infty}^{\infty} \mathrm{d}t' \sum_{\alpha=1}^{3} \int \mathrm{d}\boldsymbol{x}' H_\alpha(\boldsymbol{x}', t')\theta(t-t')\langle[M_\beta(\boldsymbol{x}, t), M_\alpha(\boldsymbol{x}', t')]\rangle \\ &= -\frac{1}{\hbar}\int_{-\infty}^{\infty} \mathrm{d}t' \sum_{\alpha=1}^{3} \int \mathrm{d}\boldsymbol{x}' g^{\mathrm{R}}_{M_\beta M_\alpha} H_\alpha(\boldsymbol{x}', t')\end{aligned} \tag{14.3.2}$$

磁化强度之间的推迟格林函数就是磁化率. 作为理论上的研究, 常把磁化强度写成如下形式:

$$\boldsymbol{M} = g\mu_{\mathrm{B}}\boldsymbol{S} \tag{14.3.3}$$

$\boldsymbol{S}$ 是自旋算符, g 是 g 因子, μ_{B} 是玻尔磁子. 将上式写成

$$\begin{aligned}\Delta S_\beta(\boldsymbol{x}, t) &= \frac{\mathrm{i}}{\hbar} g\mu_{\mathrm{B}} \int_{-\infty}^{\infty} \mathrm{d}t' \sum_{\alpha=1}^{3} \int \mathrm{d}\boldsymbol{x}' H_\alpha(\boldsymbol{x}', t')\theta(t-t')\langle[S_\beta(\boldsymbol{x}, t), S_\alpha(\boldsymbol{x}', t')]\rangle \\ &= -\frac{1}{\hbar} g\mu_{\mathrm{B}} \int_{-\infty}^{\infty} \mathrm{d}t' \sum_{\alpha=1}^{3} \int \mathrm{d}\boldsymbol{x}' g^{\mathrm{R}}_{S_\beta S_\alpha} H_\alpha(\boldsymbol{x}', t') = \sum_{\alpha=1}^{3} \int \mathrm{d}\boldsymbol{x}' \int_{-\infty}^{\infty} \mathrm{d}t' \chi_{\beta\alpha} H_\alpha(\boldsymbol{x}', t')\end{aligned} \tag{14.3.4}$$

磁化率的分量如下:

$$\chi_{\beta\alpha} = -\frac{g\mu_{\mathrm{B}}}{\hbar} g^{\mathrm{R}}_{S_\beta S_\alpha} \tag{14.3.5}$$

磁场和自旋算符可以不是用直角坐标的分量表达, 而是用如下的方式表达:

$$S^{\pm} = S_x \pm \mathrm{i}S_y, H_{\pm} = H_x \pm \mathrm{i}H_y$$

z 分量的形式不变. 则 (14.3.4) 成为如下形式:

$$\begin{pmatrix} \Delta S_+ \\ \Delta S_- \\ \Delta S_z \end{pmatrix} = \int \mathrm{d}\boldsymbol{x}' \int_{-\infty}^{\infty} \mathrm{d}t' \begin{pmatrix} \chi_{++} & \chi_{+-} & \chi_{+z} \\ \chi_{-+} & \chi_{--} & \chi_{-z} \\ \chi_{z+} & \chi_{z-} & \chi_{zz} \end{pmatrix} \begin{pmatrix} H_+ \\ H_- \\ H_z \end{pmatrix} \tag{14.3.6}$$

磁化率写成

$$\chi^{\sigma_1\sigma_2}(x,x') = -\frac{g\mu_{\rm B}}{2\hbar}g^{\rm R}_{S^{\sigma_1}S^{\sigma_2}}(x,x'), \sigma = +,-$$

$$\chi^{\sigma z}(x,x') = -\frac{g\mu_{\rm B}}{\hbar}g^{\rm R}_{S^{\sigma}S^{z}}(x,x'), \chi^{z\sigma}(x,x') = -\frac{g\mu_{\rm B}}{\hbar}g^{\rm R}_{S^{z}S^{\sigma}}(x,x') \tag{14.3.7}$$

其中 χ^{+-} 这个分量是受到特别关注的, 它表示一个磁矩在受到与它垂直的一个磁场作用时, 磁矩的响应. 作傅里叶变换

$$S^{\sigma}(\boldsymbol{x}) = \sum_{\boldsymbol{q}} {\rm e}^{-{\rm i}\boldsymbol{q}\cdot\boldsymbol{x}} S^{\sigma}(\boldsymbol{q}) \tag{14.3.8}$$

$$\chi^{+-}(x,x') = -\frac{g\mu_{\rm B}}{\hbar}g^{R}_{S^+S^-}(x,x') = -\frac{g\mu_{\rm B}}{2\hbar}\langle[S^+(\boldsymbol{x},t), S^-(\boldsymbol{x}',t')]\rangle \tag{14.3.9}$$

如果 $\chi^{+-}(x,x') = \chi^{+-}(\boldsymbol{x}-\boldsymbol{x}',t,t')$, 那么

$$\begin{aligned}\chi^{+-}(\boldsymbol{x}-\boldsymbol{x}',t,t') &= {\rm i}\theta(t-t')\frac{g\mu_{\rm B}}{2\hbar}\langle[S^+(\boldsymbol{x}-\boldsymbol{x}',t), S^-(0,t')]\rangle \\ &= {\rm i}\theta(t-t')\frac{g\mu_{\rm B}}{2\hbar}\sum_{\boldsymbol{q}} {\rm e}^{-{\rm i}\boldsymbol{q}\cdot(\boldsymbol{x}-\boldsymbol{x}')}\langle[S^+(\boldsymbol{q},t), S^-(0,t')]\rangle \\ &= \sum_{\boldsymbol{q}} {\rm e}^{-{\rm i}\boldsymbol{q}\cdot(\boldsymbol{x}-\boldsymbol{x}')}\chi^{+-}(\boldsymbol{q},t;0,t')\end{aligned} \tag{14.3.10}$$

14.3.2 电子的磁化率

自旋量子数 S 可以取正的整数和半整数. 电子具有 S=1/2 的自旋. 在电子的产生湮没算符的二次量子化表象中, 电子的磁矩用以下方式来表达：

$$\boldsymbol{S} = (c^\dagger_\uparrow, c^\dagger_\downarrow)\boldsymbol{\sigma}\begin{pmatrix} c_\uparrow \\ c_\downarrow \end{pmatrix} \tag{14.3.11}$$

其中 σ 是泡利矩阵. 我们可以写出各个分量,

$$S_x = \frac{1}{2}(c^\dagger_\uparrow c_\downarrow + c^\dagger_\downarrow c_\uparrow) = \frac{1}{2}\sum_{\sigma} c^\dagger_\sigma c_{-\sigma} \tag{14.3.12a}$$

$$S_y = \frac{1}{2{\rm i}}(c^\dagger_\uparrow c_\downarrow - c^\dagger_\downarrow c_\uparrow) = \frac{1}{2{\rm i}}\sum_{\sigma} \sigma c^\dagger_\sigma c_{-\sigma} \tag{14.3.12b}$$

$$S_z = \sum_{\sigma} \sigma c^\dagger_\sigma c_\sigma \tag{14.3.12c}$$

$$S^\sigma = c^\dagger_\sigma c_{-\sigma} \tag{14.3.12d}$$

其中 $\sigma = +,-$, 分别对应 ↑ 和 ↓, 相应地, 在求和号中, 取 $\sigma = 1$ 和 -1. 傅里叶变换如下：

$$c_\sigma(\boldsymbol{x}) = \sum_{\boldsymbol{q}} {\rm e}^{{\rm i}\boldsymbol{q}\cdot\boldsymbol{x}} c_\sigma(\boldsymbol{q})$$

$$\begin{aligned}S^{\rho}(\boldsymbol{x}) &= \sum_{\boldsymbol{q}} \mathrm{e}^{-\rho \mathrm{i}\boldsymbol{q}\cdot\boldsymbol{x}} S^{\rho}(q) = c_{\rho}^{\dagger}(\boldsymbol{x}) c_{-\rho}(\boldsymbol{x}) \\ &= \sum_{\boldsymbol{q}_1,\boldsymbol{q}_2} \mathrm{e}^{-\rho \mathrm{i}(\boldsymbol{q}_1-\boldsymbol{q}_2)\cdot\boldsymbol{x}} c_{\rho}^{\dagger}(\boldsymbol{q}_1) c_{-\rho}(\boldsymbol{q}_2) = \sum_{\boldsymbol{q},\boldsymbol{q}_2} \mathrm{e}^{-\rho \mathrm{i}\boldsymbol{q}\cdot\boldsymbol{x}} c_{\rho}^{\dagger}(\boldsymbol{q}_2+\boldsymbol{q}) c_{-\rho}(\boldsymbol{q}_2) \\ &= \sum_{\boldsymbol{q}} \mathrm{e}^{-\rho \mathrm{i}\boldsymbol{q}\cdot\boldsymbol{x}} \sum_{\boldsymbol{q}_1} c_{\rho}^{\dagger}(\boldsymbol{q}_1+\boldsymbol{q}) c_{-\rho}(\boldsymbol{q}_1)\end{aligned} \tag{14.3.13a}$$

$$\begin{aligned}S^{-\rho}(\boldsymbol{x}) &= \sum_{\boldsymbol{q}} \mathrm{e}^{\rho \mathrm{i}\boldsymbol{q}\cdot\boldsymbol{x}} S^{-\rho}(\boldsymbol{q}) = c_{-\rho}^{\dagger}(\boldsymbol{x}) c_{\rho}(\boldsymbol{x}) = [S^{\rho}(\boldsymbol{x})]^{\dagger} \\ &= \sum_{\boldsymbol{q}_1,\boldsymbol{q}_2} \mathrm{e}^{\rho \mathrm{i}(\boldsymbol{q}_1-\boldsymbol{q}_2)\cdot\boldsymbol{x}} c_{-\rho}^{\dagger}(\boldsymbol{q}_1) c_{\rho}(\boldsymbol{q}_2) = \sum_{\boldsymbol{q}_1,\boldsymbol{q}} \mathrm{e}^{-\rho \mathrm{i}\boldsymbol{q}\cdot\boldsymbol{x}} c_{-\rho}^{\dagger}(\boldsymbol{q}_1) c_{\rho}(\boldsymbol{q}_1+\boldsymbol{q}) \\ &= \sum_{\boldsymbol{q}_1,\boldsymbol{q}} \mathrm{e}^{-\rho \mathrm{i}\boldsymbol{q}\cdot\boldsymbol{x}} c_{-\rho}^{\dagger}(\boldsymbol{q}_1-\boldsymbol{q}) c_{\rho}(\boldsymbol{q}_1)\end{aligned} \tag{14.3.13b}$$

其中令 $\boldsymbol{q}_1 = \boldsymbol{q} + \boldsymbol{q}_2$. 所以磁矩的傅里叶分量的表达式是

$$S^{\sigma}(\boldsymbol{q}) = \sum_{\boldsymbol{q}_1} c_{\sigma}^{\dagger}(\boldsymbol{q}_1+\boldsymbol{q}) c_{-\sigma}(\boldsymbol{q}_1), S^{-\sigma}(\boldsymbol{q}) = \sum_{\boldsymbol{q}_1} c_{-\sigma}^{\dagger}(\boldsymbol{q}_1-\boldsymbol{q}) c_{\sigma}(\boldsymbol{q}_1) \tag{14.3.14}$$

如果外场不随时间变化, (14.3.9) 式的傅里叶分量为

$$\begin{aligned}\chi^{\rho,-\rho}(\boldsymbol{p},t) &= \mathrm{i}\theta(t)\frac{g\mu_{\mathrm{B}}}{2\hbar}\langle[S^{\rho}(\boldsymbol{p},t), S^{-\rho}(-\boldsymbol{p},0)]\rangle \\ &= \rho\mathrm{i}\theta(t)\frac{g\mu_{\mathrm{B}}}{2\hbar}\sum_{\boldsymbol{q}_1,\boldsymbol{q}_2}\langle[c_{\boldsymbol{q}_1+\boldsymbol{p}\rho}^{\dagger}(t) c_{\boldsymbol{q}_1-\rho}(t), c_{\boldsymbol{q}_2-\boldsymbol{p}-\rho}^{\dagger} c_{\boldsymbol{q}_2\rho}]\rangle\end{aligned} \tag{14.3.15}$$

14.3.3 磁化率的增强

如果电子之间存在库仑相互作用, 电子的哈密顿量如下:

$$H = \sum_{\boldsymbol{p}\sigma} \varepsilon_{\boldsymbol{p}} c_{\boldsymbol{p}\sigma}^{\dagger} c_{\boldsymbol{p}\sigma} + \frac{U}{2N} \sum_{\boldsymbol{p},\boldsymbol{p}_1,\boldsymbol{q}\sigma} c_{\boldsymbol{p}+\boldsymbol{q}\sigma}^{\dagger} c_{\boldsymbol{p}\sigma} c_{\boldsymbol{p}_1-\boldsymbol{q}\sigma}^{\dagger} c_{\boldsymbol{p}_1\sigma} \tag{14.3.16}$$

U 表示了电子之间相互作用的强度. 那么可以计算得到 (见后面 §15.4),

$$\chi^{\rho,-\rho}(\boldsymbol{q};\omega) = \frac{\chi_0^{\rho,-\rho}(\boldsymbol{q};\omega)}{1 - U\chi_0^{\rho,-\rho}(\boldsymbol{q};\omega)} \tag{14.3.17}$$

其中

$$\chi_0^{\rho,-\rho}(\boldsymbol{q};\omega) = \frac{1}{N}\sum_{\boldsymbol{p}} \frac{f_{\boldsymbol{p}-\rho} - f_{\boldsymbol{p}+\boldsymbol{q}\rho}}{\hbar\omega - (\varepsilon_{\boldsymbol{p}\rho} - \varepsilon_{\boldsymbol{p}+\boldsymbol{q},-\rho}) + \mathrm{i}0^+} \tag{14.3.18}$$

是无相互作用电子气的磁化率. 此处我们已经把磁化率写成无量纲的量. (14.3.17) 式说明, 电子之间相互作用导致磁化率的增强.

14.3.4 动态磁化率与静态磁化率

在顺磁态, 系统不显示磁性. 此时如果无外场, $\varepsilon_{\boldsymbol{p}\rho}=\varepsilon_{\boldsymbol{p},-\rho}=\varepsilon_{\boldsymbol{p}}$, $f_{\boldsymbol{p}\rho}=f_{\boldsymbol{p},-\rho}=f_{\boldsymbol{p}}$, 即能级和能级上的占据数与自旋无关. 磁化率 (14.3.18) 式简化为

$$\chi_0^{\rho,-\rho}(\boldsymbol{q};\omega)=-\frac{g\mu_{\mathrm{B}}}{2\hbar}\frac{1}{N}\sum_{\boldsymbol{p}}\frac{f_{\boldsymbol{p}}-f_{\boldsymbol{p}+\boldsymbol{q}}}{\hbar\omega-(\varepsilon_{\boldsymbol{p}}-\varepsilon_{\boldsymbol{p}+\boldsymbol{q}})+\mathrm{i}0^+} \tag{14.3.19}$$

随 ω 变化的磁化率称为动态磁化率.$\omega=0$ 的磁化率称为静态磁化率. 在 $\omega\neq 0$ 时, 系统内会有能量损失, 磁化率有虚部, 系统内有阻尼传播. 在 $\omega=0$ 时, 系统内没有能量损失, 磁化率无虚部, 系统内有稳定的响应.

静态磁化率为

$$\chi_0^{\rho,-\rho}(\boldsymbol{q};\omega=0)=\frac{1}{N}\sum_{\boldsymbol{p}}\frac{f_{\boldsymbol{p}}-f_{\boldsymbol{p}+\boldsymbol{q}}}{\varepsilon_{\boldsymbol{p}+\boldsymbol{q}}-\varepsilon_{\boldsymbol{p}}} \tag{14.3.20}$$

在零温下, 则有

$$\begin{aligned}\chi_0^{\rho,-\rho}(\boldsymbol{q};\omega=0)&=\frac{1}{N}\sum_{\boldsymbol{p}}\frac{\theta(\varepsilon_{\mathrm{F}}-\varepsilon_{\boldsymbol{p}})-\theta(\varepsilon_{\mathrm{F}}-\varepsilon_{\boldsymbol{p}+\boldsymbol{q}})}{\varepsilon_{\boldsymbol{p}+\boldsymbol{q}}-\varepsilon_{\boldsymbol{p}}}\\&=\frac{1}{N}\sum_{\boldsymbol{p}(\varepsilon_{\boldsymbol{p}}<\varepsilon_{\mathrm{F}},\varepsilon_{\boldsymbol{p}+\boldsymbol{q}}>\varepsilon_{\mathrm{F}})}\frac{1}{\varepsilon_{\boldsymbol{p}+\boldsymbol{q}}-\varepsilon_{\boldsymbol{p}}}\end{aligned} \tag{14.3.21}$$

这时如果能量 $\varepsilon_{\boldsymbol{p}}$ 和 $\varepsilon_{\boldsymbol{p}+\boldsymbol{q}}$ 都在费米能以下或者都在费米能以上, 则被求和函数值为零. 只有一个在费米能以下, 另一个在费米能以上时, 才不为零.

14.3.5 斯通纳判据

在有些情况下, 系统自发地显现为不稳定. 这就是说, 有可能出现磁有序态, 它的能量比基态的顺磁态能量要低. 如果磁化率是无穷大, 显然系统就不稳定. 由 (14.3.17) 式, 电子之间有库仑相互作用时的静态磁化率为

$$\chi^{\rho,-\rho}(\boldsymbol{q};\omega=0)=\frac{\chi_0^{\rho,-\rho}(\boldsymbol{q};\omega=0)}{1-U\chi_0^{\rho,-\rho}(\boldsymbol{q};\omega=0)} \tag{14.3.22}$$

当电子间的库仑相互作用强到使

$$1-U\chi_0^{\rho,-\rho}(\boldsymbol{q};\omega=0)=0 \tag{14.3.23}$$

磁化率就成为无穷大, 系统就不稳定, 会出现相变. 从顺磁性的相转变为有自发磁化的相. 所以, 当电子之间的相互作用大到

$$U\geqslant\frac{1}{\chi_0^{\rho,-\rho}(\boldsymbol{q};\omega=0)} \tag{14.3.24}$$

时, 系统一定显示磁性.

对于 $\boldsymbol{q}\to 0$ 的情况, 可做更定量的讨论. 对于能量和费米分布都做泰勒展开.

$$f_{\boldsymbol{p}+\boldsymbol{q}} = f_{\boldsymbol{p}} + \boldsymbol{q}\cdot\frac{\partial f_{\boldsymbol{p}}}{\partial \boldsymbol{p}} + \cdots = f_{\boldsymbol{p}} + \boldsymbol{q}\cdot\frac{\partial f_{\boldsymbol{p}}}{\partial \varepsilon_{\boldsymbol{p}}}\frac{\partial \varepsilon_{\boldsymbol{p}}}{\partial \boldsymbol{p}} + \cdots \tag{14.3.25a}$$

$$\varepsilon_{\boldsymbol{p}+\boldsymbol{q}} = \varepsilon_{\boldsymbol{p}} + \boldsymbol{q}\cdot\frac{\partial \varepsilon_{\boldsymbol{p}}}{\partial \boldsymbol{p}} + \cdots \tag{14.3.25b}$$

那么从 (14.3.20) 式, 得到

$$\lim_{\boldsymbol{q}\to 0}\chi_0^{\rho,-\rho}(\boldsymbol{q};\omega=0) = \frac{1}{N}\sum_{\boldsymbol{p}}\left(-\frac{\partial f_{\boldsymbol{p}}}{\partial \varepsilon_{\boldsymbol{p}}}\right) \tag{14.3.26}$$

零温下,

$$\begin{aligned}&\lim_{\boldsymbol{q}\to 0}\chi_0^{\rho,-\rho}(\boldsymbol{q};\omega=0) = -\frac{1}{N}\sum_{\boldsymbol{p}}\frac{\partial\theta(\varepsilon_{\mathrm{F}}-\varepsilon_{\boldsymbol{p}})}{\partial \varepsilon_{\boldsymbol{p}}}\\ &= \frac{1}{N}\sum_{\boldsymbol{p}}\delta(\varepsilon_{\boldsymbol{p}}-\varepsilon_{\mathrm{F}}) = N(\varepsilon_{\mathrm{F}})\end{aligned} \tag{14.3.27}$$

最后得到的是费米能处的态密度. 由此得到零温静态零波矢的不稳定条件为

$$UN(\varepsilon_{\mathrm{F}}) = 1 \tag{14.3.28}$$

此条件称为斯通纳 (Stoner) 判据.

§14.4　热　导　率

热导率反映的是, 系统内部有温度梯度时热量的输运. 我们只考虑线性输运过程, 温度梯度是一个小量. 系统中每一个体积元内都处于局部平衡的状态. 系统处于稳态.

我们先找出相应于这样的状态的统计算符. 能量的传输应满足守恒定律

$$\frac{\partial}{\partial t}h(\boldsymbol{x},t) + \nabla\cdot\boldsymbol{u}(\boldsymbol{x},t) = 0 \tag{14.4.1}$$

其中 $\boldsymbol{u}$ 为能流密度矢量.h 是能量密度. 上式右方的时间积分

$$A(\boldsymbol{x},t) = h(\boldsymbol{x},t) + \int_{-\infty}^{t}\mathrm{d}t'\nabla\cdot\boldsymbol{u}(\boldsymbol{x},t') \tag{14.4.2}$$

是个守恒量, 即它对时间的导数为零.

$$\frac{\partial}{\partial t}A(\boldsymbol{x},t) = \frac{1}{\mathrm{i}}[A(\boldsymbol{x},t),H] = \frac{\partial}{\partial t}h(\boldsymbol{x},t) + \nabla\cdot\boldsymbol{u}(\boldsymbol{x},t) = 0 \tag{14.4.3}$$

其中 H 是系统的哈密顿量

$$H = \int \mathrm{d}\boldsymbol{x} h(\boldsymbol{x}, t) \tag{14.4.4}$$

量 h, $\boldsymbol{u}$, A, H 都是算符.

既然 A 是与时间无关的守恒量, 我们可以只取其在 t=0 时刻的值.

$$A(\boldsymbol{x}, 0) = A(\boldsymbol{x}) = h(\boldsymbol{x}) + \int_{-\infty}^{0} \mathrm{d}t' \nabla \cdot \boldsymbol{u}(\boldsymbol{x}, t') \tag{14.4.5}$$

其中

$$h(\boldsymbol{x}) = h(\boldsymbol{x}, t = 0) \tag{14.4.6}$$

稳态输运的统计算符是

$$\rho = \frac{1}{Z} \exp\left[-\int \mathrm{d}\boldsymbol{x} \beta(\boldsymbol{x}) A(\boldsymbol{x})\right] \tag{14.4.7}$$

注意, 现在温度是坐标的函数. 配分函数中不是用的哈密顿量, 而是用了一个守恒量. 因为现在哈密顿量是不守恒的. 当 $\boldsymbol{u}$=0, 由 (14.4.2, 4) 式, 自然就回到哈密顿量的形式.

$$\begin{aligned}
\rho &= Z^{-1} \exp\left[-\int \mathrm{d}\boldsymbol{x} \beta(\boldsymbol{x}) \left\{h(\boldsymbol{x}) + \int_{-\infty}^{0} \mathrm{d}t' \nabla \cdot \boldsymbol{u}(\boldsymbol{x}, t')\right\}\right] \\
&= Z^{-1} \exp\left[-\int \mathrm{d}\boldsymbol{x} \beta(\boldsymbol{x}) h(\boldsymbol{x}) - \int \mathrm{d}\boldsymbol{x} \beta(\boldsymbol{x}) \int_{-\infty}^{0} \mathrm{d}t' \nabla \cdot \boldsymbol{u}(\boldsymbol{x}, t')\right] \\
&= Z^{-1} \exp\left[-\int \mathrm{d}\boldsymbol{x} \beta(\boldsymbol{x}) h(\boldsymbol{x}) + \int_{-\infty}^{0} \mathrm{d}t' \int \mathrm{d}\boldsymbol{x} \nabla \beta(\boldsymbol{x}) \cdot \boldsymbol{u}(\boldsymbol{x}, t')\right] \\
&= Z^{-1} \exp\left[-\beta H + \nabla \beta \cdot \int_{-\infty}^{0} \mathrm{d}t' \int \mathrm{d}\boldsymbol{x} \boldsymbol{u}(\boldsymbol{x}, t')\right]
\end{aligned} \tag{14.4.8}$$

对于前一项, 忽略温度的空间变化. 对于后一项, 先做分部积分, 再设温度梯度是不随坐标变化的常量. 这一统计算符满足刘维尔方程:

$$\mathrm{i} \frac{\partial}{\partial t} \rho = [H, \rho] \tag{14.4.9}$$

如果算符 B 与 A 相比是个小量, 那么可以有下面的展开式:

$$\mathrm{e}^{-(A+B)} = \mathrm{e}^{-A} - \mathrm{e}^{-A} \int_{0}^{1} \mathrm{d}\tau \mathrm{e}^{A\tau} B \mathrm{e}^{-A\tau} \tag{14.4.10}$$

因此

$$\rho = Z^{-1} \left[\mathrm{e}^{-\beta H} + \mathrm{e}^{-\beta H} \int_{0}^{1} \mathrm{d}\tau \mathrm{e}^{\tau \beta H} \nabla \beta \cdot \int_{-\infty}^{0} \mathrm{d}t' \int \mathrm{d}\boldsymbol{x} \boldsymbol{u}(\boldsymbol{x}, t') \mathrm{e}^{-\tau \beta H}\right]$$

$$
\begin{aligned}
&= Z^{-1}\mathrm{e}^{-\beta H}\left[1+\frac{\nabla\beta}{\beta}\cdot\int_{-\infty}^{0}\mathrm{d}t'\int_{0}^{\beta}\mathrm{d}\lambda\int\mathrm{d}\boldsymbol{x}\mathrm{e}^{\lambda H}\boldsymbol{u}(\boldsymbol{x},t')\mathrm{e}^{-\lambda H}\right]\\
&= Z^{-1}\mathrm{e}^{-\beta H}\left[1-\frac{\nabla T}{T}\cdot\int_{-\infty}^{0}\mathrm{d}t'\int_{0}^{\beta}\mathrm{d}\lambda\int\mathrm{d}\boldsymbol{x}\boldsymbol{u}(\boldsymbol{x},t'-\mathrm{i}\lambda)\right]
\end{aligned}
\tag{14.4.11}
$$

其中用了海森伯算符的定义.

能流密度的平均值为

$$
\langle\boldsymbol{u}(\boldsymbol{x},0)\rangle=\mathrm{Tr}\left\{Z^{-1}\mathrm{e}^{-\beta H}\left[\boldsymbol{u}(\boldsymbol{x},0)-\frac{\nabla T}{T}\cdot\int_{-\infty}^{0}\mathrm{d}t'\int_{0}^{\beta}\mathrm{d}\lambda\int\mathrm{d}\boldsymbol{x}'\boldsymbol{u}(\boldsymbol{x}',t'-\mathrm{i}\lambda)\boldsymbol{u}(\boldsymbol{x},0)\right]\right\}
\tag{14.4.12}
$$

其中 $\mathrm{Tr}\{Z^{-1}\mathrm{e}^{-\beta H}[C]\}=\langle C\rangle$ 是物理量 C 在平衡系综 $Z^{-1}\mathrm{e}^{-\beta H}$ 中的平均值. 既然是平衡系综, 能流密度在其中的平均值就是零.

$$
\langle\boldsymbol{u}(\boldsymbol{x},0)\rangle=-\left\langle\frac{\nabla T}{T}\cdot\int_{-\infty}^{0}\mathrm{d}t'\int_{0}^{\beta}\mathrm{d}\lambda\int\mathrm{d}\boldsymbol{x}'\boldsymbol{u}(\boldsymbol{x}',t'-\mathrm{i}\lambda)\boldsymbol{u}(\boldsymbol{x},0)\right\rangle
\tag{14.4.13}
$$

将此式的分量写成如下形式：

$$
\langle u_\mu(\boldsymbol{x},0)\rangle=-\sum_{\nu}\kappa_{\mu\nu}(\nabla T)_\nu
\tag{14.4.14}
$$

就得到热导率张量

$$
\kappa_{\mu\nu}=\left\langle\frac{1}{T}\int_{-\infty}^{0}\mathrm{d}t'\int_{0}^{\beta}\mathrm{d}\lambda\int\mathrm{d}\boldsymbol{x}'u_\nu(\boldsymbol{x}',t'-\mathrm{i}\lambda)u_\mu(\boldsymbol{x},0)\right\rangle
\tag{14.4.15}
$$

各向同性系统中,

$$
\kappa_{\mu\nu}=\kappa\delta_{\mu\nu}
\tag{14.4.16a}
$$

$$
\kappa=\frac{1}{3T}\int_{-\infty}^{0}\mathrm{d}t'\int_{0}^{\beta}\mathrm{d}\lambda\int\mathrm{d}\boldsymbol{x}'\langle\boldsymbol{u}(\boldsymbol{x}',t'-\mathrm{i}\lambda)\cdot\boldsymbol{u}(\boldsymbol{x},0)\rangle
\tag{14.4.16b}
$$

这个热导率还是坐标的函数. 如果随坐标的变化很小, 就取整个体积的平均值：

$$
\kappa=\frac{1}{3VT}\int_{-\infty}^{0}\mathrm{d}t'\int_{0}^{\beta}\mathrm{d}\lambda\int\mathrm{d}\boldsymbol{x}\int\mathrm{d}\boldsymbol{x}'\langle\boldsymbol{u}(\boldsymbol{x}',t'-\mathrm{i}\lambda)\cdot\boldsymbol{u}(\boldsymbol{x},0)\rangle
\tag{14.4.17}
$$

对时间做分部积分

$$
\int_{-\infty}^{0}\mathrm{d}t'\int_{0}^{\beta}\mathrm{d}\lambda\boldsymbol{u}(\boldsymbol{x}',t'-\mathrm{i}\lambda)=\int_{-\infty}^{0}\mathrm{d}t'\int_{0}^{\beta}\mathrm{d}\lambda\mathrm{e}^{\mathrm{i}(t'-\mathrm{i}\lambda)H}\boldsymbol{u}(\boldsymbol{x}')\mathrm{e}^{-\mathrm{i}(t'-\mathrm{i}\lambda)H}
$$

$$
\begin{aligned}
&= \int_0^\beta \mathrm{d}\lambda \left\{ t' \mathrm{e}^{(\mathrm{i}t'+\lambda)H} \boldsymbol{u}(\boldsymbol{x}')\, \mathrm{e}^{(-\mathrm{i}t'-\lambda)H} \Big|_{-\infty}^{0} \right. \\
&\quad \left. - \int_{-\infty}^{0} t' \mathrm{d}[\mathrm{e}^{(\mathrm{i}t'+\lambda)H} \boldsymbol{u}(\boldsymbol{x}') \mathrm{e}^{(-\mathrm{i}t'-\lambda)H}] \right\} \\
&= -\mathrm{i} \int_0^\beta \mathrm{d}\lambda \int_{-\infty}^{0} t' \mathrm{e}^{(\mathrm{i}t'+\lambda)H} [H\boldsymbol{u}(\boldsymbol{x}') - \boldsymbol{u}(\boldsymbol{x}')H] \mathrm{e}^{(-\mathrm{i}t'-\lambda)H} \mathrm{d}t' \\
&= -\mathrm{i} \int_{-\infty}^{0} t' \mathrm{d}t' \left\{ \int_0^\beta \mathrm{d}\lambda H \mathrm{e}^{(\mathrm{i}t'+\lambda)H} \boldsymbol{u}(\boldsymbol{x}') \mathrm{e}^{(-\mathrm{i}t'-\lambda)H} \right. \\
&\quad \left. - \int_0^\beta \mathrm{d}\lambda \mathrm{e}^{(\mathrm{i}t'+\lambda)H} \boldsymbol{u}(\boldsymbol{x}') H \mathrm{e}^{(-\mathrm{i}t'-\lambda)H} \right\}
\end{aligned} \tag{14.4.18}
$$

以下从分析力学来推导电子能流密度的表达式.

设电子的场算符为 $\psi_n(n=1,2,3,\cdots)$, 则系统的拉格朗日密度为 $L(\psi_n, \nabla\psi_n, \dot{\psi}_n)$. ψ_n 相当于是广义坐标. 由分析力学知道, 场的动量密度为

$$\pi_n = \frac{\partial L}{\partial \dot{\psi}_n} \tag{14.4.19}$$

哈密顿密度 (能量密度) 为

$$h = \sum_n \pi_n \dot{\psi}_n - L = \sum_n \dot{\psi}_n \frac{\partial L}{\partial \dot{\psi}_n} - L \tag{14.4.20}$$

现在拉格朗日量满足欧拉运动方程

$$\frac{\partial L}{\partial \psi_n} = \sum_{i=1}^{3} \frac{\partial L}{\partial x_i} \frac{\partial L}{\partial \dfrac{\partial \psi_n}{\partial x_i}} - \frac{\partial}{\partial t} \frac{\partial L}{\partial \dot{\psi}_n} = 0 \tag{14.4.21}$$

此处 $x_i(i=1,2,3)$ 是空间坐标. 由此方程可以推出哈密顿密度的变化率:

$$\frac{\partial}{\partial t} h = -\nabla \cdot \boldsymbol{u} \tag{14.4.22}$$

其中

$$u_i = \sum_n \left[\frac{\partial L}{\partial \left(\dfrac{\partial \psi_n}{\partial x_i} \right)} \dot{\psi}_n + \frac{\partial L}{\partial \dfrac{\partial \psi_n^\dagger}{\partial x_i}} \dot{\psi}_n^\dagger \right] \tag{14.4.23}$$

与表示根据能量守恒连续性方程 (14.4.1) 式对照, $\boldsymbol{u}$ 就是能流密度. 它取决于 L 中含的 ψ_n 的梯度的项. 注意, ψ_n 的复量也是独立变量, 这儿将它们明确写出来. 对于电子系统和电子–声子系统, 只有电子的动能对 $\boldsymbol{u}$ 有贡献. 电子的动能为

$$T = \int \mathrm{d}\boldsymbol{x} \psi_n^\dagger(\boldsymbol{x}) \left(-\frac{\nabla^2}{2m} \right) \psi_n(\boldsymbol{x}) = \int \mathrm{d}\boldsymbol{x} \frac{1}{2m} \nabla \psi_n^\dagger(\boldsymbol{x}) \cdot \nabla \psi_n(\boldsymbol{x}) \tag{14.4.24}$$

因此动能密度为

$$t = \frac{1}{2m} \nabla \psi_n^\dagger(\boldsymbol{x}) \cdot \nabla \psi_n(\boldsymbol{x}) \tag{14.4.25}$$

$$\frac{\partial L}{\partial \left(\dfrac{\partial \psi_n}{\partial x_i} \right)} = \frac{\partial t}{\partial \left(\dfrac{\partial \psi_n}{\partial x_i} \right)} = \frac{1}{2m} \frac{\partial \psi_n^\dagger}{\partial x_i}, \frac{\partial L}{\partial \left(\dfrac{\partial \psi_n^\dagger}{\partial x_i} \right)} = \frac{\partial t}{\partial \left(\dfrac{\partial \psi_n^\dagger}{\partial x_i} \right)} = \frac{1}{2m} \frac{\partial \psi_n}{\partial x_i} \tag{14.4.26}$$

最后得到能流密度用波函数表达的形式

$$\boldsymbol{u} = \sum_n \frac{1}{2m} [\dot{\psi}_n^\dagger(\boldsymbol{x}) \nabla \psi_n(\boldsymbol{x}) + \dot{\psi}_n(\boldsymbol{x}) \nabla \psi_n^\dagger(\boldsymbol{x})] \tag{14.4.27}$$

注意它和电子的电流密度算符是不同的. 由于 $\boldsymbol{u}(\boldsymbol{x})$ 是电子算符的二次式, 在求其松原函数

$$P(\boldsymbol{x}_1 - \boldsymbol{x}_2, \tau_1 - \tau_2) = \langle T_\tau [\boldsymbol{u}(\boldsymbol{x}_1, \tau_1) \cdot \boldsymbol{u}(\boldsymbol{x}_2, \tau_2)] \rangle \tag{14.4.28}$$

的傅里叶变换的时, 应使用偶数频率. 还有一点要注意, 场算符本来不含时间, 我们将它写成含时间, 实际上已经将它写成了海森伯算符. 在目前情况下, 这个时间是松原函数中的虚时 τ.

§14.5　广义流的线性响应

14.5.1　几种流的定义式

一般的流, 称为广义流, 记为 $\boldsymbol{J}$. 以下定义几种具体的流：

粒子流

$$\boldsymbol{J}_{\mathrm{N}} = \sum_{\boldsymbol{k}} \boldsymbol{v}_{\boldsymbol{k}} n_{\boldsymbol{k}} \tag{14.5.1}$$

电流

$$\boldsymbol{J}_{\mathrm{e}} = e \sum_{\boldsymbol{k}} \boldsymbol{v}_{\boldsymbol{k}} n_{\boldsymbol{k}} \tag{14.5.2}$$

能流

$$\boldsymbol{J}_{\mathrm{E}} = \sum_{\boldsymbol{k}} \boldsymbol{v}_{\boldsymbol{k}} \varepsilon_{\boldsymbol{k}} n_{\boldsymbol{k}} \tag{14.5.3}$$

热流

$$\boldsymbol{J}_{\mathrm{Q}} = \boldsymbol{J}_{\mathrm{E}} - \mu \boldsymbol{J}_{\mathrm{N}} = \sum_{\boldsymbol{k}} \boldsymbol{v}_{\boldsymbol{k}} n_{\boldsymbol{k}} (\varepsilon_{\boldsymbol{k}} - \mu) \tag{14.5.4}$$

式中的 $n_{\boldsymbol{k}}$ 是粒子数密度. 电荷是由粒子携带而不能脱离粒子. 所以, 如果粒子流为零, 电流就一定为零. 对于电子, 这两者实质上为一整体. 能量虽然也是由粒子携

带，但是可以在粒子之间传递，所以，有可能粒子流为零而能流不为零. 在能流的定义式中，虽然有粒子密度，但是这个粒子密度不一定移动. 这时，各处的粒子不流动，能量在传输.

由热流的定义式可知，热流是指能流中超过化学势的部分. 这一定义只对化学势为正的系统有效，例如电子系统，热流可正可负. 如果一个粒子携带的能量是超过化学势的，那么粒子到达一个新的位置后，它将处于化学势的能级 (费米能级) 上，超过化学势的那一部分就释放到外界去，所以正的热流代表系统向环境散热. 如果一个粒子携带的能量是低于化学势，那么粒子到达一个新的位置后，它不能处于化学势 (费米能级) 以下的能级，因为那样的能级是已经被填满了，它要达到化学势的能级，就必须由外界向它提供能量，所以负的热流代表系统从环境吸热.

这些流的定义本身并未涉及粒子是玻色子还是费米子. 在具体计算时，当然会用到玻色子或者费米子的性质.

此处未讲动量流，一般在实验中似乎并不测量这个量.

特别要注意的是，$\boldsymbol{J}_{\mathrm{e}}$ 和 $\boldsymbol{J}_{\mathrm{E}}$ 看上去只差一个能量因子，但是在写成算符的时候，这两个流的表达式是不同的. 因为在把流写成算符的时候，速度应写成 $\boldsymbol{v}=\dfrac{\boldsymbol{p}}{m}=-\mathrm{i}\dfrac{\hbar}{m}\nabla$，而动能应写成 $\varepsilon_{\boldsymbol{k}}=\dfrac{\boldsymbol{p}^2}{2m}=-\dfrac{\hbar^2}{2m}\nabla^2$.

14.5.2 线性响应

对于每一种流，都至少有一个产生它的物理原因，例如，电势差可以产生电流，浓度梯度可以产生粒子流，温度梯度可以产生热流等等. 产生一种流的物理原因也称为这种流的广义驱动力 (简称驱动力或广义力). 如果第 i 种流记为 $\boldsymbol{J}_i$，它的驱动力记为 $\boldsymbol{X}_i$. 线性响应下，$\boldsymbol{J}_i$ 与 $\boldsymbol{X}_i$ 成正比. 相应的比例系数称为响应系数. 注意广义流和广义力都是矢量，相应系数一般是二阶张量，即

$$\boldsymbol{J}_i=\overleftrightarrow{\boldsymbol{Z}}\cdot\boldsymbol{X}_i \tag{14.5.5a}$$

如果系统存在浓度梯度，一般说来，浓度不同则化学势不同，也就是存在化学势的梯度，这时就会出现粒子流. 因此，如果化学势的梯度不为零，$\nabla\mu\neq0$，那么就会有粒子流.

当粒子流不为零的时候，一般地来说，就有另外一个流存在，例如能流. 但是，反过来，有能流存在时，不一定非有粒子流不可. 因为能量可以在粒子之间传输. 这在上面已提到.

当有几种广义力同时存在，就有相应的几种广义流同时存在. 这时会有交叉耦合的情况. 就是说，几种广义力对每一种广义流的产生都有贡献. 在线性响应近似

下, 可表达成

$$\boldsymbol{J}_i=\sum_j \boldsymbol{Z}_{ij}\cdot\boldsymbol{X}_j \tag{14.5.5b}$$

一般地来说, 系数是二阶张量. 昂萨格对于最一般的情况 (即不依赖于具体的系统) 证明了：对于时间反演不变性的系统, 存在关系：

$$\boldsymbol{Z}_{ij}=\boldsymbol{Z}_{ji} \tag{14.5.6}$$

此式称为昂萨格 (Onsager) 倒易关系. 他因提出和证明这一关系式而获得 1968 年诺贝尔化学奖. 这一关系表明, 交叉耦合的系数是相同的. 例如温度梯度可以产生粒子流, 浓度梯度可以产生热流. 这两者的系数相同, 尽管这两种现象的物理原因有差别.

下面来看两种流同时存在的具体例子.

产生粒子流的驱动力是

$$\boldsymbol{X}=-\frac{e}{T}\nabla V-\nabla\left(\frac{\mu}{T}\right) \tag{14.5.7a}$$

产生能流的驱动力是

$$\boldsymbol{X}_{\mathrm{E}}=\nabla\frac{1}{T} \tag{14.5.7b}$$

可见 (14.4.14) 式. 如果 $\boldsymbol{J}_{\boldsymbol{N}}$ 和 $\boldsymbol{J}_{\mathrm{E}}$ 同时存在, 可根据 (14.5.5) 式写出

$$J_{\mathrm{N},\alpha}=-M_{\alpha\beta}^{(11)}\left[\frac{e}{T}\frac{\partial}{\partial x_\beta}V+\frac{\partial}{\partial x_\beta}\left(\frac{\mu}{T}\right)\right]+M_{\alpha\beta}^{(12)}\frac{\partial}{\partial x_\beta}\frac{1}{T} \tag{14.5.8a}$$

$$J_{\mathrm{E},\alpha}=-M_{\alpha\beta}^{(21)}\left[\frac{e}{T}\frac{\partial}{\partial x_\beta}V+\frac{\partial}{\partial x_\beta}\left(\frac{\mu}{T}\right)\right]+M_{\alpha\beta}^{(22)}\frac{\partial}{\partial x_\beta}\frac{1}{T} \tag{14.5.8b}$$

根据昂萨格倒易关系, 有 $M_{\alpha\beta}^{(21)}=M_{\alpha\beta}^{(12)}$. 可以把第一个驱动力写成以下的形式：

$$\frac{e}{T}\frac{\partial}{\partial x_\beta}V+\frac{\partial}{\partial x_\beta}\left(\frac{\mu}{T}\right)=\frac{e}{T}\frac{\partial}{\partial x_\beta}V+\frac{1}{T}\frac{\partial}{\partial x_\beta}\mu+\mu\frac{\partial}{\partial x_\beta}\frac{1}{T}=\frac{1}{T}\frac{\partial}{\partial x_\beta}\bar{\mu}+\mu\frac{\partial}{\partial x_\beta}\frac{1}{T} \tag{14.5.9}$$

其中定义了

$$\bar{\mu}=\mu+eV \tag{14.5.10}$$

如果是果 $\boldsymbol{J}_{\mathrm{N}}$ 和 $\boldsymbol{J}_{\mathrm{Q}}$ 同时存在, 可利用 (14.5.4),(14.5.9),(14.5.10) 式, 从 (14.5.8) 式得到

$$\begin{aligned}J_{\mathrm{Q},\alpha}=J_{\mathrm{E},\alpha}-\mu J_{\mathrm{N},\alpha}&=-M_{\alpha\beta}^{(21)}\left[\frac{e}{T}\frac{\partial}{\partial x_\beta}V+\frac{\partial}{\partial x_\beta}\left(\frac{\mu}{T}\right)\right]+M_{\alpha\beta}^{(22)}\frac{\partial}{\partial x_\beta}\frac{1}{T}-\mu J_\alpha\\&=-M_{\alpha\beta}^{(21)}\left[\frac{1}{T}\frac{\partial}{\partial x_\beta}\bar{\mu}+\mu\frac{\partial}{\partial x_\beta}\frac{1}{T}\right]+M_{\alpha\beta}^{(22)}\frac{\partial}{\partial x_\beta}\frac{1}{T}\end{aligned}$$

$$-\mu\left\{-M_{\alpha\beta}^{(11)}\left[\frac{1}{T}\frac{\partial}{\partial x_\beta}\bar{\mu}+\mu\frac{\partial}{\partial x_\beta}\frac{1}{T}\right]+M_{\alpha\beta}^{(12)}\frac{\partial}{\partial x_\beta}\frac{1}{T}\right\}$$

$$=(\mu M_{\alpha\beta}^{(11)}-M_{\alpha\beta}^{(21)})\frac{1}{T}\frac{\partial}{\partial x_\beta}\bar{\mu}+(\mu^2 M_{\alpha\beta}^{(11)}-2\mu M_{\alpha\beta}^{(12)}+M_{\alpha\beta}^{(22)})\frac{\partial}{\partial x_\beta}\frac{1}{T} \quad (14.5.11)$$

现在的两个流的一组方程写成如下形式：

$$J_{\mathrm{N},\alpha}=-L_{\alpha\beta}^{(11)}\frac{1}{T}\frac{\partial}{\partial x_\beta}\bar{\mu}+L_{\alpha\beta}^{(12)}\frac{\partial}{\partial x_\beta}\frac{1}{T} \quad (14.5.12a)$$

$$J_{\mathrm{Q},\alpha}=-L_{\alpha\beta}^{(21)}\frac{1}{T}\frac{\partial}{\partial x_\beta}\bar{\mu}+L_{\alpha\beta}^{(22)}\frac{\partial}{\partial x_\beta}\frac{1}{T} \quad (14.5.12b)$$

其中

$$L_{\alpha\beta}^{(11)}=M_{\alpha\beta}^{(11)} \quad (14.5.13a)$$

$$L_{\alpha\beta}^{(21)}=L_{\alpha\beta}^{(12)}=-\mu M_{\alpha\beta}^{(11)}+M_{\alpha\beta}^{(21)} \quad (14.5.13b)$$

$$L_{\alpha\beta}^{(22)}=M_{\alpha\beta}^{(22)}-2\mu M_{\alpha\beta}^{(12)}+\mu^2 M_{\alpha\beta}^{(11)} \quad (14.5.13c)$$

(14.5.12) 式与 (14.5.8) 式比较, 可以看到, 流的组合不同, 其相应的驱动力也有所不同. 另外, 由于 (14.5.12) 式是由 (14.5.8) 式组合得到的, 所以相应的响应系数之间有关系式.

现在来看热导率是如何测量的, 在 (14.5.8) 式中, 令 $\boldsymbol{J_N}=0$, 那么只剩下能量的流动.

$$\frac{e}{T}\frac{\partial}{\partial x_\beta}V+\frac{\partial}{\partial x_\beta}\left(\frac{\mu}{T}\right)=\frac{M_{\alpha\beta}^{(12)}}{M_{\alpha\beta}^{(11)}}\frac{\partial}{\partial x_\beta}\frac{1}{T} \quad (14.5.14a)$$

$$J_{\mathrm{E},\alpha}=-M_{\alpha\beta}^{(21)}\frac{M_{\alpha\beta}^{(12)}}{M_{\alpha\beta}^{(11)}}\frac{\partial}{\partial x_\beta}\frac{1}{T}+M_{\alpha\beta}^{(22)}\frac{\partial}{\partial x_\beta}\frac{1}{T}=\left[M_{\alpha\beta}^{(22)}-\frac{(M_{\alpha\beta}^{(12)})^2}{M_{\alpha\beta}^{(11)}}\right]\frac{\partial}{\partial x_\beta}\frac{1}{T} \quad (14.5.14b)$$

写成

$$\boldsymbol{J}_{\mathrm{E}}=-\kappa\nabla T \quad (14.5.15a)$$

的形式,

$$\kappa_{\alpha\beta}=\frac{1}{T^2}\left[M_{\alpha\beta}^{(22)}-\frac{(M_{\alpha\beta}^{(12)})^2}{M_{\alpha\beta}^{(11)}}\right] \quad (14.5.15b)$$

在没有粒子流的情况下, $\boldsymbol{J}_{\mathrm{E}}=\boldsymbol{J}_{\mathrm{Q}}$. 由 (14.5.12) 式可得

$$\frac{1}{T}\frac{\partial}{\partial x_\beta}\bar{\mu}=\frac{L_{\alpha\beta}^{(12)}}{L_{\alpha\beta}^{(11)}}\frac{\partial}{\partial x_\beta}\frac{1}{T} \quad (14.5.16a)$$

$$J_{\mathrm{Q},\alpha} = -L_{\alpha\beta}^{(21)} \frac{L_{\alpha\beta}^{(12)}}{L_{\alpha\beta}^{(11)}} \frac{\partial}{\partial x_\beta} \frac{1}{T} + L_{\alpha\beta}^{(22)} \frac{\partial}{\partial x_\beta} \frac{1}{T} = \left[L_{\alpha\beta}^{(22)} - \frac{(L_{\alpha\beta}^{(12)})^2}{L_{\alpha\beta}^{(11)}} \right] \frac{\partial}{\partial x_\beta} \frac{1}{T} \tag{14.5.16b}$$

所以热导率也可以以下形式测量：

$$\kappa_{\alpha\beta} = \frac{1}{T^2} \left[L_{\alpha\beta}^{(22)} - \frac{(L_{\alpha\beta}^{(12)})^2}{L_{\alpha\beta}^{(11)}} \right] \tag{14.5.17}$$

如果既没有温度梯度也没有化学势的梯度, 那么 (14.5.8a) 式只剩下

$$eJ_{\mathrm{N},\alpha} = -M_{\alpha\beta}^{(11)} \frac{e^2}{T} \frac{\partial}{\partial x_\beta} V = -\sigma_{\alpha\beta} \frac{\partial}{\partial x_\beta} V \tag{14.5.18a}$$

只有电势差导致的粒子流或者电流, 因为电导率就是

$$\sigma_{\alpha\beta} = M_{\alpha\beta}^{(11)} \frac{e^2}{T} \tag{14.5.18b}$$

此式体现了系数 $L_{\alpha\beta}^{(11)} = M_{\alpha\beta}^{(11)}$ 的物理意义.$L_{\alpha\beta}^{(12)}$ 的物理意义也和明确. 它是由温度梯度引起的电流, 所以是热电势, 这是一个可实验测量的量.

如果没有粒子流, 也没有浓度梯度, 那么从 (14.5.12a) 式可知,

$$-L_{\alpha\beta}^{(11)} \frac{e}{T} \frac{\partial}{\partial x_\beta} V + L_{\alpha\beta}^{(12)} \frac{\partial}{\partial x_\beta} \frac{1}{T} = 0 \tag{14.5.19a}$$

温度差一定导致电势差, 在各向同性系统中, 热电功率系数的定义为

$$\gamma = \frac{\Delta V}{\Delta T} = -\frac{1}{eT} \frac{L^{(12)}}{L^{(11)}} \tag{14.5.19b}$$

14.5.3　用关联函数表达响应系数

(14.5.5) 式是线性响应, 所以响应系数也是可以按照线性响应的理论用关联函数来求得. 但是与前面讲的情况稍有不同. 前面讲的是：如果加一外场 $\boldsymbol{F}$, 哈密顿量就有一个微扰 H_1, 它是物理量 $\boldsymbol{C}$ 与外场 $\boldsymbol{F}$ 的点乘. 设外场是均匀的且不随时间变化

$$H_1 = -\boldsymbol{C} \cdot \boldsymbol{F} \tag{14.5.20}$$

我们利用零频率形式的久保公式 (14.1.32) 式.

$$\boldsymbol{J}(\boldsymbol{x}, t) = -\int_{-\infty}^{t} \mathrm{e}^{0^+ t_1} \mathrm{d}t_1 \int_0^\beta \mathrm{d}\lambda \left\langle \frac{\partial}{\partial t_1} H_1(t_1 - \mathrm{i}\lambda) \boldsymbol{J}(\boldsymbol{x}, t) \right\rangle \tag{14.5.21}$$

此处已令 $\hbar = 1$. 还要注意我们已经默认了初始条件 $F_\alpha(\boldsymbol{x}, t = -\infty) = 0$. 对于前面讲的外场导致系统一个物理量的变化, 在没加外场时, 系统就已经有这个物理量, 所

以变化量记为 $\Delta \boldsymbol{D}$. 对于此处的情况, 未加驱动力时, 系统内没有流, 因此流的变化量就是流本身, $\Delta \boldsymbol{D}$ 就对应于 $\boldsymbol{J}$.

本节的情况是, 广义流是某个物理量随时间的变化率, 所以广义流与广义力的点乘是能量随时间的变化率. 现在我们考虑的是热力学系统, 所以实际上是热量随时间的变化率. 我们设系统的温度不随时间变化. 因此, 与 (14.5.20) 式对应的是

$$\frac{\partial H_1}{\partial t} = \frac{\mathrm{d}Q}{\mathrm{d}t} = T\frac{\partial S}{\partial t} = T\sum_i \boldsymbol{J}_i \cdot \boldsymbol{X}_i \tag{14.5.22}$$

此处把多于一种广义力的情况都考虑进去了.

把 (14.5.22) 式代入 (14.5.21) 式, 得到

$$\boldsymbol{J}(\boldsymbol{x},t) = -T\int_{-\infty}^{t} \mathrm{e}^{0^+ t_1}\mathrm{d}t_1 \int_0^\beta \mathrm{d}\lambda \left\langle \sum_i \boldsymbol{J}_i(t_1 - \mathrm{i}\lambda)\cdot \boldsymbol{X}_i \boldsymbol{J}(\boldsymbol{x},t)\right\rangle \tag{14.5.23}$$

写成分量式

$$J_{j,\alpha}(\boldsymbol{x},t) = -T\sum_{i,\beta}\int_{-\infty}^{t} \mathrm{e}^{0^+ t_1}\mathrm{d}t_1 \int_0^\beta \mathrm{d}\lambda \langle J_{i,\beta}(t_1 - \mathrm{i}\lambda) J_{j,\alpha}(\boldsymbol{x},t)\rangle X_{i,\beta} \tag{14.5.24}$$

把广义流写成正比于广义力

$$J_{j,\alpha}(\boldsymbol{x},t) = \sum_{\beta=1,i}^{3} Z_{ji,\alpha\beta} X_{i,\beta} \tag{14.5.25}$$

其中系数就是关联函数

$$Z_{ji,\alpha\beta} = -T\int_{-\infty}^{t} \mathrm{e}^{0^+ t_1}\mathrm{d}t_1 \int_0^\beta \mathrm{d}\lambda \langle J_{i,\beta}(t_1 - \mathrm{i}\lambda) J_{j,\alpha}(\boldsymbol{x},t)\rangle \tag{14.5.26}$$

举例来说, (14.5.12) 式中的系数的表达式是

$$L_{\alpha\beta}^{(11)} = -T\int_{-\infty}^{t} \mathrm{e}^{0^+ t_1}\mathrm{d}t_1 \int_0^\beta \mathrm{d}\lambda \langle J_{\mathrm{N},\beta}(t_1 - \mathrm{i}\lambda) J_{\mathrm{N},\alpha}(\boldsymbol{x},t)\rangle \tag{14.5.27a}$$

$$L_{\alpha\beta}^{(12)} = -T\int_{-\infty}^{t} \mathrm{e}^{0^+ t_1}\mathrm{d}t_1 \int_0^\beta \mathrm{d}\lambda \langle J_{\mathrm{Q},\beta}(t_1 - \mathrm{i}\lambda) J_{\mathrm{N},\alpha}(\boldsymbol{x},t)\rangle \tag{14.5.27b}$$

$$L_{\alpha\beta}^{(22)} = -T\int_{-\infty}^{t} \mathrm{e}^{0^+ t_1}\mathrm{d}t_1 \int_0^\beta \mathrm{d}\lambda \langle J_{\mathrm{Q},\beta}(t_1 - \mathrm{i}\lambda) J_{\mathrm{Q},\alpha}(\boldsymbol{x},t)\rangle \tag{14.5.27c}$$

由 (14.5.26) 式容易证明昂萨格倒易关系. 根据 (14.1.33) 式有,

$$\begin{aligned}\mathrm{Re}Z_{ji,\alpha\beta} &= \pi\beta\sum_{nm} \mathrm{e}^{-\beta E_n}\langle n|J_{i,\beta}|m\rangle\langle m|J_{j,\alpha}|n\rangle\delta(E_n - E_m)\\ &= \pi\beta\sum_{nm} \mathrm{e}^{-\beta E_n}\langle n|J_{j,\alpha}|m\rangle\langle m|J_{i,\beta}|n\rangle\delta(E_n - E_m) = \mathrm{Re}Z_{ij,\beta\alpha}\end{aligned} \tag{14.5.28}$$

其中将指标 n 和 m 交换, 并利用了 $E_n = E_m$.

注意, 就像前面已提到过的那样, 式 (14.5.28) 只适用于零频率. 如果按照一般的情况推导, 那么可以得到, 系数就是推迟格林函数

$$Z_{ij,\beta\alpha} = g^{\mathrm{R}}_{J_{i,\beta}J_{j,\alpha}} \tag{14.5.29}$$

14.5.4 电流

前面讲的导致电流的驱动力, 除了电势差之外都是非电磁场的原因. 现在我们考虑纯电磁场的情况. 这时电子的运动速度的表达式里面应该含有矢势 $\boldsymbol{A}$.

$$\boldsymbol{v} = \frac{1}{m}[\boldsymbol{P} - e\boldsymbol{A}(\boldsymbol{x})] \tag{14.5.30}$$

其中正则动量对应于算符 $\boldsymbol{P} \to -\mathrm{i}\nabla$. 因此,

$$\begin{aligned}\boldsymbol{J}_{\mathrm{e}} &= \sum_k e\boldsymbol{v}_k n_k = \sum_i en_i\frac{1}{m}(-\mathrm{i}\nabla_i) - \frac{1}{m}\sum_k e^2 n_k \boldsymbol{A}(\boldsymbol{x}) \\ &= \sum_k e\boldsymbol{V}_k n_k - \frac{ne^2}{m}\boldsymbol{A}(\boldsymbol{x}) = \boldsymbol{J}^{(1)}_{\mathrm{e}} + \boldsymbol{J}^{(2)}_{\mathrm{e}}\end{aligned} \tag{14.5.31}$$

现在电流分成两部分, 第一部分对应于前面已经介绍的电流, 第二部分是正比于矢势的. 先看第二部分. 设一个频率为的交变电磁势,

$$\boldsymbol{A} = \boldsymbol{A}_0\mathrm{e}^{-\mathrm{i}\omega t} \tag{14.5.32}$$

则电场

$$\boldsymbol{E} = \frac{\mathrm{d}}{\mathrm{d}t}\boldsymbol{A} = -\mathrm{i}\omega\boldsymbol{A} \tag{14.5.33}$$

因此

$$\boldsymbol{A} = \frac{\mathrm{i}}{\omega}\boldsymbol{E} \tag{14.5.34}$$

$$\boldsymbol{J}^{(2)}_{\mathrm{e}} = -\mathrm{i}\frac{ne^2}{m\omega}\boldsymbol{E} \tag{14.5.35}$$

这部分的电导率是个虚数.

$$\sigma^{(2)} = -\mathrm{i}\frac{ne^2}{m\omega} \tag{14.5.36}$$

虚电导率表明这样的电流不消耗能量 (虚电导率表明这样的电流是随距离衰减的.) 或者, 可以从微扰哈密顿量的形式看

$$H' = -\int \mathrm{d}\boldsymbol{x}\boldsymbol{J}_{\mathrm{e}}\cdot\boldsymbol{A} \tag{14.5.37}$$

$\boldsymbol{J}_{\rm e}$ 按 (14.5.31) 式分成两项其中第二项中只有粒子数密度是个算符, 如果各处的粒子密度相同, 则这一项就是个常量. 第一项 $H' = -\int \mathrm{d}\boldsymbol{x}\boldsymbol{J}_{\rm e}^{(1)} \cdot \boldsymbol{A}$ 与前面讲的由广义力 ∇V 引起的电流是一致的. 因为 $\dfrac{\partial}{\partial t}H' \to \dfrac{\partial}{\partial t}\boldsymbol{A} = \boldsymbol{E} = \nabla V$.

线性相应时, $\boldsymbol{J}_{\rm e}^{(1)}$ 与电场成正比, 比例系数就是电导率, 它也就是电流–电流关联函数 $g^{\rm R}_{J_\beta^{(1)} J_\alpha^{(1)}}$. 但是这儿要注意的是, (14.5.37) 式中的驱动力是矢势 $\boldsymbol{A}$, 而我们说电流与电场成正比, 驱动力应该是电场, 所以用 (14.5.34) 式. 电流的表达式是

$$\begin{aligned}
J_{{\rm e},\beta}^{(1)}(\boldsymbol{x}, t) &= -\frac{\rm i}{\omega}\int_{-\infty}^{\infty} \mathrm{d}t' \sum_{\alpha=1}^{3} \int \mathrm{d}\boldsymbol{x}' E_\alpha(\boldsymbol{x}', t') g^{\rm R}_{J_{{\rm e},\beta}^{(1)} J_{{\rm e},\alpha}^{(1)}} \\
&= -\frac{\rm i}{\omega}\int_{-\infty}^{\infty} \mathrm{d}t' \sum_{\alpha=1}^{3} \int \mathrm{d}\boldsymbol{x}' E_{0,\alpha}(\boldsymbol{x}') \mathrm{e}^{-\mathrm{i}\omega t'} g^{\rm R}_{J_{{\rm e},\beta}^{(1)} J_{{\rm e},\alpha}^{(1)}} \\
&= -\frac{\rm i}{\omega}\int_{-\infty}^{\infty} \mathrm{d}t' \sum_{\alpha=1}^{3} \int \mathrm{d}\boldsymbol{x}' \mathrm{e}^{\mathrm{i}\omega(t-t')} g^{\rm R}_{J_{{\rm e},\beta}^{(1)} J_{{\rm e},\alpha}^{(1)}} E_\alpha(\boldsymbol{x}', t) \qquad (14.5.38)
\end{aligned}$$

电导率的表达式应该是

$$\sigma_{\beta\alpha}^{(1)} = \frac{\rm i}{\omega}\int_{-\infty}^{\infty} \mathrm{d}t' \mathrm{e}^{\mathrm{i}\omega(t-t')} g^{\rm R}_{J_{{\rm e},\beta}^{(1)} J_{{\rm e},\alpha}^{(1)}} \qquad (14.5.39)$$

此式看上去在频率趋于零时会趋于无穷大, 其实不然. 我们来推导电导率的实部在 $\omega \to 0$ 时的值.

$$\begin{aligned}
\sigma_{\beta\alpha}^{(1)}(\omega) &= \mathrm{Re}\frac{\rm i}{\omega}\int_{-\infty}^{\infty} \mathrm{d}t' \mathrm{e}^{\mathrm{i}\omega(t-t')} g^{\rm R}_{J_\beta^{(1)} J_\alpha^{(1)}} \\
&= \mathrm{Re}\frac{1}{\omega}\int_{-\infty}^{\infty} \mathrm{d}t' \mathrm{e}^{\mathrm{i}\omega(t-t')} \theta(t-t') \langle [J_\beta^{(1)}(\boldsymbol{x}, t), J_\alpha^{(1)}(\boldsymbol{x}', t')] \rangle
\end{aligned}$$

插入完备集 $\sum\limits_n |n\rangle\langle n|$, 用阶跃函数的傅里叶表达 (9.1.22a) 式, 然后对时间积分, 最后可得到

$$\sigma_{\beta\alpha}^{(1)}(\omega) = \frac{\pi}{\omega}\sum_{nm} \mathrm{e}^{\beta E_n}(1-\mathrm{e}^{-\beta\omega})\delta(E_n - E_m - \omega)\langle n|J_\beta^{(1)}(\boldsymbol{x})|m\rangle\langle m|J_\alpha^{(1)}(\boldsymbol{x}')|n\rangle \quad (14.5.40)$$

现在令频率趋于零,

$$\begin{aligned}
&\lim_{\omega\to 0} \mathrm{Re}\sigma_{\beta\alpha}^{(1)}(\omega) \\
&= \lim_{\omega\to 0} \frac{1-\mathrm{e}^{-\beta\omega}}{\omega}\sum_{nm} \mathrm{e}^{\beta E_n}\delta(E_n - E_m + \omega)\langle n|J_\beta^{(1)}(\boldsymbol{x})|m\rangle\langle m|J_\alpha^{(1)}(\boldsymbol{x}')|n\rangle \\
&= \pi\beta\sum_{nm} \mathrm{e}^{\beta E_n}\delta(E_n - E_m)\langle n|J_\beta^{(1)}(\boldsymbol{x})|m\rangle\langle m|J_\alpha^{(1)}(\boldsymbol{x}')|n\rangle \qquad (14.5.41)
\end{aligned}$$

此式就是零频率的结果, 见 (14.1.33) 式.

习　题

1. 证明: (14.1.12) 满足含时薛定谔方程. 证明 (14.1.14) 和 (14.1.17) 式.

2. 线性响应公式 (14.1.20) 也可以按另一种方式来推导 [2]. 密度矩阵 $\rho(t)$ 所满足的运动方程是

$$\mathrm{i}\hbar\frac{\partial}{\partial t}\rho(t)=[H_{\mathrm{T}},\rho(t)] \tag{1}$$

此式是量子力学的刘维尔定理. 现在把密度分成两部分.

$$\rho(t)=\rho_0+\Delta\rho(t) \tag{2}$$

其中 ρ_0 就是 (14.1.5) 式, 是与时间无关的部分.$\Delta\rho(t)$ 则是由于外场引起的扰动部分, 式随时间变化的. 将 (2) 式与 (14.1.4) 代入 (1) 式后, 在方程右边只保留至线性项. 再根据第八章第 2 题的结果, 写出 $\Delta\rho(t)$ 的解式. 由

$$\overline{\Delta \boldsymbol{D}}=\mathrm{tr}[\Delta\rho(t)\boldsymbol{D}]$$

可推得 (14.1.20) 式, 其中要用到在求迹号内算符可以轮换的性质.

3. 如果把线性响应系数的实部和虚部分别记为 $\alpha_1(\omega)$ 和 $\alpha_2(\omega)$,
$\alpha(\omega)=\alpha_1(\omega)+\mathrm{i}\alpha_2(\omega)$,
那么, 由 (14.1.28) 式证明:

$$\alpha_1(\omega)=\frac{1}{\pi}P\int_{-\infty}^{\infty}\frac{\alpha_2(\boldsymbol{k},\omega')}{\omega'-\omega}\mathrm{d}\omega'$$

和

$$\alpha_2(\omega)=-\frac{1}{\pi}P\int_{-\infty}^{\infty}\frac{\alpha_1(\boldsymbol{k},\omega')}{\omega'-\omega}\mathrm{d}\omega'.$$

一个函数的实部和虚部之间如果有这样的关系, 就称为克拉默斯–克勒尼希 (Kramers-Kronig) 关系. 一般地说, 线性响应系数, 例如电导率、折射率、磁化率等, 都满足克拉默斯–克勒尼希关系. 克拉默斯–克勒尼希关系的一般推导可见文献 [2] 和 [3]. 由此, 虽然线性响应系数有实部和虚部两个函数, 我们只需要知道其中的一个, 就可以由克拉默斯–克勒尼希关系得到了另一个. 由于线性响应系数就是推迟格林函数, 所以推迟格林函数满足克拉默斯–克勒尼希关系. 我们已经在 (9.2.25) 式得到这一关系.

4. 证明 (14.5.29) 式.

5. 用推迟松原函数进行 (14.5.40) 过程的推导, 得出零频率同样的结果.

参考文献

[1] Lifshitz E M, Pitaevskii L P. Physical Kinetics[M]. Course of Theoretical Physics. Vol. 10. Oxford: Pergamon Press, 1981.

[2] Reichl L E. A Modern Course of Statistical Physics[M], Austin: University of Texas Press, 1980.

[3] Kittel C. Introduction to Solid State Physics[M]. 6th ed. New York: John Wiley & Sons, Inc., 1986.

第十五章 运动方程解法

第十章和第十二章分别介绍了零温格林函数和松原函数的图形技术法. 图形技术的理论基础是 (8.2.21) 与 (11.1.9) 以及运用威克定理的微扰展开. 这是一种普适的方法, 适用于威克定理成立的任何系统. 而且可针对系统内相互作用的性质选择恰当的近似. 然而这一技术本身比较复杂, 而且对于零温格林函数、松原函数、有凝聚的玻色流体、最一般的热力学系统有着各自的图形规则, 并且相互作用不同则图形规则也不同. 不过掌握了零温格林函数的图形技术, 对其他情况就能触类旁通. 图形技术只适用于因果格林函数而不适用于其他格林函数.

运动方程法的特点是方法简单. 它直接处理有相互作用的状态, 不用像 (8.2.25) 或 (11.1.14) 式那样转换到无相互作用系统. 因此直接使用海森伯算符就行了, 无须变换成相互作用作绘景中的算符. 这一方法从技术上来说非常简单. 可直接处理格林函数. 不过要涉及对于高阶格林函数做切断近似. 切断近似的物理图像不像应用图形技术那样明确. 这一方法原则上对于热力学因果格林函数, 推迟格林函数, 超前格林函数, 松原函数都适用, 而且公式是统一的.

本章主要介绍热力学格林函数的运动方程解法并给出两个具体的例子. 最后介绍松原函数的运动方程解法. 后面会专门用运动方程法来处理磁性和弱耦合超导体等问题.

§15.1 运动方程法

如果有两体相互作用, 格林函数所满足的运动方程如下 (此处忽略自旋、外场作用):

$$\left(\mathrm{i}\hbar\frac{\partial}{\partial t}+\frac{\hbar^2}{2m}\nabla_{\boldsymbol{x}}^2\right)g(x,x')=\hbar\delta(x-x')+\mathrm{i}\int \mathrm{d}\boldsymbol{x}_1V(\boldsymbol{x}-x_1)g_2(\boldsymbol{x}t,\boldsymbol{x}_1t;\boldsymbol{x}_1t^+,\boldsymbol{x}'t') \tag{15.1.1}$$

单粒子格林函数对时间的求导得到了双粒子格林函数 g_2. 同样可以计算, 双粒子格林函数 g_2 对时间的求导就得到三粒子格林函数 g_3. 只要有两体相互作用, 对 g_n 的时间求导总是出现 g_{n+1}. 因为场算符对时间的求导有 $[\psi(x),V_i]$ 这样的项. 对于其他作用, 也可能会逐步得到高阶格林函数. 这样下去, 我们将得到各阶格林函数的运动方程链, 它包含无穷多个方程. 为了能够近似地求解方程链, 可以对某一阶格林函数作切断近似, 将它近似地用较低阶的格林函数来表达. 作切断近似以后, 方程链到某一阶格林函数就终止了. 不再包含更高阶的格林函数, 从而可以从有限多方程的方程组中, 解出其中涉及的各阶格林函数. 这种将含有无穷多个方程的方程链加以切断近似的过程, 称为解链 (decoupling).

现在我们把两粒子格林函数的 24 项全部写出如下:

$$
\begin{aligned}
&-g_2(x_1,x_2;x_1',x_2')\\
&=\langle\psi(x_1)\psi^\dagger(x_1')\psi^\dagger(x_2')\psi(x_2)\theta(t_1-t_1')\theta(t_1'-t_2')\theta(t_2'-t_2)\\
&\quad+\psi^\dagger(x_2')\psi(x_2)\psi(x_1)\psi^\dagger(x_1')\theta(t_2'-t_2)\theta(t_2-t_1)\theta(t_1-t_1')\\
&\quad\mp\psi(x_1)\psi^\dagger(x_1')\psi(x_2)\psi^\dagger(x_2')\theta(t_1-t_1')\theta(t_1'-t_2)\theta(t_2-t_2')\\
&\quad\mp\psi(x_2)\psi^\dagger(x_2')\psi(x_1)\psi^\dagger(x_1')\theta(t_2-t_2')\theta(t_2'-t_1)\theta(t_1-t_1')\\
&\quad+\psi^\dagger(x_1')\psi(x_1)\psi^\dagger(x_2)\psi(x_2')\theta(t_1'-t_1)\theta(t_1-t_2)\theta(t_2-t_2')\\
&\quad+\psi(x_2)\psi^\dagger(x_2')\psi^\dagger(x_1')\psi(x_1)\theta(t_2-t_2')\theta(t_2'-t_1')\theta(t_1'-t_1)\\
&\quad\mp\psi^\dagger(x_1')\psi(x_1)\psi^\dagger(x_2')\psi(x_2)\theta(t_1'-t_1)\theta(t_1-t_2')\theta(t_2'-t_2)\\
&\quad\mp\psi^\dagger(x_2')\psi(x_2)\psi^\dagger(x_1')\psi(x_1)\theta(t_2'-t_2)\theta(t_2-t_1')\theta(t_1'-t_1)\\
&\quad+\psi(x_1)\psi^\dagger(x_2')\psi(x_2)\psi^\dagger(x_1')\theta(t_1-t_2')\theta(t_2'-t_2)\theta(t_2-t_1')\\
&\quad+\psi(x_2)\psi^\dagger(x_1')\psi(x_1)\psi^\dagger(x_2')\theta(t_2-t_1')\theta(t_1'-t_1)\theta(t_1-t_2')\\
&\quad\mp\psi(x_1)\psi^\dagger(x_2')\psi^\dagger(x_1')\psi(x_2)\theta(t_1-t_2')\theta(t_2'-t_1')\theta(t_1'-t_2)\\
&\quad\mp\psi^\dagger(x_1')\psi(x_2)\psi(x_1)\psi^\dagger(x_2')\theta(t_1'-t_2)\theta(t_2-t_1)\theta(t_1-t_2')\\
&\quad\mp\psi(x_2)\psi^\dagger(x_1')\psi^\dagger(x_2')\psi(x_1)\theta(t_2-t_1')\theta(t_1'-t_2')\theta(t_2'-t_1)\\
&\quad\mp\psi^\dagger(x_2')\psi(x_1)\psi(x_2)\psi^\dagger(x_1')\theta(t_2'-t_1)\theta(t_1-t_2)\theta(t_2-t_1')\\
&\quad+\psi^\dagger(x_1')\psi(x_2)\psi^\dagger(x_2')\psi(x_1)\theta(t_1'-t_2)\theta(t_2-t_2')\theta(t_2'-t_1)\\
&\quad+\psi^\dagger(x_2')\psi(x_1)\psi^\dagger(x_1')\psi(x_2)\theta(t_2'-t_1)\theta(t_1-t_1')\theta(t_1'-t_2)\rangle\\
&\quad\mp\psi(x_1)\psi(x_2)\psi^\dagger(x_2')\psi^\dagger(x_1')\theta(t_1-t_2)\theta(t_2-t_2')\theta(t_2'-t_1')\\
&\quad+\psi(x_1)\psi(x_2)\psi^\dagger(x_1')\psi^\dagger(x_2')\theta(t_1-t_2)\theta(t_2-t_1')\theta(t_1'-t_2')\\
&\quad\mp\psi(x_2)\psi(x_1)\psi^\dagger(x_1')\psi^\dagger(x_2')\theta(t_2-t_1)\theta(t_1-t_1')\theta(t_1'-t_2')\\
&\quad+\psi(x_2)\psi(x_1)\psi^\dagger(x_2')\psi^\dagger(x_1')\theta(t_2-t_1)\theta(t_1-t_2')\theta(t_2'-t_1')\\
&\quad\mp\psi^\dagger(x_1')\psi^\dagger(x_2')\psi(x_2)\psi(x_1)\theta(t_1'-t_2')\theta(t_2'-t_2)\theta(t_2-t_1)\\
&\quad+\psi^\dagger(x_1')\psi^\dagger(x_2')\psi(x_1)\psi(x_2)\theta(t_1'-t_2')\theta(t_2'-t_1)\theta(t_1-t_2)
\end{aligned}
$$

$$\mp\psi^\dagger(x_2')\psi^\dagger(x_1')\psi(x_1)\psi(x_2)\theta(t_2'-t_1')\theta(t_1'-t_1)\theta(t_1-t_2)$$
$$+\psi^\dagger(x_2')\psi^\dagger(x_1')\psi(x_2)\psi(x_1)\theta(t_2'-t_1')\theta(t_1'-t_2)\theta(t_2-t_1)\rangle \quad (15.1.2)$$

其中从前八项中可得到哈特里近似, 从前 16 项可以写出哈特里–福克近似. 例如 1 与 2 两项之和为 $\psi(x_1)\psi^\dagger(x_1')\psi^\dagger(x_2')\psi(x_2)\theta(t_1-t_1')\theta(t_2'-t_2)$, 前八项分成四组, 两两相加就成为四项. 另外八项加起来就是下面 (15.1.12) 右边第二项, 它考虑了两粒子的交换效应. (15.1.2) 中最后的八项为 $\psi\psi\psi^\dagger\psi^\dagger$,$\psi^\dagger\psi^\dagger\psi\psi$ 这样的连续产生或连续消灭两个粒子 (产生两个空穴) 的项, 在有限温度时, 与前十六项相比, 这样的概率更小, 这八项可忽略. 扔掉这八项之后,

$$\begin{aligned}
&-g_2(x_1,x_2;x_1',x_2')\\
&=\mp\langle[\psi(x_1)\psi^\dagger(x_1')\theta(t_1-t_1')\mp\psi^\dagger(x_1')\psi(x_1)\theta(t_1'-t_1)]\\
&\quad[\psi(x_2)\psi^\dagger(x_2')\theta(t_2-t_2')\mp\psi^\dagger(x_2')\psi(x_2)\theta(t_2'-t_2)]\rangle\\
&\quad+\langle[\theta(t_1-t_2')\psi(x_1)\psi^\dagger(x_2')\mp\theta(t_2'-t_1)\psi^\dagger(x_2')\psi(x_1)]\\
&\quad[\psi(x_2)\psi^\dagger(x_1')\theta(t_2-t_1')\mp\psi^\dagger(x_1')\psi(x_2)\theta(t_1'-t_2)]\rangle\\
&\approx\mp\langle\psi(x_1)\psi^\dagger(x_1')\theta(t_1-t_1')\mp\psi^\dagger(x_1')\psi(x_1)\theta(t_1'-t_1)\rangle\\
&\quad\langle\psi(x_2)\psi^\dagger(x_2')\theta(t_2-t_2')\mp\psi^\dagger(x_2')\psi(x_2)\theta(t_2'-t_2)\rangle\\
&\quad+\langle\theta(t_1-t_2')\psi(x_1)\psi^\dagger(x_2')\mp\theta(t_2'-t_1)\psi^\dagger(x_2')\psi(x_1)\rangle\\
&\quad\langle\psi(x_2)\psi^\dagger(x_1')\theta(t_2-t_1')\mp\psi^\dagger(x_1')\psi(x_2)\theta(t_1'-t_2)\rangle\\
&=-[\mp g(x_1,x_1')g(x_2,x_2')+g(x_1,x_2')g(x_2,x_1')]
\end{aligned}$$

可见, 前 16 项并不是严格的哈特里–福克近似. 要把每个因子再近似地写成两个单粒子格林函数因子的乘积.

$$g_2(x_1,x_2;x_1',x_2')=\eta g(x_1,x_1')g(x_2,x_2')+g(x_1,x_2')g(x_2,x_1') \quad (15.1.3)$$

注意：其中第一项是哈特里近似, 它表示两个粒子独立地传播; 第二项是体现交换的项. 这可从下面用粒子数密度表示时看出来. 由 (9.1.30) 和 (9.2.72) 式, 粒子数密度的表示式如下：

$$\begin{aligned}
\left(\mathrm{i}\hbar\frac{\partial}{\partial t}+\frac{\hbar^2}{2m}\nabla_{\boldsymbol{x}}^2\right)g(x,x')&=\hbar\delta(x-x')+\mathrm{i}\int \mathrm{d}\boldsymbol{x}_1V(\boldsymbol{x}-\boldsymbol{x}_1)g_2(\boldsymbol{x}t,\boldsymbol{x}_1t;\boldsymbol{x}_1t^+,\boldsymbol{x}'t')\\
&=\hbar\delta(x-x')+\mathrm{i}\int \mathrm{d}\boldsymbol{x}_1V(\boldsymbol{x}-\boldsymbol{x}_1)[-\eta g(\boldsymbol{x}t,\boldsymbol{x}'t')g(\boldsymbol{x}_1t,\boldsymbol{x}_1t^+)\\
&\quad+g(\boldsymbol{x}t,\boldsymbol{x}_1t^+)g(\boldsymbol{x}_1t,\boldsymbol{x}'t')]
\end{aligned}$$

$$
\begin{aligned}
=&\hbar\delta(x-x')+\int \mathrm{d}\boldsymbol{x}_1 V(\boldsymbol{x}-\boldsymbol{x}_1)[g(\boldsymbol{x}t,\boldsymbol{x}'t')\langle n(\boldsymbol{x}_1)\rangle\\
&+\mathrm{i}g(\boldsymbol{x}t,\boldsymbol{x}_1t^+)g(\boldsymbol{x}_1t,\boldsymbol{x}'t')]
\end{aligned}
\tag{15.1.4}
$$

这一近似也可以从场算符的运动方程直接得到.

$$
\begin{aligned}
\left[\mathrm{i}\hbar\frac{\partial}{\partial t}+\frac{\hbar^2}{2m}\nabla^2+\mu\right]\psi_{\mathrm{H}\alpha}(\boldsymbol{x},t)=&\sum_\beta V^{\mathrm{e}}_{\alpha\beta}\psi_{\mathrm{H}\beta}(\boldsymbol{x},t)\\
&+\sum_\beta\int \mathrm{d}\boldsymbol{x}_1 V(\boldsymbol{x},\boldsymbol{x}_1)\psi^\dagger_{\mathrm{H}\beta}(\boldsymbol{x}_1,t)\psi_{\mathrm{H}\beta}(\boldsymbol{x}_1,t)\psi_{\mathrm{H}\alpha}(\boldsymbol{x},t)\\
=&\sum_\beta V^{\mathrm{e}}_{\alpha\beta}\psi_{\mathrm{H}\beta}(\boldsymbol{x},t)+\sum_\beta\int \mathrm{d}\boldsymbol{x}_1 V(\boldsymbol{x},\boldsymbol{x}_1)\\
&\times[\langle\psi^\dagger_{\mathrm{H}\beta}(\boldsymbol{x}_1,t)\psi_{\mathrm{H}\beta}(\boldsymbol{x}_1,t)\rangle\psi_{\mathrm{H}\alpha}(\boldsymbol{x},t)\\
&-\eta\langle\psi^\dagger_{\mathrm{H}\beta}(\boldsymbol{x}_1,t)\psi_{\mathrm{H}\alpha}(\boldsymbol{x},t)\rangle\psi_{\mathrm{H}\beta}(\boldsymbol{x}_1,t)]\\
=&\sum_\beta V^{\mathrm{e}}_{\alpha\beta}\psi_{\mathrm{H}\beta}(\boldsymbol{x},t)+\sum_\beta\int \mathrm{d}\boldsymbol{x}_1 V(\boldsymbol{x},\boldsymbol{x}_1)\\
&\times[\langle n_\beta(\boldsymbol{x}_1)\rangle\psi_{\mathrm{H}\alpha}(\boldsymbol{x},t)\\
&-\eta\langle\psi^\dagger_{\mathrm{H}\beta}(\boldsymbol{x}_1,t)\psi_{\mathrm{H}\alpha}(\boldsymbol{x},t)\rangle\psi_{\mathrm{H}\beta}(\boldsymbol{x}_1,t)]
\end{aligned}
\tag{15.1.5}
$$

然后两边与 $\psi^\dagger_{\mathrm{H}\gamma}(\boldsymbol{x}',t')$ 一起构成格林函数, 即得 (15.1.4) 式. 注意, 后一项对于费米子是负号, 对于玻色子是正号. 例如 ^{3}He 和 ^{4}He 的情况. 其物理原因是：相同自旋的费米子尽可能地互相远离, 因此交换效应使得能量降低. 而玻色子的情况则正好相反, 它们会尽可能地互相靠近, 因此交换效应使得能量升高 (注意：我们这儿只考虑了空间部分的波函数, 未涉及自旋部分的波函数).

15.1.1 哈特里近似

先只考虑哈特里近似, 即只保留 (15.1.3) 中的第一项, 则有

$$
\left(\mathrm{i}\hbar\frac{\partial}{\partial t}+\frac{\hbar^2}{2m}\nabla^2_{\boldsymbol{x}}\right)g(x,x')=\hbar\delta(x-x')+g(\boldsymbol{x}t,\boldsymbol{x}'t')\int \mathrm{d}\boldsymbol{x}_1 V(\boldsymbol{x}-\boldsymbol{x}_1)\langle n(\boldsymbol{x}_1)\rangle \tag{15.1.6}
$$

如果定义有效单体势为

$$
V_p(\boldsymbol{x})=\int \mathrm{d}\boldsymbol{x}_1 V(\boldsymbol{x}-\boldsymbol{x}_1)\langle n(\boldsymbol{x}_1)\rangle \tag{15.1.7}
$$

则 (15.1.6) 写成

$$
\left(\mathrm{i}\hbar\frac{\partial}{\partial t}+\frac{\hbar^2}{2m}\nabla^2_x-V_p(\boldsymbol{x})\right)g(x,x')=\hbar\delta(x-x') \tag{15.1.8}
$$

附加的粒子 (或空穴) 粒子在传播过程中是受到其他粒子对它的相互作用的. 这一作用可以看作是一个平均的效果. 即这个粒子是在系统的其他粒子所产生的平均势场中独立运动的 (虽然这个平均势与位置有关). 现在这一形式与前面的形式 (2.1.1) 一致.

在平移不变性系统中, $\langle n(x_1)\rangle = n_0$ 是个常数. 所以 (15.1.7) 的结果为 $n_0V(0)$ 是个常量.$V(0)$ 是 $V(\boldsymbol{x})$ 的傅里叶零分量. 对 (15.1.8) 式作傅里叶变换,

$$\left[\hbar\omega - \frac{\hbar^2}{2m}k^2 - n_0V(0)\right]g(\boldsymbol{k},\omega) = \hbar \tag{15.1.9}$$

对于巨正则系综, 哈密顿量中的 $-\dfrac{\hbar^2}{2m}\nabla_x^2$ 应代之以 $-\dfrac{\hbar^2}{2m}\nabla_x^2 - \mu$.

$$\left[\hbar\omega - \frac{\hbar^2}{2m}k^2 + \mu - n_0V(0)\right]g(\boldsymbol{k},\omega) = \hbar \tag{15.1.10}$$

对照 (9.4.20) 式可知, 此时 $g(\boldsymbol{k},\omega)$ 的形式与无相互作用系统的格林函数相似. 但应注意的是, (15.1.10) 的 $g(\boldsymbol{k},\omega)$ 前的因子不能随便除以到右边的分母上, 因为 ω 是有虚部的. 格林函数在实轴上没有定义. 我们无法知道 ω 的小虚部是如何确定的. 只有 $g^{\mathrm{R}}(\boldsymbol{k},\omega)$ 和 $g^{\mathrm{A}}(\boldsymbol{k},\omega)$ 的形式较简单, 它们的极点是分别确定到下半平面和上半平面的, 见 (9.4.17). 这时 (15.1.10) 左边的因子可以除到右边. 如果定义一个函数

$$G(\boldsymbol{k},\omega) = \frac{\hbar}{\hbar\omega - \hbar^2k^2/(2m) + \mu - n_0V(0)} \tag{15.1.11}$$

那么有

$$g^{\mathrm{R}}(\boldsymbol{k},\omega) = G(\boldsymbol{k},\omega + \mathrm{i}0^+) = G^+(\boldsymbol{k},\omega) \tag{15.1.12}$$

$$g^{\mathrm{A}}(\boldsymbol{k},\omega) = G(\boldsymbol{k},\omega - \mathrm{i}0^+) = G^-(\boldsymbol{k},\omega) \tag{15.1.13}$$

只有绝对零度的费米系统, 可以仿照 (9.19.19) 写成

$$g(\boldsymbol{k},\omega) = \frac{\hbar}{\hbar\omega - \varepsilon_{\boldsymbol{k}}^0 + \mu - n_0V(0) + \mathrm{i}0^+\mathrm{sgn}(\hbar\omega - \mu)} \tag{15.1.14}$$

由于 g^{R} 和 g^{A} 可取成一个函数的侧极限, 而因果格林函数办不到这一点, 所以运动方程解法解推迟或超前格林函数特别方便. 好在 g^{R} 或 g^{A} 也完全能够给出各物理量.

15.1.2 哈特里 – 福克近似

只保留 (15.1.3) 中的第一项, 则不满足 $x_1 \leftrightarrow x_2$ 或 $x_1{}' \leftrightarrow x_2{}'$ 交换的不变性, 即关于两个粒子的交换是不对称的. 将 (15.1.3) 的两项都保留, 就是哈特里 - 福克近

似, 它把两粒子的交换作用考虑进来了. 此时 (15.1.4) 式在时空坐标中的形式不容易求解, 须做傅里叶变换. 假定空间是均匀的. 对于交换项做傅里叶变换, 得到其傅里叶分量如下:

$$\begin{aligned}&\frac{\mathrm{i}}{(2\pi)^4}g(\boldsymbol{k},\omega)\int \mathrm{d}\boldsymbol{k}_1\mathrm{d}\omega_1\mathrm{e}^{\mathrm{i}\omega_1 0^+}V(\boldsymbol{k}-\boldsymbol{k}_1)g(\boldsymbol{k}_1,\omega_1)\\&=\eta\frac{1}{(2\pi)^4}g(\boldsymbol{k},\omega)\int \mathrm{d}\boldsymbol{k}_1\mathrm{d}\omega_1 V(\boldsymbol{k}-\boldsymbol{k}_1)\langle n(\boldsymbol{k}_1,\omega_1)\rangle\end{aligned}$$

其中用到 (9.2.78) 式. 由此 (15.1.4) 式的傅里叶变换为

$$(\hbar\omega-\varepsilon_{\boldsymbol{k}})g(k,\omega)=\hbar \tag{15.1.15}$$

其中,

$$\varepsilon_{\boldsymbol{k}}=\frac{\hbar^2}{2m}k^2-\mu+n_0V(0)+\mu\frac{1}{(2\pi)^4}\int \mathrm{d}\boldsymbol{k}_1\mathrm{d}\omega_1 V(\boldsymbol{k}-\boldsymbol{k}_1)\langle n(\boldsymbol{k}_1,\omega_1)\rangle \tag{15.1.16}$$

$V(\boldsymbol{k})=\int \mathrm{d}\boldsymbol{x}V(\boldsymbol{x})\mathrm{e}^{-\mathrm{i}\boldsymbol{k}\cdot\boldsymbol{x}}$ 是势 $V(\boldsymbol{x})$ 的傅里叶变换.(15.1.16) 的最后一项是交换能. 在长程势作用下交换能比直接能小很多. 而在短程相互作用中, 交换能与直接能可比拟.

本节讲的近似也就是 §13.2 已经介绍过的 SCHF 近似. 例如, 可在 (13.2.19) 中先不考虑交换项, 两边乘以 $\exp(-\mathrm{i}\varepsilon_l^0 t/\hbar)$ 再对 l 求和构成场算符 $\psi(xt)$, 再乘以 $\psi^\dagger(x't')$ 加上编时算符 T_t, 则成为 (15.1.4) 式.

注意, 在有凝聚的玻色流体中, 可以连续产生后者连续湮没一对粒子, 因此 (15.1.2) 式中的最后八项与前十六项相比, 不一定小. 这些项会起作用.

§15.2 谱 定 理

前面已经提到, 格林函数中只有推迟和超前格林函数直接应用运动方程法最方便. 我们先叙述在运动方程解法中必然要用到的推迟和超前格林函数的谱定理. 顺便介绍另一套常用的记号. 本章只考虑海森伯算符, 为简略计, 一律省去海森伯算符 $A_{\mathrm{H}}(t)=\exp(\mathrm{i}Ht)A\exp(-\mathrm{i}Ht)$ 的下标 H. 其次. 对于海森伯算符 $A(t)$ 和 $B(t)$, 推迟和超前格林函数已由 (9.1.2) 和 (9.1.3) 定义. 我们在这儿重新写出如下:

$$G_\eta^{\mathrm{R}}(t-t')=\langle\langle A(t);B(t')\rangle\rangle_\eta^{\mathrm{R}}=-\mathrm{i}\theta(t-t')\langle[A(t)B(t')-\eta B(t')A(t)]\rangle \tag{15.2.1}$$

$$G_\eta^{\mathrm{A}}(t-t')=\langle\langle A(t);B(t')\rangle\rangle_\eta^{\mathrm{A}}=\mathrm{i}\theta(t'-t)\langle[A(t)B(t')-\eta B(t')A(t)]\rangle \tag{15.2.2}$$

此处已经假定系统的哈密顿量与时间无关, 所以格林函数可以写成两个时间变量之差的函数. 时间关联函数已由 (9.1.4) 和 (9.1.5) 定义. 这儿重写如下：

$$F_{BA}(t-t')=\langle B(t')A(t)\rangle, F_{AB}(t-t')=\langle A(t)B(t')\rangle \tag{15.2.3}$$

对时间关联函数作傅里叶变换,

$$F_{BA}(t-t')=\frac{1}{2\pi}\int_{-\infty}^{\infty}\mathrm{d}\omega J(\hbar\omega)\mathrm{e}^{-\mathrm{i}\omega(t-t')} \tag{15.2.4a}$$

$$F_{AB}(t-t')=\frac{1}{2\pi}\int_{-\infty}^{\infty}\mathrm{d}\omega J'(\hbar\omega)\mathrm{e}^{-\mathrm{i}\omega(t-t')} \tag{15.2.4b}$$

(15.2.4) 称为时间关联函数的谱表示式.$J(\omega)$ 称为谱强度. 由 (15.2.4a), 有

$$\langle B(t')A(t+\mathrm{i}\beta\hbar)\rangle=\frac{1}{2\pi}\int_{-\infty}^{\infty}J(\hbar\omega)\mathrm{e}^{\beta\hbar\omega}\mathrm{e}^{-\mathrm{i}\omega(t-t')}\mathrm{d}\omega \tag{15.2.5a}$$

另一方面

$$\begin{aligned}\langle B(t')A(t+\mathrm{i}\beta\hbar)\rangle&=\frac{\mathrm{tr}[A(t+\mathrm{i}\beta\hbar)\mathrm{e}^{-\beta H}B(t')]}{\mathrm{tre}^{-\beta H}}\\&=\frac{\mathrm{tr}[\mathrm{e}^{-\beta H}A(t)B(t')]}{\mathrm{tre}^{-\beta H}}=\langle A(t)B(t')\rangle=F_{AB}(t-t')\end{aligned} \tag{15.2.5b}$$

比较 (15.2.4) 与 (15.2.5) 可得

$$J'(\hbar\omega)=J(\hbar\omega)\mathrm{e}^{\beta\hbar\omega} \tag{15.2.6}$$

再将推迟格林函数作傅里叶变换,

$$G_\eta^{\mathrm{R}}(t-t')=\frac{1}{2\pi\hbar}\int_{-\infty}^{\infty}\mathrm{d}EG_\eta^{\mathrm{R}}(E)\mathrm{e}^{-\mathrm{i}E(t-t')/\hbar} \tag{15.2.7}$$

$$\begin{aligned}G_\eta^{\mathrm{R}}(E)&=\int_{-\infty}^{\infty}\mathrm{d}tG_\eta^{\mathrm{R}}(t)\mathrm{e}^{\mathrm{i}Et/\hbar}\\&=-\mathrm{i}\int_{-\infty}^{\infty}\mathrm{d}(t-t')\mathrm{e}^{\mathrm{i}E(t-t')/\hbar}\theta(t-t')\langle A(t)B(t')-\eta B(t')A(t)\rangle\end{aligned} \tag{15.2.8}$$

将式 (15.2.4) 代入上式, 再利用 (9.1.22), 可用谱强度 $J(\omega)$ 来表出 $G^{\mathrm{R}}(E)$.

$$\begin{aligned}G_\eta^{\mathrm{R}}(E)&=\frac{1}{2\pi}\int_{-\infty}^{\infty}\mathrm{d}\omega J(\hbar\omega)(\mathrm{e}^{\beta\hbar\omega}-\eta)\frac{1}{\mathrm{i}}\int_{-\infty}^{\infty}\theta(t)\mathrm{d}t\mathrm{e}^{\mathrm{i}(E/\hbar-\omega)t}\\&=\int_{-\infty}^{\infty}\frac{\mathrm{d}\omega}{2\pi}J(\hbar\omega)\frac{\hbar(\mathrm{e}^{\beta\hbar\omega}-\eta)}{E-\hbar\omega+\mathrm{i}0^+}\end{aligned} \tag{15.2.9a}$$

同理可得

$$G_\eta^{\mathrm{A}}(E)=\int_{-\infty}^{\infty}\frac{\mathrm{d}\omega}{2\pi}J(\hbar\omega)\frac{\hbar(\mathrm{e}^{\beta\hbar\omega}-\eta)}{E-\hbar\omega-\mathrm{i}0^+} \tag{15.2.9b}$$

上面的变量 E 都是实数. 如果定义复变函数

$$G_\eta(z)=\int_{-\infty}^{\infty}\frac{\mathrm{d}\omega}{2\pi}J(\hbar\omega)\frac{\hbar(\mathrm{e}^{\beta\hbar\omega}-\eta)}{z-\hbar\omega} \tag{15.2.10}$$

则有

$$G_\eta^{\mathrm{R}}(E)=G_\eta(E+\mathrm{i}0^+)=G_\eta^+(E),\ \ G_\eta^{\mathrm{A}}(E)=G_\eta(E-\mathrm{i}0^+)=G_\eta^-(E) \tag{15.2.11}$$

下面一般地把 $G(z)$ 和 G^{R}、G^{A} 等都泛称为格林函数. 读者根据具体的表示式就知道指的是哪一个. 利用公式 (1.1.23), 可从 (15.2.9) 得到 (9.2.25),(9.2.26) 式. 最后还可得

$$G_\eta^+(E)-G_\eta^-(E)=-\mathrm{i}(\mathrm{e}^{\beta E}-\eta)J(E) \tag{15.2.12}$$

或

$$J(\hbar\omega)=\frac{\mathrm{i}[G_\eta^+(\hbar\omega)-G_\eta^-(\hbar\omega)]}{\mathrm{e}^{\beta\hbar\omega}-\eta} \tag{15.2.13}$$

再代入 (15.2.4),

$$F_{BA}(t-t')=\frac{\mathrm{i}}{2\pi}\int_{-\infty}^{\infty}\frac{G_\eta^+(\hbar\omega)-G_\eta^-(\hbar\omega)}{\mathrm{e}^{\beta\hbar\omega}-\eta}\mathrm{e}^{-\mathrm{i}\omega(t-t')}\mathrm{d}\omega \tag{15.2.14}$$

此式称为谱定理, 在文献中常称为涨落–耗散定理 (fluctuation-dissipation theorem, FDT). 这是因为 $G_\eta^+(\hbar\omega)-G_\eta^-(\hbar\omega)=-2\mathrm{i}\mathrm{Im}G_\eta^{\mathrm{R}}(\hbar\omega)$ 与系统的阻尼有关. 而 $F_{BA}(t-t')$ 是可描述涨落的时间关联函数. 假如求得了格林函数 $G(E)$, 即可用上式来计算时间关联函数及有关的物理量. 这是文献中常给出的形式.

式 (15.2.4) 表明两个关联函数是不相等的. 这是两个算符 A 和 B 不对易时的情况. 若两个算符 A 和 B 是对易的, 那么式 (15.2.3) 的两个关联函数实际上是相等的.

有一点要特别强调, 当 $\eta=1$ 且在零频率 $\omega=0$ 时, $\mathrm{e}^{\beta\hbar\omega}-1$ 是零, 所以不能从 (15.2.12) 得到 (15.2.13) 式. 也就不能由此来定 $J(\omega{=}0)$ 的值.(15.2.12) 式的左边应该认为是一个有限值, 没有理由一定为零. 既然当 $\omega{=}0$ 时 $\mathrm{e}^{\beta\hbar\omega}-1=0$, 那么 $J(\omega)$ 实际上在 $\omega=0$ 处应该为无限大. 我们把这一无限大分离开来, 写成

$$J(\hbar\omega)\to J(\hbar\omega)+2\pi K\delta(\hbar\omega) \tag{15.2.15}$$

的形式, 其中右边第一项在 $\omega=0$ 处是零. 我们要给出 K 的表达式. (15.2.10) 式写成

$$G_\eta(z)=\hbar\int_{-\infty}^{\infty}\frac{\mathrm{d}\omega}{2\pi}\left[J(\omega)(\mathrm{e}^{\beta\hbar\omega}-\eta)\frac{1}{z-\hbar\omega}+K(\mathrm{e}^{\beta\hbar\omega}-\eta)\frac{2\pi\delta(\hbar\omega)}{z-\hbar\omega}\right] \tag{15.2.16}$$

其中第一项的积分是有限值, 而第二项的积分不一定. 原因是当 z=0 时, 因子 $\delta(\omega)/\omega$ 在 $\omega=0$ 处是二重无穷大. 我们来计算下列极限:

$$\begin{aligned}\lim_{z\to 0} zG_\eta(z) &= \lim_{z\to 0} z\int_{-\infty}^{\infty}\frac{\mathrm{d}\omega}{2\pi}\left[J(\hbar\omega)\frac{\mathrm{e}^{\beta\hbar\omega}-\eta}{z-\hbar\omega}+K(\mathrm{e}^{\beta\hbar\omega}-\eta)\frac{2\pi\delta(\hbar\omega)}{z-\hbar\omega}\right]\\ &= \lim_{z\to 0} zK(1-\eta)\frac{1}{z} = K(1-\eta)\end{aligned} \tag{15.2.17}$$

我们看到

$$\lim_{z\to 0} zG_{+1}(z) = 0 \tag{15.2.18}$$

$$\lim_{z\to 0} zG_{-1}(z) = 2K \tag{15.2.19}$$

K 的表达式应该是这两式的综合, 所以应该写成如下形式:

$$K = \frac{1+\eta}{2}\lim_{z\to 0}\frac{z}{2}G_{-\eta}(z) \tag{15.2.20}$$

当 $\omega\neq 0$, $J(\omega)$ 就是 (15.2.13) 式. 因而 (15.2.13) 式应写成

$$J(\hbar\omega) = \mathrm{i}P\frac{G_\eta(\hbar\omega+\mathrm{i}0^+)-G_\eta(\hbar\omega-\mathrm{i}0^+)}{\mathrm{e}^{\beta\hbar\omega}-\eta}+2\pi\frac{1+\eta}{2}\delta(\omega)\lim_{\sigma\to 0}\frac{\sigma}{2}G_{-\eta}(\sigma) \tag{15.2.21}$$

其中 P 表示取主值, 即排除 η=1 且 ω=0 的情况. 右边第二项的取极限的结果是一个数, 可以把它和 δ 函数分量开来. 将此式代入 (15.2.4) 式, 得

$$\begin{aligned}F_{BA}(t-t') &= \mathrm{i}\int_{-\infty}^{\infty}\frac{\mathrm{d}\omega}{2\pi}\left[P\frac{G_\eta(\hbar\omega+\mathrm{i}0^+)-G_\eta(\hbar\omega-\mathrm{i}0^+)}{\mathrm{e}^{\beta\hbar\omega}-\eta}\right.\\ &\quad\left.+2\pi\frac{1+\eta}{2}\delta(\hbar\omega)\lim_{\sigma\to 0}\frac{\sigma}{2}G_{-\eta}(\sigma)\right]\mathrm{e}^{-\mathrm{i}\omega(t-t')}\\ &= \mathrm{i}P\int_{-\infty}^{\infty}\frac{\mathrm{d}\omega}{2\pi}\frac{G_\eta(\hbar\omega+\mathrm{i}0^+)-G_\eta(\hbar\omega-\mathrm{i}0^+)}{\mathrm{e}^{\beta\hbar\omega}-\eta}\mathrm{e}^{-\mathrm{i}\omega(t-t')}\\ &\quad+\frac{1+\eta}{2}\lim_{\sigma\to 0}\frac{\sigma}{2}G_{-\eta}(\sigma)\\ &= \mathrm{i}P\int_{-\infty}^{\infty}\frac{\mathrm{d}\omega}{2\pi}\frac{G_\eta(\hbar\omega+\mathrm{i}0^+)-G_\eta(\hbar\omega-\mathrm{i}0^+)}{\mathrm{e}^{\beta\hbar\omega}-\eta}\mathrm{e}^{-\mathrm{i}\omega(t-t')}\\ &\quad+\frac{1+\eta}{2}\lim_{\omega\to 0}\frac{\omega}{2}G_{-\eta}(\omega)\end{aligned} \tag{15.2.22}$$

此式才是完全的谱定理.

如果使用玻色子格林函数, η=1, 那么对于非零本征值, 没有后一项. 对于零本征值, 没有前一项而有后一项. 后一项其中又要用到费米子格林函数.

如果只使用费米子格林函数, 那么就是 (15.2.14) 式. 没有两项的问题. 因此, 尽量考虑直接使用费米子格林函数, 有时可避免出错.

用运动方程法解格林函数的具体步骤如下：

(1) 根据所求的物理量, 选择 $A(t)$ 和 $B(t)$ 来组成格林函数 $\langle\langle A(t);B(t')\rangle\rangle$ (以下略去推迟和超前格林函数的标记 R 和 A, 还略去下标 η).

(2) 建立 $\langle\langle A(t);B(t')\rangle\rangle$ 的运动方程, 用切断近似法解此方程, 求得 $\langle\langle A(t);B(t')\rangle\rangle$ 及其傅里叶变换 $\langle\langle A;B\rangle\rangle\,(E)$. 下面我们来建立推迟格林函数的运动方程.

算符所满足的运动方程为

$$\mathrm{i}\hbar\frac{\mathrm{d}}{\mathrm{d}t}A(t)=[A(t),H]=A(t)H-HA(t) \tag{15.2.23}$$

根据推迟格林函数的定义 (15.2.1) 式, 我们需要对函数 $\theta(t-t')$ 求导. 由 (9.1.22) 式,

$$\frac{\partial}{\partial t}\theta(t-t')=\delta(t-t')-0^+\theta(t-t') \tag{15.2.24}$$

通常情况下, 右边的无穷小部分完全可以忽略而写成 $\dfrac{\partial}{\partial t}\theta(t-t')=\delta(t-t')$. 在本节要求推迟和超前格林函数的情况, 这个无穷小是不能忽略的. 只有保留这一无穷小, 才能得到正确的推迟和超前格林函数. 由推迟格林函数的定义得到其满足的运动方程如下：

$$\begin{aligned}&\mathrm{i}\hbar\frac{\mathrm{d}}{\mathrm{d}t}\langle\langle A(t);B(t')\rangle\rangle^{\mathrm{R}}\\&=\hbar\delta(t-t')\langle[A(t),B(t')]_{-\eta}\rangle-\mathrm{i}0^+\langle\langle A(t);B(t')\rangle\rangle^{\mathrm{R}}+\langle\langle[A(t)H-HA(t)];B(t')\rangle\rangle^{\mathrm{R}}\end{aligned} \tag{15.2.25}$$

右边最后一项会得到高阶格林函数. 做切断近似之后, 两边做傅里叶变换, 可解出推迟格林函数的表达式.

如果哈密顿量中不含时间, 则可先做时间傅里叶变换

$$\langle\langle A;B\rangle\rangle^{\mathrm{R}}(\omega)=\int_{-\infty}^{\infty}\mathrm{d}t\langle\langle A(t);B(t')\rangle\rangle^{\mathrm{R}}\mathrm{e}^{\mathrm{i}\omega(t-t')} \tag{15.2.26}$$

则运动方程式 (15.2.25) 变为

$$(\hbar\omega+\mathrm{i}0^+)\langle\langle A;B\rangle\rangle^{\mathrm{R}}(\omega)=\hbar\langle[A,B]_{-\eta}\rangle+\langle\langle[A,H]_-;B\rangle\rangle^{\mathrm{R}}(\omega) \tag{15.2.27}$$

其中 $\langle\langle[A,H];B\rangle\rangle(\omega)$ 含有高阶格林函数. 做切断近似后, 可解得 $\langle\langle A;B\rangle\rangle(\omega)$ 的表达式.

(15.2.27) 也简称为运动方程. 只要是哈密顿量中不含时间, 可直接从此式出发开始求解.

(3) 利用谱定理, 由 $G(E)$ 求得时间关联函数 (15.2.3) 和对应的物理量.

§15.3　应用：哈伯德模型

在第五章中考虑紧束缚模型时, 只考虑了电子在每个格点上的自能和相邻格点之间的跃迁. 前者相当于处在一个势阱中, 后者是因为相邻格点的波函数之间有交叠. 对于格点上的原子对电子的束缚力比较强, 电子间的相互作用比较弱, 或者说电子间的关联效应较弱的晶体, 这一模型是很成功的. 它是定量计算某些绝缘体、化合物特别是半导体材料的有效工具.

但是在窄能带中电子间关联作用是十分重要的. 电子从一个局域原子轨道运动到另一个原子局域轨道上时, 必须考虑后一轨道是否被其他电子占据, 如果已被占据, 则应当计入在同一原子 (或格点) 周围两个电子间的库仑相互作用, 这一作用将使能带状态发生显著的变化. 哈伯德 (Hubbard)[1,2] 首先建立了具有强关联效应 (Strong correlation effect) 的模型, 讨论其对能带的影响. 下面我们就介绍这一模型及其格林函数解法.

15.3.1　哈伯德哈密顿量

考虑 N 个原子组成的简单晶体, 设 $H(\boldsymbol{r})$ 代表单电子在周期场中的哈密顿量, 则多体系统的总哈密顿量为

$$H=\sum_i h(\boldsymbol{r}_i)+\frac{1}{2}\sum_{i,j}v_{ij},v_{ij}=\frac{e^2}{4\pi\varepsilon_0|\boldsymbol{r}_i-\boldsymbol{r}_j|} \tag{15.3.1}$$

为简单起见, 只考虑单个未填满的能带, 例如孤立的 s 能带. 这时在布洛赫表象中相互作用哈密顿量的二次量子化表示式可写成

$$H=\sum_{\boldsymbol{k}\sigma}E_{\boldsymbol{k}}C_{\boldsymbol{k}\sigma}^\dagger C_{\boldsymbol{k}\sigma}+\frac{1}{2}\sum_{\boldsymbol{k}_1\boldsymbol{k}_2,\boldsymbol{k}_1'\boldsymbol{k}_2'}\sum_{\sigma_1\sigma_2}\langle\boldsymbol{k}_1,\boldsymbol{k}_2|v|\boldsymbol{k}_1',\boldsymbol{k}_2'\rangle C_{\boldsymbol{k}_1\sigma_1}^\dagger C_{\boldsymbol{k}_2\sigma_2}^\dagger C_{\boldsymbol{k}_2'\sigma_2}C_{\boldsymbol{k}_1'\sigma_1} \tag{15.3.2}$$

其中 $E_{\boldsymbol{k}}$ 是能带电子的能量, $C_{\boldsymbol{k}\sigma}^\dagger$ 和 $C_{\boldsymbol{k}\sigma}$ 代表布洛赫轨道的 $\boldsymbol{k}$ 波矢、σ 自旋电子的产生及湮没算符.

$$\langle\boldsymbol{k}_1,\boldsymbol{k}_2|v|\boldsymbol{k}_1',\boldsymbol{k}_2'\rangle=\int\frac{e^2\psi_{\boldsymbol{k}_1}^*(\boldsymbol{r}')\psi_{\boldsymbol{k}_2}^*(\boldsymbol{r}')\psi_{\boldsymbol{k}_1'}(\boldsymbol{r})\psi_{\boldsymbol{k'}_2}(\boldsymbol{r}')}{4\pi\varepsilon_0|\boldsymbol{r}-\boldsymbol{r}'|}\mathrm{d}\boldsymbol{r}\mathrm{d}\boldsymbol{r}' \tag{15.3.3}$$

为了讨论窄带中关联问题, 最好采用万尼尔表象. 利用 (5.1.4) 式的反变换

$$\psi_{\boldsymbol{k}}(\boldsymbol{r})=\frac{1}{\sqrt{N}}\sum_{\boldsymbol{k}}\mathrm{e}^{\mathrm{i}\boldsymbol{k}\cdot\boldsymbol{l}}w(\boldsymbol{r}-\boldsymbol{l}) \tag{15.3.4}$$

和

$$C_{\boldsymbol{l}\sigma}^\dagger=\frac{1}{\sqrt{N}}\sum_{\boldsymbol{k}}\mathrm{e}^{-\mathrm{i}\boldsymbol{k}\cdot\boldsymbol{l}}C_{\boldsymbol{k}\sigma}^\dagger,\ C_{\boldsymbol{l}\sigma}=\frac{1}{\sqrt{N}}\sum_{\boldsymbol{k}}\mathrm{e}^{\mathrm{i}\boldsymbol{k}\cdot\boldsymbol{l}}C_{\boldsymbol{k}\sigma} \tag{15.3.5}$$

将式 (15.3.2) 变换到万尼尔表象,

$$H=\sum_{i,j}\sum_{\sigma}T_{ij}C_{i\sigma}^{\dagger}C_{j\sigma}+\frac{1}{2}\sum_{i,j,l,m}\sum_{\sigma,\sigma_1}\langle ij|v|lm\rangle C_{i\sigma}^{\dagger}C_{j\sigma_1}^{\dagger}C_{m\sigma_1}C_{l\sigma} \tag{15.3.6}$$

其中 $C_{i\sigma}^{\dagger}$ 和 $C_{i\sigma}$ 是万尼尔轨道 (i 格点上) σ 自旋的产生和湮没算符. 单粒子项中

$$T_{ij}=\int w^*(\boldsymbol{r}-\boldsymbol{i})h(\boldsymbol{r})w(\boldsymbol{r}-\boldsymbol{j})\mathrm{d}\boldsymbol{r}=\frac{1}{\sqrt{N}}\sum_{\boldsymbol{k}}\mathrm{e}^{\mathrm{i}\boldsymbol{k}\cdot(\boldsymbol{i}-\boldsymbol{j})}E(\boldsymbol{k}) \tag{15.3.7}$$

相互作用项中

$$\langle ij|v|lm\rangle=\int\frac{e^2w^*(\boldsymbol{r}-\boldsymbol{i})w^*(\boldsymbol{r}'-\boldsymbol{j})w(\boldsymbol{r}-\boldsymbol{l})w(\boldsymbol{r}'-\boldsymbol{m})}{4\pi\varepsilon_0|\boldsymbol{r}-\boldsymbol{r}'|}\mathrm{d}\boldsymbol{r}\mathrm{d}\boldsymbol{r}' \tag{15.3.8}$$

式 (15.3.8) 一般为多中心积分, 但可简化为单中心, 双中心积分等等. 哈伯德指出, 对于窄带来说, 单中心积分是最重要的.

$$\langle ii|v|ii\rangle=U=\int\frac{e^2\left|\omega(\boldsymbol{r}-\boldsymbol{i})\right|^2\omega(\boldsymbol{r}'-\boldsymbol{i})|^2}{4\pi\varepsilon_0|\boldsymbol{r}-\boldsymbol{r}'|}\mathrm{d}\boldsymbol{r}\mathrm{d}\boldsymbol{r}' \tag{15.3.9}$$

它代表同一格点 (或原子) 周围能带电子之间的库仑作用, 这是近距离的作用, 其数量级约为 10eV, 比双中心、三中心等积分的贡献大得多. 作为一个简单的模型, 可以略去相互作用项中所有的多中心积分, 只取单中心积分项, 这就是哈伯德模型 (Hubbard Model). 因此, 相互作用项近似为

$$\frac{1}{2}U\sum_{i}\sum_{\sigma\sigma'}C_{i\sigma}^{\dagger}C_{i\sigma'}^{\dagger}C_{i\sigma'}C_{i\sigma}=\frac{1}{2}U\sum_{i}\sum_{\sigma}n_{i\sigma}n_{i\bar{\sigma}} \tag{15.3.10}$$

其中

$$\bar{\sigma}=-\sigma,(\sigma=\uparrow,\downarrow) \tag{15.3.11}$$

而

$$n_{i\sigma}=C_{i\sigma}^{\dagger}C_{i\sigma} \tag{15.3.12}$$

代表在 i 格点上 σ 自旋的粒子数算符. 在式 (15.3.10) 中利用了泡利 (Pauli) 原理, 即不可能在同一格点 i 上产生两个自旋取向相同的电子, 因此必须 $\sigma'=\bar{\sigma}$. 将式 (15.3.6) 右边第二项近似用 (15.3.10) 的右边项表示, 就得到哈伯德哈密顿量

$$H=\sum_{i,j}\sum_{\sigma}T_{ij}C_{i\sigma}^{\dagger}C_{j\sigma}+\frac{1}{2}U\sum_{i}\sum_{\sigma}n_{i\sigma}n_{i\bar{\sigma}} \tag{15.3.13}$$

应当注意, 在哈伯德模型中所计入的关于相反自旋电子间的排斥势 U, 它对于金属–绝缘体相变、窄带磁性、超导电性等均有重要影响.

(15.3.13) 的第一项就是紧束缚哈密顿量 (TBH) (5.1.10). 如果只考虑最近邻交叠, 并将它的对角元与非对角元分开来写, 那么

$$H_0 = \sum_{ij}\sum_{\sigma} T_{ij} C_{i\sigma}^{\dagger} C_{j\sigma} = T_0 \sum_{i\sigma} C_{i\sigma}^{\dagger} C_{i\sigma} \ + T_1 \sum_{l(nn)} \sum_{i\sigma} C_{i\sigma}^{\dagger} C_{i+l\sigma} \tag{15.3.14}$$

就成为 (5.1.12) 式. 我们已在 §5.1 中针对一、二、三维方格子的情况解出了此哈密顿量的本征波函数与本征能量, 并知道相应的能带宽度 Δ=$2Z|T_1|$,Z 是晶格配位数 (即一个格点的最近邻格点数目).

哈伯德哈密顿量 (15.3.13) 比 TBH 多了一项同一格点两电子的相互作用项. T_0、Δ(或 T_1) 和 U 是哈伯德模型的三个重要参数, 哈伯德哈密顿量有时也写为如下形式：

$$H = T \sum_{i\sigma} n_{i\sigma} + \frac{1}{2} U \sum_{i\sigma} n_{i\sigma} n_{i\bar{\sigma}} - \frac{\Delta}{2Z} \sum_{l(n,n)} \sum_{i\sigma} C_{i\sigma}^{\dagger} C_{i+l\sigma} \tag{15.3.15}$$

其中负号来源于 $T_1 < 0$. 下面将分别 Δ=0 和 $\Delta \neq 0$ 情况讨论哈伯德模型的解 [3,4].

15.3.2　零能带宽度时哈伯德模型的严格解

能带宽度 Δ=0 相当于在哈伯德哈密顿量中令

$$T_{ij} = T_0 \delta_{ij} \tag{15.3.16}$$

根据 (15.3.13), 这时的哈密顿量简化成

$$H = T_0 \sum_{i,\sigma} n_{i\sigma} + \frac{1}{2} U \sum_{i\sigma} n_{i\sigma} n_{i\bar{\sigma}} \tag{15.3.17}$$

上式实为对角形式. 利用格林函数可求出严格解.

我们按照 §15.2 末尾制定的三个步骤来求解. 首先确定算符 A 与 B, 显然, 电子的湮没与产生算符 $C_{i\sigma}$ 和 $C_{j\sigma}^{\dagger}$ 是最自然的选择. 因此构成的格林函数为

$$G_{ij}^{\sigma\mathrm{R}}(t-t') = \langle\langle C_{i\sigma}(t); C_{j\sigma}^{\dagger}(t')\rangle\rangle^{\mathrm{R}} \tag{15.3.18}$$

其中在 (15.2.1) 式中选择 $\eta = -1$, 即选择费米子格林函数. 这是因为现在构成格林函数的算符是费米子, 从对易关系的角度考虑, 选择费米子格林函数更为方便.

其次是建立格林函数的运动方程并用切断近似求解. 本节的哈密顿量中不含时间, 所以可以直接从 (15.2.27) 出发进行推导. 现在 A 与 B 是费米算符. 直接套用 (15.2.27) 如下：

$$(\hbar\omega + \mathrm{i}0^+)\langle\langle C_{i\sigma}; C_{j\sigma}^{\dagger}\rangle\rangle^{\mathrm{R}}(\omega) = \hbar\langle [C_{i\sigma}, C_{j\sigma}^{\dagger}]_+\rangle + \langle\langle [C_{i\sigma}, H]; C_{j\sigma}^{\dagger}\rangle\rangle^{\mathrm{R}} \tag{15.3.19}$$

容易利用 (15.3.17) 算出

$$[C_{i\sigma}, H] = T_0 C_{i\sigma} + U C_{i\sigma} n_{i\bar{\sigma}} \tag{15.3.20}$$

再利用费米子算符的对易式

$$[C_{i\sigma}, C_{j\sigma}^\dagger]_+ = \delta_{ij} \tag{15.3.21}$$

则 (11.3.19) 成为

$$(\hbar\omega + \mathrm{i}0^+ - T_0)\langle\langle C_{i\sigma}; C_{j\sigma}^\dagger\rangle\rangle^{\mathrm{R}}(\omega) = \hbar\delta_{ij} + U\langle\langle n_{i\bar{\sigma}} C_{i\sigma}; C_{j\sigma}^\dagger\rangle\rangle^{\mathrm{R}}(\omega) \tag{15.3.22}$$

其中出现了高阶格林函数,

$$\Gamma_{ij}^\sigma(\omega) = \langle\langle n_{i\bar{\sigma}} C_{i\sigma}; C_{j\sigma}^\dagger\rangle\rangle^{\mathrm{R}}(\omega) \tag{15.3.23}$$

我们来进一步求 $\Gamma_{ij}^\sigma(\omega)$ 所满足的运动方程. 设 $A = n_{i\bar{\sigma}} C_{i\sigma}, B = C_{j\sigma}^\dagger$, 代入 (15.2.27), 得到方程

$$\begin{aligned}&(\hbar\omega + \mathrm{i}0^+)\langle\langle n_{i\bar{\sigma}} C_{i\sigma}; C_{j\sigma}^\dagger\rangle\rangle^{\mathrm{R}}(\omega)\\ &= \hbar\langle[n_{i\bar{\sigma}} C_{i\sigma}, C_{j\sigma}^\dagger]_+\rangle + \langle\langle [n_{i\bar{\sigma}} C_{i\sigma}, H]; C_{j\sigma}^\dagger\rangle\rangle^{\mathrm{R}}(\omega)\end{aligned} \tag{15.3.24}$$

再利用

$$[n_{i\bar{\sigma}}, H] = 0 \tag{15.3.25}$$

求出 $\Gamma_{ij}^\sigma(\omega)$ 的方程,

$$(\hbar\omega + \mathrm{i}0^+ - T_0)\Gamma_{ij}^\sigma(\omega) = \hbar\langle n_{i\bar{\sigma}}\rangle\delta_{ij} + U\langle\langle n_{i\bar{\sigma}}^2 C_{i\sigma}; C_{j\sigma}^\dagger\rangle\rangle^{\mathrm{R}}(\omega) \tag{15.3.26}$$

由于费米子算符满足等式

$$n_{i\bar{\sigma}}^2 = n_{i\bar{\sigma}} \tag{15.3.27}$$

因此式 (11.3.26) 右边第二项仍为 $\Gamma_{ij}^\sigma(\omega)$, 可解出

$$\Gamma_{ij}^\sigma(\omega) = \delta_{ij}\frac{\hbar\langle n_{i\bar{\sigma}}\rangle}{\hbar\omega + \mathrm{i}0^+ - T_0 - U} \tag{15.3.28}$$

我们在这儿碰到的是一个特例. 格林函数的运动方程组到 $\Gamma_{ij}^\sigma(\omega)$ 已自行封闭, 不出现更高阶的格林函数, 也就无须作切断近似. 得到的是严格解.

将 (15.3.28) 代入 (15.3.22), 求得单粒子格林函数

$$G_{ij}^{\sigma\mathrm{R}}(\omega) = \hbar\delta_{ij}\left[\frac{1 - \langle n_{i\bar{\sigma}}\rangle}{\hbar\omega + \mathrm{i}0^+ - T_0} + \frac{\langle n_{i\bar{\sigma}}\rangle}{\hbar\omega + \mathrm{i}0^+ - T_0 - U}\right] \tag{15.3.29}$$

现在上标 R 已明确表示这是推迟格林函数. 最后利用谱定理公式 (15.2.14). 由对角格林函数可确定每个格点上 σ 自旋电子的平均数为

$$n_\sigma=\frac{1}{N}\sum_i\langle C_{i\sigma}^\dagger C_{i\sigma}\rangle=\int_{-\infty}^{\infty}\mathrm{d}\omega f(\hbar\omega)\frac{\mathrm{i}}{2\pi N}\sum_i[G_{ii}^{\sigma\mathrm{R}}(\omega)-G_{ii}^{\sigma\mathrm{A}}(\omega)]=\int_{-\infty}^{\infty}f(\hbar\omega)\rho_\sigma(\omega)\mathrm{d}\omega \tag{15.3.30}$$

其中 $f(\hbar\omega)=1/[\exp(\beta(\hbar\omega\text{-}\mu))+1]$ 是费米分布函数见本章习题 3, $\rho_\sigma(\omega)$ 代表平均每个格点上 σ 自旋电子的态密度, 它就是格点态密度或称局域态密度, 见 (5.2.5) 式. 局域态密度由 (15.3.29) 易算出.

$$\begin{aligned}\rho_\sigma(\omega)&=\frac{\mathrm{i}}{2\pi N}\sum_i[G_{ii}^{\sigma\mathrm{R}}(\omega)-G_{ii}^{\sigma\mathrm{A}}(\omega)]\\&=(1-\langle n_{\bar\sigma}\rangle)\delta(\hbar\omega-T_0)+\langle n_{\bar\sigma}\rangle\delta(\hbar\omega-T_0-U)\end{aligned} \tag{15.3.31}$$

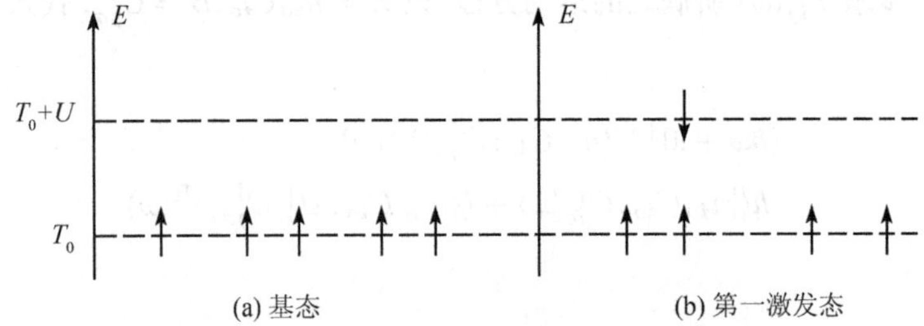

图 15.1　Δ=0 时哈伯德模型的基态和第一激发态

当系统具有平移不变性时,$\langle n_{i\bar\sigma}\rangle$ 应与格点位置无关, 可令 $\langle n_{i\bar\sigma}\rangle=\langle n_{\bar\sigma}\rangle$. 这时 $\langle n_{\bar\sigma}\rangle$ 为任一格点上 $\bar\sigma$ 自旋粒子的占据数, 而 $(1-\langle n_{\bar\sigma}\rangle)$ 则代表未占据数. 因此式 (15.3.31) 说明, 当 $\Delta=0$ 时哈伯德模型中每格点上电子有两个能级 T_0 和 T_0+U. 它们正好是格林函数 $G_{ij}^\sigma(\omega)$ 的极点. 具体可从式 (15.3.29) 看出. 当格点未被占据时, 束缚一个 σ 自旋的电子需 T_0 能量, 而当格点上已占据了一个 $\bar\sigma$ 自旋的电子时, σ 自旋电子只能占据 T_0+U 能级. 或者说, 在一格点周围束缚第二个电子 (其自旋与原有电子相反) 所需能量为 T_0+U, 因为自旋相反电子在同一格点附近的库仑排斥作用能为 U. 若系统还具有自旋的朝上与朝下的对称性, 则可令 $\langle n_\sigma\rangle=\langle n_{\bar\sigma}\rangle=\frac{1}{2}\langle n\rangle=\frac{1}{2}n$. 这里,$n$ 代表每个格点上的电子数. 对于半满带情况 n=1, 系统的基态如图 15.1(a) 所示,N 个电子恰好将各格点上的 T_0 能级占满. 半满哈伯德模型的第一激发如图 15.1(b) 所示, 在两个能级均被占据的格点上有一对自旋取向相反的电子.

以上结果只是孤立原子系统的严格解. 假如各格点上原子轨道波函数彼此重叠, 则电子将在整个晶体中运动, 并分别形成以 T_0 为中心和以 T_0+U 为中心的两个子带. 设这两个子带不交叠 (窄能带), 当 n=1 时, 电子只填满 T_0 子带, 而 T_0+U

子带则是空带, 这时晶体是绝缘体. 如果原子波函数重叠很厉害, 两个子带相交, 则 n=1 时合并为一个半满能带, 晶体是良导体. 在中间情况, 可能发生金属–绝缘体相变.

15.3.3 窄带中的强关联效应

当能带宽度 $\varDelta \neq 0$ 时, 我们必须从严格的哈伯德哈密顿量 (15.3.13) 式出发, 计入 $T_{ij}(j\neq i)$ 项. 这时由于 H 不再是 $n_{i\sigma}$ 的对角型, 利用格林函数方法只能求近似解.

运动方程式仍然是 (15.3.19), 现在的哈密顿量应是 (15.3.13).

$$[C_{i\sigma}, H] = \sum_j T_{ij}C_{j\sigma} + Un_{i\bar{\sigma}}C_{i\sigma} \tag{15.3.32}$$

代入 (15.3.19) 得

$$(\hbar\omega + \mathrm{i}0^+)G^\sigma_{ij}(\omega) = \hbar\delta_{ij} + \sum_l T_{il}G^\sigma_{lj}(\omega) + U\varGamma^\sigma_{ij}(\omega) \tag{15.3.33}$$

其中的高阶格林函数 $\varGamma^\sigma_{ij}(\omega)$ 是 (15.3.23) 式, 它所满足的运动方程为 (15.3.24) 式. 再计算如下对易关系：

$$[n_{i\bar{\sigma}}C_{i\sigma}, H] = Un_{i\bar{\sigma}}C_{i\sigma} + T_0n_{i\bar{\sigma}}C_{i\sigma} + \sum_{l(\neq i)} T_{il}n_{i\bar{\sigma}}C_{i\sigma} + \sum_l T_{il}[C^\dagger_{i\bar{\sigma}}C_{l\bar{\sigma}} - C^\dagger_{l\bar{\sigma}}C_{i\bar{\sigma}}]C_{i\sigma} \tag{15.3.34}$$

将此式代入 (15.3.24) 后, 出现新的格林函数. 因此不能得到封闭的自洽方程. 在窄带强关联情况下, 为了解锁, 作如下的近似处理：将式 (15.3.34) 右边方括号的算符部分近似用各自的平均值 $\langle n_{\bar{\sigma}}\rangle$ 和 $\langle C^\dagger_{i\bar{\sigma}}C_{l\bar{\sigma}}\rangle - \langle C^\dagger_{l\bar{\sigma}}C_{i\bar{\sigma}}\rangle$ 代替. 由于 $T_{il} = T_{li}$, 再利用平移对称性,

$$\sum_l T_{il}(\langle C^\dagger_{i\bar{\sigma}}C_{l\bar{\sigma}}\rangle - \langle C^\dagger_{l\bar{\sigma}}C_{i\bar{\sigma}}\rangle) = 0 \tag{15.3.35}$$

由此 (15.3.34) 右边第四项的贡献为零, 而第三项仍给出 $\varGamma^\sigma_{ij}(\omega)$, 这就是切断近似. 得到了自行封闭的方程.

$$(\hbar\omega + \mathrm{i}0^+)\varGamma^\sigma_{ij}(\omega) = \hbar\langle n_{\bar{\sigma}}\rangle\delta_{ij} + \langle n_{\bar{\sigma}}\rangle \sum_{l(\neq i)} T_{il}G^\sigma_{lj}(\omega) + (T_0 + U)\varGamma^\sigma_{ij}(\omega) \tag{15.3.36}$$

由此式解出：

$$\varGamma^\sigma_{ij}(\omega) = \frac{\langle n_{\bar{\sigma}}\rangle}{\hbar\omega + \mathrm{i}0^+ - T_0 - U}\left[\hbar\delta_{ij} + \sum_{l(\neq i)} T_{il}G^\sigma_{lj}(\omega)\right] \tag{15.3.37}$$

代入 (15.3.33), 得到单粒子格林函数方程

$$(\hbar\omega+\mathrm{i}0^+)G^\sigma_{\boldsymbol{ij}}(\omega)=T_0G^\sigma_{\boldsymbol{ij}}(\omega)+\left(1+\frac{U\langle n_{\bar{\sigma}}\rangle}{\hbar\omega+\mathrm{i}0^+-T_0-U}\right)\left[\hbar\delta_{\boldsymbol{ij}}+\sum_{\boldsymbol{l}(\neq \boldsymbol{i})}T_{\boldsymbol{il}}G^\sigma_{\boldsymbol{lj}}(\omega)\right] \tag{15.3.38}$$

式 (15.3.38) 是格点格林函数 G^σ_{ij} 的积分方程. 可利用傅里叶变换至 $\boldsymbol{k}$ 表象求解. 对于平移不变性的系统, 格点格林函数 $G^\sigma_{\boldsymbol{ij}}$ 只是 $(\boldsymbol{i}-\boldsymbol{j})$ 的函数, 故傅里叶变换为

$$G^\sigma_{\boldsymbol{ij}}(\omega)=\frac{1}{N}\sum_{\boldsymbol{k}}\mathrm{e}^{\mathrm{i}\boldsymbol{k}\cdot(\boldsymbol{i}-\boldsymbol{j})}G^\sigma(\boldsymbol{k},\omega) \tag{15.3.39}$$

利用此式及 (15.3.7) 的逆变换

$$E(\boldsymbol{k})=\frac{1}{N}\sum_{\boldsymbol{ij}}T_{\boldsymbol{ij}}\mathrm{e}^{-\mathrm{i}\boldsymbol{k}\cdot(\boldsymbol{i}-\boldsymbol{j})} \tag{15.3.40}$$

不难将 (15.3.38) 变为格林函数 $G^\sigma(\boldsymbol{k},\omega)$ 的简单代数方程.

$$(\hbar\omega+\mathrm{i}0^+)G^\sigma(\boldsymbol{k},\omega)=T_0G^\sigma(\boldsymbol{k},\omega)+\left[1+\frac{U\langle n_{\bar{\sigma}}\rangle}{\hbar\omega+\mathrm{i}0^+-T_0-U}\right]\{\hbar+[E(\boldsymbol{k})-T_0]G^\sigma(\boldsymbol{k},\omega)\} \tag{15.3.41}$$

由此解出单粒子格林函数

$$G^\sigma(\boldsymbol{k},\omega)=\frac{\hbar[\hbar\omega-T_0-U(1-\langle n_{\bar{\sigma}}\rangle)]}{[\hbar\omega+\mathrm{i}0^+-E(\boldsymbol{k})](\hbar\omega+\mathrm{i}0^+-T_0-U)+\langle n_{\bar{\sigma}}\rangle U[T_0-E(\boldsymbol{k})]} \tag{15.3.42}$$

为了讨论这个解的特点, 将上式整理成下列标准形式:

$$G^{\sigma\mathrm{R}}(\boldsymbol{k},\omega)=\frac{\hbar A^-_{\boldsymbol{k}\sigma}}{\hbar\omega+\mathrm{i}0^+-E^-_{\boldsymbol{k}\sigma}}+\frac{\hbar A^+_{\boldsymbol{k}\sigma}}{\hbar\omega+\mathrm{i}0^+-E^+_{\boldsymbol{k}\sigma}} \tag{15.3.43}$$

此处补上表示推迟格林函数的上标 R. 其中 $E^\pm_{\boldsymbol{k}\sigma}$ 是格林函数 $G^\sigma(\boldsymbol{k},\omega)$ 的极点, 即是下列二次方程的根:

$$[\hbar\omega-E(\boldsymbol{k})](\hbar\omega-T_0-U)+\langle n_{\bar{\sigma}}\rangle[T_0-E(\boldsymbol{k})]U=(\hbar\omega-E^+_{\boldsymbol{k}\sigma})(\hbar\omega-E^-_{\boldsymbol{k}\sigma})=0 \tag{15.3.44}$$

由此求出

$$E^\pm_{\boldsymbol{k}\sigma}=\frac{1}{2}\left\{E(\boldsymbol{k})+U+T_0\mp\sqrt{[E(\boldsymbol{k})-U-T_0]^2+4U\langle n_{\bar{\sigma}}\rangle[E(\boldsymbol{k})-T_0]}\right\} \tag{15.3.45}$$

并且

$$E^-_{\boldsymbol{k}\sigma}<T_0+U(1-\langle n_{\bar{\sigma}}\rangle)<E^+_{\boldsymbol{k}\sigma} \tag{15.3.46}$$

说明两支解不相交. 系数 $A_{\boldsymbol{k}\sigma}^{\mp}$ 由式 (15.3.42),(15.3.43) 决定. 将 $E_{\boldsymbol{k}\sigma}^{\pm}$ 的表示式 (15.3.45) 代入 (15.3.42), 可算出

$$A_{\boldsymbol{k}\sigma}^{\mp}=\frac{1}{2}\left\{1\mp\frac{E(\boldsymbol{k})-U-T_0+2U\langle n_{\bar{\sigma}}\rangle}{\sqrt{[E(\boldsymbol{k})-U-T_0]^2+4U\langle n_{\bar{\sigma}}\rangle[E(\boldsymbol{k})-T_0]}}\right\} \tag{15.3.47}$$

由此表达式容易看出有关系式

$$A_{\boldsymbol{k}\sigma}^{\mp}=\frac{\partial}{\partial E(\boldsymbol{k})}E_{\boldsymbol{k}\sigma}^{\mp}, A_{\boldsymbol{k}\sigma}^{-}+A_{\boldsymbol{k}\sigma}^{+}=1 \tag{15.3.48}$$

局域态密度的表达式为

$$\begin{aligned}\rho_\sigma(\omega)&=\frac{\mathrm{i}}{2\pi N}\sum_{\boldsymbol{i}}[G_{\boldsymbol{ii}}^{\sigma\mathrm{R}}(\omega)-G_{\boldsymbol{ii}}^{\sigma\mathrm{A}}(\omega)]=\frac{\mathrm{i}}{2\pi N}\sum_{\boldsymbol{k}}[G^{\sigma\mathrm{R}}(\boldsymbol{k},\omega)-G^{\sigma\mathrm{A}}(\boldsymbol{k},\omega)]\\&=\frac{1}{N}\sum_{\boldsymbol{k}}[A_{\boldsymbol{k}\sigma}^{-}\delta(\hbar\omega-E_{\boldsymbol{k}\sigma}^{-})+A_{\boldsymbol{k}\sigma}^{+}\delta(\hbar\omega-E_{\boldsymbol{k}\sigma}^{+})]\end{aligned} \tag{15.3.49}$$

分析上式不难了解, 由于关联作用原来的单个能带分裂为两个子能带. 下面按照 U 在不同的取值范围进行讨论.

1. U=0 的情况, 即不计电子间的关联作用, 这时直接由 (15.3.42) 得

$$G^{\sigma\mathrm{R}}(\boldsymbol{k},\omega)|_{U=0}=\frac{\hbar}{\hbar\omega-E(\boldsymbol{k})+\mathrm{i}0^+} \tag{15.3.50}$$

其极点 $E(\boldsymbol{k})$ 就是晶体中能带电子的能量. 相应的态密度为

$$\rho_\sigma(E)=\frac{1}{N}\sum_{\boldsymbol{k}}\delta[E-E(\boldsymbol{k})]=\int_{-\infty}^{\infty}\mathrm{d}E(\boldsymbol{k})D[E(\boldsymbol{k})]\delta[E-E(\boldsymbol{k})]=D(E) \tag{15.3.51}$$

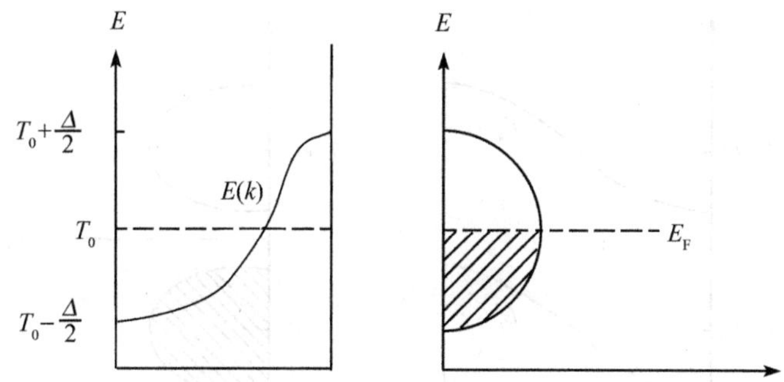

图 15.2　不计关联时的单带示意图

这里 $D(E)$ 代表单带 $E(\boldsymbol{k})$ 的态密度. 这个能带的中心在 T_0 处, 可用图 15.2 定性表示其能带曲线和态密度. 图中 Δ 代表其能带宽, 并且 $\Delta \geqslant 2|E(\boldsymbol{k})-T_0|$.

2. $U \gg \Delta$, 即窄带中强关联的情况

这时可设

$$U \gg |E(\boldsymbol{k}) - T_0| \tag{15.3.52}$$

对式 (15.3.45) 作展开, 求得

$$E^-_{\boldsymbol{k}\sigma} \approx T_0 + [E(\boldsymbol{k}) - T_0](1 - \langle n_{\bar{\sigma}}\rangle), E^+_{\boldsymbol{k}\sigma} \approx U + T_0 + [E(\boldsymbol{k}) - T_0]\langle n_{\bar{\sigma}}\rangle \tag{15.3.53}$$

由 (15.3.48)

$$A^-_{\boldsymbol{k}\sigma} \approx 1 - \langle n_{\bar{\sigma}}\rangle, A^+_{\boldsymbol{k}\sigma} \approx \langle n_{\bar{\sigma}}\rangle \tag{15.3.54}$$

格林函数和态密度的近似式为 (以下不明确写出分母上的无穷小虚部)

$$G^\sigma(\boldsymbol{k},\omega) = \frac{\hbar\langle n_{\bar{\sigma}}\rangle}{\hbar\omega - T_0 - U - [E(\boldsymbol{k}) - T_0]\langle n_{\bar{\sigma}}\rangle} + \frac{\hbar(1 - \langle n_{\bar{\sigma}}\rangle)}{\hbar\omega - T_0 - [E(\boldsymbol{k}) - T_0](1 - \langle n_{\bar{\sigma}}\rangle)} \tag{15.3.55}$$

$$\begin{aligned}\rho_\sigma(E) =& \frac{1}{N}\sum_{\boldsymbol{k}}[E(1 - \langle n_{\bar{\sigma}}\rangle)\delta\{E - T_0 - [E(\boldsymbol{k}) - T_0](1 - \langle n_{\bar{\sigma}}\rangle)\} \\ &+ \langle n_{\bar{\sigma}}\rangle\delta\{E - T_0 - U - [E(\boldsymbol{k}) - T_0]\langle n_{\bar{\sigma}}\rangle\}]\end{aligned} \tag{15.3.56}$$

显然, 两个子带分别以 T_0 和 T_0+U 为中心.

对于零能带宽度, 应取 $E(\boldsymbol{k})=T_0$. 这时式 (15.3.56) 还原为 $\Delta=0$ 情况的态密度公式 (15.3.31), 而格林函数为

$$G^\sigma(\boldsymbol{k},\omega) = \frac{\hbar(1 - \langle n_{\bar{\sigma}}\rangle)}{\hbar\omega - T_0} + \frac{\hbar\langle n_{\bar{\sigma}}\rangle}{\hbar\omega - T_0 - U} \tag{15.3.57}$$

此式就是 $\Delta=0$ 时的严格解 (15.3.29) 的傅里叶变换式.

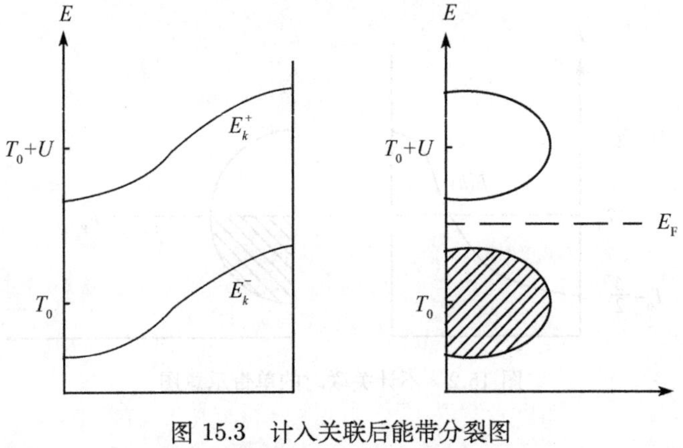

图 15.3　计入关联后能带分裂图

左图横坐标是波矢. 右图横坐标是态密度

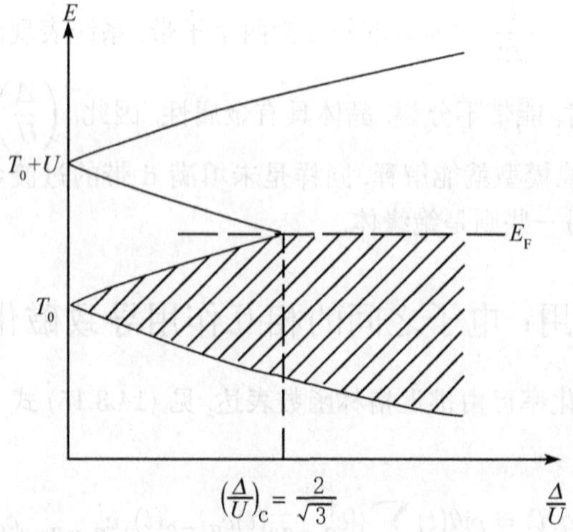

图 15.4 哈伯德模型中的 M-I 转变

由 (15.3.45),(15.3.49) 可以比较严格地作出能带曲线和态密度图形. 此处只根据以上讨论示意地画出如图 15.3. 由图可知, 当 $E(\boldsymbol{k})$ 能带半满时, 电子间的关联作用将使能带在费米能级 E_F 处发生分裂, 从而形成两个子带, 一个被填满, 另一个则是空带, 将使金属变为绝缘体 (M-I 转变). 导致能带分裂的主要原因是同一格点周围的相反自旋电子间的库仑排斥作用, 这是多体效应对能带的影响. Hubbard 还考虑了简并能带的情况[3]

3. U 不属于上述两个范围时的情况

总结前两点的讨论可知：当不同格点上的原子局域轨道波函数不重叠时 ($\Delta=0$), 晶体中电子只可能处于 T_0 和 T_0+U 能级 (图 15.1); 当 U 很大而局域轨道交叠较小时 ($U\gg\Delta$), 各格点周围的 T_0 与 T_0+U 能级分别组成两个很窄的子能带, 它们彼此不相交叠 (图 15.3). 当 n=1 时 (电子数 = 格点数), 这两种情况晶体中都为绝缘体. 假如 U 较小而轨道波函数的重叠又很厉害, 以至 $\Delta\gg U$, 则以 T_0 为中心和以 T_0+U 为中心的两个子能带将彼此相交和重叠, 实际上成为一个半填满的能带, 这时晶体表现出金属性. 因此, 在半满能带 $E(\boldsymbol{k})$ 中当计入电子关联作用后到底是金属性的晶体 (M), 还是绝缘体 (I) 取决于 U 和 Δ 的相对大小, 在某个确定的比值 $(\Delta/U)_C$ 处将发生 M-I 转变.

本节不能给出 M-I 转变的条件. 这是因为建立 $\Gamma_{ij}^{\sigma}(\omega)$ 的方程 (15.3.36) 时所采用的近似过于粗糙, 忽略了子带的变宽效应. 假如不对 $\Gamma_{ij}^{\sigma}(\omega)$ 的方程作切断近似, 而是写出严格的 $\Gamma_{ij}^{\sigma}(\omega)$ 方程. 然后, 再写出 (15.3.4) 式右边第四项组成为非对角格林函数的运动方程并作切断近似, 使方程组封闭, 则可以求得 M-I 转变的条件. 本文不拟在此叙述这一冗长的步骤. 根据哈伯德的计算, 能带参量与 (Δ/U) 的关系大致如图 15.4. 当 $\dfrac{\Delta}{U}<\dfrac{2}{\sqrt{3}}$ 时半满带分裂为两个子带, 系统表现出绝缘体特性. 在相反情况 $\dfrac{\Delta}{U}>\dfrac{2}{\sqrt{3}}$ 时, 能带不分裂, 晶体具有金属性. 因此, $\left(\dfrac{\Delta}{U}\right)_{\mathrm{C}}=\dfrac{2}{\sqrt{3}}$ 是 M-I 转变点. 这样用哈伯德模型就能解释, 同样是未填满 d 带的过渡金属氧化物, 为什么有些是良导体, 而另一些则是绝缘体.

§15.4 应用：电子之间的相互作用导致磁化率的增强

自由电子的磁化率已由推迟格林函数表达, 见 (14.3.15) 式. 我们先定义如下的推迟格林函数.

$$g^{\mathrm{R}}_{S^\rho S^{-\rho}}(\boldsymbol{q}_1,\boldsymbol{q},t)=\rho\mathrm{i}\theta(t)\sum_{\boldsymbol{q}_2}\langle[c^\dagger_{\boldsymbol{q}_1+\boldsymbol{q}\rho}(t)c_{\boldsymbol{q}_1-\rho}(t),c^\dagger_{\boldsymbol{q}_2-\boldsymbol{q}-\rho}c_{\boldsymbol{q}_2\rho}]\rangle \tag{15.4.1}$$

那么, 组成格林函数的两个算符是

$$A=c^\dagger_{\boldsymbol{q}_1+\boldsymbol{q}\rho}c_{\boldsymbol{q}_1-\rho},B=\sum_{\boldsymbol{q}_1}c^\dagger_{\boldsymbol{q}_1-\boldsymbol{q}-\rho}c_{\boldsymbol{q}_1\rho}$$

其中在 (15.2.1) 式中选择 $\eta=+1$, 即选择玻色子格林函数. 这是因为现在构成格林函数的算符是两个费米子算符的乘积, 从对易关系的角度考虑, 选择玻色子格林函数更为方便.

我们考虑在晶格的每个格点上有电子之间库仑相互作用, 即考虑哈伯德哈密顿量,

$$\begin{aligned}H=H_0+H_1&=\sum_{i,j\sigma}T_{ij}c^\dagger_{i\sigma}c_{j\sigma}+U\sum_i n_{i\uparrow}n_{i\downarrow}\\&=\sum_{\boldsymbol{p}\sigma}\varepsilon_{\boldsymbol{p}}c^\dagger_{\boldsymbol{p}\sigma}c_{\boldsymbol{p}\sigma}+\frac{U}{2N}\sum_{\boldsymbol{p},\boldsymbol{p}_1,\boldsymbol{q}\sigma}c^\dagger_{\boldsymbol{p}+\boldsymbol{q}\sigma}c_{\boldsymbol{p}\sigma}c^\dagger_{\boldsymbol{p}_1-\boldsymbol{q}\sigma}c_{\boldsymbol{p}_1\bar{\sigma}}\end{aligned} \tag{15.4.2}$$

后一等式是做了傅里叶变换. 我们运用运动方程法, 在无规相近似 (RPA) 下来求出磁化率. 并与无相互作用, 即 U=0 时的磁化率做比较. 由于哈密顿量 (15.4.2) 式中不含时间, 仍然从 (15.2.27) 出发计算. 首先计算算符 A 与哈密顿量之间的对易关系.

$$[c^\dagger_{\boldsymbol{q}_1+\boldsymbol{q}\rho}c_{\boldsymbol{q}_1-\rho},H_0]=-(\varepsilon_{\boldsymbol{q}_1+\boldsymbol{q}}-\varepsilon_{\boldsymbol{q}_1})c^\dagger_{\boldsymbol{q}_1+\boldsymbol{q},\rho}c_{\boldsymbol{q}_1-\rho} \tag{15.4.3}$$

$$\begin{aligned}[c^\dagger_{\boldsymbol{q}_1+\boldsymbol{q}\rho}c_{\boldsymbol{q}_1-\rho},H_1]=&\frac{U}{2N}\sum_{\boldsymbol{p},\boldsymbol{p}_2}(c^\dagger_{\boldsymbol{p}+\boldsymbol{p}_2\rho}c_{\boldsymbol{p}\rho}c^\dagger_{\boldsymbol{q}_1+\boldsymbol{q}\rho}c_{\boldsymbol{q}_1+\boldsymbol{p}_2,-\rho}-c^\dagger_{\boldsymbol{p}+\boldsymbol{p}_2-\rho}c_{\boldsymbol{p}-\rho}c^\dagger_{\boldsymbol{q}_1+\boldsymbol{q}-\boldsymbol{p}_2\rho}c_{\boldsymbol{q}_1-\rho}\\&+c^\dagger_{\boldsymbol{q}_1+\boldsymbol{q}\rho}c_{\boldsymbol{q}_1-\boldsymbol{p}_2,-\rho}c^\dagger_{\boldsymbol{p}-\boldsymbol{p}_2\rho}c_{\boldsymbol{p}\rho}-c^\dagger_{\boldsymbol{q}_1+\boldsymbol{q}+\boldsymbol{p}_2\rho}c_{\boldsymbol{q}_1-\rho}c^\dagger_{\boldsymbol{p}-\boldsymbol{p}_2-\rho}c_{\boldsymbol{p}-\rho})\end{aligned}$$

这四项可以合并成两项, 先把第一、四两项中的 $-\boldsymbol{p}_2$ 改成 $\boldsymbol{p}_2$. 合并的结果如下:

$$[c^\dagger_{\boldsymbol{q}_1+\boldsymbol{q}\rho}c_{\boldsymbol{q}_1-\rho},H_1]=\frac{U}{N}\sum_{\boldsymbol{p},\boldsymbol{p}_2}(c^\dagger_{\boldsymbol{q}_1+\boldsymbol{q}\rho}c_{\boldsymbol{q}_1-\boldsymbol{p}_2,-\rho}c^\dagger_{\boldsymbol{p}-\boldsymbol{p}_2\rho}c_{\boldsymbol{p}\rho}-c^+_{\boldsymbol{p}+\boldsymbol{p}_2-\rho}c_{\boldsymbol{p}-\rho}c^\dagger_{\boldsymbol{q}_1+\boldsymbol{q}-\boldsymbol{p}_2\rho}c_{\boldsymbol{q}_1-\rho})$$

现在先区分出 $\boldsymbol{p}_2=0$ 的项. 在余下的项中前一项取 $\boldsymbol{p}=\boldsymbol{q}_1+\boldsymbol{q}$, 后一项取 $\boldsymbol{p}=\boldsymbol{q}_1-\boldsymbol{p}_2$. 然后作无规相近似, 就是扔掉所有其他的项. 其中再作哈特里–福克近似, 将自旋相同的算符对用它们的平均值代替 $c^\dagger_{\boldsymbol{p}\rho}c_{\boldsymbol{p}\rho}\approx\langle c^\dagger_{\boldsymbol{p}\rho}c_{\boldsymbol{p}\rho}\rangle=\langle n_{\boldsymbol{p}\rho}\rangle=f_{\boldsymbol{p}\rho}$, 这是费米分布.

$$\begin{aligned}[c^\dagger_{\boldsymbol{q}_1+\boldsymbol{q}\rho}c_{\boldsymbol{q}_1-\rho},H_1]=&\frac{U}{N}\sum_{\boldsymbol{p}}(c^\dagger_{\boldsymbol{q}_1+\boldsymbol{q}\rho}c_{\boldsymbol{q}_1,-\rho}c^\dagger_{\boldsymbol{p}\rho}c_{\boldsymbol{p}\rho}-c^\dagger_{\boldsymbol{p}-\rho}c_{\boldsymbol{p}-\rho}c^\dagger_{\boldsymbol{q}_1+\boldsymbol{q}\rho}c_{\boldsymbol{q}_1-\rho})\\&+\frac{U}{N}\sum_{\boldsymbol{p}_2}(c^\dagger_{\boldsymbol{q}_1+\boldsymbol{q}\rho}c_{\boldsymbol{q}_1-\boldsymbol{p}_2,-\rho}c^\dagger_{\boldsymbol{q}_1+\boldsymbol{q}-\boldsymbol{p}_2\rho}c_{\boldsymbol{q}_1+\boldsymbol{q}\rho}\\&-c^\dagger_{\boldsymbol{q}_1-\rho}c_{\boldsymbol{q}_1-\boldsymbol{p}_2-\rho}c^\dagger_{\boldsymbol{q}_1+\boldsymbol{q}-\boldsymbol{p}_2\rho}c_{\boldsymbol{q}_1-\rho})\\=&\frac{U}{N}\sum_{\boldsymbol{p}}(f_{\boldsymbol{p}\rho}-f_{\boldsymbol{p}-\rho})c^\dagger_{\boldsymbol{q}_1+\boldsymbol{q}\rho}c_{\boldsymbol{q}_1-\rho}\\&+\frac{U}{N}(f_{\boldsymbol{q}_1-\rho}-f_{\boldsymbol{q}_1+\boldsymbol{q}\rho})\sum_{\boldsymbol{p}_2}c^\dagger_{\boldsymbol{q}_1+\boldsymbol{q}-\boldsymbol{p}_2\rho}c_{\boldsymbol{q}_1-\boldsymbol{p}_2,-\rho}\end{aligned}$$

$$\begin{aligned}[c^\dagger_{\boldsymbol{q}_1+\boldsymbol{q}\rho}c_{\boldsymbol{q}_1-\rho},H_1]=&\frac{U}{N}\sum_{\boldsymbol{p}}(f_{\boldsymbol{p}\rho}-f_{\boldsymbol{p}-\rho})c^\dagger_{\boldsymbol{q}_1+\boldsymbol{q}\rho}c_{\boldsymbol{q}_1-\rho}\\&+\frac{U}{N}(f_{\boldsymbol{q}_1-\rho}-f_{\boldsymbol{q}_1+\boldsymbol{q}\rho})\sum_{\boldsymbol{p}_2}c^\dagger_{\boldsymbol{q}_1+\boldsymbol{q}+\boldsymbol{p}_2\rho}c_{\boldsymbol{q}_1+\boldsymbol{p}_2,-\rho}\end{aligned}\tag{15.4.4}$$

现在把 $-\boldsymbol{p}_2$ 改成了 $\boldsymbol{p}_2$. 算符 A 和 B 之间的对易关系是

$$\langle[c^\dagger_{\boldsymbol{q}_1+\boldsymbol{q}\rho}c_{\boldsymbol{q}_1-\rho},\sum_{\boldsymbol{q}_2}c^\dagger_{\boldsymbol{q}_2-\boldsymbol{q}-\rho}c_{\boldsymbol{q}_2\rho}]\rangle=f_{\boldsymbol{q}_1+\boldsymbol{q}\rho}-f_{\boldsymbol{q}_1-\rho}\tag{15.4.5}$$

把 (15.4.3)~(15.4.5) 代入 (15.2.27), 得到 (15.4.1) 式的运动方程. 对于时间做傅里叶变换之后的运动方程的形式如下：

$$\begin{aligned}(\hbar\omega+\mathrm{i}0^+)g^{\mathrm{R}}_{S^\rho S^{-\rho}}(\boldsymbol{q}_1,\boldsymbol{q};\omega)=&\rho(f_{\boldsymbol{q}_1+\boldsymbol{q}\rho}-f_{\boldsymbol{q}_1-\rho})-(\varepsilon_{\boldsymbol{q}_1+\boldsymbol{q}}-\varepsilon_{\boldsymbol{q}_1})g^{\mathrm{R}}_{S^\rho S^{-\rho}}(\boldsymbol{q}_1,\boldsymbol{q};\omega)\\&+\frac{U}{N}\sum_{\boldsymbol{p}}(f_{\boldsymbol{p}\rho}-f_{\boldsymbol{p}-\rho})g^{\mathrm{R}}_{S^\rho S^{-\rho}}(\boldsymbol{q}_1,\boldsymbol{q};\omega)\\&+\frac{U}{N}(f_{\boldsymbol{q}_1-\rho}-f_{\boldsymbol{q}_1+\boldsymbol{q}\rho})\sum_{\boldsymbol{p}_1}g^{\mathrm{R}}_{S^\rho S^{-\rho}}(\boldsymbol{p}_1,\boldsymbol{q};\omega)\end{aligned}\tag{15.4.6}$$

我们令

$$\varepsilon_{\boldsymbol{q}_1}-\frac{U}{N}\sum_{\boldsymbol{p}}f_{\boldsymbol{p}-\rho}\to\varepsilon_{\boldsymbol{q}_1\rho}\tag{15.4.7}$$

相当于将每个动量的能级做了一个平移.

$$
\begin{aligned}
&[\hbar\omega+\mathrm{i}0^{+}+(\varepsilon_{\boldsymbol{q}_1+\boldsymbol{q}-\rho}-\varepsilon_{\boldsymbol{q}_1\rho})]g^{\mathrm{R}}_{S^{\rho}S^{-\rho}}(\boldsymbol{q}_1,\boldsymbol{q};\omega)\\
&=\rho(f_{\boldsymbol{q}_1+\boldsymbol{q}\rho}-f_{\boldsymbol{q}_1-\rho})+\frac{U}{N}(f_{\boldsymbol{q}_1-\rho}-f_{\boldsymbol{q}_1+\boldsymbol{q}\rho})\sum_{\boldsymbol{p}_1}g^{\mathrm{R}}_{S^{\rho}S^{-\rho}}(\boldsymbol{p}_1,\boldsymbol{q};\omega)
\end{aligned}
$$

再把两边的指标 $\boldsymbol{p}$ 和 $\boldsymbol{q}_1$ 对换. 得到如下结果：

$$
g^{\mathrm{R}}_{S^{\rho}S^{-\rho}}(\boldsymbol{p},\boldsymbol{q};\omega)=\frac{(f_{\boldsymbol{p}-\rho}-f_{\boldsymbol{p}+\boldsymbol{q}\rho})[-\rho+(U/N)\sum_{\boldsymbol{q}_1}g^{\mathrm{R}}_{S^{\rho}S^{-\rho}}(\boldsymbol{q}_1,\boldsymbol{q};\omega)]}{\hbar\omega-(\varepsilon_{\boldsymbol{p}\rho}-\varepsilon_{\boldsymbol{p}+\boldsymbol{q},-\rho})+\mathrm{i}0^{+}} \tag{15.4.8}
$$

现在两边乘以 $\dfrac{g\mu_{\mathrm{B}}}{2\hbar}$, 再对 $\boldsymbol{p}$ 求和, 就得到磁化率

$$
\chi^{\rho,-\rho}(\boldsymbol{q};\omega)=\frac{g\mu_{\mathrm{B}}}{2\hbar}\frac{1}{N}\sum_{\boldsymbol{p}}g^{\mathrm{R}}_{S^{\rho}S^{-\rho}}(\boldsymbol{p},\boldsymbol{q},t) \tag{15.4.9}
$$

注意现在右边除以了 N, 表示是每个原子的磁化率. 令

$$
\chi_0^{\rho,-\rho}(\boldsymbol{q};\omega)=\frac{g\mu_{\mathrm{B}}}{2\hbar}\frac{1}{N}\sum_{\boldsymbol{p}}\frac{f_{\boldsymbol{p}-\rho}-f_{\boldsymbol{p}+\boldsymbol{q}\rho}}{\hbar\omega-(\varepsilon_{\boldsymbol{p}\rho}-\varepsilon_{\boldsymbol{p}+\boldsymbol{q},-\rho})+\mathrm{i}0^{+}} \tag{15.4.10}
$$

这是在 $U=0$ 时, 也就是无相互作用电子气的磁化率. 因此得到

$$
\chi^{\rho,-\rho}(\boldsymbol{q};\omega)=\frac{\chi_0^{\rho,-\rho}(\boldsymbol{q};\omega)}{1-U\chi_0^{\rho,-\rho}(\boldsymbol{q};\omega)} \tag{15.4.11}
$$

此式表明, 由于电子之间的相互作用, 使电子气的磁化率得到增强 [5].

§15.5　松原函数的运动方程解法

松原函数所满足的运动方程, 见 (11.2.7), 忽略自旋、外场作用, 为

$$
\begin{aligned}
&\left(\hbar\frac{\partial}{\partial\tau}+\frac{\hbar^2}{2m}\nabla^2_{\boldsymbol{x}}+\mu\right)G(x,x')\\
&=\hbar\delta(x-x')+\int V(\boldsymbol{x}-\boldsymbol{x}_1)\mathrm{d}\boldsymbol{x}_1G_2(\boldsymbol{x}\tau,\boldsymbol{x}_1\tau;\boldsymbol{x}'\tau,\boldsymbol{x}_1\tau^{+})
\end{aligned} \tag{15.5.1}
$$

作哈特里近似, 再作傅里叶变换, 注意对虚时间应按 §11.1 做分立频率值的变换. 在均匀空间中有

$$
\left[\mathrm{i}\hbar\omega_n-\frac{\hbar^2}{2m}k^2+\mu-n_0V(0)\right]G(\boldsymbol{k},\omega_n)=\hbar \tag{15.5.2}
$$

松原函数不存在频率值取虚部的问题, 这是与格林函数有区别的地方. 所以 (15.5.2) 式左边可以除到右边,

$$G(\boldsymbol{k},\omega_n)=\frac{\hbar}{\mathrm{i}\hbar\omega_n-\hbar^2k^2/2m+\mu-n_0V(0)} \tag{15.5.3}$$

对于费米子系统, 可作哈特里–福克近似, 则有

$$G(\boldsymbol{k},\omega_n)=\frac{\hbar}{\mathrm{i}\hbar\omega_n-\varepsilon_{\boldsymbol{k}}} \tag{15.5.4}$$

其中

$$\varepsilon_{\boldsymbol{k}}=\frac{\hbar^2}{2m}\boldsymbol{k}^2-\mu+n_0V(0)-\int \mathrm{d}\boldsymbol{k}_1V(\boldsymbol{k}-\boldsymbol{k}_1)\langle n(\boldsymbol{k}_1)\rangle \tag{15.5.5}$$

本节所有量的物理意义都与 §15.1 的完全相同. 唯一的差别是, 松原函数可以直接写成 (15.5.3),(15.5.4) 的形式. 而格林函数中, 只有 g^{R} 和 g^{A} 可以直接写成 (15.1.11) 的形式. 对于松原函数则可直接应用运动方程法, 因而用此法求解松原函数显得特别简单. 我们在第十七和十八章中运用这一方法.

下面给出运动方程的一般的表达式. 由虚时海森伯算符的定义

$$A(\tau)=\mathrm{e}^{\tau K}A\mathrm{e}^{-\tau K} \tag{15.5.6}$$

得到虚时海森伯算符的运动方程,

$$\frac{\partial}{\partial\tau}A(\tau)=\mathrm{e}^{\tau K}[K,A(\tau)]\mathrm{e}^{-\tau K} \tag{15.5.7}$$

$$\begin{aligned}G(\boldsymbol{x}_1\tau_1,\boldsymbol{x}_2\tau_2)&=-\theta(\tau_1-\tau_2)\mathrm{e}^{\beta\Omega}\mathrm{tr}[A(\boldsymbol{x}_1\tau_1)B(\boldsymbol{x}_2\tau_2)]\\&\quad\pm\theta(\tau_2-\tau_1)\mathrm{e}^{\beta\Omega}\mathrm{tr}[B(\boldsymbol{x}_2\tau_2)A(\boldsymbol{x}_1\tau_1)]\\&=\langle\langle A(\boldsymbol{x}_1\tau_1)|B(\boldsymbol{x}_2\tau_2)\rangle\rangle\end{aligned}$$

最后一个等式是松原函数的简写形式. 松原函数的运动方程如下:

$$\begin{aligned}&\frac{\partial}{\partial\tau_1}G(\tau_1,\tau_2)\\&=-\delta(\tau_1-\tau_2)\mathrm{e}^{\beta\Omega}\mathrm{tr}[A(\tau_1)B(\tau_1)\pm B(\tau_1)A(\tau_1)]\\&\quad-\theta(\tau_1-\tau_2)\mathrm{e}^{\beta\Omega}\mathrm{tr}\left[\frac{\partial}{\partial\tau_1}A(\tau_1)B(\tau_2)\right]\pm\theta(\tau_2-\tau_1)e^{\beta\Omega}\mathrm{tr}\left[B(\tau_2)\frac{\partial}{\partial\tau_1}A(\tau_1)\right]\\&=-\delta(\tau_1-\tau_2)\langle[A(\tau_1),B(\tau_1)]_\pm\rangle+\left\langle\left\langle\frac{\partial}{\partial\tau_1}A(\tau_1)|B(\tau_2)\right\rangle\right\rangle\\&=-\delta(\tau_1-\tau_2)\langle[A,B]_\pm\rangle+\langle\langle[K,A(\tau_1)]|B(\tau_2)\rangle\rangle\end{aligned} \tag{15.5.8}$$

如果松原函数只是虚时差的函数, 那么可按照 (11.2.11) 式做傅里叶变换,

$$
\mathrm{i}\omega_n\langle\langle A|B\rangle\rangle(\mathrm{i}\omega_n)=\langle[A,B]_\pm\rangle+\langle\langle[A,K]|B\rangle\rangle(\mathrm{i}\omega_n) \tag{15.5.9}
$$

其中 δ 函数的分立频率的傅里叶变换见 (11.3.46) 式. (15.5.9) 式解析延拓后得到 (15.2.27) 式.

习　题

1. 证明 (15.2.24) 式.

2. 我们也可以不像 (15.2.4) 式那样首先做傅里叶变换, 而是通过另外一个的步骤, 来证明谱定理. 关联函数也可以写成如下的形式:

$$
\langle A(t)B(t')\rangle=\sum_{m,n}\langle n|A(t)|m\rangle\langle m|B(t')|n\rangle
$$

试由此出发, 根据海森伯算符的定义 $A(t)=\mathrm{e}^{\mathrm{i}Ht/\hbar}A\mathrm{e}^{-\mathrm{i}Ht/\hbar}$, 证明谱定理 (15.2.14). 这样的证明不需要用到 (15.2.5) 式. 对于分母上 $\mathrm{e}^{\beta\hbar\omega}-1$ 且 $\omega=0$ 时的情况, 应该怎么处理?

3. 在 (15.2.5) 式中, 我们用了正则系综. 请用巨正则系综, 把到 (15.2.22) 为止的过程再推导一遍. 结果有什么差别? 差别在于分母的指数上有一化学势. 我们在 (15.3.30) 中已经用到了这一结果.

4. 在 §15.2 中得到谱定理时, 假定了哈密顿量不随时间变化. 如果哈密顿量是含时的, 格林函数不能写成时间差的形式, 那么你认为是否还可以有谱定理? 如果有, 应该是什么形式?

5. 证明 (15.4.3)~(15.4.5) 式.

6. 如果加一沿 z 方向的磁场 $\boldsymbol{B}$=$(0,0,B_z)$, 那么 (15.4.2) 式的哈密顿量就要再加一项磁场能. 计算电子的磁化率. 如果磁场是沿任意方向的, $\boldsymbol{B}$= (B_x,B_y,B_z), 计算磁化率.

7. 哈密顿量是自由电子的动能加上电–声相互作用项, 计算电子的磁化率. 如果要用到格林函数, 就取格林函数的最低级的非零项.

8. 请根据松原函数来推导谱定理.

参考文献

[1] 李正中. 固体理论 [M]. 北京：高等教育出版社, 2002.
[2] Hubbard J. Proc. Roy. Soc., 1963, A276：238.
[3] Hubbard J. Proc. Roy. Soc., 1963, A277：237.
[4] Hubbard J. Proc. Roy. Soc., 1963, A281：401.
[5] Doniach S. Sondheimer E H. Green's Functions for Solid State Physicists[M]. London：The Benjamin/Cummings Publishing Company, Inc., 1982.

第十六章　海森伯模型磁性系统

§16.1　自发磁化及其海森伯模型

16.1.1　物质的磁性

在固体中, 原子处于格点上. 由于电子和原子核都是有自旋的, 每个格点上会呈现出磁矩. 有的物质每个格点上的磁矩为零. 更多的物质有的格点上呈现出有一个不为零的磁矩. 这个磁矩常用一个短的表示矢量的箭头来标志. 见图 16.1(a). 这样的格点称为磁性格点, 多数情况下, 不同磁性格点上的磁矩的取向是不同的. 当有外磁场时, 磁矩倾向于朝平行于外磁场的方向排列. 某些物质 (例如铁、钴、镍、钆、镝等), 当温度不太高时, 即使无外场时, 每个磁性格点上的磁矩平行排列, 如图 16.1(b) 所示. 这种情况称为自发磁化. 这类物质称为铁磁体. 在宏观上表现出有一磁化强度. 有的物质在有自发磁化时, 相邻磁性格点上的磁矩的取向正好相反, 如图 16.1(c) 所示. 这种物质称为反铁磁体, 例如 FeF_2. 如果相邻磁性格点的磁矩取向相反但是磁矩的大小不相等, 如图 16.1(d) 所示, 则称为亚铁磁体.

随着温度的升高, 热运动会逐渐克服磁矩之间的相互作用, 最后使自发磁化消失. 自发磁化消失以后, 每个磁矩由于热运动, 其取向是任意的, 如图 16.1(e) 所示. 这种情况叫做顺磁性. 对于铁磁体来说, 使之自发磁化消失的温度称为居里 (P.Curie) 温度或者居里点, 常用 T_C 表示. 我们说, 铁磁体在 T_C 温度发生相变, 由铁磁相转变为顺磁相. 反铁磁体则在奈尔 (Néel) 温度 T_N 发生反铁磁相到顺磁相的相变.

总之, 每一种状态都是一种相. 状态之间的转变就是相变. 相应的温度就叫做相变温度. 下面我们将有自发磁化的系统称为磁性体. 不过本章只处理铁磁体和反铁磁体的情况.

在不同的温度范围内, 铁磁体的磁化服从下述实验规律:

(1) 低温下 ($T \ll T_C$) 自发磁矩 $M(T)$ 随温度的变化满足 3/2 次方定律.

$$[M(0) - M(T)]/M(0) = CT^{3/2}, T \ll T_C \tag{16.1.1}$$

对于铁: C=(3.4±0.2)×10^{-16}K$^{-3/2}$; 对于镍: C=(7.5±0.2)×0^{-6}K$^{-3/2}$.

(2) 当温度接近 T_C 时, 自发磁矩为

$$M(T) = \begin{cases} \alpha\sqrt{1 - T/T_C}, & T \leqslant T_C \\ 0, & T > T_C \end{cases} \tag{16.1.2}$$

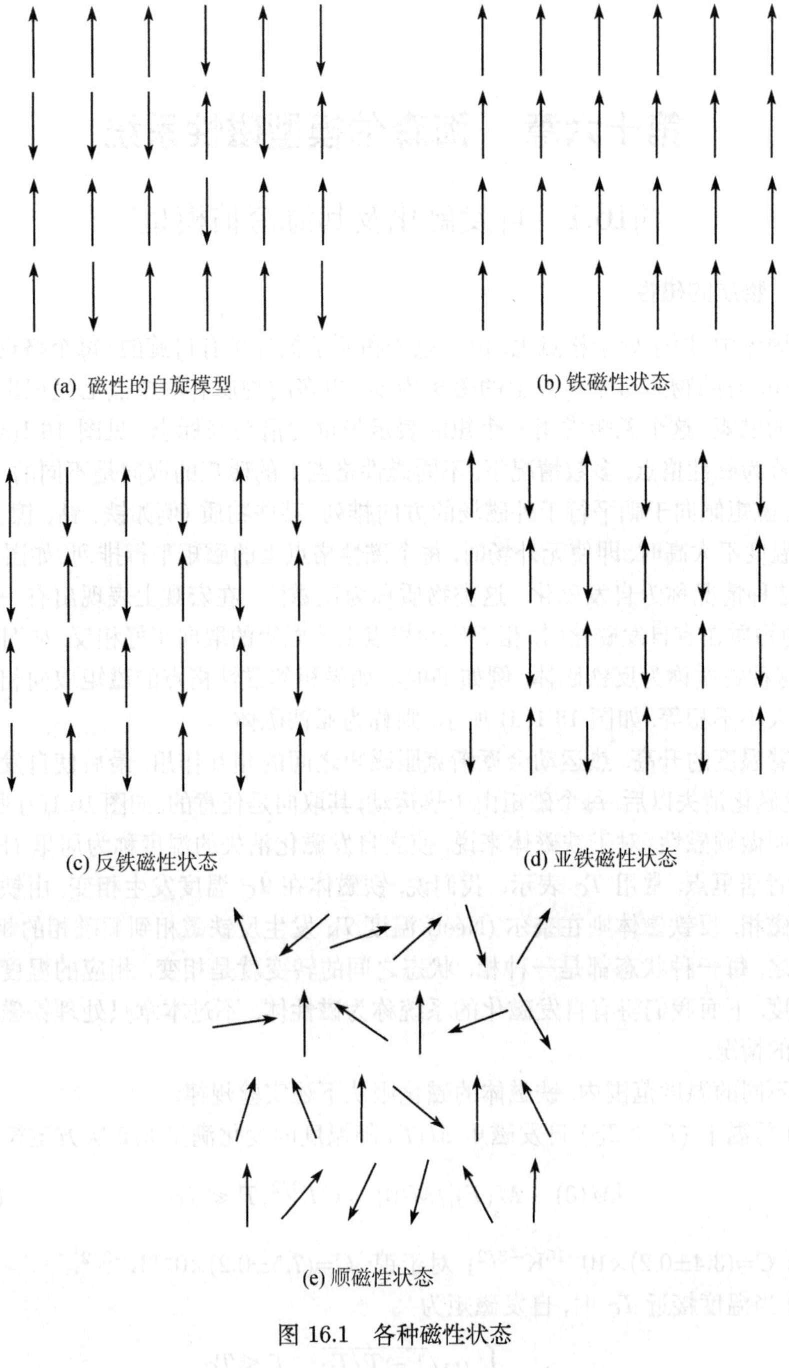

图 16.1　各种磁性状态

(3) 当温度高于 T_C 时, 顺磁相的磁化率 $\chi(T)$ 满足居里–外斯 (Weiss) 定律.

$$\chi(T)=\frac{\mathrm{d}}{\mathrm{d}H}M(T,H)|_{H\to 0}=\frac{C}{T-T_{\mathrm{C}}}, T>T_{\mathrm{C}} \tag{16.1.3}$$

16.1.2 海森伯模型

在量子力学诞生以前，一直未能弄清楚形成自发磁化的原因. 有人曾经假定在铁磁体内存在一种很强的“内磁场”，它使得原子磁矩的取向一致. 为了与 T_{C} 相适应，“内磁场”应大到 $10^6 \sim 10^7$Gs. 然而原子中的磁矩在其周围产生的平均磁场只有 10^3Gs，而且直接用带电粒子穿过铁磁体的实验证明，铁磁体内部并不存在这样强的“内磁场”.

量子力学诞生以后才明白，铁磁性是一种量子力学效应，在经典电磁学范围内它是无法解释的. 从量子力学中知道，由于电子的全同性，两个电子的体系的波函数必须为反对称：如果两个电子的自旋同向（自旋波函数对称），则其轨道波函数应为反对称；如果两个电子的自旋反向（自旋波函数为反对称），则轨道波函数应为对称. 波函数的对称性，造成两个电子间库仑作用的一种特殊贡献 —— 交换能，它与两个电子的自旋状态有关. 按量子力学，它是

$$U=-J\boldsymbol{S}_1\cdot\boldsymbol{S}_2 \tag{16.1.4}$$

其中 $\boldsymbol{S}_1$ 和 $\boldsymbol{S}_2$ 是两个电子的自旋角动量，J 是由它们的轨道波函数构成的库仑势能的交换积分.

在晶体中，如果相邻原子间电子的交换积分 $J>0$，则当电子的自旋同向时，其能量较低 ($U<0$)，这时晶体中的电子自旋磁矩就会取向一致，从而产生自发磁化. 因此造成自发磁化的原因是“交换能”，而不是“内磁场”. 量子力学产生后，海森伯就提出了用上述交换能 (16.1.4) 式来解释铁磁性的机理. 现在称之为海森伯交换模型. 对于过渡金属和稀土元素，造成磁性的是 d 电子或 f 电子.

设晶格原子的位矢是 $\boldsymbol{i}$. 在每个格点 $\boldsymbol{i}$ 上有一个自旋 $\boldsymbol{S_i}$. 记格点 $\boldsymbol{i}$ 的最近邻格点为 $\boldsymbol{i}+\boldsymbol{a}$. 可以只考虑最近邻原子间的交换作用 J，于是整个晶体的交换能为

$$-\frac{1}{2}J\sum_{\boldsymbol{i},\boldsymbol{a}}\boldsymbol{S_i}\cdot\boldsymbol{S_{i+a}}$$

当存在外磁场 H 时，由于自旋磁矩 $M_{\mathrm{s}}=-g\mu_{\mathrm{B}}S$($g$ 为迴旋比，对于电子自旋 g=2，μ_{B} 为玻尔磁子) 在外磁场中，具有磁能

$$-\boldsymbol{M}_{\mathrm{s}}\cdot\boldsymbol{H}=-g\mu_{\mathrm{B}}HS^z$$

我们取磁场为 z 轴方向，令 $B_z=g\mu_{\mathrm{B}}H$. S^z 是 $\boldsymbol{S}$ 是第三分量. 于是在外磁场中，整个磁性晶体的哈密顿量是

$$H=-\frac{1}{2}J\sum_{\boldsymbol{i},\boldsymbol{a}}\boldsymbol{S_i}\cdot\boldsymbol{S_{i+a}}-B_z\sum_{\boldsymbol{i}}S_{\boldsymbol{i}}^z \tag{16.1.5}$$

这就是磁性体的海森伯哈密顿量. 它同时适用于铁磁体和反铁磁体. 用它来讨论铁磁体的性质, 就能解释上面所指出的三个实验规律.

由于每个原子可以有几个电子, 需要将每个格点上的电子自旋算符 $\boldsymbol{S_i}$ 加以推广, 认为 $\boldsymbol{S_i}$ 是一般的自旋算符, 其量子数 S 可以取任意整数或半整数. $\boldsymbol{S_i}$ 的分量满足通常的角动量对易关系：

$$[S_i^x, S_j^y] = \mathrm{i}S_i^z\delta_{ij},\ [S_i^y, S_j^z] = \mathrm{i}S_i^x\delta_{ij},\ \ [S_i^z, S_j^x] = \mathrm{i}S_i^y\delta_{ij} \tag{16.1.6}$$

$$\boldsymbol{S_i}\cdot\boldsymbol{S_i} = (S_i^x)^2 + (S_i^y)^2 + (S_i^z)^2 = S(S+1) \tag{16.1.7}$$

其中下标表示格点. 若令

$$S_i^{\pm} = S_i^x \pm \mathrm{i}S_i^y \tag{16.1.8}$$

则 $S_i^{\pm}$ 与 S_i^z 的对易关系为

$$[S_i^+, S_j^-] = 2S_i^z\delta_{ij},\quad [S_i^{\pm}, S_j^z] = \mp S_i^{\pm}\delta_{ij} \tag{16.1.9}$$

并且

$$\boldsymbol{S_i}\cdot\boldsymbol{S_i} = \frac{1}{2}(S_i^+S_i^- + S_i^-S_i^+) + (S_i^z)^2 = S(S+1) \tag{16.1.10}$$

根据海森伯哈密顿量 (16.1.5) 式, 可以从理论上解释磁性体在不同温度范围内的磁化规律, 例如铁磁体的 (16.1.1)~(16.1.3) 式. 然而, 早期的理论是不统一的, 在不同的温度范围内要用不同的理论处理: 在低温下用自旋波理论; 在 T_{C} 附近用分子场理论; 在 $T > T_{\mathrm{C}}$ 时用热力学微扰理论. 这是因为不同的理论适用于不同的温度范围, 见图 16.2. 为了更加系统地了解磁性体的性质, 希望用一种理论方法能得到所有各个温度范围内的结果, 格林函数方法就可以达到这个目的.

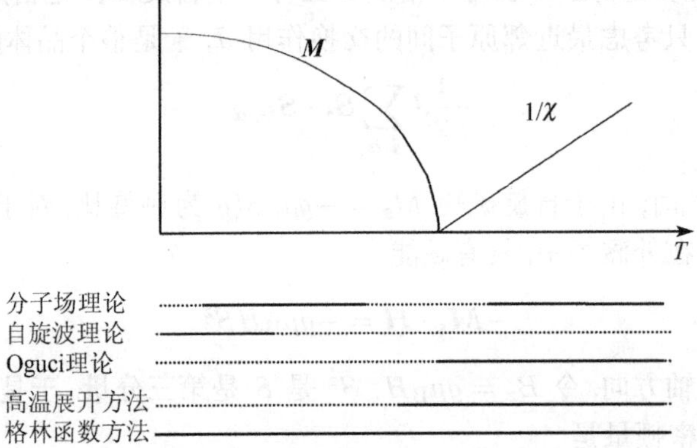

图 16.2 处理海森伯模型的各种量子统计理论的适用范围的示意图 [1]

黑粗线表示该方法适用的温度范围, 点线则表示该方法不适用的温度范围

本章我们运用格林函数的运动方程法来研究铁磁体和反铁磁体. 在 2000 年之前, 格林函数的方法一直只能计算磁化强度的一个分量, 设为 z 分量. 自 2000 年以来, 可以用此方法同时计算磁化强度的三个分量. 我们先介绍 z 分量磁化强度的计算, 再介绍三分量磁化强度的计算.

§16.2　S=1/2 的铁磁体 z 分量磁化强度

现在按运动方程法的三个步骤来讨论海森伯模型 (16.1.5) 式的磁学性质, 本节只讨论 S=1/2 的情形.

1. 选择算符 A 和 B 组成格林函数: 对于铁磁体, 要计算的物理量就是磁化强度 M.

$$M_{\mathrm{s}} = -\langle g\mu_{\mathrm{B}} S_{\boldsymbol{i}}^{z}\rangle \tag{16.2.1}$$

因而要计算 $S_{\boldsymbol{i}}^z$ 的系统平均值. 单单一个算符 $S_{\boldsymbol{i}}^z$ 不能组成格林函数, 需要用两个算符来代替 S_i^z. 将对易式 (16.1.9) 的第一式代入 (16.1.10) 式可得

$$S_{\boldsymbol{i}}^{-}S_{\boldsymbol{i}}^{+} = S(S+1) - S_{\boldsymbol{i}}^{z} - (S_{\boldsymbol{i}}^{z})^2 \tag{16.2.2}$$

在 S=1/2 情形, S^z 的本征值是 ±1/2, 因而存在一个算符方程,

$$\left(S_{\boldsymbol{i}}^{z} - \frac{1}{2}\right)\left(S_{\boldsymbol{i}}^{z} + \frac{1}{2}\right) = 0 \tag{16.2.3}$$

即

$$(S_{\boldsymbol{i}}^{z})^2 = \frac{1}{4} \tag{16.2.4}$$

将它代入 (16.2.2) 式, 得到

$$S_{\boldsymbol{i}}^{-}S_{\boldsymbol{i}}^{+} = \frac{1}{2} - S_{\boldsymbol{i}}^{z}, \quad S = \frac{1}{2} \tag{16.2.5}$$

因此可用 $S_i^- S_i^+$ 来代替 S_i^z. 于是我们选择

$$A = S_{\boldsymbol{i}}^{+}, \quad B = S_{\boldsymbol{j}}^{-} \tag{16.2.6}$$

构成格林函数

$$G(t-t') = \langle\langle S_{\boldsymbol{i}}^{+}(t); S_{\boldsymbol{j}}^{-}(t')\rangle\rangle \tag{16.2.7}$$

其中在 (15.2.1) 式中选择 $\eta = +1$, 即选择玻色子格林函数. 现在构成格林函数的算符是自旋算符. 这既不是费米子算符, 也不是玻色子算符. 对易关系不决定 η 取用何值更方便些. 采用什么格林函数可以随意选择.

2. 建立推迟格林函数 $\langle\langle S_i^+(t); S_j^-(t')\rangle\rangle$ 的运动方程,并利用切断近似求解. 海森伯哈密顿量 (16.1.5) 式中不含时间,我们可以从 (15.2.27) 式开始推导. 不过我们这儿从 (15.2.25) 式出发推导. 给读者一个更为全面的推导步骤.

先计算海森伯算符的运动方程.

$$\begin{aligned} \mathrm{i}\hbar\frac{\mathrm{d}}{\mathrm{d}t}S_i^+(t) &= [S_i^+(t), H] \\ &= g\mu_{\mathrm{B}}HS_i^+(t) - J\sum_{\boldsymbol{a}}[S_i^z(t)S_{i+a}^+(t) - S_{i+a}^z(t)S_i^+(t)] \end{aligned} \tag{16.2.8}$$

此处设原点有一格点,矢量 $\boldsymbol{a}$ 表示原点的最近邻格点的位矢. 所以格林函数 $\langle\langle S_i^+(t); S_j^-(t')\rangle\rangle$ 的运动方程可由 (15.2.25) 式写出.

$$\begin{aligned} &\mathrm{i}\hbar\frac{\mathrm{d}}{\mathrm{d}t}\langle\langle S_i^+(t); S_j^-(t')\rangle\rangle + \mathrm{i}0^+\langle\langle S_i^+(t); S_j^-(t')\rangle\rangle \\ &= \hbar\delta(t-t')\langle S_i^+(t)S_j^-(t) - S_j^-(t)S_i^+(t)\rangle \\ &\quad - \mathrm{i}\theta(t-t')\left\langle\left[\mathrm{i}\hbar\frac{\mathrm{d}}{\mathrm{d}t}S_i^+(t)S_j^-(t') - S_j^-(t')\mathrm{i}\hbar\frac{\mathrm{d}}{\mathrm{d}t}S_i^+(t)\right]\right\rangle \\ &= 2\hbar\delta(t-t')\delta_{ij}\langle S_i^z\rangle + \left\langle\left\langle\mathrm{i}\hbar\frac{\mathrm{d}}{\mathrm{d}t}S_i^+(t); S_j^-(t')\right\rangle\right\rangle \\ &= 2\hbar\delta(t-t')\delta_{ij}\langle S_i^z\rangle + g\mu\beta H\langle\langle S_i^+(t); S_j^-(t')\rangle\rangle \\ &\quad - J\sum_{\boldsymbol{a}}[\langle\langle S_i^z(t)S_{i+a}^+(t) - S_i^+(t)S_{i+a}^z(t); S_j^-(t')\rangle\rangle] \end{aligned} \tag{16.2.9}$$

其中用到方程 (16.1.9) 第一式. 此处我们用的是推迟格林函数,但是把上标 R 略去了,并且在等式右边略去了 0^+ 的项. 在上式右方出现了由三个算符组成的格林函数, $\langle\langle S_i^z(t)S_{i+a}^+(t); S_j^-(t')\rangle\rangle$ 和 $\langle\langle S_i^+(t)S_{i+a}^z(t); S_j^-(t')\rangle\rangle$. 我们要在此处作切断近似. 在 $\langle\langle S_i^z(t)S_{i+a}^+(t); S_j^-(t')\rangle\rangle$ 中,将算符 $S_i^z(t)$ 近似地用系综平均值 $\langle S_i^z(t)\rangle$ 来代替. 由于是均匀和平衡的体系, $\langle S_i^z(t)\rangle = \langle S^z\rangle$ 与 $\boldsymbol{i}$ 及 t 无关. 于是近似地

$$\begin{aligned} \langle\langle S_i^z(t)S_{i+a}^+(t); S_j^-(t')\rangle\rangle &\approx \langle S^z\rangle\langle\langle S_{i+a}^+(t); S_j^-(t')\rangle\rangle \\ \langle\langle S_{i+a}^z(t)S_i^+(t); S_j^-(t')\rangle\rangle &\approx \langle S^z\rangle\langle\langle S_i^+(t); S_j^-(t')\rangle\rangle \end{aligned} \tag{16.2.10}$$

这一近似称为无规相近似. 近似的实质是忽略了格点 $\boldsymbol{i}$ 和 $\boldsymbol{i}+\boldsymbol{a}$ 间的关联,认为 $\boldsymbol{i}$ 上的 S_i^z 独立于 $\boldsymbol{i}+\boldsymbol{a}$ 上的 S_{i+a}^+. 在此近似下,三个算符的高阶格林函数被切断成两个算符的低阶格林函数. 于是运动方程式 (16.2.9) 中就不再含有高阶格林函数了. 这是恰布里科夫 (Tyablikov)[2] 分解方法. 将切断后的近似式 (16.2.10) 代入 (16.2.9) 式,得到

$$\left(\mathrm{i}\hbar\frac{\mathrm{d}}{\mathrm{d}t} + \mathrm{i}0^+\right)\langle\langle S_i^+(t); S_j^-(t')\rangle\rangle = 2\hbar\delta(t-t')\langle S^z\rangle\delta_{ij} + g\mu_{\mathrm{B}}H\langle\langle S_i^+(t); S_j^-(t')\rangle\rangle$$

$$-J\langle S^z\rangle\sum_{\boldsymbol{a}}[\langle\langle S^+_{\boldsymbol{i}+\boldsymbol{a}}(t);S^-_{\boldsymbol{j}}(t')\rangle\rangle-\langle\langle S^+_{\boldsymbol{i}}(t);S^-_{\boldsymbol{j}}(t')\rangle\rangle] \tag{16.2.11}$$

将格林函数 $\langle\langle S^+_{\boldsymbol{i}}(t);S^-_{\boldsymbol{j}}(t')\rangle\rangle$ 对 $t-t'$ 进行傅里叶变换,

$$\begin{aligned}\langle\langle S^+_{\boldsymbol{i}}(t);S^-_{\boldsymbol{j}}(t')\rangle\rangle&=\int_{-\infty}^{\infty}\frac{\mathrm{d}E}{2\pi\hbar}\langle\langle S^+_{\boldsymbol{i}};S^-_{\boldsymbol{j}}\rangle\rangle(E)\mathrm{e}^{-\mathrm{i}E(t-t')/\hbar}\\ \langle\langle S^+_{\boldsymbol{i}};S^-_{\boldsymbol{j}}\rangle\rangle(E)&=\int_{-\infty}^{\infty}\mathrm{d}t\langle\langle S^+_{\boldsymbol{i}}(t);S^-_{\boldsymbol{j}}(t')\rangle\rangle(E)\mathrm{e}^{\mathrm{i}E(t-t')/\hbar}\end{aligned} \tag{16.2.12}$$

代入 (16.2.11) 式得到

$$\begin{aligned}(E+\mathrm{i}0^+)\langle\langle S^+_{\boldsymbol{i}};S^-_{\boldsymbol{j}}\rangle\rangle(E)&=2\hbar\langle S^z\rangle\delta_{\boldsymbol{ij}}+g\mu_{\mathrm{B}}H\langle\langle S^+_{\boldsymbol{i}};S^-_{\boldsymbol{j}}\rangle\rangle(E)\\&\quad-J\langle S^z\rangle\sum_{\boldsymbol{a}}[\langle\langle S^+_{\boldsymbol{i}+\boldsymbol{a}};S^-_{\boldsymbol{j}}\rangle\rangle-\langle\langle S^+_{\boldsymbol{i}};S^-_{\boldsymbol{j}}\rangle\rangle]\end{aligned} \tag{16.2.13}$$

对于均匀系统 $\langle\langle S^+_{\boldsymbol{i}};\ S^-_{\boldsymbol{j}}\rangle\rangle$ 仅为格点间相对位矢 $\boldsymbol{i}-\boldsymbol{j}$ 的函数, 因而可对 $\boldsymbol{i}-\boldsymbol{j}$ 作傅里叶变换. 将 $\langle\langle S_{\boldsymbol{i}};\ S^-_{\boldsymbol{j}}\rangle\rangle$ 变到倒格矢 $\boldsymbol{k}$ 的空间去. 设 $\langle\langle S^+_{\boldsymbol{i}};\ S^-_{\boldsymbol{j}}\rangle\rangle$ 的傅里叶分量是 $g_{\boldsymbol{k}}(E)$, 即

$$\begin{aligned}\langle\langle S^+_{\boldsymbol{i}};S^-_{\boldsymbol{j}}\rangle\rangle(E)&=\frac{1}{N}\sum_{\boldsymbol{k}}g_{\boldsymbol{k}}(E)\mathrm{e}^{\mathrm{i}\boldsymbol{k}\cdot(\boldsymbol{i}-\boldsymbol{j})}\\ g_{\boldsymbol{k}}(E)&=\sum_{\boldsymbol{i}}\langle\langle S^+_{\boldsymbol{i}};S^-_{\boldsymbol{j}}\rangle\rangle(E)\mathrm{e}^{-\mathrm{i}\boldsymbol{k}\cdot(\boldsymbol{i}-\boldsymbol{j})}\end{aligned} \tag{16.2.14}$$

在其中第一式中对 $\boldsymbol{k}$ 的求和限于第一布里渊区, N 是格点总数. 注意到

$$\delta_{\boldsymbol{ij}}=\frac{1}{N}\sum_{\boldsymbol{k}}\mathrm{e}^{\mathrm{i}\boldsymbol{k}\cdot(\boldsymbol{i}-\boldsymbol{j})} \tag{16.2.15}$$

并且定义

$$J(\boldsymbol{k})=J\sum_{\boldsymbol{a}}\mathrm{e}^{\mathrm{i}\boldsymbol{k}\cdot\boldsymbol{a}} \tag{16.2.16}$$

于是经傅里叶变换后, 在波矢 $\boldsymbol{k}$ 的空间中, (16.2.13) 式成为

$$[E+\mathrm{i}0^+-E(\boldsymbol{k})]g_{\boldsymbol{k}}(E)=2\hbar\langle S^z\rangle \tag{16.2.17}$$

其中,

$$E(\boldsymbol{k})=\langle S^z\rangle[J(0)-J(\boldsymbol{k})]+B_z \tag{16.2.18}$$

由 (16.2.17) 式得到推迟格林函数.

$$g_{\boldsymbol{k}}(E)=\frac{2\hbar\langle S^z\rangle}{E+\mathrm{i}0^+-E(\boldsymbol{k})} \tag{16.2.19}$$

由式 (16.2.19) 可知, 格林函数的极点是 $E(\boldsymbol{k})$, 因而 $E(\boldsymbol{k})$ 就是铁磁体的元激发能量. 这种元激发被称为自旋波, 在低温下, 磁化接近饱和, 此时, $\langle S^z\rangle=1/2$. 于是低温下的元激发能谱是

$$E(\boldsymbol{k})=B_z+J(0)-J(\boldsymbol{k}),\ T\ll T_C \tag{16.2.20}$$

根据 $J(\boldsymbol{k})$ 的定义 (16.2.16) 式可知

$$J(0)=zJ \tag{16.2.21}$$

z 是配位数, 即一个格点的最近邻格点数. 对于简立方结构 (s.c.), z=6. 对于体心立方结构 (b.c.c.), z=8. 对于面心立方结构 (f.c.c.), z=12. 同时由 (16.2.16) 式, 又有

$$\begin{aligned}
&J(\boldsymbol{k})=\frac{1}{3}J(0)[\cos k_xa+\cos k_ya+\cos k_za], \text{(s.c.)}\\
&J(\boldsymbol{k})=J(0)\cos\left(\frac{1}{2}k_xa\right)\cos\left(\frac{1}{2}k_ya\right)\cos\left(\frac{1}{2}k_za\right), \text{(b.c.c.)}\\
&J(\boldsymbol{k})=\frac{1}{3}J(0)\left[\cos\left(\frac{1}{2}k_xa\right)\cos\left(\frac{1}{2}k_ya\right)\right.\\
&\qquad\left.+\cos\left(\frac{1}{2}k_xa\right)\cos\left(\frac{1}{2}k_za\right)+\cos\left(\frac{1}{2}k_za\right)\cos\left(\frac{1}{2}k_ya\right)\right], \text{(f.c.c.)}
\end{aligned} \tag{16.2.22}$$

其中 $\boldsymbol{a}$ 是晶格常量. 将 (16.2.19) 式代入 (16.2.14) 式, 可得格点空间中的格林函数如下:

$$\langle\langle S_{\boldsymbol{i}}^+;S_{\boldsymbol{j}}^-\rangle\rangle(E)=\frac{2\hbar\langle S^z\rangle}{N}\sum_{\boldsymbol{k}}\frac{1}{E-E(\boldsymbol{k})}\mathrm{e}^{\mathrm{i}\boldsymbol{k}\cdot(\boldsymbol{i}-\boldsymbol{j})} \tag{16.2.23}$$

3. 利用谱定理 (15.2.14) 式来计算关联函数 $\langle S_j^-S_i^+\rangle$ 和磁化强度 $M=-g\mu_{\mathrm{B}}\langle S^z\rangle$. 由 (16.2.23) 式推迟和超前格林函数 $G(\omega\pm\mathrm{i}0^+)$ 分别是如下:

$$\begin{aligned}
&G^+(\omega)=\langle\langle S_{\boldsymbol{i}}^+;S_{\boldsymbol{j}}^-\rangle\rangle(E=\hbar\omega+\mathrm{i}0^+)=\frac{2\hbar\langle S^z\rangle}{N}\sum_{\boldsymbol{k}}\frac{1}{\hbar\omega-E(\boldsymbol{k})+\mathrm{i}0^+}\mathrm{e}^{\mathrm{i}\boldsymbol{k}\cdot(\boldsymbol{i}-\boldsymbol{j})}\\
&G^-(\omega)=\langle\langle S_{\boldsymbol{i}}^+;S_{\boldsymbol{j}}^-\rangle\rangle(E=\hbar\omega-\mathrm{i}0^+)=\frac{2\hbar\langle S^z\rangle}{N}\sum_{\boldsymbol{k}}\frac{1}{\hbar\omega-E(\boldsymbol{k})-\mathrm{i}0^+}\mathrm{e}^{\mathrm{i}\boldsymbol{k}\cdot(\boldsymbol{i}-\boldsymbol{j})}
\end{aligned} \tag{16.2.24}$$

代入 (15.2.14) 式, 并令 $t=t'$, $\boldsymbol{i}=\boldsymbol{j}$ 得到

$$\begin{aligned}
\langle S^-S^+\rangle&=\mathrm{i}\int_{-\infty}^{\infty}\frac{\mathrm{d}\omega}{\mathrm{e}^{\beta\hbar\omega}-1}\frac{\langle S^z\rangle}{\pi N}\sum_{\boldsymbol{k}}\left[\frac{1}{\hbar\omega-E(\boldsymbol{k})+\mathrm{i}0^+}-\frac{1}{\hbar\omega-E(\boldsymbol{k})-\mathrm{i}0^+}\right]\\
&=\frac{2\langle S^z\rangle}{N}\sum_{\boldsymbol{k}}\frac{1}{\mathrm{e}^{\beta E(\boldsymbol{k})}-1}
\end{aligned} \tag{16.2.25}$$

由 (16.2.5) 式可知:

$$\langle S^- S^+ \rangle = \frac{1}{2} - \langle S^z \rangle \tag{16.2.26}$$

代入 (16.2.25) 式, 得到

$$\langle S^z \rangle = \frac{1}{2}\left[1 + 2\Phi\left(\frac{1}{2}\right)\right]^{-1} \tag{16.2.27}$$

其中

$$\Phi\left(\frac{1}{2}\right) = \frac{1}{N}\sum_{\boldsymbol{k}} \frac{1}{\mathrm{e}^{\beta E(\boldsymbol{k})} - 1} \tag{16.2.28}$$

因为在 $E(\boldsymbol{k})$ 中也含有 $\langle S^z \rangle$ (见式 (16.2.18)), 所以式 (16.2.28) 是 $\langle S^z \rangle$ 的超越方程. 从这个方程中可以得到 $\langle S^z \rangle$ 作为温度 T 和外场 H 的函数, 从而求得磁化强度.

§16.3 任意自旋 S 的铁磁体 z 分量磁化强度

对于任意自旋 S, S^z 的本征值, 也就是磁化强度在 z 轴上的投影分量, 是 S, $S-1, \cdots, -(S-1), -S$, 共 $2S+1$ 个. 因而有以下算符方程

$$\prod_{r=-S}^{S} (S^z - r) = 0 \tag{16.3.1}$$

此式的左方是 S^z 的 $2S+1$ 次多项式, 因而可将 $(S^z)^{2S+1}$ 表示成 1, $S^z, (S^z)^2, \cdots, (S^z)^{2S}$, 的线性组合. 也就是说, 就 $(S^z)^n$, $n = 1, 2, 3, \cdots$ 而言, 只有 1, $S^z, (S^z)^2, \ldots, (S^z)^{2S}$ 是线性独立的. 当 $n > 2S$ 时, $(S^z)^n$ 可用 1, $S^z, (S^z)^2, \cdots, (S^z)^{2S}$ 表示. 进一步, 当自旋量子数为 S 时, S^z 的本征值共 $2S+1$ 个, 因而 S^+ 连续作用 $2S+1$ 次的结果必然为零. 同理, S^- 连续作用 $2S+1$ 次的结果也为零.

$$(S^+)^{2S+1} = 0, (S^-)^{2S+1} = 0 \tag{16.3.2}$$

基于这些条件, Jensen 和 Aguilera-Granja[3] 给出了一个一般的方法, 使得 $(S^z)^n (S^+)^l (S^-)^m$, 其中总幂次 $l + m + n \geqslant 2S+1$, 能够降阶到总幂次小于 $2S+1$ 的一些项的线性组合.

Tahir-Kheli and Ter Haar[4] 选择了一组算符: $(S^-)^n (S^+)^n$, $n = 1, 2, 3, \cdots, S$, 来构成关联函数. 计算算符 S^+ 与 $(S^-)^n (S^+)^{n-1}$ 组成的推迟格林函数 $\langle\langle S^+; (S^-)^n (S^+)^{n-1} \rangle\rangle$, $n = 1, 2, 3, \cdots, S$, 的一组耦合的运动方程. 在做无规相近似降阶高阶格林函数时, 用了 Tyablikov 分解方法 [2]. 最后给出了 S=1/2, 1, 3/2, 2, 5/2, 3 六个最低自旋量子数的磁化强度 $\langle S^z \rangle$ 的表达式. 实际上, 完全等价地, 可以用 A=S^+ 与 $B = (S^z)^n S^-$ 组成推迟格林函数, 步骤上要更简洁一些, 最后结果是一样

的. 原则上, 这一方法对于任意自旋量子数 S 都是适用的. 但总的说来, 这一方法显得太繁琐.

Callen[5] 巧妙地选择了合适的算符 A 和 B, 得到了对于任意自旋量子数 S 都是适用的 $\langle S^z\rangle$ 的普遍表达式. 他选择的构成推迟格林函数的两个算符是

$$A = S_i^+, \quad B = \exp(uS_j^z)S_j^- \tag{16.3.3}$$

其中的 u 是一个参量. 现在来建立推迟格林函数的运动方程并求其解. 仍选用玻色子格林函数. 由于现在算符 A 与 (16.2.6) 式相同. 因此推导过程完全相同. 只要在每一步骤中, 把那儿算符 $B = S_j^-$ 换成 (16.3.3) 式的 B. 从 (16.2.8) 式一直到 (16.2.25) 式都是如此. 唯一不同之处是, 现在两个算符 A 和 B 的对易式的结果不同.

$$[A,B] = [S_i^+, \exp(uS_j^z)S_j^-] = [S_i^+, \exp(uS_j^z)]S_j^- + \exp(uS_j^z)[S_i^+, S_j^-] \tag{16.3.4}$$

为计算这个对易关系, 我们先计算

$$[S^+, (S^z)^n] = [(S^z-1)^n - (S^z)^n]S^+ \tag{16.3.5}$$

由此得

$$[S^+, \mathrm{e}^{uS^z}] = (\mathrm{e}^{-u}-1)\exp(uS^z)S^+ \tag{16.3.6}$$

因而

$$\langle[S_i^+, \exp(uS_j^z)S_j^-]\rangle = \delta_{ij}[(\mathrm{e}^{-u}-1)\langle\exp(uS^z)S^+S^-\rangle + 2\langle\exp(uS^z)S^z\rangle] \tag{16.3.7}$$

现在用 (16.2.2) 式代入 (16.3.7) 式第一项. 定义一个函数

$$\psi(u) = \langle\exp(uS^z)\rangle \tag{16.3.8a}$$

那么

$$\psi'(u) = \frac{\mathrm{d}}{\mathrm{d}u}\langle\exp(uS^z)\rangle = \langle\exp(uS^z)S^z\rangle \tag{16.3.8b}$$

$$\psi''(u) = \frac{\mathrm{d}^2}{\mathrm{d}u^2}\langle\exp(aS^z)\rangle = \langle\exp(uS^z)(S^z)^2\rangle \tag{16.3.8c}$$

(16.3.7) 式就成为

$$\begin{aligned}&\langle[S_i^+, \exp(uS_j^z)S_j^-]\rangle\\ &= \delta_{ij}\{(\mathrm{e}^{-u}-1)\langle\exp(uS^z)[S(S+1)+S^z-(S^z)^2]\rangle + 2\psi'(u)\}\\ &= \delta_{ij}\{(\mathrm{e}^{-u}-1)[S(S+1)\psi(u)+\psi'(u)-\psi''(u)] + 2\psi'(u)\}\end{aligned} \tag{16.3.9}$$

从 (16.2.8) 式一直到 (16.2.25) 式中的 $\langle[S_i^+, S_j^-]\rangle = \delta_{ij}2\langle S^z\rangle$ 都应换成 (16.3.9) 式. 但要注意的是, 能谱 (16.2.18) 式是不变的, 因为从推导过程可以看出, 它与算符 B

的选取无关. 而对易式 $[A, B]$ 则与算符 B 的选取有关, 相应地, 由格林函数计算的各个物理量也与算符 B 的选取有关. 要在 (16.2.25) 式的左边, 用 (16.3.9) 式代替 $\langle[S_i^+, S_j^-]\rangle = \delta_{ij}2\langle S^z\rangle$, 得到现在函数格林函数的表达式.

现在 A 和 B 组成的关联函数

$$\begin{aligned}\langle BA\rangle &= \langle \exp(uS^z)S^-S^+\rangle = \langle \exp(uS^z)[S(S+1) - S^z - (S^z)^2]\rangle \\ &= S(S+1)\psi(u) - \psi'(u) - \psi''(u)\end{aligned} \tag{16.3.10}$$

把 (16.3.9) 式和 (16.3.10) 式代入 (16.2.25) 式. 现在定义

$$\varPhi = \frac{1}{N}\sum_k \frac{1}{\mathrm{e}^{\beta E(k)} - 1} \tag{16.3.11}$$

此式与 (16.2.28) 式完全相同, 只是现在的自旋量子数 S 可以是任何正的整数和半整数. 利用 (16.3.11) 式, (16.3.10) 式就成为

$$\begin{aligned}&S(S+1)\psi(u) - \psi'(u) - \psi''(u) \\ =&\{(\mathrm{e}^{-u} - 1)[S(S+1)\psi(u) + \psi'(u) - \psi''(u)] + 2\psi'(u)\}\varPhi\end{aligned} \tag{16.3.12}$$

经过整理, 得到

$$\psi''(u) + \frac{(\varPhi+1)\mathrm{e}^u + \varPhi}{(\varPhi+1)\mathrm{e}^u - \varPhi}\psi'(u) - S(S+1)\psi(u) = 0 \tag{16.3.13}$$

这是一个求解 $\psi(u)$ 的二阶常微分方程. 来看它应满足的初始条件. 由 (16.3.8) 式容易得到

$$\psi(0) = 1 \tag{16.3.14}$$

$$\psi'(0) = \langle S^z\rangle \tag{16.3.15}$$

$$\psi''(0) = \langle (S^z)^2\rangle \tag{16.3.16}$$

磁化强度 $\langle S^z\rangle$ 就是函数 $\psi(u)$ 导数的初值. 现在把 (16.3.1) 式做热力学平均, 得到

$$\prod_{r=-S}^{S}\left(\frac{\mathrm{d}}{\mathrm{d}u} - r\right)\psi(u=0) = 0 \tag{16.3.17}$$

所以, 二阶微分方程 (16.3.13) 的初始条件就是 (16.3.14) 和 (16.3.17) 两式. 其中后者是特别麻烦的. Callen 就是利用这两个初始条件得到了 (16.3.13) 式的解析解. 我们此处不介绍 Callen 的求解的经过, 因为在下面讲三分量磁化强度的求解时, 自然会回到这儿的结果. 我们只提一下, Callen 是用级数法求解的. 可是这个无穷级数实

际上是发散的, 尽管他最后得到的结果是正确的. 因此我们宁愿用另外一种方法来求解. 我们还要说明一点, 常微分方程只要求由两个初始条件. 现在实际上有四个条件可用, 即 (16.3.14)~(16.3.17) 式. 其中 (16.3.17) 式最复杂. 能够避免的话最好. 可是 (16.3.15), (16.3.16) 式的表达式我们不知道, 所以只能用 (16.3.14), (16.3.17) 两式. 如果 (16.3.15), (11.3.16) 的表达式已知, 我们就可以在 (16.3.14)~(16.3.16) 三式中任选两式作为两个初始条件来得到解.

Callen 得到的解的表示式如下:

$$\psi(u)=\frac{(\varPhi+1)^{2S+1}\mathrm{e}^{(S+1)u}-\varPhi^{2S+1}\mathrm{e}^{-Su}}{[(\varPhi+1)^{2S+1}-\varPhi^{2S+1}][(\varPhi+1)\mathrm{e}^{u}-\varPhi]}\tag{16.3.18}$$

再由 (16.3.15) 式得到磁化强度的表达式

$$\langle S^z\rangle=\frac{(\varPhi+1+S)\varPhi^{2S+1}-(\varPhi-S)(\varPhi+1)^{2S+1}}{(\varPhi+1)^{2S+1}-\varPhi^{2S+1}}\tag{16.3.19}$$

此式需要迭代求解, 因为 $\varPhi$ 中的能量的表达式中含有 $\langle S^z\rangle$.

关联函数 $\langle S^zS^z\rangle$ 可用 $\langle S^z\rangle$ 来表达, 这样写出的形式简洁,

$$\langle S^zS^z\rangle=S(S+1)-(1+2\varPhi)\langle S^z\rangle\tag{16.3.20}$$

这一表达式对于任意自旋量子数 S 都是适用. 原因是 $\exp(uS^z)$ 的级数展开自然把 S^z 的各阶项 $(S^z)^n$ 都包括在里面了. 把 S=1/2, 1, 3/2, 2, 5/2, 3 各个值代入此式, 自然就得到了此前 Tahir-Kheli 和 Ter Haar[4] 得到的相应 S 的磁化强度 $\langle S^z\rangle$ 的表达式.

我们在此讨论量 (16.3.11) 式的 $\varPhi$ 的取值范围. 当温度趋于零, $\varPhi$ 趋于 0. 此时铁磁体具有饱和的自发磁化强度. 当温度趋于无穷大, $\varPhi$ 也趋于无穷大. 此时的自发磁化强度为零. $\varPhi$ 的取值范围在 0 和无穷大之间.

当 $\varPhi\to\infty$ 时,

$$\langle S^z\rangle\approx\frac{S(S+1)}{3\varPhi}\to 0\tag{16.3.21}$$

$$\langle S^zS^z\rangle\to S(S+1)-\frac{2S(S+1)}{3}=\frac{S(S+1)}{3}\tag{16.3.22}$$

高温下, 热运动足够强, 大大超过了交换作用能, 自旋排列完全是无序的. 此时磁化强度为零. 关联函数是各向同性的.

$$\langle S^xS^x\rangle=\langle S^yS^y\rangle=\langle S^zS^z\rangle=\frac{S(S+1)}{3}\tag{16.3.23}$$

我们 [6] 发现, 完全可以把 (16.3.18) 和 (16.3.19) 式写成一个比较对称的形式. 定义

$$Q=\frac{1}{N}\sum_k\frac{\mathrm{e}^{\beta E(k)}+1}{\mathrm{e}^{\beta E(k)}-1}=1+2\varPhi\tag{16.3.24}$$

那么, (16.3.18)~(16.3.20) 式可以写成如下形式:

$$\psi(u)=\frac{2[(Q+1)^{2S+1}\mathrm{e}^{(S+1)u}-(Q-1)^{2S+1}\mathrm{e}^{-Su}]}{[(Q+1)^{2S+1}-(Q-1)^{2S+1}][(Q+1)\mathrm{e}^{u}-(Q-1)]} \tag{16.3.25}$$

$$\langle S^z\rangle=\frac{(2S+1+Q)(Q-1)^{2S+1}+(2S+1-Q)(Q+1)^{2S+1}}{2[(Q+1)^{2S+1}-(Q-1)^{2S+1}]} \tag{16.3.26}$$

$$\langle S^zS^z\rangle=S(S+1)-Q\langle S^z\rangle \tag{16.3.27}$$

以上结果对于整数维的情况都成立. 对于一维、二维和三维情况, 在从坐标空间做傅里叶变换到 $\boldsymbol{k}$ 空间时, 只要分别是做一维、二维和三维三变换即可. 在 (16.3.11) 式中, 就是分别对一维、二维和三维 $\boldsymbol{k}$ 空间求和即可. 另外在 (16.2.16) 式中分别是一维、二维和三维空间的最近邻数目.

我们看 (16.3.24) 式的 Q 的取值范围. 当温度趋于零, Q 趋于 1. 此时铁磁体具有饱和的自发磁化强度. 当温度趋于无穷大, Q 也趋于无穷大. 此时的自发磁化强度为零.Q 的取值范围在 1 和无穷大之间. 高温下, $Q\to\infty$. 可得到

$$\langle S^z\rangle=\frac{(2S+1)8S(S+1)Q^{2S-1}/3}{4(2S+1)Q^{2S}}=\frac{2(S+1)S}{3Q} \tag{16.3.28}$$

这是 (16.3.21) 式的另一种形式.

§16.4 对铁磁体实验规律的解释

既然已经解出磁化强度 $\langle S^z\rangle$ 的表达式, 我们就可以从理论上说明 §16.1 中提到的实验规律, 即 (16.1.1)~(16.1.3) 式. 本节我只利用 S=1/2 的公式即 (16.2.27) 式. 在 (16.1.1)~(16.1.3) 式的三个温度范围分别解超越方程式 (16.2.27). 并与实验规律相比较. 对于任意 S 的公式 (16.3.19) 或 (16.3.26), 做法是类似的.

16.4.1 极低温下的自发磁化

极低温是指温度远小于居里温度, $T\ll T_{\mathrm{C}}$. 为了方便起见, 引进量纲为一温度 τ 来代替温度 T.

$$\tau=2/[J(0)\beta]=2k_{\mathrm{B}}T/J(0) \tag{16.4.1}$$

先看低温下 ($\tau\ll 1$) 下的自发磁化 (磁场 H=0). 因为在低温下, $\tau\to0$, $\beta\to\infty$, (16.2.28) 式可展开成

$$\begin{aligned}\varPhi\left(\frac{1}{2}\right)=&\frac{v}{(2\pi)^3}\int_0^{2\pi}\mathrm{d}\varphi\int_0^{\pi}\sin\theta\mathrm{d}\theta\int_0^{\infty}k^2\mathrm{d}k\sum_{r=1}\exp\left\{-\frac{2r}{\tau}\left[1-\frac{J(k)}{J(0)}\right]\langle S^z\rangle\right\}\\=&\zeta\left(\frac{3}{2}\right)\left[\frac{3\tau}{4\pi\alpha\langle S^z\rangle}\right]^{3/2}+O(\tau^{5/2})\end{aligned} \tag{16.4.2}$$

其中用到了 (16.2.22) 式. 如果 a 是晶格常量, 那么原胞体积 v 是: $v = a^3$(s.c.), $\frac{1}{2}a^3$(b.c.c.), $\frac{1}{4}a^3$(f.c.c.). $\zeta(x)$ 是黎曼 ζ 函数.

$$\zeta(x) = \sum_{r=1}^{\infty} \frac{1}{r^x} \tag{16.4.3}$$

而 α=1(s.c.), $\frac{3}{4}2^{2/3}$(b.c.c.), $2^{1/3}$(f.c.c.). 将 (16.4.2) 式代入 (16.2.27) 式, 可得

$$\langle S^z \rangle = \frac{1}{2} - \zeta\left(\frac{3}{2}\right)\left(\frac{3\tau}{2\pi\alpha}\right)^{3/2} + O(\tau^{5/2}) \tag{16.4.4}$$

这正好符合低温下自发磁化的 3/2 次方定律 (16.1.1) 式.

16.4.2　温度接近相变点时的自发磁化

对于 (16.2.27) 式右边的分母 $1+2\Phi(1/2)$, 由磁场 H=0, 可得

$$1 + 2\Phi\left(\frac{1}{2}\right) = \frac{1}{N}\sum_{\boldsymbol{k}} \coth\left[\frac{\eta(\boldsymbol{k})\langle S^z \rangle}{\tau}\right] \tag{16.4.5}$$

其中

$$\eta(\boldsymbol{k}) = 1 - J(\boldsymbol{k})/J(0) \tag{16.4.6}$$

当 H=0, 而 T 接近 T_{C} 时, $\langle S^z \rangle \to 0$, 可将 (16.4.5) 式的右方按 $\langle S^z \rangle$ 展开成洛朗级数.

$$1 + 2\Phi\left(\frac{1}{2}\right) = \frac{1}{N}\sum_{\boldsymbol{k}} \left[\frac{\tau}{\eta(\boldsymbol{k})\langle S^z \rangle} + \frac{\eta(\boldsymbol{k})\langle S^z \rangle}{3\tau} - O(\langle S^z \rangle^3)\right] \tag{16.4.7}$$

因为

$$\frac{1}{N}\sum_{\boldsymbol{k}} \eta(\boldsymbol{k}) = 1, \tag{16.4.8}$$

$$\frac{1}{N}\sum_{\boldsymbol{k}} \eta(\boldsymbol{k})^{-1} = F(-1) = 1.51638(\text{s.c.}); 1.39320(\text{b.c.c.}); 1.34466(\text{f.c.c.})$$

所以

$$1 + 2\Phi\left(\frac{1}{2}\right) = \frac{\tau}{\langle S^z \rangle}F(-1) + \frac{\langle S^z \rangle}{3\tau} + O(\langle S^z \rangle^3) \tag{16.4.9}$$

将 (16.4.9) 式代入 (16.2.27) 式, 得到

$$\langle S^z \rangle = \sqrt{3\tau\left[\frac{1}{2} - \tau F(-1)\right]} \tag{16.4.10}$$

由此可见, 当

$$\tau = \tau_{\mathrm{C}} = \frac{1}{2F(-1)} \tag{16.4.11}$$

时, 自发磁化消失, 发生相变. 所以, 对应的居里温度是

$$T_{\mathrm{C}}=\frac{J(0)\tau_{\mathrm{C}}}{2k_{\mathrm{B}}}=\frac{J(0)}{4k_{\mathrm{B}}F(-1)} \tag{16.4.12}$$

当 $\tau \to \tau_{\mathrm{C}}$, (16.4.10) 式成为

$$\langle S^z\rangle=\sqrt{\frac{3}{2}(\tau_{\mathrm{C}}-\tau)}=\sqrt{\frac{3k_{\mathrm{B}}}{2zJ}(T_{\mathrm{C}}-T)} \tag{16.4.13}$$

与实验规律 (16.1.2) 式一致.

16.4.3 顺磁相的磁化率

最后讨论 $T>T_{\mathrm{C}}$ 的磁化强度. 此时自发磁矩已经消失, 只有加上外磁场 H 才会出现磁矩, 因而要在 $H\neq 0$ 的条件下, 求解联立方程 (16.2.27), (16.2.28). 令

$$t_1=\tanh[\eta(\boldsymbol{k})\langle S^z\rangle/\tau] \tag{16.4.14}$$

$$t_0=\tanh\left[\frac{1}{2}\beta g\mu_{\mathrm{B}}H\right] \tag{16.4.15}$$

则由 (16.2.28) 和 (16.2.18) 式, 可知

$$\begin{aligned}1+2\varPhi\left(\frac{1}{2}\right)&=\frac{1}{N}\sum_{k}\coth\left[\frac{1}{2}\beta g\mu_{\mathrm{B}}H+\eta(\boldsymbol{k})\langle S^z\rangle/\tau\right]\\&=\frac{1}{N}\sum_{k}\frac{1+t_0t_1}{t_0+t_1}=\frac{1}{N}\sum_{k}\frac{1}{t_0}\left[1+(1-t_0)^2\sum_{r=1}^{\infty}(-1)^r\left(\frac{t_1}{t_0}\right)^r\right]\end{aligned} \tag{16.4.16}$$

当 $T\gg T_{\mathrm{C}}, \tau\gg 1$, 因而可将上式中的 t_1, 按 $1/\tau$ 展开, 并注意到

$$\frac{1}{N}\sum_{k}[\eta(k)]^2=\frac{z+1}{z} \tag{16.4.17}$$

可得

$$1+2\varPhi\left(\frac{1}{2}\right)=\frac{\langle S^z\rangle}{\tau}+\frac{1}{t_0}\left[1-\frac{\langle S^z\rangle}{t_0\tau}+\frac{1-t_0^2}{t_0^2}\frac{z+1}{z}\left(\frac{\langle S^z\rangle}{\tau}\right)^2+O\left(\frac{1}{\tau}\right)^3\right],\tau\gg 1 \tag{16.4.18}$$

很明显, 当 $\tau\gg 1, H\to 0(t_0\to 0)$ 时, $\varPhi(1/2)\gg 1$. 将 (16.4.18) 式代入 (16.2.27) 式, 可得 $H\to 0$ 时的磁化率 (注意 H 是加在负 z 轴方向).

$$\begin{aligned}\chi_0&=-\frac{\mathrm{d}}{\mathrm{d}H}M|_{H=0}=g\mu_{\mathrm{B}}\frac{\mathrm{d}}{\mathrm{d}H}\langle S^z\rangle|_{H=0}\\&=\frac{g^2\mu_{\mathrm{B}}^2}{4k_{\mathrm{B}}T}\left\{1+\frac{F(-1)T_{\mathrm{C}}}{T}+\frac{z-1}{z}\left(\frac{F(-1)T_{\mathrm{C}}}{T}\right)^2+O\left(\frac{T_{\mathrm{C}}}{T}\right)^3\right\},T\gg T_{\mathrm{C}}\end{aligned} \tag{16.4.19}$$

如果近似地认为 $(z-1)/z\approx1$, 则准确到 $O(T_C/T)^3$, 上式可写成

$$\chi_0=\frac{g^2\mu_B^2}{4k_BT}\frac{1}{T-F(-1)T_C},T\gg T_C \tag{16.4.20}$$

在形式上与居里–外斯定律一致, 但在这里, $F(-1)T_C$ 代替了 (16.1.3) 式中的 T_C, 这是与理论上采用的近似有关, 例如切断近似等. 前面提到的实验上得到的居里定律 $\chi\propto\dfrac{1}{T-T_C}$ 只对一部分材料成立. 对于一般的材料, 居里定律应该写成

$$\chi\propto\frac{1}{T-\theta_P} \tag{16.4.21}$$

其中 θ_P 一般不等于居里温度. 而且在有的材料中, θ_P 是各向异性的, 例如, 沿易轴方向和难轴方向 θ_P 的值是不同的.

§16.5 任意自旋 S 的反铁磁体 z 分量磁化强度

对于反铁磁系统, 海森伯哈密顿量仍然是 (16.1.5) 式, 只不过要记住, 其中的交换积分是一个负值. 由于相邻的自旋是反平行的. 晶格必须划分为若干子晶格. 此处我们只讨论简立方晶格或者体心立方的情况. 只要分成两个子晶格. 一个子晶格的自旋朝正 z 方向. 另一个子晶格的自旋朝负 z 方向. 如果是面心立方晶格, 则有可能要分成四个子晶格, 这种情况比较复杂, 我们不在这儿讨论.

用多体格林函数方法研究反铁磁体磁化强度的工作首先是由蒲富恪和恰布里科夫做的. 他们计算了 $S=1/2$ 的反铁磁系统. 随后, 郑庆祺和蒲富恪 [7] 计算了几个最小的自旋量子数 S 的情况, 给出了子晶格的磁化强度的表达式. 他们的工作首先定义了一个新的自旋算符, 如果自旋朝上的 A 子晶格的自旋算符记为 $\boldsymbol{S}_1$, 自旋朝下的 B 子晶格的自旋算符记为 $\boldsymbol{S}_2$, 那么为了对称起见, 对 B 子晶格的自旋算符作如下变换: 定义一新的算符是 $\boldsymbol{S'}_2$, 它满足

$$S'^z_2=-S^z_2,\quad S'^+_2=S^-_2,\quad S'^-_2=S^+_2 \tag{16.5.1}$$

如此定义后, 算符 $\boldsymbol{S}'_2$ 仍然满足自旋算符的对易规则. 由 $\boldsymbol{S}_1$ 和 $\boldsymbol{S}'_2$ 这两个自旋算符构成格林函数来求解. 我们 [8] 曾经认为, 对于 B 子晶格可以直接定义一个赝自旋 $\boldsymbol{S}^{\mathrm{p}}_2$, 它就是取在 $\boldsymbol{S}_2$ 的反方向.

$$\boldsymbol{S}^{\mathrm{p}}_2=-\boldsymbol{S}_2 \tag{16.5.2}$$

由此来构造格林函数求解. 而且赝自旋的物理意义似乎更为明确.

后来作者发现, 其实像 (16.5.1) 式和 (16.5.2) 式这样来定义新的自旋算符并不是必须的. 直接用 A 子晶格的自旋算符 $\boldsymbol{S}_1$ 和 B 子晶格的自旋算符 $\boldsymbol{S}_2$ 组成格林函

数即可. 明确起见, 把反铁磁体的哈密顿量写成如下形式：

$$
\begin{aligned}
H &= J\sum_{i,j} \boldsymbol{S}_{1i}\cdot\boldsymbol{S}_{2j} - B_z\sum_i S_{1i}^z - B_z\sum_j S_{2j}^z \\
&= J\sum_{i,j}\left[\frac{1}{2}(S_{1i}^+S_{2j}^- + S_{1i}^-S_{2j}^+) + S_{1i}^zS_{2j}^z\right] - B_z\sum_i S_{1i}^z - B_z\sum_j S_{2j}^z \quad (16.5.3)
\end{aligned}
$$

由于我们的系统没有含时外场, 所以格林函数是时间差的函数. 我们以下可直接使用已经过时间傅里叶变换的运动方程 (15.2.27) 式.

16.5.1 自旋量子数 S=1/2

S_{1i}^+ 与哈密顿量的对易关系：

$$
[S_{1m}^+, H] = J\sum_j (S_{1m}^zS_{2j}^+ - S_{1m}^+S_{2j}^z) + B_zS_{1m}^+ \quad (16.5.4)
$$

由 (15.2.27) 式,

$$
\begin{aligned}
&\hbar\omega\langle\langle S_{1m}^+, S_{1n}^-\rangle\rangle(\omega) \\
&= 2\langle S_{1m}^z\rangle\delta_{mn} + J\sum_j[\langle\langle S_{1m}^zS_{2j}^+, S_{1n}^-\rangle\rangle(\omega) - \langle\langle S_{1m}^+S_{2j}^z, S_{1n}^-\rangle\rangle(\omega)] + B_z\langle\langle S_{1m}^+, S_{1n}^-\rangle\rangle(\omega) \\
&= 2\langle S_{1m}^z\rangle\delta_{mn} + J\sum_j[\langle S_{1m}^z\rangle\langle\langle S_{2j}^+, S_{1n}^-\rangle\rangle(\omega) - \langle S_{2j}^z\rangle\langle\langle S_{1m}^+, S_{1n}^-\rangle\rangle(\omega)] + B_z\langle\langle S_{1m}^+, S_{1n}^-\rangle\rangle(\omega)
\end{aligned} \quad (16.5.5)
$$

其中已经做了分解近似. 显然, 我们还需要求出 $\langle\langle S_{2j}^+, S_{1n}^-\rangle\rangle(\omega)$. 它的运动方程如下：

$$
[S_{2j}^+, H] = J\sum_i (S_{2j}^zS_{1i}^+ - S_{2j}^+S_{1i}^z) + B_zS_{2j}^+ \quad (16.5.6)
$$

$$
\begin{aligned}
&\hbar\omega\langle\langle S_{2j}^+, S_{1n}^-\rangle\rangle(\omega) \\
&= J\sum_i[\langle\langle S_{2j}^zS_{1i}^+, S_{1n}^-\rangle\rangle(\omega) - \langle\langle S_{2j}^+S_{1i}^z, S_{1n}^-\rangle\rangle(\omega)] + B_z\langle\langle S_{2j}^+, S_{1n}^-\rangle\rangle(\omega) \\
&= J\sum_i[\langle S_{2j}^z\rangle\langle\langle S_{1i}^+, S_{1n}^-\rangle\rangle(\omega) - \langle S_{1i}^z\rangle\langle\langle S_{2j}^+, S_{1n}^-\rangle\rangle(\omega)] + B_z\langle\langle S_{2j}^+, S_{1n}^-\rangle\rangle(\omega) \quad (16.5.7)
\end{aligned}
$$

由于平移对称性,

$$
\langle S_{1m}^z\rangle = \langle S_1^z\rangle, \quad \langle S_{2j}^z\rangle = \langle S_2^z\rangle \quad (16.5.8)
$$

对格林函数做空间傅里叶变换,

$$
\langle\langle S_{1m}^+, S_{1n}^-\rangle\rangle(\omega) = \frac{2}{N}\sum_{\boldsymbol{k}} g_{11}(\boldsymbol{k},\omega)\mathrm{e}^{\mathrm{i}\boldsymbol{k}\cdot(\boldsymbol{m}-\boldsymbol{n})} \quad (16.5.9\mathrm{a})
$$

$$\langle\langle S_{2j}^{+}, S_{1n}^{-}\rangle\rangle(\omega) = \frac{2}{N}\sum_{k} g_{21}(\boldsymbol{k},\omega)\mathrm{e}^{\mathrm{i}\boldsymbol{k}\cdot(\boldsymbol{j}-\boldsymbol{n})} \tag{16.5.9b}$$

求和范围限于三维波矢空间的第一布里渊区. 整个晶体有 N 个格点. 其中两个子晶格各有 $N/2$ 个格点. 每个子晶格磁化强度在本子晶格内作傅里叶变换. 所以第一布里渊区 $\boldsymbol{k}$ 点的数目是 $N/2$. 把 (16.5.9) 式代入 (16.5.5) 和 (16.5.7) 式.

$$\begin{aligned}
&\hbar\omega g_{11}(\boldsymbol{k},\omega)\\
&=2\langle S_1^z\rangle + J\sum_{j}[\langle S_1^z\rangle g_{21}(\boldsymbol{k},\omega)\mathrm{e}^{\mathrm{i}\boldsymbol{k}\cdot(\boldsymbol{j}-\boldsymbol{m})} - \langle S_2^z\rangle g_{11}(\boldsymbol{k},\omega)] + B_z g_{11}(\boldsymbol{k},\omega)\\
&=2\langle S_1^z\rangle + J_{\boldsymbol{k}}\langle S_1^z\rangle g_{21}(\boldsymbol{k},\omega) - J_0\langle S_2^z\rangle g_{11}(\boldsymbol{k},\omega) + B_z g_{11}(\boldsymbol{k},\omega)
\end{aligned} \tag{16.5.10a}$$

$$\begin{aligned}
&\hbar\omega g_{21}(\boldsymbol{k},\omega)\\
&=J\sum_{i}[\langle S_2^z\rangle g_{11}(\boldsymbol{k},\omega)\mathrm{e}^{\mathrm{i}\boldsymbol{k}\cdot(\boldsymbol{j}-\boldsymbol{m})} - \langle S_1^z\rangle g_{21}(\boldsymbol{k},\omega)] + B_z g_{21}(\boldsymbol{k},\omega)\\
&=J_{\boldsymbol{k}}\langle S_2^z\rangle g_{11}(\boldsymbol{k},\omega) - J_0\langle S_1^z\rangle g_{21}(\boldsymbol{k},\omega) + B_z g_{21}(\boldsymbol{k},\omega)
\end{aligned} \tag{16.5.10b}$$

其中定义了

$$J_{\boldsymbol{k}} = J\sum_{j}\mathrm{e}^{\mathrm{i}\boldsymbol{k}\cdot(\boldsymbol{j}-\boldsymbol{m})},\quad J_0 = J_{\boldsymbol{k}=0} = J\sum_{j}1 = zJ \tag{16.5.11}$$

由于我们只考虑最近邻交换作用. 上式的求和只涉及最近邻. 最近邻数记为 z. 至此, 我们得到一组联立方程

$$(\hbar\omega + J_0\langle S_2^z\rangle - B_z)g_{11}(\boldsymbol{k},\omega) - J_{\boldsymbol{k}}\langle S_1^z\rangle g_{21}(\boldsymbol{k},\omega) = 2\langle S_1^z\rangle \tag{16.5.12a}$$

$$-J_{\boldsymbol{k}}\langle S_2^z\rangle g_{11}(\boldsymbol{k},\omega) + (\hbar\omega + J_0\langle S_1^z\rangle - B_z)g_{21}(\boldsymbol{k},\omega) = 0 \tag{16.5.12b}$$

我们现在注意, 哈密顿量对于两个子晶格是完全对称的. 在 (16.5.3) 式中, 交换指标 1 和 2, 哈密顿量不变. 由于这一对称性. 在上面的公式 (16.5.4)~(16.5.11) 中, 交换指标 1 和 2, 公式都是正确的. 我们在 (16.5.12) 式中交换指标 1 和 2, 得到两个新的方程:

$$(\hbar\omega + J_0\langle S_1^z\rangle - B_z)g_{22}(\boldsymbol{k},\omega) - J_{\boldsymbol{k}}\langle S_2^z\rangle g_{12}(\boldsymbol{k},\omega) = 2\langle S_2^z\rangle \tag{16.5.13a}$$

$$-J_{\boldsymbol{k}}\langle S_1^z\rangle g_{22}(\boldsymbol{k},\omega) + (\hbar\omega + J_0\langle S_2^z\rangle - B_z)g_{12}(\boldsymbol{k},\omega) = 0 \tag{16.5.13b}$$

其中两个新的格林函数 $g_{12}(\boldsymbol{k},\omega)$ 和 $g_{22}(\boldsymbol{k},\omega)$ 是由 $\langle\langle S_{1\boldsymbol{m}}^{+}, S_{2\boldsymbol{j}}^{-}\rangle\rangle(\omega)$ 和 $\langle\langle S_{2\boldsymbol{i}}^{+}, S_{2\boldsymbol{j}}^{-}\rangle\rangle(\omega)$ 经过空间傅里叶变换 (16.5.9) 式得到的.

方程组 (16.5.12) 和 (16.5.13) 可写成矩阵形式,

$$[\omega\boldsymbol{I} - \boldsymbol{P}]\boldsymbol{g}_{\eta} = \boldsymbol{F}_{-\eta} \tag{16.5.14}$$

其中 $\boldsymbol{I}$ 是单位矩阵, $\boldsymbol{g}$ 是格林函数矩阵,

$$\boldsymbol{g}(\boldsymbol{k},\omega)=\begin{pmatrix} g_{11}(\boldsymbol{k},\omega) & g_{12}(\boldsymbol{k},\omega) \\ g_{21}(\boldsymbol{k},\omega) & g_{22}(\boldsymbol{k},\omega) \end{pmatrix} \tag{16.5.15}$$

这个格林函数是由下面的算符向量构成的

$$\boldsymbol{g}=\langle\langle A;B\rangle\rangle=\left\langle\left\langle\begin{pmatrix} S_1^+ \\ S_2^+ \end{pmatrix};(S_1^-,S_2^-)\right\rangle\right\rangle \tag{16.5.16}$$

(16.5.14) 式中矩阵 $\boldsymbol{P}$ 是

$$\boldsymbol{P}=\begin{pmatrix} -J_0\langle S_2^z\rangle+B_z & J_{\boldsymbol{k}}\langle S_1^z\rangle \\ J_{\boldsymbol{k}}\langle S_2^z\rangle & -J_0\langle S_1^z\rangle+B_z \end{pmatrix} \tag{16.5.17}$$

F 是算符 A 与 B 的对易关系 $F_\eta=[A,B]_\eta$ (16.5.14) 式对于 η=±1 都适用. 本节的情况是, 如果取 η=1, 那么 F_{-1} 是对角矩阵.

$$\boldsymbol{F}_{-1}=\begin{pmatrix} 2\langle S_1^z\rangle & 0 \\ 0 & 2\langle S_2^z\rangle \end{pmatrix}=[2\langle S_\mu^z\rangle\delta_{\mu\nu}] \tag{16.5.18}$$

(16.5.14) 式写成分量式, 就是

$$\sum_\lambda(\omega\delta_{\mu\lambda}-P_{\mu\lambda})g_{\lambda\nu}=F_{\mu\nu} \tag{16.5.19}$$

此线性方程组的解如下 [6]. 如果矩阵 $\boldsymbol{P}$ 的所有特征值 ω_ν 以及相应的特征向量 $U_{\lambda\nu}$ 都已求出, 即有

$$\sum_\lambda(\omega_\mu\delta_{\mu\lambda}-P_{\mu\lambda})U_{\lambda\nu}=0 \tag{16.5.20}$$

那么, 方程组 (16.5.19) 的解为

$$g_{\mu\nu}=\sum_{\tau,\lambda}\frac{U_{\mu\tau}U_{\tau\lambda}^{-1}}{\omega-\omega_\tau}F_{\lambda\nu} \tag{16.5.21}$$

其中要用到特征向量矩阵 $\boldsymbol{U}$ 与它的逆矩阵 $\boldsymbol{U}^{-1}$. 运用 (16.5.20) 式, 容易验证解 (16.5.21) 式满足方程 (16.5.19).

应该说明, 计算矩阵 $\boldsymbol{P}$ 时没有用到算符 B. 矩阵 $\boldsymbol{P}$ 的所有特征值 ω_ν 是波矢 $\boldsymbol{k}$ 的函数, $\omega_\nu=\omega_\nu(\boldsymbol{k})$, 它就是这个系统的自旋波能谱. 这个能谱由系统本身确定, 不依赖于算符 B 的选择. 相应的特征向量 $U_{\lambda\nu}$ 都是波矢 $\boldsymbol{k}$ 的函数, 且不依赖于算符 B

的选择. 从 (16.5.21) 式知, 格林函数的一级极点就是自旋波能谱. 由于矩阵 $\boldsymbol{P}$ 的本征值就是系统的能谱, 它可称为哈密顿矩阵.

运用谱定理 (15.2.14) 式.

$$\begin{aligned}\langle B_\nu A_\mu\rangle &= \frac{\mathrm{i}}{2\pi}\int_{-\infty}^{\infty}\frac{g_{\mu\nu}(\omega+\mathrm{i}0^+)-g_{\mu\nu}(\omega-\mathrm{i}0^+)}{\mathrm{e}^{\beta\omega}-\eta}\mathrm{d}\omega \\ &= \frac{\mathrm{i}}{2\pi}\int_{-\infty}^{\infty}\frac{\mathrm{d}\omega}{\mathrm{e}^{\beta\omega}-\eta}\sum_{\tau,\lambda}U_{\mu\tau}U_{\tau\lambda}^{-1}\left(\frac{1}{\omega-\omega_\tau+\mathrm{i}0^+}-\frac{1}{\omega-\omega_\tau-\mathrm{i}0^+}\right)F_{-i,\lambda\nu} \\ &= \sum_{\tau,\lambda}U_{\mu\tau}U_{\tau\lambda}^{-1}\int_{-\infty}^{\infty}\frac{\mathrm{d}\omega}{\mathrm{e}^{\beta\omega}-\eta}\delta(\omega-\omega_\tau)F_{-i,\lambda\nu}=\sum_{\tau,\lambda}\frac{U_{\mu\tau}U_{\tau\lambda}^{-1}}{\mathrm{e}^{\beta\omega_\tau}-\eta}F_{-i,\lambda\nu}\end{aligned} \tag{16.5.22}$$

把此式又写成对 $\eta=\pm1$ 都适用的形式. 取 $\eta=1$ 时, F_{-1} 是对角矩阵.

$$F_{-1,\mu\nu}=F_{-1,\mu}\delta_{\mu\nu} \tag{16.5.23}$$

$$\langle B_\nu A_\mu\rangle=\sum_{\tau,\lambda}\frac{U_{\mu\tau}U_{\tau\lambda}^{-1}}{\mathrm{e}^{\beta\omega_\tau}-1}F_{-1,\lambda}\delta_{\lambda\nu}=\sum_{\tau}\frac{U_{\mu\tau}U_{\tau\nu}^{-1}}{\mathrm{e}^{\beta\omega_\tau}-1}F_{-1,\nu} \tag{16.5.24}$$

此处我们只需要计算关联函数矩阵的对角元.

$$\langle B_\mu A_\mu\rangle(\boldsymbol{k})=\sum_{\tau}\frac{U_{\mu\tau}(\boldsymbol{k})U_{\tau\mu}^{-1}(\boldsymbol{k})}{\mathrm{e}^{\beta\omega_\tau(\boldsymbol{k})}-1}F_{-1,\mu} \tag{16.5.25}$$

需要注意的是, 本征值, 本征向量因而关联函数都是动量 $\boldsymbol{k}$ 的函数. 以上为省略起见没有把动量指标明确写出来. 我们在 (16.2.25) 式明确标出变量 $\boldsymbol{k}$. 关联函数应该对所有动量求和.

$$\langle B_\mu A_\mu\rangle=\frac{2}{N}\sum_{\boldsymbol{k}}\langle B_\mu A_\mu\rangle(\boldsymbol{k})=\frac{2}{N}\sum_{\boldsymbol{k}}\sum_{\tau}\frac{U_{\mu\tau}(\boldsymbol{k})U_{\tau\mu}^{-1}(\boldsymbol{k})}{\mathrm{e}^{\beta\omega_\tau(\boldsymbol{k})}-1}F_\mu=\varPhi_\mu F_{-1,\mu} \tag{16.5.26}$$

其中定义了

$$\varPhi_\mu=\frac{2}{N}\sum_{\boldsymbol{k}}\sum_{\tau}\frac{U_{\mu\tau}U_{\tau\mu}^{-1}}{\mathrm{e}^{\beta\omega_\tau}-1} \tag{16.5.27}$$

(16.5.14) 式, (16.5.19)~(16.5.27) 式适用于任意阶矩阵. 我们把它们列在这儿, 以后还会用到. 本例中的矩阵只是二阶的. 由 (16.5.18) 得

$$\langle B_\mu A_\mu\rangle=2\varPhi_\mu\langle S_\mu^z\rangle \tag{16.5.28}$$

我们是用 (16.5.16) 式中的算符来构造格林函数的. 关联函数为

$$\langle S_\mu^- S_\mu^+\rangle=2\varPhi_\mu\langle S_\mu^z\rangle \tag{16.5.29}$$

因为现在取的是 S=1/2, 由 (16.2.5) 式得

$$\langle S_\mu^z\rangle = \frac{1}{2(2\varPhi_\mu + 1)} \tag{16.5.30}$$

此式与 (16.2.27) 式的形式相同. 只是 $\varPhi$ 不一样. 并且每一个子晶格有各自的 $\varPhi$.

现在 (16.5.17) 式的本征值, 也就是自旋波的能谱.

$$\omega_{1,2} = \frac{1}{2}\{2B_z - J_0(\langle S_1^z\rangle + \langle S_2^z\rangle) \pm [J_0^2(\langle S_1^z\rangle - \langle S_2^z\rangle)^2 + 4J_{\boldsymbol{k}}^2\langle S_1^z\rangle\langle S_2^z\rangle]^{1/2}\} \tag{16.5.31}$$

它是实数. 对于每一个磁场值和每一个温度值, 只能通过数值计算得到本征值及其本征向量, 把这些量代入 (16.5.27) 式算得 $\varPhi_\mu$.

16.5.2 无外场

我们来看无外磁场的情况, 这时 B_z=0. 两个子晶格的自发磁化强度大小相等, 方向相反. 因此有

$$\langle S_2^z\rangle = -\langle S_1^z\rangle = -\langle S^z\rangle \tag{16.5.32}$$

这时的能谱的表达式特别简单,

$$\omega_{1,2} = \pm(J_0^2 - J_{\boldsymbol{k}}^2)^{1/2}\langle S^z\rangle \tag{16.5.33}$$

相应的特征向量矩阵及其逆矩阵是

$$\boldsymbol{U} = \begin{pmatrix} J_{\boldsymbol{k}}\langle S^z\rangle/a_1 & J_{\boldsymbol{k}}\langle S^z\rangle/a_2 \\ (\omega_1 - J_0\langle S^z\rangle)/a_1 & (\omega_2 - J_0\langle S^z\rangle)/a_2 \end{pmatrix} \tag{16.5.34a}$$

$$\boldsymbol{U}^{-1} = \frac{1}{J_{\boldsymbol{k}}\langle S^z\rangle(\omega_2 - \omega_1)}\begin{pmatrix} (\omega_2 - J_0\langle S^z\rangle)a_1 & -J_{\boldsymbol{k}}\langle S^z\rangle a_1 \\ -(\omega_1 - J_0\langle S^z\rangle)a_2 & J_{\boldsymbol{k}}\langle S^z\rangle a_2 \end{pmatrix} \tag{16.5.34b}$$

其中

$$\begin{aligned} a_1 &= \sqrt{J_{\boldsymbol{k}}^2\langle S^z\rangle^2 + (\omega_1 - J_0\langle S^z\rangle)^2} \\ a_2 &= \sqrt{J_{\boldsymbol{k}}^2\langle S^z\rangle^2 + (\omega_2 - J_0\langle S^z\rangle)^2} \end{aligned} \tag{16.5.35}$$

代入 (16.5.27) 式,

$$\begin{aligned} \varPhi_1 &= \frac{2}{N}\sum_{\boldsymbol{k}}\frac{1}{\omega_2 - \omega_1}\left[\frac{\omega_2 - J_0\langle S^z\rangle}{e^{\beta\omega_1} - 1} - \frac{\omega_1 - J_0\langle S^z\rangle}{e^{\beta\omega_2} - 1}\right] \\ &= \frac{1}{N}\sum_{\boldsymbol{k}}\frac{1}{\omega_1}\left[\frac{\omega_1 + J_0\langle S^z\rangle}{e^{\beta\omega_1} - 1} + \frac{\omega_1 - J_0\langle S^z\rangle}{e^{-\beta\omega_1} - 1}\right] \\ &= \frac{1}{N}\sum_{\boldsymbol{k}}\left[\frac{J_0\langle S^z\rangle}{\omega_1(\boldsymbol{k})}\coth\frac{\beta\omega_1(\boldsymbol{k})}{2} - 1\right] = \varphi - \frac{1}{2} \end{aligned} \tag{16.5.36a}$$

同理,

$$\Phi_2=\frac{2}{N}\sum_{\boldsymbol{k}}\frac{1}{\omega_2-\omega_1}\left[-\frac{\omega_1-J_0\langle S^z\rangle}{\mathrm{e}^{\beta\omega_1}-1}+\frac{\omega_2-J_0\langle S^z\rangle}{\mathrm{e}^{\beta\omega_2}-1}\right]$$
$$=\frac{1}{N}\sum_{\boldsymbol{k}}\left[-\frac{J_0\langle S^z\rangle}{\omega_1(\boldsymbol{k})}\coth\frac{\beta\omega_1(\mathbf{k})}{2}-1\right]=-\varphi-\frac{1}{2} \tag{16.5.36b}$$

其中

$$\varphi=\frac{1}{N}\sum_{\boldsymbol{k}}\frac{1}{(1-J_{\boldsymbol{k}}^2/J_0^2)^{1/2}}\coth\frac{\beta(J_0^2-J_{\boldsymbol{k}}^2)^{1/2}}{2} \tag{16.5.37}$$

代入 (16.5.30) 式, 得到

$$\langle S_1^z\rangle=\frac{1}{2\varphi},\quad \langle S_2^z\rangle=-\frac{1}{2\varphi} \tag{16.5.38}$$

两个子晶格的自发磁化强度确实是大小相等, 方向相反.

16.5.3 任意自旋量子数 S 的情况

仿照铁磁体的情况, 把作为 B 算符的 S_μ^- 都换成 $\exp(aS_\mu^z)S_\mu^-$. (16.5.16) 式的格林函数换成如下的形式.

$$\boldsymbol{g}=\langle\langle A;B\rangle\rangle=\left\langle\left\langle\begin{pmatrix}S_1^+\\ S_2^+\end{pmatrix};(\exp(aS_1^z)S_1^-,\exp(aS_2^z)S_2^-)\right\rangle\right\rangle \tag{16.5.39}$$

除了少数几个情况, 从 (16.5.4) 式到 (16.5.37) 式推导的公式都正确. 这少数的几个情况是, (16.5.30) 式是自旋 S=1/2 的公式, (16.5.18) 式的对角元应该是

$$\langle[S_\mu^+,\exp(aS_\mu^z)S_\mu^-]\rangle \tag{16.5.40}$$

(16.5.24)~(16.5.29) 式中的关联函数应该写成

$$\langle\exp(aS_\mu^z)S_\mu^-S_\mu^+\rangle \tag{16.5.41}$$

现在仿照 (16.3.8a) 式, 定义函数

$$\psi_\mu(a)=\langle\exp(aS_\mu^z)\rangle \tag{16.5.42}$$

那么 (16.5.40) 式的对易关系可按照 (16.3.9) 式给出. (16.5.41) 式的关联函数的表达可按照 (16.3.10) 式给出. 最后仿照 (16.3.12) 式, 可写出

$$S(S+1)\psi_\mu(a)-\psi_\mu'(a)-\psi_\mu''(a)$$
$$=\{(\mathrm{e}^{-a}-1)[S(S+1)\psi_\mu(a)+\psi_\mu'(a)-\psi_\mu''(a)]+2\psi_\mu'(a)\}\Phi_\mu \tag{16.5.43}$$

由此微分方程解得的磁化强度的表达式自然与 (16.3.19) 式相同.

$$\langle S_\mu^z\rangle=\frac{(\varPhi_\mu+1+S)\varPhi_\mu^{2S+1}-(\varPhi_\mu-S)(\varPhi_\mu+1)^{2S+1}}{(\varPhi_\mu+1)^{2S+1}-\varPhi_\mu^{2S+1}} \tag{16.5.44}$$

求解过程通过以下迭代步骤进行: 在每个温度下, ① 先输入两个子晶格磁化强度 $\langle S_1^z\rangle$ 和 $\langle S_2^z\rangle$ 的初始数值. ② 用 $\langle S_1^z\rangle$ 和 $\langle S_2^z\rangle$ 按 (16.5.17) 式构造 P 矩阵. ③ 解出矩阵 P 的本征值 ω_τ, 对应本征向量矩阵 $U_{\mu\nu}$ 及其逆矩阵 $(U_{\mu\nu})^{-1}$. ④ 由 (16.5.27) 式算出各自的 $\varPhi_\mu$, 当外磁场为零时, $\varPhi_\mu$ 的表达式就是 (16.5.36) 式. ⑤ 从 (16.5.44) 式算出两个子晶格的磁化强度 $\langle S_1^z\rangle$ 和 $\langle S_2^z\rangle$ 的新的数值. 再转到步骤②. 如此反复迭代, 直至收敛.

关联函数 $\langle S_\mu^z S_\mu^z\rangle$ 如下:

$$\langle S_\mu^z S_\mu^z\rangle=S(S+1)-(1+2\varPhi_\mu)\langle S_\mu^z\rangle \tag{16.5.45}$$

以上并没有用到关联函数 $\langle S_\mu^z S_\mu^z\rangle$. 下面在哈密顿量中引进单离子各向异性能之后, 就需要用到这个函数的表达式了.

以上结果对于整数维的情况都成立. 只要在 (16.5.9) 式中分别对一维、二维和三维 $\boldsymbol{k}$ 空间作傅里叶变换即可. 另外在 (16.5.11) 式中 z 分别是一维、二维和三维空间的最近邻数目.

§16.6 铁磁薄膜和反铁磁薄膜 z 分量磁化强度

16.6.1 铁磁薄膜

设铁磁性薄膜 (film) 有 L 单原子层 (monolayer, ML) 组成. 为简单记, 我们设晶格是简立方晶格. 哈密顿量是

$$\begin{aligned}H=&-\frac{1}{2}\sum_{\alpha=1}^{L}J_\alpha\sum_{\boldsymbol{i},\boldsymbol{j}}\mathbf{S}_{\alpha\boldsymbol{i}}\cdot\mathbf{S}_{\alpha\boldsymbol{j}}-\sum_{\alpha=1}^{L}J_{\alpha,\alpha+1}\sum_{\boldsymbol{i}}\mathbf{S}_{\alpha\boldsymbol{i}}\cdot\mathbf{S}_{\alpha+1,\boldsymbol{i}}-\sum_{\alpha=1}^{L}K_{2\alpha}\sum_{\boldsymbol{i}}(S_{\alpha\boldsymbol{i}}^z)^2\\&-B_z\sum_{\alpha=1}^{L}\sum_{\boldsymbol{i}}S_{\alpha\boldsymbol{i}}^z\\=&-\sum_{\alpha=1}^{L}J_\alpha\sum_{\boldsymbol{i},\boldsymbol{j}}(S_{\alpha\boldsymbol{i}}^+S_{\alpha\boldsymbol{j}}^-+S_{\alpha\boldsymbol{i}}^zS_{\alpha\boldsymbol{j}}^z)-\sum_{\alpha=1}^{L}J_{\alpha,\alpha+1}\sum_{\boldsymbol{i}}\left[\frac{1}{2}(S_{\alpha\boldsymbol{i}}^+S_{\alpha+1,\boldsymbol{i}}^-+S_{\alpha\boldsymbol{i}}^-S_{\alpha+1,\boldsymbol{i}}^+)+S_{\alpha\boldsymbol{i}}^zS_{\alpha+1,\boldsymbol{i}}^z\right]\\&-\sum_{\alpha=1}^{L}K_{2\alpha}\sum_{\boldsymbol{i}}(S_{\alpha\boldsymbol{i}}^z)^2-B_z\sum_{\alpha=1}^{L}\sum_{\boldsymbol{i}}S_{\alpha\boldsymbol{i}}^z\end{aligned} \tag{16.6.1}$$

其中下标用希腊字母表示层数, i 和 j 指标每个 ML 内的格点. 前两项是海森伯交换作用. 仍然只考虑最近邻交换. 第三项是单离子各向异性项. 第四项是外场能. 这儿我们用字母 B_z 来表示磁场.

我们现在写的海森伯交换作用是各向同性的. 对于铁磁薄膜, 只有出现某种程度的各向异性, 才会出现自发磁化. Mermin 和 Wagner[9] 已经证明, 对于各向同性的无外场的海森伯哈密顿量, 三维系统有自发磁化强度, 但是一维和二维系统没有自发磁化强度. 原因是低维系统的量子涨落更大. 如果要使低维系统有不为零的磁化强度, 或者是加一外场, 或者系统本身有某种程度的各向异性. 一维和二维海森伯系统中, 只要有微弱的各向异性, 就会出现自发磁化强度.

各向异性的来源有各种原因, 有单离子各向异性, 形状各向异性, 表面各向异性, 应力各向异性, 下面将要提到的偶极相互作用等. 材料中磁性的各向异性可以大致分为两类. 一类是由于材料的形状, 生长的条件, 或者受外界某种作用而导致的各向异性. 这一类可统称为感生各向异性. 如形状各向异性, 表面各向异性, 应力各向异性等. 另一类是晶体本身固有的, 称为磁晶各向异性. 其中最主要的是单离子各向异性. 简单地说, 单个磁性离子上的波函数受到晶体电场 (晶场) 的作用与自旋–轨道耦合作用, 使得磁性离子的总角动量取在某些特定方向上时, 磁性离子的能量才最低. 偏离这些方向, 磁性离子的能量会升高 [10]. 如果磁矩取在某方向上能量最低, 此方向就称为易轴方向. 反之, 如果磁矩取在某方向上能量最高, 此方向就称为难轴方向. 一般来说, 单离子各向异性哈密顿量可表示成 (16.6.1) 式中的形式. 普遍认为, 各向异性的强度 K 比海森伯交换作用的强度 J 要小两个数量级. 单离子各向异性不但在薄膜材料中有, 在体材料中也有, 因而研究体材料时也经常必须加上这一项, 例如见文献 [11].

现在格林函数 $G_{ij}(t-t')=\langle\langle A_i;B_j\rangle\rangle$ 中的算符 A_i 取为

$$A_i=(S_{1i}^+,S_{2i}^+,\cdots,S_{\mu i}^+,\cdots,S_{L-1,i}^+,S_{Li}^+)^{\mathrm{T}} \tag{16.6.2}$$

$$B_j=(B_{1j},B_{2j},\cdots,B_{\mu j},\cdots,B_{L-1,j},B_{Lj}) \tag{16.6.3}$$

算符 B 的具体形式可以先不明确写出来. 仍然用已经过时间傅里叶变换后的运动方程. 第 μ 层第 $\boldsymbol{m}$ 格点的自旋算符 $S_{\mu\boldsymbol{m}}^+$ 与哈密顿量的对易关系为

$$\begin{aligned}[S_{\mu\boldsymbol{m}}^+,H]=&-J_\mu\sum_{\boldsymbol{j}}(S_{\mu\boldsymbol{j}}^+S_{\mu\boldsymbol{m}}^z-S_{\mu\boldsymbol{m}}^+S_{\mu\boldsymbol{j}}^z)-J_{\mu,\mu+1}(S_{\mu\boldsymbol{m}}^zS_{\mu+1,\boldsymbol{m}}^+-S_{\mu\boldsymbol{m}}^+S_{\mu+1,\boldsymbol{m}}^z)\\&-J_{\mu-1,\mu}(S_{\mu-1,\boldsymbol{m}}^+S_{\mu\boldsymbol{m}}^z-S_{\mu-1,\boldsymbol{m}}^zS_{\mu\boldsymbol{m}}^+)+K_{2\mu}(S_{\mu\boldsymbol{m}}^zS_{\mu\boldsymbol{m}}^++S_{\mu\boldsymbol{m}}^+S_{\mu\boldsymbol{m}}^z)+B_zS_{\mu\boldsymbol{m}}^+\end{aligned} \tag{16.6.4}$$

格林函数

$$G_{\mu\nu,\boldsymbol{mn}}=\langle\langle S_{\mu\boldsymbol{m}}^+;B_{\nu\boldsymbol{n}}\rangle\rangle \tag{16.6.5}$$

的运动方程如下：

$$\begin{aligned}\omega\langle\langle S^+_{\mu\boldsymbol{m}};B_{\nu\boldsymbol{n}}\rangle\rangle=&\langle[S^+,B]\rangle\delta_{\mu\nu}\delta_{\boldsymbol{mn}}-J_\mu\sum_{\boldsymbol{j}}(\langle\langle S^+_{\mu\boldsymbol{j}}S^z_{\mu\boldsymbol{m}}-S^+_{\mu\boldsymbol{m}}S^z_{\mu\boldsymbol{j}};B_{\nu\boldsymbol{n}}\rangle\rangle)\\&-J_{\mu,\mu+1}(\langle\langle S^z_{\mu\boldsymbol{m}}S^+_{\mu+1,\boldsymbol{m}}-S^+_{\mu\boldsymbol{m}}S^z_{\mu+1,\boldsymbol{m}};B_{\nu\boldsymbol{n}}\rangle\rangle)\\&-J_{\mu-1,\mu}(\langle\langle S^+_{\mu-1,\boldsymbol{m}}S^z_{\mu\boldsymbol{m}}-S^z_{\mu-1,\boldsymbol{m}}S^+_{\mu\boldsymbol{m}};B_{\nu\boldsymbol{n}}\rangle\rangle)\\&+K_{2\mu}\langle\langle S^z_{\mu\boldsymbol{m}}S^+_{\mu\boldsymbol{m}}+S^+_{\mu\boldsymbol{m}}S^z_{\mu\boldsymbol{m}};B_{\nu\boldsymbol{n}}\rangle\rangle+B_z\langle\langle S^+_{\mu\boldsymbol{m}};B_{\nu\boldsymbol{n}}\rangle\rangle\end{aligned}\tag{16.6.6}$$

在对高阶格林函数做分解近似时，前三项仍然用恰布里科夫分解. 但是单离子各向异性导致的项 $\langle\langle S^z_{\mu\boldsymbol{m}}S^+_{\mu\boldsymbol{m}}+S^+_{\mu\boldsymbol{m}}S^z_{\mu\boldsymbol{m}};B_{\nu\boldsymbol{n}}\rangle\rangle$ 的分解是一个难题，因为其中 $S^z_{\mu\boldsymbol{m}}$ 和 $S^+_{\mu\boldsymbol{m}}$ 是同一格点上的算符. Lines[11] 给出了一个分解方法. 这一方法在一些工作中也有应用 [11~14]. Devlin[15] 对这种方法做过讨论. 不过现在更为常用的是 Anderson 和 Callen(AC)[16] 分解. 这一分解近似的形式为

$$\langle\langle S^z_{\mu\boldsymbol{m}}S^+_{\mu\boldsymbol{m}}+S^+_{\mu\boldsymbol{m}}S^z_{\mu\boldsymbol{m}};B_{\nu\boldsymbol{n}}\rangle\rangle\approx2\langle S^z_{\mu\boldsymbol{m}}\rangle\Theta^{(z)}_{\mu\boldsymbol{m}}\langle\langle S^+_{\mu\boldsymbol{m}};B_{\nu\boldsymbol{n}}\rangle\rangle\tag{16.6.7}$$

其中

$$\Theta^{(z)}_{\mu\boldsymbol{m}}=1-\frac{1}{2S^2}[S(S+1)-\langle S^z_{\mu\boldsymbol{m}}S^z_{\mu\boldsymbol{m}}\rangle]\tag{16.6.8}$$

Devlin[15] 的计算表面，只要各向异性的强度 K 不是太大，AC 分解和 Lines 的分解都是适用的. 也有人 [17] 通过计算比较认为，AC 分解比 Lines 分解要稍优一点. 量子蒙特卡罗 (Quantum Monte Carlo, QMC) 计算表明 [18]，当各向异性的强度 K 较小 (比 J 小两个数量级)，AC 分解的计算结果比较接近 QMC 的计算结果. AC 分解 (16.6.7) 式，(16.6.8) 式的明显的好处是，这个表达式对于任意自旋量子数 S 都普遍适用. 而且由于其形式上的对称性，很容易推广应用到三分量磁化强度的计算. 因此，我们下面总是使用 AC 分解近似. 由于平移不变性，(16.6.8) 式中 $\langle S^z_{\mu\boldsymbol{m}}S^z_{\mu\boldsymbol{m}}\rangle=\langle S^z_\mu S^z_\mu\rangle$，$\Theta^{(z)}_{\mu\boldsymbol{m}}=\Theta^{(z)}_\mu$.

现在 (16.6.6) 式经过分解近似后，成为

$$\begin{aligned}\omega G_{\mu\nu,\boldsymbol{mn}}=&\langle[S^+,B]\rangle\delta_{\mu\nu}\delta_{\boldsymbol{mn}}-J_\mu\sum_{\boldsymbol{j}}(\langle S^z_{\mu\boldsymbol{m}}\rangle G_{\mu\nu,\boldsymbol{jn}}-\langle S^z_{\mu\boldsymbol{j}}\rangle G_{\mu\nu,\boldsymbol{mn}})\\&-J_{\mu,\mu+1}(\langle S^z_{\mu\boldsymbol{m}}\rangle G_{\mu+1\nu,\boldsymbol{mn}}-\langle S^z_{\mu+1,\boldsymbol{m}}\rangle G_{\mu\nu,\boldsymbol{mn}})\\&-J_{\mu-1,\mu}(\langle S^z_{\mu\boldsymbol{m}}\rangle G_{\mu-1\nu,\boldsymbol{mn}}-\langle S^z_{\mu-1,\boldsymbol{m}}\rangle G_{\mu\nu,\boldsymbol{mn}})\\&+K_{2\mu}\Theta^{(z)}_\mu\langle S^z_\mu\rangle G_{\mu\nu,\boldsymbol{mn}}+B_zG_{\mu\nu,\boldsymbol{mn}}\end{aligned}\tag{16.6.9}$$

在二维实空间内做傅里叶变换，

$$G_{\mu\nu,\boldsymbol{mn}}=\frac{1}{N}\sum_{\boldsymbol{k}}g_{\mu\nu}\mathrm{e}^{\mathrm{i}\boldsymbol{k}\cdot(\boldsymbol{m}-\boldsymbol{n})}\tag{16.6.10}$$

此处的 N 是二维平面内的格点数目.

$$\begin{aligned}\omega g_{\mu\nu} =& \langle[S^+, B]\rangle\delta_{\mu\nu} - J_\mu\sum_j(\langle S_\mu^z\rangle \mathrm{e}^{\mathrm{i}\boldsymbol{k}\cdot(\boldsymbol{j}-\boldsymbol{m})}g_{\mu\nu} - J_\mu\sum_j\langle S_\mu^z\rangle g_{\mu\nu})\\ &-J_{\mu,\mu+1}(\langle S_\mu^z\rangle g_{\mu+1\nu} - \langle S_{\mu+1}^z\rangle g_{\mu\nu}) - J_{\mu-1,\mu}(\langle S_\mu^z\rangle g_{\mu-1\nu} - \langle S_{\mu-1}^z\rangle g_{\mu\nu})\\ &+K_{2\mu}\Theta_\mu^{(z)}g_{\mu\nu} + B_z g_{\mu\nu}\end{aligned} \tag{16.6.11}$$

定义

$$J_{\mu\boldsymbol{k}} = J_\mu\sum_j \mathrm{e}^{\mathrm{i}\boldsymbol{k}\cdot(\boldsymbol{j}-\boldsymbol{m})},\quad J_{\mu 0} = J_{\mu\boldsymbol{k}=0} = J_\mu\sum_j 1 = zJ_\mu \tag{16.6.12}$$

其中求和是对一个格点的二维平面内的最近邻求和. 二维层内的最近邻格点数是 z. 将 (16.6.11) 式整理, 得

$$\begin{aligned}&\omega g_{\mu\nu} - (J_{\mu 0}\langle S_\mu^z\rangle - J_{\mu\boldsymbol{k}}\langle S_\mu^z\rangle + J_{\mu,\mu+1}\langle S_{\mu+1}^z\rangle + J_{\mu-1,\mu}\langle S_{\mu-1}^z\rangle + 2K_{2\mu}\langle S_\mu^z\rangle\Theta_\mu^{(z)} + B_z)g_{\mu\nu}\\ &-J_{\mu,\mu+1}\langle S_\mu^z\rangle g_{\mu+1\nu} - J_{\mu-1,\mu}\langle S_\mu^z\rangle g_{\mu-1\nu}]\\ &=\langle[S^+, B]\rangle\delta_{\mu\nu}\end{aligned} \tag{16.6.13}$$

现在我们令

$$P_{\mu\mu} = (J_{\mu 0} - J_{\mu\boldsymbol{k}})\langle S_\mu^z\rangle + J_{\mu,\mu+1}\langle S_{\mu+1}^z\rangle + J_{\mu-1,\mu}\langle S_{\mu-1}^z\rangle + 2K_{2\mu}\langle S_\mu^z\rangle\Theta_\mu^{(z)} + B_z \tag{16.6.14a}$$

$$P_{\mu,\mu+1} = -J_{\mu,\mu+1}\langle S_\mu^z\rangle \tag{16.6.14b}$$

$$P_{\mu,\mu-1} = -J_{\mu-1,\mu}\langle S_\mu^z\rangle \tag{16.6.14c}$$

其中下标 μ 是表示单原子层的, 从 1 至 L. 这里要注意的是: 当 μ=1 时, $J_{0,1}$=0, 当 μ=L 时, $J_{L,L+1}$=0. 再定义矩阵 F, 其矩阵元为

$$F_{\mu\nu} = \langle[S^+, B]\rangle\delta_{\mu\nu} \tag{16.6.15}$$

现在 (16.6.13) 式可以写成矩阵形式,

$$[\omega\boldsymbol{I} - \boldsymbol{P}]\boldsymbol{g} = \boldsymbol{F} \tag{16.6.16}$$

这一形式与 (16.5.14) 式完全相同.(16.5.19)~(16.5.27) 式的公式都适用, 只要记住, 现在的矩阵不是二阶的, 而是 L 阶的. 另外, 现在不用分成两个子晶格, 所以 (16.5.27) 式应写成如下形式:

$$\Phi_\mu = \frac{1}{N}\sum_{\boldsymbol{k}}\sum_\tau\frac{U_{\mu\tau}U_{\tau\mu}^{-1}}{\mathrm{e}^{\beta\omega_\tau} - 1} \tag{16.6.17}$$

$\boldsymbol{P}$ 的矩阵元由 (16.6.14) 式给出. 由 (16.6.14) 式容易看出, $\boldsymbol{P}$ 是三对角实对称矩阵, 因此其本征值和对应的本征向量都一定是实数. 仍然与前面一样, 计算矩阵

$\boldsymbol{P}$ 时没有用到算符 B. 矩阵 $\boldsymbol{P}$ 的所有特征值 ω_ν 是波矢 $\boldsymbol{k}$ 的函数, $\omega_\nu=\omega_\nu(\boldsymbol{k})$, 它就是这个系统的自旋波能谱. 这个能谱由系统本身确定, 相应的特征向量 $U_{\lambda\nu}$ 都是波矢 $\boldsymbol{k}$ 的函数, 它们都不依赖于算符 B 的选择.

把 (16.6.3) 式的 B 算符取成

$$B=\exp(aS^z)S^- \tag{16.6.18}$$

那么, 完全与 (16.3.9) 式和 (16.3.10) 式一样求对易关系和写出关联函数. 最后得到的磁化强度的表达式与 (16.5.44) 式完全一样.

$$\langle S_\mu^z\rangle=\frac{(\varPhi_\mu+1+S)\varPhi_\mu^{2S+1}-(\varPhi_\mu-S)(\varPhi_\mu+1)^{2S+1}}{(\varPhi_\mu+1)^{2S+1}-\varPhi_\mu^{2S+1}} \tag{16.6.19}$$

关联函数 $\langle S_\mu^z S_\mu^z\rangle$ 表达式与 (16.5.45) 式完全一样.

$$\langle S_\mu^z S_\mu^z\rangle=S(S+1)-(1+2\varPhi_\mu)\langle S_\mu^z\rangle \tag{16.6.20}$$

由于单离子各向异性项中有关联函数, 见 (16.6.8) 式, 因此现在需要用到 (16.6.20) 式.

求解过程通过以下迭代步骤进行. 在每个温度下, ① 先输入各层磁化强度 $\langle S_\mu^z\rangle$ 和关联函数 $\langle S_\mu^z S_\mu^z\rangle, \mu=1,2,\cdots,L$ 的初始数值. ② 用 $\langle S_\mu^z\rangle$ 和 $\langle S_\mu^z S_\mu^z\rangle$ 按 (16.6.14) 式构造 $\boldsymbol{P}$ 矩阵. ③ 解出矩阵 P 的本征值 ω_τ, 对应本征向量矩阵 $U_{\mu\nu}$ 及其逆矩阵 $(U_{\mu\nu})^{-1}$. ④ 由 (16.5.27) 式算出各自的 $\varPhi_\mu$. ⑤ 从 (16.6.19) 式算出各层磁化强度 $\langle S_\mu^z\rangle$ 的新的数值. ⑥ 由 (16.6.20) 式算出各层关联函数 $\langle S_\mu^z S_\mu^z\rangle$ 的新的数值. 再转到步骤②. 如此反复迭代, 直至收敛.

在哈密顿量 (16.6.1) 式中, 层与层之间的交换作用 J 既可以大于零, 铁磁作用, 也可以小于零, 反铁磁作用. 各层的交换参量不同, 会导致不同的物理效果. 文献 [19] 研究了两层铁磁薄膜之间反铁磁耦合时磁滞回线的的各种形状, 与实验上测量所得到的形状是一致的.

如果在铁磁薄膜的一个表面加一个固定的偏置场来模拟覆盖在表面的反铁磁层的作用, 那么就可以研究交换偏置的现象 [20].

16.6.2 反铁磁薄膜

设反铁磁性薄膜由 L 个单原子层 (ML) 组成. 为简单记, 我们设晶格是简立方晶格. 反铁磁的构型其实有不止一种情况. 我们只考虑这样一种情况：所有最近邻的自旋都是相互反平行的. 哈密顿量是

$$H=\sum_{\alpha=1}^{L}J_\alpha\sum_{i\mathrm{a},j\mathrm{b}}\boldsymbol{S}_{\alpha i\mathrm{a}}\cdot\boldsymbol{S}_{\alpha j\mathrm{b}}+\sum_{\alpha=1}^{L}J_{\mathrm{ab}\alpha,\alpha+1}\sum_{i\mathrm{a}}\boldsymbol{S}_{\alpha i\mathrm{a}}\cdot\boldsymbol{S}_{\alpha+1,j\mathrm{b}}$$

$$+\sum_{\alpha=1}^{L} J_{\mathrm{ba}\alpha,\alpha+1}\sum_{j\mathrm{b}} \boldsymbol{S}_{\alpha j\mathrm{b}}\cdot \boldsymbol{S}_{\alpha+1,i\mathrm{a}}$$

$$-\sum_{\alpha=1}^{L}\left(\sum_{i\mathrm{a}} K_{2\mathrm{a}\alpha}(S^z_{\alpha i\mathrm{a}})^2+\sum_{j\mathrm{b}} K_{2\mathrm{b}\alpha}(S^z_{\alpha j\mathrm{b}})^2\right)-B_z\sum_{\alpha=1}^{L}\left(\sum_{i\mathrm{a}} S^z_{\alpha i\mathrm{a}}+\sum_{j\mathrm{b}} S^z_{\alpha j\mathrm{b}}\right)$$

$$=\sum_{\alpha=1}^{L} J_\alpha\sum_{i\mathrm{a},j\mathrm{b}}\left[\frac{1}{2}(S^+_{\alpha i\mathrm{a}}S^-_{\alpha j\mathrm{b}}+S^-_{\alpha i\mathrm{a}}S^+_{\alpha j\mathrm{b}})+S^z_{\alpha i\mathrm{a}}S^z_{\alpha j\mathrm{b}}\right]$$

$$+\sum_{\alpha=1}^{L}\sum_{i} J_{\mathrm{ab}\alpha,\alpha+1}\left[\frac{1}{2}(S^+_{\alpha i\mathrm{a}}S^-_{\alpha+1,i\mathrm{b}}+S^-_{\alpha i\mathrm{a}}S^+_{\alpha+1,i\mathrm{b}})+S^z_{\alpha i\mathrm{a}}S^z_{\alpha+1,i\mathrm{b}}\right]$$

$$-\sum_{\alpha=1}^{L}\sum_{j\mathrm{b}} J_{\mathrm{ba}\alpha,\alpha+1}\left[\frac{1}{2}(S^+_{\alpha j\mathrm{b}}S^-_{\alpha+1,j\mathrm{a}}+S^-_{\alpha j\mathrm{b}}S^+_{\alpha+1,j\mathrm{a}})+S^z_{\alpha j\mathrm{b}}S^z_{\alpha+1,j\mathrm{a}}\right]$$

$$-\sum_{\alpha=1}^{L}\left(\sum_{i\mathrm{a}} K_{2\mathrm{a}\alpha}(S^z_{\alpha i\mathrm{a}})^2+\sum_{j\mathrm{b}} K_{2\mathrm{b}\alpha}(S^z_{\alpha j\mathrm{b}})^2\right)-B_z\sum_{\alpha=1}^{L}\left(\sum_{i\mathrm{a}} S^z_{\alpha i\mathrm{a}}+\sum_{j\mathrm{b}} S^z_{\alpha j\mathrm{b}}\right) \tag{16.6.21}$$

在每一层内分为两个子晶格, 自旋朝下的子晶格用下标 a, 自旋朝下的子晶格用下标 b 表示. 求和符号中, ia 表示只对子晶格 a 中的格点求和, jb 表示只对子晶格 b 中的格点求和. 我们仍然只考虑最近邻交换. 按照此式中符号的写法, 当各交换作用参量 $J>0$ 时, 是反铁磁平行能量低的状态.

现在格林函数 $G(t-t')=\langle\langle A;B\rangle\rangle$ 中的算符 A 取为

$$A=(S^+_{1\mathrm{a}},S^+_{1\mathrm{b}},S^+_{2\mathrm{a}},S^+_{2\mathrm{b}},\cdots,S^+_{\mu\mathrm{a}},S^+_{\mu\mathrm{b}},\cdots,S^+_{L-1\mathrm{a}},S^+_{L-1\mathrm{b}},S^+_{L\mathrm{a}},S^+_{L\mathrm{b}})^{\mathrm{T}} \tag{16.6.22}$$

$$B=(B_{1\mathrm{a}},B_{1\mathrm{b}},B_{2\mathrm{a}},B_{2\mathrm{b}},\cdots,B_{\mu\mathrm{a}},B_{\mu\mathrm{b}},\cdots,B_{L-1\mathrm{a}},B_{L-1\mathrm{b}},B_{L\mathrm{a}},B_{L\mathrm{b}}) \tag{16.6.23}$$

算符 B 的具体形式仍然先不明确写出来. 仍然用已经过时间傅里叶变换后的运动方程. 第 μ 层 a 子晶格第 m 格点的自旋算符 $S^+_{\mu m\mathrm{a}}$ 与哈密顿量的对易关系如下：

$$\begin{aligned}[S^+_{\mu m\mathrm{a}},H]=&J_\mu\sum_{j\mathrm{b}}(S^+_{\mu j\mathrm{b}}S^z_{\mu m\mathrm{a}}-S^+_{\mu m\mathrm{a}}S^z_{\mu j\mathrm{b}})+J_{\mathrm{ab}\mu,\mu+1}(S^z_{\mu m\mathrm{a}}S^+_{\mu+1,m\mathrm{b}}-S^+_{\mu m\mathrm{a}}S^z_{\mu+1,m\mathrm{b}})\\&+J_{\mathrm{ba}\mu-1,\mu}(S^+_{\mu-1,m\mathrm{b}}S^z_{\mu m\mathrm{a}}-S^z_{\mu-1,m\mathrm{b}}S^+_{\mu m\mathrm{a}})+K_{2\mathrm{a}\mu}(S^z_{\mu m\mathrm{a}}S^+_{\mu m\mathrm{a}}+S^+_{\mu m\mathrm{a}}S^z_{\mu m\mathrm{a}})+B_zS^+_{\mu m\mathrm{a}}\end{aligned} \tag{16.6.24a}$$

在哈密顿量 (16.6.21) 式中关于指标 a 和 b 是对称的, 因此在 (16.6.24a) 式中交换指标 a 和 b, 得到 b 子晶格第 j 格点的自旋算符 $S^+_{\mu j\mathrm{b}}$ 与哈密顿量的对易关系

$$\begin{aligned}[S^+_{\mu m\mathrm{b}},H]=&J_\mu\sum_{j\mathrm{a}}(S^+_{\mu j\mathrm{a}}S^z_{\mu m\mathrm{b}}-S^+_{\mu m\mathrm{b}}S^z_{\mu j\mathrm{a}})+J_{\mathrm{ba}\mu,\mu+1}(S^z_{\mu m\mathrm{b}}S^+_{\mu+1,m\mathrm{a}}-S^+_{\mu m\mathrm{b}}S^z_{\mu+1,m\mathrm{a}})\\&+J_{\mathrm{ab}\mu-1,\mu}(S^+_{\mu-1,m\mathrm{a}}S^z_{\mu m\mathrm{b}}-S^z_{\mu-1,m\mathrm{a}}S^+_{\mu m\mathrm{b}})+K_{2\mathrm{b}\mu}(S^z_{\mu m\mathrm{b}}S^+_{\mu m\mathrm{b}}+S^+_{\mu m\mathrm{b}}S^z_{\mu m\mathrm{b}})+B_zS^+_{\mu m\mathrm{b}}\end{aligned} \tag{16.6.24b}$$

格林函数

$$G_{\mu\nu,\boldsymbol{mn},\mathrm{aa}} = \langle\langle S^+_{\mu\boldsymbol{m}\mathrm{a}}; B_{\nu\boldsymbol{n}\mathrm{a}}\rangle\rangle \tag{16.6.25}$$

的运动方程如下:

$$\begin{aligned}\omega\langle\langle S^+_{\mu\boldsymbol{m}\mathrm{a}}; B_{\nu\boldsymbol{n}\mathrm{a}}\rangle\rangle =& -J_\mu \sum_{\boldsymbol{j}\mathrm{b}} \langle\langle S^+_{\mu\boldsymbol{j}\mathrm{b}} S^z_{\mu\boldsymbol{m}\mathrm{a}} - S^+_{\mu\boldsymbol{m}\mathrm{a}} S^z_{\mu\boldsymbol{j}\mathrm{b}}; B_{\nu\boldsymbol{n}\mathrm{a}}\rangle\rangle \\ &+ J_{\mathrm{ab}\mu,\mu+1}\langle\langle S^z_{\mu\boldsymbol{m}\mathrm{a}} S^+_{\mu+1,\boldsymbol{m}\mathrm{b}} - S^+_{\mu\boldsymbol{m}\mathrm{a}} S^z_{\mu+1,\boldsymbol{m}\mathrm{b}}; B_{\nu\boldsymbol{n}\mathrm{a}}\rangle\rangle \\ &+ J_{\mathrm{ba}\mu-1,\mu}\langle\langle S^+_{\mu-1,\boldsymbol{m}\mathrm{b}} S^z_{\mu\boldsymbol{m}\mathrm{a}} - S^z_{\mu-1,\boldsymbol{m}\mathrm{b}} S^+_{\mu\boldsymbol{m}\mathrm{a}}; B_{\nu\boldsymbol{n}\mathrm{a}}\rangle\rangle \\ &+ K_{2\mathrm{a}\mu}\langle\langle S^z_{\mu\boldsymbol{m}\mathrm{a}} S^+_{\mu\boldsymbol{m}\mathrm{a}} + S^+_{\mu\boldsymbol{m}\mathrm{a}} S^z_{\mu\boldsymbol{m}\mathrm{a}}; B_{\nu\boldsymbol{n}\mathrm{a}}\rangle\rangle + B_z\langle\langle S^+_{\mu\boldsymbol{m}\mathrm{a}}; B_{\nu\boldsymbol{n}\mathrm{a}}\rangle\rangle\end{aligned} \tag{16.6.26}$$

把高阶格林函数做分解近似后, 成为

$$\begin{aligned}\omega G_{\mu\nu,\boldsymbol{mn},\mathrm{aa}} =& \langle[S^+, B]\rangle\delta_{\mu\nu}\delta_{\boldsymbol{mn}} + J_\mu\sum_{\boldsymbol{j}\mathrm{b}}\langle S^z_{\mu\mathrm{a}}\rangle G_{\mu\nu,\boldsymbol{jn},\mathrm{ba}} - J_\mu\sum_{\boldsymbol{j}\mathrm{b}}\langle S^z_{\mu\mathrm{b}}\rangle G_{\mu\nu,\boldsymbol{mn},\mathrm{aa}} \\ &+ J_{\mathrm{ab}\mu,\mu+1}\langle S^z_{\mu\mathrm{a}}\rangle G_{\mu+1\nu,\boldsymbol{mn},\mathrm{ba}} - J_{\mathrm{ab}\mu,\mu+1}\langle S^z_{\mu+1,\mathrm{b}}\rangle G_{\mu\nu,\boldsymbol{mn},\mathrm{aa}} \\ &+ J_{\mathrm{ba}\mu-1,\mu}\langle S^z_{\mu\mathrm{a}}\rangle G_{\mu-1\nu,\boldsymbol{mn},\mathrm{ba}} - J_{\mathrm{ba}\mu-1,\mu}\langle S^z_{\mu-1,\mathrm{b}}\rangle G_{\mu\nu,\boldsymbol{mn},\mathrm{aa}} \\ &+ K_{2\mathrm{a}\mu}2\langle S^z_{\mu\mathrm{a}}\rangle\Theta_{\mu\mathrm{a}}G_{\mu\nu,\boldsymbol{mn},\mathrm{aa}} + B_z G_{\mu\nu,\boldsymbol{mn},\mathrm{aa}}\end{aligned} \tag{16.6.27}$$

其中对单离子各向异性项已经用到了 AC 分解 (16.6.7) 式.

在二维实空间内作傅里叶变换.

$$G_{\mu\nu,\boldsymbol{mn},\mathrm{aa}} = \frac{1}{N_{\mathrm{2D}}}\sum_{\boldsymbol{k}} g_{\mu\nu,\mathrm{aa}}\mathrm{e}^{\mathrm{i}\boldsymbol{k}\cdot(\boldsymbol{m}-\boldsymbol{n})} \tag{16.6.28a}$$

$$G_{\mu\nu,\boldsymbol{mn},\mathrm{ba}} = \frac{1}{N_{\mathrm{2D}}}\sum_{\boldsymbol{k}} g_{\mu\nu,\mathrm{ba}}\mathrm{e}^{\mathrm{i}\boldsymbol{k}\cdot(\boldsymbol{m}-\boldsymbol{n})} \tag{16.6.28b}$$

得到

$$\begin{aligned}\omega g_{\mu\nu,\mathrm{aa}} =& \langle[S^+, B]\rangle\delta_{\mu\nu} + J_{\mu\boldsymbol{k}}\langle S^z_{\mu\mathrm{a}}\rangle g_{\mu\nu,\mathrm{ba}} - J_{\mu0}\langle S^z_{\mu\mathrm{b}}\rangle g_{\mu\nu,\mathrm{aa}} \\ &+ J_{\mathrm{ab}\mu,\mu+1}\langle S^z_{\mu\mathrm{a}}\rangle g_{\mu+1\nu,\mathrm{ba}} - J_{\mathrm{ab}\mu,\mu+1}\langle S^z_{\mu+1,\mathrm{b}}\rangle g_{\mu\nu,\mathrm{aa}} \\ &+ J_{\mathrm{ba}\mu-1,\mu}\langle S^z_{\mu\mathrm{a}}\rangle g_{\mu-1\nu,\mathrm{ba}} - J_{\mathrm{ba}\mu-1,\mu}\langle S^z_{\mu-1,\mathrm{b}}\rangle g_{\mu\nu,\mathrm{aa}} \\ &+ K_{2\mathrm{a}\mu}2\langle S^z_{\mu\mathrm{a}}\rangle\Theta_{\mu\mathrm{a}}g_{\mu\nu,\mathrm{aa}} + B_z g_{\mu\nu,\mathrm{aa}}\end{aligned} \tag{16.6.29}$$

其中定义

$$J_{\mu\boldsymbol{k}} = J_\mu\sum_{\boldsymbol{j}}\mathrm{e}^{\mathrm{i}\boldsymbol{k}\cdot(\boldsymbol{j}-\boldsymbol{m})}, \quad J_{\mu0} = J_{\mu\boldsymbol{k}=0} = J_\mu\sum_{\boldsymbol{j}}1 = zJ_\mu \tag{16.6.30}$$

其中求和是对一个格点的二维平面内的最近邻求和. 二维层内的最近邻格点数是 z.

将 (16.6.29) 式整理后, 得

$$\begin{aligned}&\omega g_{\mu\nu,\mathrm{aa}}-\{[-J_{\mu 0}\langle S_{\mu\mathrm{b}}^z\rangle-J_{\mathrm{ab}\mu,\mu+1}\langle S_{\mu+1,\mathrm{b}}^z\rangle-J_{\mathrm{ba}\mu-1,\mu}\langle S_{\mu-1,\mathrm{b}}^z\rangle\\&+K_{2\mathrm{a}\mu}2\langle S_{\mu\mathrm{a}}^z\rangle\Theta_{\mu\mathrm{a}}+B_z]g_{\mu\nu,\mathrm{aa}}\\&+J_{\mathrm{ba}\mu-1,\mu}\langle S_{\mu\mathrm{a}}^z\rangle g_{\mu-1\nu,\mathrm{ba}}+J_{\mu\boldsymbol{k}}\langle S_{\mu\mathrm{a}}^z\rangle g_{\mu\nu,\mathrm{ba}}+J_{\mathrm{ab}\mu,\mu+1}\langle S_{\mu\mathrm{a}}^z\rangle g_{\mu+1\nu,\mathrm{ba}}\}\\=\ &\langle[S^+,B]\rangle\delta_{\mu\nu}\end{aligned}\tag{16.6.31a}$$

同理, 我们从格林函数 $G_{\mu\nu,\boldsymbol{mn},\mathrm{ba}}=\langle\langle S_{\mu\boldsymbol{m}\mathrm{b}}^+;B_{\nu\boldsymbol{n}\mathrm{a}}\rangle\rangle$ 的运动方程可以得到

$$\begin{aligned}&\omega g_{\mu\nu,\mathrm{ba}}-\{[-J_{\mu 0}\langle S_{\mu\mathrm{a}}^z\rangle-J_{\mathrm{ba}\mu,\mu+1}\langle S_{\mu+1,\mathrm{a}}^z\rangle-J_{\mathrm{ab}\mu-1,\mu}\langle S_{\mu-1,\mathrm{a}}^z\rangle\\&+K_{2\mathrm{b}\mu}2\langle S_{\mu\mathrm{b}}^z\rangle\Theta_{\mu\mathrm{b}}+B_z]g_{\mu\nu,\mathrm{ba}}\\&+J_{\mathrm{ab}\mu-1,\mu}\langle S_{\mu\mathrm{b}}^z\rangle g_{\mu-1\nu,\mathrm{aa}}+J_{\mu\boldsymbol{k}}\langle S_{\mu\mathrm{b}}^z\rangle g_{\mu\nu,\mathrm{aa}}+J_{\mathrm{ba}\mu,\mu+1}\langle S_{\mu\mathrm{b}}^z\rangle g_{\mu+1\nu,\mathrm{aa}}\}\\=\ &\langle[S^+,B]\rangle\delta_{\mu\nu}\end{aligned}\tag{16.6.31b}$$

现在 (16.6.31) 式又可以写成 (16.6.16) 式的形式,

$$[\omega\boldsymbol{I}-\boldsymbol{P}]\boldsymbol{g}=\boldsymbol{F}\tag{16.6.32}$$

$$\boldsymbol{P}=\begin{pmatrix}\boldsymbol{\Gamma}^{1,1}&\boldsymbol{\Gamma}^{1,2}&\boldsymbol{\Gamma}^{1,3}&0&\cdots&0&0&0&0\\\boldsymbol{\Gamma}^{2,1}&\boldsymbol{\Gamma}^{2,2}&\boldsymbol{\Gamma}^{2,3}&0&\cdots&0&0&0&0\\0&\boldsymbol{\Gamma}^{3,2}&\boldsymbol{\Gamma}^{3,3}&\boldsymbol{\Gamma}^{3,4}&\cdots&0&0&0&0\\0&0&\boldsymbol{\Gamma}^{4,3}&\boldsymbol{\Gamma}^{4,4}&\cdots&0&0&0&0\\\vdots&\vdots&\vdots&\vdots&&\vdots&\vdots&\vdots&\vdots\\0&0&0&0&\cdots&\boldsymbol{\Gamma}^{L-3,L-3}&\boldsymbol{\Gamma}^{L-3,L-2}&0&0\\0&0&0&0&\cdots&\boldsymbol{\Gamma}^{L-2,L-3}&\boldsymbol{\Gamma}^{L-2,L-2}&\boldsymbol{\Gamma}^{L-2,L-1}&0\\0&0&0&0&\cdots&0&\boldsymbol{\Gamma}^{L-1,L-2}&\boldsymbol{\Gamma}^{L-1,L-1}&\boldsymbol{\Gamma}^{L-1,L}\\0&0&0&0&\cdots&0&0&\boldsymbol{\Gamma}^{L,L-1}&\boldsymbol{\Gamma}^{L,L}\end{pmatrix}\tag{16.6.33}$$

其中每一个 $\boldsymbol{\Gamma}$ 都是一个二阶矩阵.

$$\boldsymbol{\Gamma}^{\mu,\mu}=\begin{pmatrix}H_{\mu\mathrm{a}}&J_{\mu\boldsymbol{k}}\langle S_{\mu\mathrm{a}}^z\rangle\\J_{\mu\boldsymbol{k}}\langle S_{\mu\mathrm{b}}^z\rangle&H_{\mu\mathrm{b}}\end{pmatrix}\tag{16.6.34a}$$

$$\boldsymbol{\Gamma}^{\mu,\mu+1}=\begin{pmatrix}0&J_{\mathrm{ab}\mu\mu+1}\langle S_{\mu\mathrm{a}}^z\rangle\\J_{\mathrm{ba}\mu\mu+1}\langle S_{\mu\mathrm{b}}^z\rangle&0\end{pmatrix}\tag{16.6.34b}$$

$$\boldsymbol{\Gamma}^{\mu-1,\mu}=\begin{pmatrix}0&J_{\mathrm{ba}\mu-1\mu}\langle S_{\mu\mathrm{a}}^z\rangle\\J_{\mathrm{ab}\mu-1\mu}\langle S_{\mu\mathrm{b}}^z\rangle&0\end{pmatrix}\tag{16.6.34c}$$

其中矩阵元 $H_{\mu\mathrm{a}}$ 和 $H_{\mu\mathrm{b}}$ 的表达式如下:

$$H_{\mu\mathrm{a}} = K_{2\mathrm{a}\mu}2\langle S^z_{\mu\mathrm{a}}\rangle\Theta_{\mu\mathrm{a}} + B_z - J_{\mu0}\langle S^z_{\mu\mathrm{b}}\rangle - J_{\mathrm{ab}\mu,\mu+1}\langle S^z_{\mu+1,\mathrm{b}}\rangle - J_{\mathrm{ba}\mu-1,\mu}\langle S^z_{\mu-1,\mathrm{b}}\rangle \tag{16.6.35a}$$

$$H_{\mu\mathrm{b}} = K_{2\mathrm{b}\mu}2\langle S^z_{\mu\mathrm{b}}\rangle\Theta_{\mu\mathrm{b}} + B_z - J_{\mu0}\langle S^z_{\mu\mathrm{a}}\rangle - J_{\mathrm{ba}\mu,\mu+1}\langle S^z_{\mu+1,\mathrm{a}}\rangle - J_{\mathrm{ab}\mu-1,\mu}\langle S^z_{\mu-1,\mathrm{a}}\rangle \tag{16.6.35b}$$

只要注意现在 (16.6.32) 式中的哈密顿矩阵 $\boldsymbol{P}$ 是 $2L$ 阶的 (因为有 L 个 ML, 每一层要分成两个子晶格), 其余的做法就与铁磁薄膜的情况完全一样.

矩阵 $\boldsymbol{P}$ 的所有特征值 ω_ν 是波矢 $\boldsymbol{k}$ 的函数, $\omega_\nu=\omega_\nu(\boldsymbol{k})$, 它就是这个系统的自旋波能谱. 相应的特征向量 $U_{\lambda\nu}$ 都是波矢 $\boldsymbol{k}$ 的函数. 本征值和本征能谱都不依赖于算符 B 的选择. 现在矩阵 $\boldsymbol{P}$ 不是三对角的, 而且也不是对称矩阵. 但是计算表面, 这是计算出来的本征值依然都是实数. 相应地, 本征向量也都是实数.

求解过程通过以下迭代步骤进行. 在每个温度下, ① 先输入各层各子晶格磁化强度 $\langle S^z_{\mu\mathrm{a}}\rangle$, $\langle S^z_{\mu\mathrm{b}}\rangle$ 和关联函数 $\langle S^z_{\mu\mathrm{a}}S^z_{\mu\mathrm{a}}\rangle$, $\langle S^z_{\mu\mathrm{b}}S^z_{\mu\mathrm{b}}\rangle\mu=1, 2, \cdots, L$ 的初始数值. ② 用 $\langle S^z_{\mu\mathrm{a}}\rangle$, $\langle S^z_{\mu\mathrm{b}}\rangle$ 和 $\langle S^z_{\mu\mathrm{a}}S^z_{\mu\mathrm{a}}\rangle$, $\langle S^z_{\mu\mathrm{b}}S^z_{\mu\mathrm{b}}\rangle$ 按 (16.6.33)~(16.6.35) 式构造 $\boldsymbol{P}$ 矩阵. ③ 解出矩阵 $\boldsymbol{P}$ 的本征值 ω_τ, 对应本征向量矩阵 $U_{\mu\nu}$ 及其逆矩阵 $(U_{\mu\nu})^{-1}$. ④ 由 (16.5.27) 式算出各自的 $\Phi_{\mu\mathrm{a}}$ 和 $\Phi_{\mu\mathrm{b}}$. ⑤ 从 (16.6.19) 式算出各层磁化强度 $\langle S^z_{\mu\mathrm{a}}\rangle$, $\langle S^z_{\mu\mathrm{b}}\rangle$ 的新的数值. ⑥ 由 (16.6.20) 式算出各层关联函数 $\langle S^z_{\mu\mathrm{a}}S^z_{\mu\mathrm{a}}\rangle$ 和 $\langle S^z_{\mu\mathrm{b}}S^z_{\mu\mathrm{b}}\rangle$ 的新的数值. 再转到步骤②. 如此反复迭代, 直至收敛.

§16.7 格点上双自旋的磁性系统

16.7.1 模型哈密顿量与公式推导

作为一个模型, 我们考虑一个格点上有两个自旋的情况. 这一模型首先由文献 [21] 提出. 后来文献 [22] 加上了各向异性项. 但是这两篇文献都只计算了这个系统的某些性质, 并且都只考虑铁磁系统. 我们对这个模型的哈密顿量做了详细的研究, 考虑了所有可能的参数的情况, 包括铁磁性和反铁磁性 [23,24].

我们假定是简立方晶格. 每个格点上有两个自旋. 这两个自旋分别记为 S^{d} 和 S^{t}. 为以后叙述方便计, 我们称每一个自旋为亚自旋. 考虑到可能有反铁磁交换, 把晶格分为两个子晶格. 其中格点内的两个自旋之间, 相邻格点之间的交换参量如图 16.3. 格点内部和相邻格点之间的交换参量. J_0 是格点内部的两个自旋之间的交换参量, 称为在位交换参量. J_1 是相邻格点的 S^{d} 自旋之间的交换参量, J_2 是相邻格点的 S^{t} 自旋之间的交换参量. 称 J_1 和 J_2 为直接交换参量. J_3 是相邻格点的 S^{d} 和 S^{t} 自旋之间的交叉交换参量. 各交换作用参量 $J>0$ 时, 表示铁磁性作用. 当交换作用参量 $J<0$ 时, 表示反铁磁性作用.

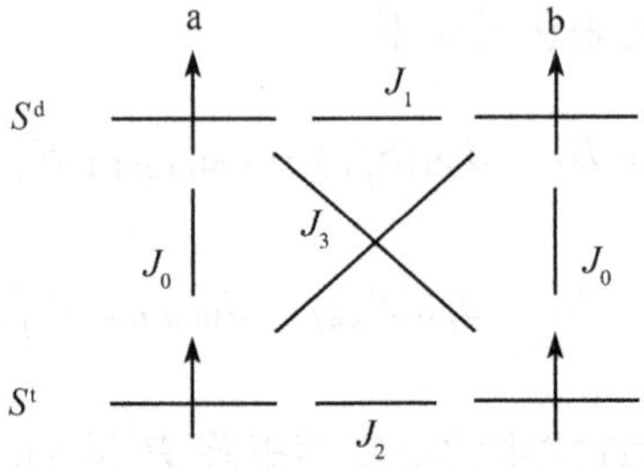

图 16.3　格点内部和相邻格点之间交换作用的示意图

这一系统的哈密顿量如下:

$$
\begin{aligned}
H=&-\sum_{i\mathrm{a},j\mathrm{b}}(S_{i\mathrm{a}}^{\mathrm{d}}S_{j\mathrm{a}}^{\mathrm{t}})\begin{pmatrix}J_1 & J_3\\ J_3 & J_2\end{pmatrix}\begin{pmatrix}S_{i\mathrm{b}}^{\mathrm{d}}\\ S_{j\mathrm{b}}^{\mathrm{t}}\end{pmatrix}\\
&-\frac{1}{2}\sum_{i\mathrm{a}}(S_{i\mathrm{a}}^{\mathrm{d}}\ S_{i\mathrm{a}}^{\mathrm{t}})\begin{pmatrix}0 & J_0\\ J_0 & 0\end{pmatrix}\begin{pmatrix}S_{i\mathrm{a}}^{\mathrm{d}}\\ S_{i\mathrm{a}}^{\mathrm{t}}\end{pmatrix}-\frac{1}{2}\sum_{j\mathrm{b}}(S_{j\mathrm{b}}^{\mathrm{d}}\ S_{j\mathrm{b}}^{\mathrm{t}})\begin{pmatrix}0 & J_0\\ J_0 & 0\end{pmatrix}\begin{pmatrix}S_{j\mathrm{b}}^{\mathrm{d}}\\ S_{j\mathrm{b}}^{\mathrm{t}}\end{pmatrix}\\
&-\sum_{i\mathrm{a}}(S_{i\mathrm{a}}^{\mathrm{d}}\ S_{i\mathrm{a}}^{\mathrm{t}})\begin{pmatrix}D_0 & 0\\ 0 & D_0\end{pmatrix}\begin{pmatrix}S_{i\mathrm{a}}^{\mathrm{d}}\\ S_{i\mathrm{a}}^{\mathrm{t}}\end{pmatrix}-\sum_{j\mathrm{b}}(S_{j\mathrm{b}}^{\mathrm{d}}\ S_{j\mathrm{b}}^{\mathrm{t}})\begin{pmatrix}D_0 & 0\\ 0 & D_0\end{pmatrix}\begin{pmatrix}S_{j\mathrm{b}}^{\mathrm{d}}\\ S_{j\mathrm{b}}^{\mathrm{t}}\end{pmatrix}
\end{aligned}
\tag{16.7.1}
$$

其中第一项是相邻格点上的自旋之间的交换作用. 第二和第三两项表示同一格点内部两个自旋之间的交换作用. 前三项的作用如图 16.3 表示. 求和符号中, ia 表示只对子晶格 a 中的格点求和, jb 表示只对子晶格 b 中的格点求和. 我们仍然只考虑最近邻交换. 最后两项表示每个自旋具有的单离子各向异性. 为避免参量过多, 我们假设了两个子晶格内部的交换参量 J_0 是相同的, 每个自旋的单离子各向异性 D_0 也是相同的. 两个子晶格的 S^{d} 和 S^{t} 的自旋量子数分别相同, 即, $S_{\mathrm{a}}^{\mathrm{d}}=S_{\mathrm{b}}^{\mathrm{d}}=S^{\mathrm{d}}$ 和 $S_{\mathrm{a}}^{\mathrm{t}}=S_{\mathrm{b}}^{\mathrm{t}}=S^{\mathrm{t}}$.

从物理上考虑, 系统中有两个子晶格并且具有平移不变性, 这个系统中的有序状态就应该是如图 16.4 所示. 其中 A 和 B 是铁磁态. C 和 D 是反铁磁态. E 和 F 是混合态. 状态 E 和 F 没有实质性的区别, 为了叙述方便起见, 画成两个状态. 每个状态中, 上一行线表示 S^{d}, 下一行线表示 S^{t}. 箭头的长度并不代表磁化强度的大小.

现在组成推迟格林函数的四个亚自旋算符:

$$
\begin{aligned}
A&=(S_{\mathrm{a}}^{\mathrm{d}+},S_{\mathrm{a}}^{\mathrm{d}+},S_{\mathrm{b}}^{\mathrm{t}+},S_{\mathrm{b}}^{\mathrm{t}+})=(S_1^+,S_2^+,S_3^+,S_4^+)\\
B&=(\exp(aS_{\mathrm{a}}^{\mathrm{d}z})S_{\mathrm{a}}^{\mathrm{d}-},\exp(aS_{\mathrm{a}}^{\mathrm{t}z})S_{\mathrm{a}}^{\mathrm{t}-},\exp(aS_{\mathrm{b}}^{\mathrm{t}z})S_{\mathrm{b}}^{\mathrm{t}-},\exp(aS_{\mathrm{b}}^{\mathrm{t}z})S_{\mathrm{b}}^{\mathrm{t}-})
\end{aligned}
\tag{16.7.2}
$$

其中为了叙述方便起见, 把 A 中的四个算符记为 S_μ^+, α=1, 2, 3, 4. B 中的四个算符可以同样顺序标记. 仍然如上节一样, 计算各 S_μ^+ 与哈密顿量 (16.7.1) 式

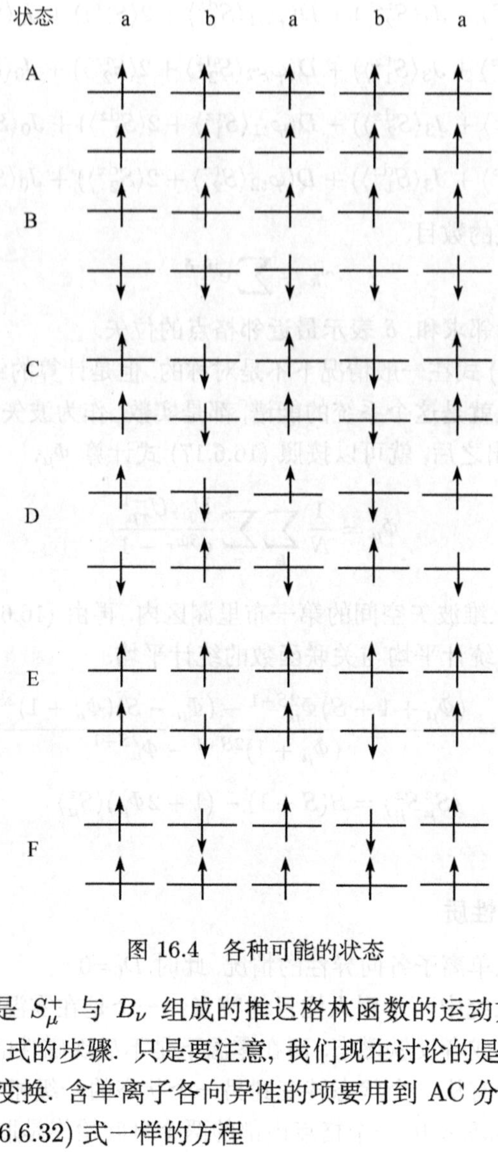

图 16.4 各种可能的状态

的对易关系, 然后是 S_μ^+ 与 B_ν 组成的推迟格林函数的运动方程. 可以完全仿造 (16.6.24)~(16.6.31) 式的步骤. 只是要注意, 我们现在讨论的是三维系统, 所以要在三维空间作傅里叶变换. 含单离子各向异性的项要用到 AC 分解 (16.6.7) 式.

最后得到如 (16.6.32) 式一样的方程

$$[\omega \boldsymbol{I} - \boldsymbol{P}]\boldsymbol{g} = \boldsymbol{F} \tag{16.7.3}$$

其中的矩阵都是四阶的, 因为现在算符是四个, 见 (16.7.2) 式. 矩阵 P 如下：

$$\boldsymbol{P} = \begin{pmatrix} P_{11} & -J_1\langle S_1^{\mathrm{d}z}\rangle\gamma_{\boldsymbol{k}} & -J_0\langle S_1^{\mathrm{d}z}\rangle & -J_3\langle S_1^{\mathrm{d}z}\rangle\gamma_{\boldsymbol{k}} \\ -J_1\langle S_2^{\mathrm{d}z}\rangle\gamma_{\boldsymbol{k}} & P_{22} & -J_3\langle S_2^{\mathrm{d}z}\rangle\gamma_{\boldsymbol{k}} & -J_0\langle S_2^{\mathrm{d}z}\rangle \\ -J_0\langle S_1^{\mathrm{t}z}\rangle & -J_3\langle S_1^{\mathrm{t}z}\rangle\gamma_{\boldsymbol{k}} & P_{33} & -J_2\langle S_1^{\mathrm{t}z}\rangle\gamma_{\boldsymbol{k}} \\ -J_3\langle S_2^{\mathrm{t}z}\rangle\gamma_{\boldsymbol{k}} & -J_0\langle S_2^{\mathrm{t}z}\rangle & -J_2\langle S_2^{\mathrm{t}z}\rangle\gamma_{\boldsymbol{k}} & P_{44} \end{pmatrix} \tag{16.7.4a}$$

$$P_{11} = z(J_1\langle S_2^{\mathrm{d}z}\rangle + J_3\langle S_2^{\mathrm{t}z}\rangle) + D(\varphi_{S1}\langle S_1^{\mathrm{d}z}\rangle + 2\langle S_1^{\mathrm{t}z}\rangle) + J_0\langle S_1^{\mathrm{t}z}\rangle \tag{16.7.4b}$$

$$P_{22} = z(J_1\langle S_1^{\mathrm{d}z}\rangle + J_3\langle S_1^{\mathrm{t}z}\rangle) + D(\varphi_{S2}\langle S_2^{\mathrm{d}z}\rangle + 2\langle S_2^{\mathrm{t}z}\rangle) + J_0\langle S_2^{\mathrm{t}z}\rangle \tag{16.7.4c}$$

$$P_{33} = z(J_2\langle S_2^{\mathrm{t}z}\rangle + J_3\langle S_2^{\mathrm{d}z}\rangle) + D(\varphi_{t1}\langle S_1^{\mathrm{t}z}\rangle + 2\langle S_1^{\mathrm{d}z}\rangle) + J_0\langle S_1^{\mathrm{d}z}\rangle \tag{16.7.4d}$$

$$P_{44} = z(J_2\langle S_1^{\mathrm{t}z}\rangle + J_3\langle S_1^{\mathrm{d}z}\rangle) + D(\varphi_{\mathrm{t}2}\langle S_2^{\mathrm{t}z}\rangle + 2\langle S_2^{\mathrm{d}z}\rangle) + J_0\langle S_2^{\mathrm{d}z}\rangle \tag{16.7.4e}$$

其中 z 是最近邻格点的数目.

$$\gamma_{\boldsymbol{k}} = \sum \mathrm{e}^{\mathrm{i}\boldsymbol{k}\cdot\boldsymbol{\delta}} \tag{16.7.5}$$

只对一个格点的最近邻求和, $\boldsymbol{\delta}$ 表示最近邻格点的位矢.

实矩阵 $\boldsymbol{P}$(16.7.4) 式在一般情况下不是对称的. 但是计算的结果表面, 在任何参量下, 它的本征值, 也就是这个系统的能谱, 都是实数. 作为波矢 $\boldsymbol{k}$ 的函数的本征值 ω_τ 及其本征向量解出之后, 就可以按照 (16.6.17) 式计算 $\varPhi_\mu$.

$$\varPhi_\mu = \frac{1}{N}\sum_{\boldsymbol{k}}\sum_{\tau}\frac{U_{\mu\tau}U_{\tau\mu}^{-1}}{\mathrm{e}^{\beta\omega_\tau}-1} \tag{16.7.6}$$

其中对 $\boldsymbol{k}$ 的求和在三维波矢空间的第一布里渊区内. 再由 (16.6.19), (16.6.20) 式计算得到每一个自旋的统计平均与关联函数的统计平均.

$$\langle S_\mu^z\rangle = \frac{(\varPhi_\mu+1+S)\varPhi_\mu^{2S+1} - (\varPhi_\mu - S)(\varPhi_\mu+1)^{2S+1}}{(\varPhi_\mu+1)^{2S+1} - \varPhi_\mu^{2S+1}} \tag{16.7.7}$$

$$\langle S_\mu^z S_\mu^z\rangle = S(S+1) - (1+2\varPhi_\mu)\langle S_\mu^z\rangle \tag{16.7.8}$$

仍然使用迭代计算.

16.7.2 系统的物理性质

我们首先来看无单离子各向异性的情况, 此时 D_0=0.

我们先看这个系统中两个引人注目的特点：一个是在零温和有序无序转变温度之间会出现铁磁态或者反铁磁态, 而在零温下是不显现磁性的; 另一个是在有序无序转变温度以下会有从一个状态转变到另一个状态的一级相变.

我们先看状态 B.$J_0 < 0$, 一个格点内部的两个自旋始终是取向相反的. 当 $S^{\mathrm{d}} = S^{\mathrm{t}}$, 但是 $J_1 \neq J_2$ 的情况. 零温下, 没有热运动. 所有自旋沿 z 方向排列. 由于 $J_0 < 0$, 每个子晶格的磁化强度都为零. 当温度大于零度时, 由于 $J_1 \neq J_2, -\langle S^{\mathrm{t}z}\rangle < \langle S^{\mathrm{d}z}\rangle$, 每个格点上有净的磁化强度, 整个系统显现铁磁性. 直到居里温度, 铁磁性消失. 见图 16.5. 如果 J_1=J_2, 那么在任何温度下, 有 $-\langle S^{\mathrm{t}z}\rangle = \langle S^{\mathrm{d}z}\rangle$, 因此系统的磁化强度始终为零.

对于状态 D, $J_0 < 0$, 一个格点内部的两个自旋始终是取向相反, 且相邻的格点上的自旋取向相反. 当 $S^{\mathrm{d}} = S^{\mathrm{t}}$, 但是 $J_1 \neq J_2$ 的情况. 零温下, 没有热运动. 所有自

旋沿 z 方向排列. 由于 $J_0 < 0$, 每个子晶格的磁化强度都为零. 当温度大于零度时, 由于 $J_1 \neq J_2$, $\langle S^{tz}\rangle$ 和 $\langle S^{dz}\rangle$ 的大小不相等, 每个格点上有净的磁化强度, 整个系统显现反铁磁性. 直到奈尔温度, 反铁磁性消失. 见图 16.6. 如果 J_1=J_2, 那么在任何温度下, 有 $\langle S^{tz}\rangle$ 和 $\langle S^{dz}\rangle$ 的大小相等, 因此系统不会显示出反铁磁性.

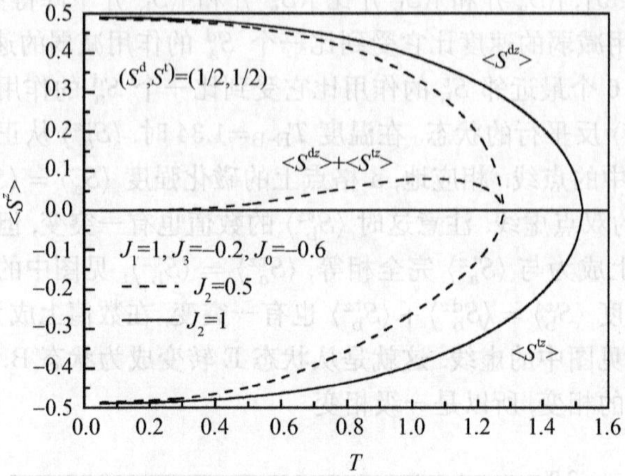

图 16.5 状态 B 的一种情况

零温下磁化强度为零, 在零温与居里温度之间, 呈现铁磁性 (虚线). 如果 J_1=J_2, 则不呈现这种现象 (实线)

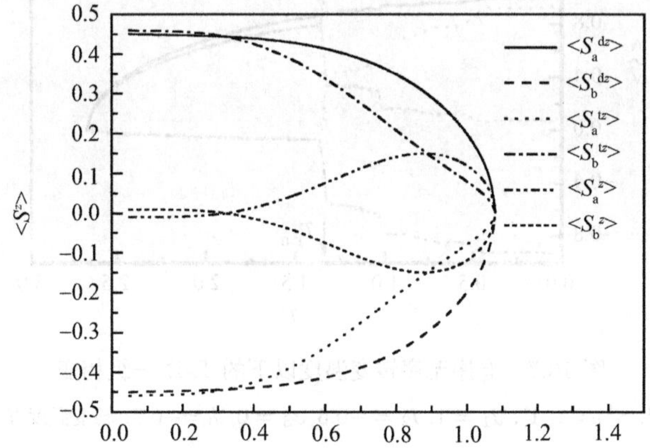

图 16.6 状态 D 的一种情况

每个子晶格的磁化强度都为零. 当温度大于零度时, 由于 $J_1 \neq J_2$, $\langle S^{tz}\rangle$ 和 $\langle S^{dz}\rangle$ 的大小不相等, 每个格点上有净的磁化强度, 整个系统显现反铁磁性. 直到奈尔温度, 反铁磁性消失

在有序无序转变温度以下, 会出现从图 16.4 中一个状态到另外一个状态的相变. 这是因为各个交换参量之间的竞争作用. 图 16.7 给出了一个例子. 我们考虑 $S^d = S^t$,

J_3=0 的情况. $J_1 > 0$ 使得 $\langle S_a^{dz}\rangle$ 和 $\langle S_b^{dz}\rangle$ 相互平行, $J_2 < 0$ 使得 $\langle S_a^{tz}\rangle$ 和 $\langle S_b^{tz}\rangle$ 相互反平行. 如果没有 J_0 的影响, 这是状态 E. 现在我们设 J_1=1, $J_2 = -0.5, J_0 = -0.5$. 在零温下, 所有的 $\langle S_\mu^z\rangle$ 的大小都接近于 S. S_a^t 受到 6 个最近邻 S_b^t 的作用, 这一作用比一个 S_a^d 的作用 J_2 更强. 因此 $\langle S_a^{tz}\rangle$ 和 $\langle S_b^{tz}\rangle$ 相互反平行, 呈状态 E. 随着温度升高, 由于 $|J_2| < J_1$, $|\langle S_a^{tz}\rangle|$ 和 $|\langle S_b^{tz}\rangle|$ 比 $|\langle S_a^{dz}\rangle|$ 和 $|\langle S_b^{dz}\rangle|$ 下降得更快.S_a^t 受到 6 个最近邻 S_b^t 的作用减弱的速度比它受到比一个 S_a^d 的作用减弱的速度更快. 到一定的温度, S_a^t 受到 6 个最近邻 S_b^t 的作用比它受到比一个 S_a^d 的作用更弱, 这时 $\langle S_a^{tz}\rangle$ 被迫取到和 $\langle S_a^{dz}\rangle$ 反平行的状态. 在温度 $T_{\text{E-B}}$=1.34 时, $\langle S_a^{tz}\rangle$ 从正方向翻转到负的方向, 见图 16.7 中的点线. 相应地, a 格点上的磁化强度 $\langle S_a^z\rangle = \langle S_a^{dz}\rangle + \langle S_a^{tz}\rangle$ 也有一突变, 见图中的双点虚线. 注意这时 $\langle S_b^{tz}\rangle$ 的数值也有一突变, 但是并没有改变符号, 而是在数值上成为与 $\langle S_a^{tz}\rangle$ 完全相等, $\langle S_a^{tz}\rangle = \langle S_b^{tz}\rangle$, 见图中的点虚线. 同时, b 格点上的磁化强度 $\langle S_b^z\rangle = \langle S_b^{dz}\rangle + \langle S_b^{tz}\rangle$ 也有一突变, 在数值上成为与 $\langle S_a^z\rangle$ 完全相等, $\langle S_a^z\rangle = \langle S_b^z\rangle$, 见图中的虚线. 这就是从状态 E 转变成为状态 B. 由于这一相变是磁化强度不连续的相变, 所以是一级相变.

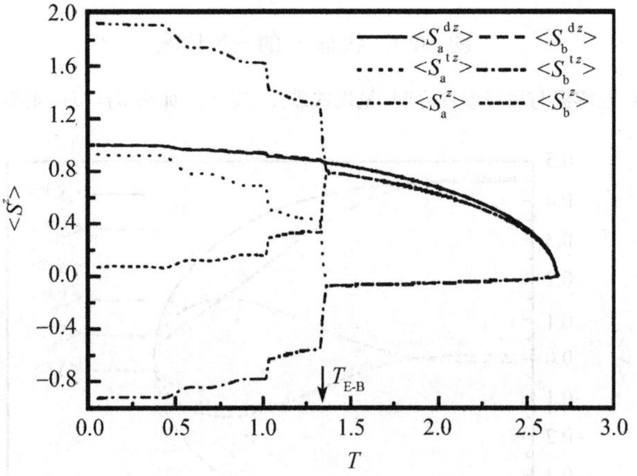

图 16.7 有序无序转变温度以下的 E-B 一级相变

参量为 (S^d, S^t)=(1, 1), $J_1 = 1, J_2 = -0.5, J_3 = 0, J_0$=−0.5. 转变温度 $T_{\text{E-B}}$=1.34

系统到底处于图 16.4 中的哪一个状态, 由各交换参量之间的竞争所决定.

我们先来看铁磁态的情况. 当 $J_1 > 0, J_2 > 0, \langle S_a^{dz}\rangle$ 与 $\langle S_b^{dz}\rangle$ 平行. $\langle S_a^{tz}\rangle$ 与 $\langle S_b^{tz}\rangle$ 平行. 如果 J_0 和 J_3 都大于零, 就是状态 A. 如果 J_0 和 J_3 都小于零, 就是状态 B. 那么如果 J_0 和 J_3 的符号不一样时, 应该是处于什么状态呢? 通过计算, 我们得到了 A-B 之间的相图, 见图 16.8(a). A-B 之间的分界线是

$$J_3 = -J_0/6 \tag{16.7.9}$$

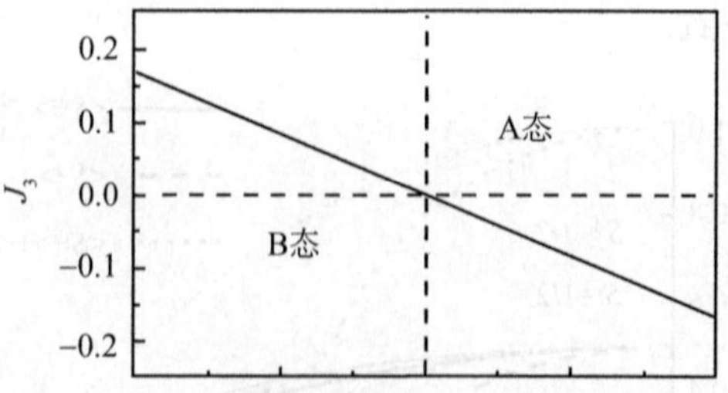

(a) 铁磁态A-B相图. $J_1>0$, $J_2>0$.
分界线是 $J_3=-J_0/6$

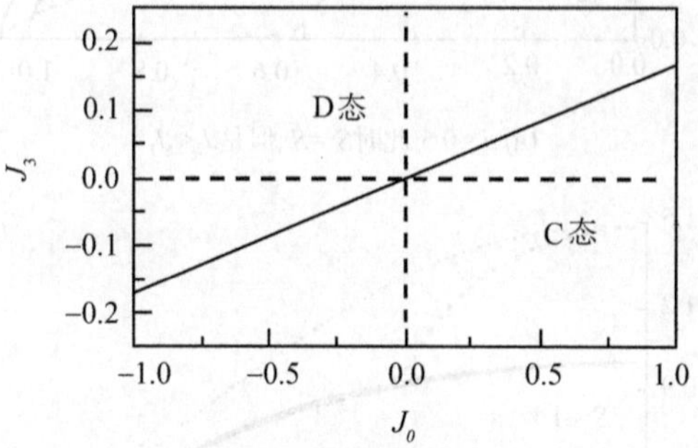

(b) 反铁磁态C-D相图. $J_1<0$, $J_2<0$.
分界线是 $J_3=J_0/6$

图 16.8 铁磁态 (a) 和反铁磁态 (b) 的相图

与自旋量子数 S 的数值和 J_1 和 J_2 的取值无关. 此式表明, 6 份交叉交换参量的数值可以和一份在位交换参量的数值相抵. 其原因很可能是因为我们所选择的是简立方晶格, 最近邻数是 6.

通常情况下, 所有的亚自旋都有相同的居里温度. 见图 16.9 中的细线. 但是在图 16.8(a) 中分界线上及其附近, 情况有所不同. 在这样的状态上, 只要亚自旋量子数不同, 或者两个直接交换参量不同, 那么两个亚自旋的居里温度就不相同, 见图 16.9 中的粗线. 如果两个亚自旋量子数相同, $S^{\rm d}=S^{\rm t}$, 但是直接交换作用不同, $J_1 \neq J_2$, 那么, 具有较小的直接交换作用的那个亚自旋的居里温度较低, 见图 16.9 (a). 如果两个亚自旋量子数不同, $S^{\rm d} \neq S^{\rm t}$, 但是直接交换作用相同.$J_1=J_2$ 不同, 那么, 具有较小量子数的那个亚自旋的居里温度较低, 见图 16.9(b).

这一现象的原因是, 在边界线上, J_0 和 J_3 的作用正好相互抵消, 就好像 J_0 和 J_3 的数值都是零一样. 因而此时每个亚自旋只受到各自的直接交换作用, 而没有任何其他作用的影响. 此时, 两个亚自旋好像是互相独立的, 有各自的居里温度. 其中的一个自旋量子数较低, 或者直接交换参量较小, 那么相应的, 居里稳定就会较低.

如果 J_3 参量变化, 逐渐离开图 16.8(a) 中的边界线, 那么两个亚自旋的居里温度会逐渐靠近, 趋于一致.

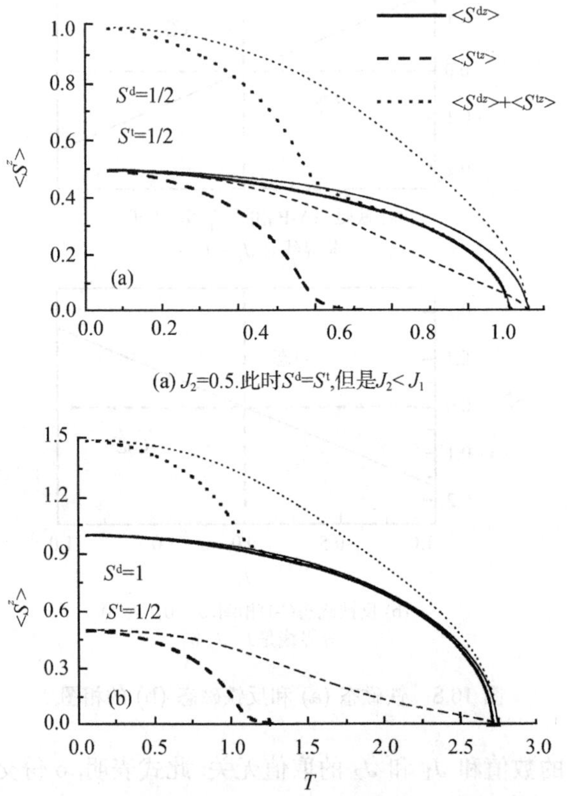

(a) J_2=0.5.此时S^d=S^t,但是J_2< J_1

(b) J_2=1.此时J_1=J_2,但是S^t < S^d. 细线是J_3=0. 粗线是J_3=−0.099, 这是非常接近图16.8中分界线的状态

图 16.9　自旋统计平均值随温度的变化曲线

其中 J_1=1, J_0=0.6. 这是状态 A

图 16.10 给出了在固定其他交换参量时, 居里温度 T_C 随 J_3 的变换曲线. 随着自旋的数值的增加, 居里温度是增加的. T_C 最低点对应的状态, 就是图 16.8(a) 中分界线的状态. 图中出现有像 P_1 和 P_2 这样的交叉点的情况. 其原因如下. 当 J_3 的数值较小时, 居里温度主要由 J_1 和 J_2 的数值决定. 此时更高的自旋量子数具有更高的 T_C. 但是当 J_3 的数值大到一定的程度, 居里温度的数值就主要由交叉交换作用决定. 这时即使是对于较小的自旋量子数, 只要 J_3 的数值足够大, 也可以有更高的居里温度.

图 16.11 给出了在不同 J_0 参量下居里温度 T_C 随的 J_3 变化曲线. T_C 的最低点时的状态始终处于图 16.8(a) 中的边界线上.

现在来看反铁磁态的情况. 当 $J_1 < 0, J_2 < 0$.$\langle S_a^{dz}\rangle$ 与 $\langle S_b^{dz}\rangle$ 反平行. $\langle S_a^{tz}\rangle$ 与

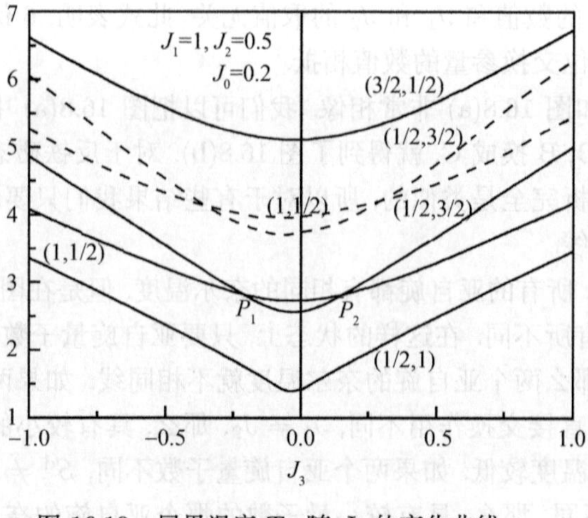

图 16.10 居里温度 T_C 随 J_3 的变化曲线

括号中的两个数字给出了两个亚自旋的自旋量子数. 其他参量是 $J_1=1$, $J_2=0.5$, $J_0=0.2$. 注意 T_C 最低的状态是在 $J_3=-0.033$ 处. 这是图 16.8(a) 中分界线的状态. 虚线是分子场理论计算的结果 [22]. 显然, 分子场理论得到的居里温度偏高

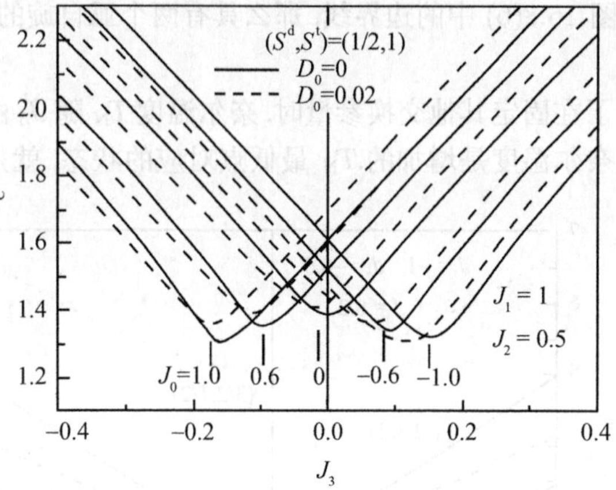

图 16.11 在不同 J_0 参量下居里温度 T_C 随 J_3 的变化曲线

实线是无单离子各向异性的情况. T_C 的最低点时的状态始终处于图 16.8(a) 中的边界线上. 当单离子各向异性 D_0=0.02, 结果如虚线表示. T_C 的最低点略向左移动

$\langle S_b^{tz} \rangle$ 反平行. 如果 J_0 和 J_3 都小于零, 就是状态 C. 如果 J_0 和 J_3 都大于零, 就是状态 D. 那么如果 J_0 和 J_3 的符号不一样时, 应该是处于什么状态呢? 通过计算, 我们得到了 C-D 之间的相图, 见图 16.8(b).C-D 之间的分界线是

$$J_3 = J_0/6 \tag{16.7.10}$$

与自旋量子数 S 的数值和 J_1 和 J_2 的取值无关. 此式表明, 6 份交叉交换参量的数值可以和一份在位交换参量的数值相抵.

图 16.8(b) 和图 16.8(a) 非常相像. 我们可以把图 16.8(a) 中的边界线的斜率换成正的, A 换成 D, B 换成 C, 就得到了图 16.8(b). 对于反铁磁态的一些分析与上述对于铁磁态的分析完全是类似的, 所以对于有些结果我们只要叙述结果就行了, 而不必要再画出曲线.

通常情况下, 所有的亚自旋都有相同的奈尔温度. 但是在图 16.8(b) 中分界线上及其附近, 情况有所不同. 在这样的状态上, 只要亚自旋量子数不同, 或者两个直接交换参量不同, 那么两个亚自旋的奈尔温度就不相同线. 如果两个亚自旋量子数相同, $S^{\mathrm{d}}=S^{\mathrm{t}}$, 但是直接交换作用不同, $J_1 \neq J_2$, 那么, 具有较小的直接交换作用的那个亚自旋的奈尔温度较低. 如果两个亚自旋量子数不同, $S^{\mathrm{d}} \neq S^{\mathrm{t}}$, 但是直接交换作用相同.$J_1=J_2$ 不同, 那么, 具有较小量子数的那个亚自旋的奈尔温度较低. 这一现象的原因是, 在边界线上, J_0 和 J_3 的作用正好相互抵消, 就好像 J_0 和 J_3 的数值都是零一样. 因而此时每个亚自旋只受到各自的直接交换作用, 而没有任何其他作用的影响. 此时, 两个亚自旋好像是互相独立的, 有各自的奈尔温度. 其中的一个自旋量子数较低, 或者直接交换参量角度, 那么相应的, 奈尔温度就会较低. 如果 J_3 参量变化, 逐渐离开图 16.8(b) 中的边界线, 那么具有两个亚自旋的奈尔温度会逐渐靠近, 趋于一致.

图 16.12 给出了在固定其他交换参量时, 奈尔温度 T_{N} 随 J_3 的变换曲线. 随着自旋的数值的增加, 奈尔温度是增加的.T_{N} 最低点对应的状态, 就是图 16.8(b) 中分界

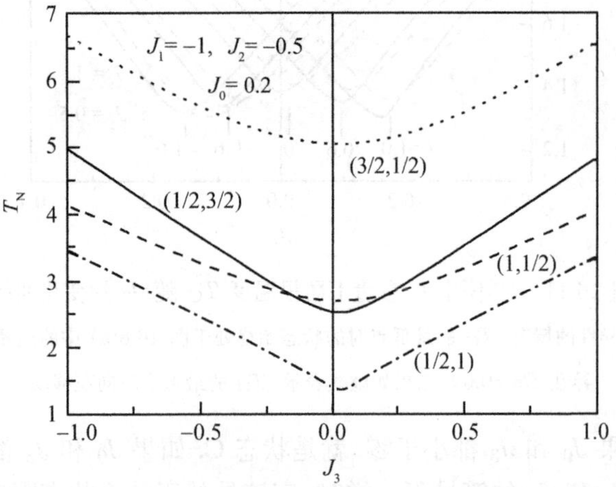

图 16.12　奈尔温度 T_{N} 随 J_3 的变化曲线

括号中的两个数字给出了两个亚自旋的自旋量子数. 其他参量是 $J_1=-1$, $J_2=-0.5$, $J_0=0.2$. T_{C} 最低的状态是在 $J_3=0.033$ 处. 这是图 16.8(b) 中分界线的状态

线的状态. 图 16.13 给出了在不同 J_0 参量下奈尔温度 T_N 随 J_3 的变化曲线.T_N 的最低点时的状态始终处于图 16.8(b) 中的边界线上.

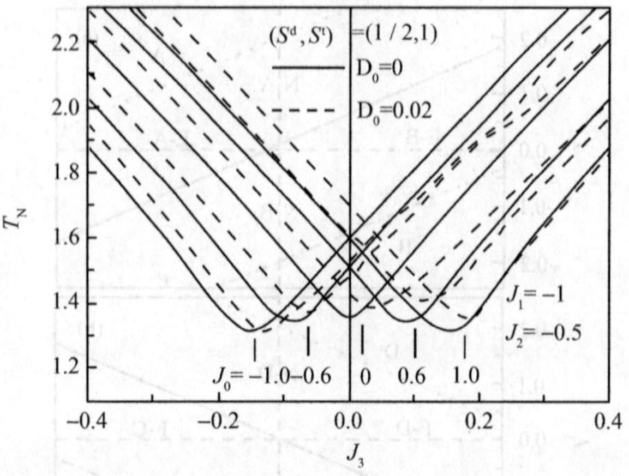

图 16.13 在不同 J_0 参量下奈尔温度 T_N 随 J_3 的变化曲线

实线是无单离子各向异性的情况. T_N 的最低点时的状态始终处于图 16.8(b) 中的边界线上. 当单离子各向异性 D_0=0.02, 结果如虚线表示.T_N 的最低点略右左移动

现在来看混合态的情况. 根据我们的计算结果, 画出与混合态有关的定性的相图如图 16.14. 在图 16.14 (a) 中, 分界线的方程仍与 (16.7.9) 式相同. E-B 表示在低温下, 系统处于状态 E, 随着温度升高, 有一个 E-B 一级相变, 称为状态 B. 再继续升高温度, 经过有序无序相变成为顺磁性. 这种相变在前面已经介绍过了. N-B 表示系统在低温下没有一个确定的状态. 迭代计算不收敛. 原因是低温下自旋的热运动能很小, 四种交换作用是相互矛盾的, 系统无法达到一个确定的状态. 我们称之为系统的挫失 (frustration). 随着温度的升高, 热运动能克服了某些较弱的交换作用, 使得它的影响相对减弱. 这时系统的状态主要由较强一些的交换参量决定. 系统显现为稳定的状态 B. 再继续升高温度, 经过有序无序相变成为顺磁性. 我们看到, 热运动能起到了克服系统挫失的作用.

在图 16.14 (a) 的右上半部分, 状态 A 与 N-A 和 E-A 之间的分界线的斜率与实线的斜率一样, 但是位置不能确定. 这条线的位置与亚自旋的量子数和另外两个交换参量的数值有关. 所以这条分界线是定性的. 从计算得到的一个信息是, 当 J_1 和 J_2 的强度越接近, 点线就越往右上移, 并且点划线越往左下移. 也就是说, N-A 和 E-A 区域的面积就越大. 注意 J_1 和 J_2 的符号始终是相反的. 它们的强度越接近, 表明竞争的矛盾越大, 系统就越容易挫失. 在 N-A 和 E-A 之间, 则无法找到哪怕是定性的分界线. 对于图 16.14 (a) 的左下半部分, 分析是类似的.

对于图 16.14(b) 的分析完全是类似的, 就不在此重复. 就像图 16.8 那样, 图

16.14(b) 和图 16.14(a) 也是非常相像的. 我们可以把图 16.14(a) 中的三条边界线的斜率换成正的, A 换成 D, B 换成 C, E 换成 F, 就得到了图 16.14(b).

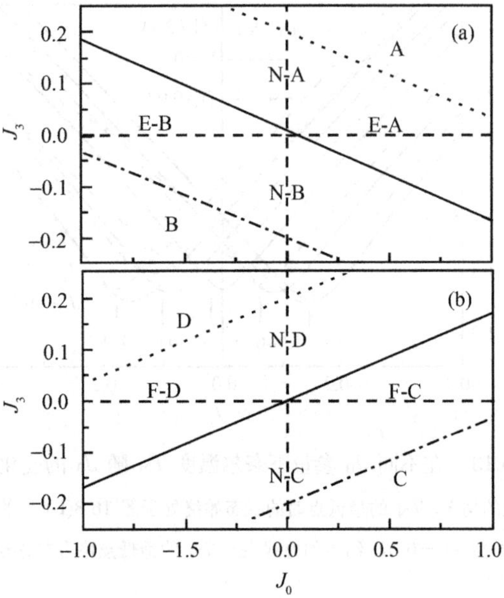

图 16.14　有关混合态的定性的相图

(a) $J_1 > 0, J_2 < 0$. 三条斜线的斜率都是 $-1/6$; (b) $J_1 < 0, J_2 > 0$. 三条斜线的斜率都是 1/6. 实线的位置是确定的, 虚线和点划线的斜率固定, 但是位置与亚自旋量子数和直接交换参量的数值有关

最后我们来讨论单离子各向异性 D_0 的效果.D_0 的作用是使每一个亚自旋尽量保持自己的取向. 因此, 它也就相当于加强了 J_0 的效果. 当 $J_0 > 0$, 每个格点上的两个亚自旋平行取向的能力更强. 当 $J_0 < 0$, 每个格点上的两个亚自旋反平行取向的能力更强. 在图 16.11 中, 把 T_C 最低处的 J_3 称为 J_{3m}. 当 $J_3 > J_{3m}$, 是状态 A, D_0 使两个亚自旋平行取向能力更强, 因而 T_C 升高. 当 $J_3 < J_{3m}$, 是状态 B, D_0 使两个亚自旋反平行取向能力更强, 一个格点上的总磁矩的下降就越快, 因而 T_C 下降. 所以, 图 16.11 中虚线的最低谷相对于实线的最低谷向左偏移. 同样可分析图 16.13 中的 T_N 的变化.

也可以从另外一个角度来分析. 当 D_0=0, 前面已经提到, 6 份 J_3 可与 1 份 J_0 相抵. 现在 $D_0 > 0$ 加强了 J_0 的效果, 因而此式应该是大于 6 份的 J_3 才能与 1 份 J_0 相抵. 因此在图 16.8(a) 中的分界线的斜率应该是 $> -1/6$. 即分界线向顺时针方向旋转. 可以考虑一个极端的情况, 当 D_0 是无穷大, 此时分界线就完全与纵轴重合. 这时不管 J_3 的数值如何, 只要 $J_0 > 0$, 就是状态 A, 只要 $J_0 < 0$, 就是状态 B. 对于图 16.8(b) 中的分界线可作同样的讨论.

对于混合态的情况, $D_0 > 0$ 提高了一级相变温度. 图 16.15 和图 16.16 给出了两个例子. 其中 T_C 只表示最后转变成顺磁性的相变温度, 它不一定是铁磁性的居里温度.

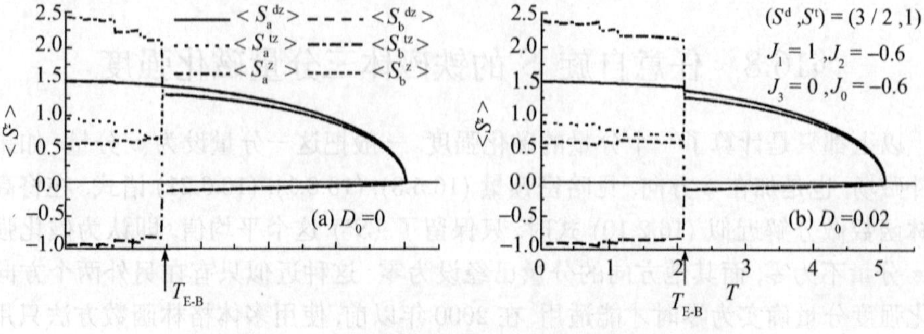

图 16.15 E-B 相变中自旋平均随温度的变化曲线

(a) D_0=0, $T_{\text{E-B}}$=1.43, T_{C}=5.02.(b) D_0=0.02, $T_{\text{E-B}}$=2.08, T_{C}=5.07

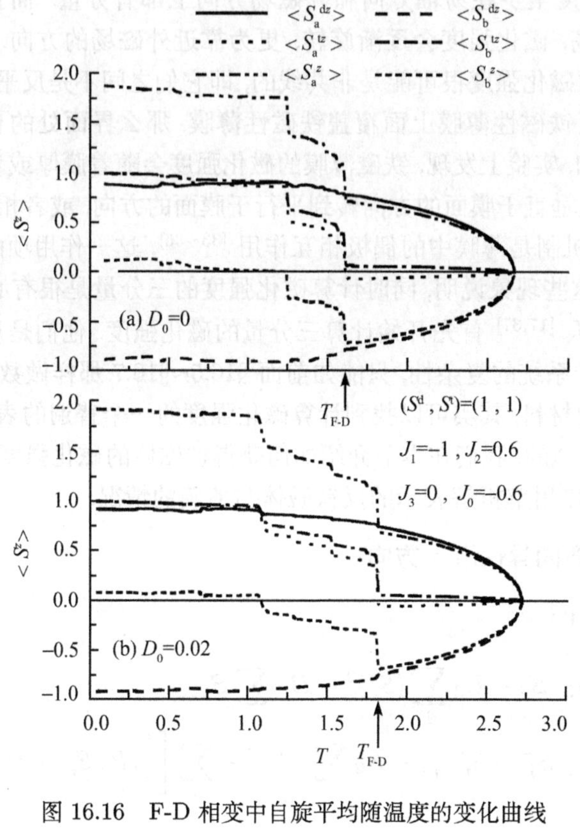

图 16.16 F-D 相变中自旋平均随温度的变化曲线

(a) D_0=0, $T_{\text{F-D}}$=1.61, T_{C}=2.67; (b) D_0=0.02, $T_{\text{F-D}}$=1.82, T_{C}=2.73

此处只讨论了未加外磁场的情况. 如果加一外磁场 B_z, 公式推导和计算步骤是完全相同的. 只要 (16.7.4) 式的对角元中加上 B_z 这一项即可. 见 (16.5.17), (16.6.14), (16.6.35) 诸式.

§16.8　任意自旋 S 的铁磁体三分量磁化强度

以上都只是计算了一个分量的磁化强度. 一般把这一分量设为 z 分量. 如果要加外磁场, 也是加在 z 方向. 见哈密顿量 (16.5.3), (16.6.1), (16.6.21) 诸式. 在将高阶格林函数做分解近似 (16.2.10) 式时, 只保留了 $\langle S^z\rangle$ 这个平均值, 即认为磁化强度的 z 分量不为零, 而其他方向的分量已经设为零. 这种近似只有在另外两个方向的磁化强度分量确实为零时才能适用. 在 2000 年以前, 使用多体格林函数方法只用来计算单分量磁化强度.

实际上, 磁化强度不见得一定指向 z 方向. 例如, 在垂直于易轴的方向加一磁场, 那么, 磁化强度至少在易轴方向和外磁场方向上都有分量. 而且随着外磁场增强, 或者温度升高, 磁化强度会逐渐旋转, 更为靠近外磁场的方向. 在反铁磁材料中, 不同子晶格的磁化强度很可能是非共线的, 即它们之间不是反平行, 而是有一夹角 [25]. 如果在反铁磁性薄膜上面覆盖铁磁性薄膜, 那么界面处的自旋肯定不是共线的 [26~28]. 再如, 实验上发现, 铁磁薄膜的磁化强度会随着膜厚或者温度而出现重新取向 [29~32], 从垂直于膜面的方向转到平行于膜面的方向, 或者相反. 导致前一种情况出现的一个机制是薄膜中的偶极相互作用 [33~36]. 这一作用项的哈密顿量会在下面引入. 所有这些现象说明, 同时计算磁化强度的三分量是很有必要的.

Fröbrich 等人 [17,37] 首先开始计算三分量的磁化强度. 他们是从铁磁薄膜出发进行研究的. 由于系统的复杂性, 只能如前面 §16.5~§16.7 那样做数值计算. 我们发现, 对于整数维的材料, 其实可以找到计算磁化强度的一个普遍的表达式, 这与前面 §16.3 的情况是类似的. 我们在本节介绍如何获得铁磁体的磁化强度的普遍公式. 下一节介绍无法直接用解析解表示的反铁磁体与薄膜的情况.

16.8.1　单离子各向异性沿 z 方向

哈密顿量如下:

$$\begin{aligned}H &= -\frac{1}{2}J\sum_{i,j}\boldsymbol{S}_i\cdot\boldsymbol{S}_j - K_2\sum_i(S_i^z)^2 - \boldsymbol{B}\cdot\sum_i\boldsymbol{S}_i\\ &= -\frac{1}{2}J\sum_{i,j}(S_i^+S_j^- + S_i^zS_j^z) - K_2\sum_i(S_i^z)^2 - \sum_i\left[\frac{1}{2}(B_+S_i^- + B_-S_i^+) + B_zS_i^z\right]\end{aligned} \tag{16.8.1}$$

其中 $B_\pm = B_x \pm \mathrm{i}B_y$. 这个哈密顿量中也包括了单离子各向异性. 现在磁场可以取

在任何方向.

我们先来计算算符 S_m^+ 与哈密顿量的对易关系：

$$[S_m^+, H] = -J\sum_j (S_j^+ S_m^z - S_m^+ S_j^z) + K_2(S_m^z S_m^+ + S_m^+ S_m^z) - B_+ S_m^z + B_z S_m^+ \quad (16.8.2)$$

把它代入到格林函数的运动方程,

$$\omega\langle\langle S_m^+; B\rangle\rangle = \langle[S_m^+; B]\rangle - J\sum_j \langle\langle S_j^+ S_m^z - S_m^+ S_j^z; B\rangle\rangle + K_2\langle\langle S_m^z S_m^+ + S_m^+ S_m^z; B\rangle\rangle - B_+\langle\langle S_m^z; B\rangle\rangle + B_z\langle\langle S_m^+; B\rangle\rangle \quad (16.8.3)$$

我们看到, 此时多出来一个格林函数 $\langle\langle S_m^z; B\rangle\rangle$, 这是前面没有遇到过的. 进一步, 如果按前面的方式对 (16.8.3) 式中的高阶格林函数分解, 就是 (16.2.10) 式. 这种分解默认了只有 z 分量的磁化强度不为零, 而其他分量都为零. 在目前磁场取任意方向的情况, 除 z 分量以外的磁化强度其他分量的也可能不为零. 因此分解应该写成

$$\langle\langle S_j^+ S_m^z; B\rangle\rangle \approx \langle S_j^+\rangle\langle\langle S_m^z; B\rangle\rangle + \langle S_m^z\rangle\langle\langle S_j^+; B\rangle\rangle \quad (16.8.4)$$

如果磁化强度确实只有 z 分量, 那么 $\langle S_j^+\rangle = 0$, 自然回到了原先的结果. 一般地, 分解近似应写成

$$\langle\langle S_j^\alpha S_m^\beta; B\rangle\rangle \approx \langle S_j^\alpha\rangle\langle\langle S_m^\beta; B\rangle\rangle + \langle S_m^\beta\rangle\langle\langle S_j^\alpha; B\rangle\rangle, \alpha,\beta = +,-,z, \alpha\neq\beta \quad (16.8.5)$$

经过 (16.8.4) 式的分解近似, 也出现了 $\langle\langle S_m^z; B\rangle\rangle$. 因而我们还要求这一格林函数的运动方程. 为此, 求 S_m^z 与哈密顿量的对易关系.

$$[S_m^z, H] = -\frac{1}{2}J\sum_j (S_m^+ S_j^- - S_j^+ S_m^-) + \frac{1}{2}B_+ S_m^- - \frac{1}{2}B_- S_m^+ \quad (16.8.6)$$

代入运动方程

$$\omega\langle\langle S_m^z; B\rangle\rangle = \langle[S_m^z; B]\rangle - \frac{1}{2}J\sum_j \langle\langle S_m^+ S_j^- - S_j^+ S_m^-; B\rangle\rangle + \frac{1}{2}B_+\langle\langle S_m^-; B\rangle\rangle - \frac{1}{2}B_-\langle\langle S_m^+; B\rangle\rangle \quad (16.8.7)$$

现在, 又要计算格林函数 $\langle\langle S_m^-; B\rangle\rangle$ 的运动方程.

$$[S_m^-, H] = -J\sum_j (-S_j^- S_m^z + S_m^- S_j^z) - K_2(S_m^z S_m^- + S_m^- S_m^z) + B_- S_m^z - B_z S_m^- \quad (16.8.8)$$

运动方程是

$$\omega\langle\langle S_m^-; B\rangle\rangle = \langle[S_m^-; B]\rangle - J\sum_j \langle\langle -S_j^- S_m^z + S_m^- S_j^z; B\rangle\rangle - K_2\langle\langle S_m^z S_m^- + S_m^- S_m^z; B\rangle\rangle + B_-\langle\langle S_m^z; B\rangle\rangle - B_z\langle\langle S_m^-; B\rangle\rangle \quad (16.8.9)$$

对于其中 $\langle\langle S^z_{\boldsymbol{m}}S^-_{\boldsymbol{m}}+S^-_{\boldsymbol{m}}S^z_{\boldsymbol{m}};B\rangle\rangle$ 项的分解, 需要将 (16.6.7) 式扩展为如下形式:

$$\langle\langle S^z_{\boldsymbol{m}}S^{\pm}_{\boldsymbol{m}}+S^{\pm}_{\boldsymbol{m}}S^z_{\boldsymbol{m}};B\rangle\rangle\approx 2\langle S^z_{\boldsymbol{m}}\rangle\Theta^{(z)}_{\boldsymbol{m}}\langle\langle S^{\pm}_{\boldsymbol{m}};B\rangle\rangle \tag{16.8.10}$$

其中 $\Theta^{(z)}_{\boldsymbol{m}}$ 仍然是 (16.6.8) 式的形式. 经过 (16.8.5) 和 (16.8.10) 式的分解近似, (16.8.3), (16.8.9), (16.8.7) 式分别成为

$$\begin{aligned}\omega\langle\langle S^+_{\boldsymbol{m}};B\rangle\rangle=&\langle[S^+_m;B]\rangle-J\sum_{\boldsymbol{j}}(\langle S^z_{\boldsymbol{m}}\rangle\langle\langle S^+_{\boldsymbol{j}};B\rangle\rangle+\langle S^+_{\boldsymbol{j}}\rangle\langle\langle S^z_{\boldsymbol{m}};B\rangle\rangle-\langle S^+_{\boldsymbol{m}}\rangle\langle\langle S^z_{\boldsymbol{j}};B\rangle\rangle\\&-\langle S^z_{\boldsymbol{j}}\rangle\langle\langle S^+_{\boldsymbol{m}};B\rangle\rangle)+K_2 2\langle S^z_{\boldsymbol{m}}\rangle\Theta^{(z)}_{\boldsymbol{m}}\langle\langle S^+_{\boldsymbol{m}};B\rangle\rangle-B_+\langle\langle S^z_{\boldsymbol{m}};B\rangle\rangle+B_z\langle\langle S^+_{\boldsymbol{m}};B\rangle\rangle\end{aligned} \tag{16.8.11a}$$

$$\begin{aligned}\omega\langle\langle S^-_{\boldsymbol{m}};B\rangle\rangle=&\langle[S^-_{\boldsymbol{m}};B]\rangle-J\sum_{\boldsymbol{j}}(-\langle S^z_{\boldsymbol{m}}\rangle\langle\langle S^-_{\boldsymbol{j}};B\rangle\rangle-\langle S^-_{\boldsymbol{j}}\rangle\langle\langle S^z_{\boldsymbol{m}};B\rangle\rangle+\langle S^z_{\boldsymbol{j}}\rangle\langle\langle S^-_{\boldsymbol{m}};B\rangle\rangle\\&+\langle S^-_{\boldsymbol{m}}\rangle\langle\langle S^z_{\boldsymbol{j}};B\rangle\rangle)-K_2 2\langle S^z_{\boldsymbol{m}}\rangle\Theta^{(z)}_{\boldsymbol{m}}\langle\langle S^-_{\boldsymbol{m}};B\rangle\rangle+B_-\langle\langle S^z_{\boldsymbol{m}};B\rangle\rangle-B_z\langle\langle S^-_{\boldsymbol{m}};B\rangle\rangle\end{aligned} \tag{16.8.11b}$$

$$\begin{aligned}\omega\langle\langle S^z_{\boldsymbol{m}};B\rangle\rangle=&\langle[S^z_{\boldsymbol{m}};B]\rangle-\frac{1}{2}J\sum_{\boldsymbol{j}}(\langle S^-_{\boldsymbol{j}}\rangle\langle\langle S^+_{\boldsymbol{m}};B\rangle\rangle+\langle S^+_{\boldsymbol{m}}\rangle\langle\langle S^-_{\boldsymbol{j}};B\rangle\rangle\\&-\langle S^-_{\boldsymbol{m}}\rangle\langle\langle S^+_{\boldsymbol{j}};B\rangle\rangle-\langle S^+_{\boldsymbol{j}}\rangle\langle\langle S^-_{\boldsymbol{m}};B\rangle\rangle)+\frac{1}{2}B_+\langle\langle S^-_{\boldsymbol{m}};B\rangle\rangle-\frac{1}{2}B_-\langle\langle S^+_{\boldsymbol{m}};B\rangle\rangle\end{aligned} \tag{16.8.11c}$$

算符 B 是格点 n 上的应写成 B_n, 前面省略了下标 n, 补上下标后, 对格林函数作空间傅里叶变换.

$$\langle\langle S^{\alpha}_{\boldsymbol{m}},B_{\boldsymbol{n}}\rangle\rangle(\omega)=\frac{1}{N}\sum_{\boldsymbol{k}}g^{\alpha}(\boldsymbol{k},\omega)\mathrm{e}^{\mathrm{i}\boldsymbol{k}\cdot(\boldsymbol{m}-\boldsymbol{n})},\ \alpha=+,-,z \tag{16.8.12}$$

再如 (16.5.11) 式定义

$$J_{\boldsymbol{k}}=J\sum_{\boldsymbol{j}}\mathrm{e}^{\mathrm{i}\boldsymbol{k}\cdot(\boldsymbol{j}-\boldsymbol{m})},J_0=J_{\boldsymbol{k}=0}=J\sum_{\boldsymbol{j}}1=zJ \tag{16.8.13}$$

其中求和只涉及最近邻. 最近邻数记为 z. (16.8.11) 式就成为

$$\begin{aligned}&\{\omega-[B_z+K_2 2\langle S^z\rangle\Theta^{(z)}+J_0\langle S^z\rangle-J_{\boldsymbol{k}}\langle S^z\rangle]\}g^+(\boldsymbol{k},\omega)\\&+(B_++J_0\langle S^+\rangle-J_{\boldsymbol{k}}\langle S^+\rangle)g^z(\boldsymbol{k},\omega)=\langle[S^+,B]\rangle\end{aligned} \tag{16.8.14a}$$

$$\begin{aligned}&\{\omega-[-B_z-J_0\langle S^z\rangle+J_{\boldsymbol{k}}\langle S^z\rangle-K_2 2\langle S^z\rangle\Theta^{(z)}]\}g^-(\boldsymbol{k},\omega)\\&-(J_0\langle S^-\rangle-J_{\boldsymbol{k}}\langle S^-\rangle+B_-)g^z(\boldsymbol{k},\omega)=\langle[S^-,B]\rangle\end{aligned} \tag{16.8.14b}$$

$$\begin{aligned}&\omega g^z-\left[-\frac{1}{2}J_0\langle S^-\rangle+\frac{1}{2}J_{\boldsymbol{k}}\langle S^-\rangle-\frac{1}{2}B_-\right]g^+(\boldsymbol{k},\omega)\\&-\left[-\frac{1}{2}J_{\boldsymbol{k}}\langle S^+\rangle+\frac{1}{2}J_0\langle S^+\rangle+\frac{1}{2}B_+\right]g^-(\boldsymbol{k},\omega)=\langle[S^z;B]\rangle\end{aligned} \tag{16.8.14c}$$

如果令

$$H_z = B_z + K_2 2\langle S^z\rangle \Theta^{(z)} + J_0\langle S^z\rangle - J_{\boldsymbol{k}}\langle S^z\rangle \tag{16.8.15a}$$

$$H_{\pm} = B_{\pm} + J_0\langle S^{\pm}\rangle - J_{\boldsymbol{k}}\langle S^{\pm}\rangle \tag{16.8.15b}$$

$$\boldsymbol{g} = (\langle\langle S^+; B\rangle\rangle, \langle\langle S^-; B\rangle\rangle, \langle\langle S^z; B\rangle\rangle) = (g^+, g^-, g^z) \tag{16.8.16}$$

那么 (16.8.14) 式可以写成如下的矩阵形式：

$$[\omega \boldsymbol{I} - \boldsymbol{P}]\boldsymbol{g} = \boldsymbol{F} \tag{16.8.17}$$

其中 $\boldsymbol{P}$ 矩阵是

$$\boldsymbol{P} = \begin{pmatrix} H_z & 0 & -H_+ \\ 0 & -H_z & H_- \\ -H_-/2 & H_+/2 & 0 \end{pmatrix} \tag{16.8.18}$$

现在, 仍然用 (16.5.19)~(16.5.21) 式的办法来求得格林函数. 由于矩阵 $\boldsymbol{P}$ 简单, 可算出其本征值为

$$\omega_{1,2} = \pm\sqrt{H_+H_- + H_z^2} = \pm E_{\boldsymbol{k}}, \omega_3 = 0 \tag{16.8.19}$$

相应的本征向量矩阵 (列矢量的排列按 ω_1, ω_2 和 ω_3 的顺序) 为

$$\boldsymbol{U} = \begin{pmatrix} -(E_{\boldsymbol{k}} + H_z)/H_- & (E_{\boldsymbol{k}} - H_z)/H_- & H_+/H_z \\ (E_{\boldsymbol{k}} - H_z)/H_+ & -(E_{\boldsymbol{k}} + H_z)/H_+ & H_-/H_z \\ 1 & 1 & 1 \end{pmatrix} \tag{16.8.20a}$$

其逆矩阵 (行矢量的排列按 ω_1, ω_2 和 ω_3 的顺序) 是

$$\boldsymbol{U}^{-1} = \frac{1}{4E_{\boldsymbol{k}}^2}\begin{pmatrix} -(E_{\boldsymbol{k}} + H_z)H_- & (E_{\boldsymbol{k}} - H_z)H_+ & 2H_+H_- \\ (E_{\boldsymbol{k}} - H_z)H_- & -(E_{\boldsymbol{k}} + H_z)H_+ & 2H_-H_+ \\ 2H_-H_z & 2H_+H_z & 4H_zH_z \end{pmatrix} \tag{16.8.20b}$$

关联函数用 (15.2.14) 式来求. 由于现在 (16.8.19) 式中有一个零本征值, 在推迟格林函数 (15.2.1) 式中只能选择 η=−1, 即采用费米子格林函数. 我们先按照 (16.5.22) 式写成如下形式：

$$\langle B_\nu A_\mu\rangle = \sum_\lambda R_{\mu\lambda} F_{+1,\lambda\nu} \tag{16.8.21}$$

其中

$$R_{\mu\lambda}(\boldsymbol{k}) = \sum_\tau \frac{U_{\mu\tau}U_{\tau\lambda}^{-1}}{\mathrm{e}^{\beta\omega_\tau(\boldsymbol{k})} + 1} \tag{16.8.22}$$

令

$$\boldsymbol{C}(\boldsymbol{k}) = \begin{pmatrix} \langle BS^{+}\rangle \\ \langle BS^{-}\rangle \\ \langle BS^{z}\rangle \end{pmatrix} \tag{16.8.23}$$

(16.8.21) 式可写成矩阵形式

$$\boldsymbol{C}(\boldsymbol{k}) = \boldsymbol{R}(\boldsymbol{k})\boldsymbol{F}_{+1}(\boldsymbol{k}) \tag{16.8.24}$$

因为

$$\boldsymbol{F}_{+1}(\boldsymbol{k}) = \boldsymbol{F}_{-1} + 2\langle \boldsymbol{B}A\rangle = \boldsymbol{F}_{-1} + 2\boldsymbol{C}(\boldsymbol{k}) \tag{16.8.25}$$

所以

$$[\boldsymbol{I} - 2\boldsymbol{R}(\boldsymbol{k})]\boldsymbol{C}(\boldsymbol{k}) = \boldsymbol{R}(\boldsymbol{k})\boldsymbol{F}_{-1}(\boldsymbol{k}) \tag{16.8.26}$$

现在既然已经有了 (16.8.19)~(16.8.21) 式, 我们可以把 $R_{\mu\lambda}(\boldsymbol{k})$ 先求出来. 写出 (16.8.26) 式如下：

$$\begin{pmatrix} q_z & 0 & -q_+ \\ 0 & -q_z & q_- \\ -q_-/2 & q_+/2 & 0 \end{pmatrix}\begin{pmatrix} C^{+}(\boldsymbol{k}) \\ C^{-}(\boldsymbol{k}) \\ C^{z}(\boldsymbol{k}) \end{pmatrix} = \frac{1}{2}\begin{pmatrix} 1-q_z & 0 & q_+ \\ 0 & 1+q_z & -q_- \\ q_-/2 & -q_+/2 & 1 \end{pmatrix}\begin{pmatrix} F_{-1}^{+} \\ F_{-1}^{-} \\ F_{-1}^{z} \end{pmatrix} \tag{16.8.27}$$

其中

$$q_\alpha = q_\alpha(\boldsymbol{k}) = \frac{H_\alpha(\boldsymbol{k})}{E(\boldsymbol{k})}\frac{\mathrm{e}^{\beta E(\boldsymbol{k})}-1}{\mathrm{e}^{\beta E(\boldsymbol{k})}+1} = \frac{H_\alpha(\boldsymbol{k})}{E(\boldsymbol{k})\coth(\beta E(\boldsymbol{k})/2)},\ \alpha = +, -, z \tag{16.8.28}$$

我们在这儿明确写出 q_α 是波矢 $\boldsymbol{k}$ 的函数. 要注意的是, (16.8.27) 式左边的系数矩阵的行列式为零.

$$\det[\boldsymbol{I} - 2\boldsymbol{R}(\boldsymbol{k})] = 0 \tag{16.8.29}$$

因此不能用 $\boldsymbol{C}(\boldsymbol{k}) = [\boldsymbol{I} - 2\boldsymbol{R}(\boldsymbol{k})]^{-1}\boldsymbol{R}(\boldsymbol{k})\boldsymbol{F}_{-1}(\boldsymbol{k})$ 的办法直接求出关联函数. 既然有 (16.8.29) 式, 说明 (16.8.27) 式左边的三个表达式不是相互独立的. 确实, 如果把 (16.8.27) 式左边的第一行元素乘以 q_-, 第二行元素乘以 q_+, 第三行元素乘以 $2q_z$, 把它们相加的结果, 为零. 可见三个等式中, 只有两个式是独立的. 同样, 对于 (16.8.27) 式右边的第一行元素乘以 q_-, 第二行元素乘以 q_+, 第三行元素乘以 $2q_z$, 然后相加, 结果也应为零. 我们就得到如下等式：

$$q_-F_{-1}^{+} + q_+F_{-1}^{-} + 2q_zF_{-1}^{z} = 0 \tag{16.8.30}$$

注意 $\boldsymbol{F}_{-1}$ 是算符 A=(S^+, S^-, S^z) 和 B 之间的对易关系.

$$\begin{pmatrix} F_{-1}^{+} \\ F_{-1}^{-} \\ F_{-1}^{z} \end{pmatrix} = \begin{pmatrix} \langle[S^{+}, B]_{-1}\rangle \\ \langle[S^{-}, B]_{-1}\rangle \\ \langle[S^{z}, B]_{-1}\rangle \end{pmatrix} \tag{16.8.31}$$

现在我们分别取 $B=S^+, S^-, S^z$, 就从 (16.8.30) 式得到如下关系式：

$$q_\alpha\langle S^\beta\rangle = q_\beta\langle S^\alpha\rangle, \alpha,\beta=+,-,z \tag{16.8.32}$$

此式也被称为约束条件 (Regularity condition). 此式说明了两个事实. 一个是虽然 q_α 是波矢 $\boldsymbol{k}$ 的函数, 见 (16.8.28) 式, 但比值 q_α/q_β 是与波矢 $\boldsymbol{k}$ 无关的. 我们从 (16.8.28) 式和 (16.8.15) 式得

$$\frac{\langle S^\pm\rangle}{\langle S^z\rangle} = \frac{q_\pm}{q_z} = \frac{B_\pm}{B_z + 2K_2\Theta^{(z)}} \tag{16.8.33}$$

确实是与 $\boldsymbol{k}$ 无关. 另一个事实是, 磁化强度的三个分量 $\langle S^+\rangle$, $\langle S^-\rangle$, $\langle S^z\rangle$ 并不是相互独立的, 而是线性相关的. 只要求出其中一个分量, 就可以根据 (16.8.32) 式求出另外两个分量. 因此, 下面我们只求出 $\langle S^z\rangle$ 的表达式.

将 (16.8.27) 式两边除以 q_z. 那么左边的系数矩阵就与 $\boldsymbol{k}$ 无关, 而右边的 $\boldsymbol{F}_{-1}$ 也是与 $\boldsymbol{k}$ 无关的. 两边对 $\boldsymbol{k}$ 求和, 得到

$$\begin{pmatrix} 1 & 0 & -q_{13} \\ 0 & -1 & q_{23} \\ -q_{23} & q_{13} & 0 \end{pmatrix}\begin{pmatrix} \langle BS^+\rangle \\ \langle BS^-\rangle \\ \langle BS^z\rangle \end{pmatrix} = \frac{1}{2}\begin{pmatrix} Q_z-1 & 0 & q_{13} \\ 0 & Q_z+1 & -q_{23} \\ q_{23} & -q_{13} & 2Q_z \end{pmatrix}\begin{pmatrix} \langle[S^+,B]_{-1}\rangle \\ \langle[S^-,B]_{-1}\rangle \\ \langle[S^z,B]_{-1}\rangle \end{pmatrix} \tag{16.8.34}$$

其中定义了

$$q_{13} = \frac{q_+}{q_z}, q_{23} = \frac{q_-}{q_z} = q_{13}^* \tag{16.8.35}$$

和

$$Q_z = \frac{1}{N}\sum_{\boldsymbol{k}}\frac{1}{q_z} = \frac{1}{N}\sum_{\boldsymbol{k}}\frac{E(\boldsymbol{k})\coth(\beta E(\boldsymbol{k})/2)}{H_z} \tag{16.8.36}$$

在 (16.8.34) 式中, 已经把 (16.8.23) 和 (16.8.31) 式代入. 这样, 我们就很明确, 对于一定的自旋量子数 S, 我们选择合适的算符 B, 可从 (16.8.34) 式求出相应的关联函数. 算符 B 选择成如下的一般形式：

$$B = (S^z)^m, (S^z)^m S^- \tag{16.8.37}$$

当 S=1/2, 选择 m=1. 要求含 2 个方程的线性方程组, 来解出 $\langle S^z\rangle$ 和 $\langle S^zS^-\rangle$ 两个关联函数.

当 S=1, 选择 m=1, 2. 最后总结成要求含 4 个方程的线性方程组, 来解出 $\langle S^z\rangle$, $\langle S^zS^-\rangle$, $\langle (S^z)^2\rangle$, $\langle (S^z)^2S^-\rangle$ 4 个关联函数.

当 S=3/2, 选择 m=1, 2, 3. 最后总结成要求含 6 个方程的线性方程组, 来解出 $\langle S^z\rangle$, $\langle S^zS^-\rangle$, $\langle (S^z)^2\rangle$, $\langle (S^z)^2S^-\rangle$, $\langle (S^z)^3\rangle$, $\langle (S^z)^3S^-\rangle$ 6 个关联函数.

当 S=2, 选择 m=1, 2, 3, 4. 最后总结成要求含 8 个方程的线性方程组, 来解出 $\langle S^z\rangle$, $\langle S^zS^-\rangle$, $\langle(S^z)^2\rangle$, $\langle(S^z)^2S^-\rangle$, $\langle(S^z)^3\rangle$, $\langle(S^z)^3S^-\rangle$, $\langle(S^z)^4\rangle$, $\langle(S^z)^4S^-\rangle$ 8 个关联函数.

当 S=5/2, 选择 m=1, 2, 3, 4, 5. 最后总结成要求含 10 个方程的线性方程组, 来解出 $\langle S^z\rangle$, $\langle S^zS^-\rangle$, $\langle(S^z)^2\rangle$, $\langle(S^z)^2S^-\rangle$, $\langle(S^z)^3\rangle$, $\langle(S^z)^3S^-\rangle$, $\langle(S^z)^4\rangle$, $\langle(S^z)^4S^-\rangle$, $\langle(S^z)^5\rangle$, $\langle(S^z)^5S^-\rangle$10 个关联函数.

注意要用到 (16.3.1) 式和 (16.3.2) 式. 对于以上每一种情况, 我们都解出了 z 分量的磁化强度 $\langle S^z\rangle$ 和关联函数 $\langle(S^z)^2\rangle$ 的表达式. 文献 [6] 和 [38] 总结这些表达式, 我们发现它们是一个一般的表达式的在 S 分别取 1/2, 1, 3/2, 2, 5/2 时的特殊情况. 这个一般的表达式是猜出来的, 其形式与 (16.3.26) 式相当接近.

$$\langle S^z\rangle=\frac{[(2S+1)R+Q_z](Q_z-R)^{2S+1}+[(2S+1)R-Q_z](Q_z+R)^{2S+1}}{2R^2[(Q_z+R)^{2S+1}-(Q_z-R)^{2S+1}]} \tag{16.8.38}$$

$$\langle S^zS^z\rangle=\frac{2S(S+1)-Q_z\langle S^z\rangle(3-R^2)}{2R^2} \tag{16.8.39}$$

其中

$$R^2=1+|q_{13}|^2 \tag{16.8.40}$$

如果只有 z 分量的磁化强度不为零, 那么 q_{13}=0. (16.8.38), (16.8.39) 式自然回到 (16.3.26), (16.3.27) 式的形式.

我们还考虑了交换各向异性的情况 [38]. 这时为了得到解析表达式, 只能把磁场限制在 xz 平面内. 此时哈密顿矩阵 $\boldsymbol{P}$ 的矩阵元与 (16.8.15) 式有所不同. 由于这个变化, 导致求解需要的线性方程组的个数也有所不同. 我们必须选择算符 B 为

$$B=(S^z)^m(S^-)^n \tag{16.8.41}$$

当 S=1/2, 选择 (m, n) =(0, 1).

当 S=1, 选择 (m, n)=(0, 1), (1, 1), (0, 2). 最后总结成要求含 4 个方程的线性方程组, 来解出 $\langle S^z\rangle$, $\langle(S^z)^2\rangle$, $\langle S^zS^-\rangle$, $\langle(S^-)^2\rangle$, 4 个关联函数.

当 S=3/2, 选择 (m, n)=(0, 1), (1, 1), (0, 2), (1, 2), (2, 1), (0, 3). 最后总结成要求含 8 个方程的线性方程组, 来解出 $\langle S^z\rangle$, $\langle(S^z)^2\rangle$, $\langle(S^z)^3\rangle$, $\langle S^zS^-\rangle$, $\langle(S^z)^2S^-\rangle$, $\langle(S^-)^2\rangle$, $\langle S^z(S^-)^2\rangle$, $\langle(S^-)^3\rangle$ 8 个关联函数.

当 S=2, 选择 (m, n)=(0, 1), (1, 1), (0, 2), (1, 2), (2, 1), (0, 3), (1, 3), (2, 2), (3, 1), (0, 4). 最后总结成要求含 13 个方程的线性方程组, 来解出 $\langle S^z\rangle$, $\langle(S^z)^2\rangle$, $\langle(S^z)^3\rangle$, $\langle(S^z)^4\rangle$, $\langle S^zS^-\rangle$, $\langle(S^z)^2S^-\rangle$, $\langle(S^z)^3S^-\rangle$, $\langle(S^-)^2\rangle$, $\langle S^z(S^-)^2\rangle$, $\langle(S^z)^2(S^-)^2\rangle$, $\langle(S^-)^3\rangle$, $\langle S^z(S^-)^3\rangle$, $\langle(S^-)^4\rangle$ 13 个关联函数.

当 S=5/2, 选择 (m, n)=(0, 1), (1, 1), (0, 2), (1, 2), (2, 1), (0, 3), (1, 3), (2, 2), (3, 1), (0, 4), (1, 4), (2, 3), (3, 2), (4, 1), (0, 5). 最后总结成要求含 19 个方程的线性方程组, 来解出 $\langle S^z\rangle$, $\langle (S^z)^2\rangle$, $\langle (S^z)^3\rangle$, $\langle (S^z)^4\rangle$, $\langle (S^z)^5\rangle$, $\langle S^zS^-\rangle$, $\langle (S^z)^2S^-\rangle$, $\langle (S^z)^3S^-\rangle$, $\langle (S^z)^4S^-\rangle$, $\langle (S^-)^2\rangle$, $\langle S^z(S^-)^2\rangle$, $\langle (S^z)^2\ (S^-)^2\rangle$, $\langle (S^z)^3\ (S^-)^2\rangle$, $\langle (S^-)^3\rangle$, $\langle S^z\ (S^-)^3\rangle$, $\langle (S^z)^2\ (S^-)^3\rangle$, $\langle (S^-)^4\rangle$, $\langle S^z\ (S^-)^4\rangle$, $\langle (S^-)^5\rangle$ 19 个关联函数.

最后得到与 (16.8.38) 和 (16.8.39) 式形式相同的一般表达式. 一些数值结果见文献 [38]. 值得一提的是, 二维情况下, 当考虑了交换各向异性并且又有偶极相互作用之后, 在某些 $\boldsymbol{k}$ 点上, 会出现虚本征值的情况, 即 (16.8.19) 式的本征值 $\omega_{1,2}=\pm\sqrt{H_+H_-+H_z^2}=\pm\mathrm{i}E_\nu(\boldsymbol{k})$ 是纯虚数. 物理上, 虚本征值说明这对应于衰减的自旋波. 这样的自旋波不能传到远处去. 数学上, 只要将 (16.8.28) 式中的分母改成 $\mathrm{i}E_\nu(\boldsymbol{k})\coth(\beta\mathrm{i}E_\nu(\boldsymbol{k})/2)=E_\nu(\boldsymbol{k})\cot(\beta E_\nu(\boldsymbol{k})/2)$, 并没有给计算带来任何不方便.

在前几节中, 我们选择算符 $B=\exp(aS^z)S^-$, 就可以求出适用于任意自旋量子数 S 的一般的表达式. 现在我们也可以这样来做.

上面的推导直到 (16.8.34) 式, 是与算符 B 的选择无关的. 所以我们只要选择合适的 B, 代入 (16.8.34) 式即可. 现在我们选择 [39]

$$\boldsymbol{A}=(S^+,S^-,S^z),\boldsymbol{B}=(\exp(uS^z)S^+,\exp(uS^z)S^-,\exp(uS^z)S^z) \tag{16.8.42}$$

组成的格林函数是

$$\boldsymbol{G}_{+1}=\left\langle\left\langle\begin{pmatrix}S^+\\S^-\\S^z\end{pmatrix};(\exp(uS^z)S^+,\exp(uS^z)S^-,\exp(uS^z)S^z)\right\rangle\right\rangle_{+1} \tag{16.8.43}$$

(16.8.34) 式右边的 $\boldsymbol{F}_{-1}$ 矩阵是三阶方阵,

$$\begin{aligned}\boldsymbol{F}_{-1}&=\langle[\boldsymbol{A},\boldsymbol{B}]_{-1}\rangle=\left\langle\left[\begin{pmatrix}S^+\\S^-\\S^z\end{pmatrix}(\exp(uS^z)S^+,\exp(uS^z)S^-,\exp(uS^z)S^z)\rangle\right]_{-1}\right\rangle\\&=\left\langle\exp(uS^z)\begin{pmatrix}t_1S^+S^+ & t_1S^+S^-+2S^z & t_1S^+S^z-S^+\\ t_2S^-S^+-2S^z & t_2S^-S^- & t_2S^-S^z+S^-\\ S^+ & -S^- & 0\end{pmatrix}\right\rangle\end{aligned} \tag{16.8.44}$$

其中

$$t_1=\mathrm{e}^{-u}-1,t_2=\mathrm{e}^u-1 \tag{16.8.45}$$

(16.8.34) 式左边的关联函数有 9 个

$$\boldsymbol{C}=\langle\boldsymbol{B}^{\mathrm{T}}\boldsymbol{A}\rangle=\left\langle\left[\begin{pmatrix}\exp(uS^z)S^+\\ \exp(uS^z)S^-\\ \exp(uS^z)S^z\end{pmatrix}(S^+,S^-,S^z)\rangle\right]\right\rangle \tag{16.8.46}$$

我们定义以下函数:

$$\begin{aligned}
f(u)&=\langle\exp(uS^z)\rangle\\
f'(u)&=\langle\exp(uS^z)S^z\rangle\\
f''(u)&=\langle\exp(uS^z)S^zS^z\rangle\\
f_1(u)&=\langle\exp(uS^z)S^+\rangle\\
f_2(u)&=\langle\exp(uS^z)S^-\rangle\\
f_3(u)&=\langle\exp(uS^z)S^+S^z\rangle\\
f_4(u)&=\langle\exp(uS^z)S^-S^z\rangle
\end{aligned} \tag{16.8.47}$$

把 (16.8.44) 和 (16.8.46) 式代入 (16.8.34) 式, 应该有 9 个方程. 但是其中有重复的, 并且还有一个恒等关系 (16.1.10) 式. 最后只剩以下的线性方程组:

$$\begin{pmatrix}
|q_{13}|^2-2v_1 & 0 & 2|q_{13}|^2 & 0 & q_{13}W(u)\\
q_{23} & 0 & 2q_{23} & 0 & W(u)\\
0 & -q_{13}\mathrm{e}^u & 0 & 2q_{13}\mathrm{e}^u & W(u)\\
0 & -(|q_{13}|^2+2v_1)\mathrm{e}^u & 0 & 2|q_{13}|^2\mathrm{e}^u & q_{23}W(u)\\
Q_z+1 & 0 & \mathrm{e}^{-u}W(u) & 0 & -2q_{13}\\
0 & Q_z-1 & 0 & W(u) & -2q_{23}
\end{pmatrix}\begin{pmatrix}f''\\ f_1\\ f_2\\ f_3\\ f_4\end{pmatrix}$$

$$=\begin{pmatrix}
q_{13}[S_{\mathrm{p}}W(u)f(u)-v_1(\mathrm{e}^u+1)f'(u)]\\
S_{\mathrm{p}}W(u)f(u)-V(u)f'(u)\\
S_{\mathrm{p}}W(u)f(u)-V(u)f'(u)\\
q_{23}[S_{\mathrm{p}}W(u)f(u)-v_1(\mathrm{e}^u+1)f'(u)]\\
0\\
0
\end{pmatrix} \tag{16.8.48}$$

其中

$$V(u)=(Q+1)\mathrm{e}^{u/2}+(Q-1)\mathrm{e}^{-u/2} \tag{16.8.49}$$

$$W(u)=(Q+1)\mathrm{e}^{u/2}-(Q-1)\mathrm{e}^{-u/2} \tag{16.8.50}$$

$$v_1=Q_z+\coth\frac{u}{2} \tag{16.8.51}$$

由于待求函数的个数有 7 个, 见 (16.8.47) 式, 多于方程的数目, 因此在 (16.8.48) 式中, 我们只能用 $f(u)$ 和 $f'(u)$ 来表达另外的 5 个函数 $f''(u)$, $f_1(u)$, $f_2(u)$, $f_3(u)$,

$f_4(u)$. 这样 (16.8.48) 式现出有 5 个未知数, 但是有 6 个方程. 我们之所以这样写, 是因为这 6 个方程可以拆成两组.

$$\begin{pmatrix} Q_z+1 & \mathrm{e}^{-u}W(u) & -2q_{13} \\ |q_{13}|^2-2v_1 & 2|q_{13}|^2 & q_{13}W(u) \\ q_{23} & 2q_{23} & W(u) \end{pmatrix}\begin{pmatrix} f_1 \\ f_3 \\ f'' \end{pmatrix}=\begin{pmatrix} 0 \\ q_{13}[S_\mathrm{p}W(u)f(u)-v_1(\mathrm{e}^u+1)f'(u)] \\ S_\mathrm{p}W(u)f(u)-V(u)f'(u) \end{pmatrix} \tag{16.8.52}$$

$$\begin{pmatrix} Q_z-1 & W(u) & -2q_{23} \\ -q_{13}\mathrm{e}^u & 2q_{13}\mathrm{e}^u & W(u) \\ -(|q_{13}|^2+2v_1)\mathrm{e}^u & 2|q_{13}|^2\mathrm{e}^u & q_{23}W(u) \end{pmatrix}\begin{pmatrix} f_2 \\ f_4 \\ f'' \end{pmatrix}$$

$$=\begin{pmatrix} 0 \\ S_\mathrm{p}W(u)f(u)-V(u)f'(u) \\ q_{23}[S_\mathrm{p}W(u)f(u)-v_1(\mathrm{e}^u+1)f'(u)] \end{pmatrix} \tag{16.8.53}$$

其中 $S_\mathrm{p}=S(S+1)$. 从这两组方程我们都得到

$$f''(u)-\frac{V(u)}{W(u)}\frac{[W(u)]^2-2(R^2-1)}{[W(u)]^2+4(R^2-1)}f'(u)-\frac{[W(u)]^2}{[W(u)]^2+4(R^2-1)}S(S+1)f(u)=0 \tag{16.8.54}$$

这是求解函数 $f(u)$ 的二阶常微分方程. 我们再次说明, 如果只有 z 分量的磁化强度不为零, 那么 R=1.(16.8.54) 式自然回到 (16.3.13) 式的形式. 不过显然, 此处的方程比 (16.3.13) 式更为复杂. 由于 $f(u)$ 的定义与 (16.3.8) 式 ψ 的定义相同, 因而 (16.8.54) 式应满足的初始条件与 (16.3.13) 式是一样的, 也是 (16.3.14) 和 (16.3.17) 式. 我们写在下面:

$$f(0)=1 \tag{16.8.55}$$

$$\prod_{r=-S}^{S}\left(\frac{\mathrm{d}}{\mathrm{d}u}-r\right)f(u=0)=0 \tag{16.8.56}$$

求解过程我们放在后面讲.

16.8.2 单离子各向异性沿任意方向

上一小节的哈密顿量 (16.8.1) 式中, 单离子各向异性是沿着 z 方向的. 在实际的晶体材料中, 易轴不都是沿着 z 方向的. 我们应该把哈密顿量扩展到更为一般的情况, 写成如下的形式 [40]:

$$H=-\frac{1}{2}J\sum_{i,j}\boldsymbol{S_i}\cdot\boldsymbol{S_j}-\sum_i[K_{2x}(S_i^x)^2+K_{2y}(S_i^y)^2+K_{2z}(S_i^z)^2]-\boldsymbol{B}\cdot\sum_i\boldsymbol{S_i} \tag{16.8.57}$$

其中单离子各向异性在三个方向都有分量. 当其中两个分量为零时, 例如 $K_{2x}=K_{2y}=0$, 哈密顿量自动回到 (16.8.1) 式. (16.8.57) 式中的单离子各向异性三个分量中, 只有两个是独立的, 因为有恒等式 (16.1.7). 但是我们求解的时候按照 (16.8.57) 式的哈密顿量求解. 这在推导公式时形式更为对称. 得到公式后, 在具体计算时, 根据系统的情况取 K_{2x}, K_{2y}, K_{2z} 中的某些数值为零即可.

当我们如上一小节一样, 用 (16.8.42) 式的算符进行推导时, 我们发现推导不下去. 究其原因, 是因为 S^+, S^-, S^z 这一组算符是以 z 为特殊方向的. 这一组算符的特点是：对易关系 (16.1.6) 式显得简单. 有 (16.3.2) 式这样的关系可用. 对于处理像 (16.8.1) 式这样的 z 方向确实是一个特殊方向的哈密顿量非常合适. 可是现在 (16.8.57) 式中, x, y, z 三个方向是等价的, 没有哪一个方向更为特殊.

为了在推导公式时体现三个坐标轴的方向都是等价的, 我们选择另外一组自旋算符, S^x, S^y, S^z. 这一组算符之间的对易关系是

$$[S^\alpha, S^\beta] = \mathrm{i}S^\gamma \varepsilon_{\alpha\beta\gamma} \tag{16.8.58}$$

其中 $\varepsilon_{\alpha\beta\gamma}$ 的三个指标都不相同时, $\varepsilon_{\alpha\beta\gamma}$ 的值才不为零. 在 α, β, γ 是 x, y, z 的顺序排列时 $\varepsilon_{\alpha\beta\gamma}$ 的值为 1, 否则为 -1. 三个算符的降阶关系是一样的, 都是 (16.3.1) 式的形式.

$$\prod_{r=-S}^{S}(S^\alpha - r) = 0, \alpha = x, y, z \tag{16.8.59}$$

不过没有 (16.3.2) 式这么简单的关系.

现在我们选择的组成格林函数的算符 $\boldsymbol{A}$ 如下：

$$\boldsymbol{A} = (S^x, S^y, S^z) \tag{16.8.60}$$

由于现在 x, y, z 三个方向没有哪一个是特殊的, 当我们推导一个公式后, 做 $x \to y \to z \to x$ 这样的指标轮换, 即可得到另外一个公式.

我们先来求 S^x 与哈密顿量 (16.8.57) 式的对易关系. 利用 (16.8.58) 式

$$\begin{aligned}[S^x_{\boldsymbol{m}}, H] = &-\mathrm{i}J\sum_{\boldsymbol{j}}(S^z_{\boldsymbol{m}}S^y_{\boldsymbol{j}} - S^y_{\boldsymbol{m}}S^z_{\boldsymbol{j}}) \\ &-\mathrm{i}K_{2y}(S^y_{\boldsymbol{m}}S^z_{\boldsymbol{m}} + S^z_{\boldsymbol{m}}S^y_{\boldsymbol{m}}) + \mathrm{i}K_{2z}(S^y_{\boldsymbol{m}}S^z_{\boldsymbol{m}} + S^z_{\boldsymbol{m}}S^y_{\boldsymbol{m}}) - \mathrm{i}(B_yS^z_{\boldsymbol{m}} - B_zS^y_{\boldsymbol{m}})\end{aligned} \tag{16.8.61}$$

代入格林函数 $\langle\langle S^x; B\rangle\rangle$ 的运动方程, 可知现在我们需要做分解近似的高阶格林函数是 $\langle\langle S^\alpha_{\boldsymbol{m}}S^\beta_{\boldsymbol{j}}; B\rangle\rangle$ 和 $\langle\langle S^\alpha_{\boldsymbol{m}}S^\beta_{\boldsymbol{m}} + S^\beta_{\boldsymbol{m}}S^\alpha_{\boldsymbol{m}}; B\rangle\rangle$. 前一个的分解近似和 (16.8.5) 式一样.

$$\langle\langle S^\alpha_{\boldsymbol{j}}S^\beta_{\boldsymbol{m}}; B\rangle\rangle \approx \langle S^\alpha_{\boldsymbol{j}}\rangle\langle\langle S^\beta_{\boldsymbol{m}}; B\rangle\rangle + \langle S^\beta_{\boldsymbol{m}}\rangle\langle\langle S^\alpha_{\boldsymbol{j}}; B\rangle\rangle, \alpha, \beta = x, y, z, \alpha \neq \beta \tag{16.8.62}$$

后一个与 (16.8.10) 式有所不同. (16.8.10) 式是以 z 方向为特殊方向的形式. 我们 [40] 建议, 应该采取如下的分解近似.

$$\langle\langle S_{\boldsymbol{m}}^{\alpha}S_{\boldsymbol{m}}^{\beta}+S_{\boldsymbol{m}}^{\beta}S_{\boldsymbol{m}}^{\alpha};B\rangle\rangle=2\langle S_{\boldsymbol{m}}^{\alpha}\rangle\Theta^{(\alpha)}\langle\langle S_{\boldsymbol{m}}^{\beta};B\rangle\rangle=2\langle S_{\boldsymbol{m}}^{\beta}\rangle\Theta^{(\beta)}\langle\langle S_{\boldsymbol{m}}^{\alpha};B\rangle\rangle \tag{16.8.63}$$

其中

$$\Theta^{(\alpha)}=1-\frac{1}{2S}[S(S+1)-\langle S^{\alpha}S^{\alpha}\rangle],\alpha=x,y,z \tag{16.8.64}$$

由于 (16.8.63) 式左边是关于 α 和 β 对称的, 我们假设右边在 α 和 β 交换后, 结果是一样的.

在 (16.8.61) 式与相应的运动方程中做指标轮换 $x\to y\to z\to x$, 得到另外两个运动方程. 作空间傅里叶变换, 并整理后, 我们又得到了与 (16.8.17) 式一样形式的方程:

$$[\omega\boldsymbol{I}-\boldsymbol{P}]\boldsymbol{g}=\boldsymbol{F} \tag{16.8.65}$$

(16.8.65) 式中哈密顿矩阵 $\boldsymbol{P}$ 如下:

$$\boldsymbol{P}=\begin{pmatrix}0 & \mathrm{i}H_z & -\mathrm{i}H_y\\ -\mathrm{i}H_z & 0 & \mathrm{i}H_x\\ \mathrm{i}H_y & -\mathrm{i}H_x & 0\end{pmatrix} \tag{16.8.66}$$

其中

$$H_{\alpha}=\langle S^{\alpha}\rangle(J_0-J_{\boldsymbol{k}})+B_{\alpha}+2K_{2\alpha}\Theta^{(\alpha)}\langle S^{\alpha}\rangle,\alpha=x,y,z \tag{16.8.67}$$

其中用到了 (16.8.13) 式的定义. (16.8.66) 式的特点是, 这是一个厄米矩阵, 因此它的本征值必然是实数. 求得其本征值为

$$\omega_{1,2}=\pm\sqrt{H_x^2+H_y^2+H_z^2}=\pm E_{\boldsymbol{k}},\omega_3=0 \tag{16.8.68}$$

对应的本征向量矩阵及其逆如下:

$$\boldsymbol{U}=\begin{pmatrix}-(h_z+\mathrm{i}h_xh_y)/(h_x-\mathrm{i}h_yh_z) & -(h_z-\mathrm{i}h_xh_y)/(h_x+\mathrm{i}h_yh_z) & h_x/h_z\\ -\mathrm{i}(h_x^2+h_z^2)/(h_x-\mathrm{i}h_yh_z) & -\mathrm{i}(h_x^2+h_y^2)/(h_x+\mathrm{i}h_yh_z) & h_x/h_z\\ 1 & 1 & 1\end{pmatrix} \tag{16.8.69a}$$

$$\boldsymbol{U}^{-1}=\begin{pmatrix}2h_xh_z & 2h_yh_z & 2h_z^2\\ -h_xh_z-\mathrm{i}h_y & -h_yh_z+\mathrm{i}h_x & h_x^2+h_y^2\\ -h_xh_z+\mathrm{i}h_y & -h_yh_z-\mathrm{i}h_x & h_x^2+h_y^2\end{pmatrix} \tag{16.8.69b}$$

其中

$$h_{\alpha}=\frac{H_{\alpha}}{E_{\boldsymbol{k}}},\ \alpha=x,y,z \tag{16.8.70}$$

它们是波矢 $\boldsymbol{k}$ 的函数. 由于现在矩阵 $\boldsymbol{P}$ 又有零本征值, 我们必须采用 $\eta=-1$ 的费米子格林函数. 把 (16.8.68) 和 (16.8.69) 式代入 (16.8.22) 式求出矩阵 $\boldsymbol{R}$. 再由 (16.8.26) 式得到以下等式:

$$\begin{pmatrix} 0 & \mathrm{i}h_z & -\mathrm{i}h_y \\ -\mathrm{i}h_z & 0 & \mathrm{i}h_x \\ \mathrm{i}h_y & -\mathrm{i}h_x & 0 \end{pmatrix}\boldsymbol{C}(\boldsymbol{k}) \\ =\frac{1}{2}\begin{pmatrix} \coth(\beta E_{\boldsymbol{k}}/2) & -\mathrm{i}h_z & \mathrm{i}h_y \\ \mathrm{i}h_z & \coth(\beta E_{\boldsymbol{k}}/2) & -\mathrm{i}h_x \\ -\mathrm{i}h_y & \mathrm{i}h_x & \coth(\beta E_{\boldsymbol{k}}/2) \end{pmatrix}\boldsymbol{F}_{-1} \tag{16.8.71}$$

与 (16.8.27) 式类似, 这三个方程不是互相独立的. 容易看出左边的系数矩阵的行列式为零. 如果把 (16.8.71) 式左边的第一行元素乘以 h_x, 第二行元素乘以 h_y, 第三行元素乘以 h_z, 把它们相加的结果, 为零. 可见三个等式中, 只有两个是独立的. 对于 (16.8.71) 式右边的三行元素, 也分别乘以 h_x, h_y, h_z, 然后相加, 结果也应为零. 我们就得到如下等式.

$$h_xF_{-1}^x+h_yF_{-1}^y+h_zF_{-1}^z=0 \tag{16.8.72}$$

分别取 $B=S^x$, S^y, S^z, 得到

$$h_\alpha\langle S^\beta\rangle=h_\beta\langle S^\alpha\rangle,\alpha,\beta=x,y,z \tag{16.8.73}$$

此式说明, 尽管 h_α 是波矢 $\boldsymbol{k}$ 的函数, 但是比值 h_α/h_β 是与波矢 $\boldsymbol{k}$ 无关的. 约束条件 (16.8.72) 式还可以从另一角度推导得到, 见附录 C.

我们从 (16.8.73) 式和 (16.8.67) 式得

$$\frac{\langle S^\alpha\rangle}{\langle S^\beta\rangle}=\frac{h_\alpha}{h_\beta}=\frac{B_\alpha+2K_{2\alpha}\Theta^{(\alpha)}\langle S^\alpha\rangle}{B_\beta+2K_{2\beta}\Theta^{(\beta)}\langle S^\beta\rangle} \tag{16.8.74}$$

这个比值与 $\boldsymbol{k}$ 无关. 约束条件 (16.8.73) 表明, 磁化强度的三个分量 $\langle S^x\rangle$, $\langle S^y\rangle$, $\langle S^z\rangle$ 并不是相互独立的, 而是线性相关的. 只要求出其中一个分量, 就可以根据 (16.8.32) 求出另外两个分量. 因此, 下面我们只求出 $\langle S^z\rangle$ 的表达式. 对于这一哈密顿量, 我们一开始也是先取 S 分别取 1/2, 1, 3/2, 2, 5/2, 得到 $\langle S^z\rangle$ 的表达式, 由此猜出对于任意 S 都适用的一般公式 [40]. 此处我们直接推导对于任意 S 都适用的公式 [39].

将 (16.8.71) 式两边除以 h_z. 然后两边对 $\boldsymbol{k}$ 求和. 注意左边的 h_α/h_β 和右边的 $\boldsymbol{F}_{-1}$ 都与波矢 $\boldsymbol{k}$ 无关. 定义

$$Q_\alpha=\frac{1}{N}\sum_{\boldsymbol{k}}\frac{\coth(\beta E_{\boldsymbol{k}}/2)}{h_\alpha},\alpha=x,y,z \tag{16.8.75}$$

和

$$h_{\alpha\beta}=\frac{h_\alpha}{h_\beta},\alpha,\beta=x,y,z \tag{16.8.76}$$

(16.8.71) 式成为

$$\begin{pmatrix} 0 & -1 & h_{yz} \\ 1 & 0 & -h_{xz} \\ -h_{yz} & h_{xz} & 0 \end{pmatrix}\boldsymbol{C}=\frac{1}{2}\begin{pmatrix} \mathrm{i}Q_z & 1 & -h_{yz} \\ -1 & \mathrm{i}Q_z & h_{xz} \\ h_{yz} & -h_{xz} & \mathrm{i}Q_z \end{pmatrix}\boldsymbol{F}_{-1} \tag{16.8.77}$$

显然, 其中 Q_z 与 (16.8.36) 式是一样的.

现在选择算符 $\boldsymbol{B}$ 如下：

$$\boldsymbol{B}=(\exp(uS^z)S^x,\exp(uS^z)S^y,\exp(uS^z)S^z) \tag{16.8.78}$$

在推导公式中做指标轮换 $x\to y\to z\to x$ 时, 要注意 $\boldsymbol{B}$ 中的因子 $\exp(uS^z)$ 不参与指标轮换. 在 (16.8.75) 式中, 如果我们把因子 $\exp(uS^z)$ 换成 $\exp(uS^x)$ 或者 $\exp(uS^y)$, 那么最后的结果都是一样的.

由 (16.8.60) 和 (16.8.78) 式的算符组成的格林函数是

$$\boldsymbol{G}_{+1}=\left\langle\left\langle\begin{pmatrix} S^x \\ S^y \\ S^z \end{pmatrix};(\exp(uS^z)S^x,\exp(uS^z)S^y,\exp(uS^z)S^z)\right\rangle\right\rangle_{+1} \tag{16.8.79}$$

计算算符 $\boldsymbol{A}$ 和 $\boldsymbol{B}$ 对易关系, 得到矩阵

$$\boldsymbol{F}_{-1}=\langle[\boldsymbol{A},\boldsymbol{B}]_{-1}\rangle \tag{16.8.80a}$$

的矩阵元如下：

$$(\boldsymbol{F}_{-1})_{11}=\langle\exp(uS^z)[(c_2-1)S^xS^x-\mathrm{i}c_1S^yS^x]\rangle \tag{16.8.80b}$$

$$(\boldsymbol{F}_{-1})_{12}=\langle\exp(uS^z)[(c_2-1)S^xS^y-\mathrm{i}c_1S^yS^y+\mathrm{i}S^z]\rangle \tag{16.8.80c}$$

$$(\boldsymbol{F}_{-1})_{13}=\langle\exp(uS^z)[(c_2-1)S^xS^z-\mathrm{i}c_1S^yS^z-\mathrm{i}S^y]\rangle \tag{16.8.80d}$$

$$(\boldsymbol{F}_{-1})_{21}=\langle\exp(uS^z)[(c_2-1)S^yS^x+\mathrm{i}c_1S^xS^x-\mathrm{i}S^z]\rangle \tag{16.8.80e}$$

$$(\boldsymbol{F}_{-1})_{22}=\langle\exp(uS^z)[(c_2-1)S^yS^y+\mathrm{i}c_1S^xS^y]\rangle \tag{16.8.80f}$$

$$(\boldsymbol{F}_{-1})_{23}=\langle\exp(uS^z)[(c_2-1)S^yS^z+\mathrm{i}c_1S^xS^z+\mathrm{i}S^x]\rangle \tag{16.8.80g}$$

$$(\boldsymbol{F}_{-1})_{31}=\mathrm{i}\langle\exp(uS^z)S^y\rangle \tag{16.8.80h}$$

$$(\boldsymbol{F}_{-1})_{32}=-\mathrm{i}\langle\exp(uS^z)S^x\rangle \tag{16.8.80i}$$

$$(\boldsymbol{F}_{-1})_{33}=0 \tag{16.8.80j}$$

其中

$$c_1 = \sinh u, c_2 = \cosh u \tag{16.8.81}$$

(16.8.77) 式左边的关联函数是如下九个：

$$\boldsymbol{C} = \langle \boldsymbol{B}^{\mathrm{T}} \boldsymbol{A} \rangle = \left\langle \left[\begin{pmatrix} \exp(uS^z)S^x \\ \exp(uS^z)S^y \\ \exp(uS^z)S^z \end{pmatrix} (S^x, S^y, S^z) \rangle \right] \right\rangle \tag{16.8.82}$$

我们定义以下关联函数

$$\begin{aligned} f(u) &= \langle \exp(uS^z) \rangle \\ f'(u) &= \langle \exp(uS^z) S^z \rangle \\ f''(u) &= \langle \exp(uS^z) S^z S^z \rangle \\ f_1(u) &= \langle \exp(uS^z) S^x \rangle \\ f_2(u) &= \langle \exp(uS^z) S^y \rangle \\ f_3(u) &= \langle \exp(uS^z) S^x S^x \rangle \\ f_4(u) &= \langle \exp(uS^z) S^x S^y \rangle \\ f_5(u) &= \langle \exp(uS^z) S^y S^z \rangle \\ f_6(u) &= \langle \exp(uS^z) S^z S^x \rangle \end{aligned} \tag{16.8.83}$$

把 (16.8.80) 和 (16.8.82) 式代入 (16.8.77) 式, 经过整理, 其中只有 7 个方程是独立的. 但是我们有 (16.8.83) 式的 9 个待求函数. 所以只能用 $f(u)$ 和 $f'(u)$ 来表达另外的 7 个函数 $f''(u)$, $f_1(u)$, $f_2(u)$, $f_3(u)$, $f_4(u)$, $f_5(u)$, $f_6(u)$.

令

$$\boldsymbol{F}_7 = (f'', f_1, f_2, f_3, f_4, f_5, f_6)^{\mathrm{T}} \tag{16.8.84}$$

得到的线性方程组如下：

$$\boldsymbol{V}_7 \boldsymbol{F}_7 = \boldsymbol{B}_7 \tag{16.8.85}$$

系数矩阵是

$$\boldsymbol{V}_7 = \begin{pmatrix} 0 & 0 & \mathrm{i}h_z & g_{xy} & g_{yx} & 0 & 0 \\ 0 & 0 & -\mathrm{i}h_y & -q_2 & \mathrm{i}q_1 & 0 & -2\mathrm{i}h_y \\ 0 & 0 & -\mathrm{i}h_x & -q_1 & \mathrm{i}q_2 & 0 & 2h_x \\ q_1 & -\mathrm{i}h_y & 0 & q_1 & -\mathrm{i}q_2 & 2h_y & 0 \\ q_2 & h_x & 0 & q_2 & -\mathrm{i}q_1 & 2\mathrm{i}h_x & 0 \\ 2\mathrm{i}h_y & -h_z & -\mathrm{i}Qc_2 - \mathrm{i}h_z c_1 & 0 & 0 & -\mathrm{i}q_1 & q_2 \\ -2\mathrm{i}h_x & \mathrm{i}Q & Qc_1 + h_z c_2 & 0 & 0 & q_2 & \mathrm{i}q_1 \end{pmatrix} \tag{16.8.86}$$

其中

$$g_{xy} = h_x(c_2 - 1) + \mathrm{i}h_y c_1 \tag{16.8.87a}$$

$$g_{yx} = h_y(c_2 - 1) - \mathrm{i}h_x c_1 \tag{16.8.87b}$$

$$q_1 = h_z(c_2 + 1) + Qc_1 \tag{16.8.88a}$$

$$q_2 = h_z c_1 + Q(c_2 - 1) \tag{16.8.88b}$$

(16.8.85) 式右边是

$$\begin{aligned}\boldsymbol{B}_7 = ((h_x c_1 + \mathrm{i}h_y c_2)f', (-Qc_1 - h_z c_2)f', (-Qc_2 - h_z c_2)f',\\ q_1 S_\mathrm{p} f - Qf', q_2 S_\mathrm{p} f + h_z f', 0, 0)^\mathrm{T}\end{aligned} \tag{16.8.89}$$

解线性方程组 (16.8.85), 得到

$$f''(u) - \frac{V(u)}{W(u)}\frac{[W(u)]^2 - 2(R^2-1)}{[W(u)]^2 + 4(R^2-1)}f'(u) - \frac{[W(u)]^2}{[W(u)]^2 + 4(R^2-1)}S(S+1)f(u) = 0 \tag{16.8.90}$$

其中

$$R^2 = 1 + h_{xz}^2 + h_{yz}^2 \tag{16.8.91}$$

(16.8.90) 式与 (16.8.54) 式的形式完全一样.

从 (16.8.85) 式还解出另外 6 个函数 $f_1(u) \sim f_6(u)$ 的表达式. 这些表达式实在冗长. 我们这儿只给出当取 u=0 时的表达式.

$$\langle S^x \rangle = \frac{h_x}{h_z}\langle S^z \rangle \tag{16.8.92a}$$

$$\langle S^y \rangle = \frac{h_y}{h_z}\langle S^z \rangle \tag{16.8.92b}$$

$$\langle S^x S^x \rangle = \frac{1}{2R^2}[2S(S+1)h_{xz}^2 + Q_z\langle S^z \rangle(R^2 - 3h_{xz}^2)] \tag{16.8.92c}$$

$$\langle S^x S^y \rangle = \frac{1}{2R^2}[2S(S+1)h_{xz}h_{yz} + \langle S^z \rangle(\mathrm{i}R^2 - 3Q_z h_{xz}h_{yz})] \tag{16.8.92d}$$

$$\langle S^y S^z \rangle = \frac{1}{2R^2}[2S(S+1)h_{yz} + \langle S^z \rangle(\mathrm{i}h_{xz}R^2 - 3Q_z h_{yz})] \tag{16.8.92e}$$

$$\langle S^z S^x \rangle = \frac{1}{2R^2}[2S(S+1)h_{xz} + \langle S^z \rangle(\mathrm{i}h_{yz}R^2 - 3Q_z h_{xz})] \tag{16.8.92f}$$

其中前两式正是 (16.8.73) 式.

16.8.3 常微分方程的解

虽然我们前面根据一些低 S 的磁化强度的表达式, 猜出了对于任意 S 都适用的一般表达式, 但是这毕竟不是一般的证明. 真正的证明还是应该求出二阶常微分方程 (16.8.54) 的解析解 [41]. 为此先做变量代换, 令

$$p=\frac{V(u)}{2\sqrt{Q^2-R^2}}=\frac{(Q+1)\mathrm{e}^{u/2}+(Q-1)\mathrm{e}^{-u/2}}{2\sqrt{Q^2-R^2}} \tag{16.8.93}$$

和

$$n=2S \tag{16.8.94}$$

方程 (16.8.54) 变换为

$$(p^2-1)f''(p)+3pf'(p)-[(n+1)^2-1]f(p)=0 \tag{16.8.95}$$

这是连带切比雪夫方程 [42]. 一般地, 切比雪夫方程的形式是

$$(p^2-1)f''(p)+pf'(p)-\nu^2 f(p)=0 \tag{16.8.96}$$

连带切比雪夫方程的形式是

$$(p^2-1)f''(p)+(2m+1)pf'(p)-(\nu^2-m^2)f(p)=0 \tag{16.8.97}$$

(16.8.95) 式是 (16.8.97) 式中 m=1 的情形. 但是我们的情况还有所不同. 在一般的连带切比雪夫方程方程中, 宗量 $p<1$. 因此解为第一类和第二类切比雪夫三角 $\mathrm{T}(p)$ 和 $\mathrm{U}(p)$, 它们都是函数, 我们称之为正常切比雪夫函数或者三角切比雪夫函数. 函数值的绝对值都是小于等于 1 的, $|\mathrm{T}_n(p)|\leqslant 1$, $|\mathrm{U}_n(p)|\leqslant 1$. 在定义区间上属于不同本征值的本征函数具有正交归一性. 但是在我们的方程 (16.8.95) 中, 宗量 p 是大于 1 的. 这只要取一个特殊值 u=0 就可看出来.

$$p(u=0)=\frac{Q}{\sqrt{Q^2-R^2}}>1 \tag{16.8.98}$$

当 $p>1$ 时, 变量代换 p=cosh t, 则将方程 (16.8.95) 变为 $f''(t)-\nu^2 f(t)=0$, 得到方程 (16.8.95) 的解为

$$\mathrm{T}_\nu^\times(p)=\cosh(\nu\cosh^{-1}p) \tag{16.8.99a}$$

$$\mathrm{U}_\nu^\times(p)=\sinh(\nu\cosh^{-1}p) \tag{16.8.99b}$$

这两个函数的特点是, 宗量是大于 1 的, 函数值大于零.

$$\mathrm{T}_\nu^\times(p) \geqslant 0, \mathrm{U}_\nu^\times(p) \geqslant 0 \tag{16.8.100}$$

且没有上限. 我们称之为第一类和第二类双曲切比雪夫函数或者反常切比雪夫函数. 实际上, 只要记住公式 $\cos \mathrm{i}p = \cosh p$ 和 $\sin \mathrm{i}p = \mathrm{i}\sinh p$, 有一部分三角切比雪夫函数适用的公式对于双曲切比雪夫函数也适用. 在附录 D 中, 我们列出了这些公式.

和三角切比雪夫函数一样, 连带切比雪夫方程 (16.8.95) 的解是双曲切比雪夫函数的导数, $\dfrac{\mathrm{d}}{\mathrm{d}p}\mathrm{T}_\nu^\times(p)$ 和 $\dfrac{\mathrm{d}}{\mathrm{d}p}\mathrm{U}_\nu^\times(p)$. 由于双曲切比雪夫函数的定义区间没有上限, 而且函数值随宗量无限增长的, 我们无法讨论它们的正交归一性的问题. 我们假定, 特解 $\mathrm{T}_\nu^\times(p)$ 和 $\mathrm{U}_\nu^\times(p)$ 是相互线性无关的. 由此, 我们写出方程 (16.8.95) 的通解为

$$f(p) = A_n \frac{\mathrm{d}}{\mathrm{d}p}\mathrm{T}_\nu^\times(p) + B_n \frac{\mathrm{d}}{\mathrm{d}p}\mathrm{U}_\nu^\times(p) \tag{16.8.101}$$

在 (16.8.101) 式中求导之后, 按 (16.8.93) 式代回宗量 u. 下面要确定其中的系数. 为此要讨论解的初始条件. 它们是 (16.8.55) 和 (16.8.56) 式. 后者显然太复杂. 其实, 我们已经知道了其他两个初始条件. 它们就是 (16.8.38) 和 (16.8.39) 式, 即解的一阶导数和二阶导数的初值. 这样我们实际上有四个初始条件. 由于只要两个初始条件就能把 (16.8.101) 式中的两个系数确定下来, 我们选择其中最简单的两个, (16.8.55) 和 (16.8.38) 式. 前面曾经提到, 由于方程是对任意 S 都适用的, 因此必须至少有一个初始条件是适用于任何 S 的. (16.8.38) 式正是可以适用于任何 S 的. 所以我们可以完全放心地用 (16.8.38) 式来代替 (16.8.56) 式, 因为这二者是等价的. 对于任何一个 S, 可以证明, 从 (16.8.38) 式得到的表达式, 也可以从方程 (16.8.54) 和初始条件 (16.8.56) 式得到 [39]. 为方便起见, 我们把 (16.8.38) 式改造成如下的形式.

$$\langle S^z \rangle = f'(u=0) = \frac{(n+1)(d_n + 1/d_n)}{2R(d_n - 1/d_n)} - \frac{Q}{2R} \tag{16.8.102}$$

其中

$$d_n = \left(\sqrt{\frac{Q+R}{Q-R}}\right)^{n+1} \tag{16.8.103}$$

我们求得系数是

$$A_n = \frac{2R}{(n+1)(d_n - 1/d_n)\sqrt{Q^2 - R^2}}, B_n = 0 \tag{16.8.104}$$

最后得到方程 (16.8.54) 的解析解

$$f(u)=R\frac{\left[V(u)+\sqrt{[V(u)]^2-4(Q^2-R^2)}\right]^{n+1}-\left[V(u)+\sqrt{[V(u)]^2-4(Q^2-R^2)}\right]^{-n-1}}{2^n[(Q+R)^{n+1}-(Q-R)^{n+1}]\sqrt{[V(u)]^2-4(Q^2-R^2)}} \tag{16.8.105}$$

当 R=1 时, 我们有

$$[V(u)]^2-4(Q^2-1)=[(Q+1)\mathrm{e}^{u/2}+(Q-1)\mathrm{e}^{-u/2}]^2-4(Q^2-1)=[W(u)]^2 \tag{16.8.106}$$

解 (16.8.105) 式自然回到 Callen 的解 (16.3.25) 式.

最后, 我们要提一下, (16.8.94) 式表明自旋量子数 S 确实只能取正整数或者半正整数. 否则方程 (16.8.95) 是无解的. 本节的内容还表明, 宗量大于 1 的切比雪夫方程和切比雪夫函数也是有着其物理应用的.

§16.9 反铁磁体与磁性薄膜的三分量磁化强度计算

16.9.1 反铁磁体三分量磁化强度计算

我们仍然只考虑反铁磁体分成两个子晶格. 反铁磁体的哈密顿量为

$$\begin{aligned}
H=&J\sum_{i\mathrm{a},j\mathrm{b}}\boldsymbol{S}_{i\mathrm{a}}\cdot\boldsymbol{S}_{j\mathrm{b}}-\sum_{i\mathrm{a}}[K_{2x}(S^x_{i\mathrm{a}})^2+K_{2y}(S^y_{i\mathrm{a}})^2+K_{2z}(S^z_{i\mathrm{a}})^2]\\
&-\sum_{j\mathrm{b}}[K_{2x}(S^x_{j\mathrm{b}})^2+K_{2y}(S^y_{j\mathrm{b}})^2+K_{2z}(S^z_{j\mathrm{b}})^2]-\boldsymbol{B}\cdot\sum_{i\mathrm{a}}\boldsymbol{S}_{i\mathrm{a}}-\boldsymbol{B}\cdot\sum_{j\mathrm{b}}\boldsymbol{S}_{j\mathrm{b}}\\
=&J\sum_{i\mathrm{a},j\mathrm{b}}(S^x_{i\mathrm{a}}S^x_{j\mathrm{b}}+S^y_{i\mathrm{a}}S^y_{j\mathrm{b}}+S^z_{i\mathrm{a}}S^z_{j\mathrm{b}}]-\sum_{i\mathrm{a}}[K_{2x}(S^x_{i\mathrm{a}})^2+K_{2y}(S^y_{i\mathrm{a}})^2+K_{2z}(S^z_{i\mathrm{a}})^2]\\
&-\sum_{j\mathrm{b}}[K_{2x}(S^x_{j\mathrm{b}})^2+K_{2y}(S^y_{j\mathrm{b}})^2+K_{2z}(S^z_{j\mathrm{b}})^2]\\
&-\sum_{i\mathrm{a}}(B_xS^x_{i\mathrm{a}}+B_yS^y_{i\mathrm{a}}+B_zS^z_{i\mathrm{a}})-\sum_{j\mathrm{b}}(B_xS^x_{j\mathrm{b}}+B_yS^y_{j\mathrm{b}}+B_zS^z_{j\mathrm{b}})
\end{aligned} \tag{16.9.1}$$

我们选择算符 $\boldsymbol{A}$ 如下：

$$\boldsymbol{A}=(S^x_{\mathrm{a}},S^y_{\mathrm{a}},S^z_{\mathrm{a}},S^x_{\mathrm{b}},S^y_{\mathrm{b}},S^z_{\mathrm{b}}) \tag{16.9.2}$$

先计算对易关系

$$\begin{aligned}
[S^x_{m\mathrm{a}},H]=&-\mathrm{i}J\sum_{j\mathrm{b}}(S^z_{m\mathrm{a}}S^y_{j\mathrm{b}}-S^y_{m\mathrm{a}}S^z_{j\mathrm{b}})\\
&-\mathrm{i}[(K_{2y}(S^z_{m\mathrm{a}}S^y_{m\mathrm{a}}+S^y_{m\mathrm{a}}S^z_{m\mathrm{a}})-K_{2z}(S^z_{m\mathrm{a}}S^y_{m\mathrm{a}}+S^y_{m\mathrm{a}}S^z_{m\mathrm{a}})]\\
&-\mathrm{i}(B_yS^z_{m\mathrm{a}}-B_zS^y_{m\mathrm{a}})
\end{aligned} \tag{16.9.3}$$

格林函数的运动方程

$$\omega G^x_{\eta \boldsymbol{m}\mathrm{a}} = \langle [S^x_{\boldsymbol{m}\mathrm{a}}, B_{\boldsymbol{n}}]_\eta \rangle - \mathrm{i}J \sum_{\boldsymbol{j}\mathrm{b}} (G^z_{\eta \boldsymbol{m}\mathrm{a}} \langle S^y_{\boldsymbol{j}\mathrm{b}} \rangle + \langle S^z_{\boldsymbol{m}\mathrm{a}} \rangle G^y_{\eta \boldsymbol{j}\mathrm{b}} - G^y_{\eta \boldsymbol{m}\mathrm{a}} \langle S^z_{\boldsymbol{j}\mathrm{b}} \rangle - \langle S^y_{\boldsymbol{m}\mathrm{a}} \rangle G^z_{\eta \boldsymbol{j}\mathrm{b}})$$
$$-\mathrm{i}[K_{2y} 2\langle S^y_{\boldsymbol{m}\mathrm{a}} \rangle \Theta^{(y)}_{\mathrm{a}} G^z_{\eta \boldsymbol{m}\mathrm{a}}) - K_{2z} 2\langle S^z_{\boldsymbol{m}\mathrm{a}} \rangle \Theta^{(z)}_{\mathrm{a}} G^y_{\eta \boldsymbol{m}\mathrm{a}}] - \mathrm{i}(B_y G^z_{\eta \boldsymbol{m}\mathrm{a}} - B_z G^y_{\eta \boldsymbol{m}\mathrm{a}}) \tag{16.9.4}$$

作空间傅里叶变换

$$\omega G^x_{\eta \mathrm{a}}(\boldsymbol{k}) = \langle [S^x_{\mathrm{a}}, B]_\eta \rangle - \mathrm{i}[J_0 G^z_{\eta \mathrm{a}} \langle S^y_{\mathrm{b}} \rangle + J_{\boldsymbol{k}} \langle S^z_{\mathrm{a}} \rangle G^y_{\eta \mathrm{b}}(\boldsymbol{k}) - J_0 G^y_{\eta \mathrm{a}}(\boldsymbol{k}) \langle S^z_{\mathrm{b}} \rangle - J_{\boldsymbol{k}} \langle S^y_{\mathrm{a}} \rangle G^z_{\eta \mathrm{b}}(\boldsymbol{k})]$$
$$-\mathrm{i}K_{2y} 2\langle S^y_{\mathrm{a}} \rangle \Theta^{(y)}_{\mathrm{a}} G^z_{\eta \mathrm{a}}(\boldsymbol{k}) + \mathrm{i}K_{2z} 2\langle S^z_{\mathrm{a}} \rangle \Theta^{(z)}_{\mathrm{a}} G^y_{\eta \mathrm{a}}(\boldsymbol{k}) - \mathrm{i}[B_y G^z_{\eta \mathrm{a}}(\boldsymbol{k}) - B_z G^y_{\eta \mathrm{a}}(\boldsymbol{k})] \tag{16.9.5}$$

整理得

$$\begin{aligned} &\omega G^x_{\eta \mathrm{a}}(\boldsymbol{k}) - \{\mathrm{i}[J_0 \langle S^z_{\mathrm{b}} \rangle + K_{2z} 2\langle S^z_{\mathrm{a}} \rangle \Theta^{(z)}_{\mathrm{a}} + B_z] G^y_{\eta \mathrm{a}}(\boldsymbol{k}) \\ &+ \mathrm{i}[-J_0 \langle S^y_{\mathrm{b}} \rangle - K_{2y} 2\langle S^y_{\mathrm{a}} \rangle \Theta^{(y)}_{\mathrm{a}} - B_y] G^z_{\eta \mathrm{a}}(\boldsymbol{k}) \\ &- \mathrm{i}J_{\boldsymbol{k}} \langle S^z_{\mathrm{a}} \rangle G^y_{\eta \mathrm{b}}(\boldsymbol{k}) + \mathrm{i}J_{\boldsymbol{k}} \langle S^y_{\mathrm{a}} \rangle G^z_{\eta \mathrm{b}}(\boldsymbol{k})\} = \langle [S^x_{\mathrm{a}}, B]_\eta \rangle \end{aligned} \tag{16.9.6}$$

令

$$H_{\mathrm{a}\alpha} = J_0 \langle S^\alpha_{\mathrm{b}} \rangle + K_{2\alpha} 2\langle S^\alpha_{\mathrm{a}} \rangle \Theta^{(\alpha)}_{\mathrm{a}} + B_\alpha \tag{16.9.7a}$$

$$H_{\mathrm{b}\alpha} = J_0 \langle S^\alpha_{\mathrm{a}} \rangle + K_{2\alpha} 2\langle S^\alpha_{\mathrm{b}} \rangle \Theta^{(\alpha)}_{\mathrm{a}} + B_\alpha,\ \alpha = x, y, z \tag{16.9.7b}$$

(16.9.6) 式写成

$$\omega G^x_{\eta \mathrm{a}}(\boldsymbol{k}) - \{\mathrm{i}H_{\mathrm{a}z} G^y_{\eta \mathrm{a}}(\boldsymbol{k}) - \mathrm{i}H_{\mathrm{a}y} G^z_{\eta \mathrm{a}}(\boldsymbol{k}) - \mathrm{i}J_{\boldsymbol{k}} \langle S^z_{\mathrm{a}} \rangle G^y_{\eta \mathrm{b}}(\boldsymbol{k}) + \mathrm{i}J_{\boldsymbol{k}} \langle S^y_{\mathrm{a}} \rangle G^z_{\eta \mathrm{b}}(\boldsymbol{k})\} = \langle [S^x_{\mathrm{a}}, B]_\eta \rangle \tag{16.9.8}$$

作指标轮换 $x \to y \to z \to x$, $a \leftrightarrow b$, 可得另外 5 个公式. 这 6 个公式可以统一写成矩阵形式

$$[\omega \boldsymbol{I} - \boldsymbol{P}] \boldsymbol{g}_\eta = \boldsymbol{F}_{-\eta} \tag{16.9.9}$$

其中

$$\boldsymbol{P} = \mathrm{i} \begin{pmatrix} 0 & H_{\mathrm{a}z} & -H_{\mathrm{a}y} & 0 & -J_{\boldsymbol{k}} \langle S^z_{\mathrm{a}} \rangle & J_{\boldsymbol{k}} \langle S^y_{\mathrm{a}} \rangle \\ -H_{\mathrm{a}z} & 0 & H_{\mathrm{a}x} & J_{\boldsymbol{k}} \langle S^z_{\mathrm{a}} \rangle & 0 & -J_{\boldsymbol{k}} \langle S^x_{\mathrm{a}} \rangle \\ H_{\mathrm{a}y} & -H_{\mathrm{a}x} & 0 & -J_{\boldsymbol{k}} \langle S^y_{\mathrm{a}} \rangle & J_{\boldsymbol{k}} \langle S^x_{\mathrm{a}} \rangle & 0 \\ 0 & -J_{\boldsymbol{k}} \langle S^z_{\mathrm{b}} \rangle & J_{\boldsymbol{k}} \langle S^y_{\mathrm{b}} \rangle & 0 & H_{\mathrm{b}z} & -H_{\mathrm{b}y} \\ J_{\boldsymbol{k}} \langle S^z_{\mathrm{b}} \rangle & 0 & -J_{\boldsymbol{k}} \langle S^x_{\mathrm{b}} \rangle & -H_{\mathrm{b}z} & 0 & H_{\mathrm{b}x} \\ -J_{\boldsymbol{k}} \langle S^y_{\mathrm{b}} \rangle & J_{\boldsymbol{k}} \langle S^x_{\mathrm{b}} \rangle & 0 & H_{\mathrm{b}y} & -H_{\mathrm{b}x} & 0 \end{pmatrix} \tag{16.9.10}$$

一般情况下, 无法解析求得这一矩阵的本征值, 只能通过数值计算. 不过我们可以指出, 其中有两个零本征值. 下面来找出其对应的行本征向量. 为此, 我们把矩阵 $\boldsymbol{P}$ 写成分块形式,

$$\boldsymbol{P}=\begin{pmatrix}\boldsymbol{\Gamma}^{(\mathrm{aa})} & \boldsymbol{\Gamma}^{(\mathrm{ab})}\\ \boldsymbol{\Gamma}^{(\mathrm{ba})} & \boldsymbol{\Gamma}^{(\mathrm{bb})}\end{pmatrix} \tag{16.9.11}$$

其中

$$\boldsymbol{\Gamma}^{(\mu\mu)}=\mathrm{i}\begin{pmatrix}0 & H_{\mu z} & -H_{\mu y}\\ -H_{\mu z} & 0 & H_{\mu x}\\ H_{\mu y} & -H_{\mu x} & 0\end{pmatrix},\ \mu=\mathrm{a},\mathrm{b} \tag{16.9.12a}$$

$$\boldsymbol{\Gamma}^{(\mathrm{ab})}=\mathrm{i}J_{\boldsymbol{k}}\begin{pmatrix}0 & -\langle S_{\mathrm{a}}^z\rangle & \langle S_{\mathrm{a}}^y\rangle\\ \langle S_{\mathrm{a}}^z\rangle & 0 & -\langle S_{\mathrm{a}}^x\rangle\\ -\langle S_{\mathrm{a}}^y\rangle & \langle S_{\mathrm{a}}^x\rangle & 0\end{pmatrix} \tag{16.9.12b}$$

$$\boldsymbol{\Gamma}^{(\mathrm{ba})}=\mathrm{i}J_{\boldsymbol{k}}\begin{pmatrix}0 & -\langle S_{\mathrm{b}}^z\rangle & \langle S_{\mathrm{b}}^y\rangle\\ \langle S_{\mathrm{b}}^z\rangle & 0 & -\langle S_{\mathrm{b}}^x\rangle\\ -\langle S_{\mathrm{b}}^y\rangle & \langle S_{\mathrm{b}}^x\rangle & 0\end{pmatrix} \tag{16.9.12c}$$

对于对角矩阵 $\boldsymbol{\Gamma}^{(\mu\mu)}$, 我们可像 (16.8.66) 式那样, 求出其本征值

$$\omega_{\mu1,2}=\pm\sqrt{H_{\mu x}^2+H_{\mu y}^2+H_{\mu z}^2}=\pm E_{\mu\boldsymbol{k}},\quad \omega_{\mu3}=0 \tag{16.9.13}$$

及其对应的本征向量矩阵 $\boldsymbol{U}_{(\mu)}$ 及其逆 $\boldsymbol{U}_{(\mu)}^{-1}$. 其中, 对应于零本征值的本征向量为

$$\boldsymbol{L}_{(\mu)3}=(h_{\mu x},h_{\mu y},h_{\mu z}) \tag{16.9.14}$$

$$h_{\mu\alpha}=\frac{H_{\mu\alpha}}{E_{\mu\boldsymbol{k}}},\ \alpha,\beta=x,y,z;\mu=\mathrm{a},\mathrm{b} \tag{16.9.15}$$

其形式与 (16.8.68)~(16.8.70) 式是完全一样的.

我们认为, (16.8.72) 式的约束条件对于两个子晶格都分别成立, 即有

$$h_{\mu\alpha}\langle S_\mu^\beta\rangle=h_{\mu\beta}\langle S_\mu^\alpha\rangle,\ \alpha,\beta=x,y,z;\mu=\mathrm{a},\mathrm{b} \tag{16.9.16a}$$

此式也可写成

$$H_{\mu\alpha}\langle S_\mu^\beta\rangle=H_{\mu\beta}\langle S_\mu^\alpha\rangle,\ \alpha,\beta=x,y,z;\mu=\mathrm{a},\mathrm{b} \tag{16.9.16b}$$

这个约束条件是物理直觉的猜测, 也是经过数值计算的验证的.

现在我们构造两个行向量如下：

$$\boldsymbol{L}_{\mathrm{a}}=(\boldsymbol{L}_{(\mathrm{a})3},\boldsymbol{0}) \tag{16.9.17a}$$

$$\boldsymbol{L}_{\mathrm{b}} = (\boldsymbol{0}, \boldsymbol{L}_{(\mathrm{b})3}) \tag{16.9.17b}$$

其中

$$\boldsymbol{0} = (0,0,0) \tag{16.9.18}$$

那么容易验证,

$$\boldsymbol{L}_{\mathrm{a}}\boldsymbol{P} = 0, \boldsymbol{L}_{\mathrm{b}}\boldsymbol{P} = 0 \tag{16.9.19}$$

这说明, 矩阵 $\boldsymbol{P}$ 有两个零本征值, 这两个零本征值对应的 (未归一化的) 行本征向量分别是 $\boldsymbol{L}_{\mathrm{a}}$ 和 $\boldsymbol{L}_{\mathrm{b}}$. 此处 $\boldsymbol{L}_{\mathrm{a}}$ 和 $\boldsymbol{L}_{\mathrm{b}}$ 表明, 我们已经把这两个零本征值列为矩阵 $\boldsymbol{P}$ 的第一和第二个本征值.

下面的步骤仍然是迭代计算. 通过数值计算求出矩阵 $\boldsymbol{P}$ 的 6 个本征值 (其中两个为零) 和对应的矩阵 $\boldsymbol{U}$ 及其逆 $\boldsymbol{U}^{-1}$. 虽然矩阵 $\boldsymbol{P}$ 的看不出有厄米性, 但是计算表明, 它的 4 个非零本征值总是实数, 而且是成对的. 成对的意思是：本征值两两互为相反数, 就像 (16.9.13) 式中的 $\omega_{1,2}$ 一样. 一旦本征值和 $\boldsymbol{U}$、$\boldsymbol{U}^{-1}$ 都算出来了, 就代入 (16.8.22)~(16.8.26) 式. 由于无法通过解析的方式求出矩阵 $\boldsymbol{P}$ 的所有本征值对应的 $\boldsymbol{U}$ 和 $\boldsymbol{U}^{-1}$, 无法像铁磁性的情况那样, 给出任意自旋量子数 S 都适用的普遍公式. 对于每一个具体的 S, 都不得不选择合适的算符 $\boldsymbol{B}$, 列出相应的线性方程, 做数值迭代计算.

由 (16.9.7) 和 (16.9.15) 式得

$$\frac{\langle S_{\mathrm{a}}^{\alpha}\rangle}{\langle S_{\mathrm{a}}^{\beta}\rangle} = \frac{H_{\mathrm{a}\alpha}}{H_{\mathrm{a}\beta}} = \frac{J_0\langle S_{\mathrm{b}}^{\alpha}\rangle + K_{2\alpha}2\langle S_{\mathrm{a}}^{\alpha}\rangle\Theta_{\mathrm{a}}^{(\alpha)} + B_{\alpha}}{J_0\langle S_{\mathrm{b}}^{\beta}\rangle + K_{2\beta}2\langle S_{\mathrm{a}}^{\beta}\rangle\Theta_{\mathrm{a}}^{(\beta)} + B_{\beta}} \tag{16.9.20}$$

$$J_0(\langle S_{\mathrm{b}}^{\alpha}\rangle\langle S_{\mathrm{a}}^{\beta}\rangle - \langle S_{\mathrm{b}}^{\beta}\rangle\langle S_{\mathrm{a}}^{\alpha}\rangle) + 2\langle S_{\mathrm{a}}^{\alpha}\rangle\langle S_{\mathrm{a}}^{\beta}\rangle(K_{2\alpha}\Theta_{\mathrm{a}}^{(\alpha)} - K_{2\beta}\Theta_{\mathrm{a}}^{(\beta)}) + B_{\alpha}\langle S_{\mathrm{a}}^{\beta}\rangle = B_{\beta}\langle S_{\mathrm{a}}^{\alpha}\rangle \tag{16.9.21}$$

将下标 a 和 b 交换得到另一式. 此式表明, 如果 $B_{\beta} \neq 0$, 则可由 $\langle S_{\mathrm{a}}^{\alpha}\rangle$ 和 $\langle S_{\mathrm{b}}^{\alpha}\rangle$ 通过解此线性方程组求得 $\langle S_{\mathrm{a}}^{\beta}\rangle$ 和 $\langle S_{\mathrm{b}}^{\beta}\rangle$, 如此反复迭代. 实际还需要给出 $\langle S_{\mu}^{\alpha}S_{\mu}^{\alpha}\rangle$, $\alpha=x$, y, z; μ=a, b 的表达式, 因为计算 $\Theta_{\mu}^{(\alpha)}$ 需要用到.

16.9.2 铁磁薄膜三分量磁化强度计算

我们来计算铁磁薄膜的三分量磁化强度 [43]. 铁磁薄膜的哈密顿量为

$$\begin{aligned} H = &-\frac{1}{2}\sum_{\nu=1}^{L} J_{\nu}\sum_{i,j}\boldsymbol{S}_{\nu i}\cdot\boldsymbol{S}_{\nu j} - \sum_{\alpha=1}^{L} J_{\nu,\nu+1}\sum_{i}\boldsymbol{S}_{\nu i}\cdot\boldsymbol{S}_{\nu+1,i} \\ &-\sum_{\nu=1}^{L}\sum_{i}[K_{2x\nu}(S_{\nu i}^{x})^2 + K_{2y\nu}(S_{\nu i}^{y})^2 + K_{2z\nu}(S_{\nu i}^{z})^2] - \boldsymbol{B}\cdot\sum_{\nu=1}^{L}\sum_{i}\boldsymbol{S}_{\nu i} \\ &+\frac{g}{2}\sum_{\mu i,\nu j}\frac{1}{r_{ij}^3}[\boldsymbol{S}_{\mu i}\cdot\boldsymbol{S}_{\nu j} - 3(\boldsymbol{S}_{\mu i}\cdot\boldsymbol{u}_{\mu i,\nu j})(\boldsymbol{S}_{\nu j}\cdot\boldsymbol{u}_{\mu i,\nu j})] \end{aligned}$$

$$
\begin{aligned}
= & -\frac{1}{2}\sum_{\nu=1}^{L} J_\nu \sum_{i,j}(S^x_{\nu i}S^x_{\nu j} + S^y_{\nu i}S^y_{\nu j} + S^z_{\nu i}S^z_{\nu j}) \\
& - \sum_{\nu=1}^{L} J_{\nu,\nu+1}\sum_{i}(S^x_{\nu i}S^x_{\nu+1,i} + S^y_{\nu i}S^y_{\nu+1,i} + S^z_{\nu i}S^z_{\nu+1,i}) \\
& - \sum_{\nu=1}^{L}\sum_{i}[K_{2x\nu}(S^x_{\nu i})^2 + K_{2y\nu}(S^y_{\nu i})^2 + K_{2z\nu}(S^z_{\nu i})^2] \\
& - \sum_{\nu=1}^{L}\sum_{i}(B_x S^x_{\nu i} + B_y S^y_{\nu i} + B_z S^z_{\nu i}) \\
& + \frac{g}{2}\sum_{\mu i,\nu j}\frac{1}{r^3_{\mu i,\nu j}}\{S^x_{\mu i}S^x_{\nu j}[1-3(u^x_{\mu i,\nu j})^2] + S^y_{\mu i}S^y_{\nu j}[1-3(u^y_{\mu i,\nu j})^2] \\
& + S^z_{\mu i}S^z_{\nu j}[1-3(u^z_{\mu i,\nu j})^2]\}
\end{aligned}
\tag{16.9.22}
$$

每一层内是铁磁交换. 相邻层之间既可以是铁磁交换作用, 也可以是反铁磁交换作用. 现在哈密顿量中加上了偶极相互作用项. 其中 $r_{\mu i,\nu j}$ 表示两个自旋之间的距离, $\boldsymbol{u}_{\mu i,\nu j}$ 表示这两个自旋的连线方向上的单位矢量. 这一项在薄膜情况下起作用. 它也是引起各向异性的项. 使得自旋尽量取在平行于薄膜的面内, 所以是易平面各向异性. 在平面内, 则是各向同性的. 一般认为偶极相互作用参量 g 比 K_2 又小两个数量级. 可是由于要对所有的格点之间的偶极相互作用求和, 当膜厚趋于无穷大, 即趋于体材料时, 这个求和是发散的. 也就是说, 对于体材料, 如果所有自旋仍然保持平行取向, 这一项能量是无穷大. 实际材料中, 为了降低这项能量, 远处的自旋会改变取向. 平行自旋取向只能限于一个有限的体积内. 这就形成了磁畴. 所以磁畴的出现来源于偶极相互作用.

推导步骤与上一小节基本相同. 我们选择算符 $\boldsymbol{A}$ 如下:

$$
\boldsymbol{A} = (S^x_1, S^y_1, S^z_1, S^x_2, S^y_2, S^z_2, \cdots, S^x_\mu, S^y_\mu, S^z_\mu, \cdots, S^x_L, S^y_L, S^z_L) \tag{16.9.23}
$$

先计算对易关系.

$$
\begin{aligned}
[S^x_{\mu m}, H] = & -\mathrm{i}J_\mu \sum_{j}(S^z_{\mu m}S^y_{\mu j} - S^y_{\mu m}S^z_{\mu j}) - \mathrm{i}J_{\mu,\mu+1}(S^z_{\mu m}S^y_{\mu+1,m} - S^y_{\mu m}S^z_{\mu+1,m}) \\
& -\mathrm{i}J_{\mu-1,\mu}(S^z_{\mu-1,m}S^y_{\mu,m} - S^y_{\mu-1,m}S^z_{\mu,m}) \\
& -\mathrm{i}[K_{2y\mu}(S^y_{\mu m}S^z_{\mu m} + S^z_{\mu m}S^y_{\mu m}) - K_{2z\mu}(S^y_{\mu m}S^z_{\mu m} + S^z_{\mu m}S^y_{\mu m})] \\
& -\mathrm{i}(B_y S^z_{\mu m} - B_z S^y_{\mu m}) \\
& +g\sum_{\nu j}\frac{1}{r^3_{\mu m,\nu j}}\{[1-3(u^y_{\mu m,\nu j})^2]S^y_{\nu j}S^z_{\mu m} - [1-3(u^z_{\mu m,\nu j})^2]S^z_{\nu j}S^y_{\mu m}\}
\end{aligned}
\tag{16.9.24}
$$

格林函数的运动方程

$$\begin{aligned}\omega G^x_\mu =& \langle[S^x_{\mu\boldsymbol{m}}, B_{\boldsymbol{n}}]_\eta\rangle - \mathrm{i}J_\mu\sum_j(\langle S^z_{\mu\boldsymbol{m}}\rangle G^y_{\mu\boldsymbol{j}} + G^z_{\mu m}\langle S^y_{\mu\boldsymbol{j}}\rangle - \langle S^y_{\mu\boldsymbol{m}}\rangle G^z_{\mu\boldsymbol{j}} + G^y_{\mu\boldsymbol{m}}\langle S^z_{\mu\boldsymbol{j}}\rangle)\\ &- \mathrm{i}J_{\mu,\mu+1}(\langle S^z_{\mu\boldsymbol{m}}\rangle G^y_{\mu+1,\boldsymbol{m}} + G^z_{\mu\boldsymbol{m}}\langle S^y_{\mu+1,\boldsymbol{m}}\rangle - \langle S^y_{\mu\boldsymbol{m}}\rangle G^z_{\mu+1,\boldsymbol{m}} + G^y_{\mu\boldsymbol{m}}\langle S^z_{\mu+1,\boldsymbol{m}}\rangle)\\ &- \mathrm{i}J_{\mu-1,\mu}(\langle S^z_{\mu-1,\boldsymbol{m}}\rangle G^y_{\mu,\boldsymbol{m}} + G^z_{\mu-1,\boldsymbol{m}}\langle S^y_{\mu,\boldsymbol{m}}\rangle - \langle S^y_{\mu-1,\boldsymbol{m}}\rangle G^z_{\mu,\boldsymbol{m}} + G^y_{\mu-1,\boldsymbol{m}}\langle S^z_{\mu,\boldsymbol{m}}\rangle)\\ &- \mathrm{i}[K_{2y\mu}2\langle S^y_{\mu\boldsymbol{m}}\rangle\Theta^{(y)}_\mu G^z_{\mu\boldsymbol{m}} - K_{2z\mu}2\langle S^z_{\mu\boldsymbol{m}}\rangle\Theta^{(z)}_\mu G^y_{\mu\boldsymbol{m}}] - \mathrm{i}(B_yG^z_{\mu\boldsymbol{m}} - B_zG^y_{\mu\boldsymbol{m}})\\ &+ \mathrm{i}g\sum_{\nu\boldsymbol{j}}\frac{1}{r^3_{\mu\boldsymbol{m},\nu\boldsymbol{j}}}\{[1-3(u^y_{\mu\boldsymbol{m},\nu\boldsymbol{j}})^2](\langle S^y_{\nu\boldsymbol{j}}\rangle G^z_{\mu\boldsymbol{m}} + G^y_{\nu\boldsymbol{j}}\langle S^z_{\mu\boldsymbol{m}}\rangle)\\ &- [1-3(u^z_{\mu\boldsymbol{m},\nu\boldsymbol{j}})^2](\langle S^z_{\nu\boldsymbol{j}}\rangle G^y_{\mu\boldsymbol{m}} + G^z_{\nu\boldsymbol{j}}\langle S^y_{\mu\boldsymbol{m}}\rangle)\}\end{aligned} \tag{16.9.25}$$

作空间傅里叶变换

$$\begin{aligned}\omega g^x_\mu =& \langle[S^x_\mu, B_{\boldsymbol{n}}]_\eta\rangle - \mathrm{i}(J_{\mu\boldsymbol{k}}\langle S^z_\mu\rangle g^y_\mu + J_{\mu0}g^z_\mu\langle S^y_\mu\rangle - J_{\mu\boldsymbol{k}}\langle S^y_\mu\rangle g^z_\mu - J_{\mu0}g^y_\mu\langle S^z_\mu\rangle\\ &- \mathrm{i}g\sum_{\nu\boldsymbol{j}}\frac{1-3(u^z_{\mu\boldsymbol{m},\nu\boldsymbol{j}})^2}{r^3_{\mu\boldsymbol{m},\nu\boldsymbol{j}}}\langle S^z_\nu\rangle g^y_\mu + \mathrm{i}g\sum_{\nu\boldsymbol{j}}\frac{1-3(u^y_{\mu\boldsymbol{m},\nu\boldsymbol{j}})^2}{r^3_{\mu\boldsymbol{m},\nu\boldsymbol{j}}}\langle S^y_\nu\rangle g^z_\mu)\\ &- \mathrm{i}J_{\mu,\mu+1}(\langle S^z_\mu\rangle g^y_{\mu+1} + g^z_\mu\langle S^y_{\mu+1}\rangle - \langle S^y_\mu\rangle g^z_{\mu+1} - g^y_\mu\langle S^z_{\mu+1}\rangle)\\ &- \mathrm{i}J_{\mu-1,\mu}(\langle S^z_{\mu-1}\rangle g^y_\mu + g^z_{\mu-1}\langle S^y_\mu\rangle - \langle S^y_{\mu-1}\rangle g^z_\mu - g^y_{\mu-1}\langle S^z_\mu\rangle)\\ &- \mathrm{i}[K_{2y\mu}2\langle S^y_\mu\rangle\Theta^{(y)}_\mu g^z_\mu - K_{2z\mu}2\langle S^z_\mu\rangle\Theta^{(z)}_\mu g^y_\mu] - \mathrm{i}(B_yg^z_\mu - B_zg^y_\mu)\end{aligned} \tag{16.9.26}$$

其中 $\mathrm{i}g\sum_{\nu\boldsymbol{j}}\frac{1}{r^3_{\mu\boldsymbol{m},\nu\boldsymbol{j}}}[1-3(u^y_{\mu\boldsymbol{m},\nu\boldsymbol{j}})^2]G^y_{\nu\boldsymbol{j}}\langle S^z_{\mu\boldsymbol{m}}\rangle$ 和 $\mathrm{i}g\sum_{\nu\boldsymbol{j}}\frac{1}{r^3_{\mu\boldsymbol{m},\nu\boldsymbol{j}}}[1-3(u^z_{\mu\boldsymbol{m},\nu\boldsymbol{j}})^2]G^z_{\nu\boldsymbol{j}}\langle S^y_{\mu\boldsymbol{m}}\rangle$ 这两项忽略了. 这相当于对于偶极相互作用部分做了平均场近似. 原则上, 这两项不扔掉, 也是可以计算的. 令

$$T^\alpha_{\mu,\nu} = g\sum_{\boldsymbol{j}}\frac{1-3(u^\alpha_{\mu0,\nu\boldsymbol{j}})^2}{r^3_{\mu0,\nu\boldsymbol{j}}},\ \alpha = x, y, z \tag{16.9.27}$$

其中下标 0 表示原点 (任何一点都可以作为原点). $T^\alpha_{\mu,\nu}$ 表示第 ν 层上的所有原子对于第 μ 层上一个原子的偶极作用的分量. 显然这一作用是与两层之间的距离有关的. 距离越远, 这一作用越弱. 但是由于分母是 r 的三次方, 求和是对平面进行的, 相当于积分 r 的平方. 再对层数求和时, 随层数趋于无穷大而趋于发散. 这正是前面刚提到过的发散. 当 μ 和 ν 是同一层, $\boldsymbol{u}_{\mu\boldsymbol{i},\nu\boldsymbol{j}}$ 只有在平面内的分量. 由此定义容易看到

$$T^x_{\mu,\nu} = T^y_{\mu,\nu} = -\frac{1}{2}T^z_{\mu,\nu} \tag{16.9.28}$$

(16.9.26) 式整理得

$$
\begin{aligned}
&\omega g_\mu^x - \{\mathrm{i}[J_{\mu 0}\langle S_\mu^z\rangle - J_{\mu \boldsymbol{k}}\langle S_\mu^z\rangle + K_{2z\mu}2\langle S_\mu^z\rangle \Theta_\mu^{(z)} + B_z \\
&+ J_{\mu,\mu+1}\langle S_{\mu+1}^z\rangle - J_{\mu-1,\mu}\langle S_{\mu-1}^z\rangle - T_{\mu,\nu}^z] g_\mu^y \\
&+ \mathrm{i}[J_{\mu \boldsymbol{k}}\langle S_\mu^y\rangle - J_{\mu 0}\langle S_\mu^y\rangle - K_{2y\mu}2\langle S_\mu^y\rangle \Theta_\mu^{(y)} - B_y \\
&- J_{\mu,\mu+1}\langle S_{\mu+1}^y\rangle + J_{\mu-1,\mu}\langle S_{\mu-1}^y\rangle T_{\mu,\nu}^y] g_\mu^z \\
&- \mathrm{i}J_{\mu-1,\mu} g_{\mu-1}^z\langle S_\mu^y\rangle + \mathrm{i}J_{\mu-1,\mu} g_{\mu-1}^y\langle S_\mu^z\rangle - \mathrm{i}J_{\mu,\mu+1}\langle S_\mu^z\rangle g_{\mu+1}^y + \mathrm{i}J_{\mu,\mu+1}\langle S_\mu^y\rangle g_{\mu+1}^z\} \\
&= \langle [S_\mu^x, B_n]_\eta\rangle
\end{aligned}
\tag{16.9.29}
$$

令

$$
\begin{aligned}
H_{\mu\alpha} = &(J_{\mu 0} - J_{\mu \boldsymbol{k}})\langle S_\mu^\alpha\rangle + K_{2\alpha\mu}2\langle S_\mu^\alpha\rangle \Theta_\mu^{(\alpha)} + B_\alpha + J_{\mu,\mu+1}\langle S_{\mu+1}^\alpha\rangle - J_{\mu-1,\mu}\langle S_{\mu-1}^\alpha\rangle \\
&- \sum_\nu T_{\mu\nu}^\alpha \langle S_\nu^\alpha\rangle, \qquad \alpha = x, y, z
\end{aligned}
\tag{16.9.30}
$$

(16.9.29) 式写成

$$
\begin{aligned}
&\omega g_\mu^z - \{\mathrm{i}H_{\mu z} g_\mu^y - \mathrm{i}H_{\mu y} g_\mu^z \\
&- \mathrm{i}J_{\mu-1,\mu} g_{\mu-1}^z\langle S_\mu^y\rangle + \mathrm{i}J_{\mu-1,\mu} g_{\mu-1}^y\langle S_\mu^z\rangle - \mathrm{i}J_{\mu,\mu+1}\langle S_\mu^z\rangle g_{\mu+1}^y + \mathrm{i}J_{\mu,\mu+1}\langle S_\mu^y\rangle g_{\mu+1}^z\} \\
&= \langle [S_\mu^x, B_n]_\eta\rangle
\end{aligned}
\tag{16.9.31}
$$

作指标轮换 $x \to y \to z \to x$, 得到其他公式. 最后, 总的格林函数的运动方程又可以写成如下形式:

$$
[\omega \boldsymbol{I} - \boldsymbol{P}]\boldsymbol{g}_\eta = \boldsymbol{F}_\eta \tag{16.9.32}
$$

其中, 矩阵 $\boldsymbol{P}$ 可写成如下的形式:

$$
\boldsymbol{P} = \begin{pmatrix}
\boldsymbol{\Gamma}^{(1,1)} & \boldsymbol{\Gamma}^{(1,2)} & 0 & \cdots & 0 & 0 & 0 \\
\boldsymbol{\Gamma}^{(2,1)} & \boldsymbol{\Gamma}^{(2,2)} & \boldsymbol{\Gamma}^{(2,3)} & \cdots & 0 & 0 & 0 \\
0 & \boldsymbol{\Gamma}^{(3,2)} & \boldsymbol{\Gamma}^{(3,3)} & \cdots & 0 & 0 & 0 \\
\vdots & \vdots & \vdots & & \vdots & \vdots & \vdots \\
0 & 0 & 0 & \cdots & \boldsymbol{\Gamma}^{(L-2,L-2)} & \boldsymbol{\Gamma}^{(L-2,L-1)} & 0 \\
0 & 0 & 0 & \cdots & \boldsymbol{\Gamma}^{(L-1,L-2)} & \boldsymbol{\Gamma}^{(L-1,L-1)} & \boldsymbol{\Gamma}^{(L-1,L)} \\
0 & 0 & 0 & \cdots & 0 & \boldsymbol{\Gamma}^{(L,L-1)} & \boldsymbol{\Gamma}^{(L,L)}
\end{pmatrix}
\tag{16.9.33}
$$

每一个子矩阵都是三阶的

$$
\boldsymbol{\Gamma}^{(\mu\mu)} = \mathrm{i}\begin{pmatrix}
0 & H_{\mu z} & -H_{\mu y} \\
-H_{\mu z} & 0 & H_{\mu x} \\
H_{\mu y} & -H_{\mu x} & 0
\end{pmatrix}
\tag{16.9.34a}
$$

$$\boldsymbol{\Gamma}^{(\mu,\mu+1)}=\mathrm{i}J_{\mu,\mu+1}\begin{pmatrix}0 & -\langle S_{\mu}^{z}\rangle & \langle S_{\mu}^{y}\rangle\\ \langle S_{\mu}^{z}\rangle & 0 & -\langle S_{\mu}^{x}\rangle\\ -\langle S_{\mu}^{y}\rangle & \langle S_{\mu}^{x}\rangle & 0\end{pmatrix} \tag{16.9.34b}$$

$$\boldsymbol{\Gamma}^{(\mu,\mu-1)}=\mathrm{i}J_{\mu,\mu-1}\begin{pmatrix}0 & -\langle S_{\mu}^{z}\rangle & \langle S_{\mu}^{y}\rangle\\ \langle S_{\mu}^{z}\rangle & 0 & -\langle S_{\mu}^{x}\rangle\\ -\langle S_{\mu}^{y}\rangle & \langle S_{\mu}^{x}\rangle & 0\end{pmatrix} \tag{16.9.34c}$$

矩阵 $\boldsymbol{P}$ 是 $3L$ 阶的. 一般情况下, 无法解析求得这一矩阵的本征值, 只能通过数值计算求得每一个波矢 $\boldsymbol{k}$ 的 $3L$ 个本征值. 仍然如上一小节那样, 对于对角矩阵 $\boldsymbol{\Gamma}^{(\mu\mu)}$, 我们可像 (16.8.66) 式那样, 求出其本征值

$$\omega_{\mu1,2}=\pm\sqrt{H_{\mu x}^2+H_{\mu y}^2+H_{\mu z}^2}=\pm E_{\mu\boldsymbol{k}},\ \omega_{\mu3}=0 \tag{16.9.35}$$

和对应的本征向量矩阵 $\boldsymbol{U}_{(\mu)}$ 及其逆 $\boldsymbol{U}_{(\mu)}^{-1}$. 其中, 对应于零本征值的本征向量为

$$\boldsymbol{L}_{(\mu)3}=(h_{\mu x},h_{\mu y},h_{\mu z}) \tag{16.9.36}$$

$$h_{\mu\alpha}=\frac{H_{\mu\alpha}}{E_{\mu\boldsymbol{k}}},\alpha,\beta=x,y,z \tag{16.9.37}$$

其形式与 (16.9.13)~(16.9.15) 式是完全一样的.

现在, (16.9.15) 式的约束条件对于每一层都分别成立, 即有

$$H_{\mu\alpha}\langle S_{\mu}^{\beta}\rangle=H_{\mu\beta}\langle S_{\mu}^{\alpha}\rangle,\alpha,\beta=x,y,z \tag{16.9.38}$$

由于这一约束条件, 矩阵 $\boldsymbol{P}$ 有 L 个零本征值, 假如将它们排列成第 1 至 L 个本征值, 它们对应的行向量如下:

$$\boldsymbol{L}_{\mu}=(\boldsymbol{0},\cdots,\boldsymbol{0},\boldsymbol{L}_{(\mu)3},\boldsymbol{0},\cdots,\boldsymbol{0}) \tag{16.9.39}$$

容易容易验证,

$$\boldsymbol{L}_{\mu}\boldsymbol{P}=0 \tag{16.9.40}$$

下面的步骤仍然是迭代计算. 通过数值计算求出矩阵 $\boldsymbol{P}$ 的 $3L$ 个本征值 (其中 L 个为零) 和对应的矩阵 $\boldsymbol{U}$ 及其逆 $\boldsymbol{U}^{-1}$. 一般情况下, 矩阵 $\boldsymbol{P}$ 不具有厄米性, 但是计算表明, 它的 $2L$ 个非零本征值总是实数, 而且是成对的. 一旦本征值和 $\boldsymbol{U}$、$\boldsymbol{U}^{-1}$ 都算出来了, 就用 (16.8.22)~(16.8.26) 式. 无法像铁磁性的情况那样, 给出任意自旋量子数 S 都适用的普遍公式. 对于每一个具体的 S, 都不得不选择合适的算符 $\boldsymbol{B}$, 列出相应的线性方程, 做数值迭代计算.

由 (16.9.30) 和 (16.9.38) 式得

$$\frac{\langle S_\mu^\alpha\rangle}{\langle S_\mu^\beta\rangle}=\frac{H_{\mu\alpha}}{H_{\mu\beta}}=\frac{K_{2\alpha\mu}2\langle S_\mu^\alpha\rangle\Theta_\mu^{(\alpha)}+B_\alpha+J_{\mu,\mu+1}\langle S_{\mu+1}^\alpha\rangle-J_{\mu-1,\mu}\langle S_{\mu-1}^\alpha\rangle-\sum_\nu T_{\mu\nu}^\alpha\langle S_\nu^\alpha\rangle}{K_{2\beta\mu}2\langle S_\mu^\beta\rangle\Theta_\mu^{(\beta)}+B_\beta+J_{\mu,\mu+1}\langle S_{\mu+1}^\beta\rangle-J_{\mu-1,\mu}\langle S_{\mu-1}^\beta\rangle-\sum_\nu T_{\mu\nu}^\beta\langle S_\nu^\beta\rangle} \tag{16.9.41}$$

整理成如下的形式：

$$\begin{aligned}&2(K_{2\alpha\mu}\Theta_\mu^{(\alpha)}-K_{2\beta\mu}\Theta_\mu^{(\beta)})\langle S_\mu^\alpha\rangle\langle S_\mu^\beta\rangle+J_{\mu,\mu+1}(\langle S_{\mu+1}^\alpha\rangle\langle S_\mu^\beta\rangle-\langle S_{\mu+1}^\beta\rangle\langle S_\mu^\alpha\rangle)\\&+J_{\mu-1,\mu}(\langle S_{\mu-1}^\beta\rangle\langle S_\mu^\alpha\rangle-\langle S_{\mu-1}^\alpha\rangle\langle S_\mu^\beta\rangle)+B_\alpha\langle S_\mu^\beta\rangle-\sum_\nu T_{\mu\nu}^\alpha\langle S_\nu^\alpha\rangle\langle S_\mu^\beta\rangle+\sum_\nu T_{\mu\nu}^\beta\langle S_\nu^\beta\rangle\langle S_\mu^\alpha\rangle\\&=B_\beta\langle S_\mu^\alpha\rangle,\ \mu=1,2,\cdots,L\end{aligned} \tag{16.9.42}$$

这是具有 L 个方程的线性方程组, 由 $\langle S_\mu^\alpha\rangle$ 来求出 $\langle S_\mu^\beta\rangle$, 如此反复迭代. 实际还需要给出 $\langle S_\mu^\alpha S_\mu^\alpha\rangle$, $\alpha=x, y, z$; $\mu=1,2,\cdots,L$ 的表达式, 因为在 $\Theta_\mu^{(\alpha)}$ 需要用到. 以上要注意, $J_{0,1}=0$, $J_{L,L+1}=0$

如果单离子各向异性只沿 z 方向, 只在 x 方向加外场, 那么可以估计垂直磁化率为

$$\chi_\perp=\frac{\langle S_\mu^x\rangle}{B_x}=\frac{1}{2K_{2\beta\mu}\Theta_\mu^{(x)}} \tag{16.9.43}$$

下面我们来讨论计算得到的数值结果.

我们考虑 5 种单离子各向异性与恒定弱外场的安排. 如表 16.1.

表 16.1　五种单离子各向异性与恒定弱外场的安排

情况	$(K_{2x}/J, K_{2y}/J, K_{2z}/J)$	$(B_x/J, B_y/J, B_z/J)$
A	(0.01, 0, 0)	0
B	(0, 0, 0.01)	0
A1	(0.01, 0, 0)	(0, 0.002, 0)
A2	(0.01, 0, 0)	(0, 0, 0.002)
B1	(0, 0, 0.01)	(0.002, 0, 0)

1. 居里温度随膜厚的变化

图 16.17 是情况 B 的居里温度随铁磁薄膜厚度的变化. 随着膜厚的增加, 居里温度的增加越慢. 最后是趋于体材料的居里温度. 内插图是与文献 [44] 的结果 (虚线) 的比较. 在曲线左端 (即超薄膜) 和右端, 我们的结果比文献 [44] 略高一些. 实验结果显示, 我们超薄膜的结果比文献 [44] 更接近实验值.

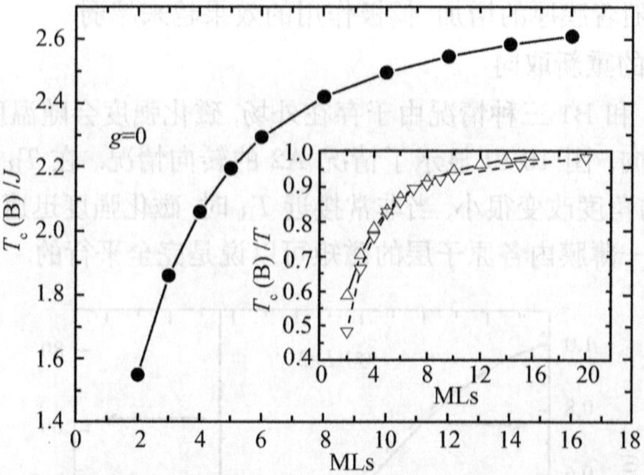

图 16.17 偶极相互作用为零时情况 B 的居里温度随铁磁薄膜厚度的变化

内插图是与文献 [44] 的结果 (虚线) 的比较. $T_{\rm C,V}$ 表示体材料的居里温度

2. 转变温度

对于情况 A 和情况 B, 温度到达居里温度 $T_{\rm C}$ 时, 磁化强度消失. 对于另外三种情况, 由于外场存在, 在温度达到 T_R 时, 易轴上的磁化强度分量消失.$T_{\rm C}$ 和 T_R 统称转变温度. 物理分析表明, 偶极相互作用为零 g=0 时, 应该有 $T_{\rm C}({\rm A}) = T_{\rm C}(B) > T_R({\rm A1}) = T_R({\rm A2}) = T_R({\rm B1})$. 偶极相互作用大于零时, 应该有 $T_{\rm C}({\rm A}) > T_{\rm C}({\rm B}) > T_R({\rm B1})$ 和 $T_{\rm C}({\rm A}) > T_R({\rm A2}) > T_R({\rm A1})$. 计算结果是：当 g=0, 与物理分析一致. 当 $g > 0, T_{\rm C}({\rm A}) > T_R({\rm A2}) > T_R({\rm A1}) > T_{\rm C}({\rm B}) > T_R({\rm B1})$. 图 16.18 给出了 g >0 与 g=0 的结果的差值. 由于偶极相互作用相当于加一个易平面的各向异性, A, A1 和 A2

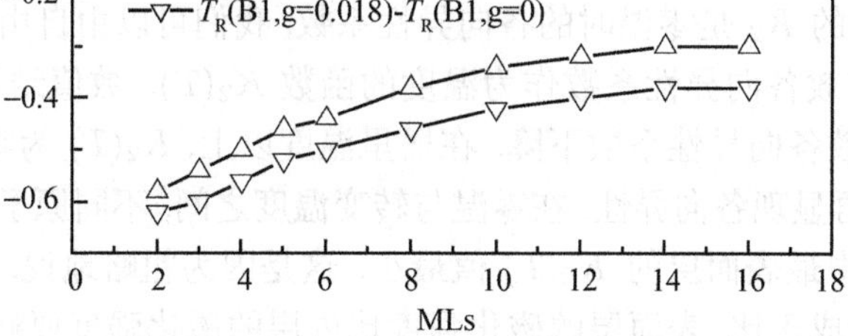

图 16.18 偶极相互作用不为零时导致的转变温度的改变

三种情况的转变随着膜厚的增加, 偶极作用的效果越来越弱.

3. 磁化强度的重新取向

对于 A1, A2 和 B1 三种情况由于存在外场, 磁化强度会随温度升高而转向, 最终转到外场的方向. 图 16.19 显示了情况 A2 的转向情况. 在 T_R 以下很宽的温度范围, 磁化强度的角度改变很小, 当非常接近 T_R 时, 磁化强度迅速的转到外场方向. 同时可以看到每一薄膜内各原子层的磁矩可以说是完全平行的.

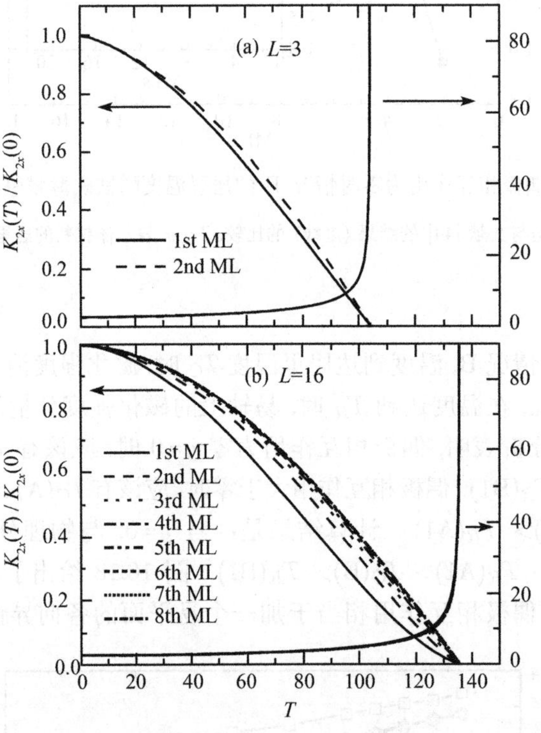

图 16.19　磁化强度与 z 轴的夹角 ξ 和有效各向异性系数随温度的变化

4. 有效各向异性系数随温度的变化

哈密顿量中的 K_2 是零温时的各向异性系数, 我们可以由自由能对磁化强度的角度求导得到有效各向异性系数作为温度的函数 $K_2(T)$. 数值结果见图 16.19. 随着温度上升, 有效各向异性系数下降. 在居里温度以上, $K_2(T)$ 为零, 因为这时是顺磁性, 系统中不再显现各向异性. 在零温与转变温度之间, 不同原子层的各向异性是略有差别的, 其中最表面层的 $K_2(T)$ 值最小. 这是因为粗略地说, $K_2(T)$ 实际上和各层的磁化强度成正比. 表面层的磁化强度比内层的磁化强度要略小一些.

图 16.20 显示各种膜厚的磁化强度转向角度与 $K_2(T)$ 随温度的变化. 其中

$K_2(T)$ 取膜厚的平均值.

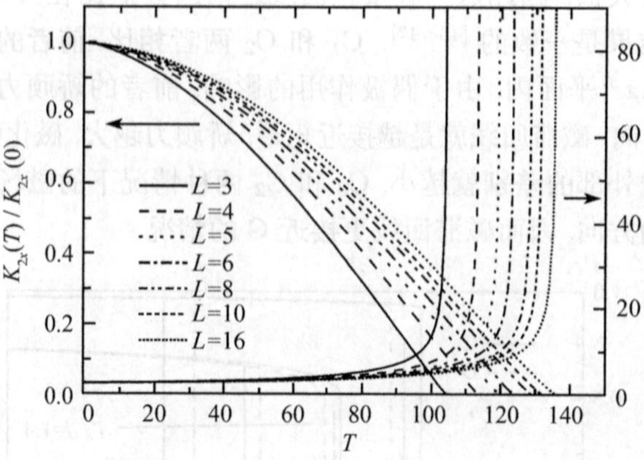

图 16.20 各种膜厚的磁化强度转向角度 ξ 与 K_2 (T) 随温度的变化

5. 磁滞回线

当外磁场在某个方向上从正到负再到正变化一个周期, 我们可以得到磁滞回线.

表 16.2 列出了计算磁滞回线的六种情况. 以下我们只给出膜厚为 3ML 的计算结果. 其他膜厚的结果在定性上完全一样. 图 16.21 显示了 C 和 D 两种情况的磁滞回线. 这两种情况是磁场方向就是易轴方向. 温度越低, 磁滞回线的面积越大, 矫顽力 (使磁化强度翻转的磁场) 的数值也越大, 磁滞回线更接近于矩形. 这是因为温度越低, 铁磁体内磁化强度的数值越大. 当偶极作用 g=0 时, 这两个磁滞回线应该完全相同, 因为它们的单离子各向异性的强度和加的外场是一样的. 图 16.21 是 $g>0$ 的情况. 由于偶极作用相当于加了一个易平面各向异性, 所以情况 C 的磁滞回线的面积和矫顽力都比情况 D 大.

表 16.2 计算磁滞回线的六种情况

情况	$(K_{2x}/J,\,K_{2y}/J,\,K_{2z}/J)$	$(B_x/J,\,B_y/J,\,B_z/J)$
C	(0.01, 0, 0)	(−0.03, 0, 0)∼ (0.03, 0, 0)
D	(0, 0, 0.01)	(0, 0, −0.03)∼ (0, 0, 0.03)
C_1	(0.01, 0, 0)	(−0.006, −0.02, 0)∼ (0.006, 0.02, 0)
C_2	(0.01, 0, 0)	(−0.006, 0, −0.02)∼ (0.006, 0, 0.02)
C_3	(0.01, 0, 0)	(−0.02, 0, −0.01)∼ (0.02, 0, 0.01)
D	(0, 0, 0.01)	(0, −0.02, −0.01)∼ (0, 0.02, 0.01)

我们再来看外场方向不沿易轴方向的情况. 图 16.22 是 C_1, C_2 和 C_3 三种情况的磁滞回线. 图 16.22(a) 是计算易轴方向的磁化强度的分量随此方向磁场分量的变化. 因为磁场不沿易轴方向, 当磁场大时, 磁矩沿磁场方向. 当磁场减弱时, 磁化强

度慢慢转到易轴方向. 磁场为零时, 磁化强度完全在易轴方向, 这时易轴方向的磁化强度分量达到最大值. 因此这一分量在回线之内的数值比在回线之外的数值大. 这与实验的测量结果是一致的 [45~47]. C_1 和 C_2 两者相比, 前者的磁场在 xy 平面内, 后者的磁场在 xz 平面内. 由于偶极作用的影响, 前者的矫顽力更小一些. 当磁场更靠近易轴的方向, 磁滞回线就是越接近矩形, 矫顽力越大, 磁化强度的易轴分量在回线内部和回线外部的差别就越小. C_3 和 C_2 两种情况下的磁场都在 xz 平面内, 但前者更靠近易轴方向, 因而磁滞回线更接近 C 的情况.

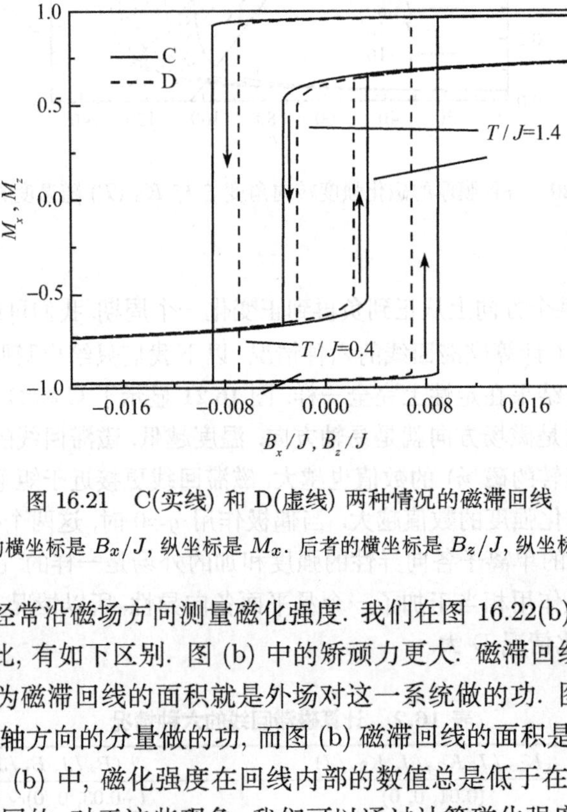

图 16.21　C(实线) 和 D(虚线) 两种情况的磁滞回线

前者的横坐标是 B_x/J, 纵坐标是 M_x. 后者的横坐标是 B_z/J, 纵坐标是 M_z

实验上, 也经常沿磁场方向测量磁化强度. 我们在图 16.22(b) 中给出了计算结果. 与图 (a) 相比, 有如下区别. 图 (b) 中的矫顽力更大. 磁滞回线的面积比 (a) 中的要大. 这时因为磁滞回线的面积就是外场对这一系统做的功. 图 (a) 磁滞回线的面积是外场的易轴方向的分量做的功, 而图 (b) 磁滞回线的面积是总的外场做的功, 当然后者大. 图 (b) 中, 磁化强度在回线内部的数值总是低于在回线外部的数值. 这与图 (a) 是不同的. 对于这些现象, 我们可以通过计算磁化强度的轨迹来分析其原因.

6. 磁化强度的轨迹

图 16.23 画出了磁化强度的轨迹. 图 (a) 是 C_1 的情况, 图 (b) 是 C_2 和 C_3. 我们此处只分析图 (a). 磁化强度的轨迹用实线表示. 当磁场在第三象限, 数值足够大时, 磁化强度也在这一象限, 且方向在外场方向和易轴 (x 轴) 之间. 随着外场减小, 磁化强度逐渐转向易轴.M_x 在不断增加, M_y 在不断减小. 当磁场为零时, 磁化强度完全在易轴上. 此时 M_x 达到最大, M_y=0. 当磁场在第一象限开始增加, 出现正的

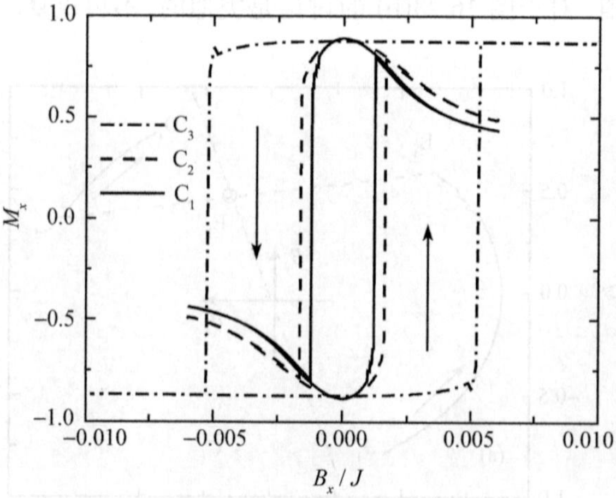

(a) 磁化强度易轴方向分量的磁滞回线

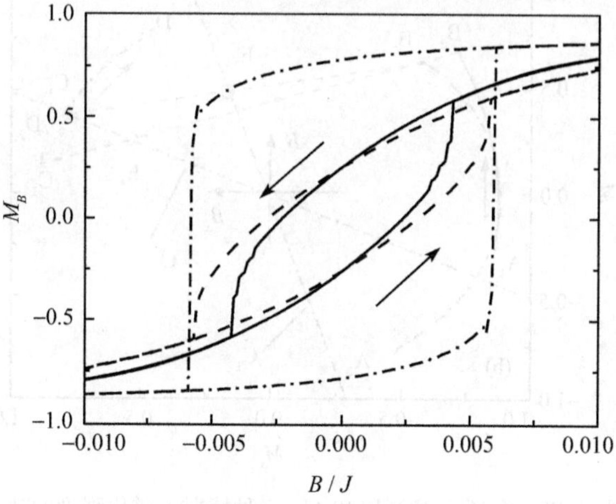

(b) 沿外场方向总磁化强度的磁滞回线

图 16.22 磁滞回线

M_y 分量, M_x 不断减小. 磁化强度偏离易轴, 进入第二象限. M_x 分量一直是负的. 当磁场增加到足够强时, M_x 被迫翻转, 磁化强度跳跃到第一象限. 此时磁化强度又处于外场方向和易轴 (x 轴) 之间. 然后, 随着磁场的继续增加, 磁化强度的方向不断向磁场靠拢. 总之, 磁化强度的轨迹是, 从 A_1 到 B_1, 跳跃到 C_1, 再移到 D_1. 跳跃线与磁场线的交叉点 E_1, 就对应磁化强度翻转时的磁场的数值. 将磁场和磁化强度都投影到易轴方向, 我们就画出了 $M_x \sim B_x$ 的磁滞回线, 见图 16.22(a). 如果将磁化强度都投影到磁场方向, 我们就画出了 $M_B \sim B$ 的磁滞回线, 见图 16.22(b). 在 E_1 点相应的磁场数值大于其在 x 轴上的投影值. 它们分别是图 16.22(b) 和图 16.22(a)

中的矫顽力的数值. 对于图 16.23(b) 的讨论是类似的, 不再重复.

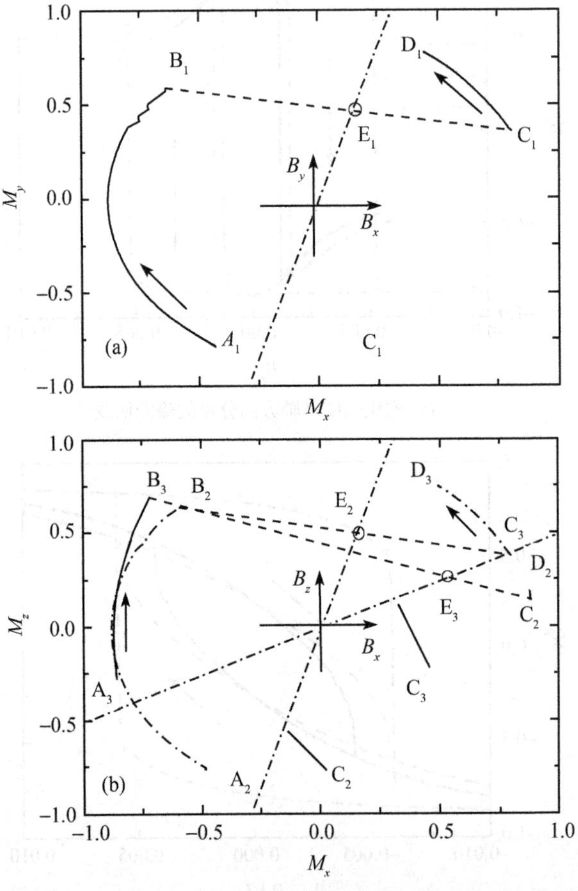

图 16.23　(a)C_1, (b)C_2 和 C_3 三种情况下磁化强度的轨迹

通过磁场原点的虚线表示磁场的变化

对于情况 D1, 可作同样的讨论. 这儿不再列出计算结果.

本节介绍的是用 S^x, S^y, S^z 这一组自旋算符来构造格林函数. 文献 [17] 和 [37] 用 S^+, S^-, S^z 这一组算符来构造格林函数, 因为铁磁薄膜中的单离子各向异性沿 z 方向. 在近似程度上, 这两种方法完全一样.

16.9.3　反铁磁薄膜三分量磁化强度计算

$$H = \sum_{\nu=1}^{L} J_\nu \sum_{i\mathrm{a},j\mathrm{b}} \boldsymbol{S}_{\nu i\mathrm{a}} \cdot \boldsymbol{S}_{\nu j\mathrm{b}} + \sum_{\nu=1}^{L} J_{\mathrm{ab}\nu,\nu+1} \sum_{i\mathrm{a}} \boldsymbol{S}_{\nu i\mathrm{a}} \cdot \boldsymbol{S}_{\nu+1,j\mathrm{b}}$$

$$
\begin{aligned}
&+\sum_{\alpha=1}^{L} J_{\mathrm{ba}\nu,\nu+1}\sum_{j\mathrm{b}} \boldsymbol{S}_{\nu j\mathrm{b}}\cdot \boldsymbol{S}_{\nu+1,i\mathrm{a}}\\
&-\sum_{\nu=1}^{L}\sum_{i\mathrm{a}}[K_{2x\nu\mathrm{a}}(S^x_{\nu i\mathrm{a}})^2+K_{2y\nu\mathrm{a}}(S^y_{\nu i\mathrm{a}})^2+K_{2z\nu\mathrm{a}}(S^z_{\nu i\mathrm{a}})^2]\\
&-\sum_{\nu=1}^{L}\sum_{j\mathrm{b}}[K_{2x\nu\mathrm{b}}(S^x_{\nu j\mathrm{b}})^2+K_{2y\nu\mathrm{b}}(S^y_{\nu j\mathrm{b}})^2+K_{2z\nu\mathrm{b}}(S^z_{\nu j\mathrm{b}})^2]\\
&-\boldsymbol{B}\cdot\sum_{\nu=1}^{L}\left(\sum_{i\mathrm{a}}\boldsymbol{S}_{\nu i\mathrm{a}}+\sum_{j\mathrm{b}}\boldsymbol{S}_{\nu j\mathrm{b}}\right)
\end{aligned}
\tag{16.9.44}
$$

反铁磁性薄膜, 不需要考虑偶极相互作用. 这一哈密顿量是将 (16.6.21) 式中的单离子各向异性和外磁场扩展到三个方向. 在每一层内分成两个子晶格, 分别用下标 a 和 b 标记.

推导步骤与上一小节基本相同. 我们选择算符 $\boldsymbol{A}$ 如下:

$$
\boldsymbol{A}=(S^x_{1\mathrm{a}},S^y_{1\mathrm{a}},S^z_{1\mathrm{a}},S^x_{1\mathrm{b}},S^y_{1\mathrm{b}},S^z_{1\mathrm{b}},\cdots,S^x_{L\mathrm{a}},S^y_{L\mathrm{a}},S^z_{L\mathrm{a}},S^x_{L\mathrm{b}},S^y_{L\mathrm{b}},S^z_{L\mathrm{b}})
\tag{16.9.45}
$$

共有 $2L$ 个算符. 先计算对易关系

$$
\begin{aligned}
[S^x_{\mu m\mathrm{a}},H]=&-\mathrm{i}J_\mu\sum_j(S^z_{\mu m\mathrm{a}}S^y_{\mu j\mathrm{b}}-S^y_{\mu m\mathrm{a}}S^z_{\mu j\mathrm{b}})-\mathrm{i}J_{\mathrm{ab}\mu,\mu+1}(S^z_{\mu m\mathrm{a}}S^y_{\mu+1,m\mathrm{b}}-S^y_{\mu m\mathrm{a}}S^z_{\mu+1,m\mathrm{b}})\\
&-\mathrm{i}J_{\mathrm{ba}\mu-1,\mu}(S^y_{\mu-1,m\mathrm{b}}S^z_{\mu,m\mathrm{a}}-S^z_{\mu-1,m\mathrm{b}}S^y_{\mu,m\mathrm{a}})\\
&-\mathrm{i}[K_{2y\mu\mathrm{a}}(S^y_{\mu m\mathrm{a}}S^z_{\mu m\mathrm{a}}+S^z_{\mu m\mathrm{a}}S^y_{\mu m\mathrm{a}})-K_{2z\mu\mathrm{a}}(S^y_{\mu m\mathrm{a}}S^z_{\mu m\mathrm{a}}+S^z_{\mu m\mathrm{a}}S^y_{\mu m\mathrm{a}})]\\
&-\mathrm{i}(B_yS^z_{\mu m\mathrm{a}}-B_zS^y_{\mu m\mathrm{a}})
\end{aligned}
\tag{16.9.46}
$$

格林函数的运动方程

$$
\begin{aligned}
&\omega G^x_{\mu m\mathrm{a}}=\langle[S^x_{\mu m\mathrm{a}},B_n]_\eta\rangle\\
&-\mathrm{i}J_\mu\sum_J(\langle S^z_{\mu m\mathrm{a}}\rangle G^y_{\mu j\mathrm{b}}+G^z_{\mu m\mathrm{a}}\langle S^y_{\mu j\mathrm{b}}\rangle-\langle S^y_{\mu m\mathrm{a}}\rangle G^z_{\mu j\mathrm{b}}-G^y_{\mu m\mathrm{a}}\langle S^z_{\mu j\mathrm{b}}\rangle)\\
&-\mathrm{i}J_{\mathrm{ab}\mu,\mu+1}(\langle S^z_{\mu m\mathrm{a}}\rangle G^y_{\mu+1,m\mathrm{b}}+G^z_{\mu m\mathrm{a}}\langle S^y_{\mu+1,m\mathrm{b}}\rangle-\langle S^y_{\mu m\mathrm{a}}\rangle G^z_{\mu+1,m\mathrm{b}}-G^y_{\mu m\mathrm{a}}\langle S^z_{\mu+1,m\mathrm{b}}\rangle)\\
&-\mathrm{i}J_{\mathrm{ba}\mu-1,\mu}(\langle S^y_{\mu-1,m\mathrm{b}}\rangle G^z_{\mu,m\mathrm{a}}+G^y_{\mu-1,m\mathrm{b}}\langle S^z_{\mu,m\mathrm{a}}\rangle-\langle S^z_{\mu-1,m\mathrm{b}}\rangle G^y_{\mu,m\mathrm{a}}-G^z_{\mu-1,m\mathrm{b}}\langle S^y_{\mu,m\mathrm{a}}\rangle)\\
&-\mathrm{i}[K_{2y\mu\mathrm{a}}2\langle S^y_{\mu m\mathrm{a}}\rangle\Theta^{(y)}_{\mu\mathrm{a}}G^z_{\mu m\mathrm{a}}-K_{2z\mu\mathrm{a}}2\langle S^z_{\mu m\mathrm{a}}\rangle\Theta^{(z)}_{\mu\mathrm{a}}G^y_{\mu m\mathrm{a}}]-\mathrm{i}(B_yG^z_{\mu m\mathrm{a}}-B_zG^y_{\mu m\mathrm{a}})
\end{aligned}
\tag{16.9.47}
$$

做空间傅里叶变换

$$
\begin{aligned}
\omega g^x_{\mu\mathrm{a}}=&\langle[S^x_{\mu\mathrm{a}},B_n]_\eta\rangle-\mathrm{i}(J_{\mu\boldsymbol{k}}\langle S^z_{\mu\mathrm{a}}\rangle g^y_{\mu\mathrm{b}}+J_{\mu0}g^z_{\mu\mathrm{a}}\langle S^y_{\mu\mathrm{b}}\rangle-J_{\mu\boldsymbol{k}}\langle S^y_{\mu\mathrm{a}}\rangle g^z_{\mu\mathrm{b}}-J_{\mu0}g^y_{\mu\mathrm{a}}\langle S^z_{\mu\mathrm{b}}\rangle)\\
&-\mathrm{i}J_{\mathrm{ab}\mu,\mu+1}(\langle S^z_{\mu\mathrm{a}}\rangle g^y_{\mu+1,\mathrm{b}}+g^z_{\mu\mathrm{a}}\langle S^y_{\mu+1,\mathrm{b}}\rangle-\langle S^y_{\mu\mathrm{a}}\rangle g^z_{\mu+1,\mathrm{b}}-g^y_{\mu\mathrm{a}}\langle S^z_{\mu+1,\mathrm{b}}\rangle)
\end{aligned}
$$

$$
\begin{aligned}
&-\mathrm{i}J_{\mathrm{ba}\mu-1,\mu}(\langle S^{y}_{\mu-1,\mathrm{b}}\rangle g^{z}_{\mu\mathrm{a}}+g^{y}_{\mu-1,\mathrm{b}}\langle S^{z}_{\mu\mathrm{a}}\rangle-\langle S^{z}_{\mu-1,\mathrm{b}}\rangle g^{y}_{\mu\mathrm{a}}-g^{z}_{\mu-1,\mathrm{b}}\langle S^{y}_{\mu\mathrm{a}}\rangle)\\
&-\mathrm{i}[K_{2y\mu\mathrm{a}}2\langle S^{y}_{\mu\mathrm{a}}\rangle\Theta^{(y)}_{\mu\mathrm{a}}g^{z}_{\mu\mathrm{a}}-K_{2z\mu\mathrm{a}}2\langle S^{z}_{\mu\mathrm{a}}\rangle\Theta^{(z)}_{\mu\mathrm{a}}g^{y}_{\mu\mathrm{a}}]-\mathrm{i}(B_y g^{z}_{\mu\mathrm{a}}-B_z g^{y}_{\mu\mathrm{a}})
\end{aligned}
\tag{16.9.48}
$$

整理得

$$
\begin{aligned}
&\omega g^{x}_{\mu\mathrm{a}}-\mathrm{i}\{[J_{\mu0}\langle S^{z}_{\mu\mathrm{b}}\rangle+J_{\mathrm{ab}\mu,\mu+1}\langle S^{z}_{\mu+1,\mathrm{b}}\rangle+J_{\mathrm{ba}\mu-1,\mu}\langle S^{z}_{\mu-1,\mathrm{b}}\rangle+K_{2z\mu\mathrm{a}}2\langle S^{z}_{\mu\mathrm{a}}\rangle\Theta^{(z)}_{\mu\mathrm{a}}+B_z]g^{y}_{\mu\mathrm{a}}\\
&-[J_{\mu0}\langle S^{y}_{\mu\mathrm{b}}\rangle+J_{\mathrm{ab}\mu,\mu+1}\langle S^{y}_{\mu+1,\mathrm{b}}\rangle+J_{\mathrm{ba}\mu-1,\mu}\langle S^{y}_{\mu-1,\mathrm{b}}\rangle+K_{2y\mu\mathrm{a}}2\langle S^{y}_{\mu\mathrm{a}}\rangle\Theta^{(y)}_{\mu\mathrm{a}}+B_y]g^{z}_{\mu\mathrm{a}}\\
&-J_{\mu\boldsymbol{k}}\langle S^{z}_{\mu\mathrm{a}}\rangle g^{y}_{\mu\mathrm{b}}+J_{\mu\boldsymbol{k}}\langle S^{y}_{\mu\mathrm{a}}\rangle g^{z}_{\mu\mathrm{b}}-J_{\mathrm{ab}\mu,\mu+1}\langle S^{z}_{\mu\mathrm{a}}\rangle g^{y}_{\mu+1,\mathrm{b}}+J_{\mathrm{ab}\mu,\mu+1}\langle S^{y}_{\mu\mathrm{a}}\rangle g^{z}_{\mu+1,\mathrm{b}}\\
&-J_{\mathrm{ba}\mu-1,\mu}g^{y}_{\mu-1,\mathrm{b}}\langle S^{z}_{\mu\mathrm{a}}\rangle+J_{\mathrm{ba}\mu-1,\mu}g^{z}_{\mu-1,\mathrm{b}}\langle S^{y}_{\mu\mathrm{a}}\rangle\}\\
=&\langle[S^{x}_{\mu\mathrm{a}},B_n]_\eta\rangle
\end{aligned}
\tag{16.9.49}
$$

令

$$
\begin{aligned}
H_{\mu\mathrm{a}\alpha}&=J_{\mu0}\langle S^{\alpha}_{\mu\mathrm{b}}\rangle+J_{\mathrm{ab}\mu,\mu+1}\langle S^{\alpha}_{\mu+1,\mathrm{b}}\rangle+J_{\mathrm{ba}\mu-1,\mu}\langle S^{\alpha}_{\mu-1,\mathrm{b}}\rangle+K_{2\alpha\mu\mathrm{a}}2\langle S^{\alpha}_{\mu\mathrm{a}}\rangle\Theta^{(\alpha)}_{\mu\mathrm{a}}+B_\alpha\\
H_{\mu\mathrm{ba}}&=J_{\mu0}\langle S^{\alpha}_{\mu\mathrm{a}}\rangle+J_{\mathrm{ba}\mu,\mu+1}\langle S^{\alpha}_{\mu+1,\mathrm{a}}\rangle+J_{\mathrm{ab}\mu-1,\mu}\langle S^{\alpha}_{\mu-1,\mathrm{a}}\rangle+K_{2\alpha\mu\mathrm{b}}2\langle S^{\alpha}_{\mu\mathrm{b}}\rangle\Theta^{(\alpha)}_{\mu\mathrm{b}}+B_\alpha\\
&\alpha=x,y,z
\end{aligned}
\tag{16.9.50}
$$

(16.9.49) 式写成

$$
\begin{aligned}
&\omega g^{x}_{\mu\mathrm{a}}-\mathrm{i}\{H_{\mu\mathrm{a}z}g^{y}_{\mu\mathrm{a}}-H_{\mu\mathrm{a}y}g^{z}_{\mu\mathrm{a}}-J_{\mu\boldsymbol{k}}\langle S^{z}_{\mu\mathrm{a}}\rangle g^{y}_{\mu\mathrm{b}}+J_{\mu\boldsymbol{k}}\langle S^{y}_{\mu\mathrm{a}}\rangle g^{z}_{\mu\mathrm{b}}\\
&-J_{\mathrm{ab}\mu,\mu+1}\langle S^{z}_{\mu\mathrm{a}}\rangle g^{y}_{\mu+1,\mathrm{b}}+J_{\mathrm{ab}\mu,\mu+1}\langle S^{y}_{\mu\mathrm{a}}\rangle g^{z}_{\mu+1,\mathrm{b}}\\
&-J_{\mathrm{ba}\mu-1,\mu}g^{y}_{\mu-1,\mathrm{b}}\langle S^{z}_{\mu\mathrm{a}}\rangle+J_{\mathrm{ba}\mu-1,\mu}g^{z}_{\mu-1,\mathrm{b}}\langle S^{y}_{\mu\mathrm{a}}\rangle\}=\langle[S^{x}_{\mu\mathrm{a}},B_n]_\eta\rangle
\end{aligned}
\tag{16.9.51}
$$

作指标轮换 $x\to y\to z\to x$, 交换 a 和 b, 得到其他公式. 最后, 总的格林函数的运动方程又可以写成如下形式:

$$
[\omega\boldsymbol{I}-\boldsymbol{P}]\boldsymbol{g}_\eta=\boldsymbol{F}_{-\eta}
\tag{16.9.52}
$$

其中, 矩阵 $\boldsymbol{P}$ 可写成 (16.9.33) 式的形式

$$
\boldsymbol{P}=\begin{pmatrix}
\boldsymbol{\Gamma}^{(1,1)} & \boldsymbol{\Gamma}^{(1,2)} & \boldsymbol{\Gamma}^{(1,3)} & \cdots & 0 & 0 & 0\\
\boldsymbol{\Gamma}^{(2,1)} & \boldsymbol{\Gamma}^{(2,2)} & \boldsymbol{\Gamma}^{(2,3)} & \cdots & 0 & 0 & 0\\
0 & \boldsymbol{\Gamma}^{(3,2)} & \boldsymbol{\Gamma}^{(3,3)} & \cdots & 0 & 0 & 0\\
\vdots & \vdots & \vdots & & \vdots & \vdots & \vdots\\
0 & 0 & 0 & \cdots & \boldsymbol{\Gamma}^{(L-2,L-2)} & \boldsymbol{\Gamma}^{(L-2,L-1)} & 0\\
0 & 0 & 0 & \cdots & \boldsymbol{\Gamma}^{(L-1,L-2)} & \boldsymbol{\Gamma}^{(L-1,L-1)} & \boldsymbol{\Gamma}^{(L-1,L)}\\
0 & 0 & 0 & \cdots & 0 & \boldsymbol{\Gamma}^{(L,L-1)} & \boldsymbol{\Gamma}^{(L,L)}
\end{pmatrix}
\tag{16.9.53}
$$

其中每一个子矩阵都是 6 阶的.

$$\boldsymbol{\Gamma}^{(\mu\mu)}=\mathrm{i}\begin{pmatrix} 0 & H_{\mu\mathrm{a}z} & -H_{\mu\mathrm{a}y} & 0 & -J_{\boldsymbol{k}}\langle S^z_{\mu\mathrm{a}}\rangle & J_{\boldsymbol{k}}\langle S^y_{\mu\mathrm{a}}\rangle \\ -H_{\mu\mathrm{a}z} & 0 & H_{\mu\mathrm{a}x} & J_{\boldsymbol{k}}\langle S^z_{\mu\mathrm{a}}\rangle & 0 & -J_{\boldsymbol{k}}\langle S^x_{\mu\mathrm{a}}\rangle \\ H_{\mu\mathrm{a}y} & -H_{\mu\mathrm{a}x} & 0 & -J_{\boldsymbol{k}}\langle S^y_{\mu\mathrm{a}}\rangle & J_{\boldsymbol{k}}\langle S^x_{\mu\mathrm{a}}\rangle & 0 \\ 0 & -J_{\boldsymbol{k}}\langle S^z_{\mu\mathrm{b}}\rangle & J_{\boldsymbol{k}}\langle S^y_{\mu\mathrm{b}}\rangle & 0 & H_{\mu\mathrm{b}z} & -H_{\mu\mathrm{b}y} \\ J_{\boldsymbol{k}}\langle S^z_{\mu\mathrm{b}}\rangle & 0 & -J_{\boldsymbol{k}}\langle S^x_{\mu\mathrm{b}}\rangle & -H_{\mu\mathrm{b}z} & 0 & H_{\mu\mathrm{b}x} \\ -J_{\boldsymbol{k}}\langle S^y_{\mu\mathrm{b}}\rangle & J_{\boldsymbol{k}}\langle S^x_{\mu\mathrm{b}}\rangle & 0 & H_{\mu\mathrm{b}y} & -H_{\mu\mathrm{b}x} & 0 \end{pmatrix} \tag{16.9.54}$$

对角矩阵的形式与 (16.9.10) 式是相同, 因为它就是一个二维平面内分成两个子晶格的形式. 非对角矩阵写成如下形式:

$$\boldsymbol{\Gamma}^{(\mu,\mu\pm1)}=\begin{pmatrix} \mathbf{0} & \boldsymbol{\Lambda}^{(\mu,\mu\pm1)}_{\mathrm{ab}} \\ \boldsymbol{\Lambda}^{(\mu,\mu\pm1)}_{\mathrm{ba}} & \mathbf{0} \end{pmatrix} \tag{16.9.55a}$$

$$\boldsymbol{\Lambda}^{(\mu,\mu\pm1)}_{\mathrm{ab}}=\mathrm{i}J_{\mathrm{ab}\mu,\mu\pm1}\begin{pmatrix} 0 & -\langle S^z_{\mu\mathrm{a}}\rangle & \langle S^y_{\mu\mathrm{a}}\rangle \\ \langle S^z_{\mu\mathrm{a}}\rangle & 0 & -\langle S^x_{\mu\mathrm{a}}\rangle \\ -\langle S^y_{\mu\mathrm{a}}\rangle & \langle S^x_{\mu\mathrm{a}}\rangle & 0 \end{pmatrix} \tag{16.9.55b}$$

$$\boldsymbol{\Lambda}^{(\mu,\mu\pm1)}_{\mathrm{ba}}=\mathrm{i}J_{\mathrm{ba}\mu,\mu\pm1}\begin{pmatrix} 0 & -\langle S^z_{\mu\mathrm{b}}\rangle & \langle S^y_{\mu\mathrm{b}}\rangle \\ \langle S^z_{\mu\mathrm{b}}\rangle & 0 & -\langle S^x_{\mu\mathrm{b}}\rangle \\ -\langle S^y_{\mu\mathrm{b}}\rangle & \langle S^x_{\mu\mathrm{b}}\rangle & 0 \end{pmatrix} \tag{16.9.55c}$$

矩阵 $\boldsymbol{P}$ 是 $6L$ 阶的. 无法解析求得这一矩阵的本征值, 只能通过数值计算求得每一个波矢 $\boldsymbol{k}$ 的 $6L$ 个本征值. 仍然如上一小节那样, 对于每一个三阶的对角矩阵, 我们可像 (16.8.66) 式那样, 求出其本征值 $\omega_{\mu\chi}$, χ=a, b, 及其对应的本征向量矩阵 $\boldsymbol{U}_{(\mu\chi)}$ 及其逆 $\boldsymbol{U}^{-1}_{(\mu\chi)}$. 得到对应于零本征值的本征向量. 其形式与 (16.9.12)~(16.9.14) 式是完全一样的.

现在, (16.9.16) 式的约束条件对于每一层中的每一个子晶格都分别成立. 由于这一约束条件, 矩阵 $\boldsymbol{P}$ 有 $2L$ 个零本征值. 可写出它们对应的行向量.

下面的步骤仍然是迭代计算. 通过数值计算求出矩阵 $\boldsymbol{P}$ 的 $6L$ 个本征值 (其中 $2L$ 个为零) 和对应的矩阵 $\boldsymbol{U}$ 及其逆 $\boldsymbol{U}^{-1}$. 一般情况下, 矩阵 $\boldsymbol{P}$ 不具有厄米性, 但是计算表明, 它的 $4L$ 个非零本征值总是实数, 而且是成对的. 一旦本征值和 $\boldsymbol{U}$、$\boldsymbol{U}^{-1}$ 都算出来了, 就用 (16.8.22)~(16.8.26) 式. 无法像铁磁性的情况那样, 给出任意自旋量子数 S 都适用的普遍公式. 对于每一个具体的 S, 都不得不选择合适的算符 $\boldsymbol{B}$, 列出相应的线性方程, 做数值迭代计算. 以上要注意, $J_{\mathrm{ab}0,1}=0$, $J_{\mathrm{ba}0,1}=0$, $J_{\mathrm{ab}L,L+1}=0$, $J_{\mathrm{ba}L,L+1}=0$.

下面我们只讨论所有参量 J 的数值都相同, 且单离子各向异性只沿着 z 方向的反铁磁薄膜的数值结果 [48].

1. 无外磁场的情况

图 16.24 是薄膜厚度为 1 到 6 层的结果. 参量为：J=100, K_2=1. 图中只显示出一个子晶格的磁化强度 (自旋平均). 另外一个子晶格的磁化强度与之完全反平行. 薄膜关于中间平面对称, 所以对于厚度为 L 的薄膜, 只需要画出第 1 到第 $(L+1)/2$ 层的曲线. 图中的内插图是同样参量的铁磁薄膜的结果. 在相同的参量下, 同样厚度的反铁磁薄膜和铁磁薄膜的有序无序转变温度是相同的. 所有 ML 的转变温度都相同. 但是在转变温度以下, 表面层的磁化强度最低, 越往薄膜深处磁化强度越高. 不过在第 3 层以内差别已经很小了. 膜越厚, 转变温度越高.

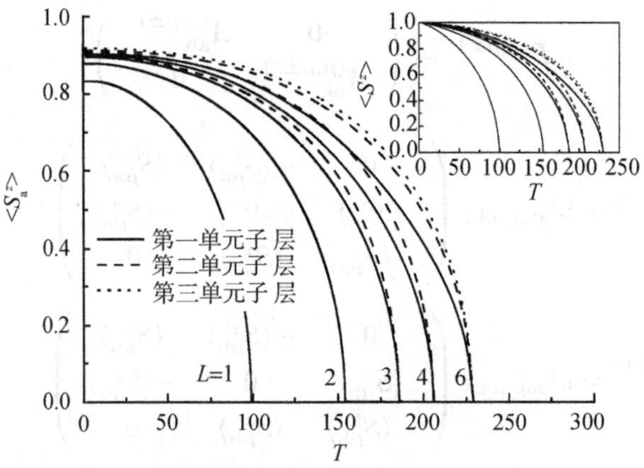

图 16.24　反铁磁薄膜子晶格磁化强度随温度的变化

内插图是同样参量的铁磁薄膜的结果

在零温时, 反铁磁的磁化强度与铁磁薄膜不同. 对于铁磁薄膜来说. 零温时, 自旋没有热运动, 磁矩完全相互平行. 因而磁化强度是 1. 这是因为自旋平行是海森伯哈密顿量的本征态. 但是自旋完全反平行并不是哈密顿量的本征态. 所以在零温时, 反铁磁薄膜中两个子晶格的磁矩不是完全地相互反平行, 而是有一夹角, 这使得 z 方向的分量不为 1. 这种现象是量子效应, 不是用外场或者其他手段可以克服的. 见图 16.25 和图 16.26, 即使加了外场, 磁化强度的数值还是小于 1 的.

2. 在横向和纵向加外磁场的情况

图 16.25 是厚度为 1 ML 的结果. 先看在 z 方向加外场, 结果示于图中的内插图. 注意, 内插图的纵坐标是两个子晶格的磁化强度之和. 由于它们是方向相反的, 在零场下, 总磁化强度为零. 随着外场增加, 总磁化强度基本上是线性增长. 在固定外场下, 磁化强度随温度基本上是线性增长. 这是因为热运动抵消了交换作用, 使

得磁矩更容易沿着外磁场的方向排列. 到达转变温度以上之后, 磁化强度就不再随温度变化了. 这是因为交换作用再也没有任何影响了.

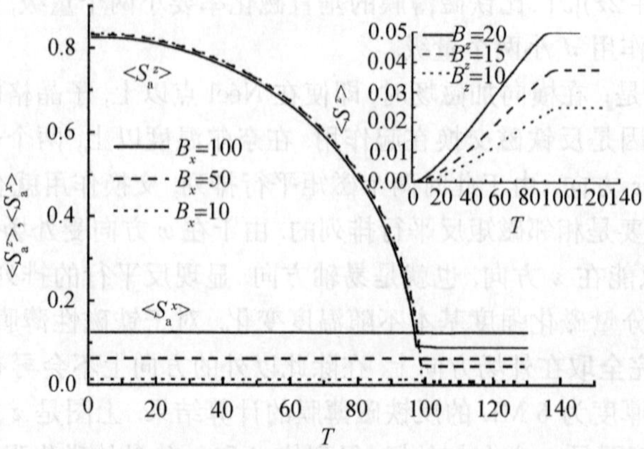

图 16.25 1ML 的反铁磁薄膜在磁场加在 x 方向时的子晶格磁化强度的分量

内插图为磁场加在 z 方向时的总磁化强度随温度的变化

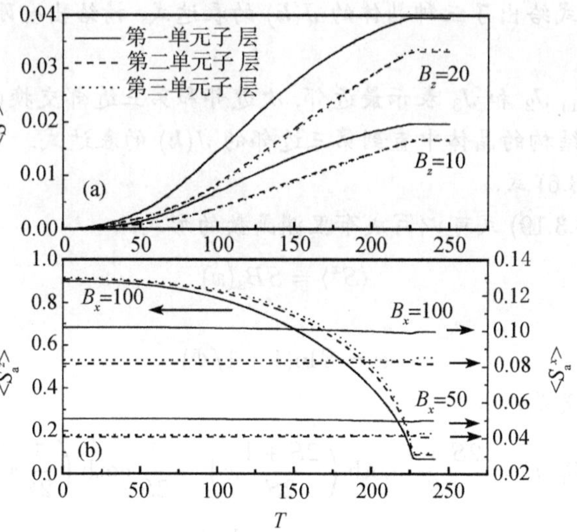

图 16.26 6ML 的反铁磁薄膜在 (a) 磁场加在 z 方向时的总磁化强度;

(b) 磁场加在 x 方向时的子晶格磁化强度的分量

大图是在 x 方向加外场时的. 这时两个子晶格的 z 分量磁化强度的方向相反, 大小相等. x 分量磁化强度则完全相等. 有两个显著的特点. 一个特点是: 即使外场的数值很高, 子晶格的易轴方向的磁化强度分量改变量也很小, 几乎可以忽略不计. x 分量磁化强度的数值则比较小. 我们可以估计垂直磁化率 $\chi_\perp = \langle S_\mu^x\rangle / B_x$ 的数值.

忽略各层磁化强度的差别, 对于单原子层反铁磁体是 $\chi_{\perp}=1/2z|J|$, 其中 z 是层内最近邻格点数目. 如果厚度为两层, 那么 $\chi_{\perp}=1/(2+2z)|J|$. 如果厚度为两层以上, 那么 $\chi_{\perp}=1/(4+2z)|J|$. 比铁磁薄膜的垂直磁化率要小两个量级, 因为各向异性参量 K_2 要比交换作用 J 小两个量级.

另一个特点是: 在横向加磁场时, 即使在 Néel 点以上, 子晶格的 z 分量磁化强度也不为零. 原因是反铁磁交换在起作用. 在奈尔温度以上, 两个子晶格的磁矩受外场作用, 都沿 x 方向. 由于此时两个磁矩平行排列, 交换作用就有了一定的效果. 但是这一作用是要是相邻磁矩反平行排列的. 由于在 x 方向受外场作用只能平行排列, 因此, 它们只能在 z 方向, 也就是易轴方向, 显现反平行的排列. 在奈尔温度以上, 子晶格的 z 分量磁化强度基本不随温度变化. 对于铁磁性薄膜来说, 居里温度以上, 磁矩必然完全取在外场方向上. 在除此以外的方向上不会再有分量.

图 16.26 是厚度为 6 ML 的反铁磁薄膜的计算结果. 上图是 z 方向加外场得到的总磁化强度. 下图是 x 方向加外场, 得到的 x 和 z 分量的磁化强度.

习 题

1. (16.2.22) 式给出了三种晶体的 $J(\boldsymbol{k})$ 的表达式. 请给出金刚石结构的晶体中 $J(\boldsymbol{k})$ 的表达式.

2. 分别用 J_1, J_2 和 J_3 表示最近邻, 次近邻和第三近邻交换的强度. 给出三种立方晶体和刚石结构的晶体中直到第三近邻的 $J(\boldsymbol{k})$ 的表达式.

3. 证明 (16.3.6) 式.

4. 证明: (16.3.19) 式可以写成布里渊函数的形式:

$$\langle S^z\rangle = SB_{\mathrm{s}}(x)$$

其中

$$x=S\ln(1+1/\varPhi)$$

布里渊函数的定义是:

$$B_{\mathrm{s}}(x)=\frac{2S+1}{2S}\coth\left(\frac{2S+1}{2S}x\right)-\frac{1}{2S}\coth\left(\frac{1}{2S}x\right)$$

5. 如果把 (16.3.12) 式两边对 $\boldsymbol{k}$ 的求和 $\dfrac{1}{N}\sum\limits_{\boldsymbol{k}}$ 去掉, 可以写成

$$\begin{aligned}&S(S+1)\psi(u)-\psi'(u)-\psi''(u)\\&=\{(\mathrm{e}^{-u}-1)[S(S+1)\psi(u)+\psi'(u)-\psi''(u)]+2\psi'(u)\}\varTheta(\boldsymbol{k})\end{aligned}\tag{1}$$

其中

$$\varTheta(\boldsymbol{k})=\frac{1}{\mathrm{e}^{\beta E(\boldsymbol{k})}-1}$$

这时 (1) 式中的 $\psi(u)$ 和 $\langle S^z\rangle$ 等量都是波矢 $\boldsymbol{k}$ 的函数, 应该写成 $\psi(u,\boldsymbol{k})$ 和 $\langle S^z(\boldsymbol{k})\rangle$ 等. $\langle S^z\rangle$ 应由如下公式算得:

$$\langle S^z\rangle=\frac{1}{N}\sum_{\boldsymbol{k}}\langle S^z(\boldsymbol{k})\rangle$$

按照 (16.3.13), (16.3.18), (16.3.19) 的步骤, 并利用上一题的方法, 证明 $\langle S^z\rangle$ 最后可写成 [49,50]

$$\langle S^z\rangle=\frac{1}{N}\sum_{\boldsymbol{k}}\left[\left(S+\frac{1}{2}\right)\coth\left(\frac{2S+1}{2}\beta E(\boldsymbol{k})\right)-\frac{1}{2}\coth\left(\frac{\beta E(\boldsymbol{k})}{2}\right)\right]$$

6. 证明 (16.3.21), (16.3.22) 和 (16.3.28) 式.

7. 在 (16.3.19) 和 (16.3.26) 两式中, 各分别取 S=1/2, 1, 3/2, 2, 得到 $\langle S^z\rangle$ 的具体表达式.

8. 取 S=1/2, 1, 3/2, 计算简立方晶体的 $\langle S^z\rangle$ 随温度的变化曲线.

9. 对于铁磁体, 考虑简立方, 体心立方和面心立方, 考虑到第三近邻的交换作用, 分别用 J_1, J_2 和 J_3 表示最近邻, 次近邻和第三近邻交换的强度. 计算 z 分量磁化强度. 给出此时居里温度的表达式.

10. 对于六角晶体, 计算 z 分量磁化强度. 给出此时居里温度的表达式.

11. 从 (16.3.19) 式出发, 给出温度趋于零 $T\to 0$ 时磁化强度的近似表达式. 求出居里温度的表达式.

12. (16.4.2) 式只计算了三维的情况, 得到了在接近零温时的自发磁化强度的表达式. 对于二维和一维的情况, 作同样的计算. 分析无磁场时的结果. 现在的哈密顿量是 (16.1.5) 式, 无磁场时是一个各向同性的哈密顿量. 结论是: 各向同性的海森伯哈密顿量在二维和一维系统中没有自发磁化强度 [9].

13. 利用 (16.5.20) 式的条件, 验证 (16.5.21) 式是 (16.5.19) 式的解.

14. 由 (16.5.44) 式证明, 对于任意 S, 无外场时两个子晶格的自发磁化强度是大小相等, 方向相反的.

15. 对于面心立方晶体, 设想反铁磁的可能的构型 [1], 合适地划分子晶格, 计算每个子晶格的 z 分量磁化强度的表达式.

16. 对于只有两个单原子层的铁磁薄膜, 两层的磁化强度是完全一样的. 请给出任意自旋 S 时 z 分量磁化强度 $\langle S^z\rangle$ 的表达式.

17. 从第 12 题我们知道, 二维平面, 即一个单原子层的各向同性的海森伯哈密顿量系统是没有自发磁化强度的. 分别对于二单原子层和三单原子层的铁磁薄膜分析, 这样的系统中是否可以有自发磁化强度 [14].

18. 编程计算 5ML 的铁磁薄膜的各层磁化强度随温度变化的曲线. 对于有外场和无外场的情况都作计算.

19. 对于几种反铁磁薄膜的构型推导公式，编程计算 5ML 的反铁磁薄膜的各层每个子晶格磁化强度随温度变化的曲线.

20. 对于 (16.7.1) 式的哈密顿量，选择 (16.7.2) 式的算符构造推迟格林函数，仿照 (16.6.24)~(16.6.31) 式的步骤进行推导，得到 $\boldsymbol{P}$ 的矩阵元 (16.7.4) 式.

21. 外加磁场，推导得到 $\boldsymbol{P}$ 的矩阵元 (16.7.4) 式. 计算各种参量下磁化强度随温度的变化.

22. 求出矩阵 $\boldsymbol{P}$(16.8.18) 式的本征值是 (16.8.19) 式，相应的本征向量矩阵及其逆矩阵是 (16.8.20) 式.

23. 由 (16.8.27) 式证明 (16.8.29) 和 (16.8.30) 式.

24. 从 (16.8.30) 式证明 (16.8.32) 和 (16.8.33) 式.

25. 对于 S=1 的情况，从 (16.8.34) 求出 $\langle S^z\rangle$ 和 $\langle(S^z)^2\rangle$ 的表达式. 验证它们就是 (16.8.38) 和 (16.8.39) 式中取 S=1 的结果.

26. 由 (16.8.52) 和 (16.8.53) 式给出 $f_1(u)$, $f_2(u)$, $f_3(u)$, $f_4(u)$ 四个函数的表达式. 证明其中含有 (16.8.32) 式.

27. 求出矩阵 $\boldsymbol{P}$(16.8.66) 式的本征值是 (16.8.68) 式，相应的本征向量矩阵及其逆矩阵是 (16.8.69) 式.

28. 利用 (16.8.68) 和 (16.8.69) 式代入求出 (16.8.22) 式矩阵 $\boldsymbol{R}$. 并证明 (16.8.71) 式.

29. 对于铁磁体，考虑简立方，体心立方和面心立方，考虑到第三近邻的交换作用，分别用 J_1, J_2 和 J_3 表示最近邻，次近邻和第三近邻交换的强度. 计算三分量磁化强度.

30. 对于只有两个单原子层的铁磁薄膜，两层的磁化强度是完全一样的. 这时可以推导出对于任意自旋 S 都适用的三分量磁化强度的解析表达式. 试给出推导过程与结果.

31. 对于铁磁薄膜，如果对于偶极相互作用部分不做平均场近似，即在 (16.9.26) 式中不扔掉 $\mathrm{i}g\sum_{\nu j}\frac{1}{r^3_{\mu m,\nu j}}[1-3(u^y_{\mu m,\nu j})^2]G^y_{\nu j}\langle S^z_{\mu m}\rangle$ 和 $\mathrm{i}g\sum_{\nu j}\frac{1}{r^3_{\mu m,\nu j}}[1-3(u^z_{\mu m,\nu j})^2]G^z_{\nu j}\cdot\langle S^y_{\mu m}\rangle$ 这两项，推导 (16.9.32) 式中 $\boldsymbol{P}$ 矩阵的矩阵元的表达式.

参考文献

[1] 戴道生, 钱昆明. 铁磁性 (上册)[M]. 北京：科学出版社, 1987.

[2] Tyablikov S V. Methods in the Quantum Theory of Magnetism. New York: Plenum, 1967.

[3] Jensen P J, Aguilera-Granja F. Theory for the reduction of products of spin operators[J]. Phys. Lett. A, 2000, 269(2-3): 158.

[4] Tahir-Kheli R A, Haar D T. Use of Green Functions in the Theory of Ferromagnetism. I. General Discussion of the Spin-S Case[J]. Phys. Rev., 1962, 127(1): 88.
[5] Callen H B. Green Function Theory of Ferromagnetism[J]. Phys. Rev., 1963, 130(3): 890.
[6] Wang Huai-Yu, Chen Ke-Qiu, Wang En-Ge. The fermion Green's function theory for calculation of magnetization[J]. Int. J. Mod. Phys. B, 2002, 16(25): 3803.
[7] 郑庆祺, 蒲富恪. 格林函数对 $S \geqslant 1/2$ 情形下反铁磁性理论的应用 [J]. 物理学报, 1964, 20(7): 624.
[8] Wang Huai Yu, Zhou Yun Song, Wang Chong Yu. Magnetization of coupled ultrathin ferromagnetic films[J]. Commun. Theor. Phys., 2002, 38(1): 107.
[9] Mermin N D, Wagner H. Absence of Ferromagnetism or Antiferromagnetism in One- or Two-Dimensional Isotropic Heisenberg Models[J]. Phys. Rev. Lett., 1966, 17(22): 1133.
[10] 钟文定. 铁磁性 (中册)[M]. 北京：科学出版社, 1987.
[11] Lines M E. Sensitivity of Curie Temperature to Crystal-Field Anisotropy. I. Theory[J]. Phys. Rev., 1967, 156(2): 534.
[12] Schiller R, Nolting W. Thickness dependent Curie temperatures of ferromagnetic Heisenberg films[J]. Solid State Commun., 1999, 110(2): 121.
[13] Guo W, Shi L P, Lin D L. Magnetization reorientation and anisotropy in ultrathin magnetic films[J]. Phys. Rev. B, 2000, 62(21): 14259.
[14] Wang Huai Yu, Zhou Yun Song, Wang Chong Yu, et al. Investigation of ultrathin ferromagnetic film with a sc lattice[J]. Chinese Physics, 2002, 11(2): 167.
[15] Devlin J F. Effect of Crystal-Field Anisotropy on Magnetically Ordered Systems[J]. Phys. Rev. B, 1971, 4(1): 136.
[16] Anderson F B, Callen H B. Statistical Mechanics and Field-Induced Phase Transitions of the Heisenberg Antiferromagnet[J]. Phys. Rev., 1964, 136(4A): A1068.
[17] Fröbrich P, Jensen P J, Kuntz P J. Field-induced magnetic reorientation and effective anisotropy of a ferromagnetic monolayer within spin wave theory[J]. Eur. Phys. J. B, 2000, 13: 477.
[18] Henelius P, Fröbrich P, Kuntz P J, et al. Quantum Monte Carlo simulation of thin magnetic films[J]. Phys. Rev. B, 2002, 66(9): 094407.
[19] Wang Huai-Yu, Xun Kun, and Xiao Lin. Individual monolayer analysis of anomalous hysteresis loops[J]. Phys. Rev. B, 2004, 70(21): 214431.
[20] Wang Huai-Yu, Dai Zhen-Hong, Quantum statistical calculation of exchange bias[J]. Commun. Theor. Phys., 2004, 42(1): 141.
[21] Xia K, Zhang W, Lu M, et al. A comparative study of Heisenberg-like models with and without internal spin fluctuations[J]. J. Phys.: Condens. Matter, 1997, 9(26): 5643.
[22] Jiang Q, Jiang X F, Li Z. Effect of single-ion uniaxial anisotropy on the phase diagrams of magnetic system in the presence of internal spin fluctuation[J]. J. Magn. Magn.

Mater., 1999, 195(2): 501.

[23] Wang Huai-Yu, Chen Ke-Qiu, Wang En-Ge. Abnormal magnetism and phase transformation of Heisenberg-like model with internal spin fluctuation[J]. Phys. Rev. B, 2002, 66(9): 092405.

[24] Wang Huai-Yu, Wang Shan-Ying, Wang Chong-Yu, et al. A comprehensive study of Heisenberg-like systems with internal spin fluctuation[J]. J. Phys.: Condens. Matter, 2003, 15(3): 2783.

[25] Koon N C. Calculations of Exchange Bias in Thin Films with Ferromagnetic/Antiferromagnetic Interfaces[J]. Phys. Rev. Lett., 1997, 78(25): 4865.

[26] Moran T J, Nogues J, Lederman D, et al. Perpendicular coupling at Fe–FeF_2 interfaces[J]. Appl. Phys. Lett., 1998, 72(5): 617.

[27] Jungblut R, Coehoom R, Johnson M T, et al. Orientational dependence of the exchange biasing in molecular-beam-epitaxy-grown $Ni_{80}Fe_{20}/Fe_{50}Mn_{50}$ bilayers (invited)[J]. J. Apply. Phys., 1994, 75(10): 6659.

[28] Ijiri Y, Borchers J A, Erwin R W, et al. Perpendicular Coupling in Exchange-Biased Fe_3O_4/CoO Superlattices[J]. Phys. Rev. Lett., 1998, 80(3): 608.

[29] Farle M, Platow W, Anisimov A N, et al. Anomalous reorientation phase transition of the magnetization in fct Ni/Cu(001)[J]. Phys. Rev. B, 1997, 56(9): 5100.

[30] O'Brien W L, Droubay T, Tonner B P. Transitions in the direction of magnetism in Ni/Cu(001) ultrathin films and the effects of capping layers[J]. Phys. Rev. B, 1996, 54(13): 9297.

[31] Pappas D P, Kamper K P, Hopster H. Reversible transition between perpendicular and in-plane magnetization in ultrathin films[J]. Phys. Rev. Lett., 1990, 64(26): 3179.

[32] Pappas D P, Brundle C R, Hopster H. Reduction of macroscopic moment in ultrathin Fe films as the magnetic orientation changes[J]. Phys. Rev. B, 1992, 45(14): 8169.

[33] Moschel A, Usadel K D. Influence of the dipole interaction on the direction of the magnetization in thin ferromagnetic films[J]. Phys. Rev. B, 1994, 49(18): 12868.

[34] Moschel A, Usadel K D. Reorientation transitions of first and second order in thin ferromagnetic films[J]. Phys. Rev. B, 1995, 51(22): 16111.

[35] Hucht A, Usadel K D. Reorientation transition of ultrathin ferromagnetic films[J]. Phys. Rev. B, 1997, 55(18): 12309.

[36] Hucht A, Usadel K D. Theory of the spin reorientation transition of ultra thin ferromagnetic films[J]. J. Magn. Magn. Mater., 1999, 203(1-3): 88.

[37] Fröbrich P, Jensen P J, Kuntz P J, et al. Many-body Green's function theory for the magnetic reorientation of thin ferromagnetic films[J]. Eur. Phys. J. B, 2000, 18: 579.

[38] Wang Huai-Yu, Wang Chong-Yu, Wang En-Ge. Magnetization in the case of anisotropic exchange interaction[J]. Phys. Rev. B, 2004, 69: 174431.

[39] Wang Huai-Yu, Zhou Bin, Chen Nian-Xian. Statistical average of spin operators for calculation of three-component magnetization[J]. Commun. Theor. Phys., 2005, 43: 753.

[40] Wang Huai-Yu, Dai Zhen-Hong, Fröbrich P, et al. Many-body Green's function theory of ferromagnetic systems with single-ion anisotropies in more than one direction[J]. Phys. Rev. B, 2004, 70: 134424.

[41] Wang Huai-Yu, Long Yao, Chen Nian-Xian. Statistical average of spin operators for calculation of three-component magnetization: (II) the solution of the equation[J]. Commun. Theor. Phys., 2006, 45(1): 175.

[42] 刘式适, 刘式达. 特殊函数 [M]. 北京: 气象出版社, 2002.

[43] Wang Huai-Yu, Jen S U, Yu Jing-Zhi. Many-body Green's function theory of magnetic films with arbitrarily arranged single-ion anisotropies[J]. Phys. Rev. B, 2006, 73(9): 094414.

[44] Müller W, Nolting W. Ferromagnetic EuS films: Magnetic stability, electronic structure, and magnetic surface states[J]. Phys. Rev. B, 2004, 69(15): 155425.

[45] Jen S U, Chen W L. Angular dispersion of the easy axis in a magnetically soft film as determined by vibrating sample magnetometry[J]. J. Appl. Phys., 2000, 87(12): 8640.

[46] Jen S U, Lee J Y. Method of easy-axis determination of uniaxial magnetic films by vector vibrating sample magnetometer[J]. J. Magn. Magn. Mater., 2004, 271(2-3): 237.

[47] Prokop J, Valdaitsev D A, Kukunin A, et al. Strain-induced magnetic anisotropies in Co films on Mo(110)[J]. Phys. Rev. B, 2004, 70(18): 184423.

[48] Wang Huai-Yu, Huang Chen, Qian Meichun, et al. Magnetic behavior of antiferromagnetic films under external field[J]. J. Apply. Phys., 2004, 95: 7551.

[49] Wesselinowa J M, Kroumova E, Teofilov N, et al. Theory of surface spin waves in ferromagnetic semiconductors[J]. Phys. Rev. B, 1998, 57(11): 6508.

[50] Wesselinowa J M. Influence of magnetic surface anisotropy on the dynamic properties in ferromagnetic thin films[J]. J. Phys.: Condens. Matter, 2006, 18(35): 8169.

第十七章　有凝聚的玻色流体的格林函数

在第十章中，使用零温格林函数的方法处理了费米子或电声作用系统的基态. 在第十二章中，则采用松原函数可以处理非零温非凝聚的任何平衡系统. 后者所采用的图形技术的形式与零温格林函数的基本上完全一样. 现在对于平衡系统来说，只剩下有凝聚的玻色流体系统还未处理. 由于玻色凝聚是在非常接近绝对零度的低温下出现的现象，所以一般用零温时的格林函数. 但第十章的技术不能直接运用，原因是那儿作了一个最基本的假设，即绝热近似假设. 而这一假设在目前情况下不适用，因为在缓慢加上相互作用时，玻色流体会发生凝聚与非凝聚之间的相变，基态的性质有了改变. 本章专门讨论如何处理发生凝聚时的系统.

§17.1　凝聚玻色流体的性质

17.1.1　无相互作用基态

由于玻色子系不受泡利原理的限制，无相互作用基态中所有粒子都处于动量与能量为零的状态. 整个流体处于静止 (我们不考虑系统的整体运动). 系统的化学势为零. 假如系统有 N 个粒子，将 N 粒子的无相互作用基态记为 $|\varPhi_0(\boldsymbol{N})\rangle$. 记动量为 $\boldsymbol{k}$ 的产生、湮没算符为 $a_{\boldsymbol{k}}^{\dagger}$、$a_{\boldsymbol{k}}$，则非零动量的湮没算符的作用效果为：

$$a_{\boldsymbol{k}}|\varPhi_0(N)\rangle = 0, \boldsymbol{k} \neq 0 \tag{17.1.1}$$

$a_{\boldsymbol{k}}^{\dagger}$ 的作用效果是一动量为 $\boldsymbol{k}$ 的激发态. 动量为零的 a_0, $a_0^{\dagger}$ 的作用效果为

$$a_0|\varPhi_0(N)\rangle = \sqrt{N}|\varPhi_0(N-1)\rangle,\ a_0^{\dagger}|\varPhi_0(N)\rangle = \sqrt{N+1}|\varPhi_0(N+1)\rangle \tag{17.1.2}$$

17.1.2　有相互作用基态

在有相互作用的情况，绝对零度时的基态 $|\psi_{\mathrm{H}}^0\rangle$ 中，粒子不一定全部处于 $\boldsymbol{k}$ =0 的状态. 但是如果流体是静止的，则系统的总动量为零. 设系统总动量的算符为 $\boldsymbol{P}$，则应有

$$\boldsymbol{P}|\psi_{\mathrm{H}}^0\rangle = 0 \tag{17.1.3}$$

本章我们只考虑静止的流体.

这时，由于玻色凝聚，仍然有宏观数量的粒子处于 $\boldsymbol{k}$ =0 的态. 假如这样的粒子有 $\boldsymbol{N}_0$ 个，而非零动量的粒子有 N' 个，那么总粒子数为

$$N = N_0 + N' \tag{17.1.4}$$

或者两边除以体积写成粒子数密度的形式

$$n = n_0 + n' \tag{17.1.5}$$

现在考虑场算符的傅里叶展开式

$$\psi(\boldsymbol{x}) = \frac{1}{\sqrt{V}}\sum_{\boldsymbol{k}} a_{\boldsymbol{k}}\mathrm{e}^{\mathrm{i}\boldsymbol{k}\cdot\boldsymbol{x}} = \frac{1}{\sqrt{V}}a_0 + \frac{1}{\sqrt{V}}\sum_{\boldsymbol{k}}{}' a_{\boldsymbol{k}}\mathrm{e}^{\mathrm{i}\boldsymbol{k}\cdot\boldsymbol{x}} \tag{17.1.6}$$

我们把零动量项单独写开来. 后项的求和中带一撇表示不包括零动量. 现在将上式的第一项作用于相互作用基态.

$$\frac{1}{\sqrt{V}}a_0|\psi^0_{\mathrm{H}}(N_0,\cdots)\rangle = \sqrt{n_0}|\psi^0_{\mathrm{H}}(N_0-1,\cdots)\rangle \tag{17.1.7}$$

这一结果在体积 $V\to\infty$ 时不为零, 因为 n_0 是个有限量. 再来看下列平均值:

$$\frac{1}{V}\langle\psi^0_{\mathrm{H}}|[a_0,a_0^\dagger]|\psi^0_{\mathrm{H}}\rangle \sim \frac{1}{V}[(N_0+1)-N_0] = \frac{1}{V}\to 0 \tag{17.1.8}$$

虽然 $a_0a_0^\dagger$ 和 $a_0^\dagger a_0$ 都是宏观的数量, 但它们的对易式 $[a_{\boldsymbol{k}}^\dagger, a_{\boldsymbol{k}}]$ 在基态中的平均值是个微观小量, 可以忽略. 既然 $a_0a_0^\dagger/V$ 和 $a_0^\dagger a_0/V$ 之差总是可忽略, 它们就可以当作普通的数来对待, 进而 $a_0/\sqrt{V}$ 和 $a_0^\dagger/\sqrt{V}$ 都可以看作是普通的数, 而不用看作是算符. 由此导致 $1/V$ 的误差是允许的. 这样由 (17.1.7) 式, 我们可以把 $a_0/\sqrt{V}$ 和 $a_0^\dagger/\sqrt{V}$ 直截了当地写为 $\sqrt{n_0}$. (17.1.6) 式的场算符就写成:

$$\psi(\boldsymbol{x}) = \sqrt{n_0}+\psi'(\boldsymbol{x}),\quad \psi^\dagger(\boldsymbol{x}) = \sqrt{n_0}+\psi'^\dagger(\boldsymbol{x})$$
$$\psi'(\boldsymbol{x}) = \frac{1}{\sqrt{V}}\sum_{\boldsymbol{k}}{}' a_{\boldsymbol{k}}\mathrm{e}^{\mathrm{i}\boldsymbol{k}\cdot\boldsymbol{x}},\quad \psi'^\dagger(\boldsymbol{x}) = \frac{1}{\sqrt{V}}\sum_{\boldsymbol{k}}{}' a_{\boldsymbol{k}}^\dagger\mathrm{e}^{-\mathrm{i}\boldsymbol{k}\cdot\boldsymbol{x}} \tag{17.1.9}$$

由于 $\psi'(x)$ 不包含 $\boldsymbol{k}=0$ 的项, 所以当它作用于无相互作用基态时, 见 (17.1.1) 式,

$$\psi'(\boldsymbol{x})|\varPhi_0\rangle = 0 \tag{17.1.10}$$

在相互作用基态中, 凝聚部分的粒子 $\boldsymbol{k}=0$, 非凝聚部分的粒子 $\boldsymbol{k}\neq 0$. 它们之间可以交换粒子而不导致总的动量和能量的变化. 在非凝聚部分取一对动量相反的粒子, 放入凝聚部分, 得到的仍然是总动量为零的基态. 反过来, 从凝聚部分取出一对粒子, 使它们带有相反动量而进入非凝聚部分, 也还是基态. 因此连续两个湮没算符或产生算符作用在基态上.

$$\psi'(\boldsymbol{x})\psi'(\boldsymbol{x}')|\psi^0_{\mathrm{H}}\rangle,\quad \psi'^\dagger(\boldsymbol{x})\psi'^\dagger(\boldsymbol{x}')|\psi^0_{\mathrm{H}}\rangle \tag{17.1.11}$$

其结果仍然是基态. 再写得明显一些

$$\psi'(\boldsymbol{x})\psi'(\boldsymbol{x}')|\psi_{\mathrm{H}}^{0}(N_0,N')\rangle \propto |\psi_{\mathrm{H}}^{0}(N_0+2,N'-2)\rangle \tag{17.1.12a}$$

$$\psi'^{\dagger}(\boldsymbol{x})\psi'^{\dagger}(\boldsymbol{x}')|\psi_{\mathrm{H}}^{0}(N_0,N')\rangle \propto |\psi_{\mathrm{H}}^{0}(N_0-2,N'+2)\rangle \tag{17.1.12b}$$

由于现在的场算符只作用于非凝聚部分, 这样连续产生的两个粒子来源于凝聚部分, 连续湮没的两个粒子进入了凝聚部分. 这样始终保持总粒子数是守恒的. 凝聚部分起到了一个粒子源的作用. 这一点与以前讨论的情况不同. 前面我们都是暗含地假定了粒子源在无限远处, 我们可以只讨论与源完全无关的系统, 又可以随意从粒子源拿来粒子放入系统 (产生粒子) 或从系统中取出粒子放进粒子源 (湮没粒子). 本章的情况是粒子源与非凝聚部分共同构一个系统, 成为我们研究的对象.

由于 $|\psi_{\mathrm{H}}^{0}(N_0,N')\rangle$ 与 $|\psi_{\mathrm{H}}^{0}(N_0+\ 2,N'-2)\rangle$ 都是基态, 动量和能量相同, 只是粒子数分布不同, 它们的交叠不为零, 即矩阵元

$$\langle\psi_{\mathrm{H}}^{0}(N_0,N')|\psi_{\mathrm{H}}^{0}(N_0+2,N'-2)\rangle \tag{17.1.13}$$

是不为零的.

另一方面, 如果只有一个产生或湮没算符作用, 这样的矩阵元为零. 因为产生或湮没一个非零动量的粒子, 得到系统的总动量不为零.

$$\langle\psi_{\mathrm{H}}^{0}|\psi'(x)|\psi_{\mathrm{H}}^{0}\rangle=0,\ \ \langle\psi_{\mathrm{H}}^{0}|\psi'^{\dagger}(x)|\psi_{\mathrm{H}}^{0}\rangle=0 \tag{17.1.14}$$

可以再稍详细些证明这一点. 总动量算符 $\boldsymbol{P}=\sum\limits_{\boldsymbol{k}}{}'\hbar a_{\boldsymbol{k}}{}^{\dagger}a_{\boldsymbol{k}}$. 易算得 $[\boldsymbol{P},a_{\boldsymbol{k}}^{\dagger}]=\hbar a_{\boldsymbol{k}}^{\dagger}$, $\boldsymbol{k}\neq 0$. 将此式作用于基态 $|\psi_{\mathrm{H}}^{0}\rangle$, 利用 (17.1.3) 式, 有 $\boldsymbol{P}a_{\boldsymbol{k}}^{\dagger}|\psi_{\mathrm{H}}^{0}\rangle=\hbar\boldsymbol{k}a_{\boldsymbol{k}}^{\dagger}|\psi_{\mathrm{H}}^{0}\rangle$, $\boldsymbol{k}\neq 0$. 可见 $a_{\boldsymbol{k}}^{\dagger}|\psi_{\mathrm{H}}^{0}\rangle$ 是 $\boldsymbol{P}$ 的 $\boldsymbol{k}\neq 0$ 的本征态, 故有 $\langle\psi_{\mathrm{H}}^{0}|a_{\boldsymbol{k}}^{\dagger}|\psi_{\mathrm{H}}^{0}\rangle=0$, 再取其共轭, 这就证明了 (17.1.14) 式.

17.1.3 弱激发谱

有两体相互作用时哈密顿量可写成

$$H=\sum\frac{p^2}{2m}a_{\boldsymbol{p}}^{\dagger}a_{\boldsymbol{p}}+\frac{V(0)}{2V}\sum a_{\boldsymbol{p}_1}^{\dagger}a_{\boldsymbol{q}_1}^{\dagger}a_{\boldsymbol{q}_2}a_{\boldsymbol{p}_2} \tag{17.1.15}$$

其中考虑到基态时小动量的粒子的数目应该最大, 所以两体相互作用势的傅里叶变换值 $V(\boldsymbol{p})$ 都用零动量时的值 $V(0)$ 来代替. 注意, $V(\boldsymbol{p})$ 是和动量有关的. 在产生和湮没一对粒子时, 会产生一对粒子的动能, 但是基态的总能量仍然是不变的, 原因是, 这时粒子之间的相互作用能也有了变化. 式 (17.1.15) 是在做数值计算时所做的近似. 容易计算出 T=0 时内能和化学势的一级近似.

$$E_0=N^2V(0)/2V,\ \ \mu=NV(0)/V=nV(0) \tag{17.1.16}$$

弱激发时, 哈密顿量可写为

$$H = E^{(0)} + \sum{}' \varepsilon(\boldsymbol{p}) b_{\boldsymbol{p}}^{\dagger} b_{\boldsymbol{p}} \tag{17.1.17}$$

其中

$$\varepsilon(\boldsymbol{p}) = \sqrt{u^2 p^2 + (p^2/2m)^2} \tag{17.1.18}$$

$$u = \sqrt{nV(0)/m} \tag{17.1.19}$$

$\varepsilon(\boldsymbol{p})$ 是元激发能量, u 是弱激发为声子时声子的速度.

§17.2 格林函数和反常格林函数

17.2.1 格林函数

基态格林函数的定义仍如第九章. 由于把场算符按 (17.1.9) 写成了两部分, 所以格林函数成为

$$\mathrm{i}G(x_1, x_2) = \langle \psi_{\mathrm{H}}^0 | T_{\mathrm{t}}[\psi_{\mathrm{H}}(x_1)\psi_{\mathrm{H}}^{\dagger}(x_2)] | \psi_{\mathrm{H}}^0 \rangle = n_0 + \mathrm{i}G'(x_1, x_2) \tag{17.2.1}$$

其中

$$\mathrm{i}G'(x_1, x_2) = \langle \psi_{\mathrm{H}}^0 | T_{\mathrm{t}}[\psi'_{\mathrm{H}}(x_1){\psi'}_{\mathrm{H}}^{\dagger}(x_2)] | \psi_{\mathrm{H}}^0 \rangle \tag{17.2.2}$$

在得到 (17.2.1) 的第二个等式时利用了 (17.1.14) 式. (这儿把坐标空间的格林函数也写成大写字母 G, 以便与下面反常格林函数 F 的大写一致). 由于第一项 n_0 是个数. 所以只要计算出 G' , 就得到了格林函数. 我们把 G' 亦称为格林函数.

由于排除了零动量项之后, $\psi'(\boldsymbol{x}) = \dfrac{1}{\sqrt{V}} \sum{}'_{\boldsymbol{k}} \mathrm{e}^{\mathrm{i}\boldsymbol{k}\cdot\boldsymbol{x}} a_{\boldsymbol{k}}^{\dagger}$ 中已没有哪个动量值拥有宏观数量的粒子, 所以这时场算符 ψ' 的性质与第八 ~ 十章所使用的场算符 ψ' 一样. 因此 9.2.1 节中零温格林函数的所有公式 (9.2.1)~(9.2.32) 对 G' 也都适用, 只要取其中玻色子的符号即可. 例如格林函数对时间作傅里叶变换后的表达式为 (9.2.16).

$$G'(\boldsymbol{x}, \omega) = \hbar \sum_m \left[\frac{A_m \mathrm{e}^{\mathrm{i}\boldsymbol{P}_m(N+1)\cdot\boldsymbol{x}/\hbar}}{\hbar\omega - \hbar\omega_m(N+1) - \mu + \mathrm{i}0^+} - \frac{B_m \mathrm{e}^{-\mathrm{i}\boldsymbol{P}_m(N-1)\cdot\boldsymbol{x}/\hbar}}{\hbar\omega + \hbar\omega_m(N-1) - \mu - \mathrm{i}0^+} \right] \tag{17.2.3}$$

其中

$$A_m = |\langle \psi_{\mathrm{H}}^0 | \psi'(0) | m \rangle|^2, \quad B_m = |\langle \psi_{\mathrm{H}}^0 | {\psi'}^{\dagger}(0) | m \rangle|^2 \tag{17.2.4}$$

其他各量见 (9.2.12), (9.2.13) 式. 用与 (9.2.17), (9.2.18) 式相同的办法可证,

$$G'(\boldsymbol{k}, \omega \to \infty) \to \frac{1}{\omega} \tag{17.2.5}$$

将 (17.2.3) 式再对空间坐标作傅里叶变换得到莱曼表示

$$G'(\boldsymbol{k},\omega)=(2\pi)^3\hbar\sum_m\left[\frac{A_m\delta\left[\boldsymbol{k}-\boldsymbol{P}_m(N+1)/\hbar\right]}{\hbar\omega-\hbar\omega_m(N+1)+\mathrm{i}0^+}-\frac{B_m\delta\left[\boldsymbol{k}+\boldsymbol{P}_m(N-1)/\hbar\right]}{\hbar\omega+\hbar\omega_m(N-1)-\mu-\mathrm{i}0^+}\right] \tag{17.2.6}$$

特别是格林函数的虚部由 (9.2.27) 可知, 总是负的.

$$\mathrm{Im}G'(\boldsymbol{k},\omega)<0 \tag{17.2.7}$$

计算物理量的公式, 也可仿照 9.2.2 节的方法来推导. 实际上可仿照相应的公式直接写出来. 这儿要注意, 由于是计算整个系统的量, 应该把 (17.2.1) 式的总的格林函数代入, 其中 n_0 是均匀的, 不随时间变化的. 只考虑自旋为零的粒子. 由 (9.2.72), (9.2.78) 得到粒子数密度.

$$\begin{aligned}\langle n(\boldsymbol{x})\rangle&=\mathrm{i}G(\boldsymbol{x}t,\boldsymbol{x}t^+)=n_0+\mathrm{i}G'(\boldsymbol{x}t,\boldsymbol{x}t^+)\\&=n_0+\frac{\mathrm{i}}{(2\pi)^3}\int\mathrm{d}\boldsymbol{k}\int\frac{\mathrm{d}\omega}{2\pi}\mathrm{e}^{\mathrm{i}\omega0^+}G'(\boldsymbol{k},\omega)\end{aligned} \tag{17.2.8}$$

由 (9.2.71), (9.2.77) 得总动能

$$\begin{aligned}\langle T\rangle&=\mathrm{i}\int\mathrm{d}\boldsymbol{x}\lim_{\boldsymbol{x}'\to\boldsymbol{x}}\left[-\frac{\hbar^2}{2m}\nabla_{\boldsymbol{x}}^2G(\boldsymbol{x}t,\boldsymbol{x}'t^+)\right]\\&=\mathrm{i}\int\mathrm{d}\boldsymbol{x}\lim_{\boldsymbol{x}'\to\boldsymbol{x}}\left[-\frac{\hbar^2}{2m}\nabla_{\boldsymbol{x}}^2G'(\boldsymbol{x}t,\boldsymbol{x}'t^+)\right]\\&=\mathrm{i}V\int\frac{\mathrm{d}\boldsymbol{k}}{(2\pi)^3}\frac{\mathrm{d}\omega}{2\pi}\frac{\hbar^2k^2}{2m}\mathrm{e}^{\mathrm{i}\omega0^+}G'(\boldsymbol{k},\omega)\end{aligned} \tag{17.2.9}$$

由 (9.2.74), (9.2.79) 得二体相互作用势能

$$\begin{aligned}\langle H^{\mathrm{i}}\rangle&=\frac{\mathrm{i}}{2}\int\mathrm{d}\boldsymbol{x}\lim_{\boldsymbol{x}'\to\boldsymbol{x}}\left(\mathrm{i}\hbar\frac{\partial}{\partial t}+\frac{\hbar^2}{2m}\nabla_{\boldsymbol{x}}^2+\mu\right)G(\boldsymbol{x}t,\boldsymbol{x}'t^+)\\&=\frac{V}{2}n_0\mu+\frac{\mathrm{i}}{2}\int\mathrm{d}\boldsymbol{x}\lim_{\boldsymbol{x}'\to\boldsymbol{x}}\left(\mathrm{i}\hbar\frac{\partial}{\partial t}+\frac{\hbar^2}{2m}\nabla_{\boldsymbol{x}}^2+\mu\right)G'(\boldsymbol{x}t,\boldsymbol{x}'t^+)\\&=\frac{V}{2}n_0\mu+\frac{\mathrm{i}}{2}V\int\frac{\mathrm{d}\boldsymbol{k}}{(2\pi)^3}\frac{\mathrm{d}\omega}{2\pi}\left(\hbar\omega-\frac{\hbar^2}{2m}k^2+\mu\right)\mathrm{e}^{\mathrm{i}\omega0^+}G'(\boldsymbol{k},\omega)\end{aligned} \tag{17.2.10}$$

基态能量为

$$E_{\mathrm{g}}=\langle T+H^{\mathrm{i}}\rangle=\frac{V}{2}n_0\mu+\frac{\mathrm{i}}{2}V\int\frac{\mathrm{d}\boldsymbol{k}}{(2\pi)^3}\frac{\mathrm{d}\omega}{2\pi}\left(\hbar\omega+\frac{\hbar^2}{2m}k^2+\mu\right)\mathrm{e}^{\mathrm{i}\omega0^+}G'(\boldsymbol{k},\omega) \tag{17.2.11}$$

其中第一项与 (17.1.16) 式一致. 其余部分为非凝聚部分的贡献. 最后, 如 §9.3 所讨论的, 格林函数的极点给出元激发谱.n_0 无极点. 所以元激发谱由下式决定

$$\frac{1}{G'(\boldsymbol{k},\omega)}=0 \tag{17.2.12}$$

并且只取这一方程的正根.

17.2.2 反常格林函数

格林函数描述了一个粒子产生后经过传播又湮没的过程. 在 17.1.2 节中我们看到, 在目前的系统中还可以存在连续产生两个或连续湮没两个 (非零动量) 粒子的过程. 反常格林函数就是专用于描述这样的过程的. 定义反常格林函数如下:

$$\begin{aligned}F(x_1,x_2)&=-\mathrm{i}\langle\psi_{\mathrm{H}}^0|T_{\boldsymbol{t}}[\psi'_{\mathrm{H}}(x_1)\psi'_{\mathrm{H}}(x_2)]\ |\psi_{\mathrm{H}}^0\rangle\\F^+(x_1,x_2)&=-\mathrm{i}\langle\psi_{\mathrm{H}}^0|T_{\boldsymbol{t}}[\psi'^{\dagger}_{\mathrm{H}}(x_1)\psi'^{\dagger}_{\mathrm{H}}(x_2)]\ |\psi_{\mathrm{H}}^0\rangle\end{aligned} \tag{17.2.13}$$

反常格林函数的一些性质如下. 首先, 在均匀空间中, 它们是坐标差 $x=x_1-x_2$ 的函数,

$$F(x_1,x_2)=F(x_1-x_2)=F(x),\quad F^+(x_1,x_2)=F^+(x) \tag{17.2.14}$$

其次, 由 F 函数的定义, $F(x_1,\,x_2)=F(x_2,\,x_1)(\psi_{\mathrm{H}}{}'$ 是玻色算符), 所以

$$F(x)=F(-x) \tag{17.2.15}$$

它是宗量的偶函数. 经过傅里叶变换自然得到, 在动量表象中, F 也是动量的偶函数.

$$F(p)=F(-p) \tag{17.2.16}$$

在静止流体中, $a_{\boldsymbol{k}}$ 和 $a_{\boldsymbol{k}}^{\dagger}$ 的非零矩阵元都是实数. 在这一意义上, a_k 与 $a_{\boldsymbol{k}}^{\dagger}$ 都可以看成是实的, 即 $a_{\boldsymbol{k}}=a_{\boldsymbol{k}}^{\dagger}$. 这时将 (17.1.9) 式定义的场算符变成海森伯算符, 就有

$$\psi'^{\dagger}_{\mathrm{H}}(\boldsymbol{x},t)=\psi'_{\mathrm{H}}(-\boldsymbol{x},-t) \tag{17.2.17}$$

这时容易验证:

$$F^+(x_1,x_2)=F(-x_1,-x_2) \tag{17.2.18}$$

或者

$$F^+(x)=F(-x) \tag{17.2.19}$$

得到

$$F^+(x)=F(x) \tag{17.2.20}$$

即在静止流体中两个反常格林函数 F 与 F^+ 相等. 对于 F 函数, 可如 G' 函数一样推导它的表示, F 函数与 $G'(p)$ 函数具有相同的极点.

有限温度时, 可定义反常松原函数. 反常格林函数也可定义相应的推迟、超前、小于和大于函数.

17.2.3　无相互作用系统的格林函数

下面一节我们仍然要运用威克定理来发展图形技术, 因此有必要先计算出无相互作用基态的格林函数和反常格林函数.

先看格林函数

$$\begin{aligned}\mathrm{i}G'^{(0)}(x_1,x_2) &= \langle \Phi_0|T_t[\psi'_{\mathrm{I}}(x_1)\psi'^{\dagger}_{\mathrm{I}}(x_2)]\,|\Phi_0\rangle \\ &= \theta(t_1-t_2)\langle \Phi_0|[\psi'_{\mathrm{I}}(\boldsymbol{x}_1t_1)\psi'^{\dagger}_{\mathrm{I}}(\boldsymbol{x}_2t_2)|\Phi_0\rangle \\ &\quad + \theta(t_2-t_1)\langle \Phi_0|[\psi'^{\dagger}_{\mathrm{I}}(\boldsymbol{x}_2t_2)\psi'_{\mathrm{I}}(\boldsymbol{x}_1t_1)]|\Phi_0\rangle \end{aligned} \tag{17.2.21}$$

由 (17.1.10) 式立刻可知上式的第二项为零. 因此只有产生算符在右边先作用, 上式才不为零. 也可以换一个说法, 即只有 $t_1-t_2>0$, 或 $t_1>t_2$ 时, 无相互作用基态的格林函数才不为零.

虽然一个无相互作用玻色系统基态的化学势为零 $\mu=0$. 但一般说来, 无相互作用的激发态和相互作用系统的化学势不为零. 所以我们宁愿先把 μ 写出来, 认为它是个参量. 因此有效哈密顿量为

$$K_0 = H_0 - \mu N \tag{17.2.22}$$

相互作用绘景中的场算符为

$$\psi'_I(\boldsymbol{x}t) = \frac{1}{\sqrt{V}}\sum_{\boldsymbol{k}}{}' a_{\boldsymbol{k}}{}^{\dagger}\mathrm{e}^{\mathrm{i}[\boldsymbol{k}\cdot\boldsymbol{x}-(\varepsilon^0_{\boldsymbol{k}}-\mu)t/\hbar]} \tag{17.2.23}$$

$$\varepsilon^0_{\boldsymbol{k}} = \hbar^2k^2/(2m) \tag{17.2.24}$$

现在将 (17.2.23) 式代入 (17.2.21) 式并利用 $\langle \Phi_0|a^{\dagger}_{\boldsymbol{k}}a_{\boldsymbol{k}}|\Phi_0\rangle=0$, $\langle \Phi_0|a_{\boldsymbol{k}}a^{\dagger}_{\boldsymbol{k}}|\Phi_0\rangle=1$, 并将对 $\boldsymbol{k}$ 的求和写成积分.

$$G'^{(0)}(\boldsymbol{x}t) = -\mathrm{i}\int\frac{\mathrm{d}\boldsymbol{k}}{(2\pi)^3}\mathrm{e}^{\mathrm{i}[\boldsymbol{k}\cdot\boldsymbol{x}-(\varepsilon^0_{\boldsymbol{k}}-\mu)t/\hbar]}\theta(t) \tag{17.2.25}$$

利用 (9.1.22) 式, 可得到四维动量表象中的格林函数,

$$G'^{(0)}(\boldsymbol{k},\omega) = \frac{\hbar}{\hbar\omega-\varepsilon^0_{\boldsymbol{k}}+\mu+\mathrm{i}0^+} \tag{17.2.26}$$

代入 (17.2.8) 式可知, 无相互作用系统的格林函数, 对粒子数无贡献, 因为此时没有非零动量的粒子, $n=n_0$.

(17.2.26) 式只在下半平面有极点. 它与费米系的情况 (9.4.19) 不同的是, 只有粒子部分, 而无空穴部分. 这是玻色系统的特点.

对于反常格林函数, 则有

$$F^{(0)}(x_1,x_2)=0,\ \ F^{(0)+}(x_1,x_2)=0 \tag{17.2.27}$$

前面一个式子是因为 (17.1.10) 式, 后一个式子是前一式的厄米共轭. 或者, 因为 $\psi'^{\dagger}(x_1)\psi'^{\dagger}(x_2)|\varPhi_0\rangle$ 是无相互作用系统中具有非零动量粒子的激发态, 它必然与基态正交.

最后再强调一下无相互作用基态 $|\varPhi_0\rangle$ 与相互作用基态 $|\psi^0_{\mathrm{H}}\rangle$ 的差别. $|\varPhi_0\rangle$ 只有一种可能：所有粒子都处于零动量态. 只要有一个粒子具有非零动量, 系统的能量就与 $|\varPhi_0\rangle$ 不同而成为激发态. 而 $|\psi^0_{\mathrm{H}}\rangle$ 中有部分粒子处于凝聚状态, 其余部分为非零动量粒子 (这是由于相互作用而导致的). 系统总动量仍为零. 凝聚部分与非凝聚部分之间可以有粒子交换, 结果同样是基态. 能量、动量都无变化. 并由动量守恒可以知道, 交换的必然是动量相反的成对粒子.

§17.3 图形技术

现在的格林函数 G' 与反常格林函数是针对非凝聚部分的场算符 ψ' 来定义的. 它们都可以写成相互作用绘景中的场算符的编时乘积在无相互作用基态中的平均值. 然后可按 (10.1.7) 一样写出微扰论的展开式. 例如格林函数 G' 为

$$\begin{aligned}\mathrm{i}G'(x,x')=&\frac{1}{\langle\varPhi_0|S|\varPhi_0\rangle}\sum_n\frac{1}{n!}\left(\frac{1}{\mathrm{i}\hbar}\right)^n\int_{-\infty}^{\infty}\mathrm{d}t_1\int_{-\infty}^{\infty}\mathrm{d}t_2\cdots\int_{-\infty}^{\infty}\mathrm{d}t_n\\&\cdot\langle\varPhi_0|T_t[\psi'_{\mathrm{I}}(\boldsymbol{x}t)\psi'^{\dagger}_{\mathrm{I}}(\boldsymbol{x}'t')H^{\mathrm{i}}_{\mathrm{I}}(t_1)H^{\mathrm{i}}_{\mathrm{I}}(t_2)\cdots H^{\mathrm{i}}_{\mathrm{I}}(t_n)]|\varPhi_0\rangle\end{aligned} \tag{17.3.1}$$

由于 (17.1.10) 式, 微扰展开的每一阶中的编时乘积的平均值可应用威克定理简化为各种可能的成对收缩之积的和, 其中每一对收缩都是无相互作用的格林函数. 如果仍用有方向的单粒子线代表无相互作用系统的格林函数, 用虚线代表相互作用势, 用图形表示每个微扰项的贡献, 那么如 §10.2 中的情况一样, 不相连图形不用考虑, 它们和分母因子 $\langle\varPhi_0|S|\varPhi_0\rangle$ 准确地抵消. 我们不加证明地叙述了上面这些结论, 因为证明过程不重要, 读者只要记住这些结论就行了. 下面要制定图形规则.

在应用威克定理的时候, 成对算符的收缩是无相互作用基态的格林函数或反常格林函数. 但后者因为 (17.2.27) 式而为零, 因此只剩下格林函数. 也就是说图形中只有表示因 $\mathrm{i}G'^{(0)}$ 的单粒子线, 而没有 $\mathrm{i}F^{(0)}$ 这样的线.

我们只考虑两体相互作用, 这时微扰哈密顿量为

$$H^{\mathrm{i}}=\frac{1}{2}\int\mathrm{d}\boldsymbol{x}_1\mathrm{d}\boldsymbol{x}_2\psi^{\dagger}(\boldsymbol{x}_1)\psi^{\dagger}(\boldsymbol{x}_2)V(\boldsymbol{x}_1-\boldsymbol{x}_2)\psi(\boldsymbol{x}_2)\psi(\boldsymbol{x}_1) \tag{17.3.2}$$

注意 (17.3.2) 中的 ψ 是完全的场算符, 所以要用 (17.1.9) 式代入. 代入的结果 (17.3.2) 式展开成 2^4=16 项, 其中有四项为零, 因为有

$$\int \mathrm{d}\boldsymbol{x}\psi'(\boldsymbol{x}) = \frac{1}{\sqrt{V}}\sum_{\boldsymbol{k}}{}' a_{\boldsymbol{k}}{}^{\dagger}\int \mathrm{d}\boldsymbol{x}\mathrm{e}^{\mathrm{i}\boldsymbol{k}\cdot\boldsymbol{x}} = \frac{(2\pi)^3}{V}\sum_{\boldsymbol{k}}{}' a_{\boldsymbol{k}}^{\dagger}\delta(\boldsymbol{k}) = 0 \tag{17.3.3}$$

不为零的 12 项合并为八项, 它们是

$$E_0 = \frac{1}{2}n_0^2\iint \mathrm{d}\boldsymbol{x}_1\mathrm{d}\boldsymbol{x}_2 V(\boldsymbol{x}_1-\boldsymbol{x}_2) = \frac{V}{2}n_0^2 V(0) \tag{17.3.4}$$

$$\frac{1}{2}V_1 = \frac{1}{2}n_0\iint \mathrm{d}\boldsymbol{x}_1\mathrm{d}\boldsymbol{x}_2 V(\boldsymbol{x}_1-\boldsymbol{x}_2)\psi'(\boldsymbol{x}_1)\psi'(\boldsymbol{x}_2) \tag{17.3.5a}$$

$$\frac{1}{2}V_2 = \frac{1}{2}n_0\iint \mathrm{d}\boldsymbol{x}_1\mathrm{d}\boldsymbol{x}_2 V(\boldsymbol{x}_1-\boldsymbol{x}_2)\psi'^{\dagger}(\boldsymbol{x}_1)\psi'^{\dagger}(\boldsymbol{x}_2) \tag{17.3.5b}$$

$$V_3 = n_0\iint \mathrm{d}\boldsymbol{x}_1\mathrm{d}\boldsymbol{x}_2 V(\boldsymbol{x}_1-\boldsymbol{x}_2)\psi'^{\dagger}(\boldsymbol{x}_1)\psi'(\boldsymbol{x}_2) \tag{17.3.5c}$$

$$V_4 = n_0\iint \mathrm{d}\boldsymbol{x}_1\mathrm{d}\boldsymbol{x}_2 V(\boldsymbol{x}_1-\boldsymbol{x}_2)\psi'^{\dagger}(\boldsymbol{x}_1)\psi'(\boldsymbol{x}_1) \tag{17.3.5d}$$

$$V_5 = \sqrt{n_0}\iint \mathrm{d}\boldsymbol{x}_1\mathrm{d}\boldsymbol{x}_2 V(\boldsymbol{x}_1-\boldsymbol{x}_2)\psi'^{\dagger}(\boldsymbol{x}_1)\psi'^{\dagger}(\boldsymbol{x}_2)\psi'(\boldsymbol{x}_1) \tag{17.3.5e}$$

$$V_6 = \sqrt{n_0}\iint \mathrm{d}\boldsymbol{x}_1\mathrm{d}\boldsymbol{x}_2 V(\boldsymbol{x}_1-\boldsymbol{x}_2)\psi'^{\dagger}(\boldsymbol{x}_1)\psi'(\boldsymbol{x}_2)\psi'(\boldsymbol{x}_1) \tag{17.3.5f}$$

$$\frac{1}{2}V_7 = \frac{1}{2}\iint \mathrm{d}\boldsymbol{x}_1\mathrm{d}\boldsymbol{x}_2 V(\boldsymbol{x}_1-\boldsymbol{x}_2)\psi'^{\dagger}(\boldsymbol{x}_1)\psi'^{\dagger}(\boldsymbol{x}_2)\psi'(\boldsymbol{x}_2)\psi'(\boldsymbol{x}_1) \tag{17.3.5g}$$

以上各式中我们利用了 $V(\boldsymbol{x}_1-\boldsymbol{x}_2)=V(\boldsymbol{x}_2-\boldsymbol{x}_1)$. E_0 是个常数, 至多只引起一个能量零点的移动, 故没有贡献. 式中的因子 $\sqrt{n_0}$ 应在图形中反映出来. 我们用一端带小圈的直线来代表因子 $\sqrt{n_0}$, 它的另一端接在代表相互作用的虚线的一端, 表示凝聚部分的粒子与其他粒子有相互作用.

格林函数与反常格林函数的零阶微扰项是显然的, 前者为 $G'(0)$ 就是 (17.2.25), 后者 $F^{(0)}=F^{\dagger(0)}$=0, 见 (17.2.27). 下面来计算一阶微扰项.

$$\mathrm{i}G^{(1)}(x,x') = \frac{1}{\mathrm{i}\hbar}\int_{-\infty}^{\infty}\mathrm{d}t_1\langle\varPhi_0|T_t[\psi'_{\mathrm{I}}(x)\psi'^{\dagger}_{\mathrm{I}}(x')H_{\mathrm{I}}^{\mathrm{i}}(t_1)]|\varPhi_0\rangle_{\mathrm{C}} \tag{17.3.6}$$

现在把 (17.3.5) 式的七项代入. 可以发现, 由于威克定理, 收缩的结果是只有 V_3 和 V_4 两项是不为零的.

$$\begin{aligned}\mathrm{i}G^{(1)}(x,x') &= \frac{1}{\mathrm{i}\hbar}\int_{-\infty}^{\infty}\mathrm{d}t_1\langle\varPhi_0|T_t[(V_{3\mathrm{I}}+V_{4\mathrm{I}})\psi'_{\mathrm{I}}(x)\psi'^{\dagger}_{\mathrm{I}}(x')]|\varPhi_0\rangle_{\mathrm{C}}\\ &= \frac{1}{\mathrm{i}\hbar}n_0\int_{-\infty}^{\infty}\mathrm{d}t_1\int_{-\infty}^{\infty}\mathrm{d}\boldsymbol{x}_1\mathrm{d}\boldsymbol{x}_2[\mathrm{i}G'^{0}(x-x_2)\mathrm{i}G'(x_1-x')\end{aligned}$$

$$
\begin{aligned}
&+\mathrm{i}G'^0(x-x_1)\mathrm{i}G'^0(x_1-x')]V(\boldsymbol{x}_1-\boldsymbol{x}_2)\\
&=n_0\int \mathrm{d}^4x_1\mathrm{d}^4x_2\frac{V(x_1-x_2)}{\mathrm{i}\hbar}[\mathrm{i}G'^0(x-x_2)\mathrm{i}G'^0(x_1-x')\\
&+\mathrm{i}G'^0(x-x_1)\mathrm{i}G'^0(x_1-x')]
\end{aligned}\tag{17.3.7}
$$

注意，由于 (17.3.2) 式中算符的顺序，其中产生算符在时间上要比湮没算符晚. 因此有些收缩为零. 其中仍如以前一样，定义了

$$
V(x_1-x_2)=V(\boldsymbol{x}_1-\boldsymbol{x}_2)\delta(t_1-t_2)\tag{17.3.8}
$$

同理，计算反常格林函数，只有 $V_2/2$ 的项对 $F^{(1)}$ 的贡献不为零，$V_1/2$ 的项对 $F^{\dagger(1)}$ 的贡献不为零.

$$
\begin{aligned}
F^{(1)}(x,x')&=\frac{1}{\mathrm{i}\hbar}\int_{-\infty}^{\infty}\mathrm{d}t_1\langle\Phi_0|T_t[\psi'_{\mathrm{I}}(x)\psi'_{\mathrm{I}}(x')H_{\mathrm{I}}^{\mathrm{i}}(t_1)]|\Phi_0\rangle_{\mathrm{C}}\\
&=\frac{1}{\mathrm{i}\hbar}\int_{-\infty}^{\infty}\mathrm{d}t_1\langle\Phi_0|T_t\left[\frac{1}{2}\psi'_{\mathrm{I}}(x)\psi'_{\mathrm{I}}(x')V_{2\mathrm{I}}\right]|\Phi_0\rangle_{\mathrm{C}}\\
&=n_0\int \mathrm{d}^4x_1\mathrm{d}^4x_2\mathrm{i}G'^{(0)}(x-x_1)\mathrm{i}G'^{(0)}(x'-x_2)\frac{1}{\mathrm{i}\hbar}V(x_1-x_2)
\end{aligned}\tag{17.3.9}
$$

$$
\begin{aligned}
F^{+(1)}(x,x')&=\frac{1}{\mathrm{i}\hbar}\int_{-\infty}^{\infty}\mathrm{d}t_1\langle\Phi_0|T_t[\psi'^{\dagger}_{\mathrm{I}}(x)\psi'^{\dagger}_{\mathrm{I}}(x')H_{\mathrm{I}}^{\mathrm{i}}(t_1)]|\Phi_0\rangle_{\mathrm{C}}\\
&=\frac{1}{\mathrm{i}\hbar}\int_{-\infty}^{\infty}\mathrm{d}t_1\langle\Phi_0|T_t\left[\frac{1}{2}\psi'^{\dagger}_{\mathrm{I}}(x)\psi'^{\dagger}_{\mathrm{I}}(x')V_{1\mathrm{I}}\right]|\Phi_0\rangle_{\mathrm{C}}\\
&=n_0\int \mathrm{d}^4x_1\mathrm{d}^4x_2\mathrm{i}G'^{(0)}(x_1-x)\mathrm{i}G'^{(0)}(x'-x_2)\frac{1}{\mathrm{i}\hbar}V(x_1-x_2)
\end{aligned}\tag{17.3.10}
$$

其中每一式都有两种收缩，不过在后项中交换指标 1 和 2，可知，两项实际上是一样的. 上面各式中对 $|\Phi_0\rangle$ 求平均的下标 c 表示只考虑相连图形，$V_{1\mathrm{I}}$、$V_{2\mathrm{I}}$ 等下标为 I 表示这些项转变为相互作用绘景中的量. 在一阶微扰项中都不出现 (17.3.5) 式 V_5、V_6、V_7 三项，仔细的考察可以发现 (参看下面讲的图形规则)，V_5、V_6 两项只在二阶及以上的微扰项中才出现，V_7 则只在三阶及以上微扰项中才出现.

现在我们如果用有方向的直线代表因子 $\mathrm{i}G'^{(0)}(x_1,\ x_2)$，方向从 x_2 指向 x_1，用虚线代表因子 $V(x_1-x_2)/(\mathrm{i}\hbar)$(注意同一根虚线两端时间相等)，用一端带小圈的直线 (称为凝聚粒子线) 代表因子 $\sqrt{n_0}$，它的另一端接于虚线的一端，并对所有顶点的四维坐标积分，那么我们就得到一阶微扰项的图形表示，见图 17.1. (17.3.7) 式的两项对应于 (a) 和 (b)，(17.3.9)，(17.3.10) 分别对应于图 (c) 与 (d). 此处要强调的是，图 17.1 是对应的一阶微扰项 (17.3.7)，(17.3.9)，(117.3.10) 而非对应于 (17.3.5) 式中的 V.

如果作傅里叶变换到四维动量空间中，则每条粒子线代表因子 $\mathrm{i}G'^{(0)}(\boldsymbol{k},\omega)$；每条虚线代表因子 $V(\boldsymbol{q},\omega)/(\mathrm{i}\hbar)=V(\boldsymbol{q})/(\mathrm{i}\hbar)$；每条凝聚粒子线代表因子 $\sqrt{n_0}$，它的四

维动量为零; 每个顶点上应有四维动量守恒; 对所有内线的独立动量作四维积分. 这样得到的图形与坐标空间中的一样, 只是标名不同. 由于用动量、能量标记, 物理意义更为明确. 再就是相应的表达式较为简洁.

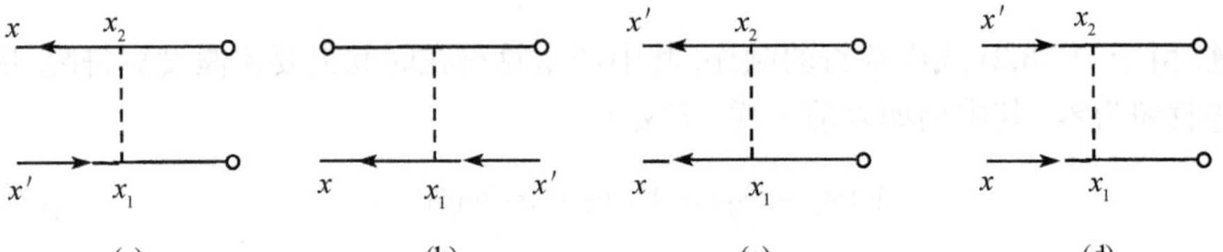

图 17.1　一阶微扰的图形

顶点共有四种, 见图 17.2. 每个顶点上四维动量守恒. 至少有一条零线 (凝聚粒子线的简称) 的顶点被称为是不完善的. 图 17.2(d) 则称为零顶点.

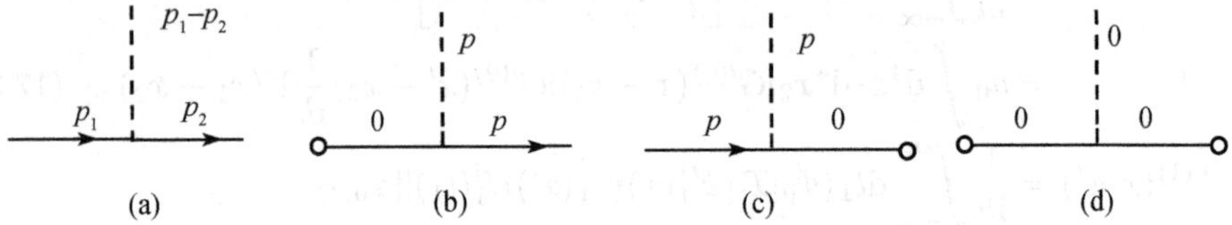

图 17.2　顶点的四种基本形状

在写出各阶微扰的图形规则之前, 我们先尽量考察哪些图形为零, 可以不予考虑.

首先, 图 17.3(a), (b) 部分的贡献为零, 因为由下部零顶点推出上部的不完善顶点动量不守恒, 这正是 (17.3.3) 式表达的内容. 其次图 17.3(c) 无贡献, 它是由 (17.3.4) 式所表现的内容, 对粒子的传播激发没有任何贡献, 最多只引起能量零点的移动. 结论是：凡是有一根虚线将零顶点与不完善顶点直接结合的图形都可以不予考虑.

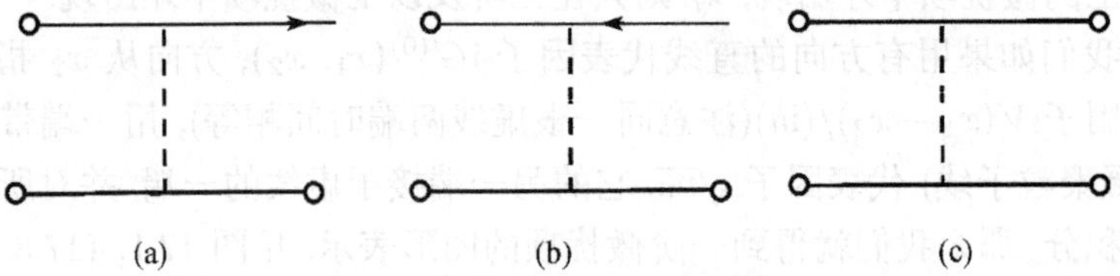

图 17.3　贡献为零的三种顶点

如果有一条粒子线的两端接在同一根相互作用虚线上, 这两端时间应该相等. 按以前的规定, 如果格林函数的两个时间 t 与 t' 相等的话, 总是认定 t 比 t' 小一无限小量, 即产生算符的时间比湮没算符的时间晚, 由对 (17.2.21) 式的讨论可知,

$G'^{(0)}(t,t') = G'^{(0)}(t,t^+)$, 这时图 17.4(a), (b) 无贡献. 再有, 如果图形中有一个闭合回路, 它由若干粒子线与虚线组成, 且其中所有粒子线的方向相同, 例如图 17.4(c), 我们把两两端点的时间差求和：$(t_2-t_1)+(t_3-t_2)+(t_4-t_3)+(t_1-t_4)=0$, 可见其中至少有一个时间差 (例如 t_1-t_4) 为负, 相应的格林函数的因子为零, 见 (17.2.21) 以下的讨论. 因此, 凡是有这种回路的图形无贡献. 图 17.4(a), (b) 只是这种情况的两个特例.

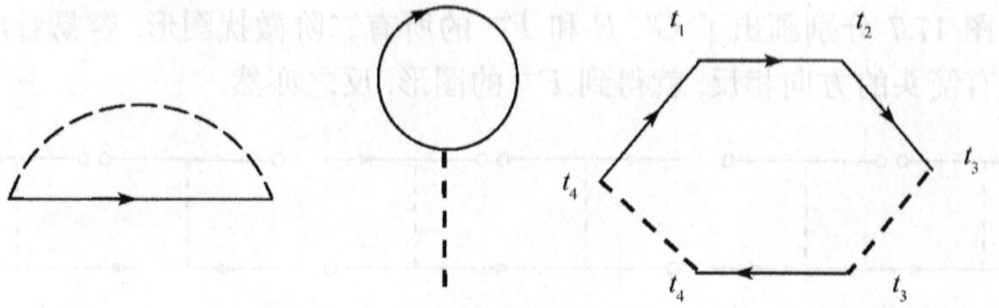

图 17.4 贡献为零的闭合图形

在 (17.3.1) 的展开式中, 由于每个 H 中含有 (17.3.5) 的七项, 其中有些项的计算为零, 所以每一阶微扰项中有多少图形很难计算清楚. 但有一点是肯定的, n 阶微扰项中有 n 个 $V(\boldsymbol{x}_1, \boldsymbol{x}_2)$ 的因子, 所以 n 阶图形中肯定有 n 条虚线.n 条虚线相互交换可产生出 $n!$ 个拓扑等价图形. 只要考虑其中一个而将 n 阶微扰项中前面的因子 $1/n!$ 消去.

在 (17.3.5) 式中 V_1, V_2, V_7 前面都有个 1/2 的因子. 凡是带有这样因子的项, 收缩结果必然有两项. 它们的差别只不过是 x_1 和 x_2 交换而已, 但对 x_1 和 x_2 都要作积分的, 所以结果相同, 只要考虑其中一项而把 1/2 的因子去掉即可. (17.3.9), (17.3.10) 式的计算就是这方面的例子.

最后观察图 17.1 可知, G' 的微扰图形的两条外线都是一进一出;F 的两条外线的方向都是出来; F^+ 的两条外线的方向都是进入.

现在写出坐标空间中 n 阶微扰的图形规则如下：

(1) 画出一切包含 n 条虚线的具有两条外线的相连拓扑不等价图形. $G'^{(n)}$ 的两条外线方向是一进一出; $F^{(n)}$ 的两条外线的方向出来, $F^{+(n)}$ 的两条外线的方向是进入. 每一个这种图有 $2n$ 个顶点 (每一条虚线连结两个顶点).

(2) 包含有下述部分的图形可不予考虑：一根虚线将零顶点与不完善顶点直接相连; 一条粒子线的两端接在同一根相互作用虚线上; 由若干粒子线和虚线构成的闭合回路, 其中所有粒子线都在同一方向.

(3) 在每个顶点与两个外点处标上四维坐标 $x_i=(\boldsymbol{x}_i t_i)$. 每一根虚线代表因子 $V(x_i-x_j)/(\mathrm{i}\hbar) = V(\boldsymbol{x}_i-\boldsymbol{x}_j)\delta(t_i-t_j)/(\mathrm{i}\hbar)$; 每一条有方向的粒子线代表因子 $\mathrm{i}G'^{(0)}(x_i,$

x_j), 方向从 x_j 指向 x_i; 每一条零线代表因子 $\sqrt{n_0}$. 对每个顶点上的四维时空坐标积分.

在动量空间中的图形规则, (1) 和 (2) 条如上相同. 第 3 条改为:

(3) 在每条线上标记四维动量. 每根虚线代表因子 $V(q)/(\mathrm{i}\hbar)$; 每根粒子线代表因子 $\mathrm{i}\,G'^{(0)}(\boldsymbol{k})$; 每根零线代表因子 $\sqrt{n_0}$, 它的四维动量为零. 在每个顶点处动量守恒. 对所有独立的动量变量作积分 $\int \mathrm{d}^4k = \int \mathrm{d}\boldsymbol{k}\mathrm{d}\omega$, 每个四维积分乘以因子 $1/(2\pi)^4$. 图 17.5~ 图 17.7 分别画出了 G', F 和 F^+ 的所有二阶微扰图形. 容易看出将 F 的图形中所有箭头的方向相反, 就得到 F^+ 的图形, 反之亦然.

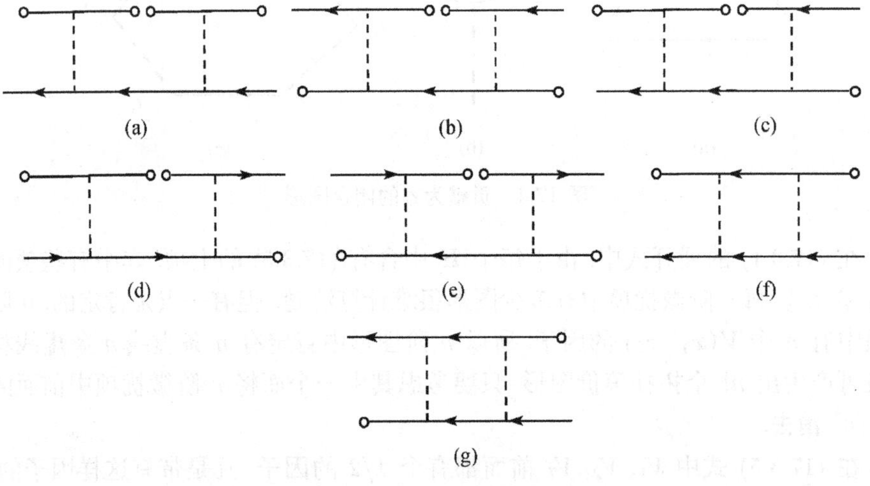

图 17.5　G' 的所有二阶微扰图形

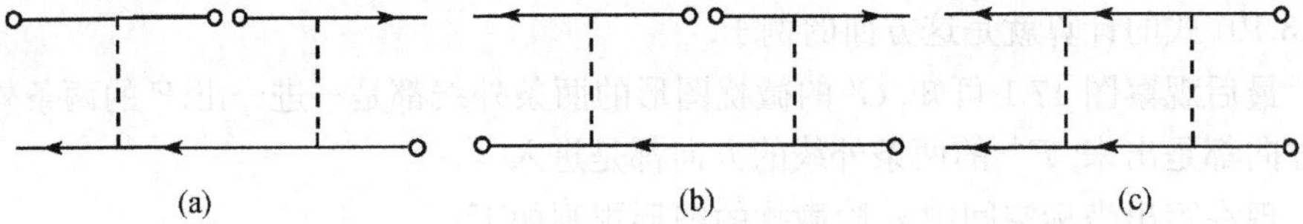

图 17.6　F 的所有二阶微扰图形

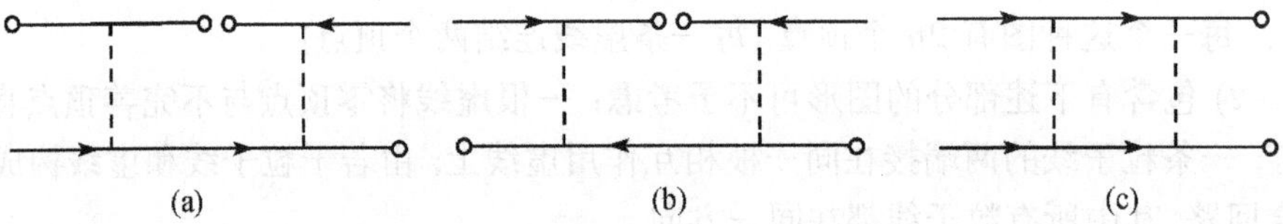

图 17.7　F^+ 的所有二阶微扰图形

现在我们写出图 17.1(a), (b) 在动量空间中的表达式：

$$\mathrm{i}G'^{(1)}(\boldsymbol{k},\omega)=\frac{n_0}{\mathrm{i}\hbar}\mathrm{i}G'^{(0)}(\boldsymbol{k},\omega)[V(\boldsymbol{k})+V(0)]\mathrm{i}G'^{(0)}(\boldsymbol{k},\omega) \tag{17.3.11}$$

此式因无独立的内动量而无须积分. 此式也可由 (17.3.6) 式作傅里叶变换得到, 说明动量空间中的表达式确实比坐标空间中的表达式简单.

§17.4 正规自能与戴森方程

在各阶微扰图形中, 两条外线的动量不属于积分变量, 它们与其他部分是相乘的关系. 我们把去掉两条外线后的部分称为自能部分. 如果用双线代表总的格林函数, 那么总的格林函数与自能部分的关系见图 17.8.

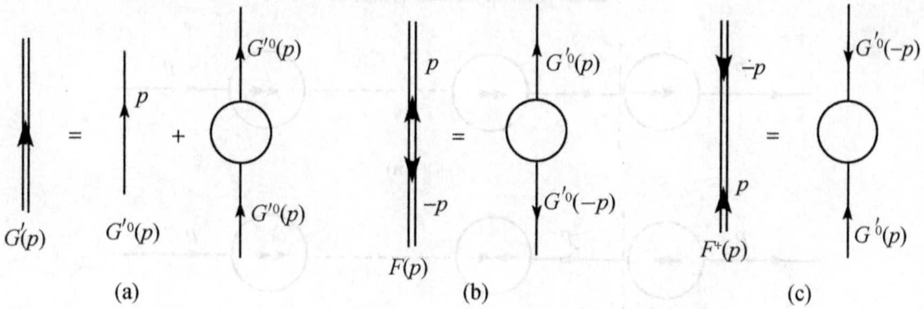

图 17.8 三种格林函数在只用自能时的戴森方程的图形表示

进一步, 凡是切断一根粒子线而将图形分成不相连的两部分的, 称为非正规自能, 否则称为正规自能. 我们将各阶正规自能之总和就称为正规自能. 图 17.9 表示了三种正规自能. 这儿要注意的是, 自能或正规自能都应该是不带外线的. 但是在下面画出具体的各阶图形时, 如果不带外线, 有些顶点显得残缺, 所以我们在作用图表示时总是给它们带上外线以示区别. 正规自能 $\varSigma^*/(\mathrm{i}\hbar)$ 的下标有两个数字, 第一个表示两根外线中“朝外”的数目, 第二个表示两根外线中“朝内”的数目. 图 17.10, 图 17.11 分别表示了 $\varSigma^*_{11}/(\mathrm{i}\hbar)$ 和 $\varSigma^*_{20}/(\mathrm{i}\hbar)$ 的一阶和二阶贡献.

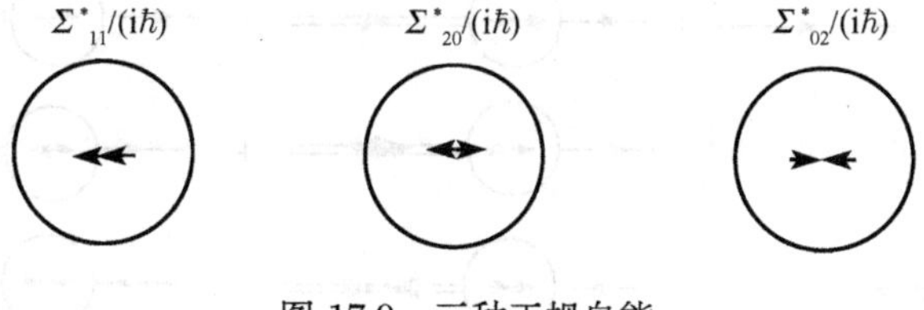

图 17.9 三种正规自能

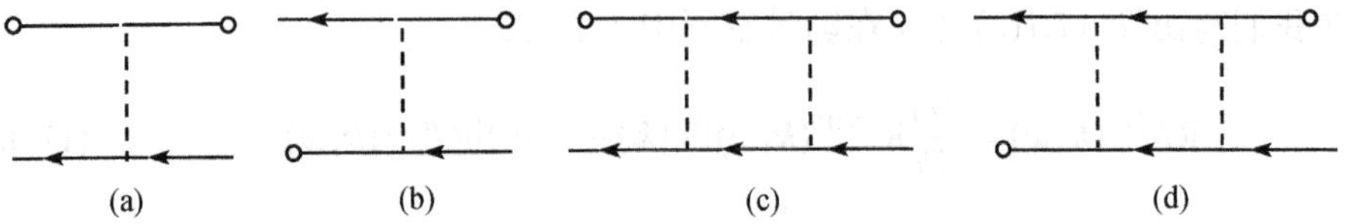

图 17.10　$\Sigma_{11}^*/(\mathrm{i}\hbar)$ 的一阶和二阶贡献

注意：两条外线是应该去掉的

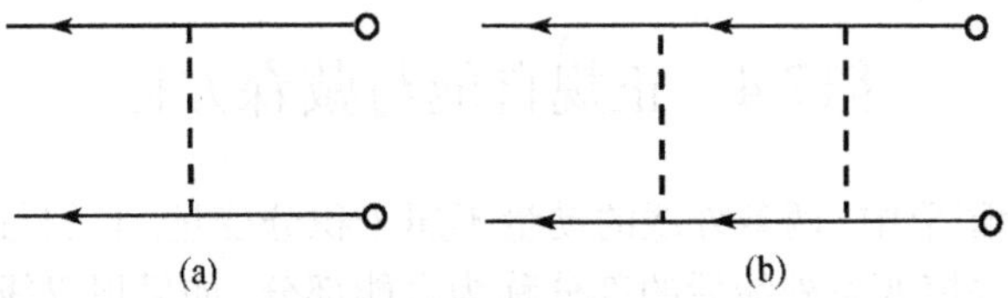

图 17.11　$\Sigma_{20}^*/(\mathrm{i}\hbar)$ 的一阶和二阶贡献

注意：两条外线是应该去掉的

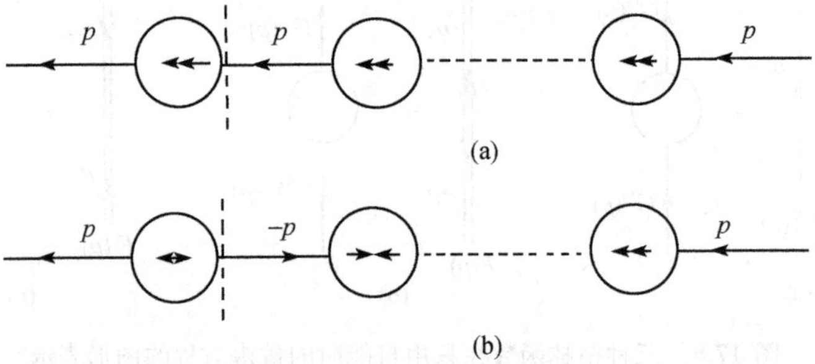

图 17.12　格林函数去掉端部的一根单粒子线和一个正规自能之后，剩下的可以是格林函数，也可以是反常格林函数

现在 G', F 和 F^+ 的各自的微扰展开中，都含有这三种正规自能，因此必须建立一组自洽方程. 按照前面自能与正规自能的定义，自能是由一系列正规自能用单粒子线串联起来的结果. 对于 G' 来说，包括图 17.12(a), (b) 两个图的贡献. 虽然两条外线都是同方向的，但是如果把第一级正规自能割下，则剩下的部分分别为 G' 与 F^+. 这样就得到图 17.13(a) 的图形表示. 同理，对 F 和 F^+ 的分析得到图形 17.13(b), (c).

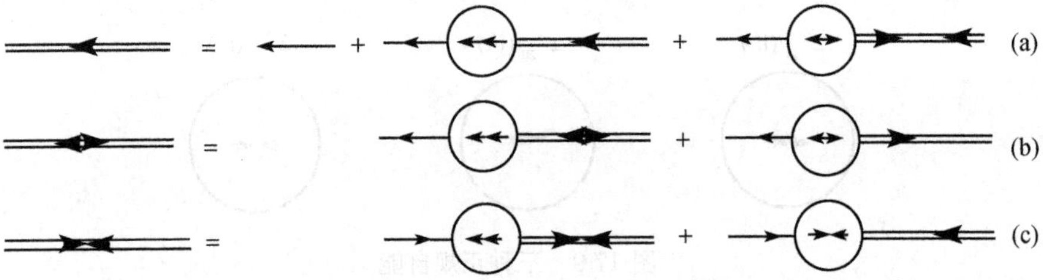

图 17.13　三种格林函数在使用正规自能时的戴森方程的图形表示

写出图 17.13 的三个图所对应的解析表达式如下：

$$\mathrm{i}G'(p) = \mathrm{i}G'^{(0)}(p) + \mathrm{i}G'^{(0)}(p)\frac{1}{\mathrm{i}\hbar}\Sigma_{11}^*(p)\mathrm{i}G'(p) + \mathrm{i}G'^{(0)}(p)\frac{1}{\mathrm{i}\hbar}\Sigma_{20}^*(p)\mathrm{i}F^+(p) \quad (17.4.1\mathrm{a})$$

$$\mathrm{i}F(p) = \mathrm{i}G'^{(0)}(p)\frac{1}{\mathrm{i}\hbar}\Sigma_{11}^*(p)\mathrm{i}F(p) + \mathrm{i}G'^{(0)}(p)\frac{1}{\mathrm{i}\hbar}\Sigma_{20}^*(p)\mathrm{i}G'(-p) \quad (17.4.1\mathrm{b})$$

$$\mathrm{i}F^+(p) = \mathrm{i}G'^{(0)}(-p)\frac{1}{\mathrm{i}\hbar}\Sigma_{11}^*(-p)\mathrm{i}F^+(p) + \mathrm{i}G'^{(0)}(-p)\frac{1}{\mathrm{i}\hbar}\Sigma_{02}^*(p)\mathrm{i}G'^{(0)}(p) \quad (17.4.1\mathrm{c})$$

现在的戴森方程就是这样一组联立方程. 下面要解出 G'、F 和 F^+ 的显式. 联立 (17.4.1a), (17.4.1c) 两式：

$$[1 - G'^{(0)}(p)\frac{1}{\hbar}\Sigma_{11}^*(p)]G'(p) - G'^{(0)}(p)\frac{1}{\hbar}\Sigma_{20}^*(p)F^+(p) = G'^{(0)}(p) \quad (17.4.2\mathrm{a})$$

$$-G'^{(0)}(-p)\frac{1}{\hbar}\Sigma_{02}^*(p)G'(p) + [1 - G'^{(0)}(-p)\frac{1}{\hbar}\Sigma_{11}^*(-p)]F^+(p) = 0 \quad (17.4.2\mathrm{b})$$

系数行列式

$$\begin{aligned}\Delta =& \left[1 - G'^{(0)}(p)\frac{1}{\hbar}\Sigma_{11}^*(p)\right]\left[1 - G'^{(0)}(-p)\frac{1}{\hbar}\Sigma_{11}^*(-p)\right] \\ &- \frac{1}{\hbar^2}G'^{(0)}(p)G'^{(0)}(-p)\Sigma_{02}^*(p)\Sigma_{20}^*(p) \\ =& -G'^{(0)}(p)G'^{(0)}(-p)D(p)/\hbar^2 \end{aligned} \quad (17.4.3)$$

其中定义了 $D(p)$：

$$D(p) = \Sigma_{20}^*(p)\Sigma_{02}^*(p) - [\Sigma_{11}^*(p) - \hbar G'^{(0)-1}(p)][\Sigma_{11}^*(-p) - \hbar G'^{(0)-1}(-p)] \quad (17.4.4)$$

立即可得到

$$G'(p) = -\frac{\hbar}{D(p)}[\hbar G'^{(0)-1}(-p) - \Sigma_{11}^*(-p)] \quad (17.4.5)$$

$$F^+(p) = -\frac{\hbar}{D(p)}\Sigma_{20}^*(p) \quad (17.4.6)$$

把 (17.4.5) 式代入 (17.4.1b), 可解得

$$F(p) = -\frac{\hbar}{D(p)}\Sigma_{02}^*(p) \quad (17.4.7)$$

将 $G'^{(0)}(p)$ 的表达式 (17.2.26) 代入 (17.4.4), 并注意 $G'^{(0)}(-p) = G'^{(0)}(-\boldsymbol{p}, -\omega)$, 又 $\varepsilon_{-p}^0 = \varepsilon_p^0 = h^2\boldsymbol{p}^2/(2m)$,

$$\begin{aligned}D(p) =& \Sigma_{02}^*(p)\Sigma_{20}^*(p) \\ &- [\Sigma_{11}^*(p) - \hbar\omega + \varepsilon_{\boldsymbol{p}}^0 - \mu - \mathrm{i}0^+][\Sigma_{11}^*(-p) + \hbar\omega + \varepsilon_{\boldsymbol{p}}^0 - \mu - \mathrm{i}0^+]\end{aligned} \quad (17.4.8)$$

考察 $\Sigma_{20}^*/(\mathrm{i}\hbar)$ 与 $\Sigma_{02}^*/(\mathrm{i}\hbar)$ 的各阶图形可得到

$$\Sigma_{20}^*(p) = \Sigma_{02}^*(p) \tag{17.4.9}$$

这就是上一节提到的, 将 F 的图形中所有箭头反向就得到 F^+. 考察各阶正规自能, 将两条动量为 p 的外线去掉之后, 动量为 p 的内线改变为 p 的方向, 图形的贡献相同. 因此有

$$\Sigma_{02}^*(p) = \Sigma_{20}^*(p) = \Sigma_{02}^*(-p) = \Sigma_{20}^*(-p) \tag{17.4.10}$$

再由 (17.4.8) 得到

$$D(-p) = D(p) \tag{17.4.11}$$

再由 (17.4.6), (17.4.7) 得

$$F(p) = F^+(p) = F(-p) = F^+(-p) \tag{17.4.12}$$

(17.4.12) 式已在前面得到, 见 (17.2.16) 式. 这是因为本章只讨论静止流体. 就是 $G'^{(0)}(p)$ 的表达式也是静止流体的.

这里应说明的是, 虽然上一节说的是两体相互作用势. 但本节的图 17.8, 9, 12, 13 都是用最一般的符号来讨论问题. 由此得到的上述关系实际上不依赖于自能函数的内部结构, 从而与粒子间两体相互作用的假设也没有关系. 上述关系适用于任何静止的玻色流体.

流体中的元激发能量是动量 $\boldsymbol{p}$ 的函数. 它由 G' 和 F 的极点所决定, $G'^{-1}(\boldsymbol{p},\omega) = 0$. 也即 $D(p)$=0. F 与 G' 的极点是相同的. 对于小动量, 这些激发应是声子：当动量趋于零时, 激发的能量也应趋于零, $\boldsymbol{p}\to 0$ 时 $\omega\to 0$. 因此激发的能量应与动量成正比的. 在 $\boldsymbol{p}\to 0$ 极限时的极点应由 $D(0)$=0 决定. 由 (15.4.8) 式得

$$\Sigma_{02}^{*2}(0) - [\Sigma_{11}^*(0) - \mu]^2 = 0 \tag{17.4.13}$$

化学势的解取为 (严格的证明较长)

$$\mu = \Sigma_{11}^*(0) - \Sigma_{20}^*(0) \tag{17.4.14}$$

这就是有相互作用时化学势的表达式, 它是利用正规自能作计算的. 这是准确的表达式. 当然在具体计算中, 可能对于正规自能只取到某级近似. 对于无相互作用的系统, 自能为零, 自然得到化学势为零.

(17.4.14) 式与 (17.2.8) 式联立, 使我们能量够用流体的密度 n 来表达参量 μ 和 n_0.

现在初步探讨一下弱激发的情况. 一般把 $D(p)$ 写成如下形式：

$$D(p) = [\hbar\omega - A(p)]^2 - [\varepsilon_{\boldsymbol{p}}^0 - \mu + S(p) - \mathrm{i}0^+]^2 + \Sigma_{20}^{*2}(p) \tag{17.4.15}$$

其中

$$S(p)=\frac{1}{2}[\Sigma_{11}^{*}(p)+\Sigma_{11}^{*}(-p)] \tag{17.4.16}$$

$$A(p)=\frac{1}{2}[\Sigma_{11}^{*}(p)-\Sigma_{11}^{*}(-p)] \tag{17.4.17}$$

$S(p)$ 是个对称函数, $A(p)$ 是反对称函数.

现在我们应用于两体相互作用势的情况. 并且只取一级近似, 即在图 17.10, 11 中只取一阶正规自能图形的贡献. 有

$$\frac{1}{\mathrm{i}\hbar}\Sigma_{11}^{*}(p)=n_0\frac{1}{\mathrm{i}\hbar}V(0)+n_0\frac{1}{\mathrm{i}\hbar}V(p) \tag{17.4.18}$$

$$\frac{1}{\mathrm{i}\hbar}\Sigma_{20}^{*}(p)=n_0\frac{1}{\mathrm{i}\hbar}V(p) \tag{17.4.19}$$

算出化学势为

$$\mu=\Sigma_{11}^{*}(0)-\Sigma_{20}^{*}(0)=n_0V(0) \tag{17.4.20}$$

这与 (17.1.16) 式一致. 这里 $V(0)$ 是两体相互作用势 $V(\boldsymbol{x}-\boldsymbol{x}')$ 的 $\boldsymbol{p}=0$ 的傅里叶系数. 由于有 $V(-p)=V(p)$, 由 (17.4.8), (17.4.10) 得到

$$A(p)=0, S(p)=n_0V(0)+n_0V(p)=\mu+n_0V(p) \tag{17.4.21}$$

$$D(p)=\hbar^2\omega^2-[\varepsilon_{\boldsymbol{p}}^0+n_0V(p)-\mathrm{i}0^+]^2+n_0^2V^2(p)=\hbar^2\omega^2-\varepsilon^2(\boldsymbol{p})+\mathrm{i}0^+ \tag{17.4.22}$$

其中定义了

$$\varepsilon(\boldsymbol{p})=\sqrt{\varepsilon_{\boldsymbol{p}}^{02}+2n_0V(p)\varepsilon_{\boldsymbol{p}}^0} \tag{17.4.23}$$

这是玻色流体中存在两体相互作用时的元激发能谱. 它与 (17.1.18) 式是一致的. 算出的格林函数为

$$G'(\boldsymbol{p},\omega)=\frac{\hbar[\hbar\omega+\hbar^2p^2/2m+n_0V(\boldsymbol{p})]}{\hbar^2\omega^2-\varepsilon^2(\boldsymbol{p})+\mathrm{i}0^+} \tag{17.4.24}$$

$$F(\boldsymbol{p},\omega)=\hbar\frac{-n_0V(\boldsymbol{p})}{\hbar^2\omega^2-\varepsilon^2(\boldsymbol{p})+\mathrm{i}0^+} \tag{17.4.25}$$

现在 ω 有两个极点, 将这两个极点分开. 如果令

$$G'(p)=\frac{\hbar A}{\hbar\omega-\varepsilon(\boldsymbol{p})+\mathrm{i}0^+}-\frac{\hbar B}{\hbar\omega+\varepsilon(\boldsymbol{p})-\mathrm{i}0^+} \tag{17.4.26}$$

可以算出

$$A=u_{\boldsymbol{p}}^2=\frac{1}{2}\left[\frac{\varepsilon_{\boldsymbol{p}}^0+n_0V(\boldsymbol{p})}{\varepsilon(\boldsymbol{p})}+1\right],\qquad B=v_{\boldsymbol{p}}^2=\frac{1}{2}\left[\frac{\varepsilon_{\boldsymbol{p}}^0+n_0V(\boldsymbol{p})}{\varepsilon(\boldsymbol{p})}-1\right] \tag{17.4.27}$$

讨论色散关系 $\varepsilon(\boldsymbol{p})$ 的两个极端情况. 当 $|\boldsymbol{p}| \to 0$ 时, 前一项为小量.

$$\varepsilon(\boldsymbol{p}) = \sqrt{n_0 V(\boldsymbol{p})/m}|\boldsymbol{p}| = u|\boldsymbol{p}| \tag{17.4.28}$$

此式只有 $V(0) > 0$ 时也即排斥势才有意义. 这是声子的色散关系. 粒子间排斥势使得在长波极限下的色散关系是线性的. u 是元激发即准粒子的运动速度. 它与液体中声速的物理意义是不一样的. 声速是液体波的传播速度. 但对基态能量的详细(而且冗长) 的计算表明, u 正好也是声速的值. 另一个极端情况为 $\varepsilon_p^0 = \hbar^2\boldsymbol{p}^2/2m \gg 2n_0V(p)$. 这时

$$\varepsilon(\boldsymbol{p}) = \varepsilon_{\boldsymbol{p}}^0\sqrt{1 + 2n_0V(\boldsymbol{p})/\varepsilon_{\boldsymbol{p}}^0} = \varepsilon_{\boldsymbol{p}}^0 + n_0V(\boldsymbol{p}) \tag{17.4.29}$$

能量正比于动量的平方, 称为旋子谱. 在目前的近似下, 准粒子谱 (17.4.23) 无虚部, 所以准粒子的寿命无穷长.

我们来讨论一下 (17.4.26) 式中两项的物理意义. 计算单位体积内的总粒子数 $n = n_0 + n' = n_0 + \dfrac{1}{(2\pi)^4}\displaystyle\int \mathrm{d}^4 p\mathrm{i}G'(\boldsymbol{p},\omega)\mathrm{e}^{\mathrm{i}\omega 0^+}$. 对频率积分时, 只能在上半平面补上回路作积分, 所以其中的极点 $\omega = -\varepsilon(\boldsymbol{p})/\hbar + \mathrm{i}0^+$.

$$n = n_0 + \frac{1}{(2\pi)^3}\int \mathrm{d}\boldsymbol{p} v_{\boldsymbol{p}}^2 \tag{17.4.30}$$

由此, v_p^2 可解释为基态中具有非零动量粒子的动量分布函数. 由于被积函数是正定的, 必然有 $n_0 < n$. 我们看到 (17.4.26) 式第二项的作用是从凝聚态中移出一些粒子, 使它们激发到动量为有限值的态. 又由于 (17.4.27) 式表明, 在小动量时 v_p^2 是按 $1/|\boldsymbol{p}|$ 而变化的, 所以 $|\boldsymbol{p}|$ 值越小 v_p^2 值越大. 在极限情况 $V(\boldsymbol{p}) \to 0$ 时, 能谱 $\varepsilon(\boldsymbol{p})$ 回到 $\varepsilon_{\boldsymbol{p}}^0$, $v_{\boldsymbol{p}}^2$ 成为零, 恢复到无相互作用系统的行为.

(17.4.26) 式的第一项对于粒子数 n' 无贡献, 因为它本来就应该是无相互作用系统的格林函数, 见 (17.2.26) 式. 在无相互作用时, (17.4.26) 式应只有第一项. 相互作用出现后, 出现了第二项.v_p^2 开始不为零, 相应的 n' 也开始不为零. 同时第一项也有了改变.

由于动量 $\boldsymbol{p}$ 越小, 非零动量的粒子数越多, 即以 $\boldsymbol{p} \to 0$ 的激发为主. 上面由 (17.4.18) 往后的关系式中, 在具体计算时也可用 $V(0)$ 来代替 $V(p)$.

最后应指出, 这里算出的能谱 (17.4.23) 与 (17.1.18), (17.1.19) 相同, 但化学势的表示式 (17.4.20) 与 (17.1.16) 有差别. 这是因为上述近似只适用于相互作用弱的情况, 这时有极弱的激发, 非零动量的粒子极少, 故有 $n_0 \approx n$.

§17.5　低密度刚球型玻色粒子系

对于液态氦这样的物理系统, 粒子是电中性的, 粒子间除了相互碰撞之外, 没

有其他直接的两体直接相互作用 (如果有的话也是可忽略的), 所以低密度刚球粒子模型应是比较好的物理模型. 本节考虑有凝聚的低密度刚球玻色子系统. 自然要用 §13.4 的理论.

在应用 §13.4 的理论时要注意与本节的差别之处. 在那儿用到了费米球的概念, 所以实际上可直接应用于费米子系统. 其中有一个小参量 $k_{\mathrm{F}}a$. 本节是玻色子系, 无费米球的概念. 因此小参量要用另一种表示法. 回顾 $k_{\mathrm{F}}a$ 的来源, 是由 $k_{\mathrm{F}}a=(3\pi^2n)^{1/3}$ 得到的, 其中 $n=N/V$ 是粒子数密度. 所以可用数密度来直接表示小参量: $\eta=na^3$, a 是刚球粒子的线度. 大参量 α 仍然是平均势能与平均动能之比 $\alpha=mV_0a^2/\hbar^2$.

实际上, 本节分析刚球玻色子的情况比刚球费米子的情况简单. 因为玻色子系无费米球, 可以认为"费米球"的半径是零, 所有散射事件都是在"费米球外"的二粒子间的散射. 因此在方程 (13.4.20), (13.4.23) 等中始终取 $N(\boldsymbol{P},\boldsymbol{q})=1$. 在方程 (13.4.62), (13.4.67) 中则取 $|\boldsymbol{P}/2\pm\boldsymbol{q}|>k_{\mathrm{F}}$ 或 $|\boldsymbol{P}/2\pm\boldsymbol{q}|>1$. 在 13.4.2 节中分析图形的贡献时主要依据 Q_1 和 Q_2 这两个基本结构, 见图 17.14. 在玻色子系统中 Q_2 图形本来就不出现. 因为不存在粒子–空穴散射. 从 §17.3 的图形规则 2 也可知, 如果像图 17.14 那样给 Q_2 补上一条虚线构成闭合回路, 这样的图形是被排除的. 玻色子系的微扰图形有其本身的特点. 例如一阶正规自能的图形, 图 17.10, 图 17.11 与图 13.29 是不同的.

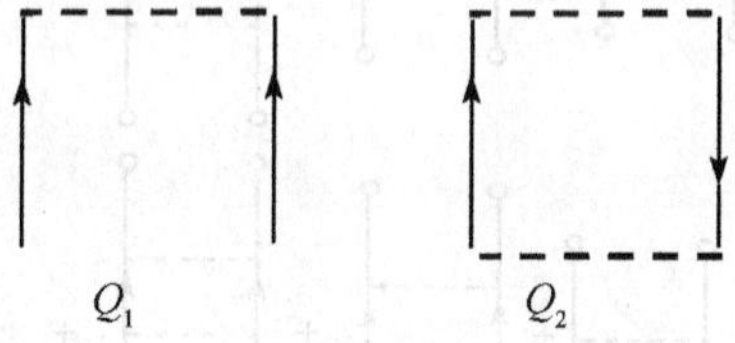

图 17.14 一阶图形, 其中 Q_2 的贡献为零

先估计一阶正规自能图形, 见图 17.10, 图 17.11.

$$\begin{aligned}\Sigma_{11\mathrm{a}}^{*(1)}(p)&=n_0V(0)\sim\eta\alpha\varepsilon_{\mathrm{a}}\\ \Sigma_{11\mathrm{b}}^{*(1)}(p)&=n_0V(\boldsymbol{p})\sim\eta\alpha\varepsilon_{\mathrm{a}}\\ \Sigma_{02}^{*(1)}(p)&=n_0V(\boldsymbol{p})\sim\eta\alpha\varepsilon_{\mathrm{a}}\end{aligned}\tag{17.5.1}$$

其中记 $\varepsilon_{\mathrm{a}}=\hbar^2/(2ma^2)$. 然后按照 13.4.2 节的方法, 在一阶正规自能的图形中逐次插入 Q_1 图形, 就得到图 17.15 的梯形图系列. 每增加一个 Q_1 结构, 就增加了一个大参量因子 α, 而小参量因子 η 未增加. 因此图 17.15 必然包括了各阶微扰图形中最主要的贡献. $\Sigma_{20\mathrm{t}}^*(p)$ 的图形可由 $\Sigma_{02\mathrm{t}}^*(p)$ 的图形的箭头反向得到. 与图 17.10, 图 17.11 比较可知, 直到二阶为止的正规自能已全部被包含在图 17.15 中了. 三阶以上的自能是有近似的. 凝聚玻色子系本身的特点决定了梯形图近似是个非常好的近似.

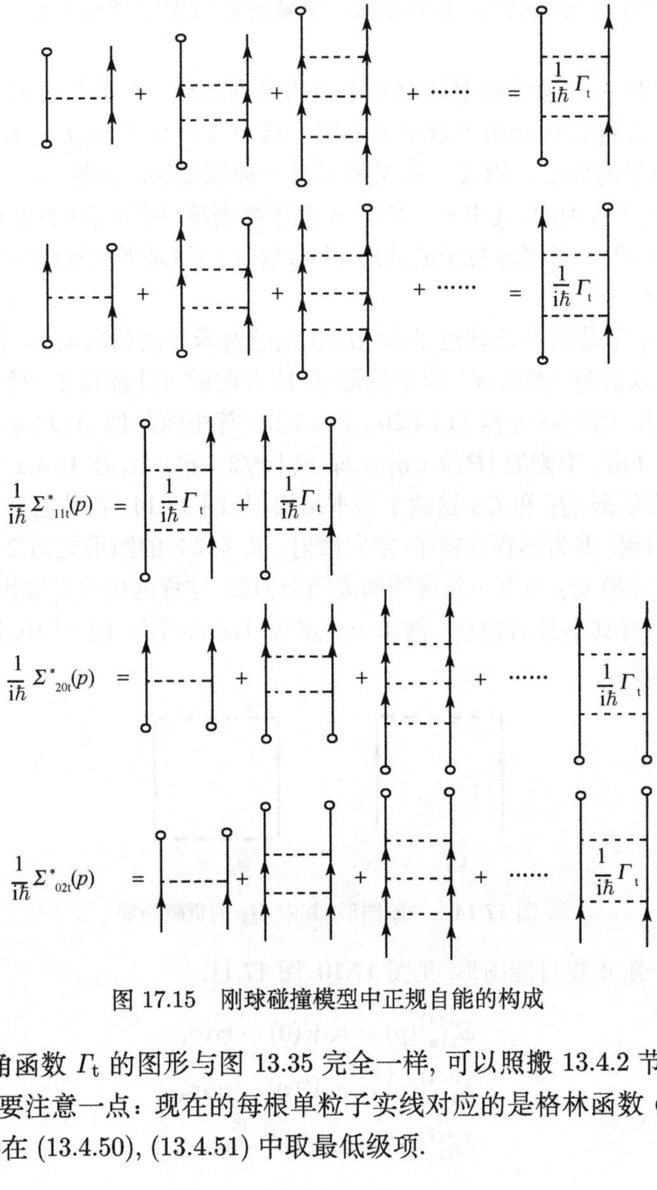

图 17.15　刚球碰撞模型中正规自能的构成

由于顶角函数 Γ_{t} 的图形与图 13.35 完全一样, 可以照搬 13.4.2 节中关于 Γ 的 B-S 方程. 只要注意一点：现在的每根单粒子实线对应的是格林函数 $G'^{(0)}$. 长波极限下, 可直接在 (13.4.50), (13.4.51) 中取最低级项.

$$\Gamma(\boldsymbol{p},\boldsymbol{p}',P)\approx\Gamma_0(\boldsymbol{p},\boldsymbol{p}',P)\approx 4\pi a\hbar^2/m,\quad |\boldsymbol{p}|a\ll 1,|\boldsymbol{p}'|a\ll 1 \tag{17.5.2}$$

现在求正规自能也不如 (13.4.15) 式 (它对应于图 13.36) 那么复杂. 只要把图 17.15 的每个 Σ^*_{t} 的两条粒子外线除去即可, 但表示凝聚体的两个 $\sqrt{n_0}$ 因子必须保留. 因此得到

$$
\begin{aligned}
&\Sigma^*_{11\mathrm{t}}(p) = n_0\Gamma\left(\frac{1}{2}\boldsymbol{p},\frac{1}{2}\boldsymbol{p},P\right) + n_0\Gamma\left(-\frac{1}{2}\boldsymbol{p},\frac{1}{2}\boldsymbol{p},P\right) \approx 8\pi a\hbar^2 n_0/m \\
&\Sigma^*_{20\mathrm{t}}(p) = n_0\Gamma(\boldsymbol{p},0,0) \approx 4\pi a\hbar^2 n_0/m \\
&\Sigma^*_{20\mathrm{t}}(p) = n_0\Gamma(0,\boldsymbol{p},0) \approx 4\pi a\hbar^2 n_0/m
\end{aligned}
\tag{17.5.3}
$$

此处又一次显示 $\Sigma^*_{02\mathrm{t}}(p) = \Sigma^*_{20\mathrm{t}}(p)$. 并且立即可从 (17.4.14) 式得到最低阶近似的化学势,

$$
\mu = \Sigma^*_{11}(0) - \Sigma^*_{20}(0) \approx 4\pi a\hbar^2 n_0/m \tag{17.5.4}
$$

现在我们把正规自能代入 (17.4.5)~(17.4.8) 式来写出格林函数. 具体步骤与上一节 (17.4.18) 式之后的过程是相近的. 事实上只要在 (17.4.18), (17.4.19) 及以后的等式中令 $V(\boldsymbol{p}) = V(0) = 4\pi a\hbar^2/m$ 就行了. 结果为

$$
G'(p) = \frac{\hbar u^2_{\boldsymbol{p}}}{\hbar\omega - \varepsilon(\boldsymbol{p}) + \mathrm{i}0^+} - \frac{\hbar v^2_{\boldsymbol{p}}}{\hbar\omega + \varepsilon(\boldsymbol{p}) - \mathrm{i}0^+} \tag{17.5.5}
$$

式中

$$
\varepsilon(\boldsymbol{p}) = \varepsilon^0_{\boldsymbol{p}}\sqrt{1 + 8\pi a\hbar^2 n_0/m\varepsilon^0_{\boldsymbol{p}}} \tag{17.5.6}
$$

$$
u^2_{\boldsymbol{p}} = \frac{1}{2}\left[1 + \frac{\varepsilon^0_{\boldsymbol{p}} + 4\pi n_0 a\hbar^2/m}{\varepsilon(\boldsymbol{p})}\right] \tag{17.5.7a}
$$

$$
v^2_{\boldsymbol{p}} = \frac{1}{2}\left[-1 + \frac{\varepsilon^0_{\boldsymbol{p}} + 4\pi n_0 a\hbar^2/m}{\varepsilon(\boldsymbol{p})}\right] \tag{17.5.7b}
$$

这些公式与 (17.4.23), (17.4.26), (17.4.27) 的基本相同, 所以有关的讨论也基本相同. 由于这里等于给出了 $V(\boldsymbol{p}) = 4\pi a\hbar^2/m$ 的具体表达式. 因此可以对一些物理量算出具体的结果. (17.5.6) 是准粒子谱, 无虚部, 故准粒子的寿命无限长. 把 $\varepsilon(\boldsymbol{p}) = \hbar^2\boldsymbol{p}^2/2m$ 代入, 在两个极端情况下, 分别得到声子谱与旋子谱:

$$
\varepsilon(\boldsymbol{p}) = \begin{cases} u|\boldsymbol{p}|, & |\boldsymbol{p}| \ll \sqrt{16\pi a\hbar^2 n_0} \\ \hbar^2\boldsymbol{p}^2/2m + 4\pi a\hbar^2 n_0/m, & |\boldsymbol{p}| \gg \sqrt{16\pi a\hbar^2 n_0} \end{cases} \tag{17.5.8}
$$

其中 $u = \sqrt{4\pi a n_0}\hbar/m$ 是声速.

将格林函数 (17.5.5) 代入 (17.2.8), (17.2.11) 来求非凝聚部分的粒子数密度与基态能量. 对于前者, 可用 (17.4.30) 式:

$$
\begin{aligned}
n - n_0 &= \frac{1}{(2\pi)^3}\int \mathrm{d}\boldsymbol{p} v^2_{\boldsymbol{p}} = \frac{1}{2}\int\frac{\mathrm{d}\boldsymbol{p}}{(2\pi)^3}\left[\frac{4\pi a\hbar^2 n_0/m + \hbar^2\boldsymbol{p}^2/2m}{\sqrt{(\hbar^2\boldsymbol{p}^2/2m)^2 + 8\pi a\hbar^2 n_0\varepsilon^0_{\boldsymbol{p}}/m}} - 1\right] \\
&= \frac{(8\pi n_0 a)^{3/2}}{4\pi^2}\int_0^\infty x^2\mathrm{d}x\left(\frac{x^2+1}{\sqrt{x^4+2x^2}} - 1\right)
\end{aligned}
\tag{17.5.9}
$$

此式的积分法是令 $x=\sqrt{2}\sinh y$, 那么积分成为 $\int_0^\infty \sqrt{2}\mathrm{d}y\left(\frac{1}{2}\mathrm{e}^{-y}-\frac{1}{2}\mathrm{e}^{-3y}\right)$. 结果是

$$n-n_0=\frac{8}{3\sqrt{\pi}}(na)^{3/2} \tag{17.5.10}$$

定义

$$\frac{n-n_0}{n}=\frac{8}{3}\sqrt{\frac{na^3}{\pi}} \tag{17.5.11}$$

为零动量态的相对耗尽 (depletion) 度, 实际也就是非零动量粒子的相对分数. 这是个小量, 前面已提到: $\eta=na^3$ 是个小参量, 所以 (17.5.9) 的最后等式的右边可用 n 来近似 n_0. 基态能量

$$\begin{aligned}\frac{E_{\mathrm{g}}}{V}&=\frac{1}{2}\mu n_0+\frac{1}{4}\int\frac{\mathrm{d}\boldsymbol{p}}{(2\pi)^3}[\varepsilon_{\boldsymbol{p}}^0-\varepsilon(\boldsymbol{p})]\left[\frac{\varepsilon_{\boldsymbol{p}}^0+4\pi a\hbar^2n_0/m}{\varepsilon(\boldsymbol{p})}-1\right]\\&=\frac{1}{2}\mu n_0+\frac{(8\pi a n_0)^{5/2}}{16\pi^2 m}\hbar^2\int_{-\infty}^{\infty}x^2\mathrm{d}x\left(\frac{2x^3+3x}{\sqrt{x^2+2}}-2x^2-1\right)\\&=\frac{1}{2}\mu n_0-\frac{64\sqrt{\pi}}{15m}(n_0a)^{5/2}\hbar^2\approx\frac{1}{2}\mu n-\frac{64\sqrt{\pi}}{15m}(na)^{5/2}\hbar^2\end{aligned} \tag{17.5.12}$$

此式仍用 $x=\sqrt{2}\sinh y$ 的变换作积分.

利用基态能量的数值可把化学势定得更准确一些, 也就是比 (17.5.4) 式准确到下一阶. 设

$$\mu=\frac{4\pi a}{m}\hbar^2 n(1+\gamma\sqrt{na^3}) \tag{17.5.13}$$

其中系数 γ 待定. 把 (17.5.13) 代入 (17.5.12).

$$\frac{E_{\mathrm{g}}}{V}=\frac{2\pi a}{m}\hbar^2n^2\left[1+\gamma\sqrt{na^3}-\frac{32}{15}\sqrt{\frac{na^3}{\pi}}\right] \tag{17.5.14}$$

零温时内能与自由能相等, $E=F$. 化学势的计算如下:

$$\mu=\left(\frac{\partial F}{\partial N}\right)_V=\frac{1}{V}\frac{\partial F}{\partial n}=\frac{4\pi a}{m}\hbar^2 n\left[1+\frac{5}{4}\gamma\sqrt{na^3}-\frac{8}{3}\sqrt{\frac{na^3}{\pi}}\right] \tag{17.5.15}$$

此式与 (17.5.13) 比较, 可得 $\gamma=32/3\sqrt{\pi}$, 代入 (17.5.13), (17.5.14) 得到

$$\mu=\frac{4\pi a}{m}\hbar^2 n\left(1+\frac{32}{3}\sqrt{\frac{na^3}{\pi}}\right) \tag{17.5.16}$$

$$F/V=E_{\mathrm{g}}/V=\frac{2\pi a}{m}\hbar^2n^2\left(1+\frac{128}{15}\sqrt{\frac{na^3}{\pi}}\right) \tag{17.5.17}$$

最后, 还可求得低密度刚球型玻色系统在绝对零度时的压强和声速如下:

$$P=-\left(\frac{\partial F}{\partial V}\right)_N=\frac{2\pi a}{m}\hbar^2 n^2\left(1+\frac{64}{5}\sqrt{\frac{na^3}{\pi}}\right) \tag{17.5.18}$$

$$u^2=\frac{\partial P}{\partial \rho}=\frac{1}{m}\frac{\partial P}{\partial \rho}=\frac{4\pi a}{m^2}\hbar^2 n\left(1+16\sqrt{\frac{na^3}{\pi}}\right) \tag{17.5.19}$$

声速的数值也比 (17.5.8) 式准确到下一级. 式 (17.5.11), (17.5.16), (17.5.19) 都准确到 $\sqrt{na^3}$ 的量级. 由于格林函数的所有一级和二级正规自能都已被包括在梯形图解中了, 所以上述结果直到 $\sqrt{na^3}$ 的量级都是准确的.

§17.6 极低温度下的玻色粒子系

前几节讨论的是零温情形. 玻色粒子基本上都处于凝聚态, 极少部分的粒子由于弱的两体相互作用而处于非零动量的粒子. 基本上有 $n \approx n_0$.

本节考虑有限温度的情形. 这儿的有限温度实际上只限于非常接近于零度的极低温. 各个物理量是温度的函数. 粒子间的相互作用仍然是比较弱的. 这时仍然是大部分粒子处于凝聚态. 处理方法必须采用有限温度的处理方法. 但又必须考虑存在凝聚这样的物理特点. 首先考虑如何描述凝聚部分.

回顾 §17.1 中, 总的场算符 ψ 被分为两部分 $\psi=\sqrt{n_0}+\psi'$, 其中 ψ' 在基态中的平均值为零, 见 (17.1.14). 但总的场算符在基态中的平均值不为零

$$\langle\psi_{\mathrm{H}}^0|\psi|\psi_{\mathrm{H}}^0\rangle=\sqrt{n_0} \tag{17.6.1}$$

这个值在体积 $V\to\infty$ 的极限下仍是个有限量. 所以凝聚部分的量就是场算符的平均值. 如果场算符在基态中的平均值为零, 则意味着流体中没有凝聚粒子. 由于 $|\sqrt{n_0}|^2=n_0$ 是凝聚体的粒子数密度, 可以认为 $\sqrt{n_0}$ 就是凝聚态部分的波函数.

现在推广到有限温度的情况, 认为场算符在系综中的平均值

$$\Psi(\boldsymbol{x})=\langle\psi(\boldsymbol{x})\rangle \tag{17.6.2}$$

代表了凝聚体. 如果这个值在体积 $V\to\infty$ 时有限, 说明流体中存在凝聚态. $\Psi(\boldsymbol{x})$ 不是个算符, 它是空间坐标的函数, 所以 $\Psi(\boldsymbol{x})$ 的物理意义是凝聚态的波函数.

场算符与其系综平均值之差称为偏差算符

$$\varphi(\boldsymbol{x})=\psi(\boldsymbol{x})-\langle\psi(\boldsymbol{x})\rangle=\psi(\boldsymbol{x})-\Psi(\boldsymbol{x}) \tag{17.6.3}$$

显然 $\varphi(\boldsymbol{x})$ 在系综中的平均值为零.

$$\langle\varphi(\boldsymbol{x})\rangle=0 \tag{17.6.4}$$

由于一开头提到, 本节只考虑极低温下且弱相互作用的情况, 差不多所有粒子都处于凝聚态, 因此 $\varphi(\boldsymbol{x})$ 为一小量, 被认为只是 $\Psi(\boldsymbol{x})$ 的一个小的修正量.

有两体相互作用时的哈密顿量为

$$K=\int \mathrm{d}\boldsymbol{x}\psi^{\dagger}(\boldsymbol{x})\left(-\frac{\hbar^2}{2m}\nabla^2-\mu\right)\psi(\boldsymbol{x})+\frac{1}{2}\int \mathrm{d}\boldsymbol{x}\mathrm{d}\boldsymbol{x}'\psi^{\dagger}(\boldsymbol{x})\psi^{\dagger}(\boldsymbol{x}')V(\boldsymbol{x}-\boldsymbol{x}')\psi(\boldsymbol{x}')\psi(\boldsymbol{x}) \tag{17.6.5}$$

现在把 (17.6.3) 代入 (17.6.5), 扔掉 $\varphi(\boldsymbol{x})$ 的三次方以上的项, 那么按 $\varphi(\boldsymbol{x})$ 的零次, 一次、二次项来分类, K 可写成

$$K=H_0+H_1+H_2 \tag{17.6.6}$$

其中

$$\begin{aligned}H_0=&\int \mathrm{d}\boldsymbol{x}\,\Psi^*(\boldsymbol{x})\left[-\frac{\hbar^2}{2m}\nabla^2-\mu\right]\Psi(\boldsymbol{x})\\&+\frac{1}{2}\int \mathrm{d}\boldsymbol{x}\mathrm{d}\boldsymbol{x}'V(\boldsymbol{x}-\boldsymbol{x}')|\Psi(\boldsymbol{x})|^2|\Psi(\boldsymbol{x}')|^2\end{aligned} \tag{17.6.7}$$

$$\begin{aligned}H_1=&\int \mathrm{d}\boldsymbol{x}\varphi^{\dagger}(\boldsymbol{x})\left[-\frac{\hbar^2}{2m}\nabla^2-\mu+\int \mathrm{d}\boldsymbol{x}'V(\boldsymbol{x}-\boldsymbol{x}')|\Psi(\boldsymbol{x}')|^2\right]\Psi(\boldsymbol{x})\\&+\int \mathrm{d}\boldsymbol{x}\left[-\frac{\hbar^2}{2m}\nabla^2-\mu+\int \mathrm{d}\boldsymbol{x}'V(\boldsymbol{x}-\boldsymbol{x}')|\Psi(\boldsymbol{x}')|^2\right]\Psi^*(\boldsymbol{x})\varphi(\boldsymbol{x})\end{aligned} \tag{17.6.8}$$

$$\begin{aligned}H_2=&\int \mathrm{d}\boldsymbol{x}\varphi^{\dagger}(\boldsymbol{x})\left[\frac{\hbar^2}{2m}\nabla^2-\mu\right]\varphi(\boldsymbol{x})\\&+\int \mathrm{d}\boldsymbol{x}\mathrm{d}\boldsymbol{x}'V(\boldsymbol{x}-\boldsymbol{x}')[|\Psi(\boldsymbol{x}')|^2\varphi^{\dagger}(\boldsymbol{x})\varphi(\boldsymbol{x})+\Psi^*(\boldsymbol{x})\Psi(\boldsymbol{x}')\varphi^{\dagger}(\boldsymbol{x})\varphi(\boldsymbol{x})\\&+\frac{1}{2}\Psi^*(\boldsymbol{x})\Psi^*(\boldsymbol{x}')\varphi(\boldsymbol{x}')\varphi(\boldsymbol{x})+\frac{1}{2}\varphi^{\dagger}(\boldsymbol{x})\varphi^{\dagger}(\boldsymbol{x}')\Psi(\boldsymbol{x}')\Psi(\boldsymbol{x})]\end{aligned} \tag{17.6.9}$$

由于是弱相互作用, $\Psi(\boldsymbol{x})$ 应满足哈特里方程的条件, 因此有

$$\left(-\frac{\hbar^2}{2m}\nabla^2-\mu\right)\Psi(\boldsymbol{x})+\int \mathrm{d}\boldsymbol{x}V(\boldsymbol{x}-\boldsymbol{x}')|\Psi(\boldsymbol{x}')|^2\Psi(\boldsymbol{x})=0 \tag{17.6.10}$$

这是个重要的近似. 它表明凝聚粒子受到的平均场作用是由凝聚粒子贡献的, 而没有非凝聚部分的贡献. 这只有在非凝聚部分的粒子数远小于凝聚部分的粒子数的情况下才成立, 也就是只有在极低温的情况下才成立. 由 (17.6.10) 可得 H_1=0, 只剩下

$$K=H_0+H_2 \tag{17.6.11}$$

现在用松原函数来处理系统. 类似于零温情况, 定义松原函数与反常松原函数.

$$G(\boldsymbol{x}\tau,\boldsymbol{x}'\tau')=-\langle T_\tau[\psi_{\mathrm{H}}(\boldsymbol{x}\tau)\psi_{\mathrm{H}}^{\dagger}(\boldsymbol{x}'\tau')]\rangle=-\Psi(\boldsymbol{x})\Psi^*(\boldsymbol{x}')+G'(\boldsymbol{x}\tau,\boldsymbol{x}'\tau') \tag{17.6.12}$$

$$\tilde{F}^{+}(\boldsymbol{x}\tau,\boldsymbol{x}'\tau')=-\langle T_\tau[\psi_{\rm H}^\dagger(\boldsymbol{x}\tau)\psi_{\rm H}^\dagger(\boldsymbol{x}'\tau')]\rangle=-\Psi^*(\boldsymbol{x})\Psi^*(\boldsymbol{x}')+F^{+}(\boldsymbol{x}'\tau,\boldsymbol{x}'\tau') \tag{17.6.13}$$

其中用到了 (17.6.4) 并定义了

$$G'(\boldsymbol{x}\tau,\boldsymbol{x}'\tau')=-\langle T_\tau[\varphi_{\rm H}(\boldsymbol{x}\tau)\varphi_{\rm H}^\dagger(\boldsymbol{x}'\tau')] \tag{17.6.14}$$

$$F^{+}(\boldsymbol{x}\tau,\boldsymbol{x}'\tau')=-\langle T_\tau[\varphi_{\rm H}^\dagger(\boldsymbol{x}\tau)\varphi_{\rm H}^\dagger(\boldsymbol{x}'\tau')]\rangle \tag{17.6.15}$$

$\varphi_{\rm H}(\boldsymbol{x}\tau)$ 是虚时海森伯算符.

$$\varphi_{\rm H}(\boldsymbol{x}\tau)={\rm e}^{K\tau/\hbar}\varphi(\boldsymbol{x}){\rm e}^{-K\tau/\hbar},\qquad \varphi_{\rm H}^\dagger(\boldsymbol{x}\tau)={\rm e}^{K\tau/\hbar}\varphi^\dagger(\boldsymbol{x}){\rm e}^{-K\tau/\hbar} \tag{17.6.16}$$

由 K 的表达式可得到 $\varphi_{\rm H}$ 满足的运动方程如下:

$$\begin{aligned}\hbar\frac{\partial}{\partial\tau}\varphi_{\rm H}(\boldsymbol{x}\tau)&=[K,\varphi_{\rm H}(\boldsymbol{x}\tau)]\\&=\left(\frac{\hbar^2}{2m}\nabla^2+\mu\right)\varphi_{\rm H}(\boldsymbol{x}\tau)-\int{\rm d}\boldsymbol{x}'V(\boldsymbol{x}-\boldsymbol{x}')|\Psi(\boldsymbol{x}')|^2\varphi_{\rm H}(\boldsymbol{x}\tau)\\&\quad-\int{\rm d}\boldsymbol{x}'V(\boldsymbol{x}-\boldsymbol{x}')[\Psi^*(\boldsymbol{x}')\varphi_{\rm H}(\boldsymbol{x}'\tau)+\varphi_{\rm H}^\dagger(\boldsymbol{x}'\tau)\psi(\boldsymbol{x}')]\Psi(\boldsymbol{x})\end{aligned} \tag{17.6.17a}$$

$$\begin{aligned}\hbar\frac{\partial}{\partial\tau}\varphi_{\rm H}^\dagger(\boldsymbol{x}\tau)=&\left[\frac{\hbar^2}{2m}\nabla^2+\mu-\int{\rm d}\boldsymbol{x}'V(\boldsymbol{x}-\boldsymbol{x}')|\Psi(\boldsymbol{x}')|^2\right]\varphi_{\rm H}^\dagger(\boldsymbol{x}\tau)\\&-\int{\rm d}\boldsymbol{x}'V(\boldsymbol{x}-\boldsymbol{x}')[\varphi_{\rm H}^\dagger(\boldsymbol{x}'\tau)\Psi(\boldsymbol{x}')\\&+\Psi^*(\boldsymbol{x}')\varphi_{\rm H}(\boldsymbol{x}'\tau)]\Psi^*(\boldsymbol{x})\end{aligned} \tag{17.6.17b}$$

由松原函数的定义, 得到总的粒子数密度分为凝聚的与非凝聚的两部分:

$$n(\boldsymbol{x})=n_0(\boldsymbol{x})+n'(\boldsymbol{x}) \tag{17.6.18a}$$

$$n_0(\boldsymbol{x})=|\Psi(\boldsymbol{x})|^2 \tag{17.6.18b}$$

$$n'(\boldsymbol{x})=-G'(\boldsymbol{x}\tau,\boldsymbol{x}\tau^+) \tag{17.6.18c}$$

可见 $\Psi(\boldsymbol{x})$ 确实具有凝聚态波函数的物理意义.

由 (17.6.17) 式, 可得到松原函数的运动方程:

$$\begin{aligned}&\left[-\hbar\frac{\partial}{\partial\tau}+\frac{\hbar^2}{2m}\nabla^2+\mu-\int{\rm d}\boldsymbol{x}_1V(\boldsymbol{x}-\boldsymbol{x}_1)|\Psi(\boldsymbol{x}_1)|^2\right]G'(\boldsymbol{x}\tau,\boldsymbol{x}'\tau')\\&-\int{\rm d}\boldsymbol{x}_1V(\boldsymbol{x}-\boldsymbol{x}_1)\Psi(\boldsymbol{x})[\Psi^*(\boldsymbol{x}_1)G'(\boldsymbol{x}_1\tau,\boldsymbol{x}'\tau')+\Psi(\boldsymbol{x}_1)F^\dagger(\boldsymbol{x}_1\tau,\boldsymbol{x}'\tau')]\\&=\hbar\delta(\tau-\tau')\delta(\boldsymbol{x}-\boldsymbol{x}')\end{aligned} \tag{17.6.19}$$

$$\left[\hbar\frac{\partial}{\partial\tau}+\frac{\hbar^2}{2m}\nabla^2+\mu-\int \mathrm{d}\boldsymbol{x}_1 V(\boldsymbol{x}-\boldsymbol{x}_1)|\Psi(\boldsymbol{x}_1)|^2\right]F^+(\boldsymbol{x}\tau,\boldsymbol{x}'\tau')$$
$$-\int \mathrm{d}\boldsymbol{x}_1 V(\boldsymbol{x}-\boldsymbol{x}_1)\Psi^*(\boldsymbol{x})[\Psi(\boldsymbol{x}_1)F^+(\boldsymbol{x}_1\tau,\boldsymbol{x}'\tau')$$
$$+\Psi^*(\boldsymbol{x}_1)G'(\boldsymbol{x}_1\tau,\boldsymbol{x}'\tau')]=0 \tag{17.6.20}$$

显然, 它们必须联立求解, 解方程时需要用到 $\Psi(\boldsymbol{x})$, 它可看作是个参量. 目前的简单性是, 这个参量可从 (17.6.10) 式单独求解.

一般情况下, G' 与 F^+ 是虚时差的函数, 所以可作虚时间的傅里叶变换

$$G'(\boldsymbol{x}\tau,\boldsymbol{x}'\tau')=\frac{1}{\beta\hbar}\sum_n \mathrm{e}^{-\mathrm{i}\omega_n(\tau-\tau')}G'(\boldsymbol{x},\boldsymbol{x}',\omega_n) \tag{17.6.21}$$

$$F^+(\boldsymbol{x}\tau,\boldsymbol{x}'\tau')=\frac{1}{\beta\hbar}\sum_n \mathrm{e}^{-\mathrm{i}\omega_n(\tau-\tau')}F^+(\boldsymbol{x},\boldsymbol{x}',\omega_n) \tag{17.6.22}$$

相应的运动方程为

$$\left[\mathrm{i}\hbar\omega_n+\frac{\hbar^2}{2m}\nabla^2+\mu-\int \mathrm{d}\boldsymbol{x}_1 V(\boldsymbol{x}-\boldsymbol{x}_1)|\psi(\boldsymbol{x}_1)|^2\right]G'(\boldsymbol{x},\boldsymbol{x}',\omega_n)$$
$$-\int \mathrm{d}\boldsymbol{x}_1 V(\boldsymbol{x}-\boldsymbol{x}_1)\Psi(\boldsymbol{x})[\Psi^*(x_1)G'(\boldsymbol{x},\boldsymbol{x}',\omega_n)$$
$$+\Psi(\boldsymbol{x}_1)F^+(\boldsymbol{x}_1,\boldsymbol{x}',\omega_n)]=\hbar\delta(\boldsymbol{x}-\boldsymbol{x}') \tag{17.6.23}$$

$$\left[\mathrm{i}\hbar\omega_n+\frac{\hbar^2}{2m}\nabla^2+\mu-\int \mathrm{d}\boldsymbol{x}_1 V(\boldsymbol{x}-\boldsymbol{x}_1)|\Psi(\boldsymbol{x}_1)|^2\right]F^+(\boldsymbol{x},\boldsymbol{x}',\omega_n)$$
$$-\int \mathrm{d}\boldsymbol{x}_1 V(\boldsymbol{x}-\boldsymbol{x}_1)\Psi^*(\boldsymbol{x})[\Psi(\boldsymbol{x}_1)F^+(\boldsymbol{x}_1,\boldsymbol{x}',\omega_n)$$
$$+\Psi^*(\boldsymbol{x}_1)G'(\boldsymbol{x}_1,\boldsymbol{x}',\omega_n)]=0 \tag{17.6.24}$$

对于空间坐标的依赖情况, 则要看是均匀系还是非均匀系.

下面我们只研究无外场的均匀空间, 这时粒子数密度在空间各处都相同, 只是温度的函数.

$$\Psi(\boldsymbol{x})=\Psi(T)=\sqrt{n_0(T)} \tag{17.6.25}$$

将上式代入到 (17.6.10) 式, 立即可得化学势

$$\mu(T)=n_0(T)V(0) \tag{17.6.26}$$

$V(0)$ 是 $V(\boldsymbol{x})$ 的傅里叶零分量. 由于空间均匀性, 松原函数是空间坐标差的函数, 可作傅里叶变换.

$$G'(\boldsymbol{x}-\boldsymbol{x}',\omega_n)=\frac{1}{(2\pi)^3}\int \mathrm{d}\boldsymbol{k}\mathrm{e}^{\mathrm{i}\boldsymbol{k}\cdot(\boldsymbol{x}-\boldsymbol{x}')}G'(\boldsymbol{k},\omega_n) \tag{17.6.27}$$

$$F^+(\boldsymbol{x}-\boldsymbol{x}',\omega_n)=\frac{1}{(2\pi)^3}\int \mathrm{d}\boldsymbol{k}\mathrm{e}^{\mathrm{i}\boldsymbol{k}\cdot(\boldsymbol{x}-\boldsymbol{x}')}F^+(\boldsymbol{k},\omega_n) \tag{17.6.28}$$

将此二式代入 (17.6.23), (17.6.24) 式, 得到联立方程.

$$[\mathrm{i}\hbar\omega_n-\varepsilon_{\boldsymbol{k}}^0-n_0V(\boldsymbol{k})]G'(\boldsymbol{k},\omega_n)-n_0V(\boldsymbol{k})F^+(\boldsymbol{k},\omega_n)=\hbar \tag{17.6.29}$$

$$-n_0V(\boldsymbol{k})G'(\boldsymbol{k},\omega_n)-[\mathrm{i}\hbar\omega_n+\varepsilon_{\boldsymbol{k}}^0+n_0V(\boldsymbol{k})]F^+(\boldsymbol{k},\omega_n)=0 \tag{17.6.30}$$

其中 $\varepsilon_k^0=\hbar^2\boldsymbol{k}^2/(2m)$. 这一组方程容易解出为

$$G'(\boldsymbol{k},\omega_n)=-\hbar\frac{i\hbar\omega_n+\varepsilon_{\boldsymbol{k}}^0+n_0V(\boldsymbol{k})}{\hbar^2\omega_n^2+\varepsilon^2(\boldsymbol{k})} \tag{17.6.31}$$

$$F^+(\boldsymbol{k},\omega_n)=-\frac{n_0V(\boldsymbol{k})\hbar}{\hbar^2\omega_n^2+\varepsilon^2(\boldsymbol{k})} \tag{17.6.32}$$

其中

$$\varepsilon(\boldsymbol{k})=\sqrt{\varepsilon_{\boldsymbol{k}}^{02}+2n_0V(\boldsymbol{k})\varepsilon_{\boldsymbol{k}}^0} \tag{17.6.33}$$

令

$$u_{\boldsymbol{k}}^2=\frac{1}{2}\left[\frac{\varepsilon_{\boldsymbol{k}}^0+n_0V(\boldsymbol{k})}{\varepsilon(\boldsymbol{k})}+1\right],\quad v_{\boldsymbol{k}}^2=\frac{1}{2}\left[\frac{\varepsilon_{\boldsymbol{k}}^0+n_0V(\boldsymbol{k})}{\varepsilon(\boldsymbol{k})}-1\right] \tag{17.6.34}$$

可得

$$G'(\boldsymbol{k},\omega_n)=\frac{\hbar u_{\boldsymbol{k}}^2}{\mathrm{i}\hbar\omega_n-\varepsilon(\boldsymbol{k})}-\frac{\hbar v_{\boldsymbol{k}}^2}{\mathrm{i}\hbar\omega_n+\varepsilon(\boldsymbol{k})} \tag{17.6.35}$$

$$F^+(\boldsymbol{k},\omega_n)=-\frac{\hbar u_{\boldsymbol{k}}v_{\boldsymbol{k}}}{\mathrm{i}\hbar\omega_n-\varepsilon(\boldsymbol{k})}-\frac{\hbar u_{\boldsymbol{k}}v_{\boldsymbol{k}}}{\mathrm{i}\hbar\omega_n+\varepsilon(\boldsymbol{k})} \tag{17.6.36}$$

注意对于玻色子有 $\hbar\omega_n=2n\pi\beta$. 以上各式与前面的 (17.4.23)~(17.4.27) 有相似性. 它们都是在均匀空间, 弱相互作用的条件下得到的.

看 $k\to 0$ 时的长波行为:

$$\varepsilon(\boldsymbol{k})=u\hbar|\boldsymbol{k}| \tag{17.6.37}$$

$$u=\sqrt{n_0(T)V(0)/m} \tag{17.6.38}$$

这只有在 $V(0)>0$, 也就是排斥势才有意义. 排斥势使得色散关系在长波极限下是线性的.u 具有声速的物理意义.

最后来探讨 $n_0(T)$ 与 $n'(T)$ 随温度的变化关系. 因为总粒子数是守恒的, 只要计算 $n'(T)$ 就行了.

$$\begin{aligned}
n'(T)&=-\iint\frac{\mathrm{d}\boldsymbol{k}}{(2\pi)^3}\frac{1}{\beta\hbar}\sum_n G'(\boldsymbol{k},\omega_n)\mathrm{e}^{\mathrm{i}\omega_n0^+}\\
&=-\int\frac{\mathrm{d}\boldsymbol{k}}{(2\pi)^3}\frac{1}{\beta\hbar}\sum_n\left(\frac{\hbar u_{\boldsymbol{k}}^2}{\mathrm{i}\hbar\omega_n-\varepsilon(\boldsymbol{k})}-\frac{\hbar v_{\boldsymbol{k}}^2}{\mathrm{i}\hbar\omega_n+\varepsilon(\boldsymbol{k})}\right)\mathrm{e}^{\mathrm{i}\omega_n0^+}\\
&=\int\frac{\mathrm{d}\boldsymbol{k}}{(2\pi)^3}\left(\frac{u_{\boldsymbol{k}}^2}{\mathrm{e}^{\beta\varepsilon(\boldsymbol{k})}-1}+\frac{v_{\boldsymbol{k}}^2}{1-\mathrm{e}^{-\beta\varepsilon(\boldsymbol{k})}}\right)
\end{aligned} \tag{17.6.39}$$

当 T=0 时,

$$n'(0) = \int \frac{\mathrm{d}\boldsymbol{k}}{(2\pi)^3} v_{\boldsymbol{k}}^2 \tag{17.6.40}$$

这与 (17.4.30) 相同. 应注意的是, (17.6.39) 中的 $\varepsilon(\boldsymbol{k}), u_k$ 和 v_k 都通过 $n_0(T)$ 而依赖于温度. 但在极低温与弱相互作用时, 可将这些量中的 $n_0(T)$ 将零温时的值代入. 即令 $n_0(T) \approx n_0(T=0)$.

$$n'(T) - n'(0) \approx \int \frac{\mathrm{d}\boldsymbol{k}}{(2\pi)^3} \frac{(u_{\boldsymbol{k}}^2 + v_{\boldsymbol{k}}^2)_{T=0}}{\mathrm{e}^{\beta\varepsilon(\boldsymbol{k})} - 1} \approx \frac{m}{12\hbar^3 u_0}(k_{\mathrm{B}}T)^2, T \to 0 \tag{17.6.41}$$

其中 $u_0 = \sqrt{n_0(0)V(0)/m}$, 是零温时的声速, 见 (17.4.28) 式. 由于总的态密度守恒, $n_0(0) + n'(0) = n_0(T) + n'(T)$.

$$n_0(T) = n_0(0) - \frac{m}{12\hbar^3 u_0}(k_{\mathrm{B}}T)^2, \quad T \to 0 \tag{17.6.42}$$

如果用 $|\varPsi|^2 = n_0$, 则上式也可以用波函数来表示.

$$1 - \frac{\varPsi(T)}{\varPsi(0)} = \frac{m(k_{\mathrm{B}}T)^2}{24\hbar^3 u_0 n_0(0)}, \quad T \to 0 \tag{17.6.43}$$

(17.6.42) 式表明, 随着温度的增加, 凝聚态中将有越来越多的粒子被激活而进入非凝聚部分, 这一速度与温度平方成正比. 从物理上说, 温度到达一定的值, 凝聚态必然会被耗尽, 但那时的行为已不能用 (17.6.42) 来描述.(17.6.41)~(17.6.43) 只能描述 $n_0(T)$ 稍微偏离 $n_0(0)$ 时的行为. 这时 $\varphi(x)$ 是小量, (17.6.10) 式可以成立.

本章前几节都是使用热力学格林函数. 本节则采用松原函数. 这两套方法完全是等价的. 对于相互作用有明确表达式的情况, 用运动方程法显得更简洁. 而对于上一节碰撞问题, 相互作用不容易写出明确的表达式, 则似乎用图形技术更为合适.

习　题

1. 利用 $[a_0, a_0^\dagger] = 1$, 证明 $\dfrac{\partial H^{\mathrm{i}}}{\partial n_0} = \dfrac{1}{n_0}[a_0, H^{\mathrm{i}}]a_0^\dagger$, 其中 H^{i} 是 (17.3.4), (17.3.5a)~(17.3.5g) 的八项之和.

2. 证明: (17.3.5g) 式的 V_7 对于一阶和二阶微扰项的贡献都为零, 只在三阶以上微扰项中的贡献才不为零.

3. 写出图 17.5~7 中的各个图形在动量空间中的表达式.

4. 式 (15.1.2) 右边的 24 项中, 前 16 项已近似成式 (15.1.3) 右边的形式, 对于余下的八项, 利用反常格林函数写出近似表达式.

第十八章　弱相互作用超导体

§18.1　弱相互作用超导体的哈密顿量

弱相互作用超导体中的哈密顿量如下:

$$
\begin{aligned}
H=&\sum_{\alpha}\int \mathrm{d}\boldsymbol{x}\psi_{\alpha}^{\dagger}(\boldsymbol{x})\Big(-\frac{\hbar^2}{2m}\nabla^2\Big)\psi_{\alpha}(\boldsymbol{x})\\
&+\frac{1}{2}\sum_{\alpha,\beta}\int \mathrm{d}\boldsymbol{x}\mathrm{d}\boldsymbol{x}'\psi_{\alpha}^{\dagger}(\boldsymbol{x})\psi_{\beta}^{\dagger}(\boldsymbol{x}')V(\boldsymbol{x}-\boldsymbol{x}')\psi_{\beta}(\boldsymbol{x}')\psi_{\alpha}(\boldsymbol{x})
\end{aligned}
\tag{18.1.1}
$$

此处的两体相互作用是弱的吸引相互作用. 在电–声相互作用不是很强时, 电子之间通过交换声子而受到的相互作用等效于电子之间的直接的相互吸引势, 这时的哈密顿量可写成 (18.1.1) 的形式. 这算是一种近似的写法. 这一理论称为弱耦合超导理论. 如果电声相互作用强, 那么在哈密顿量中应该把电子之间的库仑排斥作用, 和电声相互作用都单独写出. 这称为强耦合超导体. 本章我们只讨论弱相互作用的情况. 把哈密顿量用产生湮没算符来表示:

$$
\begin{aligned}
H=&\sum_{\boldsymbol{k}_1\boldsymbol{k}_2\alpha}\int \mathrm{d}\boldsymbol{x}a_{\boldsymbol{k}_1\alpha}^{\dagger}\varphi_{\boldsymbol{k}_1\alpha}^{*}(\boldsymbol{x})\Big(-\frac{\hbar^2}{2m}\nabla^2\Big)a_{\boldsymbol{k}_2\alpha}\varphi_{\boldsymbol{k}_2\alpha}(\boldsymbol{x})\\
&+\frac{1}{2}\sum_{\boldsymbol{k}_1\boldsymbol{k}_2\boldsymbol{k}_3\boldsymbol{k}_4\alpha,\beta}\int \mathrm{d}\boldsymbol{x}\mathrm{d}\boldsymbol{x}'a_{\boldsymbol{k}_1\alpha}^{\dagger}\varphi_{\boldsymbol{k}_1\alpha}^{*}(\boldsymbol{x})a_{\boldsymbol{k}_2\beta}^{\dagger}\varphi_{\boldsymbol{k}_2\beta}^{*}(\boldsymbol{x}')\\
&\cdot V(\boldsymbol{x}-\boldsymbol{x}')a_{\boldsymbol{k}_3\beta}\varphi_{\boldsymbol{k}_3\beta}(\boldsymbol{x}')a_{\boldsymbol{k}_4\alpha}\varphi_{\boldsymbol{k}_4\alpha}(\boldsymbol{x})
\end{aligned}
\tag{18.1.2}
$$

设单粒子完备集就是平面波 $\mathrm{e}^{\mathrm{i}\boldsymbol{k}\cdot\boldsymbol{x}}$, 我们把哈密顿量写成动量空间的形式. 第一项

$$
\begin{aligned}
H_0=&\sum_{\boldsymbol{k}_1\boldsymbol{k}\alpha}\int \mathrm{d}\boldsymbol{x}a_{\boldsymbol{k}_1\alpha}^{\dagger}\mathrm{e}^{-\mathrm{i}\boldsymbol{k}_1\cdot\boldsymbol{x}}\left(-\frac{\hbar^2}{2m}\nabla^2\right)a_{\boldsymbol{k}\alpha}\mathrm{e}^{\mathrm{i}\boldsymbol{k}\cdot\boldsymbol{x}}\\
=&\sum_{\boldsymbol{k}_1\boldsymbol{k}\alpha}\frac{\boldsymbol{k}^2}{2m}a_{\boldsymbol{k}_1\alpha}^{\dagger}a_{\boldsymbol{k}\alpha}\delta_{\boldsymbol{k}_1,\boldsymbol{k}}=\sum_{\boldsymbol{k}\alpha}\varepsilon_{\boldsymbol{k}}a_{\boldsymbol{k}\alpha}^{\dagger}a_{\boldsymbol{k}\alpha}
\end{aligned}
\tag{18.1.3}
$$

第二项

$$
H_1=\frac{1}{2}\sum_{\boldsymbol{p}\boldsymbol{k}\boldsymbol{k}_1\boldsymbol{k}_2\boldsymbol{q}\alpha,\beta}\int \mathrm{d}\boldsymbol{x}\mathrm{d}\boldsymbol{x}'a_{\boldsymbol{k}_1\alpha}^{\dagger}\mathrm{e}^{-\mathrm{i}\boldsymbol{k}_1\cdot\boldsymbol{x}}a_{\boldsymbol{k}_2\beta}^{\dagger}\mathrm{e}^{-\mathrm{i}\boldsymbol{k}_2\cdot\boldsymbol{x}'}\int \mathrm{d}\boldsymbol{k}\mathrm{e}^{\mathrm{i}\boldsymbol{q}\cdot(\boldsymbol{x}-\boldsymbol{x}')}
$$

$$
\begin{aligned}
&\cdot V(\boldsymbol{q}) a_{\boldsymbol{k}_3\beta} \mathrm{e}^{\mathrm{i}\boldsymbol{p}\cdot\boldsymbol{x}'} a_{\boldsymbol{k}_4\alpha} \mathrm{e}^{\mathrm{i}\boldsymbol{k}\cdot\boldsymbol{x}} \\
&= \frac{1}{2} \sum_{\boldsymbol{p}\boldsymbol{k}\boldsymbol{k}_1\boldsymbol{k}_2\boldsymbol{q}\alpha,\beta} V(\boldsymbol{q}) a^\dagger_{\boldsymbol{k}_1\alpha} a^\dagger_{\boldsymbol{k}_2\beta} a_{\boldsymbol{p}\beta} a_{\boldsymbol{k}\alpha} \delta_{\boldsymbol{p},\boldsymbol{k}_2+\boldsymbol{q}} \delta_{\boldsymbol{k},\boldsymbol{k}_1-\boldsymbol{q}} \\
&= \frac{1}{2} \sum_{\boldsymbol{k}\boldsymbol{p}\boldsymbol{q}\alpha,\beta} V(\boldsymbol{q}) a^\dagger_{\boldsymbol{k}+\boldsymbol{q}\alpha} a^\dagger_{\boldsymbol{p}-\boldsymbol{q}\beta} a_{\boldsymbol{p}\beta} a_{\boldsymbol{k}\alpha}
\end{aligned} \tag{18.1.4}
$$

其中要注意, $\boldsymbol{q}=0$ 的项表示均匀电子气的相互排斥库仑作用, 和均匀正电荷背景之间的相互排斥库仑作用一起, 与两者之间的吸引作用正好相互抵消. 因此, (18.1.4) 中可去掉 $\boldsymbol{q}=0$ 的项. 而 $\boldsymbol{q}\neq 0$ 的项表示电子气的非均匀部分, 也就是涨落部分之间的相互作用. 这一作用不但不为零, 而且有可能因为其他因素的影响而成为电子之间的吸引作用. 动量空间的哈密顿量是

$$
H = \sum_{\boldsymbol{k}\alpha} \varepsilon_{\boldsymbol{k}} a^\dagger_{\boldsymbol{k}\alpha} a_{\boldsymbol{k}\alpha} + \frac{1}{2} \sum_{\boldsymbol{q}\neq 0\boldsymbol{k}\boldsymbol{p}\alpha,\beta} V(\boldsymbol{q}) a^\dagger_{\boldsymbol{k}+\boldsymbol{q}\alpha} a^\dagger_{\boldsymbol{p}-\boldsymbol{q}\beta} a_{\boldsymbol{p}\beta} a_{\boldsymbol{k}\alpha} \tag{18.1.5}
$$

§18.2 南部表象下的格林函数和松原函数

18.2.1 南部格林函数

在超导相中, 可以出现同时湮没或者同时产生一对相反动量, 相反自旋的电子. 为此, 南部 (Nambu)[1] 定义了以下的二分量波函数:

$$
\varPsi(\boldsymbol{x},t) = \begin{pmatrix} \psi_\uparrow(\boldsymbol{x},t) \\ \psi^\dagger_\downarrow(\boldsymbol{x},t) \end{pmatrix}, \quad \varPsi^\dagger(t) = (\psi^\dagger_\uparrow(\boldsymbol{x},t), \psi_\downarrow(\boldsymbol{x},t)) \tag{18.2.1}
$$

注意与一般的二分量波函数 $\varPsi(\boldsymbol{x},t) = \begin{pmatrix} \psi_\uparrow(\boldsymbol{x},t) \\ \psi_\downarrow(\boldsymbol{x},t) \end{pmatrix}$, $\varPsi^\dagger(\boldsymbol{x},t) = (\psi^\dagger_\uparrow(\boldsymbol{x},t), \psi^\dagger_\downarrow(\boldsymbol{x},t))$ 的区别. 在动量空间中, 南部波函数为

$$
\varPsi_{\boldsymbol{p}}(t) = \begin{pmatrix} \psi_{\boldsymbol{p}\uparrow}(t) \\ \psi^\dagger_{-\boldsymbol{p}\downarrow}(t) \end{pmatrix}, \quad \varPsi^\dagger_{\boldsymbol{p}}(t) = \left(\psi^\dagger_{\boldsymbol{p}\uparrow}(t), \psi_{-\boldsymbol{p}\downarrow}(t)\right) \tag{18.2.2}
$$

以上定义的波函数称为南部表象下的波函数. 由此定义南部格林函数如下:

$$
\begin{aligned}
G_{\mathrm{N}}(\boldsymbol{x}_1 t_1, \boldsymbol{x}_2 t_2) &= \langle\langle \varPsi(\boldsymbol{x}_1 t_1) | \varPsi^\dagger(\boldsymbol{x}_2 t_2) \rangle\rangle \\
&= \left\langle\!\!\left\langle \begin{pmatrix} \psi_\uparrow(\boldsymbol{x}_1 t_1) \\ \psi^\dagger_\downarrow(\boldsymbol{x}_1 t_1) \end{pmatrix} \middle| (\psi^\dagger_\uparrow(\boldsymbol{x}_2 t_2), \psi_\downarrow(\boldsymbol{x}_2 t_2)) \right\rangle\!\!\right\rangle
\end{aligned}
$$

$$
\begin{aligned}
&= \begin{pmatrix} \langle\langle \psi_\uparrow(\boldsymbol{x}_1 t_1) | \psi_\uparrow^\dagger(\boldsymbol{x}_2 t_2)\rangle\rangle & \langle\langle \psi_\uparrow(\boldsymbol{x}_1 t_1) | \psi_\downarrow(\boldsymbol{x}_2 t_2)\rangle\rangle \\ \langle\langle \psi_\downarrow^\dagger(\boldsymbol{x}_1 t_1) | \psi_\uparrow^\dagger(\boldsymbol{x}_2 t_2)\rangle\rangle & \langle\langle \psi_\downarrow^\dagger(\boldsymbol{x}_1 t_1) | \psi_\downarrow(\boldsymbol{x}_2 t_2)\rangle\rangle \end{pmatrix} \\
&= \begin{pmatrix} G_\uparrow(\boldsymbol{x}_1 t_1, \boldsymbol{x}_2 t_2) & F(\boldsymbol{x}_1 t_1, \boldsymbol{x}_2 t_2) \\ F^+(\boldsymbol{x}_1 t_1, \boldsymbol{x}_2 t_2) & -G_\downarrow(\boldsymbol{x}_2 t_2, \boldsymbol{x}_1 t_1) \end{pmatrix}
\end{aligned} \tag{18.2.3}
$$

非对角元就是已经在第十七章中定义过的反常格林函数. 它们分别表示了产生和湮没一对电子的过程. 相应地, 推迟和超前格林函数如下:

$$
\begin{aligned}
G^{\mathrm{R}}(\boldsymbol{x}_1 t_1, \boldsymbol{x}_2 t_2) &= \langle\langle \varPsi(\boldsymbol{x}_1 t_1) | \varPsi^\dagger(\boldsymbol{x}_2 t_2)\rangle\rangle^{\mathrm{R}} = -\mathrm{i}\theta(t_1 - t_2)\langle\{\varPsi(\boldsymbol{x}_1 t_1), \varPsi^\dagger(\boldsymbol{x}_2 t_2)\}\rangle \\
&= -\mathrm{i}\theta(t_1 - t_2)\left\langle\left\{\begin{pmatrix} \psi_\uparrow(\boldsymbol{x}_1 t_1) \\ \psi_\downarrow^\dagger(\boldsymbol{x}_1 t_1) \end{pmatrix}, (\psi_\uparrow^\dagger(\boldsymbol{x}_2 t_2), \psi_\downarrow(\boldsymbol{x}_2 t_2))\right\}\right\rangle \\
&= -\mathrm{i}\theta(t_1 - t_2)\begin{pmatrix} \langle\{\psi_\uparrow(\boldsymbol{x}_1 t_1), \psi_\uparrow^\dagger(\boldsymbol{x}_2 t_2)\}\rangle & \langle\{\psi_\uparrow(\boldsymbol{x}_1 t_1), \psi_\downarrow(\boldsymbol{x}_2 t_2)\}\rangle \\ \langle\{\psi_\downarrow^\dagger(\boldsymbol{x}_1 t_1), \psi_\uparrow^\dagger(\boldsymbol{x}_2 t_2)\}\rangle & \langle\{\psi_\downarrow^\dagger(\boldsymbol{x}_1 t_1), \psi_\downarrow(\boldsymbol{x}_2 t_2)\}\rangle \end{pmatrix} \\
&= \begin{pmatrix} \langle\langle \psi_\uparrow(\boldsymbol{x}_1 t_1) | \psi_\uparrow^\dagger(\boldsymbol{x}_2 t_2)\rangle\rangle^{\mathrm{R}} & \langle\langle \psi_\uparrow(\boldsymbol{x}_1 t_1) | \psi_\downarrow(\boldsymbol{x}_2 t_2)\rangle\rangle^{\mathrm{R}} \\ \langle\langle \psi_\downarrow^\dagger(\boldsymbol{x}_1 t_1) | \psi_\uparrow^\dagger(\boldsymbol{x}_2 t_2)\rangle\rangle^{\mathrm{R}} & \langle\langle \psi_\downarrow^\dagger(\boldsymbol{x}_1 t_1) | \psi_\downarrow(\boldsymbol{x}_2 t_2)\rangle\rangle^{\mathrm{R}} \end{pmatrix}
\end{aligned} \tag{18.2.4}
$$

$$
\begin{aligned}
G^{A}(\boldsymbol{x}_1 t_1, \boldsymbol{x}_2 t_2) &= \langle\langle \varPsi(\boldsymbol{x}_1 t_1) | \varPsi^\dagger(\boldsymbol{x}_2 t_2)\rangle\rangle^{\mathrm{A}} \\
&= \begin{pmatrix} \langle\langle \psi_\uparrow(\boldsymbol{x}_1 t_1) | \psi_\uparrow^\dagger(\boldsymbol{x}_2 t_2)\rangle\rangle^{\mathrm{A}} & \langle\langle \psi_\uparrow(\boldsymbol{x}_1 t_1) | \psi_\downarrow(\boldsymbol{x}_2 t_2)\rangle\rangle^{\mathrm{A}} \\ \langle\langle \psi_\downarrow^\dagger(\boldsymbol{x}_1 t_1) | \psi_\uparrow^\dagger(\boldsymbol{x}_2 t_2)\rangle\rangle^{\mathrm{A}} & \langle\langle \psi_\downarrow^\dagger(\boldsymbol{x}_1 t_1) | \psi_\downarrow(\boldsymbol{x}_2 t_2)\rangle\rangle^{\mathrm{A}} \end{pmatrix}
\end{aligned} \tag{18.2.5}
$$

它们之间有如下关系:

$$
\{[G(\boldsymbol{x}_1 t_1, \boldsymbol{x}_2 t_2)]^{\mathrm{A}}\}^+ = [G(\boldsymbol{x}_2 t_2, \boldsymbol{x}_1 t_1)]^{\mathrm{R}} \tag{18.2.6}
$$

如果格林函数只是时间差的函数, 那么时间的傅里叶变换满足如下关系:

$$
G^{\mathrm{A}}(\omega) = [G^{\mathrm{R}}(\omega)]^+ \tag{18.2.7}
$$

小于格林函数

$$
\begin{aligned}
G^<(\boldsymbol{x}_1 t_1, \boldsymbol{x}_2 t_2) &= \mathrm{i}\left\langle\left\langle \begin{pmatrix} \psi_\uparrow^\dagger(\boldsymbol{x}_2 t_2) \\ \psi_\downarrow(\boldsymbol{x}_2 t_2) \end{pmatrix} (\psi_\uparrow(\boldsymbol{x}_1 t_1), \psi_\downarrow^\dagger(\boldsymbol{x}_1 t_1)) \right\rangle\right\rangle \\
&= \mathrm{i}\begin{pmatrix} \langle \psi_\uparrow^\dagger(\boldsymbol{x}_2 t_2)\psi_\uparrow(\boldsymbol{x}_1 t_1)\rangle & \langle \psi_\uparrow^\dagger(\boldsymbol{x}_2 t_2)\psi_\downarrow^\dagger(\boldsymbol{x}_1 t_1)\rangle \\ \langle \psi_\downarrow(\boldsymbol{x}_2 t_2)\psi_\uparrow(\boldsymbol{x}_1 t_1)\rangle & \langle \psi_\downarrow(\boldsymbol{x}_2 t_2)\psi_\downarrow^\dagger(\boldsymbol{x}_1 t_1)\rangle \end{pmatrix}
\end{aligned} \tag{18.2.8}
$$

它有如下性质:

$$
[G^<(\boldsymbol{x}_1 t_1, \boldsymbol{x}_2 t_2)]^+ = -[G(\boldsymbol{x}_2 t_2, \boldsymbol{x}_1 t_1)]^< \tag{18.2.9}
$$

设 $G^<$ 是时间差的函数, 其傅里叶变换满足如下关系：

$$G^<(\omega) = -[G^<(\omega)]^+ \tag{18.2.10}$$

类似的, 可写出大于格林函数 $G^>$ 并写出相应的关系.

在动量空间中, 也写成 (18.2.3) 中的形式：

$$\begin{aligned}
G_{\rm N}(\boldsymbol{p},t_1,t_2) &= \langle\langle \Psi_{\boldsymbol{p}}(t_1)|\Psi_{\boldsymbol{p}}^\dagger(t_2)\rangle\rangle \\
&= \left\langle\left\langle \begin{pmatrix} a_{\boldsymbol{p}\uparrow}(t_1) \\ a_{-\boldsymbol{p}\downarrow}^\dagger(t_1) \end{pmatrix} \middle| (a_{\boldsymbol{p}\uparrow}^\dagger(t_2), a_{-\boldsymbol{p}\downarrow}(t_2)) \right\rangle\right\rangle \\
&= \begin{pmatrix} \langle\langle a_{\boldsymbol{p}\uparrow}(t_1)|a_{\boldsymbol{p}\uparrow}^\dagger(t_2)\rangle\rangle & \langle\langle a_{\boldsymbol{p}\uparrow}(t_1)|a_{-\boldsymbol{p}\downarrow}(t_2)\rangle\rangle \\ \langle\langle a_{-\boldsymbol{p}\downarrow}^\dagger(t_1)|a_{\boldsymbol{p}\uparrow}^\dagger(t_2)\rangle\rangle & \langle\langle a_{-\boldsymbol{p}\downarrow}^\dagger(t_1)|a_{-\boldsymbol{p}\downarrow}(t_2)\rangle\rangle \end{pmatrix} \\
&= \begin{pmatrix} G_{\boldsymbol{p}\uparrow}(t_1,t_2) & F_{\boldsymbol{p}}(t_1,t_2) \\ F_{\boldsymbol{p}}^+(t_1,t_2) & -G_{-\boldsymbol{p}\downarrow}(t_2,t_1) \end{pmatrix}
\end{aligned} \tag{18.2.11}$$

同理可写出推迟, 超前, 大于和小于格林函数. 并可写出类似于实空间中的关系式.

18.2.2 南部松原函数

南部表象下的虚时二分量波函数, 只要把原来的实时间 t 换成虚时间τ即可. 在空间表象和动量表象中分别如下：

$$\Psi(\boldsymbol{x}\tau) = \begin{pmatrix} \psi_\uparrow(\boldsymbol{x}\tau) \\ \psi_\downarrow^\dagger(\boldsymbol{x}\tau) \end{pmatrix}, \quad \Psi^\dagger(\boldsymbol{x}\tau) = (\psi_\uparrow^\dagger(\boldsymbol{x}\tau), \psi_\downarrow(\boldsymbol{x}\tau)) \tag{18.2.12}$$

$$\Psi_{\boldsymbol{p}}(\tau) = \begin{pmatrix} a_{\boldsymbol{p}\uparrow}(\tau) \\ a_{-\boldsymbol{p}\downarrow}^\dagger(\tau) \end{pmatrix}, \quad \Psi_{\boldsymbol{p}}^\dagger(\tau) = \left(a_{\boldsymbol{p}\uparrow}{}^\dagger(\tau), a_{-\boldsymbol{p}\downarrow}(\tau)\right) \tag{18.2.13}$$

可以仿照上面写出松原函数. 例如, 动量空间的松原函数是

$$\begin{aligned}
G_{\rm N}(\boldsymbol{p},\tau_1,\tau_2) &= -\langle\langle \Psi_{\boldsymbol{p}}(\tau_1)|\Psi_{\boldsymbol{p}}^\dagger(\tau_2)\rangle\rangle \\
&= -\begin{pmatrix} \langle\langle a_{\boldsymbol{p}\uparrow}(\tau_1)|a_{\boldsymbol{p}\uparrow}^\dagger(\tau_2)\rangle\rangle & \langle\langle a_{\boldsymbol{p}\uparrow}(\tau_1)|a_{-\boldsymbol{p}\downarrow}(\tau_2)\rangle\rangle \\ \langle\langle a_{-\boldsymbol{p}\downarrow}^\dagger(\tau_1)|a_{\boldsymbol{p}\uparrow}^\dagger(\tau_2)\rangle\rangle & \langle\langle a_{-\boldsymbol{p}\downarrow}^\dagger(\tau_1)|a_{-\boldsymbol{p}\downarrow}(\tau_2)\rangle\rangle \end{pmatrix} \\
&= \begin{pmatrix} G_{\boldsymbol{p}\uparrow}(\tau_1-\tau_2) & F_{\boldsymbol{p}}(\tau_1-\tau_2) \\ F_{\boldsymbol{p}}^+(\tau_1-\tau_2) & -G_{-\boldsymbol{p}\downarrow}(\tau_2-\tau_1) \end{pmatrix}
\end{aligned} \tag{18.2.14}$$

原则上, 用热力学格林函数和松原函数处理具体的问题都可以. 在有限温度情形, 解出松原函数之后, 利用解析延拓可得到推迟和超前格林函数.

§18.3 南部松原函数的运动方程及其解

本节我们用松原函数来处理弱耦合超导体. 哈密顿量是 (18.1.5). 这时应该使用巨正则系综的形式.

$$K = H - \mu N \tag{18.3.1}$$

先看算符的运动方程,

$$\begin{aligned}\hbar\frac{\partial}{\partial\tau}a_{\boldsymbol{p}\sigma}(\tau) &= \mathrm{e}^{\tau K/\hbar}[K, a_{\boldsymbol{p}\sigma}]\mathrm{e}^{-\tau K/\hbar} \\ &= -(\varepsilon_{\boldsymbol{p}}-\mu)a_{\boldsymbol{p}\sigma}(\tau) - \sum_{\boldsymbol{q}\neq 0\boldsymbol{k}\alpha} V(\boldsymbol{q})a^{\dagger}_{\boldsymbol{k}-\boldsymbol{q}\alpha}(\tau)a_{\boldsymbol{k}\alpha}(\tau)a_{\boldsymbol{p}-\boldsymbol{q}\sigma}(\tau)\end{aligned} \tag{18.3.2a}$$

同理

$$\hbar\frac{\partial}{\partial\tau}a^{\dagger}_{\boldsymbol{p}\sigma}(\tau) = (\varepsilon_{\boldsymbol{p}}-\mu)a^{\dagger}_{\boldsymbol{p}\sigma}(\tau) - \sum_{\boldsymbol{q}\neq 0\boldsymbol{k}\alpha} V(\boldsymbol{q})a^{\dagger}_{\boldsymbol{p}+\boldsymbol{q}\sigma}(\tau)a^{\dagger}_{\boldsymbol{k}-\boldsymbol{q}\alpha}(\tau)a_{\boldsymbol{k}\alpha}(\tau) \tag{18.3.2b}$$

松原函数的运动方程,

$$\begin{aligned}\hbar\frac{\partial}{\partial\tau_1}G_{\boldsymbol{p}\sigma}(\tau_1,\tau_2) &= -\hbar\frac{\partial}{\partial\tau_1}[\theta(\tau_1-\tau_2)\langle a_{\boldsymbol{p}\sigma}(\tau_1)a^{\dagger}_{\boldsymbol{p}\sigma}(\tau_2)\rangle \\ &\quad - \theta(\tau_2-\tau_1)\langle a^{\dagger}_{\boldsymbol{p}\sigma}(\tau_2)a_{\boldsymbol{p}\sigma}(\tau_1)\rangle] \\ &= -\hbar\delta(\tau_1-\tau_2) - \langle\langle \hbar\frac{\partial}{\partial\tau_1}a_{\boldsymbol{p}\sigma}(\tau_1)|\, a^{\dagger}_{\boldsymbol{p}\sigma}(\tau_2)\rangle\rangle \\ &= -\hbar\delta(\tau_1-\tau_2) - (\varepsilon_{\boldsymbol{p}}-\mu)\langle\langle a_{\boldsymbol{p}\sigma}(\tau_1)|a^{\dagger}_{\boldsymbol{p}\sigma}(\tau_2)\rangle\rangle \\ &\quad + \sum_{\boldsymbol{q}\neq 0\boldsymbol{k}\alpha} V(\boldsymbol{q})\langle\langle a^{\dagger}_{\boldsymbol{k}-\boldsymbol{q}\alpha}(\tau_1)a_{\boldsymbol{k}\alpha}(\tau_1)a_{\boldsymbol{p}-\boldsymbol{q}\sigma}(\tau_1)|a^{\dagger}_{\boldsymbol{p}\sigma}(\tau_2)\rangle\rangle\end{aligned} \tag{18.3.3}$$

最后一项做分解近似, 排除 $\boldsymbol{q}=0$ 之后, 有以下几种情况:

$$\begin{aligned}&\langle\langle a^{\dagger}_{\boldsymbol{k}-\boldsymbol{q}\alpha}(\tau_1)a_{\boldsymbol{k}\alpha}(\tau_1)a_{\boldsymbol{p}-\boldsymbol{q}\sigma}(\tau_1)|a^{\dagger}_{\boldsymbol{p}\sigma}(\tau_2)\rangle\rangle \\ &= \langle\langle a^{\dagger}_{\boldsymbol{k}-\boldsymbol{q}\alpha}(\tau_1^{+})|a_{\boldsymbol{p}-\boldsymbol{q}\sigma}(\tau_1)\rangle\rangle\langle\langle a_{\boldsymbol{k}\alpha}(\tau_1)|a^{\dagger}_{\boldsymbol{p}\sigma}(\tau_2)\rangle\rangle \\ &\quad + \langle\langle a_{\boldsymbol{p}-\boldsymbol{q}\sigma}(\tau_1)|a_{\boldsymbol{k}\alpha}(\tau_1)\rangle\rangle\langle\langle a^{\dagger}_{\boldsymbol{k}-\boldsymbol{q}\alpha}(\tau_1)|a^{\dagger}_{\boldsymbol{p}\sigma}(\tau_2)\rangle\rangle\end{aligned} \tag{18.3.4}$$

第一项中, 第一个因子就是 $\langle a^{\dagger}_{\boldsymbol{k}-\boldsymbol{q}\alpha}a_{\boldsymbol{p}-\boldsymbol{q}\sigma}\rangle$, 它只有在 $\boldsymbol{k}=\boldsymbol{p}$, $\alpha=\sigma$ 时才不为零. 第二个因子是正常格林函数 $G_{\boldsymbol{p}\sigma}(\tau_1,\tau_2)$. 第二项中, 是两个反常格林函数, 但必须是 $\boldsymbol{k}=-\boldsymbol{p}+\boldsymbol{q}$, $\alpha=-\sigma$. 因此, 这两项分别是

$$\begin{aligned}&\langle\langle a_{\boldsymbol{k}-\boldsymbol{q}\alpha^{\dagger}}(\tau_1^{+})|a_{\boldsymbol{p}-\boldsymbol{q}\sigma}(\tau_1)\rangle\rangle\langle\langle a_{\boldsymbol{k}}\alpha(\tau_1)|a^{\dagger}_{\boldsymbol{p}\sigma}(\tau_2)\rangle\rangle \\ &= \delta_{\boldsymbol{p},\boldsymbol{k}}\delta_{\alpha\sigma}n_{\boldsymbol{p}-\boldsymbol{q}\sigma}G_{\boldsymbol{p}\sigma}(\tau_1,\tau_2)\end{aligned} \tag{18.3.5a}$$

$$\begin{aligned}&\langle\langle a_{\boldsymbol{p}-\boldsymbol{q}\sigma}(\tau_1^+)|a_{\boldsymbol{k}\alpha}(\tau_1)\rangle\rangle\langle\langle a_{\boldsymbol{k}-\boldsymbol{q}\alpha}^\dagger(\tau_1)|a_{\boldsymbol{p}\sigma}^\dagger(\tau_2)\rangle\rangle\\&=\delta_{\boldsymbol{p}-\boldsymbol{q},-k}\delta_{\alpha,-\sigma}F_{\boldsymbol{p}-\boldsymbol{q}}(0)F_{\boldsymbol{p}}^+(\tau_1,\tau_2)\end{aligned}\tag{18.3.5b}$$

式 (18.3.3) 最后一项就成为

$$\begin{aligned}&\sum_{\boldsymbol{q}\neq 0\boldsymbol{k}\alpha}V(\boldsymbol{q})\langle\langle a_{\boldsymbol{k}-\boldsymbol{q}\alpha}^\dagger(\tau_1)a_{\boldsymbol{k}\alpha}(\tau_1)a_{\boldsymbol{p}-\boldsymbol{q}\sigma}(\tau_1)|a_{\boldsymbol{p}\sigma}^\dagger(\tau_2)\rangle\rangle\\&=\sum_{\boldsymbol{q}\neq 0}V(\boldsymbol{q})[n_{\boldsymbol{p}-\boldsymbol{q}\sigma}G_{\boldsymbol{k}\sigma}(\tau_1,\tau_2)-F_{\boldsymbol{p}-\boldsymbol{q}}(0)F_{\boldsymbol{p}}^+(\tau_1,\tau_2)]\end{aligned}\tag{18.3.6}$$

定义能隙函数

$$\Delta(\boldsymbol{p})=-\sum_{\boldsymbol{q}\neq 0}V(\boldsymbol{q})F_{\boldsymbol{p}-\boldsymbol{q}}(\tau_1-\tau_2\to 0)=|\Delta(\boldsymbol{p})|\mathrm{e}^{\mathrm{i}\phi}\tag{18.3.7}$$

和自能函数

$$\Sigma(\boldsymbol{p})=-\sum_{\boldsymbol{q}\neq 0}V(\boldsymbol{q})n_{\boldsymbol{p}-\boldsymbol{q}\sigma}\tag{18.3.8}$$

能隙函数一般来说是个复数. 运动方程为

$$\begin{aligned}\hbar\frac{\partial}{\partial\tau_1}G_{\boldsymbol{p}\sigma}(\tau_1,\tau_2)=&-\hbar\delta(\tau_1-\tau_2)+(\varepsilon_{\boldsymbol{p}}-\mu)G_{\boldsymbol{p}\sigma}(\tau_1,\tau_2)\\&-\Sigma(\boldsymbol{p})G_{\boldsymbol{p}\sigma}(\tau_1,\tau_2)+\Delta(\boldsymbol{p})F_{\boldsymbol{p}}^+(\tau_1,\tau_2)\end{aligned}\tag{18.3.9}$$

其中自能项 $\Sigma(\boldsymbol{p})$ 在弱耦合理论中被忽略, 也可以认为它被合并到动能项里面:

$$\varepsilon_{\boldsymbol{p}}-\Sigma(\boldsymbol{p})\to\varepsilon_{\boldsymbol{p}}\tag{18.3.10}$$

反常松原函数的运动方程

$$\begin{aligned}\hbar\frac{\partial}{\partial\tau_1}F_{\boldsymbol{p}}^+(\tau_1,\tau_2)=&-\frac{\partial}{\partial\tau_1}[\theta(\tau_1-\tau_2)\langle a_{-\boldsymbol{p}\downarrow}^\dagger(\tau_1)a_{\boldsymbol{p}\uparrow}^\dagger(\tau_2)\rangle\\&-\theta(\tau_2-\tau_1)\langle a_{\boldsymbol{p}\uparrow}^\dagger(\tau_2)a_{-\boldsymbol{p}\downarrow}^\dagger(\tau_1)\rangle]\\=&-\langle\langle\hbar\frac{\partial}{\partial\tau_1}a_{-\boldsymbol{p}\downarrow}^\dagger(\tau_1)|a_{\boldsymbol{p}\uparrow}^\dagger(\tau_2)\rangle\rangle\\=&(\varepsilon_{\boldsymbol{p}}-\mu)\langle\langle a_{-\boldsymbol{p}\downarrow}^\dagger(\tau_1)|a_{\boldsymbol{p}\uparrow}^\dagger(\tau_2)\rangle\rangle\\&+\sum_{\boldsymbol{q}\neq 0\boldsymbol{k}\alpha}V(\boldsymbol{q})\langle\langle a_{-\boldsymbol{p}+\boldsymbol{q}\downarrow}^\dagger(\tau_1)a_{\boldsymbol{k}-\boldsymbol{q}\alpha}^\dagger(\tau_1)a_{\boldsymbol{k}\alpha}(\tau_1)|a_{\boldsymbol{p}\uparrow}^\dagger(\tau_2)\rangle\rangle\end{aligned}\tag{18.3.11}$$

最后一项分解做分解近似后结果如下：

$$\begin{aligned}
&\sum_{q\neq 0k\alpha} V(\boldsymbol{q})\langle\langle a^{\dagger}_{-\boldsymbol{p}+\boldsymbol{q}\downarrow}(\tau_1)a^{\dagger}_{\boldsymbol{k}-\boldsymbol{q}\alpha}(\tau_1)a_{\boldsymbol{k}\alpha}(\tau_1)|a^{\dagger}_{\boldsymbol{p}\uparrow}(\tau_2)\rangle\rangle \\
&=\sum_{q\neq 0k\alpha} V(\boldsymbol{q})\{\langle\langle a^{\dagger}_{-\boldsymbol{p}+\boldsymbol{q}\downarrow}(\tau_1^{\dagger})|a^{\dagger}_{\boldsymbol{p}-\boldsymbol{q}\alpha}(\tau_1)\rangle\rangle\langle\langle a_{\boldsymbol{p}\alpha}(\tau_1)|a^{\dagger}_{\boldsymbol{p}\uparrow}(\tau_2)\rangle\rangle\delta_{\alpha\uparrow}\delta_{\boldsymbol{p}\boldsymbol{k}} \\
&\quad+\langle\langle a^{\dagger}_{-\boldsymbol{p}+\boldsymbol{q}\downarrow}(\tau_1^{\dagger})|a_{\boldsymbol{k}\alpha}(\tau)\rangle\rangle\langle\langle a^{\dagger}_{\boldsymbol{k}-\boldsymbol{q}\alpha}(\tau_1)|a^{\dagger}_{\boldsymbol{p}\uparrow}(\tau_2)\rangle\rangle\delta_{\alpha,\downarrow}\delta_{-\boldsymbol{p},\boldsymbol{k}-\boldsymbol{q}}\} \\
&=\sum_{q\neq 0} V(\boldsymbol{q})\ \{F^{+}_{\boldsymbol{p}-\boldsymbol{q}}(0)G_{\boldsymbol{p}\uparrow}(\tau_1,\tau_2)+F^{+}_{\boldsymbol{p}}(\tau_1,\tau_2)n_{-\boldsymbol{p}+\boldsymbol{q}}\downarrow\} \\
&=\Delta^{*}(\boldsymbol{p})G_{\boldsymbol{p}\uparrow}(\tau_1,\tau_2)-F^{+}_{\boldsymbol{p}}(\tau_1,\tau_2)\Sigma(\boldsymbol{p})
\end{aligned}\tag{18.3.12}$$

运动方程最后成为

$$\hbar\frac{\partial}{\partial\tau_1}F^{+}_{\boldsymbol{p}}(\tau_1,\tau_2)=(\varepsilon_{\boldsymbol{p}}-\mu)F^{+}_{\boldsymbol{p}}(\tau_1,\tau_2)+\Delta^{*}(\boldsymbol{p})G_{\boldsymbol{p}\uparrow}(\tau_1,\tau_2)-F^{+}_{\boldsymbol{p}}(\tau_1,\tau_2)\Sigma(\boldsymbol{p})\tag{18.3.13}$$

对于自能项, 仍然如 (18.3.10) 式, 合并到动能项中. 为简洁起见, 记

$$\xi_{\boldsymbol{p}}=\varepsilon_{\boldsymbol{p}}-\mu\tag{18.3.14}$$

由此我们得到了一组方程：

$$\left(-\hbar\frac{\partial}{\partial\tau_1}-\xi_{\boldsymbol{p}}\right)G_{\boldsymbol{p}\sigma}(\tau_1,\tau_2)+\Delta(\boldsymbol{p})F^{+}_{\boldsymbol{p}}(\tau_1,\tau_2)=\delta(\tau_1-\tau_2)\tag{18.3.15a}$$

$$\left(-\hbar\frac{\partial}{\partial\tau_1}+\xi_{\boldsymbol{p}}\right)F^{+}_{\boldsymbol{p}}(\tau_1,\tau_2)+\Delta^{*}(\boldsymbol{p})G_{\boldsymbol{p}\uparrow}(\tau_1,\tau_2)=0\tag{18.3.15b}$$

这一方程组可以统一地写成矩阵的形式

$$\begin{pmatrix} -\hbar\dfrac{\partial}{\partial\tau_1}-\xi_{\boldsymbol{p}} & \Delta(\boldsymbol{p}) \\ \Delta^{*}(\boldsymbol{p}) & -\hbar\dfrac{\partial}{\partial\tau_1}+\xi_{\boldsymbol{p}} \end{pmatrix} G_{\mathrm{N}}(\boldsymbol{p},\tau_1,\tau_2)=\hbar\delta(\tau_1-\tau_2)\begin{pmatrix}1 & 0\\ 0 & 1\end{pmatrix}\tag{18.3.16}$$

其中南部松原函数的形式见 (18.2.14) 式.

对于热力学格林函数, 我们可以按照以上同样的路径, 推导出相应的一组方程. 我们只给出最后的结果. 以下公式是实空间的形式.

$$\begin{pmatrix} -\mathrm{i}\hbar\dfrac{\partial}{\partial t}+\hbar^2\dfrac{\nabla^2}{2m}+\mu & \Delta \\ \Delta^{*} & -\mathrm{i}\hbar\dfrac{\partial}{\partial t}-\hbar^2\dfrac{\nabla^2}{2m}-\mu \end{pmatrix} G_{\mathrm{N}}(x,x')=\hbar\delta(x-x')\begin{pmatrix}1 & 0\\ 0 & 1\end{pmatrix}\tag{18.3.17}$$

其中格林函数是 (18.2.3) 式. 如果系统是空间均匀的, 格林函数就是空间坐标差的函数. 对 (18.3.17) 式做空间的傅里叶变换, 就得到相应的动量空间中的形式.

对于松原函数, 我们也应该先得到坐标空间的方程, 然后在空间均匀的条件下, 用傅里叶变换得到动量空间的形式. 因此, 我们在得到 (18.3.16) 式时已经假定了空间的均匀性. (18.3.16) 式和 (18.3.17) 式样都被称为戈里科夫方程组. 下面来解此方程组.

我们现在假定松原函数只与虚时差有关. $G_{\mathrm{N}}(\boldsymbol{p},\tau_1,\tau_2)=G_{\mathrm{N}}(\boldsymbol{p},\tau_1-\tau_2)$. 其实在 (18.3.6) 中写出 $F(0)$ 并由此定义能隙函数 (18.3.7) 式时, 我们已经假定了反常格林函数是虚时差的函数. 对 (18.3.16) 式中松原函数做虚时傅里叶变换.

$$G_{\mathrm{N}}(\boldsymbol{p},\tau_1-\tau_2)=\frac{1}{\beta}\sum_n \mathrm{e}^{-\mathrm{i}\omega_n(\tau_1-\tau_2)}G_{\mathrm{N}}(\boldsymbol{p},\mathrm{i}\omega_n) \tag{18.3.18}$$

此处应注意, G_{N} 的 11 矩阵元 $G_{\boldsymbol{p}\uparrow}(\tau_1-\tau_2)$ 的傅里叶变换是 $G_{\boldsymbol{p}\uparrow}(\mathrm{i}\boldsymbol{\omega_n})$. 不过, G_{N} 的 22 矩阵元 $G_{-\boldsymbol{p}\downarrow}(\tau_2-\tau_1)$ 是$\tau_2-\tau_1$ 的函数, 因此其傅里叶变换应是 $G_{-\boldsymbol{p}\downarrow}(-\mathrm{i}\omega_n)$.(18.3.16) 成为

$$\begin{pmatrix} \mathrm{i}\hbar\omega_n-\xi_{\boldsymbol{p}} & \Delta(\boldsymbol{p}) \\ \Delta^*(\boldsymbol{p}) & \mathrm{i}\hbar\omega_n+\xi_{\boldsymbol{p}} \end{pmatrix}\begin{pmatrix} G_{\boldsymbol{p}\uparrow}(\mathrm{i}\omega_n) & F_{\boldsymbol{p}}(\mathrm{i}\omega_n) \\ F^+_{\boldsymbol{p}}(\mathrm{i}\omega_n) & -G_{-\boldsymbol{p}\downarrow}(-\mathrm{i}\omega_n) \end{pmatrix}=\hbar\begin{pmatrix} 1 & 0 \\ 0 & 1 \end{pmatrix} \tag{18.3.19}$$

由此方程组容易解出南部松原函数的解.

$$G_{\mathrm{N}}(\boldsymbol{p},\mathrm{i}\omega_n)=-\frac{1}{\hbar^2\omega_n^2+E_{\boldsymbol{p}^2}}\begin{pmatrix} -\mathrm{i}\hbar\omega_n-\xi_{\boldsymbol{p}} & \Delta(\boldsymbol{p}) \\ \Delta^*(\boldsymbol{p}) & -\mathrm{i}\hbar\omega_n+\xi_{\boldsymbol{p}} \end{pmatrix} \tag{18.3.20}$$

其中令

$$E_{\boldsymbol{p}}=\sqrt{\xi_{\boldsymbol{p}}^2+|\Delta(\boldsymbol{p})|^2} \tag{18.3.21}$$

这一松原函数的解有以下性质:

(1) 反常松原函数是频率的偶函数.

$$F(\boldsymbol{p},-\mathrm{i}\omega_n)=F(\boldsymbol{p},\mathrm{i}\omega_n) \tag{18.3.22}$$

由于 (18.3.18) 中 $\mathrm{i}\omega_n$ 的位置关于实轴对称, 对 $\mathrm{i}\omega_n$ 的求和可以换成对 $-\mathrm{i}\omega_n$ 的求和.

$$\begin{aligned} F(\boldsymbol{p},\tau_1-\tau_2)&=\frac{1}{\beta}\sum_n \mathrm{e}^{-\mathrm{i}\omega_n(\tau_1-\tau_2)}F(\boldsymbol{p},-\mathrm{i}\omega_n) \\ &=\frac{1}{\beta}\sum_n \mathrm{e}^{-\mathrm{i}\omega_n(\tau_2-\tau_1)}F(\boldsymbol{p},\mathrm{i}\omega_n)=F(\boldsymbol{p},\tau_2-\tau_1) \end{aligned} \tag{18.3.23}$$

即反常松原函数也是虚时差的偶函数.

(2) 当能隙为零, 表示体系无相互作用, 那么, 松原函数自动退化为无相互作用系统的松原函数.

$$G_{\mathrm{N}\boldsymbol{p}}(\mathrm{i}\omega_n)=\begin{pmatrix}1/(\mathrm{i}\hbar\omega_n-\xi_{\boldsymbol{p}}) & 0\\ 0 & -1/(\mathrm{i}\hbar\omega_n+\xi_{\boldsymbol{p}})\end{pmatrix} \tag{18.3.24}$$

其中, 无相互作用系统的反常松原函数确实为零.

(3) 格林函数的极点就是激发谱. 为此, 需要把松原函数延拓成推迟格林函数. 先把极点明确写出.

$$G_{\boldsymbol{p}}(\mathrm{i}\omega_n)=\frac{\mathrm{i}\hbar\omega_n+\xi_{\boldsymbol{p}}}{\hbar^2\omega_n^2+E_{\boldsymbol{p}}^2}=\frac{1}{2}\Big(1+\frac{\xi_{\boldsymbol{p}}}{E_{\boldsymbol{p}}}\Big)\frac{1}{\mathrm{i}\hbar\omega_n-E_{\boldsymbol{p}}}+\frac{1}{2}\Big(1-\frac{\xi_{\boldsymbol{p}}}{E_{\boldsymbol{p}}}\Big)\frac{1}{\mathrm{i}\hbar\omega_n+E_{\boldsymbol{p}}} \tag{18.3.25}$$

令

$$u_{\boldsymbol{p}}^2=\frac{1}{2}\left(1+\frac{\xi_{\boldsymbol{p}}}{E_{\boldsymbol{p}}}\right),\quad v_{\boldsymbol{p}}^2=\frac{1}{2}\left(1-\frac{\xi_{\boldsymbol{p}}}{E_{\boldsymbol{p}}}\right) \tag{18.3.26}$$

此处定义的两个量的形式与有凝聚的玻色流体中的量时一样的, 见 (17.4.27). 可见, 超导体中的凝聚与一般玻色流体中的凝聚性质上是一样的. 由此定义得以下关系:

$$v_{\boldsymbol{p}}^2+u_{\boldsymbol{p}}^2=1,\quad u_{\boldsymbol{p}}^2-v_{\boldsymbol{p}}^2=\frac{\xi_{\boldsymbol{p}}}{E_{\boldsymbol{p}}},\quad 2u_{\boldsymbol{p}}v_{\boldsymbol{p}}=\left(1-\frac{\xi_{\boldsymbol{p}}^2}{E_{\boldsymbol{p}}^2}\right)^{1/2}=\frac{|\Delta(\boldsymbol{p})|}{E_{\boldsymbol{p}}} \tag{18.3.27}$$

松原函数和反常松原函数写成

$$G_{\boldsymbol{p}}(\mathrm{i}\omega_n)=\frac{u_{\boldsymbol{p}}^2}{\mathrm{i}\hbar\omega_n-E_{\boldsymbol{p}}}+\frac{v_{\boldsymbol{p}}^2}{\mathrm{i}\hbar\omega_n+E_{\boldsymbol{p}}} \tag{18.3.28a}$$

$$F_{\boldsymbol{p}}(\mathrm{i}\omega_n)=-\mathrm{e}^{\mathrm{i}\phi}u_{\boldsymbol{p}}v_{\boldsymbol{p}}\left(\frac{1}{\mathrm{i}\hbar\omega_n-E_{\boldsymbol{p}}}-\frac{1}{\mathrm{i}\hbar\omega_n+E_{\boldsymbol{p}}}\right) \tag{18.3.28b}$$

现在令 $\mathrm{i}\omega_n\to\omega+\mathrm{i}0^+$, 解析延拓成推迟格林函数.

$$G^{\mathrm{R}}(\boldsymbol{p},\omega)=\frac{u_{\boldsymbol{p}}^2}{\hbar\omega-E_{\boldsymbol{p}}+\mathrm{i}0^+}+\frac{v_{\boldsymbol{p}}^2}{\hbar\omega+E_{\boldsymbol{p}}+\mathrm{i}0^+} \tag{18.3.29a}$$

$$F^{\mathrm{R}}(\boldsymbol{p},\omega)=-\mathrm{e}^{\mathrm{i}\phi}\frac{|\Delta(\boldsymbol{p})|}{2E_{\boldsymbol{p}}}\left[\frac{1}{\hbar\omega-E_{\boldsymbol{p}}+\mathrm{i}0^+}-\frac{1}{\hbar\omega+E_{\boldsymbol{p}}+\mathrm{i}0^+}\right] \tag{18.3.29b}$$

$u_{\boldsymbol{p}}^2$ 和 $v_{\boldsymbol{p}}^2$ 就是格林函数的极点的留数. 由格林函数计算谱函数

$$A(\boldsymbol{p},\omega)=-2\mathrm{Im}G^{\mathrm{R}}(\boldsymbol{p},\omega)=2\pi[u_{\boldsymbol{p}}^2\delta(\omega-E_{\boldsymbol{p}})+v_{\boldsymbol{p}}^2\delta(\omega+E_{\boldsymbol{p}})] \tag{18.3.30}$$

激发谱的能量就是 (18.3.21) 式, 是个正数. 在下面的讨论中, 我们假定能隙函数 Δ是个实数且不依赖于动量.

$$\Delta(\boldsymbol{p})=\Delta$$

在后面将对哈密顿量做平均场近似, 可以看到这是平均场近似的自然结果.

§18.4　一些物理量的计算

1. 能隙函数的自洽方程

激发一个电子的能量至少是 Δ. 因此在激发态和基态之间有一能隙. 但注意这一能隙并不是 Δ. 由于超导基态中电子是配对的, 电子只能成对地湮没或者产生. 因而不能只激发一个电子. 必须在超导态中同时湮没两个电子, 把它们送到激发态上. 假定到达激发态后这两个电子的能量是 $E(p_1)$ 和 $E(p_2)$, 那么: $E(p_1)+E(p_2)>2\Delta$. 至少需要 2Δ 才能实现电子的激发. 因此 2Δ 才是超导态的真正的能隙.

我们设库仑相互作用的傅里叶分量是常量:

$$V(\boldsymbol{p})=-\lambda \tag{18.4.1}$$

把反常松原函数代入能隙函数的定义 (18.3.7) 式,

$$\begin{aligned}\Delta&=\lambda\sum_{\boldsymbol{q}\neq 0}F_{\boldsymbol{p}-\boldsymbol{q}}(\tau_1-\tau_2=0^+)=\lambda\sum_{\boldsymbol{q}}F_{\boldsymbol{q}}(\tau_1-\tau_2=0^+)\\&=\frac{\lambda}{\beta}\frac{1}{(2\pi)^3}\int\mathrm{d}\boldsymbol{p}\sum_n F(\boldsymbol{p},\mathrm{i}\omega_n)\mathrm{e}^{\mathrm{i}\omega_n 0^+}\\&=\frac{\lambda}{\beta}\frac{1}{(2\pi)^3}\int\mathrm{d}\boldsymbol{p}\sum_n \mathrm{e}^{\mathrm{i}\omega_n 0^+}\frac{\Delta}{\hbar^2\omega_n^2+E_{\boldsymbol{p}}^2}\end{aligned}\tag{18.4.2}$$

这是求能隙的自洽方程. 此处把对动量的求和写成了积分. 此式两边的 Δ 可以约去. 但是 $E(\boldsymbol{p})$ 还含有 Δ. 求和中的频率是费米子的频率. $\omega_n=(2n+1)\pi/\beta$. 上式中我们特意保留了求和收敛因子. 根据 (11.3.43) 式, 上式成为

$$\begin{aligned}1&=\frac{\lambda}{\beta}\frac{1}{(2\pi)^3}\int\mathrm{d}\boldsymbol{p}\sum_n \mathrm{e}^{\mathrm{i}\omega_n 0^+}\frac{1}{2E_{\boldsymbol{p}}}\left(\frac{1}{\mathrm{i}\omega_n-E_{\boldsymbol{p}}}-\frac{1}{\mathrm{i}\omega_n+E_{\boldsymbol{p}}}\right)\\&=-\frac{\lambda}{2(2\pi)^3}\int\mathrm{d}\boldsymbol{p}\frac{1}{E_{\boldsymbol{p}}}\left(\frac{1}{\mathrm{e}^{\beta E_{\boldsymbol{p}}}+1}-\frac{1}{\mathrm{e}^{-\beta E_{\boldsymbol{p}}}+1}\right)\\&=\frac{\lambda}{2}\frac{1}{(2\pi)^3}\int\mathrm{d}\boldsymbol{p}\frac{1}{E_{\boldsymbol{p}}}\tanh\frac{\beta E_{\boldsymbol{p}}}{2}\end{aligned}\tag{18.4.3}$$

现在把对动量的积分换成对能量的积分

$$\frac{1}{(2\pi)^3}\int\mathrm{d}\boldsymbol{p}\to\int N(\xi)\mathrm{d}\xi=N(0)\int\mathrm{d}\xi \tag{18.4.4}$$

这儿把态密度用化学势处的态密度来近似. 进一步, 近似成零温时的化学势, 也就是费米能处的态密度. 费米能处的态密度是

$$N(0)=\frac{Nk_{\mathrm{F}}}{2\pi^2} \tag{18.4.5}$$

由于能量是以化学势为零点的, 所以能量可正可负. 把能量的积分上限设为有限值 $\hbar\omega_{\rm D}$. 自洽方程 (18.4.3) 式简化为

$$\lambda N(0)\int_0^{\hbar\omega_{\rm D}} {\rm d}\xi \frac{1}{\sqrt{\xi^2+\Delta(T)^2}}\tanh\frac{\beta\sqrt{\xi^2+\Delta(T)^2}}{2}=1 \tag{18.4.6}$$

此处我们明确写出能隙是温度的函数.

2. 零温时的能隙

$T=0$ 时, $\tanh(\beta\sqrt{\xi^2+\Delta^2(0)}/2)=1$.

$$\begin{aligned}\frac{1}{\lambda N(0)}&=\int_0^{\hbar\omega_{\rm D}}{\rm d}\xi\frac{1}{\sqrt{\xi^2+\Delta^2(0)}}=\ln\left|\left[\xi+\sqrt{\xi^2+\Delta^2(0)}\right]\right|_0^{\hbar\omega_{\rm D}}\\&=\ln\frac{\hbar\omega_{\rm D}+\sqrt{\hbar^2\omega_{\rm D}^2+\Delta^2(0)}}{\Delta(0)}\approx\ln\frac{2\hbar\omega_{\rm D}}{\Delta(0)}\end{aligned} \tag{18.4.7}$$

此处设能量上限远大于 $\Delta(0)$.

$$\omega_{\rm D}\gg\Delta(0) \tag{18.4.8}$$

此式称为弱耦合极限. 零温时的能隙

$$E_{\rm g}=2\Delta(0)=4\hbar\omega_{\rm D}{\rm e}^{-1/\lambda N(0)} \tag{18.4.9}$$

这个量随着相互作用强度减弱或者费米能处的态密度的减弱而迅速趋于零.

3. 临界温度 $T_{\rm C}$

在超导转变温度 $T_{\rm C}=1/\beta_{\rm C}$, 超导态转入正常态, 此时能隙消失, $\Delta(T_{\rm C})=0$. 做变量代换 $z=\beta_{\rm C}\xi/2, Z=\beta_{\rm C}\hbar\omega_{\rm D}/2$. 积分变量变成无量纲量.

$$\frac{1}{\lambda N(0)}=\int_0^Z{\rm d}z\frac{\tanh z}{z}=[(\tanh z)(\ln z)]\Big|_0^Z-\int_0^Z{\rm d}z(\ln z)({\rm sech}^2 z) \tag{18.4.10}$$

其中用了一次分部积分. 在第一项中, 可以认为 Z 足够大, 取 $\tanh Z=1$. 第二项的积分收敛很快, 可把上限扩展为无穷大. 积分的结果是 $-\ln\dfrac{4{\rm e}^\gamma}{\pi}$. 其中 γ 是欧拉常数.

$$\frac{1}{\lambda N(0)}=\ln\frac{\beta_{\rm C}\hbar\omega_{\rm D}}{2}+\ln\frac{4{\rm e}^\gamma}{\pi} \tag{18.4.11}$$

解出 $T_{\rm C}$,

$$k_{\rm B}T_{\rm C}=\frac{2{\rm e}^\gamma}{\pi}\hbar\omega_{\rm D}{\rm e}^{-1/\lambda N(0)}=1.13\omega_{\rm D}{\rm e}^{-1/\lambda N(0)} \tag{18.4.12}$$

它随相互作用强度和费米能处的态密度的关系与零温能隙完全一样. 这两者之比

$$\frac{E_{\rm g}}{k_{\rm B}T_{\rm C}}=2\pi{\rm e}^{-\gamma}=3.52 \tag{18.4.13}$$

4. 能隙随温度的函数 $\Delta(T)$

能隙函数 $\Delta(T)$ 随温度的关系由 (18.4.6) 确定. 一般温度下, 只能做数值计算. 在温度接近零温和超导转变温度时, 有以下近似表达式:

$$\Delta(T)=\Delta(0)-\sqrt{2\pi\Delta(0)k_{\mathrm{B}}T}\exp[-\Delta(0)/(k_{\mathrm{B}}T)],\quad T\ll T_{\mathrm{C}} \tag{18.4.14}$$

$$\begin{aligned}\Delta(T)&=\pi k_{\mathrm{B}}T_{\mathrm{C}}\sqrt{\frac{8}{7\zeta(3)}}\left(1-\frac{T}{T_{\mathrm{C}}}\right)^{1/2}\\&=3.06k_{\mathrm{B}}T_{\mathrm{C}}\left(1-\frac{T}{T_{\mathrm{C}}}\right)^{1/2},\quad T_{\mathrm{C}}-T\ll T_{\mathrm{C}}\end{aligned} \tag{18.4.15}$$

5. 激发谱的态密度

$$\rho(E)=\left(\frac{\mathrm{d}E}{\mathrm{d}\xi}\right)^{-1}=\left(\frac{\xi}{\sqrt{\xi^2+|\Delta|^2}}\right)^{-1}=\frac{E}{\sqrt{E^2-|\Delta|^2}} \tag{18.4.16}$$

注意 E 是超导态中准粒子的能量. 上式则是超导态中准粒子的态密度. 如果要研究一个超导态和其他的超导或者非超导的材料的连接, 就需要用到超导态中准粒子的态密度, 就是此式.

§18.5　平均场近似下的哈密顿量

在 §18.3 的推导过程中, 我们陆续做了一些近似. 实际上, 我们可以先把 (18.1.1) 式的哈密顿量中的相互作用部分做近似. 由此得到的结果是一样的. 设

$$V(\boldsymbol{x}-\boldsymbol{x}')=-\lambda\delta(\boldsymbol{x}-\boldsymbol{x}') \tag{18.5.1}$$

那么

$$H_1=-\frac{\lambda}{2}\sum_{\alpha,\beta}\int\mathrm{d}\boldsymbol{x}\psi_\alpha^\dagger(\boldsymbol{x})\psi_\beta^\dagger(\boldsymbol{x})\psi_\beta(\boldsymbol{x})\psi_\alpha(\boldsymbol{x}) \tag{18.5.2}$$

再做作平均场近似,

$$H_1=-\frac{\lambda}{2}\sum_{\alpha,\beta}\int\mathrm{d}\boldsymbol{x}[\langle\psi_\alpha^\dagger(\boldsymbol{x})\psi_\beta^\dagger(\boldsymbol{x})\rangle\psi_\beta(\boldsymbol{x})\psi_\alpha(\boldsymbol{x})+\psi_\alpha^\dagger(\boldsymbol{x})\psi_\beta^\dagger(\boldsymbol{x})\langle\psi_\beta(\boldsymbol{x})\psi_\alpha(\boldsymbol{x})\rangle] \tag{18.5.3}$$

显然, 只能同时湮没或者产生一对自旋相反的粒子, 在这个约束条件下对自旋求和.

$$H_1=-\lambda\int\mathrm{d}\boldsymbol{x}[\langle\psi_\uparrow^\dagger(\boldsymbol{x})\psi_\downarrow^\dagger(\boldsymbol{x})\rangle\psi_\downarrow(\boldsymbol{x})\psi_\uparrow(\boldsymbol{x})+\psi_\uparrow^\dagger(\boldsymbol{x})\psi_\downarrow^\dagger(\boldsymbol{x})\langle\psi_\downarrow(\boldsymbol{x})\psi_\uparrow(\boldsymbol{x})\rangle] \tag{18.5.4}$$

这是在实空间中做平均场近似之后的哈密顿量. 在 $\boldsymbol{k}$ 空间中, 则从 (18.1.5) 式出发. (18.5.1) 式的傅里叶变换为：$V(\boldsymbol{q})=-\lambda$. (18.1.5) 式就成为

$$H_1=-\frac{\lambda}{2}\sum_{\boldsymbol{kpq}\alpha,\beta}a^{\dagger}_{\boldsymbol{k}+\boldsymbol{q}\alpha}a^{\dagger}_{\boldsymbol{p}-\boldsymbol{q}\beta}a_{\boldsymbol{p}\beta}a_{\boldsymbol{k}\alpha} \tag{18.5.5}$$

因库伯对中两个电子的动量必须相反, 所以只能取 $\boldsymbol{p}=-\boldsymbol{k}$.

$$\begin{aligned}H_1&=-\frac{\lambda}{2}\sum_{\boldsymbol{kpq}\alpha,\beta}a^{\dagger}_{\boldsymbol{k}+\boldsymbol{q}\alpha}a^{\dagger}_{\boldsymbol{p}-\boldsymbol{q}\beta}a_{\boldsymbol{p}\beta}a_{\boldsymbol{k}\alpha}\delta_{\boldsymbol{p},-\boldsymbol{k}}\\&=-\frac{\lambda}{2}\sum_{\boldsymbol{kq}\alpha,\beta}a^{\dagger}_{\boldsymbol{k}+\boldsymbol{q}\alpha}a^{\dagger}_{-\boldsymbol{k}-\boldsymbol{q}\beta}a_{-\boldsymbol{k}\beta}a_{\boldsymbol{k}\alpha}\\&=-\frac{\lambda}{2}\sum_{\boldsymbol{k}_1\boldsymbol{k}\alpha,\beta}a^{\dagger}_{\boldsymbol{k}_1\alpha}a^{\dagger}_{-\boldsymbol{k}_1\beta}a_{-\boldsymbol{k}\beta}a_{\boldsymbol{k}\alpha}\end{aligned} \tag{18.5.6}$$

如果从 (18.5.2) 式出发, 做傅里叶变换,

$$\begin{aligned}H_1&=-\frac{\lambda}{2}\sum_{\boldsymbol{k}_1\boldsymbol{k}_2\boldsymbol{k}_3\boldsymbol{k}_4\alpha,\beta}\int\mathrm{d}\boldsymbol{x}a^{\dagger}_{\boldsymbol{k}_1\alpha}\mathrm{e}^{-\mathrm{i}\boldsymbol{k}_1\cdot\boldsymbol{x}}a^{\dagger}_{\boldsymbol{k}_2\beta}\mathrm{e}^{-\mathrm{i}\boldsymbol{k}_2\cdot\boldsymbol{x}}a_{\boldsymbol{k}_3\beta}\mathrm{e}^{\mathrm{i}\boldsymbol{k}_3\cdot\boldsymbol{x}}a_{\boldsymbol{k}_4\alpha}\mathrm{e}^{\mathrm{i}\boldsymbol{k}_4\cdot\boldsymbol{x}}\\&=-\frac{\lambda}{2}\sum_{\boldsymbol{k}_1\boldsymbol{k}_2\boldsymbol{k}_3\boldsymbol{k}_4\alpha,\beta}a^{\dagger}_{\boldsymbol{k}_1\alpha}a^{\dagger}_{\boldsymbol{k}_2\beta}a_{\boldsymbol{k}_3\beta}a_{\boldsymbol{k}_4\alpha}\delta_{\boldsymbol{k}_1+\boldsymbol{k}_2,\boldsymbol{k}_3+\boldsymbol{k}_4}\\&=-\frac{\lambda}{2}\sum_{\boldsymbol{k}_1\boldsymbol{k}_3\boldsymbol{k}_4\alpha,\beta}a^{\dagger}_{\boldsymbol{k}_1\alpha}a^{\dagger}_{\boldsymbol{k}_3+\boldsymbol{k}_4-\boldsymbol{k}_1\beta}a_{\boldsymbol{k}_3\beta}a_{\boldsymbol{k}_4\alpha}\end{aligned} \tag{18.5.7}$$

再取 $\boldsymbol{k}_3=-\boldsymbol{k}_4$, 同样得到 (18.5.6). 下面做平均场近似：

$$H_1=-\frac{\lambda}{2}\sum_{\boldsymbol{k}_1\boldsymbol{k}\alpha,\beta}(\langle a^{\dagger}_{\boldsymbol{k}_1\alpha}a^{\dagger}_{-\boldsymbol{k}_1\beta}\rangle a_{-\boldsymbol{k}\beta}a_{\boldsymbol{k}\alpha}+a^{\dagger}_{\boldsymbol{k}_1\alpha}a^{\dagger}_{-\boldsymbol{k}_1\beta}\langle a_{-\boldsymbol{k}\beta}a_{\boldsymbol{k}\alpha}\rangle) \tag{18.5.8}$$

只能同时湮没或者产生一对自旋相反的粒子.

$$H_1=-\frac{\lambda}{2}\sum_{\boldsymbol{kk}_1\alpha}(\langle a^{\dagger}_{\boldsymbol{k}_1\alpha}a^{\dagger}_{-\boldsymbol{k}_1-\alpha}\rangle a_{-\boldsymbol{k}-\alpha}a_{\boldsymbol{k}\alpha}+a^{\dagger}_{\boldsymbol{k}\alpha}a^{\dagger}_{-\boldsymbol{k}-\alpha}\langle a_{-\boldsymbol{k}_1-\alpha}a_{\boldsymbol{k}_1\alpha}\rangle) \tag{18.5.9}$$

能隙函数的定义是

$$\lambda\langle a_{-\boldsymbol{k}\downarrow}a_{\boldsymbol{k}\uparrow}\rangle=-\varDelta(\boldsymbol{k})\mathrm{e}^{-\mathrm{i}\phi} \tag{18.5.10}$$

(18.5.9) 式就成为

$$H_1=\sum_{\boldsymbol{kk}_1}(a_{-\boldsymbol{k}\downarrow}a_{\boldsymbol{k}\uparrow}\varDelta(\boldsymbol{k}_1)\mathrm{e}^{\mathrm{i}\phi}+a^{\dagger}_{\boldsymbol{k}\uparrow}a^{\dagger}_{-\boldsymbol{k}\downarrow}\varDelta(\boldsymbol{k}_1)\mathrm{e}^{-\mathrm{i}\phi}) \tag{18.5.11}$$

对 $\boldsymbol{k}_1$ 求和

$$\Delta = \sum_{\boldsymbol{k}_1} \Delta(\boldsymbol{k}_1)$$

此式与 (18.3.7) 式相当由于做了平均场近似现在的 Δ 是一个与动量无关的物理量. 最后, 加上动能项 (18.1.3), 总的哈密顿量就是

$$\begin{aligned} K &= \sum_{\boldsymbol{k}\alpha} \xi_{\boldsymbol{k}\alpha} a^{\dagger}_{\boldsymbol{k}\alpha} a_{\boldsymbol{k}\alpha} + \frac{1}{2}\Delta \sum_{\boldsymbol{k}\alpha} (a^{\dagger}_{\boldsymbol{k}\alpha} a^{\dagger}_{-\boldsymbol{k}-\alpha} \mathrm{e}^{-\mathrm{i}\phi} + \mathrm{h.c.}) \\ &= \sum_{\boldsymbol{k}\alpha} \xi_{\boldsymbol{k}\alpha} a^{\dagger}_{\boldsymbol{k}\alpha} a_{\boldsymbol{k}\alpha} + \Delta \sum_{\boldsymbol{k}} [e^{-\mathrm{i}\phi} a^{\dagger}_{\boldsymbol{k}\uparrow} a^{\dagger}_{-\boldsymbol{k}\downarrow} + \mathrm{h.c.}] \end{aligned} \tag{18.5.12}$$

其中用了 (18.3.14) 式.

用这一哈密顿量得到的格林函数与前面是一样的. 下面我们证明这一点. 我们换一种方法, 先计算出海森伯算符的表达式, 然后用它们来组成格林函数.

先从算符的运动方程得到海森伯算符的表达式.

$$\begin{aligned} \mathrm{i}\hbar \frac{\partial}{\partial t} a_{\boldsymbol{k}\sigma}(t) &= \mathrm{e}^{\mathrm{i}Kt/\hbar} [a_{\boldsymbol{k}\sigma},\ K] \mathrm{e}^{-\mathrm{i}Kt/\hbar} \\ &= \xi_{\boldsymbol{k}\sigma} a_{\boldsymbol{k}\sigma}(t) + \sigma \Delta \mathrm{e}^{-\mathrm{i}\phi} a^{\dagger}_{-\boldsymbol{k},-\sigma}(t) \end{aligned} \tag{18.5.13a}$$

$$\mathrm{i}\frac{\partial}{\partial t} a^{\dagger}_{\boldsymbol{k}\sigma}(t) = -\xi_{\boldsymbol{k}\sigma} a^{\dagger}_{\boldsymbol{k}\sigma}(t) - \sigma \Delta \mathrm{e}^{\mathrm{i}\phi} a_{-\boldsymbol{k},-\sigma}(t) \tag{18.5.13b}$$

为了把算符的表达式解出来, 再求导一次

$$-\hbar^2 \frac{\partial^2}{\partial t^2} a_{\boldsymbol{k}\sigma}(t) = \xi^2_{\boldsymbol{k}\sigma} a_{\boldsymbol{k}\sigma}(t) + \Delta^2 a_{\boldsymbol{k},\sigma}(t) = (\xi^2_{\boldsymbol{k}\sigma} + \Delta^2) a_{\boldsymbol{k},\sigma}(t) \tag{18.5.14}$$

其中用到 $\xi_{-\boldsymbol{k}-\sigma} = \xi_{\boldsymbol{k}\sigma}$. 令

$$E_{\boldsymbol{k}\sigma} = \sqrt{\xi^2_{\boldsymbol{k}\sigma} + \Delta^2} \tag{18.5.15}$$

(18.5.14) 式的解为

$$a_{\boldsymbol{k}\sigma}(t) = A_{\boldsymbol{k}\sigma} \exp(\mathrm{i}E_{\boldsymbol{k}\sigma} t/\hbar) + B_{\boldsymbol{k}\sigma} \exp(-\mathrm{i}E_{\boldsymbol{k}\sigma} t/\hbar) \tag{18.5.16}$$

初始条件

$$a_{\boldsymbol{k}\sigma} = a_{\boldsymbol{k}\sigma}(0) = A_{\boldsymbol{k}\sigma} + B_{\boldsymbol{k}\sigma} \tag{18.5.17a}$$

$$a^{\dagger}_{-\boldsymbol{k}-\sigma} = a^{\dagger}_{-\boldsymbol{k}-\sigma}(0) = A^*_{-\boldsymbol{k}-\sigma} + B^*_{-\boldsymbol{k}-\sigma} \tag{18.5.17b}$$

现在对 (18.5.16) 求导一次

$$\mathrm{i}\hbar \frac{\partial}{\partial t} a_{\boldsymbol{k}\sigma}(t) = -E_{\boldsymbol{k}\sigma} A_{\boldsymbol{k}\sigma} \exp(\mathrm{i}E_{\boldsymbol{k}\sigma} t/\hbar) + E_{\boldsymbol{k}\sigma} B_{\boldsymbol{k}\sigma} \exp(-\mathrm{i}E_{\boldsymbol{k}\sigma} t/\hbar) \tag{18.5.18}$$

把此式与 (18.5.13a) 比较

$$\begin{aligned}&E_{\boldsymbol{k}\sigma}[-A_{\boldsymbol{k}\sigma}\exp(\mathrm{i}E_{\boldsymbol{k}\sigma}t/\hbar)+B_{\boldsymbol{k}\sigma}\exp(-\mathrm{i}E_{\boldsymbol{k}\sigma}t/\hbar)]\\&=\xi_{\boldsymbol{k}\sigma}a_{\boldsymbol{k}\sigma}(t)+\sigma\Delta\mathrm{e}^{-\mathrm{i}\phi}a^{\dagger}_{-\boldsymbol{k},-\sigma}(t)\\&=\xi_{\boldsymbol{k}\sigma}[A_{\boldsymbol{k}\sigma}\exp(\mathrm{i}E_{\boldsymbol{k}\sigma}t)+B_{\boldsymbol{k}\sigma}\exp(-\mathrm{i}E_{\boldsymbol{k}\sigma}t/\hbar)]\\&\quad+\sigma\Delta\mathrm{e}^{-\mathrm{i}\phi}[A^{*}_{-\boldsymbol{k}-\sigma}\exp(-\mathrm{i}E_{\boldsymbol{k}\sigma}t/\hbar)+B^{*}_{-\boldsymbol{k}-\sigma}\exp(\mathrm{i}E_{\boldsymbol{k}\sigma}t/\hbar)]\end{aligned}\tag{18.5.19}$$

比较两边相同时间指数项的系数

$$-E_{\boldsymbol{k}\sigma}A_{\boldsymbol{k}\sigma}=\xi_{\boldsymbol{k}\sigma}A_{\boldsymbol{k}\sigma}+\sigma\Delta\mathrm{e}^{-\mathrm{i}\phi}B^{*}_{-\boldsymbol{k}-\sigma}\tag{18.5.20a}$$

$$E_{\boldsymbol{k}\sigma}B_{\boldsymbol{k}\sigma}=\xi_{\boldsymbol{k}\sigma}B_{\boldsymbol{k}\sigma}+\sigma\Delta\mathrm{e}^{-\mathrm{i}\phi}A^{*}_{-\boldsymbol{k}-\sigma}\tag{18.5.20b}$$

式 (18.5.17) 和 (18.5.20) 解出四个系数.(18.5.20) 的两式相加, 有

$$-E_{\boldsymbol{k}\sigma}(A_{\boldsymbol{k}\sigma}-B_{\boldsymbol{k}\sigma})=\xi_{\boldsymbol{k}\sigma}a_{\boldsymbol{k}\sigma}+\sigma\Delta\mathrm{e}^{-\mathrm{i}\phi}a^{\dagger}_{-\boldsymbol{k}-\sigma}\tag{18.5.21}$$

与 (18.5.17a) 结合, 解出系数如下:

$$A_{\boldsymbol{k}\sigma}=\frac{1}{2}\left(1-\frac{\xi_{\boldsymbol{k}\sigma}}{E_{\boldsymbol{k}\sigma}}\right)a_{\boldsymbol{k}\sigma}-\frac{\sigma}{2E_{\boldsymbol{k}\sigma}}\Delta\mathrm{e}^{-\mathrm{i}\phi}a^{\dagger}_{-\boldsymbol{k}-\sigma}\tag{18.5.22a}$$

$$B_{\boldsymbol{k}\sigma}=\frac{1}{2}\left(1+\frac{\xi_{\boldsymbol{k}\sigma}}{E_{\boldsymbol{k}\sigma}}\right)a_{\boldsymbol{k}\sigma}+\frac{\sigma}{2E_{\boldsymbol{k}\sigma}}\Delta\mathrm{e}^{-\mathrm{i}\phi}a^{\dagger}_{-\boldsymbol{k}-\sigma}\tag{18.5.22b}$$

如 (18.3.26), (18.3.27) 那样定义以下的量:

$$u^2_{\boldsymbol{k}\sigma}=\frac{1}{2}\left(1+\frac{\xi_{\boldsymbol{k}\sigma}}{E_{\boldsymbol{k}\sigma}}\right),\quad v^2_{\boldsymbol{k}\sigma}=\frac{1}{2}\left(1-\frac{\xi_{\boldsymbol{k}\sigma}}{E_{\boldsymbol{k}\sigma}}\right)\tag{18.5.23}$$

由此定义得以下关系

$$v^2_{\boldsymbol{k}\sigma}+u^2_{\boldsymbol{k}\sigma}=1,\quad u^2_{\boldsymbol{k}\sigma}-v^2_{\boldsymbol{k}\sigma}=\frac{\xi_{\boldsymbol{k}\sigma}}{E_{\boldsymbol{k}\sigma}},\quad 2u_{\boldsymbol{k}\sigma}v_{\boldsymbol{k}\sigma}=\left(1-\frac{\xi^2_{\boldsymbol{k}\sigma}}{E^2_{\boldsymbol{k}\sigma}}\right)^{1/2}=\frac{\Delta}{E_{\boldsymbol{k}\sigma}}\tag{18.5.24}$$

$$v^4_{\boldsymbol{k}\sigma}=v^2_{\boldsymbol{k}\sigma}-\frac{\Delta^2}{4E^2_{\boldsymbol{k}\sigma}},\quad u^4_{\boldsymbol{k}\sigma}=u^2_{\boldsymbol{k}\sigma}-\frac{\Delta^2}{4E^2_{\boldsymbol{k}\sigma}}\tag{18.5.25}$$

解出海森伯算符的表达式:

$$\begin{aligned}a_{\boldsymbol{k}\sigma}(t)&=A_{\boldsymbol{k}\sigma}\mathrm{e}^{\mathrm{i}E_{\boldsymbol{k}\sigma}t/\hbar}+B_{\boldsymbol{k}\sigma}\mathrm{e}^{-\mathrm{i}E_{\boldsymbol{k}\sigma}t/\hbar}\\&=\left(v^2_{\boldsymbol{k}\sigma}a_{\boldsymbol{k}\sigma}-\frac{\sigma\Delta}{2E_{\boldsymbol{k}\sigma}}\mathrm{e}^{-\mathrm{i}\phi}a^{\dagger}_{-\boldsymbol{k}-\sigma}\right)\mathrm{e}^{\mathrm{i}E_{\boldsymbol{k}\sigma}t/\hbar}\\&\quad+(u^2_{\boldsymbol{k}\sigma}a_{\boldsymbol{k}\sigma}+\frac{\sigma\Delta}{2E_{\boldsymbol{k}\sigma}}\mathrm{e}^{-\mathrm{i}\phi}a^{\dagger}_{-\boldsymbol{k}-\sigma})\mathrm{e}^{-\mathrm{i}E_{\boldsymbol{k}\sigma}t/\hbar}\\&=\left(v^2_{\boldsymbol{k}\sigma}\mathrm{e}^{\mathrm{i}E_{\boldsymbol{k}\sigma}t/\hbar}+u^2_{\boldsymbol{k}\sigma}\mathrm{e}^{-\mathrm{i}E_{\boldsymbol{k}\sigma}t/\hbar}\right)a_{\boldsymbol{k}\sigma}\\&\quad+\frac{\sigma\Delta}{2E_{\boldsymbol{k}\sigma}}\mathrm{e}^{-\mathrm{i}\phi}(-\mathrm{e}^{\mathrm{i}E_{\boldsymbol{k}\sigma}t/\hbar}+\mathrm{e}^{-\mathrm{i}E_{\boldsymbol{k}\sigma}t/\hbar})a^{\dagger}_{-\boldsymbol{k}-\sigma}\end{aligned}\tag{18.5.26}$$

简记为

$$a_{\boldsymbol{k}\sigma}(t) = D_1 a_{\boldsymbol{k}\sigma} + \sigma D_2 a^\dagger_{-\boldsymbol{k}-\sigma} \tag{18.5.27a}$$

$$D_1 = v^2_{\boldsymbol{k}\sigma}\mathrm{e}^{\mathrm{i}E_{\boldsymbol{k}\sigma}t/\hbar} + u^2_{\boldsymbol{k}\sigma}\mathrm{e}^{-\mathrm{i}E_{\boldsymbol{k}\sigma}t/\hbar} \tag{18.5.27b}$$

$$D_2 = \frac{\Delta}{2E_{\boldsymbol{k}\sigma}}\mathrm{e}^{-\mathrm{i}\phi}(-\mathrm{e}^{\mathrm{i}E_{\boldsymbol{k}\sigma}t/\hbar} + \mathrm{e}^{-\mathrm{i}E_{\boldsymbol{k}\sigma}t/\hbar}) \tag{18.5.27c}$$

现在可以用求出的海森伯算符来构造推迟格林函数了.

$$g^{\mathrm{R}}_{\boldsymbol{k}}(t_1,t_2) = -\mathrm{i}\theta(t_1-t_2)\begin{pmatrix} \langle[a_{\boldsymbol{k}\uparrow}(t_1), a^\dagger_{\boldsymbol{k}\uparrow}(t_2)]_\eta\rangle & \langle[a_{\boldsymbol{k}\uparrow}(t_1), a_{-\boldsymbol{k}\downarrow}(t_2)]_\eta\rangle \\ \langle[a^\dagger_{-\boldsymbol{k}\downarrow}(t_1), a^\dagger_{\boldsymbol{k}\uparrow}(t_2)]_\eta\rangle & \langle[a^\dagger_{-\boldsymbol{k}\downarrow}(t_1), a_{-\boldsymbol{k}\downarrow}(t_2)]_\eta\rangle \end{pmatrix}_{\eta=-1}$$

先计算对角矩阵元,

$$\begin{aligned}
&\langle[a_{\boldsymbol{k}\sigma}(t_1), a^\dagger_{\boldsymbol{k}\sigma}(t_2)]_{\eta=-1}\rangle \\
&= \langle\{D_1(t_1)a_{\boldsymbol{k}\sigma} + \sigma D_2(t_1)a^\dagger_{-\boldsymbol{k}-\sigma}, D_1^*(t_2)a^\dagger_{\boldsymbol{k}\sigma} + \sigma D_2^*(t_2)a_{-\boldsymbol{k}-\sigma}\}\rangle \\
&= D_1(t_1)D_1^*(t_2) + D_2(t_1)D_2^*(t_2)
\end{aligned} \tag{18.5.28}$$

其中

$$\{a^\dagger_{-\boldsymbol{k}-\sigma}, a^\dagger_{\boldsymbol{k}\sigma}\} = \{a_{\boldsymbol{k}\sigma}, a_{-\boldsymbol{k}-\sigma}\} = 0, \quad \{a_{\boldsymbol{k}\sigma}, a^\dagger_{\boldsymbol{k}\sigma}\} = 1 \tag{18.5.29}$$

在 $\langle\{a_{\boldsymbol{k}\sigma}(t_1), a^\dagger_{\boldsymbol{k}\sigma}(t_2)\}\rangle$ 中交换 t_1 和 t_2, $\boldsymbol{k}\sigma$ 换成 $-\boldsymbol{k}-\sigma$, 就得到 $\langle\{a^\dagger_{-k-\sigma}(t_1), a_{-k-\sigma}(t_2)\}\rangle$.

$$\begin{aligned}
&D_1(t_1)D_1^*(t_2) \\
&= (v^2_{\boldsymbol{k}\sigma}\mathrm{e}^{\mathrm{i}E_{\boldsymbol{k}\sigma}t_1/\hbar} + u^2_{\boldsymbol{k}\sigma}\mathrm{e}^{-\mathrm{i}E_{\boldsymbol{k}\sigma}t_1/\hbar})(v^2_{\boldsymbol{k}\sigma}\mathrm{e}^{-\mathrm{i}E_{\boldsymbol{k}\sigma}t_2/\hbar} + u^2_{\boldsymbol{k}\sigma}\mathrm{e}^{\mathrm{i}E_{\boldsymbol{k}\sigma}t_2/\hbar}) \\
&= v^2_{\boldsymbol{k}\sigma}\mathrm{e}^{\mathrm{i}E_{\boldsymbol{k}\sigma}(t_1-t_2)/\hbar} + u^2_{\boldsymbol{k}\sigma}\mathrm{e}^{-\mathrm{i}E_{\boldsymbol{k}\sigma}(t_1-t_2)/\hbar} \\
&\quad - \frac{\Delta^2}{4E^2_{\boldsymbol{k}\sigma}}[\mathrm{e}^{\mathrm{i}E_{\boldsymbol{k}\sigma}(t_1-t_2)/\hbar} - \mathrm{e}^{\mathrm{i}E_{\boldsymbol{k}\sigma}(t_1+t_2)/\hbar} \\
&\quad - \mathrm{e}^{-\mathrm{i}E_{\boldsymbol{k}\sigma}(t_1+t_2)/\hbar} + \mathrm{e}^{-\mathrm{i}E_{\boldsymbol{k}\sigma}(t_1-t_2)/\hbar}]
\end{aligned} \tag{18.5.30}$$

$$\begin{aligned}
D_2(t_1)D_2^*(t_2) &= \frac{\Delta^2}{4E^2_{\boldsymbol{k}\sigma}}(-\mathrm{e}^{\mathrm{i}E_{\boldsymbol{k}\sigma}t_1/\hbar} + \mathrm{e}^{-\mathrm{i}E_{\boldsymbol{k}\sigma}t_1/\hbar})(-\mathrm{e}^{-\mathrm{i}E_{\boldsymbol{k}\sigma}t_2/\hbar} + \mathrm{e}^{\mathrm{i}E_{\boldsymbol{k}\sigma}t_2/\hbar}) \\
&= \frac{\Delta^2}{4E^2_{\boldsymbol{k}\sigma}}(\mathrm{e}^{\mathrm{i}E_{\boldsymbol{k}\sigma}(t_1-t_2)/\hbar} - \mathrm{e}^{\mathrm{i}E_{\boldsymbol{k}\sigma}(t_1+t_2)/\hbar} \\
&\quad - \mathrm{e}^{-\mathrm{i}E_{\boldsymbol{k}\sigma}(t_1+t_2)/\hbar} + \mathrm{e}^{-\mathrm{i}E_{\boldsymbol{k}\sigma}(t_1-t_2)/\hbar})
\end{aligned} \tag{18.5.31}$$

$$D_1(t_1)D_1^*(t_2) + D_2(t_1)D_2^*(t_2) = v^2_{\boldsymbol{k}\sigma}\mathrm{e}^{\mathrm{i}E_{\boldsymbol{k}\sigma}(t_1-t_2)/\hbar} + u^2_{\boldsymbol{k}\sigma}\mathrm{e}^{-\mathrm{i}E_{\boldsymbol{k}\sigma}(t_1-t_2)/\hbar} \tag{18.5.32}$$

$$G^{\mathrm{R}}(\boldsymbol{k}, t_1-t_2) = v^2_{\boldsymbol{k}\sigma}\mathrm{e}^{\mathrm{i}E_{\boldsymbol{k}\sigma}(t_1-t_2)/\hbar} + u^2_{\boldsymbol{k}\sigma}\mathrm{e}^{-\mathrm{i}E_{\boldsymbol{k}\sigma}(t_1-t_2)/\hbar} \tag{18.5.33}$$

再计算非对角矩阵元.

$$
\begin{aligned}
&\langle\{a_{\boldsymbol{k}\sigma}(t_1),a_{-\boldsymbol{k}-\sigma}(t_2)\}\rangle\\
&=\langle\{D_1(t_1)a_{\boldsymbol{k}\sigma}+\sigma D_2(t_1)a^{\dagger}_{-\boldsymbol{k}-\sigma},D_1(t_2)a_{-\boldsymbol{k}-\sigma}-\sigma D_2(t_2)a^{\dagger}_{\boldsymbol{k}\sigma}\}\rangle\\
&=\langle D_1(t_1)D_1(t_2)\{a_{\boldsymbol{k}\sigma},a_{-\boldsymbol{k}-\sigma}\}+\sigma D_2(t_1)D_1(t_2)\{a^{\dagger}_{-\boldsymbol{k}-\sigma},a_{-\boldsymbol{k}-\sigma}\}\\
&\quad-\sigma D_1(t_1)D_2(t_2)\{a_{\boldsymbol{k}\sigma},a^{\dagger}_{\boldsymbol{k}\sigma}\}-D_2(t_1)D_2(t_2)\{a^{\dagger}_{-\boldsymbol{k}-\sigma},a^{\dagger}_{\boldsymbol{k}\sigma}\}\rangle\\
&=\sigma D_2(t_1)D_1(t_2)-\sigma D_1(t_1)D_2(t_2)
\end{aligned}
\tag{18.5.34}
$$

$$
\begin{aligned}
D_1(t_1)D_2(t_2)&=(v^2_{\boldsymbol{k}\sigma}\mathrm{e}^{\mathrm{i}E_{\boldsymbol{k}\sigma}t_1/\hbar}+u^2_{\boldsymbol{k}\sigma}\mathrm{e}^{-\mathrm{i}E_{\boldsymbol{k}\sigma}t_1/\hbar})\frac{\varDelta}{2E_{\boldsymbol{k}\sigma}}\mathrm{e}^{-\mathrm{i}\phi}(-\mathrm{e}^{\mathrm{i}E_{\boldsymbol{k}\sigma}t_2/\hbar}+\mathrm{e}^{-\mathrm{i}E_{\boldsymbol{k}\sigma}t_2/\hbar})\\
&=\frac{\varDelta}{2E_{\boldsymbol{k}\sigma}}\mathrm{e}^{-\mathrm{i}\phi}[v^2_{\boldsymbol{k}\sigma}(-\mathrm{e}^{\mathrm{i}E_{\boldsymbol{k}\sigma}(t_1+t_2)/\hbar}+\mathrm{e}^{\mathrm{i}E_{\boldsymbol{k}\sigma}(t_1-t_2)/\hbar})\\
&\quad+u^2_{\boldsymbol{k}\sigma}(-\mathrm{e}^{-\mathrm{i}E_{\boldsymbol{k}\sigma}(t_1-t_2)/\hbar}+\mathrm{e}^{-\mathrm{i}E_{\boldsymbol{k}\sigma}(t_1+t_2)/\hbar})]
\end{aligned}
\tag{18.5.35}
$$

把 t_1 和 t_2 交换, 就成为 $D_2(t_1)D_1^*(t_2)$.

$$
\begin{aligned}
&D_1(t_1)D_2(t_2)-D_1(t_2)D_2(t_1)\\
&=\frac{\varDelta}{2E_{\boldsymbol{k}\sigma}}\mathrm{e}^{-\mathrm{i}\phi}[v^2_{\boldsymbol{k}\sigma}(-\mathrm{e}^{\mathrm{i}E_{\boldsymbol{k}\sigma}(t_1+t_2)/\hbar}+\mathrm{e}^{\mathrm{i}E_{\boldsymbol{k}\sigma}(t_1-t_2)/\hbar})\\
&\quad+u^2_{\boldsymbol{k}\sigma}(-\mathrm{e}^{-\mathrm{i}E_{\boldsymbol{k}\sigma}(t_1-t_2)/\hbar}+\mathrm{e}^{-\mathrm{i}E_{\boldsymbol{k}\sigma}(t_1+t_2)/\hbar})]\\
&\quad-\frac{\varDelta}{2E_{\boldsymbol{k}\sigma}}\mathrm{e}^{-\mathrm{i}\phi}[v^2_{\boldsymbol{k}\sigma}(-\mathrm{e}^{\mathrm{i}E_{\boldsymbol{k}\sigma}(t_1+t_2)/\hbar}+\mathrm{e}^{-\mathrm{i}E_{\boldsymbol{k}\sigma}(t_1-t_2)/\hbar})\\
&\quad+u^2_{\boldsymbol{k}\sigma}(-\mathrm{e}^{\mathrm{i}E_{\boldsymbol{k}\sigma}(t_1-t_2)/\hbar}+\mathrm{e}^{-\mathrm{i}E_{\boldsymbol{k}\sigma}(t_1+t_2)/\hbar})]\\
&=\frac{\varDelta}{2E_{\boldsymbol{k}\sigma}}\mathrm{e}^{-\mathrm{i}\phi}[\mathrm{e}^{\mathrm{i}E_{\boldsymbol{k}\sigma}(t_1-t_2)/\hbar}-\mathrm{e}^{-\mathrm{i}E_{\boldsymbol{k}\sigma}(t_1-t_2)/\hbar}]
\end{aligned}
\tag{18.5.36}
$$

$$
F^+(\boldsymbol{k},t_1-t_2)=\frac{\varDelta}{2E_{\boldsymbol{k}\sigma}}\mathrm{e}^{-\mathrm{i}\phi}[\mathrm{e}^{\mathrm{i}E_{\boldsymbol{k}\sigma}(t_1-t_2)/\hbar}-\mathrm{e}^{-\mathrm{i}E_{\boldsymbol{k}\sigma}(t_1-t_2)/\hbar}]
\tag{18.5.37}
$$

现在格林函数与反常格林函数都已算符. 可得到它们的傅里叶变换

$$
\begin{aligned}
G^{\mathrm{R}}(\boldsymbol{k},\omega)&=-\mathrm{i}\int[u^2_{\boldsymbol{k}\sigma}\mathrm{e}^{-\mathrm{i}E_{\boldsymbol{k}\sigma}(t_1-t_2)/\hbar}+v^2_{\boldsymbol{k}\sigma}\mathrm{e}^{\mathrm{i}E_{\boldsymbol{k}\sigma}(t_1-t_2)/\hbar}]\mathrm{e}^{\mathrm{i}\omega(t_1-t_2)}\theta(t_1-t_2)\mathrm{d}(t_1-t_2)\\
&=\frac{u^2_{\boldsymbol{k}\sigma}}{\omega-E_{\boldsymbol{k}\sigma}+\mathrm{i}0^+}+\frac{v^2_{\boldsymbol{k}\sigma}}{\omega+E_{\boldsymbol{k}\sigma}+\mathrm{i}0^+}
\end{aligned}
\tag{18.5.38a}
$$

$$
F^+(\boldsymbol{p},\omega)=-\mathrm{e}^{\mathrm{i}\phi}\frac{\varDelta}{2E_{\boldsymbol{p}}}\left[\frac{1}{\hbar\omega-E_{\boldsymbol{p}}+\mathrm{i}0^+}-\frac{1}{\hbar\omega+E_{\boldsymbol{p}}+\mathrm{i}0^+}\right]
\tag{18.5.38b}
$$

结果与前面完全一样.

在对式 (18.5.8) 的哈密顿量做平均场近似时, 忽略了对角项, 所以 (18.3.10) 式中的自能项未出现.

本章我们用两种步骤求出了格林函数. 一种是在 §18.3 中直接根据松原函数的运动方程. 另一种是本节的做法, 从海森伯算符的运动方程得到海森伯算符的表达式, 再由此构成格林函数. 前一种方法更为简洁. 一般来说, 前一种步骤更好.

最后我们简要介绍以下两点:

1. 强耦合理论的哈密顿量

著名的 BCS 超导理论采用的就是弱耦合的哈密顿量. 我们已经看到, 可以先把这一哈密顿量做平均场近似后再来计算物理量, 结果是完全一样的. 因此 BCS 理论也称为超导态的平均场理论. 一般来说, 平均场理论对于长程相互作用系统的近似程度比较好. 而对于短程相互作用的近似程度要差些. 在超导态中, 使电子对相互吸引的作用是短程的. 但是 BCS 理论计算出来的物理量对于许多材料来说, 符合得很好. 原因是, 虽然作用是短程的, 不过超导态电子的波函数扩展到较长距离. 这就接近了平均场的物理图像.

但是也有些材料, 弱耦合理论的计算结果并不是很好. 例如, (18.4.13) 的理论结果与许多超导体的实验数据符合得很好. 但是, 对 Pb 和 Hg, 实验值确分别是 4.3 和 4.60. 还有其他一些单质与化合物也达到 4.6 左右 [2]. 这种理论与实验的差异的原因是实际材料中有强的电–声相互作用. 对于这样的材料, 应该用强耦合理论来计算.

对于强耦合超导体, 必须把电–声相互作用明确写出来. 此时的哈密顿量应该是

$$\begin{aligned}H=&\sum_{\boldsymbol{k}\alpha}\varepsilon_{\boldsymbol{k}}a_{\boldsymbol{k}\alpha}^{\dagger}a_{\boldsymbol{k}\alpha}+\frac{1}{2}\sum_{\boldsymbol{q}\neq0\boldsymbol{k}_1\boldsymbol{k}_2\alpha,\beta}V(\boldsymbol{q})a_{\boldsymbol{k}_1+\boldsymbol{q}\alpha}^{\dagger}a_{\boldsymbol{k}_2-\boldsymbol{q}\beta}^{\dagger}a_{\boldsymbol{k}_2\beta}a_{\boldsymbol{k}_1\alpha}\\&+\sum_{\boldsymbol{p}\lambda}\omega_{\boldsymbol{p}\lambda}b_{\boldsymbol{p}\lambda}^{\dagger}b_{\boldsymbol{p}\lambda}+\sum_{\boldsymbol{k}_1\boldsymbol{k}_2\lambda\alpha}g_{\boldsymbol{k}\lambda}(b_{\boldsymbol{k}_1-\boldsymbol{k}_2\lambda}+b_{\boldsymbol{k}_2-\boldsymbol{k}_1\lambda}^{\dagger})a_{\boldsymbol{k}_1\alpha}^{\dagger}a_{\boldsymbol{k}_2\alpha}\end{aligned}\tag{18.5.39}$$

第三项是声子的能量. 第四项是电–声相互作用. 按照这个哈密顿量, 必须同时计算电子格林函数和声子格林函数. 计算出的物理量比弱耦合的哈密顿量更准确, 与实验符合地更好. 在弱耦合理论中, 能隙函数只是温度的函数. 在每个温度下, 能隙函数 Δ 是个常数. 在强耦合理论中, 能隙 $\Delta(\omega,T)$ 还是频率的函数.

2. 超导态与磁性共存的状态

超导态与铁磁性的状态或者反铁磁性的状态是否能够共存, 也是一个有兴趣的问题. 实验上已经发现了有的材料是超导态与反铁磁性的状态共存. 有极少数的材料是超导态与铁磁性的状态共存 [2~4].

在超导性与反铁磁性共存的材料中, 实际上有两类电子. 局域的 f 电子构成了反铁磁的状态. 巡游的 s 电子或者 d 电子吸引配对成为超导态. 因此, 这两种状态分别由两类电子负责, 互相之间不矛盾.

在超导性与铁磁性共存的材料中, 这两种性质都是由巡游电子表现出来的. 前面讲的电子配对, 都是指自旋相反的一对电子. 这是自旋单重态. 铁磁性要求电子

之间的自旋平行. 因而电子之间的铁磁和超导这两种有序性是矛盾的. 但是如果配对电子是自旋平行的, 就组成了自旋三重态. 这样的状态就和铁磁性不矛盾了. 自旋三重态在空间确定的方向上有不同的投影值. 因而这样的超导体中的序参量是各向异性的. 在这样的系统中, 不但可以同时产生或者湮没一对自旋相反的电子, 还可以同时产生或者湮没一对自旋相同的电子, 因为它们都是三重态的分量态. 但是这一对电子的动量应该总是相反的. 这时必须组成如下的格林函数和反常格林函数：

$$G(\boldsymbol{p},\tau_1-\tau_2)=-\langle\langle a_{\boldsymbol{p}\sigma}(\tau_1)|a^\dagger_{\boldsymbol{p}\sigma}(\tau_2)\rangle\rangle \tag{18.5.40a}$$

$$F_1(\boldsymbol{p},\tau_1-\tau_2)=\langle\langle a_{-\boldsymbol{p}\uparrow}(\tau_1)|a_{\boldsymbol{p}\uparrow}(\tau_2)\rangle\rangle \tag{18.5.40b}$$

$$F_0(\boldsymbol{p},\tau_1-\tau_2)=\langle\langle a_{-\boldsymbol{p}\downarrow}(\tau_1)|a_{\boldsymbol{p}\uparrow}(\tau_2)\rangle\rangle \tag{18.5.40c}$$

$$F_{-1}(\boldsymbol{p},\tau_1-\tau_2)=\langle\langle a_{-\boldsymbol{p}\downarrow}(\tau_1)|a_{\boldsymbol{p}\downarrow}(\tau_2)\rangle\rangle \tag{18.5.40d}$$

$$F_1^+(\boldsymbol{p},\tau_1-\tau_2)=\langle\langle a^\dagger_{\boldsymbol{p}\uparrow}(\tau_1)|a^\dagger_{-\boldsymbol{p}\uparrow}(\tau_2)\rangle\rangle \tag{18.5.40e}$$

$$F_0^+(\boldsymbol{p},\tau_1-\tau_2)=\langle\langle a^\dagger_{\boldsymbol{p}\uparrow}(\tau_1)|a^\dagger_{-\boldsymbol{p}\downarrow}(\tau_2)\rangle\rangle \tag{18.5.40f}$$

$$F_{-1}^+(\boldsymbol{p},\tau_1-\tau_2)=\langle\langle a^\dagger_{\boldsymbol{p}\downarrow}(\tau_1)|a^\dagger_{-\boldsymbol{p}\downarrow}(\tau_2)\rangle\rangle \tag{18.5.40g}$$

哈密顿量仍然用 (18.1.5) 式. 但是在做平均场近似的时候, 则不能用 (18.5.12) 式, 因为其中的相互作用项只考虑了同时湮没或者产生一对自旋相反的电子. 现在我们还应该保留同时湮没或者产生一对自旋相同的电子的项, 即 (18.1.5) 式中所有的项都要保留. 在三重配对的超导态中, 仍然有迈斯纳效应, 即磁场不能进入超导区域内 [4].

习　题

1. 证明 (18.2.6), (18.2.7), (18.2.9), (18.2.10) 式.

2. 推导实空间的热力学格林函数的戈里科夫方程组 (18.3.17) 式.

3. 说明, 当电子之间的相互作用为零, $\lambda=0$, (18.3.28), (18.3.29) 的格林函数和松原函数自动回到无相互作用时的形式.

4. 证明 (18.5.13), (18.5.14) 式.

5. 对于哈密顿量 (18.5.12) 式, 计算电子的磁化率.

6. 哈密顿量 (18.5.12) 式可用以下变换对角化. 做线性变换 [5]

$$c_{\boldsymbol{k}\uparrow}=\alpha_{\boldsymbol{k}}a_{\boldsymbol{k}}+\beta_{\boldsymbol{k}}b^\dagger_{\boldsymbol{k}},\quad c_{-\boldsymbol{k}\downarrow}=\alpha_{\boldsymbol{k}}b_{\boldsymbol{k}}-\beta_{\boldsymbol{k}}a^\dagger_{\boldsymbol{k}}$$

使算符 c_k 变为 a_k 和 b_k 两组算符. α_k 和 β_k 待定. 在约束条件

$$\alpha^2_{\boldsymbol{k}}+\beta^2_{\boldsymbol{k}}=1$$

下, 哈密顿量 (18.5.12) 式对角化成如下形式：

$$K = E_0 + \sum_{\boldsymbol{k}} E_{\boldsymbol{k}}(a_{\boldsymbol{k}}^\dagger a_{\boldsymbol{k}} + b_{\boldsymbol{k}}^\dagger b_{\boldsymbol{k}})$$

求出 α_k 和 β_k 的表达式. 由此求出格林函数和反常格林函数的表达式.

7. 试用哈密顿量 (18.5.39) 式用运动方程法求解格林函数.

8. 推导三重配对的格林函数 (18.5.40) 式的戈里科夫方程组并求其解.

9. 证明：$\displaystyle\int_0^\infty \mathrm{d}z(\ln z)(\sec\mathrm{h}^2 z) = \ln\frac{4\mathrm{e}^\gamma}{\pi}$.

参考文献

[1] Nambu Y. Quasi-Particles and Gauge Invariance in the Theory of Superconductivity[J]. Phys. Rev., 1960, 117(13)：648.

[2] 章立源. 超导理论 [M]. 北京：科学出版社, 2003.

[3] Bulaevskii L N, Buzdin A I, Kulic M L, et al. Coexistence of superconductivity and magnetism theoretical predictions and experimental results[J]. Advances in Physics, 1985, 34(2)：175.

[4] Balian R, Werthamer N R. Superconductivity with Pairs in a Relative p Wave[J]. Phys. Rev., 1963, 131(4)：1553.

[5] Holstein T, Primakoff H. Field Dependence of the Intrinsic Domain Magnetization of a Ferromagnet[J]. Phys. Rev., 1940, 58(12)：1098.

第十九章　非平衡态的格林函数

§19.1　定义与性质

非平衡的各个格林函数的定义 [1,2] 与 §9.1 中在形式上完全一样. 只是为了简省起见与为了便于统一构造图形, 将记号稍作改变.

$$\mathrm{i}G_{12}^{--}=\langle T_{\mathrm{C}}(A_{\mathrm{H}1}B_{\mathrm{H}2})\rangle \tag{19.1.1}$$

$$\mathrm{i}G_{12}^{++}=\langle \widetilde{T}_{\mathrm{C}}(A_{\mathrm{H}1}B_{\mathrm{H}2})\rangle \tag{19.1.2}$$

$$\mathrm{i}G_{12}^{+-}=\mathrm{i}g^{>}(x_1,x_2)=\langle A_{\mathrm{H}1}B_{\mathrm{H}2}\rangle \tag{19.1.3}$$

$$\mathrm{i}G_{12}^{-+}=\mathrm{i}g^{<}(x_1,x_2)=-\eta\langle B_{\mathrm{H}2}A_{\mathrm{H}1}\rangle \tag{19.1.4}$$

$$\mathrm{i}G_{12}^{\mathrm{R}}=\mathrm{i}g^{\mathrm{R}}(x_1,x_2)=\theta(t_1-t_2)\langle[A_{\mathrm{H}1},B_{\mathrm{H}2}]_{-\eta}\rangle \tag{19.1.5}$$

$$\mathrm{i}G_{12}^{\mathrm{A}}=\mathrm{i}g^{\mathrm{A}}(x_1,x_2)=-\theta(t_2-t_1)\langle[A_{\mathrm{H}1},B_{\mathrm{H}2}]_{-\eta}\rangle \tag{19.1.6}$$

其中 T_{C} 是复编时算符, 其物理意义与第九章中的编时算符 T_t 稍有不同, 但总的原则是一样的, 即总是将较早的时间排列在右边. $\widetilde{T}_{\mathrm{C}}$ 是反复偏时算符. 它的作用正好和 T_t 相反：总是将较早的时间排列在左边. 这两个算符的确切含义在后面再进一步介绍. 为简洁计, 以下标 1, 2 代表宗量 $x_1=(\boldsymbol{x}_1,t_1)$, $x_2=(\boldsymbol{x}_2,t_2)$. 有必要的话还自动包括自旋分量, 如 $x_1=(\boldsymbol{x}_1t_1\sigma_1)$. 其中 $\mathrm{i}G_{12}^{++}$ 这个函数是在这儿新定义的. 其实在第九章中, 在处理平衡态时, 也可定义这个格林函数, 只是没有利用到它, 所以就不写了. 对于格林函数 $\tilde{g}=g^{>}-g^{<}$, 以后不用, 所以此处也没有写出来.

上述格林函数的定义式中, 除了两个编时算符, 其他符号及其物理含义与 §9.1 都相同. 这些格林函数也都适用于各种系统, 只有对于玻色系统在发生凝聚的范围内不适用. 唯一的不同之处是：现在的求平均 $\langle\cdots\rangle$ 是对系统中所有的态求平均, 包括各种非平衡态. 而第九章中的格林函数则只对巨正则系综的所有平衡态求平均. 由于这一规定, 处理方法就不完全相同了. 计算的结果也就会有不同. 例如对于无相互作用系统,

$$\langle a_{\boldsymbol{k}}^{\dagger}a_{\boldsymbol{k}}\rangle_0=n_{\boldsymbol{k}} \tag{19.1.7}$$

其中 n_k 是非平衡态的分布函数而不是平衡态时的费米分布或者玻色分布 $f_{-\eta}(\varepsilon_k)=1/[\exp(\beta\varepsilon_k)-\eta]$ 了. 这里仍用下标 0 表示无相互作用系统. 许多情况下, 只处理与平衡态不远的情况, 称近平衡系统或准平衡系统.

当 A 和 B 分别是费米子 (玻色子) 的湮没和产生算符, 则以下两个公式与第九章中的完全相同. (19.1.4) 式在 $t_1=t_2=t$ 时为单粒子密度矩阵.

$$\eta \mathrm{i}G^{-+}(\boldsymbol{x}_1 t, \mathrm{x}_2 t)=N\rho(t,\boldsymbol{x}_1,\boldsymbol{x}_2) \tag{19.1.8}$$

这儿 t_2 从哪一侧趋于 t_1 是无所谓的, 因为 G^{-+} 在 $t_2=t_1$ 时是连续的. 在 $t_1=t_2$ 时还有

$$\mathrm{i}[G^{+-}(\boldsymbol{x}_1 t,\boldsymbol{x}_2 t)-G^{-+}(\boldsymbol{x}_1 t,\boldsymbol{x}_2 t)]=\delta(\boldsymbol{x}_1-\boldsymbol{x}_2) \tag{19.1.9}$$

由于定义式 (19.1.1), (19.1.3)~(19.1.6) 和 (9.1.1)~(9.1.5) 相同, 所以 (9.1.14)~(9.1.19) 式中凡是不涉及 G^{++} 的关系式都仍然成立. 我们重写如下：

$$G_{12}^{--}=\theta(t_1-t_2)G_{12}^{+-}+\theta(t_2-t_1)G_{12}^{-+} \tag{19.1.10}$$

$$G_{12}^{\mathrm{R}}=\theta(t_1-t_2)(G_{12}^{+-}-G_{12}^{-+})=G_{12}^{--}-G_{12}^{-+} \tag{19.1.11a}$$

$$G_{12}^{\mathrm{A}}=-\theta(t_2-t_1)(G_{12}^{+-}-G_{12}^{-+})=G_{12}^{--}-G_{12}^{+-} \tag{19.1.11b}$$

$$G_{12}^{\mathrm{R}}-G_{12}^{\mathrm{A}}=G_{12}^{+-}-G_{12}^{-+} \tag{19.1.12}$$

涉及 G^{++} 后有以下关系：

$$G^{--}+G^{++}=G^{-+}+G^{+-} \tag{19.1.13}$$

此式说明, 这四个格林函数中, 只有三个是独立的. 此式与 (19.1.10)~(19.1.12) 结合得到

$$G_{12}^{++}=\theta(t_2-t_1)G_{12}^{+-}+\theta(t_1-t_2)G_{12}^{-+} \tag{19.1.14a}$$

$$G^{\mathrm{R}}=G^{--}-G^{-+}=G^{+-}-G^{++} \tag{19.1.14b}$$

$$G^{\mathrm{A}}=G^{--}-G^{+-}=G^{-+}-G^{++} \tag{19.1.14c}$$

以下我们都设 A 和 B 是一对湮没和产生算符. 由各格林函数的定义式还可得到以下的共轭或者反共轭的关系. 推迟与超前格林函数互为共轭：

$$G_{12}^{\mathrm{A}}=G_{21}^{\mathrm{R}*} \tag{19.1.15}$$

函数 G^{--} 和 G^{++} 之间是互为反厄米共轭的：

$$G_{12}^{--}=-G_{21}^{++*} \tag{19.1.16}$$

函数 G^{-+} 和 G^{+-} 本身是反共轭的：

$$G_{12}^{-+}=-G_{21}^{-+*}, G_{12}^{+-}=-G_{21}^{+-*} \tag{19.1.17}$$

在上面取共轭时, 不能忘记宗量的交换.

对于均匀空间内的稳态, 所有函数只依赖于差值 $t=t_1-t_2$, $\boldsymbol{x}=\boldsymbol{x}_1-\boldsymbol{x}_2$. 可对这些量作傅里叶展开. 傅里叶分量之间有关系:

$$G^{--}(\boldsymbol{k},\omega)=-[G^{++}(\boldsymbol{k},\omega)]^*,\quad G^{\mathrm{A}}(\boldsymbol{k},\omega)=[G^{\mathrm{R}}(\boldsymbol{k},\omega)]^* \tag{19.1.18}$$

又从 (19.1.17) 得:

$$G^{+-}(\boldsymbol{k},\omega)=-[G^{+-}(\boldsymbol{k},\omega)]^*,\quad G^{-+}(\boldsymbol{k},\omega)=-[G^{-+}(\boldsymbol{k},\omega)]^* \tag{19.1.19}$$

说明 $G^{+-}(\boldsymbol{k},\omega)$ 和 $G^{-+}(\boldsymbol{k},\omega)$ 是纯虚数.

与第九章一样, 本章的格林函数的定义适用于费米子 (玻色子)、声子、光子等. 下面设为费米子 (玻色子), 则无相互作用系统的格林函数满足薛定谔方程. 定义一个算符

$$G_0^{-1}=\mathrm{i}\hbar\frac{\partial}{\partial t}+\frac{\hbar^2}{2m}\nabla^2+\mu \tag{19.1.20}$$

下标 0 表示为无相互作用的系统的量. 它作用在无相互作用系统的格林函数 $G^{(0)--}$ 上, 结果为

$$G_{01}^{-1}G_{12}^{(0)--}=\delta(x_1-x_2) \tag{19.1.21}$$

其中 G_{01}^{-1} 中的下标 1 表示作用在第一个宗量 x_1 上. δ 函数是以下形式的缩写

$$\delta(x_1-x_2)=\delta_{\sigma_1\sigma_2}\delta(t_1-t_2)\delta(\boldsymbol{x}_1-\boldsymbol{x}_2) \tag{19.1.22}$$

(19.1.21) 式就是第一章中的一阶含时方程, 只是这儿用了巨正则系综中的有效哈密顿量. 对于 $G^{(0)++}$ 的作用结果为

$$G_{01}^{-1}G_{12}^{(0)++}=-\delta(x_1-x_2) \tag{19.1.23}$$

$G^{(0)\mathrm{R}}$ 和 $G^{(0)\mathrm{A}}$ 也满足类似的方程. 如果是对第二个变量求导, G_{01}^{-1} 应改为 G_{02}^{-1*}. 如

$$G_{02}^{-1*}G_{12}^{(0)--}=\delta(x_1-x_2) \tag{19.1.24}$$

G^{+-} 和 G^{-+} 在 $t_1=t_2$ 时是连续的,

$$G_{01}^{-1}G_{12}^{(0)+-}=0,\quad G_{01}^{-1}G_{12}^{(0)-+}=0 \tag{19.1.25}$$

对于声子和光子格林函数, 则算符 (19.1.20) 改成相应的波动方程的算符形式. 格林函数满足第二章所说的含时二阶导数的方程.

对于无相互作用系统的格林函数, 已在 §9.4 中求出, 只要记住其中的 $n_{\boldsymbol{k}}$ 不是平衡分布即可.

计算热力学量仍用第九章的公式.

§19.2 图形技术

我们先来说明两个复编时算符的含义. 应该说, 处理格林函数的所有过程与思路与第八和第九章中是完全一样的. 把相互作用势 H^{i} 看作是对于无相互作用的哈密顿量的微扰. 建立时间演化算符 $U(t_1, t_2)$ 来表示状态随时间的变化. 如果演化经历了无限长的时间, 就成为 S 矩阵：$S = U(-\infty, \infty)$. 用 §8.2 的方法给系统加入相互作用, 见 (8.2.23) 式：

$$U(\infty, 0)|\psi_{\mathrm{H}}^0\rangle = U(\infty, -\infty)|\Phi_0\rangle = S|\Phi_0\rangle \tag{19.2.1}$$

此式是对于基态而言的. 其物理意义是：在 $-\infty$ 的时间系统是无相互作用的, 此时开始缓慢加上相互作用. 在 0 时刻系统成为有相互作用的真实系统. 然后再缓慢撤除相互作用, 在 $+\infty$ 时回到无相互作用的态. 整个过程就等价于 S 矩阵作用在无相互作用基态 $|\Phi_0\rangle$ 上, 它应回到 $|\Phi_0\rangle$ 态. 最多只相差一个相因子. 本章我们要处理的是热力学系综. 对于热力学的状态, 我们不能保证每个态受到 S 矩阵作用后, 仍回到原来的状态. 但我们有一个比较保险的办法, 就是在 S 作用过后, 让 S^{-1} 再作用上去, 这样就能把前面的作用效果准确地抵消掉而回到原来的状态. 因为有

$$S^{-1}S = 1 \tag{19.2.2}$$

如果 $|a\rangle$ 是任意一个状态的话,

$$S^{-1}S|a\rangle = |a\rangle \tag{19.2.3}$$

一个力学量 $A_{\mathrm{H}}(t)$ 在系综中的平均值为

$$\langle A_{\mathrm{H}}(t)\rangle = \langle S^{-1}U^{\dagger}(0,\infty)U(0,t)A_{\mathrm{I}}(t)U(t,0)U(0,-\infty)\rangle_0 = \langle S^{-1}T_t[A_{\mathrm{I}}(t)S]\rangle_0 \tag{19.2.4}$$

此式与 (8.2.25) 式相比较. 有三处不同：① (8.2.25) 式中是对平衡态时的基态求平均. (19.2.4) 是对任意的非平衡态求平均. ② (19.2.4) 比 (8.2.25) 式多了一个算符 S^{-1}. ③由于 (8.2.24) 式, (8.2.25) 式右边分母有一因子. 由于 (19.2.3) 式, (19.2.4) 式右边的分母为 1. 按照 (19.2.4) 式对于海森伯算符求平均的规则, 我们可以写出上一节的格林函数如下：

$$\mathrm{i}G_{12}^{--} = \langle T_{\mathrm{C}}(\psi_{\mathrm{H}1}\psi_{\mathrm{H}2}^{\dagger})\rangle = \langle S^{-1}T_t(\psi_{\mathrm{I}1}\psi_{\mathrm{I}2}^{\dagger}S)\rangle_0 \tag{19.2.5}$$

即海森伯算符的编时乘积在相互作用系统中的平均值, 仍然可以写成相互作用绘景算符的编时乘积在无相互作用系统中的平均值. 但与 (8.2.25)~(8.2.27) 比较, 有一

点不同. 在绝对零度时, S 是在绝热假设的条件下引入相互作用的. 因此再绝热地撤除相互作用时, 仍然回到 $|\Phi_0\rangle$ 而没有任何状态上的变化, 最多只差一个相因子 $\exp(-\mathrm{i}L)$. 此时 S^{-1} 的作用效果不过是把这个相因子消去. 这是个数, 可以与其他算符分离出来, 而写成分母上 $\langle\Phi_0|S|\Phi_0\rangle$ 因子的形式. 本章的情况是对整个系综求平均, 其中各种可能的态都有. 基态加上再撤消相互作用后仍能回到基态自身 (如果没有相变的话). 可是激发态加上相互作用再撤消则不能变回自身, 而是变换到各激发态的叠加. 这一点在直觉上可认为是准粒子的各种可能的散射过程的结果. 所以第八章的技术在一般情况, 甚至在 T=0 时有可变外场的情况也不适用. 因为可变外场会将系统的基态激发, 而这里利用 S^{-1} 的技术, 如 (19.2.4), (19.2.5) 中那样, 对一切情况都是有效的.

(19.2.5) 式采用的方法是：将时间演化算符作用到无相互作用态上, 使它从 $-\infty$ 时间演化到 $+\infty$, 再从 $+\infty$ 演化到 $-\infty$, 这样才能准确地回到原来的状态, 见 (19.2.3). 对时间的积分就是沿着 $-\infty$ 至 $+\infty$, 再回到 $-\infty$ 的闭合路径积分, 因此, 本章的格林函数也称为闭路格林函数.

利用 S 矩阵的幺正性和 H^{i} 的厄米性,

$$S^{-1}=S^{+}=\widetilde{T}_t\exp\left[\frac{\mathrm{i}}{\hbar}\int_{-\infty}^{\infty}H_{\mathrm{I}}^{\mathrm{i}}(t)\mathrm{d}t\right] \tag{19.2.6}$$

就可与 §8.2 中的一样, 作 S 与 S^{-1} 的微扰展开. 再利用威克定理. 注意 §10.1 的零温时的威克定理在此不适用.§12.1 中的有限温度的平衡态的威克定理也不适用, 因为那儿用到了 $\langle a_k^{\dagger}a_k\rangle$, 是平衡态的分布函数. 参考文献 [2] 中不加证明地提到了威克定理. 不管怎样, 宏观极限的威克定理是对于所有情况都适用的, 包括非平衡态. 读者可参看附录 A 中一般情况的宏观极限时的证明.

先写出两体相互作用时格林函数的微扰展开式

$$\begin{aligned}\mathrm{i}G^{--}(x,y)=&\sum_{m,n}\Big\langle\left(-\frac{1}{\mathrm{i}\hbar}\right)^{m}\frac{1}{m!}\widetilde{T}_t\left(\int\mathrm{d}^4x_1\cdots\mathrm{d}^4x_m\psi_{\mathrm{I}1}^{\dagger}\cdots\psi_{\mathrm{I}2m}^{\dagger}V_{1,2}V_{3,4}\cdots\right.\\&\left.V_{2m-1,2m}\psi_{\mathrm{I}2m}\cdots\psi_{\mathrm{I}1}\right)\\&\frac{1}{n!}\left(\frac{1}{\mathrm{i}\hbar}\right)^{n}T_t(\psi_{\mathrm{I}x}\psi_{\mathrm{I}y}^{\dagger}\int\mathrm{d}^4x_1\cdots\mathrm{d}^4x_n\psi_{\mathrm{I}1}^{\dagger}\cdots\psi_{\mathrm{I}2n}^{\dagger}V_{1,2}V_{3,4}\cdots V_{2n-1,2n}\psi_{\mathrm{I}2n}\cdots\psi_{\mathrm{I}1})\Big\rangle_0\end{aligned} \tag{19.2.7}$$

式中作了简写 $V(\boldsymbol{x}_1-\boldsymbol{x}_2)=V_{1,2}$. 对于 (19.1.2)~(19.1.6) 的其他格林函数, 微扰展开式与此相同. 只是有一个差别.G^{++} 中的两个算符是反编时的. 所以相应地, (16.2.7) 式中 $\psi_{\mathrm{I}x}\psi_{\mathrm{I}y}^{\dagger}$ 两个场算符应从 T_t 之内拿出而放入 $\widetilde{T}_t$ 乘积的末尾. 剩下的几个格林函数无需编时. 相应地, 例如 G^{+-}, (19.2.7) 式右边的 $\psi_{\mathrm{I}x}\psi_{\mathrm{I}y}^{\dagger}$ 的两个算符, 既不在 T_t

之内, 也不在 $\widetilde{T}_t$ 之内, 而是拿到 T_t 符号之前即可. 最后还应说明, (19.2.7) 中 $\widetilde{T}_t$ 内的某个场算符与 T_t 内的某个场算符之间, 没有时间上的必然联系, 也就没有编时的问题. 只有在同一个 T_t 内的算符, 或在同一个 $\widetilde{T}_t$ 内的算符, 才有编时关系.

下面明确写出 G^{--} 的零阶、一阶和二阶项.

$$\mathrm{i}G_{12}^{(0)--} = \langle T_t(\psi_{\mathrm{I}1}\psi_{\mathrm{I}2}^\dagger)\rangle_0 \tag{19.2.8}$$

$$\begin{aligned}\mathrm{i}G_{12}^{(1)--} =& \frac{1}{\mathrm{i}\hbar}\langle T_t[\psi_{\mathrm{I}1}\psi_{\mathrm{I}2}^\dagger\int \mathrm{d}^4x_3\mathrm{d}^4x_4\frac{1}{2}V_{34}\psi_{\mathrm{I}3}^\dagger\psi_{\mathrm{I}4}^\dagger\psi_{\mathrm{I}4}\psi_{\mathrm{I}3}]\rangle_0\\ &-\frac{1}{\mathrm{i}\hbar}\langle\widetilde{T}_t(\int \mathrm{d}^4x_3\mathrm{d}^4x_4\frac{1}{2}V_{34}\psi_{\mathrm{I}3}^\dagger\psi_{\mathrm{I}4}^\dagger\psi_{\mathrm{I}4}\psi_{\mathrm{I}3})T_t(\psi_{\mathrm{I}1}\psi_{\mathrm{I}2}^\dagger)\rangle_0\end{aligned} \tag{19.2.9}$$

$$\begin{aligned}\mathrm{i}G_{12}^{(2)--} =& \frac{1}{2}\left(\frac{1}{\mathrm{i}\hbar}\right)^2\langle T_t[\psi_{\mathrm{I}1}\psi_{\mathrm{I}2}^\dagger\int \mathrm{d}^4x_3\mathrm{d}^4x_4\mathrm{d}^4x_5\mathrm{d}^4x_6\\ &\cdot\frac{1}{4}V_{34}V_{56}\psi_{\mathrm{I}3}^\dagger\psi_{\mathrm{I}4}^\dagger\psi_{\mathrm{I}4}\psi_{\mathrm{I}3}\psi_{\mathrm{I}5}^\dagger\psi_{\mathrm{I}6}^\dagger\psi_{\mathrm{I}6}\psi_{\mathrm{I}5}]\rangle_0\\ &+\left(\frac{1}{\mathrm{i}\hbar}\right)\left(-\frac{1}{\mathrm{i}\hbar}\right)\langle\widetilde{T}_t(\int \mathrm{d}^4x_3\mathrm{d}^4x_4\frac{1}{2}V_{3,4}\psi_{\mathrm{I}3}^\dagger\psi_{\mathrm{I}4}^\dagger\psi_{\mathrm{I}4}\psi_{\mathrm{I}3})\\ &\cdot T_t(\psi_{\mathrm{I}1}\psi_{\mathrm{I}2}^\dagger\int \mathrm{d}^4x_5\mathrm{d}^4x_6\frac{1}{2}V_{56}\psi_{\mathrm{I}5}^\dagger\psi_{\mathrm{I}6}^\dagger\psi_{\mathrm{I}6}\psi_{\mathrm{I}5})\rangle_0\\ &+\frac{1}{2}\left(-\frac{1}{\mathrm{i}\hbar}\right)^2\langle\widetilde{T}_t\left(\int \mathrm{d}^4x_3\mathrm{d}^4x_4\mathrm{d}^4x_5\mathrm{d}^4x_6\right.\\ &\left.\cdot\frac{1}{4}V_{34}V_{56}\psi_{\mathrm{I}3}^\dagger\psi_{\mathrm{I}4}^\dagger\psi_{\mathrm{I}4}\psi_{\mathrm{I}3}\psi_{\mathrm{I}5}^\dagger\psi_{\mathrm{I}6}^\dagger\psi_{\mathrm{I}6}\psi_{\mathrm{I}5}\right)T_t(\psi_{\mathrm{I}1}\psi_{\mathrm{I}2}^\dagger)\rangle_0\end{aligned} \tag{19.2.10}$$

先看一阶项 (19.2.9) 式. 第二项是目前的情况特有的. 对于零温情形, 则只有第一项, 且只考虑其中的相连图形, 因为不相连图形与分母的因子 $\langle\Phi_0|S|\Phi_0\rangle$ 可准确地抵消. 对 (19.2.9) 式中的两项都应用威克定理作收缩, 再应用 §10.2 中的图形规则作图可知, 每一项中各有两个不相连图形. 在同一个 $\int H_{\mathrm{I}}^{\mathrm{i}}(t)\mathrm{d}t$ 内, 四个场算符的时间都相等, 编时算符对同一 $H_{\mathrm{I}}^{\mathrm{i}}(t)$ 内的算符不起作用. 因此 (19.2.9) 式中四个不相连图形两两相减为零, 只需考虑相连图形即可. 仔细考察 (19.2.10) 式也有这种情况, 即第一项和第三项中的不相连图形正好与第二项中的不相连图形相减为零. 这个结论可推广到任意阶: 所有不相连图形都可不考虑, 只须考虑相连图形即可.

再看 (19.2.9) 式第一项中的相连图形, 共有四个, 实际上就是图 10.1 中的四个相连图形, 其中两两为拓扑等价的, 因此各只要考虑其中一个, 而把 V 前面的因子 1/2 去掉. 这一结论对任意阶的每一项都适用. 第 n 阶图形应有 n 根相互作用虚线, 同一根虚线的两端的标名可交换, 共有 2^n 种可能. 但对顶点的四维时空坐标是要积分的, 因此这 2^n 个图的贡献相同, 是等价的图形. 只须考虑其中一个, 而将前面的因子 $1/2^n$ 略去.

规定图形元素及所代表的因子如图 19.1. 格林函数线 $\mathrm{i}G_{12}$ 的方向是从 2 指向 1. 终点与起点的正负号与 $\mathrm{i}G_{12}$ 的上标的正负号相同. 对于相互作用虚线, 如果是因子 $V/(\mathrm{i}\hbar)$, 则两端标上负号, 如果是因子 $\mathrm{i}V/\hbar$, 则两端标上正号.

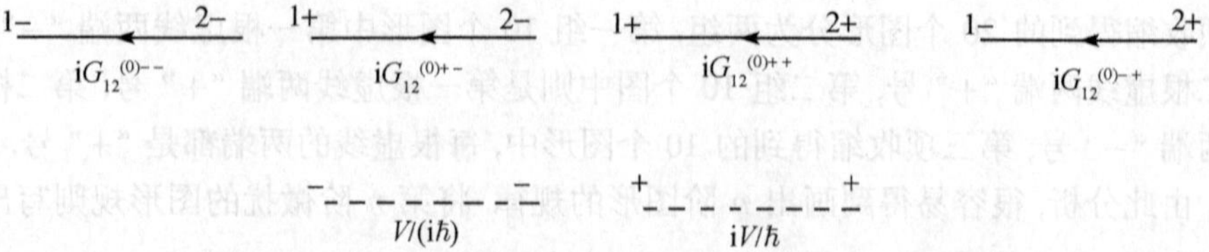

图 19.1 四种单粒子格林函数线和两种两体相互作用虚线

现在注意 (16.2.9) 第二项中, 收缩得到的两个不等价相连图形所含格林函数因子为

$$
\begin{aligned}
&(\mp\langle\psi_{\mathrm{I}3}^{\dagger}\psi_{\mathrm{I}1}\rangle_0)\langle\widetilde{T}_t(\psi_{\mathrm{I}3}\psi_{\mathrm{I}4}^{\dagger})\rangle_0\langle\psi_{\mathrm{I}4}\psi_{\mathrm{I}2}^{\dagger}\rangle_0\\
&+(\mp\langle\psi_{\mathrm{I}3}^{\dagger}\psi_{\mathrm{I}1}\rangle_0)\langle\psi_{\mathrm{I}3}\psi_{\mathrm{I}2}^{\dagger}\rangle_0\langle\widetilde{T}_t(\psi_{\mathrm{I}4}\psi_{\mathrm{I}4}^{\dagger})\rangle_0\\
&=\mathrm{i}G_{13}^{(0)-+}\mathrm{i}G_{34}^{(0)++}\mathrm{i}G_{42}^{(0)+-}+\mathrm{i}G_{13}^{(0)-+}\mathrm{i}G_{32}^{(0)+-}\mathrm{i}G_{44}^{(0)++}
\end{aligned}
\tag{19.2.11}
$$

不在同一个 T_t 内或同一个 $\widetilde{T}_t$ 内的算符时间上没有必然的前后关系, 因此收缩后是不用编时的, 就给出函数 $\mathrm{i}G^{(0)-+}$ 或 $\mathrm{i}G^{(0)+-}$, $\widetilde{T}_t$ 编时内的收缩则给出因子 $\mathrm{i}G^{(0)++}$. 画出一阶图形的所有四个不等价相连图形如图 19.2. 并且把相应的表达式写出来, 就是

$$
\begin{aligned}
\mathrm{i}G_{12}^{(1)--}=\int[&\mathrm{i}G_{13}^{(0)--}\mathrm{i}G_{34}^{(0)--}\mathrm{i}G_{42}^{(0)--}V_{34}/(\mathrm{i}\hbar)\\
&+\mathrm{i}G_{13}^{(0)--}\mathrm{i}G_{32}^{(0)--}\mathrm{i}G_{44}^{(0)--}V_{34}/(\mathrm{i}\hbar)\\
&+\mathrm{i}G_{13}^{(0)-+}\mathrm{i}G_{34}^{(0)++}\mathrm{i}G_{42}^{(0)+-}\mathrm{i}V_{34}/\hbar\\
&+\mathrm{i}G_{13}^{(0)-+}\mathrm{i}G_{32}^{(0)++}\mathrm{i}G_{44}^{(0)++}\mathrm{i}V_{34}/\hbar]\mathrm{d}^4x_3\mathrm{d}^4x_4
\end{aligned}
\tag{19.2.12}
$$

将 (19.2.9) 收缩后, 得到的就是这个表达式.

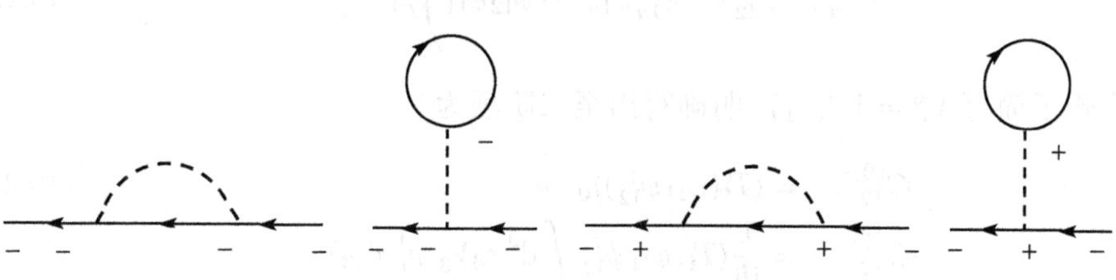

图 19.2 $\mathrm{i}G^{--}$ 的一阶微扰的四个不等价相连图形

对 (19.2.10) 二阶项的仔细分析, 可得到如下结果. 二阶图形共有 40 个, 每个图形的两个外端点都带负号, 每个都有两根相互作用虚线. 这 40 个图形可分为四组, 每组 10 个, 它们的形式都与零温格林函数的 10 个二阶图形图 10.3 相同. 区别在于：由 (19.2.10) 第一项收缩得到的 10 个图形中, 所有虚线的两端都是 "−" 号; 第二项收缩得到的 20 个图形分为两组, 第一组 10 个图形中第一根虚线两端 "−" 号, 第二根虚线两端 "+" 号, 第二组 10 个图中则是第一根虚线两端 "+" 号, 第二根虚线两端 "−" 号; 第三项收缩得到的 10 个图形中, 每根虚线的两端都是 "+" 号.

由此分析, 很容易得到画出 n 阶图形的规律. 将第 n 阶微扰的图形规则写出如下：

(1) 按照零温格林函数那样画出有 n 根虚线的不等价相连图形. 两个外端点标上 "−" 号. 每根虚线两端标上 "−" 号. 这样的图形成为第一组.

(2) 对每一个图形, 任选其中的 1 根, 2 根, $\cdots$, n 根虚线, 使其两端变为 "+" 号. 这样的选取方式有 $C_n^1+C_n^2+\cdots+C_n^n=2^n-1$ 种, 也就是新产生出 2^n-1 组图形, 加上第一组共有 2^n 组图形.

(3) 按图 19.1 写出每个图相应的表达式. 对每个顶点的四维时空坐标积分.

上面对一阶、二阶图形的考察已知：一阶图形有 $2^1=2$ 组, 见图 19.2; 二阶图形有 $2^2=4$ 组.

对于其他三个格林函数 $\mathrm{i}G^{+-}$, $\mathrm{i}G^{-+}$ 和 $\mathrm{i}G^{++}$, 只要在两个外端点上分别标上 "+, −" 号, "−, +" 号和 "+, +" 号. 其余规则如上完全相同.

对于动量空间中的图形规则, 读者自已就可根据图形能很容易地写出来了.

我们再来讨论外场作用的情况. 类似于 (19.2.7) 式, 因果格林函数的微扰展开式为

$$\begin{aligned}\mathrm{i}G^{--}(x,y)=&\sum_{m,n}\frac{1}{m!}\frac{1}{n!}\left(\frac{1}{\mathrm{i}\hbar}\right)^m\left(\frac{\mathrm{i}}{\hbar}\right)^n\langle\widetilde{T}_t\Big(\int\mathrm{d}^4x_1\cdots\mathrm{d}^4x_mV_1^{\mathrm{e}}V_2^{\mathrm{e}}\cdots V_m^{\mathrm{e}}\\&\cdot\psi_{\mathrm{I}1}^\dagger\psi_{\mathrm{I}2}^\dagger\cdots\psi_{\mathrm{I}m}^\dagger\psi_{\mathrm{I}m}\cdots\psi_{\mathrm{I}2}\psi_{\mathrm{I}1}\Big)T_t\Bigg(\psi_{\mathrm{I}x}\psi_{\mathrm{I}y}^\dagger\int\mathrm{d}^4x_1\cdots\mathrm{d}^4x_nV_1^{\mathrm{e}}V_2^{\mathrm{e}}\\&\cdots V_n^{\mathrm{e}}\psi_{\mathrm{I}1}^\dagger\psi_{\mathrm{I}2}^\dagger\cdots\psi_{\mathrm{I}n}^\dagger\psi_{\mathrm{I}n}\cdots\psi_{\mathrm{I}2}\psi_{\mathrm{I}1}\Bigg)\rangle_0\end{aligned}\tag{19.2.13}$$

其中作了简写 $V_1^{\mathrm{e}}=V^{\mathrm{e}}(x_1)$. 明确写出至二阶项为

$$\mathrm{i}G_{12}^{(0)--}=\langle T_t(\psi_{\mathrm{I}1}\psi_{\mathrm{I}2}^\dagger)\rangle_0\tag{19.2.14}$$

$$\begin{aligned}\mathrm{i}G_{12}^{(1)--}=&\frac{1}{\mathrm{i}\hbar}\langle T_t(\psi_{\mathrm{I}1}\psi_{\mathrm{I}2}^\dagger\int\mathrm{d}^4x_3V_3^{\mathrm{e}}\psi_{\mathrm{I}3}^\dagger\psi_{\mathrm{I}3})\rangle_0\\&+\frac{\mathrm{i}}{\hbar}\langle\widetilde{T}_t\left(\int\mathrm{d}^4x_3V_3^{\mathrm{e}}\psi_{\mathrm{I}3}^\dagger\psi_{\mathrm{I}3}\right)T_t(\psi_{\mathrm{I}1}\psi_{\mathrm{I}2}^\dagger)\rangle_0\end{aligned}\tag{19.2.15}$$

$$\begin{aligned}\mathrm{i}G_{12}^{(2)--} &= \frac{1}{2}\left(\frac{1}{\mathrm{i}\hbar}\right)^2 \langle T_t(\psi_{\mathrm{I}1}\psi_{\mathrm{I}2}^\dagger \int \mathrm{d}^4x_3\mathrm{d}^4x_4 V_3^{\mathrm{e}}V_4^{\mathrm{e}}\psi_{\mathrm{I}3}^\dagger\psi_{\mathrm{I}3}\psi_{\mathrm{I}4}^\dagger\psi_{\mathrm{I}4})\rangle_0 \\ &+\frac{1}{\mathrm{i}\hbar}\left(-\frac{\mathrm{i}}{\hbar}\right)\langle \widetilde{T}_t\left(\int \mathrm{d}^4x_3 V_3^{\mathrm{e}}\psi_{\mathrm{I}3}^\dagger\psi_{\mathrm{I}3}\right) T_t(\psi_{\mathrm{I}1}\psi_{\mathrm{I}2}^\dagger\int \mathrm{d}^4x_4 V_4^{\mathrm{e}}\psi_{\mathrm{I}4}^\dagger\psi_{\mathrm{I}4})\rangle_0 \\ &+\frac{1}{2}\left(-\frac{1}{\mathrm{i}\hbar}\right)^2\langle \widetilde{T}_t\left(\int \mathrm{d}^4x_3\mathrm{d}^4x_4 V_3^{\mathrm{e}}V_4^{\mathrm{e}}\psi_{\mathrm{I}3}^\dagger\psi_{\mathrm{I}3}\psi_{\mathrm{I}4}^\dagger\psi_{\mathrm{I}4}\right) T_t(\psi_{\mathrm{I}1}\psi_{\mathrm{I}2}^\dagger)\rangle_0 \end{aligned} \quad (19.2.16)$$

对外场作用线作规定如图 19.3. 对于因子 $V^{\mathrm{e}}/(\mathrm{i}\hbar)$, 顶点处标 “−” 号; 对于因子 $\mathrm{i}V^{\mathrm{e}}/\hbar$, 顶点处标 “+” 号. 对 (19.2.15) 一阶项作收缩后, 画出相应的两个图形, 见图 19.4. 对二阶项 (19.2.16) 收缩得到的四个图形如图 19.5. 分析与两体相互作用的情形完全类似, 只是这里更为简单.

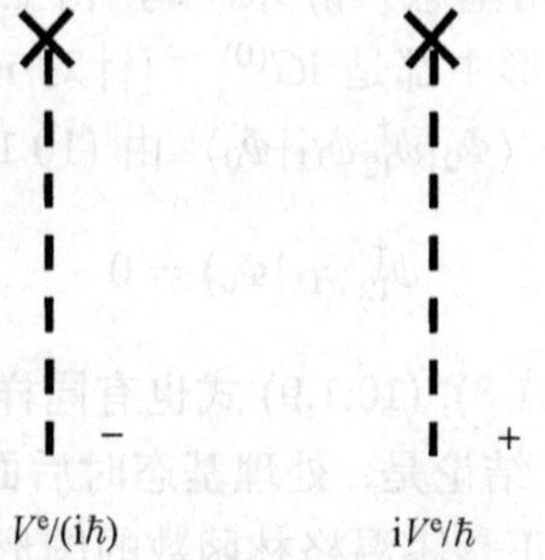

图 19.3 外场线及其相应的表达式

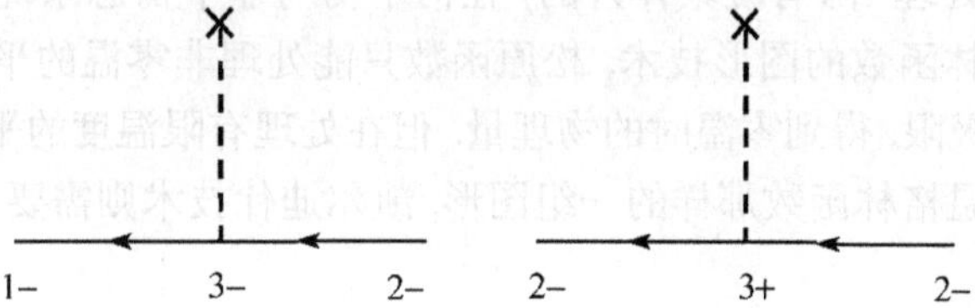

图 19.4 外场下 $\mathrm{i}G_{12}^{(1)--}$ 的两个一阶图形

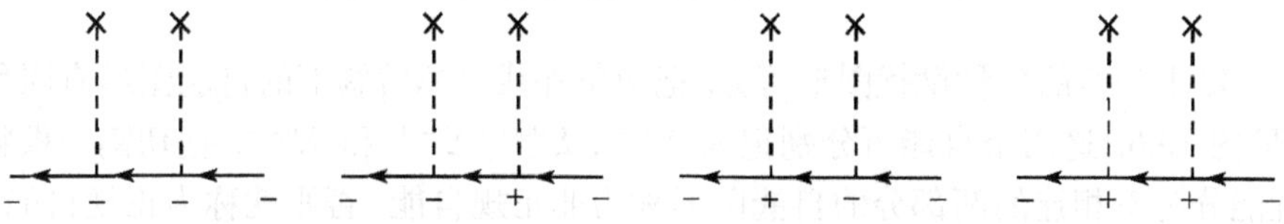

图 19.5 外场下 $\mathrm{i}G_{12}^{(1)--}$ 的四个二阶图形

写出 n 阶图形的规则如下:

(1) 按照零温格林函数那样, 画出有 n 根虚线的不等价相连图形. 两个外端点标上 “−” 号. 每根虚线的顶点处标上 “−” 号. 这样的图只有一个.

(2) 任选其中的一根, 两根, $\cdots$, n 根虚线, 将其顶点处改为 "+" 号. 这样得到 2^n-1 个新的图, 连原图共有 2^n 个.

(3) 格林函数线代表的因子见图 19.1. 外场作用虚线代表的因子见图 19.3. 对每个顶点的四维时空坐标积分.

对于其他三个格林函数 $\mathrm{i}G^{+-}$、$\mathrm{i}G^{-+}$、$\mathrm{i}G^{++}$, 只要在两个外端点上分别标以 "+, −" 号, "−, +" 号和 "+, +" 号. 其余规则如上完全相同. 动量空间中的图形规则, 留给读者自己写.

本章介绍的图形技术称为凯尔迪什 (Keldysh)[3] 图形技术. 它可以适用于任意非平衡与平衡态的系统.

如果只是处理基态的问题, 则 (19.1.1)~(19.1.6) 就简化为对基态 $|\psi_{\mathrm{H}}^0\rangle$ 求平均. 成对收缩也就是对无相互作用基态 $|\Phi_0\rangle$ 求平均. 由上面的图形规则知, 每一阶微扰都有 2^n 组图形, 除第一组图形中都是 $\mathrm{i}G^{(0)--}$(针对 $\mathrm{i}G^{--}$ 来说) 之外, 其他的图中都至少有一个因子 $\mathrm{i}G_{12}^{(0)-+}=\langle\Phi_0|\psi_{\mathrm{I}2}^\dagger\psi_{\mathrm{I}1}|\Phi_0\rangle$. 由 (10.1.10)~(10.1.12) 式知

$$\psi_{\mathrm{I}2}^\dagger\psi_{\mathrm{I}1}|\Phi_0\rangle=0 \tag{19.2.17}$$

对于声子场算符, 用 (10.1.8), (10.1.9) 式也有同样的结果. 对于玻色子 (只要不发生凝聚) 也有同样的结果. 结论是：处理基态时后面的 2^n-1 组图形完全不用考虑, 而只剩下第一组图形. 这正是零温格林函数的图形技术.

我们看到, 本章的图形技术与松原函数的图形技术相比, 各有长处. 凯尔迪什技术长处是它可处理 (除有凝聚体外的) 任何平衡与非平衡态系统. 在处理基态时自动回到零温格林函数的图形技术. 松原函数只能处理非零温的平衡系统. 在计算物理量后取零温极限, 得到零温时的物理量. 但在处理有限温度的平衡态系统时, 松原函数只需像零温格林函数那样的一组图形, 凯尔迪什技术则需要 2^n 组图形, 显得太复杂.

§19.3　正规自能与戴森方程

考察上一节的各种微扰图形可知, 把两条外线去掉后剩下的自能图形有四种情况, 见图 19.6. 这四个自能可分别记为 Σ^{--}, Σ^{+-}, Σ^{-+} 和 Σ^{++}. 把切割一根粒子线就能分为不相连的两部分的自能图形称为非正规自能, 否则就称为正规自能. 自能由正规自能构成, 见图 19.7 是 Σ^{--} 的组成. 其他三个自能函数也有类似的表达式. 四个正规自能分别记为 Σ^{*--}, Σ^{*+-}, Σ^{*-+} 和 Σ^{*++}. 将图 19.6 中的自能全部用正规自能来表达, 就得到图 19.8. 这就是目前情况下的戴森方程. 图 19.8 中的 (a), (b), (c), (d) 四项与图 19.6 中的并不是一一对应的. 图 19.8 中每一项, 如 (a) 项中的 $\mathrm{i}G^{--}$ 包括了图 19.6 中 (a), (b), (c), (d) 所有四项自能的贡献. 图 19.9 以两体

相互作用为例, 列出了一些低阶的正规自能的图形. 将图 19.6, 图 19.8 的端点变号, 立即就写出了另外三个格林函数 iG^{+-}, iG^{-+} 和 iG^{++} 的戴森方程. 例如, 上、下两端分别标以 “+”、“−” 号就得 iG^{+-} 的戴森方程. 显然这四个方程是要联立求解的. 将图 19.8 用解析式表达出来:

$$\begin{aligned}G_{12}^{--} =& G_{12}^{(0)--} + \frac{1}{\hbar}\int[G_{14}^{(0)--}\Sigma_{43}^{*--}G_{32}^{--} + G_{14}^{(0)-+}\Sigma_{43}^{*+-}G_{32}^{--} \\ &+ G_{14}^{(0)--}\Sigma_{43}^{*-+}G_{32}^{+-} + G_{14}^{(0)-+}\Sigma_{43}^{*++}G_{32}^{+-}]\mathrm{d}^4x_3\mathrm{d}^4x_4 \end{aligned} \tag{19.3.1}$$

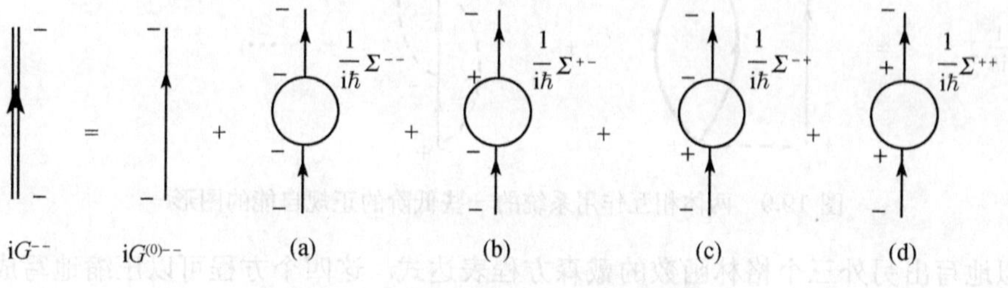

图 19.6 格林函数用自能表达的戴森方程

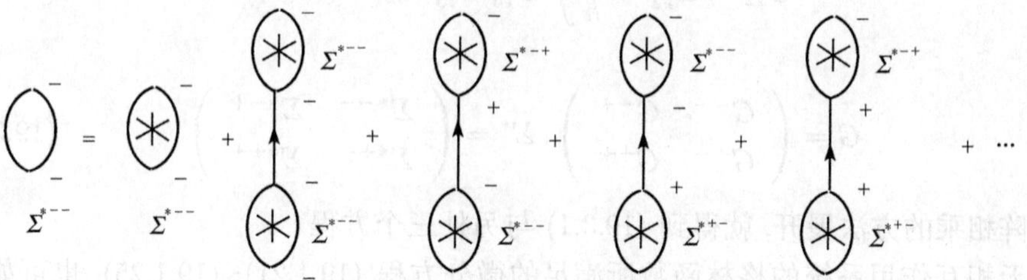

图 19.7 自能是各阶正规自能的贡献之和

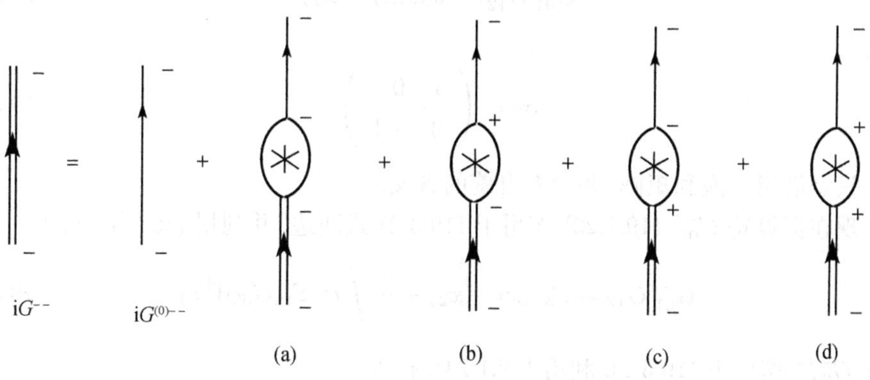

图 19.8 格林函数用正规自能表达的戴森方程

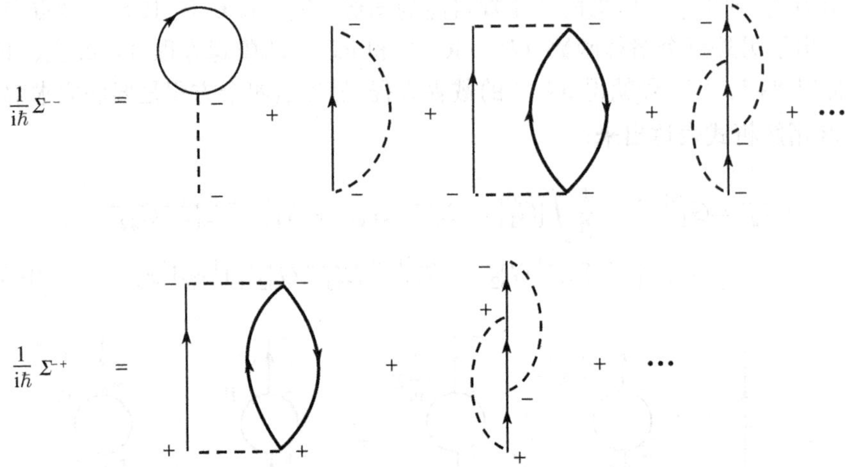

图 19.9 两体相互作用系统的一些低阶的正规自能的图形

类似地写出另外三个格林函数的戴森方程表达式. 这四个方程可以压缩地写成矩阵形式

$$G_{12}=G_{12}^{(0)}+\frac{1}{\hbar}\int G_{14}^{(0)}\Sigma_{43}^{*}G_{32}\mathrm{d}^4x_3\mathrm{d}^4x_4 \tag{19.3.2}$$

其中

$$G=\begin{pmatrix} G^{--} & G^{-+} \\ G^{+-} & G^{++} \end{pmatrix}, \Sigma^{*}=\begin{pmatrix} \Sigma^{*--} & \Sigma^{*-+} \\ \Sigma^{*+-} & \Sigma^{*++} \end{pmatrix} \tag{19.3.3}$$

用矩阵相乘的方法展开, 就得到 (19.3.1) 与另外三个方程.

无相互作用系统的格林函数所满足的微分方程 (19.1.21)~(19.1.25), 也可如下统一写成矩阵形式

$$G_{01}^{-1}G_{12}^{(0)}=\sigma_3\delta(x_1-x_2) \tag{19.3.4}$$

其中

$$\sigma_3=\begin{pmatrix} 1 & 0 \\ 0 & -1 \end{pmatrix} \tag{19.3.5}$$

这儿只是借用了泡利矩阵, 并没有自旋的含义.

现在把算符 G_{01}^{-1} (19.1.20) 作用于 (19.3.2) 式两边, 并利用 (19.3.4), 可得

$$G_{01}^{-1}G_{12}=\sigma_3\delta(x_1-x_2)+\frac{1}{\hbar}\int \sigma_3\Sigma_{13}^{*}G_{32}\mathrm{d}^4x_3 \tag{19.3.6}$$

再把 G_{02}^{-1*} 作用于 (19.3.2), 利用 (19.1.24), 得到

$$G_{02}^{-1*}G_{12}=\sigma_3\delta(x_1-x_2)+\frac{1}{\hbar}\int G_{13}\Sigma_{32}^{*}\sigma_3\mathrm{d}^4x_3 \tag{19.3.7}$$

(19.3.6), (19.3.7) 两式相对于 (19.3.2) 式的优点是方程中不出现无相互作用系统的格林函数, 使得方程更为简洁. 但缺点是, 它们都是积分微分方程. 微分算符的存在使得解具有不确定性. 而这个积分常数实质上就是 (19.3.2) 的第一项, 即无相互作用系统的格林函数.

有一点必须强调, 由于 (19.1.13) 的线性关系的存在, (19.3.2) 中只有三个方程是独立的. 为了把这一点明显地表现出来, 我们用下面的方法对矩阵 G 作线性变换, 利用 (19.1.13) 将其中的一个矩阵元化为零. 所采用的线性变换为

$$G_{\mathrm{g}}=R^{-1}GR \tag{19.3.8}$$

其中

$$R=\frac{1}{\sqrt{2}}\begin{pmatrix}1 & 1\\ -1 & 1\end{pmatrix},\quad R^{-1}=\frac{1}{\sqrt{2}}\begin{pmatrix}1 & -1\\ 1 & 1\end{pmatrix} \tag{19.3.9}$$

是幺正矩阵. 容易算出, 变换的结果为

$$\begin{aligned}G_{\mathrm{g}}&=\frac{1}{2}\begin{pmatrix}G^{--}-G^{+-}-G^{-+}+G^{++} & G^{--}-G^{+-}+G^{-+}-G^{++}\\ G^{--}+G^{+-}-G^{-+}-G^{++} & G^{--}+G^{+-}+G^{-+}+G^{++}\end{pmatrix}\\ &=\begin{pmatrix}0 & G^{\mathrm{A}}\\ G^{\mathrm{R}} & F\end{pmatrix}\end{aligned} \tag{19.3.10}$$

其中用到了 (19.1.13), (19.1.14) 并定义了 F 函数:

$$F=G^{++}+G^{--}=G^{+-}+G^{-+} \tag{19.3.11}$$

这时方程 (19.3.2) 的形式不变. 由于四个格林函数之间有线性关系 (19.1.13), 因此四个正规自能也不是完全独立的, 应该有一个线性关系. 现在来找出这个关系. 明确写出 (19.3.6) 的矩阵形式:

$$\begin{aligned}G_{01}^{-1}\begin{pmatrix}G^{--} & G^{-+}\\ G^{+-} & G^{++}\end{pmatrix}&=\begin{pmatrix}1 & 0\\ 0 & -1\end{pmatrix}\delta(x_1-x_2)\\ &+\int \mathrm{d}^4x_3\begin{pmatrix}1 & 0\\ 0 & -1\end{pmatrix}\begin{pmatrix}\varSigma_{13}^{*--} & \varSigma_{13}^{*-+}\\ \varSigma_{13}^{*+-} & \varSigma_{13}^{*++}\end{pmatrix}\begin{pmatrix}G_{32}^{--} & G_{32}^{-+}\\ G_{32}^{+-} & G_{32}^{++}\end{pmatrix}\end{aligned} \tag{19.3.12}$$

由 (19.1.13), 必有 $G_{01}^{-1}(G^{--}+G^{++}-G^{-+}-G^{+-})=0$. 将 (19.3.12) 左边的四个矩阵元相加, 得到右边被积函数中四个矩阵元相加应该为零. 推得结果为

$$(\varSigma_{13}^{*--}+\varSigma_{13}^{*-+}+\varSigma_{13}^{*+-}+\varSigma_{13}^{*++})(G_{32}^{--}-G_{32}^{-+})=0$$

得到正规自能之间的线性关系为

$$\Sigma^{*--}+\Sigma^{*-+}+\Sigma^{*+-}+\Sigma^{*++}=0 \tag{19.3.13}$$

注意它与 (19.1.13) 式符号上的差别. 正规自能矩阵的变换结果就成为

$$\Sigma_{\mathrm{g}}^{*}=R^{-1}\Sigma^{*}R=\begin{pmatrix}\Omega & \Sigma^{\mathrm{R}}\\ \Sigma^{\mathrm{A}} & 0\end{pmatrix} \tag{19.3.14}$$

其中定义了

$$\begin{aligned}&\Omega=\Sigma^{*--}+\Sigma^{*++}=-(\Sigma^{*-+}+\Sigma^{*+-})\\&\Sigma^{\mathrm{R}}=\Sigma^{*--}+\Sigma^{*-+},\quad \Sigma^{\mathrm{A}}=\Sigma^{*--}+\Sigma^{*+-}\end{aligned} \tag{19.3.15}$$

它们与 (19.1.14) 式有区别.

把 (19.3.2) 式经变换后得到的方程写出来

$$\begin{aligned}\begin{pmatrix}0 & G_{12}^{\mathrm{A}}\\ G_{12}^{\mathrm{R}} & F_{12}\end{pmatrix}=&\begin{pmatrix}0 & G_{13}^{(0)\mathrm{A}}\\ G_{12}^{(0)\mathrm{R}} & F_{12}^{(0)}\end{pmatrix}\\&+\int \mathrm{d}^4x_3\mathrm{d}^4x_4\begin{pmatrix}0 & G_{14}^{(0)\mathrm{A}}\\ G_{14}^{(0)\mathrm{R}} & F_{14}^{(0)}\end{pmatrix}\\&\begin{pmatrix}\Omega_{43} & \Sigma_{43}^{\mathrm{R}}\\ \Sigma_{43}^{\mathrm{A}} & 0\end{pmatrix}\begin{pmatrix}0 & G_{32}^{\mathrm{A}}\\ G_{32}^{\mathrm{R}} & F_{32}\end{pmatrix}\end{aligned} \tag{19.3.16}$$

其中 G^{A} 矩阵元满足的方程为

$$G_{12}^{\mathrm{A}}=G_{12}^{(0)\mathrm{A}}+\int G_{14}^{(0)\mathrm{A}}\Sigma_{43}^{\mathrm{A}}G_{32}^{\mathrm{A}}\mathrm{d}^4x_3\mathrm{d}^4x_4 \tag{19.3.17}$$

也可写出 G^{R} 矩阵元满足的方程, 不过利用 (19.3.15) 式可以发现, 它并不比 (19.3.17) 给出更新的物理内容. $G^{(0)\mathrm{R}}$ 和 $G^{(0)\mathrm{A}}$ 与无相互作用系统的分布函数无关, 这可参看 (19.3.17) 式. 因此方程 (19.3.17) 不依赖于无相互作用系统的分布函数.

最后, F 所满足的方程为

$$F_{12}=F_{12}^{(0)}+\int(G_{14}^{(0)\mathrm{R}}\Omega_{43}G_{32}^{\mathrm{A}}+F_{14}^{(0)}\Sigma_{43}^{\mathrm{A}}G_{32}^{\mathrm{A}}+G_{14}^{(0)\mathrm{R}}\Sigma_{43}^{\mathrm{R}}F_{32})\mathrm{d}^4x_3\mathrm{d}^4x_4 \tag{19.3.18}$$

由于

$$G_{01}^{-1}F_{12}^{(0)}=0 \tag{19.3.19}$$

F_{12} 满足的微分方程是

$$G_{01}^{-1}F_{12}=\int(\Omega_{13}G_{32}^{\mathrm{A}}+\Sigma_{13}^{\mathrm{R}}F_{32})\mathrm{d}^4x_3 \tag{19.3.20}$$

方程 (19.3.17), (19.3.20) 原则上构成了对非平衡态系统的完全描述. 其中后一个是积分微分方程, 它是玻尔兹曼输运方程的推广. 由于 (19.1.8), (19.1.9) 式, G^{-+} 和 G^{+-} 以及 F 与系统中粒子的分布函数直接有关. (19.3.20) 的解与输运方程具有同样的任意性. 不过 (19.3.17) 是纯积分方程, 因此对解不带来任意性.

方程组 (19.3.17), (19.3.20) 比通常的输运方程复杂. 因为它的一个基本特点是, 它包含了 t_1 和 t_2 两个时间变量. 而输运方程中只有一个时间变量. 在准经典情形这一差别消失. 准经典条件是指所有的量发生显著变化所需的时间间隔 τ 和距离 l 满足不等式

$$\tau\varepsilon_{\mathrm{F}} \gg \hbar, \quad lp_{\mathrm{F}} \gg \hbar \tag{19.3.21}$$

这时 (19.3.20) 式可给出通常的输运方程, 并且在只取到正规自能的二阶图形时, 就给出碰撞项中 "获得" 和 "损失" 项的明确表达式. 这一证明过程较为繁冗, 读者可参看文献 [1].

§19.4 Langreth 定理

我们现在要再进一步说明复编时算符 T_{C} 的含义. 前面讲的编时的顺序是, 时间上先从 $-\infty$ 演化到 $+\infty$, 再从 $+\infty$ 演化到 $-\infty$, 这样才能准确地回到原来的状态. 为了明确区分这两步的演化, 做如下的规定. 从 $-\infty$ 时间演化到 $+\infty$ 时, 时间有一正的小虚部, 记为 t^+. 称作正向路径 (上岸). 从 $+\infty$ 演化到 $-\infty$ 时, 时间有一负的小虚部, 记为 t^-. 称作逆向路径 (下岸). 见图 19.10. 正是由于时间是一复数, 所以把 T_{C} 称为复编时算符. 时间回路就是复回路. (19.1.1)~(19.1.6) 式中的时间都有一小的虚部, 也就都称为复编时格林函数. 当 t_2 在复回路上位于 t_1 之后, A 和 B 就交换次序并加一负号, 否则不变. 下岸的时间总是晚于上岸的时间.

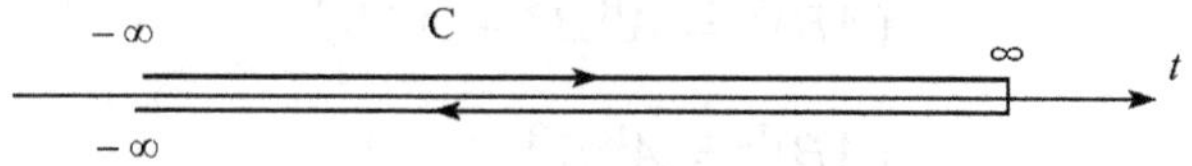

图 19.10 复时间回路

我们再把 (19.1.1)~(19.1.4) 中的时间表明如下:

$$G_{12}^{--} = G^{--}(t_1^+, t_2^+) \tag{19.4.1}$$

$$G_{12}^{++} = G^{++}(t_1^-, t_2^-) \tag{19.4.2}$$

$$G^{+-}(t_1, t_2) = G^{+-}(t_1^-, t_2^+) \tag{19.4.3}$$

$$G^{-+}(t_1, t_2) = G^{-+}(t_1^+, t_2^-) \tag{19.4.4}$$

因果格林函数 (19.1.1) 式中两个时间都在正向路径上, 说明这是一个正编时的效果. (19.1.2) 式中两个时间都在逆向路径上, 说明这是一个反编时的效果. 大于和小于格林函数 $G^<$ 和 $G^>$(关联函数) 的时间总是分别在上下岸. 推迟和超前格林函数的形式不变, 因为有阶跃函数决定了时间的顺序. 不管时间是在正向还是逆向路径上.

松原函数中由于没有时间的概念, 所以无法定义非平衡态的松原函数.

规定了复时间路径之后, 六个格林函数之间仍然存在 (19.1.10)~(19.1.14) 这些关系.

非平衡统计的微扰论必须建立在复编时格林函数上, 而可观察量则与实时格林函数相联系. 连接二者的桥梁是 Langreth 定理 [4]. 如果复编时格林函数满足

$$C(t_1,t_2)=\int_{\mathrm{C}}\mathrm{d}tA(t_1,t)B(t,t_2) \tag{19.4.5}$$

积分路径是图 19.11, 那么有

$$C^<(t_1,t_2)=\int_{-\infty}^{+\infty}\mathrm{d}t[A^{\mathrm{R}}(t_1,t)B^<(t,t_2)+A^<(t_1,t)B^{\mathrm{A}}(t,t_2)] \tag{19.4.6}$$

$$C^>(t_1,t_2)=\int_{-\infty}^{+\infty}\mathrm{d}t[A^{\mathrm{R}}(t_1,t)B^>(t,t_2)+A^>(t_1,t)B^{\mathrm{A}}(t,t_2)] \tag{19.4.7}$$

$$C^{\mathrm{R}}(t_1,t_2)=\int_{-\infty}^{+\infty}\mathrm{d}tA^{\mathrm{R}}(t_1,t)B^{\mathrm{R}}(t,t_2) \tag{19.4.8}$$

$$C^{\mathrm{A}}(t_1,t_2)=\int_{-\infty}^{+\infty}\mathrm{d}tA^{\mathrm{A}}(t_1,t)B^{\mathrm{A}}(t,t_2) \tag{19.4.9}$$

注意, 此四式右边的积分路径已经不是闭合回路. 以上四式常简记为如下的形式:

$$(AB)^<=A^{\mathrm{R}}B^<+A^<B^{\mathrm{A}} \tag{19.4.10}$$

$$(AB)^>=A^{\mathrm{R}}B^>+A^>B^{\mathrm{A}} \tag{19.4.11}$$

$$(AB)^{\mathrm{R}}=A^{\mathrm{R}}B^{\mathrm{R}} \tag{19.4.12}$$

$$(AB)^{\mathrm{A}}=A^{\mathrm{A}}B^{\mathrm{A}} \tag{19.4.13}$$

我们来证明 (19.4.6) 式. 由于大于 t_2 的时间的路径上的积分抵消. 先把图 19.11 的积分路径变为图 19.12 的路径. 再进一步变形为图 19.13 的路径

$$\begin{aligned}C^<(t_1,t_2)&=\int_{\mathrm{C}}\mathrm{d}tA(t_1^+,t)B(t,t_2^-)\\&=\int_{\mathrm{C}_1}\mathrm{d}tA(t_1^+,t)B^<(t,t_2^-)+\int_{\mathrm{C}_2}\mathrm{d}tA^<(t_1^+,t)B(t,t_2^-)\end{aligned} \tag{19.4.14}$$

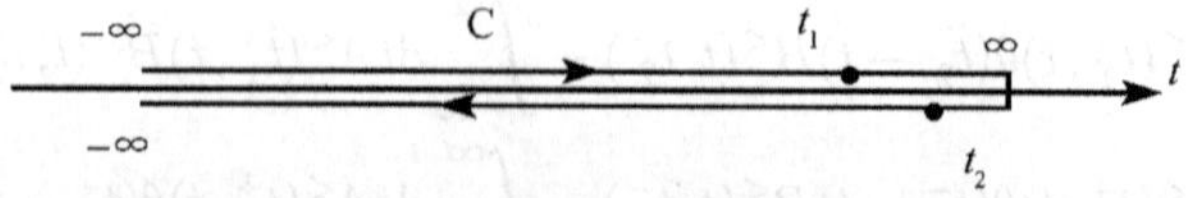

图 19.11 (19.4.5) 式右边的积分路径

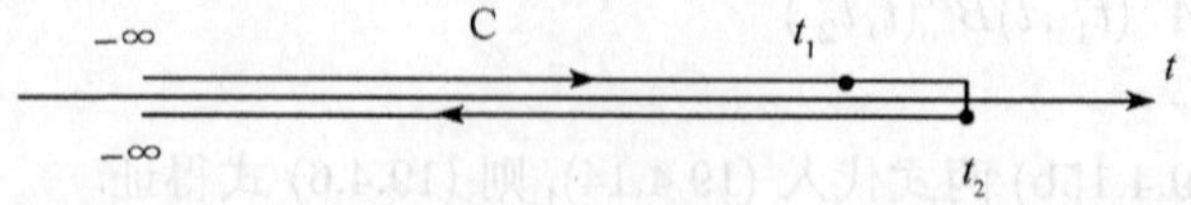

图 19.12 把图 19.11 中的积分路径加以简化, 上下岸在时间 $t > \max(t_1, t_2)$ 的路径上的积分相互抵消

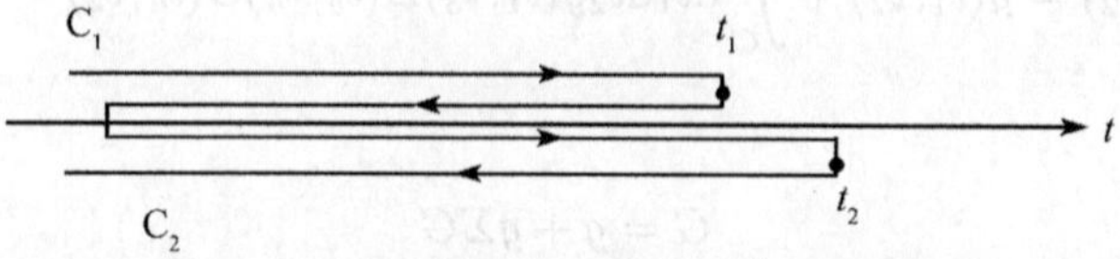

图 19.13 把图 19.12 中的路径再加以变形

第一项 $B^<(t, t_2^-)$ 中积分的时间 t 总是超前于 t_2^-, 所以标记为 $B^<(t, t_2^-)$. 同理, 在第二项中则应标记为 $A^<(t_1^+, t)$. (19.4.14) 第一项的积分为

$$
\begin{aligned}
&\int_{C_1} \mathrm{d}t A(t_1^+, t) B^<(t, t_2^-) \\
&= \int_{-\infty}^{t_1} \mathrm{d}t A^>(t_1^+, t) B^<(t, t_2^-) + \int_{t_1}^{-\infty} \mathrm{d}t A^<(t_1^+, t) B^<(t, t_2^-) \\
&= \int_{-\infty}^{+\infty} \mathrm{d}t \theta(t_1^+ - t) A^>(t_1^+, t) B^<(t, t_2^-) - \int_{-\infty}^{t_1} \mathrm{d}t A^<(t_1^+, t) B^<(t, t_2^-) \\
&= \int_{-\infty}^{+\infty} \mathrm{d}t [\theta(t_1^+ - t) A^>(t_1^+, t) - \theta(t_1^+ - t) A^<(t_1^+, t)] B^<(t, t_2^-) \\
&= \int_{-\infty}^{+\infty} \mathrm{d}t A^{\mathrm{R}}(t_1^+, t) B^<(t, t_2^-) \qquad (19.4.15\mathrm{a})
\end{aligned}
$$

其中第一项 $A(t_1^+, t)$ 中积分的时间 t 总是超前于 t_1^+, 所以标记为 $A^>(t_1^+, t)$; 同理, 在第二项中则应标记为 $A^<(t_1^+, t)$. 第二项将积分的上下限换位后, 如果要将上限扩展为无穷大, 需要加入一个因子 $\theta(t_1^+ - t)$. 最后一步则使用了 (19.1.11a) 式. 现在看 (19.4.14) 式的第二项,

$$
\begin{aligned}
&\int_{C_2} \mathrm{d}t A^<(t_1^+, t) B(t, t_2^-) \\
&= \int_{-\infty}^{t_2} \mathrm{d}t A^<(t_1^+, t) B^<(t, t_2^-) + \int_{t_2}^{-\infty} \mathrm{d}t A^<(t_1^+, t) B^>(t, t_2^-)
\end{aligned}
$$

$$= \int_{-\infty}^{\infty} \mathrm{d}t A^<(t_1^+, t)\theta(t_2^- - t)B^<(t, t_2^-) - \int_{-\infty}^{t_2} \mathrm{d}t A^<(t_1^+, t)B^>(t, t_2^-)$$
$$= \int_{-\infty}^{\infty} \mathrm{d}t A^<(t_1^+, t)\theta(t_2^- - t)B^<(t, t_2^-) - \int_{-\infty}^{\infty} \mathrm{d}t A^<(t_1^+, t)\theta(t_2^- - t)B^>(t, t_2^-)$$
$$= \int_{-\infty}^{+\infty} \mathrm{d}t A^<(t_1^+, t)B^{\mathrm{A}}(t, t_2^-) \tag{19.4.15b}$$

把 (19.4.15a), (19.4.15b) 两式代入 (19.4.14), 则 (19.4.6) 式得证.

复编时格林函数满足戴森方程：

$$G(t_1, t_2) = g(t_1, t_2) + \int_C \mathrm{d}t_1 \mathrm{d}t_2 g(t_1, t_3)\Sigma(t_3, t_4)G(t_4, t_2) \tag{19.4.16}$$

此式简记为

$$G = g + g\Sigma G \tag{19.4.17}$$

由此式出发, 利用 Langreth 定理, 可得到以下的实时格林函数满足的方程：

$$G^{\mathrm{R}} = g^{\mathrm{R}} + g^{\mathrm{R}}\Sigma^{\mathrm{R}}G^{\mathrm{R}} \tag{19.4.18}$$

$$G^{\mathrm{A}} = g^{\mathrm{A}} + g^{\mathrm{A}}\Sigma^{\mathrm{A}}G^{\mathrm{A}} \tag{19.4.19}$$

$$G^< = (1 + G^{\mathrm{R}}\Sigma^{\mathrm{R}})g^<(1 + \Sigma^{\mathrm{A}}G^{\mathrm{A}}) + G^{\mathrm{R}}\Sigma^<G^{\mathrm{A}}$$
$$= G^{\mathrm{R}}(g^{\mathrm{R}})^{-1}g^<(g^{\mathrm{A}})^{-1}G^{\mathrm{A}} + G^{\mathrm{R}}\Sigma^<G^{\mathrm{A}} \tag{19.4.20}$$

$$G^> = (1 + G^{\mathrm{R}}\Sigma^{\mathrm{R}})g^>(1 + \Sigma^{\mathrm{A}}G^{\mathrm{A}}) + G^{\mathrm{R}}\Sigma^>G^{\mathrm{A}} \tag{19.4.21}$$

式 (19.4.18)~(19.4.21) 这一组方程完备地描述了非平衡动力学的一般性质. 但是由于式 (19.1.12), 其中只有三个方程是独立的. (19.4.20) 被称为 Keldysh 方程. 我们来证明 (19.4.20) 式：从 (19.4.17) 得

$$G^< = g^< + g^{\mathrm{R}}\Sigma^{\mathrm{R}}G^< + g^{\mathrm{R}}\Sigma^<G^{\mathrm{A}} + g^<\Sigma^{\mathrm{A}}G^{\mathrm{A}} \tag{19.4.22}$$

所以

$$(1 - g^{\mathrm{R}}\Sigma^{\mathrm{R}})G^< = g^<(1 + \Sigma^{\mathrm{A}}G^{\mathrm{A}}) + g^{\mathrm{R}}\Sigma^<G^{\mathrm{A}} \tag{19.4.23}$$

从 (19.4.18) 式得

$$(1 - g^{\mathrm{R}}\Sigma^{\mathrm{R}})^{-1}g^{\mathrm{R}} = G^{\mathrm{R}} \tag{19.4.24}$$

又

$$(1 - g^{\mathrm{R}}\Sigma^{\mathrm{R}})(1 + G^{\mathrm{R}}\Sigma^{\mathrm{R}}) = 1 + (G^{\mathrm{R}} - g^{\mathrm{R}} - g^{\mathrm{R}}\Sigma^{\mathrm{R}}G^{\mathrm{R}})\Sigma^{\mathrm{R}} = 1 \tag{19.4.25}$$

所以

$$(1-g^{\rm R}\varSigma^{\rm R})^{-1}=1+G^{\rm R}\varSigma^{\rm R} \tag{19.4.26}$$

把 (19.4.24), (19.4.26) 代入 (19.4.23) 即得 (19.4.20) 的第一个等式. 第二个等式的证明用到 (19.4.19) 和 (19.4.24) 式.

下面定义的两个乘积不含积分:

$$C(t_1,t_2)=A(t_1,t_2)B(t_1,t_2) \tag{19.4.27}$$

$$D(t_1,t_2)=A(t_1,t_2)B(t_2,t_1) \tag{19.4.28}$$

可以证明以下关系式:

$$C^<(t_1,t_2)=A^<(t_1,t_2)B^<(t_1,t_2) \tag{19.4.29}$$

$$D^<(t_1,t_2)=A^<(t_1,t_2)B^>(t_2,t_1) \tag{19.4.30}$$

$$\begin{aligned}C^{\rm R}(t_1,t_2)=&A^<(t_1,t_2)B^{\rm R}(t_1,t_2)+A^{\rm R}(t_1,t_2)B^<(t_1,t_2)\\&+A^{\rm R}(t_1,t_2)B^{\rm R}(t_1,t_2)\end{aligned} \tag{19.4.31}$$

$$\begin{aligned}D^{\rm R}(t_1,t_2)&=A^{\rm R}(t_1,t_2)B^<(t_2,t_1)+A^<(t_1,t_2)B^{\rm A}(t_2,t_1)\\&=A^<(t_1,t_2)B^{\rm A}(t_2,t_1)+A^{\rm R}(t_1,t_2)B^<(t_2,t_1)\end{aligned} \tag{19.4.32}$$

最后, 再证明一个有用的关系式 [5]:

$$G^{\rm R}-G^{\rm A}=G^{\rm R}(\varSigma^{\rm R}-\varSigma^{\rm A})G^{\rm A} \tag{19.4.33}$$

根据戴森方程 (10.4.10) 式或者 (19.3.17) 式,

$$(G^{\rm R,A})^{-1}=(G^0)^{-1}-\varSigma^{\rm R,A}$$

注意, 现在 $(G^0)^{-1}=E-H_0$, 其推迟和超前函数只差一个无穷小的虚部, 并且只在分子上, 所以完全可以忽略这个无穷小的虚部.

$$(G^{\rm A})^{-1}-(G^{\rm R})^{-1}=\varSigma^{\rm R}-\varSigma^{\rm A}$$

两边同时左乘 G^R 和右乘 G^A, 即得 (19.4.33) 式.

当一个系统处于平衡态时, 小于格林函数可以用推迟和超前格林函数来表示, 见 (9.2.55), (9.2.50) 和 (19.1.12) 式

$$g^<(\boldsymbol{k},\omega)=-\eta[g^{\rm A}(\boldsymbol{k},\omega)-g^{\rm R}(\boldsymbol{k},\omega)]f_{-\eta}(\hbar\omega) \tag{19.4.34}$$

习　　题

1. 证明 (19.1.15)~(19.1.17) 式.

2. 证明 (19.1.21), (19.1.23)~(19.1.25) 式.

3. 类似 (19.2.5) 写出 $\mathrm{i}G_{12}^{++}$ 及其零到二阶的微扰展开式.

4. 类似图 19.8 写出另外三个格林函数 $\mathrm{i}G^{+-}$、$\mathrm{i}G^{-+}$ 和 $\mathrm{i}G^{++}$ 的戴森方程的图形表示, 并类似于 (19.3.1) 式写出相应的表达式.

5. 证明 (19.3.10) 式.

6. 证明关系式 [6]:

$$\begin{pmatrix} G^{--} & G^{-+} \\ G^{+-} & G^{++} \end{pmatrix} = \frac{1}{2}F\begin{pmatrix} 1 & 1 \\ 1 & 1 \end{pmatrix} + \frac{1}{2}G^{\mathrm{R}}\begin{pmatrix} 1 & -1 \\ 1 & -1 \end{pmatrix} + \frac{1}{2}G^{\mathrm{A}}\begin{pmatrix} 1 & 1 \\ -1 & -1 \end{pmatrix}$$

7. (19.3.5) 式给出泡利矩阵中的一个. 另外两个为

$$\sigma_1 = \begin{pmatrix} 0 & 1 \\ 1 & 0 \end{pmatrix}, \quad \sigma_2 = \begin{pmatrix} 0 & -\mathrm{i} \\ \mathrm{i} & 0 \end{pmatrix}$$

证明 (19.3.9) 式中的 R 满足

$$R = \frac{1+\mathrm{i}\sigma_2}{\sqrt{2}}$$

并证明:

$$R^{-1}\sigma_3 R = \sigma_1$$

8. 从 (19.3.12) 式证明 (19.3.13) 式.

9. 证明 (19.3.16)~(19.3.18) 式. 并写出 G_{12}^{R} 满足的方程.

10. 证明 (19.4.11)~(19.4.13) 式.

11. 如果 $D = ABC$, 那么写出 $D^<$, $D^>$, D^R, D^A.

12. 无相互作用的格林函数已在 §9.4 中给出. 证明, 如果 g 是无相互作用的格林函数, 那么 $(g^{\mathrm{R}})^{-1}g^<=0$, 此时 (19.4.20) 式右边只有第二项.

13. 证明 (19.4.21) 式.

14. 证明 (19.4.29)~(19.4.32) 式, 并写出 $C^>$, C^{A}, $D^>$, D^{A} 的表达式.

15. Lengreth 定理的一个应用. 根据图 10.11 可写出电声相互作用的最低级的自能如下. $\Sigma_{\mathrm{ph}}(\boldsymbol{k}, t_1-t_2) = \mathrm{i}\sum_{\boldsymbol{q}} |g_{\boldsymbol{q}}|^2 G(\boldsymbol{k}-\boldsymbol{q}, t_1-t_2) D(\boldsymbol{q}, t_1-t_2)$. 这儿因为没有随时间变化的外场, 所以电子和声子的格林函数都是时间差的函数. 先写出 $\Sigma_{\mathrm{ph}}^{\mathrm{R}}(\boldsymbol{k}, t_1-t_2)$ 的表达式, 再对时间做傅里叶变换, 给出 $\Sigma_{\mathrm{ph}}^{\mathrm{R}}(\boldsymbol{k}, \omega)$ 的表达式. 然后将 $G^<$, G^{R}, $D^<$, D^{R} 的表达式（在 §9.4 中都能找到）代入, 给出 $\Sigma_{\mathrm{ph}}^{\mathrm{R}}(\boldsymbol{k}, \omega)$ 的最终表达式.

16. 定义闭路格林函数

$$\mathrm{i}G_{12} = \langle T_{\mathrm{C}}(\psi_{\mathrm{H1}}\psi_{\mathrm{H2}}^{\dagger})\rangle = \langle T(\psi_{\mathrm{I1}}\psi_{\mathrm{I2}}^{\dagger}S_{\mathrm{C}})\rangle_0 \tag{1}$$

其中 S_{C} 矩阵的定义是

$$S_{\mathrm{C}} = T_{\mathrm{C}}\exp\left[\frac{\mathrm{i}}{\hbar}\int_{\mathrm{C}} H_{\mathrm{I}}^{\mathrm{i}}(t)\mathrm{d}t\right] \tag{2}$$

其中的积分回路是图 19.10 的闭合回路. 编时算符 T_{C} 也是按照图 19.10 的闭合回路的顺序编时. 证明: (1) 式包含了 (19.1.1)~(19.1.4) 四式. 即, (19.1.1)~(19.1.4) 式表现了 (1) 式的四种情况 [2].

17. 通常, 在外场中的一个系统是非平衡的. 然而, 在第九章和第十二章中, 当存在一个不含时外场时, 我们用了平衡态格林函数. 这样做是否正确?

18. 式 (19.4.17) 中的正规自能 Σ 实际上是符号 $\boldsymbol{\Sigma}^*$ 的简化, 此式应更严格地写成 $G = g + g\boldsymbol{\Sigma}^*G$. 反复迭代后, 就成为 $G = g + g\boldsymbol{\Sigma}g$, 其中自能满足自身的戴森方程 $\boldsymbol{\Sigma} = \boldsymbol{\Sigma}^* + \boldsymbol{\Sigma}g\boldsymbol{\Sigma}^*$, 如 (10.4.8) 的形式. 证明: 自能 Σ 满足类似于式 (19.4.18)-(19.4.21) 诸式, 例如,

$$\boldsymbol{\Sigma}^{<} = \boldsymbol{\Sigma}^{\mathrm{R}}(\boldsymbol{\Sigma}^{*\mathrm{R}})^{-1}\boldsymbol{\Sigma}^{*<}(\boldsymbol{\Sigma}^{*\mathrm{A}})^{-1}\boldsymbol{\Sigma}^{\mathrm{A}} + \boldsymbol{\Sigma}^{\mathrm{R}}G^{<}\boldsymbol{\Sigma}^{\mathrm{A}}$$

参考文献

[1] Lifshitz E M, Pitaevskii L P. Physical Kinetics [M]. Course of Theoretical Physics, Vol.10. Oxford: Pergamon Press, 1981.

[2] 郝柏林, 于渌, 等. 统计物理学进展 [M]. 北京: 科学出版社, 1981.

[3] Keldysh L V. Diagram Technique for Nonequilibrium Process[J]. Soviet Physics JETP, 1965, 20(4): 1018.

[4] Haug Hartmut, Jauho Antti-Pekka. Quantum Kinetics in Transport and Optics of Semiconductors [M]. Berlin: Springer-Verlag, 1996.

[5] Datta Supriyo. Electronic Transport in Mesoscopic Systems [M]. New York: Cambridge University Press, 1995.

[6] 周光召, 于渌, 郝柏林. 三套闭路格林函数的变换关系 [J]. 物理学报, 1980, 29(7): 878.

第二十章　介观电荷输运

有外场时, 系统内就出现输运现象, 这时系统就不处于平衡态. 所以应该使用非平衡态格林函数处理输运问题. 如果外场不强, 则可以用近平衡时的线性响应理论. 本章的 §20.1 介绍包含一个量子点的介观系统的模型哈密顿量. §20.2 介绍一个运用非平衡态格林函数的例子. §20.3 介绍一个运用线性响应理论的例子. §20.4 是利用 §20.3 的结果得到巨磁阻的表达式. 本章我们取 $\hbar$=1.

§20.1　模型哈密顿量

20.1.1　模型哈密顿量

现在考虑的系统是: 有一个中心散射区, 连接着几根导线. 这一系统的哈密顿量写为

$$H = \sum_{\beta} H_{\beta} + H_{\mathrm{C}} + H_{\mathrm{T}} \tag{20.1.1}$$

这一哈密顿量包含三部分. 第一部分表示导线. 下标 β 标记第 β 根导线.

$$H_{\beta} = H_{\beta 1} + H_{\beta 2} + H_{\beta 3} \tag{20.1.2}$$

第一项

$$H_{\beta 1} = \sum_{\boldsymbol{k}\sigma} \varepsilon^{0}_{\beta\boldsymbol{k}\sigma} a^{\dagger}_{\beta\boldsymbol{k}\sigma} a_{\beta\boldsymbol{k}\sigma} \tag{20.1.3}$$

是紧束缚哈密顿量经过傅里叶变换成为波矢空间的形式. 在波矢空间, 它是对角化的. 下标 σ 表示电子的自旋. 如果是铁磁性的导线, 自旋朝上和朝下的能级不同. 第二项

$$H_{\beta 2} = \sum_{\boldsymbol{k}\sigma} V_{\beta}(t) a^{\dagger}_{\beta\boldsymbol{k}\sigma} a_{\beta\boldsymbol{k}\sigma} \tag{20.1.4}$$

是因为外加直流偏压和附加含时外场 $V_{\beta}(t)$ 引起的单粒子能级的移动. 注意, 在外场下, 系统处于非平衡态. 第三项

$$H_{\beta 3} = \sum_{\boldsymbol{k}} [\Delta_{\beta}(t) a^{\dagger}_{\beta\boldsymbol{k}\uparrow} a^{\dagger}_{\beta,-\boldsymbol{k}\downarrow} + \mathrm{h.c.}] \tag{20.1.5}$$

表示导线是超导的. 这一哈密顿量来自于 (18.5.11) 或 (18.5.12) 式.$\varDelta_\beta(t)$ 的定义为 [1,2]

$$\varDelta_\beta(t)=\varDelta_\beta^0\mathrm{e}^{-\mathrm{i}\phi_\beta}\exp[-2\mathrm{i}\int_0^t\mathrm{d}t_1V_\beta(t_1)] \tag{20.1.6}$$

其中 $\varDelta_\beta^0$ 为 β 导线的超导能隙, $\mathrm{e}^{-\mathrm{i}\phi_\beta}$ 为超导相因子, 第三个因子是含时的, 它起因于超导序参量 $\langle a_{\beta k\uparrow}^\dagger a_{\beta,-k\downarrow}^\dagger\rangle$ 的含时部分. 即把附属于 $a_{\beta k\sigma}^\dagger$ 的因子 $\exp[-\mathrm{i}\int_0^t\mathrm{d}t_1V_\beta(t_1)]$ 归于 (20.1.6) 式中. 对于非超导的导线只要令 $\varDelta_\beta^0$=0 即可.

H_C 代表中心散射区, 它由若干带有自旋的格点构成. 其中可以包含格点间的跃迁、电子 — 电子间相互作用等, 因此能够描写一大类介观结构, 如量子点、量子点阵、碳纳米管、有机分子等. 中心区的产生和湮没算符用 c 表示. 我们先笼统地把中心散射区的哈密顿量写为

$$H_\mathrm{C}=H_\mathrm{C}[\{c_{i\sigma},c_{i\sigma}^\dagger\}] \tag{20.1.7}$$

其中的下标 i 可以是标记中心区的能级, 也可能是格点. H_T 是中心区与电极导线之间的隧穿耦合

$$H_\mathrm{T}=\sum_{\beta i\boldsymbol{k}\sigma}[v_{\beta i\boldsymbol{k}\sigma}^0a_{\beta\boldsymbol{k}\sigma}^\dagger c_{i\sigma}+\mathrm{h.c.}] \tag{20.1.8}$$

其中隧穿矩阵元 $v_{\beta i\boldsymbol{k}\sigma}^0$ 可以带有一个复相位, 即它可以是复数.

20.1.2 幺正变换

我们现在作一个幺正变换, 将 H_β 中的含时部分吸收到 H_T 的隧穿矩阵元中 [1,2]. 设幺正变换的算符为

$$U(t)=\exp\{-\mathrm{i}\sum_{\beta\boldsymbol{k}\sigma}[\phi_\beta/2+\int_0^t\mathrm{d}t_1V_\beta(t_1)]a_{\beta\boldsymbol{k}\sigma}^\dagger a_{\beta\boldsymbol{k}\sigma}\} \tag{20.1.9}$$

其中 ϕ_β 在 (20.1.6) 式中出现. 算符 U 总是含时的, 所以下面我们把时间变量省略, $U(t)$=U. 我们先来作变换

$$\bar{a}_{\beta\boldsymbol{k}\sigma}=Ua_{\beta\boldsymbol{k}\sigma}U^\dagger \tag{20.1.10}$$

注意这一算符与海森伯算符 $a_{\beta\boldsymbol{k}\sigma}(t)=\mathrm{e}^{\mathrm{i}Ht}a_{\beta\boldsymbol{k}\sigma}\mathrm{e}^{-\mathrm{i}Ht}$ 的区别. (20.1.9) 式两边对时间求导. 下面我们用 ∂_t 来表示 $\dfrac{\partial}{\partial t}$. 在 U 算符上加一点来表示对时间的求导, $\dot{U}=\partial_tU$.

$$\dot{U}=-\mathrm{i}\sum_{\beta\boldsymbol{k}\sigma}V_\beta(t)a_{\beta\boldsymbol{k}\sigma}^\dagger a_{\beta\boldsymbol{k}\sigma}U \tag{20.1.11a}$$

$$\dot{U}^\dagger=\mathrm{i}\sum_{\beta\boldsymbol{k}\sigma}V_\beta(t)a_{\beta\boldsymbol{k}\sigma}^\dagger a_{\beta\boldsymbol{k}\sigma}U^\dagger \tag{20.1.11b}$$

由 (20.1.9) 式, $a^{\dagger}_{\beta\boldsymbol{k}\sigma}a_{\beta\boldsymbol{k}\sigma}$ 和 U 是对易的. 对 (20.1.10) 式两边对时间求导.

$$\begin{aligned}\partial_t\bar{a}_{\alpha\boldsymbol{p}\lambda} &= \dot{U}a_{\alpha\boldsymbol{p}\lambda}U^{\dagger}+Ua_{\alpha\boldsymbol{p}\lambda}\dot{U}^{\dagger}\\ &= -\mathrm{i}U\sum_{\beta\boldsymbol{k}\sigma}V_{\beta}(t)a^{\dagger}_{\beta\boldsymbol{k}\sigma}a_{\beta\boldsymbol{k}\sigma}a_{\alpha\boldsymbol{p}\lambda}U^{\dagger}+\mathrm{i}U\sum_{\beta\boldsymbol{k}\sigma}V_{\beta}(t)a_{\alpha\boldsymbol{p}\lambda}a^{\dagger}_{\beta\boldsymbol{k}\sigma}a_{\beta\boldsymbol{k}\sigma}U^{\dagger}\\ &= -\mathrm{i}U\sum_{\beta\boldsymbol{k}\sigma}V_{\beta}(t)[a^{\dagger}_{\beta\boldsymbol{k}\sigma}a_{\beta\boldsymbol{k}\sigma},a_{\alpha\boldsymbol{p}\lambda}]U^{\dagger}\\ &= \mathrm{i}U\sum_{\beta\boldsymbol{k}\sigma}V_{\beta}(t)\delta_{\alpha\beta}\delta_{\boldsymbol{k}\boldsymbol{p}}\delta_{\sigma\lambda}a_{\beta\boldsymbol{k}\sigma}U^{\dagger}=\mathrm{i}UV_{\alpha}(t)a_{\alpha\boldsymbol{p}\lambda}U^{\dagger}\\ &= \mathrm{i}V_{\alpha}(t)\bar{a}_{\alpha\boldsymbol{p}\lambda}\end{aligned} \tag{20.1.12}$$

此式的解为

$$\bar{a}_{\alpha\boldsymbol{p}\lambda}(t)=\exp\left[-\mathrm{i}\int_0^t\mathrm{d}t_1V_{\alpha}(t_1)\right]a_{\alpha\boldsymbol{p}\lambda}(0)=\exp\left[-\mathrm{i}\int_0^t\mathrm{d}t_1V_{\alpha}(t_1)\right]a_{\alpha\boldsymbol{p}\lambda} \tag{20.1.13}$$

由此解得到

$$\bar{a}^{\dagger}_{\beta\boldsymbol{k}\sigma}\bar{a}_{\beta\boldsymbol{k}\sigma}=a^{\dagger}_{\beta\boldsymbol{k}\sigma}a_{\beta\boldsymbol{k}\sigma} \tag{20.1.14a}$$

$$\bar{a}^{\dagger}_{\beta\boldsymbol{k}\uparrow}(t)\bar{a}^{\dagger}_{\beta,-\boldsymbol{k}\downarrow}(t)=\exp\left[2\mathrm{i}\int_0^t\mathrm{d}t_1V_{\beta}(t_1)\right]a^{\dagger}_{\beta\boldsymbol{k}\uparrow}a^{\dagger}_{\beta,-\boldsymbol{k}\downarrow} \tag{20.1.14b}$$

$$\varDelta_{\beta}(t)\bar{a}^{\dagger}_{\beta\boldsymbol{k}\uparrow}\bar{a}^{\dagger}_{\beta,-\boldsymbol{k}\downarrow}=\varDelta^0_{\beta}\mathrm{e}^{-\mathrm{i}\phi_{\beta}}a^{\dagger}_{\beta\boldsymbol{k}\uparrow}a^{\dagger}_{\beta,-\boldsymbol{k}\downarrow} \tag{20.1.14c}$$

其中用到 (20.1.6) 式. 不同区域的费米子算符之间的反对易式总是为零. H_{C} 中只含中心散射区的算符 c, 它与算符 U 中的 $a^{\dagger}_{\beta\boldsymbol{k}\sigma}a_{\beta\boldsymbol{k}\sigma}$ 是对易的. 因此这一变换不改变 H_{C}. 令

$$v^0_{\beta i\boldsymbol{k}\sigma}(t)=v^0_{\beta i\boldsymbol{k}\sigma}\exp\left[\mathrm{i}\phi_{\beta}/2+\mathrm{i}\int_0^t\mathrm{d}t_1V_{\beta}(t_1)\right] \tag{20.1.15}$$

现在我们对哈密顿量作变换得到如下结果：

$$\begin{aligned}UHU^{\dagger}=&\sum_{\beta\boldsymbol{k}\sigma}[\varepsilon^0_{\beta\boldsymbol{k}\sigma}+V_{\beta}(t)]a^{\dagger}_{\beta\boldsymbol{k}\sigma}a_{\beta\boldsymbol{k}\sigma}+\sum_{\boldsymbol{k}}[\varDelta^0_{\beta}\mathrm{e}^{-\mathrm{i}\phi_{\beta}}a^{\dagger}_{\beta\boldsymbol{k}\uparrow}a^{\dagger}_{\beta,-\boldsymbol{k}\downarrow}+\mathrm{h.c.}]\\ &+H_{\mathrm{C}}+\sum_{\beta i\boldsymbol{k}\sigma}[v^0_{\beta i\boldsymbol{k}\sigma}(t)a^{\dagger}_{\beta\boldsymbol{k}\sigma}c_{i\sigma}+\mathrm{h.c.}]\end{aligned} \tag{20.1.16}$$

这样的变换未将导线中的含时项去掉.

以上对哈密顿量的变换不是最适当的变换. 最合适的变换是要使变换后前后的算符必须都满足海森伯方程. 一个海森伯算符 $O(t)$ 所满足的方程是

$$\mathrm{i}\partial_tO(t)=[O(t),H] \tag{20.1.17}$$

当用 (20.1.9) 的 U 作变换之后, 新的算符和新的哈密顿量仍应该满足同样的海森伯方程:

$$\mathrm{i}\partial_t\bar{O}(t) = [\bar{O}(t), \bar{H}] \tag{20.1.18}$$

现在算符是按 (20.1.10) 式变换的.

$$\bar{O}(t) = UO(t)U^\dagger \tag{20.1.19}$$

对时间求导

$$\begin{aligned}\mathrm{i}\partial_t\overline{O}(t) &= \mathrm{i}\partial_t(UO(t)U^\dagger) = \mathrm{i}\dot{U}O(t)U^\dagger + U[\mathrm{i}\partial_t O(t)]U^\dagger + \mathrm{i}UO(t)\dot{U}^\dagger \\ &= \mathrm{i}\dot{U}O(t)U^\dagger + \mathrm{i}UO(t)\dot{U}^\dagger + U[O(t), H]U^\dagger\end{aligned} \tag{20.1.20}$$

由 (20.1.18) 式, 我们就应该得到这样的结构. 但是实际上,

$$\begin{aligned}\mathrm{i}\partial_t\overline{O}(t) &= [\overline{O}(t), \overline{H}] = \overline{O}(t)\overline{H} - \overline{H}\,\overline{O}(t) = UO(t)U^\dagger UHU^\dagger - UHU^\dagger UO(t)U^\dagger \\ &= U[O(t)H - HO(t)]U^\dagger\end{aligned} \tag{20.1.21}$$

式 (20.1.21) 与 (20.1.20) 显然不同. 这就是说, 使用了 (20.1.18) 的定义式, 但没有得到 (20.1.20) 的结果. 为了使这两式有相等的结果, 将哈密顿量作如下变换:

$$\overline{H} = UHU^\dagger - \mathrm{i}\dot{U}U^\dagger \tag{20.1.22}$$

由 (20.1.11) 式,

$$\mathrm{i}\dot{U}U^\dagger = -\mathrm{i}U\dot{U}^\dagger = \sum_{\beta\boldsymbol{k}\sigma} V_\beta(t) a^\dagger_{\beta\boldsymbol{k}\sigma} a_{\beta\boldsymbol{k}\sigma} \tag{20.1.23}$$

因此

$$\overline{H}^\dagger = UHU^\dagger + \mathrm{i}U\partial_t U^\dagger = UHU^\dagger - \mathrm{i}(\partial_t U)U^\dagger = \overline{H} \tag{20.1.24}$$

此式表明, 经过 (20.1.22) 式的变换后的哈密顿量是厄米的. 再看经过 (20.1.22) 式的变换后的算符的运动方程.

$$\begin{aligned}\mathrm{i}\partial_t\overline{O}(t) &= [\overline{O}(t), \overline{H}] = \overline{O}(t)\overline{H} - \overline{H}\,\overline{O}(t) \\ &= UO(t)HU^\dagger - UHO(t)U^\dagger + \mathrm{i}UO(t)\dot{U}^\dagger + \mathrm{i}\dot{U}O(t)U^\dagger \\ &= U[O(t), H]U^\dagger + \mathrm{i}UO(t)\dot{U}^\dagger + \mathrm{i}\dot{U}O(t)U^\dagger\end{aligned} \tag{20.1.25}$$

这一结果与 (20.1.20) 式相同. 这样, 既使用了定义式 (20.1.18), 又得到了 $i\partial_t\overline{O} = i\partial_t(UOU^\dagger)$ 所要求得到的结果.

由 (20.1.16,22,23), 得到

$$\overline{H}=\sum_{\beta}\Big\{\sum_{\boldsymbol{k}\sigma}\varepsilon^0_{\beta\boldsymbol{k}\sigma}a^{\dagger}_{\beta\boldsymbol{k}\sigma}a_{\beta\boldsymbol{k}\sigma}+\sum_{\boldsymbol{k}}[\Delta^0_{\beta}\mathrm{e}^{-\mathrm{i}\phi_{\beta}}a^{\dagger}_{\beta\boldsymbol{k}\uparrow}a^{\dagger}_{\beta,-\boldsymbol{k}\downarrow}+\mathrm{h.c.}]\Big\}$$
$$+H_{\mathrm{C}}+\sum_{\beta i\boldsymbol{k}\sigma}[v^0_{\beta i\boldsymbol{k}\sigma}(t)a^{\dagger}_{\beta\boldsymbol{k}\sigma}c_{i\sigma}+\mathrm{h.c.}] \tag{20.1.26}$$

现在导线部分的哈密顿量成为是不含时的了. 以后直接用这一哈密顿量来处理这一系统即可. 为简略起见, 以后略去上面的一横和上标 0.

为了下一节的使用更为清楚, 把耦合哈密顿量写成如下的矩阵形式:

$$\begin{aligned}H_{\mathrm{T}}&=\sum_{\beta i\boldsymbol{k}\sigma}[v^*_{\beta i\boldsymbol{k}\sigma}(t)c^{\dagger}_{i\sigma}a_{\beta\boldsymbol{k}\sigma}-v_{\beta i\boldsymbol{k}\sigma}(t)c_{i\sigma}a^{\dagger}_{\beta\boldsymbol{k}\sigma}]\\&=\sum_{\beta i\boldsymbol{k}}\left[(c^{\dagger}_{i\uparrow},c_{i\downarrow})\begin{pmatrix}v^*_{\beta i\boldsymbol{k}\uparrow}(t)&0\\0&-v_{\beta i\boldsymbol{k}\downarrow}(t)\end{pmatrix}\begin{pmatrix}a_{\beta\boldsymbol{k}\uparrow}\\a^{\dagger}_{\beta-\boldsymbol{k}\downarrow}\end{pmatrix}+\mathrm{h.c.}\right]\\&=\sum_{\beta i\boldsymbol{k}}[(c^{\dagger}_{i\uparrow},c_{i\downarrow})V_{\beta i\boldsymbol{k}}(t)\begin{pmatrix}a_{\beta\boldsymbol{k}\uparrow}\\a^{\dagger}_{\beta-\boldsymbol{k}\downarrow}\end{pmatrix}+\mathrm{h.c.}]\end{aligned} \tag{20.1.27}$$

由于考虑了超导的情况, 导线上的波函数应该用第十八章中的南部表象中的二分量的形式. 相应地, 中心区的波函数也应是二分量的. 耦合哈密顿量 $V_{i,\beta k}$ 也是二阶矩阵. 它只有对角元

$$V_{\beta i\boldsymbol{k}}(t,t')=\delta(t-t')\begin{pmatrix}v^*_{\beta i\boldsymbol{k}\uparrow}(t)&0\\0&-v_{\beta i\boldsymbol{k}\downarrow}(t)\end{pmatrix} \tag{20.1.28}$$

这是因为我们已经假设了电子经过隧穿区的时候, 自旋是不变的.

§20.2 电 流 公 式

在 β 导线上自旋为 σ 的粒子数是

$$N_{\beta\sigma}=\sum_{\boldsymbol{k}}a^{\dagger}_{\beta\boldsymbol{k}\sigma}a_{\beta\boldsymbol{k}\sigma} \tag{20.2.1}$$

它对时间的导数就是这根导线上这个自旋的电流密度.

$$I_{\beta\sigma}(t)=-e\Big\langle\frac{\mathrm{d}}{\mathrm{d}t}N_{\beta\sigma}(t)\Big\rangle=\mathrm{i}e\Big\langle[N_{\beta\sigma}(t),H]\Big\rangle \tag{20.2.2}$$

由上一节已知哈密顿量为

$$H=\sum_{\beta}\Big\{\sum_{\boldsymbol{k}\sigma}\varepsilon_{\beta\boldsymbol{k}\sigma}a^{\dagger}_{\beta\boldsymbol{k}\sigma}a_{\beta\boldsymbol{k}\sigma}+\sum_{\boldsymbol{k}}[\Delta_{\beta}e^{-\mathrm{i}\phi_{\beta}}a^{\dagger}_{\beta\boldsymbol{k}\uparrow}a^{\dagger}_{\beta,-\boldsymbol{k}\downarrow}+\mathrm{h.c.}]\Big\}$$

$$+H_{\mathrm{C}}+\sum_{\beta i\boldsymbol{k}\sigma}[v_{\beta i\boldsymbol{k}\sigma}(t)a^{\dagger}_{\beta\boldsymbol{k}\sigma}c_{i\sigma}+\mathrm{h.c.}] \tag{20.2.3}$$

在此哈密顿量中, 只有第 β 根导线及其与中心区的隧穿哈密顿量中有算符 $a_{\beta\boldsymbol{k}\sigma}$. 哈密顿量的其他部分都不含 $a_{\beta\boldsymbol{k}\sigma}$ 及其共轭, 所以都与 $N_{\beta\sigma}$ 对易. $\sum\limits_{\boldsymbol{k}\sigma}\varepsilon_{\beta\boldsymbol{k}\sigma}a^{\dagger}_{\beta\boldsymbol{k}\sigma}a_{\beta\boldsymbol{k}\sigma}$ 显然和 $N_{\beta\sigma}$ 对易. 因此, $[N_{\beta\sigma},H]$ 中只剩下不为零的部分是

$$[N_{\beta\sigma},H]=[N_{\beta\sigma},\sum_{\boldsymbol{k}}(\Delta_{\beta}e^{-\mathrm{i}\phi_{\beta}}a^{\dagger}_{\beta\boldsymbol{k}\uparrow}a^{\dagger}_{\beta,-\boldsymbol{k}\downarrow}+\mathrm{h.c.})+\sum_{i\boldsymbol{k}\alpha}[v_{\beta i\boldsymbol{k}\alpha}(t)a^{\dagger}_{\beta\boldsymbol{k}\sigma}c_{i\alpha}+\mathrm{h.c.}] \tag{20.2.4}$$

我们只要计算 $[N_{\beta\sigma},\sum\limits_{\boldsymbol{k}}\Delta_{\beta}\mathrm{e}^{-\mathrm{i}\phi_{\beta}}a^{\dagger}_{\beta\boldsymbol{k}\uparrow}a^{\dagger}_{\beta,-\boldsymbol{k}\downarrow}+\sum\limits_{i\boldsymbol{k}\alpha}v_{\beta i\boldsymbol{k}\alpha}(t)a^{\dagger}_{\beta\boldsymbol{k}\alpha}c_{i\alpha}]$, 再加上其共轭项即可. 注意：不同种费米子之间的反对易式总是为零. 不同区域的费米子之间的反对易式总是为零.

$$[a^{\dagger}_{\beta\boldsymbol{k}\sigma}a_{\beta\boldsymbol{k}\sigma},\sum_{i\boldsymbol{p}\alpha}v_{\beta i\boldsymbol{p}\alpha}(t)a^{\dagger}_{\beta\boldsymbol{p}\alpha}c_{i\alpha}]=\sum_{i}v_{\beta i\boldsymbol{p}\alpha}(t)a^{\dagger}_{\beta\boldsymbol{k}\sigma}c_{i\sigma} \tag{20.2.5}$$

另外一个对易式 $\left[a^{\dagger}_{\beta\boldsymbol{k}\sigma}a_{\beta\boldsymbol{k}\sigma},\sum\limits_{\boldsymbol{p}}\Delta_{\beta}\mathrm{e}^{-\mathrm{i}\phi_{\beta}}a^{\dagger}_{\beta\boldsymbol{p}\uparrow}a^{\dagger}_{\beta,-\boldsymbol{p}\downarrow}\right]$ 虽然也不为零, 但是两种自旋之和为零, 因此这部分无贡献. 电流的表达式

$$\begin{aligned}I_{\beta\sigma}(t)&=\mathrm{ie}\langle[N_{\beta\sigma},H]\rangle=\mathrm{ie}\sum_{\boldsymbol{k}}\langle\sum_{i}v_{\beta i\boldsymbol{k}\sigma}(t)a^{\dagger}_{\beta\boldsymbol{k}\sigma}c_{i\sigma}+\mathrm{h.c.}\rangle\\&=\mathrm{ie}\sum_{\boldsymbol{k}}[\sum_{i}v_{\beta i\boldsymbol{k}\sigma}(t)\langle a^{\dagger}_{\beta\boldsymbol{k}\sigma}c_{i\sigma}\rangle+\mathrm{h.c.}]\\&=e\sum_{\boldsymbol{k}}[\sum_{i}v_{\beta i\boldsymbol{k}\sigma}(t)G^{<}_{i,\beta\boldsymbol{k},\sigma\sigma}-\mathrm{h.c.}]\end{aligned} \tag{20.2.6}$$

其中 $G_{i,\beta\boldsymbol{k}}$ 是从 β 导线到中心区传播的格林函数, $G_{\beta,\boldsymbol{p}\boldsymbol{k}}$ 是在 β 导线内传播的格林函数. 后者的表达式已在 §18.3 中给出.

这儿的格林函数都是对于整个的有相互作用的系统求热力学平均得到的, 所以用大写的 G 表示. 如果将隧穿耦合都去掉, 中心区和各导线都是孤立的, 则相应的格林函数用小写 g 来表示. 我们要想办法把 G 用无耦合时的格林函数 g 和自能 Σ 来表示. 注意, 我们要求的是因果格林函数, 然后用 §19.4 的 Lengreth 定理得到其他格林函数的表达式. 由于考虑导线是超导的, 导线上的格林函数应用南部表象中的形式. 相应地, 中心区的格林函数也写成这样的形式, 记作

$$G_{i,\beta\boldsymbol{k},\sigma\sigma}(t_1,t_2)=\langle\langle c_{i\sigma}(t_1)|a^{\dagger}_{\beta\boldsymbol{k}\sigma}(t_2)\rangle\rangle \tag{20.2.7}$$

显然 $g_{i,\beta\boldsymbol{k}}=0$.

下面利用戴森方程

$$G = g + G\Sigma g$$

可仿照 (7.4.5) 式, 把此处的 β 导线看作是一个格点, 把中心区看成是另一个格点, 而耦合哈密顿量看作是 (7.4.5) 式中的 a. 可知

$$G_{i,\beta\boldsymbol{k}} = g_{i,\beta\boldsymbol{k}} + \sum_j G_{ij} V_{j,\beta\boldsymbol{k}} g_{\beta,\boldsymbol{kk}} = \sum_j G_{ij} V_{j,\beta\boldsymbol{k}} g_{\beta,\boldsymbol{kk}} \tag{20.2.8}$$

中心区内不同格点之间的格林函数为

$$G_{ij} = g_{ij} + \sum_{\beta\boldsymbol{k}m} G_{i,\beta\boldsymbol{k}} V^*_{m,\beta\boldsymbol{k}} g_{mj} \tag{20.2.9}$$

将 (20.2.8) 式代入,

$$G_{ij} = g_{ij} + \sum_{n\beta\boldsymbol{k}m} G_{in} V_{n,\beta\boldsymbol{k}} g_{\beta,\boldsymbol{kk}} V^*_{m,\beta\boldsymbol{k}} g_{mj} \tag{20.2.10a}$$

另外一方面, 可以将中心区域看作是一个 "孤立" 的系统. 与导线没有耦合时, 哈密顿量是 H_{C}, 是一个 "无相互作用" 的系统. 相应的格林函数是 g_{ij}. 与导线有耦合时, 哈密顿量是 (20.1.26) 式, 是一个 "有相互作用的系统." 相应的格林函数是 G_{ij}. 按照这一观点, 戴森方程的形式是

$$G_{ij} = g_{ij} + \sum_{nm} G_{in} \Sigma_{nm} g_{mj} \tag{20.2.10b}$$

其中Σ是因为 "有相互作用" 而出现的自能. 与 (20.2.10a) 比较, 可知此时的自能为

$$\Sigma_{ij} = \sum_{\beta\boldsymbol{k}} V_{i,\beta\boldsymbol{k}} g_{\beta,\boldsymbol{kk}} V^*_{j,\beta\boldsymbol{k}} \tag{20.2.11}$$

把 (20.2.8) 式代入 (20.2.6) 式, 可用自能来表示.

$$\begin{aligned} I_{\beta\sigma}(t) &= e\sum_{\boldsymbol{k}}\left[\sum_i (G_{i,\beta\boldsymbol{k}} V^*_{\beta i\boldsymbol{k}})^<_{\sigma\sigma} + \mathrm{h.c.}\right] \\ &= e\sum_{\boldsymbol{k}}\left[\sum_i \left[\sum_j (G_{ij} V_{j,\beta\boldsymbol{k}} g_{\beta,\boldsymbol{kk}} V^*_{\beta i\boldsymbol{k}})^<_{\sigma\sigma} + \mathrm{h.c.}\right] = e\sum_{ij} (G_{ij}\Sigma_{\beta ji})^<_{\sigma\sigma} + \mathrm{h.c.}\right] \end{aligned} \tag{20.2.12}$$

孤立中心区 H_{C} 的格林函数是比较容易求得的. 因此, 只要求出了自能Σ, 那么格林函数 G_{ij} 和电流就可以算出来了. 由于孤立导线的格林函数 $g_{\beta,\boldsymbol{kk}}$ 已算出, 我们可

以把 (20.2.11) 式的自能写得再明确一些.

$$\Sigma_{\beta ji}(t_1,t)=\sum_{\boldsymbol{k}}\left[\begin{pmatrix} v^*_{\beta j\boldsymbol{k}\uparrow}(t_1) & 0 \\ 0 & -v_{\beta j-\boldsymbol{k}\downarrow}(t_1)\end{pmatrix}\right.$$
$$\cdot\begin{pmatrix} \langle\langle a_{\beta\boldsymbol{k}\uparrow}(t_1)|a^\dagger_{\beta\boldsymbol{k}\uparrow}(t)\rangle\rangle_0 & \langle\langle a_{\beta\boldsymbol{k}\uparrow}(t_1)|a_{\beta-\boldsymbol{k}\downarrow}(t)\rangle\rangle_0 \\ \langle\langle a^\dagger_{\beta-\boldsymbol{k}\downarrow}(t_1)|a^\dagger_{\beta\boldsymbol{k}\uparrow}(t)\rangle\rangle_0 & \langle\langle a_{\beta-\boldsymbol{k}\downarrow}(t_1)|a^\dagger_{\beta-\boldsymbol{k}\downarrow}(t)\rangle\rangle_0 \end{pmatrix}$$
$$\left.\cdot\begin{pmatrix} v_{\beta i\boldsymbol{k}\uparrow}(t) & 0 \\ 0 & -v^*_{\beta i-\boldsymbol{k}\downarrow}(t)\end{pmatrix}\right] \tag{20.2.13}$$

由于现在的自能与孤立导线的格林函数成正比, 因此, 可以先由孤立导线的推迟格林函数算出 $\Sigma^{\mathrm{R}}_{\beta ji}(\omega)$. 再取复共轭得到 $\Sigma^{\mathrm{A}}_{\beta ji}(\omega)$. 再利用 (19.4.34) 式得到 $\Sigma^{<}_{\beta ji}(\omega)$.

实际上, 为了简化计算, 可以做下述近似. 设 $V_{i,\beta\boldsymbol{k},\sigma\sigma}$ 与波矢 $\boldsymbol{k}$ 和自旋 σ 无关. (与 $\boldsymbol{k}$ 无关是因为隧穿过程集中在费米面附近, 故 $k\approx k_{\mathrm{F}}$. 与 σ 无关是因为隧穿一般是非自旋极化).

$$\begin{aligned}&\begin{pmatrix} v^*_{\beta j\boldsymbol{k}\uparrow}(t_1) & 0 \\ 0 & -v_{\beta j-\boldsymbol{k}\downarrow}(t_1)\end{pmatrix}\\ &=v_{\beta j}\begin{pmatrix} \exp[-\mathrm{i}\phi_{\beta j}-\mathrm{i}\int_0^{t_1}\mathrm{d}t'\,V_\beta(t')] & 0 \\ 0 & -\exp[\mathrm{i}\phi_{\beta j}+\mathrm{i}\int_0^{t_1}\mathrm{d}t'\,V_\beta(t')]\end{pmatrix}\\ &=v_{\beta j}A_{\beta j}(t_1)\end{aligned} \tag{20.2.14}$$

将 (20.2.13) 式写成

$$\Sigma_{\beta ji}(t_1,t_2)=A_{\beta j}(t_1)\int\frac{\mathrm{d}\omega}{2\pi}\mathrm{e}^{-\mathrm{i}\omega(t_1-t_2)}\Sigma_{\beta ji}(\omega)A^*_{\beta i}(t_2)$$

其中

$$\begin{aligned}&\Sigma^{\mathrm{R}}_{\beta ji}(\omega)\\ &=v_{\beta j}v_{\beta i}\sum_{\boldsymbol{k}}\begin{pmatrix} u^2_{\boldsymbol{k}}g_1(\boldsymbol{k},\omega)+v^2_{\boldsymbol{k}}g_2(\boldsymbol{k},\omega) & -\mathrm{e}^{-\mathrm{i}\phi_\beta}u_{\boldsymbol{k}}v_{\boldsymbol{k}}[g_1(\boldsymbol{k},\omega)-g_2(\boldsymbol{k},\omega)] \\ -\mathrm{e}^{\mathrm{i}\phi_\beta}u_{\boldsymbol{k}}v_{\boldsymbol{k}}[g_1(\boldsymbol{k},\omega)-g_2(\boldsymbol{k},\omega)] & v^2_{\boldsymbol{k}}g_1(\boldsymbol{k},\omega)+u^2_{\boldsymbol{k}}g_2(\boldsymbol{k},\omega)\end{pmatrix}\end{aligned} \tag{20.2.15}$$

现在我们来计算 $\Sigma^{\mathrm{R}}_{\beta ji}(\omega)$. 由 (20.2.11), 也就是要用$\beta$导线的推迟格林函数来表达. 对于导线是弱耦合超导体, 推迟格林函数已经在 §18.3 和 §18.5 中求出, 见 (18.3.29)

式.

$$g_1(\boldsymbol{k},\omega)=\frac{1}{\omega-E_{\boldsymbol{k}}+\mathrm{i}0^+},\quad g_2(\boldsymbol{k},\omega)=\frac{1}{\omega+E_{\boldsymbol{k}}+\mathrm{i}0^+}\tag{20.2.16}$$

$$\begin{aligned}&u_{\boldsymbol{k}}^2g_1(\boldsymbol{k},\omega)+v_{\boldsymbol{k}}^2g_2(\boldsymbol{k},\omega)\\&=\frac{1}{2}\left[\left(1+\frac{\varepsilon_{\boldsymbol{k}}}{E_{\boldsymbol{k}}}\right)\frac{1}{\omega-E_{\boldsymbol{k}}+\mathrm{i}0^+}+\left(1-\frac{\varepsilon_{\boldsymbol{k}}}{E_{\boldsymbol{k}}}\right)\frac{1}{\omega+E_{\boldsymbol{k}}+\mathrm{i}0^+}\right]\\&=\frac{\varepsilon_{\boldsymbol{k}}+\omega+\mathrm{i}0^+}{(\omega-E_{\boldsymbol{k}}+\mathrm{i}0^+)(\omega+E_{\boldsymbol{k}}+\mathrm{i}0^+)}\end{aligned}\tag{20.2.17}$$

对 $\boldsymbol{k}$ 的求和写成对能量的积分, 但是要加一态密度因子. 设态密度是个常数, 就用费米面处的态密度 $D_{\beta\sigma}(\varepsilon_{\mathrm{F}})$.

$$\begin{aligned}&\sum_{\boldsymbol{k}}[u_{\boldsymbol{k}}^2g_1(\boldsymbol{k},\omega)+v_{\boldsymbol{k}}^2g_2(\boldsymbol{k},\omega)]\\&=\int\mathrm{d}\varepsilon\frac{D_{\beta\sigma}(\varepsilon)(\varepsilon+\omega+\mathrm{i}0^+)}{(\omega-\sqrt{\varepsilon^2+\Delta^2}+\mathrm{i}0^+)(\omega+\sqrt{\varepsilon^2+\Delta^2}+\mathrm{i}0^+)}\\&=-D_{\beta\sigma}(\varepsilon_{\mathrm{F}})\int_{-\infty}^{\infty}\mathrm{d}\varepsilon\frac{\omega+\mathrm{i}0^+}{(\varepsilon-\sqrt{(\omega+\mathrm{i}0^+)^2-\Delta^2})(\varepsilon+\sqrt{(\omega+\mathrm{i}0^+)^2-\Delta^2})}\\&=-D_{\beta\sigma}(\varepsilon_{\mathrm{F}})\frac{2\pi\mathrm{i}}{2}\frac{\omega+\mathrm{i}0^+}{\sqrt{(\omega+\mathrm{i}0^+)^2-\Delta^2}}=-D_{\beta\sigma}(\varepsilon_{\mathrm{F}})\pi\mathrm{i}\rho(\omega+\mathrm{i}0^+)\end{aligned}\tag{20.2.18}$$

其中我们已经把积分限扩展到无穷. 第一项是奇函数, 积分为零. 最后用留数定理完成积分,

$$\rho(\omega)=\frac{\omega}{\sqrt{\omega^2-\Delta^2}}=\begin{cases}\dfrac{|\omega|}{\sqrt{\omega^2-\Delta^2}},|\omega|>\Delta\\\dfrac{\omega}{\mathrm{i}\sqrt{\Delta^2-\omega^2}},|\omega|<\Delta\end{cases}\tag{20.2.19}$$

此式就是超导态的准粒子的态密度, 见 (18.4.16) 式. 令

$$\Gamma_{\beta ji}=2\pi v_{\beta j}v_{\beta i}D_{\beta\sigma}(\varepsilon_{\mathrm{F}})\tag{20.2.20}$$

最后算得超导导线的

$$\Sigma_{\beta ji}^{\mathrm{R}}(\omega)=-\frac{\mathrm{i}}{2}\Gamma_{\beta ji}\rho(\omega)\begin{pmatrix}1&-\Delta\mathrm{e}^{-\mathrm{i}\phi_\beta}/(\omega+\mathrm{i}0^+)\\-\mathrm{e}^{\mathrm{i}\phi_\beta}/(\omega+\mathrm{i}0^+)&1\end{pmatrix}\tag{20.2.21}$$

这儿得到了Σ^R. 进一步可得Σ^A 和$\Sigma^<$.

在继续做计算时, 还需要做进一步的简化, 例如设外加偏压 $V_\beta(t)$ 是恒定的直流偏压, 或者是正弦变化的交流偏压等. 如果哈密顿量随时间变化, 那么做时间傅里叶变化的时候要小心.

如果两侧的导线都是正常金属, 并且中心区与左右两侧的导线的耦合强度有一个比例关系, 这是一个较为简单的情况, 这时写出的电流的表达式比较简洁 [3].

通过量子点的输运问题已经做了不少工作. 这儿主要列举国内的学者做过的一些相当好的工作. 对于直流偏压的情况, 参考文献 [4]~[6] 研究的系统中导线是铁磁性, 参考文献 [1], [2], [7]~[12] 研究的系统中导线是超导体, 参考文献 [13]~[16] 研究有 Kondo 效应的介观系统. 参考文献 [17]~[23] 研究了含时输运问题.

§20.3 隧穿电导

我们现在考虑一个更简单的情况. 系统只有左右两侧导线, 而没有中间的散射区域. 左右两侧中间有电子隧穿概率. 那么隧穿模型哈密顿量如下:

$$H = H_{\mathrm{R}} + H_{\mathrm{L}} + H_{\mathrm{T}} = H_0 + H_{\mathrm{T}} \tag{20.3.1}$$

其中

$$H_{\mathrm{T}} = \sum_{\boldsymbol{k},\boldsymbol{p},\sigma} (T_{\boldsymbol{kp}\sigma} c^{\dagger}_{\boldsymbol{k}\sigma} c_{\boldsymbol{p}\sigma} + \mathrm{h.c.}) \tag{20.3.2}$$

是隧穿哈密顿量, H_{R} 和 H_{L} 分别是右侧和左侧导线的哈密顿量. 下标 L 和 R 分别表示左侧和右侧. 右侧波矢用 $\boldsymbol{k}$ 标记, 左侧波矢用 $\boldsymbol{p}$ 标记. 左右两侧之间的费米子算符是反对易的. 考虑某一侧的粒子, 例如左侧:

$$N_{\mathrm{L}} = \sum_{\boldsymbol{p}\sigma} c^{\dagger}_{\boldsymbol{p}\sigma} c_{\boldsymbol{p}\sigma}$$

它的时间变化率就对应电流. 类似于 (20.2.2) 式, 可算得

$$-\frac{\mathrm{d}}{\mathrm{d}t} N_{\mathrm{L}} = \mathrm{i}[H, N_{\mathrm{L}}] = \mathrm{i}[H_{\mathrm{T}}, N_{\mathrm{L}}] = \mathrm{i} \sum_{\boldsymbol{k},\boldsymbol{p}\sigma} (T_{\boldsymbol{kp}\sigma} c^{\dagger}_{\boldsymbol{k}\sigma} c_{\boldsymbol{p}\sigma} + \mathrm{h.c.}) \tag{20.3.3}$$

如果对系综做平均, 就出现 $\mathrm{i}\langle c^{\dagger}_{\boldsymbol{k}\sigma} c_{\boldsymbol{p}\sigma}\rangle = G^{<}_{\boldsymbol{pk}\sigma\sigma}$, 还是要用到小于格林函数. 原则上, 仍然可以用上一节的方法来做. 例如跨越两个区域的格林函数 $G_{\boldsymbol{pk}\sigma\sigma}$ 可利用戴森方程写成如下形式:

$$G_{\boldsymbol{pk}\sigma\sigma} = \sum_{\boldsymbol{p}_1 \boldsymbol{k}_1} G_{\boldsymbol{pp}_1\sigma\sigma} T_{\boldsymbol{p}_1 \boldsymbol{k}_1 \sigma} g_{\boldsymbol{k}_1 \boldsymbol{k}\sigma\sigma} \tag{20.3.4}$$

只要有一侧导线是非超导的, 以下的做法就不难了. 但是如果两侧都是超导的, $G_{\boldsymbol{pp}_1\sigma\sigma}$ 的计算不容易. 因为有非对角元的存在. 设外加偏压并不大, 我们下面用线性响应的办法来做. 这样, 本节和上一节各介绍了计算电流的一个办法. 上一节是用非平衡态格林函数, 本节是用近平衡的线性响应的办法.

在 (20.3.3) 式中的求系综平均是要对整个系统, 即 H 的系统做平均. 下面我们利用线性响应理论, 改成只对 H_0 的系统做平均. 根据 (14.1.20) 式, 物理量的变化应该是

$$\overline{\Delta \boldsymbol{D}}(t) = -\mathrm{i}\int_{-\infty}^{t} \mathrm{d}t_1 \langle [H_1^{\mathrm{i}}(t_1), \boldsymbol{D}(t)] \rangle_0 \tag{20.3.5}$$

下标 0 表示对 H_0 的系统做平均. 物理量含时间是表示相互作用绘景中的量. 对照本节的情况, H_1 就是隧穿哈密顿量 (20.3.2) 式. 现在是不随时间变化的外场, (20.3.5) 式的被积函数中是有一因子 $\mathrm{e}^{0^+ t_1}$ 的. 我们在需要用到这一因子的时候再明确写出它. 要改变的物理量就是粒子数随时间的变化 $\dfrac{\mathrm{d}}{\mathrm{d}t}N_{\mathrm{L}}(t)$. 无外场时 $\dfrac{\mathrm{d}}{\mathrm{d}t}N_{\mathrm{L}}(t) = 0$. 因此电流就是有外场时的 $\dfrac{\mathrm{d}}{\mathrm{d}t}N_{\mathrm{L}}(t)$.

$$I(t) = -e\left\langle \frac{\mathrm{d}}{\mathrm{d}t}N_{\mathrm{L}}(t)\right\rangle = \mathrm{i}e\int_{-\infty}^{t} \left\langle \left[\frac{\mathrm{d}}{\mathrm{d}t}N_{\mathrm{L}}(t), H_{\mathrm{T}}(t_1)\right]\right\rangle_0 \mathrm{d}t_1 \tag{20.3.6}$$

把隧穿哈密顿量写成如下形式:

$$H_{\mathrm{T}}(t_1) = \sum_{\boldsymbol{k},\boldsymbol{p}\sigma} (T_{\boldsymbol{kp}\sigma} c_{\boldsymbol{k}\sigma}^{\dagger}(t_1) c_{\boldsymbol{p}\sigma}(t_1) + T_{\boldsymbol{pk}\sigma}^{*} c_{\boldsymbol{p}\sigma}^{\dagger}(t_1) c_{\boldsymbol{k}\sigma}(t_1)) = A(t_1) + A^{\dagger}(t_1) \tag{20.3.7}$$

其中已令

$$A(t) = \sum_{\boldsymbol{k}'\boldsymbol{p}'\sigma'} T_{\boldsymbol{k}'\boldsymbol{p}'\sigma'} c_{\boldsymbol{k}'\sigma'}^{\dagger}(t) c_{\boldsymbol{p}'\sigma'}(t) \tag{20.3.8}$$

利用 (20.3.3) 式已经算得的结果,

$$\frac{\mathrm{d}}{\mathrm{d}t}N_{\mathrm{L}}(t) = \mathrm{i}\sum_{\boldsymbol{k},\boldsymbol{p}\sigma} (T_{\boldsymbol{kp}\sigma} c_{\boldsymbol{k}\sigma}^{\dagger}(t) c_{\boldsymbol{p}\sigma}(t) - T_{\boldsymbol{pk}\sigma}^{*} c_{\boldsymbol{p}\sigma}^{\dagger}(t) c_{\boldsymbol{k}\sigma}(t)) = \mathrm{i}[A(t) - A^{\dagger}(t)] \tag{20.3.9}$$

可算得

$$\begin{aligned}
\left\langle \left[\frac{\mathrm{d}}{\mathrm{d}t}N_{\mathrm{L}}(t), H_{\mathrm{T}}(t')\right]\right\rangle_0 &= \mathrm{i}\langle [A(t) - A^{\dagger}(t), A(t') + A^{\dagger}(t')] \rangle_0 \\
&= \mathrm{i}\{\langle [A(t), A^{\dagger}(t')] \rangle_0 - \langle [A^{\dagger}(t), A(t')] \rangle_0 \\
&\quad + \langle [A(t), A(t')] \rangle_0 - \langle [A^{\dagger}(t), A^{\dagger}(t')] \rangle_0\}
\end{aligned} \tag{20.3.10}$$

哈密顿量 (20.3.1) 式没有包括化学势. 由于两侧导线的化学势是不同的, 应该把它们包括进来, 也就是说, 应把正则系综的哈密顿量 H 改成巨正则系综的哈密顿量 K.

$$K_{\mathrm{R}} = H_{\mathrm{R}} - \mu_{\mathrm{R}} N_{\mathrm{R}}, \quad K_{\mathrm{L}} = H_{\mathrm{L}} - \mu_{\mathrm{L}} N_{\mathrm{L}}, \quad K_0 = K_{\mathrm{R}} + K_{\mathrm{L}} \tag{20.3.11}$$

对于自由粒子系统, 有

$$H_{\rm R}=\sum_{\boldsymbol{k}\sigma}\varepsilon_{\boldsymbol{k}\sigma}c_{\boldsymbol{k}\sigma}^{\dagger}c_{\boldsymbol{k}\sigma},\quad K_{\rm R}=\sum_{\boldsymbol{k}\sigma}\xi_{\boldsymbol{k}\sigma}c_{\boldsymbol{k}\sigma}^{\dagger}c_{\boldsymbol{k}\sigma},\quad \xi_{\boldsymbol{k}\sigma}=\varepsilon_{\boldsymbol{k}\sigma}-\mu_{\rm R} \tag{20.3.12}$$

哈密顿量

$$H_0=K_0+\mu_{\rm R}N_{\rm R}+\mu_{\rm L}N_{\rm L}=K_0+\mu_{\rm R}\sum_{\boldsymbol{k}\sigma}c_{\boldsymbol{k}\sigma}^{\dagger}c_{\boldsymbol{k}\sigma}+\mu_{\rm L}\sum_{\boldsymbol{p}\sigma}c_{\boldsymbol{p}\sigma}^{\dagger}c_{\boldsymbol{p}\sigma} \tag{20.3.13}$$

计算对易关系

$$\Big[\mu_{\rm R}\sum_{\boldsymbol{k}\sigma}c_{\boldsymbol{k}\sigma}^{\dagger}c_{\boldsymbol{k}\sigma}+\mu_{\rm L}\sum_{\boldsymbol{p}\sigma}c_{\boldsymbol{p}\sigma}^{\dagger}c_{\boldsymbol{p}\sigma},c_{\boldsymbol{k}\sigma}^{\dagger}c_{\boldsymbol{p}\sigma}\Big]=(\mu_{\rm R}-\mu_{\rm L})c_{\boldsymbol{k}\sigma}^{\dagger}c_{\boldsymbol{p}\sigma} \tag{20.3.14}$$

两边的化学势之差也就是两边电子的电势能之差, 见图 20.1. 因此有

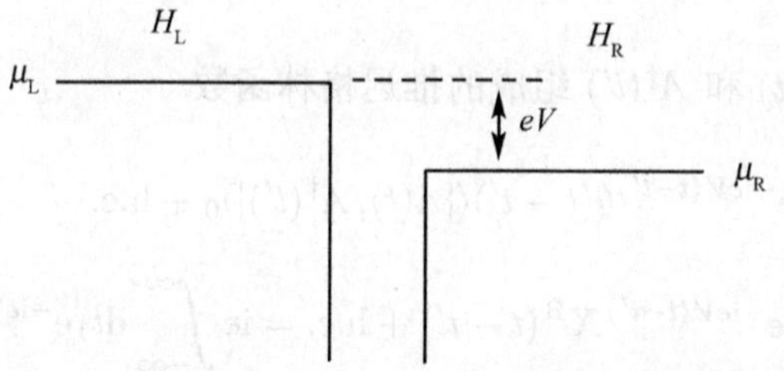

图 20.1 左右两侧的化学势的差与外加电压差成正比

$$\mu_{\rm L}-\mu_{\rm R}=eV \tag{20.3.15}$$

可以得到

$$\begin{aligned}H_{\rm T}(t)&={\rm e}^{{\rm i}H_0t}H_{\rm T}{\rm e}^{-{\rm i}H_0t}={\rm e}^{{\rm i}K_0t}\sum_{\boldsymbol{kp}\sigma}(T_{\boldsymbol{kp}\sigma}{\rm e}^{-{\rm i}eVt}c_{\boldsymbol{k}\sigma}^{\dagger}c_{\boldsymbol{p}\sigma}+{\rm h.c.}){\rm e}^{-{\rm i}K_0t}\\&=\sum_{\boldsymbol{kp}\sigma}(T_{\boldsymbol{kp}\sigma}c_{\boldsymbol{k}\sigma}^{\dagger}(t)c_{\boldsymbol{p}\sigma}(t){\rm e}^{-{\rm i}eVt}+{\rm h.c.})={\rm e}^{-{\rm i}eVt}A(t)+{\rm e}^{{\rm i}eVt}A^{\dagger}(t)\end{aligned} \tag{20.3.16}$$

现在的相互作用绘景中的算符是用 K_0 来表达的, 所以已经转换成了巨正则系综中的相互作用绘景的算符. 也可以不进行这种转换, 仍用 (20.3.7) 的隧穿哈密顿量, 只要是用 (20.3.11) 式的 K. 结果应该是一样的. (20.3.10) 式应重写如下：

$$\begin{aligned}\Big\langle\Big[\frac{\rm d}{{\rm d}t}N_{\rm L}(t),H_{\rm T}(t')\Big]\Big\rangle_0&={\rm i}\langle[{\rm e}^{-{\rm i}eVt}A(t)-{\rm e}^{{\rm i}eVt}A^{\dagger}(t),{\rm e}^{-{\rm i}eVt'}A(t')+{\rm e}^{{\rm i}eVt'}A^{\dagger}(t')]\rangle_0\\&={\rm i}\{{\rm e}^{-{\rm i}eV(t-t')}\langle[A(t),A^{\dagger}(t')]\rangle_0-{\rm e}^{{\rm i}eV(t-t')}\langle[A^{\dagger}(t),A(t')]\rangle_0\\&\quad+{\rm e}^{-{\rm i}eV(t+t')}\langle[A(t),A(t')]\rangle_0-{\rm e}^{{\rm i}eV(t+t')}\langle[A^{\dagger}(t),A^{\dagger}(t')]\rangle_0\}\end{aligned} \tag{20.3.17}$$

代入 (20.3.6) 式,

$$I(t)=e\int_{-\infty}^{t}\mathrm{d}t'\Big\{\mathrm{e}^{-\mathrm{i}eV(t-t')}\langle[A(t),A^{\dagger}(t')]\rangle_0-\mathrm{e}^{\mathrm{i}eV(t-t')}\langle[A^{\dagger}(t),A(t')]\rangle_0$$
$$+\mathrm{e}^{-\mathrm{i}eV(t+t')}\langle[A(t),A(t')]\rangle_0-\mathrm{e}^{\mathrm{i}eV(t+t')}\langle[A^{\dagger}(t),A^{\dagger}(t')]\rangle_0\Big\} \quad (20.3.18)$$

前两项表示在每一侧都产生湮没一个粒子, 是描述单粒子输运的. 后两项则表示在一侧产生 (湮没) 一对粒子而在另一侧湮没 (产生) 一对电子的效应, 是描述两块超导体之间的约瑟夫森效应的. 本节我们只讨论单电子输运, 后两项略去不管. 所以电流写成:

$$I(t)=e\int_{-\infty}^{t}\mathrm{d}t'\{\mathrm{e}^{-\mathrm{i}eV(t-t')}\langle[A(t),A^{\dagger}(t')]\rangle_0-\mathrm{e}^{\mathrm{i}eV(t-t')}\langle[A^{\dagger}(t),A(t')]\rangle_0\} \quad (20.3.19)$$

被积函数恰好是 $A(t)$ 和 $A^{\dagger}(t')$ 组成的推迟格林函数.

$$I(t)=e\int_{-\infty}^{\infty}\mathrm{d}t'\mathrm{e}^{-\mathrm{i}eV(t-t')}\theta(t-t')\langle[A(t),A^{\dagger}(t')]\rangle_0+\mathrm{h.c.}$$
$$=\mathrm{i}e\int_{-\infty}^{\infty}\mathrm{d}t'\mathrm{e}^{-\mathrm{i}eV(t-t')}X^{\mathrm{R}}(t-t')+\mathrm{h.c.}=\mathrm{i}e\int_{-\infty}^{\infty}\mathrm{d}t_1\mathrm{e}^{-\mathrm{i}eVt_1}X^{\mathrm{R}}(t_1)+\mathrm{h.c.} \quad (20.3.20\mathrm{a})$$

由于算符 A 是两个费米子算符的乘积, 具有玻色子算符的性质, 所以组成的是玻色子推迟格林函数. 最后一步做了变量代换, $t-t'=t_1$. 现在看到, 电流与时间无关, 原因是我们这儿加的是直流偏压. 不过应注意, 在单粒子输运的情况下, 直流偏压导致直流电流的结论才成立. 对于两粒子输运, 直流偏压有可能导致交流电流. (20.3.19) 式正好是 $X^{\mathrm{R}}(t_1)$ 的傅里叶变换.

$$I=\mathrm{i}eX^{\mathrm{R}}(-eV)+\mathrm{h.c.}=\mathrm{i}e[X^{\mathrm{R}}(-eV)-X^{\mathrm{A}}(-eV)]=-2e\mathrm{Im}X^{\mathrm{R}}(-eV) \quad (20.3.20\mathrm{b})$$

推迟格林函数可以由松原函数解析延拓得到. 因此下面我们用 A 和 $A^{\dagger}$ 组成松原函数.

$$X(\mathrm{i}\omega)=-\int_0^{\beta}\mathrm{d}\tau\mathrm{e}^{\mathrm{i}\omega\tau}\langle T_\tau[A(\tau)A^{\dagger}(0)]\rangle_0$$
$$=-\int_0^{\beta}\mathrm{d}\tau\mathrm{e}^{\mathrm{i}\omega\tau}\sum_{\boldsymbol{k}\boldsymbol{p}\sigma\boldsymbol{k}_1\boldsymbol{p}_1\sigma_1}T_{\boldsymbol{k}\boldsymbol{p}\sigma}T^*_{\boldsymbol{k}_1\boldsymbol{p}_1\sigma_1}\langle T_\tau[c^{\dagger}_{\boldsymbol{k}\sigma}(\tau)c_{\boldsymbol{p}\sigma}(\tau)c^{\dagger}_{\boldsymbol{p}_1\sigma_1}c_{\boldsymbol{k}_1\sigma_1}]\rangle_0$$
$$=\int_0^{\beta}\mathrm{d}\tau\mathrm{e}^{\mathrm{i}\omega\tau}\sum_{\boldsymbol{k}\boldsymbol{p}\sigma\boldsymbol{k}_1\boldsymbol{p}_1\sigma_1}T_{\boldsymbol{k}\boldsymbol{p}\sigma}T^*_{\boldsymbol{k}_1\boldsymbol{p}_1\sigma_1}\langle T_\tau[c_{\boldsymbol{k}_1\sigma_1}c^{\dagger}_{\boldsymbol{k}\sigma}(\tau)]\rangle_0\langle T_\tau[c_{\boldsymbol{p}\sigma}(\tau)c^{\dagger}_{\boldsymbol{p}_1\sigma_1}]\rangle_0 \quad (20.3.21)$$

松原函数 $\langle T_\tau[A(\tau)A^\dagger(0)]\rangle_0$ 是由非费米子算符组成的, 所以相应的频率 ω 应用玻色频率. 现在是在两侧之间无相互作用的系统中求平均, 由于两侧都是正常金属所以只能写成两侧的算符在各自的系统中分别求平均. 显然, 只有一对产生和湮没算符的动量和自旋都相等时, 平均值才不为零. 并且恰好是两边各自的松原函数.

$$X(\mathrm{i}\omega)=\sum_{\boldsymbol{k}\boldsymbol{p}\sigma}|T_{\boldsymbol{k}\boldsymbol{p}\sigma}|^2\int_0^\beta \mathrm{d}\tau \mathrm{e}^{\mathrm{i}\omega\tau}\langle T_\tau[c_{\boldsymbol{k}\sigma}c^\dagger_{\boldsymbol{k}\sigma}(\tau)]\rangle_0\langle T_\tau[c_{\boldsymbol{p}\sigma}(\tau)c^\dagger_{\boldsymbol{p}\sigma}]\rangle_0 \tag{20.3.22}$$

被积函数中有两侧的松原函数的乘积. 用松原函数的傅里叶变换 (11.2.11) 式,

$$\begin{aligned}X(\mathrm{i}\omega)&=\sum_{\boldsymbol{k}\boldsymbol{p}\sigma}|T_{\boldsymbol{k}\boldsymbol{p}\sigma}|^2\int_0^\beta \mathrm{d}\tau \mathrm{e}^{\mathrm{i}\omega\tau}\frac{1}{\beta^2}\sum_{m,n}\mathrm{e}^{\mathrm{i}\omega_m\tau-\mathrm{i}\omega_n\tau}G_{\mathrm{R}\sigma}(\boldsymbol{k},\mathrm{i}\omega_m)G_{\mathrm{L}\sigma}(\boldsymbol{p},\mathrm{i}\omega_n)\\&=\frac{1}{\beta}\sum_{\boldsymbol{k}\boldsymbol{p}\sigma}|T_{\boldsymbol{k}\boldsymbol{p}\sigma}|^2\sum_{\boldsymbol{n}}G_{\mathrm{R}\sigma}(\boldsymbol{k},\mathrm{i}\omega_n-\mathrm{i}\omega)G_{\mathrm{L}\sigma}(\boldsymbol{p},\mathrm{i}\omega_n)\end{aligned} \tag{20.3.23}$$

对虚时积分之后, 求和式中凡是 $m\neq n$ 的项都为零. 两侧各自的松原函数都是由费米子组成的, 所以都用费米子频率. 已知两侧的松原函数, 就可以计算 X 了. 不过一般情况下对频率的求和不容易计算. 我们先把下述求和

$$S=\frac{1}{\beta}\sum_{n}G_{\mathrm{R}\sigma}(\boldsymbol{k},\mathrm{i}\omega_n-\mathrm{i}\omega)G_{\mathrm{L}\sigma}(\boldsymbol{p},\mathrm{i}\omega_n) \tag{20.3.24}$$

改造成对能量积分的形式. 松原函数的一般形式是

$$G(\boldsymbol{p},\mathrm{i}\omega_n)=\frac{1}{\mathrm{i}\omega_n-\xi_{\boldsymbol{p}}-\varSigma(\boldsymbol{p},\mathrm{i}\omega_n)} \tag{20.3.25}$$

分母中的 $\varSigma$ 是相互作用导致的自能. 利用公式

$$\frac{1}{\beta\hbar}\sum_n\frac{\mathrm{e}^{\mathrm{i}\omega_n0^+}}{\mathrm{i}\omega_n+\mathrm{i}\omega-x}=\frac{1}{\beta\hbar}\sum_n\frac{\mathrm{e}^{\mathrm{i}\omega_n0^+}}{\mathrm{i}\omega_n-(x-\mathrm{i}\omega)}=\frac{1}{2\pi\mathrm{i}}\int_{\mathrm{C}}\mathrm{d}z\frac{\mathrm{e}^{z0^+}}{z-(x-\mathrm{i}\omega)}f_+(z) \tag{20.3.26}$$

得到

$$\begin{aligned}&\frac{1}{\beta}\sum_n\frac{1}{\mathrm{i}\omega_n-\mathrm{i}\omega-\xi_{\boldsymbol{k}}-\varSigma(\boldsymbol{k},\mathrm{i}\omega_n-\mathrm{i}\omega)}\frac{1}{\mathrm{i}\omega_n-\xi_{\boldsymbol{p}}-\varSigma(\boldsymbol{p},\mathrm{i}\omega_n)}\\&=\frac{1}{2\pi\mathrm{i}}\int_{\mathrm{C}'}\mathrm{d}z\frac{f_+(z)\mathrm{e}^{z0^+}}{z-\mathrm{i}\omega-\xi_{\boldsymbol{k}}-\varSigma(\boldsymbol{k},z-\mathrm{i}\omega)}\frac{1}{z-\xi_{\boldsymbol{p}}-\varSigma(\boldsymbol{p},z)}\\&=\frac{1}{2\pi\mathrm{i}}\int_{\mathrm{C}'}\mathrm{d}zf_+(z)G(\boldsymbol{k},z-\mathrm{i}\omega)G(\boldsymbol{p},z)\mathrm{e}^{z0^+}\end{aligned} \tag{20.3.27}$$

积分路径由 C 变形为 C′, 是沿平行于 x 轴的四条路径, 如图 20.2 所示.

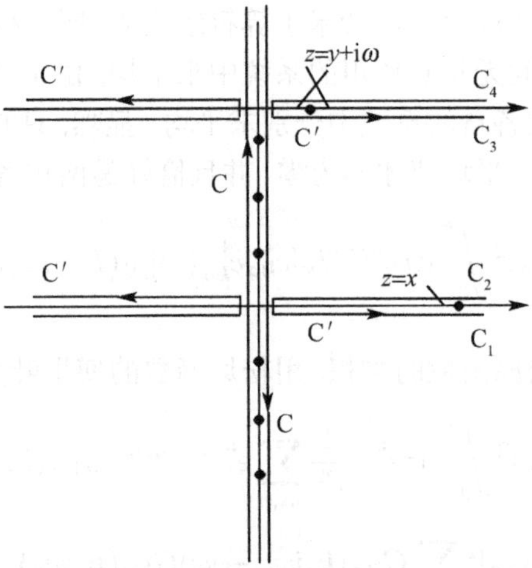

图 20.2　被积函数中有两个松原函数相乘时的积分路径的变化

$$
\begin{aligned}
S &= \frac{1}{\beta}\sum_{n} G_{\mathrm{R}}(\boldsymbol{k}, \mathrm{i}\omega_n - \mathrm{i}\omega) G_{\mathrm{L}}(\boldsymbol{p}, \mathrm{i}\omega_n) \\
&= \frac{1}{2\pi\mathrm{i}}\left(\int_{\mathrm{C}_1} + \int_{\mathrm{C}_2} + \int_{\mathrm{C}_3} + \int_{\mathrm{C}_4}\right) G_{\mathrm{R}}(\boldsymbol{k}, z - \mathrm{i}\omega) G_{\mathrm{L}}(\boldsymbol{p}, z) f_+(z)\mathrm{d}z \\
&= \frac{1}{2\pi}\int_{-\infty}^{\infty} \mathrm{d}\varepsilon f_+(\varepsilon)[G_{\mathrm{R}}(\boldsymbol{k}, \varepsilon - \mathrm{i}\omega) A_{\mathrm{L}}(\boldsymbol{p}, \varepsilon) + G_{\mathrm{L}}(\boldsymbol{p}, \varepsilon + \mathrm{i}\omega) A_{\mathrm{R}}(\boldsymbol{k}, \varepsilon)] \qquad (20.3.28)
\end{aligned}
$$

现在对松原函数做解析延拓：$\mathrm{i}\omega \to -eV + \mathrm{i}0^+$, 就得到电流的表达式：

$$
\begin{aligned}
I &= -2e\mathrm{Im}X^{\mathrm{R}}(-eV) \\
&= -2e\mathrm{Im} \lim_{\mathrm{i}\omega \to -eV + \mathrm{i}0^+} \frac{1}{\beta}\sum_{\boldsymbol{kp}\sigma} |T_{\boldsymbol{kp}\sigma}|^2 \sum_{n} G_{\mathrm{R}\sigma}(\boldsymbol{k}, \mathrm{i}\omega_n - \mathrm{i}\omega) G_{\mathrm{L}\sigma}(\boldsymbol{p}, \mathrm{i}\omega_n) \\
&= -\frac{e}{\pi}\sum_{\boldsymbol{kp}\sigma} |T_{\boldsymbol{kp}\sigma}|^2 \int_{-\infty}^{\infty} \mathrm{d}\varepsilon f_+(\varepsilon) \mathrm{Im}[G_{\mathrm{R}}(\boldsymbol{k}, \varepsilon + eV - \mathrm{i}0^+) A_{\mathrm{L}}(\boldsymbol{p}, \varepsilon) \\
&\quad + G_{\mathrm{L}}(\boldsymbol{p}, \varepsilon - eV + \mathrm{i}0^+) A_{\mathrm{R}}(\boldsymbol{k}, \varepsilon)] \\
&= -\frac{e}{\pi}\sum_{\boldsymbol{kp}\sigma} |T_{\boldsymbol{kp}\sigma}|^2 \int_{-\infty}^{\infty} \mathrm{d}\varepsilon [f_+(\varepsilon - eV) \mathrm{Im} G_{\mathrm{R}}(\boldsymbol{k}, \varepsilon - \mathrm{i}0^+) A_{\mathrm{L}}(\boldsymbol{p}, \varepsilon - eV) \\
&\quad + f_+(\varepsilon) \mathrm{Im} G_{\mathrm{L}}(\boldsymbol{p}, \varepsilon - eV + \mathrm{i}0^+) A_{\mathrm{R}}(\boldsymbol{k}, \varepsilon)] \qquad (20.3.29)
\end{aligned}
$$

其中前一项用$\varepsilon - eV$ 代替了ε. 把推迟和超前格林函数都用谱函数来表示.

$$
I = -\frac{e}{2\pi}\sum_{\boldsymbol{kp}\sigma} |T_{\boldsymbol{kp}\sigma}|^2 \int_{-\infty}^{\infty} \mathrm{d}\varepsilon [f_+(\varepsilon - eV) A_{\mathrm{R}}(\boldsymbol{k}, \varepsilon) A_{\mathrm{L}}(\boldsymbol{p}, \varepsilon - eV)
$$

$$
\begin{aligned}
&- f_+(\varepsilon)A_{\rm L}(\boldsymbol{p},\varepsilon-eV)A_{\rm R}(\boldsymbol{k},\varepsilon)] \\
&= \frac{e}{2\pi}\sum_{\boldsymbol{kp}\sigma}|T_{\boldsymbol{kp}\sigma}|^2\int_{-\infty}^{\infty}\mathrm{d}\varepsilon A_{\rm L}(\boldsymbol{p},\varepsilon-eV)A_{\rm R}(\boldsymbol{k},\varepsilon)[f_+(\varepsilon)-f_+(\varepsilon-eV)] \qquad (20.3.30)
\end{aligned}
$$

只要已知左右两侧的推迟格林函数, 就可以求得各自的谱函数. 然后来求出积分.

我们来看一个最简单的情况, 两侧都是普通的导体. 因为电子之间无相互作用, 推迟格林函数就是 (9.4.17) 式. $g^{\rm R}(\boldsymbol{k},\omega)=\dfrac{1}{\omega-\xi_{\boldsymbol{k}}+\mathrm{i}0^+}$. 谱函数就是 $A(\boldsymbol{k},\omega)=2\pi\delta(\omega-\xi_{\boldsymbol{k}})$.

$$
\begin{aligned}
I &= 2\pi e\sum_{\boldsymbol{kp}\sigma}|T_{\boldsymbol{kp}\sigma}|^2\int_{-\infty}^{\infty}\mathrm{d}\varepsilon\delta(\varepsilon-eV-\xi_{\boldsymbol{p}})\delta(\varepsilon-\xi_{\boldsymbol{k}})[f_+(\varepsilon)-f_+(\varepsilon-eV)] \\
&= 2\pi e\sum_{\boldsymbol{kp}\sigma}|T_{\boldsymbol{kp}\sigma}|^2\delta(\xi_{\boldsymbol{k}}-eV-\xi_{\boldsymbol{p}})[f_+(\xi_{\boldsymbol{k}})-f_+(\xi_{\boldsymbol{k}}-eV)] \qquad (20.3.31)
\end{aligned}
$$

我们把对动量的求和写成对能量的积分. $\sum\limits_{\boldsymbol{k}}\to\int\dfrac{\mathrm{d}\boldsymbol{k}}{(2\pi)^3}\to\int N(\varepsilon)\mathrm{d}\varepsilon\to N\int\mathrm{d}\varepsilon$. 最后是只用费米能处的态密度. 再假定隧穿矩阵元与动量无关.

$$
\begin{aligned}
I &= 2\pi e\sum_{\sigma}|T_\sigma|^2N_{\rm L\sigma}N_{\rm R\sigma}\int\mathrm{d}\xi_{\rm L}\int\mathrm{d}\xi_{\rm R}\delta(\xi_{\rm R}-eV-\xi_{\rm L})[f_+(\xi_{\rm R})-f_+(\xi_{\rm R}-eV)] \\
&= 2\pi e\sum_{\sigma}|T_\sigma|^2N_{\rm L\sigma}N_{\rm R\sigma}\int\mathrm{d}\xi_{\rm R}[f_+(\xi_{\rm R})-f_+(\xi_{\rm R}-eV)] \qquad (20.3.32)
\end{aligned}
$$

此处的 N 表示费米能处的态密度, 而不是粒子数. 零温下, 费米分布是阶跃函数. $\int\mathrm{d}\xi_{\rm R}[f_+(\xi_{\rm R})-f_+(\xi_{\rm R}-eV)]=eV$

$$
I=2\pi e^2V\sum_{\sigma}|T_\sigma|^2N_{\rm L\sigma}N_{\rm R\sigma} \qquad (20.3.33)
$$

最后得到电导的表达式

$$
G=\frac{I}{V}=2\pi e^2\sum_{\sigma}|T_\sigma|^2N_{\rm R\sigma}N_{\rm L\sigma} \qquad (20.3.34)
$$

此式表示, 在两自旋电流模型中, 总的电子隧穿电导等于两个自旋通道的隧穿电导之和. 每个自旋通道的隧穿电导正比于势垒两侧的费米能处电子态密度的乘积.

参考文献 [24] 研究了两侧导线是正常金属, 它们之间用一超导线弱连接时的电导.

§20.4　铁磁隧道结的磁阻效应

现在考虑上节中的两侧导线都是铁磁性的, 即两侧都有磁化强度, 两侧的铁磁导体与中间的绝缘薄层构成铁磁隧道结, 见图 20.3. 最简单的情况是, 可能有两种构型, 见图 20.4. 一种是两边铁磁电极的磁化方向平行, 称为 P 位形. 另外一种是两边的磁化方向反平行, 称为 AP 位形. 不同的磁位形导致穿过隧道结的电阻不同, 这就是铁磁隧道结的磁阻效应 [25].

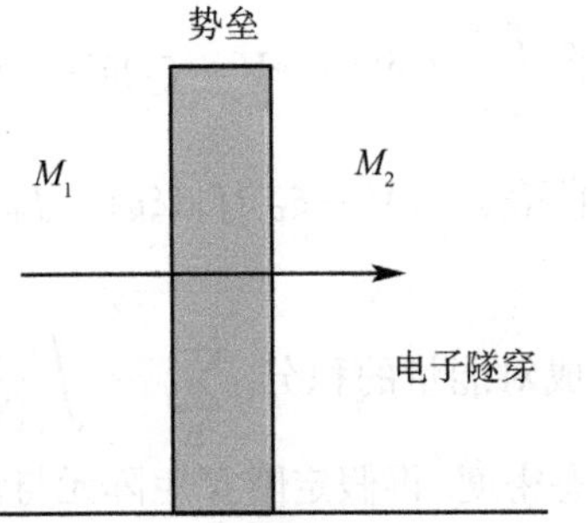

图 20.3　电子通过铁磁隧道结的隧穿

隧道结左右两侧的磁化强度分别为 M_1 和 M_2

P 位形时两侧的磁化强度平行, 例如都朝上, 见图 20.4(a). 自旋向上的电子在两边都是多数载流子, 费米面处态密度为简记为 N_+. 而自旋向下电子在两边都是少数载流子, 费米面处态密度为 N_-. 由 (20.3.33) 式, 得到电导

$$G_{\mathrm{P}} = 2\pi e^2(|T_+|^2 N_{\mathrm{L},+}N_{\mathrm{R},+} + |T_-|^2 N_{\mathrm{L},-}N_{\mathrm{R},-}) \tag{20.4.1}$$

AP 位形是指两侧的磁化强度反平行, 见图 20.4(b). 自旋向上电子在左边是多数载流子, 费米面处态密度为 N_+, 而在右侧都是少数载流子, 费米面处态密度为 N_-. 而自旋向下电子正好相反.

$$G_{\mathrm{AP}} = 2\pi e^2(|T|^2 N_{\mathrm{L},+}N_{\mathrm{R},-} + |T|^2 N_{\mathrm{L},-}N_{\mathrm{R},+}) \tag{20.4.2}$$

磁阻效应是指: 材料的电阻会因为加上磁场而变化. 如果设未加磁场时的电阻是 $R(0)$, 加上磁场 H 后的电阻是 $R(H)$, 那么磁阻的定义是

$$M_{\mathrm{R}} = \frac{R(0) - R(H)}{R(0)} \tag{20.4.3}$$

电导是电阻的倒数. 如果用电导来表示, 磁阻就是

$$M_{\mathrm{R}} = \frac{G(H) - G(0)}{G(H)} \tag{20.4.4}$$

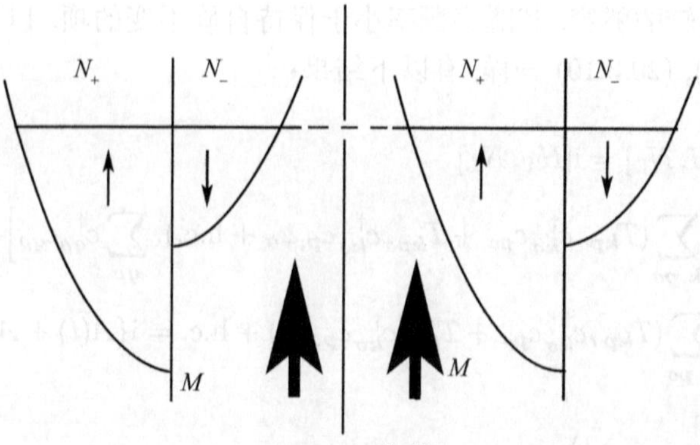

(a) P位形

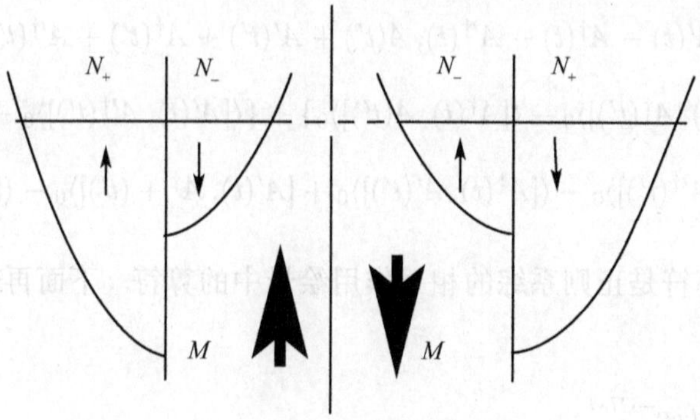

(b) AP位形

图 20.4 隧道结左右两侧磁化强度的两种位形

对于本节的系统, 在无外场时, 呈 AP 位形. 因此 $G(0)$ 就是 G_{AP}. 加上磁场之后, 使得两侧的磁化强度平行, 就成为 P 位形, 所以 $G(H)$ 就是 G_P. 此时的磁阻就由 (20.4.1), (20.4.2) 式算得. 设其中所有跃迁矩阵元都与自旋无关并都相等.

$$M_{\mathrm{R}}=\frac{G_{\mathrm{P}}-G_{\mathrm{AP}}}{G_{\mathrm{P}}}=\frac{2P_{\mathrm{L}}P_{\mathrm{R}}}{1+P_{\mathrm{L}}P_{\mathrm{R}}} \tag{20.4.5}$$

其中定义了

$$P_{\mathrm{L,R}}=\frac{N_{\mathrm{L,R},+}-N_{\mathrm{L,R},-}}{N_{\mathrm{L,R},+}+N_{\mathrm{L,R},-}} \tag{20.4.6}$$

式 (20.4.5) 称为 Julliere 公式 [26].

以上在考虑电子隧穿经过势垒的时候, 自旋是不变的. 在有的材料中, 电子隧穿经过势垒的时候, 自旋有可能翻转. 这时的哈密顿量中要把这一效应也考虑进去.

考虑 P 位形的隧道哈密顿量如下:

$$H_{\mathrm{T}}=\sum_{\boldsymbol{kp}\sigma}(T_{\boldsymbol{kp}\sigma}c_{\boldsymbol{k}\sigma}^{\dagger}c_{\boldsymbol{p}\sigma}+T'_{\boldsymbol{kp}\sigma}c_{\boldsymbol{k}\sigma}^{\dagger}c_{\boldsymbol{p},-\sigma}+\mathrm{h.c.}) \tag{20.4.7}$$

即多一项自旋翻转的隧穿, 其隧穿概率小于保持自旋不变的项. 以下重复上一节的推导. 与 (20.3.9), (20.3.10) 一样, 有以下结果:

$$\begin{aligned}\frac{\mathrm{d}}{\mathrm{d}t}N_{\mathrm{L}}&=\mathrm{i}[H,N_{\mathrm{L}}]=\mathrm{i}[H_{\mathrm{T}},N_{\mathrm{L}}]\\&=\mathrm{i}\Big[\sum_{\boldsymbol{k},\boldsymbol{p}\sigma}(T_{\boldsymbol{kp}\sigma}c^{\dagger}_{\boldsymbol{k}\sigma}c_{\boldsymbol{p}\sigma}+T'_{\boldsymbol{kp}\sigma}c^{\dagger}_{\boldsymbol{k}\sigma}c_{\boldsymbol{p},-\sigma}+\mathrm{h.c.}),\sum_{\boldsymbol{q}\rho}c^{\dagger}_{\boldsymbol{q}\rho}c_{\boldsymbol{q}\rho}\Big]\\&=\mathrm{i}\sum_{\boldsymbol{k},\boldsymbol{p}\sigma}(T_{\boldsymbol{kp}\sigma}c^{\dagger}_{\boldsymbol{k}\sigma}c_{\boldsymbol{p}\sigma}+T'_{\boldsymbol{kp}\sigma}c^{\dagger}_{\boldsymbol{k}\sigma}c_{\boldsymbol{p},-\sigma})+\mathrm{h.c.}=\mathrm{i}\{A(t)+A'(t)\}+\mathrm{h.c.}\end{aligned}\tag{20.4.8}$$

$$\begin{aligned}&\Big\langle\Big[\frac{\mathrm{d}}{\mathrm{d}t}N_{\mathrm{L}}(t),H_{\mathrm{T}}(t')\Big]\Big\rangle_0\\&=\mathrm{i}\langle[A(t)+A'(t)-A^{\dagger}(t)-A'^{\dagger}(t),A(t')+A'(t')+A^{\dagger}(t')+A'^{\dagger}(t')]\rangle_0\\&=\mathrm{i}(\{\langle[A+(t),A^{\dagger}(t')]\rangle_0-\langle[A^{\dagger}(t),A(t')]\rangle_0\}+\{\langle[A'(t),A'^{\dagger}(t')]\rangle_0-\langle[A'^{\dagger}(t),A'(t')]\rangle_0\}\\&\quad+\{\langle[A(t),A'^{\dagger}(t')]\rangle_0-\langle[A^{\dagger}(t),A'(t')]\rangle_0+[A'(t),A^{\dagger}+(t')]\rangle_0-\langle[A'^{\dagger}(t),A(t')]\rangle_0\})\end{aligned}\tag{20.4.9}$$

其中含时间的算符是正则系综的相互作用绘景中的算符. 下面再转换到巨正则系综.

$$\begin{aligned}H_{\mathrm{T}}(t)&=\mathrm{e}^{\mathrm{i}H_0t}H_{\mathrm{T}}\mathrm{e}^{-\mathrm{i}H_0t}\\&=\sum_{\boldsymbol{kp}\sigma}(T_{\boldsymbol{kp}\sigma}\mathrm{e}^{\mathrm{i}(\mu_{\mathrm{R}\boldsymbol{k}}-\mu_{\mathrm{L}\boldsymbol{p}})t}c^{\dagger}_{\boldsymbol{k}\sigma}(t)c_{\boldsymbol{p}\sigma}(t)+T'_{\boldsymbol{kp}\sigma}\mathrm{e}^{\mathrm{i}(\mu_{\mathrm{R}\boldsymbol{k}}-\mu_{\mathrm{L}\boldsymbol{p}})t}c^{\dagger}_{\boldsymbol{k}\sigma}(t)c_{\boldsymbol{p},-\sigma}(t)+\mathrm{h.c.})\\&=A(t)+A'(t)+\mathrm{h.c.}\end{aligned}\tag{20.4.10}$$

将 (20.4.10) 式定义的 $A(t)$ 代入 (20.4.9) 中. 在 (20.4.9) 式中, 我们已经略去了在同一侧连续产生两个或者湮没两个粒子的项. 然后把留下来的项分成三类. 第一个花括号中的项正是 (20.3.10) 式中的前两项, 表示不改变自旋的隧穿. 设隧穿矩阵元都与波矢无关.$T_{\boldsymbol{kp}\sigma}=T_{\sigma}$. 结果就是 (20.3.32) 式.

$$I_1=2\pi e\sum_{\sigma}|T_{\sigma}|^2N_{\mathrm{L}\sigma}N_{\mathrm{R}\sigma}\int\mathrm{d}\xi_{\mathrm{R}}[f_+(\xi_{\mathrm{R}})-f_+(\xi_{\mathrm{R}}-eV)]\tag{20.4.11}$$

(20.4.9) 式中第二个花括号中的项, 算符形式与第一个花括号完全一样, 所以结果的形式应相同. 只是现在左右两侧的自旋应相反. 设隧穿矩阵元都与波矢无关. $T'_{\boldsymbol{kp}\sigma}=T'_{\sigma}$.

$$I_2=2\pi e\sum_{\sigma}|T'_{\sigma}|^2N_{\mathrm{L}\sigma}N_{\mathrm{R},-\sigma}\int\mathrm{d}\xi_{\mathrm{R}}[f_+(\xi_{\mathrm{R}})-f_+(\xi_{\mathrm{R}}-eV)]\tag{20.4.12}$$

这一项表示电子隧穿时改变自旋. 以上两相都是在每一侧产生和湮没一对自旋相同的电子. 但是在 (20.4.9) 式的第三个花括号中的项, 总有在一侧产生和湮没一对自旋相反的电子, 因此为零.

结果, 电流就是 (20.4.11,12) 两项之和

$$I = 2\pi e^2 V \sum_{\sigma} |T_\sigma|^2 N_{\mathrm{L}\sigma} N_{\mathrm{R}\sigma} + 2\pi e^2 V \sum_{\sigma} |T'_\sigma|^2 N_{\mathrm{L}\sigma} N_{\mathrm{R},-\sigma} \tag{20.4.13}$$

再设 $T_\sigma = T$ 和 $T'_\sigma = T'$. 令

$$\gamma = \frac{T'^2}{T^2} \tag{20.4.14}$$

那么: P 位形的电导就是

$$\begin{aligned} G_{\mathrm{P}} &= 2\pi e^2 T^2 \sum_{\sigma=\uparrow,\downarrow} (N_{\mathrm{L}\sigma} N_{\mathrm{R}\sigma} + \gamma N_{\mathrm{L}\sigma} N_{\mathrm{R},-\sigma}) \\ &= 2\pi e^2 T^2 (N_{\mathrm{L}+} N_{\mathrm{R}+} + \gamma N_{\mathrm{L}+} N_{\mathrm{R}-} + N_{\mathrm{L}-} N_{\mathrm{R}-} + \gamma N_{\mathrm{L}-} N_{\mathrm{R}+}) \end{aligned} \tag{20.4.15}$$

AP 位形的隧穿哈密顿量为

$$H_{\mathrm{T}} = \sum_{\boldsymbol{k}\boldsymbol{p}\sigma} (T_{\boldsymbol{k}\boldsymbol{p}\sigma} c^\dagger_{\boldsymbol{k}\sigma} c_{\boldsymbol{p},-\sigma} + T'_{\boldsymbol{k}\boldsymbol{p}\sigma} c^\dagger_{\boldsymbol{k}\sigma} c_{\boldsymbol{p},\sigma} + \mathrm{h.c.}) \tag{20.4.16}$$

此时保持自旋不变的隧穿概率要小于使自旋翻转的隧穿概率. 仍然设隧穿矩阵元与波矢无关. 且 T 和 T' 与 P 位形时的数值相同. 最后可计算得到 AP 位形的电导如下:

$$\begin{aligned} G_{\mathrm{AP}} &= 2\pi e^2 T^2 \sum_{\sigma=\uparrow,\downarrow} (N_{\mathrm{L}\sigma} N_{\mathrm{R},-\sigma} + \gamma N_{\mathrm{L}\sigma} N_{\mathrm{R}\sigma}) \\ &= 2\pi e^2 T^2 (N_{\mathrm{L}+} N_{\mathrm{R}-} + \gamma N_{\mathrm{L}+} N_{\mathrm{R}+} + N_{\mathrm{L}-} N_{\mathrm{R}+} + \gamma N_{\mathrm{L}-} N_{\mathrm{R}-}) \end{aligned} \tag{20.4.17}$$

磁阻为 [27]

$$\frac{G_{\mathrm{P}} - G_{\mathrm{AP}}}{G_{\mathrm{P}}} = \frac{2(1-\gamma) P_{\mathrm{L}} P_{\mathrm{R}}}{1 + P_{\mathrm{L}} P_{\mathrm{R}} + \gamma(1 - P_{\mathrm{L}} P_{\mathrm{R}})} = \frac{2 P_{\mathrm{L}} P_{\mathrm{R}}}{1 + P_{\mathrm{L}} P_{\mathrm{R}} + 2\gamma/(1-\gamma)} \tag{20.4.18}$$

当 $T' = 0$, 没有自旋反转的项, $\gamma = 0$, 就回到了 Julliere 公式 (20.4.5).

以上在初始的 AP 位形中, 我们已经假定, 在没有外磁场时, 两侧的磁化方向正好相反. 一般情况下, 左右两侧的量子化自旋轴之间的夹角为θ. 初始位形的两侧的磁化强度的夹角为θ. 我们设左侧的磁化强度在 z 方向. 右侧的磁化强度在 z' 方向. 这时的哈密顿量应写成

$$H_{\mathrm{L}} = \sum_{\boldsymbol{p}\sigma} \varepsilon_{\boldsymbol{p}\sigma} c^\dagger_{\boldsymbol{p}\sigma} c_{\boldsymbol{p}\sigma} \tag{20.4.19a}$$

$$H_{\mathrm{R}}=\sum_{\boldsymbol{k}\sigma}\varepsilon_{\boldsymbol{k}\sigma}c_{\boldsymbol{k}\sigma}^{\dagger}c_{\boldsymbol{k}\sigma} \tag{20.4.19b}$$

隧穿哈密顿量仍如 (20.3.2) 式. 由于有磁化强度的存在, 两侧的电子的能量分别为

$$\varepsilon_{\boldsymbol{p}\sigma}=\varepsilon(\boldsymbol{p})-\sigma\lambda_1 M_1 \tag{20.4.20a}$$

$$\varepsilon_{\boldsymbol{k}\sigma}=\varepsilon(\boldsymbol{k})-\sigma\lambda_2 M_2 \tag{20.4.20b}$$

其中自旋朝上时, 取σ=1：自旋朝下时, 取σ=−1. 每一侧的磁化强度产生一个磁场, 称为分子场, 它是与磁化强度成正比的. 电子受到这个磁场的作用. 如果电子的自旋平行于磁场, 则能量低. 电子的自旋反平行于磁场, 则能量高. 要注意的是, 左侧的磁化强度 $\boldsymbol{M}_1=M_1(0,0,1)$ 在 z 方向. 右侧的磁化强度 $\boldsymbol{M}_2=M_2(\sin\theta\cos\varphi,\sin\theta\sin\varphi,\cos\theta)$, 在 (θ,φ) 方向上. $c_{\boldsymbol{k}\sigma}^{\dagger}$ 和 $c_{\boldsymbol{k}\sigma}$ 产生和湮没的电子的自旋在 (θ,φ) 方向上. 在真空中产生的自旋波函数如下:

$$c_{\boldsymbol{k}\uparrow}^{\dagger}|0\rangle=\begin{pmatrix}1\\0\end{pmatrix},\quad c_{\boldsymbol{k}\downarrow}^{\dagger}|0\rangle=\begin{pmatrix}0\\1\end{pmatrix} \tag{20.4.21}$$

下面要做一线性变换, 使两侧的量子化轴平行,

$$c_{\boldsymbol{k}\sigma}^{\dagger}=\mathrm{e}^{\sigma\mathrm{i}\varphi/2}\cos(\theta/2)b_{\boldsymbol{k}\sigma}^{\dagger}-\sigma\mathrm{e}^{\sigma\mathrm{i}\varphi/2}\sin(\theta/2)b_{\boldsymbol{k},-\sigma}^{\dagger} \tag{20.4.22}$$

做此变换后, 得到 [28]

$$b_{\boldsymbol{k}\uparrow}^{\dagger}|0\rangle=\begin{pmatrix}\mathrm{e}^{-\mathrm{i}\varphi/2}\cos(\theta/2)\\ \mathrm{e}^{\mathrm{i}\varphi/2}\sin(\theta/2)\end{pmatrix},\quad b_{\boldsymbol{k}\downarrow}^{\dagger}|0\rangle=\begin{pmatrix}-\mathrm{e}^{-\mathrm{i}\varphi/2}\sin(\theta/2)\\ \mathrm{e}^{\mathrm{i}\varphi/2}\cos(\theta/2)\end{pmatrix} \tag{20.4.23}$$

经过此变换之后, H_{R} 的形式不变,

$$H_{\mathrm{R}}=\sum_{\boldsymbol{k}\sigma}\varepsilon_{\boldsymbol{k}\sigma}b_{\boldsymbol{k}\sigma}^{\dagger}b_{\boldsymbol{k}\sigma} \tag{20.4.24}$$

隧穿哈密顿量 H_T 则成为如下形式:

$$\begin{aligned}H_{\mathrm{T}}&=\sum_{\boldsymbol{k},\boldsymbol{p},\sigma\sigma'}(T_{\boldsymbol{kp}\sigma\sigma'}c_{\boldsymbol{k}\sigma}^{\dagger}c_{\boldsymbol{p}\sigma'}+\mathrm{h.c.})\\&=\sum_{\boldsymbol{k},\boldsymbol{p},\sigma\sigma'}(T_{\boldsymbol{kp}\sigma\sigma'}[\mathrm{e}^{\sigma\mathrm{i}\varphi/2}\cos(\theta/2)b_{\boldsymbol{k}\sigma}^{\dagger}-\sigma\mathrm{e}^{\sigma\mathrm{i}\varphi/2}\sin(\theta/2)b_{\boldsymbol{k},-\sigma}^{\dagger}]c_{\boldsymbol{p}\sigma'}+\mathrm{h.c.})\\&=\sum_{\boldsymbol{k},\boldsymbol{p},\sigma\sigma'}(T_{\boldsymbol{kp}\sigma\sigma'}[\mathrm{e}^{\sigma\mathrm{i}\varphi/2}\cos(\theta/2)b_{\boldsymbol{k}\sigma}^{\dagger}+\sigma\mathrm{e}^{-\sigma\mathrm{i}\varphi/2}\sin(\theta/2)b_{\boldsymbol{k},\sigma}^{\dagger}]c_{\boldsymbol{p}\sigma'}+\mathrm{h.c.})\\&=\sum_{\boldsymbol{k},\boldsymbol{p},\sigma\sigma'}(T_{\boldsymbol{kp}\sigma\sigma'}(\theta,\varphi)b_{\boldsymbol{k},\sigma}^{\dagger}c_{\boldsymbol{p}\sigma'}+\mathrm{h.c.})\end{aligned} \tag{20.4.25}$$

此处我们把自旋翻转的隧穿也考虑进来了. 方括号中的第二项将$-\sigma$ 改为σ.

现在的哈密顿量是 (20.4.19a), (20.4.24), (20.4.25) 三式. 做线性变换 (20.4.22) 式之后, 角度的因素都归入隧穿矩阵元里了, 如果是线性近似成立的情况, 可按照 §20.3 的步骤计算电导. 如果偏压大使得线性近似不能适用, 就要用 §20.2 的非平衡态格林函数的方法计算电流. 此时应注意, 由于电子在隧穿时自旋可以翻转, 跨越隧道结的格林函数 $G_{\boldsymbol{p}\boldsymbol{k},\sigma'\sigma}(t_1,t_2)=\langle\langle c_{\boldsymbol{p}\sigma'}(t_1)|b^\dagger_{\boldsymbol{k}\sigma}(t_2)\rangle\rangle$ 应写成二阶矩阵.

磁阻效应有几种原因. 本节介绍的隧道结的磁阻效应只是其中的一种. 由于这种结构的磁阻效应比较大, 因而被称为巨磁阻效应. 关于其他的磁阻效应可参看文献 [25].

本节讨论的隧穿过程是非相干隧穿. 这是指电子在隧穿过程中, 只要保持能量守恒, 动量可以不守恒. 在左侧处于量子态 $\boldsymbol{p}$ 的一个电子隧穿到右侧后, 可以达到任意一个量子态 $\boldsymbol{k}$. 隧穿过程也可以是相干的. 电子的相干隧穿指的是, 在电子隧穿过程中, 不仅电子能量守恒和自旋不变, 而且平行于界面的电子动量也保持不变, 因而 (由能量守恒) 垂直于界面的电子动量唯一对应. 这样, 在相干的隧穿过程中, 电子隧穿前后的量子态一一对应.

习　题

1. 如果中心量子点的哈密顿量是 $H_{\mathrm{C}}=\sum\limits_{i\sigma}\varepsilon_{\mathrm{C}i\sigma}c^\dagger_{i\sigma}c_{i\sigma}$, 写出中心区的格林函数 g_{ij} 和 G_{ij} 满足的运动方程.

2. 试证明, 将 (20.1.9) 的幺正变换改成如下形式:

$$U(t)=\exp\left[-\mathrm{i}\frac{\phi_1}{2}-\mathrm{i}\int_0^t\mathrm{d}t_1V_1(t_1)\left(\sum_{\beta\boldsymbol{k}\sigma}a^\dagger_{\beta\boldsymbol{k}\sigma}a_{\beta\boldsymbol{k}\sigma}+\sum_{i\sigma}c^\dagger_{i\sigma}c_{i\sigma}\right)\right]$$

那么, 变换后的哈密顿量在导线 1 上无外场, 而在其他导线上所加的外场成为 $V_\beta(t)-V_1(t)$, 中心区所加的外场也相应减少 $V_1(t)$[1].

3. 计算得到 (20.2.21) 式的两个非对角矩阵元.

4. 类似于得到 (20.2.21) 式的步骤, 计算非超导导线的 $\Sigma_{\beta ji}(\omega)$.

5. 如果中心量子点的哈密顿量是 $H_{\mathrm{C}}=\sum\limits_{i\sigma}\varepsilon_{\mathrm{C}i\sigma}c^\dagger_{i\sigma}c_{i\sigma}$, 两侧的导线都是非超导的, 计算出自能与格林函数的表达式, 进而由 (20.2.12) 式得到电流的表达式.

6. 如果中心量子点的哈密顿量是 $H_{\mathrm{C}}=\sum\limits_{i\sigma}\varepsilon_{\mathrm{C}i\sigma}c^\dagger_{i\sigma}c_{i\sigma}$, 一侧的导线是非超导的, 另一侧是超导的, 计算出自能与格林函数的表达式, 进而由 (20.2.12) 式得到非超导导线一侧的电流的表达式.

7. 证明 (20.3.3) 式.

8. 证明 (20.3.14) 式.

9. 证明 (20.3.19)~(20.3.22) 式.

10. 证明 (20.3.27) 式.

11. §20.3 中的推导用了久保公式 (14.1.20) 式. 由于加的是直流电压, 频率为零, 得到的电流也是频率为零, 所以也可以使用零频率的久保公式 (14.1.32). 用 (14.1.32) 重复 §20.3 的推导, 直至得到 (20.3.33) 式.

12. 从 (20.3.19) 出发, 不用松原函数, 而直接用格林函数, 推导得到 (20.3.33) 式.

13. 从 (20.3.30) 式出发, 考虑一侧是超导体另一侧是正常导体的情况, 推导电流的结果.

14. 从 (20.3.30) 式出发, 考虑两侧都是超导体的情况, 推导电流的结果.

15. 考虑 (20.3.10) 中的后两项, 即考虑产生或者湮没一对粒子的效应, 推导两侧都是超导体时的电流.

16. 证明 (20.4.12) 式.

17. 证明 (20.4.17) 式.

18. 由 (20.4.15) 和 (20.4.17) 证明 (20.4.18) 式.

19. 哈密顿量是 (20.4.19a), (20.4.24), (20.4.25) 三式. 运用线性响应理论, 按照 §20.3 的步骤计算电导. 加上磁场后成为 P 位形. 计算磁阻.

20. 哈密顿量是 (20.4.19a), (20.4.24), (20.4.25) 三式. 设线性响应理论不适用, 按照 §20.2 的非平衡态格林函数方法计算电流.

21. 用线性近似计算电子的相干隧穿的电导.

22. 用非平衡态格林函数方法计算电子的相干隧穿的电流.

参考文献

[1] Sun Qing-feng, Wang Jian, Lin Tsung-han. Photon-assisted Andreev tunneling through a mesoscopic hybrid system[J]. Phys. Rev. B, 1999, 59(20): 13126.

[2] Sun Qing-feng, Wang Bai-geng, Wang Jian, et al. Electron transport through a mesoscopic hybrid multiterminal resonant-tunneling system[J]. Phys. Rev. B, 2000, 61(7): 4754.

[3] Meir Y, Wingreen N S. Landauer Formula for the Current through an Interacting Electron Region[J]. Phys. Rev. Lett., 1992, 86(16): 2512.

[4] Zhu Yu, Sun Qing-feng, Lin Tsung-han. Andreev reflection through a quantum dot coupled with two ferromagnets and a superconductor[J]. Phys. Rev. B, 2002, 65(2): 024516.

[5] Sergueev N, Sun Qing-feng, Guo Hong, et al. Spin-polarized transport through a quantum dot: Anderson model with on-site Coulomb repulsion[J]. Phys. Rev. B, 2002, 65(16): 165303.

[6] Zhu Yu, Lin Tsung-han, Sun Qing-feng. Writing spin in a quantum dot with ferromagnetic and superconducting electrodes[J]. Phys. Rev. B, 2004, 69(12): 121302(R).

[7] Sun Qing-feng, Wang Jian, Lin Tsung-han. Resonant Andreev reflection in a normal-metal–quantum-dot–superconductor system[J]. Phys. Rev. B, 1999, 59(5): 3831.

[8] Sun Qing-feng, Wang Jian, Lin Tsung-han. Control of the supercurrent in a mesoscopic four-terminal Josephson junction[J]. Phys. Rev. B, 2002, 62(1): 648.

[9] Sun Qing-feng, Guo Hong, Wang Jian. Hamiltonian approach to the ac Josephson effect in superconducting-normal hybrid systems[J]. Phys. Rev. B, 2002, 65(7): 075315.

[10] Yeyati A L, Cuevas J C, Lopez-Davalos, et al. Resonant tunneling through a small quantum dot coupled to superconducting leads[J]. Phys. Rev. B, 1997, 55(10): R6137.

[11] Kang K. Transport through an interacting quantum dot coupled to two superconducting leads[J]. Phys. Rev. B, 1998, 57(19): 11891.

[12] Zhu Yu, Sun Qing-feng, Lin Tsung-han. Extraordinary temperature dependence of the resonant Andreev reflection[J]. Phys. Rev. B, 2001, 64(13): 134521.

[13] Sun Qing-feng, Guo Hong. Kondo resonance in a multiprobe quantum dot[J]. Phys. Rev. B, 2001, 64(15): 153306.

[14] Sun Qing-feng, Guo Hong. Double quantum dots: Kondo resonance induced by an interdot interaction[J]. Phys. Rev. B, 2002, 66(15): 155308.

[15] Jiang Zhao-tan, Sun Qing-feng, Wang Yupeng. Kondo transport through serially coupled triple quantum dots[J]. Phys. Rev. B, 2005, 72(4): 045332.

[16] Sun Qing-feng, Guo Hong, Lin Tsung-han. Excess Kondo Resonance in a Quantum Dot Device with Normal and Superconducting Leads: The Physics of Andreev-Normal Co-tunneling[J]. Phys. Rev. Lett., 2001, 87(17): 176601.

[17] Sun Qing-feng, Lin Tsung-han. Influence of microwave fields on the electron tunneling through a quantum dot[J]. Phys. Rev. B, 1997, 56(7): 3591.

[18] Sun Qing-feng, Wang Jian, Lin Tsung-han. Lack of quenching for the resonant transmission through an inhomogeneously oscillating quantum well[J]. Phys. Rev. B, 1998, 58(4): 2008.

[19] Sun Qing-feng, Wang Jian, Lin Tsung-han. Photon sidebands of the ground state and the excited state of a quantum dot: A nonequilibrium Green-function approach[J]. Phys. Rev. B, 1998, 58(19): 13007.

[20] Sun Qing-feng, Wang Jian, Lin Tsung-han. Theoretical study for a quantum-dot molecule irradiated by a microwave field[J]. Phys. Rev. B, 2000, 61(19): 12643.

[21] Sun Qing-feng, Wang Jian, Lin Tsung-han. Theory of excess noise of a quantum dot in the presence of a microwave field[J]. Phys. Rev. B, 2000, 61(19): 13032.

[22] Wingreen N S, Jauho A P, Meir Y. Time-dependent transport through a mesoscopeic structure[J]. Phys. Rev. B, 1993, 48(11): 8487.
[23] Jauho A P, Wingreen N S, Meir Y. Time-dependent transport in interacting resonant-tunneling systems[J]. Phys. Rev. B, 1994, 50(8): 5528.
[24] Yeyati A L, Martin-Rodero Q, Garcia-Vidal F J. Self-consistent theory of superconducting mesoscopic weak links[J]. Phys. Rev. B, 1995, 51(6): 3743.
[25] 邢定钰. 自旋电子学. CCAST-WL Workshop Series[C]. 166: 125 北京：2004.
[26] Julliere M. Tunneling between ferromagnetic films[J]. Phys. Lett. A, 1975, 54(3): 225.
[27] Gu R Y, Xing D Y, Dong J M. Spin-polarized tunneling between ferromagnetic films[J]. J. Appl. Phys., 1996, 80(12): 7163.
[28] 周世勋. 量子力学教程 [M]. 北京: 人民教育出版社, 1979.

附录A 宏观极限的威克定理

宏观极限是指体积 $V\to\infty$ 但保持粒子数密度有限的极限. 等价的另一种表达是, 保持粒子数密度 $\rho=N/V$ 有限的情况下, 令总粒子数 $N\to\infty$. 宏观极限才是统计力学应用得最好的情况. 多体格林函数的定义正是取统计系综的平均值 (零温情况只不过是其中一个特例).

现在我们考虑若干个场算符的乘积在态中的平均值. 奇数个场算符的平均值一定为零, 否则粒子数不守恒.

先考虑费米子 (玻色子), 只有 n 个湮没算符与 n 个产生算符乘积的平均值才不为零. 最简单的情况是四个算符的乘积 $\langle\psi_1\psi_2\psi_3^\dagger\psi_4^\dagger\rangle$. 由 (8.1.16) 可知场算符的傅里叶展开为 $\psi_1=\dfrac{1}{\sqrt{V}}\sum\limits_{\boldsymbol{k}_1}a_{\boldsymbol{k}_1}\exp(\cdots)$ 的形式, 所以

$$\langle\psi_1\psi_2\psi_3^\dagger\psi_4^\dagger\rangle=\frac{1}{V^2}\sum_{\boldsymbol{k}_1\boldsymbol{k}_2\boldsymbol{k}_3\boldsymbol{k}_4}\langle a_{\boldsymbol{k}_1}a_{\boldsymbol{k}_2}a_{\boldsymbol{k}_3}^\dagger a_{\boldsymbol{k}_4}^\dagger\rangle\exp(\cdots)\tag{A.1}$$

e 指数是个数, 对我们讨论问题没有任何影响, 故统一写成 $\exp(\cdots)$ 的形式. (A.1) 式右边不为零的情况有 $\boldsymbol{k}_1=\boldsymbol{k}_4$、$\boldsymbol{k}_2=\boldsymbol{k}_3$, 或 $\boldsymbol{k}_1=\boldsymbol{k}_3$、$\boldsymbol{k}_2=\boldsymbol{k}_4$:

$$\begin{aligned}\langle\psi_1\psi_2\psi_3^\dagger\psi_4^\dagger\rangle&=\frac{1}{V^2}\sum_{1,2,3,4}\langle a_1a_4^\dagger\rangle\langle a_2a_3^\dagger\rangle\delta_{14}\delta_{23}\exp(\cdots)\\&\quad\mp\frac{1}{V^2}\sum_{1,2,3,4}\langle a_1a_3^\dagger\rangle\langle a_2a_4^\dagger\rangle\delta_{13}\delta_{24}\exp(\cdots)\end{aligned}\tag{A.2}$$

此处更是把 $\boldsymbol{k}_1$ 简写成 1, 等等, $\delta_{12}=\delta_{\boldsymbol{k}_1\boldsymbol{k}_2}$ 等等. 上面的符号代表费米子, 下面的符号代表玻色子. 第一项就成为 $\langle\psi_1\psi_4^\dagger\rangle\langle\psi_2\psi_3^\dagger\rangle=\dfrac{1}{V^2}\sum\limits_{1,2}\langle a_1a_1^\dagger\rangle\langle a_2a_2^\dagger\rangle\exp(\cdots)$. 利用 (1.2.5) 式, 求和变为积分 $\dfrac{1}{V^2}\sum\limits_{\boldsymbol{k}_1\boldsymbol{k}_2}=\dfrac{1}{(2\pi)^6}\displaystyle\int\mathrm{d}^3k_1\mathrm{d}^3k_2$. 无限大的体积 V 被消去, 积分有限.

(A.1) 式右边还有一种不为零的情况是 $\boldsymbol{k}_1=\boldsymbol{k}_2=\boldsymbol{k}_3=\boldsymbol{k}_4$:

$$\frac{1}{V^2}\sum_{\boldsymbol{k}}\langle a_{\boldsymbol{k}}a_{\boldsymbol{k}}a_{\boldsymbol{k}}^\dagger a_{\boldsymbol{k}}^\dagger\rangle\exp(\cdots)\tag{A.3}$$

但在求和化积分时 $\dfrac{1}{V^2}\sum\limits_{\boldsymbol{k}}=\dfrac{1}{V(2\pi)^3}\displaystyle\int\mathrm{d}^3k$. 还剩一个因子 $1/V$, 在宏观极限下此项趋于零. 或者说, (A.3) 式相对于 (A.2) 式是个无穷小量. 所以, 四个场算符乘积的平均值是两种可能的成对收缩乘积之和.

$$\langle\psi_1\psi_2\psi_3^\dagger\psi_4^\dagger\rangle=\langle\psi_1\psi_4^\dagger\rangle\langle\psi_2\psi_3^\dagger\rangle\mp\langle\psi_1\psi_3^\dagger\rangle\langle\psi_2\psi_4^\dagger\rangle \tag{A.4}$$

无需赘述, 一般情况下,n 个ψ与 n 个$\psi^\dagger$ 的乘积的平均值, 也是各种可能的成对缩的乘积之和. 如果像 (A.3) 那样有四个以上相同动量的算符乘积求平均, 则必然是个无穷小量或高阶无穷小量, 可略去.

对于有编时算符 T_t 作用的情况, 我们可以只证明这样的情形: 乘积 $ABCD\cdots XY$ 的时间顺序已经安排成 $t_A>t_B>t_C>\cdots>t_Y$. 从而按 (A.2) 那样取各种可能的成对收缩. 如果不是这样, 那么把它们重新按时间 t 的顺序排列, 由于是对等式两边的算符同时进行重新排列, 所以公式中不含任何附加的符号.

由此写出威克定理的一般表达式为

$$\langle T_t(ABCD\cdots XY)\rangle=\sum(\mp)^\delta\langle T_t(AB)\rangle\langle T_t(CD)\rangle\cdots\langle T_t(XY)\rangle \tag{A.5}$$

对有反编时算符 $\widetilde{T}_t$ 作用的情况同此证明. 对 §11.1 中定义的虚时场算符的证明也同此.

在上述证明过程中, 对态没有作任何规定, 因此这一定理对任意态的平均值都成立.

最后还应补充说明一下声子或光子场算符时的情况. 由于$\varphi^\dagger=\varphi$, 可以不用区分产生湮没算符. 四个场算符乘积的平均值的各种可能的收缩为

$$\langle\varphi_1\varphi_2\varphi_3\varphi_4\rangle=\langle\varphi_1\varphi_2\rangle\langle\varphi_3\varphi_4\rangle+\langle\varphi_1\varphi_3\rangle\langle\varphi_2\varphi_4\rangle+\langle\varphi_1\varphi_4\rangle\langle\varphi_2\varphi_3\rangle \tag{A.6}$$

根据 (8.1.17),

$$\varphi=\sum_{\boldsymbol{k}}(b_{\boldsymbol{k}}+b_{\boldsymbol{k}}^\dagger) \tag{A.7}$$

此处把 e 指数因子彻底省略了, 其实也可以认为它们已被包含在 $b_{\boldsymbol{k}}$(或 $b_{\boldsymbol{k}}^\dagger$) 内了. 那么 (A.6) 式左边展开后为

$$\langle\varphi_1\varphi_2\varphi_3\varphi_4\rangle=\sum_{\boldsymbol{k}_1\boldsymbol{k}_2\boldsymbol{k}_3\boldsymbol{k}_4}\langle(b_{\boldsymbol{k}_1}+b_{\boldsymbol{k}_1}^\dagger)(b_{\boldsymbol{k}_2}+b_{\boldsymbol{k}_2}^\dagger)(b_{\boldsymbol{k}_3}+b_{\boldsymbol{k}_3}^\dagger)(b_{\boldsymbol{k}_4}+b_{\boldsymbol{k}_4}^\dagger)\rangle \tag{A.8}$$

下面仍将 $\boldsymbol{k}_1$ 简写成 1, $\delta_{\boldsymbol{k}1\boldsymbol{k}2}$ 简写成δ_{12} 等等. 将 (A.8) 右边乘开后, 不为零的项是

$$\begin{aligned}&\sum_{1,2,3,4}\langle b_1^\dagger b_2^\dagger b_3b_4+b_1^\dagger b_2b_3^\dagger b_4+b_1^\dagger b_2b_3b_4^\dagger+b_1b_2^\dagger b_3^\dagger b_4+b_1b_2^\dagger b_3b_4^\dagger+b_1b_2b_3^\dagger b_4^\dagger\rangle\\&=\sum_{1,2,3,4}\langle b_1^\dagger b_2^\dagger b_3b_4(\delta_{13}\delta_{24}+\delta_{14}\delta_{23})+b_1^\dagger b_2b_3^\dagger b_4(\delta_{12}\delta_{34}+\delta_{14}\delta_{23})\\&\quad+b_1^\dagger b_2b_3b_4^\dagger(\delta_{12}\delta_{34}+\delta_{13}\delta_{24})+b_1b_2^\dagger b_3^\dagger b_4(\delta_{12}\delta_{34}+\delta_{13}\delta_{24})\end{aligned}$$

$$
\begin{aligned}
&+b_1 b_2^\dagger b_3 b_4^\dagger(\delta_{12}\delta_{34}+\delta_{14}\delta_{23})+b_1 b_2 b_3^\dagger b_4^\dagger(\delta_{13}\delta_{24}+\delta_{14}\delta_{23})\rangle \\
=&\sum_{1,2,3,4}\langle \delta_{12}\delta_{34}(b_1^\dagger b_2+b_1 b_2^\dagger)(b_3^\dagger b_4+b_3 b_4^\dagger)+\delta_{13}\delta_{24}(b_1^\dagger b_3+b_1 b_3^\dagger)(b_2^\dagger b_4+b_2 b_4^\dagger) \\
&+\delta_{14}\delta_{23}(b_1^\dagger b_4+b_1 b_4^\dagger)(b_2^\dagger b_3+b_2 b_3^\dagger)\rangle
\end{aligned} \tag{A.9}
$$

按δ函数归类后成为三大项, 每一大项就是 (A.6) 式右边的相应项. 四个动量都相同的项则是可忽略的小量.

附录 B　电子气凝胶模型的哈密顿量

电子气凝胶模型的哈密顿量是以下三部分：

$$H = H_{\mathrm{el}} + H_{\mathrm{b}} + H_{\mathrm{el-b}} \tag{B.1}$$

其中电子气的动能与势能为

$$H_{\mathrm{el}} = \sum_{i=1}^{N} \frac{p_i^2}{2m} + \frac{1}{2}\frac{e^2}{4\pi\varepsilon_0}\sum_{i\neq j}^{N}\frac{\mathrm{e}^{-\mu|\boldsymbol{r}_i-\boldsymbol{r}_j|}}{|\boldsymbol{r}_i-\boldsymbol{r}_j|} \tag{B.2}$$

正电荷背景的相互作用能为

$$H_{\mathrm{b}} = \frac{1}{2}\frac{e^2}{4\pi\varepsilon_0}\int \mathrm{d}\boldsymbol{x}\mathrm{d}\boldsymbol{x}'\frac{\rho(\boldsymbol{x})\rho(\boldsymbol{x}')\mathrm{e}^{-\mu|\boldsymbol{x}-\boldsymbol{x}'|}}{|\boldsymbol{x}-\boldsymbol{x}'|} \tag{B.3}$$

电子气与正电荷背景的相互作用能为

$$H_{\mathrm{el-b}} = -\frac{e^2}{4\pi\varepsilon_0}\sum_{i=1}^{N}\int \mathrm{d}\boldsymbol{x}\frac{\rho(\boldsymbol{x})\mathrm{e}^{-\mu|\boldsymbol{x}-\boldsymbol{r}_i|}}{|\boldsymbol{x}-\boldsymbol{r}_i|} \tag{B.4}$$

上述等式中用 $\boldsymbol{r}_i$ 表示第 i 个电子的坐标, $\boldsymbol{x}$表示正电荷背景的坐标. 由于正电荷背景是均匀分布的, $\rho(x)= N/V$. 在上述库仑相互作用项中都引入了指数收敛因子. 因为实际系统是有限的, 但计算总是取热力学极限: $N\to\infty$, $V\to\infty$, N/V 保持为常数. 库仑相互作用能在无限大的体积中积分是发散的. 然而同种电荷之间排斥能与异种电荷之间的吸引能这两个无限大可精确地抵消, 为了明确表现出这一点, 引入收敛因子μ, 使积分结果为一有限值. 再取 $V\to\infty$ 的热力学极限, 最后令$\mu=0$. 由于是对无限大体积积分, 可以任意选取原点. 每个电子与整个正电荷背景的相互作用能都相同, 故只须计算一个电子, 再乘以电子数 N 即可. 容易算出

$$\begin{aligned} H_{\mathrm{b}} &= \frac{1}{2}\frac{e^2}{4\pi\varepsilon_0}\left(\frac{N}{V}\right)^2\int \mathrm{d}\boldsymbol{x}\mathrm{d}\boldsymbol{x}'\frac{\mathrm{e}^{-\mu|\boldsymbol{x}-\boldsymbol{x}'|}}{|\boldsymbol{x}-\boldsymbol{x}'|} \\ &= \frac{1}{2}\frac{e^2}{4\pi\varepsilon_0}\left(\frac{N}{V}\right)^2\int \mathrm{d}\boldsymbol{x}\int \mathrm{d}\boldsymbol{z}\frac{\mathrm{e}^{-\mu|\boldsymbol{z}|}}{|\boldsymbol{z}|} = \frac{1}{2}\frac{e^2}{\varepsilon_0}\frac{N^2}{V}\frac{1}{\mu^2} \end{aligned} \tag{B.5}$$

同理可求得

$$\begin{aligned} H_{\mathrm{el-b}} &= -\frac{e^2}{4\pi\varepsilon_0}\frac{N}{V}\sum_{i=1}^{N}\int \mathrm{d}\boldsymbol{x}\frac{\rho(\boldsymbol{x})\mathrm{e}^{-\mu|\boldsymbol{x}-\boldsymbol{r}_i|}}{|\boldsymbol{x}-\boldsymbol{r}_i|} \\ &= -\frac{e^2}{4\pi\varepsilon_0}\frac{N}{V}\sum_{i=1}^{N}\int \mathrm{d}\boldsymbol{x}\frac{\mathrm{e}^{-\mu|\boldsymbol{x}|}}{|\boldsymbol{x}|} = -\frac{e^2}{\varepsilon_0}\frac{N^2}{V}\frac{1}{\mu^2} \end{aligned} \tag{B.6}$$

H_b 与 H_{el-b} 都是常数, 且在$\mu\to\infty$ 都以同样的程度发散. 总哈密顿量现在简化为

$$H = -\frac{1}{2}\frac{e^2}{\varepsilon_0}\frac{N^2}{V}\frac{1}{\mu^2} + H_{el} \tag{B.7}$$

所有重要的物理效应都包含在 H_{el} 中了. 现在将 H_{el} 用二次量子化的形式写出. 令η_λ为自旋波函数, 不同λ的波函数之间有正交归一性:

$$\eta^\dagger_{\lambda_1}\eta_{\lambda_2} = \delta_{\lambda_1\lambda_2} \tag{B.8}$$

动能项的矩阵元

$$\begin{aligned}\langle \boldsymbol{k}_1\lambda_1|T|\boldsymbol{k}_2\lambda_2\rangle &= \frac{\hbar^2}{2mV}\int \mathrm{d}\boldsymbol{x}\mathrm{e}^{-\mathrm{i}\boldsymbol{k}_1\cdot\boldsymbol{x}}\eta^\dagger_{\lambda_1}(-\nabla^2)\mathrm{e}^{\mathrm{i}\boldsymbol{k}_2\cdot\boldsymbol{x}}\eta_{\lambda_2}\\ &= \frac{\hbar^2}{2mV}\boldsymbol{k}_2^2\delta_{\lambda_1\lambda_2}\int \mathrm{d}\boldsymbol{x}\mathrm{e}^{-\mathrm{i}(\boldsymbol{k}_1-\boldsymbol{k}_2)\cdot\boldsymbol{x}} = \frac{\hbar^2}{2mV}\boldsymbol{k}_2^2\delta_{\lambda_1\lambda_2}\delta_{\boldsymbol{k}_1,\boldsymbol{k}_2}\end{aligned} \tag{B.9}$$

势能项的矩阵元

$$\begin{aligned}&\langle \boldsymbol{k}_1\lambda_1\boldsymbol{k}_2\lambda_2|U|\boldsymbol{k}_3\lambda_3\boldsymbol{k}_4\lambda_4\rangle\\ &= \frac{e^2}{4\pi\varepsilon_0 V^2}\int \mathrm{d}\boldsymbol{x}_1\mathrm{d}\boldsymbol{x}_2\frac{\mathrm{e}^{-\mu|\boldsymbol{x}_1-\boldsymbol{x}_2|}}{|\boldsymbol{x}_1-\boldsymbol{x}_2|}\mathrm{e}^{-\mathrm{i}(\boldsymbol{k}_1-\boldsymbol{k}_3)\cdot\boldsymbol{x}_1-\mathrm{i}(\boldsymbol{k}_2-\boldsymbol{k}_4)\cdot\boldsymbol{x}_2}\eta^\dagger_{\lambda_1}(1)\eta_{\lambda_3}(1)\eta^\dagger_{\lambda_2}(2)\eta_{\lambda_4}(2)\end{aligned}$$

作变量变换x=x_2, y= x_1-x_2, 这个表示式简化为

$$\begin{aligned}\langle \boldsymbol{k}_1\lambda_1\boldsymbol{k}_2\lambda_2|U|\boldsymbol{k}_3\lambda_3\boldsymbol{k}_4\lambda_4\rangle &= \frac{e^2}{4\pi\varepsilon_0 V^2}\int \mathrm{d}\boldsymbol{x}\mathrm{d}\boldsymbol{y}\frac{\mathrm{e}^{-\mu|\boldsymbol{y}|}}{|\boldsymbol{y}|}\mathrm{e}^{-\mathrm{i}(\boldsymbol{k}_1-\boldsymbol{k}_3+\boldsymbol{k}_2-\boldsymbol{k}_4)\cdot\boldsymbol{x}}\delta_{\lambda_1\lambda_3}\delta_{\lambda_2\lambda_4}\\ = \frac{e^2}{\varepsilon_0 V^2}\frac{1}{(\boldsymbol{k}_1-\boldsymbol{k}_3)^2+\mu^2}&\mathrm{e}^{-\mathrm{i}(\boldsymbol{k}_1-\boldsymbol{k}_3+\boldsymbol{k}_2-\boldsymbol{k}_4)\cdot\boldsymbol{x}}\delta_{\lambda_1\lambda_3}\delta_{\lambda_2\lambda_4}\delta_{\boldsymbol{k}_1+\boldsymbol{k}_2,\boldsymbol{k}_3+\boldsymbol{k}_4}\end{aligned} \tag{B.10}$$

由以上的矩阵元, 可写出能量的二次量子化的形式. H_{el} 中的动能项为

$$T = \sum_{\boldsymbol{k}_1\lambda_1\boldsymbol{k}_2\lambda_2}\langle \boldsymbol{k}_1\lambda_1|T|\boldsymbol{k}_2\lambda_2\rangle C^\dagger_{\boldsymbol{k}_1\lambda_1}C_{\boldsymbol{k}_2\lambda_2} = \sum_{\boldsymbol{k}\lambda}\frac{\hbar^2}{2m}\boldsymbol{k}^2C^\dagger_{\boldsymbol{k}\lambda}C_{\boldsymbol{k}\lambda} \tag{B.11}$$

势能为

$$\begin{aligned}U &= \sum_{\boldsymbol{k}_1\lambda_1\boldsymbol{k}_2\lambda_2\boldsymbol{k}_3\lambda_3\boldsymbol{k}_4\lambda_4}\langle \boldsymbol{k}_1\lambda_1\boldsymbol{k}_2\lambda_2|U|\boldsymbol{k}_3\lambda_3\boldsymbol{k}_4\lambda_4\rangle C^\dagger_{\boldsymbol{k}_1\lambda_1}C^\dagger_{\boldsymbol{k}_2\lambda_2}C_{\boldsymbol{k}_4\lambda_4}C_{\boldsymbol{k}_3\lambda_3}\\ &= \frac{e^2}{2\varepsilon_0 V^2}\sum_{\boldsymbol{k}_1\lambda_1\boldsymbol{k}_2\lambda_2\boldsymbol{k}_3}\frac{1}{(\boldsymbol{k}_1-\boldsymbol{k}_3)^2+\mu^2}C^\dagger_{\boldsymbol{k}_1\lambda_1}C^\dagger_{\boldsymbol{k}_2\lambda_2}C_{\boldsymbol{k}_1+\boldsymbol{k}_2-\boldsymbol{k}_3\lambda_2}C_{\boldsymbol{k}_3\lambda_1}\end{aligned}$$

令 $\boldsymbol{k}_1-\boldsymbol{k}_3 = q$, $\boldsymbol{k}_3 = \boldsymbol{k}$, $\boldsymbol{k}_2+\boldsymbol{q} = \boldsymbol{p}$, 则下标变成

$$U = \frac{e^2}{2\varepsilon_0 V}\sum_{\boldsymbol{k}\boldsymbol{p}q\lambda_1\lambda_2}\frac{1}{q^2+\mu^2}C^\dagger_{\boldsymbol{k}+\boldsymbol{q}\lambda_1}C^\dagger_{\boldsymbol{p}-\boldsymbol{q}\lambda_2}C_{\boldsymbol{p}\lambda_2}C_{\boldsymbol{k}\lambda_1} \tag{B.12}$$

现在只看其中 $\boldsymbol{q}=0$ 的项, 利用费米子的对易关系有

$$\begin{aligned}&\frac{1}{\mu^2}\sum_{\boldsymbol{k}\boldsymbol{p}\lambda_1\lambda_2}C^\dagger_{\boldsymbol{k}\lambda_1}C^\dagger_{\boldsymbol{p}\lambda_2}C_{\boldsymbol{p}\lambda_2}C_{\boldsymbol{k}\lambda_1}\\&=\frac{1}{\mu^2}\sum_{\boldsymbol{k}\boldsymbol{p}\lambda_1\lambda_2}(C^\dagger_{\boldsymbol{p}\lambda_2}C_{\boldsymbol{p}\lambda_2}C^\dagger_{\boldsymbol{k}\lambda_1}C_{\boldsymbol{k}\lambda_1}-\delta_{\boldsymbol{k}\boldsymbol{p}}\delta_{\lambda_1\lambda_2}C^\dagger_{\boldsymbol{k}\lambda_1}C_{\boldsymbol{p}\lambda_2})\\&=\frac{1}{\mu^2}\Big(\sum_{\boldsymbol{p}\lambda_2}C^\dagger_{\boldsymbol{p}\lambda_2}C_{\boldsymbol{p}\lambda_2}\sum_{\boldsymbol{k}\lambda_1}C^\dagger_{\boldsymbol{k}\lambda_1}C_{\boldsymbol{k}\lambda_1}-\sum_{\boldsymbol{k}\lambda}C^\dagger_{\boldsymbol{k}\lambda}C_{\boldsymbol{k}\lambda}\Big)=\frac{1}{\mu^2}(N^2-N)=\frac{N^2}{\mu^2}\end{aligned}\tag{B.13}$$

最后一个等式是取热力学极限得到的, 当 $N\to\infty$ 时, N 相对于 N^2 是个无穷小量. (B.13) 式的结果正好与 (B.7) 式中的第一项抵消. 因此总哈密顿量只剩 (B.9) 加上 (B.12) 式中$\boldsymbol{q}\neq0$ 的项. 现在各项已成为有限量, 可令$\mu\to0$. 最后得总哈密顿量为

$$H=\sum_{\boldsymbol{k}\lambda}\frac{\hbar^2}{2m}\boldsymbol{k}^2C^\dagger_{\boldsymbol{k}\lambda}C_{\boldsymbol{k}\lambda}+\frac{e^2}{2\varepsilon_0V}\sum_{\boldsymbol{k},\boldsymbol{p},\boldsymbol{q}\neq0\lambda_1\lambda_2}\frac{1}{q^2}C^\dagger_{\boldsymbol{k}+\boldsymbol{q}\lambda_1}C^\dagger_{\boldsymbol{p}-\boldsymbol{q}\lambda_2}C_{\boldsymbol{p}\lambda_2}C_{\boldsymbol{k}\lambda_1}\tag{B.14}$$

附录 C　约束条件的另一种推导

我们从另一个角度来得到 (16.8.72) 式. 在 16.8.2 小节中, 矩阵 $\boldsymbol{P}$ 的特征向量矩阵满足如下关系:

$$\boldsymbol{PU}=\boldsymbol{U\Omega},\quad \boldsymbol{U}^{-1}\boldsymbol{P}=\boldsymbol{\Omega U}^{-1},\quad \boldsymbol{P}=\boldsymbol{U\Omega U}^{-1},\quad \boldsymbol{UU}^{-1}=\boldsymbol{I}$$

其中$\boldsymbol{\Omega}$是由特征值组成的对角矩阵. 我们用 $\boldsymbol{R}_\mu$ 来标记属于矩阵 $\boldsymbol{P}$ 的第μ个本征值的列向量, 即 $\boldsymbol{U}$ 中的第μ 列, 称为列行本征向量. 用 $\boldsymbol{L}_\mu$ 来标记 $\boldsymbol{U}^{-1}$ 中的第μ行, 称为行本征向量.

$$\boldsymbol{U}=(\boldsymbol{R}_1,\boldsymbol{R}_2,\boldsymbol{R}_3),\quad \boldsymbol{U}^{-1}=\begin{pmatrix}\boldsymbol{L}_1\\ \boldsymbol{L}_2\\ \boldsymbol{L}_3\end{pmatrix}$$

$$[\omega\boldsymbol{I}-\boldsymbol{\Omega}]\boldsymbol{U}^{-1}\boldsymbol{g}_\eta=\boldsymbol{U}^{-1}\boldsymbol{F}_\eta$$

令

$$\boldsymbol{U}^{-1}\boldsymbol{g}_\eta=\boldsymbol{g}_\eta^{(U)},\quad \boldsymbol{U}^{-1}\boldsymbol{F}_\eta=\boldsymbol{F}_\eta^{(U)}$$

关联函数

$$\boldsymbol{U}^{-1}\boldsymbol{C}=\boldsymbol{C}^{(U)}$$

得到 $\boldsymbol{g}_\eta^{(U)}$ 中每个矩阵元的表达式

$$g_{\eta,\mu\nu}^{(U)}=\frac{F_{\eta,\mu\nu}^{(U)}}{\omega-\omega_\mu}$$

设其中第一个本征值是零, $\omega_1=0$. 那么根据谱定理 (15.2.22) 式

$$\begin{aligned}C_{1\mu}^{(U)}&=\frac{1}{2}\lim_{\omega\to 0}\omega g_{-1,1\mu}^{(U)}=\frac{1}{2}\frac{\omega F_{+1,1\mu}^{(U)}}{\omega-\omega_1}=\frac{1}{2}F_{+1,1\mu}^{(U)}=\frac{1}{2}\sum_\lambda^3 L_{1,\lambda}F_{+1,\lambda\mu}\\ &=\frac{1}{2}\sum_\lambda^3 L_{1,\lambda}(F_{-1,\lambda\mu}+2C_{\lambda\mu})=\frac{1}{2}\sum_\lambda^3 L_{1,\lambda}F_{-1,\lambda\mu}+\sum_\lambda^3 L_{1,\lambda}C_{\lambda\mu}\\ &=\frac{1}{2}\sum_\lambda^3 L_{1,\lambda}F_{-1,\lambda\mu}+C_{1\mu}^{(U)}\end{aligned}$$

结果是

$$\sum_\lambda^3 L_{1,\lambda}F_{-1,\lambda\mu}=0$$

只要把ω_1=0 的行本征向量 $\boldsymbol{L}_1=2h_z(h_x,h_y,h_z)$ 代入, 即可看出, 上式正是 (16.8.72) 式.

附录 D 对三角和双曲切比雪夫函数都适用的一些公式

以下的公式中, T 和 U 分别表示第一类和第二类切比雪夫函数, 它们既可以是三角的也可以是双曲的切比雪夫函数.

级数表达式

$$\mathrm{T}_n(p) = \sum_{k=0}^{[n/2]} (-1)^k \frac{n!}{(2k)!(n-2k)!} p^{n-2k}(1-p^2)^k$$

$$\mathrm{U}_n(p) = (1-p^2)^{1/2} \sum_{k=0}^{[(n-1)/2]} (-1)^k \frac{n!}{(2k+1)!(n-2k-1)!} p^{n-2k-1}(1-p^2)^k$$

Rodrigues 公式

$$\mathrm{T}_n(p) = (-1)^n \frac{1}{(2n-1)!!}(1-p^2)^{1/2} \frac{\mathrm{d}^n}{\mathrm{d}p^n}(1-p^2)^{n-1/2}$$

$$\mathrm{U}_n(p) = (-1)^n \frac{1}{(2n-1)!!} \frac{\mathrm{d}^n}{\mathrm{d}p^n}(1-p^2)^{n-1/2}$$

母函数

$$\mathrm{e}^{tp} \cosh\left(t\sqrt{p^2-1}\right) = \sum_{n=0}^{\infty} \frac{\mathrm{T}_n(p)}{n!} t^n$$

$$\frac{\mathrm{e}^{tp}}{\sqrt{p^2-1}} \cosh\left(t\sqrt{p^2-1}\right) = \sum_{n=0}^{\infty} \frac{\mathrm{U}_n(p)}{(n+1)!} t^n$$

递推关系

$$\mathrm{T}_{n+1} - 2p\mathrm{T}_n + \mathrm{T}_{n-1} = 0$$

$$(1-p^2)\mathrm{T}'_{n+1} - np\mathrm{T}_n + n\mathrm{T}_{n-1} = 0$$

$$(1-p^2)\mathrm{T}'_{n+1} - n(\mathrm{T}_{n-1} + \mathrm{T}_{n+1})/2 = 0$$

$$(1-p^2)\mathrm{T}'_{n+1} - n\mathrm{T}_{n-1} + np\mathrm{T}_{n+1} = 0$$

这些递推关系中, 用 U 来代替 T, 递推关系仍然成立.

连带切比雪夫函数用切比雪夫函数来表示:

$$\mathrm{T}_n^m(p) = \frac{\mathrm{d}^m}{\mathrm{d}p^m}\mathrm{T}_n(p), \quad \mathrm{U}_n^m(p) = \frac{\mathrm{d}^m}{\mathrm{d}p^m}\mathrm{U}_n(p)$$

附录 E 乔治·格林简介

乔治·格林 (George Green)1793 年生于英格兰诺丁汉 (Nottingham). 他的父亲起先是一个面包师, 后来在当地农村购置了一个磨坊. 磨坊的生意不错. 格林在中小学期间受教育情况不为人知. 按照他姐夫的说法: "他的数学能力极强, 很快就超过了他的老师. 结果, 他年纪很小就停止了学业. 于是, 他就在家里作为一个助手在他父亲身边劳动, 先是烘面包后来是推磨." 他几乎完全是自学的. 幸运的是, 诺丁汉有一家由私人捐赠建立起来的非常好的图书馆. 他可以借到诸如拉普拉斯 (Laplace) 的*Mécanique Céleste* 这样的书和*Philosophical Transactions of the Royal Society* 这样的杂志.

1828 年, 乔治·格林发表了他的第一篇, 也是他的最重要的一篇论文, "把数学分析应用于电磁理论的一种尝试 (*An Essay on the Application of Mathematical Analysis to the Theories of Electricity and Magnetism*)". 这篇论文由私人捐助, 在诺丁汉印刷出版. 尽管有着极为重要的原创性, 论文在当时却丝毫没有引起人们的注意, 因此, 格林决定放弃数学研究. 然而, 有一个捐助者, 林肯郡瑟尔比城堡的艾德瓦德·夫兰奇·布罗姆海德爵士 (Sir Edward Ffrench Bromhead, Baronet, of Thurlby Hall, Lincolnshire) 资助他并鼓励他继续进行研究. 他的父亲于 1829 年去世, 这样他就成为孤身一人. 1833 年他卖掉了产业, 然后进了剑桥 (Cambridge) 的 Gonville and Caius 学院. 那时, 数学荣誉学位考试的竞争是相当激烈的. 一流水平的竞争者按照成绩排序. 和现在的情况一样, 那时在荣誉学位考试中的表现和研究能力并不是完全一致的. 1837 年, 格林获得了第四名. 这让他的朋友们感到失望. 他们原先预期他会获得第一名的. 格林待在剑桥继续做他的研究工作. 1837 年, 他获得了一份学院奖学金. 可是他的身体状况已经不行了. 不久, 他就回到了家乡, 并在 1841 年去世. 格林的去世没有受到科学界些微重视. 当地的一家报纸刊登了一则讣告. 讣告末尾给出了这样的评价: "如果他的生命能够延长, 他会成为一位非常杰出的数学家."

在 1828 年的论文中, 他建立了与发散定理等价的积分恒等式. 这些恒等式现在就以他的名字命名. 他利用这些恒等式对电磁理论进行了系统的研究. 他首先提出了势函数 (potential function) 这个术语, 并利用这个概念来研究电磁理论. 在他之前, 这个概念被拉格朗日 (Lagrange)、拉普拉斯和泊松 (Poisson) 用来研究引力的作用. 格林的成就之一, 是用一个公式来表达由封闭导电面包围的区域内任何一点 P 的电势 (见沈永欢, 梁在中, 许履瑚, 蔡倩倩. 实用数学手册. 北京: 科学出版社, 1999: 365). 这是利用格林函数的第一个例子. 这个例子给出了势理论的一个基本的结果. 黎曼 (Riemann) 首先用格林这个名称来命名这个函数. 后来, 这个概念被推广至用来表示一大类具有点源的非齐次微分方程的解. 推而广之, 格林函数被广泛地解释为任何一个体系对于标准输入的响应.

格林发表了九篇论文, 内容涉及流体的平衡, 椭球吸引力, 波导中波的运动, 声和光的反射和折射. 1837 年, 他使用了一种渐进方法来研究一个慢变截面的波导中的潮汐波. 这一方法等价于波动力学中的 W.K.B.J. 近似方法. 在他的最后一篇论文中, 他发展了一个关于晶体介质中的光的理论.

格林关于势函数的工作在 1845 年受到了注意, 当时威廉 · 汤姆孙 (William Thomson), 即后来的开尔文勋爵 (Lord Kelvin), 发现了格林的第一篇论文, 把它介绍给法国数学家, 并在 *Crelle's Journal* 杂志 (后来的名称是 *für die reine angewandte Mathematik*) 上刊登出来. 紧接着, 格林的所有公式都被汤姆孙, 德国的高斯 (Gauss) 和法国的沙勒 (Chasles) 和施图姆 (Sturm) 发现. 1871 年格林的全部论文被出版了:《已故乔治 · 格林的数学论文集》(*Mathematical Papers of the late George Green*), 由费勒斯 (Ferrers) 编辑.

概而言之, 格林的工作在他的生前未受重视这件事情本身并不令人惊奇.1820 年代英国的数学家们刚刚开始从长达一个世纪的孤立状态中走出来, 还触及不到一个地方小镇私人发表论文这样的情况. 这种孤立状态是牛顿–莱布尼茨 (Newton-Leibniz) 争执的遗产. 在格林的年代, 剑桥没有重要的数学家. 他是从法国的数学分析家, 特别是泊松的工作获得灵感的. 格林的成果极大地影响了开尔文及其同时代人的工作. 可以说, 格林是那时英国的伟大的自然哲学家队伍中在时间顺序上排在第一位的人, 这支队伍繁荣了十九世纪后半叶. 他们之中有: 开尔文, 斯托克斯 (Stokes), 瑞利 (Rayleigh), 麦克斯韦 (Maxwell) 和 J.J. 汤姆孙.

—— 编译自 Doniach S, Sondheimer E H. Green's Functions for Solid State Physicists. London: The Benjamin/Cummings Publishing Company, Inc., 1982.

《现代物理基础丛书·典藏版》书目

1. 现代声学理论基础	马大猷　著
2. 物理学家用微分几何（第二版）	侯伯元　侯伯宇　著
3. 计算物理学	马文淦　编著
4. 相互作用的规范理论（第二版）	戴元本　著
5. 理论力学	张建树　等　编著
6. 微分几何入门与广义相对论（上册·第二版）	梁灿彬　周　彬　著
7. 微分几何入门与广义相对论（中册·第二版）	梁灿彬　周　彬　著
8. 微分几何入门与广义相对论（下册·第二版）	梁灿彬　周　彬　著
9. 辐射和光场的量子统计理论	曹昌祺　著
10. 实验物理中的概率和统计（第二版）	朱永生　著
11. 声学理论与工程应用	何　琳　等　编著
12. 高等原子分子物理学（第二版）	徐克尊　著
13. 大气声学（第二版）	杨训仁　陈　宇　著
14. 输运理论（第二版）	黄祖洽　丁鄂江　著
15. 量子统计力学（第二版）	张先蔚　编著
16. 凝聚态物理的格林函数理论	王怀玉　著
17. 激光光散射谱学	张明生　著
18. 量子非阿贝尔规范场论	曹昌祺　著
19. 狭义相对论（第二版）	刘　辽　等　编著
20. 经典黑洞和量子黑洞	王永久　著
21. 路径积分与量子物理导引	侯伯元　等　编著
22. 全息干涉计量——原理和方法	熊秉衡　李俊昌　编著
23. 实验数据多元统计分析	朱永生　编著
24. 工程电磁理论	张善杰　著
25. 经典电动力学	曹昌祺　著
26. 经典宇宙和量子宇宙	王永久　著
27. 高等结构动力学（第二版）	李东旭　编著
28. 粉末衍射法测定晶体结构（第二版·上、下册）	梁敬魁　编著
29. 量子计算与量子信息原理 ——第一卷：基本概念	Giuliano Benenti　等　著 王文阁　李保文　译

30. 近代晶体学（第二版） 张克从 著
31. 引力理论（上、下册） 王永久 著
32. 低温等离子体 B. M. 弗尔曼 И. M. 扎什京 编著
——等离子体的产生、工艺、问题及前景 邱励俭 译
33. 量子物理新进展 梁九卿 韦联福 著
34. 电磁波理论 葛德彪 魏 兵 著
35. 激光光谱学 W. 戴姆特瑞德 著
——第 1 卷：基础理论 姬 扬 译
36. 激光光谱学 W. 戴姆特瑞德 著
——第 2 卷：实验技术 姬 扬 译
37. 量子光学导论（第二版） 谭维翰 著
38. 中子衍射技术及其应用 姜传海 杨传铮 编著
39. 凝聚态、电磁学和引力中的多值场论 H. 克莱纳特 著 姜 颖 译
40. 反常统计动力学导论 包景东 著
41. 实验数据分析（上册） 朱永生 著
42. 实验数据分析（下册） 朱永生 著
43. 有机固体物理 解士杰 等 著
44. 磁性物理 金汉民 著
45. 自旋电子学 翟宏如 等 编著
46. 同步辐射光源及其应用（上册） 麦振洪 等 著
47. 同步辐射光源及其应用（下册） 麦振洪 等 著
48. 高等量子力学 汪克林 著
49. 量子多体理论与运动模式动力学 王顺金 著
50. 薄膜生长（第二版） 吴自勤 等 著
51. 物理学中的数学方法 王怀玉 著
52. 物理学前沿——问题与基础 王顺金 著
53. 弯曲时空量子场论与量子宇宙学 刘 辽 黄超光 编著
54. 经典电动力学 张锡珍 张焕乔 著
55. 内应力衍射分析 姜传海 杨传铮 编著
56. 宇宙学基本原理 龚云贵 编著
57. B介子物理学 肖振军 著